ART
DU TRAIT PRATIQUE
DE CHARPENTE

PAR ÉMILE DELATAILLE

PREMIÈRE PARTIE

DU BOIS DROIT TRAITÉ AU NIVEAU DE DEVERS ET AUX SAUTERELLES ATTRIBUÉES AUX COUPES DES EMPANNONS

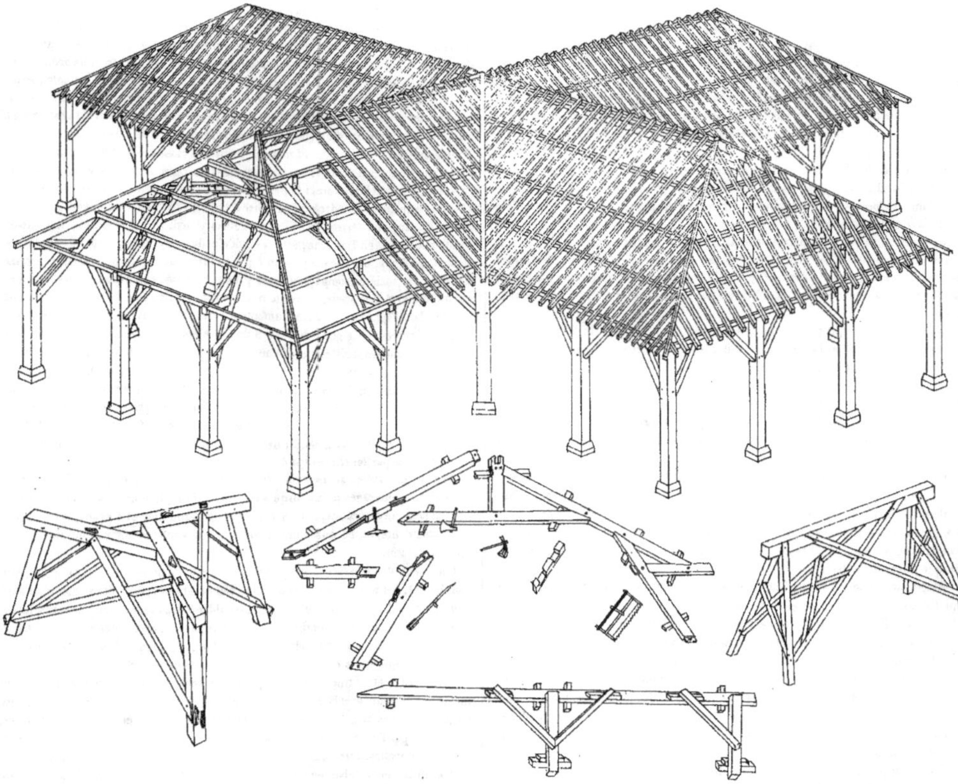

DEUXIÈME ÉDITION REVUE & AUGMENTÉE

PRIX BROCHÉ: 15 FRANCS, DANS TOUTE LA FRANCE

Pour toute demande, s'adresser à M. ÉMILE DELATAILLE, Professeur du trait, à Tours.

TOURS, IMP. LITH. CH. GUILLAND.

PRÉFACE

Si l'on remonte à l'origine de l'art de la charpente, on trouve qu'il est aussi ancien que le monde ; car les hommes ne furent pas plus tôt sur la terre, qu'ils se construisirent des demeures pour se mettre à couvert des intempéries des saisons. Leurs premières habitations furent d'abord des huttes construites à l'aide de troncs d'arbres, supportant des branches inclinées servant à l'écoulement des eaux. L'agglomération de ces huttes forma successivement des bourgades et des villes ; et les hommes, se multipliant de jour en jour, éprouvèrent bientôt la nécessité de construire des demeures plus considérables : de là naquirent des idées de constructions diverses. Les habitations des chefs de familles, de tribus, de bourgades, se distinguèrent les unes des autres et firent surgir des principes de construction dont parle l'histoire ancienne, et dont la construction de l'arche de Noé en donnerait une preuve.

Les Chaldéens, peuples des plus anciens, construisaient des échafaudages servant à élever des monuments qui n'existent plus de nos jours, ou dont il ne reste que des ruines qui attestent le souvenir de monuments gigantesques. En parlant des Chaldéens, chez qui l'art de construire était devenu si fameux et d'où plusieurs écoles tirent leur origine, j'ai cru devoir citer ici quelques-uns des monuments que ce peuple fit construire, à l'aide des grands travaux de charpente. Car c'est l'Asie qui fut le berceau des arts et des sciences, et bien des monuments de ce pays furent classés au rang des merveilles, en considération de l'art avec lequel ils avaient été élevés.

Je citerai d'abord la construction des murs et de la ville de Babylone, principale ville de Chaldée, située dans l'Asie-Majeure, où jadis Nembrod commençait cette fameuse tour restée inachevée. Environ cent vingt ans après sa mort, en l'an du monde 2690, Sémiramis, reine de cette ville, l'augmenta de plus de moitié et fit faire des murailles d'un circuit de soixante milles, hautes de deux cents pieds et larges de cinquante. Elles étaient percées par vingt portes de bronze et entourées de fossés si grands, que le fleuve Euphrate y coulait portant de grands vaisseaux. Chacune des portes avait un pont traversant le fossé, et construit avec le plus grand art.

Les échafaudages qui servirent à élever la statue du colosse de Rhodes furent un travail remarquable. Cette statue était placée à l'entrée du port de la ville de Rhodes. Plusieurs ouvriers y furent employés pendant douze ans, et elle coûta trois cent mille talents. Le maître qui la fit était Calès, indien, disciple de Lissipe. Cette statue avait soixante-dix coudées de hauteur, et un navire passait entre ses jambes. Le colosse tenait à la main droite une lanterne pour éclairer les marins qui entraient la nuit dans le port ; on montait à cette lanterne par un escalier ménagé dans le corps de la statue.

Le temple de Diane, à Éphèse, ville d'Asie, était construit sur un lac remarquable par sa grandeur et sa beauté. Il avait vingt-huit piliers de marbre d'une seule pièce, haut de soixante-dix pieds. Le comble était en bois de cèdre choisi, les portes et les traves en bois de cyprès, des statues tant à l'intérieur qu'à l'extérieur, et quatre ponts qui traversaient le lac. Devant la porte principale était la statue de la déesse.

Artémisia, reine de Carie, fit élever un mausaulée carré, à forme pyramidale, quatre maîtres y travaillèrent : Scopas fit la partie orientale, Leocare celle d'occident, Briasse celle du septentrion, et Timothée celle du midi. Les échafaudages furent un travail d'admiration pour l'ancienne école de charpente.

Alexandre le Grand fit construire une tour ou phare, sous la direction des architectes Sostrato et Guido, en Égypte, près d'Alexandrie, l'an du monde 3700. Cette tour, toute en marbre blanc, servant à éclairer les navires pendant la nuit, coûta huit cent mille talents. Sa hauteur était prodigieuse, et un escalier intérieur conduisait à son extrémité. Un échafaudage superbe avait été construit pour faciliter l'ascension de ces marbres si fragiles.

Il faut encore citer les échafaudages établis pour la construction des pyramides d'Egypte et de tous les monuments remarquables exécutés dans la vallée de Sennaar, tous ces travaux que le talent et l'intelligence de ces ouvriers distingués et supérieurs, stimulés par l'amour de l'art, firent construire d'une manière merveilleuse.

Ces ouvriers d'élite fondèrent des écoles spéciales et démontrèrent les principes pour exécuter les combles, échafaudages, tréteaux et chariots destiné à transporter les marbres tirés du fond de l'Arabie et d'une grosseur colossale, les sapins et les cèdres du Liban, transportés de Joppa à Jérusalem, et qui servirent à l'édification du temple de Salomon. La description de ce superbe temple nous rappelle combien étaient déjà distingués les ouvriers qui y furent employés (1). Quand il fut terminé, les principaux ouvriers furent appelés sur toute la surface du globe où se faisaient des travaux importants. Il propagèrent leurs écoles, et les générations successives nous ont transmis leurs dessins, qui, rectifiés suivant les modes de constructions locales et à l'aide de la géométrie et du trait, donnèrent la facilité de construire tous les combles, tours, dômes, cintres, etc., etc. Des manuscrits et des cartons contenant les fruits de leurs études étaient réservés aux compagnons.

Fournaux, au commencement de notre siècle, pensant qu'il serait utile de faire connaître l'art de la charpente, fit imprimer un ouvrage intitulé *l'Art du trait de charpente*. Ce livre fut apprécié suivant son mérite, et Fournaux fut nommé charpentier du Roi et membre de l'Académie des sciences et des beaux-arts. Depuis lors, on a publié plusieurs autres livres aussi utiles aux ouvriers désireux d'approfondir leur métier et qui ne pouvaient recevoir des principes des bons maîtres. Mais je crois pouvoir affirmer, avec beaucoup de regrets, que grand nombre d'ouvriers ont délaissé ces livres précieux, donnant pour prétexe qu'il est inutile de s'intruire en présence de la mauvaise méthode de construire les travaux ordinaires, si mal exécutés avec des bois défectueux, résultat de la concurrence actuelle. Je ne puis être d'accord avec de pareils raisonnements, et je suis certain que tout ouvrier digne d'aimer l'art de la charpente et désireux de s'instruire sera de mon avis et réfutera de semblables objections qui ne peuvent avoir de raison d'être. Ce qui prouve que tous les ouvriers et maîtres n'ont pas raisonné de cette façon, ce sont ces travaux dignes d'admiration, exécutés de nos jours, avec tous les principes de l'art, parmi lesquels je citerai : la flèche de la Sainte-Chapelle, au Palais de Justice, à Paris ; celle de la Cathédrale ; de l'église d'Orbon ; de l'église de Châlon ; le pavillon de Rohan, au Louvre ; le château de Beauregard, près Versailles ; le château de Chenonceaux, en Touraine ; tous ces modèles de genre, exécutés par des ouvriers de la même école, ont des plaques en fonte à l'intérieur, sur lesquelles sont inscrits les noms des sociétés compagnonniques qui ont exécuté ces travaux. Si les ouvriers qui ont apporté leur science à ces œuvres avaient été de l'avis de ceux qui tiennent à rester dans l'ignorance, ces monuments n'auraient jamais pu être exécutés. Dans l'espoir d'entretenir le goût de l'art et de développer les talents des travailleurs sérieux, les mêmes sociétés ont exécuté, au moyen de petits bois coupés dans leurs écoles spéciales, des chefs-d'œuvre modèles de charpente, qui leur ont fait décerner des récompenses dans les expositions de plusieurs villes de province et aux expositions universelles de Paris, en 1867 et 1878. Les principes employés et l'élégance donnée à ces chefs-d'œuvre furent reconnus incontestables, et engagèrent la commission scientifique à réunir des fonds pour faire exécuter divers monuments remarquables par leurs travaux de charpente.

Fort de ces idées, après avoir étudié profondément le trait de charpente et compulsé les ouvrages parus jusqu'à ce jour et dont j'honore le mérite, je me suis imposé la tâche d'encourager tous mes collègues à soutenir et à propager le progrès de la charpente, et, en publiant cet ouvrage, j'ai voulu combler ce qui me paraissait une lacune.

Pour ceux des élèves qui n'ont aucune notion de géométrie, et pour qui, par conséquent, les termes usités dans cette science et inconnus dans nos chantiers pourraient embarrasser l'intelligence et troubler leurs études, j'ai pris la résolution de donner les moyens et modifications incontestables sur la manière de mettre le bois sur ligne, de faire les opérations, d'établir, de donner l'explication dans le texte et de repérer les épures en marques connues de tout charpentier.

Cet ouvrage étant trop compliqué pour être contenu dans un seul volume, et en même temps pour favoriser et faciliter l'ouvrier désireux de s'instruire, à été divisé en quatre parties bien distinctes. La première partie, consacrée à l'usage du chantier, commence par l'alphabet du charpentier et traite les bois droits, au niveau de devers et aux sauterelles, attribués aux coupes des empanons. La deuxième partie traite les bois droits par rembarrements et par alignements, etc., et formera le complément du traité des bois droits. La troisième et quatrième partie traiteront les bois croches.

Enfin le but que je me suis proposé a été d'encourager l'art du trait de charpente, d'enseigner et procurer aux élèves désireux de s'instruire, des leçons pratiques avec des explications claires, faciles et susceptibles d'être comprises de tous, et je m'estimerai très-heureux si je puis être utile à mes collègues et mériter leurs éloges.

ÉMILE DELATAILLE, C.·. C.·. D.·. D.·. D.·. L.·.,
né à Chambourg (Indre-et-Loire), le 12 août 1848.

(1) Ces mêmes ouvriers existent encore actuellement faubourg Saint-Germain, à Paris.

A B C D DU CHARPENTIER

Marques Hiéroglyphiques.

A *Table numérative des nombres.*

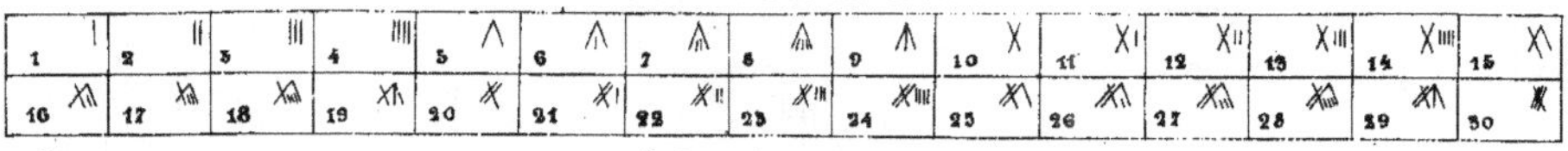

B *Table des marques.*

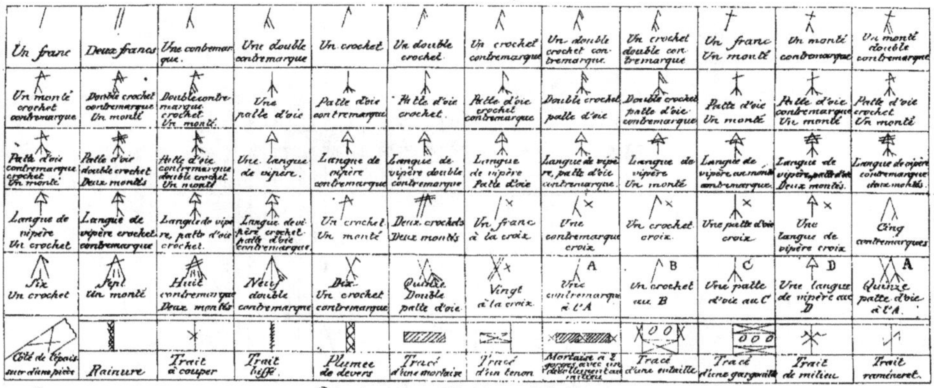

C *Principaux outils pour l'établissage.*

D *Noms des 25 principaux assemblages.*

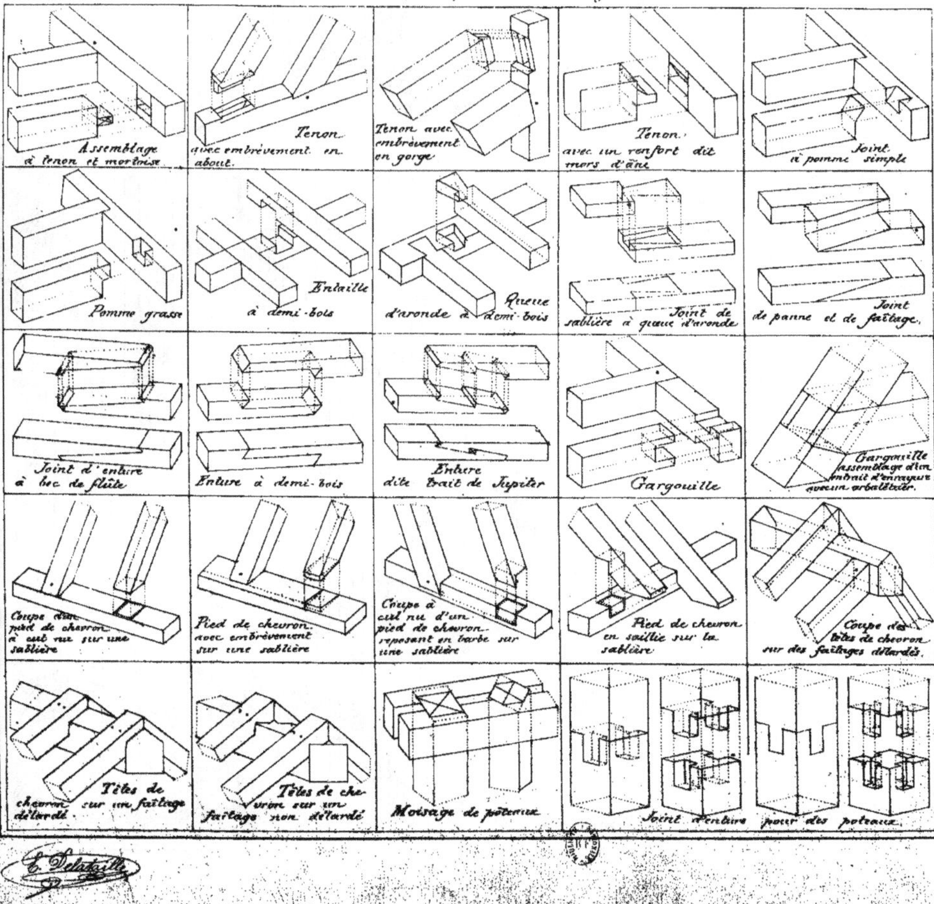

E. Delataille

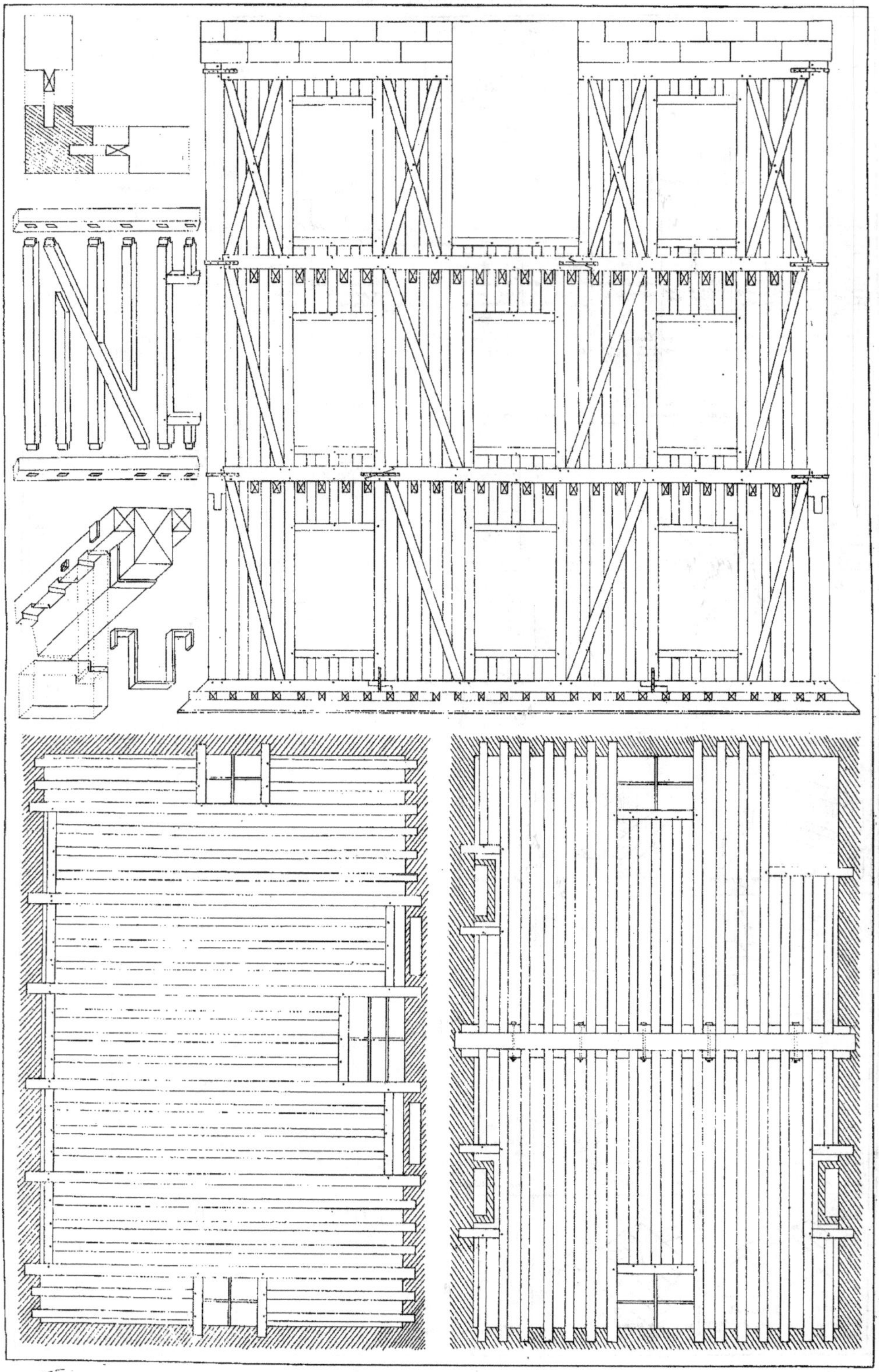

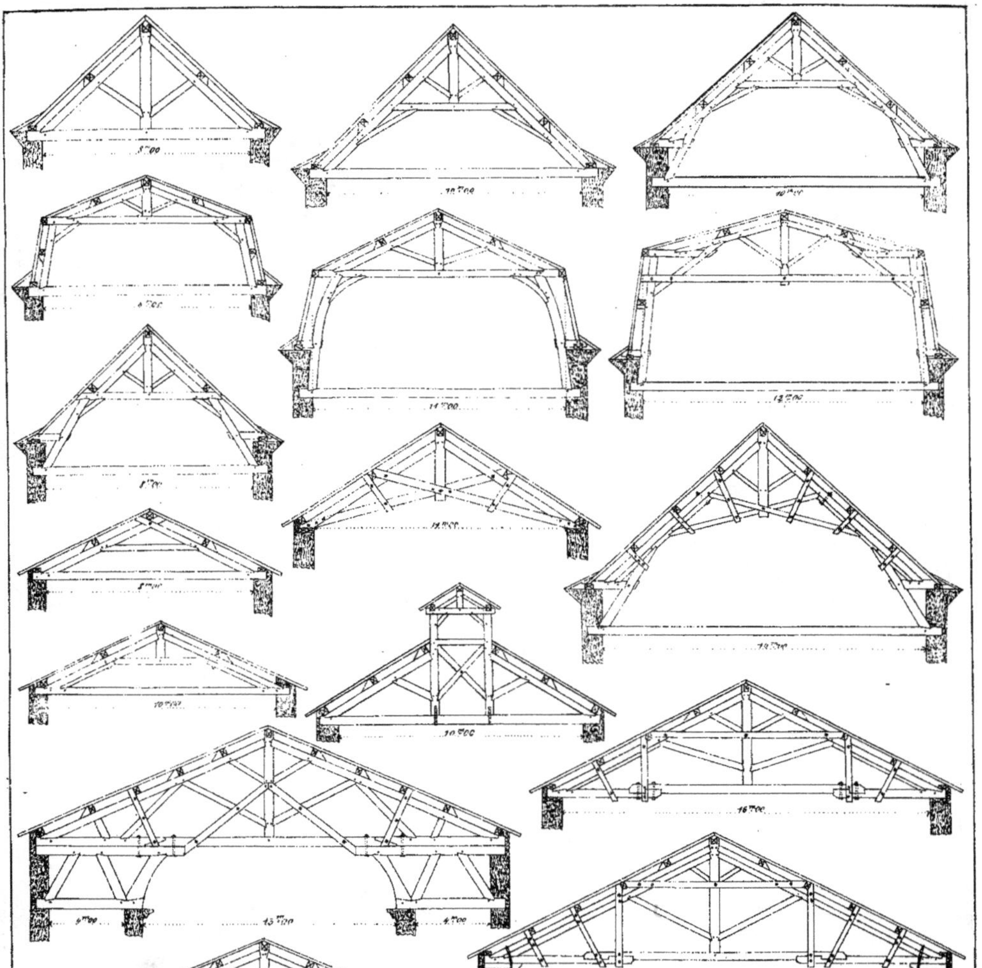

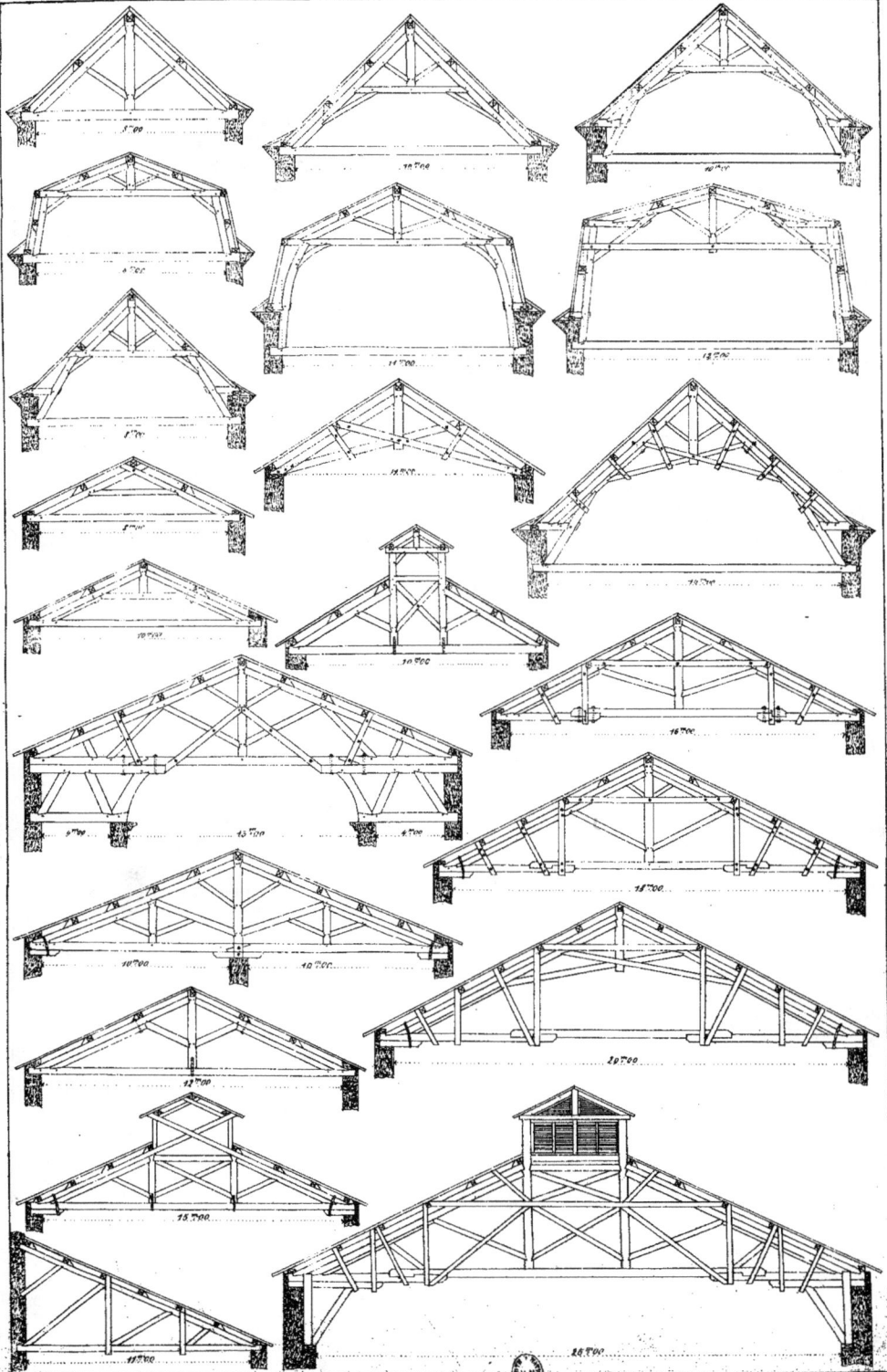

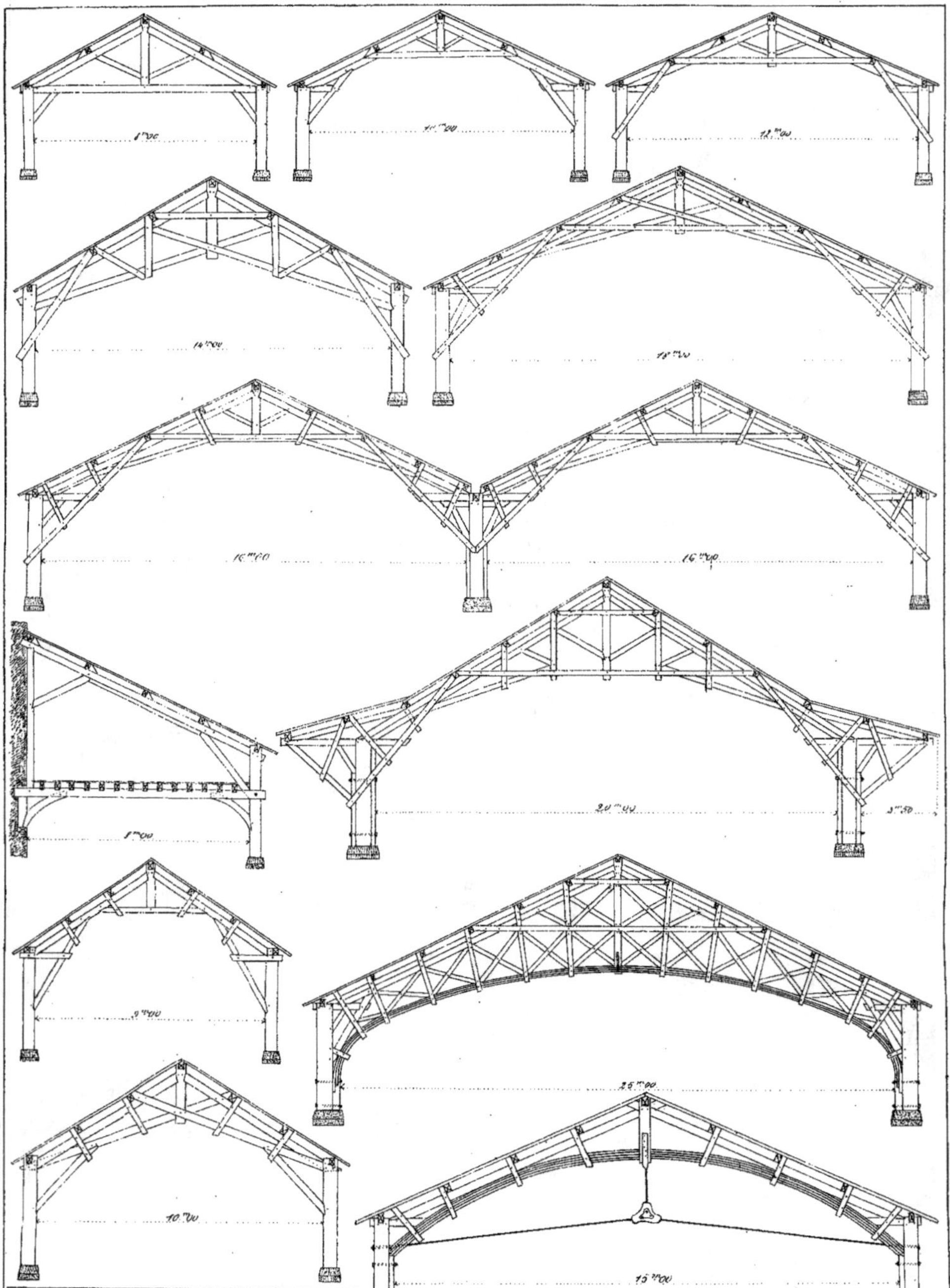

E. Delataille

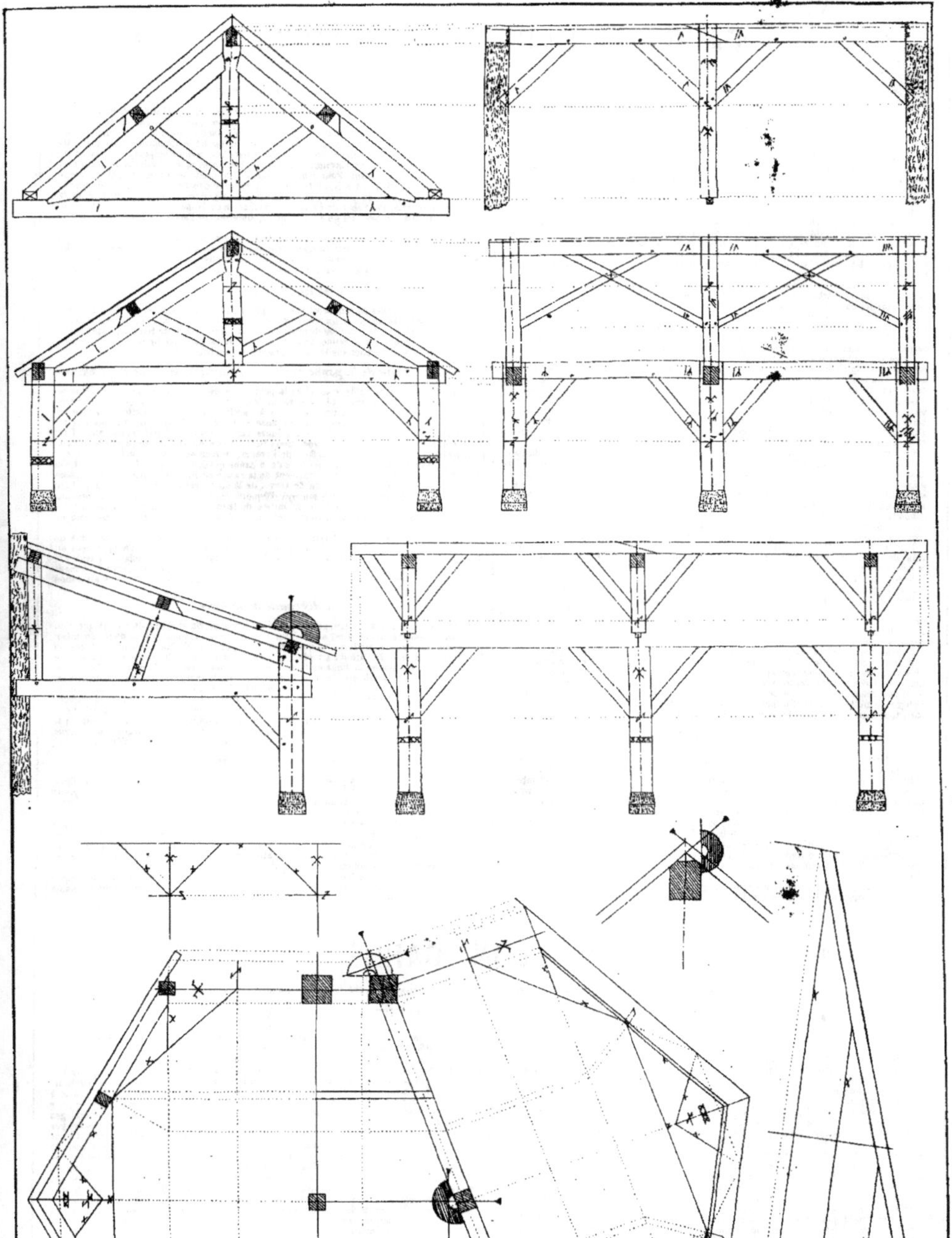

E. Delataille

FIGURE I. PLANCHE 6.

PAVILLON CARRÉ SUR TIRANTS.

Ce pavillon est établi dans tout ce qu'il y a de plus simple; c'est-à-dire que les arêtiers et les pannes sont seulement assemblés en coupe, sans tenons ni mortoises.

Manière d'opérer.

On commence d'abord par faire le plan par terre du pavillon, afin d'obtenir le carré des sablières, ce qui donne l'about des chevrons. On divise ensuite les quatre faces en deux parties égales; les milieux de ces faces donnent la ferme en plan par terre, ainsi que les deux demi-fermes. La jonction des deux lignes donne le poinçon en plan, tel qu'il est indiqué sur l'épure en vue de bout.

Pour avoir l'élévation de la ferme, on tire un trait carré sur le milieu du poinçon, et l'on porte, sur cette ligne tendue à l'about, la hauteur que l'on veut donner au comble; on obtient ainsi la rampe. On ajoute un coyau que l'on cloue sur le chevron en saillie afin de couvrir l'entablement. Sur la rampe de la ferme on figure d'abord l'épaisseur du chevron et la chambrée de la panne, ce qui donne le dessus de l'arbalétrier, puisque la panne repose dessus, soutenue par une échantignolle, tel qu'il est indiqué, en vue debout sur la ferme, par la figure. La vue de bout de la panne sur la ferme, sert, comme il vient d'être dit, pour mettre l'arbalétrier sur ligne.

Comme le bois de charpente n'est pas toujours droit, en se mettant sur ligne en face la panne, le rond de l'arbalétrier en dessus, le bout baisse dans le poinçon et rentre d'une même quantité dans le tirant pour éviter de caler ou de bûcher les pannes, par ce moyen on est sûr d'avoir un lattis droit. Cela fait, on ajoute une contrefiche du poinçon à l'arbalétrier. Cette contrefiche peut être placée de n'importe quelle manière; mais, comme elle est employée pour soulager l'arbalétrier, il faut, autant que possible la mettre d'équerre à ce dernier, et se tenir toujours du dessus pour la mettre sur ligne.

Le poinçon se ligne d'abord sur deux faces, par le milieu; la première fois pour le mettre sur ligne avec la ferme, et la seconde fois avec les demi-fermes au moyen d'un trait ramèneret (tel qu'il est indiqué sur l'épure). Lorsqu'il est sur ligne avec la ferme, on le met de devers sur le dessus, on marque une plumée de devers et on le contrejauge pour sa ligne d'assemblage avec la ferme. On plombe le milieu par bout qui sert ensuite de ligne d'assemblage pour les demi-fermes. La plumée de devers doit se mettre d'aplomb. Ensuite on fait paraître le couronnement du chevron, ce qui guide pour clouer les arêtiers. La demi-ferme s'établit de la même manière que la ferme, en portant toujours la même épaisseur de chevron et la même chambrée de panne.

Pour faire l'élévation, on tire un trait carré à la demi-ferme en plan au milieu du poinçon, avec la hauteur de la ferme, tel que l'indique le simblot. Pour porter la contrefiche dans les demi-fermes de croupe et dans les arêtiers, on profile celle de la ferme qui est primitivement fixe jusqu'au lattis et on tire une ligne de niveau que l'on rapporte sur l'élévation de l'arêtier et celle de la demi-ferme, avec la hauteur de l'about du pied sur la ligne aplomb du poinçon où la ligne de niveau coupe le lattis tenté au point de hauteur, ce qui donne la contrefiche. De cette manière, elles se dégauchissent toutes ensemble. Cette même ligne de niveau sert pour tracer le croisillon et l'emplacement de la panne, dans les demi-fermes de croupe pour se guider pour les mettre sur ligne comme la ferme.

Pour faire l'élévation des arêtiers, on les fait paraître en plan par terre, de l'arête au point de centre; on tire ensuite un trait carré au plan de l'arêtier; ce trait doit passer sur le milieu du poinçon à la hauteur de la ferme, tel que le simblot l'indique, tenté au pied, on obtient l'élévation.

Pour la contrefiche, le détail en a été donné en même temps que celui de l'élévation de la croupe. Pour que l'arêtier ait la retombée voulue, pour porter l'emplacement de l'empannon ainsi que la panne, on renvoie le dessous de la panne parallèle à la sablière en plan, jusqu'à la face de l'arêtier; de là on se renvoie d'équerre sur la ligne du milieu, puisque l'élévation part de cette ligne, puis on tire une parallèle à l'arêtier sur l'élévation, ce qui donne la retombée.

Pour obtenir le délardement égal des deux côtés, on est obligé de le dévoyer au moyen d'un trait carré sur l'arête. On prend l'épaisseur de l'arêtier et on le porte de chaque côté du trait carré; de ces points on se renvoie parallèlement d'une sablière sur l'autre, ce qui donne les faces en plan. On trace ces faces parallèlement à la ligne de milieu, et du point où la face coupe la sablière, on se renvoie d'équerre à la ligne de trave de l'arêtier qui est sa ligne de milieu en plan. On mène ensuite une parallèle à l'élévation tel qu'il est indiqué sur l'épure, on obtient ainsi le délardement de l'arêtier.

Tracé de l'engueulement.

Pour tracer l'engueulement, on commence par faire paraître l'emplacement du poinçon en plan, tel qu'il est figuré vu de bout, ainsi que l'épaisseur de l'arêtier, par le moyen indiqué ci-dessus; on tire ensuite un trait carré sur l'angle du poinçon, que l'on plombe sur l'arêtier et sur la contrefiche, quand l'arêtier est sur ligne pour l'établir. On prolonge ensuite les faces du poinçon jusqu'à la rencontre des faces de l'arêtier, puis on prend avec le compas la distance du trait carré sur la face de l'arrêtier jusqu'à l'endroit où cette dernière coupe la face du poinçon en avant; on porte cette distance parallèlement à la ligne aplomb en avant. On prend ensuite la distance du trait carré à l'endroit où la même face du poinçon vient couper l'autre face de l'arêtier en arrière du trait carré et on la porte sur l'autre face en arrière du trait carré; ce qui donne la coupe sur une face. En rembarrant ces lignes d'une face à l'autre, on fait la même opération sur l'autre face, tel qu'on le voit sur l'épure.

Le trait carré dont il est parlé est celui marqué d'un trait ramèneret.

Pour la contrefiche, l'opération est absolument la même.

Tracé du déjoutement.

Pour tracer le déjoutement des arêtiers avec les arbalétriers ou celui des contrefiches, on fait paraître l'épaisseur des arbalétriers en plan, épaisseur que l'on prend de la ligne du milieu à la face avec celles de l'arêtier qui sont déjà parnes. Du point de jonction des faces, on mène une ligne au centre du poinçon, ce qui donne le déjoutement en plan, tel qu'il est figuré. Pour l'arbalétrier, on prend, carrément à ce dernier en plan, la distance de la face du poinçon à celle de l'arêtier, distance que l'on porte aplomb suivant la coupe; on obtient ainsi le premier point. Pour avoir le second, on prend le milieu du poinçon, que l'on porte aplomb en avant suivant la coupe renvoyée d'équerre sur la ligne de milieu. Ce second point, joint au premier, donne la ligne de déjoutement de l'arbalétrier et cette ligne est très-exacte. Pour celui de l'arêtier, il suffit de faire la même opération. Cette opération est d'ailleurs indiquée tel qu'on voit le déjoutement sur l'arêtier échassé, c'est-à-dire vu sur champ.

NOTA : De la manière dont celui-ci est construit, on n'a nullement besoin de déjouter les arêtiers ni les arbalétriers, attendu qu'ils sont assemblés au-dessous des pannes et que les arêtiers sont placés en contre-haut. Le détail qui vient d'être donné à ce sujet serait urgent si les pannes étaient assemblées dans les arbalétriers. Quant aux contrefiches, il n'y a pas de différence.

Établissement des pannes.

Pour établir les pannes on commence par les lignées d'affleurement, telles qu'elles paraissent vues de bout sur la ferme. De là, les rembarrer par bout, ce qui forme un croisillon. On descend ce croisillon en plan, et le croisillon de la panne se met aplomb sur cette ligne, déversée par le niveau devers indiqué sur la panne. Quand ce croisillon est bien sur ligne et bien déversé, on plombe la face de l'arêtier sur la panne, ce qui donne la coupe.

Tracé de la rampe de la panne et de son occupation de coupe sur l'arêtier.

On profile la ligne de l'affleurement de la panne parallèle au lattis, jusque sur la ligne de trave, de là on la ramène suivant la sablière sur la face de l'arêtier et on la renvoie d'équerre sur la ligne de trave et on tire une parrallèle à l'arêtier en élévation. Cette ligne doit se combattre avec celle de la panne, une fois mise en place. Le dessus qui est le dessous du chevron se rapporte de même, tel qu'il est figuré sur l'élévation de l'arêtier, opération faite du côté de la croupe. Sur la ligne premièrement tirée, on remonte carrément au plan le point de jonction de la panne en plan avec la face de l'arêtier, ou bien on se sert de la ligne de niveau dont on s'est servi pour obtenir le croisillon de la panne qui doit passer sur le même point. On obtient le deuxième point pour l'enlignement de la rampe en tirant le croisillon de la panne d'équerre à la rampe jusqu'à la ligne de trave, de là on se renvoie parallèle à la sablière jusqu'à la face de l'arêtier en plan renvoyé d'équerre sur la ligne de trave, tenté au premier point on obtient la rampe sur la ligne du milieu de la panne. On obtient les faces par des parallèles d'après l'épaisseur de la panne, tel que la figure l'indique sur la demi-ferme de croupe.

Assez souvent il arrive que l'arêtier n'a pas assez de retombée pour porter la coupe de la panne, ce qui fait que l'on est obligé de lui rapporter une barbe suivant l'enlignement du dessous de l'arêtier. Le tracé en est indiqué planche 3, figure 2. Si toutefois il n'y avait pas de panne, chose qui arrive très-souvent, et que la coupe de l'empannon excéderait également au-dessous de la retombée, on lui rapporterait également une barbe dont le détail est donné planche suivante, figure 3.

Établissement de la herse.

Pour faire la herse de la croupe, on prend la longueur du chevron de croupe que l'on rabat sur lui-même, tel qu'il est indiqué sur l'épure par un simblot. De ce point, on mène une ligne au pied des arêtiers, ce qui donne la longueur de l'arêtier couché en herse, à l'endroit où la face de l'arêtier en plan va couper la sablière. On mène une parallèle à cette ligne, ce qui donne la ligne de coupe des empannons, avec la ligne de sablière pour l'about du pied sur la sablière. On pose la sauterelle sur la rampe du chevron de croupe et la lame de niveau indique la coupe sur la sablière. Pour la coupe de la tête, on place la sauterelle sur la même rampe et la lame aplomb, parce que la face de l'arêtier est aplomb. Cette opération donne la coupe aplomb de l'empannon. La première coupe se prend sur la herse. Pour cela on place les empannons sur la herse parallèle au chevron de croupe à la distance voulue, tel qu'il est indiqué sur la figure. On tire un coup de cordeau sur la ligne de l'arêtier et un autre sur l'about, puis les autres coupes comme il vient d'être dit.

Établissement du plan par terre.

Pour établir l'enrayure ou plan par terre, le tirant fait quartier sur lui-même et la ligne de milieu se met bien sur ligne avec celle qui est indiquée en plan. On place les petits goussets de n'importe quelle manière; mais il est préférable de les placer, autant que possible, d'équerre au collier de l'arêtier.

Pour mettre le tirant sur ligne et pour l'établir avec la ferme, on met la ligne de trave qui sert de ligne d'assemblage pour les goussets et les colliers sur ligne sur celle qui est indiquée dans l'épure. Cette ligne doit se tirer au même affleurement partout à partir du dessous, afin d'éviter de caler et de bûcher, attendu que les murs doivent être droits et de niveau. Pour les autres colliers, la manière d'opérer est toujours la même.

Lorsqu'on établit les arêtiers et les demi-fermes avant le plan par terre, on fait une plumée de devers sur le dessus des tirants, et pour les établir tous ensemble, il faut que cette plumée de devers soit aplomb.

FIGURE II.

PAVILLON CARRÉ

Établi par niveaux de devers pour assembler les pannes dans les arêtiers à tenons et mortoises, ainsi que l'arêtier dans le poinçon.

Manière d'opérer.

Il faut commencer par faire paraître le carré des sablières, l'élévation de la ferme, des arêtiers et de la demi-ferme, ainsi que celle de la herse tel qu'il a été expliqué (figure 1re). Cette construction est beaucoup plus compliquée que l'autre, parce qu'à une certaine hauteur il existe une seconde enrayure telle qu'elle est figurée sur l'élévation de la ferme. Cette seconde enrayure est accompagnée d'aisseliers et contrefiches.

Pour placer ces assemblages dans les arêtiers et dans les demi-fermes et pour qu'ils se dégauchissent tous ensemble, on les profile jusqu'au lattis et on prolonge ce profil jusqu'au point de centre, aplomb au milieu du poinçon. Du point où ils coupent le lattis on mène une ligne de niveau que l'on reporte aussi de niveau sur les arêtiers et sur les demi-fermes. Du point où elles coupent le lattis avec le point de hauteur on mène une ligne droite, ligne qui sert pour placer les aisseliers et contrefiches dans les arêtiers aussi que dans les demi-fermes. L'entrait se porte toujours au même niveau et se ligne sur les quatre faces, par le milieu et partout au même affleurement pour le dessous. Lorsque les entraits sont établis, on leur fait faire quartier et on les descend en plan par terre pour les établir avec les goussets au moyen d'un trait ramèneret, tel qu'il est figuré sur l'élévation de l'arêtier.

Pour mettre le poinçon sur ligne avec l'arêtier, on le couche sur la ligne aplomb de l'arêtier. Les quatre lignes d'assemblage rencontrent par bout le croisillon que l'on met sur ligne aplomb sur celle qui paraît, parce qu'elle part du croisillon au moyen d'un trait ramèneret porté à la même hauteur, tel que l'indique le simblot marqué sur la figure. Le poinçon se déverse au moyen d'un niveau de devers placé sur la face à l'endroit où la plumée de devers est indiquée. L'enlignement de l'arêtier en plan sert pour ligner et tortiller la mortoise. Un trait carré à cette même ligne sert pour le déverser. Si toutefois le poinçon était mis sur ligne sans avoir été ligné, il n'y aurait qu'à tirer un trait de niveau sur le croisillon par le bout où il va couper la face et donner un coup de cordeau de niveau, la trace du cordeau donnerait la ligne qui doit se combattre avec celles de l'arêtier et de la contrefiche. Pour les autres arêtiers, la manière d'opérer est toujours la même. Le niveau se place toujours au même endroit, ainsi que le renvoi de l'arêtier que l'on veut établir sur le niveau, comme il a été dit ci-dessus; il se place aussi toujours sur la même plumée, et le plomb tombe toujours du côté où l'élévation a été faite.

Établissement des pannes.

Pour établir les pannes avec les arêtiers, on commence d'abord par ligner la panne sur deux faces; on contrejauge ces deux lignes pour obtenir le croisillon par bout, tel qu'il est indiqué sur son vu debout sur la ferme et la demi-ferme. Ces lignes doivent toujours se tirer au même affleurement sur le lattis et sur le dessous, afin que le lattis soit partout égal. De cette manière on évite de caler ou de bûcher les chevrons. Pour figurer cette même ligne, qui est la ligne d'assemblage, dans l'arêtier, on la descend parallèlement au lattis jusqu'à la ligne de trave et en la menant aussi parallèlement à la sablière jusqu'au plan de l'arêtier. De là on la renvoie sur l'élévation de l'arêtier, comme il est indiqué sur ce dernier à gauche de la croupe, car l'opération a été faite pour un arêtier seulement, puisque pour l'autre l'opération est la même. L'arêtier étant sur ligne, pour l'établir avec ses assemblages et bien de devers sur la plumée, on projette cette ligne sur l'arêtier que l'on plombe par bout avec la ligne de contrejauge. De cette manière on obtient le croisillon servant pour mettre l'arêtier sur ligne sur la herse. Pour l'établir avec la panne, on se sert du niveau de devers qui est figuré en plan et du trait ramèneret, porté à la même distance du pied d'une ligne d'assemblage à l'autre. L'arêtier peut se ligner étant sur ligne en herse, de la même manière que pour le poinçon. Pour le ligner d'avance, on le met sur deux chantiers de devers comme pour le tortiller, on plombe le croisillon jusqu'à la face, et l'on projette une ligne aplomb qui est la ligne d'assemblage sur la face, combattue avec celle de la panne une fois assemblée. Du dessus de la panne au délardement on a juste l'épaisseur du chevron qui a été fixé sur les fermes. Pour délarder l'arêtier, on le trace en même temps que la ligne d'assemblage en plombant la ligne du milieu sur la face, tel qu'il est indiqué (figure 3).

Par ce moyen, si l'arêtier est flâcheux ou croche, on est sûr d'obtenir une arête droite. Pour obtenir le niveau de devers, on tire un trait carré sur l'arêtier en plan, au point que l'on veut, de là on simblote sur la ligne d'assemblage, d'équerre à son élévation, que l'on rabat sur l'arêtier en plan du côté du pied. De l'endroit où le trait carré va couper la ligne d'assemblage au plan, on tente au rabattement, ce qui sert pour ligner l'arêtier. Un trait d'équerre sur cette ligne sert pour le déverser en herse. Comme l'arêtier est à face aplomb, on place le niveau sur la face où la plumée est faite, et les lignes qui viennent du côté de la croupe servent pour établir la panne de croupe. Pour le long pan, on place le niveau au même endroit et on jette celle du long pan. C'est toujours la première ligne qui sert pour ligner, ainsi que le trait carré établi. Le rabattement étant fait sur le pied, le niveau regarde la tête. Si au contraire il était fait du côté de la tête, il regarderait le pied, car les plombs pour établir tombent toujours du côté du trait carré.

Pour mettre la panne en herse, on la rabat par un simblot sur sa ligne d'assemblage; on se renvoie parallèle à la sablière jusqu'à l'arêtier, elle se pose à plat et de devers sur le lattis. L'arêtier se met sur ligne et le croisillon sur la ligne tracée pleine en herse et une fois déversée, la ligne de milieu du dessus tombe aplomb sur la ligne ponctuée. Quant à la coupe des empannons le détail en a été donné dans la figure précédente.

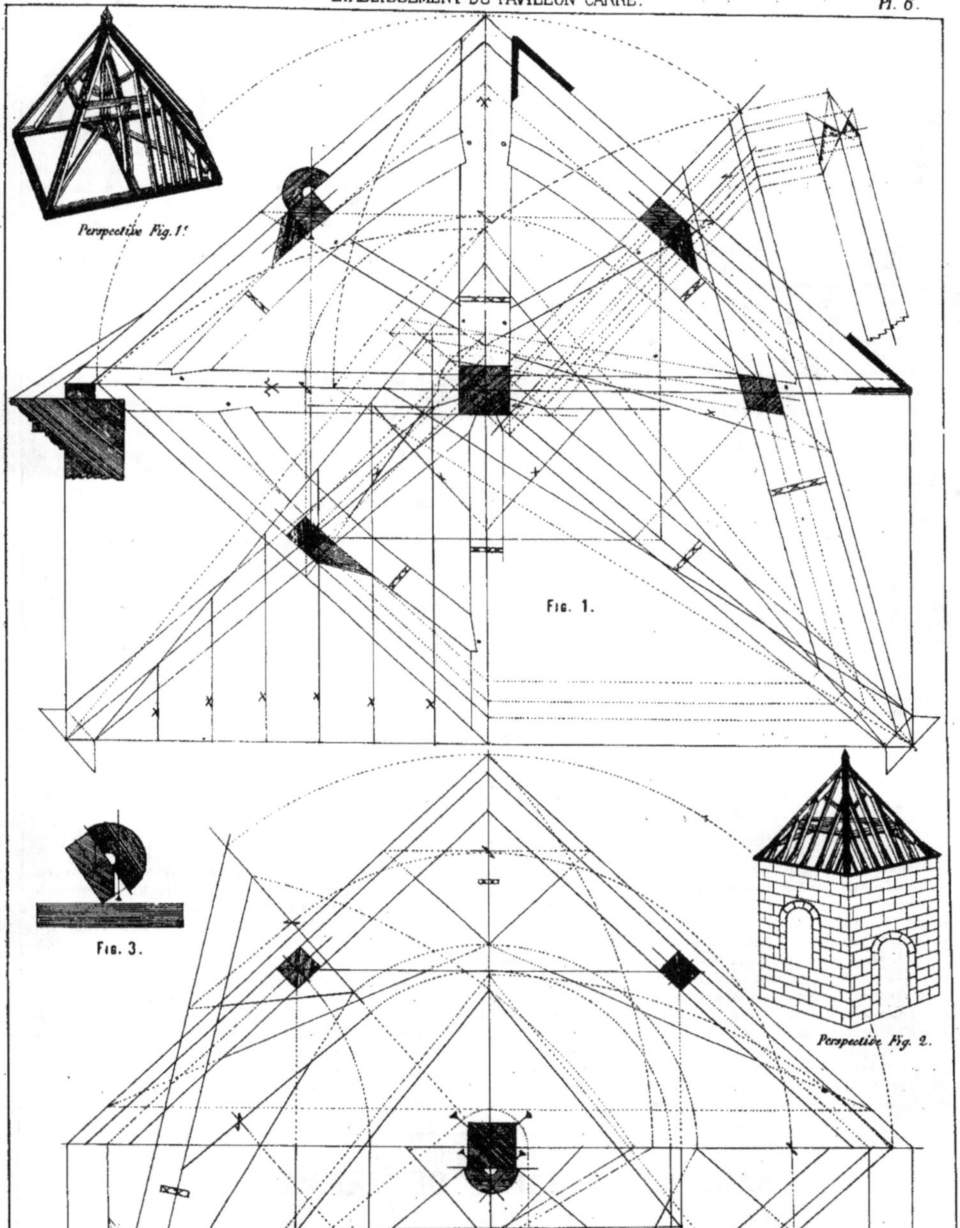

E. Delataille

Imp. Ch. Guilland, Tours.

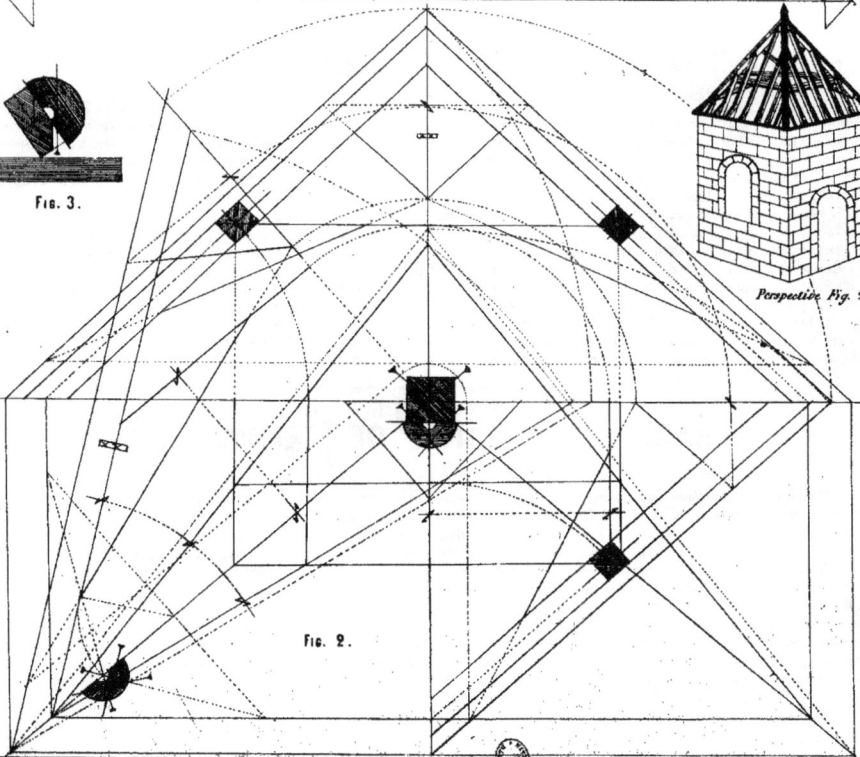

FIGURE I.

PAVILLON MANSARDE.

Ce pavillon se construit de la même manière que le précédent (figure 1re); la seule différence vient du comble qui est brisé. Les pannes sont de niveau sur le dessus, et c'est ce qu'on appelle sablières de bris.

Manière d'opérer.

On commence d'abord par faire paraître le carré des sablières en plan par terre, la ferme et la demi-ferme ainsi que les arêtiers, tel qu'il a été déjà dit. On fait ensuite l'élévation de la ferme avec la hauteur du bris et la pente qu'on veut lui donner; de là on tente à la hauteur principale. La ferme est assemblée comme si le comble était droit avec contrefiches et aisseliers, tel qu'on le voit sur l'épure. L'arbalétrier du bas s'assemble dans l'entrait; il en est de même de celui du dessus. Pour la facilité du local, on est quelquefois obligé de supprimer l'aisselier; lorsqu'il en est ainsi, on ajoute un lien de la sablière de bris à l'arêtier afin de maintenir les roulis. Ce lien s'appelle lien mansard, et il s'établit comme il est indiqué (figure 2). A l'instant on en donnera le détail.

L'élévation de la ferme étant faite, on descend l'arête de la sablière jusqu'à l'arêtier en plan par terre. De là on se ramène parallèle aux autres sablières tout le tour. Dans la partie de la croupe elle se trouve plus rapprochée parce qu'il y a moins de reculement, et le comble est plus raide. Si on voulait que le bris ait la même rampe tout le tour du bâtiment, l'arêtier de bris avec celui du haut formerait un coude en plan. L'opération étant trop difficile à comprendre dans ce moment, il en sera parlé plus tard.

Continuons par l'élévation de la demi-ferme. A l'endroit où la sablière de bris coupe la demi-ferme en plan, on remonte d'équerre à la demi-ferme en plan avec la hauteur de l'entrait, on obtient la rampe du bris et la hauteur totale de la ferme pour le comble du haut tenté à la tête du bris. Pour les arêtiers on fait de même. A l'endroit où la jonction des deux sablières en plan coupe l'arêtier, on remonte d'aplomb avec la même hauteur de l'entrait à la jonction des deux, ce qui donne l'arêtier du bris. La hauteur du même point à la tête donne celui du haut. Les assemblages se placent toujours de la manière déjà indiquée.

Pour délarder l'arêtier, le plus court moyen est de se servir du niveau de devers, comme il a déjà été fait, ainsi que pour établir les arêtiers avec le poinçon. Pour les arêtiers on est obligé de se servir de deux niveaux de devers : un sur les sablières du bas et un autre sur celles du haut; les rampes étant différentes, le point de rabattement n'est plus le même, ce qui fait que l'on est obligé de faire l'opération à chaque. Pour faire ces niveaux de devers, nous allons donner une seconde fois la démonstration. On tire d'abord un trait carré sur le plan de l'arêtier, n'importe à quel endroit. Au point où le trait carré coupe l'arêtier en plan, on met la pointe de la fausse équerre et on simblote sur la ligne de l'arêtier en élévation rabattu sur lui-même en plan, ce qui donne un point. Au point où le trait carré coupe les sablières on tente à ce point. Ces lignes servent pour tracer le délardement en plaçant le niveau sur la face de l'arêtier, attendu qu'il est à face aplomb. Le niveau se place toujours du côté où la plumée est faite, et le plomb tombe toujours comme il est indiqué sur la figure. Les sablières de bris s'établissent en plan par terre avec l'enrayure du haut. Il est assez urgent que ces sablières soient droites sur deux faces, le dessus et le devant, car il faut que l'arête soit droite.

Pour couper les empannons, il faut faire la herse. Parlons de celle de la croupe. On prend la longueur du chevron de bris que l'on porte sur lui-même. On tire une parallèle à la sablière. Sur cette ligne on porte la longueur de la sablière de bris en plan à partir du chevron de croupe de chaque côté, ce qui donne la tête des arêtiers, et on tente au pied. Ensuite on prend la largeur du délardement, que l'on porte parallèle à cette ligne en dedans, ce qui sert pour couper les empannons en les plaçant sur la herse à l'écartement voulu. Une fois les empannons placés, on tire un coup de cordeau à ces lignes sur les empannons pour la tête et à l'about pour le pied. Ceux qui vont d'une sablière à l'autre sont coupés avec un gabari que l'on fait sur l'élévation de la demi-ferme, tel que l'indique la figure. Pour ceux qui vont dans l'arêtier, on place la sauterelle sur la rampe du bris et la lame aplomb pour le démaigrissement et pour le pied de niveau. Pour la herse du haut, on prend la longueur du chevron de croupe du haut que l'on porte en contre-haut de la sablière de bris en herse. De ce point on tente à la tête des autres arêtiers en herse. Le démaigrissement pour ces empannons se fait de même avec la sauterelle, sur la rampe du haut.

FIGURE II.

ÉTABLISSEMENT DU LIEN MANSARD.

On commence d'abord par faire paraître les sablières et l'arêtier en plan, ainsi que l'élévation du bris sur laquelle on indique la sablière de bris. On ligne par le milieu toujours au même affleurement du dessus et du devant, tel que c'est indiqué. Ensuite on descend le croisillon en plan, toujours parallèlement aux autres sablières. Ce même croisillon, descendu parallèlement à la rampe jusqu'à sa ligne de trave, se renvoie suivant la sablière jusqu'à l'arêtier en plan. Pour sa ligne d'assemblage, on tente une parallèle à son élévation qui sert pour l'établir avec ses assemblages ordinaires. Pour mettre la sablière sur ligne avec l'arêtier, on prend la longueur de la ligne d'assemblage au croisillon, on fait un simblot sur le plan par terre et on tente une parallèle à cette même ligne en plan. Avec la même longueur reportée en herse, on tente au pied de l'arêtier sur le croisillon. L'arêtier étant ligné tel qu'il est vu en élévation et plombé par bout sur la ligne de contre-jauge, ce croisillon doit être mis sur ligne sur celle qui paraît en herse. Pour déverser l'arêtier, le niveau est le même que pour l'établir avec les pannes, et c'est toujours la première ligne qui sert à ligner et le trait carré qui sert pour l'établir. Pour déverser la sablière, on place le niveau sur sa face aplomb ou sur la face du dessus. L'enlignement de la rampe sert pour ligner et tortiller un trait d'équerre à la rampe pour l'établir et le plomb tombe du côté où elle est couchée; c'est toujours sur le croisillon que l'on doit se mettre sur ligne. Le lien se place en herse comme l'on veut, et pour le reproduire en plan, on descend son about carrément de la sablière en herse sur elle-même en plan pour la tête. De ce point on tente à l'endroit où le lien en herse vient couper la ligne d'assemblage en plan. Pour que le dessus du lien flambe juste au-dessous des chevrons, on fait paraître l'épaisseur du chevron sur la rampe et du dessous du chevron à la ligne d'assemblage, le lien doit se ligner à cet affleurement à partir du dessus pour sa ligne d'assemblage.

FIGURE III.

TRACÉ DE LA BARBE DE L'EMPANNON.

Comme il a été dit dans la première figure, lorsque la coupe de l'empannon se trouve excéder en contre-bas du dessous de l'arêtier, on est obligé de rapporter une barbe. Voici la manière de la tracer. Sur le plan de l'arêtier, on place un empannon en plan d'équerre à la sablière, et à n'importe quelle distance. A l'endroit où la face de l'empannon en plan coupe celle de l'arêtier, on se remonte carrément sur l'élévation jusqu'à la ligne du lattis. Cette ligne est la coupe aplomb de la face. Pour obtenir l'enlignement de la barbe juste au fond d'arête, il faut faire paraître la retombée de l'arêtier sur son élévation. A l'endroit où cette ligne coupe la ligne de base, on tire un trait carré sur le plan de l'arêtier jusqu'à la rencontre de la face de l'empannon. Profilée sur son plan, elle donne le premier point. On tire ensuite un trait sur l'arête de la gorge de l'arêtier en plan, parallèle à la sablière jusqu'à la face de l'empannon. De là on se remonte parallèle au lattis jusqu'à la rencontre de la première ligne aplomb, de là tenté au premier point indiqué, on obtient l'enlignement de la barbe, juste à l'endroit où elle doit se placer pour que l'empannon affleure avec le lattis de l'arêtier. On pourrait obtenir ce deuxième point en prenant sur une ligne aplomb sur l'élévation de l'arêtier la distance de la ligne de délardement à la ligne du dessous rapportée sur la première ligne aplomb à partir du lattis, tel que la figure l'indique par les deux faces de l'empannon remonté carrément du plan de l'arêtier sur l'élévation, on obtient ainsi l'occupation de la coupe.

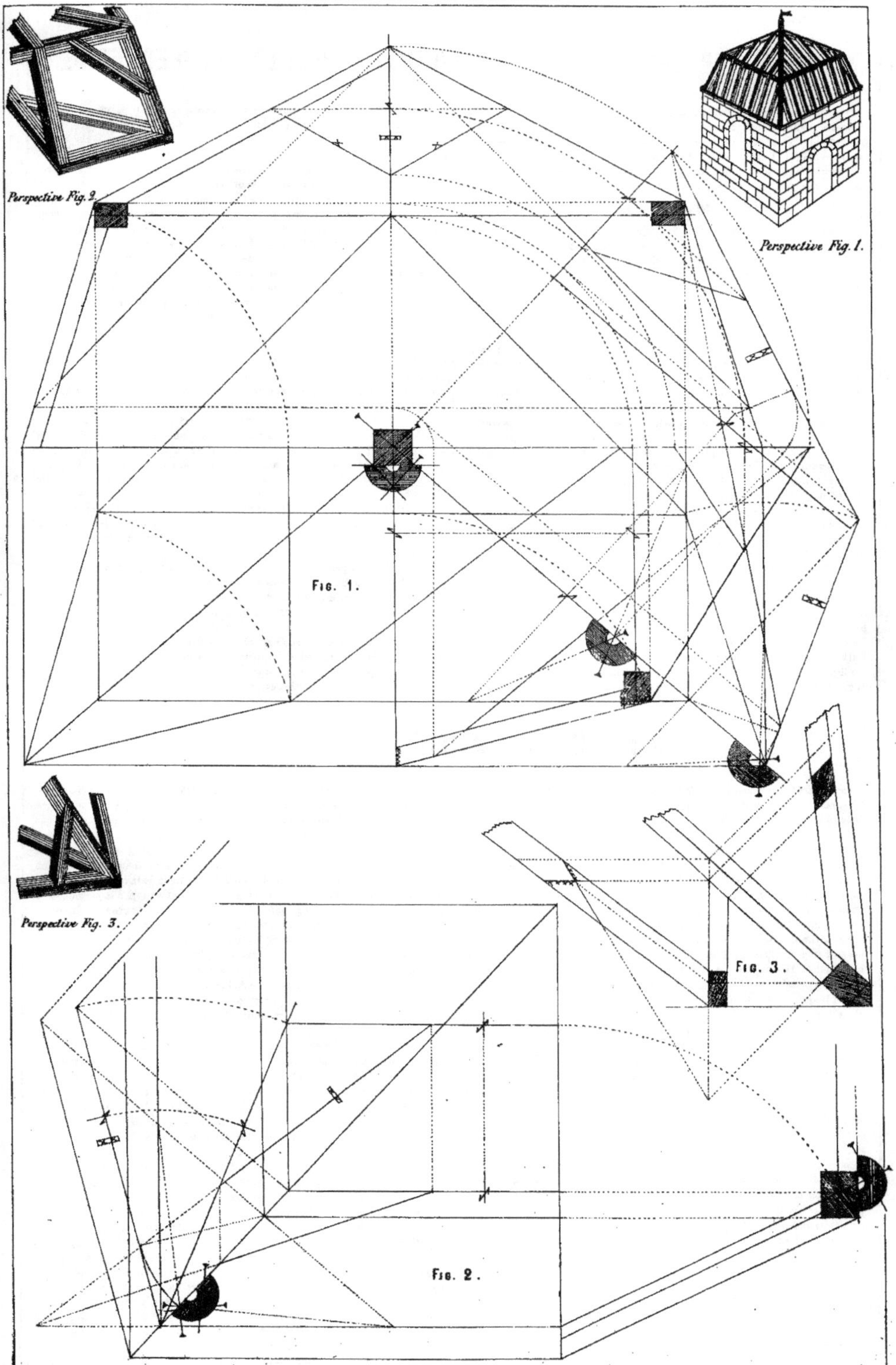

Imp. Ch. Guilland, Tours.

COMBLE SUR JAMBE DE FORCE, FORMANT UN RETOUR D'ÉQUERRE.

Cette charpente est appareillée d'une manière différente à la précédente. Cette différence vient de ce qu'il existe un exhaussement du plancher à l'entablement, ce qui fait que l'on ne peut pas établir de tirant. On est donc obligé d'établir une jambe de force du soliveau à l'arbalétrier, pour supporter le blochet. La ferme doit s'appareiller tel qu'il est indiqué en élévation. On fait traverser le tenon du blochet dans la jambe de force et l'entrait en gargouille dans l'arbalétrier.

Manière d'opérer.

On commence par faire paraître sur deux lignes d'équerre la largeur du bâtiment de chaque côté, sur lesquelles on espace les fermes en plan par terre à leur écartement voulu. De l'endroit où les deux sablières se rencontrent de chaque côté on tire une ligne sur ces deux points, ce qui donne l'arêtier et la noue en plan par terre, ainsi que les faîtages descendus de l'aplomb du poinçon, parallèle aux sablières; à leur jonction en plan on obtient le croisillon du poinçon qui fait la tête de l'arêtier et de la noue en plan. Le poinçon doit se placer de manière que ses faces regardent les sablières de chaque côté, tel qu'il est indiqué vu debout sur l'épure. Pour faire l'élévation de l'arêtier et de la noue, l'on tire un trait carré à eux-mêmes en plan sur le croisillon du poinçon, avec la hauteur totale de la ferme tentée à chaque about. La hauteur se prend sur la ligne de trave du blochet de la ferme; la ligne d'arêtier en plan sert de ligne de trave pour les deux blochets, en les lignant tous au même affleurement du dessous. Pour placer les jambes de force qui se déguchissent avec celles des fermes, on descend les deux abouts jusque sur le plan par terre, de là on les remonte aplomb avec la hauteur de l'about du haut pris sur la ligne de trave et rapporté de même pour la tête. Sur la même ligne en contre-bas sur le plancher, on rapporte de même l'about du pied, descendu aplomb sur cette ligne; de là on tente au premier point, ce qui place les jambes de force. L'about du pied des jambes de force est marqué d'un trait ramènerct qu'il faut avoir soin de plomber sur le bois en l'établissant, parce que le tenon se fait presque toujours au levage, attendu que les soliveaux sont toujours posés d'avance. Pour cela on assemble le blochet avec la jambe de force et l'arbalétrier; puis, avec une tringle, on prend la distance du dessus du mur au-dessus du soliveau et on la porte d'équerre, suivant le dessous du blochet, sur la jambe de force pour l'enrasement du tenon tracé suivant le trait ramèneret. Cette précaution est bonne à prendre en cas de variation. L'entrait se porte toujours au même niveau et s'assemble en gargouille comme celui de la ferme. Le poinçon se met sur ligne sur son croisillon deversé par un niveau de devers que l'on place sur la face sur laquelle la plumée est faite, l'enlignement de l'arêtier et de la noue en plan tortille un trait carré qui sert à l'établir. Le plomb tombe toujours du côté où l'élévation est faite. La noue se met sur ligne, le dessus sur la ligne qui est parue, attendu qu'elle n'est pas rencreusée, ce qui ne doit même jamais se faire, car c'est nuisible au couvreur qui est obligé de rapporter une fourrure. Le moyen le plus convenable pour cela, consiste à laisser une partie plate de quatre ou cinq centimètres sur la noue, de faire tenter l'about des empannons en coupe sur le dessus et de construire une barbe allant rattraper la face.

Pour établir les faîtages avec les poinçons, on tire un trait carré au faîtage en plan sur le milieu des poinçons; de là on prend à partir du trait ramèneret du poinçon, que l'on a soin de plomber en établissant avec les fermes, la distance du dessus du chevron que l'on porte parallèle au faîtage en plan; car c'est lui-même en plan qui nous sert de trait ramèneret, tel qu'il est indiqué. Le dessus du faîtage se met sur ligne à cette ligne. Les liens se placent idéalement en mettant tous les abouts au même niveau. Le poinçon du milieu vient sur ligne deux fois pour ces deux faîtages. Pour un la plumée doit être de niveau et pour l'autre aplomb. La herse de l'arêtier se fait de la même manière que celle indiquée pour le pavillon carré, ainsi que celle de la branche de noue, en couchant par un simblot la longueur du chevron sur lui-même, ramené parallèle à la sablière en remontant la tête de la noue d'équerre à cette ligne sur elle-même, tenté au pied de la noue, ce qui donne la herse pour couper les empannons en les plaçant toujours d'équerre à la sablière; la ligne du milieu de la noue sert d'about puisqu'ils vont en barbe dessus. Pour obtenir la coupe de l'empannon sur la noue, on commence par fixer un empannon en plan par terre à l'endroit que l'on veut. Au point ou l'empannon coupe le milieu de la noue, on remonte ce point sur le lattis de la ferme qui fait la longueur. De ce point on tire un trait carré sur le pied de la noue en plan en profilant l'empannon en plan jusqu'à la rencontre, on remonte ce point parallèle à la sablière sur la ligne de trave de la ferme, tenté au point où l'about remonte jusqu'au lattis, on obtient la coupe du dessus de la noue. Pour obtenir le fond d'arête, on fait paraître l'épaisseur de la noue en plan à la rencontre de l'empannon; cette ligne remontée parallèle à l'about où elle coupe la première coupe, donne le fond d'arête. En plaçant le manche de la sauterelle sur le chevron et la lame sur ces deux lignes, une sert pour la coupe de dessus, et l'autre pour la coupe aplomb. La ligne dont on s'est servi pour l'empannon en plan est la ligne du faîtage qui sert pour l'établir avec le poinçon.

Pour établir les pannes avec la noue, la ligne d'assemblage se porte de même comme dans les arêtiers en la ramenant suivant le lattis jusqu'à la ligne de trave et suivant la sablière jusqu'à la noue en plan de la remontée parallèle à son élévation, tel qu'il est indiqué. Ce même point est remonté parallèle à la herse pour la mettre sur ligne sur le croisillon et sur le trait ramèneret, la panne renvoyée parallèle à la sablière par un simblot pris à la jonction de la ligne de trave et de la ligne d'assemblage de la panne. Le niveau de devers se fait tel que pour l'arêtier, excepté que le plomb pour ligner ou pour tortiller tombe au sens opposé tel qu'il est figuré sur l'épure. Le blochet doit se traver en queue d'aronde sur la sablière.

FIGURE II.

TRACÉ DE LA BARBE DE LA PANNE.

Après avoir fait paraître le plan de l'arêtier et la rampe du comble sur lequel on fait paraître le vu de bout de la panne, on renvoie une des faces de la panne carrément au lattis jusque sur la ligne de base. De là on tire une parallèle au plan de la panne qui sert de sablière pour l'enligncment de la face opposée au lattis. On descend ce point aplomb sur le plan qui donne l'arête de la panne en plan, ensuite on tire un trait carré au plan de l'arêtier, à l'about de la ligne du délardement. A l'endroit où ce trait carré coupe la sablière premièrement indiquée, on obtient un point. Du point où la rampe de la panne coupe la ligne de base, on prend cette longueur rabattue sur le plan, on tire une parallèle à la panne en plan ou à la sablière, on obtient ainsi la panne couchée à plat, sur les faces opposées au lattis, tel que le simblot l'indique sur la figure. A la jonction de la panne en plan avec la face de l'arêtier, on renvoie d'équerre sur la ligne de la panne indiquée en dernier et on obtient le deuxième point qui, tenté au premier, donne l'enlignement du dessus de l'arêtier. Pour obtenir le fond d'arête on renvoie la gorge de l'arêtier carrément jusque sur la même ligne, on tire une parallèle qui donne le fond d'arête, tel qu'il est figuré sur le plan.

On peut également obtenir ce fond d'arête, sans se servir du dessus de l'arêtier. Pour cela on profile la gorge jusqu'à la sablière du comble, de là on se renvoie parallèle au plan de l'arêtier jusqu'à la ligne de la panne en plan, on renvoie ce point carrément sur l'autre ligne de panne déjà indiquée, on tente au même point de la gorge, tel qu'il est indiqué sur l'épure. Pour la rampe de la panne, la démonstration en a été donnée dans la figure 1re, même planche, du reste elle est indiquée sur l'épure. Cette opération est très-urgente, parce qu'elle sert souvent en pratique, principalement pour la panne. Il arrive souvent qu'elle se fait hors du chantier et alors on ne peut pas avoir recours à l'épure afin d'opérer par le moyen indiqué. Dans ce cas on se sert d'un moyen spécial. Ce moyen sert à reproduire une barbe d'équerre dans une coupe quelconque; il peut même servir à obtenir la rampe de la coupe sur la pièce où les morceaux en question doivent se placer. Il est urgent que cette rampe soit parue pour obtenir le fond d'arête sur la pièce où l'on veut reproduire la barbe. Cette opération étant une chose très-utile à la pratique, j'engage le lecteur à apporter toute l'attention possible à la démonstration qui va être donnée à ce sujet.

Manière d'opérer.

Le morceau sur lequel la coupe est premièrement tracée est marqué sur le plan (figure 3). Les deux faces de chaque côté sont également parues (figures 4 et 5) ainsi que la pièce sur laquelle le morceau vient se placer (figure 6), et où l'occupation de la coupe est tracée. On obtient ce tracé par un simblot fait en plaçant la pointe du compas à la jonction de la coupe sur l'arête de la face gauche (figure 3). Ce simblot se renvoie également sur la face (figure 4) où le simblot coupe la ligne de la coupe (figure 3), on place la pointe du compas sur ce point, puis on pose une règle sur la ligne de la même coupe de la face opposée que l'on simblote carrément sur l'arête de la règle qui flambe sur la ligne. De là on rapporte ce point parallèle à la coupe sur la face (figure 4). Au point où cette ligne coupe le simblot, on obtient un point tenté à la jonction de l'arête avec la ligne de la coupe; de ce même point, on tire un trait d'équerre à la même ligne de coupe jusqu'à la jonction de la deuxième, ce qui sert pour reproduire la rampe sur la pièce (figure 6). Pour tracer ladite rampe, on tire un trait carré sur la face de la pièce, ensuite on prend la distance des deux lignes parues suivant l'enlignement de la coupe sur la face (figure 4), on porte cette distance sur la pièce à partir du dessus, attendu que le dessus de la coupe doit affleurer; cette ligne se tire parallèle au bois. De là on prend la distance des deux lignes qui partent de la gorge de la coupe sur la face (figure 4) à la jonction sur la ligne tirée en contre-bas; cette distance est portée sur la ligne qui vient d'être tirée sur la face de la pièce (figure 6) à droite du trait carré. On tente au point où le trait carré coupe la face du dessus, et on obtient ainsi ladite rampe. En portant la longueur de la coupe suivant la face sur une ligne parallèle, on obtient l'occupation de la coupe, tel que la figure l'indique. La longueur de cette rampe portée suivant la coupe sur la figure 3, donne le fond d'arête. Pour reproduire la barbe, on place la pointe du compas sur ce point, en posant une règle tel qu'il a été fait pour la rampe. On simblote de même sur l'arête du dessous de la règle, on porte ce point sur la coupe à partir de l'arête de la face gauche où la même ligne de coupe joint la face opposée. De là on simblote également sur l'arête de la règle que l'on rapporte de même sur la coupe, ce qui donne un point; ensuite du premier point indiqué on tire un trait d'équerre à la coupe, la jonction de ce trait avec la face donne le deuxième point, la distance des deux est rapportée parallèle à la ligne de la même coupe sur la face opposée (figure 5), tel que la figure l'indique. A l'endroit où cette même ligne coupe la face, on tente au point du fond d'arête et on obtient ainsi l'enlignement de la barbe, indiqué figure 3.

NOTA. — Pour reproduire cette même barbe, s'il arrivait que la rampe de la coupe soit la même sur chaque face, il faudrait tirer un trait carré à la coupe sur le point du fond d'arête. A l'endroit où ce trait carré coupe la face on prend de ce point à celui où la ligne de coupe joint la même face; on porte cette distance, comme il a été déjà fait, parallèle à la ligne de coupe sur la face opposée en dessous. Du point où cette même ligne coupe l'autre face on tente au point du fond d'arête. La barbe ainsi faite est très-exacte. Pour la reproduction de l'occupation de la coupe, il n'y a aucune différence.

COMBLE SUR JAMBE DE FORCE, FORMANT UN RETOUR D'ÉQUERRE

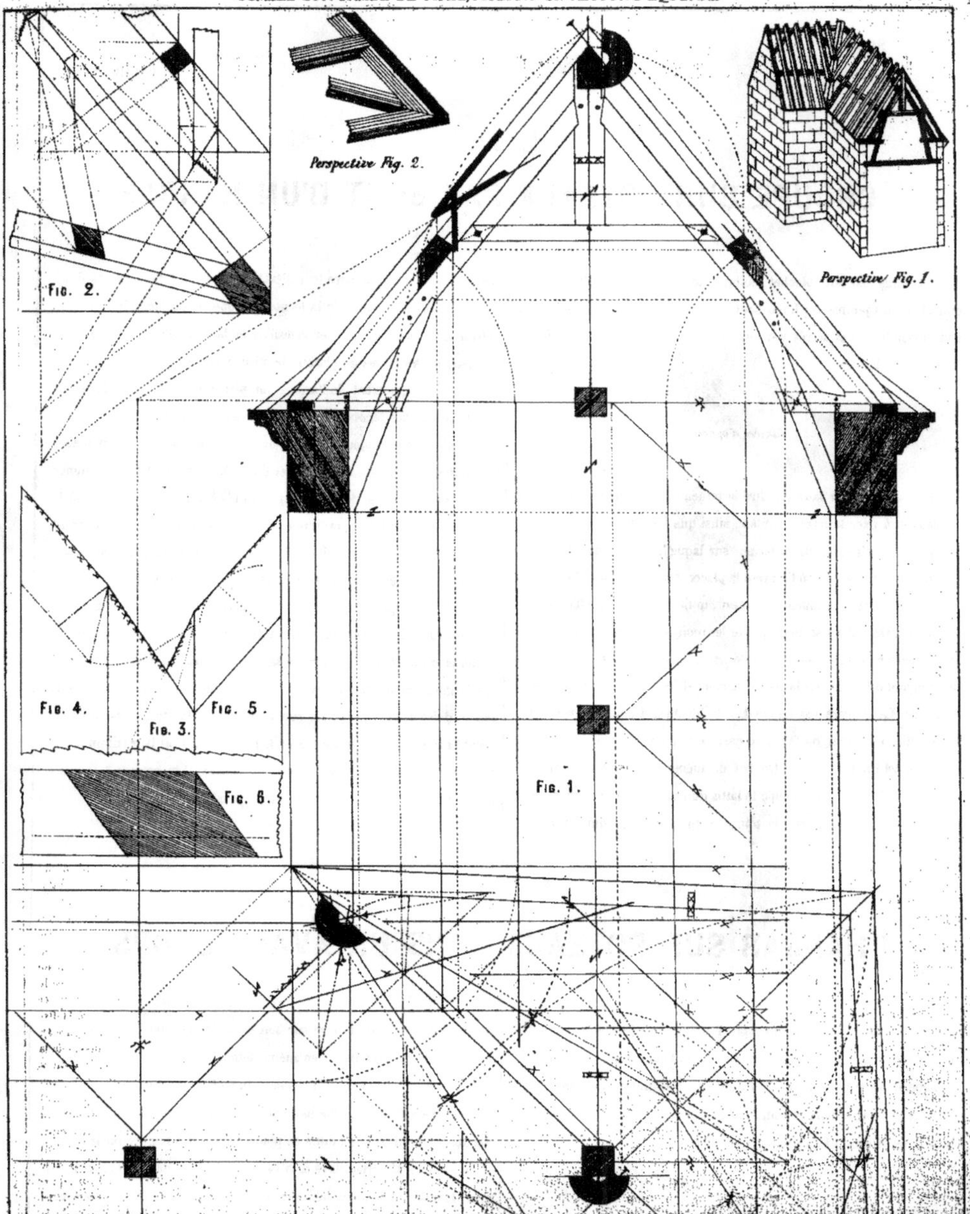

FIGURE I. CROUPE SUR POTEAUX PAR BOUT D'UN HANGAR

Ce comble est sur blochet comme le précédent, seulement les entraits et les jambes de force sont de deux morceaux, moisés avec leurs assemblages et serrés par un boulon, comme il est indiqué sur la ferme en élévation.

Manière d'opérer.

On commence par faire paraître la largeur du hangar en dehors des poteaux et à fixer la ferme en plan, ainsi que les poteaux d'angles. On fait paraître l'élévation de la ferme, sur laquelle on indique la panne vue de bout à l'endroit où l'on veut la placer. Puis on indique la ligne de trave du blochet et le milieu du poteau, toujours au même affleurement en dehors. On fait en sorte de placer les moises qui font jambes de force de manière à ce que le dessous aille tenter au-dessous de la panne. En les coupant d'équerre au lattis, ils servent d'échantignoles pour reposer la panne. La sablière s'assemble dans le blochet, et pour que le chevron puisse filer en saillie, on fait à ce dernier une entaille sur l'arête de la sablière, tel qu'il est figuré. On fait de même pour la demi-ferme. Au point où la ligne de trave coupe le lattis du chevron, on descend ce point parallèle aux sablières tout le tour, ce qui sert à obtenir l'about du pied des arêtiers pour faire leur élévation en tentant de ce point à la tête prise sur la hauteur de la ferme, tel que le simblot l'indique. Le poteau se met sur ligne sur son croisillon en le tirant d'équerre à l'arêtier en plan; il se déverse en plaçant le niveau sur la face où la plumée est faite. L'enlignement de l'arêtier en plan sert pour ligner l'entaille des moises et des tenons, un trait carré à cette ligne établit le poteau. Le plomb tombe toujours du côté où l'élévation est faite. Pour placer les moises dans le poteau d'angle et dans l'arêtier, on tire deux lignes de niveau : une où le dessous coupe le milieu du poteau, l'autre où le dessous coupe le lattis; on rapporte ces lignes sur l'arêtier. Du point où celle du bas coupe le milieu du poteau, on tente au point où l'autre coupe le lattis, et on obtient ainsi leur dégauchissement. L'arêtier va s'assembler en queue de vache sur le blochet pour attraper la saillie des chevrons. Pour cela on tire un trait de niveau sur le bout de la saillie et on le ramène suivant la sablière jusqu'à l'arêtier et de même sur la gorge pour avoir la retombée de la queue de vache. Ces deux lignes doivent être parallèles sur l'arêtier en élévation. Les sablières s'établissent en plan par terre avec le blochet, puis on leur fait un quartier pour les établir avec les liens et les poteaux. Les pannes et le poinçon s'établissent comme dans un autre pavillon.

FIGURE II. HANGAR SUR POTEAUX DANS UN AVANT-CORPS

Ce hangar se trouve dans un angle. Les deux sablières sont assemblées d'un bout dans le mur, et de l'autre elles sont supportées par un poteau. Comme il n'y a pas de collier, l'arêtier va s'assembler du pied sur la sablière et la tête dans le mur. Les pannes s'assemblent de même un bout dans le mur, et l'autre dans l'arêtier.

Établissement de l'arêtier avec la sablière.

Pour établir l'arêtier avec la sablière, l'arêtier se met sur ligne sur la herse de la panne et déverse sur son croisillon tel que pour établir la panne, puisqu'elle s'établit en même temps. La ligne d'assemblage en plan par terre se jette sur la sablière parallèle à la face du dehors; la sablière étant déversée, cette ligne doit tomber aplomb sur celle du plan par terre. Le niveau de devers se place comme il est figuré sur le dessus de la sablière. Un trait carré à la rampe sert pour établir l'enlignement pour tortiller. Les deux sablières s'établissent ensemble en plan par terre; celle qui porte l'arêtier reçoit et s'assemble entièrement sur le poteau en lui faisant quartier pour la mettre sur ligne, pour l'établir avec le poteau et les liens.

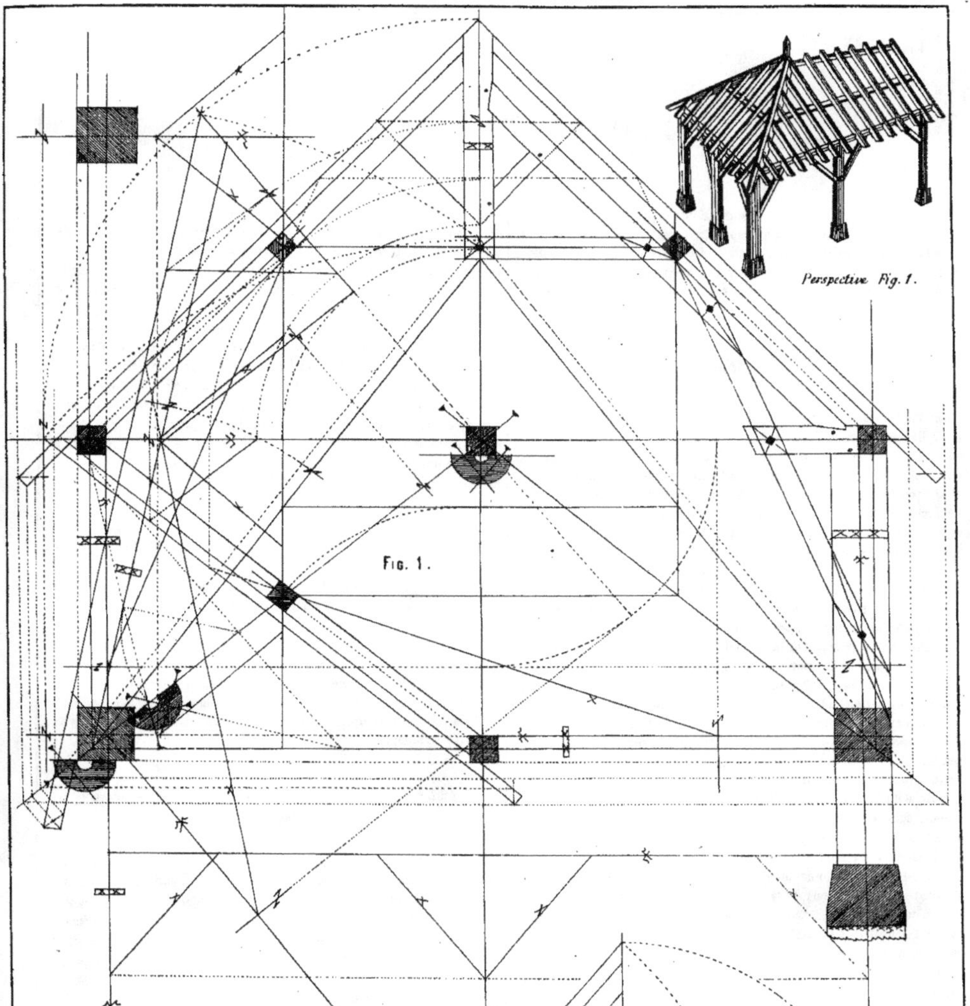

E. Delataille

Imp. Ch. Guilland, Tours.

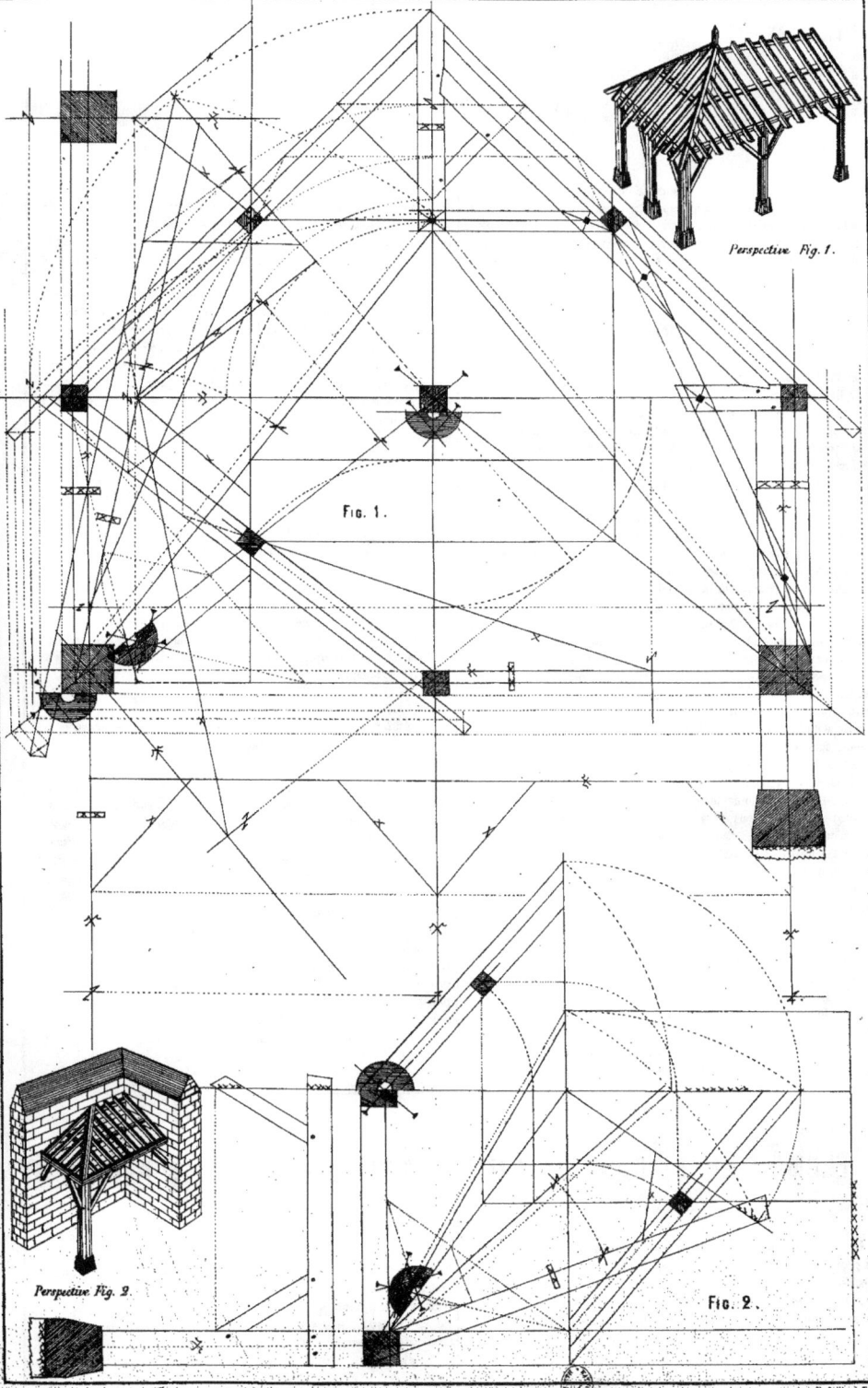

CROUPE DE BIAIS.

La croupe de biais s'assemble comme si elle était carrée, excepté que dans ce comble les pannes sont supportées par un tasseau assemblé dans l'arbalétrier au chevron. Comme la demi-ferme se trouve de biais à la sablière, on est obligé de la déverser suivant le lattis de la panne ainsi que le tasseau. Les empannons étant placés parallèles à la demi-ferme, on est obligé de faire une épure spéciale pour avoir les coupes.

Manière d'opérer.

On fait paraître l'écartement des sablières qui sont parallèles et sur lesquelles on rapporte le biais de la croupe. On place ensuite la ferme en plan par terre à l'endroit fixé et on fait paraître dessus le milieu du poinçon de là tenté à la jonction des sablières donne les arêtiers en plan et la demi-ferme parallèle aux sablières suivant l'enlignement du faîtage. L'élévation de la ferme étant faite, on fait paraître l'épaisseur du chevron et la chambrée de la panne pour placer le tasseau. Ensuite on fait paraître la ligne d'assemblage de la panne, que l'on fait tourner tout le tour, parallèle aux autres sablières. Dans la croupe, comme la demi-ferme n'est pas d'équerre à la sablière, on fait un chevron d'emprunt d'équerre à la sablière à passer sur le milieu du poinçon où on fait son élévation tout comme pour une demi-ferme, on y fait paraître le chevron et la chambrée de la panne. Où la ligne d'assemblage le croise en plan, on remonte parallèle à la rampe sur le vu de bout de la panne qui doit être toujours au même niveau sur le croisillon. L'élévation de la demi-ferme se fait comme toute autre. Un trait carré à la tête avec la hauteur de la ferme tenté au pied donne le dessus du lattis. Pour que le dessus de l'arbalétrier flambe juste sur le dessous de la panne, il faut ramener du chevron d'emprunt et parallèle à la sablière le dessous de la panne, jusqu'à la rencontre de la demi-ferme en plan renvoyée parallèle à la ligne du lattis ce qui donne le dessus de l'arbalétrier. Pour placer les assemblages, on se sert toujours de la ligne du lattis. Pour placer le tasseau, on tire une ligne de niveau sur l'arête du dessous de la panne sur le chevron d'emprunt, on le rapporte de même sur la demi-ferme où cette ligne coupe le dessus de l'arbalétrier, ce qui fait un point. De là, on renvoie le dessous de la panne d'équerre suivant le lattis du chevron d'emprunt, jusqu'à sa ligne de trave en plan. De ce point on tire un trait parallèle à la sablière de croupe; où cette sablière coupe la demi-ferme en plan, on tente au premier point ce qui donne la rampe du tasseau; on obtient le niveau de devers pour le déverser suivant le lattis de la panne, en tirant un trait carré au tasseau en plan par terre, qui est la ligne de la demi-ferme. Le trait carré coupant la sablière du tasseau, on obtient un point où le même trait carré coupe le tasseau en plan, de ce point simbloté sur la rampe du tasseau, rabattu sur lui-même en plan, tenté au premier point, cette ligne sert pour placer le niveau. Un trait carré à la demi-ferme en plan sert pour déverser. Le tasseau doit se ligner tel qu'il paraît vu de bout sur l'épure. L'affleurement du dessus ramené suivant le rabattement, jusqu'au trait carré retourné suivant sa sablière jusqu'à la demi-ferme en plan, de là renvoyé parallèle à son élévation, ligne sur laquelle le tasseau se place aplomb du croisillon. Une fois déversé l'on contrejauge le croisillon de niveau pour les tenons. Comme le rabattement est porté en contre-haut, le niveau doit regarder le pied. Le niveau de devers pour déverser la demi-ferme se fait comme pour le tasseau en faisant un trait carré à la demi-ferme en plan simblotée sur la ligne du dessous de la panne, tenté où le trait carré coupe le dessous de la panne, suivant la sablière; cette ligne est le lattis de l'arbalétrier en plan, qui sert pour placer le niveau, l'enlignement de la demi-ferme en plan ligne, un trait carré établit. Le plomb tombe du côté où l'élévation est faite. Ensuite, on jette une ligne d'affleurement suivant le lattis, où elle coupe le trait carré ramené parallèle à la sablière sur la demi-ferme en plan tirée parallèle à l'élévation. C'est sur cette ligne que le croisillon se met sur ligne, pour établir en le contrejaugeant de niveau pour obtenir la ligne d'assemblage sur les faces du bois.

Herse pour couper les empannons de la croupe.

On prend la longueur du lattis du chevron d'emprunt, rapporté sur lui-même en plan, tenté au pied des arêtiers, en rapportant parallèle en dedans, la largeur du délardement de chaque arêtier. Comme les empannons suivent le parallèle de la demi-ferme, on tire une ligne de la tête de la herse à l'about du chevron de la demi-ferme en les plaçant tous parallèles à cette ligne, tel qu'il est figuré sur l'épure.

L'établissement des pannes se fait comme dans le carré, en se servant du chevron d'emprunt pour les placer en herse, toujours sur la ligne d'assemblage.

Sauterelles pour le démaigrissement et la coupe de niveau des empannons.

On place un empannon en plan par terre à l'endroit où l'on veut; on fait un petit chevron d'emprunt sur la tête de l'empannon en plan, en remontant l'about sur le grand pour son point de hauteur afin de le mettre en élévation. La face de l'empannon ne tombant pas d'aplomb, attendu qu'il est déversé, on est obligé d'avoir son enlignement de face. Pour l'obtenir, on tire un trait carré sur la tête du petit chevron d'emprunt suivant sa rampe jusqu'à couper sa ligne du plan par terre, de là on tente au pied de l'empannon, cette ligne dégauchit avec la face déversée; on le couche sur cette face au moyen d'un petit chevron d'emprunt d'équerre à l'enlignement de sa face sur la tête de l'empannon en plan. L'élévation étant faite, avec la même hauteur, sa longueur couchée sur lui-même en plan, tenté au pied de l'empannon, cette ligne sert pour placer le manche de la sauterelle tel qu'il est indiqué sur l'épure. Du point où la face de l'arêtier coupe l'enlignement de la face de l'empannon tenté à la tête, on obtient la coupe aplomb; l'alignement de la face de l'empannon donne la ligne de coupe de niveau.

FIGURE II.

FERME D'ANGLE DANS UN ARÊTIER POUR SOULAGER LES PANNES

Les sablières étant parues ainsi que l'arêtier, on place la ferme d'angle en plan, à l'endroit fixé, où elle coupe l'arêtier en plan, on obtient le croisillon du poinçon. Sur ce point, on fait un trait carré à la ferme pour son élévation, ce même point remonté sur la grande ferme, allant attraper le dessous de la panne, donne la hauteur pour la tête; le dessous de la panne tiré suivant les sablières coupant la ferme en plan, donne l'about du pied. Par ce moyen, le dessus des arbalétriers flambe juste au-dessous des pannes avec une échantignole posée sur l'arbalétrier, et coupée de biais suivant la panne. Pour obtenir la coupe de l'échantignole, il faut opérer comme nous avons fait pour obtenir la rampe du tasseau (figure 1re), ainsi que pour les niveaux de devers des arbalétriers et leur ligne d'assemblage.

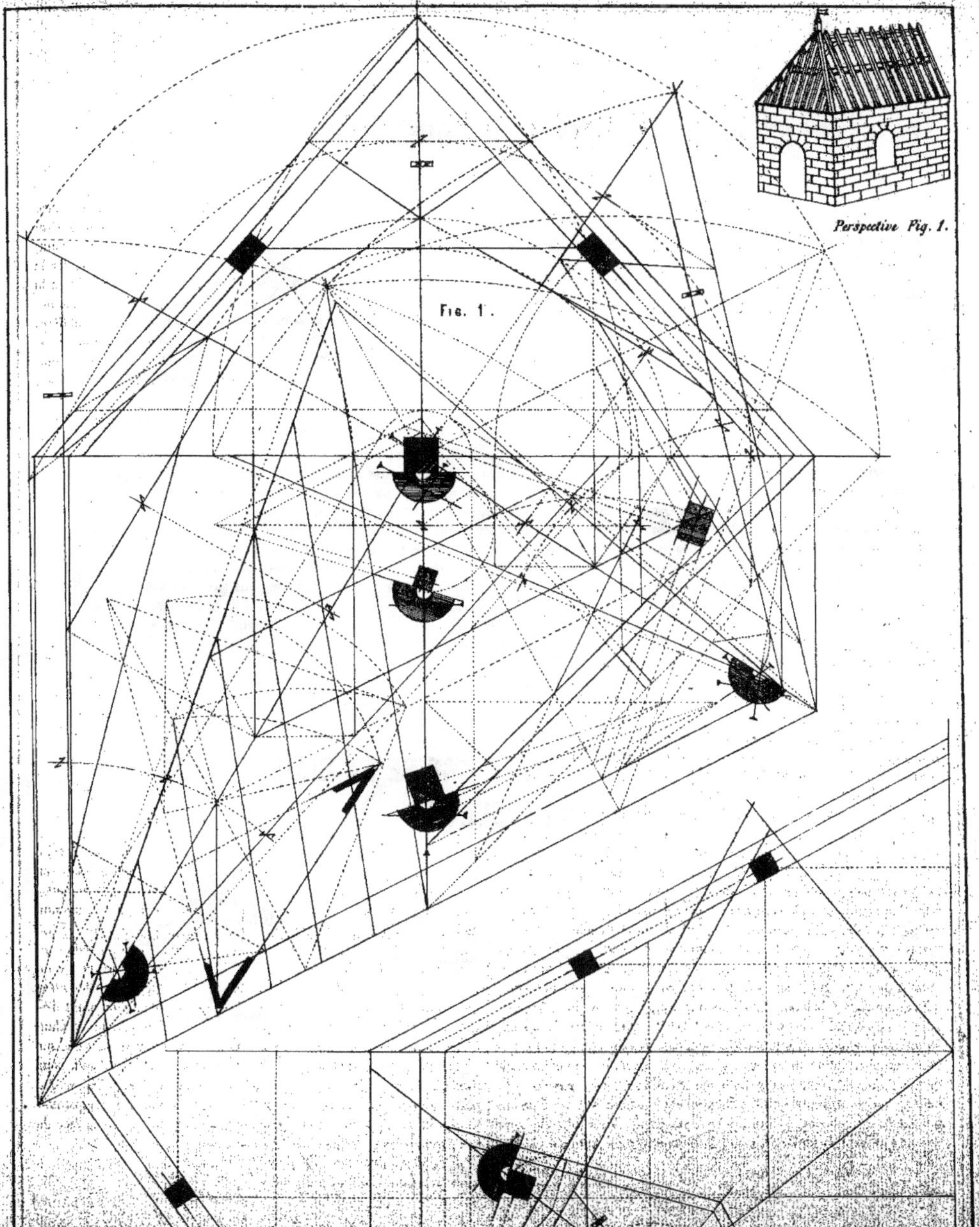
Perspective Fig. 1.
Fig. 1.
Fig. 2.
Perspective Fig. 2.

CROISEMENT DE DEUX COMBLES D'ÉQUERRE DE MÊME HAUTEUR.

Ce comble est porté sur tirant; la tête des branches de noue est assemblée dans le faîtage; un poinçon est assemblé sous le faîtage, à l'aplomb de la tête des branches de noue, en plan par terre, supporté par un sous-faîtage assemblé dans les deux fermes du grand comble. Les contrefiches des noues vont s'assembler dans le poinçon, leur entrait d'enrayure dans le sous-faîtage. La figure ne représente que la moitié de l'épure parce que l'autre côté est le même.

Manière d'opérer.

On commence d'abord par faire paraître la sablière du grand comble. Comme les deux combles sont d'équerre, en tirant un trait carré à la sablière, l'on obtient les sablières de l'autre comble, en les plaçant à leur écartement voulu. Ensuite on fait l'élévation des fermes à la même hauteur, en descendant le milieu du poinçon de chacune, suivant les sablières jusqu'à leur jonction, ce qui donne la tête des noues en plan par terre. Tenté à la jonction des deux sablières, on obtient les noues en plan.

Établissement des branches de noue dans le faîtage.

La ligne d'assemblage qui sert pour établir les pannes donne aussi le croisillon du faîtage. Pour cela on la profile suivant la rampe du comble jusqu'à ce qu'elle coupe la ligne du milieu du faîtage. Du point où cette même ligne coupe la ligne de trave en plan de la ferme, on prend jusqu'au croisillon du faîtage rabattu en plan tiré suivant les sablières, ce qui sert à mettre le faîtage sur ligne sur le croisillon. En remontant sur cette ligne d'équerre à la sablière la tête des noues en plan, tenté au pied sur la ligne d'assemblage, ce qui sert pour mettre la noue sur ligne sur le croisillon pour l'établir avec le faîtage et la panne du grand comble. Le faîtage se déverse en plaçant le niveau sur sa face aplomb; la rampe du comble ligne et tortille, un trait carré établit. La branche de noue se déverse tel que pour établir les pannes attendu qu'elles s'établissent en même temps que le faîtage. Une fois le faîtage établi avec les noues on le met sur plat, le croisillon toujours sur ligne pour l'établir avec le poinçon et le poinçon du milieu avec le sous-faîtage, en ayant soin de plomber le trait ramèneret du poinçon pour le remettre sur ligne avec les noues en élévation. Une fois le sous-faîtage établi, on le remet sur ligne sur lui-même en plan en lui faisant un quartier, sa face aplomb sur la plumée, pour l'établir de chaque bout avec l'entrait des fermes et les entraits d'enrayure des noues.

FIGURE II.

COMBLE AIGU A SABLIÈRE DE PENTE CROISÉ EN BIAIS PAR UN COMBLE PLUS ÉLEVÉ.

Ce comble est appareillé comme celui de la figure 1re avec un sous-faîtage et un poinçon entre les deux, en face la tête des noues. Les entraits d'enrayure des noues sont assemblés dans le sous-faîtage et dans les noues, entaillés à moitié bois à leur jonction avec un petit poinçon assemblé sur les entraits pour porter la tête des noues, et une croix de saint André d'un poinçon à l'autre pour tenir le roulis. Comme le petit comble est aigu, pour éviter le gauche et pour que le faîtage soit de niveau, il faut le mettre parallèle à la face et relever la sablière dans la partie étroite, tel qu'il est indiqué sur l'épure et sur la perspective.

Manière d'opérer.

On commence par faire paraître une ligne que l'on adopte pour la sablière du grand comble, sur laquelle on porte le biais d'une des sablières du petit comble; d'après celle-ci on rapporte l'aiguité. Une fois ces sablières indiquées, on fixe les fermes en plan et on fait leur élévation chacune à leur hauteur, celles du petit comble ont un about plus haut l'un que l'autre à cause de la pente de la sablière. Pour obtenir cette pente, on place d'abord le faîtage en plan parallèle à la sablière désignée pour être de niveau à la partie la plus large, qui est la jonction des sablières au pied des branches de noue. De ce point on tire une ligne parallèle à la sablière de niveau, en profilant le pied des fermes jusqu'à cette ligne tenté à la tête du poinçon, on obtient la rampe du comble du côté de la sablière de pente; où la sablière en plan coupe les fermes, remonté d'apomb sur le lattis, on obtient l'about des fermes et la pente de la sablière. Le tirant se place toujours de niveau. Dans la partie de pente, on est obligé de mettre une jambe de force avec un blochet pour porter le pied des arbalétriers comme il est indiqué sur la perspective.

Pour obtenir l'about des chevrons de la sablière de pente sur la herse, on prend du point où la rampe de la ferme coupe la ligne de niveau à son about rabattu sur lui-même; de là on tente au pied de la noue. Cette ligne sert à tracer l'about des chevrons.

Sauterelle pour la coupe des chevrons sur la sablière de pente.

On tire un trait carré sur le pied de la sablière en plan par terre. En profilant une des fermes en plan jusqu'à la rencontre du trait carré, on tente à l'about de la ferme en élévation, ce qui donne la coupe; on place la lame de la sauterelle sur cette ligne et le manche sur le lattis.

Établissement de l'enrayure des petites noues avec le sous-faîtage et les poinçons.

Comme il a été dit d'abord, les entraits des noues une fois établis avec leurs aisseliers et les noues, on les descend en plan par terre par un trait ramèneret en leur faisant un quartier, et les remettant sur ligne suivant l'enlignement des noues en plan, pour les établir avec le sous-faîtage ainsi que pour leurs entailles. Le sous-faîtage fait un quartier pour l'établir avec le poinçon. Le poinçon revient sur ligne sur la ferme par un trait ramèneret, ainsi que le petit poinçon des noues pour établir une croix de l'un à l'autre, pour maintenir la buttée de la tête des noues. Le petit poinçon se déverse par le niveau de devers indiqué sur le plan par terre. Nous ne parlons pas de l'établissement des noues ni de la herse des empannons, parce que ces opérations sont les mêmes que celles de l'épure précédente.

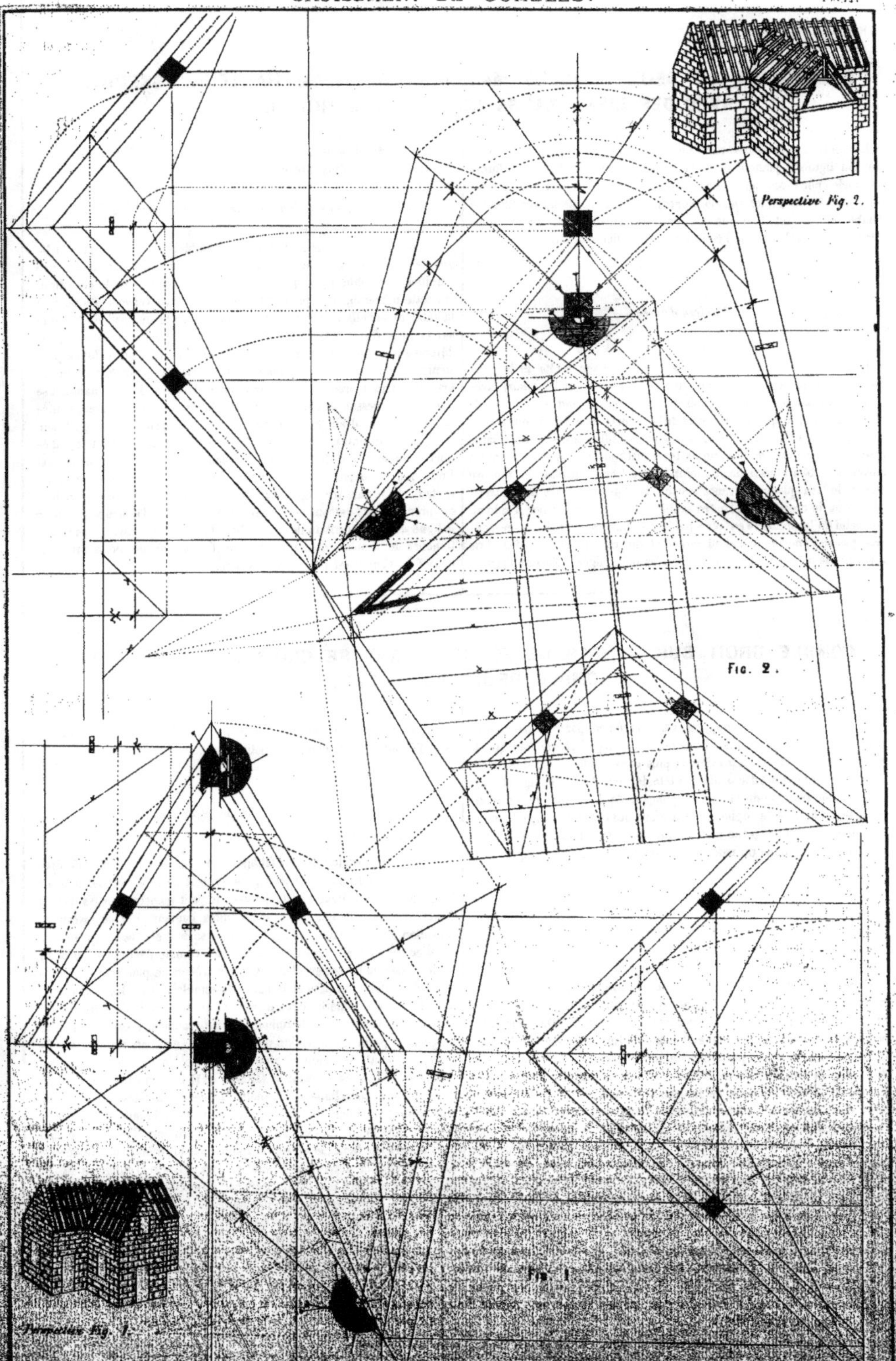
Perspective Fig. 2.
Fig. 2.
Fig. 1
Perspective Fig. 1.

CROISEMENT DE DEUX COMBLES MANSARDS DE MÊME HAUTEUR ASSEMBLÉS AVEC DES LIENS MANSARDS DANS LES NOUES.

L'établissement des branches de noue est le même que celui qui a été fait figure I, planche 6, excepté que la noue en élévation forme un coude pour raccorder les deux combles. Celles du haut sont assemblées dans le faîtage, les entraits d'enrayure dans le sous-faîtage. Comme l'établissement est le même que dans l'avant-dernière figure, nous allons parler seulement de l'établissement du lien mansard.

Manière d'opérer.

On fait paraître le vu de bout de la sablière sur la tête du bris en élévation sur les fermes; on ligne une des sablières sur les quatre faces rencontrées par bout pour le croisillon que l'on descend aplomb sur le plan par terre, jusqu'à la rencontre de la noue en plan; de là on se renvoie parallèle à l'autre sablière. Ce même croisillon tiré suivant le lattis jusqu'à la rencontre de la ligne de trave, est renvoyé parallèle à l'autre suivant la sablière jusqu'où elle joint l'autre ferme en plan, et renvoyé suivant le lattis jusqu'à la rencontre de la ligne de trave de l'entrait, pour avoir le croisillon de l'autre sablière, lequel doit tomber d'aplomb sur celui de la première en plan par terre. Ces deux sablières ne peuvent pas se ligner au même affleurement du devant, car les deux bris n'ont pas la même rampe. Au point où les deux lignes d'assemblage du lattis rencontrent la noue en plan, on se renvoie parallèle à son élévation pour la ligne d'assemblage.

Herse pour établir le lien avec la noue et la sablière de bris.

On prend la longueur de la ligne d'assemblage du bris, depuis la ligne de trave jusqu'au croisillon de la sablière que l'on rabat en plan tiré parallèle à la sablière, ce qui sert à mettre la sablière sur le croisillon. Où cette même ligne en plan coupe la noue, on se renvoie d'équerre à la sablière sur elle-même en herse, de là on tente au pied de la noue sur la ligne d'assemblage. Cette ligne sert à mettre la noue sur ligne, déversée par le niveau de devers qui est paru et dont on a donné plusieurs fois la manière de le relever, de même que pour la sablière du bris. Ces deux morceaux étant sur ligne et déversés, le lien mansard se pose à plat dessus et placé à volonté. Si on voulait le faire paraître en plan, il faudrait le fixer en herse et le profiler du pied sur la ligne d'assemblage en plan; descendre l'about de la tête, d'équerre sur le milieu de la sablière en plan, et tenter à ces deux points. Pour que le dessus du lien flambe juste au-dessous du chevron, il faut faire paraître l'épaisseur du chevron sur la rampe du bris et prendre du dessous du chevron à la ligne d'assemblage pour la ligne d'affleurement du dessus du lien. La herse des empannons se fait toujours de la même manière, sauf que l'on est obligé de le faire en deux fois tel qu'il est indiqué sur l'épure.

FIGURE II.

COMBLE DROIT SUR JAMBES DE FORCE ALLANT SE CROISER SUR UN AUTRE COMBLE DROIT MOINS ÉLEVÉ.

Ce comble, qui est très-long, est croisé carrément par un autre comble beaucoup moins long, mais beaucoup plus large, ce qui fait que le comble est plus élevé. La manière la plus convenable pour l'appareil de cette charpente, c'est d'assembler la tête de noue dans le faîtage et d'assembler une traverse du faîtage au poinçon de la grande ferme. Cette traverse est destinée à supporter le poinçon qui reçoit le faîtage du grand comble, et la tête des petits arêtiers qui sont assemblés sur le bas faîtage suivant la rampe du comble de derrière tel qu'il est indiqué sur la perspective.

Manière d'opérer.

Comme les deux combles sont d'équerre, on commence par faire paraître les sablières carrément les unes aux autres, avec les écartements de chacune, sur lesquelles on place les fermes à l'endroit fixé. On fait paraître ensuite les élévations, chacune à sa hauteur. En contre-bas de la ligne de trave du blochet, on porte la hauteur de l'exhaussement pour l'about du pied de la jambe de force. Ensuite, sur la ligne aplomb de la petite ferme, on porte la hauteur de la grande, que l'on tire de niveau au point où la rampe du derrière du petit comble coupe cette ligne de niveau. Ce point descendu aplomb en plan donne le croisillon du petit poinçon. La hauteur du petit comble tirée de niveau sur la grande ferme où elle coupe le lattis, descendue aplomb sur le plan par terre, tirée parallèle aux sablières sur le bas faîtage, donne la tête des noues en plan; tenté à l'angle des sablières on obtient les noues en plan par terre, de la tête des noues au milieu du petit poinçon, donne les petits arêtiers de même en plan par terre. L'élévation des noues se fait avec la hauteur du petit comble. Pour obtenir les jambes de force au dégauchissement, il faut les porter comme il est indiqué sur l'épure et comme il a été démontré (planche III) ainsi que leur établissement, de même que pour les pannes et les faîtages. Le faîtage le plus haut s'établit au-dessus de la petite ferme avec le petit poinçon et la traverse qui le porte. La traverse revient sur ligne en plan, en leur faisant un quartier pour l'établir avec le faîtage du petit comble.

Établissement des petits arêtiers.

On tire le croisillon du bas faîtage de niveau jusqu'au lattis de derrière descendu en plan par terre, ce qui sert de sablière d'about pour les petits arêtiers. Pour les établir avec le petit poinçon, on les met en élévation avec la hauteur du grand comble, hauteur prise au niveau du croisillon du bas faîtage, le petit poinçon se met sur ligne aplomb de l'arêtier par un trait raméneret et déversé, comme d'habitude au point où le milieu du faîtage en plan coupe les arêtiers en plan renvoyé parallèle à l'élévation; on obtient la ligne d'assemblage pour les établir avec le faîtage, on profile la ligne d'assemblage du comble de derrière jusqu'à ce qu'elle rencontre le milieu du petit poinçon; on prend cette longueur à partir du croisillon du bas faîtage que l'on simblote de niveau; ce point descendu en plan est renvoyé, la tête des arêtiers sur cette ligne d'équerre suivant le faîtage, de là tenté au pied sur la ligne d'assemblage, cette ligne sert à mettre les petits arêtiers sur ligne sur leur croisillon pour les établir du pied avec le faîtage et déversé par un niveau de devers tel qu'il est paru sur l'épure. Le faîtage se met sur ligne, le croisillon aplomb sur lui-même en plan déversé par le niveau de devers placé sur sa face aplomb, l'enlignement du comble de derrière tortille, un trait carré l'établit avec le pied des arêtiers, pour l'établir avec la tête des noues le niveau placé sur la même face, l'enlignement du comble de devant sert pour le tortiller et le ligner, un trait carré pour l'établir en herse avec la tête des noues, comme la panne du grand comble la plus haute se trouve au niveau du bas faîtage, elle s'assemble dedans; pour cela on le met sur ligne en plan aplomb sur la plumée, la panne de même en plan sur elle-même déversée par le niveau qui est indiqué sur la rampe du grand comble.

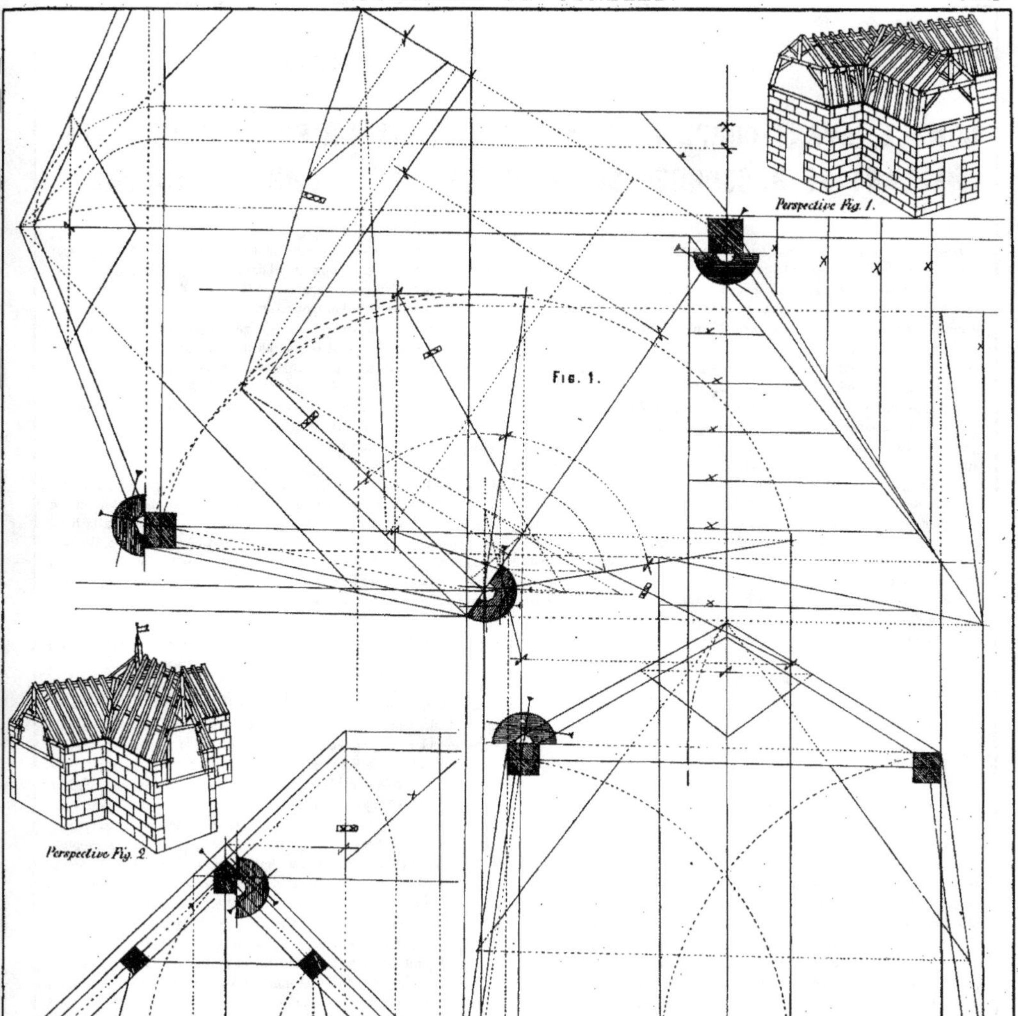

Imp. Ch. Guilland Tours

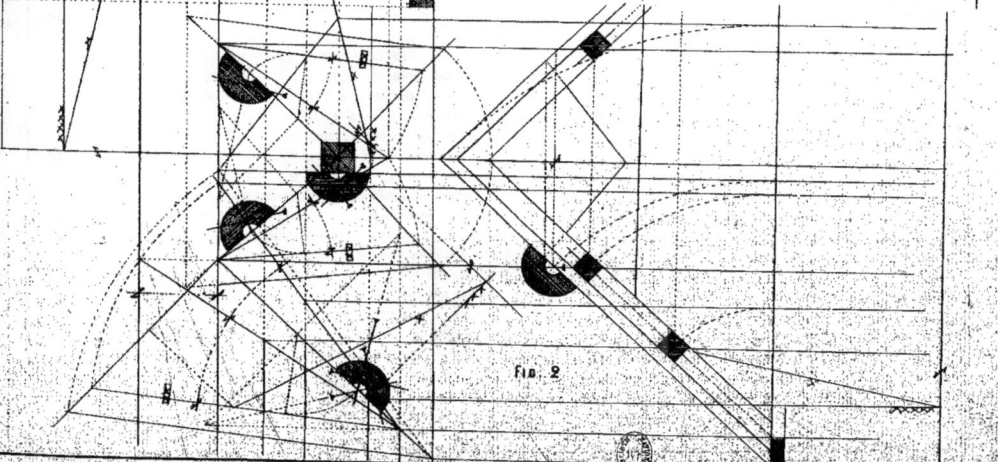

COMBLE, AVANT-CORPS ET PAN COUPÉ DE BIAIS A FAITAGE DE PENTE, ALLANT SE RACCORDER SUR L'ARÊTIER D'UN COMBLE OCTOGONE.

Le comble dont on va parler ici, est un bâtiment qui se trouve pointu; dans la partie la plus large il existe un pan coupé d'un côté, et de l'autre un avant-corps en biais, attendu qu'il est carrément suivant la grande sablière. Sur le bout de la partie aigue se trouve un comble octogone ou à huit pans, duquel l'arêtier se trouve sur l'aplomb du faîtage en plan, ce qui fait qu'ils se joignent ensemble tel qu'on le voit sur la perspective. Le faîtage est de pente afin d'éviter le gauche qu'il pourrait y avoir s'il était de niveau, attendu que les sablières ne sont pas parallèles. Comme le faîtage passe un peu plus haut que l'enrayure de l'octogone, il est profilé jusqu'au niveau et supporté par un gousset assemblé dans les deux entraits d'arêtiers. L'arêtier de jonction ainsi que les branches des noues sont assemblés dans le faîtage. La ferme qui porte le poinçon du pan coupé et l'avant-corps est à face aplomb et délardée suivant le lattis. Les pannes sont assemblées dans la ferme comme dans un arêtier et au même affleurement que les chevrons. Comme jusqu'à présent on n'a pas parlé de l'établissement d'une noue rencreusée, nous allons en donner la démonstration dans celle de l'avant-corps.

L'épure de cette planche paraîtra beaucoup plus compliquée que les autres à cause de la confusion des lignes. Cette confusion vient de ce que l'auteur a voulu démontrer la manière de relever l'épure d'un bâtiment en grand, tandis que dans les planches précédentes, il n'avait donné que le détail de la pièce dont il s'occupait.

Manière d'opérer.

On commence par faire paraître les sablières telles qu'elles sont indiquées sur l'épure avec les mesures prises sur les lieux des places. Ensuite on fixe la ferme qui doit porter la tête du faîtage sur laquelle on prend le milieu pour le poinçon; de ce point tenté aux arêtes on obtient les arêtiers en plan ainsi que la branche de noue, du même point la tête du faîtage; pour l'obtenir en plan, il faut profiler les deux sablières jusqu'à leur jonction, et tenter de ce point au milieu du poinçon. Les arêtiers de l'octogone se tentent tous des arêtes au point de centre du milieu. On fait ensuite l'élévation de la grande ferme du grand comble, on y place les assemblages comme d'habitude. Le dessus étant délardé, suivant le lattis, on est obligé de porter l'épaisseur de l'arbalétrier en plan du côté le plus large des sablières. L'endroit où cette face coupe la sablière reportée d'équerre à la ferme sur la ligne de trave tenté parallèle à la rampe, donne l'arête de la face la plus haute de l'arbalétrier, sur laquelle on se met sur ligne afin d'avoir assez de bois pour que le dessus une fois délardé suive le lattis des pannes. L'élévation des arêtiers se fait comme de coutume ainsi que la branche de noue. Pour obtenir le bois qu'il faut en plus pour son rencreusement, il faut faire paraître les faces en plan, on obtient ces faces en devoyant la noue, tel que pour l'arêtier, en opérant en dehors des sablières où ces faces coupent les sablières renvoyées d'équerre à elle-même en plan sur la ligne de trave tenté parallèle à la rampe, comme on le voit sur l'épure. Le rencreusement se trace par bout avec le niveau de devers comme à un arêtier, de même que pour le délardement de la ferme. Le faîtage s'établit en même temps que la demi-ferme de croupe et l'arêtier de l'octogone attendu qu'il va s'assembler dessus. L'élévation de la demi-ferme étant faite, le faîtage se tente de la tête à son pied qui est à la jonction des deux sablières. L'arêtier de l'octogone mis en élévation, sa jonction avec le faîtage donne la tête des petites noues, et le point de hauteur pour leur élévation; ce point descendu en plan sur le faîtage, de là tenté à l'angle des sablières, donne les noues en plan par terre. Le gousset qui porte le pied du faîtage, va deux fois sur ligne, une fois avec les entraits en le descendant en plan mis de devers sur le dessus, et une autre fois avec le faîtage en profilant la ligne d'assemblage des pannes, parallèle aux sablières jusqu'au faîtage en plan; renvoyé parallèle à sa rampe on obtient son croisillon pour l'établir avec les noues, où cette ligne coupe le milieu du gousset en élévation elle donne son croisillon pour l'établir avec le faîtage. En prenant de ce point au pied du faîtage sur la ligne d'assemblage rabattue en plan sur le faîtage, ce point tiré parallèle au gousset en plan sert à le mettre sur ligne sur le croisillon déversé par le niveau de devers qui est indiqué sur son vu de bout sur l'élévation du faîtage qui ligne et tortille, le trait carré l'établit. Le faîtage se met sur ligne sur lui-même en plan par un trait ramèneret, rabattu par un simblot pris sur son élévation et déversé d'aplomb sur sa plumée de devers.

Dans toutes les parties où les fermes ou demi-fermes ne sont pas d'équerre à la sablière, on est obligé de faire un chevron d'emprunt d'équerre à la sablière sur leur tête en plan. On fait l'élévation de ce chevron d'emprunt par un trait carré en plan sur la tête avec la hauteur des arêtiers ou des noues suivant l'endroit où il se trouve. Sur son élévation on remonte la ligne d'assemblage des pannes suivant la rampe avec le niveau du croisillon, pour obtenir le vû de bout de la panne et la ligne d'affleurement du dessus.

Herse pour établir la ferme, l'arêtier et les petites noues avec les pannes, ainsi que le faîtage avec les petites noues.

Le chevron d'emprunt indiqué d'équerre à la grande sablière passant sur la tête du poinçon, recouché dans sa longueur sur lui-même en plan donne un point d'où l'on tente au pied du faîtage et au pied de l'arêtier, ce qui donne la herse pour la coupe de la tête des empannons. En remontant d'équerre à la sablière, la tête des noues en plan sur le faîtage en herse, tenté à l'angle des sablières place les noues en herse pour couper les empannons. L'établissement des pannes est le même en remontant parallèle à la herse ces lignes d'assemblage, la panne rabattue en herse sur le chevron d'emprunt, ligné au même affleurement comme il est indiqué vu de bout sur le chevron d'emprunt. L'arbalétrier se place de même de son about en plan à la tête de la herse pour le lattis, sa ligne d'assemblage se renvoie parallèle pour l'assemblage des pannes. Les petites noues se déversent de même en herse pour les établir avec le faîtage, car tout est au même affleurement du dessus. Le faîtage se déverse tout comme un arêtier, tel que le niveau de devers l'indique paru sur le pied en plan par terre. La herse des empannons et l'établissement des pannes dans le pan coupé et dans l'avant-corps, se fait comme il a déjà été indiqué, en faisant un chevron d'emprunt d'équerre à chaque sablière passant sur la tête en plan, sa longueur couchée sur lui-même en plan, tenté au pied des arêtiers donne la herse dans le pan coupé. On fait de même à l'avant-corps par un chevron d'emprunt d'équerre aux sablières, avec lequel on obtient la tête de la herse pour la coupe des empannons, en tentant de ce point au pied de la noue et au pied des arêtiers. Pour l'établissement des pannes, renvoyer les lignes d'assemblage parallèles, ligner chacune à leur affleurement pris sur leur chevron d'emprunt. Le démaigrissement des empannons se prend sur la rampe des chevrons d'emprunt de chaque partie, de même pour la coupe du pied sur la ligne de base. La herse de l'octogone se fait de même par un chevron d'équerre à la sablière, ainsi que l'établissement des pannes. Les arêtiers étant de même épaisseur, le déjoutement est partout le même, comme il est indiqué sur le vu de bout du poinçon. Pour avoir le déjoutement de la noue des arbalétriers et des arêtiers, on place un panneau ou une planche assez large sur le poinçon en plan par terre, sur lequel on jette l'enlignement de la noue des arêtiers, etc., à partir du point de centre on fait paraître le carré du poinçon avec l'occupation de chaque assemblage, vu figure 1, à la jonction de chaque face, tenté au point de centre, on obtient le déjoutement de chacun en le rapportant comme il a été indiqué figure 1re, planche I.

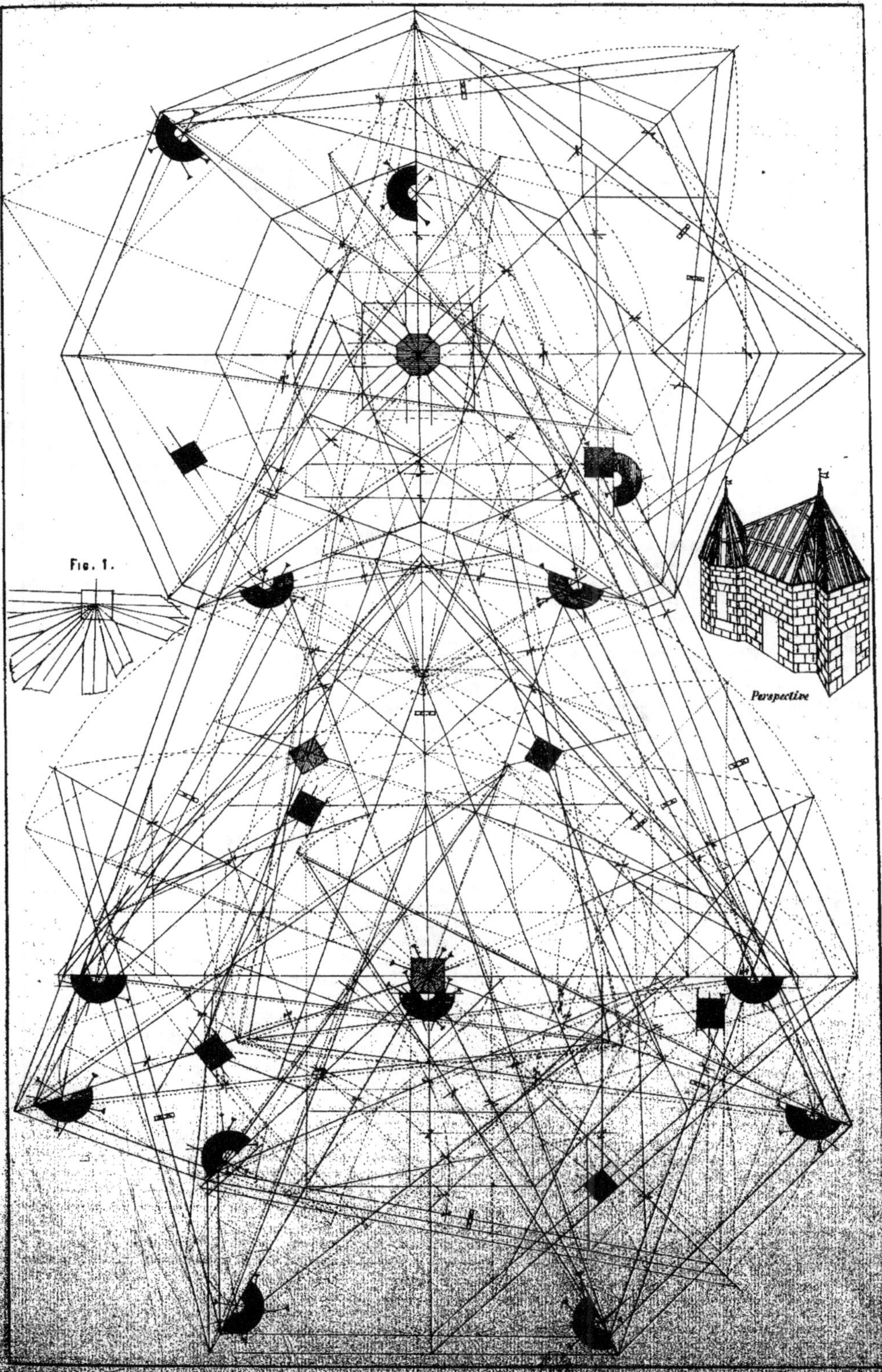
Fig. 1.
Perspective

PAVILLON CARRÉ A TOUS DEVERS.

L'on appelle pavillon carré à tous devers, un pavillon dans lequel les arêtiers ainsi que leurs assemblages sont déversés à faire lattis à une sablière, ce qui fait que les arêtiers ne sont pas délardés. Du côté où ils font lattis, les empannons se coupent tournisse et en barbe de l'autre côté. Les pannes et les empannons sont au même affleurement du dessus, parce que l'arêtier ne peut pas être assez fort pour la retombée des deux.

Manière d'opérer.

On commence par faire paraître le carré des sablières et par placer la ferme, les demi-fermes et les arêtiers en plan par terre. L'élévation de la ferme étant faite, on fait paraître le vu de bout de la panne sur lequel on trace l'affleurement de la ligne d'assemblage parallèle au lattis jusqu'à la ligne de trave; de là renvoyer tout le tour suivant les sablières pour les obtenir dans les arêtiers et dans les demi-fermes, et les ramener parallèles à leurs rampes à la jonction sur la ligne de trave. Pour avoir la sablière des aisseliers et des contrefiches en plan par terre, il faut les profiler du pied jusque sur la ligne de trave, de là les tourner parallèles suivant celles des arêtiers. Pour les mettre en élévation sur les arêtiers, il faut prendre la hauteur de leurs abouts sur la ferme, tenté au pied aux lignes de leurs sablières. L'élévation des arêtiers se fait sur la ligne d'assemblage rapporté par un simblot au point où la ligne d'assemblage coupe le milieu du poinçon sur l'élévation de la ferme, tel qu'il a été fait sur l'épure. Pour obtenir le croisillon de l'arêtier afin que l'arête du dessus tombe aplomb sur la ligne de plan par terre, on commence par relever le niveau de devers toujours de la même manière que les précédents, en faisant un trait carré au pied en plan par terre. Du trait carré simbloté sur la ligne d'assemblage en élévation rabattu sur lui-même en plan, tenter où le trait carré coupe la ligne d'assemblage en plan; ne profilant le trait carré jusqu'aux lattis, tenté parallèle, on obtient l'affleurement de dessus qui sert à placer le niveau du côté où l'arêtier fait lattis. Sur cette même ligne on tire un trait carré à sa jonction avec l'arêtier en plan, ce qui donne la face de la partie opposée au lattis; le point où la ligne d'assemblage coupe également l'arêtier en plan, donne le croisillon comme il est figuré sur le vu de bout en dessous du niveau de devers. On obtient le croisillon des aisseliers et des contrefiches de la même manière. Ces assemblages étant, bien entendu, moins forts que les arêtiers, on prend le milieu de la moyenne de leur épaisseur que l'on porte en contre-bas de leur ligne de milieu sur leur élévation sur la ferme. Où cette ligne coupe la ligne de trave, tirer parallèle aux autres sablières tout le tour et remonter suivant leur élévation sur les fermes, pour obtenir l'affleurement dans chaque partie, car si les rampes ne sont pas égales, l'affleurement n'est plus le même. Par conséquent, chaque aisselier et contrefiche, étant lignés chacun à son affleurement parallèle à la face du dessous, adoptée pour le lattis, lignés par le milieu sur l'autre face, rembarrés par bout, donne le croisillon qui doit être mis sur ligne sur celle parue en élévation. Les niveaux de devers se relèvent comme pour l'arêtier en opérant sur la sablière de chacun et simblotant sur chaque élévation comme on le voit sur l'épure. Ces assemblages faisant lattis, au-dessous le niveau se place au lattis du dessous comme il est figuré, en tirant un trait carré sur eux-mêmes en plan, trait qui sert pour les déverser en élévation. Le plomb tombe toujours du côté où l'élévation est faite. L'arêtier en élévation se déverse de même en plaçant le niveau sur le rabattement du côté où il fait lattis. Un trait d'équerre à son plan sert pour le déverser en élévation avec ses assemblages. Pour l'établir avec la panne du côté où il fait lattis, il se place en herse de niveau sur la plumée; pour l'autre côté, il est déversé en profilant le trait carré jusqu'à la ligne d'assemblage du plan par terre, tenté au point du rabattement; cette ligne tortille, un trait carré l'établit. La tête des empannons est en coupe tournisse du côté où les arêtiers font lattis en portant sur la herse l'occupation des arêtiers pour leur coupe de tête. De l'autre côté, on fait paraître la ligne d'arête de l'arêtier, en rapportant les barbes avec les sauterelles comme elles sont figurées sur la tête de la demi-ferme. Pour obtenir la coupe sur la face déversée, on tire un trait carré sur la tête de la ferme du côté où l'arêtier fait lattis; où ce trait coupe la ligne de trave, tentant au pied de l'arêtier on a l'enlignement de la face opposée au lattis; où cette ligne coupe la demi-ferme en plan, tentant à la tête, on obtient ainsi la coupe sur la face dernièrement indiquée; de là on prend la retombée de l'arêtier, que l'on porte parallèle suivant la rampe de la ferme du côté du lattis de l'arêtier; prendre la distance de ces deux dernières sur une ligne aplomb, cette distance rapportée sur la ligne aplomb du poinçon en contre-bas de tête du chevron de croupe, tirer un trait de niveau à ce point, on obtient ainsi la barbe du dessous à son lieu de place sur le fond d'arête; ces coupes se rapportent à la sauterelle telles qu'elles sont indiquées sur l'épure.

FIGURE II.

PAVILLON BIAIS A TOUS DEVERS.

Ce pavillon n'offre pas plus de difficultés que le précédent, attendu que les opérations sont toutes les mêmes. Il se trouve plus compliqué en lignes, parce que les fermes et demi-fermes ne sont pas d'équerre aux sablières, ce qui fait qu'on est obligé d'opérer comme pour les arêtiers. Pour opérer sur le biais, on est obligé d'adopter et de prendre pour base des chevrons d'emprunt d'équerre à chaque sablière, que l'on met en élévation, sur lesquels on place les assemblages à la demande voulue pour les transférer dans les arêtiers et dans les fermes et demi-fermes et pour obtenir le croisillon de chacun; les chevrons d'emprunt sont indiqués sur l'épure en lignes ponctuées. On opère dessus comme nous avons fait sur les fermes du pavillon carré, excepté que les arbalétriers de celui-ci se lignent sur le milieu pour le croisillon avec l'affleurement du dessus pris en plan sur le vu de bout ou sur l'élévation du chevron d'emprunt. Je vous ferai observer que tous ces assemblages, une fois déversés et mis sur ligne, le croisillon se contrejauge de niveau, pour avoir les lignes d'assemblage sur les faces du bois. Les empannons étant coupés sur la herse parallèle aux arbalétriers, pour obtenir leurs barbes dans le devers des arêtiers et leur coupe du pied, l'opération n'est plus la même que s'ils étaient d'équerre à la sablière. Il est inutile de donner la démonstration de l'établissement du comble, car ce serait répéter la même chose que pour la figure 1re. Comme on vient de dire que les empannons sont placés parallèles aux arbalétriers, les faces ne tombent pas d'aplomb. Pour obtenir sur le plan l'enlignement de la face, on opère comme il a été démontré (planche V, figure 1re). L'arêtier étant déversé, on fait paraître son enlignement de face en plan. En tirant un trait carré sur la tête du chevron d'emprunt, du côté où l'arêtier fait lattis, où ce trait coupe la ligne de trave, tentant au pied de l'arêtier, on obtient ainsi l'enlignement de la face. Ensuite on place un empannon en plan parallèle à la ferme, de là on remonte l'about parallèle aux sablières sur le lattis du chevon d'emprunt, ce qui donne son point de hauteur. De ce point on tire un trait d'équerre à la rampe, jusqu'à la ligne de trave renvoyée parallèle à la sablière, en tirant un trait d'équerre à la sablière sur la tête de l'empannon en plan, jusqu'à la jonction, tenté au pied donne l'enlignement de face de l'empannon sur lequel on fait un petit chevron d'emprunt d'équerre à cette ligne passant sur la tête de l'empannon en plan. On lui fait son élévation avec la hauteur de l'about de l'empannon, la longueur du chevron d'emprunt, portée sur lui-même en plan, tenté au pied de l'empannon, cette ligne sert à placer le manche des sauterelles, en plaçant la lame sur l'enlignement de la face pour la coupe du pied, où cette même ligne coupe l'enlignement de face de l'arêtier, tenté à la tête du chevron d'emprunt, sur la herse de devers donne la coupe sur la face déversée; où la même ligne coupe une deuxième fois la sablière du lattis, tenté à la tête donne l'enlignement du dessus de l'arêtier, en portant l'occupation de l'arêtier sur le chevron d'emprunt, où l'épaisseur coupe la ligne de trave, tiré parallèle à la sablière à la rencontre de la face de l'empannon, tenté parallèle à la première ligne du dessus donne juste la coupe sur le fond d'arête.

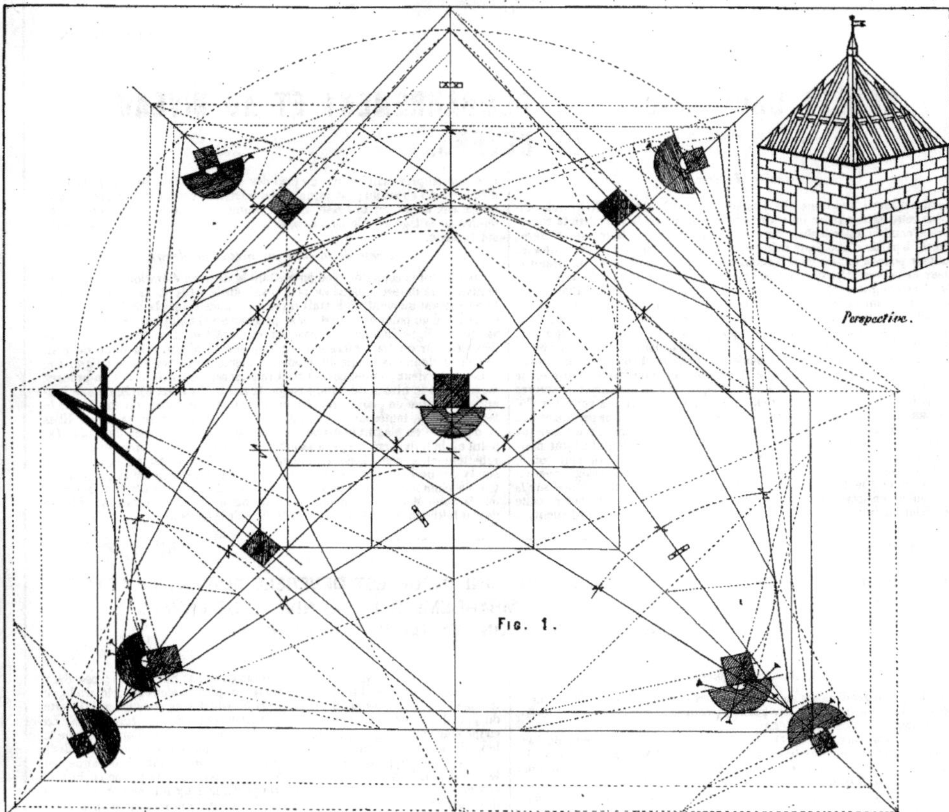

Perspective.

Fig. 1.

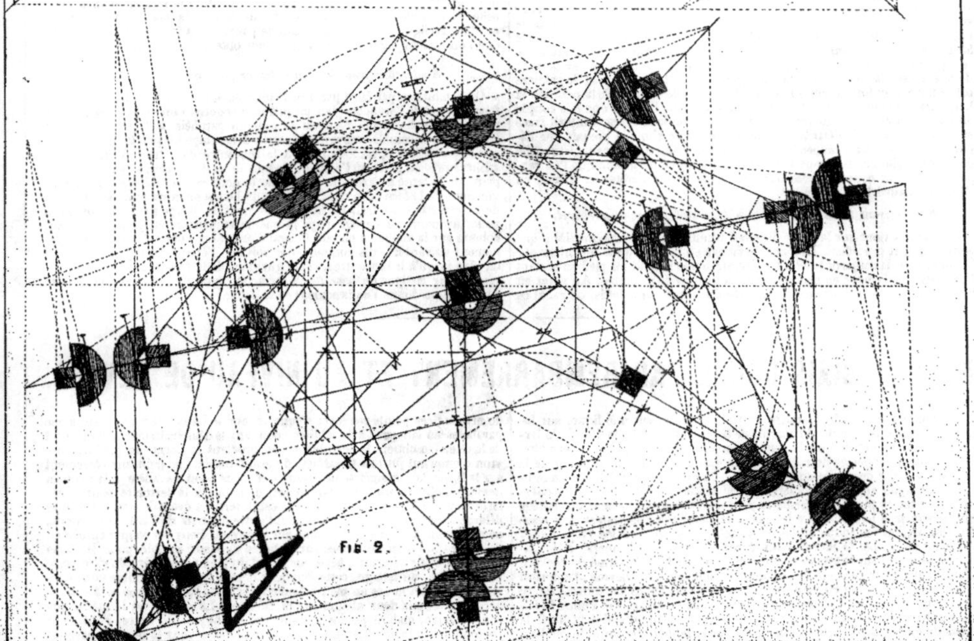

Fig. 2.

Imp. Ch. Guillard, Tours.

NOULET DROIT COUPÉ PAR REMBARREMENT ET AU NIVEAU DE DEVERS.

Manière d'opérer.

On tire d'abord une ligne que l'on adopte pour la sablière du grand comble. Sur cette ligne on tire un trait carré sur lequel on fait paraître la rampe du grand comble à partir du dehors de la sablière. Sur la même sablière, on porte, à partir d'une ligne d'équerre, l'about du pied de la fermette avec la hauteur pour la mettre en élévation. L'élévation étant faite, on prend la hauteur de la fermette, que l'on porte de niveau sur la grande ferme. Au point où cette ligne coupe la rampe, on obtient la longueur du faîtage, descendu en plan sur la ligne du milieu de la fermette en plan, tenter aux abouts sur la sablière, donne les noues en plan, ensuite on prend la longueur de la fermette simblotée sur elle-même en plan, renvoyée d'équerre jusqu'à la ligne du bout du faîtage, ce point, tenté au pied, donne les noues en herse pour les couper par des rembarrements en prenant l'épaisseur des noues sur les faces opposées du lattis, que l'on porte en contre-bas du lattis sur la fermette. Au point où l'épaisseur coupe la ligne aplomb, renvoyer d'équerre sur le lattis ; de même au pied où elle coupe la ligne de niveau renvoyer d'équerre sur le lattis, ces deux points simblotés sur la herse, tirés parallèles aux abouts donnent les démaigrissements du pied et de la tête, tel qu'il est indiqué sur l'épure dont les lignes sont marquées d'un trait ramèneret. La ligne marquée D se trace dessus, rembarrée avec l'autre en-dessous. Au point où le démaigrissement du pied coupe la ferme en plan, tirer parallèle aux noues en herse, on obtient le délardement du dessous afin qu'elle repose à plat sur le vieux comble, en jetant cette ligne sur la face des noues, en-dessous de cette ligne, délardée jusqu'à l'arête du dessus. Pour obtenir ce délardement, si la ferme en plan était retirée du pied des noues, il faudrait tirer un trait d'équerre à l'about du pied jusqu'au démaigrissement du dessous, et tiré parallèle aux noues sur la herse. Les empannons se placent sur la herse, d'équerre au faîtage avec la coupe aplomb de la fermette et en coupe tournisse sur la noue.

Coupe de la noue au niveau de devers.

On obtient la coupe du pied en mettant la noue en élévation déversée par le niveau de devers indiqué en plan placé sur le lattis de la noue qui est la ligne partant du point où le trait carré de la noue coupe la sablière du noulet et tenté au point du rabattement pris par un simblot sur la noue en élévation. La ligne indiquée en élévation est l'arête de la noue après avoir été déversée par un trait carré à son plan, sur le niveau, la ligne du plan par terre donne la coupe du pied. La même arête revient sur ligne sur la herse du vieux comble par un trait ramèneret ; la herse se fait en prenant du point où le niveau du faîtage coupe la rampe du vieux comble. Cette longueur rabattue en plan, ramenée carrément sur la ligne du milieu de la ferme en plan, tentée au pied, on obtient ainsi les noues sur la herse. Elles se déversent en plaçant le niveau toujours sur la même ligne du lattis. Du point où le trait carré coupe la sablière du vieux comble tenter au point du rabattement de cette ligne, on obtient le délardement tel qu'il est indiqué sur la vue de bout. Un trait carré à cette ligne déverse pour la coupe de la tête en plombant la ligne du milieu, marquée d'un trait ramèneret. Si toutefois la noue était coupée le long de la fermette, on la tracerait sur la herse de son lattis en coupe tournisse sur la face de la fermette.

FIGURE II.

NOULET DROIT COUPÉ A LA SAUTERELLE DONT UNE NOUE EST DÉVERSÉE SUIVANT LE LATTIS DU VIEUX COMBLE ET COUPÉE PAR REMBARREMENT ET AU NIVEAU DE DEVERS AVEC LA COUPE DES EMPANNONS EN BARBE SUR LA NOUE.

Manière d'opérer.

On commence par disposer l'orient du noulet comme il a été fait pour le précédent. La noue dont il va être parlé est coupée à la sauterelle et elle fait lattis au noulet comme le précédent.

On fait un trait carré sur la tête de la fermette jusqu'à la ligne de base renvoyée carrément sur une ligne parallèle à la sablière passant sur la tête des noues en plan ; de là tentant au pied de la noue, on obtient l'enlignement de la face déversée sur laquelle on fait un chevron d'emprunt d'équerre à cette ligne sur la tête des noues en plan. On fait l'élévation du chevron d'emprunt avec la hauteur de la fermette, puis on porte sa longueur sur lui-même en plan, de là tenté au pied, ce qui donne la longueur de la noue, couchée sur son devers. Du point où l'enlignement de sa face coupe le faîtage en plan, tentant à la tête, on a le démaigrissement. La même ligne sert pour la coupe du pied en plaçant le manche des sauterelles sur la ligne de la noue sur la herse à devers. La coupe qui suit le faîtage et la sablière est la même, on les obtient en plaçant la sauterelle en ligne de la noue sur la herse des empannons, et la lame suivant le faîtage. La noue une fois coupée du pied, on place une équerre suivant la coupe de la sablière. Un trait tracé sur la coupe donne le délardement aussi juste que si on le prenait sur l'épure. Si la noue était coupée le long de la fermette on placerait le manche de la sauterelle sur la rampe et la lame sur la ligne de niveau que l'on rapporterait sur la coupe, tracée par bout à partir de l'arête du dessus on obtiendrait ainsi le délardement.

Noue faisant lattis au vieux comble, coupé par rembarrement.

On place la noue sur la herse du vieux comble de la même manière que pour le noulet précédent. La ligne du faîtage en plan se trace tournisse sur la noue, pour la coupe de la tête. La sablière donne l'about du pied en portant l'épaisseur de la noue en contre-bas du lattis du vieux comble. Au point où l'épaisseur coupe la ligne de niveau, tirée d'équerre sur le lattis, on rabat ce point parallèle à la sablière pour le rembarrement du dessous ; ces deux lignes sont marquées d'un trait ramèneret au pied du vieux comble. On ligne la noue à deux ou trois centimètres sur la face du dessus pour recevoir la latte du grand comble ; les empannons du noulet vont affleurer cette ligne. La coupe étant plus longue que l'occupation du bois, on laisse filer une barbe le long de la face. Les chevrons du grand comble vont en coupe tournisse dans la noue. Pour supporter la tête des noues, on les profile jusqu'à la panne, en les entaillant à moitié bois. Si toutefois il n'y avait pas de panne ou bien si elle était trop en contre-haut, on les couperait le long du chevron de jouée qui porte la lucarne. La coupe du pied au niveau de devers est la même que celle du précédent. On place le niveau sur le rabattement du lattis du vieux comble. La ligne qui paraît sur la noue pour l'about des empannons est celle que l'on met sur ligne sur l'élévation pour obtenir la coupe du pied.

Sauterelles pour la coupe des empannons sur la noue.

On commence par faire paraître l'enlignement de la face de la noue, en faisant paraître l'arête en plan jusqu'à la rencontre d'un empannon que l'on place en plan à volonté. Ce point est remonté parallèle à la sablière sur le lattis du vieux comble, renvoyé d'équerre à la rampe jusqu'à la ligne de base et tiré parallèle à la sablière jusqu'à la rencontre d'un trait d'équerre à la sablière pris au point où l'arête du dedans de la noue coupe l'empannon en plan. De là tenté à l'arête du dedans de la noue sur la sablière, on a l'enlignement de la face de la noue. L'about de l'empannon remonté sur le lattis de la fermette et un trait de niveau donnent la coupe sur le dessus de la noue. Au point où l'arête coupe le même empannon en plan, remontant aplomb sur la coupe on obtient le fond d'arête. On l'obtient encore en le ramenant suivant le lattis comme on le voit sur l'épure. L'empannon profilé en plan jusqu'à la rencontre de l'enlignement de la face de la noue, tiré carrément sur la ligne de base de la fermette, tenté au point du fond d'arête sur la coupe donne l'enlignement de la barbe.

FIGURE III.

NOULET BIAIS COUPÉ PAR REMBARREMENT ET AU NIVEAU DE DEVERS.

On commence par faire paraître un trait d'équerre sur une ligne, sur laquelle on porte la hauteur du comble de la lucarne avec la moitié de la largeur de chaque côté, tenté à la hauteur, on obtient la rampe de la fermette. Cette hauteur rapportée de niveau sur le grand comble à la jonction de la rampe, ce point descendu en plan, donne la longueur du faîtage en le tirant de la ligne aplomb de la fermette suivant le biais du noulet. On opère de même sur le pied de la fermette pour les sablières, du bout du faîtage aux abouts de la fermette on a les noues en plan. Pour les couper par rembarrements, on les coupe en herse en même temps que les empannons. La herse se fait par le moyen d'un chevron d'emprunt d'équerre à la sablière du noulet sur la tête des noues en plan ; on fait l'élévation du chevron d'emprunt avec la hauteur du noulet, la longueur du chevron d'emprunt couchée sur lui-même en plan, donne la tête des noues en herse. De ce point on tire un trait d'équerre au chevron d'emprunt, ce qui donne le faîtage en herse avec la même longueur que sur le plan, on obtient ainsi la fermette en herse. On tente à son about sur la sablière, et on a le rembarrement du pied et de la tête en portant l'épaisseur de la noue sur le chevron d'emprunt, au point où cette ligne coupe la ligne aplomb et la ligne de niveau ; ces points renvoyés d'équerre sur le lattis, rapportés en herse parallèles au faîtage et à la sablière, donnent le démaigrissement du pied et de la tête. On obtient le délardement en profilant la gorge du pied du chevron d'emprunt jusqu'à la sablière du grand comble, ce point tiré carrément sur la ligne de démaigrissement renvoyée de ce point parallèle à la noue en herse, on obtient ainsi le délardement, de même à la fermette pour le délardement du devant, attendu qu'elle est déversée suivant le lattis. L'une se délarde à partir de l'arête du dessus et l'autre à partir de l'arête du dessous, pour que les faces soient d'aplomb sur le devant. Pour les couper au niveau de devers, on place les noues sur la herse du vieux comble pour la coupe de la tête. Pour faire cette herse on prend du pied de la rampe du vieux comble au niveau du faîtage, cette longueur portée suivant la sablière en remontant la tête des noues en plan d'équerre sur cette ligne, donne la tête de la herse, tentée aux deux abouts sur la sablière. Le niveau est le même que pour le carré, malgré que les sablières ne soient pas d'équerre, l'opération est toujours la même. La ligne qui doit se plomber pour la tête est marquée d'un trait ramèneret. On obtient la coupe du pied en mettant la noue en élévation et déversée comme il a été dit dans les noulets précédents.

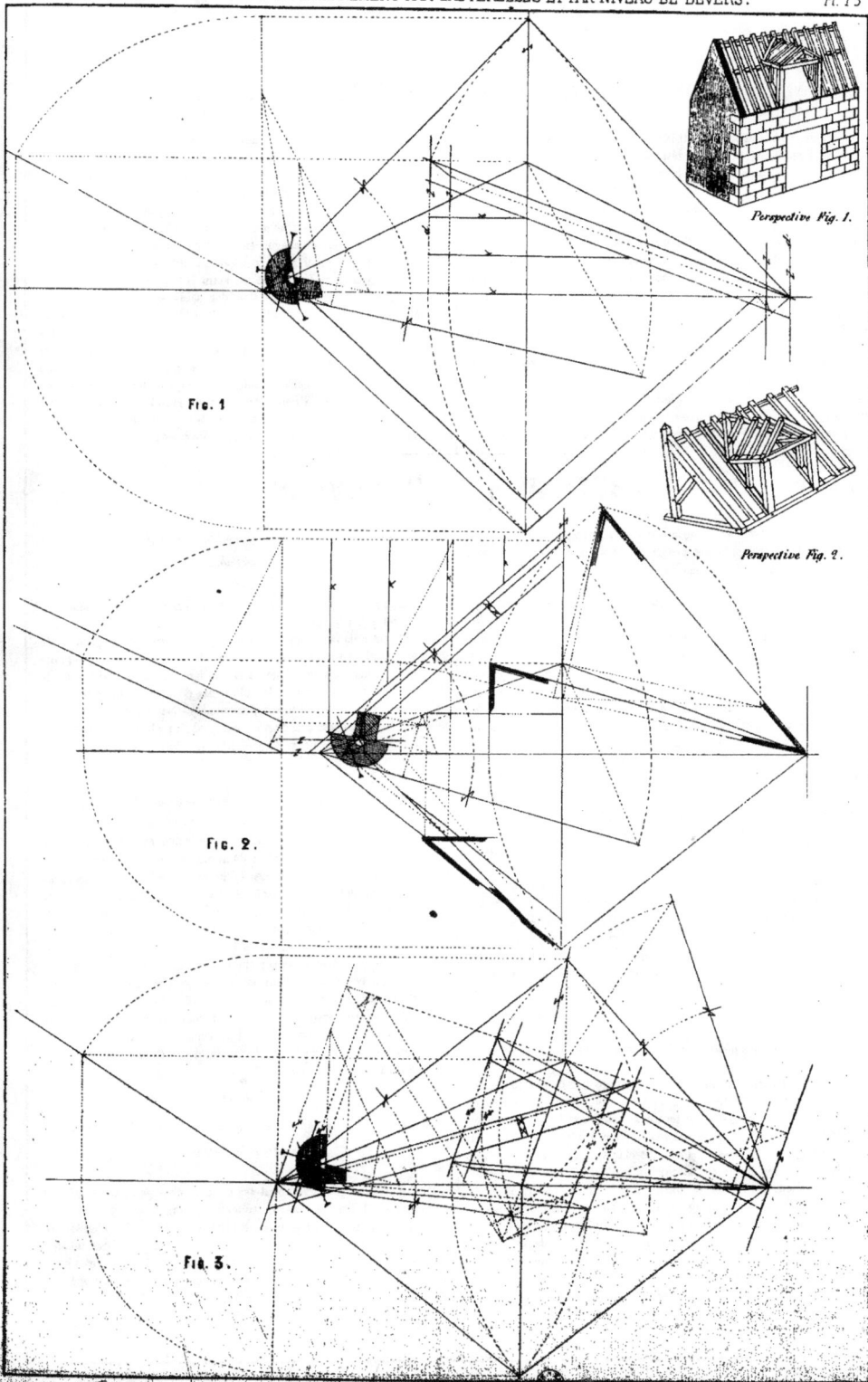

NOULETS COUPÉS PAR REMBAREMENT PAR SAUTERELLES ET PAR NIVEAU DE DEVERS.

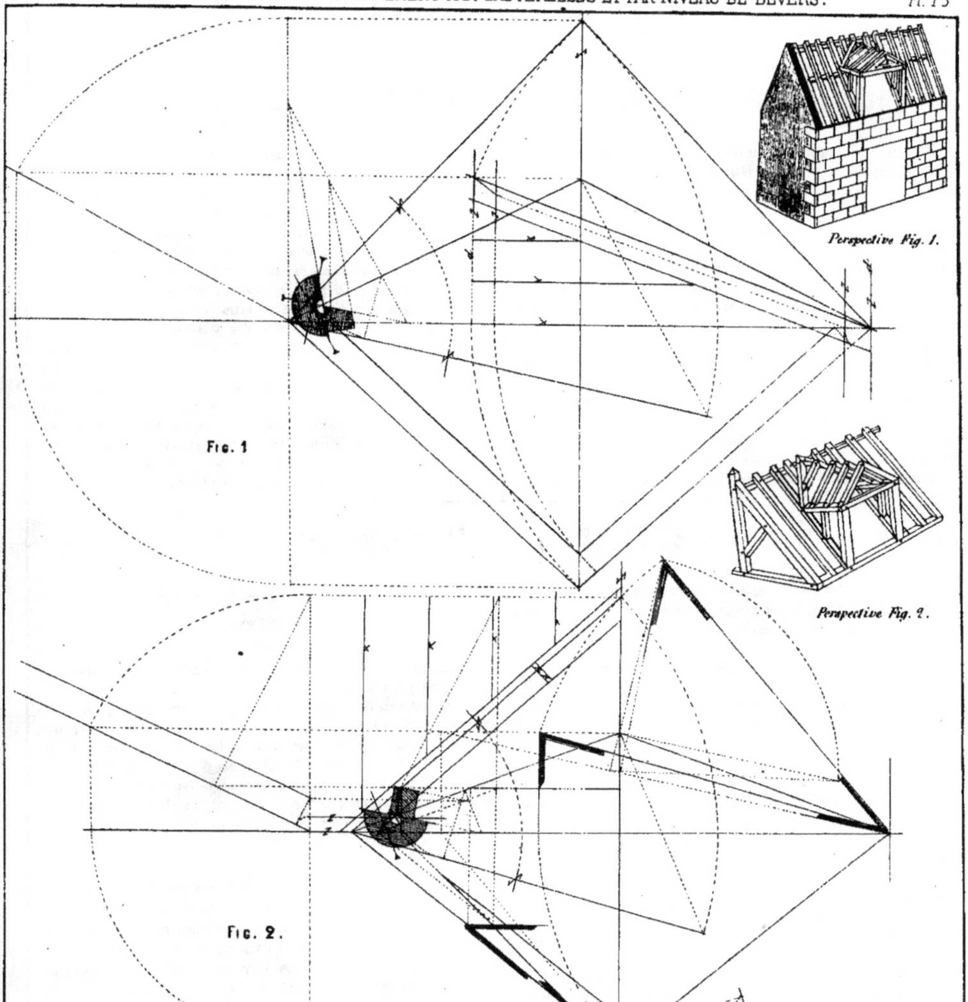

Imp. Ch. Guilloud. Troyes.

NOULET A FERME COUCHÉE.

Cette ferme est couchée suivant la rampe du grand comble sans être délardée; c'est-à-dire qu'elle est déversée suivant le lattis de la ferme aplomb, ainsi que tous ses assemblages.

Manière d'opérer.

On commence d'abord par orienter le noulet de la même manière que les précédents, afin d'obtenir les noues en plan et en herse sur le vieux comble, en opérant sur les lignes de croisillon que l'on fixe premièrement sur l'élévation de la ferme aplomb du noulet, tant pour les assemblages que pour les noues; ensuite on descend en plan par terre les abouts de chaque assemblage, entrait, aisseliers et contrefiches. On ramène ces mêmes abouts de niveau sur la rampe du grand comble que l'on descend en plan sur les noues. Ces mêmes points rabattus en herse et ramenés de même sur les noues en herse donnent les abouts de la tête. En les profilant sur l'élévation de la ferme jusqu'à la ligne de niveau ramenée sur la ligne d'assemblage, de là tenté aux abouts en herse et en plan, on obtient les assemblages en herse et en plan. L'entrait se déverse par le niveau de devers placé sur la vue de bout sur la rampe du grand comble; l'enlignement de la rampe ligne et tortille; un trait carré l'établit. Ce même niveau sert à déverser la sablière sur la herse pour assembler le pied des noues. Pour faire le niveau de devers pour déverser les noues et les autres assemblages, on fait paraître une sablière parallèle à celle du noulet au pied de chaque assemblage. Ensuite on fait l'élévation de chacun sur le plan avec leur hauteur prise sur la ferme. On observera ici que la noue en élévation se trouve à suivre le parallèle de la sablière. Les élévations étant faites, on tire un trait carré à chacune en plan jusqu'à la jonction des sablières, en simblotant sur les élévations pour avoir le point du rabattement, tenté à chaque sablière sur le trait carré. Le lattis du noulet sert à placer le niveau; l'autre côté ligne et tortille un trait carré établit. Le poinçon est posé à plat et revient une autre fois sur ligne, suivant la rampe du grand comble pour l'établir avec le faîtage du noulet. Les empannons du noulet vont en coupe tournisse sur la noue. Pour ceux du grand comble, on prend le démaigrissement en plaçant le manche de la sauterelle sur la rampe du grand comble, et la lame sur la ligne de niveau.

FIGURE II.

TRÉTEAU A TOUS DEVERS.

Les tréteaux sont dits à tous devers lorsque leurs pieds sont établis sur un lattis différent assemblé avec des croix de saint André, tel qu'on le voit sur l'épure et sur la perspective.

Manière d'opérer.

On commence par faire paraître une ligne sur un plan. Sur cette ligne on porte la longueur du tréteau. A partir de ces points on porte le reculement de la pente que l'on veut donner par bout et que l'on tire carrément suivant le chapeau. On porte aussi parallèle au chapeau et de chaque côté le reculement de la rampe des côtés jusqu'à la jonction des deux dernières, on obtient ainsi l'about des pieds en plan que l'on tente aux premiers points fixés sur la ligne du milieu du chapeau. Ces lignes que l'on vient de faire paraître tout le tour du chapeau servent de sablière pour établir les pieds avec leurs assemblages. On fait ensuite des chevrons d'emprunt d'équerre aux sablières des côtés qui passent sur la tête des pieds en plan. Sur la ligne aplomb des chevrons d'emprunt, on porte la hauteur du tréteau. Pour que le dessus des pieds affleure l'arête du chapeau, on le fait paraître vu de bout sur la tête des chevrons d'emprunt. Des arêtes du dessus du chapeau, on tente au pied des chevrons d'emprunt et on obtient le lattis du dessus des pieds, sur lequel on porte une ligne d'affleurement pour ligne d'assemblage. Où cette ligne coupe le milieu du chapeau on a le croisillon, ligné de ce point parallèle au dessus. Où cette même ligne coupe la ligne de niveau des chevrons d'emprunt, on la fait tourner tout le tour suivant les sablières pour avoir le croisillon des pieds et des autres assemblages. Ces dernières sablières servent pour les opérations; il en est de même pour les chevrons d'emprunt.

Etablissement des pieds avec le chapeau et les croix de côté.

On prend la longueur de la ligne d'assemblage sur le chevron d'emprunt que l'on porte sur lui-même en plan. Cette longueur portée de chaque bout sur la tête des pieds tentée au pied sur la ligne d'assemblage, donne les pieds en herse sur le croisillon. On tire une ligne d'une tête à l'autre, cette ligne sert à mettre le chapeau sur ligne aplomb du croisillon. Les croix se placent comme on le voit sur l'épure et lignées au même affleurement que le pied qui fait lattis au chapeau. Le chapeau se déverse en plaçant le niveau sur le dessus. L'enlignement du chevron d'emprunt ligne et tortille un trait carré l'établit. Le niveau de devers pour déverser les pieds se relève de la même manière que celui de la planche IX, pour le pavillon à tous devers. On opère aussi de la même manière pour avoir le croisillon des pieds pour que l'arête tombe aplomb sur la ligne du plan par terre.

Etablissement des petites croix assemblées dans les pieds par bout du tréteau.

On fait paraître la vue de côté du tréteau sur une ligne parallèle au chapeau tel qu'on le voit en dehors du plan par terre en lignes ponctuées. Sur cette ligne on porte la hauteur du dessus du chapeau, et la ligne du croisillon sur laquelle on remonte la tête des pieds; on remonte également la ligne d'assemblage de la sablière sur la ligne de base, de là tenté à la tête on obtient les chevrons d'emprunt. Leur longueur simblotée sur la ligne de niveau, ramenée carrément sur la ligne du milieu du chapeau en plan, tentée au pied, on obtient les lignes du croisillon des pieds en herse pour établir les petites croix.

Etablissement des petites croix assemblées dans les grandes.

Ces croix étant placées en herse, pour les établir avec les pieds et le chapeau, on descend carrément l'about de la tête sur le chapeau en plan, ensuite on la fait filer de la herse jusqu'à la ligne d'assemblage en plan, on tente à ce point et on obtient le croisillon de la grande croix en plan. L'about du pied, tiré parallèle à la sablière, sert de sablière de dégauchissement sur laquelle on fait un chevron d'emprunt carrément sur la tête des grandes croix en plan. On fait son élévation ne simblotant sa longueur sur lui-même, on tente à l'about du pied des croix et on les obtient en herse. Ce chevron d'emprunt est rapporté en dehors du plan, sur la vue de côté du tréteau. Le niveau pour déverser les grandes croix se fait comme celui des pieds, en faisant leur élévation pour leur point de rabattement, profilant le trait carré jusqu'à leurs sablières en plaçant le niveau sur le lattis des croix, comme on le voit sur l'épure.

Manière de faire dégauchir et enligner les petites croix ensemble par bout du tréteau.

On fait d'abord paraître l'about des pieds et de la tête par deux lignes de niveau sur la vue de côté du tréteau. Commençons par celles qui vont dans les grandes. Au point où les lignes de niveau des abouts coupent les chevrons d'emprunt, on simblote du pied sur eux-mêmes, ramenés carrément sur les croix en herse, on obtient ainsi les abouts du pied et de la tête. On opère de même pour celles qui vont dans les pieds. L'opération se fait alors sur leurs chevrons d'emprunt.

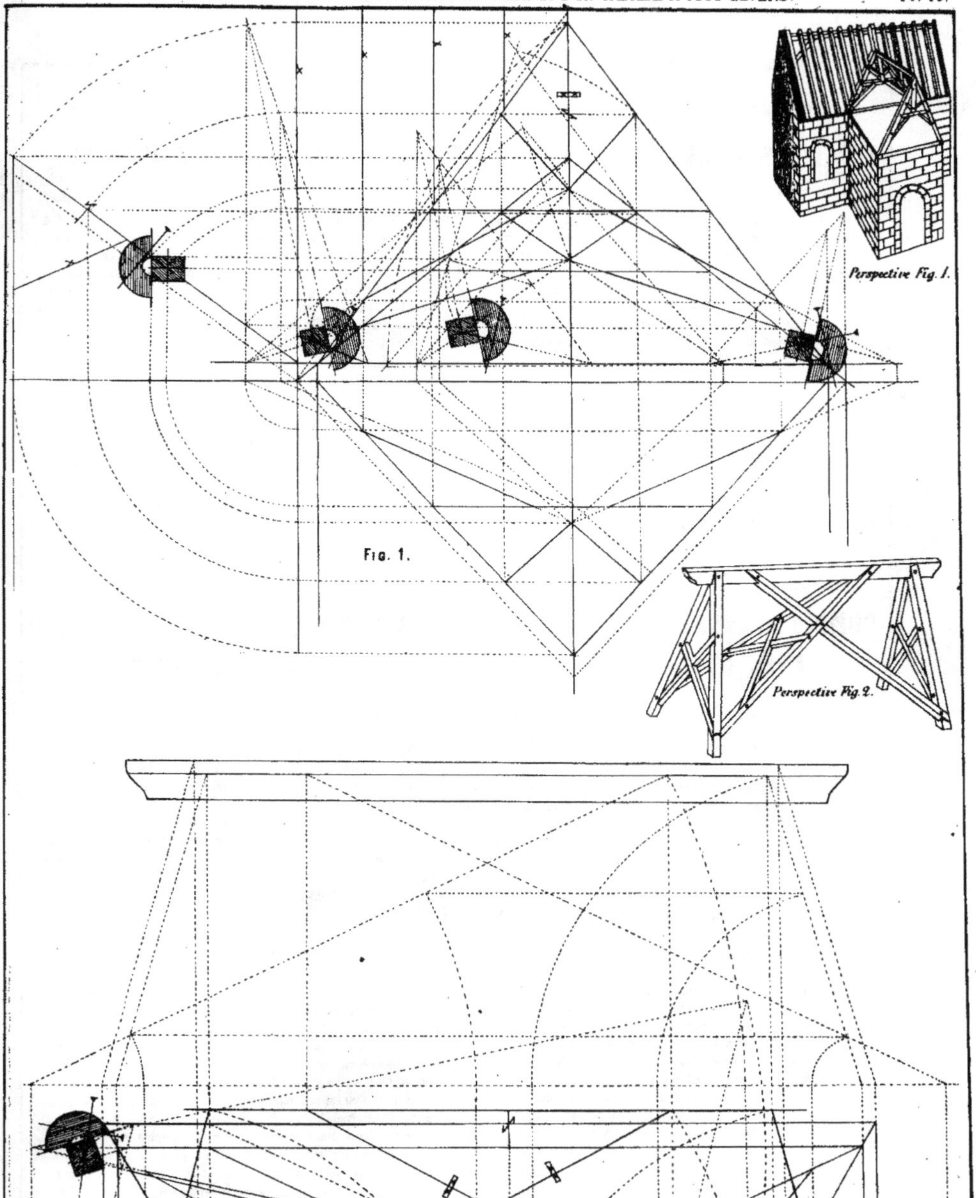

Fig. 1.

Fig. 2.

Imp. Ch. Guilland, Tours

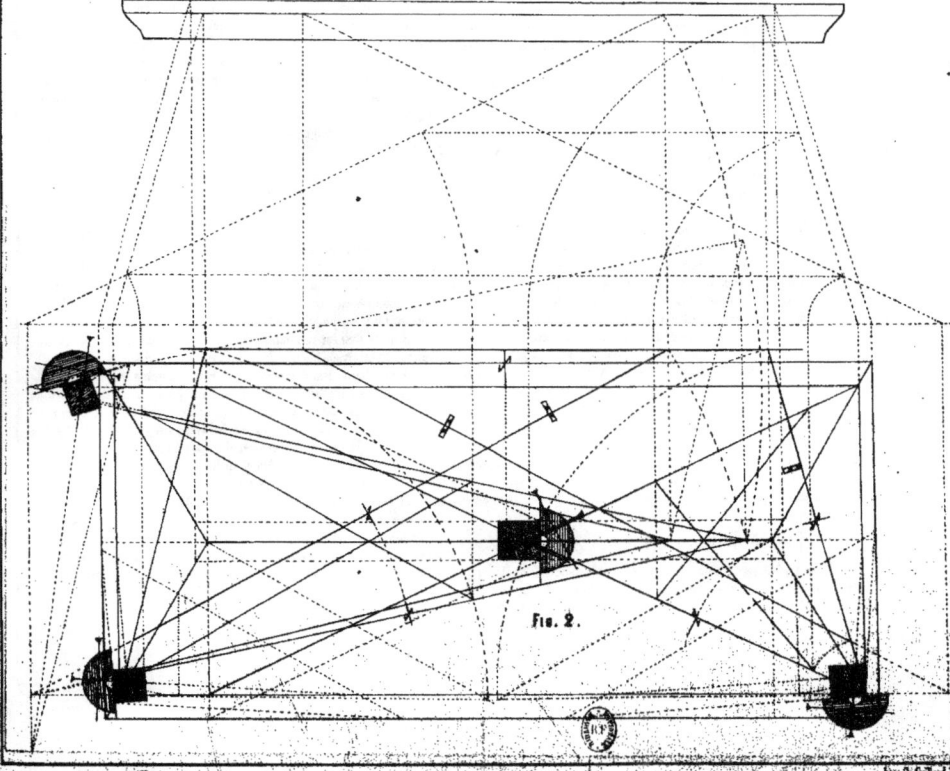

ÉTABLISSEMENT D'UN ARÊTIER SUR UN COLLIER DÉVOYÉ.

On commence par faire paraître le plan de l'arêtier ainsi que son élévation. Cette opération étant faite, on jette une ligne d'assemblage parallèle au-dessus. Du point où cette ligne coupe l'arêtier en plan, on tente à l'endroit où le collier doit être placé en plan. Cette ligne est le milieu du collier. Pour le mettre sur ligne avec l'arêtier, on fait un chevron d'emprunt d'équerre au collier en plan et passant sur la tête de l'arêtier. On fait l'élévation du chevron d'emprunt avec la hauteur prise sur la ligne d'assemblage; on prend la longueur de ce chevron et on la porte sur lui-même en plan. De ce point on tente au pied de l'arêtier; cette ligne sert à le mettre sur ligne sur le croisillon. Le collier ne bouge pas de place, il n'a besoin que d'être déversé. Pour cela on place le niveau sur le dessus; l'enlignement du chevron d'emprunt tortille, un trait carré l'établit, tel qu'on le voit sur l'épure sur la vue de bout du collier. Le niveau du devers de l'arêtier est toujours le même. Du point où le trait carré coupe le collier, on tente au point de rabattement; un trait carré à cette ligne l'établit.

FIGURE II.

ÉTABLISSEMENT D'UN ARBALÉTRIER SUR UN TIRANT DÉVOYÉ.

L'opération est la même que pour l'arêtier. On fait un chevron d'emprunt d'équerre au tirant et passant sur la tête de l'arbalétrier; on fait l'élévation de ce chevron d'emprunt rabattu sur lui-même, puis on tente au pied de l'arbalétrier pour le mettre sur ligne avec le tirant. Les niveaux de devers sont les mêmes que les précédents, du reste l'épure l'indique.

FIGURE III.

COMBLE MANSARD RACCORDÉ AVEC DES COMBLES DROITS ASSEMBLÉS AVEC DES ENTRAITS DÉVOYÉS AINSI QUE LES AISSELIERS.

Le comble dont on va parler forme un retour d'équerre. L'un des côtés est droit et l'autre mansard, et la croupe par bout du comble mansard est droite. L'épure est faite seulement du côté de la branche de noue tel qu'on le voit sur la perspective.

NOTA. — Jusqu'à présent l'auteur n'a fait aucune remarque sur les pièces dont il s'occupait, attendu qu'elles ne venaient qu'une ou deux fois sur ligne; mais comme maintenant les pièces, dont il va être parlé, reviennent plusieurs fois sur ligne, il avertit le lecteur qu'elles seront marquées et indiquées par les termes connus de tout charpentier.

Manière d'opérer.

On commence par faire paraître les sablières marquées d'une contremarque pour la première, d'une patte d'oie pour la seconde et d'un crochet pour la troisième. La jonction de la contre-marque et de la patte d'oie est le pied de la noue. Celle de la patte d'oie avec le crochet est le pied de l'arêtier. Ensuite on fait paraître, parallèle à chaque sablière, le milieu de la largeur de chaque corps de bâtiment, ce qui donne les deux faîtages en plan marqués d'un trait de milieu. On fait l'élévation de la ferme de chaque comble à la même hauteur. Le comble de la sablière contre-marque et celui de la sablière crochet sont droits et l'autre mansard. Ce dernier n'est autre chose que les deux lignes marquées langue de vipère. La rampe de la croupe est marquée crochet contre-marque; celle de la sablière contre-marque est marquée langue de vipère contre-marque. Toutes ces rampes parues, on commence par descendre l'arête de la sablière de bris en plan, tirée parallèle à la sablière; on prend la hauteur du bris et on le porte par une ligne de niveau sur les autres fermes en élévation. Au point où cette ligne de niveau coupe le lattis, on descend ce point aplomb jusqu'à la rencontre de la sablière de bris en plan. Pour obtenir le coude des deux arêtiers et des deux noues en plan, on tire deux lignes, une au poinçon et l'autre à la jonction des sablières, ce qui donne les noues en plan ainsi que les arêtiers.

Établissement de l'arêtier avec l'entrait et l'aisselier.

On tire une sablière de dégauchissement sur le pied de l'arêtier parallèle à l'entrait. Sur cette sablière on fait un chevron d'emprunt passant sur la tête de l'arêtier; on le met en élévation avec la hauteur du bris; on porte en contre-bas la hauteur du croisillon de l'entrait; de ce point on tire une ligne parallèle à la rampe jusqu'à la ligne de niveau ramenée parallèle à la sablière de dégauchissement sur l'arêtier en plan; de là on tire une deuxième ligne parallèle à l'arêtier en élévation qui est sa ligne de croisillon, ligne qui va se combattre avec le croisillon de l'entrait. La deuxième sablière de dégauchissement nous servant seule pour faire les opérations, nous ne parlerons plus de la première. Il en sera de même pour la première ligne du chevron d'emprunt. La longueur du chevron d'emprunt se couche sur lui-même en plan, ce qui donne la tête de l'arêtier, puis on tente au pied. L'entrait se place du même point parallèle à son plan ou d'équerre au chevron d'emprunt.

Manière de placer les aisseliers et d'obtenir leur dégauchissement.

L'aisselier premièrement placé en élévation sur la ferme, on descend l'about de la tête sur l'entrait en plan, de là on tire une ligne parallèle aux sablières d'un entrait à l'autre, ce qui donne les abouts de la tête. On les profile ensuite du pied jusque sur la ligne de trave, on les ramène tout le tour suivant les sablières du comble sur celles de dégauchissement, on tente au point des abouts et on obtient les aisseliers en plan. L'about de la tête est remonté d'équerre à la sablière de dégauchissement sur l'entrait en herse; de là on tente au pied sur la ligne de niveau, ce qui donne les aisseliers sur la herse. Comme les faces de tous ces assemblages tombent d'aplomb, il faut qu'ils soient déversés tous les trois pour les établir. Le niveau de l'entrait se relève comme pour déverser une panne de bris en plaçant le niveau sur la face du dessus. Un trait carré sur la rampe du chevron d'emprunt l'établit et l'enlignement tortille. Pour le niveau de l'arêtier, on tire une ligne du point du rabattement au point où le trait carré coupe la sablière de dégauchissement. Un trait carré à cette ligne sert pour l'établir en plaçant le niveau sur la face de la plumée; on opère de même pour l'aisselier en le mettant en élévation pour avoir le point de rabattement. Une fois tous ces assemblages sur ligne et bien de devers, on contre-jauge le croisillon par bout pour avoir les lignes d'assemblage sur les faces du bois; l'établissement de la noue avec l'entrait et l'aisselier est le même que celui de l'arêtier, du reste l'épure l'indique.

ÉTABLISSEMENT D'ENTRAITS DÉVOYÉS.

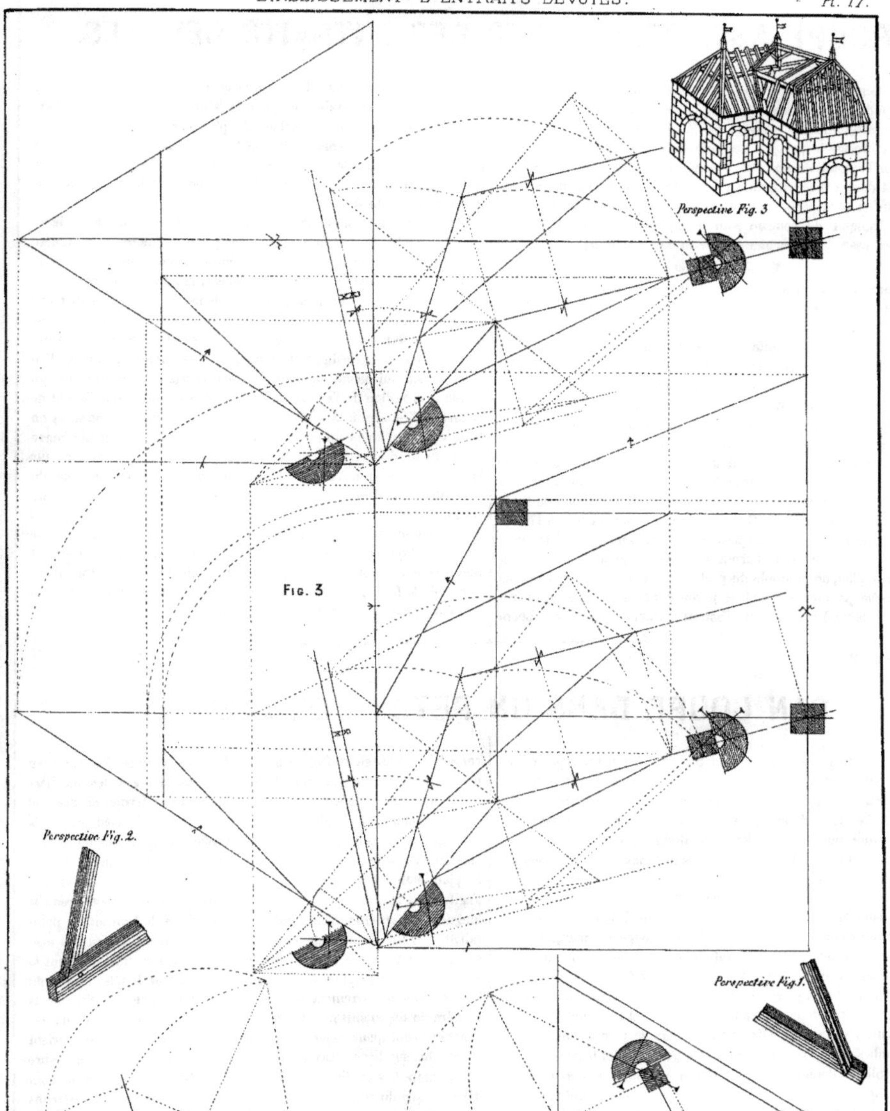

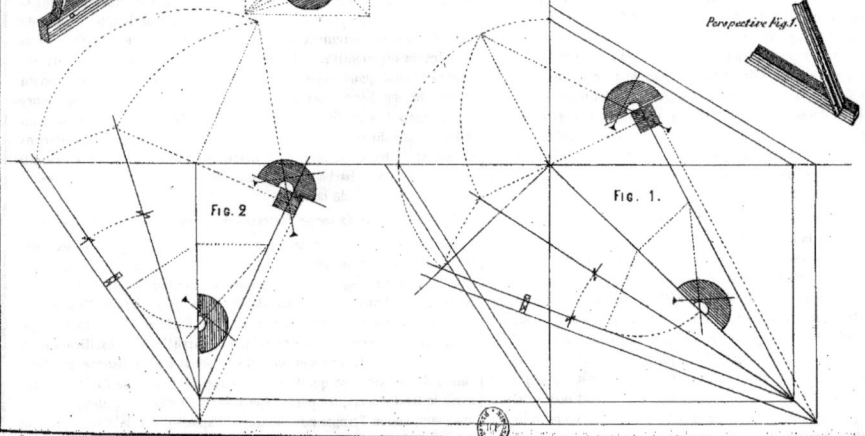

CROUPE ASSEMBLÉE AVEC DES ENTRAITS DÉVOYÉS.

Le plan dont on va parler ici se compose d'un corps de bâtiment très-allongé dans lequel existe une croupe de chaque bout et plusieurs fermes intermédiaires. Ne pouvant pas établir de fermes ni de demi-fermes pour porter le poinçon des croupes attendu qu'il se trouve des croisées sur l'aplomb du poinçon, tel qu'il est indiqué sur la perspective, on est donc obligé d'assembler les entraits d'arêtiers dans l'entrait de la ferme la plus près, en ajoutant un petit entrait dans ceux des arêtiers à l'aplomb du poinçon pour le supporter. Le collier du plan par terre est assemblé de même dans le tirant de la ferme.

Manière d'opérer.

On commence par faire paraître les sablières du long pan à leur écartement fixe, et on divise le milieu des deux, ce qui donne le faîtage en plan sur lequel on tire un trait carré et on obtient ainsi la sablière de croupe; on figure ensuite la ferme en plan la plus rapprochée de la croupe. Sur la ligne de milieu du faîtage on fait paraître le milieu du poinçon de la croupe sur lequel on tire deux lignes, une à chaque arête de jonction des sablières, ce qui donne les deux arêtiers en plan. On fait paraître de même les entraits en descendant les abouts de sur la ligne d'assemblage de la ferme sur les arêtiers en plan. De là on les tente à la ligne du milieu de la ferme et on a ainsi les entraits en plan. Pour placer les aisseliers afin qu'ils se dégauchissent avec ceux du long pan, on tire une sablière de dégauchissement au pied de l'arêtier sur la ligne d'assemblage. Cette sablière nous servira tout à l'heure pour établir les assemblages en question. Déterminons d'abord la question de l'aisselier. On descend l'about de la tête de l'aisselier sur l'entrait de l'arêtier en plan, on le profile du pied jusque sur la ligne de trave; de là on le ramène parallèle à la sablière jusque sur la sablière de dégauchissement et on tente à son about sur l'entrait d'arêtier en plan : on obtient ainsi le plan des aisseliers. La sablière de dégauchissement dont il est parlé doit être tirée parallèle au plan de l'entrait sur le pied de l'arêtier. On fera observer ici que le collier du plan par terre est placé sur la sablière de dégauchissement afin d'éviter une deuxième opération pour l'établir avec le pied de l'arêtier. De cette manière, il s'établit en même temps que les autres assemblages. L'opération n'est faite que du côté de l'arêtier gauche de la croupe.

Continuons par l'opération à faire pour les mettre ensemble sur ligne pour les établir. On fait un chevron d'emprunt d'équerre à la sablière de dégauchissement; sur la tête des arêtiers on fait l'élévation du chevron d'emprunt avec la hauteur des arêtiers; la longueur de ce chevron d'emprunt portée sur lui-même en plan donne la tête de l'arêtier que l'on tente au pied. On prend la hauteur de la ligne du milieu de l'entrait sur la ferme que l'on porte de niveau sur le chevron d'emprunt à la jonction de cette ligne de niveau avec la rampe, point que l'on simblote sur lui-même en plan et tiré parallèle à la sablière, ce qui donne le croisillon de l'entrait en herse. On remonte ensuite l'about de l'aisselier d'équerre à la sablière de dégauchissement sur l'entrait et on tente au même about du pied sur la ligne de base. L'entrait se déverse par le niveau de devers qui est indiqué sur le vu de bout de l'entrait sur la rampe du chevron d'emprunt. Ce même niveau sert pour le collier du pied attendu qu'il est placé parallèle sur la sablière de dégauchissement. On ne parlera pas du niveau de l'aisselier et de l'arêtier, parce qu'il a été indiqué sur les épures précédentes, et qu'il doit être connu. Du reste l'épure l'indique. Les entraits une fois établis avec les arêtiers reviennent une seconde fois sur ligne en plan pour les établir avec l'entrait d'enrayure de la ferme, et avec le petit entrait qui porte le poinçon. Il en est de même pour le collier avec l'enrayure du bas.

FIGURE II.

PAN COUPÉ DANS UN RETOUR D'ÉQUERRE.

Les arêtiers du pan coupé ne vont pas jusqu'au faîtage, parce qu'il existe une petite croupe sur le pan coupé, croupe qui se raccorde avec le grand arêtier du pan coupé comme on le voit sur l'épure et sur la perspective. Les têtes de ces petits arêtiers sont assemblées dans l'entrait d'enrayure du grand arêtier, avec des liens des petits arêtiers à l'entrait pour maintenir les roulis et placés à dégauchir les aisseliers des fermes.

Manière d'opérer.

On fait d'abord paraître les sablières du retour d'équerre; ce sont les lignes marquées contre-marque. Celle du pan coupé est marquée patte d'oie. Ensuite on fait paraître l'élévation de la ferme; elle est marquée en plan contre-marque crochet. On fait de même l'élévation de l'arêtier et on tente le pied à la jonction des deux sablières contre-marque; on fait paraître le dessus de l'entrait sur l'arêtier au point où il coupe la ligne du lattis; on a la tête des petits arêtiers en plan en menant une ligne aplomb sur le plan du grand arêtier; de ce point tenté à la jonction des sablières donne les petits arêtiers en plan, on obtient également la rampe de la petite croupe par un chevron d'emprunt fait carrément à la sablière sur la tête des petits arêtiers en plan avec leur même hauteur de la tête pour le point d'élévation; cette rampe sert à faire la herse pour couper les empannons de la croupe.

Établissement des arêtiers avec l'entrait et les liens.

L'opération n'est faite que du côté à droite de la croupe. On tire d'abord une ligne parallèle à l'entrait sur le pied de l'arêtier. Sur cette ligne on fait un chevron d'emprunt d'équerre et passant sur la tête des arêtiers. Ce chevron d'emprunt est mis en élévation avec la hauteur du dessus de l'entrait, en rapportant sur la ligne du milieu la hauteur du croisillon de l'entrait. De ce point on tire une deuxième ligne parallèle à la rampe du chevron d'emprunt. A la jonction de cette ligne et de celle de niveau on tire une autre ligne parallèle à l'entrait, ligne qui est donc la sablière de dégauchissement sur laquelle on doit opérer. Cette ligne est marquée langue de vipère. Les deux premières lignes, celle du chevron d'emprunt et la sablière ne servent plus à rien, elles n'ont été menées que pour avoir les deuxièmes donnant le croisillon des arêtiers; car celui de l'entrait est fixé en premier lieu. On continue l'opération en plaçant les liens en plan afin de les faire dégauchir avec les aisseliers des fermes. Les aisseliers étant une fois fixés sur la ferme, on descend l'about d'aplomb sur l'entrait en plan, on le profile du pied jusqu'à la ligne de niveau ramenée parallèle à la sablière jusqu'à celle du dégauchissement tentée aux abouts sur le plan des entraits, ce qui les donne en plan. Maintenant que tous ces assemblages sont parus en plan, il s'agit de les mettre sur ligne pour les établir. Pour cela on prend la longueur du chevron d'emprunt sur le croisillon de l'entrait; ce point rabattu par un simblot sur lui-même en plan donne la tête des arêtiers; on tente au pied sur la sablière de dégauchissement en tirant la ligne de l'entrait parallèle à son plan sur le point de la tête; l'about du lien se remonte carrément sur cette ligne et on tente au pied sur la sablière de dégauchissement. On opère toujours sur la sablière de dégauchissement pour relever les niveaux de devers. L'entrait revient quatre fois sur ligne, deux fois avec les arêtiers, une fois avec l'enrayure et une autre fois en élévation avec l'arêtier. Les petits arêtiers ne sont délardés que du côté du pan coupé. Du côté du long pan, les chevrons affleurent la ligne du milieu du délardement avec une coupe aplomb sur la face et une barbe sur le dessus, tel qu'il est paru par les sauterelles sur la rampe de la ferme.

Sauterelles pour la coupe des empannons sur le dessus de l'arêtier.

On fixe d'abord un empannon en plan à un endroit quelconque. Celui sur lequel l'opération est faite est marquée patte d'oie contre-marque. Au point où cette ligne coupe le milieu de l'arêtier en plan on remonte ce point carrément sur le lattis de la ferme, ce qui donne l'about, ensuite on fait un trait carré sur le pied de l'arêtier où ce trait coupe l'empannon en plan on ramène ce point parallèle à la sablière sur la ligne de trave de la ferme et on tente à l'about de l'empannon sur l'élévation de la ferme, ce qui donne la coupe du dessus de l'arêtier. Pour avoir le fond d'arête, on porte l'épaisseur de l'arêtier en plan; où cette épaisseur coupe l'empannon remonté d'aplomb sur la ferme on a la coupe sur la face juste au fond d'arête. La coupe qui suit l'arêtier se prend sur la herse.

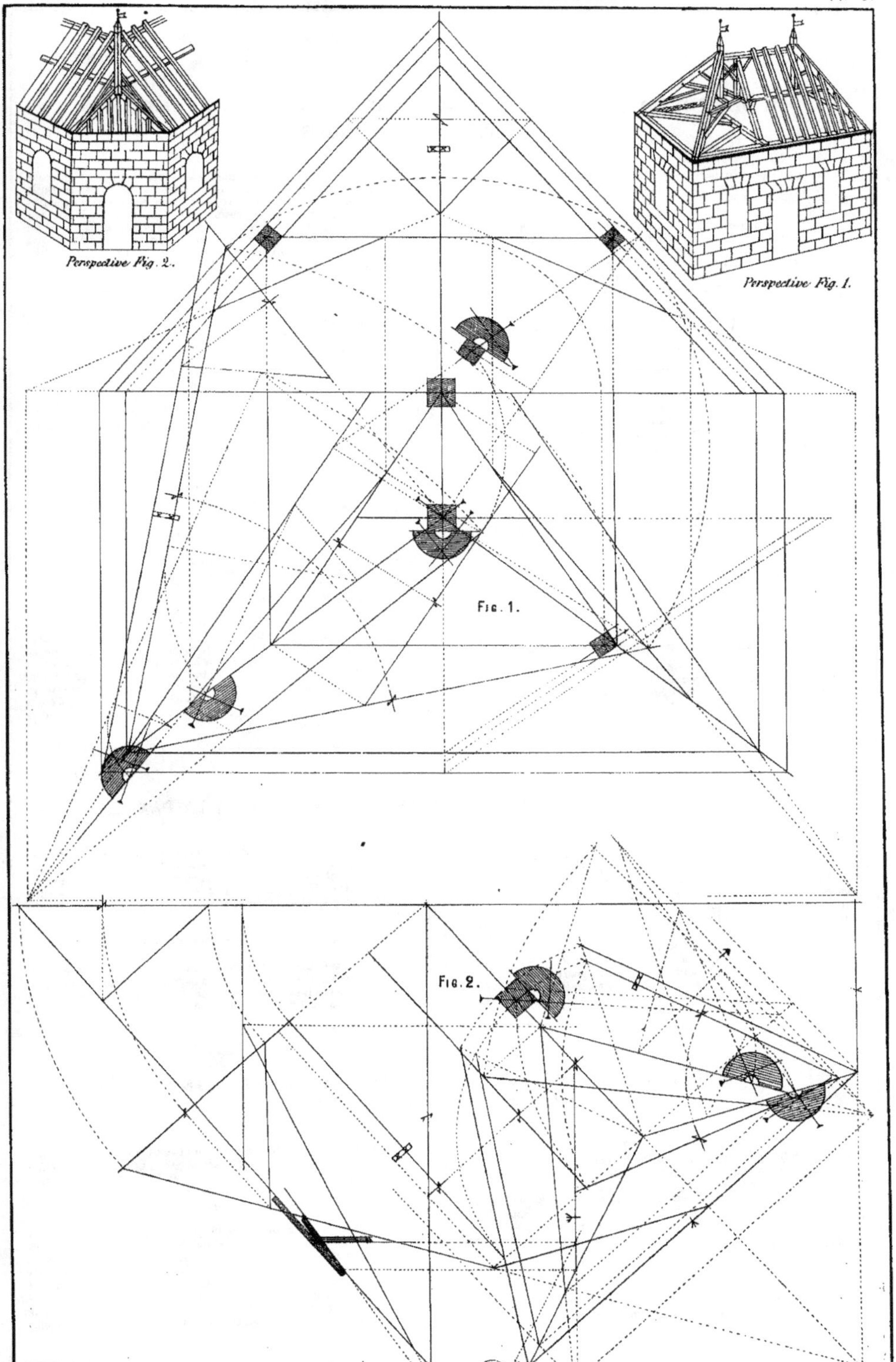

E. Delataille

Imp. Ch. Guilland, Tours.

LIEN DE PENTE A DEVERS, ALLANT SOUTENIR LA BASCULE DES SABLIÈRES ET LES PANNES D'UN HANGAR.

On commence par faire paraître la ferme en élévation avec le poteau, tel qu'il est figuré sur l'épure. Ensuite on descend le croisillon des pannes et celui de la sablière en plan. De là on tire une ligne sur le plan du hangar carrément à la sablière que l'on adopte pour la ferme en plan et le pied du poteau comme il est paru en vue de bout; cette ligne est marquée un franc. On tire ensuite une parallèle à cette ligne d'après la bascule que l'on veut avoir pour l'about des liens qui est marqué deux francs. Commençons par l'opération du lien qui tient la bascule de la sablière en dehors. Pour que le lien qui est assemblé du poteau au blochet dégauchisse avec ce dernier, on le tente au même about sur le croisillon du poteau et à la tête sur le croisillon de la sablière, lignées tous les deux au même affleurement du dessus. Le croisillon de la sablière descendu en plan sur la ligne d'about, de là tenté au milieu du poteau, donne le lien en plan marqué un contre-marque.

Etablissement du lien avec la sablière.

Le lien qui est indiqué sur la ferme sert de chevron d'emprunt. Sa longueur rabattue en plan, donne la sablière en la tirant parallèle à son plan. Au point où elle coupe la ligne d'about, on tente au croisillon du poteau en plan on obtient ainsi le lien en herse. Pour l'établir avec la sablière qui se déverse par le niveau paru sur sa face du dessus sur le vu de bout, l'enlignement du chevron d'emprunt tortille, un trait carré l'établit; le lien se pose à plat de devers sur la face du dessous.

Etablissement du même lien avec le poteau.

On met le lien en élévation avec la hauteur prise du croisillon de la sablière au niveau de l'about du pied. Le poteau étant aplomb, on tire un trait carré au pied du lien en plan pour mettre le poteau sur ligne et sur le trait ramèneret qu'il faut avoir soin de plomber en l'établissant avec la ferme. Il se déverse en plaçant le niveau sur la face de sa plumée. Le lien en plan tortille, un trait carré l'établit. Le lien étant déversé suivant le lattis de la sablière, on tire une ligne sur le pied du lien parallèle à la sablière qui est le milieu du poteau. Un trait carré fait sur le lien en plan, coupant cette ligne est tenté au point du rabattement; cette ligne sert à placer le niveau. La plumée du lien étant sur la face du dessous, on place le niveau sur la même face; un trait carré sur le lien en plan sert à le déverser. Les plombs tombent toujours comme ils sont figurés.

Etablissement du lien assemblé du poteau à la panne.

Le croisillon de la panne est descendu en plan jusque sur la ligne d'about. De ce point on tente au croisillon du poteau et on a le lien en plan marqué deux contre-marques. Pour que le lien se dégauchisse avec les jambes de force, on opère comme dans le précédent pour la ligne d'assemblage. Le croisillon de la jambe de force étant placé de manière à tenter sur le croisillon de la panne, sert de chevron d'emprunt. Ce chevron d'emprunt, couché sur lui-même en plan, donne la ligne du croisillon de la panne. En la tirant parallèle à celle du plan par terre, au point où elle coupe la ligne d'about et là tentant au croisillon des poteaux, on obtient le lien en herse pour l'établir avec la panne. Le lien étant déversé suivant le lattis de la panne, on le pose à plat de devers sur la face du dessous. La panne se déverse par un trait d'équerre au chevron d'emprunt en plaçant le niveau sur le lattis. L'établissement du lien avec le poteau est le même que le précédent.

Etablissement du lien assemblé de l'entrait d'enrayure à la panne du haut.

On commence par faire paraître une ligne parallèle à l'entrait à partir de la ligne du milieu à la distance de l'about des liens précédents sur laquelle on descend le croisillon de la panne. De ce point on tente une ligne sur le milieu de l'entrait à l'endroit fixé pour le pied du lien pour le placer en plan; il est marqué trois contre-marques. Pour l'établissement du lien avec la panne, l'opération est la même que les précédentes, car il fait également lattis à la panne. Nous engageons le lecteur à bien étudier ces trois opérations de manière à bien les comprendre, car elles lui donneront plus de facilité pour aller plus loin. Nous allons donc l'étudier une troisième fois. Le lien étant fixé en plan, on fait paraître un chevron d'emprunt du pied au croisillon de la panne. Ce chevron d'emprunt rabattu sur sa ligne de niveau donne la ligne de la panne; en la tirant parallèle au plan par terre au point où elle coupe la ligne d'about et tentant au pied du lien sur l'entrait, on a le lien en herse pour l'établir avec la panne. Pour la déverser, le niveau se place sur le lattis de la panne; un trait carré à la rampe du chevron d'emprunt sert à l'établir, l'enlignement pour tortiller. Le lien se place à plat et de devers sur la face de dessus.

Etablissement du lien avec l'entrait.

On fait un chevron d'emprunt sur la tête du lien en plan et d'équerre à l'entrait; on le met en élévation avec la hauteur prise du milieu de l'entrait au croisillon de la panne. La longueur du chevron d'emprunt portée sur lui-même en plan, tentée au pied, sert à mettre le lien sur ligne avec l'entrait. Elle se déverse en plaçant le niveau sur la face de la plumée. L'enlignement du chevron d'emprunt tortille, un trait carré l'établit. Pour avoir le niveau de devers du lien, on tire une ligne parallèle à la panne en plan sur le pied du lien au point où le trait carré coupe cette ligne, on tente au point du rabattement, et cette ligne sert à placer le niveau. Du point où le trait carré coupe la ligne du milieu de l'entrait on tente au même point du rabattement; un trait carré à cette ligne sert à l'établir. Il est observé ici que le trait carré dont il est parlé se fait à volonté sur le plan du lien d'après lequel on obtient le point du rabattement par un simblot carrément sur la ligne du lien en élévation.

FIGURE II.

LIEN DE PENTE A FACE APLOMB ASSEMBLÉ DU POINÇON A LA PANNE.

On commence par faire l'élévation de la ferme sur laquelle on fait paraître la vue de bout de la panne ainsi que la vue de bout du poinçon sur la ligne de trave de la ferme. Ensuite on descend le croisillon de la panne en contre-bas de la ferme en plan sur laquelle on porte la distance de l'about du lien et on tente au croisillon du poinçon, puis on place le lien en plan par terre; il est marqué un crochet contre-marque. On tire ensuite une ligne de niveau à la hauteur de l'about du pied du lien sur la ferme en élévation. Du point où cette ligne de niveau coupe le poinçon, on tente au croisillon de la panne, ce qui donne le chevron d'emprunt servant à mettre le lien sur ligne avec la panne. En portant la longueur du chevron d'emprunt sur la ligne de niveau, on a la ligne de la panne en la tirant parallèle au plan par terre, l'about du lien remonté carrément sur cette ligne et tenté au croisillon du poinçon, on obtient ainsi le lien sur la herse pour l'établir avec la panne. Le chevron d'emprunt donne le devers de la panne comme dans les épures précédentes. Pour le niveau de devers du lien, on tire une ligne parallèle à la panne sur le pied du lien en plan jusqu'à la rencontre du trait carré fait sur le lien en plan. De là on tente au point du rabattement et un trait carré à cette ligne l'établit en plaçant le niveau sur la face du lien, car la face tombe aplomb.

Etablissement du lien avec le poinçon.

Le lien se met sur ligne sur son élévation de devers suivant la plumée. Un trait d'équerre au lien sur le pied sert à mettre le poinçon sur ligne et sur le trait ramèneret. Il se déverse en plaçant le niveau sur la face de la plumée. Le lien en plan tortille et un trait carré l'établit.

FIGURE III,

LIEN DE PENTE A FACE APLOMB ASSEMBLÉ SUR UNE SOLIVE BIAISE ALLANT SOULAGER UNE PANNE DANS UN APPENTIS.

Manière d'opérer.

On fait paraître d'abord la rampe de la demi-ferme sur laquelle on figure la vue de bout de la panne. On descend ensuite le croisillon de la panne en plan et de là on place les liens en plans; ils sont marqués tous les deux patte d'oie contre-marque. Comme l'opération est la même pour chaque lien, nous ne donnerons la démonstration que pour celui du côté de droite. Le lien une fois placé en plan on ramène l'about du pied parallèle à la sablière sur la ligne de trave de la demi-ferme : de là on tente au croisillon de la panne et on obtient le chevron d'emprunt pour le mettre sur ligne avec la panne. En couchant le chevron par un simblot sur la ligne de niveau, on obtient la ligne de la panne en herse par une parallèle à son plan pour établir avec le lien. En remontant l'about de la tête du lien carrément sur cette ligne et tentant de là au pied sur la solive, on obtient le lien sur la herse pour l'établir avec la panne. On ne parle pas du niveau de la panne parce qu'il a été indiqué sur les épures précédentes, le lien se déverse par un trait carré fait sur le lien en plan, ce trait coupant la sablière de dégauchissement de la panne est tenté au point du rabattement; un trait carré à cette ligne sert pour l'établir avec la panne.

Etablissement du lien avec la solive.

On fait un chevron d'emprunt sur la tête du lien en plan, d'équerre à la solive, on fait l'élévation de ce chevron d'emprunt avec la hauteur du croisillon de la panne et on porte sa longueur sur lui-même en plan. On tente à l'about du pied sur la solive, ce qui donne la ligne sur laquelle le lien doit être placé, pour l'établir du pied. La solive se déverse en plaçant le niveau sur la face du dessus. L'enlignement du chevron d'emprunt tortille, un trait carré l'établit. Du point où le trait carré du lien coupe la ligne du milieu de la solive, on tente au point du rabattement, un trait carré à cette ligne l'établit.

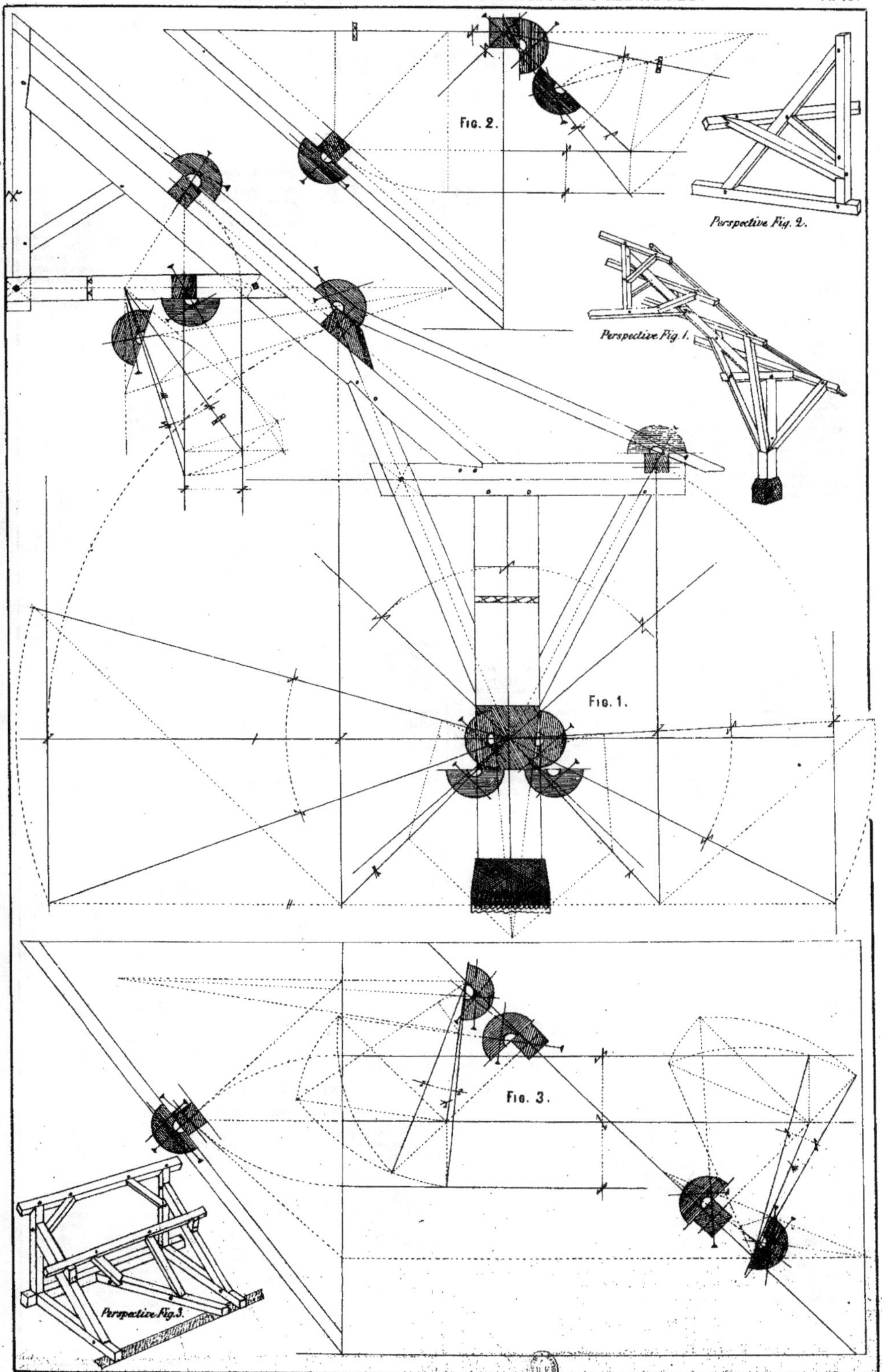

E. Delataille

Imp. Ch. Guilland, Tours

FIGURE I. PLANCHE 20.

CROIX DE SAINT ANDRÉ A DEVERS ASSEMBLÉE DU TIRANT DE LA FERME ET SOUTENANT LA BASCULE DES PANNES.

L'élévation de la ferme étant faite, on descend le croisillon des pannes en plan. A partir de la ligne de trave de la ferme on tire une ligne parallèle à la distance de l'about des liens afin de les placer en plan. Ils sont marqués contre-marque. Cette croix fait lattis au tirant et entaillée à demi-bois au croisillon.

Établissement du pied des liens avec le tirant et leurs entailles.

On relève un chevron d'emprunt d'équerre au tirant avec le reculement de l'about des liens; on couche le chevron d'emprunt sur la ligne de niveau et de ce point on tire une parallèle aux abouts jusqu'à la rencontre des pannes en plan. De ce point on tente aux abouts des pieds et on obtient les croix en herse pour les établir avec le tirant et leurs entailles en les mettant de devers sur le dessus et lignées au même affleurement par rapport aux entailles; le tirant s'établit en même temps avec le pied des liens en le mettant sur ligne, le croisillon sur son plan. Il se déverse en plaçant le niveau sur la face du dessus; l'enlignement du chevron d'emprunt tortille, un trait carré l'établit.

Établissement des liens avec les pannes.

Après avoir été établis ensemble avec le tirant et leurs entailles, on les remet une autre fois sur ligne séparément pour les établir avec les pannes, en faisant paraître un chevron d'emprunt du pied de chaque lien au croisillon des pannes; la longueur de ces chevrons d'emprunt couchée sur le plan et ramené parallèle aux pannes donne les lignes des pannes pour les établir à la jonction de la ligne d'about. On tente au pied et on les obtient en herse pour les établir avec les pannes. Le niveau de devers des liens se place sur le rabattement de leurs sablières de lattis qui est la ligne de milieu du tirant. Au point où le trait carré coupe les sablières des pannes on tente au point du rabattement, un trait carré à cette ligne l'établit; le niveau des pannes se relève toujours comme les précédents.

FIGURE II.

CROIX DE SAINT ANDRÉ A DEVERS ASSEMBLÉE SUR DEUX COLLIERS D'ARÊTIERS A LA PANNE DANS UN APPENTIS.

On commence d'abord par faire paraître la ligne du rémur; on porte parallèle à cette ligne l'écartement de la sablière de face et celles des côtés qui sont toutes les trois marquées un franc. Puis on fait paraître les arêtiers en plan à la distance voulue de la tête parce qu'il y a un petit faîtage entre les deux. On fait paraître aussi l'élévation de la rampe de face sur laquelle on figure le vu de bout de la panne. On descend ensuite le croisillon en plan auquel on tire une parallèle pour obtenir le dégauchissement de la croix et l'about du pied sur les colliers. Cette ligne profilée jusqu'à la ligne de trave de la ferme tentée au croisillon de la panne donne le chevron d'emprunt du lattis de la croix qui est placée en plan et marquée un crochet. Cette croix fait également lattis à la même sablière entaillée à demi-bois.

Établissement des liens avec leurs entailles et la panne.

Le chevron d'emprunt dont il vient d'être parlé, étant reporté en longueur sur le plan à ce point on tire une ligne parallèle à la panne en plan, ce qui donne la panne en herse pour établir avec la tête des liens. En remontant leur about de tête carrément sur cette ligne, de là tentant à leur about du pied sur les colliers en plan, on les obtient pour les établir avec la panne et leurs entailles. La panne se déverse par un trait d'équerre au chevron d'emprunt. Les liens se posent à plat et de devers sur le dessus, comme il a déjà été dit. Il faut bien observer que chaque fois que l'on établit deux morceaux en croix sur le même lattis, il faut qu'ils soient lignés au même affleurement du dessus ou du dessous, par rapport à l'entaille.

Établissement du pied des liens avec les colliers.

On fait un deuxième chevron d'emprunt en plan d'équerre aux colliers sur la tête des liens. La longueur du chevron d'emprunt couchée sur le plan et tentée à l'about du pied donne le lien sur la herse pour établir le pied avec le collier, un trait d'équerre aux pieds des chevrons d'emprunt déverse les colliers. Les liens se déversent en plaçant le niveau sur la ligne du rabattement de leur lattis, en profilant le trait carré jusqu'à la rencontre du collier tenté au point du rabbattement, un trait carré à ces lignes sert pour les établir.

FIGURE III.

LIEN DE PENTE A DEVERS ASSEMBLÉ DE LA JAMBE DE FORCE DE L'ARÊTIER A LA PANNE.

Manière d'opérer.

On commence par faire paraître les sablières marquées contre-marque, ainsi que l'arêtier en plan marqué deux contre-marques. On fait aussi paraître l'élévation de la ferme en adoptant pour ligne de trave la ligne trois contre-marques. On indique ensuite le vu de bout de la panne sur la ferme et on descend le croisillon en plan jusque sur l'arêtier. La jambe de force étant une fois fixée sur la ferme on la reproduit sur l'arêtier comme il a été indiqué dans les épures précédentes. On fixe ensuite le pied du lien sur la jambe de force de l'arêtier sur lequel on tire une ligne de niveau. Après avoir fixé l'about de la tête sur la panne en plan, on rapporte cette ligne de niveau sur l'élévation de la ferme et du point où elle coupe la jambe de force on tente au croisillon de la panne ce qui donne le chevron d'emprunt pour établir le lien avec la panne. On prolonge le chevron d'emprunt jusqu'à la ligne de trave de la ferme; on ramène ce point parallèle à la panne, ce qui donne la sablière de dégauchissement. En descendant l'about du pied du lien sur l'arêtier en plan, et tentant à l'about de la tête on obtient le lien en plan, ligne marquée un contre-marque crochet. On prolonge cette ligne jusque sur la sablière de dégauchissement, ce qui donne l'about du pied du lien au niveau de la ligne de trave, ligne de base sur laquelle on doit opérer.

Établissement du lien avec la panne.

On prend la longueur du chevron d'emprunt de la ligne de trave au croisillon de la panne; on simblote cette longueur sur le plan et de ce point on tire une ligne parallèle à la panne en plan, ce qui donne la ligne d'établissement de la panne. En remontant l'about du lien du plan par terre carrément sur cette ligne et tentant au pied sur la sablière de dégauchissement on obtient ainsi le lien en herse pour l'établir avec la panne sur la ligne deux contre-marques crochet. Le niveau de la panne est toujours le même. Le lien étant déversé à faire lattis à la jambe de force, on est obligé de faire paraître la sablière de dégauchissement pour relever le niveau de devers. On obtient cette sablière en tirant une ligne du pied du lien sur la sablière de la panne à la jonction de la jambe de force de l'arêtier et de la ligne de trave, ce qui donne la sablière. La distance de ces deux points étant trop petite il n'y a pas assez de jugement pour fixer la sablière. Quand il en est ainsi on est obligé de chercher le dégauchissement par la tête au moyen de lignes de niveau. Fixons-nous d'abord au niveau de la tête du lien qui est le croisillon de la panne. On porte ce point de hauteur sur l'arêtier; on prolonge la jambe de force jusqu'à la rencontre de ce point; on le descend en plan sur l'arêtier et on tente à l'about de la tête du lien en plan ce qui donne la sablière de dégauchissement de la tête. On obtient celle du pied par une parallèle sur laquelle on fait un chevron d'emprunt sur la tête du lien en plan et avec la hauteur du lien pour son élévation. Le chevron d'emprunt rabattu sur le plan donne la sablière de tête en herse en tirant une ligne parallèle aux sablières du plan auxquelles on renvoie carrément l'about du lien, de là tenté au pied sur la sablière de dégauchissement ce qui donne le lien en herse sur la ligne crochet patte d'oie. Au point où la sablière de tête en plan coupe la jambe de force en plan qui est la même ligne que celle de l'arêtier on remonte ce point carrément aux sablières sur celle de la herse; on tente au pied sur la ligne de trave et on obtient la jambe de force en herse sur la ligne patte d'oie contre-marque. Au point où le trait carré de la jambe de force coupe la sablière de dégauchissement on tente au point du rabattement, un trait carré l'établit en plaçant le niveau sur la face de la plumée. Le lien se pose à plat et de devers sur le dessus parce qu'il fait lattis à la jambe de force. Un trait carré fait sur le lien en plan coupe la même sablière, de ce point on tire une ligne au point du rabattement; cette ligne sert à placer le niveau; on prolonge le trait carré jusqu'à la sablière de la panne, on tente au même point du rabattement; un trait carré sert à l'établir avec la panne.

FIGURE IV.

CROIX DE SAINT ANDRÉ A FACE APLOMB ASSEMBLÉE DANS LES JAMBETTES DES DEUX FERMES A LA PANNE.

On commence par tirer une ligne adoptée pour sablière du lattis du comble. Sur cette ligne on porte la distance des fermes que l'on renvoie carrément à la sablière. Ces lignes sont marquées en plan un franc; la sablière deux francs. On fait paraître ensuite la rampe du lattis du comble sur laquelle on indique le vu de bout de la panne. Pour obtenir le croisillon de la panne en plan, on le descend aplomb parallèle à la sablière; ensuite on fait paraître la jambette sur la ferme sur laquelle on porte la hauteur de l'about du pied des liens. De ce point on tente au croisillon de la panne et on obtient le chevron d'emprunt du dégauchissement des liens. Cette ligne prolongée sur la ligne de trave tirée parallèle à la sablière, donne la sablière de dégauchissement du pied sur la base de niveau. Les abouts de la tête étant fixés sur la panne en plan, on descend ensuite ceux du pied sur les jambettes en plan. De ces points on tente aux abouts de la tête et on obtient les liens en plan marqués langue de vipère en les prolongeant du pied jusqu'à leur sablière de dégauchissement.

Établissement des liens avec la panne et leur croisillon.

Le chevron d'emprunt que nous venons de faire paraître est simbloté sur lui-même en plan; ce point, tiré parallèle à la sablière, donne la ligne de la panne, pour son établissement avec les liens. Ensuite on remonte les abouts de la tête des liens du plan par terre carrément sur cette ligne, puis on tente aux abouts du pied sur la sablière de dégauchissement et on obtient les liens sur la herse pour les établir avec les pannes qui sont les lignes marquées langue de vipère contre-marque. L'enlignement du chevron d'emprunt sert à tortiller la panne, un trait carré l'établit. Du point où le trait carré fait sur les liens en plan coupe leur sablière on tente au point du rabattement; ces lignes servent à les ligner, un trait carré à ces dernières sert pour les établir en plaçant le niveau sur les faces, car elles sont aplomb.

Établissement du pied des liens avec les jambettes.

Pour avoir la sablière de dégauchissement, on tire une ligne du pied de la jambette au pied du lien. Ces deux points étant très-rapprochés et n'ayant pas assez de jugement on est obligé d'opérer comme pour le lien précédent en faisant paraître premièrement la sablière de tête. On profile la jambette sur la ligne de niveau du croisillon de la panne, ce point est descendu en plan sur la jambette, et de là on tire une ligne à la tête du lien, ce qui donne la sablière de tête. On fait passer une parallèle sur le pied qui est la ligne de base sur laquelle on opère. Ces deux sablières sont marquées un contre-marque. Ensuite on fait un chevron d'emprunt d'équerre aux sablières sur la tête des liens en plan avec la hauteur du croisillon de la panne; on porte la longueur du chevron d'emprunt sur le plan, ce qui donne la sablière de tête en herse que l'on tire parallèle à celles du plan. Au point où celle de la tête en plan coupe la jambette en plan on remonte ce point carrément sur celle de la herse, ce qui donne les jambettes indiquées sur les lignes deux contre-marques. L'about des liens remonté de même et tenté au pied sur la première sablière donne les liens sur les lignes un crochet. Au point où le trait carré de la jambette coupe la sablière on tente au point du rabattement; cette ligne tortille, un trait carré l'établit en plaçant le niveau sur la face de la plumée. Où le trait carré des liens coupe la même sablière, on tente au point du rabattement, un trait carré à ces lignes les établit en plaçant le niveau toujours sur la même face.

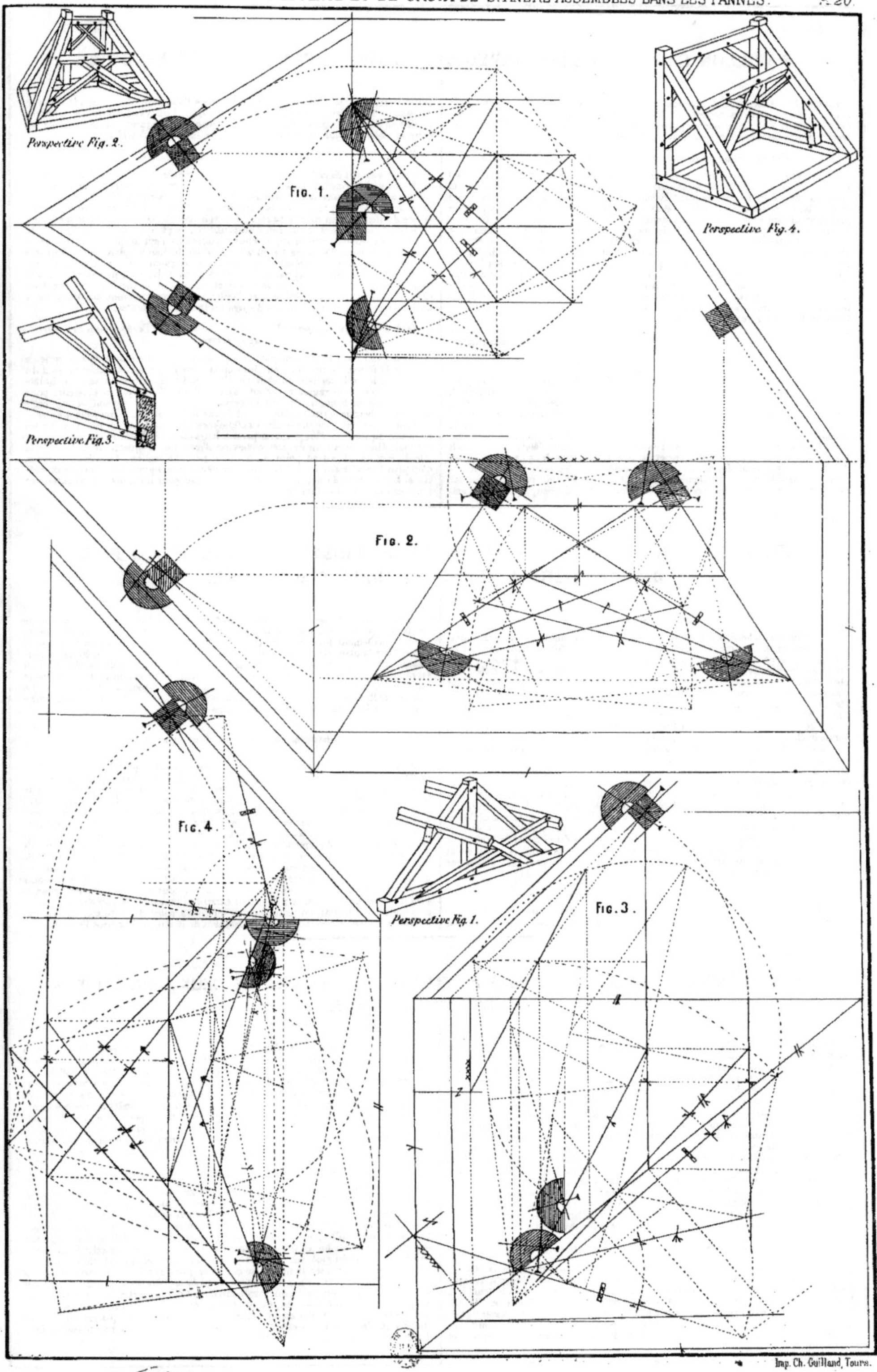

Imp. Ch. Guillaud, Tours.

PAVILLON CARRÉ ASSEMBLÉ AVEC DES LIENS DE PENTE A FACE APLOMB.

Lorsque l'on a fait paraître l'ensemble du pavillon, on place les liens en plan à l'endroit où on veut les assembler. Ils sont marqués premièrement un franc; deuxièmement un contre-marque; troisièmement un crochet; quatrièmement un crochet contre-marqué, et cinquièmement un patte d'oie.

Établissement du lien un franc assemblé du collier de l'arêtier à l'arbalétrier.

On tire une sablière de dégauchissement d'un about à l'autre sur laquelle on fait un chevron d'emprunt d'équerre aplomb sur la tête du lien en remontant l'about carrément sur la ferme pour le point de hauteur. L'élévation du chevron d'emprunt étant faite, on prend sa longueur et on la porte sur le plan; on tente aux abouts du pied et on obtient le lien sur la ligne deux francs, et l'arbalétrier sur la ligne un monté. On opère pour les niveaux de devers sur la sablière de dégauchissement. Le lien revient une autre fois sur ligne pour établir avec le collier d'arêtier. En faisant un deuxième chevron d'emprunt d'équerre au collier sur la tête du lien en plan, puis l'élévation du chevron d'emprunt faite, sa longueur couchée sur le plan, on obtient le lien sur la ligne trois francs. Le collier se deverse par le chevron d'emprunt tel que le niveau est figuré. Au point où le trait carré du lien coupe le collier on tente au point du rabattement, un trait carré à cette ligne l'établit. L'établissement du lien contre-marque est assemblé du collier de la demi-ferme à l'arêtier, l'opération est la même que celle que nous venons de faire, en remontant l'about de la tête aplomb sur l'arêtier pour le point de hauteur, tirant une sablière d'un about à l'autre et opérant par des chevrons d'emprunt comme précédemment.

Établissement du lien un crochet.

L'établissement de ce lien ne se fait pas tout à fait de la même manière, parce qu'il va s'assembler dans l'entrait d'enrayure de l'arêtier et sur la sablière de croupe. Pour l'établir avec l'entrait, on tire une sablière de dégauchissement sur le pied du lien parallèle à l'entrait sur laquelle on fait un chevron d'emprunt passant sur la tête du lien. On fait l'élévation du chevron d'emprunt avec la hauteur du croisillon de l'entrait. Le chevron d'emprunt rabattu sur le plan, on tire une parallèle à l'entrait en plan et on obtient l'entrait en herse pour l'établissement de la tête du lien qui est marqué un franc et le lien sur la ligne deux crochets. La tête du chevron d'emprunt donne le niveau de devers de l'entrait; celui du lien se trouve sur la sablière de dégauchissement. Pour l'établir avec la sablière, on fait un chevron d'emprunt d'équerre à la sablière sur la tête du lien, le chevron d'emprunt rabattu sur le plan; de ce point on tente à l'about du pied et on a le lien sur la ligne un franc deux monté; le pied du chevron d'emprunt déverse la sablière. Le lien se déverse en profilant le trait carré jusqu'à la rencontre de la sablière; on tente au point du rabattement, un trait carré à cette ligne l'établit.

Établissement du lien contre-marque.

L'établissement de ce lien est le même que le précédent attendu qu'il est assemblé du tirant de la ferme à l'entrait d'enrayure du chevron de croupe. Pour faire bien comprendre cette opération, nous allons la faire une deuxième fois. Pour mettre le lien sur ligne avec le tirant, on fait un chevron d'emprunt d'équerre au tirant sur la tête du lien en plan avec la hauteur du croisillon de l'entrait pour le mettre en élévation. En rabattant le chevron d'emprunt sur le plan, on obtient le lien sur la ligne deux crochets contre-marque. Pour l'établir avec l'entrait, on fait un deuxième chevron d'emprunt d'équerre à l'entrait sur la tête du lien en plan; après avoir mis le chevron d'emprunt en élévation, on couche sa longueur sur le plan et on obtient l'entrait sur la ligne crochet patte d'oie. On remonte l'about du lien carrément sur cette ligne, on tente au pied sur le tirant et on obtient le lien sur la ligne deux crochets patte d'oie pour l'établir avec l'entrait. Nous ne parlerons pas des niveaux de devers parce qu'ils sont connus d'après les épures précédentes.

Établissement du lien patte d'oie assemblé du collier de l'arêtier dans l'aisselier de la ferme.

Après avoir placé le lien en plan, on prolonge l'aisselier jusque sur la ligne de trave de la ferme. De ce point, on tire une sablière de dégauchissement au pied du lien et sur laquelle on fait un chevron d'emprunt d'équerre et passant sur la tête du lien en plan. On remonte l'about carrément sur l'élévation de l'aisselier pour avoir le point de hauteur. On fait l'élévation du chevron d'emprunt, et avec cette hauteur on le couche sur le plan, ce qui donne le lien sur la ligne patte d'oie crochet ainsi que l'aisselier sur la ligne patte d'oie contre-marque, en tirant ces lignes de la tête du chevron d'emprunt en herse à leurs abouts du pied. Pour établir le lien avec le collier, on fait un deuxième chevron d'emprunt d'équerre au collier sur la tête du lien avec le même point de hauteur pour l'élévation. Le dernier chevron d'emprunt rabattu sur lui-même donne le lien sur la ligne patte d'oie deux crochets. Les niveaux de devers sont les mêmes que pour les épures précédentes, car tous ces liens sont par face aplomb.

FIGURE II.

CROIX DE SAINT ANDRÉ DANS UN PAVILLON MANSARD ASSEMBLÉE DU PIED DES ARÊTIERS A LEURS ENTRAITS D'ENRAYURE.

Manière d'opérer.

On commence d'abord par faire paraître les sablières marquées un franc ainsi que les arêtiers en plan marqués deux francs; ensuite on fait paraître la rampe du bris de la croupe avec la hauteur de l'enrayure, puis on fixe les abouts de la croix sur les entraits d'arêtiers en plan, sur une ligne parallèle à la sablière. On porte ensuite, par une ligne de niveau, la hauteur des abouts du pied sur la ligne d'assemblage de la ferme. Ce point descendu en plan sur le milieu des arêtiers, tenté aux abouts de la tête, donne la croix en plan sur les lignes un crochet. La ligne d'about de la tête remontée carrément sur le croisillon de l'entrait de la demi-ferme, de là tentée à l'about du pied sur la ligne d'assemblage de la demi-ferme, donne le chevron d'emprunt du dégauchissement du lattis de la croix. En le prolongeant sur la ligne de trave, et de ce point tirant une ligne parallèle aux abouts, on a la sablière de dégauchissement au même niveau de la ligne de trave. Cette sablière sert à établir l'entaille des liens en les prolongeant du plan sur cette ligne, ce qui donne leurs abouts au niveau de la ligne de base, ensuite on les met sur ligne à plat sur une herse pour tracer leur entaille dont les lignes sont marquées crochet contre-marque, on obtient la herse en prenant la longueur du chevron d'emprunt du lattis de la croix et portant cette longueur sur le plan. Sur ce point on tire une ligne parallèle à la sablière sur laquelle on remonte les abouts de la tête carrément sur cette ligne, et l'on tente aux abouts du pied sur la sablière de dégauchissement. Après avoir été établis ensemble pour les entailles, chaque lien revient deux autres fois sur ligne pour les établir, une fois avec l'entrait, et une autre fois avec l'arêtier.

Établissement du pied des liens avec les arêtiers.

On fait paraître d'abord la sablière de tête en plan en tirant une ligne de la tête de l'arêtier en plan sur la tête du lien, ensuite on tire une parallèle sur le pied du lien, ligne qui doit passer aussi sur le pied de l'arêtier. Cette ligne est la sablière de dégauchissement du pied sur laquelle on fait un chevron d'emprunt d'équerre avec le reculement des deux sablières, le chevron d'emprunt mis en élévation et rabattu sur le plan. De ce point on tire une ligne parallèle à la sablière de dégauchissement et on obtient la sablière de tête en herse. L'about de la tête du lien est remonté carrément sur cette ligne, de là on tente à l'about du pied du lien sur la sablière de dégauchissement, et on a les liens sur les lignes langue de vipère. La tête de l'arêtier en plan remontée de même sur cette ligne et tentée au pied donne l'arêtier sur la ligne langue de vipère contre-marque.

Établissement de la tête des liens avec les entraits.

On tire une troisième sablière de dégauchissement sur le pied des liens parallèle à l'entrait sur laquelle on fait un troisième chevron d'emprunt sur la tête des liens en plan, carrément à la sablière. Les chevrons d'emprunt mis en élévation, rabattus sur le plan, donnent les liens sur les lignes langue de vipère patte d'oie, en les tentant de ces points à leurs abouts du pied sur la sablière de dégauchissement. On obtient les entraits sur la herse par des parallèles à leur plan faites sur la tête des chevrons d'emprunt, lignes marquées un monté. Le niveau de devers des entraits se prend sur la tête des chevrons d'emprunt tels qu'ils sont figurés. Pour obtenir les niveaux de devers des liens, on place le niveau sur la ligne du rabattement de leurs sablières de lattis. Au point où le trait carré coupe la sablière de dégauchissement de l'arêtier, on tente au point du rabattement; un trait carré à cette ligne l'établit. Du même point on tente au point du rabattement de l'arêtier pour son établissement avec le pied du lien. Au point où le même trait carré du lien coupe la sablière du dégauchissement de l'entrait, on tente toujours au même point du rabattement, ce qui donne le niveau de devers pour l'établissement de la tête du lien avec l'entrait.

FIGURE III.

CROIX DE SAINT ANDRÉ A TOUS DEVERS ASSEMBLÉE DANS LE PIED DE DEUX ARBALÉTRIERS A LEURS CONTRE-FICHES.

On appelle croix à tous devers, quand les deux liens qui composent la croix forment un lattis différent de l'un à l'autre, dont l'un fait lattis à l'assemblage de la tête et l'autre à l'assemblage du pied; celle dont nous allons parler maintenant fait lattis partout, du pied avec les arbalétriers et de la tête avec les contre-fiches. Ce qui le prouve, c'est que les deux lignes du rabattement des deux sablières se trouvent d'équerre; alors ils n'ont besoin d'être déversés que pour les établir avec leur croisillon. Les deux liens dont il est parlé et qui forment la croix sont marqués sur le plan un contre-marque. Pour les obtenir en plan pour qu'ils se dégauchissent, on fixe le point de la tête sur les contre-fiches et le point du pied sur les arbalétriers; on les rapporte de même sur l'autre ferme par des lignes de niveau. Ces deux points descendus en plan sur chaque ferme, on tente deux lignes des abouts du pied à ceux de la tête, ce qui donne les lignes indiquées. Ensuite, sur l'élévation des fermes, on tire une ligne de la tête du lien sur la contre-fiche et passant sur le point de l'about sur l'arbalétrier. Cette ligne, profilée jusqu'à la ligne de base et tirée parallèle à la sablière du comble jusqu'à la rencontre des liens en plan, donne leur about du pied au même niveau que celui des arbalétriers. Cette ligne sert aussi de sablière de dégauchissement pour l'établissement du croisillon.

Établissement des liens avec les arbalétriers.

On commence par faire paraître la sablière de dégauchissement de la tête, en tirant une ligne de niveau de la tête du lien sur la contre-fiche jusqu'à la ligne d'assemblage de la ferme, ce point descendu en plan sur l'arbalétrier de la tenté à la tête du lien sur le plan de la ferme opposée, on obtient ainsi la sablière de tête. On obtient celle du pied en tirant une parallèle au pied du lien qui doit passer également sur le pied de l'arbalétrier. Sur cette sablière, on fait un chevron d'emprunt d'équerre, sur la tête du lien en plan, on fait l'élévation du chevron d'emprunt et on porte sa longueur sur le plan. De ce point, on tente au pied du lien sur la sablière, ce qui donne les liens sur les lignes deux contre-marque, pour les établir avec les arbalétriers. Du même point de la tête, on tire une ligne parallèle à la sablière qui est la sablière de tête en herse servant à mettre les arbalétriers sur ligne. Le point où cette ligne en plan coupe l'arbalétrier se renvoie carrément sur la sablière de herse; on tente au pied ce qui donne l'arbalétrier sur les lignes un crochet. On fait la même opération sur l'autre sablière pour les établir de la tête avec les contre-fiches par un chevron d'emprunt fait sur la tête du lien en plan. Ce chevron, rabattu sur lui-même, donne les liens sur les lignes un crochet contre-marque et les contre-fiches sur les lignes un crochet patte d'oie.

Établissement des deux liens avec leur croisillon.

Comme il a été dit premièrement, on fait un chevron d'emprunt sur l'élévation des fermes tiré du point d'about des liens sur les contre-fiches, à leur point d'about sur les arbalétriers, cette ligne profilée sur la ligne de base, donne la sablière du dégauchissement du lattis de la croix. Ensuite on rapporte la longueur du chevron d'emprunt sur le plan; de ce point, on tire une ligne parallèle à la sablière sur laquelle on remonte les abouts de la tête des liens carrément sur cette ligne, de là tenté aux abouts du pied sur la sablière de dégauchissement, on obtient la croix sur les lignes un monté; le niveau de devers se place sur le rabattement de la face de la plumée. Du point où le trait carré coupe la sablière du dégauchissement des deux liens on tente au point du rabattement; cette ligne sert à ligner et en même temps à tortiller celui sur lequel on fait la mortoise; un trait carré les établit. Les niveaux de devers des contre-fiches et des arbalétriers se placent sur la face attendu que les faces tombent aplomb. Le détail en ayant été donné plusieurs fois, il n'en sera pas parlé ici.

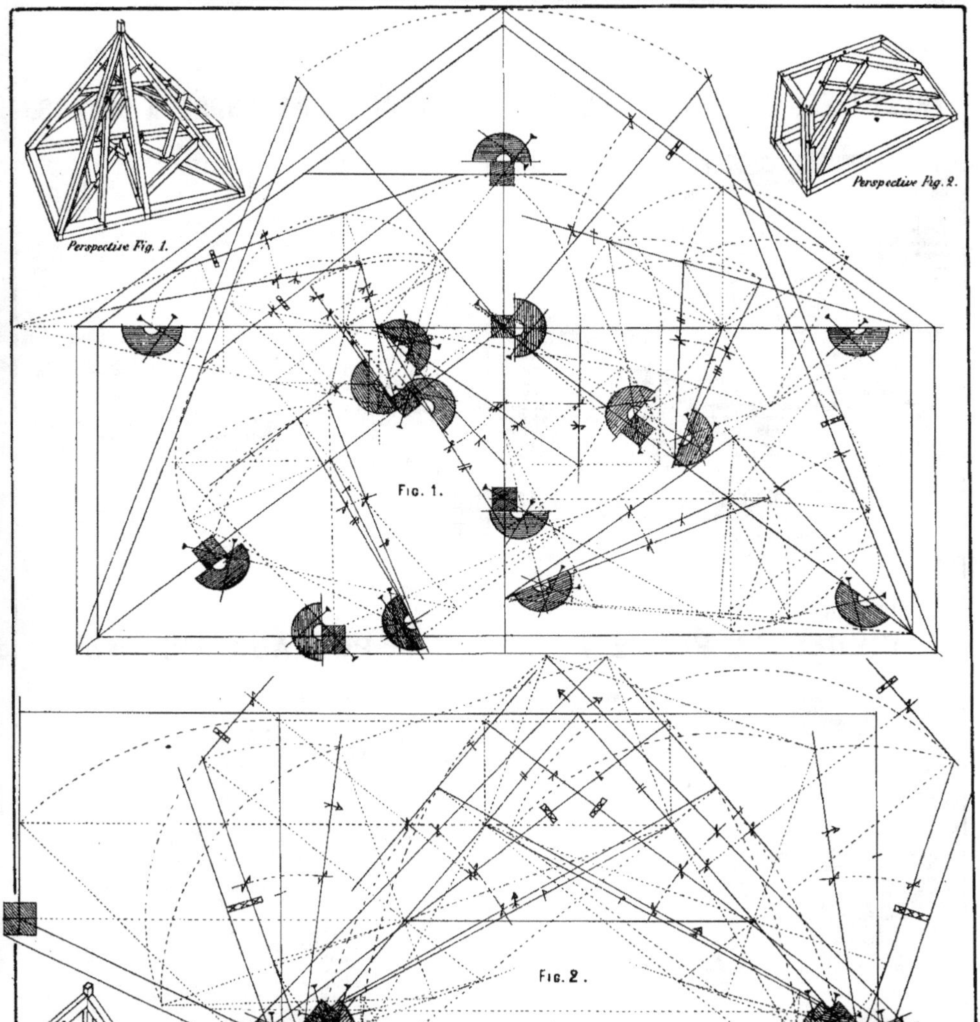

Imp. Ch. Guilland, Tours.

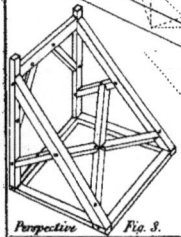

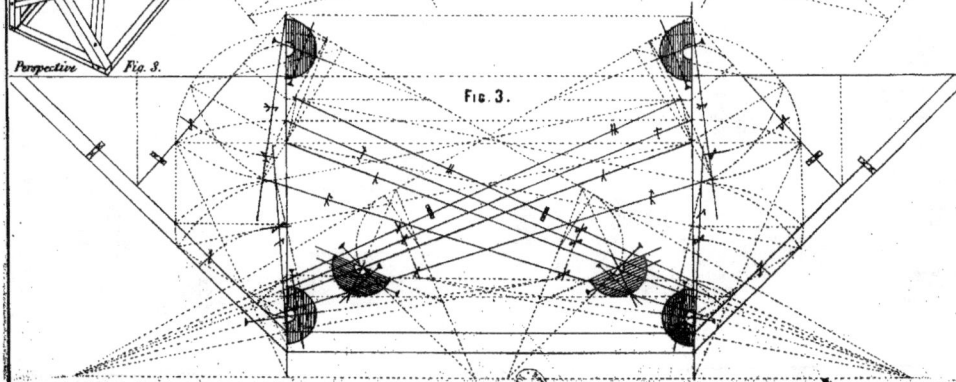

TROIS-PIEDS ASSEMBLÉ AVEC DES CROIX DE SAINT ANDRÉ A DEVERS.

On commence par décrire un cercle de la grandeur du trois-pieds; on divise la circonférence en trois parties égales, ce qui fixe la tête des pieds en plan. On décrit un deuxième cercle à la grandeur du jour que l'on veut avoir entre les chapeaux. On tire trois lignes à partir des points premièrement fixés. Ces lignes doivent passer sur le rond, ce qui donne les trois chapeaux en plan marqués un franc, plan sur lequel ils s'établissent ensemble. De là on tire une parallèle à ces lignes à la hauteur fixée pour les chapeaux. L'about de la tête des pieds remonté carrément sur le chapeau, tenté sur la ligne de niveau, donne les pieds en élévation avec la pente qu'on veut leur donner; ils sont marqués deux francs et les chapeaux un monté. Ces lignes servent pour établir les pieds avec les chapeaux. La croix que l'on se propose d'établir va s'assembler des pieds aux chapeaux déversés au lattis de la même sablière. Pour la placer en plan, on tire une ligne sur les pieds en élévation au niveau des abouts. Au point où cette ligne coupe les pieds on descend ce point en plan, on tire une ligne d'un pied à l'autre sur chaque point. Cette ligne sert pour avoir les abouts de la tête sur les chapeaux en plan pour obtenir le dégauchissement de la croix en tirant une parallèle à cette dernière à l'endroit où on veut les placer de la tête. Au point où cette ligne coupe les chapeaux en plan, on a les abouts de la tête en plan et la croix en plan sur les lignes un contre-marque. Pour avoir les abouts du pied de la croix au niveau de la ligne de base des pieds, on remonte les abouts de la tête en plan sur les chapeaux en élévation, de là on tire une ligne sur les pieds en élévation au niveau des abouts au point où cette ligne coupe la ligne de base; de ces deux points on tire une ligne jusqu'à la rencontre des liens en plan; cette ligne sert de sablière de dégauchissement pour établir les entailles en faisant un chevron d'emprunt carrément à cette sablière avec le reculement de celle de la tête et la hauteur des chapeaux. Le chevron d'emprunt rabattu en plan donne la sablière de tête en herse en tirant une parallèle à celle du plan sur laquelle on remonte les abouts de la tête des liens carrément sur cette ligne; on tente au pied sur la sablière et on obtient la croix en herse pour établir les entailles sur les lignes un crochet. Après avoir été établis ensemble pour leurs entailles, les liens reviennent chacun deux autres fois sur ligne pour les établir une fois avec les pieds, une autre fois avec les chapeaux.

Établissement des liens avec les pieds.

Ne pouvant pas avoir les sablières de dégauchissement au pied, parce que les deux abouts sont trop rapprochés, nous allons d'abord faire paraitre celle de la tête afin d'avoir celle du pied par une parallèle comme nous avons fait plusieurs fois sur les épures précédentes. On tire une ligne de la tête des pieds en plan à la tête des liens en plan ce qui donne la sablière de tête. Cette sablière doit être tirée de la tête du lien à la tête du pied dans lequel il vient s'assembler. On fait passer une parallèle au pied sur laquelle on fait un chevron d'emprunt avec le reculement des deux et la hauteur du chapeau, la longueur du chevron d'emprunt couchée sur le plan donne la sablière de tête en herse; en tirant une parallèle à celle du plan, remontant la tête des liens du plan carrément sur ces lignes, tentant au pied, on obtient les lignes un contre-marque crochet. La tête des pieds remontée de même donne les lignes un patte d'oie, sur lesquelles on met les pieds sur ligne, et chaque pièce de la croix sur les lignes un contre-marque crochet.

Établissement de la tête des liens avec les chapeaux.

On tire une troisième sablière de dégauchissement sur le pied des liens parallèle aux chapeaux. Sur cette ligne on fait un chevron d'emprunt avec le reculement de la sablière au chapeau et la même hauteur pour l'élévation. On prend la longueur du chevron d'emprunt et on la porte sur le plan parallèle à la sablière et on obtient les lignes des chapeaux marquées un deux monté. Les abouts de la tête des liens remontés carrément sur ces lignes, tentés au pied, donnent les lignes patte d'oie contre-marque sur lesquelles on met les liens sur ligne pour établir avec les chapeaux. Les niveaux de devers des chapeaux se prennent sur la tête des chevrons d'emprunt tels qu'ils sont parus sur la vue de bout; celui du pied se pose sur la face. On tire une ligne du point du rabattement au point où le trait carré coupe la sablière de dégauchissement; un trait carré à cette ligne l'établit. Le niveau des liens se place sur la ligne du rabattement de la sablière du lattis. Du point où le trait coupe les autres sablières, on tente au même point du rabattement; un trait carré à chacune de ces lignes sert pour les établir. Si on voulait donner un lattis différent à chaque lien, les opérations seraient toujours les mêmes, seulement le niveau se placerait sur le rabattement de la sablière à laquelle on voudrait le lattis.

FIGURE II.

PIÉDESTAL PORTÉ PAR QUATRE POTEAUX APLOMB.

Le piédestal dont il est question est porté par quatre poteaux aplomb assemblés par une traverse sur chaque face d'un poteau à un autre, et par deux autres traverses assemblées intérieurement dans le milieu des quatre dernières avec une entaille à demi-bois à chacune pour le croisement. Il est ensuite placé des croix de Saint-André assemblées des poteaux aux traverses du milieu. Comme elles sont placées, elles se croisillonnent deux fois les unes dans les autres pour maintenir les roulis, chose indispensable dans ce genre d'assemblage. Pour la même raison, on place une autre petite croix sur chaque face; elle est assemblée dans le pied des grandes aux traverses des faces.

Manière d'opérer.

On commence par faire paraitre quatre lignes d'équerre formant un carré suivant la largeur que doit avoir le piédestal; on fait paraitre ensuite le vu de bout des quatre poteaux pour obtenir leur croisillon du milieu, tels qu'ils sont parus sur la figure en vue de bout. On fait paraitre aussi le milieu des traverses de chaque face du milieu des poteaux ainsi que les traverses du milieu de chacune de celles des faces. Ensuite on fait paraitre les huit liens en plan tels qu'ils sont parus par numéros 1, 2, 3, 4, 5, 6, 7 et 8, pour obtenir le placement de ces liens en plan pour qu'ils se croisillonnent tous ensemble en ligne droite une fois assemblés, il faut fixer les abouts de la tête sur les traverses du milieu à la même distance à partir du point de centre, et de là on tente au croisillon des poteaux. Par ce moyen très-simple, les croisillons des liens se trouvent jonctionnés ensemble en ligne droite sur leur lieu et place comme il a été dit.

Établissement des liens avec leurs entailles et la traverse du milieu.

On commence d'abord par établir les liens n°s 2 et 3 avec la traverse du milieu et leurs entailles parce qu'ils font lattis à la même sablière; par conséquent la ligne du milieu de la traverse de la face sert de sablière de dégauchissement pour le pied et celle du milieu pour sablière de tête. Comme l'autre traverse de milieu se trouve carrément aux deux autres, nous allons nous en servir pour chevron d'emprunt en plan, puis une parallèle à cette dernière portée à la distance à laquelle on veut placer l'about des liens sur le poteau donne la rampe du chevron d'emprunt dégauchissant la rampe des croix. Ce chevron d'emprunt en élévation est marqué un contre-marque sur lequel est parue la vue de bout de la traverse du milieu. On porte la longueur du chevron sur lui-même en plan; de ce point on obtient la traverse sur la ligne un crochet en tirant une ligne parallèle à celle du plan. On obtient aussi les liens sur les lignes un crochet contre-marque en remontant leurs abouts carrément du plan sur la dernière ligne indiquée, tentée à leurs abouts du pied sur le croisillon des poteaux en plan. Ces deux liens qui forment une croix de Saint-André se placent à plat pour tracer leurs entailles et pour les établir de la tête avec la traverse que l'on déverse par le niveau de devers paru sur son vu de bout sur la tête du chevron d'emprunt un contre-marque; on a soin de tracer une plumée de devers à chaque lien, parce qu'ils reviennent plusieurs fois sur ligne, tel qu'on le voit sur la figure.

Établissement des liens avec les poteaux.

Pour établir le pied des liens avec les poteaux, on les met sur leur élévation au moyen d'un trait carré à la tête des liens en plan sur lequel on porte la hauteur. De là on tente au pied sur le milieu du poteau; les liens se déversent en plaçant le niveau sur la ligne du rabattement de la sablière de leurs lattis; un trait carré aux liens en plan sert pour les établir. Le poteau se met sur ligne en tirant un trait carré au lien en plan sur le point du croisillon; il se déverse en plaçant le niveau de devers sur la face de la plumée. L'enlignement du lien en plan tortille, un trait carré l'établit. Il faut avoir soin de mettre le trait ramèneret aplomb sur celui qui est paru sur l'épure.

Établissement de la jonction du lien n° 2 avec le lien n° 5.

On tire une sablière de dégauchissement d'un about à l'autre sur le pied, puis une deuxième sur les abouts de la tête; elle est parallèle à la première, ce qui prouve que les liens se dégauchissent. On fait ensuite un chevron d'emprunt sur le reculement des deux sablières toujours avec la même hauteur. La longueur de ce chevron d'emprunt se porte sur lui-même en plan, ce qui donne la sablière de tête en herse, en tirant une parallèle à celle du plan et remontant les abouts de la tête carrément sur cette ligne, de là tentant aux abouts du pied, on obtient les liens sur les lignes un patte d'oie. On obtient le niveau de devers en profilant le trait carré sur la sablière de dégauchissement du pied; on tente au point du rabattement, un trait carré les établit en plaçant le niveau toujours sur la même ligne de lattis. Pour l'établissement des autres, l'opération est la même.

Établissement des petites croix assemblées dans les grandes aux traverses des faces.

On fixe premièrement les abouts de la tête de la croix sur la traverse en plan à l'endroit où on veut les assembler dans les grandes; on tire une ligne parallèle à la traverse pour obtenir les abouts du pied afin que la croix se dégauchisse tel qu'on le voit en plan sur les lignes langues de vipère; on remonte ensuite la ligne des abouts du pied sur l'élévation du chevron d'emprunt un contre-marque; ce point sert pour avoir la rampe du chevron d'emprunt des petites croix. En remontant la traverse de la face sur la même ligne de niveau de celle du milieu et tentant à ces deux points, on obtient ainsi le chevron d'emprunt sur la ligne patte d'oie contre-marque. En le profilant jusque sur la ligne de base, de là tirant une parallèle à la traverse, on obtient les sablières de dégauchissement des petites croix au niveau de celles des grandes, sur lesquelles on doit faire les opérations. Ces sablières se trouvent juste sur la ligne du milieu des traverses intérieures. On profile les petits liens en plan sur ces lignes pour obtenir les abouts du pied qui se trouvent aussi à la jonction des deux traverses. Comme l'opération est la même pour chacune d'elles, nous établirons seulement celle marquée en plan un monté. Commençons par la mettre sur ligne pour l'établir avec l'entaille et la traverse qui s'établit en même temps. On prend la longueur du chevron d'emprunt patte d'oie contre-marque, avec cette longueur on tire une ligne parallèle à la sablière de dégauchissement du pied, ce qui donne la ligne un contre-marque deux crochets sur laquelle on met la traverse sur ligne déversée par le niveau de devers paru sur la tête du chevron d'emprunt patte d'oie contre-marque; ensuite on remonte les abouts de la tête de la croix carrément sur cette ligne; on tente aux abouts du pied et on obtient la croix en herse sur les lignes un deux monté. Chaque lien se pose à plat et bien de devers sur le dessus.

Établissement du pied des petites croix avec les grandes.

Nous allons établir seulement celle qui vient s'assembler sur le lien n° 4, car pour les autres l'opération est la même. On tire une sablière de dégauchissement d'un pied à l'autre; elle se trouve sur la traverse de la face à la jonction des deux liens en plan. De ce point on tire un chevron d'emprunt d'équerre à la sablière avec la hauteur de la jonction des chevrons d'emprunt qui sont marqués contre-marque et patte d'oie contre-marque. Ce point de hauteur sert pour faire l'élévation du dernier; l'élévation faite, on prend la longueur que l'on porte sur lui-même en plan; de ce point on tente à chaque about du pied en plan, ce qui donne la grande croix sur la ligne quatre contre-marque et la petite sur la ligne un deux monté. Pour avoir le niveau de devers de chacune on profile le trait carré sur la sablière de dégauchissement, de là on tente au point du rabattement pour celle qui reçoit, cette ligne tortille, un trait carré l'établit. Celle qui vient s'assembler et qui est la petite s'établit par un trait carré à la première ligne, en plaçant toujours le niveau sur la même place, tel qu'il est indiqué dans l'épure.

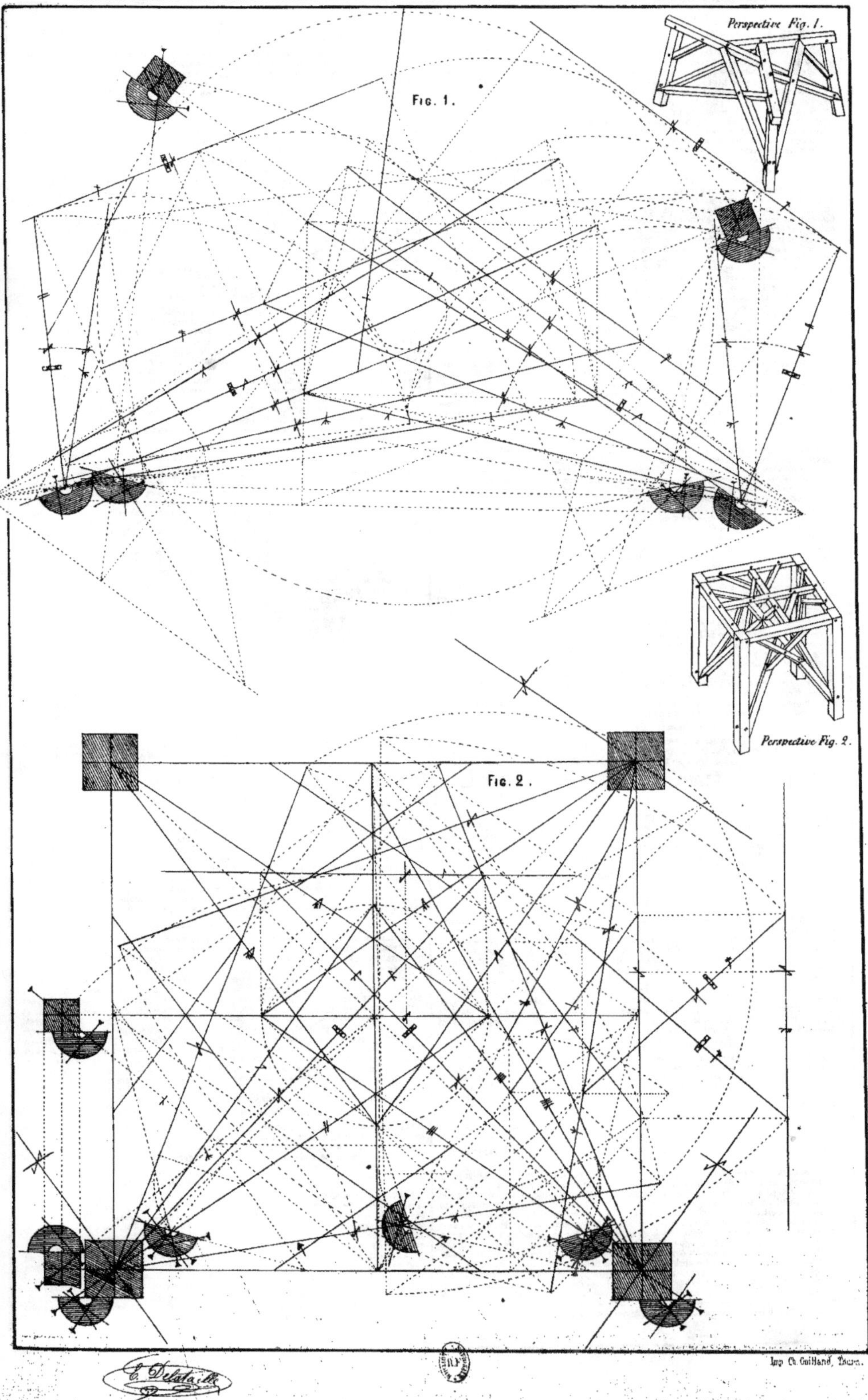

E. Delataille

Imp. Ch. Guillaud, Tours.

FIGURE I.

PAVILLON CARRÉ DE PENTE.

On fait paraître le carré des sablières, le plan des arêtiers, fermes et demi-fermes, etc., comme dans un pavillon ordinaire. Ensuite on prend la hauteur de la pente que l'on porte sur une ligne aplomb tirée sur l'about de la ferme en plan, du côté gauche de l'épure parce que c'est le côté le plus haut. La hauteur étant portée comme on vient de le dire, on tente à l'about opposé de la ferme et on obtient ainsi la pente. Sur cette pente on remonte le croisillon du poinçon en plan, sur lequel on porte la hauteur que l'on veut donner au comble à partir de la ligne de pente; on tente à chaque about, ce qui donne la ferme parue en élévation sur la pente, tel que la figure l'indique par des lignes ponctuées. Le système employé ici consiste à reproduire le plan incliné sur un plan de niveau sur lequel on opère pour l'établissement des fermes, demi-fermes et arêtiers comme pour les fermes couchées. Par le moyen employé jusqu'à ce jour, il fallait, pour tracer ces épures, un espace de terrain considérable, tandis qu'avec le procédé que nous employons ici il ne faut pas plus d'espace que si le plan était de niveau. Pour reproduire cette pente sur un plan de niveau, il faut remonter sur la ligne de pente chaque point que l'on veut reproduire, tel que la sablière la plus relevée qui est parue en plan sur la ligne un franc est reproduite de même sur la ligne deux francs par un simblot indiqué sur l'épure. Les autres sablières ne changent pas de place, attendu que l'une est carrément à la pente et les autres parallèles. Celle de la partie la plus basse ne change pas, parce qu'elle sert de ligne de base. Il n'y a donc que la plus haute qui change par le moyen indiqué, ce qui fait qu'on obtient le plan incliné sur un plan de niveau. Le pied du poinçon rabattu de même sert pour tenter les colliers d'arêtiers de ce point à la jonction des sablières dernièrement indiquées, ainsi que le collier de la demi-ferme sur le même point par une parallèle à son plan, on obtient ainsi l'enrayure en remontant de même les goussets tel que la figure l'indique. Pour obtenir la tête du poinçon sur le même plan, on tire un trait d'équerre à la pente, on tente à la hauteur dernièrement fixée; le point où ce trait coupe la ligne de pente rabattu sur le plan donne la tête des arêtiers, fermes, demi-fermes, etc., en les tentant à leur pied sur le plan dernièrement fait. La longueur de la ligne dont il vient d'être parlé va nous servir de point de hauteur pour mettre en élévation les arêtiers ainsi que les fermes. Le plan étant paru, nous allons opérer sur ce dernier; quant au premier, nous n'en parlerons pas, d'autant plus que nous n'en avons pas besoin.

Élévation de la ferme.

On tire un trait carré à son plan sur la tête du poinçon. Sur cette ligne on porte la hauteur qui vient d'être indiquée; de là on tente aux deux abouts. Du même point on tente au pied du poinçon ligne sur laquelle il doit se placer; les autres assemblages se portent par des lignes de niveau comme dans un comble ordinaire. On fait paraître aussi l'épaisseur du chevron et la chambrée des pannes, tel que le démontre l'épure. La ferme étant ainsi établie, une fois au levage sur la pente, le poinçon se trouve d'aplomb et tous les autres assemblages suivent le parallèle de la pente.

Établissement des arêtiers.

Ne pouvant les établir sur leur élévation, on les établit sur une herse faite au moyen d'un chevron d'emprunt fait carrément au plan du collier et passant sur le plan de la tête des arêtiers. Ce chevron d'emprunt mis en élévation, rabattu sur son plan, de ce point tenté au pied des arêtiers, les donne ainsi sur la herse; de même pour le poinçon en le tentant du même point à son pied sur le plan. Dans ce genre d'établissement, le poinçon doit être considéré comme arêtier. La herse étant faite, on rapporte les assemblages par des simblots à leurs abouts pris sur le poinçon en élévation sur la ferme, rapporté sur lui-même en herse. Ceux qui tentent aux lattis, tels que ceux du pied des aisseliers et ceux de la tête des contrefiches, sont portés sur les arêtiers par des lignes parallèles au collier en plan, attendu qu'ils servent de ligne de base. De là on tente à leurs abouts sur le poinçon, et on les obtient ainsi aussi juste qu'en se servant du chevron d'emprunt. Comme les faces de tous ces assemblages doivent tomber aplomb, une fois au levage il faut les placer de niveau sur le dessus pour les établir. Pour obtenir le niveau de devers du poinçon, on tire un trait carré à son plan, on simblote sur son élévation sur la ferme et on obtient le rabattement que l'on porte sur son plan. De ce point, on tente au point où le trait carré coupe les colliers d'arêtiers en plan et on obtient ainsi l'enlignement de la mortaise, un trait carré à ces lignes sert pour l'établir en plaçant le niveau sur la face de la plumée.

Tracé des lignes d'assemblage des pannes sur les arêtiers.

Ayant fait paraître la vue de bout de la panne sur la ferme, on ramène le croisillon suivant le lattis jusque sur la ligne de trave; de là on les renvoie tout le tour, suivant les sablières, en se servant de la ligne des colliers pour point de renvoi. De ces points, on tire une ligne parallèle aux arêtiers sur la herse, ce qui donne l'affleurement en se portant parallèle à la ligne du dessus. Le même point du pied tiré parallèle à la ligne du lattis des arêtiers en plan donne l'aplomb des lignes d'assemblage des arêtiers une fois au levage sur le plan couché. C'est sur cette même ligne que les pannes doivent se jonctionner une fois descendues en plan, tel que l'épure l'indique; il en est de même pour la demi-ferme et tout autre arêtier qu'il puisse y avoir, branche de noue, etc.

Établissement de la demi-ferme.

On établit la demi-ferme sur une herse comme il a été dit pour les arêtiers; comme elle se trouve carrément au plan du poinçon, il va nous servir de chevron d'emprunt en portant sa longueur sur son plan. De là on tente à l'about du pied de la demi-ferme, ce qui donne la ligne du lattis. Comme la demi-ferme se trouve dans la partie de pente, il est urgent que l'arbalétrier soit déversé suivant le lattis pour le repos de la panne. Pour obtenir le dessus de l'arbalétrier au-dessous de la panne, on opère comme pour une ferme biaise par le chevron d'emprunt indiqué sur l'épure, pris sur la tête de la demi-ferme, tiré carrément à la sablière, sur lequel est paru l'épaisseur du chevron et la chambrée de la panne. Le dessous de la panne tiré parallèle au lattis jusque sur la ligne de base, de là ramené parallèle à la sablière sur le collier de la demi-ferme, de ce point tirant une parallèle au lattis on obtient le dessus. De là on jette une parallèle pour la ligne d'assemblage pour le croisillon de l'arbalétrier. Où cette ligne coupe le collier en plan, on tente parallèlement au plan du lattis. Cette ligne tombe aplomb du croisillon de l'arbalétrier une fois au levage sur le plan couché. Comme il a été dit pour les arêtiers, on met cette ligne en élévation pour obtenir le rabattement du niveau de devers tel que la figure le démontre. Pour cela on tire un trait carré au plan du lattis de la demi-ferme jusqu'à la rencontre de la ligne d'assemblage, après l'avoir tiré parallèle aux sablières, de là on tente au point du rabattement. Le dessous de la panne ayant été renvoyé de même, on tire une parallèle à cette dernière et on a l'affleurement de la ligne d'assemblage de dessus de l'arbalétrier et le placement du niveau de devers tel qu'il est paru sur la figure, sur la vue de bout de l'arbalétrier. Où le trait carré coupe la ligne du plan du collier, on tente au point du rabattement. Cette ligne sert pour ligner et tortiller, un trait carré l'établit: comme il a été dit bien des fois, le niveau se relève toujours du côté où l'élévation est faite. On rapporte les assemblages comme il a été fait pour les arêtiers. Le relevé des niveaux de devers des arêtiers pour l'établissement des pannes est le même que ce dernier, excepté que le niveau doit se placer sur la ligne indiquée en dernier, attendu qu'ils sont à face aplomb, en les plaçant toujours sur la face de la plumée, tel que l'épure l'indique.

Établissement des pannes avec les arêtiers.

Commençons d'abord par celle de la croupe. Le chevron d'emprunt dont on vient de parler, rabattu sur lui-même en plan, tenté au pied des arêtiers, donne la ligne du milieu sur le lattis. On obtient aussi les lignes d'assemblage par des parallèles à ces dernières. On place la panne sur la herse comme de coutume en opérant sur le chevron d'emprunt. Il en est de même pour le long pan, en opérant sur les fermes, attendu qu'elles sont d'équerre aux sablières. Quant au niveau de devers, le détail en a été donné en même temps que celui de la demi-ferme. Le développement de la herse des empannons se trouve fait par la même occasion en portant la largeur du délardement de chaque côté de la ligne du milieu. Dans le long pan, les empannons se placent carrément aux sablières. Pour la coupe de la tête, on place la sauterelle suivant la rampe et la lame suivant la ligne du poinçon, tandis que dans la croupe les empannons se placent parallèles à la demi-ferme en herse, ce qui fait qu'ils se déversent comme la demi-ferme suivant le lattis. Pour obtenir les coupes, on est obligé de faire une épure spéciale comme celle d'un empannon biais. Du reste le détail va en être donné à l'instant.

Établissement de l'enrayure.

L'enrayure étant établie par face aplomb, chaque morceau pour l'établir se déverse, excepté ceux qui se trouvent placés carrément à la pente tel que le tirant de la ferme dans celui-ci. On obtient les niveaux de devers des colliers d'arêtiers et ceux des demi-fermes en plaçant le niveau suivant la rampe des chevrons d'emprunt. Un trait de niveau ligne et un trait aplomb établit. Les chevrons d'emprunt dont il est parlé sont ceux qui ont été relevés pour l'établissement des arêtiers et de la demi-ferme, et dont le niveau de devers est indiqué sur le pied sur la vue de bout des colliers. Pour obtenir le niveau de devers des goussets, le point où le gousset coupe le tirant de la ferme, est remonté parallèle à la pente du poinçon, un trait de niveau à la tête du poinçon jusqu'à la rencontre de cette ligne descendu sur le tirant en plan, de ce point on tire un trait carrément au gousset, et on a un chevron d'emprunt duquel on fait l'élévation avec la hauteur du poinçon. Cette pente sert à placer le niveau; un trait de niveau ligne, un trait aplomb l'établit. L'opération ainsi indiquée est parue sur le gousset du côté droit de l'épure. Pour obtenir le point du reculement de ce dernier chevron d'emprunt, il y a un moyen plus simple que celui qui vient d'être indiqué. Pour cela, on prend le reculement de la pente totale du poinçon; cette distance, rapportée en contre-haut de l'about du gousset sur le tirant, donne la tête du plan du chevron d'emprunt, en tirant un trait carrément au plan du gousset jusqu'à sa rencontre on a le reculement sur la tête duquel est parue la vue de bout du gousset ainsi que le niveau de devers indiqué.

Sauterelles pour la coupe des empannons de la croupe.

On tire un trait sur la tête du chevron d'emprunt carrément à sa rampe jusque sur la ligne de base; de là on tente au pied de la demi-ferme sur la ligne du lattis, on obtient ainsi le dégauchissement de la face du chevron sur laquelle on fait un chevron d'emprunt carrément sur la tête du plan du poinçon. Ce chevron d'emprunt, mis en élévation et couché sur lui-même en plan et de là tenté au pied de la demi-ferme, donne l'empannon couché sur la face déversée. Où la ligne de face en plan coupe le plan des colliers, on tente à la tête sur le point dernièrement indiqué. Ces lignes donnent la lame des sauterelles pour la coupe aplomb des empannons dans chaque arêtier, ainsi que la coupe du pied en plaçant la sauterelle telle qu'elle est indiquée sur la figure.

FIGURE II.

ÉTABLISSEMENT D'UNE CROIX GAUCHE FAISANT LATTIS AU CROISILLON, ASSEMBLÉE DANS UN QUATRE-PIEDS DE PENTE.

L'opération que l'on va faire ici est un quatre-pieds de pente dans lequel sont placées des croix de Saint-André de chaque côté assemblées des pieds aux chapeaux tel qu'on le voit sur la perspective. Les abouts du pied de ces croix sont tous au même niveau, et ceux de la tête, tous à la même distance à partir du point du centre du milieu des chapeaux, ce qui fait que la croix dont il est question se trouve placée du côté rampant, et par conséquent ne peut se dégauchir attendu que les abouts de la tête suivent le rampant et que ceux du pied sont de niveau. De la manière dont elle est établie, elle fait lattis au croisillon, ce qui fait que par ce moyen les liens sont entaillés l'un sur l'autre à distance voulue d'après le gauche qu'il peut y avoir.

Manière d'opérer.

On commence d'abord par faire paraître sur un plan les deux chapeaux qui sont marqués un franc et sur lesquels on porte la distance de la tête des pieds ainsi que leurs abouts d'après la pente qu'on veut leur donner. Ensuite on jette une ligne de dégauchissement à la distance voulue, ligne qui dégauchit avec le dessus des chapeaux et qui sert même de sablière de dégauchissement pour l'établissement de leurs entailles. Cette ligne est marquée à droite de l'épure deux francs. On fait un trait carré à cette ligne passant sur la jonction des deux chapeaux et sur lequel on fait paraître la pente des chapeaux. Cette ligne est marquée trois francs. La jonction des deux chapeaux en plan remontée carrément sur cette ligne, ce point rabattu sur le plan par un simblot donne les deux chapeaux sur les lignes un contre-marque, en les profilant du plan jusque sur la sablière deux francs et tentant de ce point au simblot indiqué; cette opération sert à établir l'entaille des deux chapeaux en les mettant à plat et de devers sur le dessus.

Etablissement des pieds avec les chapeaux.

On tire un trait d'équerre au plan des chapeaux au point de leur jonction. Sur ce trait d'équerre on porte la hauteur de la pente. On obtient ce point de hauteur en remontant la jonction du plan des chapeaux sur la ligne de pente, comme on a déjà fait; ce point ramené par un simblot sur les traits carrés dernièrement établis, de là tentés aux pieds des chapeaux sur la sablière, on les obtient sur les lignes deux contre-marque, sur lesquelles on remonte les abouts de la tête des pieds carrément à cette ligne; de là on tente à leurs abouts sur la ligne de base, ce qui donne les pieds sur les lignes trois contre-marque. Pour les établir, ils se posent à plat et les chapeaux se déversent en plaçant le niveau sur le lattis de la sablière de leur dégauchissement; leur plan donne le tortillage, un trait carré les établit.

Epure pour obtenir les sablières des liens de la croix pour qu'ils fassent lattis au croisillon.

On commence par porter l'about du pied de la croix par des lignes de niveau sur les pieds en élévation; ces abouts descendus en plan sur les pieds, de là tenté aux abouts de la tête de la croix sur le plan des chapeaux, donnent la croix en plan sur les lignes un crochet. Pour obtenir l'about de chaque lien au niveau de la ligne de base, on les met en élévation. On obtient leur point de hauteur de la tête en les remontant carrément aux chapeaux sur leur élévation. Un trait carré au pied et à la tête de chaque lien avec la hauteur de chaque about pris comme il vient d'être dit, donne les liens en élévation sur les lignes deux crochets. La jonction de l'élévation avec la ligne de base donne aussi les abouts. Pour obtenir les sablières, on tire une ligne sur les deux abouts des liens sur la ligne de base, ensuite on ramène parallèle à cette ligne les abouts de la tête des liens sur chaque chapeau. L'about du lien qui s'assemble dans le chapeau a déjà été remonté pour le mettre en élévation; par conséquent on remonte l'about de l'autre lien parallèle sur cette ligne, on lui porte son point de hauteur, et de là on tente à l'about des liens sur l'élévation des pieds. De ce point on tire une parallèle sur l'about de l'autre lien et on la profile également sur la ligne de base, ce qui donne la sablière. Cette opération ainsi faite des deux côtés, celle du côté droit donne la sablière du lien du côté gauche, et celle du côté gauche donne la sablière du lien du côté droit dont l'une est marquée un deux monté et l'autre un trois monté. On obtient aussi ces mêmes sablières par deux chevrons d'emprunt carrément à la ligne d'about des liens. Ces chevrons d'emprunt se font sur la même ligne de base et à la même distance de chaque about avec le reculement de l'about du plan de la tête de chaque lien. Ces chevrons d'emprunt sont mis en élévation sur les lignes un monté contre-marque. Cette opération étant faite, on remonte le croisillon du plan de la croix sur ces deux derniers. Sur cette ligne aplomb, la distance entre les deux chevrons d'emprunt étant divisée par la moitié, de ce point on tente deux lignes parallèles à la rampe de chaque chevron d'emprunt que l'on mène sur la ligne de base tel qu'on le voit sur l'épure; on obtient ainsi les mêmes sablières.

Établissement de l'entaille.

La sablière la plus reculée est celle du lien le plus élevé. On fait un chevron d'emprunt à cette sablière passant sur la tête du lien en plan avec son point de hauteur pour le mettre en élévation. L'élévation étant faite, la longueur du chevron d'emprunt se porte sur son plan, ce qui donne le lien sur la ligne deux crochets. Le chevron d'emprunt de l'autre lien se fait sur la même ligne de base que ce dernier, en ramenant l'about parallèle au premier sur lequel on porte également le point de hauteur. De là on tente au pied sur la sablière, ce qui donne les chevrons d'emprunt en élévation se trouvant tous les deux sur deux lignes parallèles marquées un monté patte d'oie, c'est ce qui prouve que l'opération est exacte et que les deux liens sont obligés de faire lattis à eux-mêmes. Pour mettre ce lien en herse, pour l'établir avec le premier, il faut renvoyer les abouts de son chevron d'emprunt carrément sur le premier, on rabat les deux abouts sur la herse que l'on tire parallèle aux sablières: les mêmes abouts en plan remontés carrément à la sablière sur chacun de ceux de la herse donnent le lien sur la ligne trois crochets. Sur l'élévation de ces deux derniers chevrons d'emprunt, on prend la distance des deux carrément à la rampe. La moitié de cette distance se porte sur chaque lien parallèle à leur ligne de croisillon, ce qui donne l'affleurement de l'entaille; celui qui est le plus élevé se ligne en dessous du croisillon et l'autre en dessus, tel qu'il est indiqué sur la vue de bout des liens sur l'épure.

Établissement de la tête des liens avec les chapeaux.

On fait paraître une sablière de dégauchissement du pied des liens au pied des chapeaux sur laquelle on fait un chevron d'emprunt carrément et passant sur la tête des liens en plan. Ces chevrons d'emprunt, mis en élévation et rabattus sur leurs plans, donnent les chapeaux sur les lignes un patte d'oie, et les liens sur les lignes crochet patte d'oie. Les sablières dont il est question sont marquées langue de vipère.

Établissement du pied des liens avec les pieds.

Les abouts du pied de chaque lien étant trop rapprochés et n'ayant pas assez de jugement pour faire les sablières, on opère en commençant par la sablière de tête comme nous l'avons fait bien des fois. La situation dans laquelle nous nous trouvons ici diffère des précédentes en ce que les abouts de la tête ne sont pas au même niveau. Pour faire cette opération, on prend la hauteur du lien qui vient s'assembler dans le pied et on la porte sur l'élévation par une ligne de niveau. On descend sur le plan le point où cette ligne coupe le pied en élévation, de là on tente à la tête du lien en plan, ce qui donne la sablière de tête. On obtient celle du pied par une parallèle sur l'about du pied passant aussi sur l'about du lien. L'opération ainsi faite de chaque côté donne les sablières marquées langue de vipère contre-marque, sur lesquelles on fait des chevrons d'emprunt avec la hauteur de chacun d'eux. Ces chevrons rabattus sur leurs plans donnent les liens sur les lignes patte d'oie contre-marque, et les pieds sur les lignes patte d'oie langue de vipère. Le relevé des niveaux de devers est le même que pour les épures précédentes; du reste l'épure l'indique.

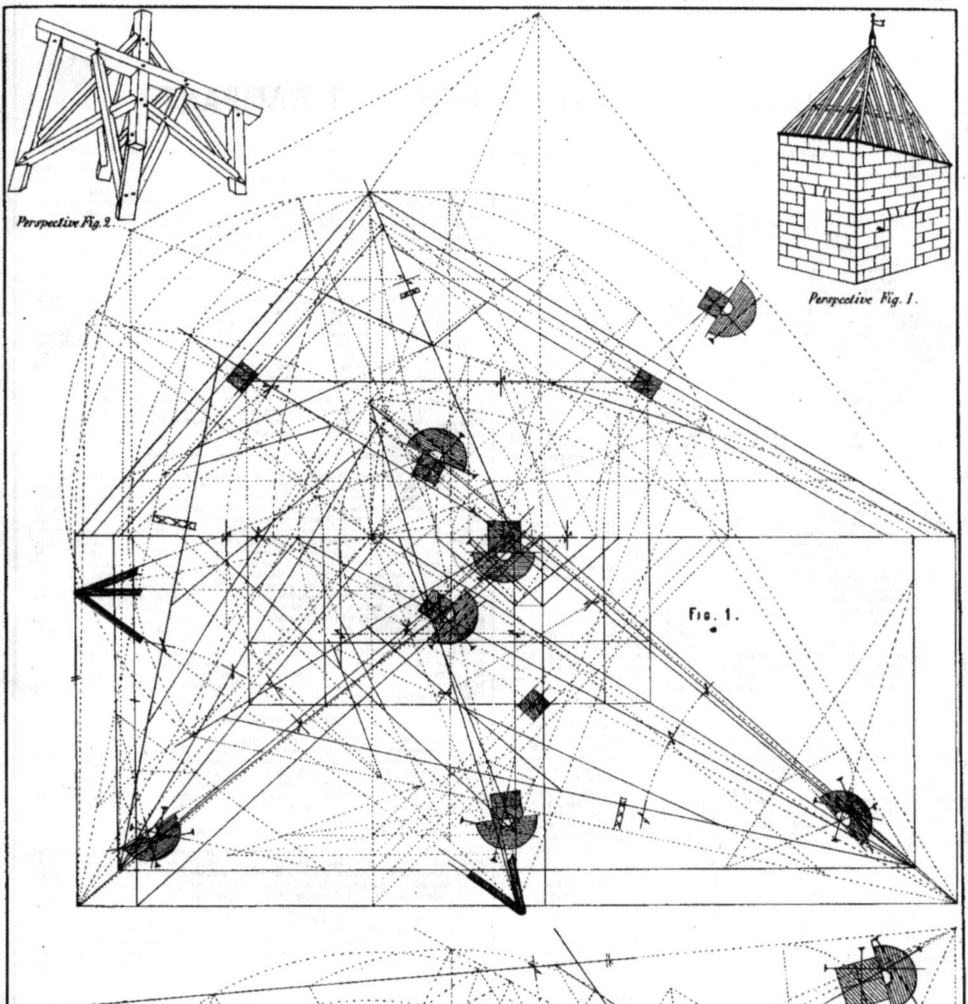

Perspective Fig. 2.

Perspective Fig. 1.

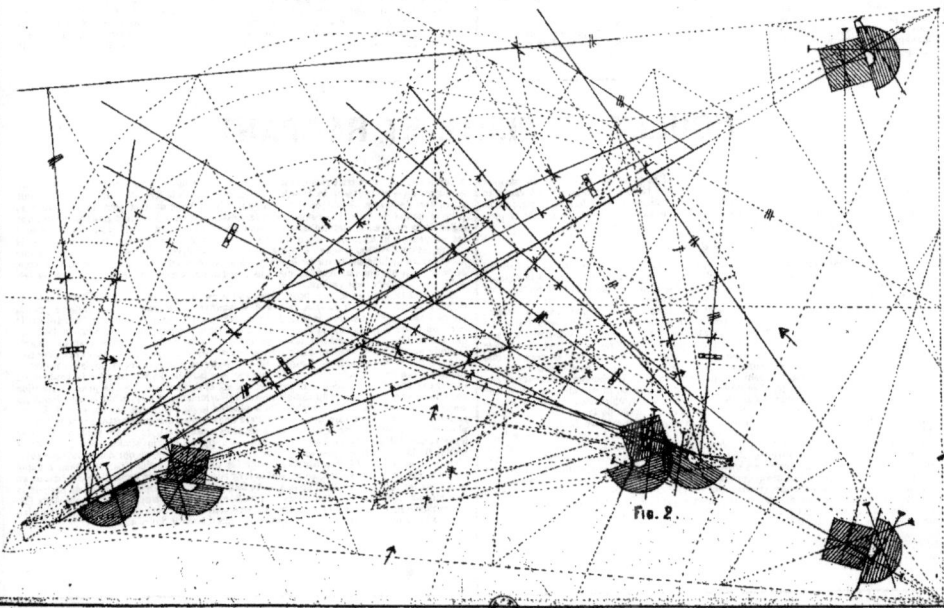

Fig. 1.

Fig. 2.

Imp. Ch. Guilland, Tours

E. Delataille

PAVILLON CARRÉ DE PENTE ET RAMPANT.

Le pavillon dont nous allons parler ici est de pente sur toutes les faces, c'est pourquoi il est nommé de pente et rampant. Il est établi par face aplomb, excepté les arbalétriers qui se déversent parallèles à la pente pour le repos des pannes.

Manière d'opérer.

On commence par faire paraître le carré des sablières et à placer la ferme en plan ainsi que les arêtiers et la demi-ferme. On fait ensuite paraître la pente sur l'aplomb de la ferme comme on a fait pour le pavillon précédent. On tire un trait d'équerre au plan de la ferme sur le croisillon du poinçon; on fait de même à la demi-ferme. On ramène par un simblot sur la ligne aplomb qui vient d'être faite sur la demi-ferme le point où le trait aplomb de la ferme coupe la ligne de pente. A partir de ce point, on fait aussi paraître la pente de la partie opposée (voir figure 2). Les lignes de pente dont il vient d'être parlé sont marquées un franc, la ferme en plan deux francs et la demi-ferme trois francs. Les arêtiers sont marqués un contre-marque, les sablières un crochet; toutes ces lignes ainsi marquées sont parues en lignes ponctuées. L'enrayure étant de pente, une fois mise au levage, doit tomber aplomb sur celle indiquée ainsi que la ferme, demi-ferme, etc. Pour en faire l'établissement, il s'agit donc de reproduire ce plan incliné sur un plan de niveau. L'about du pied de la ferme du côté de droite étant le point le plus bas, nous nous en servirons pour ligne de base. On profile alors la rampe de la croupe jusque sur cette ligne de base. De là, on tente une ligne au pied de la ferme qui est la ligne patte d'oie. Cette ligne est appelée sablière de pente et rampante. Elle est ainsi nommée, parce qu'elle dégauchit avec les deux pentes et sert à reproduire le plan en question. Pour cela, on tire un trait carré à cette sablière et passant sur le milieu du poinçon. Au même point, on fait un trait carré à ce dernier, sur lequel on ramène le simblot ayant servi de point de hauteur pour tenter la pente de la croupe. Cela étant fait, on tente une ligne de ce point à la sablière, ce qui donne la ligne langue de vipère. Cette ligne, une fois au levage, tombe aplomb sur celle tirée carrément à la sablière et qui est marquée langue de vipère contre-marque, d'après laquelle on tire des parallèles sur le plan par chaque point reproduit sur le plan couché, comme le pied des arêtiers, etc., etc. Ces mêmes points sont remontés carrément à cette même ligne sur son élévation qui est la ligne langue de vipère. Ces points étant remontés, on les rabat sur le plan par des simblots; de là, on les ramène carrément sur les lignes qui ont été tirées parallèles, et on obtient l'enrayure sur le plan couché, la ferme sur la ligne crochet contre-marque, la demi-ferme deux crochets contre-marque, les arêtiers deux contre-marque et les sablières double-crochet. Il faut observer que l'arêtier de gauche se trouvant presque carrément à la ligne de dégauchissement des deux pentes ne change pas de place, il est seulement transporté en arrière. Pour obtenir le lattis des arêtiers et des fermes sur le plan couché, on porte la hauteur du comble à partir de la pente sur la ligne langue de vipère à la ligne aplomb du poinçon. Cette hauteur étant portée, de ce point on tire une ligne carrément à la pente qui est la ligne patte d'oie crochet. Le point où cette ligne coupe la ligne de pente est rabatu par un simblot sur le plan, ce qui donne la tête du poinçon sur le plan couché; de là, on tente à l'angle des sablières sur le même plan, et on obtient ainsi le lattis des arêtiers. Du même point, on tente au pied des fermes, ce qui donne leur lattis en plan qui sont les lignes : 1° celles de la ferme, patte d'oie contre-marque; la demi-ferme, patte d'oie un monté; l'arêtier de droite, patte d'oie contre-marque crochet. L'autre arêtier est toujours sur le même plan comme il a été dit. Cette opération faite, il s'agit d'établir le pavillon (voir figure 1re) dont l'opération est exécutée, comme il vient d'être indiqué (figure 2), et repérée sur les mêmes marques. Dans ce plan, l'arêtier de gauche n'étant pas tout à fait d'équerre à la rampe, il est marqué comme celui du côté droit. L'opération de la figure 2 a été faite à part pour permettre au lecteur de mieux la suivre à cause de la confusion des lignes.

Établissement de la ferme.

On fait un chevron d'emprunt carrément au plan de la ferme sur la tête du poinçon; on met ensuite ce chevron d'emprunt en élévation avec le même point de hauteur de la ferme qui est la ligne patte d'oie crochet. Ensuite on couche le chevron d'emprunt sur son plan, ce qui donne la tête de la ferme; de là, on tente aux abouts du pied sur la sablière. On obtient aussi le poinçon sur la herse en tentant du même point à son about dû pied sur le tirant. On place les assemblages par des lignes de niveau sur la herse de la ferme. Une fois ceux-ci placés, on se sert de la ligne du milieu du poinçon pour les porter dans les arêtiers et dans la demi-ferme, comme il a été dit pour le pavillon précédent. La ferme n'étant pas d'équerre à la pente, elle se déverse pour le repos de la panne. Pour cela, on opère comme il a été fait au pavillon de pente dans la figure précédente. On fait de même pour obtenir les lignes d'assemblage des arbalétriers et celles des arêtiers pour l'assemblage des pannes. Il ne sera pas parlé de l'établissement de la demi-ferme, car c'est le même que le dernier.

Établissement des arêtiers.

L'établissement des arêtiers est exactement le même que celui des fermes. Pour en être bien sûr, nous allons l'étudier une troisième fois. On tire un chevron d'emprunt carrément au plan du collier de l'arêtier passant sur la tête du poinçon. Ce chevron d'emprunt, mis en élévation et rabattu sur le plan, donne la tête de l'arêtier. De là, on tente à son about du pied sur l'arête des deux sablières. On obtient aussi le poinçon sur la herse en le tentant du même point à son about du pied sur le collier. Les assemblages se placent par le moyen indiqué et sont mis de devers sur le dessus tel que l'arêtier, attendu que ses faces tombent d'aplomb. Le poinçon se déverse par le moyen déjà indiqué, et il est considéré comme un arêtier tel qu'il a été dit.

Établissement de la herse pour la coupe des empannons de la croupe.

On tire un chevron d'emprunt carrément à la sablière et passant sur la tête des arêtiers en plan. Ce chevron d'emprunt, mis en élévation, est couché sur son plan; ce point donne la tête de la herse. De là on tente à l'arête des sablières et on obtient les arêtiers. Du même point de la tête on tente à l'about du pied de la demi-ferme, ce qui donne le placement des empannons afin qu'ils suivent le parallèle de la demi-ferme. On prend ensuite la largeur du délardement de chaque arêtier et on la porte en dedans de la herse parallèle à la ligne du milieu des arêtiers, ligne qui donne l'about de la tête des empannons. La ligne de sablière donne l'about du pied. La herse de la croupe ainsi faite, on opère de même pour les longs pans.

Sauterelle pour la coupe des empannons.

L'opération dont nous allons parler est faite dans la partie du long pan à gauche de l'épure. La ligne du lattis de la ferme étant parue en plan, nous allons opérer dessus en l'adoptant sur le plan pour empannon, attendu qu'elle est parallèle à leur plan. La ligne dont nous parlons est marquée patte d'oie contre-marque. Après avoir relevé le chevron d'emprunt comme il vient d'être indiqué pour obtenir la herse, on tire un trait à la tête de ce dernier et carrément à la rampe sur la ligne de base; de là, on tente à l'about de l'empannon sur la sablière, ce qui donne l'enlignement de la face opposée du lattis. On fait un chevron d'emprunt carrément à cette ligne passant sur la tête de l'empannon; ce chevron d'emprunt, mis en élévation, est rabattu sur le plan; de ce point, on tente à l'about sur la sablière, ce qui donne l'empannon couché à plat sur la face opposée du lattis. Du point où l'enlignement de la même face en plan coupe le milieu du collier de l'arêtier sur le plan, on tente à la tête de l'empannon, ce qui donne la coupe aplomb indiquée par la sauterelle. La même ligne de face en plan donne la coupe du pied.

Établissement des pannes dans les arêtiers.

Les chevrons d'emprunt indiqués pour faire la herse des empannons servent également pour l'établissement des pannes. Pour cela, on fait paraître, parallèle à la rampe du chevron d'emprunt, l'épaisseur du chevron et la chambrée de la panne de laquelle on fait paraître le vu de bout pour obtenir le croisillon que l'on ramène parallèle à la rampe sur la ligne de base. De là, on la fait tourner tout le tour suivant les sablières du lattis, en se servant du plan des colliers pour point de renvoi. Sur ce même point, on tire une ligne parallèle aux arêtiers en herse, on obtient ainsi leur ligne d'assemblage sur la herse sur laquelle les arêtiers doivent être mis sur ligne aplomb du croisillon. On obtient ce croisillon en tirant une ligne du même point indiqué parallèle à leur herse d'établissement avec leurs assemblages. On place les pannes sur la herse par un simblot sur la ligne de base du chevron d'emprunt au croisillon de la panne comme dans un pavillon ordinaire. Le niveau de devers des arêtiers ayant déjà été indiqué dans le pavillon précédent, nous allons, de peur qu'il n'ait pas été bien compris, le répéter. On tire un trait carré à volonté au plan du lattis de l'arêtier, ensuite on met la ligne du lattis en élévation ainsi que la ligne d'assemblage sur laquelle on fait un simblot carrément et que l'on rabat sur le plan. Ce simblot se fait du point où le trait carré coupe le plan de la ligne d'assemblage de l'arêtier. Du point où le même trait carré coupe la ligne du plan du collier, on tente au point du rabattement et on a le lattis de la face aplomb de l'arêtier sur laquelle le niveau doit être placé. Du point où le même trait carré coupe la ligne d'assemblage sur la sablière de la croupe, on tente au point du rabattement et on a le tortillage pour la panne de la croupe. Un trait d'équerre à cette ligne l'établit; il en est de même pour le long pan.

Établissement de l'enrayure.

On établit l'enrayure sur le plan couché comme il a déjà été dit. Il en est de même pour tout assemblage qui, n'étant pas carrément à la ligne de dégauchissement des deux pentes, a besoin d'être déversé afin que les faces tombent d'aplomb une fois au levage, tels que les colliers d'arêtiers, fermes, etc. On obtient ce niveau de devers en plaçant le niveau sur la rampe du chevron d'emprunt ayant servi à faire la herse pour l'établissement des assemblages. Le niveau étant ainsi placé, un trait de niveau tortille et un trait aplomb établit. Ce trait de niveau doit être tiré parallèle à la ligne de base du chevron d'emprunt.

Niveaux de devers pour l'établissement des goussets.

Le gousset du côté droit de la croupe se trouvant carrément aux deux pentes n'a nullement besoin d'être déversé. Nous allons alors parler de celui de gauche marqué langue de vipère patte d'oie. Pour obtenir le niveau de devers on prend le reculement de la pente totale du poinçon sur la ligne langue de vipère. Cette distance est rapportée à partir de la face du gousset sur la ligne langue de vipère contre-marque, ligne tirée carrément à la sablière patte d'oie qui dégauchit les deux pentes. Étant ainsi porté, on tire de ce point un trait carrément au gousset, ce qui donne un chevron d'emprunt en plan. On le met en élévation avec ce reculement et avec la hauteur du comble que l'on porte sur la ligne aplomb de la tête. De là, on tente au pied sur le gousset et on a la pente de la face du gousset sur laquelle on place le niveau de devers. Un trait de niveau sert à le ligner, et un trait aplomb l'établit. Le niveau ainsi indiqué est marqué d'une patte d'oie sur la tête du chevron d'emprunt.

FIGURE II.

NOULET DE PENTE ET RAMPANT.

Le plan dont nous allons parler est un noulet établi et placé sur la croupe du pavillon rampant. La fermette du noulet est déversée suivant son lattis et délardée sur le devant afin d'obtenir une face aplomb, le faîtage tombe sur l'aplomb de la demi-ferme. L'épure de ce noulet est transportée hors de celle du pavillon pour en faciliter l'étude au lecteur et pour que l'opération soit plus distincte à cause de la confusion des lignes.

Manière d'opérer.

On commence par fixer les abouts du pied de la fermette du noulet sur la sablière du pavillon. L'épure étant transportée hors de celle du pavillon, on tire une ligne à la distance voulue et parallèle à la sablière que l'on adopte pour le plan de la base de la fermette; cette ligne est marquée un franc. Sur cette ligne, on ramène carrément à la sablière le pied du chevron de croupe qui est le point du milieu du noulet; cette ligne est marquée deux francs. On ramène également les deux abouts du pied de la fermette par les lignes trois francs. Le chevron d'emprunt de la croupe est aussi ramené par la ligne un contre-marque. On y fait paraître la rampe qui est la ligne deux contre-marque. Sur cette rampe on porte la hauteur du noulet par la ligne trois contre-marque. La jonction de cette ligne avec la rampe donne la tête des noues en plan. En descendant ce point carrément au plan du chevron d'emprunt sur la ligne un crochet, après l'avoir tiré parallèle au plan du chevron de croupe sur le milieu du noulet, du dernier point indiqué on tente au pied de la fermette, ce qui donne les noues en plan sur les lignes deux crochet. Du même point, on obtient le plan du faîtage sur la ligne trois crochet par une parallèle au plan du tirant de la croupe au point du milieu de la fermette. On tire la ligne patte d'oie carrément à la sablière du dégauchissement des deux pentes, ligne marquée de même sur le plan du pavillon. La jonction de cette ligne avec le plan du faîtage donne le plan de la fermette sur les lignes patte d'oie contre-marque. Le plan ainsi fait, on fait paraître les sablières du noulet qui sont les lignes patte d'oie crochet, sur lesquelles on fait une ferme carrément pour obtenir les coupes du noulet par des rembarrements. La ferme d'emprunt dont il est parlé est marquée en plan patte d'oie contre-marque crochet et en élévation crochet contre-marque. Sur le plan de cette ferme on ramène carrément le milieu du plan de la fermette que l'on tente à la tête, ce qui donne la ligne d'après laquelle on obtient les coupes aplomb de la tête de la fermette et des branches de noues, etc., ainsi que le démaigrissement de la coupe du pied tel qu'il est indiqué par la ligne marquée d'un trait ramènerel, ainsi qu'à la tête de la herse. Pour obtenir la herse, les lignes de rembarrement, le délardement des noues et de la fermette, ainsi que leur coupe au niveau de devers, il faut opérer, comme il a été indiqué dans la planche X, figure 3, pour le noulet de biais. Les coupes de la fermette au niveau de devers sont les mêmes que celles de la noue en la mettant sur l'élévation pour les coupes du pied, et sur une herse pour les coupes de la tête. Au moyen du chevron d'emprunt marqué sur son plan langue de vipère, et en élévation langue de vipère patte d'oie, ce dernier, rabattu sur le plan, donne les chevrons de la fermette sur les lignes patte d'oie un monté. La ligne qui donne la coupe de la tête est marquée un deux monté. Les niveaux de devers sont toujours les mêmes tels qu'ils sont indiqués dans l'épure.

Si le pavillon était au levage, pour faire l'épure du même noulet sans être à proximité de celle du pavillon et pour en faire le relevé, il faudrait opérer comme il est indiqué pour la figure 4 sur laquelle est paru le plan de niveau du noulet : premièrement, la fermette sur la ligne un franc, le faîtage sur la ligne deux francs. De là, on fait paraître la pente de la ferme qui est la ligne trois francs; la pente du faîtage sur la ligne un contre-marque d'après laquelle on obtient la sablière de dégauchissement des deux pentes marquées deux contre-marque par le moyen indiqué figure 2. Sur la ligne un contre-marque on fait paraître la rampe du comble marquée trois contre-marque, sur laquelle on fait paraître la hauteur du noulet par une ligne parallèle à la pente et qui est la ligne un crochet. Le point de jonction de cette ligne avec la rampe du comble descendu carrément sur le plan du faîtage donne les noues en plan marquées deux crochet. Pour obtenir le plan du lattis des noues et de la fermette, on tire une ligne carrément à la sablière deux contre-marque passant sur le milieu du plan de la fermette; cette ligne est marquée trois crochet. Sur le même point on tire une ligne carrément à cette dernière sur lequel est rapporté par un simblot la hauteur de la pente. De là, on tente au pied sur la ligne deux contre-marque, ce qui donne la ligne patte d'oie servant à faire les reproductions pour les plans en question, par le moyen indiqué figure 2. Par ce même moyen, on obtient la fermette sur les lignes patte d'oie crochet, et les noues sur les lignes patte d'oie un monté, le faîtage langue de vipère, la ligne de base de la fermette un deux monté. Il faut observer que la noue du côté gauche est marquée deux fois sur la même ligne, parce qu'elle se trouve carrément à la sablière des deux pentes. Le plan ainsi fait, on opère pour les coupes comme il vient d'être dit figure 3.

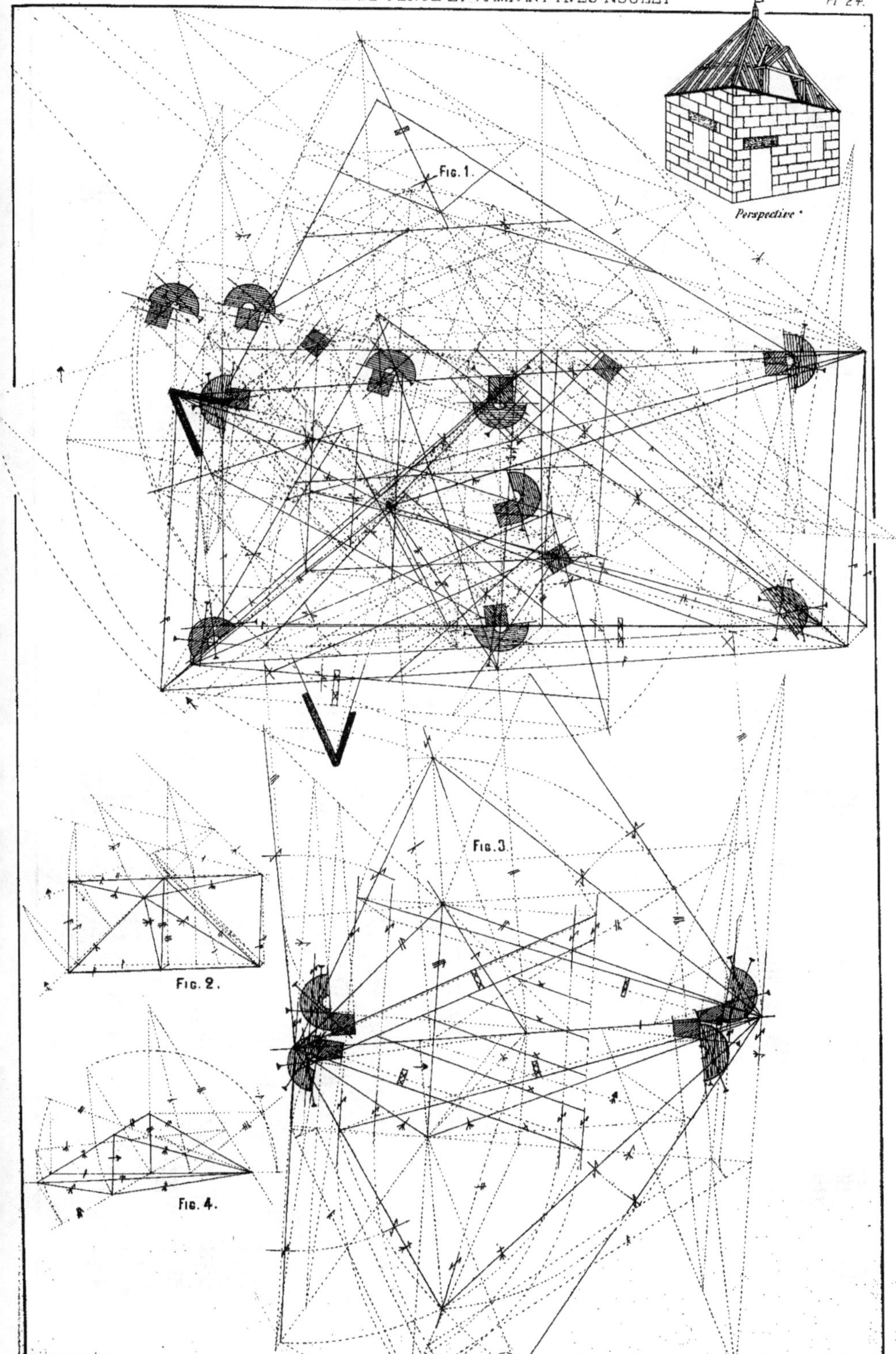

E. Delataille

PLANCHE 25.

TROIS ÉTUDES SPÉCIALES

FIGURE I.

CINQ ÉPIS AVANT-CORPS ET QUEUE DE MORUE, MANSARD ET DROIT, DE PENTE ET RAMPANT, A TOUS DEVERS, AVEC ENTRAIT DÉVOYÉ ET AISSELIER.

Le plan dont nous allons parler ici est un cinq-épis avant-corps et queue de morue de pente et rampant à tous devers. Du côté de la queue de morue, le comble est droit ainsi que celui de la croupe. Dans la partie du côté droit où se trouve l'avant-corps, le comble est mansard, ce qui fait que l'arêtier du côté droit de la croupe raccordant les deux combles *forme* un coude sur le plan, ce qui oblige à établir un entrait dévoyé avec aisselier.

Manière d'opérer.

On commence par faire paraître les sablières du plan de niveau marquées un franc; on place ensuite la ferme en plan qui est la ligne deux francs, ainsi que la demi-ferme trois francs. Les faîtages tombent sur l'aplomb de la ferme et de la demi-ferme. On fixe sur ces deux derniers les points du milieu de chaque poinçon; de ces points, on tente à la jonction des sablières et on obtient le plan des arêtiers ainsi que celui des noues. Celle de la queue de morue est marquée un contremarque, et les deux arêtiers deux contremarque. La noue de l'avant-corps est sur la ligne trois contremarque. L'arêtier du côté droit de l'avant-corps est la ligne un crochet; celui du côté de la croupe raccordant les deux combles forme un coude en plan comme il a été dit, ce sont les lignes deux crochet. Pour obtenir ce plan, il faut faire paraître les sablières de bris en plan marquées trois crochet. Ces sablières étant parues, on fait paraître la rampe du comble de la croupe marquée un patte d'oie sur laquelle on porte la hauteur du bris parallèle à la pente. La jonction de cette ligne avec la rampe donne un point que l'on descend aplomb sur le plan de la sablière de bris. De là, on tente à la jonction des sablières de base et on obtient ainsi le plan de l'arêtier de bris sur la ligne dernièrement indiquée. Il en est de même pour l'arêtier du haut en tirant une ligne du même point au milieu du poinçon.

L'opération ainsi faite est le plan de niveau sur lequel chaque assemblage doit tomber aplomb une fois mis au levage tels que ferme, demi-ferme, arêtier, branche de noue, etc. Nous allons continuer par faire paraître le plan incliné sur un plan de niveau pour faire l'établissement des assemblages comme nous avons fait dans la figure précédente. Pour cela on fait paraître d'abord la pente de la ferme et celle de la demi-ferme, d'après laquelle on obtient la sablière du dégauchissement des deux pentes, par le moyen anciennement indiqué. Cette sablière est marquée un crochet contremarque. On fait ensuite un trait carré à cette sablière passant sur la jonction du plan de la ferme et sur celui de la demi-ferme; cette ligne est marquée deux contremarque crochet. Ensuite on la met en élévation. Pour cela on lui tire un trait d'équerre sur le point de jonction du plan de la ferme avec celui de la demi-ferme. Sur ce trait, on porte la hauteur de la pente par le même simblot ayant servi à porter celle de la demi-ferme. De ce point on tente au pied sur la sablière du dégauchissement des deux pentes et on obtient la ligne trois contremarque crochet d'après laquelle on obtient le plan incliné sur un plan de niveau en opérant sur ces lignes comme il a été indiqué dans la figure précédente. Les sablières du plan incliné sont marquées un crochet patte d'oie; le plan de la ferme est marqué langue de vipère; celui de la demi-ferme langue de vipère contremarque, les arêtiers de la queue de morue langue de vipère patte d'oie. La branche de noue, se trouvant carrément à la sablière du dégauchissement des deux pentes, reste sur la même ligne. La branche de noue de l'avant-corps est également marquée langue de vipère patte d'oie contremarque. L'arêtier du côté droit est la ligne un double crochet; celui de gauche est la ligne double crochet contremarque. Ce dernier forme un coude sur le plan, parce qu'il raccorde les deux combles. La noue et l'autre arêtier forment aussi un coude très-sensible; ce coude vient de ce que le comble est brisé. Les faîtages sont également en plan sur celui de la ferme et de la demi-ferme, ainsi que le pied des poinçons; les sablières de bris sont aussi parues sur le même plan et marquées trois crochet contremarque. Ce plan étant indiqué, on fait paraître le plan du lattis des arêtiers, noues, etc. Pour cela, on fait paraître le dessus du faîtage de la ferme par une ligne parallèle à la ligne trois contremarque crochet; cette ligne est portée d'après la hauteur que l'on veut donner au comble; elle est marquée un crochet patte d'oie contremarque. Sur cette ligne on remonte, parallèle à la sablière du dégauchissement des deux pentes, le milieu de chaque poinçon; de là, on les renvoie d'équerre sur la ligne de pente, ensuite on les ramène sur le plan par des simblots. De là, ces lignes sont ramenées carrément à la sablière des deux pentes jusqu'à la rencontre d'un trait tiré carrément à la même sablière et passant sur le pied de chaque poinçon. On obtient ainsi le plan des arêtiers sur le plan couché en tentant de ces derniers points à leur pied sur les sablières; on obtient en même temps le plan des faîtages et celui des poinçons. Les faîtages sont ainsi marqués : celui de la ferme, un monté; celui de la demi-ferme, un deux monté; le lattis des arêtiers de la queue de morue, un trois monté. La branche de noue est toujours sur la même ligne ainsi que le poinçon du milieu; les autres poinçons sont marqués un monté contremarque. Dans l'avant-corps, comme le comble est mansard, pour obtenir le plan du lattis des arêtiers et celui de la branche de noue, on fait paraître premièrement celui des sablières de bris. Pour cela, on porte la hauteur du bris par une ligne parallèle à la pente. Cette ligne est marquée un monté patte d'oie. Sur cette ligne on remonte, parallèle à la sablière des deux pentes, le point de jonction du plan de la sablière de bris avec le plan de la ferme. Ensuite on ramène ce point carrément sur la ligne de pente. De là, on le ramène par un simblot sur le plan de niveau; de ce point, on tire une ligne parallèle à la même sablière jusqu'à la rencontre d'un trait fait carrément sur la même sablière; de là, on tire une parallèle au plan couché de la sablière de bris et on obtient le lattis sur le même plan. On obtient aussi ceux de l'avant-corps en les faisant rouler de l'une à l'autre comme il est indiqué dans l'épure. Ces dernières sablières sont marquées un double crochet contremarque. Du bout de chaque sablière on tente au pied et à la tête de chaque arrêtier ainsi qu'à la noue, et on obtient leur lattis sur le plan couché. Ces derniers forment un coude sur le plan; ce coude vient de ce que le comble est brisé comme nous l'avons déjà dit. Le plan du lattis de la ferme est marqué un double crochet patte d'oie. La noue est marquée un deux monté contremarque; les arêtiers et la demi-ferme sont marqués un trois monté contremarque.

Le plan fait en premier lieu n'a été que pour avoir les deux derniers, par conséquent nous n'en parlerons plus et nous allons continuer par l'établissement du comble.

Établissement de la ferme.

On fait un chevron d'emprunt carrément au tirant de la ferme; ce chevron a pour reculement la distance du plan du faîtage à celui de la ferme. Ensuite on met ce chevron d'emprunt en élévation avec la hauteur totale du comble, hauteur prise suivant le carrément de la pente. L'élévation étant faite, on porte sa longueur sur son plan en arrière de son about du pied afin d'obtenir l'épure de la ferme hors du plan par terre tel qu'on le voit sur l'épure. Après avoir porté la longueur du chevron d'emprunt comme il vient d'être dit, de ce point on tire un trait parallèle au plan du faîtage ou à celui du collier de la ferme, car le plan des deux est parallèle. Cette ligne étant tirée, on remonte la tête des poinçons sur cette dernière, parallèle au plan du chevron d'emprunt. De là, on tente à leur pied, sur le tirant, et on les obtient sur la ferme. De la tête du poinçon du côté gauche, on tente à l'about du tirant sur la sablière et on obtient l'arbalétrier. Pour placer l'entrait, on porte sa hauteur par une ligne de niveau sur le chevron d'emprunt que l'on rabat sur le plan; de là, on tire une ligne parallèle au tirant. L'entrait étant ainsi placé, on remonte carrément le plan de la tête de l'arbalétrier du côté droit de la ferme; de là, on tente au pied sur la sablière et on obtient ainsi l'arbalétrier de bris. On obtient en même temps celui du haut en tentant de la tête de ce dernier à la tête du poinçon. Pour placer les assemblages, il faut d'abord le faire paraître en plan, car il est nécessaire qu'ils soient parus pour obtenir le relevé des niveaux de devers, attendu qu'ils font lattis suivant le rampant des sablières ainsi que les arbalétriers, les arêtiers, les noues et tous les assemblages, comme il a été dit. Pour cela, on fait paraître les chevrons d'emprunt du lattis. Commençons d'abord par celui du côté droit de la ferme dans le mansard. On le fait paraître d'abord en plan, carrément à la sablière et passant sur la tête du poinçon; de là, on le met en élévation par un trait carré à la tête sur lequel on porte la hauteur du comble et la hauteur du bris par une ligne de niveau sur laquelle on remonte le plan de la sablière de bris; de là, on tente à l'about du pied et on obtient la rampe du bris. On obtient en même temps celle du haut, en tentant de la tête du bris à la hauteur totale; sur ces rampes, on jette une ligne d'affleurement pour avoir les lignes d'assemblage des arêtiers, arbalétriers et branches de noue. Pour cela, on ramène ces lignes tout le tour d'un arêtier à l'autre et parallèle aux sablières du lattis. Ces mêmes lignes sont rapportées de la même manière sur le plan du lattis des sablières de bris pour avoir les lignes d'assemblage du comble du haut dans le mansard. Cela fait, on place un aisselier à volonté dans le chevron d'emprunt, on le profile du pied sur la ligne de base pour avoir les sablières pour le relever des niveaux de devers. Ces sablières sont tirées tout le tour d'un arêtier à l'autre et parallèle à celles du lattis. Pour les points de renvoi à chaque arêtier, ainsi qu'à la noue dans le mansard, on tire une ligne sur la ligne d'assemblage du pied des arêtiers parallèle au plan des entraits d'enrayure. Ces lignes serviront ensuite de sablières de dégauchissement pour l'établissement des arêtiers et de la noue. Les sablières étant ainsi parues, on profile la tête de l'aisselier sur la ligne aplomb de la tête du chevron d'emprunt. Ce point est rapporté de niveau sur le chevron de l'établissement de la ferme. Le point où cette ligne coupe la rampe est descendu carrément au chevron d'emprunt sur le plan du poinçon. De là, on tente au point où le tirant de la ferme joint la sablière de l'aisselier et on les obtient ainsi sur le plan. On obtient aussi l'entrait en portant sa hauteur par une ligne de niveau sur le chevron d'emprunt et la descendant en plan comme il vient d'être fait pour la tête de l'aisselier. On obtient aussi le plan des contre-fiches en opérant comme pour l'aisselier. Il en est de même pour les sablières comme on le voit sur l'épure. Pour obtenir les lignes d'assemblage des aisseliers et des contre-fiches, et afin d'avoir le lattis du dessus bien correct, on leur jette une ligne d'affleurement suivant le dessous et que l'on fait rouler suivant les sablières, comme il a été fait pour celles des fermes, des arêtiers, etc. Maintenant que le plan des assemblages est paru ainsi que les sablières, nous allons continuer par les placer dans la ferme. L'about de la tête de l'aisselier ayant été rapporté sur le chevron d'emprunt pour l'obtenir en plan, ce même point sert à les porter sur la herse de la ferme. Pour cela, on le rabat par un simblot et l'on tire une ligne parallèle à l'entrait, au point où cette ligne coupe les poinçons, de là, on tente à leur pied sur la sablière et on les obtient sur la ferme. Il en de même pour les contre-fiches. On met l'about des deux sur le même point au poinçon pour éviter une deuxième opération. Les lignes qui sont parues et leurs lignes de croisillon sont celles sur lesquelles ils doivent être mis sur ligne pour les établir. On fait paraître aussi celles des arbalétriers en les ramenant de la base parallèle à la rampe comme l'épure le démontre. Les niveaux de devers se font tous de la même manière. Nous allons seulement étudier celui de l'arbalétrier de bris à droite de la ferme. On commence par faire l'élévation de l'arbalétrier. Pour cela, on tire un trait carré au plan du lattis sur la tête de l'arbalétrier. Sur ce trait, on porte la hauteur du bris et on tente au pied, ce qui donne l'élévation. On porte aussi la ligne d'assemblage en élévation par une parallèle à la première sur laquelle on fait un simblot pour avoir le point du rabattement pris sur un trait fait à volonté sur le plan de l'arbalétrier. Du point où ce trait coupe la sablière de la ligne d'assemblage, on tente au point du rabattement. Du point où le même trait coupe le lattis, on tire une parallèle qui donne le dessus du lattis sur lequel on place le niveau de devers comme il est figuré dans l'épure. Du point où le même trait carré coupe le tirant de la ferme, on tente au point du rabattement; ce trait sert à ligner et à tortiller, un trait carré à ce dernier l'établit. Les plombs tombent comme ils sont figurés sur l'épure. Le trait carré dont on s'est servi pour faire le relevé du niveau de devers est le même que celui qui a servi à faire l'élévation de l'arbalétrier. Le niveau de devers de l'entrait se prend sur le chevron d'emprunt, pour cela, on le place sur une ligne de niveau, la rampe du chevron tortille, un trait carré l'établit, parce que l'enrayure est déversée suivant le rampant.

Établissement de l'entrait dévoyé avec l'arêtier et l'aisselier.

Le plan du lattis des arêtiers est paru sur les lignes trois monté contremarque. L'arêtier dont nous allons parler est celui du côté droit de la croupe qui raccorde les deux combles comme nous l'avons déjà dit; c'est pour cela qu'il forme un coude en plan et qui oblige à dévoyer l'entrait; l'aisselier est aussi dévoyé attendu qu'il est assemblé dans les deux. La ligne qui a été tirée sur le pied de l'arêtier pour le renvoi des sablières des aisseliers va nous servir de sablière de dégauchissement pour l'établissement en question, attendu qu'elle est parallèle au plan de l'entrait; par la même raison, elle se trouve placée en plan à l'aplomb de l'enrayure. Le hasard veut qu'elle se trouve en ligne droite avec le plan de l'arêtier, ce qui fait que pour établir on n'a besoin que de mettre l'arêtier en élévation avec l'entrait et les aisseliers. La manière de faire ces élévations étant connues, nous n'en parlerons pas; nous ne nous occuperons que des niveaux de devers en commençant par celui de l'arêtier. Le trait carré au plan de l'arêtier qui a servi à faire l'élévation est profilé sur la ligne d'assemblage du lattis de la croupe; de là, on tente au point du rabattement, ce qui donne le croisillon de l'arêtier. Du point où le même trait carré coupe le lattis, on tire une parallèle qui est le lattis de l'arêtier. Du point où cette ligne coupe le plan, on renvoie carrément au lattis et on obtient l'autre face et le croisillon comme l'arêtier est figuré en vue de bout et sur lequel est placé le niveau de devers. On est obligé d'opérer ainsi pour que l'arête de l'arêtier tombe aplomb sur l'arête des sablières une fois assemblées. L'arêtier faisant lattis à la croupe, le niveau se place comme il vient d'être dit. Après l'avoir placé, le plan de l'entrait sert à ligner et tortiller et un trait carré l'établit. Le niveau de devers de l'aisselier se relève de même que celui de l'arêtier. L'entrait se déverse aussi et on obtient son niveau de devers comme dans les épures précédentes tel qu'il a été démontré pour les goussets d'enrayure, ce niveau de devers est indiqué dans l'épure un contremarque.

Établissement du pied du même arêtier avec le collier

On fait un chevron d'emprunt carrément au collier sur la tête de l'arêtier; ce dernier, mis en élévation, est rabattu sur lui-même, ce qui donne la tête de l'arêtier; de là, on tente au pied sur la sablière, puis on ramène la ligne d'assemblage parallèle à la première. L'arêtier se déverse en plaçant le niveau sur la même ligne. Du point où le trait carré coupe le collier, on tente au point du rabattement, un trait carré à cette ligne sert à l'établir. Le collier se déverse en plaçant le niveau sur la face, la pente du chevron d'emprunt tortille, un trait carré l'établit. On opère de même pour établir le pied de l'arêtier du haut avec l'entrait d'enrayure, ainsi que la contre-fiche et le poinçon qui s'établissent en même temps comme il est indiqué sur l'épure. Les niveaux de devers du poinçon étant connus, nous n'en parlerons pas.

Établissement des branches de noue avec leurs assemblages.

Pour établir celle de l'avant-corps, il faut faire paraître les assemblages en plan comme il a été fait pour la ferme. Ensuite on fait un chevron d'emprunt carrément au plan de l'entrait, d'après lequel on obtient la herse pour l'établissement, en opérant comme il vient d'être fait pour la ferme; il en est de même pour les niveaux de devers, en opérant sur la sablière à laquelle on veut donner le lattis. L'opération dont il est parlé est indiquée dans l'épure, excepté le relevé des niveaux de devers. Parlons maintenant de celle de la queue de morue. Comme elle est carrément à la sablière du dégauchissement des deux pentes, tous les assemblages tombent sur l'aplomb de la même ligne, pour les établir, on met la noue en élévation et l'on y place les assemblages comme d'habitude en se servant toujours de la ligne du poinçon pour tenter l'aisselier et la contre-fiche, comme l'épure l'indique. L'entrait se place de devers sur le dessus et les niveaux de devers des autres assemblages se relèvent comme dans un comble de niveau en opérant sur les sablières à l'endroit où l'on veut donner le lattis. Ceux dont nous parlons font lattis au faîtage de la ferme.

Établissement de l'enrayure.

L'enrayure s'établit sur le même plan et de la même manière que la précédente au moyen des traits ramenerets comme il a été indiqué. La précédente étant par face aplomb, il fallait que chaque assemblage soit déversé, tandis que celle-ci étant établie sur le même lattis, chaque assemblage se pose à plat et de devers sur le dessus.

Herse pour la coupe des empannons de la queue de morue.

L'épure de chaque côté étant la même, nous allons seulement faire celle du faîtage de la croupe. On tire un trait parallèle au plan du faîtage sur le pied de la noue; ce trait se trouve sur la sablière du long pan attendu qu'elle est parallèle au faîtage. Ensuite on fait un chevron d'emprunt carrément à cette sablière sur la tête de la noue. Ce chevron, mis en élévation et rabattu sur lui-même, donne la tête de la noue. De là, on tente à l'about du pied et on obtient la noue sur la herse. On obtient aussi le faîtage par une parallèle à son plan sur la tête de la noue. Sur cette ligne, on remonte par une parallèle au chevron d'emprunt la tête du plan de l'autre arêtier; de là, on tente à son about sur le pied de la noue et l'on obtient la herse. Les empannons suivant le parallèle de la ferme, pour les placer ainsi sur la herse, on tire un trait parallèle au plan de la ferme sur la tête du plan de la noue; du point où ce trait coupe la sablière, on tente à la tête de la noue sur la herse et on place les empannons parallèles à cette ligne.

Sauterelle pour la coupe du pied des empannons sur la noue et leur coupe aplomb de la tête dans le faîtage.

On commence par placer un empannon en plan n'importe à quelle distance pour qu'il suive le parallèle de la ferme comme il vient d'être dit; il doit être placé en plan sur une parallèle. Ensuite on y fait paraître son enlignement de la face en plan, parce qu'il est déversé suivant le rampant du faîtage. La jonction du plan de l'empannon avec celui de la noue est remonté carrément sur la rampe du chevron d'emprunt; ce point est tiré carrément à la rampe sur la ligne de base et ramené carrément sur une ligne parallèle au plan du chevron d'emprunt sur le point de jonction du plan de l'empannon avec celui de la noue. De là, on tente au point où l'empannon coupe la sablière de base et on obtient l'enlignement de la face déversée. Le chevron d'emprunt dont il vient d'être parlé est celui qui a servi à faire la herse. Ensuite on fait un chevron d'emprunt sur la tête de l'empannon carrément à la ligne de la face. Ce dernier, mis en élévation, est rabattu sur son plan. De là, on tente à l'about du pied de l'empannon sur la ligne de base et on l'obtient ainsi couché sur sa face de devers. Du point où la ligne de la face coupe le plan du collier de la demi-ferme en plan, qui est le même que celui du faîtage, on tente à la tête et on obtient la coupe aplomb. Sur la même ligne de l'empannon, on remonte carrément à la ligne de la face la jonction de son plan avec celui de la noue, et de là on tente au point où la ligne de la face coupe la sablière du lattis de la noue, et l'on obtient ainsi la coupe du dessus que l'on trace avec une sauterelle comme il est indiqué dans l'épure.

FIGURE II. ÉTABLISSEMENT DE TROIS ARÊTIERS POSITIFS PLACÉS SUR TROIS SABLIÈRES EN FORME D'UNE PIÈCE CARRÉE A DESSIN.

Les arêtiers sont dits positifs quand ils sont placés de manière à faire lattis aux deux sablières. Ceux dont nous allons parler sont placés, comme nous l'avons dit, sur une pièce carrée à dessin. Dans la partie carrée il est impossible que l'arêtier soit positif à moins qu'il ne soit aplomb. Dès lors qu'on exige qu'il le soit, pour l'obtenir on est obligé d'établir des sablières de pente dans la partie carrée, tel qu'il est indiqué dans la perspective.

Manière d'opérer.

On commence par faire paraître le plan de la pièce carrée, qui d'abord est la ligne un contremarque. On fait ensuite paraître les deux autres faces qui forment une partie d'équerre; ce sont les lignes deux contremarques. Cela fait, on fait paraître le plan de l'arêtier de la partie carrée. Pour cela, on tire un trait sur l'arête, carrément à la sablière un contremarque. Cette ligne est marquée un crochet. Sur cette ligne on place le poinçon à volonté, après quoi, on tire un trait d'équerre au plan de l'arêtier, sur lequel on porte la hauteur du comble. Cette hauteur peut être portée à n'importe quelle distance. Du point où le plan de l'arêtier coupe la sablière un contremarque, on tente au point de hauteur; sur ce même point, on tire un trait d'équerre à cette dernière ligne, jusqu'à la jonction de la ligne du plan de l'arêtier. De là on tente à l'arête des autres sablières, et on obtient les lignes deux crochets, lignes que le comble vient dégauchir sur le plan de niveau. L'élévation de l'arêtier se trouve faite en même temps par le trait qui vient d'être fait pour obtenir ces deux dernières. On continue en faisant paraître le plan des deux autres arêtiers, en tentant de l'arête des autres sablières au milieu du poinçon. Ces lignes sont marquées un patte d'oie.

Herse pour l'établissement du pied des arêtiers sur les sablières de pente ainsi que pour la coupe des empannons.

L'arêtier de la partie carrée étant mis en élévation comme nous l'avons dit par la ligne un crochet contremarque, sur cette ligne on remonte carrément au plan l'arête des sablières deux contremarques, ce qui donne la hauteur du pied de l'arêtier et la pente des sablières comme elles sont parues en élévation par les lignes patte d'oie crochet. Comme la herse des deux sablières de pente est la même des deux côtés, nous étudierons seulement celle de la partie la plus longue. Pour faire cette herse, il faut opérer sur la sablière de niveau, sur laquelle on fait un chevron d'emprunt carrément et passant sur le plan de la tête des arêtiers. Ce dernier est marqué en plan patte d'oie contremarque. On le met ensuite en élévation et on rabat sa longueur sur le plan. De là on tente au pied des arêtiers et on les obtient sur la herse par les lignes un monté. On obtient la sablière de pente sur la herse en portant par un simblot l'about du pied de l'arêtier de l'élévation dans la herse. Cette dernière est marquée un monté contremarque, ligne sur laquelle la sablière se met sur ligne pour l'établir du pied avec les arêtiers. Elle se déverse par le niveau de devers indiqué dans l'épure. La manière de le relever étant connue, nous n'en parlerons pas. Les sablières sont délardées sur le dessus pour éviter un des abouts qu'il y aurait sur celle de niveau. C'est ce qui oblige ce délardement qui doit être fait suivant le plan de cette dernière et avant de mettre sur ligne. On obtient ce délardement avec le niveau de devers. Pour cela on prolonge le trait carré qui a été fait pour en faire le relevé jusque sur la sablière opposée, de là on tente au point du rabattement; la sablière étant déversée par ce trait on plombe l'arête par bout et on obtient ainsi le délardement tel qu'il est indiqué sur la vue de bout de la sablière. Les arêtiers se posent à plat sur la herse et en coupe tournisse de la tête à la jonction des deux faces. Les empannons se placent sur la herse parallèle au chevron d'emprunt et en coupe tournisse dans les arêtiers; la ligne de la sablière en herse donne l'about du pied. Pour obtenir leur coupe du pied, sur le délardement de la sablière, on prolonge le plan du chevron d'emprunt jusque sur la sablière opposée qui donne un point. On obtient le deuxième en remontant carrément, sur l'élévation du chevron d'emprunt, la jonction de son plan avec celui de la sablière. Une ligne tirée par ces deux points donne la coupe indiquée dans l'épure par une sauterelle.

FIGURE III.

ÉPURE SPÉCIALE POUR OBTENIR LE PLAN D'UN CERTAIN NOMBRE DE LIENS DE PENTE AFIN DE LES FAIRE CROISILLONNER ENSEMBLE EN LIGNE DROITE UNE FOIS MIS EN PLACE.

(Ceux dont nous allons parler sont placés dans un pavillon carré.)

Manière d'opérer.

On commence par faire paraître le plan du pavillon, ainsi que l'élévation de la ferme. Cela fait, on place d'abord un lien en plan pour être assemblé dans la sablière du long pan, du côté droit de l'épure, à l'arbalétrier du côté gauche de la ferme. Ce lien est marqué en plan un contremarque. Maintenant on veut en placer un autre qui forme une croix avec ce dernier et qui soit placé de la même manière sur le sens opposé pour l'obtenir sur le plan de manière à ce qu'il soit en ligne droite avec le premier lien et l'arbalétrier. On tire une ligne parallèle au plan de la ferme sur le pied du lien placé en premier lieu. Le point où cette ligne coupe l'autre sablière du long pan donne l'about du pied. On obtient celui de la tête en remontant l'about de la tête de l'autre lien sur l'élévation de la ferme. De là on tire un trait de niveau. On descend aplomb sur le plan de la ferme le point où ce trait de niveau coupe la rampe de l'autre arbalétrier. De là on tente à l'about du pied dernièrement fixé et on obtient le lien en plan sur la ligne deux contremarques. Ces deux-là étant ainsi placés, il s'agit d'en placer deux autres également en croix, assemblés du pied sur la sablière de croupe dans les arbalétriers de la ferme. Il faut les placer de manière à ce qu'ils se croisent en ligne droite avec ceux que l'on vient de placer. Pour cela on fixe premièrement les abouts du pied sur la sablière de croupe. Les abouts étant fixés, on commence par placer celui qui vient s'assembler dans l'arbalétrier du côté droit de la ferme et qui doit passer en ligne droite dans le lien un contremarque. On tire une ligne sur le point d'about fixé sur la sablière de croupe passant sur le pied du lien un contremarque jusqu'à la jonction du plan de la ferme. On remonte ensuite la tête du même lien sur l'élévation de la ferme, ce qui donne la ligne trois contremarque. On descend aplomb sur le plan de la ferme le point où cette ligne joint l'élévation de l'arbalétrier et on obtient le lien en plan sur la ligne un crochet. L'opération qui vient d'être faite suffit pour obtenir le plan de l'autre en mettant l'about du pied sur la sablière de croupe à la même distance de l'autre d'après le plan de la demi-ferme de croupe et de même à la tête sur le plan de la ferme. On obtient ce dernier point par une ligne de niveau sur la ferme, telle qu'elle est indiquée sur l'épure. Le lien dont on a parlé en dernier lieu est marqué en plan deux crochets. Pour se rendre compte et voir si l'opération est bien faite, on ramène l'about du pied de chaque lien carrément à la sablière sur le plan de la ferme. De là on tire des lignes à leurs abouts de la tête sur l'élévation de la ferme. La jonction de ces lignes doit tomber aplomb sur les jonctions en plan, comme l'épure l'indique par les lignes ponctuées. Maintenant nous allons en placer un autre sur le tirant de la ferme à l'arêtier, du côté droit de l'épure. On fixe premièrement le pied du lien sur le tirant de la ferme, et on cherche la ligne sur laquelle il doit être en plan pour qu'il s'assemble dans l'arêtier et qu'il passe en ligne droite dans le lien un contremarque. Pour cela on tire une ligne du point fixé pour le pied du lien sur le pied de l'arêtier. Cette ligne est marquée un patte d'oie. Ensuite on tire une ligne de niveau sur la ferme à n'importe quelle distance. Celle qui va nous servir de base est marquée un double crochet. On descend aplomb sur le plan de l'arêtier le point où cette ligne joint l'arbalétrier du côté droit de la ferme. De là on tire une ligne parallèle à la ligne patte d'oie; cette ligne est marquée un crochet contremarque. Le point de jonction de la ligne double crochet avec la ligne langue de vipère est descendu aplomb sur le plan du lien un contremarque. De là, on tire une ligne parallèle aux deux abouts des deux liens et qui est la ligne double crochet contremarque. Du point où cette ligne coupe la ligne un contremarque, on tente au point fixé pour l'about du lien sur le tirant de la ferme, et on obtient le lien en plan sur la ligne patte d'oie crochet. On peut aussi se rendre compte et voir si l'opération est exacte de la même manière que pour les autres liens. Pour celui-ci on remonte la jonction du plan du lien avec celui de l'arêtier carrément sur l'élévation de la ferme, par la ligne un monté. De là on tente au pied du lien sur le tirant de la ferme. Le point où cette ligne joint la ligne langue de vipère doit tomber aplomb sur le croisillon du plan des deux liens comme l'épure l'indique par la ligne un monté contremarque. L'opération que l'on vient de faire peut aussi être faite d'une autre manière. Pour cela on met l'arêtier en élévation ainsi que le lien un contremarque, sur chacun desquels on tire une ligne de niveau à la même hauteur. Les points où ces lignes coupent celles de l'élévation sont descendus en plan. De là on tire des lignes du pied de chacun sur le point fixé pour le pied du lien, puis on fait une parallèle à chacun sur les points dernièrement trouvés. La jonction de ces lignes qui doit être la même que celles déjà indiquées donne le lien en plan. L'opération dernièrement indiquée n'est pas faite dans la figure. Nous allons continuer en en plaçant un autre semblable à ce dernier et de l'autre côté. La différence est que nous allons premièrement fixer l'about de la tête sur le plan de l'arêtier. Ce point étant fixé, on le remonte aplomb sur la ferme. De là on tire une ligne de niveau. Le point où cette ligne coupe la ligne un patte d'oie un monté est descendu en plan sur la ligne deux contremarque. De là on tente à la tête du lien sur le plan de l'arêtier par la ligne patte d'oie contremarque. On tire ensuite une parallèle à cette ligne sur le pied du lien deux contremarque, au point où cette ligne joint le plan de la ferme, on obtient le lien en plan sur la ligne langue de vipère contremarque, en tentant de ce point à l'about de la tête premièrement fixé sur le plan de l'arêtier. Nous allons nous arrêter ici pour ce genre d'opérations que nous continuerons dans un prochain volume lorsque nous traiterons la suite du bois droit.

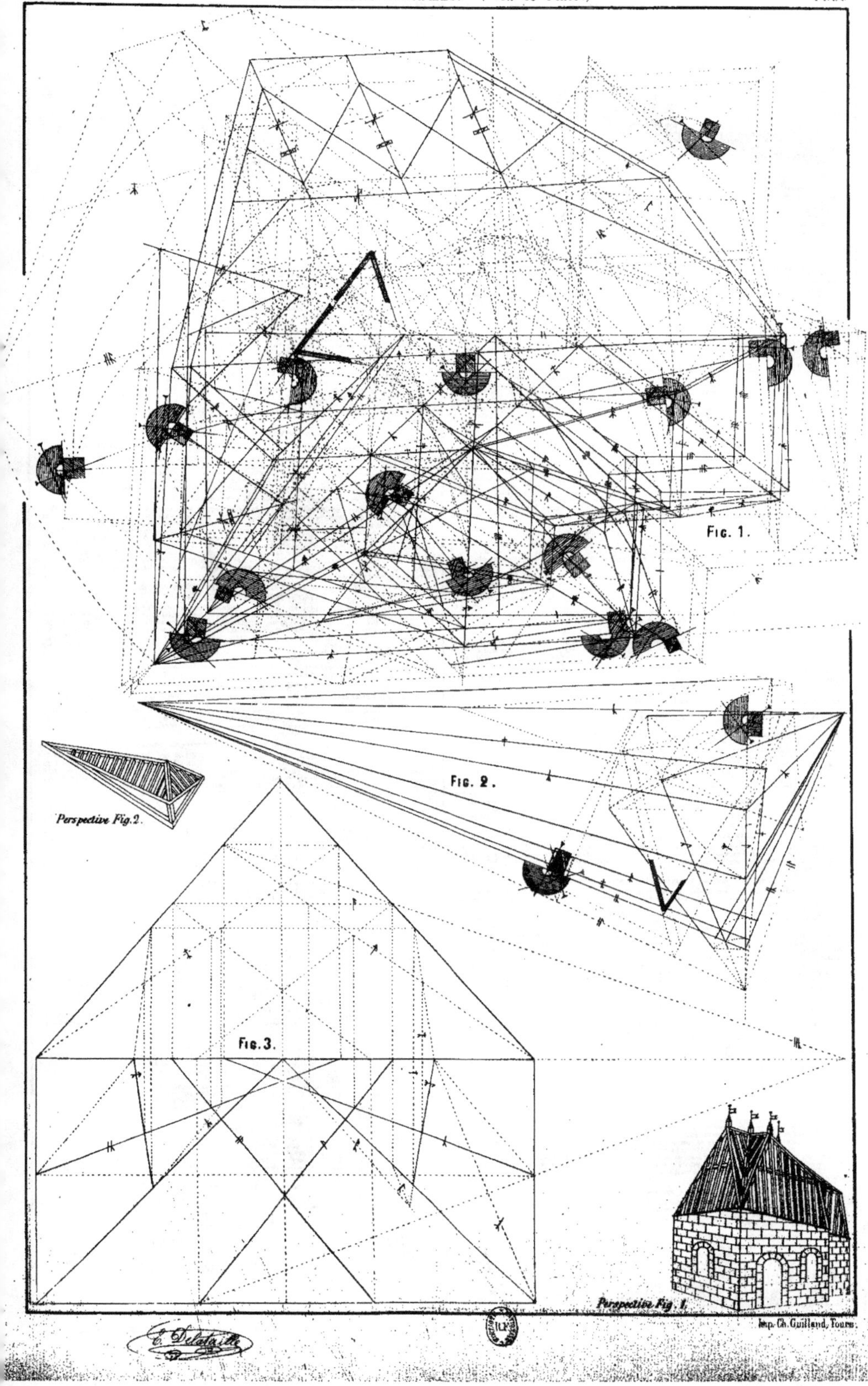

Imp. Ch. Guilland, Tours.

ÉTUDE SPÉCIALE DU NIVEAU DE DEVERS.

Les opérations que nous avons étudiées jusqu'ici nous permettent de placer et d'établir des assemblages de n'importe quelle manière et de combattre toutes les difficultés qui peuvent se présenter. Pour être bien sûr de toutes ces difficultés et pour bien les comprendre, nous allons terminer par une étude spéciale qui consiste à obtenir les coupes, les barbes et les rampes des mortoises d'un assemblage quelconque en reproduisant les faces inclinées sur un plan de niveau, et de manière à ce que ces faces inclinées soient aplomb sur le plan de niveau afin de placer la pièce d'assemblage sur ligne par un niveau de devers pour plomber les coupes comme on opère pour couper une panne sur le plan par terre. C'est d'après la coupe de la panne que les premières idées de ce genre d'opération sont venues, parce qu'on a compris que, puisqu'on la déversait en plan pour plomber la face de l'arêtier, on pourrait tout aussi bien reproduire le dessous de l'arêtier aplomb et placer la panne de niveau déversée par un niveau de devers pour plomber la barbe du dessous tel que la coupe, et l'obtenir juste sur le fond d'arête. Cette opération ayant été comprise on en a poursuivi l'étude jusqu'à la fin et comme je ne prétends pas la laisser ignorer aux lecteurs, je vais en donner la démonstration à l'instant, mais avant j'engage ceux entre les mains desquels cet ouvrage sera placé à étudier ces opérations bien attentivement, car elles sont très-sérieuses.

Figure I. **MANIÈRE D'OPÉRER.**

Commençons d'abord par la coupe de l'empannon dans l'arêtier (figure 1). On placé d'abord l'empannon en plan ; c'est la ligne un franc. On le met ensuite en élévation, ligne un mouté, coupe sur la face aplomb de l'arêtier. On tire un trait carré au plan de l'arêtier passant sur le pied de l'empannon, ligne qui sert de sablière. L'about de l'empannon remonté carrément sur le lattis de l'arêtier donne la tête du chevron d'emprunt, tentée au pied sur la sablière. cette longueur rabattue en plan donne l'empannon sur la ligne un contremarque déversée par le niveau de devers placé sur la face et relevé de la manière indiquée sur la figure. Une fois déversée on plombe la face de l'arêtier, pour obtenir la barbe; on tire un trait carré à la rampe de l'arêtier sur l'aplomb de l'about de l'empannon au point où cette ligne coupe la ligne de base qui est la face de l'arêtier, tentée au pied de l'empannon en plan, on fait l'élévation de ce chevron d'emprunt, on couche sa longueur sur lui-même en plan, ce qui donne l'empannon sur la ligne un crochet. Un trait carré au plan de l'arêtier sur la ligne du délardement jusqu'à la rencontre de la dernière sablière, de là tenté à la tête donne l'enlignement du dessus. La gorge de l'arêtier renvoyée de même sur la sablière, tirée parallèle à la première donne le fond d'arête, ligne marquée d'un trait ramèneret. On pourrait obtenir le fond d'arête sans se servir de la première ligne, en tirant une ligne de la jonction de la dernière sablière avec la face de l'arêtier tentée à la tête de l'empannon sur lequel on ramène le dessus de l'arêtier tel qu'il est indiqué par un simblot. En opérant ainsi on obtient l'empannon couché sur un plan de niveau sur l'aplomb du dessus de l'arêtier. Le relevé du niveau de devers est toujours le même, en profilant le trait carré jusque sur les lignes de sablières tenté au point du rabattement pris sur l'élévation. Un trait carré à ces lignes sert à déverser.

Figure II. **COUPE DE LA PANNE DANS L'ARÊTIER.**

On obtient la coupe aplomb sur la face par le procédé anciennement connu. Pour la barbe, la jonction de la panne en plan avec la face de l'arêtier est remontée sur l'élévation de l'arêtier tiré carrément à la rampe sur la ligne de base. De là, on tire une parallèle au plan de la panne, ce qui donne la sablière. Du point où elle coupe le plan de la ferme on tente sur l'arête de la panne à sa vue de bout sur l'élévation, on obtient ainsi le chevron d'emprunt. En le rabattant sur lui-même en plan il sert à mettre la panne sur la ligne un contremarque sur laquelle on remonte l'about du plan carrément sur cette ligne. On tente au point où le trait carré du pied de l'arêtier coupe la sablière pour l'enlignement du dessus. La gorge tirée de même jusqu'à la même sablière avec une parallèle donne le fond d'arête de la barbe. En plombant cette ligne sur la panne une fois déversée par le niveau de devers paru sur sa vue de bout on peut également obtenir le fond d'arête par le moyen dernièrement indiqué sur la première figure. Au reste l'épure l'indique. Pour tracer les rampes des mortoises, on déverse l'arêtier sur la herse comme pour établir avec les pannes sur lesquelles on plombe les faces de la panne après les avoir fait paraître sur la herse. Il en est de même pour l'empannon et tout autre assemblage qui pourrait être placé sur le lattis.

Figure III. **LIEN DE PENTE A FACE APLOMB PLACÉ DANS L'ARBALÉTRIER, DE LA FERME AU COLLIER D'ARÊTIER.**

Après avoir placé le lien en plan marqué un contremarque, on lui porte l'épaisseur pour avoir le point d'about sur le collier et en même temps pour éviter un des abouts. Au point où l'épaisseur coupe la face du collier, on tire un trait carrément sur l'autre face qui est celle que l'on veut faire affleurer avec le dessus de l'arbalétrier. Le point de jonction du lien en plan avec la face de l'arbalétrier remonté carrément sur l'élévation, donne le point de hauteur pour faire l'élévation des chevrons d'emprunt et pour mettre le lien en élévation pour la coupe du pied sur le collier en plombant sa ligne de niveau. Pour obtenir la coupe sur la face aplomb du collier on tire un trait carré au collier sur le pied du lien qui sert de sablière sur laquelle on fait un chevron d'emprunt carrément sur la tête du lien en plan. Le chevron d'emprunt rabattu sur lui-même donne le lien sur la ligne un crochet sur laquelle on plombe la face du collier.

Coupe pour la face aplomb de l'arbalétrier.

On tire un trait carré au plan de l'arbalétrier et passant sur le pied du lien. Du point où ce trait carré qui sert de sablière coupe la face de l'arbalétrier on tente au point de hauteur, ce qui donne le chevron d'emprunt. Ce dernier couché sur son plan donne le lien sur la ligne un crochet et contremarque sur laquelle on plombe la face de l'arbalétrier.

Coupe du dessous de l'arbalétrier.

L'about du lien étant remonté sur le lattis, de ce point on tire un trait carrément à la rampe jusque sur la ligne de base, on tente au pied du lien, ce qui donne une troisième sablière sur laquelle on fait un troisième chevron d'emprunt pour obtenir le lien sur la ligne un patte d'oie. Du point où la sablière, dernièrement indiquée, coupe l'about de l'arbalétrier, on tente à la tête du chevron d'emprunt ce qui donne l'enlignement du dessus au point où la gorge coupe la même sablière tirée parallèle pour le fond d'arête que l'on plombe sur le lien une fois déversé. Le niveau de devers se fait toujours de la même manière sur chaque sablière.

Tracé des rampes de mortoises du pied du lien sur le collier.

On tire un trait carrément au lien sur l'about du pied. Sur cette ligne, on fait un chevron d'emprunt carrément au collier sur la tête du lien toujours avec le même point de hauteur pour son élévation. De là, on ramène l'about du pied du lien parallèle au collier sur le plan du chevron d'emprunt et on simblote carrément sur la rampe sur la ligne de base, de là on tente à l'about du pied du lien et on obtient ainsi la ligne un patte d'oie contremarque que l'on plombe sur le collier une fois déversé, ce qui donne les rampes du dessus, on obtient également celles du dessous en portant l'épaisseur de la retombée du lien parallèle à la ligne du dessus dernièrement indiquée. Pour avoir les rampes des faces aplomb, on met le collier de devers sur le dessus sur lequel on plombe les faces du lien paru en plan. Pour obtenir les rampes du lien dans l'arbalétrier il faut faire la même opération que celle faite au lien pour les coupes.

Figure IV. **COUPES DU LIEN MANSARD DANS L'ARÊTIER.**

Après avoir fait paraître le plan de l'arêtier et celui de la sablière de bris, on place le lien en plan, qui est la ligne marquée un franc. On le profile jusque sur la sablière pour obtenir le pied au même niveau que celui de l'arêtier, afin d'avoir toutes les sablières au même niveau pour faire les opérations. Commençons d'abord par la coupe de la tête. A l'aplomb de la sablière de bris, on profile la sablière de bris en plan, sur laquelle on fait un trait carré passant sur le pied du lien. Cette ligne sert de sablière pour mettre le lien sur ligne en tirant un chevron d'emprunt carrément sur la tête du lien qui est donc la sablière du bris en plan. L'élévation du chevron d'emprunt étant faite, on porte la longueur sur le plan et on obtient la ligne un contremarque qui sert à placer le lien pour plomber la face de la sablière. Pour la coupe du dessous, on le met en élévation sur la ligne un monté, on porte la retombée de la sablière en contre-bas sur la ligne aplomb, de ce point on tire un trait de niveau que l'on plombe sur le lien une fois déversé. Pour cela, on place le niveau sur le rabattement du lattis du comble, attendu que le lien est déversé suivant le lattis, un trait carré au plan du lien sert à le déverser où le même trait carré coupe le plan de la première sablière de là on tente au point du rabattement, un trait carré à cette ligne sert à le déverser pour la coupe sur la face aplomb de la sablière.

Tracé de la coupe du lien sur la face aplomb de l'arêtier.

On tire une sablière sur le pied du lien carrément au plan de l'arêtier et sur laquelle on fait un chevron d'emprunt passant sur la tête du lien en plan. Par ce chevron d'emprunt on obtient le lien sur la ligne un crochet auquel on plombe la face de l'arêtier. On obtient le niveau de devers du lien sur cette dernière comme il a été fait sur l'avant-dernière.

Tracé de la coupe du lien suivant le rampant du dessous de l'arêtier.

A la jonction de la sablière de bris en plan avec la face de l'arêtier, on remonte ce point carrément sur l'arêtier en élévation, de là on tire un trait carré à la rampe de l'arêtier jusque sur la ligne de base. Comme la sablière change de position, on tire sur ce dernier point un trait carré au plan de l'arêtier sur une ligne que l'on mène sur la tête du lien en plan parallèle au plan de l'arêtier. De là on tente au pied du lien et on obtient ainsi la sablière sur laquelle on fait un chevron d'emprunt passant sur la tête du lien en plan et au moyen duquel on obtient le lien sur la ligne un crochet contremarque. Pour obtenir la ligne aplomb du dessous de l'arêtier, on tire une deuxième sablière sur la tête du lien en plan parallèle à celle du pied, on la rapporte de même sur la herse. La tête de l'arêtier étant descendue carrément sur celle du plan, on remonte ce point sur la sablière de tête en herse, ce qui donne un point, de là on tente au point où le trait carré du pied de l'arêtier coupe la sablière du pied on obtient les dessus de l'arêtier. On renvoie la gorge sur la même sablière, et on la tente parallèle pour le fond d'arête qui est la ligne un patte d'oie. Du point où le trait carré du niveau de devers coupe la sablière, on tente au point du rabattement ; un trait carré à cette ligne donne le devers. Pour les rampes des mortoises, on place le lien sur la herse comme pour l'établir d'une manière ordinaire. L'arêtier et la sablière de bris une fois déversés comme pour établir, on plombe les faces du lien sur chacun d'eux et on a les rampes des mortoises.

Figure V. **ENTRAIT DÉVOYÉ DANS L'ARÊTIER AVEC AISSELIER.**

Après avoir placé en plan l'arêtier auquel on veut établir l'entrait dévoyé, on le met en élévation sur laquelle on fait paraître la hauteur de l'entrait. Au point où la ligne du dessus de l'entrait coupe le délardement, ce point est descendu en plan sur la face de l'arêtier, de là on place l'entrait à volonté comme il a été placé sur la ligne un contremarque. Ensuite on tire une parallèle au plan de l'entrait et passant sur le pied de l'arêtier à l'about du délardement, attendu que les opérations sont faites sur les faces du bois. Après avoir fixé l'aisselier en plan on le profile jusque sur la ligne dernièrement indiquée pour avoir le point d'about sur la même ligne de base. Les opérations pour obtenir les coupes sont exactement les mêmes que pour le lien mansard, sauf que le niveau doit se placer sur la face attendu que la face est aplomb. Les rampes des mortoises n'étant plus les mêmes on va en donner la démonstration.

Coupe de l'entrait suivant le dessous de l'arêtier.

Du point où le dessus de l'entrait coupe le délardement de l'arêtier sur l'élévation, on tire un trait carrément au rampant de l'arêtier sur la ligne de base. De ce point on tire une sablière parallèle au plan de l'entrait, puis on fait un chevron d'emprunt carrément sur les deux avec la hauteur de l'entrait. Comme ce dernier doit être de niveau on place le niveau de devers sur le dessus de l'entrait ; un trait carré à la rampe déverse. On porte ensuite la longueur du chevron d'emprunt sur son plan, de ce point on obtient l'entrait sur la ligne un franc au moyen d'une parallèle à son plan. De là on remonte l'about du plan carrément sur cette ligne on a le premier point. Ensuite on tire un trait carré au plan de l'arêtier à l'about du délardement. Du point où ce trait carré coupe la sablière de l'entrait on tente au premier point et on a l'enlignement du dessus. La gorge de l'arêtier renvoyée aussi sur la même sablière tirée parallèle donne le fond d'arête. Cette ligne est marquée un mouté. On obtient la coupe de l'entrait sur la face de l'arêtier, en mettant l'entrait sur son plan de devers sur le dessus et en plombant la face de l'arêtier.

Tracé des rampes de mortoises de l'entrait sur l'arêtier.

Pour avoir les rampes des faces aplomb de l'entrait, on tire une sablière carrément au plan de l'entrait et passant sur le pied de l'arêtier. Sur cette sablière on fait un chevron d'emprunt avec le reculement de la jonction des deux faces en plan. Par ce dernier on obtient les faces du dessus et du dessous en plaçant l'arêtier sur son élévation mis de devers sur la plumée et plombant également les faces.

Tracé des rampes de mortoises de la tête de l'aisselier dans l'entrait.

Pour celle de l'aplomb des faces on place l'entrait sur son plan de devers suivant le dessus et on plombe les faces du lien en plan. On obtient celle du dessous en tirant un trait carré à la tête du lien en élévation carrément à la rampe sur la ligne de base. De là on mène une sablière parallèle au plan de l'entrait ; on fait un chevron d'emprunt carrément à cette ligne passant sur la tête du lien en plan, on tente au vu de bout de l'entrait pour l'élévation. Un trait carré à la rampe sur le niveau sert à déverser. Ce chevron d'emprunt mis en herse donne l'entrait sur la ligne un patte d'oie en tirant une parallèle au plan. De là on tire un trait carrément au pied du lien jusqu'à la sablière dernièrement indiquée, on tente à la tête du chevron d'emprunt en herse et on a l'enlignement du dessus qui est la ligne patte d'oie contremarque que l'on plombe sur l'entrait une fois déversée. Pour l'autre face il faut porter l'épaisseur parallèle à celle dernière.

Tracé des rampes de la mortoise du pied de l'aisselier dans l'arêtier.

Commençons par celles des faces aplomb. On tire une sablière carrément à l'aisselier en plan passant sur le pied de l'arêtier et à laquelle on fait un petit chevron d'emprunt carrément à la jonction de l'aisselier en plan avec la face de l'arêtier. Pour avoir le point de hauteur, il faut remonter cette jonction carrément sur l'élévation de ce dernier. Ce chevron d'emprunt mis en élévation et rabattu sur lui-même donne l'arêtier sur la ligne langue de vipère sur laquelle on plombe les faces de l'aisselier en plan, on obtient ceux du dessus et du dessous en tirant un trait carrément à la rampe de l'aisselier en élévation sur la ligne de base. Comme cette sablière change de position on est obligé de tirer une parallèle au plan de l'aisselier à la jonction du plan de l'entrait avec le plan de l'arêtier ; le dernier point étant renvoyé carrément sur cette ligne, de là on tente au pied de l'arêtier et on obtient ainsi la sablière qui se trouve à passer près de la ligne un crochet. On obtient l'arêtier sur la ligne contremarque crochet au moyen d'un chevron d'emprunt fait à la jonction du plan de l'entrait avec celui de l'arêtier. Pour obtenir le dessus de l'aisselier, on fait un deuxième chevron d'emprunt carrément à la même sablière sur la tête de l'aisselier en plan avec le même point de hauteur. Ce dernier se trouve rabattu sur le plan en sens opposé à l'autre attendu qu'ils se tournent le dos. Ensuite on tire un trait carré au pied de l'aisselier. Du point où ce trait carré coupe la sablière on tente au chevron d'emprunt dernièrement indiqué et on obtient la ligne langue de vipère contremarque que l'on plombe sur l'arêtier une fois déversé. On porte l'occupation parallèle en contre-bas de la dernière ligne indiquée pour les rampes du dessous. Les opérations indiquées par ces cinq dernières figures permettent de placer un assemblage quelconque dans les parties à faces aplomb. Avant de terminer nous allons étudier un peu le devers dans ce même genre d'opération afin d'être assuré contre toute difficulté.

Figure VI. **COUPE D'UN EMPANNON DANS UN ARÊTIER A DEVERS D'UN PAVILLON BIAIS.**

Nous allons commencer par la coupe d'un empannon dans un arêtier à devers d'un pavillon biais, ce qui fait que l'empannon est déversé parce qu'il n'est pas carrément à la sablière. Après avoir fait paraître les sablières et le plan de l'arêtier, on place l'empannon en plan qui est la ligne un franc, ensuite on le met en élévation sur la ligne contremarque sur laquelle on le déverse pour la coupe du pied par le niveau de devers paru sur la figure sur la ligne du rabattement du lattis. Un trait d'équerre à son plan sur le niveau sert à le déverser.

Tracé de la coupe de l'empannon suivant la face de l'arêtier.

On fait d'abord paraître l'enlignement de la face de l'arêtier sur le plan, au moyen d'un chevron d'emprunt fait sur la tête de l'empannon en plan carrément à la sablière du lattis de l'arêtier. L'élévation étant faite, on tire un trait à la tête carrément à sa rampe jusque sur la ligne de base. De là on tente au pied de l'arêtier et on obtient ainsi l'enlignement de l'arêtier sur la face opposée au lattis. Sur cette dernière on tire un trait carrément de la tête de l'empannon en plan jusqu'à la rencontre de la sablière du lattis de l'arêtier. De ce point on tente au pied de l'empannon, on obtient ainsi la sablière pour avoir l'aplomb de la face de l'arêtier au moyen d'un chevron d'emprunt carrément à cette dernière sur la tête de l'empannon en plan ; ce chevron d'emprunt rabattu sur son plan, de là tenté au pied de l'empannon le place sur la ligne un crochet. Du point où la ligne de face de l'arêtier coupe la sablière, on tente à la tête de la herse dernièrement faite, ce qui donne la ligne deux crochet que l'on plombe sur l'empannon une fois déversé.

Tracé de la barbe de l'empannon au-dessous de l'arêtier.

On fait un trait d'équerre à la sablière du lattis jusqu'à la rencontre de la ligne de l'autre face de l'arêtier. De ce point on tente au pied de l'empannon, ce qui donne la deuxième sablière avec laquelle on obtient l'empannon sur la ligne un contremarque crochet, au moyen du chevron d'emprunt fait sur la sablière comme il vient d'être dit pour l'autre coupe de la face. Du point où cette dernière sablière coupe celle du lattis de l'arrêtier, on tente à la tête de l'empannon dernièrement placé et on a la ligne patte d'oie. En portant, parallèle à cette ligne, la retombée de l'arrêtier pour le fond d'arête de la barbe, on obtient les niveaux de devers tel que la figure l'indique.

Coupe d'une panne dans une noue à devers.

Figure VII. **TRACÉ DE LA COUPE DE LA PANNE SUIVANT LA FACE DU LATTIS DE LA NOUE.**

On fait paraître l'arête de la panne sur le plan tel que la figure l'indique descendue carrément sur son vu de bout, paru sur la ligne de la rampe. La hauteur de cette arête est rapportée par une ligne de niveau sur l'élévation de la rampe du lattis de la noue, comme la figure l'indique, par un simblot au moyen duquel on obtient la panne sur la ligne un contremarque sur laquelle on plombe la ligne de la rampe dernièrement indiquée. Pour la déverser on place le niveau sur son lattis, un trait de niveau sert à la déverser.

Tracé de la barbe de la panne dans la noue suivant la face opposée du lattis.

On fait paraître la ligne du dégauchissement de la face de la noue par le moyen indiqué figure 6 pour l'arêtier. On tire un trait carré à cette ligne et passant sur la jonction du plan de la noue avec celui de la panne. Au point où cette ligne coupe la sablière du lattis, de la noue on obtient la sablière par une ligne parallèle au plan de la panne. Du point où cette sablière coupe la ligne de base de l'élévation de la panne tenté à son arête on obtient l'élévation du chevron d'emprunt. Un trait carré à sa rampe sur le niveau donne le devers. Sa longueur étant rapportée sur son plan donne la panne sur la ligne un crochet. Son about remonté carrément du plan par terre sur cette ligne donne un point ; l'épaisseur de la noue porté de ce dernier point par un simblot en contre-bas, de là tenté où la sablière du dessous de la noue coupe la sablière de la panne à ce dernier simblot on obtient le fond d'arête de la barbe par une seule ligne comme la figure l'indique. On obtient les rampes de mortoises de la panne dans la noue comme il a été dit même planche figure 2.

Figure VIII. **CROIX DE SAINT-ANDRÉ GAUCHE A TOUS DEVERS PLACÉE DANS UN TROIS-PIEDS DE PENTE ET RAMPANT.**

On commence par faire paraître les trois chapeaux en plan comme il a été dit (planche XVII, figure 2) et qui sont marqués sur le plan 1° un franc, 2° un contremarque, 3° un crochet patte d'oie. Ensuite on jette une ligne sur le plan à la distance où l'on veut faire tenter le dégauchissement de la pente des chapeaux et qui est la ligne deux francs. Cette ligne est le dégauchissement du dessus des chapeaux au moyen de laquelle on obtient les chapeaux en élévation sur lesquels sont parus également les pieds sur les lignes langue de vipère. La ligne dont on s'est servi pour obtenir la pente des chapeaux sert également pour les placer sur un plan de niveau pour les établir ensemble. La figure ne donne pas cette opération afin d'éviter la confusion des lignes qu'on aura par la suite. Nous parlerons seulement des coupes de la croix et de celles du pied dans les chapeaux ainsi que les rampes des mortoises. Commençons par les coupes de la tête des pieds dans les chapeaux, comme l'opération pour les deux est la même, parlons seulement de celle du côté gauche de la figure.

Tracé de la coupe du pied suivant le devers du chapeau.

Après avoir fait paraître sur le plan l'enlignement de face du chapeau par le moyen précédemment indiqué, on tire un trait d'équerre à cette ligne passant sur la tête du pied en plan jusqu'à la jonction de la sablière de dessus. De ce point on tente à l'about du pied, ce qui donne la sablière. Comme elle se trouve carrément au plan du pied, son élévation sert de chevron d'emprunt en portant sa longueur sur son plan, sur lequel il doit se placer. De ce dernier point on tente à l'endroit où l'enlignement de la face coupe la sablière, ce qui donne la ligne que l'on doit plomber sur le pied une fois déversé.

Tracé de la coupe du pied suivant le dessous du chapeau.

On tire un trait carré à la sablière du dessus du chapeau sur la tête du lien. Du point où ce trait coupe la sablière de face on tente à l'about du pied en plan et on obtient la deuxième sablière sur laquelle on fait un chevron d'emprunt sur la tête du pied en plan. Ce chevron d'emprunt mis en élévation et couché sur lui-même donne le pied sur la ligne langue de vipère contremarque. Du point où la même sablière coupe celle du dessus du chapeau, on tente à la tête du pied sur la ligne dernièrement indiquée et on a l'enlignement du dessus. L'épaisseur du chapeau portée parallèle à cette ligne donne le dessous que l'on plombe sur le pied une fois déversé. Pour les rampes de la mortoise on déverse le chapeau sur son élévation comme pour l'établir avec le pied sur lequel on plombe les faces attendu que ces faces tombent aplomb sur la même ligne en plan. Après avoir placé les croix en plan et qui sont les lignes premièrement celle du côté droit, crochet contremarque ; celle du côté gauche, un crochet, elles se trouvent gauches, c'est-à-dire qu'elles n'affleurent pas aux croisillons, parce que les abouts sont portés sur le plan par deux lignes parallèles. Ceux du pied sont de niveau, et ceux de la tête suivent le rampant des chapeaux. Le devers de chacun d'eux est inégal, car celui de droite fait lattis au chapeau, et celui de gauche fait lattis au pied.

Tracé de la coupe du lien un crochet sur la face du chapeau un crochet patte d'oie.

Comme ce lien fait lattis au pied, on fait paraître d'abord la sablière de dégauchissement des deux, pour obtenir l'about du pied du lien au même niveau que celui du pied. Cette sablière sert aussi pour obtenir le placement du niveau de devers. On obtient cette sablière comme il a déjà été dit planche XVIII, figure 2, au reste la figure l'indique. Sur la tête du pied en plan on tire un trait carrément sur la ligne du dégauchissement de la face du chapeau jusqu'à la rencontre de celle du dessus. De là on tente à l'about du lien en plan, ce qui donne la sablière sur laquelle on fait un chevron d'emprunt carrément sur la tête du lien en plan avec son même point de hauteur. Ce chevron d'emprunt rabattu sur lui-même en plan donne le lien sur la ligne deux crochet. Du point où la ligne du dégauchissement de la face du chapeau coupe la sablière, on tente à la tête du lien sur la herse dernièrement faite ce qui donne la ligne que l'on doit plomber sur le lien une fois déversé.

Tracé de la coupe du lien suivant la face du dessous du chapeau.

On tire un trait carrément à la sablière du dessus du chapeau passant sur la tête du lien en plan. Du point où ce trait coupe la ligne du dégauchissement de l'autre face on tente au pied du lien et on a la sablière sur laquelle on fait un chevron d'emprunt qui donne le lien sur la ligne deux crochet contremarque. Du point où cette même sablière coupe celle du dessus du chapeau on tente à la tête du lien sur la herse dernièrement indiquée, ce qui donne le dessus du chapeau, en portant la retombée du chapeau parallèle à cette ligne pour la coupe du dessous. Quant à la coupe du pied elle n'est pas indiquée dans la figure parce qu'elle est la même que celle que nous avons déjà étudiée même planche, figure 4, pour le pied du lien mansard ainsi que pour les rampes de la mortoise. Il est inutile d'étudier les rampes de la mortoise de la tête du lien dans le chapeau parce que l'opération sur le chapeau pour les rampes est la même que celle sur le lien pour les coupes. Maintenant que nous avons tracé les coupes du lien un crochet, nous allons terminer en y traçant les rampes du lien crochet contremarque avec lequel il vient former la croix, afin qu'il ait son occupation tranchée dans ce dernier pour qu'ils puissent être placés chacun à leur place.

Manière d'opérer.

On commence par mettre le lien contremarque crochet en élévation avec la hauteur de la tête portée sur un trait d'équerre à son plan ainsi que pour le pied ; à l'endroit où l'élévation coupe la ligne en plan on a l'about du pied au même niveau que ceux des autres assemblages. De ce point, on tente à l'about du pied du chapeau et on a la sablière de son lattis avec le chapeau, sur laquelle on fait un chevron d'emprunt carrément et passant sur la tête du lien en plan. L'élévation étant faite on tire un trait à la tête, carrément à sa rampe. Du point où ce trait carré coupe la ligne de base, on tente au pied du lien et on obtient l'enlignement de l'autre face. Ces faces étant parues, nous allons opérer pour tracer cette dernière face sur le lien un crochet. On tire un trait carrément à cette même ligne jusqu'à la rencontre de la première, de là on tente au pied du lien et on a la sablière sur laquelle on fait un chevron d'emprunt carrément sur la tête du lien en plan. Ce dernier rabattu sur lui-même donne le lien sur la ligne langue de vipère patte d'oie. La tête de ces liens n'étant pas de même hauteur, on est obligé de faire une deuxième sablière d'emprunt à chacun à une certaine hauteur, pour avoir le point d'enlignement. Celui sur lequel nous opérons étant le plus bas, nous nous baserons à son point de hauteur totale. Cette hauteur rapportée par une ligne de niveau sur le chevron d'emprunt de l'autre lien, et le point où elle coupe le lattis descendu sur le plan donne les sablières de tête en les tirant parallèles à celle de la base. Le point où la parallèle de celle sur laquelle on opère tenté sur la tête du lien en plan coupe celle de la tête de la face à laquelle on veut obtenir la coupe, ce point remonté carrément sur la herse et tenté à la jonction des sablières de base donne la ligne que l'on doit plomber sur le lien une fois déversé en portant l'épaisseur du lien par une parallèle tel que la figure l'indique.

Tracé de l'enlignement du dessus et du dessous du même lien.

On tire un trait sur la tête du lien en plan carrément à la sablière du dessus jusqu'à la jonction de celle de la face, de ce point on tente au pied du lien et on a la sablière. Comme il faudrait que le chevron d'emprunt soit rabattu en arrière, pour éviter cette opération on change de position la sablière et on la met en sens opposé, comme la figure l'indique par un simblot. Ensuite on fait un chevron d'emprunt carrément à cette dernière sur la tête du lien en plan et au moyen duquel on obtient le lien sur la ligne deux crochet contremarque. Pour avoir le point d'enlignement de la tête on tire une parallèle à la sablière sur la tête de la herse sur laquelle on remonte la jonction des sablières de tête en plan ; on tente à la jonction de celles de la base et on a la ligne deux contremarque que l'on plombe sur le lien une fois déversé, en portant l'épaisseur du bois parallèle. On obtient le relevé du niveau de devers sur chaque sablière comme il a été dit bien des fois et comme l'épure l'indique. Si on voulait obtenir les rampes sur l'autre lien, il faudrait faire les mêmes opérations que pour ce dernier. Quant à la rentrée et à la sortie des mortoises, comme pour leur occupation pour la grosseur du tenon, nous en parlerons dans le volume suivant lorsque nous traiterons la suite du bois droit.

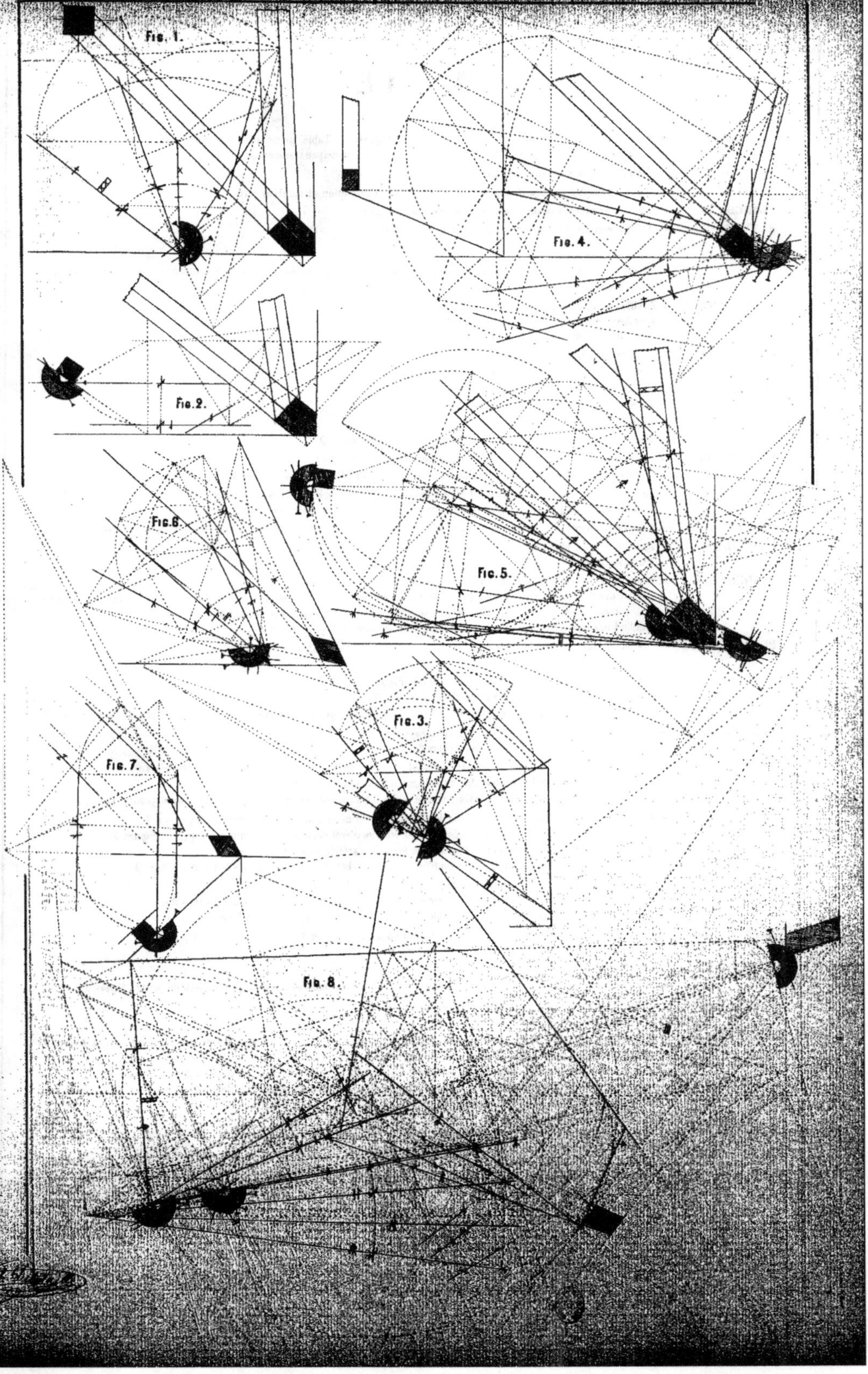
Fig. 1.
Fig. 4.
Fig. 2.
Fig. 6.
Fig. 5.
Fig. 3.
Fig. 7.
Fig. 8.

TABLE

PLANCHE I. — A B C D du charpentier. — Marques hiéroglyphiques. — Table numérative des nombres. — Table des marques. — Principaux outils pour l'établissage. — Noms des 25 principaux assemblages.

PLANCHE II. — Établissements de planchers et de pans de bois.

PLANCHE III. — Divers exemples d'assemblages de fermes pour toits d'habitation et combles plats.

PLANCHE IV. — Divers exemples d'assemblages pour fermes sur poteaux.

PLANCHE V. — Établissements de faîtages, sablières et ferme biaises.

PLANCHE VI. — Pavillon carré sur tirants. *Figure* 1.
Pavillon carré établi par niveaux de devers pour assembler les pannes dans les arêtiers à tenons et mortoises, ainsi que l'arêtier dans le poinçon. *Figure* 2.

PLANCHE VII. — Pavillon mansarde. *Figure* 1.
Établissement du lien mansard. *Figure* 2.
Tracé de la barbe de l'empannon. *Figure* 3.

PLANCHE VIII. — Comble sur jambe de force formant un retour d'équerre. *Figure* 1.
Tracé de la barbe de la panne. *Figure* 2.

PLANCHE IX. — Croupe sur poteaux par bout d'un hangar. *Figure* 1.
Hangar sur poteaux dans un avant-corps. *Figure* 2.

PLANCHE X. — Croupe de biais. *Figure* 1.
Ferme d'angle dans un arêtier pour soulager les pannes. *Figure* 2.

PLANCHE XI. — Croisement de deux combles d'équerre de même hauteur. *Figure* 1.
Comble aigu à sablière de pente croisé en biais par un comble plus élevé. *Figure* 2.

PLANCHE XII. — Croisement de deux combles mansards de même hauteur assemblés avec des liens mansards dans les noues. *Figure* 1.
Comble droit sur jambes de force allant se croiser sur un autre comble droit moins élevé. *Figure* 2.

PLANCHE XIII. — Comble avant-corps et pan coupé de biais à faîtage de pente, allant se raccorder sur l'arêtier d'un comble octogone.

PLANCHE XIV. — Pavillon carré à tous devers. *Figure* 1.
Pavillon biais à tous devers. *Figure* 2.

PLANCHE XV. — Noulet droit coupé par rembarrement et au niveau de devers. *Figure* 1.
Noulet droit coupé à la sauterelle dont une noue est déversée suivant le lattis du vieux comble et coupée par rembarrement et au niveau de devers, avec la coupe des empannons en barbe sur la noue. *Figure* 2.
Noulet biais coupé par rembarrement et au niveau de devers. *Figure* 3.

PLANCHE XVI. — Noulet à ferme couchée. *Figure* 1.
Tréteau à tous devers. *Figure* 2.

PLANCHE XVII. — Établissement d'un arêtier sur un collier dévoyé. *Figure* 1.
Établissement d'un arbalétrier sur un tirant dévoyé. *Figure* 2.
Comble mansard raccordé avec des combles droits assemblés avec des entraits dévoyés ainsi que les aisseliers. *Figure* 3.

PLANCHE XVIII. — Croupe assemblée avec des entraits dévoyés. *Figure* 1.
Pan coupé dans un retour d'équerre. *Figure* 2

PLANCHE XIX. — Lien de pente à devers, allant soutenir la bascule des sablières et les pannes d'un hangar. *Figure* 1.
Lien de pente à face aplomb assemblé du poinçon à la panne. *Figure* 2.
Lien de pente à face aplomb assemblé sur une solive biaise allant soulager une panne dans un appentis. *Figure* 3.

PLANCHE XX. — Croix de saint André à devers assemblée du tirant de la ferme et soutenant la bascule des pannes. *Figure* 1.
Croix de saint André à devers assemblée sur deux colliers d'arêtiers à la panne dans un appentis. *Figure* 2.
Lien de pente à devers, assemblé de la jambe de force de l'arêtier à la panne. *Figure* 3.
Croix de saint André à face aplomb assemblée dans les jambettes de deux fermes à la panne. *Figure* 4.

PLANCHE XXI. — Pavillon carré assemblé avec des liens de pente à face aplomb. *Figure* 1.
Croix de saint André dans un pavillon mansard assemblé du pied des arêtiers à leurs entraits d'enrayure. *Figure* 2.
Croix de saint André à tous devers assemblée dans le pied de deux arbalétriers à leurs contre-fiches. *Figure* 3.

PLANCHE XXII. — Trois-pieds assemblé avec des croix de saint André à devers. *Figure* 1.
Piédestal porté par quatre poteaux aplomb. *Figure* 2.

PLANCHE XXIII. — Pavillon carré de pente. *Figure* 1.
Établissement d'une croix gauche faisant lattis au croisillon, assemblée dans un quatre-pieds de pente. *Figure* 2.

PLANCHE XXIV. — Pavillon carré de pente et rampant. *Figure* 1.
Noulet de pente et rampant. *Figure* 3.

PLANCHE XXV. — Cinq épis avant-corps et queue de morue, mansard et droit, de pente et rampant, à tous devers, avec entrait dévoyé et aisselier. *Figure* 1.
Établissement de trois arêtiers positifs placés sur trois sablières en forme de pièce carrée à dessin. *Figure* 2.
Épure spéciale pour obtenir le plan d'un certain nombre de liens de pente afin de les faire croisillonner ensemble en ligne droite une fois mis en place. *Figure* 3.

PLANCHE XXVI. — Étude spéciale du niveau de devers.
Coupe de l'empannon dans l'arêtier. *Figure* 1.
Coupe de la panne dans l'arêtier. *Figure* 2.
Lien de pente à face aplomb placé dans l'arbalétrier de la ferme au collier d'arêtier. *Figure* 3.
Coupe du lien mansard dans l'arêtier. *Figure* 4.
Entrait dévoyé dans l'arêtier avec aisselier. *Figure* 5.
Coupe d'un empannon dans un arêtier à devers d'un pavillon biais. *Figure* 6.
Coupe d'une panne dans une noue à devers. *Figure* 7.
Croix de saint André gauche, à tous devers, placée dans un trois-pieds de pente et rampant. *Figure* 8.

ART
DU TRAIT PRATIQUE
DE CHARPENTE

PAR ÉMILE DELATAILLE

1er prix, médaille d'or de 1re classe

MEMBRE DE L'ACADÉMIE NATIONALE

Dédié à M. Félix LAURENT, directeur de l'École régionale des Beaux-Arts, de Dessin et de Stéréotomie, à Tours.

DEUXIÈME PARTIE

TRAITÉ DU BOIS DROIT PAR REMBARREMENTS A LA SAUTERELLE ET PAR ALIGNEMENTS

DEUXIÈME ÉDITION

PRIX BROCHÉ : 20 FRANCS, DANS TOUTE LA FRANCE

Pour toute demande, s'adresser à M. ÉMILE DELATAILLE, Professeur du trait, à Tours.

PROPRIÉTÉ DE L'AUTEUR-ÉDITEUR — E. Delataille — TOURS, IMP. ET LITH. JULIOT.

PRÉFACE

La charpente est l'une des parties les plus importantes du bâtiment et les plus étendues dans l'art de la construction. Son but est de faire toutes sortes de travaux et d'ouvrages en bois, représentant différentes formes : droites, courbes, torses et retorses, etc.; elle est destinée à résister à des efforts plus ou moins considérables et à supporter d'énormes fardeaux dans les ponts et les forts échafaudages, étayements, cintres, etc.

Après le premier volume, traitant des bois droits par niveau de devers, à l'usage des chantiers, il parut indispensable de composer un autre volume, tel est celui-ci, qui ne laissât rien à désirer et qui déterminât entièrement le travail du bois droit, par le moyen des épaisseurs de bois, tracées par rembarrement et par alignement, où se trouvent indiquées toutes les coupes, les fonds d'arrêts des barbes, les rampes des mortaises, leur tracé, de façon que les tenons traversent les bois de part en part, le tracé des sorties des mortaises, leur tracé de façon que les tenons les traversent soit dans les joints carrés à devers, ou à tous devers de pente et rampant, c'est-à-dire dans n'importe quel assemblage que l'on puisse désirer ; il y est également démontré la manière de mettre en exécution les assemblages que renferment les épures de ce traité, en indiquant leur but d'utilité. Je ferai observer seulement que les coupes à la sauterelle ne sont d'aucune utilité dans la pratique, excepté pour les empanons et pour les noulets. Quelles que puissent être les remarques que fera le lecteur, qui m'honorera de son attention, il se rendra compte lui-même que les différentes études des épures traitées par alignement sont les mêmes qu'à la sauterelle; j'en fais une explication et le lecteur reste libre d'exécuter à son choix. J'ai pensé qu'il était inutile d'expliquer cette différence par des détails, dont le lecteur lui-même se rendra compte en parcourant les explications et les planches de cet ouvrage. J'ai tâché de me taire partout où j'ai cru que l'intelligence du lecteur pouvait suppléer aux explications ; toutefois je n'ai cependant rien négligé de ce qui m'a paru propre à l'intéresser, et j'espère qu'il y trouvera assez de détails pour se mettre à portée de faire lui-même tout ce que je n'ai pas expliqué.

Après celui-ci, le troisième volume est consacré à l'étude des bois croches, et traite au complet l'escalier, en bois ou en pierre, suivi des épures de cintres de toutes sortes, voûtes, voûtes d'arête, voussures, ponts en bois et en pierre, etc., etc. Enfin, le quatrième et dernier volume détermine au complet l'étude des bois courbes, des combles, dômes, de forme impériale, chinoise, raccords de combles et pénétrations de toutes sortes, guitardes, voûtes de luxe avec liens à tenailles, etc., etc.

Je ne m'étendrai pas sur le détail des ouvrages publiés jusqu'à ce jour par divers auteurs, dont j'honore le mérite et dans lesquels il n'a été démontré que les coupes, sans aucun tracé de mortaises et qui laissent beaucoup à désirer dans la pratique et les textes, qui sont incomplets, tandis que dans cet ouvrage j'ai fait ce qu'il m'a été possible pour combler cette lacune. J'en laisse la comparaison à l'appréciation du lecteur qui voudra bien m'honorer en étudiant cet ouvrage. Quant à la manière de m'expliquer, j'ai cru devoir le faire toujours en termes vulgaires et connus de tout charpentier, en m'abstenant de ceux qui fatiguent la mémoire au lieu de la favoriser, d'autant plus que l'élève étant toujours pressé pour le peu de temps dont il peut disposer pour s'instruire et approfondir son métier, le prix de son travail n'étant pas suffisamment rémunérateur, l'oblige à consacrer souvent quelques heures de nuit au détriment de son repos.

Croyant ma tâche et mon devoir accomplis, je m'estimerai heureux si, par mes efforts, j'ai pu rendre quelque service à la corporation et mériter sa bienveillance.

ÉMILE DELATAILLE, C.·. C.·. D.·. D.·. D.·. L.·.

né à Chambourg (Indre-et-Loire), le 12 août 1848.

COMBLES DE BATIMENTS

La figure première est un bâtiment dont le comble est fermé de chaque bout par un pignon en maçonnerie. La distance de ces deux pignons étant trop éloignée pour la portée du fattage et des pannes, on est obligé d'établir une ferme intermédiaire. Cette ferme est établie sur tirant comme elle figure en élévation. Pour en faire l'élévation, on commence d'abord par tirer une ligne, sur laquelle on porte la distance du dans-œuvre des murs, puis on y ajoute leur épaisseur et la saillie de l'entablement pour figurer le coyau afin d'en obtenir les coupes : la ligne dont il vient d'être parlé est le dessus du tirant qui se trouve entièrement noyé dans le mur. On fait paraître ensuite la vue debout des sablières destinées à porter le pied des chevrons, elles se placent sur les murs de manière que leurs faces extérieures soient sur l'aplomb du hors-œuvre des murs. Ces sablières ne pouvant faire la longueur totale, on les met en plusieurs morceaux assemblés à mi-bois, se reposant les uns sur les autres. Ces assemblages se font aussi à queue d'aronde comme ils sont figurés sur le plan par terre (côté droit de l'épure). Après avoir ainsi assemblé les sablières, on tire un trait de cordeau sur le dessus, à deux ou trois centimètres du dehors, ce trait sert à fixer l'about du pied des chevrons lorsque l'on met au levage.

La vue debout des sablières étant figurée de chaque côté de la ferme, comme il vient d'être dit, on divise le milieu du tirant ; sur ce point on fait un trait carré qui donne le milieu du poinçon tel qu'il figure sur l'épure ; on porte ensuite sur cette ligne la hauteur que l'on veut donner au comble, et, de là, on tend au pied sur la ligne d'about des chevrons sur la sablière, et l'on obtient ainsi la rampe du lattis ; on porte ensuite parallèlement à cette dernière ligne l'épaisseur du chevron et la chambrée des pannes, ce qui donne le dessus des arbalétriers, attendu que les pannes reposent dessus, maintenues par des chantignolles clouées sur ces arbalétriers. On fait paraître la vue debout des pannes sur les rampes de la ferme, au milieu du lattis, afin que la portée des chevrons soit égale, et pour avoir juste leurs longueurs, surtout lorsque l'on est obligé de les mettre de plusieurs morceaux, on les joint sur la panne au moyen d'un assemblage à mi-bois ; on les place également bout à bout sans assemblage, comme il est indiqué à droite et à gauche de l'épure. Le poinçon étant donné, ainsi que les arbalétriers, on ajoute des contre-fiches du poinçon aux arbalétriers; elles peuvent se placer n'importe de quelle manière, mais il est préférable de les placer en face la vue debout des pannes et autant que possible d'équerre aux arbalétriers, attendu qu'elles sont employées pour les soulager. Les arbalétriers sont assemblés au pied sur le tirant au moyen d'embrèvements en about, afin de favoriser les tenons pour le maintien des abouts dans le poinçon; les embrèvements se font en gorge pour maintenir le poinçon en l'air, et ne pas trop fatiguer le tirant. Les coyaux étant figurés comme il a été dit, on relève un gabarit pour les tracer, attendu qu'ils sont tous les mêmes. Les pannes s'établissent en deux morceaux; elles sont supportées de chaque bout par les murs et on les joint en coupe les unes sur les autres en face des arbalétriers ; ces coupes se font en bec de flûte telles qu'elles paraissent échassées hors du plan par terre, à gauche de la figure.

Le fattage s'établit avec le poinçon, comme il est vu sur la figure 2; pour en faire l'épure, on prolonge la ligne du dessus du tirant qui est la ligne de l'arasement du poinçon, ensuite on tire une parallèle à cette dernière au point où le dessous des chevrons joint le milieu du poinçon sur l'élévation de la ferme; c'est sur cette denière ligne que l'on place le faîtage dont on porte l'épaisseur en contre-bas, les chevrons reposant dessus. Sur la ligne du faîtage on porte la longueur du bâtiment afin d'obtenir les lignes des rémurs comme elles paraissent sur l'épure ; le milieu sert à placer le poinçon ; on ajoute des liens du poinçon au fattage et de chaque bout, dans les murs ; ces liens servent à soulager le faîtage et à maintenir le roulis. Le faîtage se délarde suivant la rampe du comble pour le repos des chevrons. Il n'est pas nécessaire qu'il soit délardé entièrement ; on peut laisser une partie plate sur le dessus, ainsi que l'indique la vue debout, fig 11. Les assemblages qui composent la ferme se marquent de la manière suivante : ceux du côté gauche se marquent francs; ceux du côté droit contre-marques. De même le faîtage se marque d'un crochet pour le côté gauche, et d'un crochet contre-marque pour le côté droit; ces marques sont figurées telles sur l'épure.

Si parfois, dans un pareil bâtiment, il existait un exhaussement du plancher à l'entablement, l'appareil des fermes ne serait plus le même ; il faudrait supprimer le tirant et appareiller comme il est indiqué fig. 3. Cette figure représente deux appareils différents. Premièrement, le côté droit avec blochets et jambes de force; c'est un système très-solide. Ce blochet repose sur le mur et se trave en queue d'aronde sur la sablière. Deuxièmement, le côté gauche paraît plus simple quoique très-solide ; il est très-usité en Touraine. La figure 4 représente un comble brisé, ce que nous appelons un comble mansard : la ferme représentée sur cette figure est portée sur tirant comme celle de la figure 1er; s'il y avait un exhaussement, il faudrait appareiller comme il est indiqué fig. 5. La pièce qui reçoit la tête des chevrons du bas et le pied de ceux du haut se place à face aplomb, telle qu'elle paraît vue debout sur les deux figures : elle porte le nom de sablière de bris ; par conséquent la tête des chevrons de bris est placée en barbe sous la sablière, et ceux du haut reposent dessus en coupes de niveau.

Le bâtiment dont il vient d'être parlé n'a qu'une ferme intérieure : il est à observer que, s'il était plus long, on en placerait plusieurs et qu'elles s'établiraient toutes sur la même épure. L'établissement du faîtage est toujours le même.

FIG. 6.

HANGAR SUR POTEAUX

Ce hangar est composé de trois fermes dont une de chaque bout et une intermédiaire. Les pannes, sablières et faîtage portent une saillie en dehors des fermes, comme l'indiquent le plan et la perspective; il en est ainsi pour les chevrons en dehors des sablières. L'épure des fermes est indiquée en dehors du plan par terre ; elles s'établissent toutes sur la même. Les fermes étant ainsi établies, les tirants A reviennent sur ligne en plan par terre en B pour les établir avec les sablières E; elles sont assemblées avec un tenon dans le tirant du milieu et dans ceux des bouts; elles sont coiffées par dessus par une entaille, afin qu'elles puissent filer en saillie.

Les goussets D, assemblés des tirants aux sablières, sont utiles pour maintenir le roulis; par la même raison, il en est placé d'autres qui sont assemblés des poteaux aux sablières comme l'indique la figure 7; ces derniers sont marqués F et portent le nom de liens, parce qu'ils maintiennent, outre le roulis, la portée des sablières E. La figure 8 représente l'établissement du faîtage avec le poinçon, il est assemblé avec un tenon, dans le poinçon du milieu, en recouvrement sur ceux des bouts, afin d'avoir la saillie indiquée. Pour faire l'épure de cette figure, on opère comme il a été dit fig. 2; il en est de même pour établir les poteaux avec les sablières et les liens.

Dans ce hangar, si l'on voulait supprimer le tirant, il faudrait appareiller comme il est indiqué aux figures 9 et 10 ; dans la figure 9, la jambe de force est assemblée avec un tenon dans le poteau et dans l'arbalétrier ; le blochet avec un tenon traversant la jambe de force ; l'entrait est assemblé en gargouille dans l'arbalétrier et le poinçon en gargouille dans l'entrait comme elle figure échassée, c'est-à-dire vue sur champ. Dans la figure 10, elle est échassée de même, seulement elle est de deux pièces, ce que l'on appelle moisement ; elle s'entaille avec le poinçon et les arbalétriers, et les joints sont serrés au moyen d'un boulon. Les jambes de force sont également des moises comme les entraits; on les laisse passer au-dessus des arbalétriers, afin qu'elles puissent servir de chantignolles pour supporter les pannes, comme il est indiqué dans la figure.

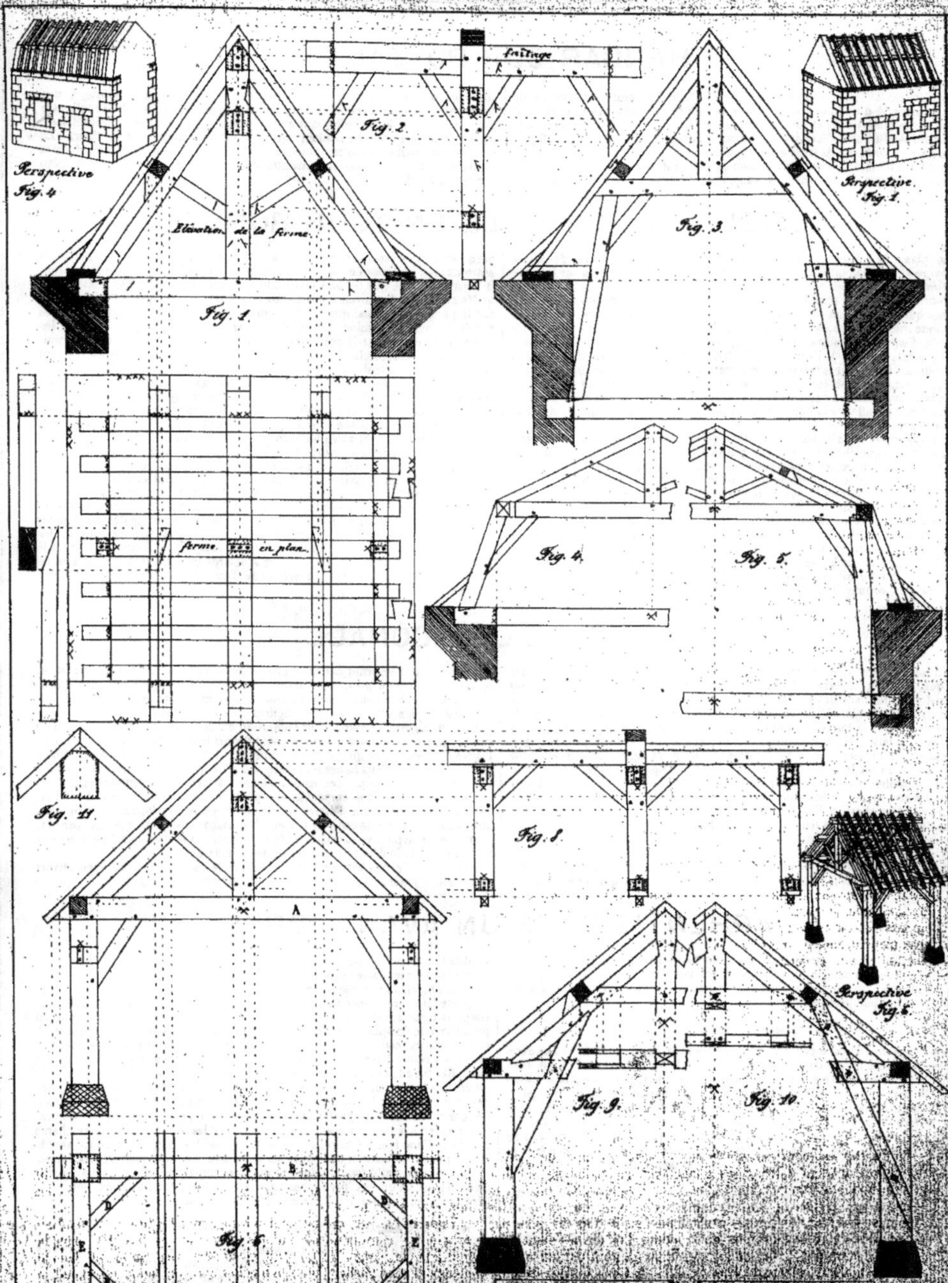
Perspective Fig. 4
Elévation de la ferme
Fig. 1
faîtage
Fig. 2
Fig. 3
Perspective Fig. 1
ferme en plan
Fig. 4
Fig. 5
Fig. 11
Fig. 8
Perspective Fig. 6
A
Fig. 9
Fig. 10
B
D
E
Fig. 6
Fig. 7

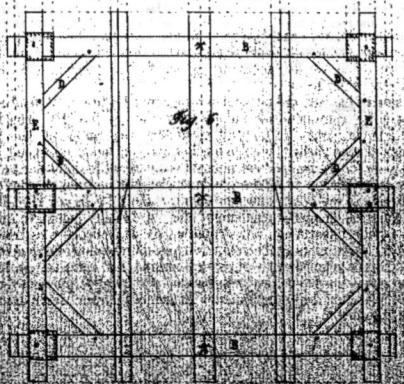

HANGAR SUR POTEAUX

Le plan, fig. 1re, est un appentis appliqué le long d'un mur ; il est porté sur tirant, supporté d'un bout dans le mur et de l'autre par un poteau, comme il est vu sur le plan (fig. 2) et sur la perspective. Le plan fig. 2 est le plan sur lequel les demi-fermes s'établissent, comme le fattage s'établit sur le plan fig. 3. Ce hangar est composé de trois demi-fermes.

Le poteau de la demi-ferme du milieu se trouvant trop embarrassant pour l'usage du hangar, il convient de le supprimer. Pour cela, on établit une ferme aux deux poteaux des bouts comme il est indiqué fig. 4 ; on y ajoute, à une certaine distance de la sablière, deux moises destinées à maintenir le roulis et la poussée de la dite ferme ; elles sont entaillées avec les poteaux et les arbalétriers, chaque joint serré par un boulon, tel qu'il est représenté sur la figure. La sablière est assemblée sur les poteaux, et les tirants sont assemblés dans la sablière, avec des goussets pour maintenir le roulis comme le montre le plan par terre, fig. 1re.

FIG. 5.

COMBLE DE TOURELLE EN TOUR RONDE

Le plan, fig. 5, est une tour ronde portée sur tirant avec une deuxième enrayure et des jambettes au pied des arbalétriers, comme il est vu sur la ferme en élévation.

Pour appareiller ce comble, on établit d'abord une ferme, ensuite deux demi-fermes qui forment une croix en plan ; on en place ensuite quatre autres, une à chaque intermédiaire, ce qui fait en tout huit demi-fermes. Pour porter les extraits d'enrayure des quatre dernières, on place, comme il est figuré au plan, des goussets répétés à l'enrayure du haut. La ferme et les demi-fermes s'établissent toutes sur la même épure, vu que les entraits s'assemblent dans les goussets. Pour obtenir leur longueur, on prend sur le plan la distance de la face du gousset au point de centre ; cette distance est reportée en élévation sur la ferme parallèle à la ligne du milieu marquée en face de l'entrait de deux traits raménerait.

L'enrayure du bas s'établit en plan telle qu'elle est figurée ; le poinçon est à huit pans, afin que chaque arbalétrier puisse s'y assembler carrément ; n'étant pas assez fort pour porter entièrement les coupes de chaque arbalétrier, on est obligé de les déjouter tous ensemble, ainsi qu'il est figuré sur le plan par terre ; le déjoûtement se fait de la jonction des faces des arbalétriers au point de centre. Pour le tracer sur les arbalétriers, on prend carrément à leur plan la distance de la jonction de leurs faces au poinçon, cette distance est reportée sur la tête des arbalétriers parallèlement à leur coupe aplomb. Ces traits étant faits de chaque côté, l'on prend la moitié de l'occupation de la face du poinçon que l'on rapporte sur la ligne de coupe dessus et sous l'arbalétrier de chaque côté de la ligne du milieu ; on joint au trait primitif et l'on obtient ainsi le déjoûtement, comme il est figuré à gauche de la ferme dont l'arbalétrier est paru échassé, c'est-à-dire vu sur champ. Il est placé ensuite un empanon entre chaque demi-ferme ; la distance étant trop grande pour recevoir la latte, il n'est pas utile que les empanons aillent jusqu'au poinçon. Par conséquent, on les arrête par le moyen d'une panne, comme il est indiqué sur l'épure et sur la perspective, ainsi que par la figure 6, qui n'est autre chose que le développement du comble. Ce développement ne sert que pour couper les empanons, encore est-il préférable de les couper sur l'élévation de la ferme. Pour cela, on indique la vue debout de la panne carrément au lattis, ce qui fait d'abord la coupe de la tête, celle du pied est la même que celle des arbalétriers. Après avoir indiqué la vue debout des pannes sur la ferme, comme il vient d'être dit, on descend d'abord sur le plan les quatre arêtes que l'on décrit tout le tour parallèlement aux sablières, comme il est fait sur l'épure, dont les arêtes du lattis sont tracées pleines et ceux du dedans en lignes ponctuées. Ces pannes sont assemblées comme nous l'avons dit d'une demi-ferme à l'autre ; alors on prend un morceau de bois assez large, afin de le cintrer comme il est figuré sur le plan ; il faut qu'il soit chantourné sur les lignes les plus larges et qu'il ait l'épaisseur indiquée sur la vue debout de la panne, sur la rampe du comble ; on le place sur le plan, et l'on trace dessus les faces des demi-fermes, ce qui donnent les joints ; on les trace également en dessous et on les rembarre sur les autres faces ; on les délarde sur les quatre faces telles quelles sont figurées en vue debout sur la ferme, et que, par ce moyen, les pannes soient de niveau et de devers suivant le rampant, et d'équerre suivant le lattis. Il est observé qu'aussitôt que l'on a délardé une face il faut avoir soin de rembarrer le joint, ainsi que la mortaise de l'empanon qui se trace de la même manière.

FIG. 7.

TOURELLE OCTOGONALE

La tourelle, fig. 7, est appareillée comme la précédente, la seule différence est que, d'une demi-ferme à l'autre, les pans sont droits, ce qui fait que les demi-fermes font arêtiers et, par conséquent, sont délardées sur le dessus pour le lattis des pans : on obtient ce délardement en remontant carrément sur la ligne de base de la ferme le point où les faces de la ferme en plan coupent les sablières du lattis ; sur le dernier point indiqué, on tire un trait parallèle à la rampe et l'on obtient ainsi le délardement tel qu'il est figuré sur l'élévation de la ferme, il en est de même pour les coyaux ; les empanons se placent carrément aux sablières et en coupe à plomb sur la face des arrêtiers. Pour obtenir leurs coupes, ainsi que celles de leurs coyaux, on est obligé d'en faire l'élévation, au moyen d'un chevron d'emprunt c d carrément à la sablière a b et passant sur le milieu du poinçon. On tire un trait carré à son plan sur le milieu du poinçon ; sur ce trait on porte la hauteur du comble, de ce point on trace la ligne c e et l'on obtient ainsi la rampe.

Les coyaux des arêtiers étant premièrement fixés, pour avoir ceux des empanons, on prend la hauteur de leurs abouts de la tête que l'on rapporte sur le chevron d'emprunt par une ligne de niveau où cette ligne coupe la rampe, on tend à l'about du pied, et on l'obtient ainsi tel qu'il est figuré en f sur l'épure. Ce même chevron d'emprunt sert à couper les empanons : pour cela on les fait paraître en plan comme ils sont figurés par les lettres h, puis on remonte l'about et la gorge carrément sur l'élévation du chevron. On place l'empanon sur la rampe et l'on trace la ligne d'about dessus le bois, que l'on rembarre avec l'autre en dessous ; ce qui donne la coupe qui vient s'appliquer le long de la face de l'arêtier : ces deux lignes sont marquées d'un trait raménerait. Pour obtenir l'occupation de la coupe des empanons sur les arêtiers, on remonte également l'about et la gorge des empanons du plan des arêtiers sur leur élévation, comme il est indiqué sur l'épure. La figure 8 est le développement d'un pan, autrement dit, la herse qui sert à tracer les empanons, ainsi que les pannes, si on voulait en mettre. La manière de faire cette herse étant la même que celle de la figure 11, le détail en sera donné en même temps.

Nota. — Si l'on voulait que le plan par terre de ces deux tourrelles soit ouvert au milieu, il faudrait l'appareiller comme il est représenté fig. 9.

FIG. 10.

APPENTIS DANS UN AVANT-CORPS

Cet appentis, que nous appelons une patte-d'oie, est porté par une sablière assemblée dans les deux murs et par une demi-ferme appuyée le long de chaque mur, sur laquelle s'appuye la tête des empanons, ainsi qu'il est indiqué sur la perspective.

Manière d'opérer.

On commence d'abord par faire paraître les deux lignes A B, faces des deux murs, et ensuite la face du dehors de la sablière B B ; on fait paraître en plan la largeur de la sablière et l'épaisseur des demi-fermes, puis on fait leur élévation. Pour cela, on tire à leur plan un trait carré à l'angle des murs ; on porte sur ce trait la hauteur que l'on veut donner au comble ; de là, tendant au pied sur la face de la sablière, on obtient la rampe des demi-fermes vues par les lignes B C : il faut que ces demi-fermes soient délardées sur le dessus, afin de s'alligner avec le lattis du comble. Pour obtenir ce délardement, on mène le point où la face du dedans du plan des demi-fermes coupe la sablière du lattis carrément sur la ligne de base, et de là on mène une parallèle à la rampe, et le délardement est tracé. Cette ligne est le dessus de la panne ainsi que les empanons, attendu que le tout est au même affleurement. Le pied des demi-fermes est supporté par un tirant de niveau assemblé en entaille sur la sablière et de l'autre bout dans le mur, sur lequel repose un poinçon qui supporte la tête des arbalétriers et le pied de leurs contre-fiches, tel qu'il est indiqué sur l'épure. La figure 11 est le développement du comble, c'est-à-dire la herse, sur laquelle on trace la coupe des pannes et des empanons. Pour tracer cette herse, on fait un chevron d'emprunt A D carrément à la sablière B B ; on le met en élévation comme il figure de D en E, en prenant la distance A C, hauteur des demi-fermes, et la portant de A en E, sur un trait partant du point A carrément au plan du chevron d'emprunt. La longueur du chevron d'emprunt étant portée (fig. 11) de D en E, on prend sur le plan la longueur de la sablière B B de chaque côté de ce chevron ; ces points se reportent de même sur la herse ; puis on tend à la tête du chevron d'emprunt, et l'on obtient ainsi la herse ; ces lignes sont marquées B E ; on porte ensuite, par des parallèles, la largeur du délardement des arbalétriers. Pour l'obtenir, on le prend en plan sur la sablière de D en F et on le porte sur la herse ; ces dernières donnent le tracé du dessus de la tête des empanons ainsi que celui de la panne. Les empanons se placent sur la herse tels qu'ils sont placés sur le plan par terre, parallèles au chevron d'emprunt et d'équerre à la sablière. Pour placer la panne sur la herse, on la fait paraître d'abord en vue debout sur le chevron d'emprunt, puis on prend la distance de la vue debout à la sablière que l'on porte sur la herse ; on l'obtient aussi sur le plan par terre en la descendant de la vue debout sur le plan parallèlement à la sablière, comme il est indiqué sur l'épure.

Pour obtenir le démaigrissement de la tête des empanons et celui de la panne, on porte leurs épaisseurs sur le chevron d'emprunt ; le point où cette épaisseur coupe la ligne aplomb de la tête est renvoyé carrément sur le lattis, puis on prend avec le compas la distance de ce dernier point au point où la ligne aplomb coupe le lattis ; cette distance est rapportée en herse sur la ligne du chevron d'emprunt, en contre-bas de la jonction des faces des arbalétriers ; à ces points, on mène des parallèles aux arbalétriers et le démaigrissement de la tête est tracé ; on obtient également la coupe du pied en renvoyant carrément sur le lattis du chevron d'emprunt le point où l'épaisseur coupe la ligne de base ; la distance de ce point à l'about du pied est portée sur la herse parallèlement à la sablière. Ces dernières lignes se tracent dessous le bois et les autres dessus ; on rembarre ces traits d'une face à l'autre, et l'on obtient ainsi les coupes indiquées sur la panne parue échassée en tête de la herse. Il est à observer, pour que les coupes soient bonnes, qu'il faut absolument que les empanons et la panne fassent juste l'épaisseur qui est parue sur le chevron d'emprunt, attendu que c'est l'épaisseur du bois qui doit donner le démaigrissement.

TRACÉS DES MORTAISES DE LA PANNE ET DES EMPANONS DANS L'ARBALÉTRIER.

Commençons d'abord par les mortaises de la panne : après avoir fait paraître cette panne en vue debout sur le chevron d'emprunt, comme il a été dit, on renvoie les faces carrément au lattis sur la ligne de base ; de là on renvoie parallèlement à la sablière jusqu'aux faces des arbalétriers, puis on renvoie carrément sur la ligne de base où l'élévation est faite, et l'on obtient ainsi les premiers points ; ensuite la jonction du plan du lattis de la panne avec les faces des arbalétriers : ces points sont remontés carrément au plan des demi-fermes, sur leur ligne de lattis, ce qui fait les deuxièmes points, qui tendant aux premiers, donnent les lignes H G, rampes de la mortaise de la panne.

Pour tracer les mortaises des empanons, on remonte carrément au plan des arbalétriers les points où l'about et la gorge des empanons viennent les couper en plan, tels qu'ils sont figurés à gauche de l'épure. Pour obtenir la longueur des mortaises sur les arbalétriers, on fait paraître l'affleurement ainsi que la grosseur du tenon sur la vue de bout de la panne, sur la rampe du chevron d'emprunt. La grosseur du tenon est ramené parallèlement au lattis sur la ligne de base de la parallèle à la sablière jusqu'à la face des arbalétriers, puis renvoyé d'équerre sur la ligne de base et tiré parallèlement à la rampe, tel qu'il est indiqué sur l'épure.

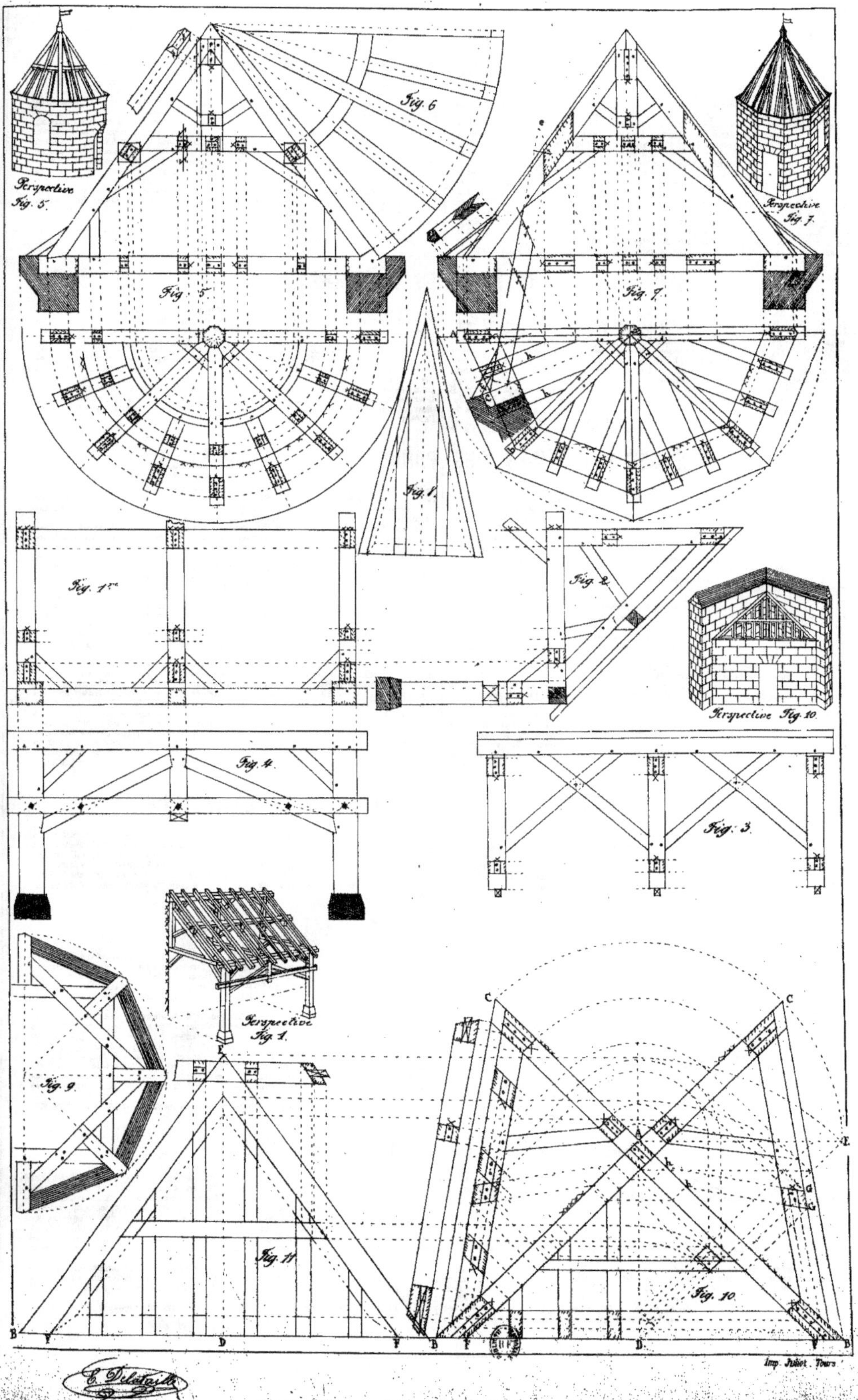

Imp. Juliot . Tours

FIG. 1re.

PAVILLON CARRÉ

Ce pavillon est établi sur tirant avec une deuxième enrayure; les pannes reposent sur les arbalétriers, maintenues par des chantignolles, et les chevrons reposent sur les pannes. Les arêtiers montent jusqu'au lattis et portent la retombée nécessaire pour recevoir la coupe des empanons et celle des pannes.

On commence d'abord sur le plan (fig. 1re) à faire paraître le carré du pavillon dans œuvre des murs, ensuite leur épaisseur et la saillie de l'entablement, puis l'on divise le milieu de chaque face et l'on jette d'une face à l'autre deux lignes qui donnent le plan de la ferme et des deux demi-fermes. Le plan étant carré, les deux demi-fermes s'établissent sur la même épure, ainsi que les quatre arêtiers; alors on n'a besoin que de faire paraître la moitié du plan comme il est paru sur la figure, dont la ferme est marquée en plan par la ligne A B, et la demi-ferme par C D. La jonction des deux donne le milieu du poinçon tel qu'il est paru en vue debout; de ce dernier point on tend aux arêtes des murs et l'on obtient le plan des arêtiers C, E. Les empanons se placent sur le plan parallèlement à la ferme et la demi-ferme. Les sablières sur lesquelles reposent le pied des empanons sont marquées sur les faces du dehors A E, B E pour celles des longs pans, et E E pour celles de la croupe. Le plan étant arrêté, on fait paraître l'élévation de la ferme comme elle est représentée fig. 2. Cette ferme est appareillée, comme on le voit, avec des aisseliers et des contre-fiches, les tirants étant beaucoup plus forts de retombée que les sablières, le surplus est encastré dans le mur, ce qui fait que les sablières s'assemblent dans les tirants parallèlement au-dessus et reposent entièrement sur les murs, ainsi qu'il est indiqué au pied de la ferme où paraît la vue debout des sablières.

L'élévation de la demi-ferme se fait comme elle est représentée fig. 3. Pour tracer cette élévation, on fait paraître deux lignes d'équerre, dont l'une est adoptée pour ligne de base, au-dessus du tirant; on porte sur cette ligne le reculement du plan de la demi-ferme, que l'on prend du milieu du poinçon au dehors de la sablière; sur l'autre ligne d'équerre, on porte la hauteur de la ferme et l'on tend à ces deux points; on obtient ainsi la rampe du lattis; on porte parallèlement à cette ligne l'épaisseur du chevron et la chambrée de la panne, en plus la retombée de l'arbalétrier; l'entrait d'enrayure se place de niveau et à la même hauteur que celui de la ferme. Pour placer les aisseliers et les contre-fiches dans les demi-fermes et dans les arêtiers, afin qu'ils se dégauchissent tous ensemble, on revient sur l'élévation de la ferme, vu que c'est là qu'ils ont été premièrement fixés; on profile le pied des aisseliers et l'about des contre-fiches sur la ligne du lattis; sur ces points on mène des lignes de niveau que l'on rapporte de même hauteur sur l'élévation de la demi-ferme, et celles des arêtiers où ces lignes coupent celles du lattis, cela fait un point; on prolonge ensuite la tête des aisseliers et le pied des contre-fiches sur la ligne aplomb du milieu du poinçon; ces derniers points étant rapportés, on les joint au premier, et l'on obtient ainsi les dits assemblages parus fig. 3 et 4.

FIG. 2.

ÉLÉVATIONS DES ARÊTIERS

L'élévation des arêtiers est faite sur la même ligne de base que celle de la ferme; afin que l'opération en soit plus distincte, on tire la ligne G F à volonté et carrément à celle de la base; cette ligne est fixée pour le point de centre au milieu du poinçon. Sur cette ligne on porte la hauteur de la ferme qui fait un point; on prend ensuite la longueur du plan des arêtiers G, E; cette longueur est rapportée en reculement sur la ligne de base de G en H; de là on tend au point de hauteur et l'on obtient ainsi la ligne H F, rampe de l'arêtier. L'entrait d'enrayure se place au même niveau que celui de la ferme; quant aux assemblages, le détail en a été donné en même temps que celui de la demi-ferme. Pour délarder les arêtiers et pour que ce délardement soit le même des deux côtés, il faut les dévoyer. Pour cela, on fait un trait carré au plan de l'arêtier sur l'arête des sablières; sur ce trait on porte l'épaisseur de l'arêtier de chaque côté de la ligne du milieu; ces points sont renvoyés sur les sablières, parallèlement de l'une à l'autre; ces deux derniers points donnent les faces des arêtiers que l'on mène parallèlement à la ligne du milieu, comme il est représenté sur l'épure; ensuite on tire un trait d'une face à l'autre de l'arêtier; le point où ces faces coupent les sablières est reporté en reculement sur la ligne de base de l'élévation de l'arêtier; de là on tire un trait parallèle à la rampe, et l'on obtient ainsi la ligne du délardement, que l'on projette sur les faces de l'arêtier, puis on délarde ces traits à la ligne du dessus. Pour que les arêtiers aient la retombée voulue, afin qu'ils affleurent le dessous des pannes, il s'agit de ramener le dessous des pannes du pied des fermes parallèlement aux sablières, sur les faces des arêtiers; un trait sur ces deux points est le tracé de la gorge de la mortaise du pied des arêtiers; ensuite on rapporte ce point sur la ligne de base; de là on tire parallèlement à la rampe un trait qui donne la retombée. On opère de même au-dessous du chevron pour obtenir la ligne d'affleurement du dessus de la panne sur les faces de l'arêtier.

FIG. 3.

TRACÉ DES MORTAISES DES PANNES DANS LES ARÊTIERS

On fait paraître d'abord leur vue debout sur les rampes de la ferme, sur la ligne du milieu du poinçon; ce point est rapporté de même sur la ligne aplomb de l'arêtier, ce qui donne le premier point. Pour obtenir le deuxième, on ramène la gorge du pied du chevron parallèlement aux sablières sur la ligne du milieu du plan de l'arêtier; ce point est porté en reculement sur la ligne de base du plan d'élévation; de là on tire un trait parallèle à la rampe, on porte ensuite la hauteur de l'arête du dessous du lattis de la panne par une ligne de niveau; la jonction de cette ligne avec la ligne déjà tracée donne le deuxième point qui, tiré au premier, donne la ligne I J, rampe de la mortaise. Pour l'obtenir sur les faces, on mène des parallèles là où les lignes du niveau des arêtes du lattis des pannes coupent la ligne du dessous des empanons, ainsi qu'il est représenté sur la figure.

La vue debout des pannes sur les demi-fermes se rapporte également par des lignes de niveau où ces lignes coupent le dessous du chevron; on renvoie ces points carrément au lattis, comme il est paru fig. 3; par ce moyen, les arêtes du lattis des pannes sont toutes au même niveau. Si la rampe des demi-fermes n'était plus la même que celle de la ferme, cela ferait deux rampes de pannes différentes à tracer sur les arêtiers dont l'une servirait à tracer la mortaise de la panne de croupe et l'autre celle du long-pan.

Pour tracer la largeur des mortaises des pannes sur les faces des arêtiers, on fait paraître d'abord l'affleurement et la grosseur du tenon sur la vue debout des pannes, que l'on ramène ensuite parallèlement au lattis sur la ligne de base; de là on les renvoie parallèlement aux sablières sur les faces des arêtiers en plan; on rapporte ces points sur la ligne de base du plan d'élévation que l'on renvoie parallèlement à la rampe, comme il est indiqué sur l'épure. On rapporte également les points de jonction des faces des empanons avec celles des arêtiers que l'on remonte carrément sur l'élévation afin d'obtenir leurs occupations de coupes comme elles sont figurées. Pour obtenir les coyaux d'arêtiers, on fixe d'abord ceux de la ferme, puis on rapporte la hauteur de l'about de la tête par une ligne de niveau sur l'élévation des arêtiers, ce qui fait un point; ensuite on ramène l'about du pied parallèlement à la sablière sur la ligne du milieu de l'arêtier en plan, ce point étant porté en reculement, on tend à l'about de la tête et l'on obtient ainsi le coyau d'arêtier. Au point où la ligne de niveau coupe celle du délardement de l'arêtier, on tire un trait parallèle au coyau, ce qui donne son délardement, moyennant qu'il soit d'égale épaisseur que l'arêtier. L'about du pied des coyaux se place ordinairement à trois ou quatre centimètres en dedans de l'entablement, afin que le dessus de la latte s'aligne avec l'arête du dehors.

Le plan fig. 5 a été fait séparément, afin d'en faciliter l'étude; l'arêtier est en élévation sur lui-même. Pour tracer son engueulement, on remonte sur l'élévation la jonction des faces du plan de l'arêtier avec celles du poinçon, ces lignes sont marquées d'un trait ramènerait; celles qui sont marquées d'un d se tracent sur le bois et les autres dessous; après cela, on fait quartier à la pièce et l'on rembarre ces traits d'une face à l'autre, ce qui donne l'engueulement. Pour tracer le déjoûtement, il faut d'abord le faire paraître sur le plan. Pour cela, on mène des lignes du milieu du poinçon à la jonction des faces de l'arêtier avec celles des arbalétriers; les jonctions de ces faces sont remontées carrément sur l'arêtier en élévation; l'une de ces lignes se trace sur le bois et l'autre dessous, ensuite on trace sur l'arêtier la ligne du poinçon, que l'on renvoie carrément sur la ligne du milieu; de ce point on tend aux lignes qui viennent d'être tracées, et l'on obtient ainsi le déjoûtement tel qu'il est paru sur l'arêtier échassé, c'est-à-dire vu sur champ. On opère de même pour tracer celui des arbalétriers ainsi que celui des contre-fiches.

Lorsque les arêtiers et les arbalétriers sont établis au même lattis, il arrive souvent que la retombée des arêtiers n'arrive pas à celle des arbalétriers; quand il en est ainsi, on ne déjoûte les arbalétriers que jusqu'au-dessous des arêtiers. Pour obtenir ce tracé, on tire un trait carré au pied de l'arêtier jusque sur la ligne du milieu des arbalétriers en plan; de là on tend au point d'élévation, ce qui donne la ligne A B, l'alignement du dessus de l'arêtier; on obtient celui du dessous par une parallèle en faisant paraître la retombée de l'arêtier sur son élévation; le point où cette retombée joint la ligne de base est également ramené carrément au plan de l'arêtier sur les faces des arbalétriers; on renvoie ce point carrément sur la ligne de base; sur ce dernier point on tire la parallèle figurée et le dessous de l'arêtier est tracé. Il est facile de comprendre que ce dernier tracé n'est ni plus ni moins que l'alignement d'une barbe d'empanon.

FIG. 4.

ÉTABLISSEMENT DU PLAN PAR TERRE ET DE L'ENRAYURE

Le plan par terre du bas est assemblé tel qu'il est représenté sur le plan; le tirant de la ferme est d'une seule pièce, ceux des demi-fermes s'assemblent dedans avec un tenon; on assemble dans ces deux derniers des goussets qui peuvent-être placés de n'importe qu'elle manière; mais étant destinés à porter la tête des entraits d'arêtier, il est préférable de les placer d'équerre à leur plan. Les empanons sont assemblés dans les sablières et dans les entraits d'arêtiers. Pour y placer les pannes, on les descend carrément de leur vue debout sur le plan par terre, comme il est indiqué sur l'épure.

L'enrayure du haut est la même que celle du bas, les goussets se tracent sur le même plan, il en est de même pour les mortaises dans les entraits telles qu'elles sont figurées sur la ferme et la demi-ferme. Pour obtenir la longueur des entraits d'arêtiers, afin qu'ils viennent s'assembler dans les goussets, on prend la distance de la face du gousset sur le plan de l'arêtier, au milieu du poinçon, que l'on rapporte sur l'élévation par une parallèle à la ligne du milieu, et l'on obtient ainsi l'arasement des entraits indiqués fig. 4.

FIG. 5.

DÉVELOPPEMENT DE LA HERSE DE LA CROUPE

Pour faire cette herse, on tire d'abord la ligne E E, que l'on adopte pour le dehors de la sablière, qui fait l'about du pied des empanons; la ligne D B étant donnée carrément à cette première sera fixée pour le milieu du chevron de croupe, ensuite on prend sur le plan la longueur de la sablière à droite et à gauche de la demi-ferme, longueur prise de D en E que l'on rapporte également sur la sablière de la herse de la longueur du chevron de croupe K. L étant portée sur la herse de D en B, on tend les lignes B E, et l'on obtient ainsi le milieu des arêtiers sur la herse; on rapporte ensuite sur la sablière de la herse le point de jonction des faces du plan des arêtiers avec celui de la sablière; à ces points on tire un trait parallèle à la herse, ce qui donne les faces des arêtiers, qui servent à tracer la coupe du dessus des empanons. Pour obtenir leur démaigrissement, c'est-à-dire leur coupe aplomb, on renvoie la gorge de la tête du chevron carrément sur le lattis; la distance de ce point avec l'about est rapportée sur la herse, sur les faces du chevron de croupe en contre-bas de la jonction de ces faces avec celles des arêtiers; sur ces derniers points, on tire des lignes parallèles aux arêtiers, ce qui donne le démaigrissement indiqué par des lignes ponctuées. Pour le démaigrissement de la coupe du pied, on renvoie également la gorge du pied du chevron carrément sur le lattis; ce point est rapporté sur la herse parallèlement à la sablière; ces deux dernières lignes se tracent en-dessous et les deux premières dessus; on rembarre ensuite ces traits d'une face à l'autre, comme il est indiqué à gauche de la figure où est paru un empanon échassé. La ligne du dessous du chevron donne le tracé de la coupe du dessus de la panne. Pour obtenir le démaigrissement du dessous, l'opération est la même que pour les empanons en opérant sur la chambrée des pannes.

Pour les placer sur la herse, on prend la distance de la gorge du pied du chevron à la vue debout sur la demi-ferme; cette distance est rapportée sur la herse parallèlement à la sablière, à partir de la ligne du démaigrissement du pied des empanons. La figure 7 est la herse du long pan. Pour en faire le relevé, on prend la longueur de la sablière E B, du pied de l'arêtier au milieu de la ferme; avec cette longueur on fait un simbleau à partir du pied de l'arêtier sur la herse; on prend ensuite la longueur du chevron de ferme, et l'on fait un deuxième simbleau. La tête de la herse de jonction de ces deux simbleaux donne le point B, pied de la ferme, et la ligne de la sablière E B.

Le tracé du démaigrissement des empanon et de la panne se trace de la même manière que ceux de la croupe.

FIG. 6.

ARÊTIER AVEC TOUS SES ASSEMBLAGES

L'arêtier est ainsi nommé lorsque les empanons portent entraits et aisseliers, ainsi qu'il est indiqué sur la perspective. Ce genre d'assemblage était très-commun du temps de nos pères, c'est ce qu'ils appelaient le petit aisselier dans le grand.

Manière d'opérer.

On fait paraître le plan de l'arêtier A B, celui de la ferme A C et celui des empanons D; de C en B on a le plan de la sablière. On fait ensuite l'élévation de la demi-ferme indiquée fig. 9, sur laquelle sont parus les coupes des empanons, des aisseliers et des entraits. Pour obtenir ces coupes, on remonte les abouts et les gorges du plan des empanons carément sur le plan d'élévation; les lignes des gorges se tracent sur le bois et celles des abouts dessous; on rembarre ces traits d'une face à l'autre et l'on obtient ainsi les coupes qui viennent se joindre sur la face de l'arêtier; on remonte ensuite les mêmes abouts et les gorges des empanons carrément sur l'élévation de l'arêtier et l'on obtient ainsi les mortaises des empanons des entraits des aisseliers, comme il est indiqué fig. 10. Dans ce plan, l'arêtier est recreusé afin de recevoir le lattis du dessous des empanons. L'aisselier ainsi que la contre-fiche sont aussi délardés et recreusés pour le même sujet. La manière d'obtenir les délardements et les recreusements est indiquée sur l'épure. Il faut observer que la contre-fiche est recreusée sur le dessus et délardée dessous, parce qu'elle rampe en sens opposé que les aisseliers et l'arêtier. Dans ce plan-ci, le gousset n'est pas placé d'équerre au plan de l'arêtier. Pour tracer la coupe des entraits, on remonte la jonction des faces sur l'élévation, puis on rembarre ces lignes l'une par l'autre, ce qui donne la coupe. Les quatre lignes qui sont marquées d'un trait ramènerait sont celles qui servent à tracer l'engueulement de l'arêtier (fig. 5).

Le plan fig. 11 est le plan d'un pavillon à deux étaux dont l'établissement est absolument le même que celui que nous venons d'étudier; la seule différence est qu'il y a deux fermes entre lesquelles est établi un faitage, comme il est indiqué sur l'épure et sur la prespective.

Le lecteur étant suffisamment édifié par les détails ci-dessus, il n'en sera pas parlé.

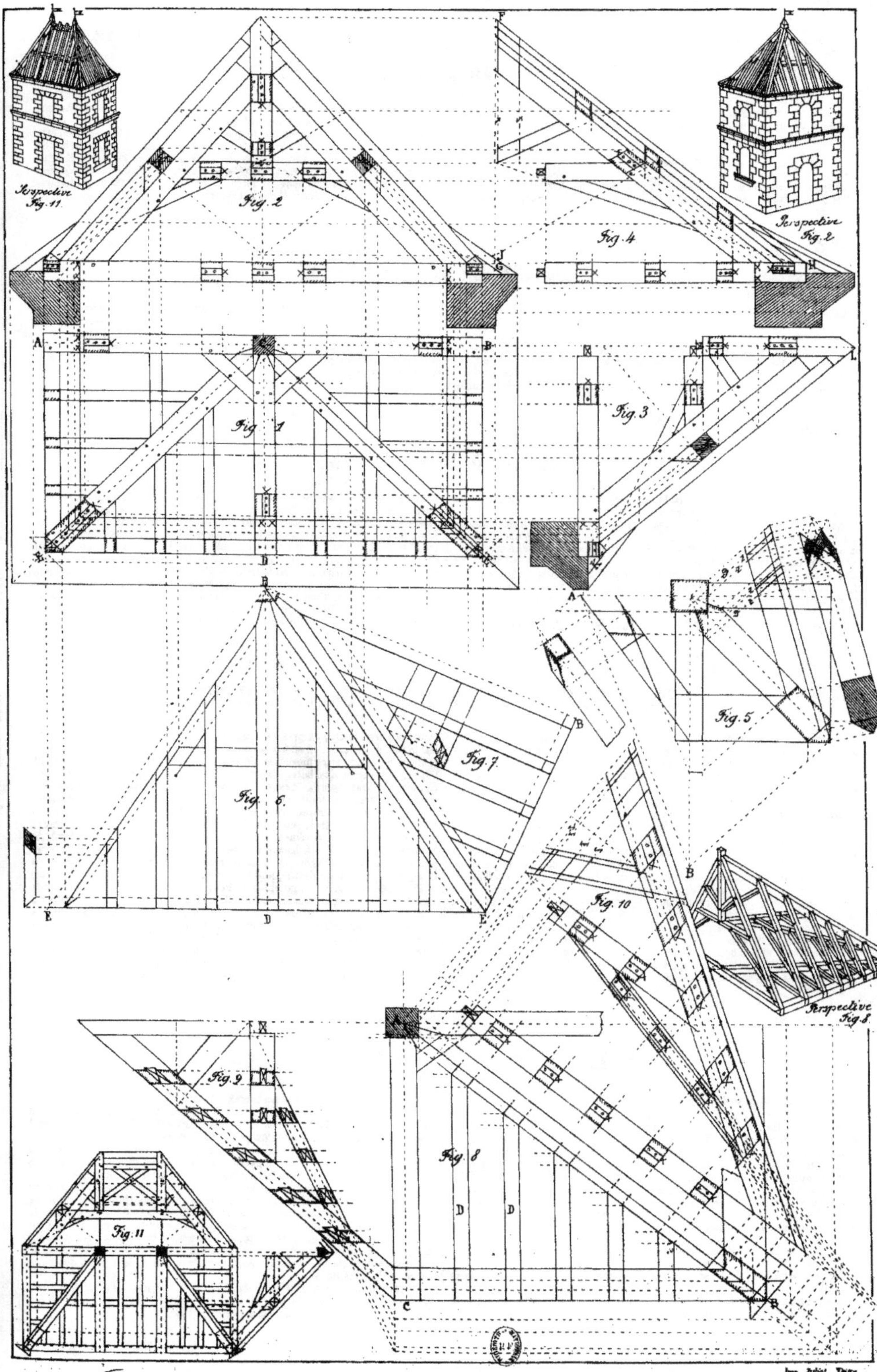

Imp. Jubiot. Tours.

PAVILLON MANSARD SUR TIRANT

Le plan de ce pavillon est le même que celui de la planche précédente, la différence est que le comble est brisé, comme il est indiqué sur l'élévation de la ferme et sur la perspective.

Manière d'opérer.

Ayant tracé le plan de la sablière A B, pour celles des longs-pans B B, pour celles de croupe, on tracera ensuite la ligne A A plan de la ferme, G D plan de la demi-ferme, et C B celui des arêtiers. On fera paraître l'épaisseur de chacun, puis on placera les empanons parallèlement à la ferme, ainsi que de la demi-ferme selon ce qu'ils figurent, et le plan sera terminé. On fait ensuite l'élévation de la ferme telle qu'elle est tracée sur le plan fig. 2. Les sablières de bris sont, comme on le voit, descendues sur le plan, dont les lignes E F indiquent celles des longs-pans, et E F celles de la croupe; les lignes sur lesquelles sont données les marques sont les faces du devant qui servent de guide pour tracer l'élévation des arêtiers et des demi-fermes.

FIG. 3.

ÉLÉVATION DE LA DEMI-FERME

On tire d'abord la ligne H I que l'on fixe pour le dessus du tirant, au-dessous de laquelle est parue son épaisseur, ainsi que la vue du profil de l'entablement; on fait paraître, par une parallèle, la hauteur de l'entrait d'enrayure. Le plan d'élévation étant fait parallèlement au plan par terre, quand il en est ainsi, on prolonge la sablière du bas sur le tirant, ce qui donne l'about du pied du bris; on prolonge également la sablière du bris sur l'entrait d'enrayure; on tend sur ces deux points donnés la ligne H G, rampe du bris, sur la tête de laquelle paraît la vue debout de la sablière; de ce point on tend à la hauteur totale, ce qui donne la ligne G I, rampe du comble; du haut, ce point de hauteur se porte sur la ligne du milieu du poinçon, que l'on ramène du plan par terre sur le plan d'élévation et carrément au plan de la demi-ferme; on ramène également la face du poinçon qui sert à tracer les joints des entraits de la contre-fiche et celui des arêtiers.

FIG. 4.

ÉLÉVATION DES ARÊTIERS

Les arêtiers ayant tous les deux le même reculement, il suffit d'une seule élévation pour les tracer tous les deux.

L'élévation est faite sur la même ligne de base que celle de la ferme, comme il a été fait sur la planche précédente. On tire la ligne K L carrément à celle de la base, que l'on adopte pour le milieu du poinçon. On porte ensuite en reculement cette ligne, la longueur du plan de l'arêtier C B que l'on prend du milieu du poinçon à l'arête des sablières, ce qui fait le pied de l'arêtier M. On rapporte également le reculement de l'arêtier du haut sur la ligne du dessus de l'entrait; ce reculement se prend de G en F et se porte de N en O; de là on tend au pied et l'on obtient la ligne M O, rampe de l'arêtier de bris. Du même point on tend à la hauteur de la ferme que l'on porte sur la ligne du milieu du poinçon, ce qui donne la ligne O L, rampe de l'arêtier. Pour tracer le délardement de ces arêtiers et celui des coyaux, l'opération est la même que celle indiquée sur la planche précédente. Il en est de même pour l'assemblage du plan par terre. L'enrayure est assemblée telle que le plan par terre. Les entraits d'arêtiers sont coupés carrément aux abouts des sablières, on fait une barbe aux arêtiers du bris comme il est indiqué sur l'élévation. Il en est de même à la ferme et à la demi-ferme. Ces barbes ne sont faites dans d'autre but que celui de marquer la vue debout des entraits. La manière de placer les assemblages dans les demi-fermes et dans les arêtiers est la même que celle qui a été démontrée sur la planche précédente. Dans ce plan, les contre-fiches et les aisseliers sont recreusés et délardés, afin de faire lattis avec ceux des pans.

FIG. 5.

DÉVELOPPEMENT DE LA HERSE DE LA CROUPE

La figure ne représente que la moitié de la herse, parce que les deux côtés sont les mêmes. On tire d'abord la ligne A B que l'on adopte pour le milieu de la demi-ferme, ensuite la ligne A C carrément à cette première, ce qui donne l'about du pied des chevrons; avec la longueur du bris H G on mène la parallèle D E, puis on prend sur le plan la distance de D en B que l'on porte sur la herse de A en C; on prend de même l'arêtier du bris R F que l'on porte de D en E, puis on tend la ligne C E, ce qui donne G I sur la herse; on prend ensuite la longueur du chevron croupe, que l'on porte de D en E au-dessus de la sablière de bris; de là on tend la ligne B E, ce qui donne l'arêtier du haut sur la herse. Pour faire la herse du long pan, on prend la longueur du plan B A; avec cette longueur on fait un simbleau au pied de l'arêtier C, à droite de la herse; on prend ensuite par trait, gauchement sur le plan, la distance du pied de la ferme A à la tête de l'arêtier de bris F; on porte cette distance avec cette dernière longueur; on fait un deuxième simbleau sur la herse partant du point E, tête de l'arêtier de bris, et à la jonction des deux simbleaux on tend la ligne C F, et l'on a la sablière du bas. On obtient en même temps celle du bris par une parallèle que l'on tire du point E, tête de l'arêtier. Un trait donné du point F, carrément à la sablière F C, donnera le milieu de la ferme sur la herse; les empanons se placent parallèlement à la ferme, comme ils figurent, et la herse du bris est terminée.

La herse ne peut se rallier avec celle du bris, parce que le comble est brisé. Pour en faire l'épure, on prend la longueur de la ferme et l'on fait un simbleau sur la tête de la herse; on en fait un deuxième sur le pied avec la longueur de la sablière de bris; par ce moyen on obtient la herse comme elle est indiquée sur l'épure. Les herses ainsi faites, on y place les empanons carrément aux sablières, comme ils sont figurés. Les démaigrissements se portent toujours de la même manière. Les empanons qui vont d'une sablière à l'autre se coupent sur la rampe des fermes. Pour tracer les barbes de la tête, si on désire les tracer sur la herse, on prend les démaigrissements sur les fermes; pour cela on renvoie carrément sur les lattis le point vu où la face aplomb de la sablière de bris coupe le dessous du chevron; ce point est rapporté sur la herse parallèlement aux sablières; le trait se trace sur la face du dessous du bois, et la ligne de la sablière dessus, puis on rembarre ces traits d'une face à l'autre et l'on obtient ainsi la coupe aplomb. Pour tracer la coupe au-dessous de la sablière, on renvoie carrément sur le lattis de la ferme le point où le dessous du chevron coupe le dessous de la sablière; ce point étant porté sur la herse, on tire un trait parallèlement aux sablières qui sert à tracer le dessous des chevrons. On porte également sur la herse le point où le dessous de la sablière joint le lattis de la ferme, ce dernier trait se trace sur le bois qu'on rembarre avec celui du dessous; ceci donne la coupe du dessous de la sablière, comme il est indiqué à droite de la herse, où est paru un chevron échassé.

FIG. 6.

PAVILLON MANSARD SUR JAMBE DE FORCE

Ce pavillon est construit sur jambe de force parce qu'il existe un exhaussement du plancher à l'entablement, comme il est indiqué sur l'élévation de la ferme, fig. 7. Du plancher à la sablière de bris, la hauteur d'étage serait trop élevé si l'appareil était le même que celui de la figure 1re. Quand il en est ainsi, on établit l'enrayure au-dessous du bris et on appareille la ferme comme il est indiqué sur la figure. Les entraits d'enrayures qui portent le faux plancher sont des moises sur lesquelles reposent le poinçon; elles sont moisées dans les bouts avec les jambes de force. Les joints sont serrés par un boulon comme il est figuré. Dans le dit plan, les coyaux sont remplacés par un chêneau carré, comme il est indiqué sur la vue debout des entablements. La figure ne représente qu'un seul arêtier, vu que l'opération est la même pour les quatre.

Manière d'opérer.

Le plan par terre (fig. 6) se fait de la même manière que celui précédemment indiqué.

On fait paraître ensuite l'élévation de la demi-ferme (fig. 7) ainsi que celle de l'arêtier (fig. 8) pour y placer les jambes de force, afin qu'elles se dégauchissent avec celles des fermes. On place premièrement la plus grande; pour cela on ramène l'about du pied parallèlement à la sablière sur la ligne du milieu de l'arêtier; ce point est rapporté en reculement sur l'entrait d'arêtier; on descend ensuite l'about de la tête que l'on porte aussi en reculement sur la ligne du dessous du blochet; de là on tend au premier point, ce qui donne le dessous de la jambe de force. Pour placer la petite, on porte l'about du pied sur la grande par une ligne de niveau, ce qui fait un point; pour obtenir le deuxième, on profile le dessous sur la ligne du lattis; ce point est rapporté sur l'élévation de l'arêtier par une ligne de niveau. Au point où cette ligne coupe le dessus de l'arêtier s'obtient le deuxième point qui, tiré au premier, donne le dessous de la jambe de force. On rapporte ensuite les épaisseurs comme il est paru. Les goussets d'enrayure sont assemblés dans les moises des fermes, et les moises d'arêtiers sont assemblées dans les goussets. Si la hauteur du bris avec le plancher était de hauteur convenable, on pourrait alors supprimer les moises et on donnerait l'appareil indiqué fig. 9.

L'élévation de ces fermes est faite idéalement; on met les rampes que l'on veut. Le seul principe qu'il y aurait à employer dans cette circonstance se fait dans un demi-cercle, comme il est indiqué fig. 10.

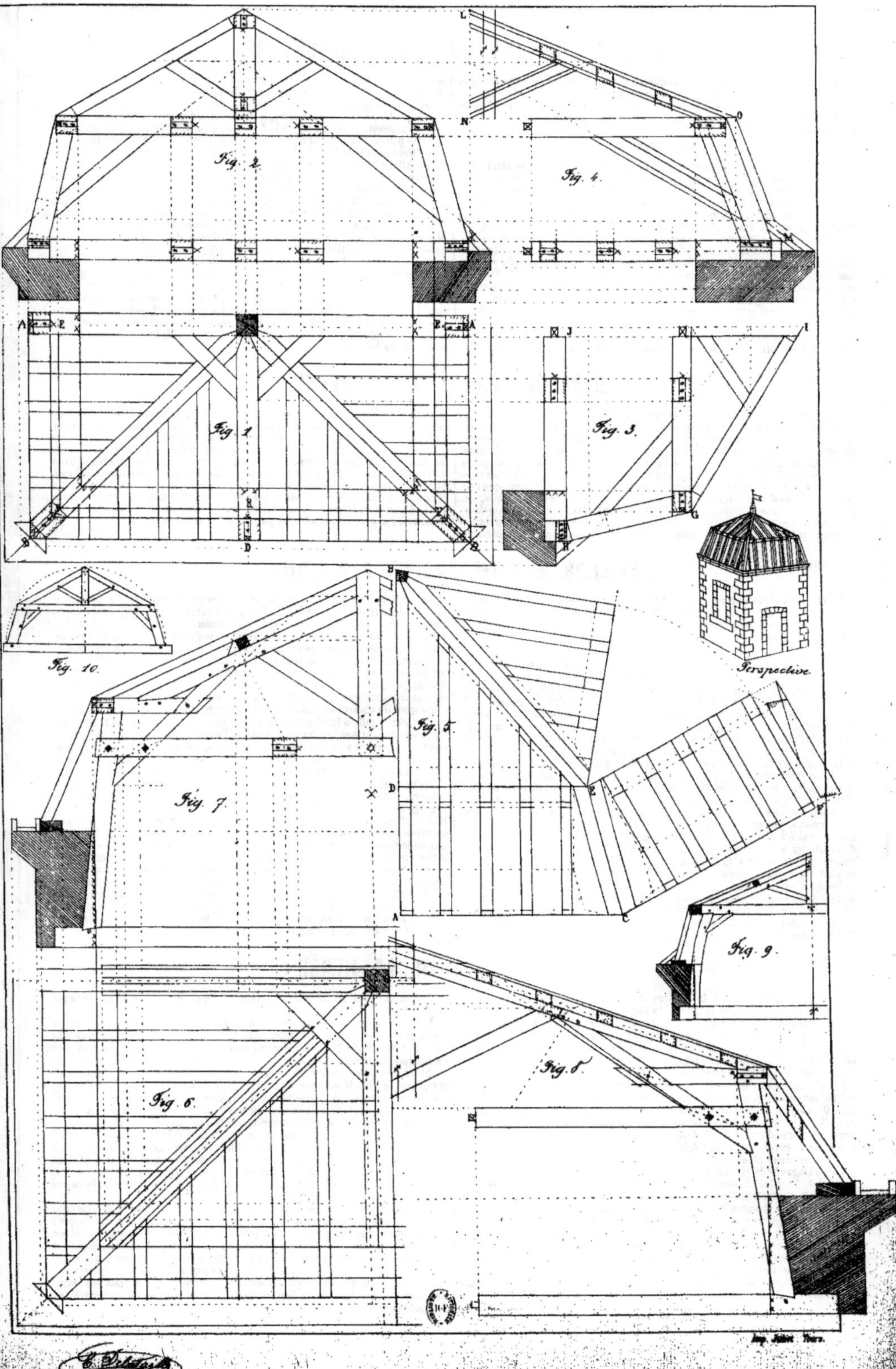
Fig. 1
Fig. 2
Fig. 3
Fig. 4
Fig. 5
Fig. 6
Fig. 7
Fig. 8
Fig. 9
Fig. 10
Perspective

FIG. 1re. **COMBLE FORMANT UN RETOUR D'ÉQUERRE** PLANCHE 5.

Le plan, fig. 1re, est un retour d'équerre comme il est indiqué sur le plan et sur la perspective. La ferme qui relie les deux combles fait noue d'un côté et arêtier de l'autre; elle est assemblée en engueulement dans le poinçon, parce qu'il est placé de manière que ses faces regardent les sablières, comme il est vu debout sur le plan.

Manière d'opérer.

L'établissement de l'arêtier étant connu, il ne sera parlé que de celui de la branche de noue (fig. 2). On fait paraître d'abord les deux sablières A B carrément l'une avec l'autre: on prend ensuite le plan des faîtages C D; la jonction des deux donne la tête de la noue; de là on tend à l'angle des sablières ou à la ligne C A, plan de la noue. La figure 3 est l'élévation de la ferme d'un des côtés. La figure 4 est l'élévation de la ferme opposée représentant la moitié seulement. L'élévation de la noue est faite sur elle-même. Pour la tracer, on tire un trait carrément à son plan sur le milieu du poinçon; sur ce trait on porte la hauteur des fermes prises de D en E et rapportée de C en F, puis on trace la ligne A F et l'élévation de la noue est figurée. Cette ligne est le fond du recreusement. Pour obtenir le dessus de la noue, il faut la dévoyer; l'opération est la même que pour l'arêtier, excepté qu'elle se dévoye en dedans des sablières, comme il est indiqué sur l'épure. On renvoit carrément sur la ligne de base le point où les faces coupent les sablières; de là on tire un trait parallèle à la rampe, ce qui donne le dessous de la noue et le recreusement comme il a été dit. Pour obtenir la retombée, ainsi que le délardement du dessous, on opère comme il vient d'être dit pour le recreusement. Pour cela on ramène le dessous de la panne parallèlement aux sablières, comme il est indiqué sur l'épure. La sablier se délarde dessous et se recreuse dessus. Il est tout le contraire de la contre-fiche, qui se délarde dessus et se recreuse dessous; par conséquent il faut qu'elle soit baissée de la différence du recreusement. Pour la placer ainsi, on tire premièrement la ligne J I, fond du recreusement, on obtient ensuite la face du dessous, ainsi que le délardement du dessus par les parallèles figurées. Le tracé des rampes, des mortaises, des pannes dans les noues est le même que dans les arêtiers. La gorge de la mortaise étant du côté du pied, il s'en suit que les rampes sur les faces du bois se tracent en contre-bas de l'alignement, comme il est vu sur l'épure. On peut obtenir le tracé de ces rampes en descendant les quatre arêtes de la panne sur le plan; les points où les lignes joignent la face de la noue étant remontés carrément sur l'élévation, on obtient le tracé de la mortaise figurée. Le dessus des empanons affleure le dessus de la noue. L'occupation de leur coupe sur cette dernière se trace comme elle figure. Les lignes marquées d'un trait ramènerait servent à tracer l'engueulement de la noue et celui de la contre-fiche dans le poinçon, ainsi que les déjoûtements de la noue et celui de la contre-fiche dans le poinçon et le déjoûtement de la noue avec les faîtages. La retombée du faîtage n'arrivant pas aussi bas que la coupe de la noue, dans ce cas on ne la déjoûte que jusqu'au-dessous du faîtage. Pour en avoir le tracé, on porte la hauteur du dessous du faîtage sur le plan d'élévation par une ligne de niveau G, que l'on trace carrément sur les faces de la noue.

FIG. 5. **DÉVELOPPEMENT DE LA HERSE**

On tire d'abord une ligne que l'on fixe pour le milieu de la ferme (fig. 4), et sur laquelle on porte la longueur du chevron de ferme H E. On tire une ligne d'équerre à chacun de ces points; sur la ligne du haut on porte la longueur du faîtage D C, sur celle du pied la longueur de la sablière H A. Un trait donné sur ces deux points indique la ligne A C, milieu de la noue; on porte ensuite la face de la noue que l'on prend en plan sur la sablière et que l'on rapporte de même sur celle de la herse; on porte aussi la face du faîtage, que l'on prend à la vue debout, sur la rampe de la ferme. La herse ainsi faite, on place les empanons parallèlement à la ferme. On prend ensuite le démaigrissement de la tête que l'on porte parallèlement à la face du faîtage, ce qui donne la coupe aplomb de la tête. Ce même point est porté en rengraissement sur la noue par une ligne parrallèle aux empanons; on porte ensuite le rengraissement de la panne sur ces derniers points, on mène des parallèles à la noue et au faîtage et les démaigrissements sont tracés. Pour tracer les empanons, on trace la face de la noue, ainsi que celle du faîtage sur le dessus du bois, et dessous les lignes de démaigrissement et de rengraissement que l'on rembarre avec celles du dessus, ce qui donne les coupes indiquées par un empanon échassé hors de la herse. Le dessous des empanons donne le tracé du dessus de la panne, que l'on rembarre avec le rengraissement déjà indiqué; elle se place sur la herse parallèlement à la sablière et au faîtage, et à la même distance du dessous du chevron, comme il est paru vu de bout sur la figure.

FIG. 6. **PAVILLON AVANT-CORPS ET PAN COUPÉ**

Le plan de ce pavillon est composé de plusieurs arêtiers et d'une branche de noue, parce qu'il a un pan coupé d'un côté et de l'autre un avant-corps, dans l'angle duquel est la branche de noue, comme il est indiqué sur le plan et sur la perspective.

Manière d'opérer.

On commence d'abord par tracer les murs des longs-pans dans œuvre, puis ceux de l'avant-corps, celui de la coupe et du pan coupé; on porte par des parallèles l'épaisseur des murs, plus la saillie des entablements, ensuite on fait paraître le plan de la ferme A B carrément aux sablières des longs-pans A C et B E; on divise le plan de la ferme par le milieu et l'on indique la vue debout du poinçon. Du point D, milieu du poinçon, on tend aux arêtes des murs au dehors de l'entablement, ce qui donne le plan des arêtiers D F, D E et D C. De l'angle de l'avant-corps au milieu du poinçon est le plan de la noue D G, et D H celui de la demi-ferme. On fait ensuite l'élévation de la ferme indiquée fig. 7. On descend, sur le plan, les sablières que l'on mène d'un arêtier à l'autre, suivant les parallèles des murs; par ce moyen, les sablières tendent plus ou moins vers le dehors des murs, surtout dans les parties les moins inclinées, comme le sont celles de l'avant-corps. Les coyaux ont aussi moins d'inclinaison, ce qui fait que le tout règne d'une égalité parfaite. Les arêtiers ont été placés ainsi sur le plan pour le coup-d'œil du dehors provenant du coyau qui s'aligne avec les arêtiers et la noue, tandis que si les sablières étaient placées toutes à la même distance du dehors ou du devant des murs, le pied des arêtiers serait varié, ce qui ferait que les coyaux formeraient un coude qu'il est bon d'éviter autant que possible. Les empanons se placent toujours d'équerre aux sablières comme ils sont figurés sur le plan. Les élévations des arêtiers se font toutes de la même manière, ainsi que celles de la noue, fig. 9, et celles de la demi-ferme, fig. 8. La figure 10 est l'élévation de l'arêtier D F raccordent la croupe au pan coupé.

La manière de faire les élévations étant connue, il n'en sera pas parlé. On fait paraître ensuite des chevrons d'emprunt carrément à chaque sablière de l'avant-corps et à celle du pan coupé. Ce dernier est mis en élévation sur lui-même; il est vu en plan par la ligne D I et en élévation par I J. Celui de l'avant-corps correspondant avec la sablière G F, l'élévation en est tracée sur celle de la ferme, dont la rampe est parue par la ligne K L. Celui de la sablière C G est également tracée sur l'élévation de la demi-ferme. Pour obtenir leur recreusement, on profile les sablières sur le plan de la ferme ou de la demi-ferme, comme il est indiqué sur l'épure; sur les chevrons d'emprunt, on fait paraître l'épaisseur du chevron et la chambrée de la panne; on indique la vue debout qui servira par la suite à la placer sur la herse, ainsi que pour tracer les rampes des mortaises dans la noue et dans les arêtiers. Pour les mettre en plan, on les descend carrément au plan des chevrons d'emprunt, comme il vu sur l'épure. Pour couper les coyaux qui vont sur ces sablières, on les coupe comme ils sont figurés au pied de leur élévation, qui montre la vue debout de l'entablement.

Si l'on voulait établir un lattis égal au dessous des empanons des pannes et des arêtiers, il faudrait d'abord fixer leur retombée sur la ferme, puis ramener la gorge du pied des chevrons et le dessous des pannes parallèlement aux sablières d'un arêtier à l'autre, ce qui donnerait des retombées différentes aux chevrons, arêtiers, demi-ferme, etc., comme il est indiqué sur le plan fig. 12. Ces différences de retombée n'ont lieu que lorsqu'il y a des parties plus ou moins rampantes les unes que les autres. Les chevrons d'emprunt dont nous venons de parler n'ont pas d'autre but que de servir à placer les empanons sur la herse, de donner leur démaigrissement, celui de la panne, et pour la placer sur la herse; il sert aussi, en plan par terre, pour couper les coyaux quand il y a lieu d'en avoir. On doit observer en même temps que pour dévoyer les arêtiers ainsi que la noue, la manière d'opérer est toujours la même, ainsi que pour le tracé des engueulements et de leur déjoûtement.

FIG. 11. **DÉVELOPPEMENT DE LA HERSE**

On fait paraître d'abord la sablière de la croupe F F; un trait d'équerre à cette ligne donne le milieu du chevron de croupe, sur laquelle on porte la longueur du chevron M N, de H en D, ce qui donne la tête de la herse; on prend ensuite sur le plan la longueur de la sablière F F, à droite et à gauche de la demi-ferme, que l'on porte de même sur celle de la herse; de là on tend à la tête, ce qui donne les deux arêtiers D F, et la herse de la coupe est tracée. Pour tracer celle du pan coupé, on prend la longueur de la sablière F E, sur le plan, avec laquelle on fait un simbleau partant du pied de l'arêtier; on en fait un deuxième partant de la tête de la herse, avec la longueur de l'arêtier, fig. 10; à la jonction des deux simbleaux on tend la ligne F E pour la sablière, et D E pour l'arêtier, et la herse est tracée. On place ensuite le chevron d'emprunt à la même distance du pied sur la sablière que sur le plan et l'on tend à la tête de la herse; ce dernier doit être d'équerre à la sablière, comme il est paru sur les deux plans par des lignes ponctuées. Pour celle du long-pan, on prend la longueur de la sablière E B, avec laquelle on fait un simbleau partant du pied de l'arêtier E dernièrement tracé, on en fait un deuxième avec la longueur du chevron de ferme, partant de la tête de la herse, la jonction des deux simbleaux donnera le point B, et l'on aura la ferme sur la ligne D B et la sablière E B. Revenons ensuite au côté gauche de la croupe, afin de développer celle de l'avant-corps. On prend la longueur de la sablière F G, avec laquelle on fait un simbleau partant du pied de l'arêtier F; on en fait un deuxième partant de la tête de la herse avec la longueur de la noue; cette longueur se prend sur la ligne du fond du recreusement; à la jonction des deux simbleaux on tend au pied et à la tête, ce qui donne la sablière F G, ainsi que la noue G D.

Continuant ainsi les mêmes opérations, quand on arrive à la ferme, la herse est terminée.

Après cela, on place les chevrons d'emprunt des sablières de l'avant-corps sur la herse. L'opération des deux étant la même, il ne va être parlé que de celle de la sablière G C. Ce dernier est paru en élévation par la ligne O N sur l'élévation de la demi-ferme, fig. 8. Pour le placer sur la herse, on fait un simbleau avec la longueur O N, partant du point G, pied de la noue; ensuite on prend sur ce plan la distance du pied de la noue au milieu de la demi-ferme, avec laquelle on fait un deuxième simbleau, partant de la tête de la herse. Par la jonction des deux simbleaux on aura le point I, duquel, en traçant la ligne G I, on obtient le chevron d'emprunt sur la herse. Les empanons se placent sur la herse parallèlement aux fermes et au chevron d'emprunt selon ce qu'ils figurent et à la même distance que sur le plan par terre. Leur démaigrissement du pied et de la tête ainsi que leur rengraissement dans la noue se portent toujours sur les chevrons d'emprunt partant des lignes des faces, comme il a été précédemment indiqué. De même on fera paraître les faces des arêtiers, ainsi que celles de la noue.

Pour placer les pannes sur la herse, on prend sur les fermes et sur les chevrons d'emprunt la distance de la vue debout de la panne à la gorge du pied des chevrons, que l'on porte sur la herse à chaque ferme et à chaque chevron d'emprunt partant de la ligne du démaigrissement du pied des empanons; à ces points on mène des parallèles aux sablières et les pannes sont placées. On se rappellera qu'il a été dit plusieurs fois que lorsque les chevrons reposent sur les pannes, la ligne du démaigrissement des chevrons donne le tracé du dessus des pannes; on trace ensuite leur démaigrissement du dessous comme il est indiqué sur l'épure.

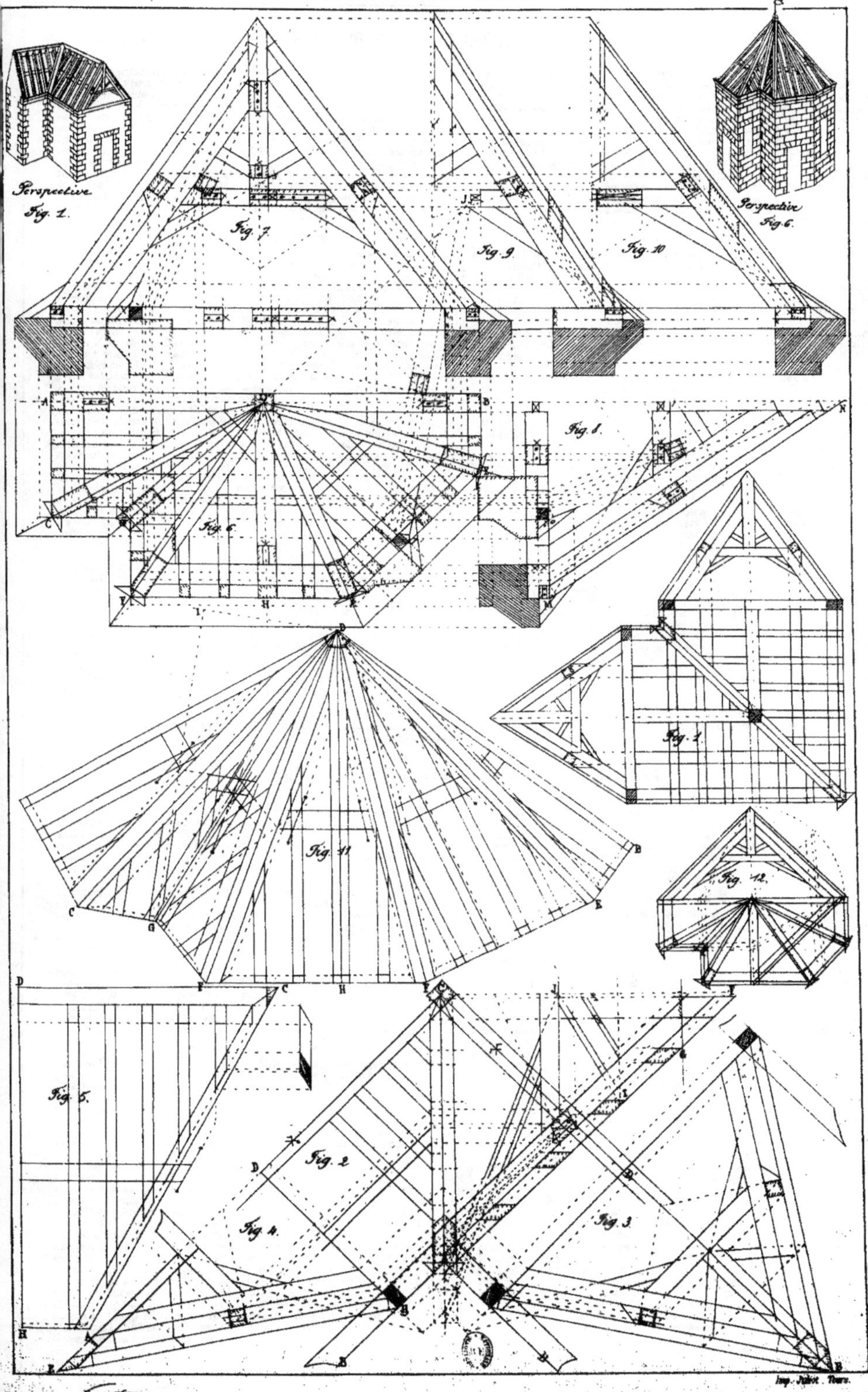

Imp. Pallot. Tours.

FIG. 1re.

CINQ ÉPIS AVANT-CORPS EN QUEUE DE MORUE

PLANCHE 6.

On appelle cinq épis un pavillon dans lequel il y a cinq poinçons et quatre faîtages. Ces faîtages forment une croix et tombent sur l'aplomb du plan de la ferme et sur celui des demi-fermes ; ils sont établis jusqu'au lattis et ils reçoivent la coupe des empanons. Le cinq épis est en queue de morue quand le plan par terre est carré, ce qui fait que les arêtiers qui raccordent les combles des croupes viennent s'assembler en déjoutement du pied avec la noue, attendu qu'ils tendent tous les trois à l'arête des sablières, comme il est indiqué sur le plan et sur la perspective. Du côté droit est un avant-corps, ce qui oblige le pied de la noue à être séparé des arêtiers. Il n'est tracé que la moitié du plan, l'autre moitié étant semblable.

La manière de placer le pied des arêtiers et des noues sur les murs pour la forme des coyeaux étant connue, ainsi que la manière de les couper, le lecteur est prévenu que l'on n'en reparlera plus. Dans ce cas, il suffit de faire paraître simplement le plan des sablières.

Manière d'opérer.

On commence par faire paraître par deux parallèles les sablières des côtés A B pour celle du côté droit et C D pour celle du côté gauche ; ensuite celle de la croupe B E carrément aux deux premières et celles de l'avant-corps E F et F D, puis on fixe le plan de la ferme A C. On divise le milieu ; on fait un trait carré à ce point jusque sur la sablière de croupe, ce qui donne le plan de la demi-ferme G H ; on fait paraître sur ces deux derniers la vue debout des poinçons comme ils sont parus sur le plan. Du poinçon du milieu on tend à l'arête des sablières, ce qui donne la ligne G B, plan de la noue de la queue de morue ; du même point on tend à l'angle de celles de l'avant-corps, et l'on obtient le plan de l'autre branche de noue G F ; du milieu des autres poinçons on tend aux arêtes des autres sablières, afin d'obtenir le plan des arêtiers. Ceux de la queue de morue sont marqués par les lignes I B et B J ; ceux de l'avant-corps par les lignes K D et J E. La distance entre chacun des poinçons donne le plan des faîtages. Les arêtiers se dévoyent comme de coutume. Les empanons se placent sur le plan carrément aux sablières auxquels ils correspondent, ainsi qu'avec leurs faîtages et comme ils figurent. Le plan étant ainsi fait, on fait paraître l'élévation de la ferme comme elle est indiquée fig. 2. Les croix de saint-André qui sont assemblées d'un poinçon à l'autre sont pour maintenir le roulis ; il en est de même à la demi-ferme parue en élévation sur le plan fig. 3. Les chevrons d'emprunt de l'avant-corps ont pour reculement la distance des sablières au plan des demi-fermes. Pour les mettre en élévation, on profile la sablière sur leur ligne de base ; de là on tend au point d'élévation sur le poinçon du milieu. Ces élévations sont parues par des lignes ponctuées ; celles de la queue de morue sont également parues : ces dernières ont pour reculement la distance des sablières des croupes au poinçon du milieu. Comme il a été dit sur la planche précédente, ces chevrons d'emprunt servent à tracer les rampes des mortaises des pannes dans les noues et dans les arêtiers, pour les placer sur la herse, sur le plan par terre, et leur donner leur démaigrissement ; il en est de même pour les empanons ; ils servent encore à tracer les délardements des faîtages. Le faîtage G K est paru en L sur l'élévation de la ferme. Son délardement est donné par la rampe du chevron d'emprunt a b, lequel correspond avec la sablière F D. Le chevron d'emprunt d b, correspondant avec le faîtage I G, donnera le tracé de son délardement ainsi paru en M. Les mêmes remarques sont à faire pour le faîtage G J paru en N sur l'élévation de la demi-ferme. Les rampes des chevrons d'emprunt e f et h e donneront le tracé des délardements figurés. La figure 4 est l'élévation des arêtiers I B et J B formant la queue de morue ; ils se coupent tous les deux sur le même plan, le reculement étant le même à ces arêtier. Il y a deux rampes différentes pour les mortaises des pannes : l'une sert pour celles de la queue de morue et l'autre pour celles des croupes. Le déjoutement du pied de ces arêtiers avec la noue se fait du point de leur about à la jonction des faces, comme il est figuré sur le plan. Pour le tracer sur le bois, on prend la longueur du déjoutement parallèlement au plan de l'arêtier, que l'on porte en reculement sur la ligne de base du plan d'élévation ; cette ligne est marquée d'un trait raménerait, que l'on trace sur le bois. Sur la face où doit être fait le déjoutement, où cette ligne coupe le dessus de l'arêtier, on tend une ligne à l'about sur la ligne du milieu et le déjoutement est tracé ; on fait la même opération pour la noue. La figure 5 est l'élévation de la noue de l'avant-corps ; il n'est donné aucun détail à ce sujet, les opérations étant connues. Pour tracer la gorge des mortaises de la tête des arêtiers dans les poinçons, l'opération en est indiquée au côté droit de l'avant-corps. On tire un trait carré au pied de l'arêtier jusque sur la ligne du milieu du plan de la ferme ; ce point est renvoyé carrément sur la ligne de base, et de là on tend à la tête du poinçon le point où la gorge du pied de l'arêtier joint la face de la ferme ; ce point est également ramené sur la ligne de base, et à ce point on mène une parallèle, ce qui donne la gorge de la mortaise ainsi tracée sur la tête du poinçon. La ligne du délardement du faîtage et la rampe du lattis donnent l'about du dessus une fois l'arêtier délardé.

FIG. 6 DÉVELOPPEMENT DE LA HERSE.

On commence d'abord par développer celle de la croupe par le système précédemment indiqué ; les arêtiers, la demi-ferme ainsi que la sablière sont parus par les mêmes marques que sur le plan. Pour faire celle de la queue de morue, on fait un simbleau sur la tête de la herse avec la longueur G J, faîtage de la demi-ferme ; on en fait un deuxième partant du pied de l'arêtier B avec la longueur de la noue ; à la jonction des deux, on tend à la tête et au pied de l'arêtier, ce qui donne le faîtage G J sur la herse ainsi que la noue G B. Pour faire celle de l'autre côté, on prend la longueur de l'autre faîtage I G avec laquelle on fait un simbleau partant du point G de la tête de la noue ; on en fait un deuxième partant du pied avec la longueur de l'autre arêtier ; on tire deux lignes à la jonction des deux simbleaux, l'une donne le faîtage G I et l'autre l'arêtier G B ; on prend ensuite la longueur de la sablière A B ; avec cette longueur on fait un simbleau partant du pied de l'arêtier ; on en fait un deuxième partant de la tête avec la longueur de la ferme f q. A la jonction des deux, on tend à la tête et au pied de l'arêtier, et l'on obtient ainsi le chevron de ferme et la sablière B A sur la herse. Pour y placer les chevrons d'emprunt, on prend sur le plan la distance B A, avec laquelle on fait un simbleau à gauche de la herse, en ayant pour pivot le point B, pied des arêtiers. Ceci étant fait, on prend la longueur d b, avec laquelle on fait un deuxième simbleau du point G, tête de la noue ; la jonction des deux simbleaux donnera le point O ; puis on tend la ligne O G et le chevron d'emprunt est tracé. On trace de même celui de l'autre côté comme il figure. Étant ainsi placé, ils doivent être d'équerre chacun à leur faîtage correspondant, de même que la ligne O B doit être en parallèle avec le faîtage G J et carrément à O G. On continue ensuite par tracer celle de l'avant-corps ; on reprend la longueur du faîtage de la demi-ferme ; avec cette longueur on fait un simbleau partant de la tête des arêtiers de la croupe ; on prend ensuite sur le plan, par trait gauchement, la distance du pied de l'arêtier E à la tête de la noue G ; on porte cette distance en reculement sur la ligne de base de la ferme partant de la ligne du milieu du poinçon, et l'on tend à la tête. Avec cette dernière longueur on fait un simbleau sur la herse, partant du pied de l'arêtier sur celui du faîtage, ce qui fait un point qui, tendu à la tête des arêtiers de la croupe, donne le faîtage J K. Sur ce point on fait un simbleau avec la longueur de la noue ; on en fait un deuxième partant du pied de l'arêtier E avec la longueur de la sablière E F ; à la jonction des deux on tend au pied de l'arêtier, ce qui donne la sablière E F ; on tend ensuite la ligne F K et l'on obtient ainsi la noue sur la herse. Pour placer le chevron d'emprunt, on prolonge la sablière E F et l'on porte sur cette ligne la distance du pied de la noue au plan de la ferme ; de là on tend la ligne M K et l'on a le chevron d'emprunt sur la herse ; celle de l'autre côté est faite par les mêmes opérations, et lorsqu'on arrive à la ferme, la herse est terminée. On fait paraître ensuite les faces des arêtiers et des noues, puis on y place les empanons et les pannes. La manière de les placer étant connue, il n'est pas utile d'en parler, ainsi que du tracé du démaigrissement.

FIG. 7.

PAVILLON CARRÉ A DEUX ÉTAUX SANS FAITAGE

Le plan dont il va être parlé ici est un pavillon carré à deux étaux, entre lesquels il existe deux arêtiers, qui forment deux combles rompus se raccordant ensemble au moyen d'une branche de noue et de deux arêtiers ; c'est pourquoi il est nommé sans faîtage. Le pied de la noue et celui des arêtiers tendent au même point, ce qui forme la queue de morue au milieu de la sablière, comme il est indiqué sur le plan et sur la perspective. La figure ne représente que la moitié de l'épure, l'autre moitié étant pareille.

Manière d'opérer.

On fait paraître d'abord le carré des sablières ; celles des côtés sont marquées A B, celles du devant B B. On fait paraître le plan de la ferme A B carrément aux sablières des côtés ; on tire ensuite un trait sur le milieu jusqu'à la sablière, ce qui donne le plan de la branche de noue C D, à la tête de laquelle est parue la vue debout du poinçon qui reçoit la tête de la noue et le pied des petits arêtiers. On fait paraître ensuite, sur le plan de la ferme, la vue debout des autres poinçons ; à leur point de milieu on tend aux arêtes des sablières, et au pied de la noue on a le plan des grands arêtiers E B et E D ; on fait ensuite l'élévation de la ferme indiquée fig. 8. Pour faire cette élévation, on ramène carrément à son plan le milieu des poinçons E ; sur ces lignes on porte la hauteur que l'on veut donner au comble à partir de la ligne de base F F ; de là on tend aux abouts du pied et l'on obtient ainsi les rampes F G ; on porte ensuite sur le poinçon du milieu la hauteur que l'on veut donner pour la tête de la noue, ce qui donne en même temps le pied des petits arêtiers que l'on tend de ce point à la tête des autres poinçons, comme il est indiqué par les lignes G H. Les arêtiers étant ainsi parus en élévation, on profile leur ligne du dessus sur la ligne de base de la ferme ; ces points sont descendus carrément en a sur la ligne du milieu du plan de la ferme ; de là on tend au pied de la noue et l'on obtient ainsi les sablières a D, dégauchissement des deux combles ; on fait ensuite les chevrons d'emprunt d E carrément à ces sablières.

Pour les mettre en élévation, on tire un trait carré à leur plan sur le milieu des poinçons E ; sur ces traits on porte la hauteur de la tête des arêtiers, hauteur prise de I en G et portée de E en b ; puis on tend les lignes b d, et l'on obtient ainsi leur élévation sur laquelle est parue l'épaisseur du chevron et la vue debout des pannes que l'on porte toujours de même hauteur que celle des fermes par des lignes de niveau, comme il est vu sur l'épure. Les points où ces sablières joignent les faces de la ferme en plan sont remontés carrément sur la ligne de base, de là on tire une parallèle aux petits arêtiers H G, ce qui donne leur délardement. On opère de même pour avoir la ligne du dessus des empanons et le dessous de la panne. Cette dernière n'est pas parue, vu que ces arêtiers n'en reçoivent pas, ce qui fait qu'il n'est pas nécessaire de leur donner tant de retombée. Aux petites croupes du devant il faut aussi un chevron d'emprunt ; ils se font toujours carrément à leurs sablières comme il est vu en plan par les lignes E h. Pour les mettre en élévation, on prend la longueur I G ; on la porte de J en K, puis on tend la ligne K L et l'élévation est tracée ; une seule élévation est suffisante vu que les deux sont semblables.

La figure 9 est l'élévation de la noue, comme il vient d'être dit ; elle a pour point de hauteur la jonction du pied des petits arêtiers H G parus sur l'élévation de la ferme. Pour tracer les rampes des mortaises des pannes dans la noue, surtout de la manière dont celle-ci est placée, l'opération pourrait être embarrassante ; dans ce cas, il est nécessaire de l'observer. Après avoir fait paraître la vue debout de la panne sur les chevrons d'emprunt de la noue, on profile les faces du dessous jusque sur la ligne aplomb, ce point sert à tracer les rampes dans les arêtiers.

Pour tracer celles de la noue, on ramène parallèlement aux sablières a D le milieu du poinçon C jusque sur le plan des chevrons d'emprunt où cette ligne joint les rampes des pannes ; on prend la hauteur de ces points de X en V, que l'on porte de J en P sur la ligne du milieu du poinçon sur l'élévation de la noue, ce qui donne l'alignement de la mortaise indiquée sur la figure. Les sablières dont il vient d'être parlé servent à dévoyer la noue, comme il est paru sur le plan.

Le plan fig. 10 est l'élévation des arêtiers de la queue de morue ; comme ils ont tous les deux le même reculement et la même situation, le même plan suffit pour tracer les deux ; il en est de même pour les deux autres dont l'élévation est indiquée fig. 11. Pour tracer les déjoutements du pied des arêtiers avec celui de la noue, l'opération est la même que celle qui est indiquée sur le plan fig. 1re, même planche.

FIG. 12 DÉVELOPPEMENT DE LA HERSE.

La figure ne représente que la moitié de la herse, l'autre côté étant le même. On fait paraître d'abord deux lignes d'équerre, ensuite on porte sur une la longueur de la ferme F G ; sur l'autre on porte la longueur de la sablière A B ; un trait sur ces deux points donne la ligne B G et le milieu de l'arêtier sur la herse. On prend ensuite sur le plan la longueur B D ; avec cette longueur on fait un simbleau sur la herse du point B ; on en fait un deuxième avec la longueur de l'autre arêtier en ayant G pour pivot ; la jonction de ces deux simbleaux donne le point D, puis on tend les lignes D B et D G et la herse de la petite croupe du devant est tracée.

Pour placer le petit arêtier et la noue sur la herse, on prend la longueur du petit arêtier G H sur l'élévation de la ferme ; avec cette longueur on fait un simbleau partant de la tête de la herse ; on prend ensuite la longueur de la noue L Q (fig. 9) que l'on simbleaute également du point D, pied de l'arêtier. A la jonction de ces simbleaux on aura le point C ; on tend au pied et à la tête et l'on obtient ainsi la noue sur la herse, ainsi que le petit arêtier. Pour y placer le chevron d'emprunt, on prendra sur le plan la distance D d avec laquelle on fera un simbleau sur la herse décrite du point B ; du point G, tête de la herse, on décrit un deuxième simbleau avec la longueur des chevrons d'emprunt d b ; par la longueur des deux simbleaux on aura le point d, duquel on tendera une ligne en G, et le chevron d'emprunt sera placé. La herse ainsi faite, on fait paraître la face de la noue et celles des arêtiers, puis on y place les pannes ainsi que les empanons, comme ils sont parus sur la herse et sur le plan par terre. Il faut observer que ceux de la queue de morue doivent être placés parallèlement au plan des chevrons d'emprunt. La manière de porter leur démaigrissement ainsi que celui des pannes étant connue, il n'est pas nécessaire d'en parler.

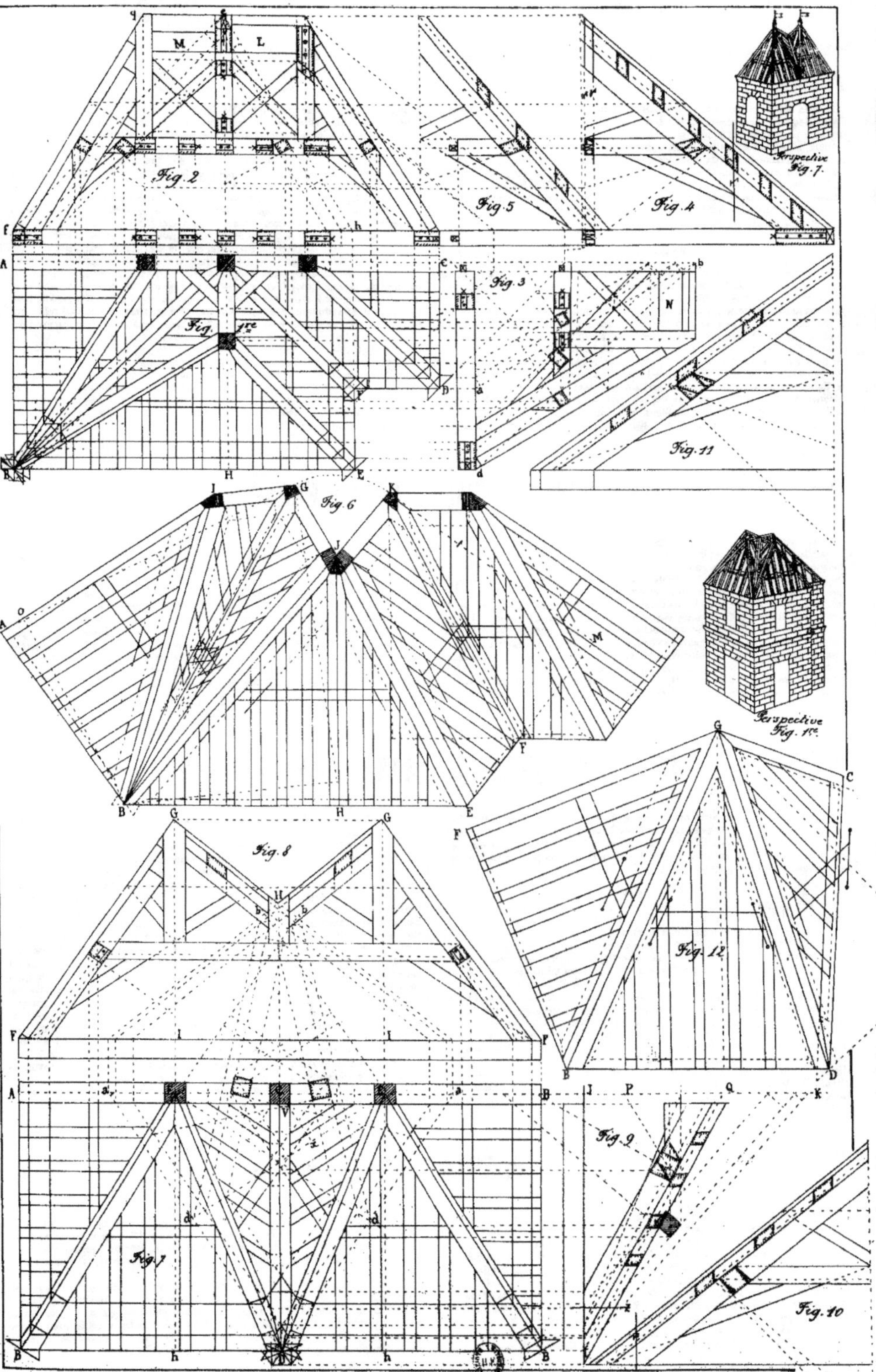

Imp. Juliot. Tours.

FIG. 1re.

CINQ-ÉPIS SANS FAITAGE

Le plan dont il va être parlé est construit sur une base carrée, sur laquelle sont élevés cinq pavillons carrés de même hauteur. Il en existe d'abord un dans le milieu, lequel a pour base tout le plan général comme s'il devait être couvert par quatre arêtiers, les quatre autres sont moins grands que la base, parce que le plan de la ferme et des demi-fermes du premier donnent leur plan ; les arêtiers du derrière de ces quatre derniers viennent se joindre à ceux du premier. Ils sont supportés du pied par des petits poinçons, qui reçoivent la tête des branches des noues qui les raccordent ensemble. Dans ces plans, les empanons sont assemblés dans les pannes, et les pannes dans les arbalétriers, tout est au même affleurement du lattis comme il est indiqué sur les perspectives.

Manière d'opérer.

On fait paraître d'abord les sablières de côté, parallèlement de l'une à l'autre, elles sont marquées A B ; ensuite celles du devant B B carrément aux deux premiers. Par la ligne A A, on a le plan de la ferme C D et celui de la demi-ferme. La jonction des deux donne le poinçon du pavillon du milieu, dont la vue debout est parue. Du point C, milieu de ce dernier, on tend aux arêtes des sablières, ce qui donne la ligne C B, plan des trois arêtiers, vus en élévation, fig. 3. Celui qui est marqué E est celui du pavillon du milieu, il a autant de reculement, à lui seul, que les deux autres ensemble, parce qu'il tend à l'arête des sablières. On tire ensuite une ligne sur le plan par terre, du pied d'une demi-ferme à l'autre, ce qui donne la ligne A D, plan des deux autres arêtiers appartenant aux petits pavillons : la jonction de ces derniers avec ceux qui ont déjà été déterminés donne le point G, milieu des poinçons des petits pavillons, ce point étant porté en reculement sur l'élévation, fig. 3, parallèlement à la ligne H I, on porte sur cette dernière la hauteur de la ferme ; de là on trace les lignes J H et J K et l'on a l'élévation des arêtiers des petits pavillons. Les autres arêtiers G D tendent au pied des demi-fermes du grand pavillon ; ils se tracent sur cette même épure, attendu qu'ils sont tous les trois pareils.

Le point L, fig. 3, donne la hauteur des branches de noue, dont le plan d'élévation est indiqué fig. 4. Pour les faire paraître en plan, on prendra sur l'élévation, fig. 3, la distance M L ; on la portera sur le plan de C en O, puis on tirera les lignes O D et O A, et le plan des noues sera tracé. A leur tête est la vue debout des petits poinçons qui les supportent. Ces derniers reçoivent en même temps le pied des petits arêtiers, comme il est indiqué sur l'élévation, fig. 3. La figure 2 est l'élévation de la grande ferme A A, à gauche de laquelle se trouve l'élévation des demi-fermes des petits pavillons, dont le plan est indiqué par les lignes G P. Ces demi-fermes étant toutes les mêmes, il suffit d'une seule élévation pour les tracer toutes. La figure 5 est également l'élévation des grandes demi-fermes du pavillon du milieu, lesquelles se déjoutent du pied avec les noues ; celle-ci, avec les arêtiers, comme il est vu sur le plan. Les lignes aplomb qui sont parues au pied des plan et élévations et marquées chacune d'un trait ramènerait sont celles qui servent à tracer les déjoutements, suivant la manière déjà indiquée plusieurs fois.

Pour tracer les rampes des mortaises des pannes du grand pavillon dans les noues, on remonte le milieu du poinçon sur l'élévation de la grande ferme et demi-ferme parallèlement aux sablières où cette ligne coupe la rampe des pannes, on prend ce point de hauteur que l'on porte sur la ligne du milieu du poinçon, à l'élévation des noues, et l'on obtient ainsi le point d'alignement de la rampe indiqué, fig. 4, par la ligne R. Pour avoir celle des autres pannes des petits pavillons, il s'agit de faire les mêmes opérations sur leurs chevrons d'emprunt correspondants, et comme il est indiqué par le point a, fig. 2, conduit en b, fig. 4.

FIG. 6.

DÉVELOPPEMENT DE LA HERSE

On fait paraître premièrement la ligne du milieu de la demi-ferme par la ligne A D, sur laquelle on porte la longueur du lattis, d h, fig. 5, sur le point D. On tire ensuite une ligne d'équerre qui n'est autre chose que la sablière B B sur la herse. On en prend la longueur sur le plan de D en B de chaque côté de la demi-ferme, et que l'on porte de même sur la herse, et l'on a les mêmes points B B. De là on tire les lignes A B, ce qui donne les arêtiers du pavillon du milieu sur la herse. On prend sur l'élévation, fig. 3, leur longueur I L, que l'on porte de A en E, de là on tente au pied de la demi-ferme ce qui donne les noues, indiqués par les lignes E D. On fait ensuite avec la longueur de l'arêtier J. K., fig. 3, un simblot de chaque côté du pont D. Puis un deuxième partant du point E, avec la longueur des arêtiers J. L. Par la jonction des deux simblots on a les points G, d'où l'on tente les lignes G E et G D, et cette deuxième partie de la herse sera tracé. Les petits arêtiers E G étant, comme on le voit, profilés en lignes ponctuées, on prend sur l'élévation, fig. 3, la distance J H qu'on porte de G en O. De là on trace les lignes O D, et l'on a les sablières de la base sur la herse. Pour y placer les chevrons d'emprunt, on prend sur le plan la distance D P ; on la porte de D en U, on tire ensuite les lignes U G et les chevrons d'emprunt sont placés. On continue par faire des simblots partant des points G avec la longueur des mêmes arêtiers G D, puis on en fait un deuxième partant du point D avec la longuer des sablières B A. A la jonction de ces derniers simblots on aura les points F. On trace les lignes F G et F D, et la herse est terminée. On fait paraître ensuite les faces des arêtiers et celles des noues, puis l'on y place les empanons toujours carrément aux sablières et parallèlement aux chevrons d'emprunt. Les empanons ayant la même retombée que l'épaisseur des pannes, et étant au même affleurement du lattis, le démaigrissement des deux est le même.

FIG. 7.

CINQ-ÉPIS, QUEUE DE MORUE SANS FAITAGE

Le plan dont il va être parlé est un cinq-épis, dans lequel le poinçon du milieu a moins de hauteur que ceux des croupes. Les faîtages étant de pente sont opérés comme arêtiers : c'est pourquoi il est nommé sans faîtage. Le poinçon du milieu porte le pied des petits arêtiers, ainsi que la tête des branches de noue, comme il est indiqué sur la perspective.

Manière d'opérer.

On fait paraître premièrement le carré des sablières, celles des côtés sont marquées A B, celles du devant B B ; de A en A, on a le plan de la ferme ; et C D est celui de la demi-ferme ; à la jonction des deux est la vue debout du poinçon du milieu. De là on tend à l'arête des sablières, ce qui donne en plan les noues ; vues par les lignes C B. On indique la vue debout des autres poinçons sur le plan de la ferme et sur celui de la demi-ferme. De leur point milieu on tend aux arêtiers des sablières, ce qui donne le plan des arêtiers G B. On fait ensuite l'élévation de la ferme indiquée, fig. 8. Les petits arêtiers qui sont assemblés du poinçon du milieu aux poinçons des croupes se placent idéalement, d'après la pente que l'on veut leur donner ; après les avoir ainsi placés, on les profile en lignes ponctuées jusque sur la ligne de base, ces points sont descendus carrément sur le plan de la ferme ; de là, on trace des lignes au pied des arêtiers, ce qui donne les sablières qui déganchissent les combles des noues ; ces deux premières sont les lignes A B. On fait la même opération sur le plan d'élévation de la demi-ferme indiqué, fig. 9. Le petit arêtier est également profilé sur la ligne de base et descendu carrément sur le plan ; de là on tend au pied des arêtiers, et l'on obtient les mêmes sablières, ces dernières sont vues par les lignes E B. On remarquera très-bien que le pied du petit arêtier sur cette dernière figure doit tendre à la même hauteur que celle qui a été primitivement fixée en K, lorsque l'on a tracé l'élévation de la ferme, fig. 9. On fait ensuite des chevrons d'emprunt carrément à ces sablières, tendant au milieu des poinçons des croupes ; ces chevrons étant tous les quatre les mêmes, il suffit d'une seule élévation. Celui dont il va être parlé est vu sur le plan par la ligne G F et en élévation par la ligne F H. Les empanons des branches de noue sont placés sur le plan parallèlement au plan des chevrons d'emprunt et les pannes parallèlement à leurs sablières, comme il est vu sur le plan. Ces mêmes sablières servent à dévoyer les noues et à donner leur recreusement ainsi que le délardement des petits arêtiers ; elles servent aussi à dévoyer les grands arêtiers avec ceux des croupes, afin d'avoir leur délardement comme il est vu sur le plan, fig. 10, qui indique l'élévation des grands arêtiers G B. Les quatre étant pareils, ils se tracent tous sur le même plan. Il en est de même pour les noues, à l'élévation, fig. 11. Elles ont pour point de hauteur la hauteur du poinçon du milieu, dans lequel est assemblé le pied des arêtiers. Pour tracer les rampes des pannes dans les noues, on mène une ligne parallèlement à la ligne aplomb du chevron d'emprunt jusque sur la ligne de base ; le point où cette ligne joint la rampe de la panne du chevron d'emprunt, pris de a en b et porté sur la ligne aplomb de la tête des noues en élévation, donne la rampe indiquée sur la figure. Pour obtenir la retombée des arêtiers et des noues, on ramène la gorge du pied des arbalétriers parallèlement aux sablières sur le milieu des arêtiers et de ceux-ci sur les noues comme il est vu sur le plan.

FIG. 12.

DEVELOPPEMENT DE LA HERSE

Cette herse n'a pas besoin d'être développée entièrement, attendu que tous les côtés sont les mêmes ; par conséquent, nous ne tracerons qu'une seule partie qui est celle du côté gauche du plan. On commence par faire paraître deux lignes d'équerre, dont l'une est fixée pour la sablière et l'autre pour la ferme : sur cette dernière, on porte la longueur de la ferme I J, de A en G ; on prend ensuite, sur le plan, la longueur de la sablière A B, qu'on porte sur l'autre ligne de A en D ; un trait donné sur ces deux points donne le milieu de l'arêtier. On prend ensuite sur l'élévation de la ferme, la longueur du petit arêtier J K ; avec cette longueur, on fait un simblot partant du point G, tête de la herse. On en fait un deuxième avec la longueur de la noue, longueur prise de M en N sur le plan d'élévation fig. 11. La jonction des deux simblots donne le point O, duquel on tire des lignes en G et en D, et l'on aura le petit arêtier et la noue sur la herse. Pour y placer le chevron d'emprunt ; on prend sur le plan la distance B F avec laquelle du point D on décrit un simblot ; on en fait un deuxième décrit du point O avec la longueur du chevron d'emprunt F H, et l'on a ainsi le point P, duquel on tente une ligne en G, et le chevron est placé.

Cette première partie de la hersé étant ainsi tracée, il suffira de faire les mêmes opérations pour tracer celle de l'autre côté. Les empanons se placent parallèlement à la ferme et au chevron d'emprunt et à la même distance que sur le plan, et les pannes parallèlement aux sablières. Les faces des arêtiers et celles des noues se portent toujours de la même manière, ainsi que le démaigrissement des pannes et celui des empanons qui est le même, le tout s'affleurant ensemble.

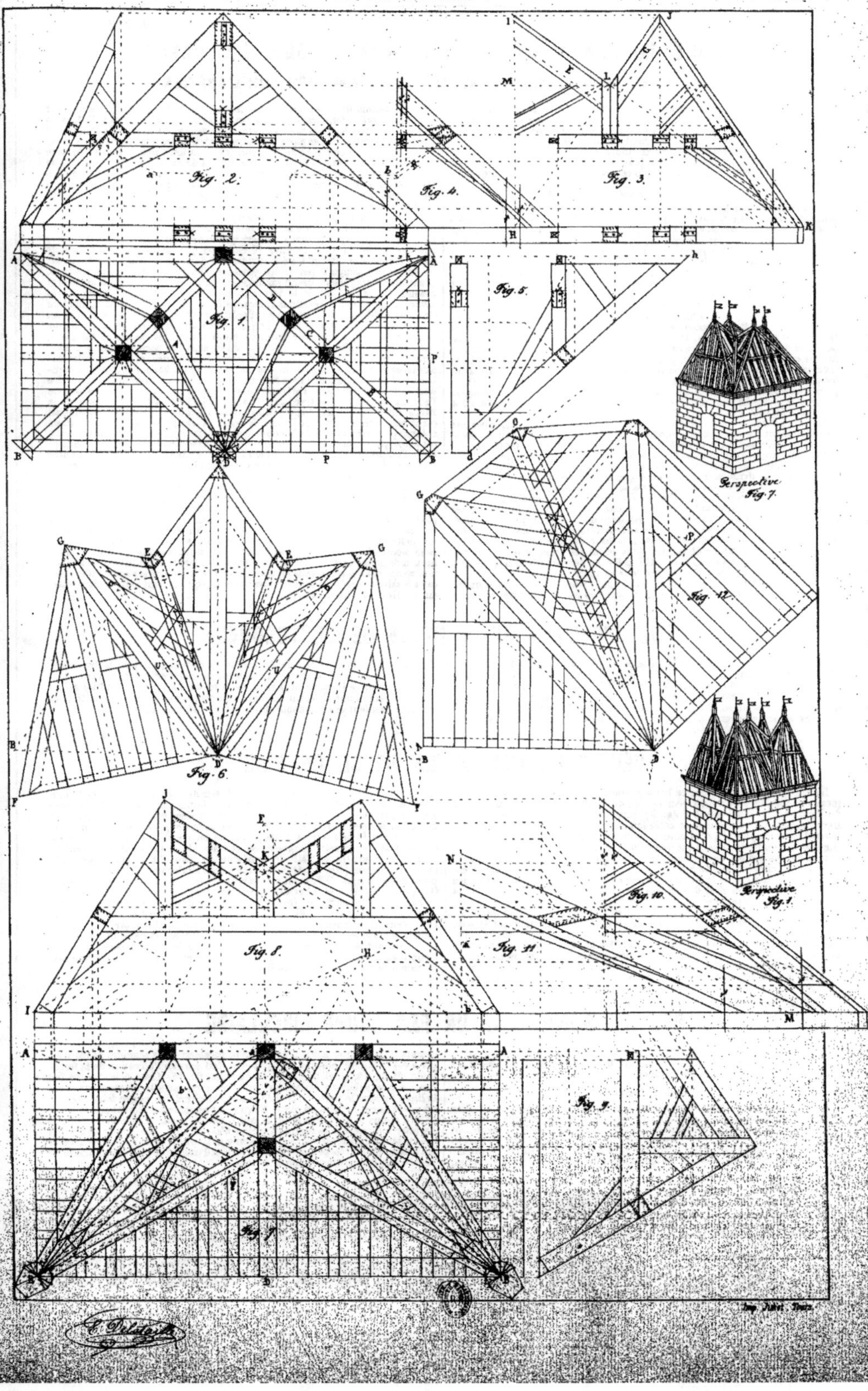
Fig. 1.
Fig. 2.
Fig. 3.
Fig. 4.
Fig. 5.
Fig. 6.
Fig. 7.
Fig. 8.
Fig. 9.
Fig. 10.
Fig. 11.
Fig. 12.
Perspective Fig. 7.
Perspective Fig. 1.

COMBLE MANSARD AVEC TOUR RONDE SUR LE DEVANT

AVEC UNE TOURELLE OCTOGONE DROITE EN RACCORD SUR L'ARÊTIER

Le plan dont nous allons parler ici est un bâtiment allongé, dans lequel il y a une croupe de chaque bout, puis un pan coupé surmonté d'un pignon et une tour ronde sur le devant, au milieu du bâtiment, et de même hauteur. Cette tour est mansardée comme le grand comble sur lequel elle est raccordée, au moyen d'un faîtage et de deux noues, sur l'autre arêtier. Il existe une autre tourelle octogonale droite plus élevée que le comble, dont une partie est en saillie de l'arêtier et en raccord deseus, comme il est indiqué sur la perspective.

Manière d'opérer.

On commence par faire paraître d'abord la sablière du devant A B C D ainsi que celles des croupes, carrément à la première; elles sont marquées D E; celles du pan coupé A E; on fait paraître ensuite le plan de la tourelle octogonale, comme il est paru par les lignes D D, ainsi que celui de la tour ronde dont la sablière est indiquée par le demi-cercle B G C. Les sablières étant ainsi parues, on fait paraître le plan des faîtages et celui des demi-fermes des croupes. Le plan de ces demi-fermes est paru sur la même ligne que celui des faîtages, comme il est vu par la ligne E E; un trait carrément à cette ligne, passant sur le point F, centre de la tour ronde, donne le plan du faîtage F H, ainsi que celui de la demi-ferme G F, sur laquelle est parue la vue debout du poinçon de la tour ronde. La jonction des deux faîtages donne le point H et la tête des noues, où est paru la vue debout du poinçon dans lequel elles sont assemblées. Du milieu de ce dernier on tend à l'angle des sablières de la tour ronde, ce qui donne les noues en plan H B et H C. Les fermes en plan sont tendues du pied des noues parallèlement au faîtage de la tour ronde; à leur jonction avec les demi-ferme est parue la vue debout du poinçon I. Comme l'épure ne représente que la moitié du bâtiment, le plan des fermes n'est paru qu'à moitié. Du milieu des derniers poinçons on tend aux arêtes des sablières et l'on obtient le plan des arêtiers I J pour celui du côté gauche, et I K pour celui du côté droit.

La figure 2 est le plan d'élévation des deux demi-fermes I E, ainsi que l'établissement des faîtages du grand comble. Le poinçon du milieu est porté sur un sous-faîtage L, assemblé entre les deux fermes et suporté par les entraits d'enrayure des fermes. Ce sous-faîtage reçoit en même temps celui qui est assemblé dans la ferme de la tour ronde parue fig. 3, où est aussi paru l'élévation de la demi-ferme G F, ainsi que l'établissement du faîtage F H. Dans les sous-faîtages dont il vient d'être parlé sont assemblés les goussets M ainsi parus sur le plan, dans lesquels sont assemblés les entraits d'enrayure des noues C H et B H, dont leur plan d'élévation est faite fig. 5. Pour faire ces élévations, on fait paraître d'abord les sablières de bris sur le plan par terre. Pour les faire paraître ainsi, on les descend carrément du plan de l'élévation (fig. 2), puis on les fait tourner tout le tour des arêtiers aux noues, et parallèlement aux sablières de la base, dont celles des croupes sont vues par les lignes N O et N J, celles du devant O P et P J. Le demi-cercle Q R Q indique celles de la tour ronde, et Q P celles qui leur correspondent.

Les sablières étant ainsi parues, on prend sur le plan la longueur des noues H B ou H C, on la porte (fig. 5) de A en B, sur une parallèle donnée à la hauteur du dessus du bris; on portera la distance H P de D en C; la hauteur totale du comble donnera le point E; puis on trace les lignes E C et C B, et les rampes sont tracées. Les autres assemblages se placent comme de coutume et comme ils paraissent. Les pieds des noues sont déjoutés avec ceux des grandes fermes et avec celles qui portent le poinçon de la tour ronde; le plan de cette dernière est la ligne B C. Il n'a pas été fait de plan d'élévation pour cette ferme, parce qu'elle a le même reculement que les demi-fermes. La figure 6 est l'élévation de l'arêtier I J, dont le pied est porté par la tête du pignon du pan coupé, comme il est indiqué sur la perspective. L'élévation de ce pignon est fig. 8; il a la hauteur du bris pour point d'élévation, vu que la face du dehors tend sur l'arête du plan des sablières du bris.

La figure 4 est l'élévation des arêtiers de l'octogone; le poinçon de l'octogonale est supporté par les deux arêtiers qui composent la ferme; l'un des deux entraits porte celui de l'arêtier K S, ainsi que celui du grand comble dans lequel sont assemblés des goussets T destinés à maintenir le roulis et en même temps à porter les entraits d'enrayure des autres arêtiers. L'entrait d'enrayure du grand comble est également porté par un gousset U assemblé dans l'entrait de la ferme et dans celui de la demi-ferme. Après avoir fait paraître les élévations indiquées fig. 4, on prend le point A, jonction des deux arêtiers, que l'on porte sur l'arêtier en plan, ce qui donnera le point O; on tend les lignes O D, et l'on a les petites noues en plan. Ce même point A (fig. 4) donne leur point de hauteur pour les mettre en élévation, comme il est indiqué fig. 7, à la tête de laquelle est paru le tenon qui s'assemble dans l'entrait (fig. 4), où est parue la mortaise ainsi que celles des sablières de bris. La coupe de la tête des noues ayant beaucoup plus de retombée que l'entrait, on leur laisse filer une barbe dessous. Pour la tracer, on tire une ligne de niveau sur l'élévation des noues, à la hauteur du dessous de l'entrait; cette ligne se trace carrément sur le bois et donne le tracé de la barbe du dessous; les deux petites lignes marquées d'un trait raménerait étant rembarrées l'une par l'autre donnent la coupe de la face. La ligne aplomb parue sur le pied de la noue, également marquée d'un trait raménerait, est employée à tracer le déjoutement du pied avec celui des arêtiers. Le chevron d'emprunt paru en élévation sur la figure 4 par les lignes B D, n'est autre que celui de l'octogone qui doit être tracé sur le plan carrément aux sablières et comme il est vu par la ligne K V.

De la manière dont ce plan est situé, la jonction des deux arêtiers arrive juste à l'arête des sablières de bris, ce qui en fait un plus bel effet. Si l'octogonale était plus grande et qu'elle aurait plus d'élévation, on assemblerait le pied de l'arêtier de l'octogonale sur celui du grand comble, ou bien ce dernier sur celui de l'octogonale. Si parfois le plan des arêtiers n'était pas sur la même ligne, l'opération deviendrait plus dificile, surtout pour placer les appareils nécessaires dans l'intérieur de la charpente. Comme je crois qu'il est inutile de nous entretenir plus longtemps là-dessus, nous allons continuer nos leçons, et nous arriverons au point de combattre toutes sortes de difficultés, car s'il fallait s'arrêter à tous les inconvénients qui existent dans la charpente, les détails en deviendraient infinis.

FIG. 9.

DÉVELOPPEMENT DE LA HERSE DE L'OCTOGONALE

On jette d'abord une ligne sur laquelle on porte la longueur B D. rampe du chevron d'emprunt (fig. 4); au point B on tire une ligne d'équerre sur laquelle on porte la longueur de la sablière D D, que l'on prend sur le plan de V en S, et on la porte de B en A. De là on tend les lignes A D, et l'on a les arêtiers sur la herse. On porte ensuite leur ligne de face, puis on y place la panne et les empanons ainsi que leur démaigrissement, et la herse est ainsi terminée. Pour faire celle de la branche de noue, on peut la tracer sur la même; pour cela on prend la longueur de l'arêtier A E (fig. 4) que l'on porte sur celui de la herse de D en C, de là on tend au pied de l'arêtier et l'on obtient ainsi la noue C A, sur la herse; on porte ensuite sa ligne de face. et le rangraissement des empanons, comme il est indiqué sur la figure.

FIG. 11.

DÉVELOPPEMENT DE LA HERSE DE BRIS

La figure ne représente que la herse partant du milieu de la tour ronde jusqu'à la tête du pignon du pan coupé; on profile la ligne A B, rampe du bris de la demi-ferme (fig. 3) jusqu'au point C, remonté de la ligne aplomb du poinçon; avec cette longueur on décrit un simbleau sur la herse décrite du point C; ce simbleau donne la sablière de la tour ronde B G, sur laquelle on porte le pied des empanons, et, à la même distance que sur le plan de ces points, on les tend vers le point C; après cela on porte la longueur du chevron de bris A B de B en A; à ce point on décrit un deuxième simbleau, ce qui donne la sablière de bris sur la herse; on porte ensuite les démaigrissements du pied des empanons ainsi que ceux de la barbe de la tête que l'on simbleaute également sur la herse; ces derniers sont parus en lignes ponctuées. La ligne B A est le milieu de la ferme B F; au point A, on tire un trait carrément, sur lequel on porte la longueur de la sablière de bris que l'on prend sur le plan du milieu de la ferme au milieu de la noue, c'est-à-dire de Q en P, et on la porte sur la herse de A en E; à ce point on tend la ligne E B, et l'on obtient la noue du bris sur la herse; on prend ensuite la longueur de l'autre sablière P J; avec cette longueur on fait un simbleau; du point E de la tête de la noue on prend ensuite par trait gauchement la distance du pied de la noue B; au point J, tête du pignon; on porte cette longueur en reculement de la ligne aplomb de la ferme; de là on tend à la hauteur du bris; avec cette dernière longueur on vient faire un deuxième simbleau sur la herse, décrit du point B, pied de la noue, ce qui donne la ligne F E, sablière de bris sur la herse; ensuite on prend la longueur de la sablière A B; avec cette longueur on fait un simbleau décrit du point B, pied de la noue; on en fait un deuxième du point F avec la longueur a b, rampe du pignon (fig. 8); la jonction des deux simbleaux donnera le point G, puis on tend la ligne G F, et on a la face du pignon sur la herse; on tend aussi G B, pour la sablière, et la herse est ainsi terminée pour ce côté. Pour tracer celle de l'autre côté, il suffit de faire les mêmes opérations. Cette herse n'est utile que pour les empanons qui s'assemblent dans les noues et sur le pignon. Pour ceux qui s'assemblent d'une sablière à l'autre, il est préférable de les couper sur l'élévation d'une ferme. La figure 12 est la herse du comble du haut, partant de la demi-ferme de la tour ronde jusqu'à celle du grand comble au droit de l'épure; la manière d'opérer pour la faire étant toujours la même, il n'en sera pas parlé ici.

FIG. 13.

ARÊTIER ROMPU PAR UN PAN COUPÉ CIRCULAIRE

Dans ce plan-ci, l'arêtier est rompu dans sa course, rapport au pan coupé circulaire qui forme une partie ronde sur le pied de l'arêtier, comme il est indiqué sur le plan et sur la perspective.

Manière d'opérer.

On fait paraître d'abord les sablières A B, ainsi que le plan de l'arêtier B C, sur lequel on porte le point E, centre du pan coupé, d'après lequel on décrit la sablière F G F; du point E on tend les deux lignes E F, carrément aux sablières; sur ces lignes on place des empanons qui raccordent les parties droites avec la partie circulaire, dans laquelle sont placés d'autres empanons tendant au point de centre E; ils sont supportés à la tête par des petites pannes, comme il est indiqué sur le plan et sur la perspective; la manière de les couper a été indiquée planche 2, fig. 5. On fait ensuite l'élévation de la ferme indiquée fig. 14, ainsi que celle de l'arêtier, fig. 15. Cette élévation se fait comme si les sablières étaient au carré; on porte ensuite en reculement sur la ligne de base le point G, pied de la sablière circulaire, ce qui fait un point; on porte aussi le point de centre E, que l'on remonte carrément sur le lattis, ce qui donne le deuxième point D, qui, tendu au premier, donne le coude de l'arêtier indiqué sur la figure; l'arêtier n'est délardé que jusqu'à ce dernier point, tandis que le pied forme chevron sur la partie circulaire. Le coude de cet arêtier étant très-peu sensible, on le met d'une seule pièce avec une pièce courbe que l'on prépare selon la forme.

FIG. 16.

DÉVELOPPEMENT DE LA HERSE

La herse des parties droites se fait comme si le plan était carré; on y place ensuite les empanons à la même distance que sur le plan, puis on porte leurs lignes de démaigrissement. Pour développer la partie circulaire, on porte le point D sur l'arêtier duquel on fait un simbleau avec la longueur de la ligne D G (fig. 15); sur ce simbleau on porte le pied des empanons à la même distance que sur le plan, puis on les tend au point D, comme il est indiqué sur la figure; les pannes se simbleautent du même point et à la même distance du pied des chevrons, comme elles sont parues en vue debout au pied de la demi-ferme, fig. 14.

Cette dernière herse ne sert pour ainsi dire à rien, attendu que les pannes se coupent sur le plan et les petits empanons sur le pied de la demi-ferme, dont la ligne de base donne la coupe du pied, et le dessous de la vue debout la panne de la tête.

COMBLE MANSARD AVEC TOUR RONDE SUR LE DEVANT, AVEC TOURELLE OCTOGONE DROITE EN RACCORD SUR L'ARÊTIER. Pl. 8.

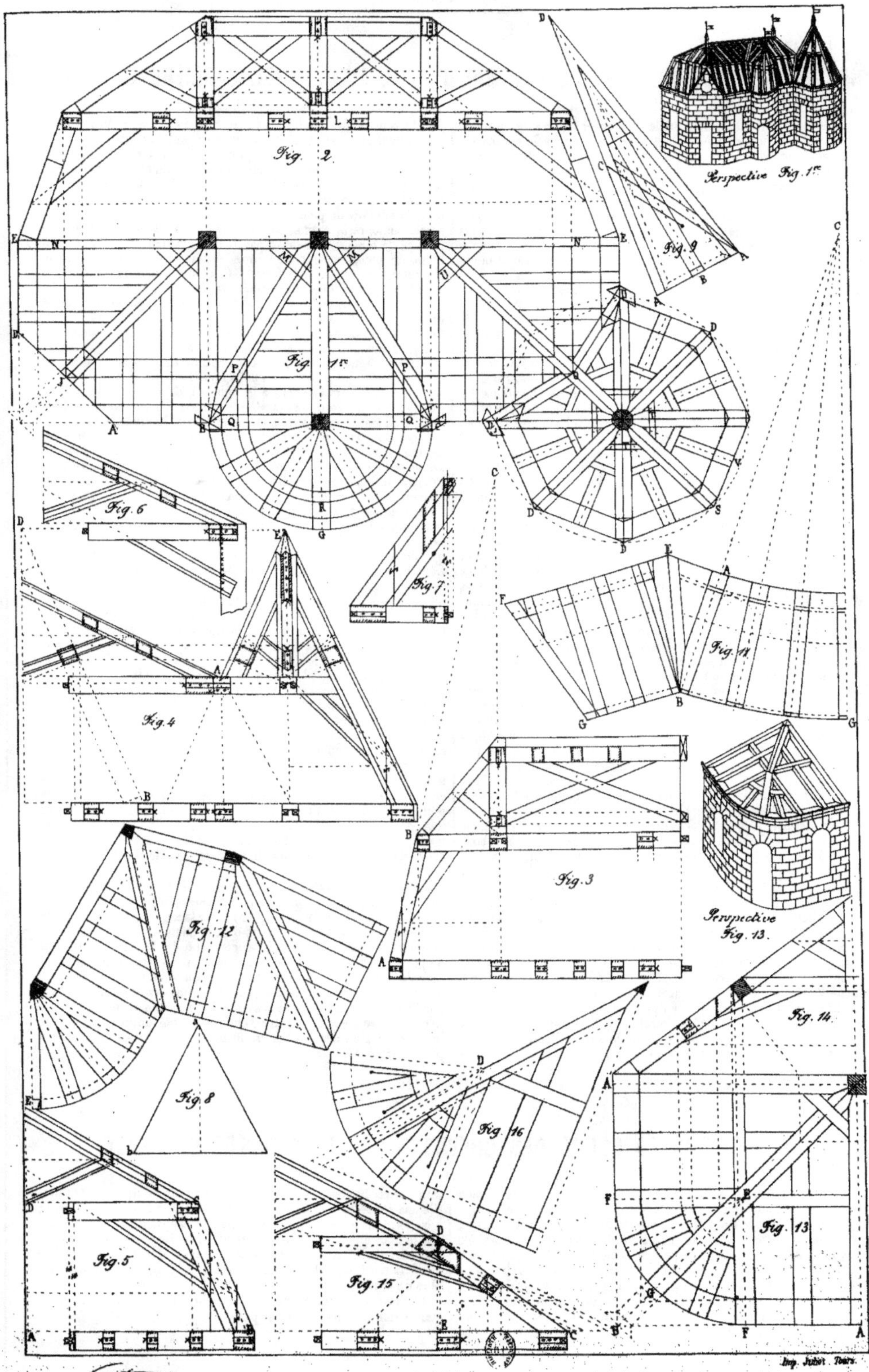

Imp. Juliot. Tours.

HANGAR SUR BLOCHET, CROISÉ PAR UNE PARTIE AIGUE, AVEC SABLIÈRE DE PENTE

Le hangar dont nous allons parler est composé de plusieurs fermes, avec une petite croupe de chaque bout supportée sur les entraits enrayures de ferme, ce qui forme baldaquin de chaque bout, comme il est indiqué sur la perspective. Sur ce dernier est raccordé un autre petit hangar beaucoup moins élevé; une des sablières forme une aiguité, ce qui l'oblige à être de pente pour éviter le gauche du lattis. Les entraits d'enrayure des noues sont supportés par un sous-faîtage qui est assemblé dans les entraits des grandes fermes; sur ce dernier, au faîtage du haut, est placé un poinçon pour supporter le faîtage du petit hangar dans lequel est assemblé la tête des branches des noues, le plan du grand hangar n'est paru qu'à moitié, attendu que l'autre côté est le même.

Manière d'opérer.

On commence d'abord à faire paraître sur le plan (fig. 1re) la sablière du grand hangar A B C, puis celles du petit hangar B D et G E; on fait paraître ensuite les plans des faîtages F G et H I, ainsi que les fermes des bouts A J et D E, puis les intermédiaires B H, G I et B C. Le plan ainsi fait, on fait les élévations des fermes, celles du grand comble B H et C I (fig. 2) ainsi que celles de l'autre partie (fig. 3), ensuite on fait paraître les noues en plan par terre. Pour cela on porte la hauteur du petit comble a b (fig. 3) sur la grande ferme (fig. 2); à ce point on mène une ligne de niveau; cette ligne donne le dessus du faîtage du petit comble, pour son établissement avec les poinçons, comme il est indiqué fig. 4. Le point B, jonction du dessus du faîtage avec le lattis de la ferme, étant descendu sur le faîtage en plan, donne la tête des noues; de là on tend à l'angle des sablières, comme il est vu par les lignes a G et a B. Pour tracer le plan des petites croupes des bouts, on profile le dessous de l'entrait de la ferme (fig. 2) sur la ligne du lattis; ces points étant descendus sur les faces du dehors des fermes donnent le pied des arêtiers; de là on tend à la tête des grandes fermes, et l'on obtient ainsi le plan des arêtiers. Comme il n'y a qu'un côté de paru sur le plan, ce dernier est marqué K H; son élévation en est faite fig. 6. La tête des entraits est supportée par le gousset I, et le pied est assemblé dans l'entrait de la ferme A J; cette dernière doit être appareillée comme il est indiqué fig. 7. Le faîtage ainsi que le sous-faîtage du grand comble s'établissent comme il est indiqué fig. 5, en même temps que les deux fermes des petites croupes. Pour faire l'élévation de la ferme, fig. 3, rapport à la sablière de pente, on mène une ligne parallèle au faîtage partant du pied de la noue sur la ligne de base du lattis de la ferme; de là on tend à la tête du poinçon, ce qui donne la rampe, on ramène ensuite parallèlement au faîtage la face du poteau sur la rampe, ce qui donne l'about de la ferme, la pente de la sablière et le dessus du blochet, comme il est indiqué sur la figure. Comme les jambes de force ont été primitivement fixées sur les grandes fermes, pour les placer dans ces dernières ainsi que dans les murs afin qu'elles se dégauchissent ensemble, on porte l'about du pied par une ligne de niveau sur les poteaux, ce qui donne un point; ensuite on profile le dessous sur G, dessus de l'entrait; on descend ce point en plan, puis on le mène parallèlement aux sablières sur le plan des noues; de là on mène une parallèle aux autres sablières sur le dessus de l'entrait (fig. 3), ce qui donne le deuxième point qui, tendu au premier, donne le dessous de la jambe de force. L'opération ainsi indiquée est très-juste dans les parties de niveau comme il est paru du côté droit de la figure. De l'autre côté, l'opération diffère rapport à la pente de la sablière; alors on ramène l'about de la tête de la jambe de force de la noue sur celui de la ferme B C, parallèlement au plan du faîtage G F. A ce dernier point, on mène une parallèle à la sablière B D sur le plan de la ferme D E; on rapporte ce point sur le dessus de l'entrait au plan d'élévation, puis on tend la ligne e f et l'on obtient ainsi le dégauchissement des jambes de force, qui ne peuvent être placées sur cette ligne; alors on la remonte parallèlement comme elle figure. Pour la placer ainsi, on prend la distance c d, pente de la sablière, que l'on porte sur la face du dedans du poteau de e en g; à ce point on mène une parallèle à la ligne e f et l'on obtient ainsi la jambe de force (fig. 3). S'il y avait d'autres fermes intermédiaires dans la sablière de pente, pour en faire les élévations l'opération serait toujours la même, de sorte que les abouts du pied des jambes de force suivraient la parallèle de la sablière, et se dégauchiraient toutes ensemble en ligne droite avec celle de la noue. Pour faire l'élévation de la ferme B C, il faudra ajouter à la figure 3 le même appareil que celui du côté droit.

L'élévation des noues est parue fig. 8. Pour y placer les jambes de force, on opère comme il a été indiqué pour la ferme, fig. 3. Ces dernières étant assemblées dans l'arête du poteau, cette arête a besoin d'être rapportée sur l'élévation, afin d'obtenir l'about du pied; cette ligne est marquée a b; ensuite on profile les faces du poteau en plan jusqu'aux faces de la noue; ces points se rapportent sur l'élévation parallèlement à la ligne a b et servent à tracer l'engueulement du pied des jambes de force, en les rembarrant les unes avec les autres, telles que pour tracer l'engueulement d'un arêtier; ces lignes sont marquées chacune d'un trait ramènerait. De même sont marquées celles qui donnent la coupe de la tête des noues sur les faces du faîtage. Pour les obtenir, on porte parallèlement à la ligne aplomb les points où les faces du plan des noues coupent celles du faîtage; ces lignes étant rembarrées l'une avec l'autre donnent la coupe indiquée sur la tête de la noue; ces mêmes points étant remontés sur l'élévation du faîtage (fig. 4), donnent le tracé de la mortaise, telle qu'elle est figurée, puis il faut qu'elle soit percée suivant la direction du délardement du faîtage. Lorsque la coupe a plus de retombée que le faîtage, on laisse filer une barbe dessous. Pour la tracer, on porte la hauteur du dessous du faîtage sur l'élévation des noues par une ligne de niveau que l'on trace carrément sur la noue, ce qui donne la barbe. Si les barbes étaient trop longues, on les déjouterait parallèlement à la coupe sur le milieu du faîtage. Les entraits d'enrayure sont entaillés à demi-bois à leur jonction, afin qu'ils puissent filer jusqu'au sous-faîtage dans lequel ils sont assemblés. Les trois lignes c d (fig. 8) ne sont autre chose que le développement des faces intérieures du poteau dans lequel est assemblé le pied de la jambe de force, dont le tracé de la mortaise en est fait. Pour obtenir ce tracé, on prend sur les faces du poteau les points où celles de la jambe de force le coupent; à ces points on tire des lignes parallèles au bois sur lequel on rapporte l'about de la barbe du dessus de la jambe de force, partant de la ligne e f, ce qui fait deux points; on obtient le troisième en ramenant sur la ligne du milieu, qui est l'arête du poteau, le point où le dessous de la jambe de force joint la ligne a b. De ce dernier point on tend aux deux premiers et l'on obtient ainsi le tracé de l'about de la jambe de force sur les faces du poteau. On opère de même pour le tracé de la gorge comme il est indiqué sur l'épure.

La figure 9 est l'élévation de la sablière de pente. Pour faire cette élévation, on mène la ligne a c parallèlement à B D, puis on prend sur l'élévation de la ferme (fig. 3) la distance c d que l'on porte de c en d, puis on tend la ligne a d et la pente est tracée. Cette sablière est assemblée dans les blochets, celui de la ferme dans celui de la noue. Pour en obtenir les coupes, on ramène carrément au plan de la sablière sur l'élévation les points où les faces des blochets coupent celles de la sablière; ces traits étant rembarrés l'un par l'autre donnent le tracé des coupes. Pour obtenir les coupes des liens dans les poteaux, on opère comme il a été indiqué fig. 8, pour le tracé du pied des jambes de force dans les poteaux, ainsi que pour le tracé des mortaises.

FIG. 10.

HERSE POUR LA COUPE DES CHEVRONS SUR LA SABLIÈRE DE PENTE

On mène d'abord la ligne a b à volonté, puis on prend sur le plan la distance B i que l'on porte de a en b; au point a on mène une ligne d'équerre sur laquelle on porte la longueur h b de a en c; on porte de même h d de a en e; au point c, on mène une parallèle à la ligne a b, sur laquelle on porte la longueur du faîtage f a de c en d; puis on tend les lignes b d et b c; on y place ensuite la panne et les empanons, ainsi qu'ils figurent, et la herse est terminée.

Pour porter le démaigrissement du pied des chevrons sur la sablière de pente, on fait le chevron d'emprunt J K carrément au plan de la sablière, n'importe à quel endroit; on le met ensuite en élévation avec la hauteur de la ferme, ce qui donne la ligne J n. On profile ensuite le dessous du chevron de la ferme sur la ligne de base; à ce point on mène une parallèle à la sablière du dégauchissement, sur le plan du chevron d'emprunt; de là on tire un trait carrément sur la ligne du lattis, et l'on obtient ainsi le démaigrissement J O que l'on porte sur la herse parallèlement à la ligne b e, face du dehors de la sablière.

La herse du grand comble est parue fig. 11; la manière d'opérer étant connue, il n'en sera pas parlé.

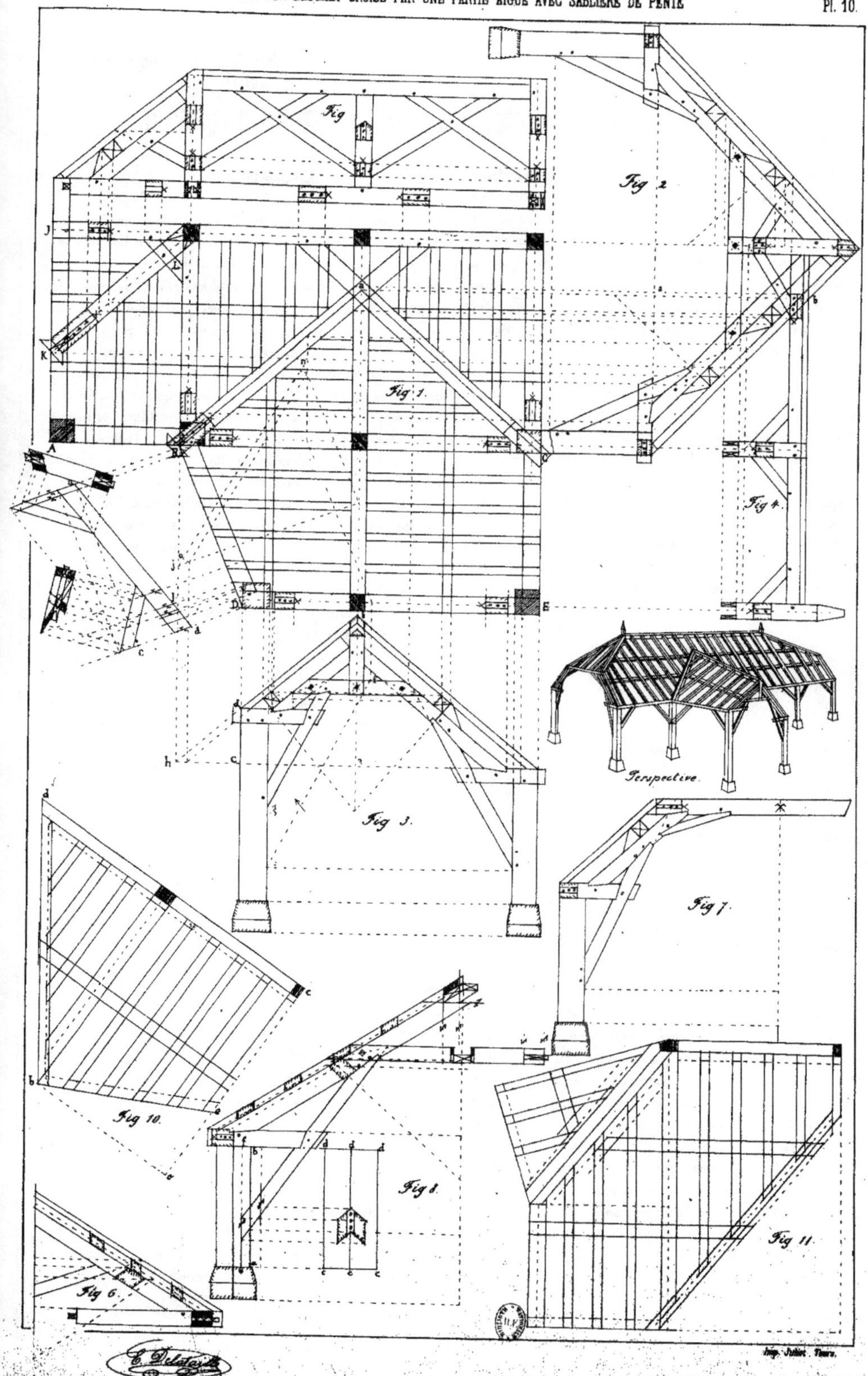

Imp. Juliot. Tours.

HANGAR MOISÉ SUR POTEAUX FORMANT RETOUR D'ÉQUERRE

Le plan ici présenté est un hangar de grande dimension, formant un retour d'équerre; il est construit sur poteaux avec ferme moisée formant entrait retroussé. Les arbalétriers s'assemblent du pied sur un blochet et de la tête dans le poinçon avec un embrèvement en gorge; le blochet s'assemble en gargouille dans le poteau et se boulonne dans les moises; les moises qui forment l'entrait retroussé sont entaillées et boulonnées aux deux arbalétriers, au poinçon et aux deux contre-fiches moises; ces deux contre-fiches moises sont d'un seul morceau, entaillées du pied dans les deux moises qui forment l'entrait, et la tête s'assemble en gargouille dans les arbalétriers et est boulonnée avec l'une et l'autre moise; elles sont destinées à supporter la flexion de l'arbalétrier; elles servent en même temps de tasseaux pour porter la panne. Les deux moises forment jambes de force; elles sont assemblées avec une entaille du pied dans les poteaux, ensuite avec le blochet et l'arbalétrier avec lesquelles elles se boulonnent; ces dernières moises, avec celles formant entrait, sont disposées de manière à former des crans dans lesquels sont engagées les pannes. Le poinçon avec ses contre-fiches est disposé comme pour une ferme ordinaire, ainsi qu'il est vu sur la figure 2.

Manière d'opérer.

Étant données par un emplacement quelconque les dimensions du hangard que l'on se prospose de construire, on commonce par faire paraître en plan par terre les sablières A, B, C, D, E, F; on divise ensuite la distance des fermes comme il est vu sur le plan; on fait paraître les arêtiers et les noues en plan, la vue debout des poteaux tels qu'ils sont figurés. Ici les croupes ayant une très-grande portée et étant d'une trop grande largeur pour une seule demi-ferme, obligent nécessairement à mettre plusieurs poteaux et demi-fermes intermédiaires s'assemblant en empanons dans les arêtiers; la même opération s'applique à la ferme d'angle qui est formée par la noue et l'arêtier avec une portée considérable, et sans aucun point d'appui que les deux extrémités; cette grande portée extraordinaire n'offrant pas les garanties nécessaires pour la sécurité, oblige nécessairement a établir un appareil quelconque offrant une résistance désirable, un point d'appui ne pouvant nuire à l'intérieur qui doit rester exempt de tout encombrement de charpentes. Ce point d'appui nous l'obtenons par le moyen d'une ferme d'angle établie carrément à l'arêtier, supportée à ses extrémités par les deux poteaux auxquels elle correspond; elle est marquée en plan G H; elle s'assemble du pied dans l'angle desdits poteaux, et le blochet vient en coupe contre le blochet de la ferme qui lui correspond; l'entrait de cette ferme d'angle est composé de deux moises entaillées et boulonnées; son poinçon s'assemble en gargouille dans l'arêtier dont elle est destinée à empêcher la flexion, ainsi qu'il est vu fig. 3, où sont les assemblages en élévation.

ÉLÉVATION DE LA FERME.

On commence (fig. 2.) par tirer la ligne de niveau a f que l'on adopte pour ligne de base; on y remonte carrément les sablières, la vue debout des poteaux et la ligne du milieu pour le poinçon; on détermine la hauteur des poteaux ainsi que celle de la ferme; on fait paraître la rampe des chevrons, leurs épaisseurs et la chambrée des pannes, ainsi que des arbalétriers; on divise la rampe de son lattis en trois parties égales, selon le nombre de pannes exigées par la portée des chevrons; on les descend ensuite en plan par terre, sur lequel on les fait paraître, ainsi que le faîtage, comme ils sont figurés sur l'épure. Cela fait, on dispose ces assemblages de façon à répartir sur chaque pièce la charge dont ils sont destinés à supporter, ainsi qu'il est figuré sur la dite élévation, par la division des pannes et des assemblages disposés à cet effet.

Sur la même ligne de base a f d, on fait l'élévation d'une travée des poteaux de la façade assemblée avec les sablières et les liens. Les poteaux de la ferme la plus rapprochée de la noue et celui de la noue, se trouvant à fort peu de distance, sont reliés ensemble par deux liens formant croix de saint-André, ce qui, joint aux autres liens, tient le roulement et l'éhanchement du hangar. On remarquera ici que la travée des poteaux est retournée de face, c'est-à-dire que la face qui se trouve dessus est la face extérieure du hangard, car d'après le principe de la charpente, l'établissage doit toujours se faire sur la face du dehors, en raison que la plupart du temps les assemblages s'affleurent de ce côté, et les dispositions doivent être prises à ce sujet.

Les élévations d'arêtiers se fait toujours de la même manière qu'il a été démontré dans les planches précédentes, ainsi qu'il est vu sur le plan.

La figure 4 est l'élévation de l'arêtier et de la noue du retour d'équerre sur laquelle est paru le poinçon, ainsi que les mortaises des assemblages de la ferme d'angle destinée à la supporter. Sur le côté droit de la même figure est paru la vue debout et les mortaises des demi-fermes, des longs pans et de la croupe venant s'y assembler, dont l'élévation en est faite fig. 5.

La figure 6 est l'élévation des demi-fermes correspondant au poinçon de la ferme d'angle marquée en plan I J. L'arbalétrier et la contre-fiche s'assemblent de la tête en coupe contre le dit poinçon.

La figure 7 représente l'élévation des deux arêtiers de la croupe marqués K L en plan. La disposition des assemblages, la vue debout des entraits, ainsi que les arbalétriers des demi-fermes, y est paru, et l'élévation en est faite fig. 8.

La figure 9 représente l'élévation du faîtage dont le roulis est maintenu et les poinçons reliés ensemble par le moyen de croix de saint-André formant liens, ainsi qu'il est vu sur l'épure.

Il n'est pas parlé ici d'aucune opération pour les niveaux de devers, pour les poteaux d'angles, poinçons et arbalétriers de la ferme d'angle; ces opérations ayant été suffisamment démontrées sur la première partie, il est inutile d'y revenir ici.

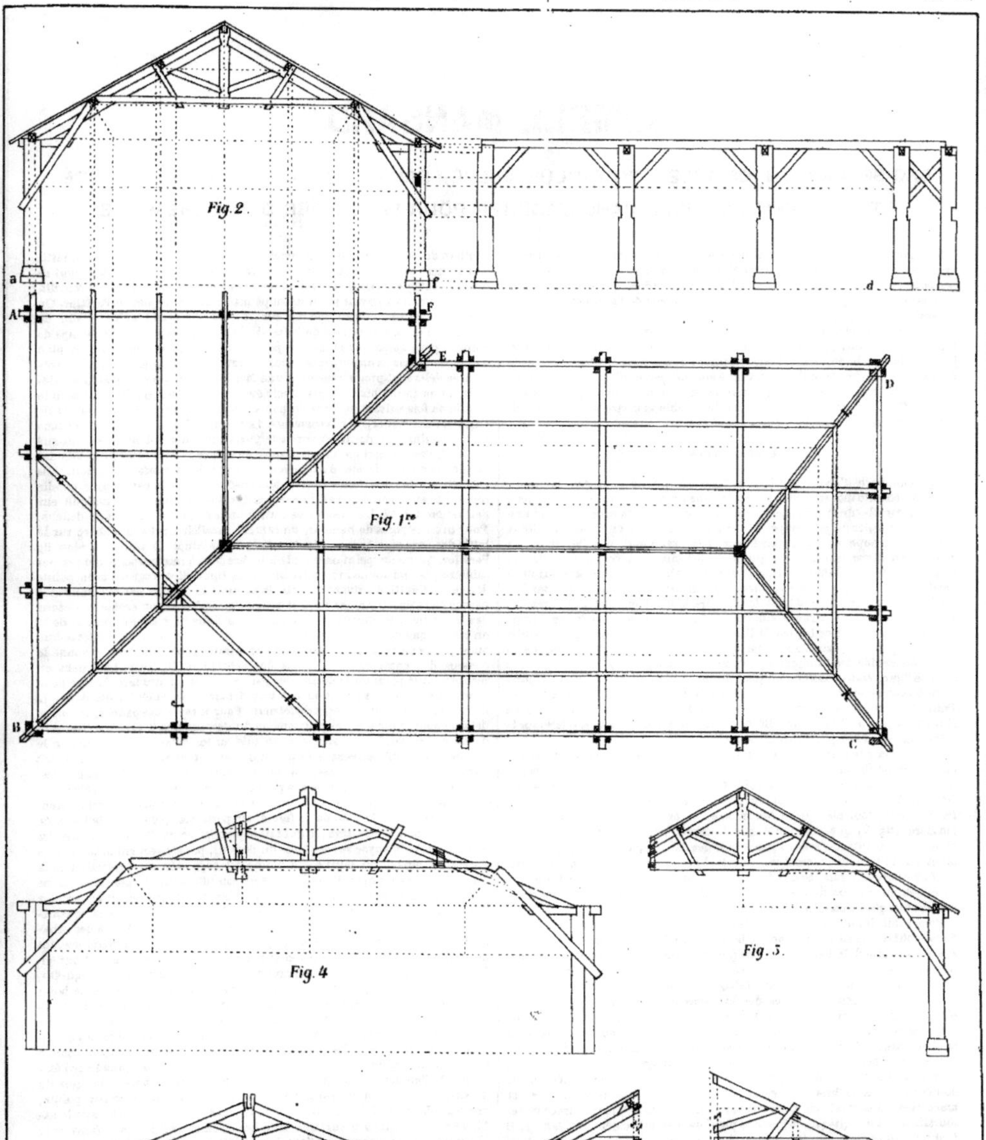

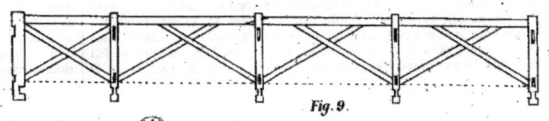

Imp. Juliot. Tours.

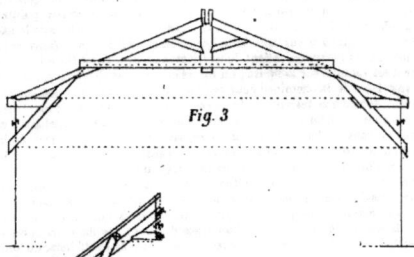

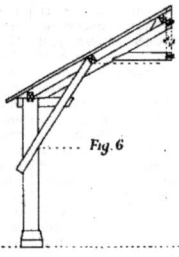

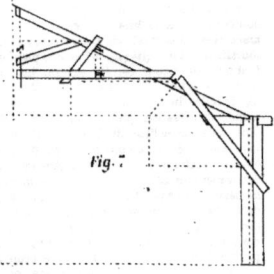

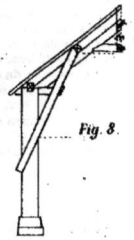

COMBLE MANSARD

CROISÉ PAR UN COMBLE DROIT PLUS ÉLEVÉ, DANS LEQUEL EST UN PAN COUPÉ ET UNE FERME D'ANGLE DANS L'ARÊTIER POUR LE PASSAGE D'UNE CHEMINÉE

Le plan dont nous allons parler est un comble mansard croisé carrément par un autre comble droit plus élevé; dans ce dernier il y a une croupe par bout. D'un côté, l'arêtier est coupé par une cheminée qui oblige d'établir une ferme d'angle pour supporter le pied de l'arêtier; de l'autre côté, l'arêtier est également coupé par une petite croupe, qui se trouve sur le pan coupé. Le comble étant plus élevé que celui des mansardes, on établit une petite croupe sur le faîtage du mansard, suivant le rampant du comble de derrière, jusqu'au faîtage le plus haut. Pour le raccord de ces deux combles, les noues forment un coude, tel qu'il est indiqué sur la perspective. D'un bout du mansard se trouve un bâtiment carré surmonté d'un étage plus haut et couvert d'un pavillon, par conséquent le comble mansard est raccordé de chaque côté sur les pans du bâtiment.

Manière d'opérer.

On commence d'abord (fig. 1re) à faire paraître le plan des sablières; celles du comble mansard sont marquées *une contre-marque*, celles du long pan du comble droit *deux contre-marques*, celles de la coupe *trois contre-marques*, et celles du pan coupé *quatre contre-marques;* on place ensuite la ferme de croupe en plan carrément aux sablières, par la ligne *un crochet;* on divise le milieu, ce qui donne le poinçon; à ce point on tire un trait parallèle aux sablières, ce qui donne le plan du faîtage et celui de la demi-ferme, marquée *deux crochets*. Du milieu du poinçon on tend à l'arête des sablières; l'on obtient le plan des arêtiers marqué *trois crochets;* à celui de droite est parue la vue debout de la cheminée. La ferme d'angle qui est destinée à porter le pied de l'arêtier est marquée en plan *un crochet contre-marque.* Le plan étant ainsi fait, on fait paraître l'élévation de la ferme du comble droit indiqué fig. 2; celle du mansard fig. 3. Le poinçon de cette figure étant descendu en plan donne le plan du faîtage marqué *deux crochets contre-marques;* on fait ensuite l'élévation de la demi-ferme de croupe. Pour l'établir avec le poinçon, ainsi que les poinçons avec le faîtage comme il est paru, fig. 4, il faut que l'élévation de cette demi-ferme soit faite sur la même ligne de base que celle du mansard, fig. 3.

Pour obtenir le plan des arêtiers de la petite croupe qui repose sur le bas faîtage, on profile la rampe du comble du derrière de la ferme (fig. 3) jusqu'à la jonction du faîtage (fig. 4); ce point étant descendu en plan sur le faîtage *deux crochets* donne le milieu du poinçon et la tête des petits arêtiers. Pour obtenir leur pied sur le bas faîtage, on prend la hauteur du comble mansard (fig. 3) que l'on porte sur la ferme (fig. 2) par une ligne de niveau; les points où cette ligne coupe les lattis sont ramenés parallèlement au faîtage deux crochets, sur la ligne du milieu du faîtage *deux crochets contre-marques*, ce qui donne le pied des petits arêtiers; de là on tend au milieu du poinçon dernièrement indiqué et l'on obtient le plan des petits arêtiers marqués *patte-d'oie*.

Pour avoir les noues du bris sur le plan, on descend premièrement l'arête de la sablière de bris sur le plan; elle est marquée *d'une patte-d'oie crochet;* ensuite on prend la hauteur du bris que l'on porte sur la ferme (fig. 2) par une ligne de niveau; les points où cette ligne coupe les lattis de la ferme sont ramenés parallèlement au faîtage sur le plan de la sablière de bris, de là on tend aux angles des sablières et l'on obtient les noues en plan marquées d'une *langue de vipère*. De ces mêmes points on tend aux pied des arêtiers *pattes-d'oie*, par ce moyen on obtient les noues du haut sur le plan marqué d'une *langue de vipère contre-marque*. Les entraits d'enrayure des noues de bris sont assemblés dans le sous-faîtage, qui porte le poinçon du milieu. Les colliers d'enrayure des noues du haut sont assemblés dans le collier de celles de bris et dans le sous-faîtage. La tête de ces noues est assemblée dans le faîtage, ainsi que le pied des petits arêtiers; le tracé de ces mortaises est indiqué (fig. 5) sur le plan de l'établissement du faîtage. Il faut qu'elles soient percées suivant les rampes du comble, comme il est indiqué à la tête de la ferme (fig. 3). L'élévation des noues du bris est parue fig. 6; celles du haut fig. 7. Ces dernières étant assemblées dans le faîtage, n'ont pour élévation que la hauteur du comble du haut de la mansarde partant du dessus de l'entrait. Pour obtenir la coupe sur la face du faîtage et les barbes du dessous, on opère comme il est indiqué sur l'épure et comme il a été dit planche 10, fig. 8. On ramène ensuite la tête ou plan de la noue parallèlement au faîtage sur la rampe de la panne à la ferme (fig. 2); on prend la distance de ce point au-dessus de l'entrait que l'on porte sur la ligne aplomb de la tête de la noue en élévation, et l'on obtient ainsi la rampe de la panne comme il est indiqué sur la figure. Les arêtiers *pattes-d'oie* sont parus en élévation (fig 8); ceux-ci sont assemblés du pied sur le faîtage et ont pour point d'élévation le surplus du comble droit avec le mansard. Pour tracer leur coupes du pied sur la face du faîtage, on porte en reculement sur le plan d'élévation par des lignes aplomb les points où les faces du plan des arêtiers coupent celles du faîtage, ces lignes étant rembarrées l'une par l'autre donnent la coupe; ensuite on trace la ligne de base carrément sur l'arête, ce qui fait la coupe sur le dessus du faîtage. La figure 9 est l'élévation de la demi-ferme du pan coupé et celle du grand arêtier. L'élévation de ce dernier se fait comme si le pan coupé n'existait pas; ensuite on porte en reculement la sablière du pan coupé; de là on tend où le dessus de l'entrait coupe le lattis de l'arêtier, ce qui donne la rampe de la petite croupe : cette rampe peut se mettre à volonté, mais il est préférable de la tendre comme il vient d'être dit, pour que l'entrait ne soit pas trop coupé pour recevoir le pied de l'arêtier. On place ensuite un poteau aplomb sur le pied du grand arêtier, afin de supporter l'entrait et le pied de l'aisselier. Ce poteau sert en même temps de poinçon pour assembler la tête des petits arêtiers, qui sont marqués en plan d'*une patte-d'oie contre-marque;* leur élévation en est faite fig. 10. Ces arêtiers se délardent premièrement d'une face à l'autre comme pour l'arbalétrier d'une ferme biaise. Après avoir été ainsi délardés, on les délarde une deuxième fois suivant le lattis du pan coupé. La figure 11 est l'élévation de l'arêtier dans lequel passe la cheminée. Le poteau indiqué sur la face du dedans de la cheminée est destiné à porter le pied de l'arêtier tel qu'il est indiqué sur la figure; il sert en même temps de poinçon pour recevoir la tête des arbalétriers de la ferme d'angle dont le tracé de la mortaise est fait. Les arbalétriers de cette ferme sont établis au-dessous de la panne pour qu'elle repose dessus, soutenu par une échantignolle, comme il est indiqué sur l'élévation, fig. 12. L'élévation de cette ferme est faite sur la face du dedans. Pour avoir le point de hauteur, on ramène parallèlement à la sablière sur le lattis des fermes le point où la face de la ferme coupe le milieu du plan de l'arêtier. Au même point on prend où la face de la ferme coupe le dehors des sablières, ce qui donne le reculement. Deux lignes tirées par ces trois points donnent l'élévation suivant le lattis. Pour avoir le dessous des chevrons et le dessus de l'arbalétrier, afin que la panne repose dessus, on profile le dessous des chevrons et le dessus des pannes sur la ligne de base des fermes; de là on les ramène parallèlement aux sablières sur le plan de la ferme. Ces points étant portés en reculement, on tend des parallèles au lattis, ce qui donne le dessous des chevrons et le dessus des arbalétriers. On porte également en reculement le point où le dessus des pannes coupe l'autre face du plan de la ferme; à ces derniers points on tire une deuxième parallèle, ce qui donne le délardement du dessus des arbalétriers. Pour le repos des pannes, ce même délardement donne le rengraissement du dessous des échantignolles, afin de les clouer sur les arbalétriers; ensuite on les délarde également sur le dessus pour qu'ils suivent le lattis du dessus des chevrons; ensuite on fait paraître la rampe des pannes, qui sert à donner la coupe des échantignolles. Pour cela on profile la rampe des pannes de leur vue debout sur l'élévation des fermes sur la ligne de base; ensuite on ramène ces points parallèlement aux sablières sur le plan de la ferme. On porte ces points sur la ligne de base sur le plan d'élévation, ce qui fait le premier point. Comme la rampe des pannes a été renvoyée sur les faces du dessous, par conséquent la hauteur de l'arête du dessus du lattis de la panne est rapportée sur l'élévation de la ferme d'angle au moyen d'une ligne de niveau; du point où cette ligne coupe le dessous du chevron, on obtient le deuxième point qui, tendu au premier donne la rampe des pannes qui servent à donner les coupes des échantignolles, comme il a été dit. Où ces mêmes lignes coupent le dessus des arbalétriers, on tend des parallèles à ces points, ce qui donne le rengraissement des échantignolles, afin qu'elles joignent sur les faces des pannes. Pour en faire le tracé, on place les échantignolles sur l'épure comme elles sont figurées, puis on trace les lignes comme elles sont parues sur le plan dessus, le bois; et celles qui sont ponctuées dessous; ensuite on rembarre ces traits d'une face à l'autre et l'on obtient ainsi les coupes indiquées ci-dessus. La figure 13 est la herse du long pan du comble droit pour la coupe des empanons sur les faces de la cheminée. Cette herse se fait au premier abord comme s'il n'y avait pas de cheminée; après l'avoir ainsi faite, on prend sur l'élévation de l'arêtier les points où les faces de la cheminée coupent la ligne du dessus, que l'on rapporte sur la herse, ce qui fait les deux premiers points; ensuite on profile les faces du plan de la cheminée sur le dehors de la sablière que l'on rapporte sur celle de la herse; on obtient les deux faces de la cheminée sur la herse; on obtient le troisième par une parallèle à l'arêtier comme il est indiqué sur la figure; on figure ensuite des chevrons parallèlement aux faces de la cheminée pour recevoir le lattis ainsi que les empanons; ces derniers se tracent sur la herse comme les empanons avec leurs mêmes lignes de démaigrissement, vu qu'ils sont de même épaisseur et déversés suivant le lattis. Les pannes reposent sur les arbalétriers de la ferme d'angle, comme il a été dit, et sont coupées le long des faces de la cheminée. Pour obtenir ces coupes sur la herse, on tire une ligne carrément à la sablière au point où la panne joint la face de l'arêtier; sur cette ligne on porte le démaigrissement des empanons que l'on mène parallèlement à la face de la cheminée; ce premier trait se trace dessus. On porte ensuite le démaigrissement de la panne que l'on trace dessous: ces deux traits étant rembarrés l'un par l'autre donnent la coupe. La figure 14 est la herse du long pan du comble droit du côté du pan coupé; la figure 15 est celle du comble mansard du côté gauche du plan. Pour la coupe des empanons sur les noues et ceux qui viennent le long des murs du bâtiment carré, ils sont portés de la tête par un chevron de rive placé le long du mur, sont déversés suivant le lattis et reçoivent la tête des empanons en coupe tournisse. La manière de faire le développement des herses dont il vient d'être parlé étant connue par suite des épures précédentes, nous n'en parlerons pas ici.

COMBLE MANSARD CROISÉ PAR UN COMBLE DROIT PLUS ÉLEVÉ, DANS LEQUEL IL EXISTE UN PAN COUPÉ ET UNE FERME D'ANGLE DANS L'ARÊTIER POUR LE PASSAGE D'UNE CHEMINÉE. Pl. 12.

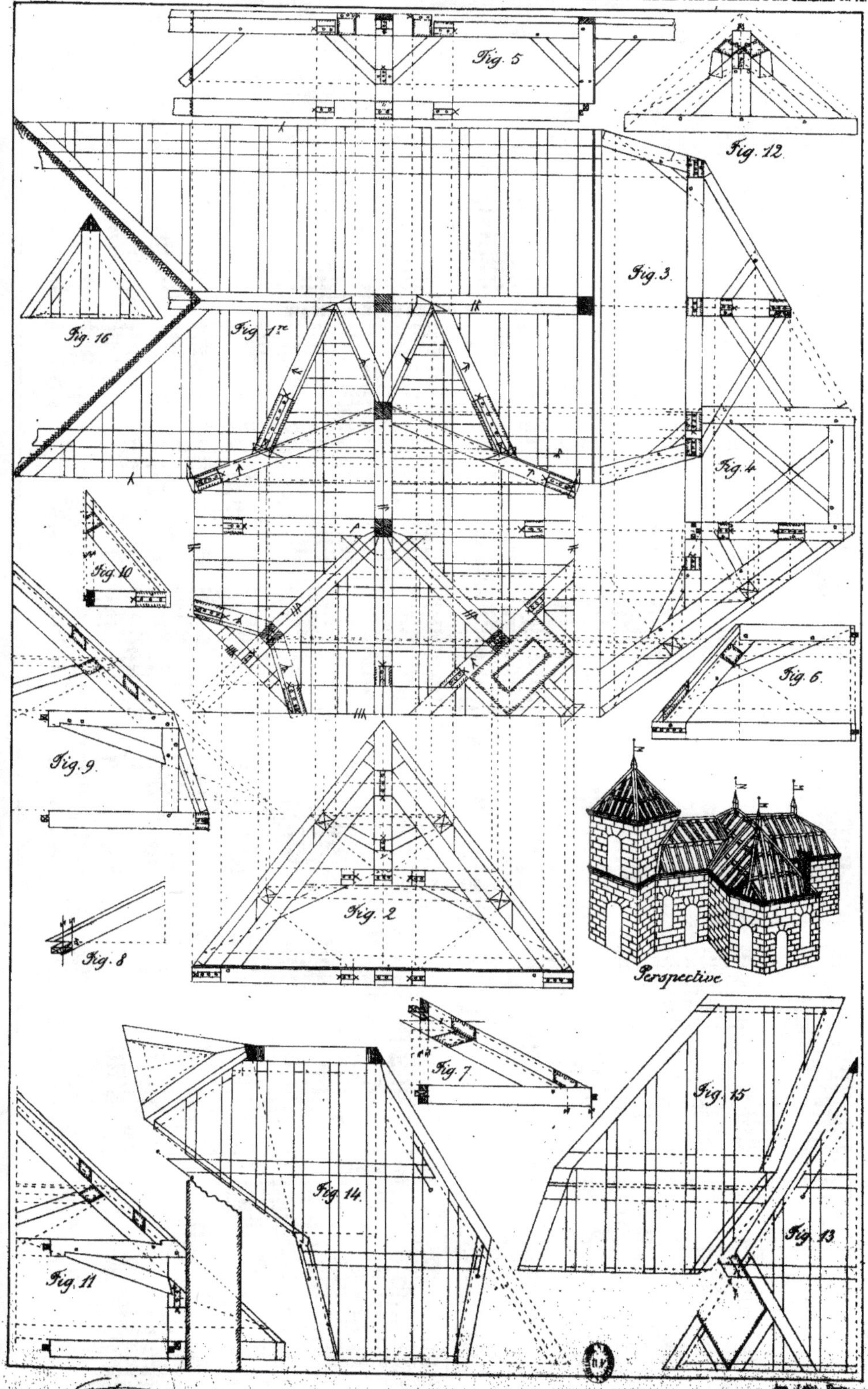

Imp. J. Allot. Tours.

FIG. 1re.

NOULET DROIT

Le noulet dont il va être parlé ici ne porte pas de faîtage, c'est-à-dire que les noues, les empanons ainsi que la fermette, sont cloués les uns en face des autres au moyen d'une coupe aplomb; les noues sont clouées du pied sur la fermette, comme il est indiqué sur la perspective. Ce genre de noulet est utilisé le plus souvent pour la retenue des eaux derrière les cheminées.

Manière d'opérer.

On commence d'abord par faire paraître l'élévation de la fermette dont la ligne de base est marquée *une contre-marque*, les lignes du lattis *deux contre-marques;* on fait paraître ensuite la rampe du vieux comble (le mot vieux comble est un ancien terme de métier qui veut dire la rampe du comble sur lequel le noulet doit être placé); cette rampe est marquée *un crochet*, sur laquelle on ramène une ligne de niveau venant de la tête de la fermette, ce qui donne la longueur du faîtage qui sert à faire la herse pour la coupe des noues et des empanons. Pour faire cette herse, on tire un trait carrément au lattis sur la tête de la fermette, sur lequel on porte la longueur du faîtage comme il est indiqué sur l'épure, par le moyen d'un simbleau; de ce point on tend au pied de la fermette, et l'on obtient ainsi les noues sur la herse marquée d'une *patte-d'oie;* la herse ainsi faite, on y place les empanons à l'écartement voulu, parallèlement à la fermette; la coupe du pied des noues se trace tournisse sur la ligne du lattis de la fermette. Pour avoir le démaigrissement pour les coupes aplomb de la tête, on porte l'épaisseur des noues en dessous du lattis de la fermette, où cette épaisseur coupe la ligne aplomb; du milieu de la fermette à ce point on tire une ligne parallèle au faîtage de la herse et l'on obtient le démaigrissement du dessous, qui une fois rembarré avec celui du dessus donne la coupe aplomb, comme il est indiqué par une des noues échassée hors de l'épure, c'est-à-dire vue sur champ. La coupe de la tête des empanons se trace sur les mêmes lignes que celles des noues, moyennant qu'ils soient d'égale épaisseur; la coupe du pied de ces derniers se trace tournisse sur la face du dedans des noues. Pour avoir le délardement du dessous des noues, afin qu'elles reposent sur le vieux comble, on ramène carrément aux rampes de la fermette, sur la ligne du lattis, les points où l'épaisseur des noues coupe la ligne de base; à ces derniers points on tire un trait parallèle aux noues sur la herse, et l'on obtient ainsi le délardement du dessous, indiqué sur l'épure par des lignes ponctuées.

FIG. 2.

NOULET MANSARD SUR UN COMBLE DROIT

La ferme de ce noulet est assemblée avec un entrait et un poinçon, dans lequel est assemblé le faîtage qui porte la tête des noues; au niveau du bris est une sablière qui reçoit la tête des noues du bris et le pied de celles du haut; ces noues sont assemblées avec des barbes dessous le faîtage, ainsi que dessus et dessous les sablières du bris; les petites noues du bris sont en coupe tournisse du pied le long de la fermette, comme il est indiqué sur la perspective.

Manière d'opérer.

On fait paraître premièrement l'élévation de la fermette; la ligne de base est marquée *une contre-marque*, le dessus de l'entrait, qui est le dessus du bris, est marqué *deux contre-marques*, les rampes du bris *un crochet*, celles du haut *deux crochets;* on fait paraître ensuite la rampe du vieux comble, cette dernière est marquée *une patte-d'oie*, sur laquelle on mène une ligne de niveau venant de la tête de la ferme, ce qui donne la longueur du faîtage, on lui porte ensuite son épaisseur comme il est vu sur l'épure. Ce dernier est coupé suivant la rampe du vieux comble et maintenu par un lien assemblé dans le poinçon; l'arasement de ce lien, ainsi que celui du faîtage, se trace sur la ligne du milieu du poinçon. Pour faire la herse du bris, on tire un trait carrément à la rampe sur la tête du bris; sur ce trait on porte la longueur de la sablière que l'on prend sur la ligne du dessus de l'entrait de la ferme, du milieu du poinçon à la rampe du comble; ce point étant porté, on tend au pied de la ferme et l'on obtient les noues sur la herse marquée *un crochet contre-marque* pour la herse du haut; on tire deux traits carrément à la rampe du haut, un à l'about du pied et l'autre au milieu du poinçon; sur celui de la tête on porte la longueur du faîtage, à celui du pied la longueur de la sablière de bris; un trait par ces deux points donne les noues sur la herse marquée *une patte-d'oie*. La herse ainsi faite, on porte l'épaisseur des noues sur la ferme, comme il est indiqué fig. 1re. Au point où la face du poinçon joint ces dernières lignes, on mène des parallèles au faîtage sur la herse, ce qui donne la coupe des noues sur les faces du faîtage; on les rembarre d'une face à l'autre; on mène également les points où le dessous du faîtage joint les mêmes lignes. Pour les barbes du dessous, on opère de même pour tracer les barbes des noues dessus et dessous les sablières du bris, comme il est paru sur l'épure par les noues échassées; les empanons se tracent toujours de la même manière, ainsi que le délardement des noues.

FIG. 3.

NOULET DROIT SUR UN COMBLE MANSARD

Ce noulet est assemblé de la tête comme celui de la figure 1re, c'est à dire qu'il n'y a pas de faîtage; les noues forment un coude, attendu qu'ils sont placés sur un comble mansard; les pieds des noues, au lieu d'être coupés le long de la fermette, sont cloués sur la sablière au moyen d'une coupe de niveau, comme il est indiqué sur la perspective.

Manière d'opérer.

On fait d'abord l'élévation de la fermette dont le lattis est marqué *une contre-marque*, ensuite les rampes du vieux comble marquées *deux contre-marques*. Le développement de la herse se fait toujours de la même manière. Pour obtenir le coude des noues sur la herse, on profile le dessus du bris du vieux comble sur le lattis de la fermette; à ces points on tire un trait carrément au lattis, sur lequel on porte la retombée de la rampe de bris; cette retombée se prend sur la ligne *un crochet*, depuis la ligne du milieu de la fermette à la rampe du vieux comble; par ce moyen, on obtient les noues sur la herse marquée *une patte-d'oie;* le pied des noues étant coupé sur les sablières, la fermette est retirée en arrière de leur épaisseur. Quand il en est ainsi, les épaisseurs des noues se portent en dehors de la herse, comme elles sont parues sur l'épure. Pour le tracé de la coupe du pied des noues sur la sablière, on tire un trait carrément à la rampe du lattis sur l'about de la fermette, ce qui donne le tracé du dessus; on en tire un deuxième sur la gorge, qui donne le démaigrissement du dessous; ces deux traits étant rembarrés l'un par l'autre donnent la coupe. Ces noues ne peuvent être d'une seule pièce attendu qu'elles forment un coude, par conséquent on les assemble en coupe tournisse, les unes au bout des autres. Le tracé des empanons, celui de la tête des noues ainsi que leur délardement, est le même que celui précédemment indiqué.

FIG. 4.

NOULET DONT LES NOUES SONT DÉVERSÉES SUIVANT LE LATTIS DU VIEUX COMBLE

L'épure de ce noulet n'est pas disposée de la même façon que les précédentes; cette différence d'opération vient de ce que les noues sont établies suivant le lattis du vieux comble; par ce moyen, les chevrons du vieux comble s'assemblent en coupe tournisse dans les noues.

Manière d'opérer.

On commence premièrement par faire paraître la sablière du vieux comble, cette première est marquée *une contre-marque;* on fait ensuite l'élévation de la fermette dont les rampes sont marquées *deux contre-marques;* la ligne du milieu de la fermette étant profilée sert de base et de chevron d'emprunt pour faire la herse des noues pour le tracé des coupes. Pour faire cette herse, on fait paraître la rampe de vieux comble sur le plan du chevron d'emprunt; cette rampe est marquée *une contre-marque crochet;* on porte sur cette rampe, parallèlement à la ligne de base, la hauteur de la fermette, ce qui donne la longueur du faîtage. On simbleaute sur le plan le point où ce trait coupe la rampe, et de là on tend au pied de la fermette, et l'on obtient les noues marquées *une patte-d'oie* sur la herse du vieux comble. La ligne du milieu de la fermette se trace tournisse sur les noues pour les coupes de la tête. Pour obtenir le démaigrissement de la coupe du pied, on porte l'épaisseur des noues au-dessous du chevron d'emprunt, parallèlement au lattis où cette épaisseur coupe la ligne de base; ce point est renvoyé carrément à la rampe sur la ligne du lattis et reporté ensuite sur la herse parallèlement à la sablière; cette ligne est marquée de deux traits raménerait que l'on trace dessous le bois, celle de la sablière se trace dessus, puis on rembarre ces deux traits d'une face à l'autre et la coupe est tracée. Pour faire la herse pour la coupe des empanons, on fait un simbleau avec la longueur de la fermette sur le plan; de là on tire un trait carrément au plan de la fermette, sur lequel on ramène la longueur du faîtage; de là on tend au pied de la femette et l'on obtient l'arête de la noue sur la herse marquée *un crochet*, ce qui donne la coupe du dessus des empanons. Pour avoir leur démaigrissement du dessous, on porte leur épaisseur sur la fermette où cette épaisseur coupe la ligne de base; ce point est renvoyé carrément à la rampe sur le lattis. Ce dernier point étant simbleauté du pied de la ferme sur la ligne *contre-marque*, on obtient ainsi le démaigrissement par une parallèle à la noue sur la herse; de cette dernière herse on ramène sur celle des noues, au moyen de deux simbleaux, l'about et la gorge des empanons; de là on mène des parallèles à la sablière et l'on obtient ainsi l'occupation de la coupe des empanons sur la noue, comme il est indiqué sur l'épure.

FIG. 5.

NOULET DE BIAIS

On fait paraître premièrement la sablière du comble sur lequel le noulet doit être placé, cette sablière est marquée *une contre-marque;* on porte ensuite sur cette ligne le biais du noulet par la ligne *deux contre-marques;* on tire une ligne d'équerre à la sablière, sur laquelle on porte la rampe du vieux comble, cette rampe est marquée d'une *patte-d'oie;* on porte sur cette ligne la hauteur de la fermette par la ligne *deux francs*, où cette ligne coupe la rampe; ce point étant descendu en plan sur la ligne *deux contre-marques* donne la longueur du faîtage; on fait paraître ensuite les sablières du noulet parallèlement au plan du faîtage, ces dernières sont marquées d'une *langue de vipère;* le point où elles coupent la ligne *contre-marque* donne les abouts du pied de la fermette, attendu qu'elle tombe sur l'aplomb de cette ligne. On place ensuite un chevron d'emprunt carrément aux sablières sur le plan du milieu de la ferme, il est marqué en plan d'*une patte-d'oie crochet;* pour le mettre en élévation, on porte la hauteur du noulet sur le plan du faîtage; de là on tend au pied sur les sablières et l'on obtient leur élévation, marquée d'une *langue de vipère contre-marque*. Pour développer la herse, on tire des traits carrément au lattis des chevrons d'emprunt sur les abouts du pied et à ceux de la tête; sur ce dernier on porte la longueur du faîtage, ce qui fait le premier point; cette longueur se prend sur la ligne *deux contre-marques*, comme il a déjà été dit; on prend ensuite sur les sablières la distance du pied des chevrons d'emprunt au pied de la fermette que l'on porte sur les sablières; de la herse de ces derniers points on tend aux premiers et l'on obtien les noues sur la herse marquée *un crochet;* de ces derniers points on tend à la tête des chevrons d'emprunt ce qui donne les arbalétriers de la fermette, sur la herse; ces derniers sont marqués *deux crochets*. Les noues étant portées du pied sur les sablières, leurs épaisseurs se portent en dehors de la herse, comme il est paru sur l'épure; les coupes du pied et de la tête se tracent comme dans le noulet carré, excepté qu'il faut opérer sur les chevrons d'emprunt. Les arbalétriers des fermettes étant déversés suivant le lattis du noulet, se coupent sur la herse tel que les noues; étant ainsi déversés, elles sont délardées sur les côtés, afin d'obtenir les faces aplomb. Pour obtenir ces délardements, les points où les faces des arbalétriers sur la herse coupent les lignes du faîtage sont renvoyés carrément au faîtage sur les lignes du démaigrissement; par ce moyen on obtient le délardement des faces indiqué par des lignes ponctuées; au point où ces lignes coupent le démaigrissement de la ligne du pied, on tire un trait à l'about du dessus; on mène ensuite une parallèle à ce dernier trait, partant de la gorge du pied des noues sur les lignes du démaigrissement; de là on tire une parallèle aux noues sur la herse, ce qui donne leur délardement du dessous. Le délardement des faces des empanons n'est pas urgent pour le noulet, mais pour la fermette qui forme fronton sur le devant ce délardement est indispensable.

FIG. 6.

NOULET SUR UN ARÊTIER

Le noulet dont il va être parler ici est placé sur un arêtier pour la retenue des eaux, derrière une cheminée, tel qu'il est indiqué sur la perspective.

Manière d'opérer.

On commence par faire paraître les sablières du vieux comble, elles sont marquées *une contre-marque*, le plan de l'arêtier *deux contre-marques;* on fait paraître ensuite la face du derrière de la cheminée carrément au plan de l'arêtier; cette dernière est marquée *trois contre-marques;* l'élévation de l'arêtier est marquée d'*une patte-d'oie*, sur laquelle on porte la hauteur du noulet par une ligne de niveau; au point ou cette ligne coupe l'arêtier on obtient la longueur du faîtage, cette ligne est marquée *un crochet;* on fait ensuite l'élévation de la fermette dont les rampes sont marquées *deux crochets*, après cela on développe la herse pour la coupe des noues. Pour cela on tire un trait carré au lattis, sur la tête de la fermette; sur ce trait on porte la longueur du faîtage; de là on tend au pied de la fermette et l'on obtient les noues sur la herse marquée *un crochet contre-marque;* la coupe du pied des noues se trace tournisse sur les lignes du lattis de la fermette; le démaigrissement de la tête est toujours le même. Pour tracer le délardement des noues, on tire un trait carrément au plan de la fermette partant de la gorge du pied jusqu'aux sablières *contre-marques*. La longueur de cette ligne est reportée depuis la ligne du lattis de la fermette sur un trait tiré carrément à la rampe, sur le même point de la gorge; de ce dernier point on tire un trait parallèle aux noues sur la herse et l'on obtient le délardement du dessous. La largeur de la noue étant portée à cette ligne, elle se trouve être chanlattée d'une arête à l'autre, tandis que, si elle était plus étroite, le délardement se trouverait tracé sur la face du dedans, ce qui fait qu'elle ne serait plus assez épaisse pour porter la coupe des empanons. On peut également obtenir ce même délardement en portant la hauteur de la gorge de la tête de la fermette par une ligne de niveau sur l'élévation de l'arêtier. Au point où cette ligne coupe le lattis de l'arêtier et le plan de la fermette, on prend cette longueur que l'on porte sur la ligne du démaigrissement de la tête partant de la ligne du lattis de la fermette. Il est bon de comprendre où il faut prendre ces délardements, car bien des fois c'est une question qui est très-embarrassante, surtout dans de certains genres de noulet.

FIG. 7.

NOULET DONT LES NOUES SONT CHANLATTÉES

On appelle noulet chanlatté quand les noues qui le composent sont prises dans un morceau de bois carré que l'on scie d'une arête à l'autre; par ce moyen, le sciage des noues repose à plat sur le vieux comble, et le pied des empanons sont assemblés en barbe sur l'arête des noues, comme il est indiqué sur la perspective.

Manière d'opérer.

On fait paraître d'abord l'élévation de la fermette dont la ligne de base et marquée *une contre-marque*, les lignes du lattis *deux contre-marques;* on jette ensuite une parallèle à la ligne de base que l'on adopte pour la sablière du vieux comble; cette dernière est marquée d'une *patte-d'oie;* la rampe du vieux comble est marquée *patte-d'oie crochet*, sur laquelle on porte la hauteur de la fermette par la ligne *un franc*. Au point où cette ligne coupe la rampe du vieux comble, on obtient la longueur du faîtage; ce dernier point étant simbleauté sur le plan donne la tête des noues sur la herse; on ramène ensuite les abouts du pied de la fermette carrément sur la sablière du vieux comble; de là on tend à la tête et l'on obtient sur la herse les noues marquées *un crochet;* après celà on prend la longueur de la chanlatte, parue fig. 9, que l'on porte parallèlement à la herse; on porte également l'aplomb de l'arête. Cela fait, on prend la hauteur de l'arête de la chanlatte que l'on porte parallèlement à la rampe du vieux comble; le point où cette ligne coupe la ligne de base est renvoyé carrément à la rampe sur la ligne du dessous, et simbleauté ensuite sur la herse, ce qui donne la ligne *deux crochets*. Les points où cette ligne coupe l'arête du milieu des noues sont renvoyés carrément sur la ligne *deux crochets contre-marques;* de ces derniers points on tend à la jonction des noues et de la sablière du vieux comble, par ce moyen on obtient l'alignement des faces des chanlattes sur le plan marqué *double contre-marques*. Pour tracer les coupes des noues, on les place sur la herse comme il vient d'être dit, puis on trace la ligne du milieu aplomb sur les faces des noues, ce qui donne leurs coupes de la tête; pour celle du pied, on trace la ligne *patte-d'oie* sur les faces du dessous, puis on plombe la ligne *deux crochets* sur l'arête du milieu; de ce point on rembarre avec celui du dessous, ce qui donne la coupe du pied des noues sur les sablières. Pour tracer la barbe des empanons sur la herse, on la développe comme il est vu sur l'épure et comme il a été dit fig. 4, dont la noue est marquée d'une *langue de vipère;* cette ligne se trace sur la face du dessus des empanons et se rembarre dessous avec la ligne *un monté*, ce qui donne la coupe sur la face du dehors de la noue; on trace ensuite la ligne *un monté contre-marque* dessus que l'on rembarre dessous avec celle marquée d'*une patte-d'oie contre-marque*, ce qui donne la coupe sur la face du dedans; par ce moyen, on obtient la barbe des empanons comme il est vu sur l'épure par un empanon paru échassé. Pour obtenir les lignes dont il vient d'être parler, on tire un trait carrément au plan de la fermette sur l'about du chevron, sur lequel on profile la face du dedans de la noue, ce qui donne la ligne *un monté contre-marque;* on tire un deuxième trait sur la gorge, ce trait est marqué *deux francs;* on tire ensuite un trait carrément à la rampe de la gorge du chevron, sur la ligne du lattis, ce point étant simbleauté sur la herse donne la ligne *trois francs*. Ces lignes étant parues, on mène la face du dehors de la noue sur la ligne *deux francs*, que l'on renvoie carrément sur la ligne *trois francs;* à ce dernier point on tire une parallèle à la noue en herse, ce qui donne la ligne *un monté;* on fait de même sur la face du dedans pour obtenir la ligne *patte-d'oie contre-marque*.

SAUTERELLES POUR LA COUPE DES EMPANONS SUR LES NOUES.

On fait paraître premièrement l'arête du dehors de la noue en plan marquée d'une *langue de vipère contre-marque*, ainsi que l'arête du milieu marquée *un deux montés*, ensuite on place un empanon en plan à n'importe quelle distance, ce dernier est marqué d'une *langue de vipère patte-d'oie;* le point où le plan de l'empanon joint l'arête du dehors de la noue en plan, est remonté carrément sur le lattis des fermettes, ensuite on profile la face de l'empanon, sur lequel on renvoie l'alignement de la face du dehors de la noue; ce point étant ramené carrément sur la ligne de base de la femette, de là on tend une ligne au premier point indiqué, ce qui donne la sauterelle de la coupe sur le face du dehors de la noue; on remonte ensuite sur cette dernière ligne, au moyen de la ligne *un crochet contre-marque*, le point où l'arête du milieu de la noue en plan joint celui de l'empanon, ce qui donne le fond d'arête de la barbe et le premier point d'alignement pour la deuxième sauterelle. On peut aussi obtenir ce même point par le moyen de la ligne *double crochet;* pour l'obtenir, on ramène l'arête de la chanlatte carrément sur la ligne de base de la fermette, et de là on mène une parallèle au lattis; ce point ainsi porté, on profile la face du dedans de la noue jusque sur le plan de l'empanon; ce dernier point étant ramené carrément sur la ligne de la base de la fermette, on obtient le deuxième point qui, tendu au premier, donne la deuxième sauterelle indiquée sur l'épure.

FIG. 8.

NOULET A FERME COUCHÉE

On appelle noulet à ferme couchée, lorsque les noues qui le composent sont accompagnées d'un poinçon, entrait aisselier et contre-fiches. Celui dont il va être parlé ici, les noues ainsi que leurs assemblages sont délardés dessus et dessous, suivant le lattis de la ferme aplomb.

Manière d'opérer.

On fait paraître premièrement l'élévation de la ferme aplomb dont la ligne de base est marquée *une contre-marque*, les lignes du lattis *deux contre-marques*, ensuite la sablière du vieux comble marquée *un crochet*, la rampe *deux crochets*, sur laquelle on porte la hauteur de la ferme, ce qui donne l'établissement du faîtage avec les deux poinçons; ce dernier est marqué d'une *patte-d'oie*. On assemble une croix de saint-André du faîtage aux deux poinçons, pour maintenir le roulis; ceci étant fait, on fait la herse pour l'établissement de la ferme couchée. Le point où le dessus du faîtage coupe la rampe du vieux comble est simbleauté sur la ligne de base et ramené sur la ligne du milieu de la ferme, ce qui donne la tête de la herse; on ramène ensuite les abouts de la ferme carrément sur la sablière du vieux comble; de là on tend à la tête et l'on obtient sur la herse les noues marquées un *crochet contre-marque;* on ramène également les gorges sur les lignes *patte-d'oie un crochet;* à ces derniers points on mène des parallèles aux noues sur la herse, ce qui donne leur délardement du dedans et du dehors. Pour placer l'entrait, on porte la hauteur du dessus et du dessous par des lignes de niveau sur la rampe du vieux comble où ces lignes coupent le lattis; on simbleaute ces points sur la ligne de base, puis on les mène parallèlement à la sablière, ce qui donne les faces du dessus. Pour avoir les délardements, on prolonge les lignes de niveau sur les faces du dessous de l'entrait, ensuite on renvoie ces points carrément à la rampe sur le lattis, puis on les simbleaute sur la herse comme il a été fait pour celles de dessus. Pour y placer les aisseliers et les contre-fiches, on les place d'abord sur la ferme aplomb; pour abréger l'opération, on les place sur la même ligne, comme il est fait dans ce plan-ci; étant ainsi placés, on prend le point où le dessous coupe la ligne du milieu de la ferme, ce point est reporté par une ligne de niveau sur la rampe du vieux comble, de là on le simbleaute sur la ligne de base, puis on le ramène parallèlement à la sablière sur la ligne du milieu de la herse, ce qui fait un point; ensuite on profile les faces du dessous sur la ligne de base de la ferme, que l'on ramène ensuite carrément sur la sablière du vieux comble; de ces derniers points on tend au premier, et l'on obtient ainsi les aisseliers et les contre-fiches sur la herse. Ces premières données sont marquées *une contre-marque un monté;* le dessus étant ramené de même sur la sablière du vieux comble donne la face du dessus. Pour avoir leurs délardements, on prolonge les mêmes lignes sur celles marquées *une patte-d'oie crochet;* à ces derniers points on mène des parallèles et l'on obtient ainsi le délardement. Il est bien entendu que les lignes qui sont passées pleines sont les arêtes du dessus du bois, et celles qui sont ponctuées sont celles du dessous. Pour préparer les bois de la sorte, on prend la largeur de chaque morceau sur les arêtes les plus larges, puis on y trace les lignes pleines dessus, celles ponctuées dessous, puis on abat le bois sur ces traits d'une face à l'autre. Chaque pièce étant ainsi délardée, on la place sur l'épure, et pour tracer les coupes on trace les lignes pleines sur le bois, et celles ponctuées dessous, puis on rembarre ces traits d'une face à l'autre, et les coupes sont tracées. On opère de même pour le tracé des mortaises. Pour tracer la coupe du pied des noues sur le tirant de la ferme, on trace la ligne *un crochet* sur le bois, et la ligne *patte d'oie crochet* dessous; ces traits étant rembarrés d'une face à l'autre donnent la coupe. Pour obtenir la ligne *patte-d'oie crochet*, on porte l'épaisseur des noues parallèlement à la rampe du vieux comble; le point où cette épaisseur coupe la ligne de base est renvoyé carrément à la rampe sur le lattis, et de là on fait un simbleau sur la herse, comme il est indiqué au pied du vieux comble. Pour le tracé des empanons ainsi que de leurs mortaises sur les noues, on opère comme il a été indiqué fig. 4. La herse se développe de la même manière; sur cette dernière, la noue est marquée d'une *langue de vipère*, le faîtage *langue de vipère contre-marque*, on y place ensuite les empanons à distance voulue, et l'on opère pour tracer les coupes comme il a été dit, et comme il est figuré sur l'épure.

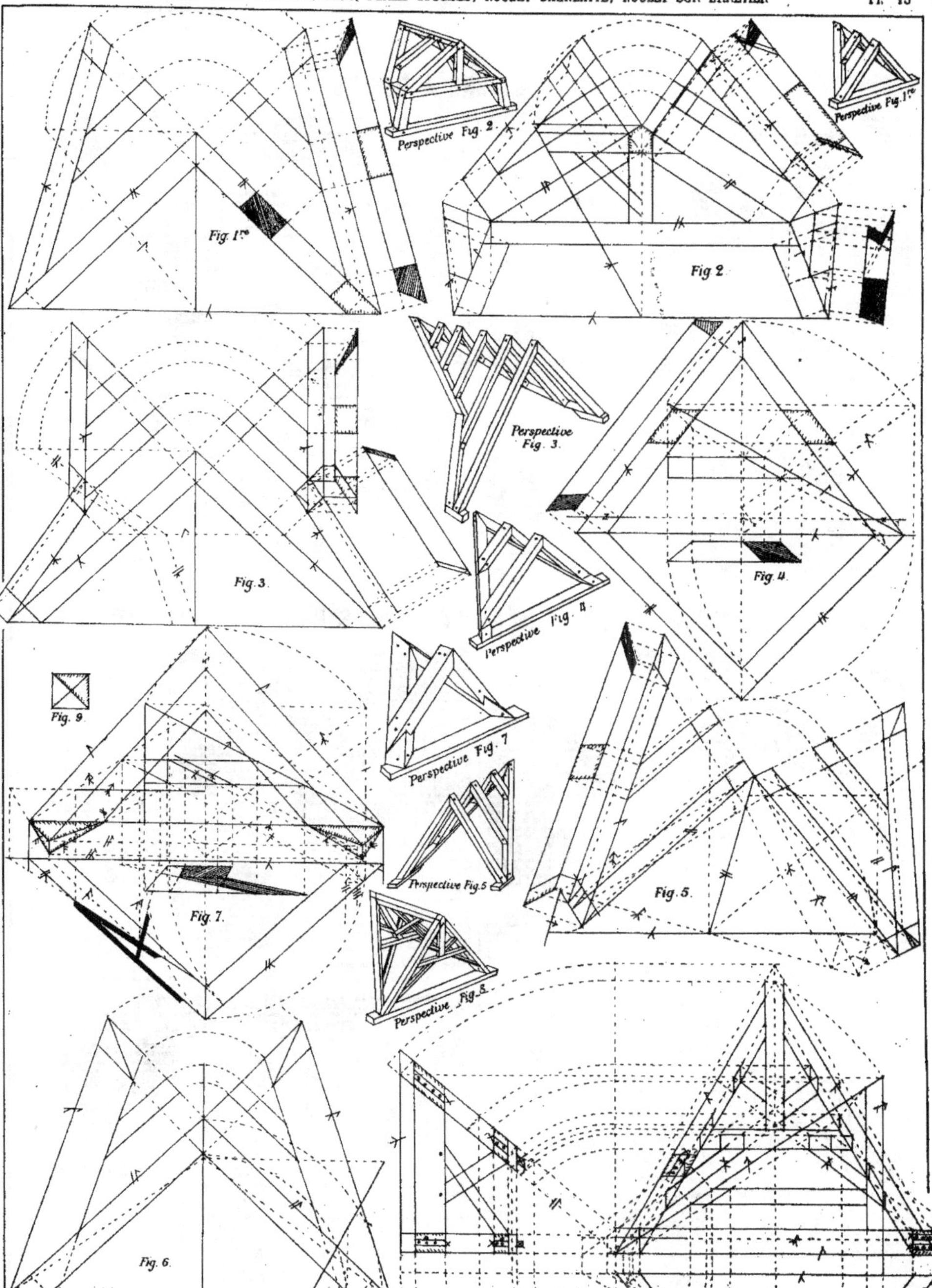
Fig. 1re
Perspective Fig. 2
Fig 2
Perspective Fig. 1re
Perspective Fig. 3
Fig. 3
Fig. 4
Perspective Fig. 4
Fig. 9
Perspective Fig. 7
Fig. 7
Perspective Fig. 5
Fig. 5
Perspective Fig. 8
Fig. 6
Perspective Fig. 6
Fig. 8

FIG. 1re.

COMBLE LUCARNE A DEVERS

On l'appelle lucarne à devers quand elle est surmontée d'une croupe sur le devant; les arêtiers qui la composent sont de devers suivant le lattis d'une sablière; par ce moyen ils ne sont pas délardés. Du côté de leur lattis les empanons vont en coupe tournisse, et en barbe de l'autre côté; sur l'aplomb de la tête des arêtiers est placée une fermette, le long de laquelle est clouée la tête des arêtiers.

Manière d'opérer.

On commence d'abord par faire paraître les sablières de la lucarne dont celle du devant est marquée d'*une contre-marque*, celles des côtés *deux contre-marques*; on fait paraître ensuite la rampe du vieux comble par la ligne *trois contre-marques*, sur laquelle on porte par une ligne de niveau la hauteur de la sablière; cette dernière sert de ligne de base pour l'établissement de la lucarne; elle est marquée *un crochet*; elle s'établit telle qu'elle est parue sur l'épure, avec les tournisses et les poteaux. Ceci étant fait, on porte la hauteur du comble de la lucarne en contre-haut de la sablière; cette ligne est marquée *deux crochets* au point où elle coupe la rampe du vieux comble; ce comble étant descendu en plan sur la ligne du milieu de la lucarne donne l'aplomb de la tête des noues; on descend également l'about de la sablière sur celui du plan, ce qui donne les abouts du pied; deux traits donnés sur ces trois points donnent les noues en plan marquées d'une *patte-d'oie*; après cela on fixe la tête des arêtiers en plan; de là on tend aux arêtes des sablières; on les obtient en plan marqué *un crochet contre-marque*; sur la tête des arêtiers on place une fermette en plan carrément aux sablières; cette dernière est marquée *deux crochets contre-marque*; on la met ensuite en élévation par les lignes *un monté*; on la profile ensuite du plan par terre jusque sur la ligne *deux crochets*, ce qui donne la longueur du faîtage; de ce dernier point on tend à l'about du pied sur le dehors des sablières, et on obtient la rampe et le chevron d'emprunt de la croupe; ce dernier est marqué *trois crochets*. Le plan étant ainsi fait, on continue par faire paraître le devers de pas des noues et celui des arêtiers; pour cela on tire des traits sur la tête de la fermette, carrément aux rampes sur la ligne de base; ces points sont ramenés parallèlement aux sablières sur une ligne tirée carrément au plan du faîtage, passant sur la tête des noues en plan; de là on tend à leurs abouts du pied et l'on obtient ainsi leur devers de pas marqué d'une *patte-d'oie crochet*. On tire ensuite la ligne *patte-d'oie un monté* pour le devers de pas de l'arêtier de gauche, attendu qu'il fait lattis au long pan du noulet; celui de l'autre côté fait lattis en croupe. Pour obtenir le devers de pas, on tire un trait carrément à la rampe du chevron de croupe sur la ligne de base, ce point est renvoyé carrément sur le plan du faîtage; de là on tend au pied de l'arêtier et l'on obtient ainsi le devers de pas marqué d'une *patte-d'oie langue de vipère*. Les lignes qui viennent d'être parues, que l'on appelle devers de pas, ne sont autre chose que l'alignement des faces opposées au lattis; par ce moyen on obtient l'occupation des coupes des pieds des arêtiers, et celui des noues sur les sablières telle qu'elle est parue sur le plan.

HERSE POUR LA COUPE DES NOUES, DES ARÊTIERS ET DES EMPANONS.

On va commencer par celle des noues; les deux côtés étant les mêmes, on ne va s'occuper que du côté gauche de la figure.

On prend la longueur de la fermette que l'on rapporte par un simbleau sur le plan; de là on tend au pied de l'arêtier, et on obtient la herse marquée *un monté contre-marque*; du même point on obtient le faîtage sur la herse par une parallèle à son plan, au point où ce dernier joint la ligne *double contre-marque*; on ramène ensuite la gorge de la tête; le délardement du dessous de la noue étant connu, il n'en sera pas parlé; du reste il est indiqué sur l'épure. L'arêtier faisant lattis à la sablière se trace tournisse sur la ligne du plan de la fermette pour la coupe de la tête; celle du pied se trace par le même démaigrissement que celui de la noue, à condition qu'ils soient de même épaisseur. Les empanons de cette sablière vont en coupe tournisse dans l'arêtier; l'autre arêtier fait lattis à la croupe et s'assemble en barbe de la tête dans celui dont nous venons de parler. Pour tracer cette barbe, on la met sur la herse, et pour cela on couche la longueur du chevron d'emprunt de la croupe sur le plan au moyen d'un simbleau; on ramène ce point parallèlement à la sablière, sur le plan du faîtage; de là on tend à l'angle des sablières et l'on obtient ainsi les arêtiers sur la herse marquée *langue de vipère contre-marque*; on fait paraître le démaigrissement du pied par le moyen précédemment indiqué, ce dernier est marqué *un double crochet*; la ligne *un franc* est l'arête de l'arêtier que donne le tracé du dessus. Pour avoir le rembarrement du dessous, on renvoie carrément sur la ligne du démaigrissement le point où le devers de pas de l'arêtier joint le dedans de la sablière qui est le dessous de l'arêtier; on mène une parallèle à l'arêtier qui donne le rembarrement du dessous comme il a été dit. On obtient le tracé de la barbe par des parallèles partant des points où le dessous de l'arêtier du long pan joint la ligne du démaigrissement et le dehors de la sablière. Ces lignes étant rembarrées l'une par l'autre donnent la barbe comme il est indiqué sur le champ de l'arêtier paru échassé. Cette barbe a besoin d'être déjoutée sur la face de la fermette. Pour tracer ce déjoûtement, on porte le démaigrissement de la tête du chevron d'emprunt sur la herse, au moyen de la ligne *un deux montés*, que l'on trace dessous l'arêtier; de là on tend à l'about de la barbe et le déjoûtement est tracé. Il est à observer ici que les lignes données pour le tracé de la barbe de l'arêtier servent également à tracer la barbe des empanons et des croix de saint-André, en un mot, tout assemblage qui pourrait être placé sur le lattis, moyennant qu'il fasse l'épaisseur indiquée sur le chevron d'emprunt de la croupe, car il est bon de comprendre que c'est toujours l'épaisseur des bois qui servent à donner les démaigrissements. Pour tracer la barbe des empanons qui vont de l'autre côté de l'arêtier, il faut faire les mêmes opérations que pour celles de la croupe.

SAUTERELLE POUR LA COUPE DE L'ARÊTIER.

Pour tracer ce même arêtier à la sauterelle, on fait un chevron d'emprunt carrément au devers de pas, sur la tête de l'arêtier en plan; on le met en élévation avec la hauteur de la fermette; sa longueur étant couchée sur le plan donne l'arêtier; couché sur sa face de devers, il est marqué *deux francs*. On obtient la coupe du pied sur le devers du pas, comme il est indiqué au moyen d'une sauterelle. Pour avoir la coupe sur la face de l'arêtier, on tend une ligne du point où les deux devers de pas se rencontrent à la tête de l'arêtier, ce qui donne la coupe; de ce dernier point on tend une deuxième ligne du point où le devers de pas coupe le plan de la fermette, cette dernière ligne donne le déjoûtement de la barbe; il se trace sur l'autre face par la sauterelle indiquée sur la herse de la croupe. Pour avoir la barbe du dessous, on profile le devers de pas et la sablière du lattis à l'autre arêtier jusqu'à leur rencontre; de là on tend à la tête de l'arêtier, ce qui donne l'alignement du dessus; au point où le dessous de l'arêtier qui est le dedans de la sablière coupe le devers de pas, on tend une parallèle qui donne la barbe juste sur le fond d'arête. On peut obtenir cette deuxième ligne sans se servir de la première; pour cela on tend une ligne de la tête du chevron d'emprunt là où son plan coupe le dehors de la sablière; on en tend une deuxième au point où il coupe le dedans. Le point où cette dernière coupe la rampe du chevron d'emprunt est simbleauté sur lui-même en plan, ce qui fait un point; de là on tend au point où le dedans de la sablière joint le devers de pas, par ce moyen on obtient la sauterelle directement sur le fond d'arête.

TRACÉ DE L'OCCUPATION DE L'ARÊTIER ET DE LA COUPE DES EMPANONS DANS L'ARÊTIER.

On en place d'abord un en plan, il est marqué *trois francs*; l'about de la tête étant remonté carrément au devers de pas, sur l'arêtier, donne un point; de là on tend au point où le devers de pas de l'arêtier coupe le plan de l'empanon, ensuite on porte l'épaisseur de l'empanon sur le plan. Au point où cette dernière coupe le devers de pas on tend une parallèle et on obtient ainsi l'occupation de la coupe, comme il est indiqué sur la face de l'arêtier.

SAUTERELLE POUR LA BARBE DES EMPANONS DANS L'ARÊTIER.

L'about du même empanon étant remonté carrément sur le lattis de la fermette lui fait sa longueur et le premier point d'alignement de la croupe; on obtient le deuxième en ramenant parallèlement à la sablière sur la ligne de base de la fermette le point où le devers de pas de l'arêtier coupe le plan de l'empanon; ce point étant ainsi porté, on tend au premier et l'on obtient ainsi la coupe. Pour avoir le fond d'arête de la barbe, on ramène l'arête de l'arêtier parallèlement à la sablière sur la base de la fermette; de là on tire une parallèle à la rampe sur la ligne de croupe; à ce dernier point on tire un trait parallèlement à la base de la fermette, ce qui donne la sauterelle de la barbe sur le fond d'arête, tel qu'il est paru sur l'épure; on pourrait également obtenir ces dessous de barbe en profilant le plan de l'empanon jusqu'au-dessous du chevron d'emprunt de la croupe, et prendre cette hauteur depuis la ligne de base et la rapporter sur la fermette par une ligne de niveau. L'opération à faire pour le tracé de la barbe des empanons est la même que celle qui vient d'être faite; du reste elle est indiquée sur l'épure. L'empanon sur lequel on a opéré est marqué en plan *trois crochets contre-marques*, dont le relevé des sauterelles est paru sur la rampe du chevron d'emprunt de la croupe.

SAUTERELLE POUR LA COUPE DES NOUES.

On fait un chevron d'emprunt sur la tête des noues en plan carrément au devers de pas de la noue; on le met en élévation avec la hauteur de la fermette, ensuite on couche sa longueur sur lui-même en plan, au moyen d'un simbleau; de là on tend au pied et par ce moyen on obtient la noue couchée sur la face opposée du lattis, elle est marquée d'une *patte-d'oie crochet contre-marque*. Au point où le devers de pas coupe le plan du faîtage on tend une ligne à la tête, ce qui donne la sauterelle pour le démaigrissement de la tête; celle du pied se prend sur le devers de pas comme elle est parue sur l'épure.

FIG. 2.

COMBLE DE LUCARNE EN ÉVENTAIL A DEVERS PLUS HAUT QUE SON COMBLE

Le noulet dont il va être parlé ici forme l'éventail, c'est-à-dire que les sablières sur lesquelles il repose sont dévoyées de chaque côté afin d'avoir plus de place dans l'intérieur de la lucarne. Le faîtage forme une pente sur le devant pour éviter le gauche du lattis et se trouve à surmonter au-dessus du comble les noues tendant jusqu'au faîtage; sur leur tête reposent deux petits arêtiers qui forment croupe suivant le rampant du comble du derrière, comme il est indiqué sur la perspective.

Manière d'opérer.

On commence par faire paraître le plan des sablières; celle du devant est marquée *un franc*, celles des côtés *deux francs*; on fait un trait carré sur le milieu de celle du devant, ce qui donne le plan du faîtage marqué *trois francs*; on fait paraître ensuite les rampes du vieux comble marquées d'une *patte-d'oie*, puis on jette la ligne *un crochet*, qui est le dessus de l'entrait, le dessus de la sablière sert de ligne de base pour l'établissement du comble de la lucarne; la fermette qui porte la tête des arêtiers est marquée en plan *deux crochets*, le plan des arêtiers *trois crochets*. On descend aussi le faîtage du vieux comble en plan marqué d'*une contre-marque*; on profile ensuite le plan de la fermette au-dessus de la ligne *un crochet*, sur laquelle on porte la hauteur de la croupe; de là on tend à l'about de la sablière, ce qui donne le chevron d'emprunt de la croupe marquée *deux crochets contre-marque*. Pour avoir la pente du faîtage, on profile le plan des sablières jusqu'à leur rencontre; ce point étant remonté carrément sur la ligne *un crochet*, de là on tend à la tête du chevron de croupe, et l'on obtient ainsi la pente du faîtage; cette dernière est marquée *trois contre-marques*. Pour avoir les noues sur le plan, on mène la ligne *un crochet contre-marque* parallèlement à la base depuis la tête de la croupe sur la rampe du vieux comble; à ce point on descend une ligne sur le plan parallèlement au faîtage du vieux comble; ce dernier se trouve de même hauteur que la croupe, il indique la ligne dont il est parlé. On mène ensuite de la tête du plan des arêtiers des parallèles à chaque sablière sur le faîtage du vieux comble, ce qui donne la tête des noues en plan; on descend ensuite l'about de la sablière *un crochet* sur celle du plan, de là on tend au point de la tête et l'on obtient les noues en plan marquées d'une *patte-d'oie contre-marque*; on peut les avoir encore en profilant la ligne du faîtage jusqu'à la rencontre de la rampe du vieux comble; ce point se descend sur le plan du faîtage de la lucarne, et de là on tend aux mêmes abouts du pied sur les sablières. Ceci étant fait, on prolonge la rampe du comble de derrière sur la ligne *trois contre-marques*, ce qui donne la longueur du faîtage; ce point étant descendu sur son plan donne la tête de la petite croupe de derrière, dont les arêtiers sont marqués d'une *langue de vipère*.

TRACÉ DU DEVERS DE PAS DE LA FERMETTE, DES ARÊTIERS ET DES NOUES.

L'opération dont il va être parlé n'est faite que du côté gauche de l'épure, le côté droit étant le même. On fait d'abord un chevron d'emprunt sur la tête de la noue en plan carrément à la sablière de la lucarne; on le met ensuite en élévation avec la hauteur du vieux comble, les noues ne montant pas plus haut; ce dernier est marqué en plan *une patte-d'oie crochet* et en élévation *patte-d'oie un monté*; le chevron d'emprunt étant ainsi paru, on tire un trait à la tête carrément à la rampe sur la ligne de base; de là on tend au pied de la noue, ce qui donne le devers de pas marqué *un monté*. Au point où ce premier joint le plan du faîtage de la lucarne on tend au pied de la noue du côté opposé et l'on obtient le devers de pas de l'autre noue indiquée sous la même marque. On obtient en même temps celui du petit arêtier de derrière, attendu qu'il fait lattis au noulet. Pour cela, on le profile sur son plan jusque sur la sablière de la lucarne; de là on tend au premier point donné par le chevron d'emprunt; par ce moyen on obtient le devers de pas au niveau de la base du comble de la lucarne, ce dernier est marqué *un double crochet*. On mène ensuite la ligne *double crochet patte-d'oie* parallèlement à la sablière jusqu'à la rencontre d'un trait fait carrément à la sablière passant sur la tête du plan des arêtiers; de ce dernier point on tend au pied de l'arêtier et au pied de la fermette, et l'on obtient ainsi leur devers de pas. Celui de la fermette du côté opposé se rapporte de la même manière que celui de la noue, ils sont tous deux marqués *un monté contre-marque*, celui de l'arêtier marqué *un deux montés*. L'arêtier du côté droit fait lattis à la coupe dont le devers de pas est paru par la ligne *un monté patte-d'oie contre-marque*. Pour l'obtenir, on opère comme cela a été indiqué dans la figure précédente, et comme il est paru sur l'épure par un trait carré fait sur la tête du chevron d'emprunt de la croupe.

HERSE POUR LA COUPE DES ARÊTIERS, DES NOUES, DE LA FERMETTE ET DES EMPANONS.

La longueur du chevron d'emprunt *pattes-d'oie un monté* étant rabattue sur son plan donne la tête de la noue; de là on tend à l'about du pied de la sablière, et, l'on obtient ainsi sur la herse marquée d'*une patte-d'oie contre-marque crochet*. On profile ensuite le plan du petit arêtier sur la ligne de la sablière et de là on tend à la tête de la noue sur la herse, ce qui donne le petit arêtier sur la herse marqué d'une *langue de vipère contre-marque*; on tire ensuite un trait carrément à la sablière passant sur la tête des petits arêtiers en plan; au point où cette ligne joint l'arêtier sur la herse on tend au point où le plan du faîtage joint la sablière, ce qui donne la ligne *langue de vipère patte-d'oie* qui sert à tracer l'about de la tête de la fermette et celle des empanons. Sur cette dernière ligne on mène un trait carrément à la sablière passant sur la tête du plan des arêtiers; de là on tend au pied de l'arêtier et on l'obtient sur la herse. Il en est de même pour la fermette; en tendant du même point à son about du pied sur la sablière, cette ligne est la face de la fermette, qui sert à la placer sur la herse, pour lui tracer ses coupes, et qui donne en même temps la coupe de l'arêtier, attendu qu'il fait le même lattis.

On place ensuite une deuxième fermette parallèlement à cette dernière sur la tête des petits arêtiers, comme il est indiqué par la ligne *double crochet contre-marque*. Cette dernière est destinée à porter la tête des petits arêtiers, tout comme celle du devant. Elle repose du pied sur les noues, et elles se tracent toutes deux sur la herse comme elles sont figurées. Pour assembler le pied des petits arêtiers, sur la tête des noues, le meilleur moyen est de les établir au même lattis qu'elles, tel qu'il a été fait dans ce cas, et de les couper tournisses l'un sur l'autre par un trait donné à la jonction des faces du dehors avec celles du dedans comme il est figuré; ce trait est marqué d'un trait ramènerait. Les empanons se placent sur la herse parallèlement aux fermettes. Le démaigrissement du pied sur la sablière se trace toujours de la même manière. Pour obtenir celui de la tête, on profile le dedans de la sablière sur le plan du faîtage, ce point étant renvoyé carrément sur la ligne du démaigrissement; de là on mène une parallèle à la ligne *patte-d'oie langue de vipère* qui donne le tracé du devers, et cette dernière le démaigrissement du dessous, comme il a été dit. La herse à faire pour le tracé des empanons de la croupe se fait de la même manière que celle de la figure précédente, de même que pour obtenir la donnée des lignes qui servent à tracer la barbe des empanons et celle de l'arêtier. La herse de la petite croupe de derrière se fait aussi de la même manière en adoptant pour ligne de base le dessus du faîtage du vieux comble, comme il est paru sur l'épure. Sur cette dernière herse, les arêtiers sont marqués d'une *langue de vipère patte-d'oie contre-marque*, les sauterelles qui servent à donner la barbe des empanons sont indiquées sur la rampe du comble de derrière; la manière de les obtenir étant connue et indiquée sur l'épure, il n'en sera pas parlé, non plus que de celles des noues dont le relevé en est fait du côté droit de la figure.

SAUTERELLES POUR LA COUPE DE L'ARÊTIER FAISANT LATTIS A LA CROUPE.

On fait un chevron d'emprunt sur la tête du plan de l'arêtier carrément à son devers de pas; on le met en élévation avec la hauteur de la fermette, sa longueur étant rabattue sur le plan; de là on tend au pied de l'arêtier et on l'obtient ainsi couché sur sa face de devers, marquée *un crochet un monté*. Du premier point donné par le chevron d'emprunt on tend une ligne à la jonction du devers de pas des deux arêtiers, ce qui donne d'abord une coupe; du même point on en tend une deuxième au point où le devers de pas de l'arêtier joint celui de la fermette, ce qui donne le déjoûtement de la barbe de l'arêtier sur la face de la fermette; les trois devers de pas se trouvent sur le même point, par conséquent le déjoûtement se trouve tracé en même temps que la coupe. Le tracé du déjoûtement au-dessous de l'arêtier se prend sur la herse du lattis de l'arêtier. Pour l'obtenir, on profile le devers de pas de la fermette ainsi que le dehors de la sablière de la croupe; à la jonction des deux on tend une ligne à la tête de la herse, ce qui donne la sauterelle, en plaçant la lame sur cette ligne et le manche sur l'arêtier. Pour tracer ce même déjoûtement par des rembarrements, on profile la face du dedans de la sablière sur le devers de pas de la fermette; ce point étant renvoyé carrément sur la ligne du démaigrissement et profilé parallèlement à la sablière, se trace en dessous de l'arêtier; la première ligne donnée se trace dessus, une fois rembarrée avec celle du dessous le déjoûtement est ainsi tracé; on ramène ensuite l'arête de l'autre arêtier comme il est indiqué par des lignes ponctuées, ce qui donne le fond d'arête de la barbe; un trait donné parallèlement donne la coupe au-dessous de l'arêtier indiqué par les sauterelles. Cette coupe est ainsi tracée, parce que le devers de pas fait une parallèle avec la sablière du lattis de l'arêtier au-dessus duquel on veut faire joindre une barbe, si c'était différemment, pour obtenir cette même coupe, on profilerait le devers de pas de l'arêtier jusqu'à la rencontre du dehors de la sablière; de là on tend à la tête de l'arêtier sur sa herse de devers, ce qui donne l'alignement du dessus de l'arêtier, on ramène ensuite le dedans de la sablière sur la même ligne. Une parallèle sur ce point donnerait la coupe du dessous juste sur le fond d'arête; cette opération doit être connue, car elle a été faite et indiquée dans la ligne précédente. La sauterelle pour la coupe de pied se prend sur la ligne du devers de pas et les autres sur la herse des empanons.

SAUTERELLES POUR LA COUPE DES EMPANONS DE LA CROUPE.

On place d'abord un empanon en plan carrément à la sablière à n'importe quel endroit, celui sur lequel l'opération est faite est marqué en plan d'une *langue de vipère un monté*. La jonction du plan de l'empanon avec le plan de l'arêtier est remonté carrément sur le lattis du chevron d'emprunt de la croupe, ce qui fait un point. Le point où le devers de pas de l'arêtier joint le plan de l'empanon étant remonté sur la ligne de base du chevron de croupe, donne le deuxième point qui, tendu au premier, donne la coupe sur la face du devers de l'arêtier. Sur cette coupe on ramène le fond d'arête de l'arêtier par le moyen précédemment indiqué; un trait donné parallèlement à la rampe du faîtage sur ce dernier point donne la barbe au-dessous de l'arêtier. Cette ligne est très-exacte sur le rapport que le plan de l'empanon est parallèle avec celui du faîtage, et que l'arêtier est de devers suivant le faîtage; la preuve en est très-convaincante par la donnée des alignements indiqués sur l'épure. Pour les obtenir, on profile le plan de l'empanon jusqu'à la jonction du dehors de la sablière, ce point est remonté sur la ligne de base, et de là on tend à l'about de l'empanon sur le lattis du chevron d'emprunt, ce qui donne l'alignement du dessus de l'arêtier. On obtient celui du dessous par une parallèle, en remontant sur la même ligne de base le point de jonction du plan de l'empanon avec le dehors de la sablière; à ce dernier point on tire la parallèle indiquée, et, par ce moyen, on obtient les alignements dont on vient de parler.

SAUTERELLES POUR LA COUPE DES CHEVRONS DE LA FERMETTE ET POUR LA BARBE DES EMPANONS DANS L'ARÊTIER.

L'opération dont nous allons parler ici est faite sur le chevron de la fermette, du côté droit de la figure; ce chevron n'étant pas d'équerre à la sablière, par conséquent il est donné suivant le lattis comme il a déjà été dit. Pour les coupes à la sauterelle, il faut les coucher sur sa face de devers; pour cela on fait un chevron d'emprunt carrément à son devers de pas; on le met ensuite en élévation, et on le rabat sur son plan, comme il a été fait pour celui de l'arêtier, et l'on obtient ainsi la fermette couchée sur son devers sur la ligne *langue de vipère contre-marque un monté*.

On place le manche de la sauterelle sur cette ligne et la lame sur le devers de pas, ce qui donne la coupe du pied; au point où le devers de pas joint le plan du faîtage on tend à la tête de la fermette sur la herse de devers, ce qui donne la coupe aplomb de la tête; les autres coupes se prennent sur la herse du lattis. Les empanons étant placés parallèlement à la fermette, ce plan va nous servir pour obtenir les sauterelles qui servent à donner leurs coupes de tête dans l'arêtier; pour cela on tend une ligne du point où le devers de pas de la fermette joint celui de l'arêtier; cette première donne la sauterelle pour la coupe sur la face de l'arêtier. Pour obtenir la barbe du dessous, on profile le devers de pas de la fermette ainsi que le dehors de la sablière de la croupe; à la jonction des deux on tend à la tête de la fermette sur sa herse de devers, ce qui donne l'alignement du dessus de l'arêtier; au point où le dedans de la sablière joint le même devers de pas on tend une parallèle, ce qui donne la barbe au-dessous de l'arêtier, juste sur le fond d'arête, comme il est indiqué par les sauterelles sur la tête de la fermette; les coupes qui suivent l'arêtier et la sablière se prennent sur la herse comme il a été dit.

FIG. 3. HERSE POUR LA COUPE DES TOURNISSES.

La figure 3 est la herse sur laquelle se tracent les tournisses qui forment un clairy de chaque côté de la lucarne. Pour en faire le relevé, on tire d'abord deux lignes d'équerre; sur une des deux on porte la longueur de la sablière, cette première est marquée *deux francs*, telle que sur le plan; sur la deuxième qui est marquée *une contre-marque*, on porte la longueur du poteau que l'on prend depuis le dessus de la sablière de la lucarne jusqu'à la base du vieux comble; on tend une ligne sur ces deux points, ce qui donne la rampe du comble; cette dernière est marquée *un crochet*. Les tournisses se placent sur la herse parallèlement aux poteaux, comme il est vu sur l'épure; on porte l'épaisseur de la sablière en contre-bas afin d'avoir l'arasement du tenon de la tête.

Le chevron de joue étant deversé suivant le lattis du vieux comble, les tournisses vont en coupe maigre dessus. Pour obtenir ce démaigrissement, on tire un trait carrément au plan de la sablière à n'importe quel endroit; on tire ensuite un trait parallèlement à la sablière du vieux comble, au point où ce premier trait donné joint une des faces de la sablière; la distance des deux sur l'autre face est reportée en dedans de la herse, sur la sablière, ce qui donne le démaigrissement indiqué par une ligne ponctuée. Pour que ce démaigrissement soit bon, il faut que la tournisse fasse la même épaisseur que celle de la largeur de la sablière. L'épure qui vient d'être faite est celle du côté gauche de la figure, la même opération est à faire pour le côté droit. On peut s'en dispenser en traçant les coupes à rebours, c'est-à-dire que les lignes qui se tracent sur le bois sont tracées dessous, et celles de dessous dessus; par ce moyen on obtient les coupes pour le côté opposé de celui auquel l'épure est faite, moyennant que les deux soient les mêmes.

SAUTERELLES POUR LA COUPE DES TOURNISSES SUR LE LATTIS DU CHEVRON DE JOUE.

On fait paraître d'abord la ligne *un crochet contre-marque un monté* carrément au plan de la sablière de la lucarne; l'endroit où cette ligne joint la sablière du vieux comble fait un point; on remonte ensuite sur la rampe du vieux comble le point où cette même ligne joint le dehors de la sablière de la lucarne; la hauteur de ce point avec la ligne de base est reportée sur la face du dehors de la sablière de la lucarne; la hauteur de ce même point avec la ligne de base *un crochet contre-marque un monté* donne le deuxième point qui, tendu au premier, donne la lame de la sauterelle comme il est indiqué sur l'épure.

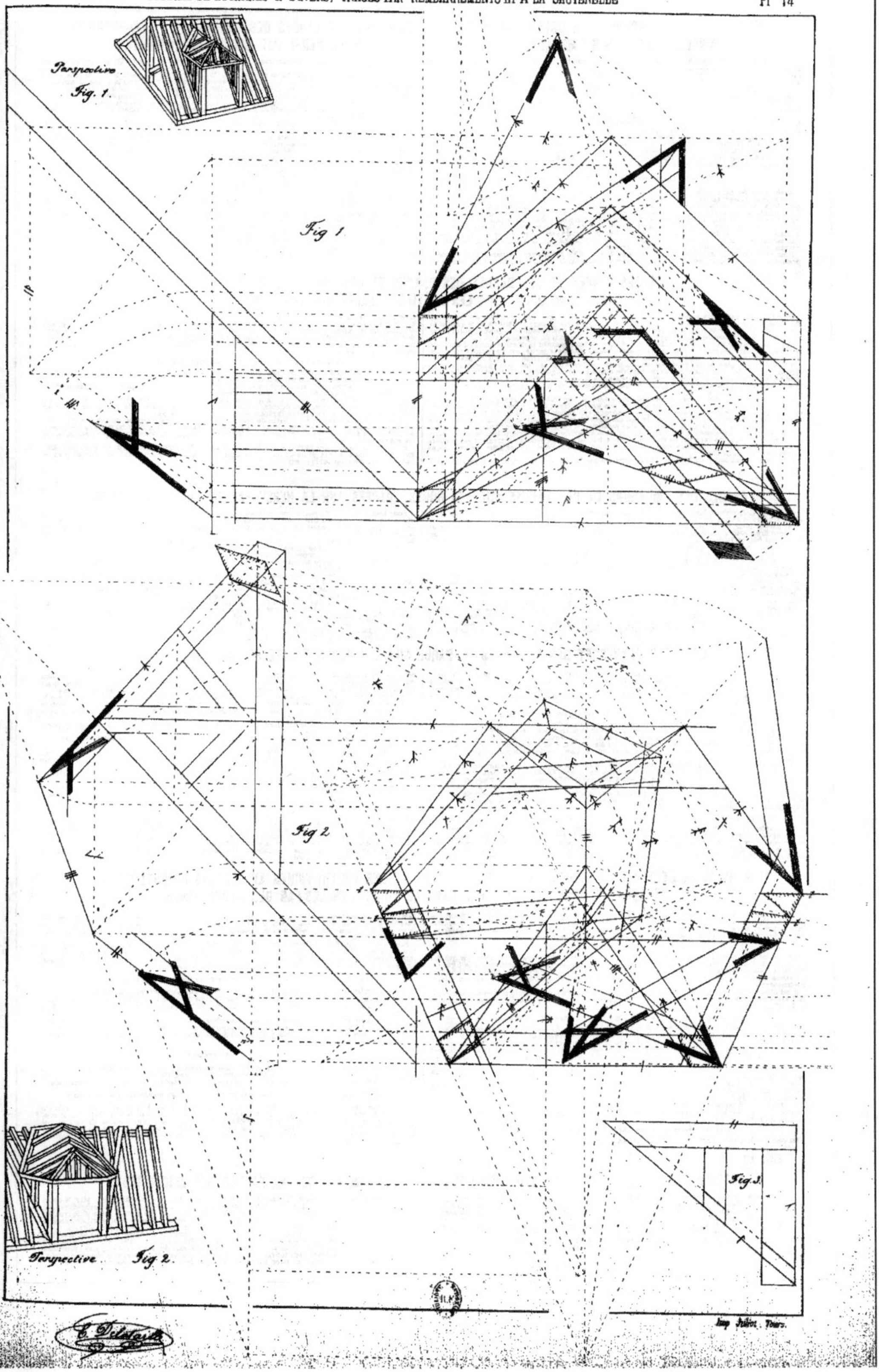

Imp Juliot, Tours.

FIG. 1re.

PLANCHE 15.

ÉPURE POUR OBTENIR LE TRACÉ DES COUPES ET DES BARBES DES PANNES AINSI QUE CELUI DES EMPANONS DANS L'ARÊTIER TRACÉ SUR LA HERSE PAR DES REMBARREMENTS

Les épures de cette planche consistent à déterminer entièrement la question des arêtiers et des noues, pour leurs assemblages ordinaires ; c'est-à-dire que nous allons étudier le tracé pour l'assemblage d'un empanon et d'une panne dans l'arêtier et dans la noue, avec leurs barbes et le tracé des mortaises, afin que les tenons puissent traverser d'une face à l'autre, comme il est indiqué sur les perspectives. Et de même pour l'assemblage de l'arêtier et de la noue, avec leurs contre-fiches dans le poinçon, comme l'indiquent les perspectives.

Ces épures sont traitées de deux manières : d'abord par des rembarrements, et ensuite par des alignements.

On commence par faire paraître en plan l'arêtier par la ligne un *contre-marque* ; les sablières *deux contre-marques* ; le plan des arbalétriers un *crochet*. On les met ensuite en élévation par les lignes *patte-d'oie*. L'arêtier paraît également en élévation sur la ligne un *crochet contre-marque*, sur lequel est indiqué le tracé des mortaises de la panne et celle de l'empanon.

Pour faire l'élévation de l'empanon, on le place d'abord en plan, tel qu'il est paru par les lignes un *franc*. Ces lignes ne sont autre chose que les faces de l'empanon en plan. Leur point de jonction avec celles du plan de l'arêtier se remonte carrément sur l'élévation de l'arêtier. Par ce moyen, on obtient les rampes des faces de l'empanon sur celles de l'arêtier comme il est indiqué sur la figure.

TRACÉ DE LA MORTAISE DE LA PANNE DANS L'ARÊTIER.

Après avoir fait paraître la vue debout de la panne sur la rampe du comble, on profile le dessus et le dessous carrément au lattis sur la ligne de base à ces points. On mène des lignes parallèlement au plan de la panne ; ces lignes ne sont autre chose que le dégauchissement des faces de la panne.

Les points où ces lignes coupent la face du plan de l'arêtier sont ramenés carrément sur la ligne du milieu, que l'on adopte pour ligne de base ; ce qui détermine d'abord deux points ; on porte ensuite sur l'élévation de l'arêtier, par deux lignes de niveau, la hauteur des deux arêtes du lattis de la panne. La jonction de ces lignes avec celles du délardement de l'arêtier donne les deuxièmes points qui, tendant aux deux premiers, donnent les rampes de la panne sur la face du dedans de l'arêtier, comme il paraît sur l'épure par la ligne *deux francs*.

Pour avoir celles du derrière, pour la sortie du tenon, on les obtient par des parallèles à ces deux premières ; pour cela, on profile les lignes du dégauchissement de la panne sur la face du derrière de l'arêtier, que l'on renvoie ensuite carrément sur la ligne de base à ces points. On tire des parallèles comme il a été dit.

Pour obtenir la largeur des mortaises sur les faces de l'arêtier, telle que pour la rentrée et la sortie des tenons d'une face à l'autre, on fait paraître d'abord, sur la vue debout de la panne, la grosseur du tenon que l'on mène ensuite parallèlement au lattis sur la ligne de base ; de là on le ramène parallèlement à la sablière sur le plan de l'arêtier. Les points où ces lignes coupent les faces de l'arêtier sont ramenés carrément au plan de l'arêtier, sur la ligne de base qui est dans la ligne du milieu. A ces derniers points on tire des parallèles au rampant de l'arêtier et l'on obtient ainsi les mortaises, comme il est indiqué sur l'épure.

On continue par faire le développement de la herse, afin de placer la panne et les empanons pour en obtenir les coupes. La herse étant faite sur elle-même, on prend, pour l'obtenir, la longueur du chevron de ferme, que l'on rabat sur son plan au moyen d'un simbleau, alors on tend au pied de l'arêtier et l'on obtient ainsi le milieu sur la herse. On fait paraître ensuite la face par une parallèle partant du point où la face du plan de l'arêtier joint le dehors de la sablière : cette ligne servant à donner les coupes du dessus est marquée un *monté*.

Pour obtenir le démaigrissement du dessous, on fait paraître le dessous de la panne sur le plan, comme il est indiqué par la ligne un *crochet patte-d'oie*. Le point où cette ligne joint la face de l'arêtier est renvoyé carrément sur la ligne *trois contre-marques*, qui n'est autre que le dessous du chevron ou de la panne sur la herse. A ce dernier point on tire une parallèle à la herse, et l'on obtient la ligne *deux montés*, servant à donner le démaigrissement du dessous, comme il a été dit.

Pour obtenir le tracé de la barbe, on tire un trait à la gorge du pied de l'arêtier, carrément à son plan ; au point où ce trait coupe le dehors de la sablière, on tire une parallèle à la herse, qui sert à tracer l'alignement de la barbe sur le dessus du bois. Pour obtenir le rembarrement du dessous, on renvoie carrément sur la ligne *trois contre-marques* le point où la ligne *patte-d'oie crochet* joint le dessous de l'arêtier ; à ce point on tire un trait parallèle à la herse, et l'on obtient ainsi la quatrième ligne pour le rembarrement du dessous de la barbe. Dans ce plan, il n'en est paru que trois ; cette dernière passant sur la face de l'arêtier. Cela fait, on place la panne sur la herse, ainsi que les empanons, puis on remberre ces lignes, comme il est indiqué hors de l'épure, dont la panne est parue échassée ; c'est-à-dire, vue sur la face opposée au lattis.

FIG. 2.

TRACÉ DES COUPES ET DES BARBES DES PANNES ET DES EMPANONS AVEC LES RAMPES DE LEURS MORTAISES DANS LES ARÊTIERS TRACÉS PAR DES ALIGNEMENTS

On commence par tracer le plan, comme il vient d'être démontré, fig. 1re. Cela fait, on place un empanon en plan, comme il est indiqué par les lignes un *franc* ; on fait paraître ensuite la rampe du comble, par la ligne *deux francs*, sur laquelle est la vue debout de la panne ; puis on tire la ligne un *contre-marque*, qui indique l'arête du dessous du lattis de la panne en plan.

Les rampes de la panne étant profilées sur la ligne de base donnent le dégauchissement des faces opposées au lattis ; en tirant sur ce point des parallèles au plan de la panne, ces lignes sont marquées *deux contre-marques* ; au point où la face du dessous de la panne coupe la ligne de base, on la simbleaute sur le plan, et par ce moyen on l'obtient couchée à plat sur les faces opposées au lattis, d'où la ligne du lattis est marquée un *crochet*. On renvoie carrément sur cette ligne le point où le plan de la panne joint le plan de la face de l'arêtier ; de là on tend une ligne au point où la même face de l'arêtier joint la ligne du dégauchissement du dessous de la panne ; ce qui donne la coupe de la panne sur la face de l'arrêtier

Pour obtenir la barbe de la panne au-dessous de l'arêtier, on mène la ligne *patte-d'oie crochet*, d'équerre au plan de l'arêtier ; du point où cette ligne joint la ligne de dégauchissement du dessous de la panne on trace la ligne un *crochet contre-marque*, qui donne l'alignement du dessous de l'arêtier sur les faces de la panne ; la gorge de l'arêtier étant tirée carrément à son plan, sur la même ligne, donne le fond d'arête de la barbe par une parallèle, tel qu'il est paru sur l'épure. On pourrait obtenir aussi bien l'alignement sur le fond d'arête, sans se servir de la première donnée, en ce qu'on opère sur le dessous de l'arêtier, tel qu'il vient d'être fait. Le premier point d'alignement est toujours le même. On obtient le deuxième sur la panne, comme il est indiqué par les deux petites lignes marquées d'une *patte-d'oie*.

Pour tracer l'occupation de la barbe de la panne sur le dessous de l'arêtier, on fait paraître, premièrement, les rampes sur les faces de l'arêtier, comme elles sont parues sur l'élévation. La manière de les tracer étant connue, il n'en sera plus parlé ; il en sera de même pour celle de l'empanon. Les distances où les rampes coupent le dessous de l'arêtier sont prises depuis la gorge du pied de l'arêtier et rapportées de même sur la face du plan de l'arêtier ; puis, de là, on tend au point où la gorge de l'arêtier coupe les lignes *deux contre-marques*, et l'on obtient ainsi l'occupation de la coupe par les deux lignes un *monté*.

TRACÉ DE LA BARBE DE L'EMPANON AU-DESSUS DE L'ARÊTIER.

On remonte l'about de la tête du plan de l'empanon carrément sur l'élévation, ce qui fait sa longueur, puis sa coupe aplomb sur la face de l'arêtier.

Pour tracer la barbe, on mène la ligne *patte-d'oie crochet* sur la face du plan de l'empanon ; de là on tend à la tête sur l'élévation, ce qui donne l'alignement.

Pour avoir le fond d'arête, on mène la gorge de l'arêtier sur la même face de l'empanon ; puis on tend une parallèle à la première donnée. Cette dernière est marquée d'une *langue de vipère*. Il est à observer que les coupes, suivant l'arêtier, se prennent sur la herse.

Pour obtenir l'occupation de la barbe de l'empanon, au-dessus de l'arêtier, on rabat, sur le plan, les points où les rampes des faces coupent le dessous de l'arêtier, tel qu'il a été fait pour la panne, et de là on tend où la gorge de l'arêtier coupe les faces de l'empanon, comme il est paru par les lignes un *monté contre-marque*.

Pour obtenir le bout des barbes sur le dessous de l'arêtier, on mène la gorge du chevron parallèlement à la sablière, sur la gorge du pied de l'arêtier ; à ce point on tire un trait parallèle au plan de l'arêtier, comme il est indiqué sur l'épure.

FIG. 3.

BARBES DES EMPANONS ET DES PANNES SUR LES NOUES TRACÉES SUR LA HERSE PAR DES REMBARREMENTS

On fait paraître d'abord les sablières de la noue, elles sont marquées un *franc* ; le plan de la noue, *deux francs* ; la rampe du comble, *trois francs*.

On adopte pour ligne de base la ligne un *contre-marque*. L'élévation de la noue est parue et marquée *deux contre-marques*, en adoptant la ligne du milieu en plan pour la ligne de base. Le plan étant ainsi fait, on indique la vue debout de la panne, sur la rampe du comble. On la rabat ensuite sur la herse, au moyen d'un simbleau, comme il est vu sur l'épure.

Pour faire la herse, on rabat la longueur du chevron de ferme sur son plan ; à ce point on tire une parallèle à la sablière, jusqu'à la rencontre d'un trait donné carrément à la même sablière, et passant sur la tête de la noue en plan ; à ce dernier point on tend au pied de la noue et on l'obtient sur la herse marquée *trois contre-marques* ; ensuite on fait paraître le dessous du chevron en plan par la ligne un *crochet*, puis on la place sur la herse, par le moyen précédemment indiqué ; elle est marquée *deux crochets*.

Pour tracer la coupe sur la face aplomb de la noue, on profile la face sur la ligne du dehors de la sablière ; à ce point on mène une parallèle à la noue sur la herse, ce qui donne la ligne un *crochet contre-marque* ; ensuite on ramène carrément sur la ligne *deux contre-marques* le point où la ligne un *contre-marque* joint la face de la noue ; de là on tire une deuxième parallèle, qui donne la ligne *deux crochets contre-marque*, que l'on trace sur le bois, la première donnée étant tracée dessus. Alors on remberre ces traits d'une face à l'autre pour donner la coupe aplomb sur la face de la noue, comme il a été dit.

Pour tracer la barbe du dessus, on trace sur le bois la ligne du milieu de la noue, la barbe venant aboutir à cette ligne ; on tire ensuite un trait carré sur le pied de la noue, jusque sur la ligne un *crochet* que l'on renvoie ensuite carrément sur la ligne *deux crochets*. A ce dernier point on mène la ligne *patte-d'oie*, parallèlement à la herse, que l'on trace sous le bois ; par ce moyen on obtient la barbe du dessus, comme il est indiqué hors de l'épure où est parue la panne échassée, c'est-à-dire vue sur le côté. Les empanons se placent sur la herse, parallèlement au plan de la ferme, et les mêmes lignes servent à tracer les coupes. Il en serait de même pour tout autre assemblage qui serait placé dans le lattis comme croix de saint-André et autres, moyennant que ces assemblages portent l'épaisseur indiqué sur la rampe du lattis.

Pour tracer les rampes des mortaises des pannes sur les faces de la noue, on opère, pour obtenir les points d'alignements sur la ligne de base, ainsi qu'il a été fait pour l'arêtier, même planche, fig. 1re. Pour avoir ceux de la tête, il y a une différence, surtout dans ce plan-ci, la face de la noue ne montant pas jusqu'au lattis. Quand il en est ainsi, on ramène l'arête du dessus de la noue parallèlement à la sablière, sur la base de la ferme, comme il est indiqué par la ligne *crochet patte-d'oie*. On tire ensuite une parallèle à la rampe, jusqu'à la rencontre de la face du dessous et du dessus de la panne. Étant descendus parallèlement à la sablière, sur la face de la noue en plan, on remonte carrément sur l'élévation et l'on obtient les deuxièmes points d'alignement qui tendent aux premiers sur la ligne de base et donnent les rampes de la mortaise indiquée sur l'épure. On peut également obtenir ces deuxièmes points par des lignes de niveau, comme il est indiqué sur l'épure.

FIG. 4.

COUPE DES PANNES ET DES EMPANONS EN BARBE SUR LES NOUES TRACÉE PAR DES ALIGNEMENTS

On commence par orienter l'ensemble du plan, tel qu'il vient d'être fait sur la figure précédente. Dans le plan de la noue, son élévation, celle de la ferme et les sablières sont parues sous les mêmes marques. Dans ce plan-ci, l'élévation de la ferme est faite en sens opposé à la précédente ; mais ceci ne diffère en rien pour les opérations, car il faut qu'elles soient faites des deux côtés, excepté quand les rampes sont égales.

TRACÉ DE LA BARBE DE L'EMPANON ET DE SON OCCUPATION DE COUPE SUR LA NOUE.

On place un empanon en plan, quelle que soit la distance ; celui sur lequel on opère est marqué sur chaque face d'une *patte-d'oie*. Une de ces faces joint le milieu de la noue ; ce point est remonté carrément sur le lattis de la ferme, ce qui fait un point. On tire ensuite un trait carré au pied de la noue, jusqu'à la rencontre de la même face ; ce point étant ramené parallèlement à la sablière, sur la ligne de base de la ferme, donne le deuxième point qui tend au premier et donne l'alignement de la barbe.

Pour la jonction de la même face de l'empanon avec celle de la noue, ce point étant remonté carrément sur le chevron de ferme, donne la coupe aplomb de la face. Ce même point étant remonté carrément sur l'élévation de la noue, ainsi que l'autre face, indique l'occupation de la coupe aplomb sur la face. Où ces dernières lignes coupent le dessus de la noue, on rabat ces points, par des simbleaux sur le plan, puis on les renvoie carrément sur la face de la noue et de là on tend où les faces de l'empanon joignent le trait qui a été donné carrément sur le pied de la noue ; par ce moyen on obtient l'occupation de la barbe sur le dessus de la noue.

TRACÉ DE LA COUPE ET DE LA BARBE DE LA PANNE AVEC SON OCCUPATION DE COUPE SUR LA NOUE.

Après avoir fait paraître la vue debout de la panne sur le chevron de ferme, on en profile les faces sur la ligne de base. A ces points on mène des parallèles à la sablière, ce qui donne le dégauchissement des faces opposées au lattis ; celle du dessus est marquée un *crochet*, et celle du dessous *deux crochets*. Au point où cette dernière joint la ligne de base de la ferme, on simbleaute les faces de la panne sur le plan que l'on mène parallèlement à la sablière ; l'arête du lattis est marquée *trois crochets*. On descend ensuite cette même arête en plan par terre ; le point où cette ligne joint le milieu du plan de la noue est renvoyé carrément sur la ligne *trois crochets*. On tend où la ligne *deux crochets* joint le trait carré qui a été fait sur le pied de la noue, ce qui donne la barbe du dessus.

On tire ensuite les deux lignes *crochets contre-marques*, qui indiquent l'occupation de la barbe sur le dessus de la noue. Pour tracer la coupe de la face, on renvoie carrément sur la ligne *trois crochets* le point où la face de la noue joint le plan de la panne, et de là on tend où la même face joint la ligne *deux crochets*, et la coupe est tracée.

Pour tracer l'occupation de la coupe sur la face de la noue, l'opération est la même que celle qui a été indiquée même planche, fig. 3.

La figure 5 représente l'assemblage du pied d'un empanon dans une sablière et celui de la tête dans un faîtage.

La figure 6 représente la face d'un arêtier, sur laquelle est tracée l'occupation d'une coupe de panne.

Ce plan a pour but de démontrer la manière de tracer le démaigrissement d'une panne, sans avoir égard à l'épure. Pour cela il est nécessaire que les rampes soient parues sur l'arêtier.

Les figures 7 et 8 représentent les deux faces de la panne ; celle de la figure 7 est celle du lattis sur laquelle la coupe est primitivement tracée.

Pour avoir le démaigrissement indiqué sur la face, fig. 8, on place la pointe du compas sur la ligne de délardement de l'arêtier, à la jonction de la gorge de la mortaise. On ouvre le compas à n'importe quelle distance et l'on décrit un simbleau, comme il est indiqué dans la figure ; on reporte ce simbleau indéfiniment sur la face de la panne (fig. 8). Partant de la gorge de la coupe (fig. 7), on le reporte également sur la ligne de coupe (fig. 7), ce qui fait un point. On prend ensuite la distance du point où le simbleau, fait sur la face de l'arêtier, joint la ligne du délardement et la gorge de la mortaise. Avec cette distance on fait un deuxième simbleau sur la face de la panne (fig. 8). Ce dernier simbleau doit être tracé partant du point qui vient d'être indiqué sur la ligne de coupe (fig. 7). La jonction des deux simbleaux donne la coupe indiquée (fig. 8).

Ce même système sert à tracer les rampes de la panne sur l'arêtier ; pour cela, il faut que le démaigrissement de la panne soit tracé.

FIG. 9.

MANIÈRE DE TRACER L'ENGUEULEMENT DES ARÊTIERS ET DES CONTRE-FICHES AVEC LEURS DÉJOUTEMENTS ET LEURS RAMPES DE MORTAISES DANS LE POINÇON TRACÉS PAR DES ALIGNEMENTS

On commence par faire paraître l'ensemble du plan dans les sablières, que l'on marque un *franc* ; le plan des arbalétriers, *deux francs* ; celui de l'arêtier, *trois francs* ; l'élévation des arbalétrier, un *contre-marque* ; celle de l'arêtier, *deux contre-marques* ; on fait paraître ensuite la vue debout du poinçon, puis la face de l'arêtier et celle des arbalétriers, ainsi qu'il est paru sur le plan.

TRACÉ DE L'ENGUEULEMENT DE L'ARÊTIER.

On tire un trait carré au pied de l'arêtier, jusqu'à la rencontre des faces du poinçon, ce qui fait deux points. Puis on rencontre l'arête du poinçon carrément au plan de l'arêtier, sur la ligne du dessus, en élévation. Ce point étant rabattu sur la ligne du milieu de l'arêtier en plan, on obtient le troisième point qui, tendant aux deux premiers, donne l'engueulement indiqué par les lignes *trois contre-marques*.

Il est observé ici que, si parfois l'arête du point ne jonctionne pas avec le milieu de l'arêtier, il faut alors que le troisième point qui vient d'être indiqué soit porté sur une ligne parallèle au plan de l'arêtier et passant sur l'arête du poinçon.

TRACÉ DES RAMPES DE LA MORTAISE DE L'ARÊTIER DANS LE POINÇON.

On porte le point où l'arête du poinçon joint le dessus de l'arêtier, de hauteur sur l'arête du poinçon, dans l'élévation des fermes, tel que le simbleau l'indique. De là on tend où le dessus de l'arêtier joint les faces du poinçon ; par ce moyen on obtient les rampes du dessus de l'arêtier sur les deux faces du poinçon, ces premières sont marquées un *crochet* ; on mène ensuite la gorge du pied de l'arêtier, sur les mêmes faces du poinçon, puis on tire des parallèles, ce qui donne les rampes du dessous parues par les lignes *deux crochets*.

Si l'on voulait tracer ces mêmes rampes par des rembarrements, il faudrait opérer comme on le voit par les lignes *trois crochets* ; la manière de les obtenir est indiqué sur l'épure.

On fait paraître ensuite la grosseur du tenon sur la vue debout du poinçon, parallèlement au plan de l'arêtier, ce qui donne l'entrée et la sortie du tenon au point où ces lignes coupent les faces du poinçon. On mène des parallèles sur les faces en élévation et l'on obtient ainsi les mortaises.

L'arêtier étant délardé sur le dessous, l'about des mortaises se trace carrément au poinçon ; du côté de l'assemblage, sur les faces de derrière, elles se tracent suivant le rampant du lattis des arbalétriers, comme il est vu sur l'épure.

TRACÉ DU DÉJOUTEMENT DES ARÊTIERS AVEC LES ARBALÉTRIERS.

On remonte le point de centre du poinçon carrément au plan de l'arêtier sur l'élévation ; ce point, rabattu par un simbleau sur la ligne du milieu du plan de l'arêtier, donne un point. Ensuite on fait paraître le déjoûtement en plan ; on le profile jusqu'au trait donné carrément au pied de l'arêtier ; de là on tend au premier point indiqué et le déjoûtement est tracé. Ces dernières données sont marquées d'une *patte-d'oie*.

Pour tracer celui des arbalétriers, on opère de même que pour l'arêtier, pour avoir le point de la tête ; puis on tend au point où le déjoûtement en plan joint la sablière du lattis de l'arbalétrier. L'opération ainsi indiquée n'est faite que sur un seul arbalétrier, qui est celui du coté droit de la figure. La ligne qui donne le déjoûtement est marquée un *crochet patte-d'oie*.

TRACÉ DE L'ENGUEULEMENT DE LA CONTRE-FICHE D'ARÊTIER DANS LE POINÇON.

On fait paraître le dessous de la contre-fiche de l'arêtier tel qu'elle est perue par la ligne un *crochet contre-marque* ; on la profile du pied sur la ligne de base du plan d'élévation ; là on tire un trait carrément au plan de l'arêtier qui est le même que celui de la contre-fiche, vu qu'il tombe aplomb l'un de l'autre.

Au point où ce trait joint les faces du poinçon on obtient les deux premiers points ; on rabat ensuite sur le plan le point où l'arête du poinçon en élévation joint le dessous de la contre-fiche, ce qui fait le troisième point qui tend aux deux premiers et donne l'engueulement indiqué par les lignes *deux crochets contre-marques*.

TRACÉ DU DÉJOUTEMENT.

On rabat sur le plan de l'arêtier le point où le milieu du poinçon joint le dessous de la contre-fiche, ce qui fait un point. On obtient le deuxième en profilant le plan du déjoûtement sur le trait donné carrément au pied de la contre-fiche ; de là on tend au premier indiqué, et le déjoûtement est tracé.

TRACÉ DES RAMPES DE LA MORTAISE DU PIED DE LA CONTRE-FICHE D'ARÊTIER DANS LE POINÇON.

Le point où l'arête du poinçon joint le dessous de la contre-fiche en élévation est rapporté sur l'arête du poinçon, sur l'élévation des fermes, au moyen d'un simbleau. De là on tend au point où le dessous de la contre-fiche joint les faces du poinçon, ce qui donne les lignes *langues de vipères*, qui servent à tracer les rampes du dessous de la contre-fiche. Pour avoir celles du dessus, on fait paraître la retombée de la contre-fiche, et l'on opère sur le dessus comme il vient d'être fait pour le dessous et comme l'épure le démontre.

FIG. 10.

ASSEMBLAGE D'UNE TRAVERSE ET D'UN LIEN DANS UN POTEAU DE DEVERS TRACÉS PAR DES ALIGNEMENTS

On commence par faire paraître le plan de la traverse dont les faces sont marquées un *franc* ; et ensuite la vue debout du poteau, d'après le devers qu'il peut y avoir, tel que celui-ci est paru sur l'épure ; on tire la ligne *deux francs* parallèlement au plan de la traverse, puis on remonte carrément à ces lignes par l'arête du poteau, attendu qu'elle affleure avec le devant de la traverse. Cette ligne est marquée une *contre-marque*. Cela fait, on place le lien à volonté, comme il est figuré, puis le profil du pied, jusque sur la face de la traverse, que l'on adopte comme ligne de base. A ces derniers points on tire des traits carrément au plan de la traverse, jusqu'à la rencontre des faces du poteau, ce qui fait le point d'alignement. Les autres se rapportent sur les mêmes faces du poteau avec la hauteur de l'about et de la gorge du lien, pris sur son élévation, au moyen de deux simbleaux indiqués sur l'épure.

A ces derniers points on tend au premier et l'on obtient les lignes un *crochet*, qui servent à tracer les rampes de la mortaise du lien sur les faces du poteau. On rabat ensuite sur le plan le point où le dessus du lien joint la ligne une *contre-marque* ; de ce point on trace la ligne *patte-d'oie*, qui indique la coupe du lien sur la face du poteau. Du même point on tire la ligne *patte d'oie crochet*, qui donne l'alignement de la face du dehors du poteau ; on mène parallèlement à cette dernière la ligne un *crochet contre-marque*, par laquelle on obtient la barbe du lien sur le fond d'arete.

Pour tracer cette même coupe par des rembarrements, on remonte carrément au plan du lien, sur son élévation, les points où les faces des poteaux joignent celles du lien en plan ; ces dernières sont marquées d'un trait ramènerait. Pour la traverse, il est préférable de la tracer sur le plan ; pour cela on la met sur la ligne de devers, sur le dessus, puis on y profile les faces du poteau, et la coupe est tracée.

La mortaise de la traverse se trace carrément sur les faces du poteau, comme il est vu sur l'épure.

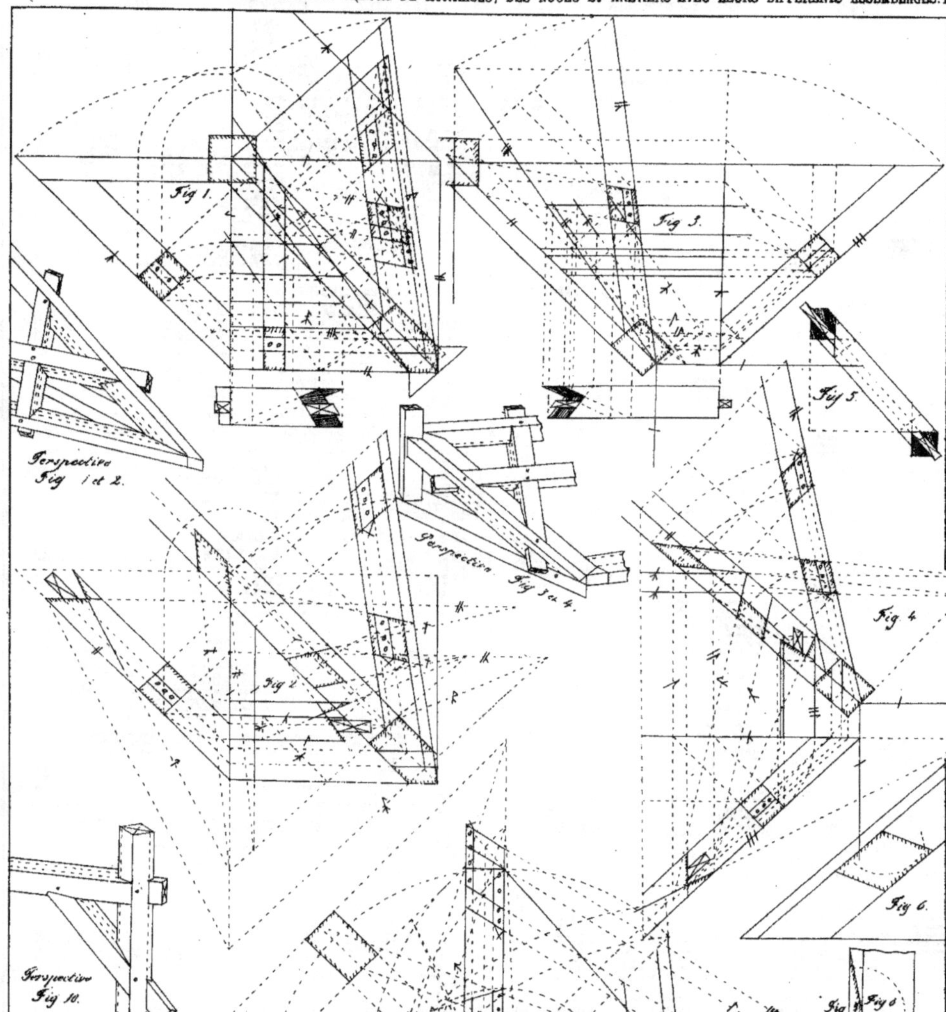

Imp. Juliot. Tours.

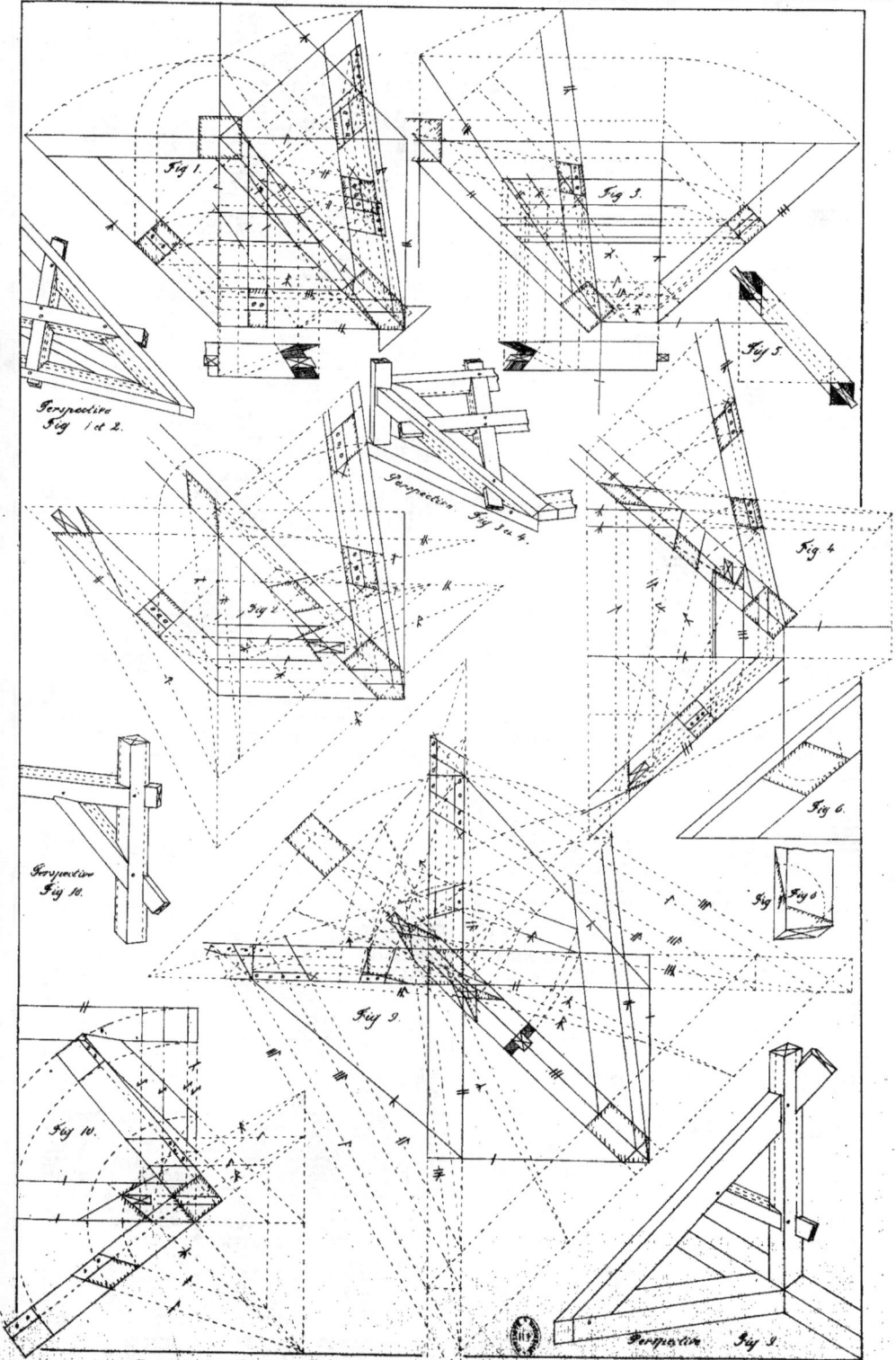

FIG. 1re. ASSEMBLAGE D'UNE CROIX DE SAINT-ANDRÉ DANS L'ARÊTIER TRACÉE PAR DES ALIGNEMENTS

La croix de saint-André, dont nous allons parler, est assemblée dans un pavillon carré du chevron de ferme à l'arêtier, comme il est vu sur la perspective. On commence par faire paraître l'ensemble du pavillon, dont les sablières sont marquées d'une *contre-marque*; le plan de l'arêtier de *deux contre-marques*; celui de la demi-ferme de *trois contre-marques*; son élévation d'*un crochet*; celle de l'arêtier de *deux crochets*. Le plan ainsi fait, on développe la herse sur elle-même: pour cela, on rabat la longueur du chevron de ferme sur son plan, puis on tend au pied de l'arêtier, et la herse se trouve terminée dans la face de l'arêtier marquée *trois crochets*.

On place ensuite la croix de saint-André sur la herse, en ayant bien soin de mettre les abouts du pied et de la tête parallèlement à la sablière, ainsi que celle-ci est parue dans les lignes du dessus, marquées *un crochet contre-marque*; puis on fait paraître les épaisseurs en-dessous, comme on le voit sur l'épure. Pour les faire paraître en plan par terre, on simbleaute les abouts de la tête du plan de la ferme sur l'élévation; ensuite on descend ces points en plan sur la face de l'arêtier et sur celle de la demi-ferme, ce qui fait deux points, puis on profile les faces de la croix sur la herse, sur la ligne du dehors de la sablière; de là, on tend au point indiqué ci-dessus; par ce moyen, on obtient les deux arêtes du lattis de la croix sur le plan par terre, dont celles du dessus sont marquées *deux crochets contre-marques*.

Pour tracer le devers de pas des croix, on remonte carrément sur le lattis de la demi-ferme le point de jonction des deux arêtes du dessus de la croix en plan, puis on tire un trait carrément à la rampe sur la ligne de base que l'on mène ensuite parallèlement à la sablière jusqu'à la rencontre d'un trait donné carrément à la sablière, passant sur la jonction des arêtes du dessous du plan de la croix; de là, on tend où les mêmes arêtes de la croix joignant les sablières, alors le devers de pas est paru par les lignes *trois crochets contre-marques*. On mène ensuite des parallèles où les arêtes du dessous joignent la même sablière pour avoir le dégauchissement du dessous de la croix, car le devers de pas n'est pas autre chose que le dégauchissement des faces opposées au lattis.

ALIGNEMENTS POUR LE TRACÉ DES COUPES DE LA CROIX SUR LA FACE DE L'ARÊTIER ET SUR CELLE DE LA FERME, AINSI QUE POUR LES BARBES AU-DESSOUS DE L'ARÊTIER.

L'opération pour les deux coupes étant la même, elle n'est faite que sur une seule, qui est celle dont le pied est assemblé dans l'arêtier. Pour obtenir ces coupes, il faut que la croix soit couchée sur les faces opposées au lattis; pour cela, on fait un chevron d'emprunt sur la tête de la croix, carrément au devers de pas; il est marqué en plan d'une *patte-d'oie*; on le met ensuite en élévation comme il est paru par la ligne *patte-d'oie contre-marque*. Pour obtenir son point de hauteur, on remonte l'about de la tête de la croix carrément sur le lattis de la demi-ferme, puis on couche la longueur du chevron d'emprunt sur son plan; de là, on tend au pied de la croix, sur la sablière; par ce moyen on obtient la croix sur la ligne *patte-d'oie crochet* et couchée à plat comme il a été dit.

Du point où le devers de pas joint la face de l'arbalétrier, on tend la ligne *langue de vipère*, qui indique la coupe de la tête de la croix sur la face de l'arbalète; on tend ensuite la ligne *langue de vipère contre-marque*, qui indique la rampe de la mortaise; ces dernières données, on tend carrément l'une à la croix et l'autre à l'arbalétrier; cela prouve que l'opération est très-exacte. L'assemblage étant fait carrément, le tracé des rampes de la coupe et celui de la mortaise ne peuvent être exécutés que par des lignes d'équerre.

On ramène sur l'arête de la croix, carrément au devers de pas, le point où son plan joint la face de l'arêtier; de là on tend où la même face de l'arêtier joint le devers de pas, ce qui donne la ligne *langue de vipère patte-d'oie*, ainsi que la coupe sur la face de l'arêtier.

Pour tracer la barbe, on tire un trait carrément au plan de l'arêtier au point où sa face joint la sablière. Du point où ce trait coupe le devers de pas, on tend à l'about de la croix, ce qui donne l'alignement de la barbe. Pour l'obtenir juste sur le fond d'arête, on trace une parallèle au point où la gorge de l'arêtier joint la même ligne du devers de pas; cette dernière est marquée *un monté*. On pourrait tout aussi bien l'obtenir au premier abord, sans se servir de la première; pour cela, on mène la gorge de l'arêtier sur le devers de pas; comme il vient d'être dit, ce qui fait un point; ensuite on prolonge la gorge de l'arêtier sur le dehors de la sablière; de là, on mène la ligne *deux montés* parallèlement au plan de l'arêtier sur celui de la croix. Ce dernier point étant renvoyé carrément au devers de pas sur l'arête de la croix, donne le deuxième point qui, réuni au premier, donne l'alignement de barbe sur le font d'arête, comme il a été dit.

TRACÉ DES RAMPES DES MORTAISES DE LA CROIX SUR LA FACE DE L'ARÊTIER.

On remonte carrément au plan de l'arêtier, sur la ligne du délardement en élévation, les points où les arêtes du lattis de la croix en plan joignent la face de l'arêtier; de là on tend où la même face de l'arêtier joint le devers du pas; par ce moyen, on obtient les rampes des mortaises indiquées sur l'épure par les lignes *un franc*.

TRACÉ DE L'OCCUPATION DES BARBES DES CROIX AU-DESSOUS DE L'ARÊTIER.

On rabat sur la face de l'arêtier en plan les points où les rampes de la face joignent le dessous de l'arêtier, et de là on tend au point où la gorge de l'arêtier coupe le devers de pas, comme il est indiqué par les lignes *deux francs*.

FIG. 2. ASSEMBLAGE D'UN EMPANON DE BIAIS A DEVERS TRACÉ PAR ALIGNEMENTS

On commence par faire paraître le plan des sablières par les lignes *un franc*, le plan de l'arêtier *deux francs*, son élévation *trois francs*. Cela fait, on place un empanon en plan comme celui-ci, paru par la ligne *un contre-marque*; on fait un chevron d'emprunt sur la tête de l'empanon en plan, carrément à la sablière et marqué *deux contre-marques*; on le met ensuite en élévation suivant la rampe du comble, comme il est vu par la ligne *trois contre-marques*. Sa longueur étant rabattue sur son plan, on place l'empanon sur la herse; on tend de ce point à l'about du pied de la sablière, lequel est marqué *un crochet*; on tire ensuite la ligne *deux crochets*, qui n'est autre chose que la face de l'arêtier sur la herse et sert à tracer la coupe de la tête de l'empanon suivant l'arêtier. La sablière trace celle du pied.

Pour tracer le devers de pas, on tire un trait à la tête du chevron d'emprunt, carrément à la rampe, sur la ligne de base; de là on tend à l'about de l'empanon sur la sablière et le devers de pas est tracé. Cette dernière est marquée *trois crochets*. On fait paraître celui du dessous par une parallèle donnée sur la gorge de l'empanon.

TRACÉ DES COUPES DE L'EMPANON SUR LA FACE DE L'EMPANON ET SUR LE DESSUS DE LA SABLIÈRE.

On fait un chevron d'emprunt carrément au devers de pas sur l'about ou sur la gorge du plan de l'empanon; celui-ci est fait sur la gorge, il est marqué en plan *un crochet contre-marque*. Ce même point étant remonté carrément au plan de l'arêtier, sur la ligne du délardement en élévation, donne les points de hauteur pour mettre le chevron d'emprunt en élévation, comme il est paru par la ligne *deux crochets contre-marques*; ensuite on couche la longueur du chevron d'emprunt sur son plan; de là on tend au pied de l'empanon, ce qui donne l'empanon couché sur les faces opposées au lattis dont l'arête du dessus est marquée *trois crochets contre-marques*. On trace la ligne *patte-d'oie* qui indique la coupe sur la face de l'arêtier; la ligne du devers de pas donne la coupe sur le dessus de la sablière.

Pour tracer la barbe de l'empanon au-dessous de l'arrêtier, on mène la ligne *patte-d'oie contre-marque* carrément au plan de l'arêtier, jusqu'à la rencontre du devers de pas; de là on tend à la tête de l'empanon, ce qui donne l'alignement de la barbe. Pour l'obtenir sur le fond d'arête, on mène la gorge du pied de l'arêtier sur la même ligne du devers de pas, puis on trace une parallèle à la première. Cette dernière est marquée *patte-d'oie crochet contre-marque*.

TRACÉ DE LA BARBE DE L'EMPANON SUR LA FACE DE LA SABLIÈRE.

Le point où le dedans de la sablière joint le devers de pas donne le premier point. Pour obtenir le deuxième, il faut faire un emprunt sur la tête de l'empanon; pour cela, on tire un trait de la gorge de la tête de l'empanon en plan parallèlement au devers de pas, jusque sur la face du dedans de la sablière; à ce point on tire un trait carrément au devers de pas, jusqu'à la rencontre d'un trait donné parallèlement au devers de pas, passant sur la tête de l'empanon, ce qui donne le deuxième point qui, réuni au premier, donne la barbe du pied de l'empanon, comme il a été dit. Cette dernière est marquée d'une *langue de vipère*.

TRACÉ DES RAMPES DE LA MORTAISE DE L'EMPANON SUR LA FACE DE L'ARÊTIER.

Les points, où l'about et la gorge du plan de l'empanon joignent la face du plan de l'arêtier, sont remontés carrément en élévation sur la ligne du délardement; de là, on tend au point où le devers de pas joint la face du plan de l'arêtier, et l'on obtient ainsi les rampes indiquées sur l'épure par les lignes *pattes-d'oie crochets*.

TRACÉ DE L'OCCUPATION DE LA BARBE DE L'EMPANON AU-DESSOUS DE L'ARÊTIER.

On simbleaute sur le plan de l'arêtier les points où les rampes de la face coupent le dessous de l'arêtier en élévation, et, de là, on tend au point où la gorge de l'arêtier joint les lignes du devers de pas, comme il est indiqué par les lignes *un monté*.

TRACÉ DES RAMPES DE LA MORTAISE DU PIED DE L'EMPANON, SUR LA FACE APLOMB DE LA SABLIÈRE.

On prend la hauteur de l'about de l'empanon; avec cette distance, on tire une ligne sur le plan parallèlement à la sablière. Cette première est marquée d'une *langue de vipère contre-marque*. On mène ensuite une ligne parallèlement au devers de pas, passant sur l'about de la tête du plan de l'empanon, jusque sur la ligne du dehors de la sablière. Ce point étant ramené carrément à la sablière, sur la ligne *langue de vipère contre-marque*, donne l'alignement de la mortaise en tendant de ce point à l'about du pied de l'empanon. Enfin on mène une parallèle sur la gorge, afin d'avoir la largeur de la mortaise, comme il est paru hors du plan, où est parue la face aplomb de la sablière, car la ligne *langue de vipère patte-d'oie* n'est autre chose que l'arête du dessous.

FIG. 3. ASSEMBLAGE DES LIENS MANSARDS DANS L'ARÊTIER ET DANS LA NOUE TRACÉS PAR ALIGNEMENTS

On commence par faire paraître l'ensemble du plan des sablières qui sont marquées *un franc*, le plan de l'arêtier *deux francs*, celui de la noue *trois francs*, son élévation *un crochet*, celle de l'arêtier *deux crochets*, le plan des sablières de bris *trois crochets*. Le plan ainsi fait, on fait paraître la rampe du bris au moyen d'un chevron d'emprunt fait carrément aux deux sablières, lequel est marqué en plan *une contre-marque*, en élévation *deux contre-marques* et à la tête duquel est parue la vue debout de la sablière.

Pour faire la herse du lattis, on rabat la longueur du chevron sur son plan; à ce point, on tire un trait parallèlement à la sablière, ce qui donne l'arête de la sablière de bris sur la herse marquée *trois contre-marques*; on renvoi ensuite carrément sur cette ligne le point où la face du plan de l'arêtier joint celui de la sablière du bris; de là on tend où la même face de l'arêtier joint la sablière de la base, ce qui donne la ligne *un crochet contre-marque*, qui n'est autre chose que la face de l'arêtier sur la herse. On fait la même opération sur la noue en opérant sur la ligne du milieu, vu que le lattis l'affleure. Cette dernière est marquée sur la herse *deux crochets contre-marques*, la herse ainsi faite, on y place les liens mansards de la sablière de bris à l'arêtier et celui de la noue est marqué *trois crochets contre-marques*; celui de l'arêtier *quatre crochets contre-marques*. Pour les placer en plan par terre, on les profile du pied sur la ligne de la sablière, ce qui fait le premier point; ensuite on ramène les abouts de la tête carrément aux sablières de celles de la herse sur celles du plan, puis on tend aux premiers points indiqués et l'on obtient les liens en plan, marqués d'une *patte-d'oie*.

TRACÉ DU DEVERS DE PAS DES LIENS MANSARDS.

Ici, l'emplacement ne nous permettant pas d'opérer comme à l'ordinaire, nous allons tracer le devers de pas par emprunt.

Pour l'obtenir, on mène une ligne parallèment à la sablière, à n'importe quel endroit, ainsi qu'il est vu par la ligne *cinq contre-marques*, au point où elle coupe le lattis du chevron d'emprunt; on tire un trait carrément à la rampe sur la ligne de base; à ce point, on mène une ligne parallèlement à la sablière, jusqu'à la rencontre du trait donné carrément à la sablière, passant sur les points où la ligne *cinq contre-marques* joint les liens en plan; de là on tend où la même face des liens joignent la sablière de la base, et le devers de pas est terminé. Celui du lien de la noue est marqué *un monté*, celui de l'arêtier *deux montés*.

TRACÉ DE LA COUPE DU LIEN MANSARD SUR LA FACE APLOMB DE LA SABLIÈRE.

On couche le lien à plat sur sa face de devers, au moyen du chevron d'emprunt fait sur la tête du lien en plan et carrément au devers de pas. L'opération ci-dessus indiquée est faite sur le lien de l'arêtier; le plan du chevron d'emprunt est marqué d'une *patte-d'oie crochet*; on le met ensuite en élévation avec la hauteur du bris, comme il est indiqué par la ligne *patte-d'oie un monté*; on rabat ensuite la longueur du chevron d'emprunt sur son plan; de là on tend au pied du lien sur la sablière de base, et par ce moyen on l'obtient couché sur sa face de devers. La figure ci-dessus est marquée *langue de vipère contre-marque*.

Au point où la face du plan de la sablière de bris joint le devers de pas, on tend la ligne *langue de vipère* à la tête du lien qui donne la coupe sur la face aplomb de la sablière.

TRACÉ DE LA BARBE DU LIEN AU-DESSOUS DE LA SABLIÈRE.

On prend la retombée de la sablière de bris que l'on porte à la tête du chevron d'emprunt, suivant la ligne aplomb. A ce point, on tire un trait de niveau sur la ligne de la rampe; ce dernier point est rabattu sur le plan du chevron d'emprunt. De là on tire un trait parallèlement au devers de pas, ce qui donne la barbe du fond d'arête. Cette dernière est marquée *un monté contre-marque*.

Pour tracer les coupes et la barbe du lien dans les faces de l'arêtier, ainsi que la rampe de la mortaise et l'occupation de la barbe sur la face du dessous, on opère comme il a été démontré, fig. 1re, pour le pied de la croix de saint-André; les détails sont les mêmes ici.

TRACÉ DES COUPES DU LIEN MANSARD SUR LA NOUE.

On couche le lien à plat sur sa face de devers au moyen du chevron d'emprunt, ainsi qu'il vient d'être fait pour le lien précédent; ce dernier est marqué d'une *langue de vipère patte-d'oie*.

Du point où le devers de pas joint la face du plan de la sablière de bris, on tend à la tête du lien, ce qui donne la ligne *un deux montés*, qui indique la coupe sur la face aplomb de la sablière.

On opère, pour la barbe du dessous, comme il est vu sur l'épure et comme il a été indiqué pour le lien précédent.

Pour tracer l'occupation du lien sur la noue, on simbleaute sur le lien le point où la noue sur la herse joint la face du même lien, ce qui fait un point; ensuite on tire un trait carré au pied de la noue jusqu'à la ligne du devers de pas, ce qui donne le deuxième point qui, réuni au premier, donne l'alignement de la barbe du lien sur le dessus de la noue. Cette première est marquée *un double crochet*.

Au point où le devers de pas joint le milieu de la noue en plan, on tend à l'about de la barbe, ce qui donne l'alignement de la face de la noue; pour l'obtenir sur le fond d'arête, on mène une parallèle au point où le devers de pas joint la face du plan de la noue; cette dernière est marquée *un double crochet contre-marque*.

Pour tracer l'occupation du lien en dessous de noue, on ramène sur la ligne du milieu de la noue en plan les points où les faces du lien joignent le milieu de la noue sur la herse; de là on tend au point où le devers de pas joint le trait qui a été donné carrément sur le pied de la noue, comme il est vu par la ligne *double crochet patte-d'oie*.

Pour tracer les rampes de la mortaise du lien sur la face aplomb de la noue, on rapporte par des simbleaux les points où les rampes du dessus coupent la face de la noue sur le dessus de la dite noue en élévation; de là on tend à la jonction des lignes de devers de pas avec la face du plan de la noue, et les rampes sont tracées.

Pour tracer les rampes de de la tête du lien sur la face aplomb de la sablière, on tire la ligne *patte-d'oie contre-marque* parallèlement au plan de la sablière de bris, à la distance de la hauteur du bris, sur laquelle on ramène carrément l'about et la gorge de chaque lien; de là on tend au point où les devers de pas des liens joignent la face de la sablière de bris en plan, comme il est indiqué par les lignes *deux francs un monté*.

Les rampes sur les faces du dessus ou du dessous de la sablière se tracent parallèlement au devers de pas, comme elles sont parues sur l'épure.

Pour les mortaises dans les sablières, l'alignement du tenon est paru sur la vue debout à la tête du chevron d'emprunt.

FIG. 4. LIEN MANSARD DANS L'ARÊTIER TRACÉ PAR REMBARREMENTS

On commence d'abord par orienter l'ensemble du plan, comme il vient d'être fait dans la figure précédente: la sablière de base est marquée *un franc*, celle du bris *deux francs*, le plan de l'arêtier *trois francs*, celui du chevron d'emprunt *une contre-marque*, son élévation *deux contre-marques*, celle de l'arêtier *trois contre-marques*; on place ensuite l'arêtier sur la herse, par le moyen précédemment indiqué et qui est marqué *un crochet contre-marque*. On tire la ligne *deux crochets contre-marque*, parallèlement à la sablière et qui indique la sablière du bris sur la herse. La herse ainsi faite, on y place le lien comme l'on veut. La face du dessous est marquée *trois crochets contre-marque*. Cette même face est marquée en plan d'*une patte d'oie*. Le lien étant ainsi placé, on fait son devers de pas, comme il est indiqué par la ligne *un crochet patte-d'oie*. La manière de le tracer étant connue, il n'en est pas parlé ici.

TRACÉ DE LA COUPE ET DE LA BARBE DU LIEN DANS LA SABLIÈRE DE BRIS.

On fait paraître la vue debout de la sablière de bris sur la tête du chevron d'emprunt. Cela fait, on renvoie carrément sur le lattis du chevron d'emprunt les points où la face du devant et celle du dessous de la sablière joignent le dessous du chevron d'emprunt. On mène aussi le dessous de la sablière sur le lattis du chevron d'emprunt; ces derniers points sont rabattus sur le plan et réunis par une parallèle à la sablière. Ces lignes sont rembarrées l'une par l'autre sur la face de la tête du lien, comme il est indiqué sur le plan où est paru le lien échassé et marqué d'un *trait raméneret*.

Pour obtenir la coupe sur la face de l'arêtier et la barbe du dessous, on opère comme il est vu sur l'épure et comme il a été indiqué sur la planche précédente, fig. 1re.

TRACÉ DE LA MORTAISE DU PIED DU LIEN SUR LA FACE DE L'ARÊTIER.

On mène la ligne *langue de vipère* parallèlement à la sablière jusqu'à la rencontre de la ligne *langue de vipère contre-marque*; de ce point on prend la distance jusqu'où la ligne *langue de vipère* coupe la herse du chevron d'emprunt, que l'on porte ensuite sur la ligne *langue de vipère patte-d'oie*, qui doit être tirée carrément au plan de l'arêtier, ce qui fait le premier point. Ensuite on remonte l'about du lien en plan carrément au plan de l'arêtier sur la ligne du délardement en élévation, ce qui fait le deuxième point qui, tendu au premier, donne l'about de la mortaise.

La gorge se trace par une parallèle, comme il est vu sur l'épure.

TRACÉ DE LA MORTAISE DE LA TÊTE DU LIEN SUR LA FACE APLOMB DE LA SABLIÈRE.

On mène une ligne de l'arête du dessous de la sablière de bris parallèlement à la rampe du chevron sur la ligne de base; de là on le renvoie parallèlement à la sabblière, sur le devers de pas du lien. De ces points on tire les lignes *un monté*, parallèlement au plan du lien, sur la face de la sablière de bris en plan, ce qui fait deux points. Ensuite on prend la retombée de la sablière que l'on porte parallèlement à la face en plan, comme il est vu par la ligne *un monté contre-marque*, sur laquelle on renvoie l'about et la gorge de la tête du lien en plan, ce qui donne le deuxième point qui, réuni au premier, donne le tracé de la mortaise comme elle est parue sur l'épure.

FIG. 5. RACCORD D'UN COMBLE DROIT AVEC UN COMBLE MANSARD AVEC ENTRAITS DÉVOYÉS ET AISSELIER PAR FACE APLOMB, PAR ALIGNEMENTS

On commence par faire paraître le plan des sablières, dont celle du comble droit marquée *un franc*, celle du mansard *deux francs*, le plan des demi-fermes *quatre francs*, la rampe du bris *trois francs*, celle du comble droit *une contre-marque*.

Pour obtenir le plan des arêtiers, on prend la hauteur du bris que l'on porte sur le comble droit par une ligne de niveau; au point où cette ligne coupe la rampe du lattis on le descend sur le plan de la sablière de bris; de là, on tend à l'arête des sablières de la base, ce qui donne le plan de l'arêtier de bris, paru sur la ligne *deux contre-marques*. De la tête de ce dernier on tend à la jonction du plan des deux demi-fermes, on obtient le plan de l'arêtier du haut, qui est le même que celui de l'entrait, dont l'une des faces est marquée *trois contre-marques*.

MANIÈRE DE PLACER LES AISSELIERS POUR LES FAIRE DÉGAUCHIR TOUS ENSEMBLE.

On commence par fixer celui du comble droit; après cela, on remonte sur la ligne du dessus de l'entrait en élévation de l'arêtier, au point où la face du plan de l'arêtier joint celle de l'entrait. A ce point on mène la ligne *un crochet contre-marque*, parallèlement à la rampe de l'arêtier, ce qui donne le dégauchissement de l'arête du dessus de l'entrait, sur la face de l'arêtier, sur laquelle on tend l'about du pied de l'aisselier, vu que le dessus affleure le dessus de l'entrait.

Pour placer l'aisselier en plan, on mène une ligne parallèlement à la sablière, sur le plan de la ferme du côté droit, venant du point où la ligne *un crochet contre-marque* joint la ligne de base, qui est la face de l'arêtier, puisqu'elle a été ainsi adoptée. On mène ensuite la ligne *deux crochets contre-marques*, parallèlement au lattis de la ferme; le point où elle coupe le dessus de l'aisselier est descendu carrément sur la face de l'arêtier en plan, ce qui fait un point. On descend ensuite sur le plan de l'entrait le point où le dessus de l'aisselier coupe le dessus de l'entrait de la ferme, ce qui fait le deuxième point qui, réuni au premier, donne le plan de l'aisselier paru sur la ligne *trois crochets contre-marques*.

On fait paraître son épaisseur par une parallèle, comme il est vu sur l'épure. On mène ensuite le dessus de l'aisselier de la ferme sur la ligne de base; de là, on mène une parallèle à la sablière, sur la face du plan de l'aisselier de l'arêtier, ce qui fixe son about sur la ligne de base; de là on mène une ligne parallèlement à la sablière du comble mansard, jusqu'au plan de la ferme, ce qui fait un point; on remonte ensuite sur le dessus de l'entrait l'about de la tête du plan de l'aisselier, ce qui donne le deuxième point, qui, réuni au premier, donne la ligne *patte-d'oie* qui indique le dessus de l'aisselier du comble mansard. On y porte ensuite sa retombée du dessous, comme il est vu sur l'épure.

TRACÉ DES COUPES ET DES BARBES DE L'AISSELIER SUR LA FACE DE L'ENTRAIT ET L'ARÊTIER.

On commence par mettre l'aisselier en élévation au moyen d'un trait fait carrément à son plan, sur l'about de la tête, sur lequel on porte la hauteur du bris; de là, on tend à l'about du pied, comme il est vu sur la ligne *patte-d'oie crochet*.

Le trait qui vient d'être donné pour l'élévation de l'aisselier donne en même temps la coupe de l'aisselier sur la face aplomb de l'entrait; ensuite on tire la ligne *patte-d'oie langue de vipère* à la hauteur du dessous de l'entrait et parallèlement au plan de l'aisselier, ce qui donne la barbe de l'aisselier au-dessous de l'entrait. Cette dernière se trace sur le bois, telle qu'elle est parue, puis est rembarrée d'équerre sur la face du dessous. Le point où la face du plan de l'aisselier joint la face ou plan de l'entrait est également remonté carrément sur l'élévation de l'aisselier, ce qui donne la coupe de l'aisselier sur la face aplomb de l'arêtier.

Pour avoir l'alignement du dessous de l'arêtier sur la face de l'aisselier, on mène la ligne *langue de vipère* carrément au plan de l'arêtier. Au point où cette première joint la face du plan de l'aisselier, on tend la ligne *un monté*, qui donne l'alignement du dessous de l'arêtier. Au point où la gorge du pied de l'arêtier joint la même face du plan de l'aisselier, on tend une parallèle et l'alignement est tracé.

Pour tracer les coupes sur la face du dessus de l'aisselier, on simbleaute l'about du pied de l'aisselier sur son plan, partant du point où le dessus de l'élévation de l'aisselier joint la ligne de base, ce qui fait un point; ensuite on tire un trait carrément au pied de l'aisselier, qui n'est autre chose que le dégauchissement du dessus; cette première est marquée d'une *patte-d'oie contre-marque*. On tire une deuxième ligne à la gorge, ce qui donne le dégauchissement du dessous; cette dernière est marquée d'une *patte-d'oie contre-marque un monté*.

Du point où le dégauchissement du dessus de l'aisselier joint la face du plan de l'arêtier, on tend au premier point indiqué, comme il est vu par la ligne *un monté contre-marque*, qui donne la coupe sur la face de l'arêtier; on tend ensuite la ligne *un monté patte-d'oie*, qui donne l'alignement du dessous de l'arêtier. On mène la ligne *double crochet* parallèlement à cette dernière, ce qui donne la coupe sur le fond d'arête. Les coupes du pied étant ainsi tracées, on continue par celles de la tête. Pour cela, on rabat la tête de l'aisselier sur son plan; de là, on tire une ligne au point où la face du plan de l'entrait joint la ligne *patte-d'oie contre-marque*, ce qui donne l'alignement de la face de l'entrait sur le dessus de l'aisselier; cette ligne est marquée d'*une double contre-marque*. La barbe du dessous de l'entrait se trace carrément au plan, comme il est vu par la ligne *cinq contre-marques*.

TRACÉ DES RAMPES DE LA MORTAISE DU PIED DE L'AISSELIER SUR LA FACE DE L'ARÊTIER.

L'about du pied de l'aisselier étant remonté carrément sur l'élévation de l'arêtier, donne le tracé du bout de la coupe. Au point où cette dernière coupe la ligne *un crochet contre-marque* on tend la ligne *cinq pattes d'oie*, qui donne l'alignement du dessus de l'aisselier sur la face de l'arêtier. La face du dessus se trace par une parallèle comme il est vu sur l'épure.

TRACÉ DE L'OCCUPATION DE LA BARBE DU PIED DE L'AISSELIER SUR LE DESSOUS DE L'ARÊTIER.

Le point où la face du derrière de l'aisselier joint la gorge du pied de l'arêtier donne le premier point d'alignement. Pour obtenir le deuxième, on trace le dessous de l'arêtier en élévation par une ligne donnée à la hauteur du bris; on rabat ce point sur le plan où l'on mène la ligne *deux montés*, d'équerre au plan de l'arêtier; ensuite on descend la ligne *un deux montés*, carrément au plan de l'arêtier sur la face du plan de l'entrait; ce point, ramené carrément sur la ligne *un deux montés*, donne le deuxième point d'alignement qui, réuni au premier, donne le tracé de la face aplomb de l'aisselier, au-dessous de l'arêtier; cette dernière est marquée d'*une contre-marque deux montés*. On tente ensuite les deux lignes *double crochets contre-marque*, ce qui donne le tracé du dessous de l'aisselier sur le dessous de l'arêtier.

TRACÉ DES RAMPES DE LA MORTAISE DE LA TÊTE DE L'AISSELIER SUR LA FACE APLOMB DE L'ENTRAIT.

On mène la ligne *cinq contre-marques un monté* parallèlement au plan de l'entrait, à la distance de la hauteur du bris, sur laquelle on remonte carrément l'about de la tête de l'aisselier, ce qui donne le tracé de la face aplomb de l'aisselier sur la face de l'entrait. Du dernier point indiqué on tend une ligne au plan où le plan de l'entrait joint la ligne *patte-d'oie contre-marque*, ce qui donne l'alignement du dessus de l'aisselier sur la face de l'entrait. Cette dernière est marquée *cinq pattes-d'oie un monté*. On obtient le tracé de dessous par une parallèle, comme il est vu sur l'épure.

Pour tracer les faces aplomb de l'aisselier sur les faces de l'entrait, on place ce dernier sur son plan, sur lequel on projette les faces du plan de l'aisselier.

Pour tracer les rampes de la mortaise de l'aisselier sur les faces de l'entrait, on descend les lignes *langue de vipère patte-d'oie contre-marque* sur la face du devant de l'entrait; à ces points on mène des traits sur l'entrait carrément au plan de l'aisselier, comme il est paru sur l'épure.

MANIÈRE D'OBTENIR LA DONNÉE DES TENONS ET DES MORTAISES SUR LES FACES DE L'AISSELIER AINSI QUE SUR CELLES DE L'ENTRAIT ET DE L'ARÊTIER.

On tire une sablière de dégauchissement parallèlement au plan de l'entrait, passant sur le pied de l'arêtier, à la jonction de la ligne *crochet contre-marque*. Cette sablière est marquée *un double crochet patte-d'oie*. On fait ensuite un chevron d'emprunt carrément à cette sablière avec le reculement de l'entrait; il est marqué en plan *un double crochet patte-d'oie contre-marque*. On le met ensuite en élévation avec la hauteur de l'entrait, dont la rampe est marquée *deux contre-marques un monté*. On porte la grosseur du tenon suivant la rampe du chevron d'emprunt; ces lignes sont ramenées parallèlement à la sablière de dégauchissement sur le pied de l'arêtier et de l'aisselier; aux points où elles coupent les faces du bois, on mène des parallèles aux élévations, ce qui donne les tenons et les mortaises sur les faces du bois, comme on le voit sur l'épure. On obtient celle de l'entrait comme il est vu à la tête du chevron d'emprunt et par la vue debout de l'entrait, sur laquelle est paru l'alignement du tenon.

NOTA. — Il est à observer que l'opération que l'on vient d'étudier n'est autre chose que l'assemblage d'un lien mansard à face aplomb, et que si l'on voulait l'établir suivant le lattis de l'entrait et de l'arêtier, il faudrait opérer sur la sablière de dégauchissement dernièrement faite et du chevron d'emprunt. Ce n'est que dans un cas semblable que la ligne *crochet contre-marque* a été donnée sur l'arêtier pour l'affleurement du pied de l'aisselier.

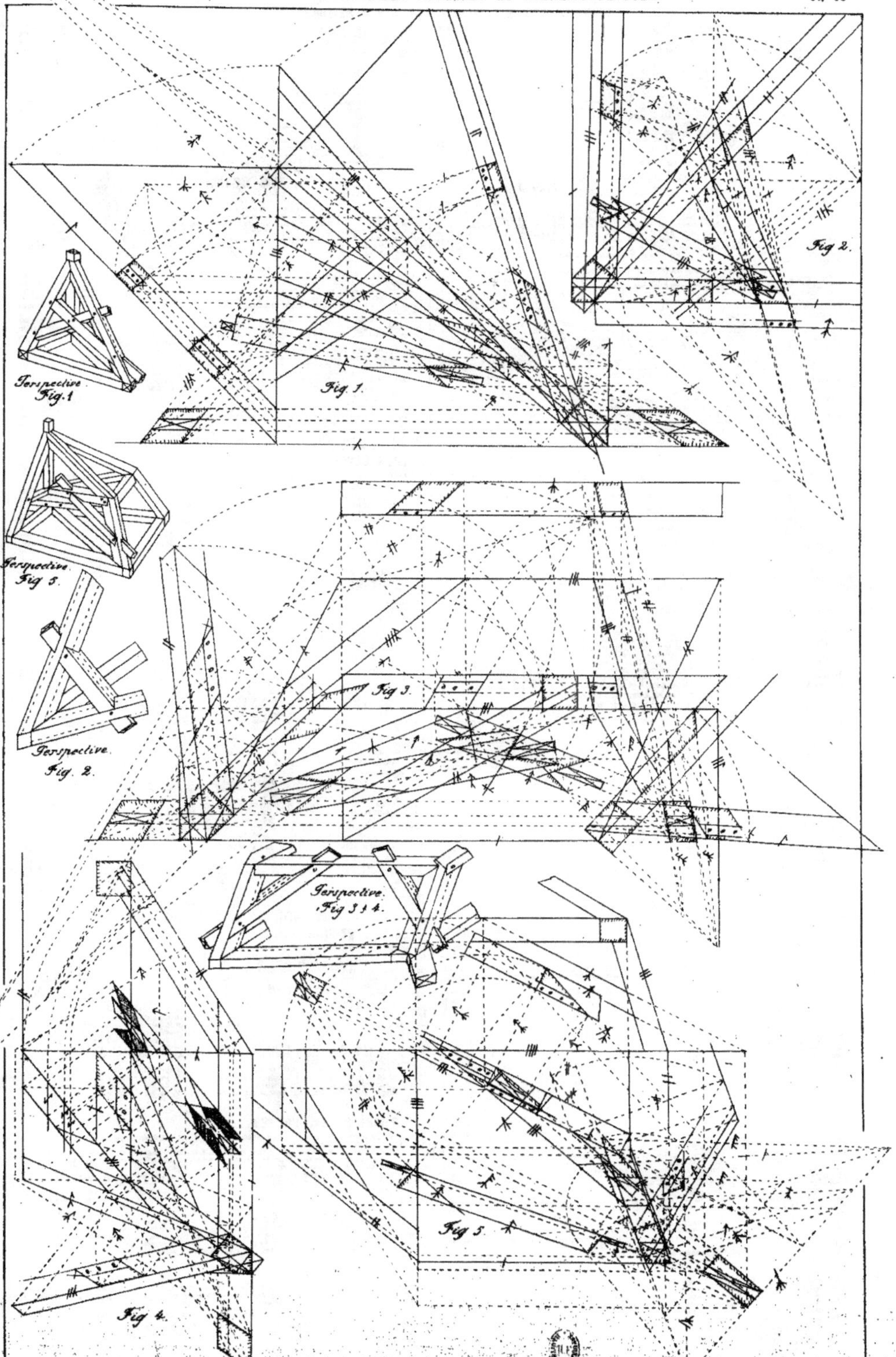

Imp. Juliot Tours

FIG. 1re.

PAVILLON CARRÉ A DEVERS TRACÉ PAR REMBARREMENTS

On appelle pavillon à devers celui dont les arêtiers sont deversés suivant le lattis des sablières et les autres assemblages, comme dans un pavillon ordinaire, c'est-à-dire par face aplomb. Le tracé de ces assemblages est fait par remharrements, de manière que les tenons puissent traverser d'une face à l'autre. Il en est de même pour l'assemblage des empanons et des pannes dans l'arêtier, comme il est vu sur la perspective.

Manière d'opérer.

Lorsque l'on a fait paraître l'ensemble du pavillon, on fait paraître le deveré de pas de l'arêtier par le moyen précédemment indiqué. Ceux-ci sont marqués *un franc*. Cela fait, on continue à faire le tracé des arêtiers pour leurs assemblages dans le poinçon. L'opération des deux étant la même, on va étudier seulement celle du côté droit faisant lattis à la croupe. Pour cela on la place sur la herse, comme il est vu par la ligne *deux francs*, et on fait paraître son épaisseur, comme il est vu sur l'épure. Pour tracer la coupe aplomb sur la face du devant du poinçon, on rabat l'about de la tête du chevron de croupe sur le plan que l'on mène ensuite sur la herse parallèlement à la sablière, ce qui donne le tracé sur la face de l'arêtier.

Pour obtenir le rembarrement du dessous, on renvoie la gorge de la tête du chevron de la croupe carrément sur le lattis, que l'on rabat de même sur la herse; cette dernière est marquée *trois francs*. Le démaigrissement pour la coupe du pied se fait toujours de la même manière, vu par la ligne *une contre-marque*.

TRACÉ DE LA MORTAISE DE LA TÊTE DE L'ARÊTIER DANS LE POINÇON.

On prend la hauteur de l'about et de la gorge de la tête du chevron de croupe, que l'on porte par des lignes de niveau sur la face du poinçon et sur l'arbalétrier de la ferme, ce qui donne la mortaise sur une face. Pour celle de l'autre côté, on tire un trait à l'about de la tête du chevron de croupe carrément à la rampe, sur la face du poinçon, puis on mène la ligne du dessous du chevron sur la même face et la mortaise est tracée. Ensuite on fait paraître la grosseur du tenon sur la vue debout du poinçon, parallèlement au plan de l'arêtier, aux points où les lignes des tenons coupent les faces du poinçon; on mène des parallèles aux faces du poinçon, sur le plan d'élévation, comme il est vu sur l'épure. Pour tracer le déjoûtement, on mène la ligne *deux contre-marques* parallèlement au plan de l'arêtier, en se fixant au point de jonction où la ligne de ce dernier en herse coupe la sablière, ce qui donne l'aplomb de la face de l'arêtier une fois au levage. Du point où cette dernière coupe la face du chevron de croupe on tend une ligne au centre du poinçon que l'on mène jusqu'au dehors de la sablière; de là on tire la ligne *trois crochets* à la tête de la herse et les déjoûtements sont tracés.

TRACÉ DES ASSEMBLAGES DES ARÊTIERS, ENTRAITS, AISSELIERS ET CONTRE-FICHES.

Pour tracer ces assemblages, on les place en élévation avec l'arêtier, comme dans un autre pavillon. L'arête du dessus de l'arêtier est marquée *trois contre-marques*.

La ligne du milieu ayant été adoptée pour ligne de base, on renvoie carrément sur cette ligne le point où la face de l'arêtier joint le dehors de la sablière, que l'on mène ensuite parallèlement à la rampe de l'arêtier; elle est marquée *un crochet*. C'est à cette ligne que les assemblages affleurent, par conséquent elle sert à tracer l'about des barbes.

Pour obtenir les rembarrements, on fait paraître leur épaisseur sur le plan, comme il est vu par la ligne *deux crochets*. Le point où le devers de pas de la face de l'arêtier joint cette ligne est renvoyé carrément sur la ligne de base et tiré parallèlement à la rampe de l'arêtier, ce qui donne le rembarrement du dessous. Cette dernière est marquée *trois crochets contre-marques* que l'on trace sous le bois; puis la ligne *un crochet* dessus donne la coupe sur la face de l'arêtier. On mène ensuite la ligne *patte-d'oie*, qui est le dessous de l'arêtier; sur les mêmes faces, on renvoie carrément sur la ligne de base que l'on mène parallèlement à la rampe de l'arêtier; on obtient la barbe au-dessous de l'arêtier en rembarrant ces lignes d'une face à l'autre, comme on le voit hors de l'épure où est paru l'aisselier échassé.

TRACÉ DE LA MORTAISE DE L'ENTRAIT ET DE LA CONTRE-FICHE DANS L'ARÊTIER.

Les points où le dessus et le dessous de l'entrait coupent le lattis du chevron de croupe, sont rabattus par des simbleaux sur le plan et ramenés parallèlement à la sablière, sur le lattis de l'arêtier et sur la herse, ce qui donne le tracé au-dessus de l'arêtier, pour la sortie du tenon; ces premières sont marquées *un crochet contre-marque*. Pour avoir celui du dessous, on renvoie l'about et la gorge de l'entrait carrément sur le lattis du chevron de croupe; on la rabat ensuite sur la herse, comme il vient d'être fait pour celui du dessus.

La contre-fiche ayant été placée en élévation, comme il a été dit, on la profile du pied sur la ligne de base; avec ces points on mène la ligne *deux crochets contre-marques* carrément au plan de l'arêtier, jusqu'à la rencontre de la sablière de la croupe, ce qui fait deux points. On rabat ensuite sur l'arête de l'arêtier et sur la herse les points où la ligne du dessus et du dessous de la contre-fiche coupent la même arête de l'arêtier en élévation; de ces derniers points on tend aux premiers, et l'on obtient les lignes *pattes-d'oie un crochet* qui donnent le tracé du dessus et du dessous de la contre-fiche sur la face du dessous de l'arêtier pour la sortie du tenon. Les derniers points indiqués peuvent être donnés d'une manière différente; pour cela, la ligne *double crochet* est tirée carrément sur l'arête du devers de l'arêtier en plan et renvoyée ensuite carrément à la sablière, sur la même arête de l'arêtier et sur la herse, comme il est indiqué sur l'épure.

On obtient le rembarrement du dessous par des parallèles en menant la ligne *patte-d'oie*, qui est le dessous de l'arêtier, jusqu'à la rencontre des lignes *deux crochets contre-marques*; puis ces points sont renvoyés carrément sur la ligne de démaigrissement, et de là on tend les parallèles indiquées par les lignes *langues de vipère*. Ces dernières donnent le tracé de la mortaise de la contre-fiche au-dessous de l'arêtier qui, rembarrée avec celle du dessus, donne l'occupation de la barbe sur la face de l'arêtier.

TRACÉ DE LA MORTAISE DU PIED DE L'AISSELIER DANS L'ARÊTIER.

On profile le dessus et le dessous de l'aisselier sur la ligne de base; à ces points on mène les lignes *langues de vipère contre-marques* carrément au plan de l'arêtier; au point où celle du dessous coupe le dehors de la sablière on a le point d'alignement. On obtient le deuxième par un simbleau, comme il a été fait pour la contre-fiche. Ici la distance du deuxième étant trop rapprochée, ne fournit pas assez de jugement pour la donnée de ces lignes; quand il en est ainsi, on en cherche un troisième à une distance plus éloignée. Pour cela on profile le dessous de l'aisselier de la croupe jusqu'à la ligne du milieu du poinçon; de là on mène une ligne de niveau sur le lattis du chevron; à ce point on mène la ligne *langue de vipère patte-d'oie* parallèlement à la sablière, jusqu'à la rencontre d'un trait donné carrément au plan de l'arêtier passant sur le milieu du poinçon; cette ligne passe sur le plan de l'autre arêtier, attendu qu'ils sont d'équerres l'un à l'autre sur le plan; ensuite on reporte sur la herse la ligne *langue de vipère patte-d'oie* par un simbleau décrit de sa jonction avec le lattis du chevron de croupe; cette ligne est marquée *un monté*, sur laquelle on ramène carrément à la sablière le point qui vient d'être indiqué sur le plan par la ligne *langue de vipère patte-d'oie*. Ce dernier point donne le troisième point d'alignement, comme il est indiqué par la ligne *patte-d'oie contre-marque*. On obtient les autres par des parallèles, en opérant comme il est vu sur l'épure et comme il a été indiqué pour la contre-fiche.

ASSEMBLAGE D'UN EMPANON DANS L'ARÊTIER.

Celui dont nous allons parler est marqué en plan *un monté contre-marque*; il est assemblé dans l'arêtier du côté gauche faisant lattis au long pan. On place l'arêtier sur la herse du long pan, comme il est indiqué par la ligne *un monté patte-d'oie*. Pour le tracé des mortaises, on profile les faces du plan de l'empanon jusqu'au lattis de la ferme du long pan. Ces points étant rabattus sur le plan et tirés parallèlement à la sablière, sur l'arêtier et la herse, donnent le tracé de la mortaise sur le dessus de l'arêtier.

Pour les rembarrements du dessous, on renvoie carrément sur le lattis de la ferme les points où les faces du plan de l'empanon coupent le dessous du chevron de croupe que l'on renvoie sur la herse, comme il a été fait pour celle du dessous, et la mortaise est tracée.

TRACÉ DE LA MORTAISE DE LA PANNE DE CROUPE DANS L'ARÊTIER.

On figure d'abord la vue debout de la panne sur le chevron de la croupe; après cela on la place sur la herse comme elle est parue sur la ligne *un deux montés*. Le point où cette ligne coupe l'arête de l'arêtier, sur la herse de la croupe, est renvoyé par un simbleau sur l'arête du même arêtier sur la herse du long pan; de là on tend la ligne double *crochet contre-marque*, ce qui donne le tracé du dessous de la panne sur le dessus de l'arêtier. La ligne double *crochet patte-d'oie* donne le tracé du dessus; on mène ensuite les lignes *un crochet un monté*, qui donnent les rembarrements du dessous et la mortaise est tracée.

Il faut observer ici que l'élévation du chevron de croupe était fait en dehors de la sablière du long pan; pour avoir les deux points d'alignement pour le tracé de la mortaise de la panne, il faudrait renvoyer les faces carrément à la rampe, sur la ligne de base, et renvoyer ces points parallèlement à la sablière de la croupe, sur celle du long pan, comme il est vu dans ce plan par les petites lignes *un deux montés*. Les sauterelles qui sont parues sur la rampe du chevron de croupe indiquent la barbe des empanons dans l'arêtier, dont la manière de les relever a été démontrée dans le plan précédent, tel que pour la coupe des empanons et de la panne sur la herse.

FIG. 2.

PAVILLON CARRÉ A TOUS DEVERS

Dans le pavillon à tous devers, l'arêtier est le même que dans le pavillon à devers; la seule différence est que l'aisselier et la contre-fiche sont également deversés suivant le lattis des sablières; c'est pourquoi il est nommé à tous devers.

Le plan fig. 2 ne représente que l'établissement d'un seul arêtier; car, pour tous les autres, l'opération est la même.

Manière d'opérer.

On fait d'abord paraître le plan des sablières, dont l'une est marquée *un franc*, l'autre *deux francs*. Ensuite on fait paraître le plan des demi-fermes par les lignes *trois francs*; le plan de l'arêtier par celle de *quatre francs*. On fait paraître son devers de pas par un trait donné à la tête du chevron de ferme, sur la ligne de base; de là on tend au pied de l'arêtier, comme il est vu sur la ligne marquée *deux contre-marques*.

TRACÉ DU DEVERS DE PAS DE L'AISSELIER ET DE LA CONTRE-FICHE.

On profile la rampe de l'aisselier sur la ligne de base; de là on mène les lignes *trois contre-marques* parallèlement à la sablière, jusqu'à la rencontre du pied de l'arêtier. Ces dernières indiquent les sablières du lattis de l'aisselier. Ensuite on profile le dessus sur la ligne du milieu du poinçon; à ce point on tire la ligne *un crochet* carrément à la rampe de l'aisselier, sur la ligne de base, et de là on tire la ligne *deux crochets* au pied de l'aisselier; par ce moyen le devers de pas est tracé. On fait paraître celui de l'autre face par une parallèle, comme il est indiqué sur l'épure.

Pour celui de la contre-fiche, on profile la rampe sur la ligne de base, comme il vient d'être fait pour l'aisselier. A ces points on mène les lignes *cinq contre-marques* parallèlement à la sablière *deux francs*, ce qui donne les sablières du lattis de la contre-fiche.

Il est à observer que le devers de pas de la contre-fiche se fait sur la face du dessous, pour éviter un *désabout* à la barbe du côté de la face de l'arêtier. Ce qui occasionne cette circonstance, c'est que la contre-fiche rampe en sens opposé de l'aisselier et de l'arêtier. Au point où le dessous de la contre-fiche joint le milieu du poinçon, on tire la ligne *trois crochets* carrément au rampant de la contre-fiche sur la ligne de base; de là on tend au point où le plan de l'arêtier coupe la sablière du dessous de la contre-fiche, comme il est indiqué par la ligne *un crochet contre-marque*. Au point où la face du plan de l'arêtier coupe la même ligne on mène une parallèle et le devers de pas est tracé.

TRACÉ DES COUPES DE L'ENTRAIT DANS L'ARÊTIER.

On descend les lignes marquées *pattes-d'oie* sur le plan de l'entrait, ce qui donne la coupe au-dessous de l'arêtier, puis l'on ramène l'arête du dessous de l'arêtier sur ces dernières lignes, ce qui donne les fonds d'arête; sur ces points on mène des parallèles au devers de pas de l'arêtier, et l'on a la coupe sur la face, rembarrant ces lignes d'une face à l'autre.

TRACÉ DE LA MORTAISE DE LA TÊTE DE L'AISSELIER AU-DESSOUS DE L'ENTRAIT.

On descend l'about et la gorge de la tête de l'aisselier de la demi-ferme parallèlement à la sablière sur le plan de l'entrait, au point où la ligne de la gorge joint la face de l'entrait et la ligne de l'arête; à ces points on mène des parallèles au devers de pas de l'aisselier, alors l'occupation de la coupe est tracée comme il est vu sur l'épure.

TRACÉ DES MORTAISES DE L'ENTRAIT DU PIED DE L'AISSELIER DE LA TÊTE DE LA CONTRE-FICHE SUR LA FACE DU DESSOUS DE L'ARÊTIER.

Pour faire ce tracé, il faut d'abord faire paraître le dessous de l'arêtier sur la herse. Pour cela, on mène la ligne *deux crochets contre-marques*, de l'arête du dessous de l'arêtier, parallèlement à son plan, jusqu'à la rencontre du plan de la demi-ferme. A ce point on remonte la ligne *trois crochets contre-marques* carrément au plan de la demi-ferme, jusqu'au-dessous du chevron de croupe. De ce dernier point on tend la ligne *cinq pattes-d'oie*, qui indique l'arête du dessous de l'arêtier sur la herse; on mène ensuite l'autre face par une parallèle, comme il est indiqué sur l'épure.

Malgré que l'arêtier soit ainsi sur la herse, cela n'empêche pas de tracer ses coupes du pied et de la tête. Pour ces dernières, on renvoie carrément l'about de la tête du chevron de croupe sur la face du dessous que l'on rabat ensuite sur le plan. De là on tire une parallèle à la sablière, ce qui donne le tracé sur la face du dessus de l'arêtier. On fait la même opération sur la gorge, ce qui donne le tracé du dessous. Ces deux dernières sont marquées un *trait raméneraît* sur la tête de la herse; la face du poinçon étant tracée carrément sur l'arêtier donne la coupe sur l'autre face. Le tracé du déjoûtement est toujours le même.

Pour tracer la coupe du pied, la ligne marquée d'un *trait raméneraît* tracée sur la face du dessus du bois et la ligne du dedans de la sablière sur celle du dessous, on rembarre ces traits d'une face à l'autre et la coupe est tracée.

TRACÉ DES FACES DU DESSUS ET DU DESSOUS DE L'AISSELIER, DE L'ENTRAIT ET DE LA CONTRE-FICHE SUR LA FACE DU DESSOUS DE L'ARÊTIER.

On place la pointe du compas sur la gorge du pied du chevron de croupe; de là on prend l'about et la gorge de l'aisselier, celle de l'entrait et celle de la contre-fiche que l'on rabat sur la ligne de base; à ces points on mène des parallèles à la sablière, sur la face de l'arêtier et sur la herse, au point où les lignes du tenon en plan joignent le dessus de l'arêtier; de là on mène des parallèles à l'arêtier sur la herse, ce qui donne le tracé des mortaises; ensuite on mène la face du derrière de l'entrait sur le dessous de l'arêtier, que l'on mène de même sur la herse, ce qui donne l'occupation de la coupe.

Pour tracer la face du derrière de la contre-fiche sur le dessous de l'arêtier, on mène le devers de pas de la contre-fiche sur la ligne du dedans de la sablière *deux francs*, ce qui donne le premier point d'alignement; du point où le dessous de la contre-fiche coupe le milieu du poinçon on mène une ligne de niveau; cette dernière est représentée par la ligne du dessus de l'entrait; du point où elle coupe le dessous du chevron de croupe, on descend une ligne aplomb sur le plan, jusqu'à la rencontre d'une ligne donnée parallèlement au devers de pas de la contre-fiche, passant sur le milieu du poinçon. Ce dernier point est renvoyé carrément à la sablière, sur la ligne *un monté*, ce qui donne le deuxième point d'alignement, lequel tendant au premier donne la ligne *patte-d'oie crochet*, et est par conséquent le tracé de la face du derrière de la contre-fiche. Pour obtenir le deuxième point d'alignement, il y a encore un moyen plus simple que celui qui vient d'être indiqué: on ramène l'arête du dessus de la contre-fiche parallèlement au plan de l'arêtier, comme il est vu par la petite ligne *un monté contre-marque*. Au point où cette dernière joint le dessous de l'arêtier on mène une parallèle sur la herse, sur la ligne de la gorge de la mortaise et de la contre-fiche, ce qui donne le deuxième point dont il est parlé ci-dessus.

L'opération pour faire le tracé de l'aisselier est la même que pour la contre-fiche, ainsi qu'il est marqué par la ligne *un monté patte-d'oie*.

TRACÉ DE L'ALIGNEMENT DES FACES DU POINÇON SUR CELLES DE L'ARÊTIER.

Pour le tracé de ces coupes, on couche l'arêtier à plat sur la face du devers, au moyen d'un chevron d'emprunt fait carrément à son devers et passant sur le point où l'arête du dessus de l'arêtier joint le plan de la demi-ferme. Ce dernier est marqué en plan *langue de vipère*; on le met ensuite en élévation sur la ligne *langue de vipère contre-marque*, avec la hauteur de la ligne *trois crochets contre-marque*, comme il est paru par un simbleau.

Pour que la face où se trouve tracée l'occupation des barbes soit parue en dessus, on rabat la longueur du chevron d'emprunt sur son plan en arrière de lui-même, comme il est indiqué par le simbleau marqué *cinq pattes-d'oie un monté*; de ce dernier point on tire la ligne *langue de vipère patte-d'oie*, qui indique l'arête du dessous de l'arêtier; ensuite on mène celle du dessus par une parallèle, comme on le voit sur l'épure. De la tête de l'arêtier on trace les lignes *doubles crochets* qui donnent l'alignement du milieu du poinçon; on mène ensuite les parallèles *doubles crochets contre-marques*, ce qui donne le tracé des faces du poinçon sur celle de l'arêtier.

TRACÉ DE L'OCCUPATION DE LA BARBE DE L'ENTRAIT ET DU PIED DE L'AISSELIER SUR LA FACE DE L'ARÊTIER.

On ramène l'about de la gorge de la mortaise sur l'arête de l'arêtier au moyen de deux simbleaux; à ces points on mène des parallèles au devers de pas de l'arêtier, et l'occupation de la barbe est tracée.

Le point où le dessus de l'aisselier joint le lattis du chevron de croupe est descendu parallèlement à la sablière, sur la face de l'arêtier en plan que l'on renvoie ensuite carrément à son devers de pas et sur l'arête du dessus de ce point; on tend la ligne *un deux montés* au point où le devers de pas de l'arêtier joint la sablière du dessus de l'aisselier, ce qui donne la face du dessus; on obtient celle du dessous par une parallèle donnée au point où le même devers de pas de l'arêtier coupe la sablière du dessous de l'aisselier. Au point où le devers de pas de l'aisselier coupe la ligne du dedans de la sablière on tire une ligne à l'about du dessus, ce qui indique l'about de la barbe.

TRACÉ DE L'OCCUPATION DE LA BARBE DE LA TÊTE DE LA CONTRE-FICHE SUR LA FACE DE L'ARÊTIER.

Le point où le dessous de la contre-fiche coupe le lattis du chevron de croupe est descendu parallèlement à la sablière, sur la face de l'arêtier en plan, et de là renvoyé carrément au devers de pas de l'arêtier sur l'arête du dessus. De ce dernier point on trace la ligne *double crochet patte-d'oie* au point où le devers de pas de l'arêtier coupe la sablière du dessous de la contre-fiche, ce qui donne l'alignement du dessous. On obtient celui du dessus par une parallèle, comme il est indiqué sur l'épure; on prolonge ensuite le devers de pas de l'arêtier et celui de la contre-fiche indéfiniment, jusqu'à la rencontre des deux; de là on tire la ligne *cinq contre-marques un monté*, ce qui donne le bout de la barbe. Le point donné sur l'arête du dessus de l'arêtier serait tout aussi bien donné sur l'arête du dessous, comme il est indiqué sur l'épure au moyen d'un simbleau.

FIG. 3.

TRACÉ DES COUPES DE LA CONTRE-FICHE

Le plan fig. 3 est le même que celui de la figure 2; il a été transporté en dehors, afin que les opérations données pour le tracé de la contre-fiche soient plus distinctes, en raison de la confusion des lignes, comme il a déjà été dit.

Le plan des sablières de l'arêtier de la demi-ferme, le devers de pas de l'arêtier, celui de la contre-fiche, la rampe du chevron de croupe, le tout, dans ce plan, est indiqué par les mêmes marques que sur le plan précédent.

Pour tracer la contre-fiche, il faut d'abord la coucher à plat sur la face du lattis; pour cela, on pose la pointe du compas au point où le dessous de la contre-fiche coupe la ligne de base. On ouvre le compas jusqu'au point où la même face joint la ligne du milieu du poinçon et l'on rabat ce point sur le plan, comme il est vu par un simbleau; de là on tend la ligne *deux contre-marques*, ce qui donne d'abord une face; on mène l'autre par une parallèle, comme il est indiqué sur le plan.

Pour tracer la coupe sur la face du devant du poinçon, on rabat l'about du pied de la contre-fiche sur le plan; à ce point on tire une parallèle à la sablière, ce qui donne la coupe du dessous. Pour avoir le tracé du dessus, on renvoie la gorge carrément sur la face du dessous, que l'on simbleaute. De même sur le plan, ces lignes étant rembarrées d'une face à l'autre donnent la coupe; la coupe de l'autre face se trace carrément sur la ligne de la face du poinçon.

La coupe au-dessous de l'arêtier se trace de la même manière que celle qui a été tracée d'abord sur la face du devant du poinçon. Le point où le dessous de la contre-fiche joint le lattis du chevron de croupe est rabattue sur le plan et tiré parallèlement à la sablière, sur la face de la contre-fiche; de là on tend la ligne *deux crochets contre-marques* au point où le devers de pas de l'arêtier coupe la sablière du dessous de la contre-fiche. Pour avoir le rembarrement du dessus, on mène la même ligne du devers de pas de l'arête de la sablière au-dessus de la contre-fiche, que l'on renvoie ensuite carrément sur la ligne *patte-d'oie*. A ce dernier point on mène une parallèle à la ligne *deux crochets contre-marques*, ce qui donne le rembarrement du dessus.

Le tracé du déjoûtement est le même que pour celui de l'arêtier, comme il est indiqué sur l'épure par la ligne *trois crochets contre-marques*. Pour avoir les alignements sur l'autre face, on la couche à plat sur cette face, au moyen d'un chevron d'emprunt fait carrément au devers de la contre-fiche, sur le milieu du poinçon; il est marqué sur le plan *un crochet*. On le met ensuite en élévation sur la ligne *un monté contre-marque*, avec la hauteur du dessous de la contre-fiche, sur la ligne du milieu du poinçon, la longueur du chevron d'emprunt étant relative sur son plan; de là on tend la ligne *cinq contre-marques* qui donne l'arête du dessous. On mène ensuite celle du dessus par une parallèle, comme il est vu sur l'épure, puis on ramène sur la herse, au moyen d'un simbleau, le point où les coupes du poinçon coupent la face de la contre-fiche sur la herse premièrement faite, et de là on tend les lignes *pattes-d'oies crochet*, ce qui donne l'alignement des faces du poinçon. On tend ensuite la ligne *patte-d'oie un monté*, ce qui donne la coupe du dessous de l'arêtier. Pour avoir l'alignement de la face, on prolonge le devers de pas de la contre-fiche et celui de l'arêtier indéfiniment jusqu'à ce qu'ils se rencontrent à leur jonction, puis on tend la ligne *cinq pattes-d'oie un monté*, ce qui donne l'alignement de la face.

Pour tracer la mortaise du pied de la contre-fiche dans le poinçon, on prend la hauteur de l'about et de la gorge du pied de la contre-fiche, que l'on porte par des simbleaux sur l'autre face du poinçon, comme il est indiqué sur l'épure. A ces points on mène des traits carrément au poinçon, et la mortaise est tracée. On mène ensuite les lignes *un monté*, ce qui donne l'alignement des faces des côtés.

FIG. 4.

HERSE DE L'AISSELIER POUR LE TRACÉ DE SES COUPES

L'épure de l'aisselier a été transportée hors du plan principal par la même raison que pour celle de la contre-fiche. On prolonge la ligne du plan de la ferme, laquelle est marquée *trois francs*; on mène ensuite la ligne *une contre-marque* à la sablière du dessus de l'aisselier; elle doit être tirée parallèlement à celle du plan, sur laquelle on mène carrément la ligne *deux contre-marques*, ce qui fait un point. Du point où la ligne du dessus de l'aisselier coupe la ligne de base et le milieu du poinçon, on reporte cette longueur en avant de *une contre-marque* sur la ligne *trois francs*, ce qui donne le deuxième point qui, tendu au premier, donne la ligne *un crochet*, et l'on obtient l'aisselier sur la herse. On mène la ligne *deux crochets* et l'on obtient l'autre face au moyen d'une parallèle, comme il est indiqué sur l'épure.

Pour tracer la coupe au-dessous de l'entrait, on prend la gorge de la tête de l'aisselier que l'on reporte sur la herse parallèlement à la sablière, comme il est vu par la ligne *un crochet contre-marque*, qui se trace sur le biais.

Pour avoir le rembarrement du dessous, on renvoie l'about carrément sur la ligne du dessus, que l'on porte de même sur la herse; cette dernière est marquée *deux crochets contre-marques*, laquelle étant rembarrée d'une face à l'autre avec la première donne la coupe au-dessous de l'entrait, comme il a été dit.

L'about et la gorge du pied de l'aisselier étant rapporté de même sur la herse donne la coupe au-dessous de l'arêtier; celle qui doit être tracée sur le bois est marquée d'*une patte-d'oie*, et celle du dessous *deux pattes-d'oie crochet*.

Le point où le devers de pas de l'arêtier coupe la sablière au-dessus de l'aisselier, sur le plan fig. 2, est renvoyé carrément sur celle du plan fig. 4, comme il est indiqué par la ligne *langue de vipère*, ce qui donne le premier point d'alignement pour la coupe sur la face de l'arêtier. On descend la ligne *langue de vipère contre-marque* sur la face de l'aisselier, ce qui donne le deuxième point, lequel tendant au premier donne la coupe indiquée par la ligne *cinq contre-marques*.

On obtient encore le deuxième point en prenant la distance du point où le dessus de l'aisselier joint le lattis du chevron de croupe à la ligne de base, que l'on porte sur la face de l'aisselier parallèlement à la sablière, comme il est vu par la ligne *langue de vipère patte-d'oie*.

Pour avoir le rembarrement du dessous, on renvoie carrément sur la ligne du dessus de l'aisselier le point où la ligne du dessous joint la ligne de base; ce point est ensuite reporté sur la herse et tiré parallèlement à la sablière, comme il est vu par la ligne *cinq crochets*, sur laquelle on renvoie carrément à la sablière, au moyen de la ligne *double crochet*, le point où le devers de pas de l'arêtier joint la sablière du dessous de l'aisselier sur le plan fig. 2. A ce dernier point on mène une parallèle à la ligne *cinq contre-marques*, ce qui donne le rembarrement du dessous.

FIG. 5.

ASSEMBLAGE DE LA PANNE DANS L'ARRÊTIER

Après avoir fait paraître l'ensemble du plan, on indique la vue debout de la panne, comme elle paraît sur le chevron de ferme; on profile la face carrément à la rampe sur la ligne de base. A ce point on tire les lignes *une contre-marque*, ce qui donne le déguchissement des deux faces.

Du point où la face du dessous joint la ligne de base on simbleaute la panne sur le plan et on la mène parallèlement à la sablière, dont l'arête du lattis est marquée *deux contre-marques*. La même arête est descendue sur le plan parallèlement à la sablière. Le point où elle coupe le plan de l'arêtier est renvoyé carrément sur la ligne *deux contre-marques*; de là on tire la ligne *un crochet*, ce qui donne la coupe de la panne sur la face de l'arêtier. Du même point on tend la ligne *deux crochets*, ce qui donne l'alignement du dessus de l'arêtier; on mène ensuite la ligne *patte-d'oie* parallèlement à cette dernière et l'on obtient la barbe du dessous de l'arêtier, comme il est vu sur l'épure.

TRACÉ DE LA MORTAISE DE LA PANNE SUR LA FACE DE L'ARÊTIER.

On couche l'arêtier sur cette face au moyen du chevron d'emprunt marqué en plan *un crochet contre-marque* et en élévation *un monté*, au moyen duquel on obtient l'arêtier sur la ligne *deux crochets contre-marques*, et sur laquelle on renvoie la ligne *langue de vipère* de l'about du plan de la panne et carrément au devers de pas de l'arêtier. De ce point on tend la ligne *un franc*, qui donne la rampe de la face du dessous de la panne; on mène ensuite la ligne *deux francs* parallèlement à cette dernière, et l'on a la face du dessus.

TRACÉ DE L'OCCUPATION DE LA BARBE DE LA PANNE AU-DESSOUS DE L'ARÊTIER.

On fait paraître le dessous de l'arêtier sur la herse par le moyen indiqué sur l'épure et comme il a été indiqué même planche, fig. 2, et dont l'une des faces est marquée *trois francs*. Les points, où les rampes indiquées plus haut coupent l'arête du devers de pas de l'arêtier, sont ramenés sur la même arête de l'arêtier et sur la herse au moyen des simbleaux indiqués sur l'épure, en ayant pour pivot la gorge du pied de l'arêtier. A ces derniers points on trace les lignes *patte-d'oie crochet* qui donnent l'alignement des faces de la panne au-dessous de l'arêtier; on mène ensuite la gorge du pied du chevron de ferme parallèlement à la sablière, sur le dessous de l'arêtier; à ce point on tire une parallèle à la herse, sur les dernières lignes, ce qui donne l'about de la barbe comme il est indiqué sur l'épure.

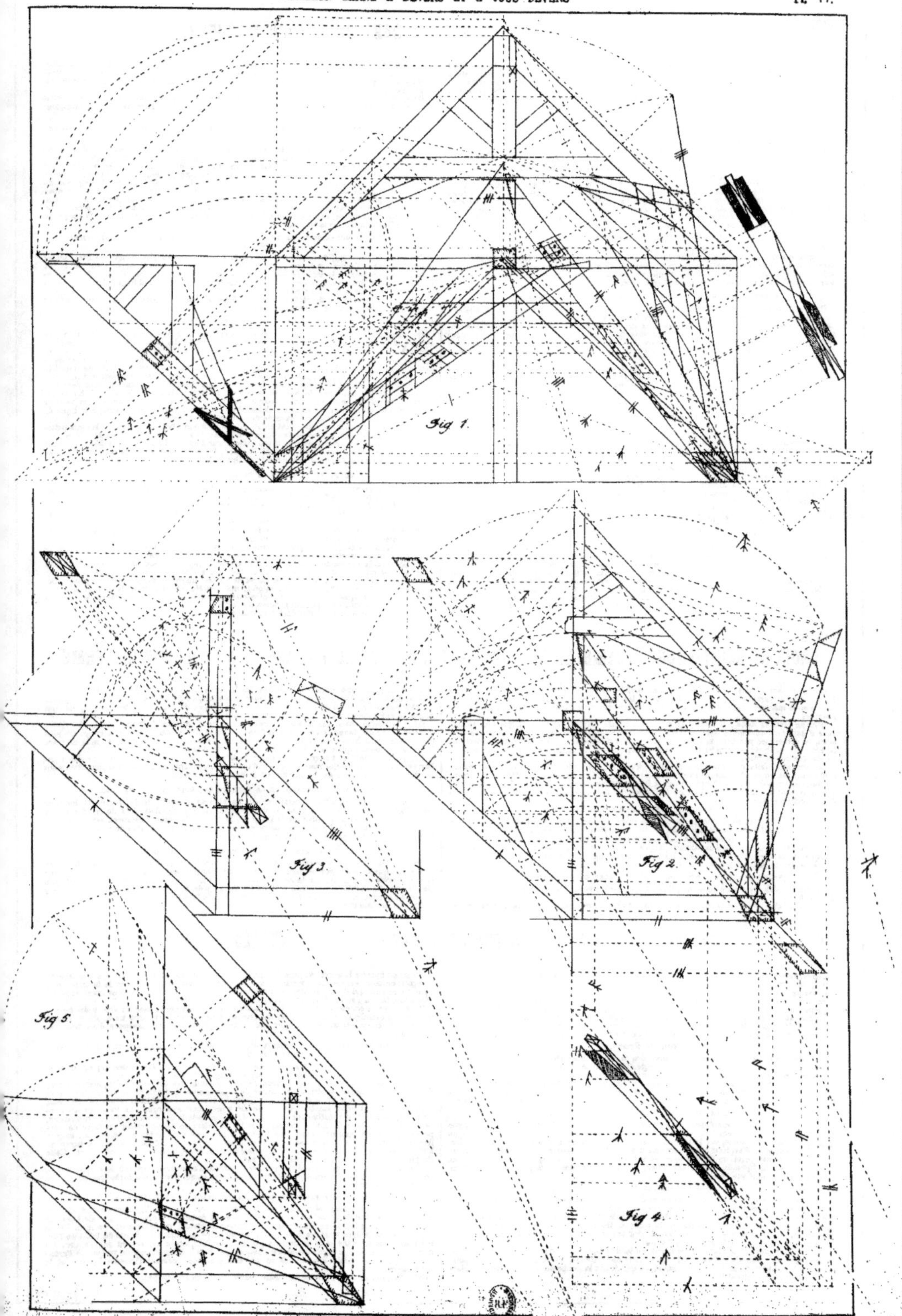

Imp. Juliot. Tours.

FIG. 1re.

BRANCHE DE NOUE, A TOUS DEVERS, DANS UN RETOUR D'ÉQUERRE

PLANCHE 18.

Les noues sont dites *à tous devers* lorsqu'elles sont établies et se déversent suivant le lattis d'une sablière, ainsi que les assemblages. Il faut que la noue soit placée de manière qu'une des arêtes du lattis tombe sur l'aplomb de la ligne du plan par terre, et que l'autre arête soit portée de toute l'épaisseur, du côté du comble qu'elle raccorde, ce qui fait que les pannes et les empanons sont assemblés sur les faces du lattis, comme il est vu sur la perspective.

Manière d'opérer.

Le comble formant un retour d'équerre, la noue dont il est parlé raccorde la partie intérieure et la partie extérieure par un arêtier; par conséquent, les deux forment une ferme qui raccorde les deux combles.

On commence par faire paraître les sablières extérieures, dont l'une est marquée un franc et l'autre deux francs. On fait paraître ensuite celle de l'intérieur par des parallèles; l'une de ces dernières est marquée trois francs et l'autre quatre francs. On fait paraître le plan des fermes dont l'une est marquée cinq francs et l'autre une contre-marque; on les met ensuite en élévation comme elles paraissent sur l'épure. Le milieu du poinçon étant descendu en plan, est mené parallèlement aux sablières, dans le plan des faîtages parus sur les lignes deux contre-marques. On mène ensuite une ligne à la jonction des sablières, ce qui donne l'arêtier et la noue en plan; celle de la noue est marquée un crochet et celle de l'arêtier, trois contre-marques. Le joint où les faîtages se jonctionnent sur cette dernière, donne le milieu du poinçon, comme il est paru en vue debout sur l'épure.

TRACÉ DU DEVERS DE PAS DE LA NOUE.

Attendu que la noue fait lattis à la sablière trois francs, on tire un trait à la tête du chevron d'emprunt de cette sablière, carrément à la rampe, sur la ligne de base. A ce point, on mène une ligne parallèlement à la sablière, jusqu'à la rencontre d'un trait tiré carrément à la même sablière et passant par le milieu du poinçon; de là, on tend la ligne cinq contre-marques au pied de la noue et le devers de pas est tracé.

TRACÉ DU DEVERS DE PAS DE LA CONTRE-FICHE ET DE L'AISSELIER.

On profile la contre-fiche du pied sur la ligne de base; à ces points on mène des parallèles à la sablière, ce qui donne celle de la contre-fiche; ces dernières sont marquées un crochet contre-marque. Au point où le dessous de la contre-fiche coupe la ligne du milieu du poinçon, on tire un trait d'équerre à la rampe de la contre-fiche sur la ligne de base que l'on mène parallèlement à la sablière jusqu'à la rencontre d'un trait donné carrément à la même sablière passant par le milieu du poinçon, et de là on tend la ligne deux crochets contre-marque et le devers de pas se trouve tracé.

L'opération à faire pour celui de l'aisselier est la même que celle qui vient d'être indiquée pour la contre-fiche; excepté qu'il faut opérer sur le dessus, comme il est vu sur l'épure. Les sablières de l'aisselier sont marquées trois crochets contre-marques. La ligne du devers de pas est marquée un monté.

TRACÉ DU DEVERS DE PAS DE L'ARÊTIER.

L'arêtier fait lattis à la sablière marquée deux francs. Pour en faire le devers de pas, on mène un trait à la tête de la ferme de la même sablière, carrément à la rampe, sur la ligne de base, que l'on mène ensuite parallèlement à la sablière, jusqu'à la rencontre d'un trait donné carrément à la même sablière, passant sur le milieu du poinçon; de là, on tend la ligne patte-d'oie et le devers de pas est tracé.

Pour faire celui de l'aisselier et celui de la contre-fiche, les opérations sont toujours les mêmes que celles parues sur l'épure. Celui de l'aisselier est marqué d'une patte-d'oie crochet, et celui de la contre-fiche d'une patte-d'oie un monté.

Les devers de pas étant ainsi parus, pour faire le tracé des coupes de l'arêtier et de ses assemblages, les opérations sont exactement les mêmes que celles qui viennent d'être indiquées sur la planche précédente.

Pour la branche de noue, il n'y a pas de différence, les opérations sont les mêmes; malgré cela, il va être donné un abrégé du détail.

TRACÉ DES MORTAISES DE L'ENTRAIT DE L'AISSELIER ET DE LA CONTRE-FICHE DANS LA NOUE.

On commence par placer la noue sur la herse du lattis, dont l'arête du dessus est marquée d'une langue de vipère; ce qui diffère de celle du plan précédent pour le tracé des mortaises que l'on a opéré sur la face du dessous de l'arêtier, tandis que dans ce plan-ci, on opère sur les face du lattis. Dans ce cas, on revient sur le chevron de ferme du lattis de la noue; puis, l'on renvoie l'about et la gorge du pied de l'aisselier, carrément sur la ligne du lattis que l'on simblette sur le plan. Ces points étant ramenés parallèlement à la sablière, sur la face de la noue, sur la herse, donnent la mortaise du pied de l'aisselier, au-dessous de la noue. On opère de même pour celles de l'entrait et de la contre-fiche, comme il est vu sur l'épure.

On fait paraître ensuite la grosseur du tenon sur le plan, parallèlement au plan de la noue, au point où ces lignes joignent la sablière du dessous de la noue. On renvoie ces points carrément sur la ligne du démaigrissement, et de là on mène des parallèles à la noue sur la herse, et les mortaises sont tracées.

Dans ce plan, les faces des assemblages ne sont parues qu'au-dessous de la noue; si elles ont été démontrées dans la planche précédente, au-dessous de l'arêtier, ce n'est qu'une question d'exercer en cas de besoin.

TRACÉ DE L'OCCUPATION DES BARBES DE L'ENTRAIT DE L'AISSELIER ET DE LA CONTRE-FICHE SUR LA FACE DE L'ARÊTIER.

L'arête de la noue à laquelle les barbes viennent tendre est marquée sur le plan d'une langue de vipère contre-marque, sur laquelle on mène une ligne du milieu du poinçon, parallèlement à la sablière. A ce point on fait un chevron d'emprunt, carrément au devers de pas de la noue; elle est marquée en plan d'une langue de vipère, patte-doie. On le met ensuite en élévation, comme il est indiqué par la ligne cinq pattes-d'oie; puis l'on rabat la longueur du chevron d'emprunt sur son plan; de là on tend la ligne cinq crochets, ce qui donne la noue couchée à plat sur sa face de devers, sur laquelle est parue l'occupation des barbes; la manière de les tracer est absolument la même que celle indiquée sur la planche précédente. Pour celle de l'arêtier, comme l'épure le démontre, il en est de même que pour la coupe du pied et celle de la tête dans le poinçon.

TRACÉ DE LA MORTAISE DE LA TÊTE DE LA NOUE ET DU PIED DE LA CONTRE-FICHE DANS LE POINÇON.

On mène la ligne un, deux montés, qui est la face du poinçon, sur la ligne de base. De ce point, on rabat l'about et la gorge de la tête du chevron de ferme sur le plan. De là, on mène des parallèles à la sablière, sur la face du poinçon, ce qui donne l'about et la gorge de la mortaise. On tire ensuite la ligne patte-d'oie contre-marque et l'on obtient l'alignement de la face de la noue sur celle de l'arêtier.

Pour tracer la mortaise du pied de la contre-fiche on opère comme il vient d'être fait pour celle de l'arêtier et comme il est vu sur l'épure.

TRACÉ DES COUPES DE LA CONTRE-FICHE.

Du point où le dessous de la contre-fiche joint la ligne de base on mène sur cette ligne, au moyen d'un simblot, le point où le dessous de la contre-fiche joint la ligne du milieu du poinçon. A ce dernier point, on mène une parallèle à la sablière, sur la ligne du milieu du plan du poinçon; de là on trace la ligne double crochet, ce qui donne la face du dessous de la contre-fiche couchée à plat sur la face de son lattis; on mène l'autre face par une parallèle comme il est vu sur l'épure, puis on trace la coupe par le moyen précédemment indiqué.

Pour avoir les alignements sur l'autre face, on fait un chevron d'emprunt au même point que celui qui a été fait pour la noue et carrément au devers de pas de la contre-fiche. Il est marqué en plan, un monté contre-marque. On le met ensuite en élévation avec la hauteur du point où le dessous de la contre-fiche joint la ligne du milieu du poinçon, à la ligne de base. L'élévation, ainsi faite, est marquée deux montés, contre-marques.

La longueur du chevron d'emprunt étant couchée sur son plan, de là on tend la ligne patte-d'oie deux montés, ce qui donne la contre-fiche couchée à plat sur sa face de devers et sur laquelle on trace les coupes comme il est indiqué sur l'épure. Le détail en a déjà été donné sur la planche précédente. Pour celle de l'arêtier, les opérations sont les mêmes; il en est de même pour l'aisselier dont le tracé est fait figure 2.

TRACÉ DE LA COUPE DE LA PANNE ET DE SES RAMPES DE MORTAISES SUR LA NOUE.

On indique la vue de bout de la panne comme elle est parue sur la rampe de la ferme, marquée cinq francs. La face de dessous étant profilée sur la ligne de base. A ce point, on mène la ligne double crochet, contre-marque, parallèlement à la sablière, ce qui donne le dégauchissement de la face du dessous de la panne; on obtient en même temps celui de dessus par une parallèle, comme il est indiqué sur l'épure.

On descend ensuite les deux arêtes de la panne sur le plan; celle du dessus est marquée deux montés, et celle du dessous, trois montés.

Du point où ces dernières joignent l'arête du dessus de la noue sur la herse, on tend les lignes deux contre-marques montées, ce qui donne le tracé de la mortaise.

Du point où la rampe du dessous de la panne joint la ligne de base, on la simblotte sur le plan, et de là on mène des parallèles à la sablière, ce qui donne la panne couchée à plat sur les faces opposées au lattis et dont l'arête du dessus est marquée double crochet, patte-d'oie. On mène ensuite sur cette ligne le point où la même arête, en plan, joint le plan de la noue; de là on tend la ligne cinq crochets contre-marques et la coupe de la panne est tracée. La coupe sur l'autre face se prend sur la herse du lattis.

L'épure ne démontre pas cette dernière, attendu qu'elle est connue.

FIG. 3.

CROIX DE SAINT-ANDRÉ ASSEMBLÉE SUR UNE NOUE A DEVERS AU FAITAGE ET AU CHEVRON DE FERME

On commence à faire paraître les sablières, dont l'une est marquée un franc et l'autre deux francs. On fait paraître le plan des faîtages par les lignes trois francs; le plan de la noue, une contre-marque, celui des fermes, deux contre-marques; leur élévation, trois contre-marques.

Dans ce plan, la noue fait lattis à la sablière marquée un franc et la croix que l'on se propose d'établir est assemblée dans le lattis de la sablière marquée deux francs. Pour l'établir ainsi, on commence par faire la herse par le moyen précédemment indiqué et dont l'arête de la noue est marquée un crochet; la face du faîtage, deux crochets; celle de la ferme est la même que sur le plan.

La herse ainsi faite, on y place la croix telle qu'elle est sur l'épure dont les arêtes du dessus sont marquées un crochet contre-marque. Pour faire paraître ces mêmes arêtes sur le plan, on descend les points de la tête carrément à la sablière en plan; de là on tend où les mêmes arêtes coupent la sablière, ce qui donne les arêtes du dessus de la croix en plan sur les lignes deux crochets contre-marques.

TRACÉ DU DEVERS DE PAS DES CROIX.

Au point où la croix se jonctionne en plan on mène la ligne trois crochets contre-marque carrément à la sablière. Du même point, on trace une ligne parallèlement à la sablière, sur le lattis de la ferme; de là on tire un trait carrément à la rampe sur la ligne de base que l'on mène ensuite parallèlement à la sablière jusqu'à la rencontre de la ligne trois crochets contre-marque. De ce dernier point, on tend les lignes patte-d'oie au pied des croix sur la sablière, et les devers de pas sont tracés.

TRACÉ DES COUPES DES CROIX SUR LES FACES OPPOSÉES AU LATTIS.

L'opération des deux étant la même, il n'est démontré que celle dont la tête est assemblée dans le faîtage.

On fait un chevron d'emprunt sur la tête du plan de la croix, carrément au devers de pas, marqué en plan d'une patte-d'oie crochet. On le met ensuite en élévation avec la hauteur de la face du faîtage, dont la rampe est marquée d'une langue de vipère. On rabat la longueur du chevron sur son plan et de là on tend la ligne langue de vipère contre-marque, ce qui donne la croix couchée à plat sur les faces opposées au lattis.

De la tête de la croix, sur la herse dernièrement faite, on tire la ligne langue de vipère patte-d'oie, ce qui donne la coupe sur la face du faîtage. On ramène ensuite la gorge du pied de la croix, de la herse, du lattis sur cette dernière, au moyen d'un simblot, et de là on trace la ligne un monté, qui donne la coupe sur la face du dessus de la noue.

Les autres coupes se tracent sur la herse du lattis; si l'on voulait les tracer par des rembarrements, les lignes qui sont marquées d'un trait ramènerait donnerait le démaigrissement du dessous. La manière de les obtenir est indiquée sur l'épure.

TRACÉ DE LA MORTAISE DE LA TÊTE DE LA CROIX DANS LE FAITAGE.

On mène la ligne cinq francs parallèlement au plan du faîtage, à la distance de la hauteur de sa ligne de délardement, comme il est indiqué par des simblots près de la tête de la ferme. Ensuite on ramène l'about et la gorge de la tête de la croix carrément sur cette dernière; de là on tend les lignes cinq contre-marques au point où le devers de la croix joint la face du plan du faîtage, et la mortaise est tracée.

TRACÉ DES MORTAISES DES CROIX SUR LA NOUE.

On place la noue sur la herse de son lattis et dont l'arête la plus haute est marquée d'une contre-marque montée, sur laquelle on ramène les abouts et les gorges de la croix, pris sur la même arête de la noue, sur la herse primitivement faite, au moyen de simblots indiqués sur l'épure. De ces derniers points on tend les lignes patte-d'oie crochet au point où les devers de pas de chaque croix joignent la sablière du lattis de la noue, ce qui donne le tracé des mortaises, comme il est indiqué sur l'épure.

FIG. 4.

FERME D'ANGLE A DEVERS POUR SOULAGER L'ARÊTIER ET LES PANNES

Les fermes d'angle sont le plus souvent utilisées dans les parties aigües, ce qui occasionne une plus grande longueur d'arêtier, surtout quand le bâtiment est d'une assez grande importance.

La ferme d'angle est composée d'une pièce assez forte, reposant sur les deux murs, et sur laquelle repose un poinçon pour soulager l'arêtier. Les pannes les plus basses ayant une portée assez longue, on établit le dessus des arbalétriers au-dessous des pannes, ce qui déverse suivant le lattis, afin de les soulager, ainsi qu'il est vu sur la perspective.

L'opération des deux arbalétriers étant la même, on ne décrira que celle d'un seul.

Manière d'opérer.

On commence par faire paraître le plan des sablières marquées un franc; le plan de l'arêtier, deux francs; celui de la ferme d'angle, trois francs; le plan ainsi fait, on fait paraître la rampe du comble dont le chevron est marqué une contre-marque; on fait paraître ensuite la chambrée de la panne, se qui donne le dessus de l'arbalétrier; cette dernière est marquée deux contre-marques et la ligne de base trois contre-marques. On mène ensuite la ligne un crochet parallèlement à la sablière, ce qui donne le lattis au-dessus de l'arbalétrier.

TRACÉ DU DEVERS DE PAS DE L'ARBALÉTRIER.

Après avoir indiqué la vue debout du poinçon, comme le montre l'épure, on mène la ligne deux crochets parallèlement à la sablière, sur le dessus de l'arbalétrier; à ce point, on tire un trait carrément à la rampe, sur la ligne de base; de là, on mène une parallèle à la sablière, jusqu'à la rencontre d'un trait donné carrément à la sablière, passant sur le milieu du poinçon. De ce dernier point on tend la ligne trois crochets, ce qui donne le devers de pas de l'arbalétrier sur la ligne du milieu. On mène, ensuite, celui des faces par des parallèles, comme il est indiqué sur l'épure.

TRACÉ DES COUPES DE L'ARBALÉTRIER.

On place, d'abord, larbalétrier sur la herse de son lattis; pour cela, on rabat sur le plan le point où la ligne deux crochets coupe le dessus de l'arbalétrier en élévation. De là on mène la ligne cinq crochets parallèlement à la sablière, jusqu'à la rencontre d'un trait donné carrément à la sablière, passant sur le milieu du poinçon. De ce dernier point on trace la ligne patte-d'oie, ce qui donne le milieu de l'arbalétrier sur la herse. On mène ensuite les faces par des parallèles, comme il est vu sur l'épure.

L'arbalétrier étant ainsi placé sur la herse, on tend la ligne patte-d'oie crochet, qui donne l'alignement du milieu du poinçon; on tend ensuite une parallèle au point où la face du poinçon joint la sablière du lattis de l'arbalétrier, ce qui donne la coupe du dessus. Cette dernière est marquée d'une patte-d'oie montée.

On mène ensuite la gorge du pied de l'arbalétrier parallèlement à la sablière, sur la face du poinçon; ce point est renvoyé carrément sur la ligne du démaigrissement, et de là on tente la ligne un monté, qui donne le démaigrissement du dessous. Ces deux dernières étant rembarrées d'une face à l'autre, donnent la coupe à plomb de la tête.

Pour tracer la course du pied, on trace la ligne un crochet sur la face du dessus du bois et la ligne du démaigrissement sur celle du dessous, puis on rembarre ces traits d'une face à l'autre et la coupe est tracée. La ligne dite du démaigrissement est marquée d'un trait ramènerait.

POUR AVOIR DES ALIGNEMENTS JUSTES POUR LA DONNÉE DES COUPES QUI VIENNENT D'ÊTRE INDIQUÉES PAR DES REMBARREMENTS.

On couche l'arbalétrier à plat sur sa face de devers, marquée deux crochets; on joint le dessus de l'arbalétrier sur le plan d'élévation et la ligne de base.

Pour le placer ainsi, on fait un chevron d'emprunt sur la tête de l'arbalétrier, carrément au devers de pas, marqué en plan d'une langue de vipère; on le met ensuite en élévation avec la hauteur du point où la ligne deux crochets joint le dessus de l'arbalétrier et la ligne de base, dont la rampe est parue sur la ligne langue de vipère contre-marque. La longueur du chevron d'emprunt étant rabattue sur son plan; de là, on tente la ligne un monté contre-marque, ce qui donne la ligne du milieu du dessus de l'arbalétrier; on mène ensuite les faces de côté par des parallèles, comme il est vu sur l'épure. On ramène sur l'arrête du dessus, au moyen d'un simblot, le point où la coupe de la face du poinçon joint la même arête sur la herse du lattis, et de là on tend la ligne cinq contre-marques, et la coupe de la tête est tracée. Celle du pied se trace sur la ligne du devers de pas.

Si la coupe du pied de l'arbalétrier excède la face de l'entrait, on rapporte le surplus sur la coupe, et là on donne des traits parallèlement au bois, ce qui donne une barbe qui se plaque sur la face de l'entrait.

TRACÉ DES MORTAISES POUR L'ASSEMBLAGE DE L'ARBALÉTRIER.

Pour tracer la mortaise de la tête dans le poinçon, on mène la ligne un crochet contre-marque sur le lattis de l'arbalétrier, on prend ce point de hauteur, depuis la ligne de base que l'on reporte sur la ligne deux crochets contre-marques partant de la face du poinçon. De ce point on trace la ligne trois crochets contre-marques, ce qui donne le dessus du lattis de l'arbalétrier, puis on mène celle du dessous par une parallèle, comme il est vu sur l'épure. Du même point, on tend la ligne double-crochet, ce qui donne l'alignement du milieu de l'arbalétrier. On mène ensuite celui des faces par des parallèles, comme l'indique l'épure, et la mortaise est tracée.

Celle du pied se trouve tracée en même temps que le devers de pas.

BRANCHE DE NOUE A TOUS DEVERS DANS UN RETOUR D'ÉQUERRE ET UNE FERME D'ANGLE A DEVERS DANS UN ARÊTIER POUR SUPPORTER LES PANNES

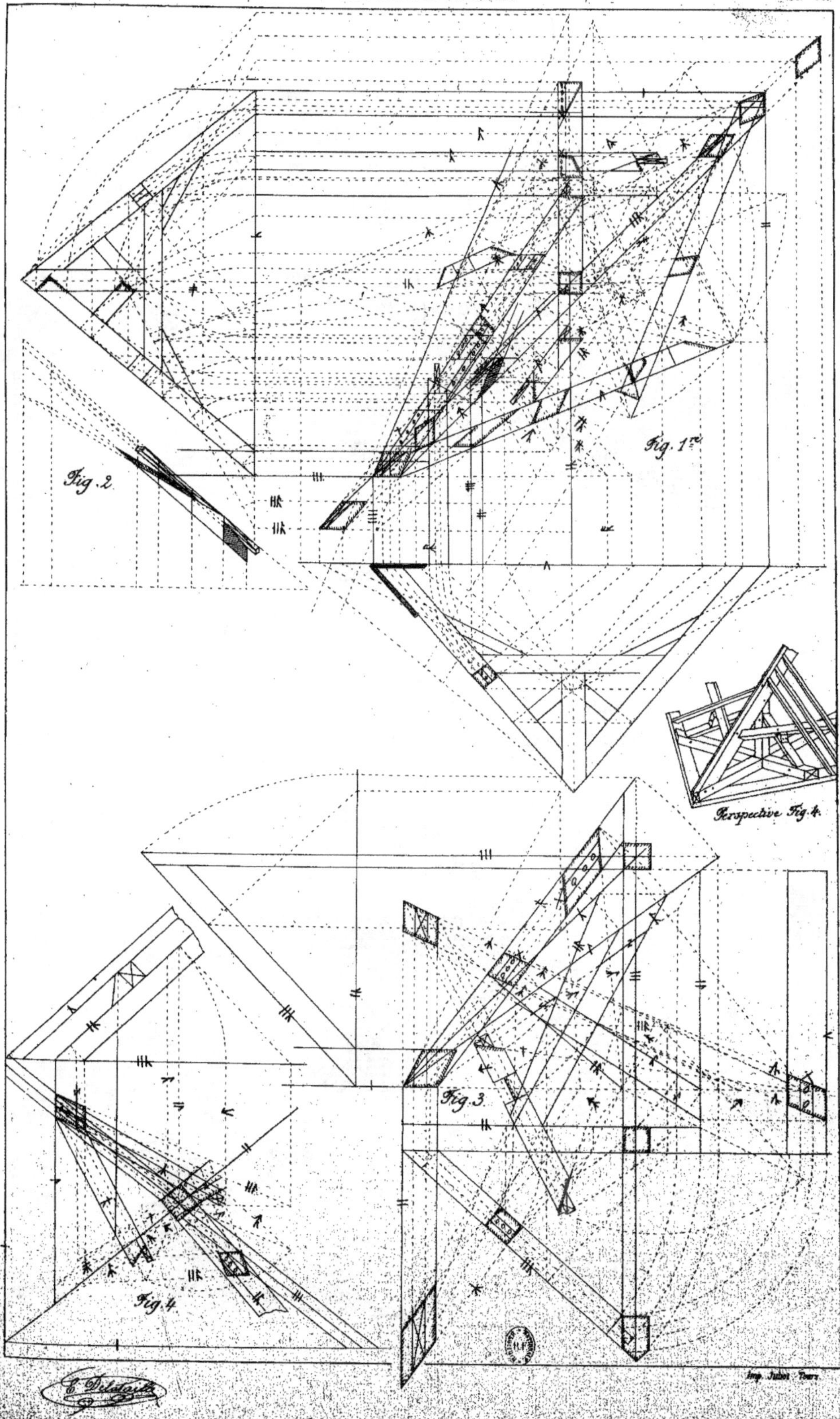

E. Delataille

Imp. Jubet. Tours.

FIG. 1re.

PLANCHE 19.

TRÉTEAUX A DEVERS

Les tréteaux sont dits à devers lorsque les pieds ont deux pentes et que le lattis des quatre est le même. Celui dont il va être parlé ici est d'un genre commun et des plus utilisés dans nos chantiers.

Manière d'opérer.

On commence par faire paraître la ligne *un franc*, que l'on adopte comme base; on mène ensuite la ligne *deux francs*, par une parallèle à la distance fixée pour la hauteur du tréteau, ce qui donne le dessus du chapeau, sur lequel on porte l'about des pieds, d'après la longueur que doit avoir le tréteau. De ces points on tend les lignes *un contre-marque*, d'après la pente que l'on veut bien leur donner; on porte ensuite l'épaisseur des pieds et la retombée du chapeau par des parallèles, comme il est indiqué sur l'épure, puis on fait paraître la vue debout des traverses à la hauteur que l'on veut les mettre et carrément aux pieds, comme il est vu sur l'épure. Ceci étant fait, on place les décharges et la vue debout des traverses au-dessus du chapeau, comme l'indique les lignes *deux contre-marques*. Ces dernières se tracent carrément au-dessous du chapeau et en barbe sur les traverses. On fait paraître la grosseur du tenon, comme l'indique la vue debout des traverses, afin d'avoir le tracé de la mortaise; on assemble ensuite une traverse dans les deux décharges, comme l'indique le plan, dont la face du dessous est marquée *un crochet*. Les mortaises des pieds sur les faces du chapeau se tracent comme l'indique l'épure et carrément sur la face du dessous.

TRACÉ POUR LA COUPE DES PIEDS ET CELLE DE LA TRAVERSE.

On mène la ligne *deux crochets* carrément à la ligne de base sur laquelle on ramène la longueur de la ligne *un contre-marque* donnée par une ligne de niveau, prise au moyen d'un simbleau, comme il est indiqué. On fait paraître l'épaisseur du chapeau comme l'indique les lignes *un crochet contre-marque*; par ce moyen on obtient les pieds sur la herse, en leur donnant un empatiement nécessaire, comme l'indique la ligne *deux crochets contre-marques*; puis on porte l'épaisseur des pieds afin d'avoir l'arasement de la traverse. Pour la placer sur la herse, on prend les deux faces sur la ligne *un contre-marque*, que l'on rapporte ensuite sur la herse, parallèlement à la ligne de base, dont l'arête la plus haute est marquée d'*une patte-d'oie*; elle s'assemble à joint carré avec les pieds, qui font lattis tous les deux à la traverse par bout du tréteau. Les lignes *un monté* sont les faces des décharges que l'on trace carrément sur les traverses afin d'avoir la longueur des mortaises.

Pour tracer la coupe du pied, on trace la ligne *un franc* sur le dessus du bois que l'on rembarre dessous avec la ligne *trois francs*. Pour obtenir cette dernière, on mène la gorge du pied carrément sur la ligne *un contre-marque*, que l'on reporte ensuite sur la herse.

On opère de même pour la coupe au-dessous du chapeau, comme il est indiqué par les lignes *langue de vipère*.

Pour avoir les coupes sur les faces du chapeau, on trace les lignes *un crochet contre-marque*, sur les faces du dessus, que l'on renvoie carrément sur celles du dessous, et la coupe est tracée; on fait paraître ensuite la grosseur du tenon, tel qu'il est figuré, afin d'avoir le tracé de la mortaise, pour la rentrée et la sortie du tenon, sur les faces du chapeau.

FIG. 2.

TRÉTEAUX A TOUS DEVERS TRACÉS PAR REMBARREMENTS

Les tréteaux sont dits à tous devers lorsque les pieds ont deux pentes et que le lattis des quatre est différent, alors ils sont assemblés avec des croix de saint-André, comme il est vu sur l'épure et sur la perspective.

Manière d'opérer.

On commence par faire paraître le plan du chapeau dont les faces sont marquées *un franc*. On mène la ligne *deux francs* parallèlement au plan du chapeau, à la distance donnée pour la hauteur du tréteau, en adoptant pour base une des faces du plan. On porte sur cette dernière les abouts de la tête des pieds, d'après la longueur que doit avoir le tréteau. A ces derniers points on tend les lignes *trois francs*, suivant la pente qu'on veut leur donner, qui servent de chevron d'emprunt et qui indiquent la vue du côté des tréteaux. Au point où ces dernières coupent la ligne de base on tire les lignes *un contre-marque* carrément au plan du chapeau, ce qui donne les sablières de la base en bout du tréteau. On fait paraître ensuite les chevrons d'emprunt des côtés, d'après l'empatiement que l'on juge à propos; ces derniers sont marqués *deux contre-marques*, ce qui indique la vue debout du tréteau. Leur élévation se fait avec la hauteur déjà fixée, en adoptant pour base la ligne *trois contre-marques*. On tire ensuite les lignes *un crochet* à l'about du pied des chevrons d'emprunt et parallèlement au plan du chapeau; ces dernières donnent les sablières de base, en côté du tréteau; on porte ensuite l'épaisseur des pieds au-dessous des chevrons d'emprunt parallèlement à la rampe, au point où ces dernières coupent la ligne de base; on obtient les sablières du dessous par des parallèles à celles du dessus; ces dernières sont marquées *deux crochets*. On fait paraître également la retombée du chapeau à la tête des chevrons d'emprunt, comme il est vu sur l'épure.

A l'arrête des sablières extérieures on tend les lignes *trois crochets*; ce qui donne l'arête du dessus des pieds en plan. Le plan ainsi fait, on continue de faire paraître le devers de pas des pieds; on commence par ceux qui font lattis en bout. Pour les tracer, on mène les lignes *un crochet contre-marque* carrément à la rampe des chevrons d'emprunt, sur la ligne que l'on renvoie carrément sur les faces du plan du chapeau; de là on tend les lignes *deux crochets contre-marques* et leur devers de pas est tracé.

Pour tracer le devers de pas des pieds qui font lattis sur les côtés, on fait les mêmes opérations sur les autres chevrons d'emprunt; ces derniers sont marqués *trois crochets contre-marques*.

HERSE POUR LE TRACÉ DES COUPES DES GRANDES CROIX ASSEMBLÉES SUR LES CÔTÉS DU TRÉTEAU ET POUR CELLES DES PIEDS ÉTABLIS SUR LE MÊME LATTIS.

On commence par tirer la ligne *patte-d'oie* parallèlement à la sablière, puis on mène la ligne *patte-d'oie contre-marque* par une parallèle à la distance de la longueur des chevrons d'emprunt marqués *deux contre-marques*, sur laquelle on ramène carrément les abouts de la tête des pieds en plan; on ramène de même les abouts du pied sur la première donnée. Les traits donnés par ces derniers points donnent l'arête du dessus des pieds sur la herse; ils sont marqués *deux pattes-d'oie un monté*. Celui du côté gauche faisant lattis de ce côté se place à plat sur la herse, comme il est vu sur l'épure. La herse ainsi faite, on y place les croix à volonté, comme celles-ci ont été placées.

Pour avoir les coupes de la tête dans le chapeau, on renvoie carrément sur le lattis du chevron d'emprunt *deux contre-marques* les points où la ligne du dessous coupe les faces du chapeau; ces points sont portés sur la herse parallèlement à la sablière. On porte également le point où le dessous du chapeau coupe le dessus du chevron d'emprunt; ces derniers étant rembarrés l'un par l'autre, donnent la coupe comme il est paru par une croix échassée. Ces mêmes lignes servent à tracer la coupe de la tête du pied qui fait lattis de ce côté.

Pour tracer la barbe de la croix dans le pied de devers, on porte le démaigrissement du pied du chevron d'emprunt sur la herse, ce qui donne le rembarrement du dessous pour la coupe du pied; cette dernière est marquée d'un trait raménerait. On mène ensuite carrément sur cette ligne le point où le devers de pas de l'arêtier coupe la sablière du dessous; à ce point on mène une parallèle à l'arêtier sur la herse, ce qui donne le rembarrement de la barbe. On mène également deux autres parallèles au point où le dessous de l'arêtier joint la ligne du démaigrissement et la ligne d'about; ces dernières donnent la coupe au-dessous de l'arêtier, comme il est paru par la croix échassée.

HERSE POUR LA COUPE DES CROIX EN BOUT DU TRÉTEAU ET POUR CELLE DES PIEDS ÉTABLIS SUR LE MÊME LATTIS.

On tire la ligne *cinq contre-marques* carrément au plan du chapeau, sur laquelle on ramène les abouts du pied par les lignes *cinq crochets*; on prend ensuite la longueur du chevron d'emprunt marqué *trois francs* que l'on porte sur les faces du chapeau de la ligne *cinq contre-marques*; de là on tend les lignes *un crochet patte-d'oie*, ce qui donne les pieds sur la herse; celui du côté gauche fait lattis en bout; il se pose à plat sur la herse comme il est figuré. Pour lui tracer les coupes du pied et de la tête, l'opération est la même que celle qui a été indiquée dans la figure précédente.

Pour la coupe des croix dans l'arêtier de devers, on opère comme il est vu sur l'épure et comme il vient d'être indiqué sur la herse précédente.

HERSE POUR LE TRACÉ DES PETITES CROIX ASSEMBLÉES DANS LES GRANDES.

On commence par faire paraître le chevron d'emprunt du dégauchissement des grandes croix. Pour cela, on mène la ligne *un monté*, de la gorge de la tête du lien sur la herse, carrément au plan du chapeau sur la ligne *deux francs* qui est le dessus du chapeau en élévation; on mène ensuite une parallèle sur le pied, comme il est indiqué par la ligne *un monté contre-marque*. Au point où cette dernière coupe la face du plan du chapeau, qui est la base du chevron d'emprunt *trois francs*, on tend la ligne *deux francs un monté*, et le chevron d'emprunt est paru en élévation. Avec la longueur de ce dernier on mène la ligne *cinq pattes-d'oie* parallèlement à celle *cinq contre-marques*, sur laquelle on mène la ligne *cinq crochets*; de ces derniers points on tend les lignes *cinq un monté* et la herse est terminée.

On y place ensuite les croix comme il est vu sur la figure, de manière à ce que les abouts de la tête ne montent pas plus haut que l'entaille, et que les abouts du bas échappent les faces des pieds. Ces dernières croix étant ainsi placées, on mène les abouts du pied et de la tête parallèlement au plan du chapeau, sur les lignes *pattes-d'oie crochet*, et par ce moyen on obtient les croix, de manière à ce qu'elles se dégauchissent toutes ensemble.

TRACÉ DU DEVERS DE PAS DES GRANDES CROIX.

Les points qui ont été donnés pour avoir le devers de pas des pieds faisant lattis en côté des tréteaux, sont ramenés parallèlement au plan du chapeau sur la ligne *un monté*; de là on tend les lignes *langue de vipère*, alors les devers de pas sont tracés.

Pour avoir le rembarrement des coupes des croix, on porte leur épaisseur parallèlement à la rampe du chevron d'emprunt marqué *deux francs un monté*; au point où cette ligne coupe la ligne de base on mène la ligne *langue de vipère contre-marque*, comme on le voit sur l'épure. Du même point on tire un trait carrément à la rampe, sur la ligne du dessus, que l'on rapporte ensuite sur la herse, comme il est indiqué par la ligne *cinq contre-marques un monté*, et sur laquelle on ramène parallèlement au plan du chapeau les points où la ligne *langue de vipère* coupe le devers de pas des grandes croix, ce qui fait un point; on mène sur la même ligne le dedans des sablières *deux crochets*, ce qui fait deux points. Ces dernières étant prolongées sur la ligne *cinq pattes-d'oie* donnent un troisième point. Des traits donnés sur ces trois points parallèlement aux grandes croix sur la herse donnent les rembarrements pour les coupes des petites croix comme on le voit sur l'épure, par une des croix échassées.

FIG. 3.

TRÉTEAUX A TOUS DEVERS TRACÉS PAR DES ALIGNEMENTS

On fait paraître le plan du tréteau tel qu'il vient d'être fait sur le plan précédent. Le plan du chapeau, celui des pieds, des chevrons d'emprunt, leur élévation, les sablières, le devers de pas des pieds, celui des grandes croix, tout est repéré sur les mêmes marques.

On fait observer que dans ce plan les élévations des chevrons d'emprunt *trois francs* indiquent la vue en côté du tréteau et sont transportés hors du plan, et que la ligne *patte-d'oie* a été adoptée comme base.

On observera également que la donnée des devers de pas des pieds et des grandes croix a été faite par des emprunts et par le moyen précédemment indiqué, et comme on le voit sur l'épure.

On continue par faire la herse des côtés comme il a été fait sur le plan précédent; l'arête du chapeau et celle des pieds sont repérés sur les mêmes marques; on y place ensuite les croix comme l'indique l'épure. Les arêtes du dessus sont marquées *cinq contre-marques*. La longueur du chevron d'emprunt *deux francs un monté* étant rabattue sur son plan est rapportée carrément sur les faces du chapeau; de là on tend les lignes *cinq un monté*, ce qui donne les arêtes des grandes croix sur la herse. L'établissement des petites croix que l'on place sur la herse a déjà été indiqué; les arêtes du dessous sont marquées *cinq francs*. Pour les placer en plan par terre, on y place d'abord les grandes, comme l'indiquent les lignes *cinq contre-marques un monté*; on mène ensuite la gorge de la tête des petites croix parallèlement au chapeau sur les lignes *cinq contre-marques un monté*, qui est l'arête du dessus des grandes croix en plan. De ces derniers points on tend au point où le dessous des petites croix sur la herse coupe la ligne *un monté contre-marque*; par ce moyen on obtient les arêtes du dessous des petites croix en plan; elles sont marquées *cinq pattes-d'oie*.

Leur point de jonction étant remonté carrément au chapeau sur la ligne *deux francs un monté*, à ce point on mène un trait d'équerre sur la ligne de base que l'on ramène ensuite carrément au plan du chapeau, jusqu'à la rencontre d'un trait donné parallèlement au plan du chapeau passant sur la jonction des croix en plan; à ce dernier point on tend les lignes *un monté* et les devers de pas des petites croix sont tracés. Les opérations ne sont faites que du côté droit de la figure; celles de l'autre côté sont les mêmes.

Pour faire la herse des pieds en bout du tréteau, on rabat la longueur du chevron d'emprunt *trois francs* sur la ligne de base; ce point est ramené carrément sur les faces du chapeau en plan; de là on tend à l'arête des sablières et l'on obtient sur la herse les pieds marqués d'*une patte-d'oie crochet*; on y place ensuite les croix comme elles sont figurées, et dont les arêtes du dessus sont marquées d'un *double crochet*; on les place ensuite sur le plan par terre, comme il vient d'être indiqué pour les précédentes; elles sont marquées d'un *double crochet contre-marque*.

A la jonction des deux croix en plan on mène une ligne carrément au plan du chapeau, sur la rampe du chevron d'emprunt *trois francs*; à ce point on tire un trait carrément à la rampe sur la ligne de base et que l'on descend carrément sur le plan jusqu'à la rencontre d'un trait donné parallèlement au chapeau, passant sur la jonction des deux croix en plan; à ce dernier point on tend les lignes *double crochet pattes-d'oie*, et les devers de pas sont tracés.

La herse dont il vient d'être parlé n'est faite que du côté gauche de la figure, attendu que l'autre côté est le même.

Il est à observer que si, dans l'épure précédente, les herses pour les coupes des croix ont été transportées hors du plan principal, ce n'est que pour éviter la confusion des lignes et pour que les opérations en soient plus distinctes. Mais, quand il s'agit d'obtenir les alignements des coupes et des rampes des mortaises, il est indispensable d'opérer comme il est vu dans ce plan-ci.

TRACÉ DES COUPES DES PIEDS ET DES RAMPES DES MORTAISE POUR L'ASSEMBLAGE DES PETITES CROIX EN BOUT DU TRÉTEAU.

Le pied du côté gauche de la figure faisant lattis au côté a déjà été mis sur la herse, pour la donnée de la coupe, suivant le chapeau. Pour avoir les alignements sur l'autre face, il faut le coucher à plat sur sa face de devers; pour cela on fait un chevron d'emprunt carrément à son devers de pas, passant sur l'about de la tête en plan; il est marqué d'*une double contre-marque*; on le met ensuite en élévation avec la hauteur du chapeau, dont la rampe est marquée double *contre-marque un monté*. Sa longueur étant rabattue sur son plan, on tend la ligne *langue de vipère contre-marque* et l'on obtient le pied couché à plat sur sa face de devers; on tend ensuite une ligne du point où le devers de pas joint la face du chapeau à la tête, ce qui donne la coupe pour la barbe du dessous. On porte la hauteur du dessous du chapeau sur l'élévation du chevron d'emprunt, au moyen d'une ligne de niveau; au point où cette ligne joint la rampe du chevron d'emprunt on rabat ce point sur le plan, puis on tire un trait parallèlement au devers de pas, et la barbe est tracée.

Pour tracer les rampes des mortaises des petites croix, on place la pointe du compas sur l'arête des sablières; de là on simbleaute les abouts et les gorges des croix de la ligne *pattes-d'oie crochet* sur la ligne *langue de vipère contre-marque*, puis on tend au point où le devers de pas des croix coupe celle du pied et l'on obtient ainsi les rampes sur la face de devers.

Pour obtenir celle du dessus, pour la sortie des tenons, on ramène les mêmes abouts et les gorges des croix sur l'arête du dessus du pied sur la herse de son lattis; on tend au point où le devers de pas des croix coupe la sablière du lattis du pied, comme il est vu sur l'épure.

TRACÉ DES COUPES DES GRANDES CROIX ET DES RAMPES DES MORTAISES POUR L'ASSEMBLAGE DES PETITES.

Les opérations des quatre étant les mêmes, on ne va étudier que celle du côté droit de la figure. On fait un chevron d'emprunt carrément au devers de pas de la croix, sur l'about de la tête en plan; il est marqué d'une *langue de vipère patte-d'oie*; on le met ensuite en élévation avec la hauteur du chapeau, dont la rampe est marquée d'une *langue de vipère patte-d'oie contre-marque*; on porte la longueur du chevron d'emprunt sur son plan; de là on tend la ligne *double contre-marque, crochet* et l'on obtient la croix sur sa face de devers; on tend ensuite une ligne de la tête au point où le devers de pas de la croix joint la face du plan du chapeau, ce qui donne la coupe de la face. On obtient celle du dessous en portant la hauteur du dessous du chapeau sur l'élévation du chevron d'emprunt, au moyen d'une ligne de niveau, comme il vient d'être fait pour le pied.

Pour tracer la coupe du pied, on mène la gorge du pied sur la herse du lattis et sur celle qui vient d'être faite; de là on tend au point où le devers de pas de la croix coupe celui du pied, et l'on obtient la coupe sur la face de devers. Pour celle de l'autre face, on tend une ligne du bout de la barbe au point où le devers de pas de la croix coupe la ligne *un contre-marque*, sablière du lattis du pied; on mène ensuite une parallèle au point où le même devers de pas coupe la sablière du dedans et l'on obtient ainsi l'autre coupe sur le fond d'arête, comme il est vu sur l'épure.

Pour tracer la mortaise de cette coupe dans le pied, l'opération est la même que celle qui a été faite pour les assemblages du pied des petites croix en bout du tréteau. Pour tracer les mortaises pour l'assemblage des petites croix, on ramène les abouts et les gorges des petites croix sur leur herse de lattis, sur la ligne *double contre-marque crochet*, au moyen d'un simbleau décrit de l'about du pied de la croix, sur la ligne de base, puis on tend des lignes au point où le devers de pas de la grande croix coupe celui des petites, et l'on obtient ainsi les rampes sur une face. Pour les avoir sur les autres faces pour la rentrée et la sortie des tenons, on ramène le simbleau dont il vient d'être parlé, sur l'arête du dessus de la croix, sur la herse de son lattis, ligne marquée *cinq contre-marques*; enfin, on tend des lignes aux points où les devers de pas des petites croix coupent la ligne *un crochet* sablière du lattis de la croix, et les mortaises sont tracées.

TRACÉ DES COUPES DES PETITES CROIX ASSEMBLÉES DANS LES PIEDS EN BOUT DES TRÉTEAUX.

L'opération dont il va être parlé est faite du côté gauche de la figure, sur une croix seulement, l'opération des quatre étant la même. Celle sur laquelle on opère est celle dont la tête est assemblée dans le pied de devers.

On fait un chevron d'emprunt sur la gorge de la tête de la croix en plan carrément à son devers de pas; il est marqué en plan *un crochet un monté*. On remonte la gorge du plan de la croix carrément au plan du chapeau, sur la rampe du chevron d'emprunt *trois francs*, ce qui donne le point de hauteur pour mettre ce dernier en élévation; la rampe est marquée *un crochet contre-marque un monté*.

La longueur du chevron d'emprunt étant rabattu sur son plan, de ce point on tend la ligne *patte-d'oie crochet un monté*, et l'on obtient la croix couchée à plat sur sa face de devers; du même point on tend une ligne au point où le devers de pas de la croix coupe celui du pied, et l'on obtient la coupe sur la face du devers; on tend une deuxième ligne au point où le devers de pas de la croix coupe la ligne *un crochet*, sablière du lattis du pied; on mène ensuite une parallèle au point où le même devers de pas joint la sablière du dessous, par ce moyen on obtient la coupe sur l'autre face et le fond d'arrêté de la barbe. La coupe du pied est tracée carrément comme il est vu sur l'épure.

TRACÉ DES COUPES DES PETITES CROIX ASSEMBLÉES DANS LES GRANDES.

L'opération est faite du côté droit de la figure sur une croix seulement, l'opération des quatre étant la même.

On fait un chevron d'emprunt sur la gorge de la tête de la croix en plan carrément au devers de pas, il est marqué en plan *cinq crochets un monté*; on remonte la gorge du plan de la croix carrément au plan du chapeau, sur la rampe du chevron d'emprunt *deux francs un monté*, ce qui donne le point de hauteur; ce dernier est marqué *un crochet patte-d'oie un monté*, et pour le mettre en élévation on rabat la longueur du chevron d'emprunt sur son plan, et l'on obtient la croix couchée à plat sur sa face de devers; l'arête du dessus est marquée *cinq crochets contre-marques un monté*.

Le dernier point indiqué par la longueur du chevron d'emprunt donne la gorge de la tête et le bout de la barbe; on ramène ensuite le bout du pied sur la même ligne au moyen d'un simbleau; de ces derniers points on tend des lignes au point où le devers de pas de la petite croix coupe celui des grandes, ce qui donne les coupes sur une face; on tend une deuxième ligne des mêmes points où le devers de pas de la petite croix coupe les lignes *un crochet*, sablière du lattis des grandes, ce qui donne l'alignement du dessus; on tend des parallèles au point où le devers de pas de la petite croix coupe les sablières du dessous des grandes; par ce moyen on obtient l'alignement du dessous et le fond d'arête de la barbe, comme il est marqué sur l'épure.

TRACÉ DES RAMPES DES MORTAISES POUR L'ASSEMBLAGE DES PIEDS ET LA TÊTE DES GRANDES CROIX DANS LE CHAPEAU.

Pour tracer celles des pieds faisant lattis dans les bouts, on trace la ligne du dessus et celle du dessous du chevron d'emprunt *trois francs* sur les faces du chapeau, comme il est vu à droite de la figure; les traits sont renvoyés par des traits d'équerres sur les faces du dessus et du dessous. Pour celles dont les pieds font lattis sur le côté, on remonte l'about et la gorge de la tête du pied sur la ligne du dessus du chapeau en élévation, qui est la ligne *deux francs*, ce qui donne les premiers points; on ramène ensuite carrément sur la ligne *patte-d'oie*, qui est la ligne de base, les points où le devers de pas du pied coupe la face du chapeau en plan; de ces derniers points on tend au premier, comme il est indiqué par les lignes *deux contre-marques un monté* qui donnent les rampes de la mortaise sur les faces du chapeau; on les obtient sur celles du dessus et du dessous par des parallèles au devers de pas, comme il est vu sur le plan.

On remonte l'about et la gorge de la tête des grandes croix sur la ligne *deux francs*, dessus du chapeau; on ramène aussi, carrément sur la ligne *patte-d'oie*, les points où le devers de pas des grandes croix coupent la face du plan du chapeau; de ces derniers points on tend les lignes *six contre-marques*, ce qui donne les rampes des mortaises de la tête des grandes croix sur les faces du chapeau; on obtient celles sur les faces du dessus et du dessous par des parallèles au devers de pas, comme il est vu sur le plan.

Pour avoir le tracé des mortaises pour la rentrée et la sortie des tenons, on figure la grosseur des tenons par des parallèles aux rampes des chevrons d'emprunt, d'après l'affleurement que l'on juge à propos de donner aux points où ces lignes coupent la ligne de base; on mène des parallèles aux sablières, sur le devers de pas des pieds et celui des croix; au point où ces lignes coupent les faces, on mène des parallèles au bois, comme il est vu sur l'épure; celles du chapeau se tracent comme il est indiqué à la tête des chevrons d'emprunt *deux contre-marques*, où est parue la vue debout du chapeau.

TRAITEAUX A DEVERS ET A TOUS DEVERS TRACÉS PAR REMBARREMENTS ET PAR ALIGNEMENTS.

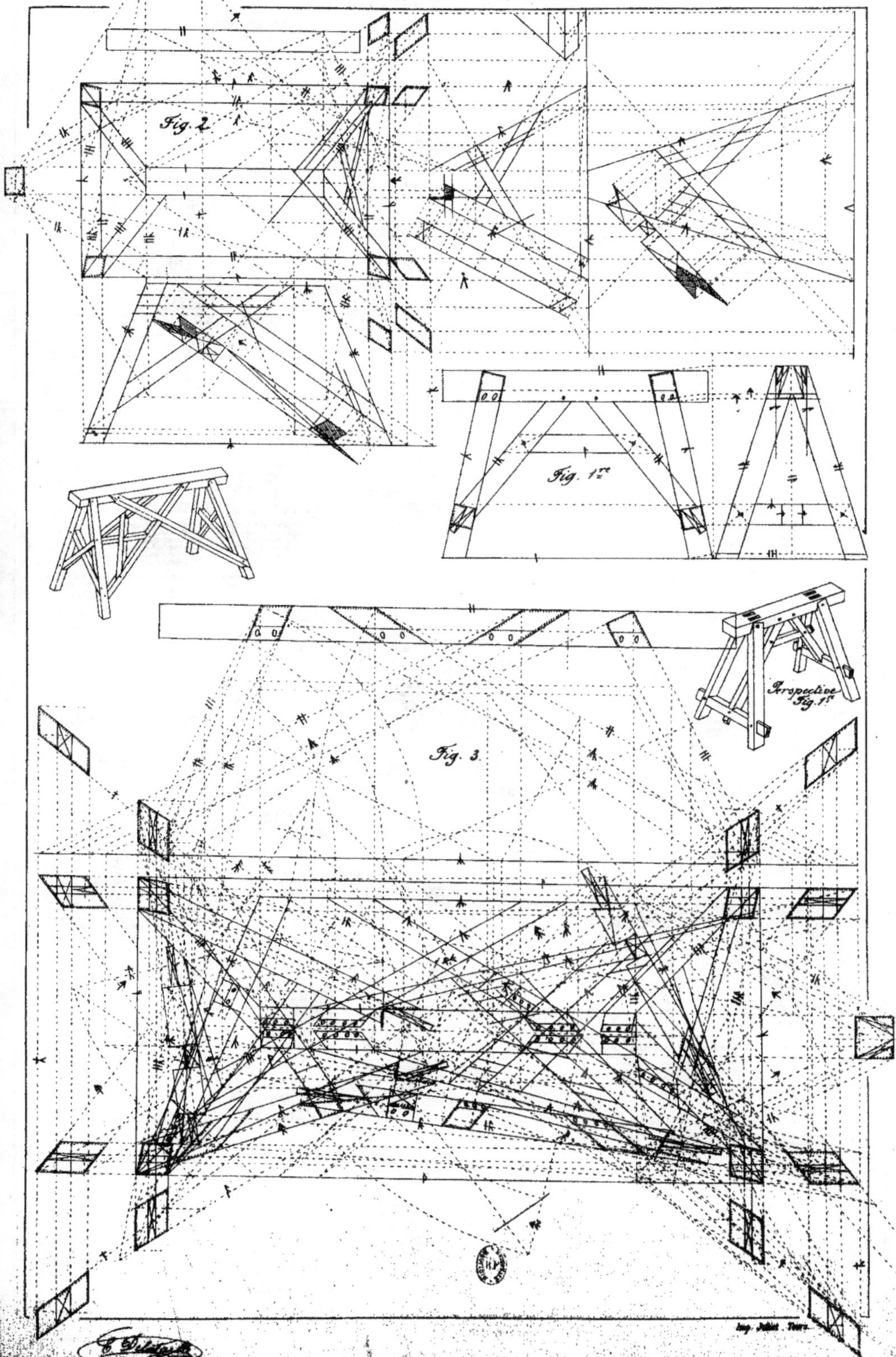

Imp. Juliot . Tours.

FIG. 1re. **FERME COUCHÉE A TOUS DEVERS**

Les fermes couchées sont le plus souvent utilisées pour les raccords de combles, comme, par exemple, deux combles qui se croisent, dont l'un est plus élevé que l'autre. Dans ce cas, on établit une ferme couchée sur la rampe du comble le plus haut ; le poinçon de cette ferme monte jusqu'au faîtage du grand comble et s'y assemble ; les autres assemblages qui la composent, tels que les arbalétriers, les aisseliers et les contre-fiches, sont déversés suivant le lattis de la ferme aplomb. C'est pour cela qu'elle est nommée à tous devers.

On commence par faire paraître l'élévation de la ferme aplomb dont la ligne de base est marquée *un franc* ; les lignes du lattis, *deux francs* et on y place les assemblages comme ils sont parus sur la figure ; on mène ensuite la ligne *trois francs*, qui indique la face du dehors de la sablière, sur laquelle repose le pied de la ferme couchée. On continue par faire paraître la rampe du comble sur lequel elle repose ; cette rampe est marquée *quatre francs*, en adoptant comme base la ligne *cinq francs*.

On mène la hauteur de la ferme au moyen d'une ligne de niveau sur la rampe du comble ; on descend ce point sur le plan, sur la ligne du milieu du poinçon ; de là on tend les lignes *un contre-marque*, ce qui donne les arêtes du dessus des arbalétriers de la ferme couchée en plan.

Pour placer l'entrait sur le plan, on mène le dessus et le dessous sur la rampe du comble, que l'on descend ensuite sur le plan parallèlement à la sablière, comme il est vu sur l'épure et dont la face du devant est marquée *deux contre-marques*. Le point où le dessus des contre-fiches joignent le milieu du poinçon est également ramené sur la rampe du comble par une ligne de niveau, que l'on descend ensuite sur le milieu du poinçon, ce qui fait d'abord un point ; on profile le dessus des contre-fiches sur la ligne de base ; ces points sont renvoyés carrément sur la ligne *trois francs*. De ces derniers points on tend au premier et l'on obtient les contre-fiches sur le plan ; elles sont marquées *un crochet*. On profile également le dessus des aisseliers sur la ligne de base, que l'on renvoie aussi carrément sur la ligne *trois francs* ; de là on tend au premier point indiqué pour les contre-fiches, et l'on obtient les aisseliers sur le plan ; ils sont marqués *deux crochets*.

Si le dernier point pour les aisseliers se trouve ainsi donné, c'est rapport que le dessus des aisseliers et celui des contre-fiches se jonctionnent ensemble sur la ligne du milieu du poinçon. Le plan ainsi fait, on continue par faire paraître le devers de pas de chaque assemblage.

TRACÉ DU DEVERS DE PAS DES ARBALÉTRIERS.

On tire un trait à la tête de la ferme carrément à la rampe, sur la ligne de base, comme l'indique la ligne *trois crochets*, du côté droit de la figure. Ce point se renvoie carrément à la sablière jusqu'à la rencontre d'un trait donné parallèlement à la même sablière passant sur la tête des arbalétriers en plan ; de là on tend la ligne *trois contre-marques* au pied de l'arbalétrier à gauche de la figure, et le devers de pas est tracé.

On obtient en même temps celui de l'autre côté en tendant du pied de l'arbalétrier au point où cette dernière joint la ligne du milieu du poinçon. Cette dernière est marquée *quatre contre-marques*.

TRACÉ DU DEVERS DE PAS DES CONTRE-FICHES.

Au point où le dessus des contre-fiches joint la ligne du milieu du poinçon on tire un trait carrément à leur rampe, sur la ligne de base, comme il est indiqué par la ligne *cinq pattes-d'oie*. Ce point est renvoyé carrément à la sablière, jusqu'à la rencontre d'un trait donné parallèlement à la même sablière passant sur la jonction du plan des contre-fiches avec la ligne du milieu du poinçon ; de là on tend la ligne *cinq contre-marques*, et le devers de pas est tracé. Au point où cette dernière coupe le milieu du poinçon on tend la ligne *six contre-marques* et l'on obtient le devers de pas de l'autre contre-fiche, car l'opération n'est faite que d'un côté seulement, comme il a été fait pour les arbalétriers.

TRACÉ DU DEVERS DE PAS DES AISSELIERS.

Au point où le dessus de l'aisselier coupe le milieu du poinçon on tire la ligne *quatre crochets* carrément à la rampe de l'aisselier, sur la ligne de base ; ce point est renvoyé carrément sur une ligne donnée parallèlement à la sablière, passant sur le point où le plan des aisseliers coupe le milieu du poinçon ; de là on tend la ligne *un crochet contre-marque*, et le devers de pas est tracé.

On obtient en même temps celui de l'autre côté en tirant une ligne du point où cette dernière coupe le milieu du poinçon au pied de l'aisselier. Cette dernière est marquée *deux crochets contre-marques*.

On doit observer que les sablières du lattis des arbalétriers sont marquées *cinq francs* ; celles des aisseliers, *cinq un monté* ; celles des contre-fiches, *cinq contre-marques un monté*. On mène ensuite celles du dessous par des parallèles, comme l'indique l'épure.

TRACÉ DES COUPES DE L'ENTRAIT.

Au point où la face du devant de l'entrait en plan coupe celles des arbalétriers on mène des parallèles à leur devers de pas, ce qui donne la coupe des faces. On descend ensuite la gorge de l'entrait de l'élévation de la ferme sur celle du plan, ce qui donne la coupe du dessous des arbalétriers au-dessus de l'entrait.

Pour avoir l'alignement de ces coupes sur l'autre, on mène la ligne *trois crochets contre-marques* parallèlement au plan de l'entrait, à la distance indiquée sur l'épure par des simbleaux. Les abouts du plan de l'entrait étant remontés carrément sur cette ligne, de là on tend au point où le devers de pas des arbalétriers joint le plan de l'entrait, ce qui donne les coupes sur les faces des arbalétriers ; on tend une deuxième ligne au point où les sablières du lattis des arbalétriers coupent le plan de l'entrait ; on mène ensuite une parallèle au point où la sablière du dessous des arbalétriers coupent le plan de l'entrait, ce qui donne les coupes au-dessous des arbalétriers et le fond d'arête des barbes. Ces dernières sont marquées *cinq crochets contre-marques*.

TRACÉ DES RAMPES DES MORTAISES POUR L'ASSEMBLAGE DU PIED DU POINÇON ET LA TÊTE DES AISSELIERS ET DE L'ENTRAIT.

On ramène les abouts de la tête des aisseliers carrément sur la ligne *trois crochets contre-marques* ; de là on tend les lignes *pattes-d'oie* au point où les sablières du dessous des aisseliers coupent le plan de l'entrait, ce qui donne l'alignement du dessus des aisseliers sur la face de l'entrait ; on mène ensuite celui du dessus par des parallèles, comme il est vu sur l'épure.

Aux premiers points indiqués on tend une deuxième ligne au point où les devers de pas du devant des aisseliers coupent la face du plan de l'entrait, et l'occupation des coupes est tracée sur la face aplomb de l'entrait ; pour les tracer sur la face du dessous, on descend les abouts et les gorges de la tête des aisseliers carrément sur le plan de l'entrait, au point où les abouts coupent la face du derrière ; on mène des parallèles au devers de pas des aisseliers et l'occupation des coupes est tracée. La mortaise du poinçon se trace carrément sur les faces de l'entrait ; elle se perce comme il est vu sur la rampe du comble où est parue la vue debout de l'entrait.

TRACÉ DES COUPES DES ARBALÉTRIERS ET DES MORTAISES DE L'ENTRAIT DES AISSELIERS ET DES CONTRE-FICHES AVEC LEUR OCCUPATION DE COUPES AU-DESSOUS DES ARBALÉTRIERS.

L'opération des deux arbalétriers étant la même, on opérera seulement sur celui du côté gauche de la figure.

On fait paraître le dessous de l'arbalétrier sur la herse ; pour cela, on place la pointe du compas sur la gorge du pied de l'arbalétrier de la ferme aplomb ; on ouvre le compas jusqu'au point où cette ligne joint le milieu du poinçon et on rabat ce point sur le plan ; de là on mène une ligne carrément à la sablière, jusqu'à la rencontre d'un trait donné parallèlement à la même sablière, passant sur le point où l'arête du dessous du plan de l'arbalétrier coupe la ligne du milieu ; de ce point on tend la ligne *patte-d'oie crochet*, et la herse est terminée. On mène ensuite la gorge de la tête de l'arbalétrier sur la herse, ce qui donne la coupe sur la face du poinçon. La sablière du lattis du dessous de l'arbalétrier donne la coupe sur la sablière. Si la coupe du pied des arbalétriers est plus longue que la sablière n'est large, on trace la face du derrière de la sablière sur l'arbalétrier, que l'on renvoie carrément sur la face du dessous, et la barbe est tracée. On rabat sur le plan l'about et la gorge de l'entrait de l'aisselier et de la contre-fiche que l'on mène carrément à la sablière sur la herse de l'arbalétrier, ce qui donne l'about et les gorges des mortaises au point où l'about de l'aisselier coupe le derrière de l'arbalétrier. On tend une ligne au point où le devers de pas du derrière de l'aisselier joint la sablière du dessous de l'arbalétrier, et l'occupation de la coupe est tracée. On opère de même pour la contre-fiche, comme il est indiqué par la ligne *patte-d'oie contre-marque*. Celle de l'entrait se trouve par le moyen de ces faces parues sur le plan.

TRACÉ DE L'OCCUPATION DE LA BARBE DE L'ENTRAIT, DE L'AISSELIER ET DE LA CONTRE-FICHE SUR LA FACE DE L'ARBALÉTRIER.

On fait un chevron d'emprunt sur la tête du plan de l'arbalétrier carrément au devers de pas ; il est marqué en plan d'une *langue de vipère*, et en élévation d'une *langue de vipère contre-marque*. Cette élévation se fait avec la hauteur de la ferme. La longueur du chevron d'emprunt étant rabattue sur son plan, de là on tend la ligne *langue de vipère patte-d'oie*, et l'on obtient ainsi l'arbalétrier couché à plat sur sa face de devers. Du point où le devers de pas joint le milieu du poinçon on tend une ligne à la tête, ce qui donne l'alignement du milieu. On obtient la coupe de la face par une parallèle, comme l'indique l'épure. La ligne du devers de pas donne la coupe de niveau.

On remonte la tête de l'about de la contre-fiche carrément au devers de pas sur le devers de pas de l'arbalétrier ; de là on tend la ligne *patte d'oie un monté* au point où le devers de pas de la face du devant de la contre-fiche joint le devers de pas de l'arbalétrier, ce qui donne le bout de la barbe. On mène ensuite la ligne *patte-d'oie contre-marque un monté* du même point où la sablière du dessus de la contre-fiche joint le devers de pas de l'arbalétrier, ce qui donne la face du dessus, puis on mène celle du dessous par une parallèle, comme il est vu sur l'épure.

L'about du plan de l'entrait étant également remonté carrément au devers de pas sur le dessus de l'arbalétrier, à ce point on tend une ligne au point où le devers de pas de l'arbalétrier coupe le plan de l'entrait ; du même point on mène une parallèle au devers de pas, et l'occupation de la barbe de l'entrait est tracée.

Pour tracer celle de l'aisselier, on remonte également l'about du pied sur le dessus de l'arbalétrier ; de ce point on tend la ligne *un monté* au point où le devers de pas du devant de l'aisselier joint celui de l'arbalétrier, ce qui donne l'alignement de la face ; du même point on tend une deuxième ligne au point où la sablière du lattis de l'aisselier joint le devers de pas de l'arêtier, ce qui donne l'alignement du dessus. Cette dernière est marquée *un deux montés* ; on mène ensuite le dessous par une parallèle, comme il est indiqué sur l'épure.

TRACÉ DES COUPES DES CONTRE-FICHES.

L'opération est faite seulement sur le côté droit de la figure, l'opération des deux étant la même.

On pose la pointe du compas au point où la ligne du dessus de la contre-fiche joint la ligne de base ; de là on rabat sur le plan, au moyen d'un simbleau, le point où le dessus de la contre-fiche coupe le lattis de la ferme ; de ce dernier point on tend la ligne *deux francs un monté*, et l'on obtient ainsi la contre-fiche couchée sur la face de son lattis.

Du point où le devers de pas de la face du devers de l'arbalétrier de droite joint la sablière du lattis de la contre-fiche, on tend à la tête, ce qui donne la coupe sur la face de l'arbalétrier. Le point où le dessous de la contre-fiche de la ferme joint le dessous de l'arbalétrier étant rabattu sur le plan, on mène carrément à la sablière sur la contre-fiche, ce qui donne la coupe du dessous et le fond d'arête de la barbe. On ramène de la même façon la gorge du pied de la contre-fiche, ce qui donne le tracé de la coupe sur la face du poinçon.

Pour avoir le tracé de ces coupes sur les autres faces, on fait un chevron d'emprunt sur la tête du plan de la contre-fiche carrément à son devers de pas ; il est marqué en plan *un deux montés contre-marques*, et en élévation *trois francs un monté*. Cette élévation se fait avec la hauteur du point où le dessus de la contre-fiche joint le lattis de la ferme à la ligne de base. La longueur du chevron d'emprunt étant rabattue sur son plan, de là on tend la ligne *double contre-marque*, et l'on obtient la contre-fiche couchée à plat sur sa face de devers. Du point où le devers de pas de la contre-fiche coupe celui de l'arbalétrier, on tend à la tête de la contre-fiche, ce qui donne la coupe de la face ; on tend une deuxième ligne du même point à celui où le devers de pas de la contre-fiche coupe la sablière du lattis de l'arbalétrier, ce qui donne l'alignement du dessus ; puis on mène celui du dessous par une parallèle, comme il est vu sur l'épure, au point où la première ligne donnée pour la coupe sur la face du poinçon, sur la herse du lattis, coupe la ligne *deux francs un monté* ; ce point est ensuite ramené au moyen du simbleau, sur la ligne *double contre-marque*, et de là on tend au point où le devers de pas de la contre-fiche coupe la face du poinçon, et la coupe est tracée.

TRACÉ DES COUPES DE L'AISSELIER.

L'opération n'est faite qu'à celui du côté droit de la figure, celle des deux côtés étant la même.

Le point où le dessus de l'aisselier joint le dessus de l'entrait est rabattu sur le plan et ramené carrément sur la face du plan de l'entrait ; de là on tend la ligne *double-crochet*, ce qui donne l'aisselier couché à plat sur les faces de son lattis. La face du plan de l'entrait étant tracée carrément sur l'aisselier, donne la coupe de la face. On simbleaute la gorge de la tête de l'aisselier sur le plan, que l'on renvoie carrément à la sablière sur l'aisselier, ce qui donne la coupe au-dessous de l'entrait et le fond d'arête de la barbe ; on ramène la gorge du pied de la même façon, et l'on obtient la coupe au-dessous de l'arbalétrier. Le point où le dessus de l'aisselier coupe le lattis de la ferme est également ramené sur la face de l'aisselier sur la herse ; de ce dernier point on tend une ligne au point où le devers de pas de l'arbalétrier joint la sablière du dessus de l'aisselier, ce qui donne la coupe de la face et le fond d'arête de la barbe.

Pour avoir les alignements de ces coupes sur l'autre face, on fait un chevron d'emprunt au point où le plan de l'aisselier coupe la ligne du milieu du poinçon carrément au devers de pas ; il est marqué en plan *double crochet contre-marque* ; on le met ensuite en élévation avec la hauteur du point où le dessus de l'aisselier sur la ferme coupe le milieu du poinçon à la ligne de base ; la rampe est marquée *un crochet un monté*. La longueur du chevron d'emprunt étant rabattue sur le plan, de là on tend la ligne *un crochet contre-marque un monté*, et l'on obtient ainsi l'aisselier couché à plat sur sa face de devers.

L'about de la tête de la herse du lattis étant ramenée sur cette ligne au moyen d'un simbleau, de là on tend au point où le devers de pas de l'aisselier coupe celui de l'arbalétrier, ce qui donne la coupe sur la face de l'entrait ; elle se trouve carrément au bois, comme il a été dit ; on ramène ensuite sur la même ligne le point où la coupe du dessous de l'entrait coupe la même arête de l'aisselier sur la herse du lattis. Un trait donné sur ce point parallèlement au devers de pas donne la coupe au dessous de l'entrait ; on ramène ensuite le bout de la barbe du pied sur la même ligne ; de là on tend du point où le devers de pas de l'aisselier coupe celui de l'arbalétrier, ce qui donne la coupe sur la face. Une deuxième ligne, tendue au même point à celui où le devers de pas de l'aisselier coupe la sablière du dessus de l'arbalétrier, donne l'alignement du dessus de l'arbalétrier ; on mène ensuite une parallèle au point où le même devers de pas coupe la sablière du dessous et l'on obtient, par ce moyen, la coupe et le fond d'arête de la barbe.

TRACÉ DE LA COUPE DU POINÇON SUR L'ENTRAIT ET DES RAMPES DES MORTAISES POUR L'ASSEMBLAGE DU PIED DES CONTRE-FICHES ET LA TÊTE DES ARBALÉTRIERS.

L'about et la gorge de la tête des arbalétriers et ceux du pied des contre-fiches étant ramenés sur la rampe du comble par des lignes de niveau, donnent le dessus et le dessous des mortaises, comme il est vu par les lignes *langue de vipère, double contre-marques*, qui indiquent celles des arbalétriers, et des lignes *deux crochets un monté* celles des contre-fiches.

Le point où le devers de pas du devant de l'arbalétrier coupe la face du poinçon est ramené parallèlement à la sablière sur la ligne de base *cinq francs* ; de là on tend la ligne *deux crochets contre-marques un monté*, ce qui donne la face du devers ; on mène ensuite celle du derrière par une parallèle, comme il est vu sur l'épure.

Le point où le devers de pas du devant de la contre-fiche joint la face du poinçon est également ramené sur la même ligne de base ; de là on tend la ligne *trois contre-marques un monté*, ce qui donne la face du devant. On mène celle du derrière par une parallèle, comme il est vu sur l'épure. On fait paraître ensuite la retombée du poinçon, comme il figure, pour qu'il soit assez large pour recevoir les coupes, puis on trace la face du derrière de l'entrait et celle du dessus carrément sur le bois, et la coupe du pied est tracée.

FIG. 2. **PAVILLON CARRÉ ASSEMBLÉ AVEC DES LIENS DE PENTE A DEVERS ET PAR FACE APLOMB, TRACÉ PAR REMBARREMENTS**

TRACÉ DES COUPES DU LIEN UN CONTRE-MARQUE.

Les liens dont il va être parlé sont assemblés dans un pavillon carré, dont l'un est assemblé de l'entrait d'arêtier à l'arbalétrier, à droite de l'épure ; ce premier est marqué en plan d'une *contre-marque* ; il est par face aplomb. Il en est placé un semblable de l'autre côté, faisant lattis à l'arbalétrier ; il est marqué en plan *deux contre-marques*. Il est ensuite établi deux autres liens dans le lattis de la croupe ; ils sont marqués en plan *trois contre-marques*. Ces derniers sont établis par face aplomb et se croisillonnent ensemble, comme il est vu sur la perspective.

Les liens indiqués ci-dessus n'ont aucun but d'utilité dans le pavillon ; ce n'est donc qu'une question d'exercice pour donner une certaine facilité au lecteur pour aller plus loin.

Manière d'opérer.

L'about de la tête du lien étant remonté carrément au plan de la ferme, sur la ligne du lattis, donne le point de hauteur pour le mettre en élévation, et la rampe est marquée *un franc*. Cette élévation se fait par un trait carré fait sur l'about du lien en plan, sur lequel on porte le point de hauteur. Cette dernière ligne se trace sur la face du dessous du bois ; on fait paraître ensuite l'épaisseur du lien sur le plan au point où cette épaisseur joint le plan de la ferme ; on mène une ligne carrément au lien sur l'élévation ; cette dernière étant tracée sur la face du dessous du bois et rembarrée avec la première donnée sur la face du dessus, on obtient la coupe sur la face de l'arbalétier. Pour tracer la barbe du dessous, on tend la ligne *deux francs*, ce qui donne l'alignement du dessus.

On mène ensuite la ligne *trois francs* par une parallèle que l'on trace sur la face du dessus du bois, et la ligne *quatre francs* sur celle du dessous ; puis on rembarre ces traits d'une face à l'autre et la coupe de la tête se trouve tracée. La ligne *un contre-marque* étant tracée carrément sur les faces du lien donne la coupe du dessus de l'entrait. Pour celle de la face, on remonte carrément au plan du lien, sur son élévation, les points où ces faces en plan coupent celles de l'entrait ; ces lignes étant rembarrées d'une face à l'autre donnent la coupe.

NOTA. — Il est fait observer que, dans ce plan-ci, les lignes marquées d'un D se tracent sur les faces du dessus du bois, et celles marquées d'un trait rumènerait se tracent sur les faces du dessous ; puis on rembarre ces traits d'une face à l'autre, comme il a été dit, et les coupes sont tracées.

TRACÉ DES MORTAISES.

L'about et la gorge de la tête du lien étant remontés carrément au plan de la ferme sur l'élévation donnent la rampe des faces ; on mène ensuite une ligne sur l'about du pied du lien carrément à son plan ; du point où cette ligne coupe le plan de la ferme on tend la ligne *un crochet*, ce qui donne l'alignement du dessus. On obtient celui du dessous par une parallèle, comme il est vu sur l'épure.

Les faces du plan du lien étant tracées carrément sur l'entrait servent à tracer la mortaise du pied ; on tire ensuite la ligne *deux crochets* de l'about du pied du lien à celui de l'arbalétrier ; on fait un chevron d'emprunt sur la tête du lien en plan carrément à cette ligne ; il est marqué *trois crochets* ; on le met en élévation comme il est vu par la ligne *un crochet contre-marque* ; on fait paraître ensuite la grosseur du tenon par des parallèles à cette ligne, au point où elles coupent la base ; on mène des parallèles à la ligne *deux crochets*, sur les faces du lien et celles de l'arbalétrier ; par ce moyen on obtient la largeur de la mortaise et celle du tenon en menant des parallèles au bois, comme il est indiqué sur l'épure.

Cette opération n'est bonne que pour l'assemblage de la tête du lien. Pour celle du pied, il va en être parlé dans l'opération du lien suivant.

TRACÉ DES COUPES DU LIEN DEUX CONTRE-MARQUES.

Ce lien fait lattis à l'arbalétrier, comme il a déjà été dit. Pour le tracé de ses coupes, on le couche à plat sur les faces de son lattis ; pour cela on mène la ligne *deux crochets contre-marques* de l'about du pied du lien à celui de l'arbalétrier. On fait un chevron d'emprunt carrément à cette ligne, sur la tête du lien en plan ; il est marqué *trois crochets contre-marques* ; on le met ensuite en élévation, comme il est indiqué par la ligne *patte-d'oie*.

Pour obtenir le point de hauteur, on remonte la tête du lien carrément au plan de la ferme sur l'élévation. L'élévation du chevron d'emprunt étant ainsi faite, on rabat sa longueur sur son plan ; de là on tend la ligne *patte-d'oie contre-marque* et l'on obtient le lien sur la herse de son lattis. Du même point on tend la ligne *crochet patte-d'oie*, ce qui donne la coupe suivant l'arbalétrier.

Pour avoir les rembarrements, on fait paraître l'épaisseur du lien sur la rampe du chevron d'emprunt ; au point où cette épaisseur coupe la ligne de base on mène une parallèle à la ligne *deux contre-marques*, ce qui donne le dégauchissement du dessous du lien, que l'on rapporte ensuite sur la herse, comme il est vu par la ligne *langue de vipère*, qui sert à donner le démaigrissement pour la coupe du pied du lien au-dessus de l'entrait.

Pour tracer la barbe le long de la face, on mène une ligne parallèlement à la ligne *deux crochets contre-marques*, sur la tête du lien en plan et sur la tête de la herse. Le point où celle du plan joint la face de l'entrait est remonté carrément sur celle de la herse ; de là on tend la ligne *langue de vipère contre-marque*, que l'on trace sur le bois ; on renvoie ensuite carrément sur la ligne *langue de vipère* le point du dégauchissement du dessous du lien joint la face de l'entrait ; à ce point on mène une parallèle à la ligne *langue de vipère contre-marque* et l'on obtient ainsi le rembarrement du dessous.

Pour les coupes de la tête, on renvoie également sur la ligne *langue de vipère* les points où le dégauchissement du dessous du lien coupe la face et la gorge du dessous de l'arbalétrier ; à ces points on mène des parallèles à la ligne *crochet patte-d'oie* ; on mène une autre parallèle au point où la gorge du dessous de l'arbalétrier coupe la ligne *deux crochets contre-marque*. Ces quatre lignes servent à donner la coupe de la tête.

TRACÉ DES MORTAISES.

On commence par faire paraître le devers de pas du lien ; pour cela on tire un trait à la tête du chevron d'emprunt carrément à la rampe, sur la ligne de base ; de là on tend au pied du lien, comme il est indiqué par la ligne *langue de vipère patte-d'oie*, et le devers de pas est tracé. Du point où cette dernière joint la face du plan de la ferme on tend la ligne *patte-d'oie un monté*, ce qui donne la rampe d'une des faces du lien sur celle de l'arbalétrier ; on mène l'autre face par une parallèle, comme il est vu sur l'épure. L'occupation de la coupe du pied du lien se trace sur l'entrait par les lignes du devers de pas et celles du dégauchissement au-dessus et au-dessous du lattis du lien.

Pour avoir la largeur de la mortaise, on fait un chevron d'emprunt sur la tête du lien carrément à l'entrait, il est marqué *un monté* ; on le met en élévation, comme il est vu par la ligne *un deux montés*, sur laquelle on fait paraître la grosseur du tenon par des parallèles. Au point où ces derniers coupent la ligne de base on mène des parallèles, et l'entrait de la mortaise est tracée. Celle de la tête se trace comme il a été démontré pour le lien précédent et comme il est vu sur l'épure.

TRACÉ DES COUPES DES LIENS TROIS CONTRE-MARQUES.

Ces derniers sont placés dans le lattis de la croupe comme il a été dit ; ils sont assemblés du pied sur la sablière et de la tête dans l'arêtier. L'opération des deux étant la même, on n'opérera que sur un, qui est celui dont la tête est assemblée dans l'arêtier, du côté droit de la figure.

L'about de la tête du lien étant remonté carrément au plan de l'arêtier sur l'élévation à la ligne du délardement donne le point de hauteur pour mettre le lien en élévation, et la rampe est marquée *deux francs un monté*. Cette élévation se fait par un trait carrément au lien en plan, sur l'about de la tête, sur lequel on porte le point de hauteur qui vient d'être indiqué. Cette dernière sert ensuite à tracer la coupe aplomb sur la face du dessus du lien. Pour obtenir le rembarrement du dessous, on fait paraître l'épaisseur du lien sur le plan, comme il figure, puis on mène une parallèle où cette dernière joint la face de l'arêtier.

Pour tracer la barbe au-dessous de l'arêtier, on mène la ligne *un monté contre-marque* carrément au plan de l'arêtier, jusqu'à la rencontre de la face du lien en plan ; de là on tend la ligne *un contre-marque deux montés*, ce qui donne l'alignement du dessus ; on mène ensuite la gorge du pied de l'arêtier carrément à son plan, sur la face du lien ; de là on tend la ligne *double crochet* parallèlement à la ligne *un contre-marque deux montés* ; cette dernière se trace sur la face du dessus du bois. On obtient le rembarrement du dessous par une parallèle, comme il est vu sur l'épure. La ligne *double crochet* peut-être donnée du premier abord, sans avoir besoin de la première ; pour cela on opère comme il est indiqué par les deux lignes *cinq francs*.

La face du devant du lien en plan étant tracée carrément sur les faces du bois donne la coupe sur la sablière, vu qu'elle a été adoptée comme base. Au point où les faces du lien en plan coupent le dedans de la sablière, on tire des traits carrément au plan du lien sur l'élévation, puis on rembarre ces traits d'une face à l'autre, ce qui donne la barbe sur la face aplomb de la sablière.

TRACÉ DES MORTAISES.

L'about et la gorge de la tête du lien étant remontés carrément au plan de l'arêtier sur l'élévation donnent l'aplomb des faces ; on mène ensuite une ligne sur l'about du pied du lien carrément à son plan jusqu'à la rencontre de la face du plan de l'arêtier ; on renvoie ce point carrément sur la ligne du milieu, vu qu'elle a été adoptée comme base, et, de là, on tend la ligne *cinq contre-marques*, ce qui donne l'alignement du dessus. On obtient celui du dessous par une parallèle, comme il est vu sur l'épure. L'occupation de la coupe du pied des liens donne le tracé de la mortaise sur la sablière, comme elle est figurée.

TRACÉ DES COUPES POUR LE CROISILLON DE LA JONCTION DES DEUX LIENS.

Aux points où les faces des liens se jonctionnent en plan on mène des traits carrément sur l'élévation, puis on rembarre ces traits d'une face à l'autre, ce qui donne les coupes aplomb des faces. Pour tracer celles du dessus, on mène la ligne *double contre-marques* carrément au plan de l'autre lien, sur l'about du pied. Au point où cette ligne coupe la face du plan du lien on tend la ligne *six contre-marques*, que l'on trace sur la face du dessus du bois ; le point où la ligne *double contre-marque* coupe l'autre face du lien se renvoie carrément sur la même face, vu qu'elle sert de ligne de base ; à ce point on tend une parallèle à la ligne *six contre-marques*, et l'on obtient le rembarrement du dessous ; cette dernière est marquée *cinq un monté*. On obtient le tracé du dessous par des parallèles à ces dernières ; on les obtient comme il est vu par la ligne *double crochet patte-d'oie*, qui indique la gorge du pied du lien.

On fait observer que si parfois l'élévation des liens était faite à une certaine distance du plan, il faudrait que tous les points indiqués pour la donnée des coupes soient renvoyés carrément sur la ligne de base sur laquelle l'élévation est faite, tel que dans ce plan-ci, la face du devant du lien a été adoptée comme base. Pour obtenir la grosseur des tenons et la largeur des mortaises, on fait paraître la grosseur du tenon sur la rampe du chevron de croupe, que l'on mène ensuite sur les faces du bois, comme il est vu sur l'épure.

FERME COUCHÉE À TOUS DEVERS ET PAVILLON CARRÉ ASSEMBLÉ AVEC DES LIENS DE PENTE À DEVERS ET PAR FACE APLOMB. Pl. 20.

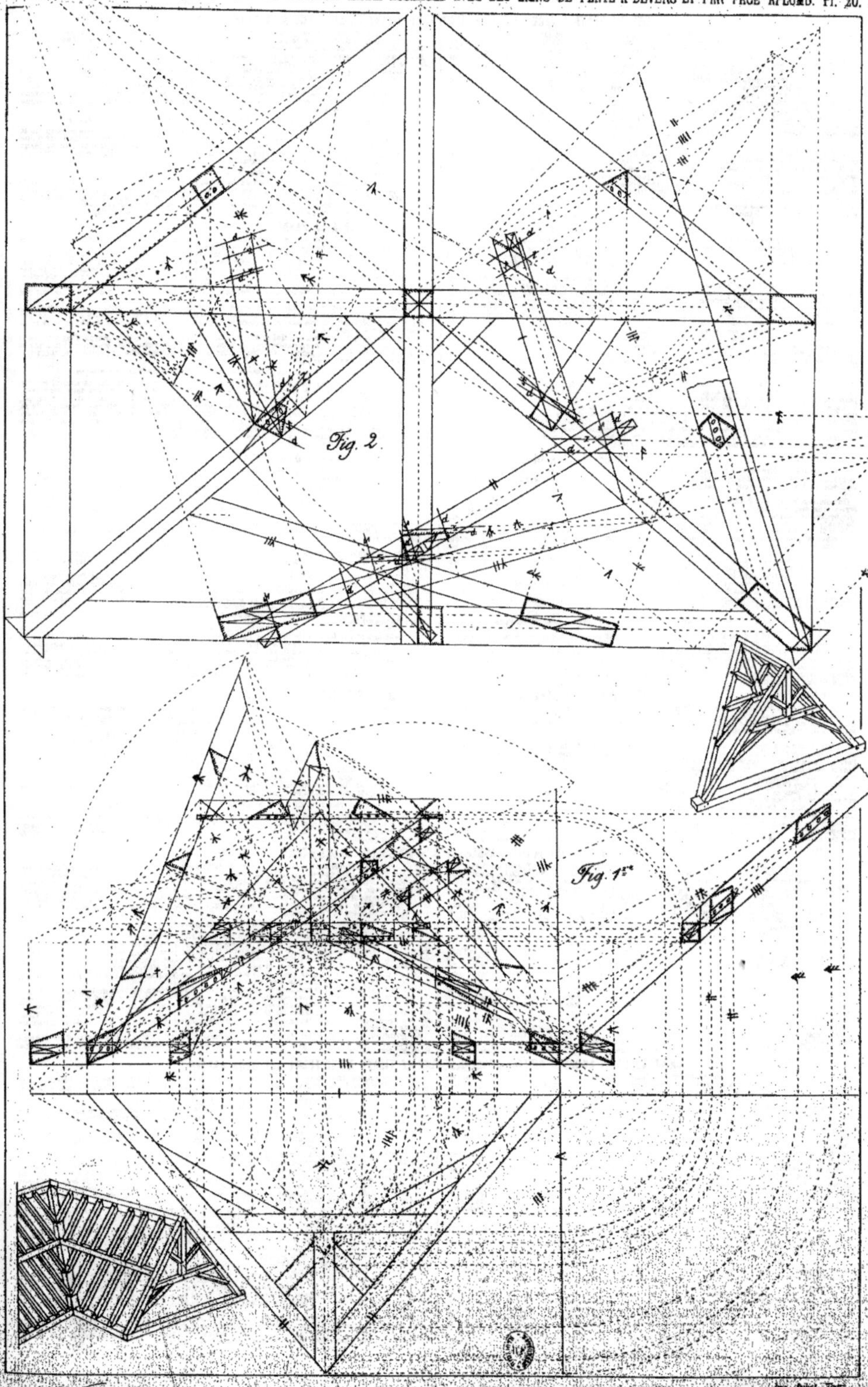

FIG. 1re. LIEN DE PENTE A FACE APLOMB ASSEMBLÉ DU TIRANT DE LA FERME A LA PANNE

Les épures de cette planche sont des liens de pente placés de différentes manières; leur but d'utilité consiste à maintenir la portée des pannes, soit dans une saillie par bout d'un bâtiment quelconque, soit dans des parties intermédiaires, par exemple dans un bâtiment ou un hangar auquel on voudrait supprimer plusieurs fermes, ce qui fait que celles qui restent se trouvent placées à une distance exagérée les unes des autres. Les liens que l'on se propose d'établir servent à maintenir la portée des pannes, comme il vient d'être dit; par ce moyen, la construction est aussi solide que si les fermes étaient placées à leurs écartements ordinaires; ils servent, en outre, à maintenir les roulis qui, dans le cas contraire, pourraient exister, et laissant ainsi une partie assez vaste dans l'intérieur du local.

On commence par faire paraître le plan de la ferme, dont les faces sont marquées *un franc*; on le met ensuite en élévation, comme il est vu par la ligne *deux francs*, qui montre la vue debout de la ferme. L'arête, à laquelle le dessus du lien doit affleurer, est descendue en plan et marquée *trois francs*; on porte sur cette ligne l'about du lien, puis on tend au point où l'on juge à propos de le placer sur le tirant; cette face du lien est marquée d'*une contre-marque*. On détermine ensuite l'autre face par une parallèle d'après l'épaisseur du lien, comme il est figuré.

TRACÉ DES COUPES DU LIEN.

On le met d'abord en élévation au moyen d'un trait tiré de l'about de la tête carrément à son plan, sur lequel on porte la hauteur de l'arête de la panne, à laquelle le dessus du lien doit correspondre; de là on tire la ligne *deux contre-marques* et l'élévation est faite. On mène ensuite la ligne *trois contre-marques* carrément au plan de la ferme, jusqu'à la rencontre de la face du lien en plan; de là on trace la ligne *un crochet*, ce qui donne la coupe sur la face de la panne; cette ligne se trace sur la face du dessous du lien. On obtient le rembarrement du dessus par une parallèle, comme il est figuré. Pour tracer la barbe sur la face du dessous, on mène les faces de la panne carrément au lattis, sur la ligne de base que l'on mène carrément au plan de la ferme, sur les faces du lien en plan; de là on tend la ligne *deux crochets*, ce qui donne l'alignement du dessus de la panne. On obtient celui du dessous par des parallèles, comme l'indique la ligne *trois crochets*, que l'on trace sur la face du dessous du lien; on mène ensuite la ligne *un crochet contre-marque*, que l'on trace sur celle du dessus, puis on rembarre ces traits d'une face à l'autre et la barbe est tracée.

Pour tracer les coupes du pied, on opère comme il a été indiqué pour celles des liens parus sur la planche précédente; il en est de même pour le tracé de la mortaise.

Pour avoir les alignements de ces mêmes coupes sur le champ du lien, on rabat l'about de la tête sur le plan au moyen d'un simbleau; de là on tire la ligne *deux contre-marques crochet*, ce qui donne l'alignement de la coupe. Du même point on tire la ligne *trois crochets contre-marques*; ce qui donne celui de la barbe au-dessus de la panne. On obtient celui du dessus par une parallèle, comme il est indiqué par la ligne *un crochet patte-d'oie*; on trace ensuite la ligne *patte-d'oie*, ce qui donne l'alignement de la face du tirant.

TRACÉ DE LA MORTAISE POUR L'ASSEMBLAGE DE LA TÊTE DU LIEN DANS LA PANNE.

On pose la pointe du compas sur la gorge du pied de l'arbalétrier d'où l'on simbleaute les faces de la panne sur le plan, que l'on mène parallèlement à son plan, dont l'arête du dessus est marquée d'une *langue de vipère*; on mène ensuite carrément sur cette dernière l'about de la tête du lien en plan; de là on tend les lignes *langue de vipère contre-marque*, ce qui donne l'alignement des faces du dessus du lien; on mène ensuite celles du dessus par des parallèles, comme il est figuré.

TRACÉ DE L'OCCUPATION DE LA BARBE DU LIEN SUR LA FACE DU DESSOUS DE LA PANNE.

Au point où la rampe de la face du dessous de la panne joint la ligne de base, on la rabat sur le plan, puis on mène des parallèles à son plan, dont l'arête du dessous est marquée d'*une patte-d'oie un monté*; de là on mène carrément sur cette dernière les points indiqués par les lignes *un monté*; puis on trace les lignes *un monté contre-marque* et l'occupation de la barbe est tracée.

Pour le tracé du tenon et de la mortaise, on opère comme il est indiqué sur l'épure.

FIG. 2. LIEN DE PENTE A DEVERS ASSEMBLÉ DU POINÇON A LA PANNE

Le lien dont on va s'occuper est assemblé du poinçon à la panne et de dévers suivant le lattis de la panne; l'about du pied dans le poinçon est fixé par un trait donné carrément à la rampe de la ferme, venant de la face de dessous de la panne, ce qui fait que, par ce moyen, il est assemblé carrément dans la panne et en engueulement dans le poinçon, comme il est vu sur la perspective.

Manière d'opérer.

On commence par faire paraître le plan de la ferme, dont les faces sont marquées *un franc*; on mène ensuite, carrément à ces dernières, les lignes *deux francs* qui indiquent les faces du poinçon, ainsi que la vue debout sur le plan, comme il est vu par les jonctions de ces quatre dernières. On fait paraître la rampe de la ferme comme l'indique la ligne *trois francs*, sur laquelle est parue la vue debout de la panne, puis l'on descend une des arêtes sur le plan, comme il est indiqué par la ligne *un contre-marque*, sur laquelle on fixe l'about de la tête du lien; de là on tire la ligne *deux contre-marques* à l'arête du poinçon et l'on obtient ainsi le lien sur le plan de la vue debout de la panne. On trace les lignes *trois contre-marques* carrément à la rampe de la ferme, sur la ligne de base; à ces points on mène des parallèles au plan de la panne, ce qui donne le dégauchissement des faces opposées au lattis, dont celle du dessus est marquée d'*une patte-d'oie*. Au point où cette dernière joint la ligne de base on simbleaute la panne sur le plan, dont une des faces est marquée *quatre contre-marques*. L'about de la tête du lien étant ramené carrément sur cette dernière, de là on tire la ligne *un crochet*, ce qui donne le lien sur la herse.

La ligne *trois contre-marques* étant tracée carrément sur les faces du lien, donne la coupe de la tête, vu que, comme il a été dit, le lien suit le dégauchissement des faces de la panne. On fait paraître ensuite la largeur du lien ainsi qu'il figure, ce qui sert à tracer la mortaise de la panne. Le point où la rampe de la face du dessus de la panne joint la face du poinçon est rabattue sur la ligne de base; à ce point on mène la ligne *un crochet*, parallèlement du plan de la panne, que l'on trace sur la face du dessus du lien. Le point où la face du dessus de la panne joint la même face du poinçon est renvoyé d'équerre sur celle du dessus et rabattu de même sur le plan; cette dernière se trace sur la face du dessous, puis l'on rembarre ces traits d'une face à l'autre, ce qui donne la coupe sur la face du poinçon. Pour la barbe du côté, il suffit de tracer la face du poinçon marquée d'un trait ramènerait carrément sur le lien.

Il faut observer que pour que ces coupes soient bonnes, il faut que les lignes *trois contre-marques* soient tirées à la distance déterminée par l'épaisseur de la retombée du lien.

Pour avoir les alignements de ces mêmes coupes sur les faces du côté du lien, il faut faire paraître leur devers de pas, comme il est vu par la ligne *deux crochets*, sur laquelle on fait un chevron d'emprunt carrément et passant sur la tête du lien en plan; il est marqué *trois crochets*. On le met ensuite en élévation avec la hauteur de l'arête de la panne, là où le lien vient s'unir; cette élévation est marquée *un crochet contre-marque*. La longueur du chevron d'emprunt étant rabattue sur son plan, on trace la ligne *deux crochets contre-marques* et l'on obtient ainsi le lien couché à plat sur ses faces de devers.

De la tête du chevron d'emprunt sur la herse on tire la ligne *trois crochets contre-marques* qui indique la coupe sur la face de la panne; cette ligne se trouve être donnée carrément au lien, ce qui prouve que l'opération est très-exacte, d'autant plus que le lien est assemblé à joint carré dans la panne, comme il a déjà été dit.

Le point où la ligne *un crochet* joint la face du poinçon est renvoyé, par le moyen d'un simbleau, sur la ligne *deux crochets contre-marques*; de là on tire la ligne *patte-d'oie crochet* qui indique la coupe sur une des faces du poinçon. On obtient par le même moyen celle de l'autre face, comme il est vu par la ligne *langue de vipère*.

TRACÉ DE LA MORTAISE POUR L'ASSEMBLAGE DU PIED DU LIEN DANS LE POINÇON.

Les lignes *trois contre-marques* étant tracées sur la face du poinçon et retournées carrément sur les autres faces donnent le tracé de la mortaise; on tire ensuite un trait d'équerre à ces deux dernières, au point où celle du dessus joint la face du derrière du poinçon, ce qui donne le bout de la barbe, d'autant mieux que l'arête du dessus du lien vient tendre à cette arête. L'about et la gorge de la mortaise étant rapportés sur l'autre face du poinçon, comme il est vu, par deux simbleaux, on mène alors l'arête du dessus du lien parallèlement à son plan, jusqu'à la face du poinçon; de là on mène la ligne *un monté*, qui indique en même temps la largeur de la mortaise. Au point où cette ligne joint la gorge de la mortaise on tire la ligne *un monté contre-marque*, ce qui donne l'alignement de la face du lien sur celle du poinçon.

FIG. 3. LIEN DE PENTE A DEVERS SOUTENANT LA BASCULE DES PANNES D'UN HANGAR

Le lien dont il va être parlé est assemblé dans un hangar du poteau à la panne, afin d'en maintenir la bascule; il est deversé suivant le lattis de la panne et placé de manière à se dégauchir avec la jambe de force. Le tracé de ces coupes n'est démontré que par des rembarrements.

Manière d'opérer.

On commence par faire paraître l'élévation de la ferme, dont les faces du poteau sont marquées *un franc*, et la rampe du chevron *deux francs*. On fait paraître ensuite la vue debout de la panne, comme elle figure. De l'arête du dessous de la panne on tend la ligne *trois francs*, ce qui donne le dessus de la jambe de force qui est placée de manière à se dégauchir avec le lien, comme il a été dit. Pour cela, il faut que l'about du pied du lien soit le même que celui de la jambe de force dans le poteau. Cela étant fait, on mène la ligne *un contre-marque* carrément au poteau et qui indique l'une des faces sur le plan, puis l'on fait paraître les autres faces comme il est figuré, et la vue debout est parue.

Le point où la face du dessous de la jambe de force joint celui du dedans du poteau est renvoyé carrément sur la face du dessus; de là on descend la ligne *deux contre-marques* sur la face du dedans du poteau en plan, ce qui donne l'about du pied du lien en plan sur la face du poteau. On mène ensuite la ligne *un crochet* parallèlement à la ligne *un contre-marque* à la distance, d'après la bascule que l'on veut donner au lien, puis l'on fait paraître en plan l'arête de la panne à laquelle le dessus du lien doit effleurer; elle est marquée *trois contre-marques*. Au point où elle joint la ligne *un crochet* on trace la ligne *deux crochets*, et l'on obtient ainsi le lien en plan.

TRACÉ DES COUPES.

La ligne marquée *un contre-marque* étant tirée carrément au poteau, nous allons l'adopter comme ligne de base.

Au point où elle joint le dessus de la jambe de force, on mène la ligne *trois crochets*, qui donne le dégauchissement du lattis du dessus du lien sur la ligne de base. La jambe de force étant ainsi placée, elle sert de chevron d'emprunt pour placer le lien sur la herse et pour tracer ses coupes; alors on place la pointe du compas sur le point où le dessus de la jambe de force joint la ligne de base; de là on simbleaute l'arête de la panne sur le plan et l'on mène la ligne *un crochet contre-marque* carrément à la ligne *un crochet*; de ce point on tend la ligne *deux crochets contre-marques*, ce qui donne la face du dehors du lien de la herse; par une parallèle on fait paraître celle du dedans, comme il est figuré. Les points où les faces de la panne joignent celles du chevron d'emprunt étant rabattus sur la herse, servent à tracer la coupe de la tête. La ligne *un crochet contre-marque* se trace sur le dessus du bois, et la ligne *un monté* dessous, ce qui donne la coupe sur une face; on trace ensuite la ligne *patte-d'oie* sur le bois, que l'on rembarre dessous avec la ligne *patte-d'oie contre-marque*, et la barbe est tracée.

Les points où les faces de la jambe de force joignent le dedans du poteau étant rabattus de même sur le plan donnent la coupe sur la face de dedans du poteau. La face du poteau marquée d'un trait ramènerait étant tracée carrément sur le lien donne le tracé de la barbe.

Il est bon d'observer qu'en opérant ainsi, il faut que la retombée du lien soit la même que celle de la jambe de force.

TRACÉ DU DEVERS DE PAS DU LIEN.

Pour le tracé du devers de pas, les alignements iraient trop loin si l'on se servait comme base de la ligne *un contre-marque*. Dans ce cas, nous allons en déterminer une, celle marquée *trois crochets contre-marques*.

On mène sur cette ligne, de l'arête de la panne, un trait carrément à la jambe de force; puis l'on descend la ligne *patte-d'oie crochet* sur la ligne *un crochet*, ce qui fait d'abord un point. Au point où la ligne *trois crochets contre-marques* joint le dessus de la jambe de force on descend la ligne *langue de vipère* carrément sur la ligne en plan; de là on tend la ligne *un contre-marque monté* au premier indiqué, ce qui donne le devers de pas de la face du devant du lien; on mène ensuite celui de la face de derrière par une parallèle marquée d'une *langue de vipère contre-marque*, et le devers de pas est tracé.

TRACÉ DES MORTAISES.

On mène la face du dessous de la panne carrément au lattis; de là on simbleaute les faces de la panne sur le plan, dont l'arête du dessus arrive à passer sur la ligne *langue de vipère*, à laquelle on mène carrément l'about et la gorge de la tête du lien, ce qui donne les deux premiers points. On descend ensuite la ligne *cinq contre-marques* sur la ligne *du devers de pas*; de ces derniers points on tend aux premiers, comme il est vu par les lignes *cinq pattes-d'oie*; ce qui donne le tracé de la mortaise de la panne. On trace celle du poteau comme il est indiqué sur l'épure et sur cette même planche, fig. 2.

FIG. 4. LIEN DE PENTE A DEVERS ASSEMBLÉ DANS LA JAMBETTE D'UNE FERME A LA PANNE

Le lien dont il va être parlé est assemblé dans la jambette d'une ferme à la panne; la jambette est placée de manière que la face du dessus tend à l'arête du dessous du lattis de la panne, ce qui fait que le lien est assemblé en barbe au-dessous de la panne et à joint carré dans la jambette. Il est établi de devers, suivant le lattis des deux.

Manière d'opérer.

On fait paraître la ligne *un franc* qui indique la face du plan de la ferme; on la met ensuite en élévation par la ligne *deux francs*, puis on fait paraître la vue debout de la panne. De l'arête la plus basse du lattis on tend au-dessus de la jambette, comme elle figure par la ligne *trois francs*. Au point où elle joint la ligne de base on simbleaute l'arête de la panne sur le plan, que l'on mène ensuite carrément au plan de la ferme, comme il est vu par la ligne *un contre-marque*, sur laquelle on fixe l'about de la tête du lien sur la jambette que l'on rabat, par un simbleau, sur le plan de la ferme. D'après ces deux points, on trace la ligne *deux contre-marques*, ce qui donne le lien sur la herse. La face de la ferme étant tracée carrément sur le lien donne la coupe du pied sur la face de la jambette. On obtient les rembarrements de la tête par le moyen précédemment indiqué et comme il est vu sur l'épure.

Pour avoir les alignements de ces mêmes coupes sur les autres faces du lien, il faut d'abord les faire paraître en plan, comme il est paru et marqué *un crochet*; ensuite on fait paraître le devers de pas, par le moyen précédemment indiqué et dont les faces sont marquées *trois contre-marques*.

On fait un chevron d'emprunt sur la tête du lien en plan carrément au *devers de pas*; il est marqué en plan *deux crochets*, et en élévation *trois crochets*. Cette élévation se fait avec la hauteur de l'arête de la panne indiquée sur le plan et à laquelle le dessus du lien vient affleurer.

La longueur du chevron d'emprunt étant rabattue sur son plan, on trace la ligne *un crochet contre-marque*, et l'on obtient ainsi le lien couché à plat sur ses faces de devers. De la tête du chevron d'emprunt sur la herse on tire la ligne *deux crochets contre-marques*, ce qui donne la coupe du dessous de la panne; du même point on trace la ligne *trois crochets contre-marques*, ce qui donne l'alignement de la barbe. On obtient le fond d'arête par une parallèle, comme l'indique l'épure.

La gorge du pied du lien étant rapportée par un simbleau de la herse du lattis sur la herse de devers, on tire la ligne *patte-d'oie*, ce qui donne la coupe sur la face de la jambette. Cette dernière étant d'équerre au lien prouve que l'opération est exacte. Il en est de même pour les tracés de la mortaise indiquée sur les faces de la jambette.

TRACÉ DE LA MORTAISE DE LA TÊTE DU LIEN DANS LA PANNE.

Au point où la rampe de la face du dessous de la panne joint la ligne de base on rabat la panne sur le plan, dont l'arête du lattis est marquée d'un *crochet patte-d'oie*, sur laquelle on mène carrément l'about et la gorge de la tête du lien; de là on trace les lignes *patte-d'oie un monté*, et la mortaise est tracée.

FIG. 5. LIEN DE PENTE A FACE APLOMB ASSEMBLÉ SUR L'AISSELIER D'UNE FERME A LA PANNE

On fait d'abord paraître le plan de la ferme dont les faces sont marquées *un franc*; on la met ensuite en élévation par la ligne *deux francs*, sur laquelle est parue la vue debout de la panne, puis on place l'aisselier comme il est indiqué par les lignes *trois francs*; on descend ensuite sur le plan l'arête du dessous du lattis de la panne, ce qui donne en même temps une des faces du lien en plan; cette dernière est marquée d'*une contre-marque*. Au point où elle joint la ligne de base on place la pointe du compas que l'on ouvre jusqu'au point où elle joint le dessus de l'aisselier; on simbleaute ce point sur le plan de la ferme, ce qui fait un premier point; on simbleaute également sur le plan l'arête de la panne à laquelle cette même ligne a été tendue; de là on mène la ligne *deux contre-marques* carrément au plan de la ferme, sur laquelle on fixe la gorge de la tête du lien, d'après la pente qu'on veut lui donner, ce qui fait un deuxième point, lequel tendant au premier donne le dessus du lien en élévation paru sur la ligne *trois contre-marques*.

La ligne *un crochet* étant tracée sur la face du dessus du lien et rembarrée dessous avec la ligne *deux crochets* donne la coupe sur la face du dessus de l'aisselier. La face de la ferme marquée d'un trait ramènerait étant tracée carrément sur le lien, donne la barbe sur la face aplomb de l'aisselier. La ligne *deux contre-marques* et la ligne *trois crochets* étant tracées dessus et rembarrées dessous, avec les lignes *un crochet contre-marque*, donnent les coupes sur les faces du dessous de la panne.

Pour avoir les alignements de ces mêmes coupes sur le dessus du lien, on profile la ligne *trois contre-marques* sur la ligne de base; à ce point on tire la ligne *deux crochets contre-marques*, parallèlement au plan de la ferme, ce qui donne le dégauchissement du dessus du lien; on mène ensuite celle du dessous par une parallèle, comme il est vu sur l'épure.

La gorge de la tête du lien étant rabattue sur le plan donne d'abord le premier point; on mène ensuite la face du dessous de la panne carrément au lattis, sur la ligne de base; à ce point on mène la ligne *trois crochets contre-marques* carrément au plan de la ferme, jusqu'à la rencontre de la ligne *deux crochets contre-marque*; de ce dernier point on tend la ligne *patte-d'oie* au premier point indiqué et l'on obtient la coupe sur une des faces de la panne; puis on trace la ligne *patte-d'oie crochet*, ce qui donne l'alignement de la face du dessus du lattis de la panne; on mène ensuite la ligne *patte-d'oie contre-marque*, qui donne celui du dessous et le fond d'arête de la barbe. Pour avoir celui de la face du dessus de l'aisselier, on le profile du pied sur la ligne de base; à ce point on tire la ligne *langue de vipère* carrément au plan de la ferme, sur la ligne *deux crochets contre-marques*, ce qui fait un point; on obtient le deuxième en rabattant l'about du pied de l'aisselier sur le plan; de là on tire la ligne *langue de vipère contre-marque*. La coupe de la face se trace par un trait d'équerre, comme il est vu sur l'épure.

TRACÉ DES MORTAISES.

Les faces du lien en plan étant tracées carrément sur celles de l'aisselier donnent le tracé de la mortaise. Le point où la face du devant du lien en plan joint le dessus de l'aisselier étant rabattu sur le plan, on trace la ligne *langue de vipère patte-d'oie*, ce qui donne l'alignement de la face du dessus du lien sur celle de l'aisselier. Pour tracer celle de la panne, on la couche à plat sur la face du dessous, du côté opposé au lattis, comme elle est parue sur la ligne *cinq contre-marques*, sur laquelle on mène carrément l'about et la gorge de la tête du lien; de ces points on tire les lignes *un monté*, et l'about et la gorge de la mortaise sont tracés.

Pour avoir la largeur de la mortaise et du tenon, pour l'assemblage du pied du lien sur l'aisselier, on mène la ligne *un monté contre-marque* de l'about du pied de l'aisselier à celui du lien; sur cette ligne, on fait un chevron d'emprunt carrément et passant sur la gorge de la tête du lien en plan; il est marqué *un monté patte-d'oie*. On le met ensuite en élévation, comme il est paru par la ligne *six contre-marques*; d'après laquelle on fait paraître la grosseur du tenon par des parallèles marquées d'un *double crochet*.

Au point où elles coupent les lignes de base on mène des parallèles à la ligne *patte-d'oie contre-marque* sur la face du lien, et celle de l'aisselier que l'on mène ensuite parallèlement au bois, comme il est vu sur l'épure.

FIG. 6. CROIX DE SAINT-ANDRÉ A DEVERS ASSEMBLÉE SUR LE TIRANT D'UNE FERME AUX DEUX PANNES

La croix dont il va être parlé est assemblée du tirant d'une ferme aux deux pannes, et de devers suivant le tirant, ce qui fait que les deux liens qui la composent sont assemblés à joints carrés, l'un et l'autre pour leur croisillon, ou au moyen d'une entaille à un bois.

Manière d'opérer.

Premièrement, on fait paraître les faces du plan de la ferme qui sont marquées *un franc*; l'élévation des arbalétriers, par les lignes *deux francs*, sur lesquelles sont les vues debout des pannes; on descend les arêtes du dessus de leur lattis sur le plan; elles sont marquées *trois francs*, sur lesquelles on mène la ligne *une contre-marque* parallèlement au plan de la ferme, ce qui fixe la tête des liens en plan. On fixe ensuite les pieds sur le tirant et l'on obtient, par ce moyen, les croix sur le plan marqué *deux contre-marques*.

La ligne *trois contre-marques* étant tirée carrément au plan de la ferme sert de chevron d'emprunt pour mettre les liens sur la herse de leur lattis, pour le tracé de leurs entailles. Ce chevron d'emprunt a pour reculement la distance de la face du derrière du tirant avec la ligne *un contre-marque*; on le met en élévation avec la hauteur de l'arête du dessus de la panne; il est marqué en élévation *un crochet*. La longueur du chevron d'emprunt étant rabattue sur son plan, à ce point on mène la ligne *deux crochets* parallèlement au plan de la ferme, sur celui des pannes, de là on trace les lignes *trois crochets* et l'on obtient ainsi la croix sur la herse de son lattis. On fait paraître ensuite les autres faces par des parallèles, d'après la largeur des liens, comme il est figuré. La jonction des deux sert à tracer les entailles faites à mi-bois pour leur croisillon.

TRACÉ DES COUPES DES LIENS DANS LE TIRANT.

On prend la retombée des liens que l'on porte parallèlement à la rampe du chevron d'emprunt, où cette ligne joint la ligne de base; on mène une parallèle au tirant, elle est marquée *un crochet contre-marque*, ce qui donne le dégauchissement du dessous de la croix. Pour le tracé des coupes, on rabat sur la herse les points où l'épaisseur de la croix indiquée sur la rampe du chevron d'emprunt joint la ligne de base et celle de la face du dedans du tirant; celle du dehors sert à tracer les abouts. Ces dernières lignes étant rembarrées les unes par les autres servent à tracer les coupes sur la face du dessus du tirant et sur la face aplomb; elles donnent en même temps le fond d'arête des barbes.

TRACÉ DES COUPES DE LA TÊTE DES LIENS DANS LES PANNES.

La face du dessous des pannes étant profilée carrément au lattis des fermes, sur la ligne de base, on trace sur les faces du dessus les lignes *deux crochets contre-marques*; on mène ensuite par des parallèles les lignes *trois crochets contre-marques*, ce qui donne le rembarrement du dessous. Ces deux derniers étant rembarrés d'une face à l'autre servent à tracer la barbe des liens sur la face du dessus des pannes.

Pour avoir les coupes sur l'autre face, on tend les lignes *patte-d'oie*, ce qui donne l'alignement du dessus; on obtient ensuite le dessous par des parallèles, comme il est marqué sur l'épure. Celle marquée d'un D se trace dessus et l'autre dessous; puis on rembarre ces traits d'une face à l'autre, et la coupe est tracée.

TRACÉ DES DEVERS DE PAS ET DES MORTAISES.

Leur croisillon en plan étant remonté carrément sur le chevron d'emprunt, à ce point on tire un trait carrément à la rampe, sur la ligne de base; de là on tend les lignes *patte-d'oie contre-marque*, et les dévers de pas sont tracés.

Pour avoir les alignements des coupes des croix sur les autres faces, on fait un chevron d'emprunt sur la tête en plan carrément au devers de pas. Les coupes des deux liens étant les mêmes, l'opération n'est faite que sur un seul.

Le chevron d'emprunt dont il vient d'être parlé est marqué en plan d'une *patte-d'oie crochet*, et en élévation d'une *patte-d'oie un monté*. La longueur du chevron d'emprunt étant rabattue sur son plan, on trace la ligne *langue de vipère* et l'on obtient le lien couché à plat sur la face de devers; du même point on tire la ligne *une contre-marque monté*; ce qui donne la barbe sur la face du dessus de la panne; on trace ensuite la ligne *cinq francs*, qui donne l'alignement du dessus du lattis de la panne. On obtient celui du dessous par une parallèle qui donne la coupe du dessous et le fond d'arête de la barbe; cette dernière est marquée *cinq contre-marques*.

La ligne du devers de pas donne la coupe sur la face du dessus du tirant. Pour avoir celle de la face aplomb, la jonction du devers de pas avec la face du dedans du tirant donne d'abord le premier point d'alignement; le deuxième s'obtient en tirant une parallèle au devers, sur la tête du lien en plan jusque sur la face du dedans du tirant, que l'on renvoie carrément sur une deuxième parallèle tirée sur la tête du lien, sur la herse dernièrement faite. De ce deuxième point on tend au premier, comme il est vu par la ligne *cinq contre-marques un crochet*.

Au point où la rampe du dessus de la panne joint la ligne on la simbleaute sur le plan, comme elle est parue par la ligne *cinq patte-d'oie*, sur laquelle on mène carrément l'about de la tête du plan du lien; de là on tend les lignes *un crochet monté*, et l'occupation de la barbe est tracée. On couche ensuite la panne à plat sur la face du dessous de son lattis, en ayant pour pivot la gorge du pied de l'arbalétrier; elle est marquée d'une *langue de vipère contre-marque*, sur laquelle on mène carrément les petites lignes *un monté*; de là on trace les lignes *langue de vipère patte-d'oie*, ce qui donne les deux faces du dessus du lien. On obtient celles du dessous par des parallèles, comme il est vu sur l'épure.

Le devers de pas des liens étant tracé sur la face du dessus du tirant donne le tracé des mortaises.

Les rampes du chevron d'emprunt donnent leur direction dans le tirant, comme il figure. De l'about du pied des liens on tire les lignes *deux francs un monté*, d'après lesquelles on obtient la direction des mortaises des pannes par des parallèles, comme il est figuré.

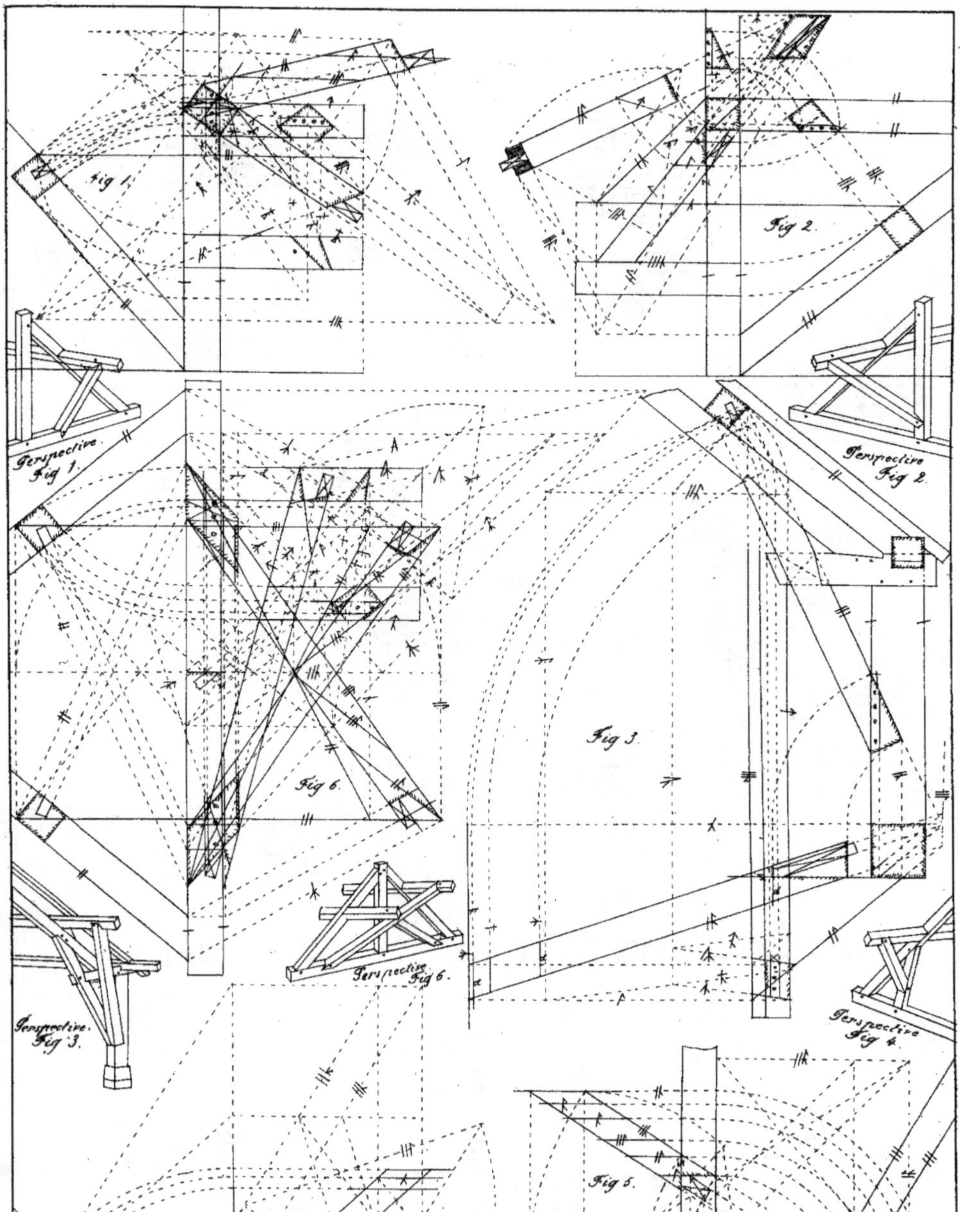

Imp. Juliot Tours.

TRÉPIED ASSEMBLÉ AVEC DES CROIX DE SAINT-ANDRÉ A DEVERS

On appelle trépied un appareil en charpente destiné à porter un cuvier servant à faire la lessive ou tout autre objet de même genre. Les chapeaux qui le composent sont assemblés intérieurement les uns dans les autres, en forme de triangle; les parties extérieures sont supportées chacune par un pied incliné à l'intérieur avec un lien à chaque assemblage du pied dans les chapeaux, pour maintenir le roulis, chose indispensable pour ce genre de travail; pour la même raison il est placé une croix de saint-André sur chaque face assemblée dans les pieds, à peu de distance de la base, et ensuite dans les chapeaux, comme il est vu sur la perspective; la dite croix est établie de devers, suivant le lattis de la même sablière, ce qui fait que les pièces qui la composent sont assemblées à joints carrés les uns dans les autres, ou bien par une entaille à demi-bois; le tracé des mortaises est démontré de manière à ce que les tenons traversent le bois d'une face à l'autre, comme il est vu sur la perspective. L'épure ne démontre que l'opération d'une seule croix, vu que celle des trois est la même; les opérations ci-dessous le démontrent de deux manières, par rembarrement et par alignement.

Manière d'opérer.

On commence par décrire un cercle de la dimension du trépied; on divise la circonférence en trois parties égales, ce qui fixe la tête des pieds en plan; on décrit un deuxième cercle d'après la distance que l'on veut avoir pour l'assemblage des chapeaux; on tire ensuite trois lignes des points premièrement fixés, passant sur la surface du cercle qui vient d'être décrit, ce qui donne les trois chapeaux en plan marqués *un franc*, plan sur lequel ils s'établissent ensemble. Pour cela, on fait paraître leur largeur comme il est figuré; on mène ensuite des lignes parallèlement au plan des chapeaux à la distance que doit avoir le trépied, comme il est vu par les lignes *deux francs*, ce qui donne les chapeaux en élévation, sur lesquels on remonte carrément les abouts de la tête et des pieds primitivement fixés sur le plan; de là on tend les lignes *trois francs*, et l'on obtient les pieds en élévation en leur donnant un empiétement nécessaire, comme il est figuré. Ce plan donne d'abord la coupe des pieds sur la base de niveau, leur établissement de la tête avec les chapeaux et celui des croix assemblés dans les deux pieds, comme il est vu sur la gauche de la figure. La croix que l'on se propose d'établir est assemblée comme il a déjà été dit dans les deux pieds et dans les chapeaux. Pour la placer ainsi, on fixe d'abord les abouts du bas sur chacun des pieds à la même distance de la ligne de base, que l'on descend ensuite carrément sur la face des pieds en plan; de ces points on tend la ligne *un contre-marque*, d'après laquelle on obtient les abouts de la tête au moyen d'une parallèle donnant le dégauchissement de la croix. Cette dernière est marquée *deux contre-marques;* elle doit être tirée à distance voulue, d'après le point fixé pour l'assemblage de la tête des croix dans les chapeaux. La ligne *trois contre-marques* étant tirée carrément à ces deux dernières sert de chevron d'emprunt pour placer la croix sur la herse de son lattis. Pour cela on met le chevron d'emprunt en élévation avec la hauteur des chapeaux que l'on porte sur la ligne *deux contre-marques;* on porte ensuite la hauteur des abouts sur la ligne *un contre-marque;* de là on tend la ligne *un crochet* sur ces deux points, ce qui donne la rampe du chevron d'emprunt. Au point où cette rampe coupe la ligne *trois contre-marques*, on mène la ligne *deux crochets* parallèlement à la ligne *un contre-marque*, et l'on obtient ainsi la sablière de dégauchissement du lattis de la croix sur la ligne de base. Du dernier point indiqué on simbleaute la longueur du chevron d'emprunt sur son plan; à ce point on mène la ligne *trois crochets* parallèlement à la sablière sur laquelle on remonte carrément les abouts de la tête de la croix, comme il est vu par les lignes *un crochet contre-marque*. Pour avoir les abouts du pied, on simbleaute également sur la herse le point où la rampe du chevron d'emprunt coupe la ligne *un contre-marque;* à ce dernier point on mène la ligne *deux crochets contre-marques* parallèlement à la sablière du dégauchissement, sur laquelle on remonte carrément les abouts du pied de la croix. D'après ces quatre points on place la croix sur la herse, en ayant soin de porter la largeur du bois destiné pour les branches qui la composent de toute leur largeur en-dessus pour le pied et en-dessous pour la tête, comme elles paraissent sur la herse dont les arêtes du dessus sont marquées *trois crochets contre-marques*, ce qui fait que, par ce moyen, les arêtes du dessus affleurent avec le dessus des chapeaux, et celles du dessous avec le dessus des pieds.

TRACÉ DES DEVERS DE PAS DE LA CROIX.

On commence d'abord par faire paraître la croix en plan par terre. Pour cela on profile la face du dessus de la herse sur la sablière de dégauchissement; de là on tend aux abouts de la tête primitivement fixés sur le plan des chapeaux, comme il est vu par les lignes *cinq francs;* on mène ensuite les faces du dessous par des parallèles comme il est fait ici. La jonction de ces dernières étant remontée carrément à la rampe sur la ligne de base que l'on mène ensuite parallèlement à la sablière, jusqu'à la rencontre d'un trait donné carrément à la même sablière passant sur la jonction des mêmes arêtes de la croix en plan, de ce point on tend les lignes *cinq contre-marques*, et les devers de pas sont tracés; on mène ensuite ceux des faces du dessus par des parallèles comme il est figuré.

TRACÉ DES COUPES DE LA CROIX SUR LES FACES APLOMB DU PIED ET DES CHAPEAUX.

On prend la retombée des branches qui composent la croix, que l'on porte en dessous du chevron d'emprunt parallèlement à la rampe; au point où cette ligne coupe celle de la base, on obtient le dégauchissement du dessous de la croix par une parallèle à celle du dessus, elle est marquée d'une *patte-d'oie;* on la reporte ensuite sur la herse comme il est vu par la ligne *patte-d'oie crochet;* au point où les faces des pieds en plan coupent la sablière du dessus, on tend les lignes *pattes-d'oie contre-marques* à la tête de la croix sur la herse, ce qui donne l'alignement des faces des pieds et celle des chapeaux sur le dessus des croix; on renvoie ensuite carrément sur la ligne *patte-d'oie crochet* les points où la ligne *patte-d'oie* coupe les faces des pieds en plan; à ce point on mène des parallèles, ce qui donne le rembarrement du dessus et les coupes aplomb sur les faces des pieds et celles des chapeaux; ces dernières sont marquées d'une *patte-d'oie un monté*.

Il faut observer ici que si les coupes aplomb du pied des croix et celles de la tête se tracent par les mêmes lignes, c'est par rapport que les faces des pieds et celles des chapeaux tombent sur l'aplomb de cette même ligne.

TRACÉ DES BARBES AU-DESSOUS DES CHAPEAUX.

On mène la ligne *cinq pattes-d'oie* parallèlement à la base du chevron d'emprunt, à la distance de la hauteur des faces du dessous des chapeaux; le point où cette ligne coupe le dessous du chevron d'emprunt et renvoyé carrément sur le dessus est simbleauté sur le plan, en ayant pour pivot l'about du pied sur la ligne de base; on simbleaute également le point où la même ligne coupe la face du dessus; à ces derniers points on tire des parallèles à la sablière sur chaque branche de la croix, comme il est vu par la ligne *double contre-marques* que l'on trace sur la face du dessus du bois, que l'on rembarre dessous avec la ligne *double crochet*, et la barbe est tracée.

TRACÉ DES COUPES SUR LES FACES DU DESSOUS DES PIEDS.

Le dessus des pieds en plan étant tiré carrément sur la sablière du dessus, de là on tend aux abouts du pied de la croix sur la herse, et l'on obtient ainsi les alignements du dessus des pieds, comme il est vu par les lignes *un monté*. Les deux points indiqués ci-dessus pour la donnée de ces lignes étant très-rapprochés, ne donnent pas assez de jugement; quand il est ainsi, on cherche un deuxième point d'alignement par la tête. Pour l'obtenir, on descend carrément au chapeau, sur la ligne *deux contre-marques*, les points où la rampe du dessus des pieds en élévation coupent le dessus des chapeaux; ces points sont remontés ensuite carrément sur la ligne *trois crochets*, ce qui donne le deuxième point d'alignement pour le dessus des pieds, comme il a été dit et vu par les lignes *un monté;* on mène ensuite la gorge des pieds sur la sablière du dessus; à ces points on mène une parallèle que l'on trace sur le dessus du bois marquée *langue de vipère*. On obtient le rembarrement du dessous par une autre parallèle en renvoyant carrément sur la ligne *patte-d'oie crochet* le point où la ligne *patte-d'oie* coupe la gorge du pied, ces dernières sont marquées *un monté contre-marque*, que l'on trace sur les faces du dessous du bois et la première donnée dessus, puis on rembarre ces traits d'une face à l'autre et les coupes sont tracées.

TRACÉ DES ALIGNEMENTS DES COUPES SUR LE CHAMP DES CROIX.

La manière d'obtenir l'alignement des coupes étant la même, l'opération n'est faite que pour celle du côté gauche de la figure. On fait un chevron d'emprunt carrément au devers de pas passant sur l'arête du dessous du lattis de la croix en plan, il est marqué d'une *langue de vipère contre-marque;* on le met ensuite en élévation avec la hauteur de la même arête, comme il est vu par la ligne *cinq un monté*. La rampe du chevron d'emprunt est marquée d'une *langue de vipère patte-d'oie;* la longueur étant rabattue par un simbleau sur le plan, de là on tend la ligne *deux francs un monté*, et l'on obtient ainsi la croix couchée à plat sur sa face de devers; du même point on tend la ligne *deux contre-marques un monté*, ce qui donne l'alignement de la face des chapeaux. Pour avoir la barbe du dessous, on porte la hauteur du dessous du chapeau par une ligne de niveau sur l'élévation du chevron d'emprunt; le point où cette ligne coupe la rampe est rabattu par un simbleau sur le plan; à ce dernier point on mène une parallèle au devers du pas, ce qui donne la barbe du dessous et le fond d'arête de la coupe. L'about de la barbe du pied étant pris sur la herse du lattis et rapporté sur cette dernière au moyen d'un simbleau, de ce point on tend la ligne *un deux montés*, ce qui donne l'alignement de la face du pied. On obtient celui du dessous et le fond d'arête de la barbe comme il est vu par la ligne *un deux montés contre-marque*. La jonction de la face de la croix étant également ramenée par les simbleaux, on tend à la jonction des deux devers de pas, ce qui donne le tracé de l'entaille; ces derniers étant d'équerres au lien, cela prouve que l'opération est exacte, car les entailles ne peuvent être tracées que par traits d'équerres.

TRACÉ DES MORTAISES POUR L'ASSEMBLAGE DE LA TÊTE DE LA CROIX DANS LES CHAPEAUX.

Les abouts de la tête du plan de la croix étant remontés carrément sur le dessus des chapeaux en élévation, à ces points on tend les lignes *cinq contre-marques un monté*, ce qui donne l'alignement des faces du dessus; on mène ensuite celles du dessus par des parallèles comme il est figuré; on mène ensuite des parallèles à la sablière et au devers de pas de chaque branche de croix sur les faces du dessus des chapeaux. Pour percer les mortaises, on mène les lignes *trois contre-marques un monté* sur la base de chacun, parallèlement au chapeau dans lequel ils s'assemblent, puis on fait un chevron d'emprunt carrément à chacun avec le reculement des chapeaux et leur point de hauteur pour les mettre en élévation, dont les rampes sont marquées d'une *patte-d'oie deux montés*, à la tête desquelles est paru la vu debout des chapeaux et la direction des mortaises comme il a été dit ci-dessus. Par ce même moyen on obtient la largeur des tenons sur les faces de la croix comme il est figuré.

TRACÉ DE L'OCCUPATION DES COUPES ET DES BARBES DES CROIX SUR LES FACES DES PIEDS.

De l'about du pied des croix primitivement fixées sur le dessus des pieds en élévation, on tend les lignes *cinq pattes-d'oie un monté*, ce qui donne l'alignement du dessous de la croix; celui du dessus se trouve tracé en même temps, vu par la ligne *cinq contre-marques un monté*.

Les points où les lignes données pour l'occupation des barbes coupent la face de dessous des pieds en élévation sont rabattus par des simbleaux sur le plan, en ayant pour pivot la gorge des pieds; on tend une ligne *double contre-marque un monté*, ce qui donne l'alignement des mêmes faces des croix parues sur celles des pieds pour l'occupation des barbes.

On obtient ensuite les autres faces par des parallèles, comme il est vu sur l'épure. Pour avoir la direction des mortaises dans les pieds et celle des tenons sur les faces des branches de la croix, on tire une ligne de l'arête du dessus des pieds en plan à celle des branches qui l'affleurent, d'après laquelle ont fait paraître par des parallèles la grosseur du bédane destiné à percer les mortaises, à la distance où l'on juge à propos de faire l'assemblage; au point où ces lignes coupent les faces des pieds et celles des liens, on mène des parallèles au bois, et l'on obtient ainsi la largeur des tenons et celle des mortaises, comme il est vu sur l'épure.

FIG. 2.

TRÉPIED ASSEMBLÉ AVEC DES CROIX DE SAINT-ANDRÉ A TOUS DEVERS

Le trépied dont nous allons parler est construit sur un plan de la même forme que le précédent, la différence est dans les pièces qui composent les croix qui ne sont pas établis sur le même devers, de façon que les faces ne se dégauchissent pas, c'est-à-dire que leur lattis est en sens opposé l'un à l'autre, c'est pourquoi on l'appelle à tous devers; par cette raison, les faces ne peuvent être entaillées à demi-bois. Quand il en est ainsi, on laisse filer une branche de la croix dans toute sa longueur, puis on établit l'autre en deux pièces assemblées en barbe dessus et dessous, la première comme il est vu sur la perspective. Celle que l'on se propose d'établir ici est déversée suivant le lattis des chapeaux. Il faut observer que dans le vrai principe de la charpente, toute croix de saint-André que l'on établit dans un endroit quelconque, soit comme but de solidité, soit pour maintenir les roulis, ne doit jamais être établie différemment que sur le même lattis, de manière que chaque pièce qui la compose puisse être d'un seul morceau, c'est-à-dire entaillée à demi-bois au croisillon. Dans ce cas, l'opération que nous allons étudier n'est donc qu'une question d'exercice pour donner la faculté au lecteur d'établir une croix de saint-André sur un lattis différent, comme par exemple dans un appareil dans lequel il serait assemblé une certaine quantité de croix de saint-André et placées de manière à les faire croisillonner les unes dans les autres. Il n'y aurait donc que dans un pareil cas que cette opération serait exigible.

Manière d'opérer

On commence d'abord par faire paraître le plan des chapeaux, leur élévation, ainsi que celle des pieds, tel qu'il vient d'être démontré dans la figure précédente, et repérée sur les mêmes marques. Après cela on fixe l'about des liens sur les pieds à la même distance de la ligne de base; ces points étant descendus sur le plan, on tend une ligne à chacun comme il est vu par la ligne *un contre-marque*, d'après laquelle on obtient le dégauchissement de la croix, pour la fixer de la tête dans les chapeaux, par le moyen d'une parallèle marquée *deux contre-marques;* on tend ensuite les lignes *trois contre-marques*, et l'on obtient les arêtes du dessus de la croix sur le plan. Pour avoir les sablières du lattis, on fait des chevrons d'emprunt à chacun sur l'about de la tête, carrément au chapeau, ils sont marqués *un crochet*, sur lequel on ramène carrément par les lignes *deux crochets* les abouts du pied; on porte sur ces dernières lignes la hauteur de leurs abouts, et l'on obtient ainsi l'élévation des chevrons d'emprunt, comme il est figuré par les lignes *trois crochets*. Il est bien entendu que leurs points de hauteur de la tête sont les mêmes que ceux des chapeaux. Au point où leurs rampes coupent la ligne de base on mène les lignes *un crochet contre-marque* parallèlement au plan des chapeaux, et l'on obtient ainsi la sablière du dessus de chaque branche des croix, au niveau de la base; on porte ensuite leur retombée parallèlement à la rampe des chevrons d'emprunt; aux points où elles coupent la ligne de base on obtient les sablières du dessous par une parallèle à celle du dessus; ces dernières sont marquées *deux crochets contre-marques*.

TRACÉ DES DEVERS DE PAS DES CROIX.

On tire un trait à la tête de chaque chevron d'emprunt, carrément à la rampe sur la ligne de base; de là on tend les lignes *trois crochets contre-marques* au point où les liens en plan coupent leur sablière du lattis, et les devers de pas sont tracés.

TRACÉ DES COUPES DES CROIX.

L'opération des deux étant la même, il ne sera démontré que celle du côté gauche de la figure. La longueur du chevron d'emprunt étant rabattue sur son plan, de ce point on tire la ligne *patte-d'oie* au point où l'arête du dessus de la branche de la croix en plan coupe la sablière de son lattis, et l'on obtient ainsi la même arête sur la herse; on porte ensuite l'autre face d'après la largeur des croix, par une parallèle comme il est figuré. Il faut observer ici que la croix de l'autre côté est également parue sur la herse et sur la même marque, on la fait paraître ainsi dans le but d'obtenir le devers de pas de la face de derrière qui nous servira plus tard pour le tracé de la mortaise et du croisillon; on continuera en tirant la ligne *cinq francs* à la tête de la croix sur la herse, parallèlement au plan du chapeau, ce qui donne l'about du dessus. Pour obtenir les autres coupes, on fait paraître la vue debout du chapeau à la tête des chevrons d'emprunt, comme il est figuré; les points de jonction où la face du devant coupe le dessous du chevron d'emprunt sont renvoyés carrément sur le lattis et simbleautés sur la herse; on simbleaute de même le point où le dessous du chapeau coupe le dessus du chevron d'emprunt; à ce point on mène des parallèles à la ligne *cinq francs*, ce qui donne la coupe de la tête en rembarrant les lignes du dessus avec celles du dessous; l'about du pied des branches de la croix en plan étant remonté carrément à la sablière sur la herse donne le bout de la barbe; on peut également l'obtenir comme il est vu par la ligne *cinq contre-marques;* de là on tend au point où la face du chapeau en plan coupe la sablière du dessus, comme il est vu par la ligne *un monté* qui donne la coupe du dessus de la croix sur la face du pied. Pour obtenir le rembarrement du dessous, on renvoie carrément sur la ligne *cinq pattes-d'oie* le point où la face du pied coupe la ligne *deux crochets*. Si les abouts du pied de la croix étaient assemblés plus près de la base, il n'y aurait donc pas assez de jugement pour la donnée de cette première ligne; dans ce cas on opérerait par un deuxième point d'alignement par la tête, comme il a été fait dans la figure précédente. Pour obtenir celui-ci, il s'agit tout simplement de remonter carrément sur la ligne *cinq francs* la jonction du plan des deux chapeaux. Pour avoir l'alignement du dessus du pied, on profile l'about de la base sur la sablière du dessus, ce qui fait le premier point; de là on tend à l'about de la croix sur la herse. Pour avoir le deuxième point d'alignement pour la même cause que celle qui vient d'être citée à l'instant, on profile le dessus du pied en élévation sur le dessus du chapeau; à ce point on mène une ligne d'équerre à son plan jusqu'à la rencontre du plan de l'autre chapeau que l'on renvoie carrément sur la ligne *cinq francs*, ce qui donne le deuxième point d'alignement, comme il est vu par la ligne *patte-d'oie un monté*. On obtient ensuite l'alignement du dessous par des parallèles, comme il est vu par la ligne *patte-d'oie crochet* que l'on trace sur le dessus des bois, puis on la rembarre dessous avec la ligne *un monté contre-marque*, et la coupe est tracée.

TRACÉ DU CROISILLON DE LA CROIX.

Le point où les deux arêtes du dessus des croix se jonctionnent en plan est renvoyé carrément à la sablière sur la même arête sur la herse; de là on tend la ligne *langue de vipère*, ce qui donne l'alignement du dessus de l'autre branche de croix; on mène ensuite la ligne *langue de vipère contre-marque*, parallèlement à cette première, ce qui donne les coupes sur les faces du dessus et celles du dessous de la croix. La ligne qui tend à la sablière du dessus se trace sur le bois et les autres se tracent dessous, puis on les rembarre d'une face à l'autre, et les coupes sont tracées. Pour avoir les coupes sur les faces du devers, on prolonge la sablière du lattis de la croix jusqu'à la rencontre du devers de pas de la face du dedans de l'autre branche de croix; de là on tend la ligne *six contre-marques* sur le point dernièrement donné sur la herse, à la jonction des deux croix en plan, et l'alignement est tracé. Pour avoir le rembarrement, on opère sur le devers de pas de la même façon que celle qui vient d'être faite sur la sablière; si l'épure ne le démontre pas, c'est parce que les alignements se croisillonnent trop loin. Pour avoir les alignements sur les autres faces du lien, on le couche à plat sur sa face de devers par le moyen précédemment indiqué dont l'arête du dessus et marquée d'*une double contre-marque*, sur laquelle on ramène carrément au devers de pas la jonction des deux croix en plan; de là on tend la ligne *patte-d'oie contre-marque* au point où la sablière du dessus de l'autre croix coupe le devers de pas de celui-ci, ce qui donne l'alignement des deux. Pour avoir celui des faces de devers, on tend la ligne *un franc deux montés* du même point à celui où les devers de pas des faces du dedans se jonctionnent; on obtient celui de l'autre face par une parallèle comme il est figuré.

Le tracé des autres coupes et des mortaises est exactement le même que celui qui vient d'être démontré dans la figure précédente, ainsi qu'elles sont parues sur l'épure.

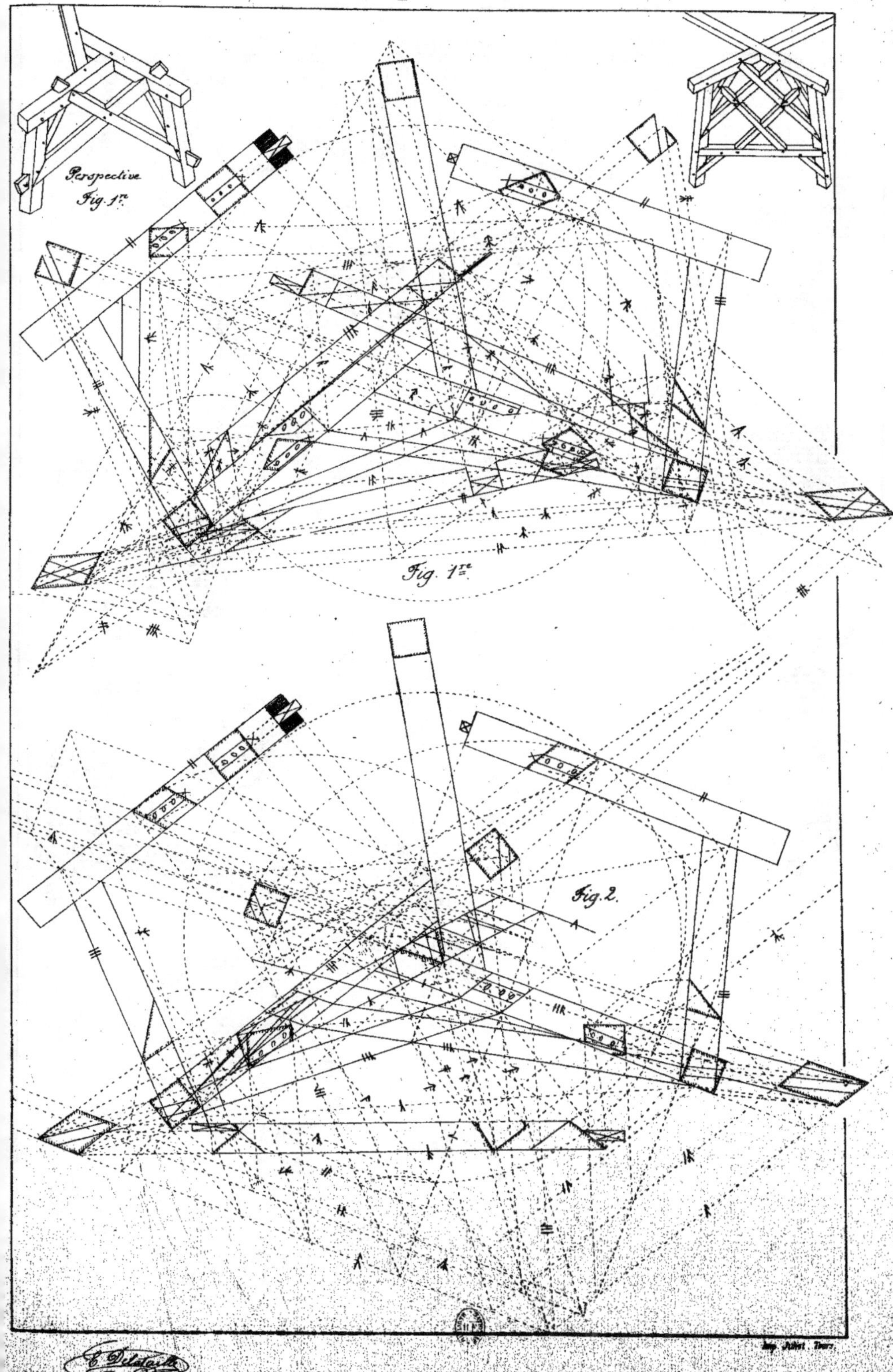

Imp. Juliot. Tours.

FIG. 1re. TRÉTEAU ASSEMBLÉ AVEC DES CROIX DE SAINT-ANDRÉ PAR FACE APLOMB — PLANCHE 23.

Le tréteau dont nous allons parler ici est appareillé de même façon que celui de la planche précédente (fig. 2 et 3). Les pieds de celui-ci, ainsi que les croix de saint-André, sont établis par face aplomb comme il est vu sur le plan et sur la perspective. Le tracé des mortaises est fait de manière à ce que les tenons traversent le bois d'une face à l'autre.

Manière d'opérer.

On commence d'abord par faire paraître le chapeau sur le plan dont les faces sont marquées *un franc*; on porte ensuite parallèlement de chaque côté les lignes *deux francs*, d'après la distance fixée pour l'empiétement des pieds, après cela on fixe les abouts de la tête des pieds sur le plan marqué *trois francs*; on porte ensuite les autres faces par des parallèles, sur lesquelles on ramène carrément les abouts des autres faces, puis l'on mène les lignes *quatre francs*, ce qui donne le dégauchissement du bout des tréteaux, et les lignes *deux francs* celui des côtés. Pour placer les croix sur le plan, il faut d'abord faire paraître les pieds en élévation; l'opération des quatre étant la même, nous n'opérerons que sur un seulement, qui est celui du côté gauche de la figure; cette élévation se fait par un trait tiré carrément au pied sur l'about de la tête en plan, sur lequel on porte la hauteur fixée par le dessus du chapeau; de là on tend la ligne *cinq francs* à l'about du pied, et l'élévation est terminée. On fait paraître la retombée par une parallèle, d'après laquelle on obtient l'occupation des coupes sur la base de niveau, comme il est figuré. Pour placer les grandes croix des côtés sur le plan, on fixe d'abord leurs abouts de la tête sur les faces du chapeau, à la même distance de chaque bout, ensuite les abouts du bas sur le dessus des pieds en élévation, que l'on descend ensuite sur le plan, ainsi qu'ils sont parus aplomb; de la gorge de ces derniers points on tend aux premiers, et l'on obtient ainsi les arêtes du dessus des grandes croix sur le plan vu par les lignes *six francs*, que l'on profile jusqu'à la rencontre des lignes *deux francs*, ce qui donne leurs abouts du pied sur la ligne de base; on les met ensuite en élévation avec la hauteur du dessus du chapeau, vu sur celle du devant du côté gauche de la figure dont l'arête du dessus est marquée d'*une contre-marque*. Pour placer celles des bouts, les abouts du pied se trouvant être les mêmes que ceux des grandes, pour avoir ceux de la tête, on mène les lignes *deux contre-marques* parallèlement aux lignes *quatre francs*, sur la face des pieds en plan; de là on tend les lignes *trois contre-marques*, ce qui donne les arêtes du dessus des croix sur le plan; étant profilées du pied sur les lignes *quatre francs*, on obtient leurs abouts au niveau de la ligne de base. Pour les mettre en élévation, on remonte l'about de la tête carrément au plan des pieds sur leur élévation; ce point de hauteur est rapporté ensuite sur un trait fait sur l'about de la tête des branches qui composent la croix, carrément à leurs plans; de là on tend à l'about des pieds sur la ligne de base, comme il est vu à droite de la figure par la ligne *quatre contre-marques*. Pour placer sur le plan les petites croix assemblées dans les grandes, on fixe les abouts du pied et ceux de la tête par des parallèles aux lignes *quatre francs*, au point où l'on juge à propos de les placer, comme elles sont parues et marquées *cinq contre-marques*; on mène ensuite les lignes *six contre-marques* parallèlement aux lignes *quatre francs*, passant sur les arêtes les plus hautes des grandes croix, sur lesquelles on profile le plan des petites, afin d'avoir leurs abouts du pied au niveau de la base. Pour les mettre en élévation, on remonte leurs abouts de la tête sur l'élévation des grandes croix carrément à leur plan; ce point de hauteur est rapporté ensuite sur un trait fait sur la tête des branches de la croix carrément à leur plan; de là on tend à leurs abouts du pied sur la ligne de base, comme il est vu sur le côté droit de la figure par la ligne *un crochet*, on fait paraître ensuite les autres faces sur le plan d'après leurs épaisseurs, comme elles figurent, ainsi que leurs retombées en élévation; au point où elles coupent la ligne de base, on tire un trait d'équerre à leurs plans sur l'about et sur la gorge, ce qui donne le dégauchissement du dessus et du dessous, que l'on rapporte ensuite sur tous les autres liens et sur les pieds comme il est figuré. Il est fait observer que s'il n'a été fait ici que l'élévation d'une seule branche à chacune des croix, c'est rapport que l'opération à faire pour les autres est la même; il en est de même pour les pieds.

TRACÉ DES COUPES DES PIEDS ET DE LEURS MORTAISES POUR L'ASSEMBLAGE DES CROIX.

L'élévation des pieds ayant été faite comme il a été dit et vu par la ligne *cinq francs*, on place le bois sur cette ligne, puis on trace la ligne *deux crochets* sur le dessous, et la ligne *trois crochets* dessus; ces traits étant rembarrés d'une face à l'autre donnent la coupe sur la face du chapeau; la hauteur du dessous du chapeau étant portée par une ligne de niveau et tracée carrément sur les faces du bois donne la barbe du dessous; la ligne de base étant tracée de même donne la coupe du pied. Pour tracer les mortaises des croix des bouts, on remonte carrément sur l'élévation les abouts et les gorges, ce qui donne l'aplomb des faces; au point où le dégauchissement du dessus des branches de croix parues par les lignes *quatre crochets* coupent la face du pied en plan, on y tend les lignes *cinq crochets* et l'on obtient les alignements du dessus; on mène ensuite ceux du dessous par des parallèles comme il est figuré. Pour avoir le tracé des mortaises sur la face du dessus du pied pour la portée des tenons, on rabat les abouts sur le plan, comme il est vu par des simbleaux, en ayant pour pivot l'about du pied; de là on tend au point où la ligne *six crochets*, dégauchissement du dessus du pied, coupe la face du devant de chaque branches de croix, comme il est vu par les lignes *un crochet contre-marque*, qui donne l'alignement de la même croix sur le dessus du pied; on mène ensuite les autres faces par des parallèles comme il est figuré, après cela on tend les lignes *deux crochets contre-marques*, qui donnent l'alignement du dessus des croix et ceux du dessous par des parallèles. Le point où la ligne *trois crochets* coupe le dessus des pieds en élévation étant simbleauté sur le plan, on y tend la ligne *trois crochets contre-marques*, ce qui donne l'alignement de la face du chapeau sur le dessus du pied, la coupe au-dessous du chapeau et celle de la base de niveau se tracent par un trait d'équerre. L'opération à faire pour le tracé de la mortaise et pour l'assemblage de la grande croix dans le pied est la même que celle qui vient d'être faite pour celle des bouts.

TRACÉ DES COUPES DES GRANDES CROIX ET CELLES DE LEURS MORTAISES POUR L'ASSEMBLAGES DES PETITES.

La branche de la croix ayant été mise en élévation comme il a été dit par la ligne *un contre-marque*, on place le bois sur cette ligne, puis on trace la ligne *cinq crochets contre-marques* sur le dessus du bois, que l'on rembarre dessous avec la ligne *quatre crochets contre-marques*, ce qui donne la coupe sur la face du chapeau; la hauteur du dessous du chapeau étant portée par une ligne de niveau et tracée carrément sur les faces du bois donne la barbe du dessous, cette dernière est marquée d'un trait raméneraït; l'about et la gorge du pied étant remontés carrément au plan sur l'élévation et rembarrés par l'autre donnent la coupe sur la face aplomb du pied; celle qui se trace sur le dessus est marquée d'un D, et celle du dessous d'un trait raméneraït. Pour tracer la barbe du dessous, on mène carrément sur la ligne de base le point où la ligne *six crochets contre-marques*, dégauchissement du dessus du pied, coupe la face du devant de la croix; de là on tend à l'about du dessus en élévation, ce qui donne l'alignement du dessus du pied; la distance de ces deux points étant trop rapprochée ne donne donc pas assez de jugement pour la donnée de cette ligne double rayon, même si le pied de croix était assemblé plus bas. Quant il en est ainsi, on fait paraître un troisième point d'alignement par la tête; pour l'obtenir, on mène la ligne de tête du pied en plan carrément sur la face du devant de la croix en plan, que l'on remonte carrément sur l'élévation jusqu'à la rencontre d'un trait donné parallèlement au plan de la croix sur l'about de la tête, ce qui donne le troisième point d'alignement pour le dessus du pied, vu par la ligne *patte-d'oie*, d'après laquelle on obtient la coupe du dessous par des parallèles comme il est figuré. La ligne marquée d'un D se trace dessus, et le trait raméneraït dessous, puis on rembarre ces traits d'une face à l'autre, et la barbe est tracée. Pour tracer les mortaises des petites croix, on remonte les abouts et les gorges carrément sur l'élévation de la grande, comme il est vu par les lignes *un monté*, qui indiquent l'aplomb des faces; on mène ensuite les lignes *pattes-d'oie contre-marques*, dégauchissement du dessus des petites croix, jusqu'à la rencontre de la face du dessous de la grande; de là on tend la ligne *patte-d'oie un monté*, ce qui donne l'alignement du dessus des petites croix sur la face de la grande; on mène ensuite celle du dessous par des parallèles comme il est figuré. Pour avoir les alignements des mortaises sur la face du dessus, on rabat sur le plan les points où les faces du devant des mortaises des petites croix coupent le dessus de la grande en élévation, de là on tend au point où la ligne *patte-d'oie crochet*, dégauchissement du dessus de la grande croix, coupe les faces du devant des petites, comme il est vu par les lignes *doubles contre-marques*, qui donnent l'alignement des faces du devers; on mène ensuite celles du derrière par des parallèles, comme il est figuré. Le point où la ligne *cinq crochets contre-marques* coupe le dessus du lien en élévation étant rabattu sur le plan, de là on tend la ligne *six pattes-d'oie*, ce qui donne l'alignement de la face du chapeau; la barbe du dessous se trace par un trait d'équerre. La jonction de la ligne marquée d'un trait raméneraït coupant le dessus est également simbleauté sur le plan et renvoyé carrément sur l'autre face; de là on tend la ligne *double-crochet*, qui donne l'alignement de la face du pied sur le dessus de la croix; du même point on tend la ligne *un monté contre-marque*, qui donne l'alignement du dessus du pied; on mène ensuite celui du dessus par une parallèle, comme il est figuré.

TRACÉ DU CROISILLON DE LA GRANDE CROIX.

L'opération à faire pour le tracé du croisillon est absolument la même que celle qui a été faite dans la planche précédente (fig. 2), quoique cela, nous allons l'étudier une deuxième fois.

L'épure précédente est faite par rembarrements et ensuite par alignements. Pour la tracer par rembarrements, on remonte carrément sur la branche de la croix en élévation la jonction des faces de chacun sur le plan, comme il est vu par les lignes *six pattes-d'oie crochets*, que l'on trace sur les faces du dessus, et par les lignes *six pattes-d'oie un monté*. Sur celles du dessous, ces traits étant rembarrés d'une face à l'autre donnent les coupes sur l'aplomb des faces. Pour avoir celles du dessus, on tire d'abord la ligne *cinq pattes-d'oie*, dégauchissement du dessus de l'autre branche, que l'on mène jusqu'à la rencontre de la face du devant de ce premier, et que l'on renvoie ensuite carrément sur la face du derrière, vu qu'elle est adoptée comme ligne de base; de ce point on tend la ligne *cinq pattes-d'oie un crochet*, que l'on trace sur la face du dessous du bois et que l'on rembarre dessus avec la ligne *cinq pattes-d'oie un monté*, ce qui donne la coupe sur la face du dessus; on obtient celle du dessous par des parallèles, comme il est figuré. Pour avoir les alignements de ces coupes sur le dessus de la croix, on rabat sur le plan le point indiqué par le simbleau marqué *cinq pattes-d'oie contre-marques*; de là on tend la ligne *cinq pattes-d'oie contre-marques un crochet*; le point où le dégauchissement des deux se rencontre donne l'alignement du dessus et celui du dessous par une parallèle, comme il figuré; du même point indiqué par le simbleau on tend la ligne *patte-d'oie contre-marque un crochet*, qui donne l'alignement de la face du devant, et celui de derrière par une parallèle, comme il est figuré. Pour avoir le tracé des mortaises sur l'autre lien, il s'agit de faire les mêmes opérations qui ont été faites sur celui-ci pour les coupes.

TRACÉ DES COUPES DES PETITES CROIX ASSEMBLÉES DANS LES PIEDS EN BOUT DES TRÉTEAUX.

Une des pièces qui composent ces croix ayant été mise en élévation, comme nous l'avons déjà dit, est parue par la ligne *quatre contre-marques*, sur laquelle on remonte les abouts et les gorges du lien carrément à leur plan et qui servent à tracer les coupes sur les faces aplomb des pieds; celles marquées d'un D, indiquant les gorges, se tracent dessus, et celles marquées d'un trait raméneraït, indiquant les abouts, se tracent dessous, puis l'on rembarre ces traits d'une face à l'autre et l'on obtient les coupes sur les faces aplomb des pieds; on tend ensuite les lignes *langues de vipères*, qui indiquent l'alignement du dessus des pieds, d'après lesquelles on obtient les rembarrements pour la barbe du dessous par les parallèles, comme il est figuré. Celles du dessus sont marquées d'un D et celles du dessous d'un trait raméneraït; il est fait observer que pour l'assemblage des pieds de la branche de la croix, l'alignement du dessus du pied est donné par trois points, comme il a été fait pour la croix précédente, dont la manière de l'obtenir est indiquée sur l'épure. Il est en outre fait observer que les tracés de ces coupes ne sont faits tout simplement que par des rembarrements. Si l'on voulait avoir les alignements sur les autres faces, les opérations seraient les mêmes que celles de la croix précédente; il en est de même pour le tracé du croisillon des deux branches de croix; s'il n'est pas donné de détail à ce sujet, c'est que l'opération est la même, ainsi qu'il est vu sur l'épure; il en sera encore de même pour le tracé des coupes et celui du croisillon des petites croix assemblées dans les grandes, sur celles qui ont été mises précédemment en élévation et parues par la ligne *un crochet*, sur laquelle elles sont indiquées.

TRACÉ DES MORTAISES POUR L'ASSEMBLAGE DE LA TÊTE, DES PIEDS ET DES GRANDES CROIX DANS LE CHAPEAU.

On mène la ligne *langue de vipère contre-marque* parallèlement au plan du chapeau, à la distance fixée pour la hauteur du tréteau, en adoptant pour base la face du devant du plan du chapeau; on remonte ensuite carrément sur cette ligne les points où les faces des pieds en plan ainsi que celles des grandes croix coupent la face du plan du chapeau, ce qui donne l'aplomb des faces; des points où le dégauchissement du dessus des pieds coupent la face du plan du chapeau on tend les lignes *langues de vipères pattes-d'oie*, qui donnent l'alignement des faces du dessus des pieds sur celles du chapeau; on obtient celles des croix de la même manière, ensuite les faces du dessous par des parallèles comme il est figuré; ces dernières sont marquées d'*une langue de vipère patte-d'oie contre-marque*. Pour avoir les alignements pour la sortie des tenons sur les faces du dessus du chapeau, on le place sur son plan et l'on trace dessus l'alignement des faces des pieds et celles des croix, comme il est figuré. On obtient la direction des mortaises pour la partie des tenons comme il est vu par les chevrons d'emprunt *deux francs un monté*, à la tête desquels est parue la vue debout du chapeau; on trace ensuite la largeur des mortaises et celle des tenons pour les autres assemblages, comme il a été précédemment indiqué et comme il est vu sur l'épure.

FIG. 2. CROIX DE SAINT-ANDRÉ GAUCHE A TOUS DEVERS

Les croix gauches sont ainsi nommées quand les pièces qui les composent ne s'affleurent pas ensemble sur le croisillon, ce qui fait qu'elles ne peuvent se dégauchir.

Celle que l'on se propose d'établir ici est placée sur une croupe biaise; elle est assemblée de la sablière de croupe aux deux arbalétriers de la ferme. Le plan de la ferme n'étant pas parallèle avec la sablière, nécessite le gauche qui existe à la croix, d'autant plus que les abouts de la tête sont au même niveau; les branches qui la composent sont établies sur un lattis différent, c'est-à-dire que l'un fait lattis à la sablière et l'autre à l'arbalétrier, comme il est vu sur la perspective. Les coupes du pied et celles de la tête n'offrent aucune difficultés de plus que les précédentes, si ce n'est que le tracé du croisillon. Avant d'en donner le détail, je crois qu'il serait à propos de faire comprendre dans quel cas cette opération serait nécessaire, par exemple, dans certains appareils de charpente, il peut se rencontrer que des assemblages se trouvent gênés les uns les autres pour la mise en place, par conséquent l'épure ci-dessous consiste à donner la faculté au lecteur pour vaincre ces dernières difficultés, par un tracé qui donne le retranchement nécessaire à chacun de ces assemblages, afin qu'ils soient placés par ordre et à leurs places.

Manière d'opérer.

On commence par faire paraître les sablières des longs pans vues par les lignes *un franc*, celle de la croupe *deux francs*, le plan de la face du devant de la ferme *trois francs*, l'élévation des arbalétriers *quatre francs*; on mène ensuite la ligne *un contre-marque* parallèlement au plan de la ferme, à la distance fixée pour la hauteur de la tête des liens; les points où cette ligne coupe le dessus des arbalétriers sont descendus carrément sur le plan; d'après ces derniers points, on place les branches de la croix sur le plan, dont l'une est marquée *deux contre-marques* et l'autre *trois contre-marques*; du pied de cette dernière on tend la ligne *un crochet*, ce qui donne la sablière de son lattis, vu qu'elles font lattis à l'arbalétrier. On fait un chevron d'emprunt carrément à cette sablière sur la tête de la croix en plan, elle est marquée *deux crochets*; on la met ensuite en élévation, comme il est vu par la ligne *trois crochets*; sa longueur étant portée sur son plan, on tend la ligne *quatre crochets*, qui donne la croix sur la herse de son lattis. Pour faire son devers de pas, on mène un trait à la tête du chevron d'emprunt carrément à sa rampe sur la ligne de base, de là on tend la ligne *un crochet contre-marque* et le devers de pas est tracé; on mène ensuite celui de l'autre face par une parallèle comme il est figuré; l'autre branche fait lattis à la sablière de la croupe, comme il a été dit. Pour le mettre sur la herse, on fait un chevron d'emprunt sur la tête du lien en plan carrément à la sablière, il marque *deux crochets contre-marques*; on le met ensuite en élévation comme il parait par la ligne *trois crochets contre-marques*; sa longueur étant rabattue sur son plan, on y tend la ligne *patte-d'oie*, et le lien est placé sur la herse. Pour faire son devers de pas, on tire un trait à la tête du chevron d'emprunt carrément à la rampe sur la ligne de base; de là on tend la ligne *patte-d'oie contre-marque*, et le devers de pas est tracé; on mène ensuite celui de l'autre face par une parallèle comme il est figuré. Le tracé des coupes et des mortaises étant connu, il n'en sera pas parlé ici, quoiqu'il soit indiqué sur l'épure.

TRACÉ DU CROISILLON.

La dernière branche de la croix que l'on vient de placer sur la herse est donc celui qui excède le plus haut, par conséquent on va tracer la face du dessous de ce dernier, l'encochement nécessaire puisqu'il repose juste sur les faces du dessus du premier. On prend la retombée du lien que l'on porte sur le chevron d'emprunt *trois crochets contre-marques* parallèlement à la rampe; au point où cette ligne coupe celle de la base on mène la ligne *patte-d'oie crochet* parallèlement à la sablière, ce qui donne le dégauchissement du dessous de la branche de la croix; on le reporte ensuite sur la herse, comme il est vu par la ligne *patte-d'oie un monté*, qui donne en même temps le démaigrissement du dessous de la branche, pour sa coupe de niveau sur le dessus de la sablière. L'arête du dessus de l'autre branche affleure le dehors de la sablière du lattis, elle donne d'abord le premier point d'alignement; on obtient le deuxième par des sablières d'emprunt faites sur la tête de la branche de la croix en plan; on mène ensuite la ligne *langue de vipère* sur la tête en plan parallèlement à la sablière du lattis de la croix, vue par la ligne *deux francs*; on tire une deuxième tête sur la herse, cette dernière est marquée d'*une langue de vipère contre-marque*; puis on mène la ligne *patte-d'oie langue de vipère* de la tête de l'autre branche en plan parallèlement à la sablière de son lattis, marquée *un crochet*. Le point où cette ligne coupe la ligne *langue de vipère* est renvoyée carrément sur la ligne *langue de vipère contre-marque*, que l'on trace sur la face du dessus du bois. On renvoie carrément sur la ligne *patte-d'oie un monté* le point où la ligne *un crochet* sablière du lattis de la branche de la croix coupe la ligne *patte-d'oie crochet*; à ce dernier point on mène la ligne *un monté* parallèlement à la ligne *double contre-marque*, ce qui donne le rembarrement du dessus et la coupe sur la face du lattis du dessus de la branche. On obtient celles du dessous par des parallèles, comme il est vu par la ligne *cinq francs* que l'on trace dessus et la ligne *cinq contre-marques* dessous; ces quatre dernières lignes étant rembarrées d'une face à l'autre donnent la coupe sur la face du dessus et celle du dessous du côté du lattis.

Pour avoir les coupes sur les faces des devers de pas, on tire la ligne *un monté contre-marque* sur la tête de la croix *trois contre-marques* parallèlement à son devers de pas; le point où elle coupe la ligne *langue de vipère* est renvoyé carrément sur la ligne *langue de vipère contre-marque*; de là on tend la ligne *double crochet* que l'on trace sur la face du dessus du bois. Pour obtenir le rembarrement du dessous, on renvoie carrément sur la ligne *patte-d'oie un monté* le point où la ligne *un crochet contre-marque*, devers de pas du dessus de la branche de la croix, coupe la ligne *patte-d'oie crochet*; à ce dernier point on mène la ligne *double contre-marque un monté* parallèlement à la ligne *double crochet*, puis l'on rembarre ces traits d'une face à l'autre, et l'on a la coupe sur la face du dessus de la croix du côté du devers de pas. On obtient en même temps la coupe du dessous par des parallèles comme il est figuré dans celle du dessus et marquées *deux francs un monté*, et celles du dessous *deux contre-marques un monté*. Ces derniers traits étant ainsi donnés, l'opération est terminée. Si l'on voulait que ce soit l'autre lien qui soit entaillé, ou bien avoir le tracé de l'occupation de celui-ci, il s'agirait de faire les mêmes opérations.

FIG. 3. CROIX DE SAINT-ANDRÉ GAUCHE FAISANT LATTIS AU CROISILLON

La croix dont il va être parlé ici est la même que celle de la dernière figure, excepté que le plan est orienté au rembours. Les pièces qui composent cette dernière sont établies sur le même lattis, ce qui fait qu'ils sont entaillés carrément l'une sur l'autre, à la distance voulue, d'après le gauche qu'il peut y avoir; ce genre d'assemblage ne peut-être utilisé que pour des croix de saint-André établies sur une pente, ou bien pour deux morceaux qui ne se dégauchissent pas. L'épure proposée est pour donner la faculté au lecteur d'en braver toutes les difficultés, dont la première est d'abord d'obtenir les sablières du lattis des deux branches de la croix qui doivent être parallèles l'une avec l'autre; la seconde de les placer sur la herse pour tracer les entailles; la troisième de connaître la distance à laquelle ils doivent être entaillés d'un dessus à l'autre.

Manière d'opérer.

Après avoir fait paraître le plan des sablières, celui de la forme ainsi que son élévation, on place la croix sur le plan de la même manière qu'il a été fait sur la figure précédente, dont une des branches de la croix est marquée *un franc* et l'autre *deux francs*; on les met ensuite en élévation par un trait fait à la tête de chacune carrément à leurs plans; on porte sur chacune des branches leurs points de hauteur indiqués par les simbleaux marqués d'*une contre-marque*; de là on tend aux abouts du pied primitivement fixé sur la sablière, et leur élévation est terminée; celle du lien *un franc* est marquée *un monté*, et l'autre *deux francs un monté*. Pour avoir la sablière du lattis de la dite branche *deux francs*, on mène une ligne sur l'about du pied de chaque branche; cette ligne est marquée *trois francs* et représente le dehors de la sablière à laquelle les abouts du pied des branches sont assemblés; on tire ensuite la ligne *un crochet* parallèlement à cette dernière de la tête de la croix *deux francs* sur le plan de ce dernier; à ce point on tire la ligne *deux crochets* carrément sur cette ligne; de là on tire la ligne *deux contre-marques* parallèlement à l'élévation de la croix *un franc* qui est marquée en élévation *un monté*. Du point où la ligne *deux contre-marques* coupe la ligne de base, on tend la ligne *patte-d'oie* au pied de l'autre branche de la croix qui donne sa sablière; on obtient en même temps celle de l'autre branche par une parallèle, vue par la ligne *langue de vipère*.

Pour placer les croix sur la herse, pour le tracé des entailles, on fait paraître l'élévation des chevrons d'emprunt, comme ils paraissent par les lignes *un crochet contre-marque* et *deux crochets contre-marques*, en adoptant pour base la ligne *trois contre-marques* qui doit être tirée carrément aux sablières. La longueur du chevron d'emprunt *un crochet contre-marque* étant rabattue sur son plan, on y tend la ligne *un monté contre-marque* qui donne la branche *un franc* sur la herse. L'about du pied et de la tête de l'autre chevron d'emprunt étant renvoyé carrément sur le dessus de ce premier est simbleauté sur le plan; à ces points on mène les lignes *trois crochets contre-marques* parallèlement aux sablières, sur lesquels on renvoie carrément les abouts du plan de la branche de la croix *deux francs*; un trait tiré par ces deux points le place sur la herse, vu par la ligne *deux contre-marques un monté*. On porte ensuite la largeur de chacun par des parallèles, puis l'on trace les entailles carrément à la jonction des faces qui doivent être entaillées l'un sur l'autre, à la distance indiquée par la rampe des deux chevrons d'emprunt, sur lesquels est paru la vue debout de la croix. Après avoir tracé l'entaille de la branche *deux francs*, on revient sur la herse de son lattis pour lui tracer ses coupes, elle est marquée sur cette dernière herse *un double crochet*; étant sur ligne pour tracer son entaille, on trace dessus la ligne *trois crochets contre-marques* qui donne l'about du dessus pour la coupe du pied sur la sablière, et qui sert de repère pour la placer sur cette dernière herse, en tirant cette ligne sur l'aplomb de la sablière du lattis marquée *patte-d'oie*. Le tracé de leurs devers de pas, ainsi que celui des autres coupes étant connu, il n'en sera pas parlé ici.

FIG. 4. CROUPE SUR UN ANGLE RACCORDÉE PAR DES SABLIÈRES DE PENTES

Le plan figure 4 est un bâtiment ayant une façade des deux côtés, dont l'une est plus élevée que l'autre, comme il est vu sur l'élévation de la ferme; il existe un rectangle d'un bout, couvert par une croupe droite, ce qui oblige la sablière à se briser à l'angle, et par ce moyen forme deux sablières de pentes de dégauchissement avec le lattis de la croupe, comme il est vu sur la perspective. La question à résoudre à ce sujet est de connaître la pente des sablières, pour que le maçon soit fixé pour monter les murs, ensuite de faire le développement de la herse pour tracer les empanons, et d'obtenir la sauterelle pour les couper du pied sur les sablières de pente.

Manière d'opérer.

On fait paraître d'abord les sablières des longs pans, vues par les lignes *un franc*, *deux francs* et *trois francs*; on fixe ensuite le plan de la ferme marquée *un contre-marque*; on la met en élévation comme elle figure; on fait paraître le plan des arêtiers *deux contre-marques*; on tire ensuite la ligne *trois contre-marques* parallèlement au plan de la ferme; au point où elle coupe le lattis du côté gauche de la ferme, ce point est descendu aplomb sur le plan de l'arêtier, ce qui donne le dégauchissement de la croupe, vu par la ligne *un crochet*, sur laquelle on relève carrément un chevron d'emprunt marqué en plan *deux crochets*; on le met ensuite en élévation par la ligne *trois crochets*; cette élévation se fait avec la hauteur de la ligne *trois contre-marques* prise à la tête du poinçon. La rampe du chevron d'emprunt étant profilée jusqu'à la rencontre d'un trait tiré carrément à son plan passant sur l'arête des deux sablières de la croupe, on tire, au point obtenu, la ligne *un crochet contre-marque*, qui donne la base du chevron d'emprunt dans la partie la plus basse; cette dernière doit être tirée parallèlement à la ligne *deux crochets*, première base du chevron d'emprunt; la distance du dessus donne la pente de la sablière *trois francs* vue en élévation par la ligne *deux crochets contre-marques*; on ramène ensuite le pied de l'autre arêtier carrément au plan du chevron d'emprunt sur son élévation, ce qui donne également la pente de la sablière *deux francs*, vue en élévation par la ligne *trois crochets contre-marques*.

DÉVELOPPEMENT DE LA HERSE.

On tire d'abord la ligne *un franc* et la ligne *deux francs* carrément de l'une à l'autre; on porte sur la ligne *un franc* la longueur du chevron d'emprunt qui donne la tête des arêtiers; on porte ensuite sur la ligne *deux francs* la distance du plan du chevron d'emprunt à l'arête des deux sablières de la croupe; le point où la ligne *deux crochets* coupe la rampe du chevron d'emprunt est rapporté carrément sur la herse par la ligne *trois francs*, sur laquelle on rapporte la distance du plan du chevron d'emprunt au pied de l'arêtier du côté droit de la figure, distance prise sur la ligne *un crochet*; avec ce dernier point on obtient l'arêtier sur la herse par la ligne *un contre-marque* et la sablière par la ligne *deux contre-marques*; on opère de même pour y placer l'autre arêtier et l'autre sablière, et la herse est terminée. On y place ensuite les empanons figurés, la ligne *deux contre-marques* étant tracée dessus donne leur coupe suivant la sablière *trois francs*. Pour obtenir la coupe sur la face, on place d'abord un empanon sur le plan, n'importe à quelle distance, comme il paraît par la ligne *patte-d'oie*; on mène ensuite la ligne *patte-d'oie un monté* carrément au plan de la sablière, jusqu'à la rencontre du plan de l'empanon, que l'on renvoie carrément sur la ligne *un crochet contre-marque*, ligne de base du chevron d'emprunt, ce qui fait le premier point. La jonction du plan de l'empanon avec celui de la sablière étant remontée carrément au plan du chevron d'emprunt sur son élévation, donne le deuxième point qui, tendu au premier, donne la ligne *patte-d'oie un crochet*; par ce moyen on obtient la coupe indiquée par la sauterelle parue sur l'épure. On fait les mêmes opérations pour les coupes sur l'autre sablière.

TRÉTEAU TOUT PAR FACE APLOMB ASSEMBLÉ AVEC DES CROIX DE SAINT-ANDRÉ. CROIX DE SAINT-ANDRÉ GAUCHE À DEVERS ET À TOUS DEVERS Pl. 23.

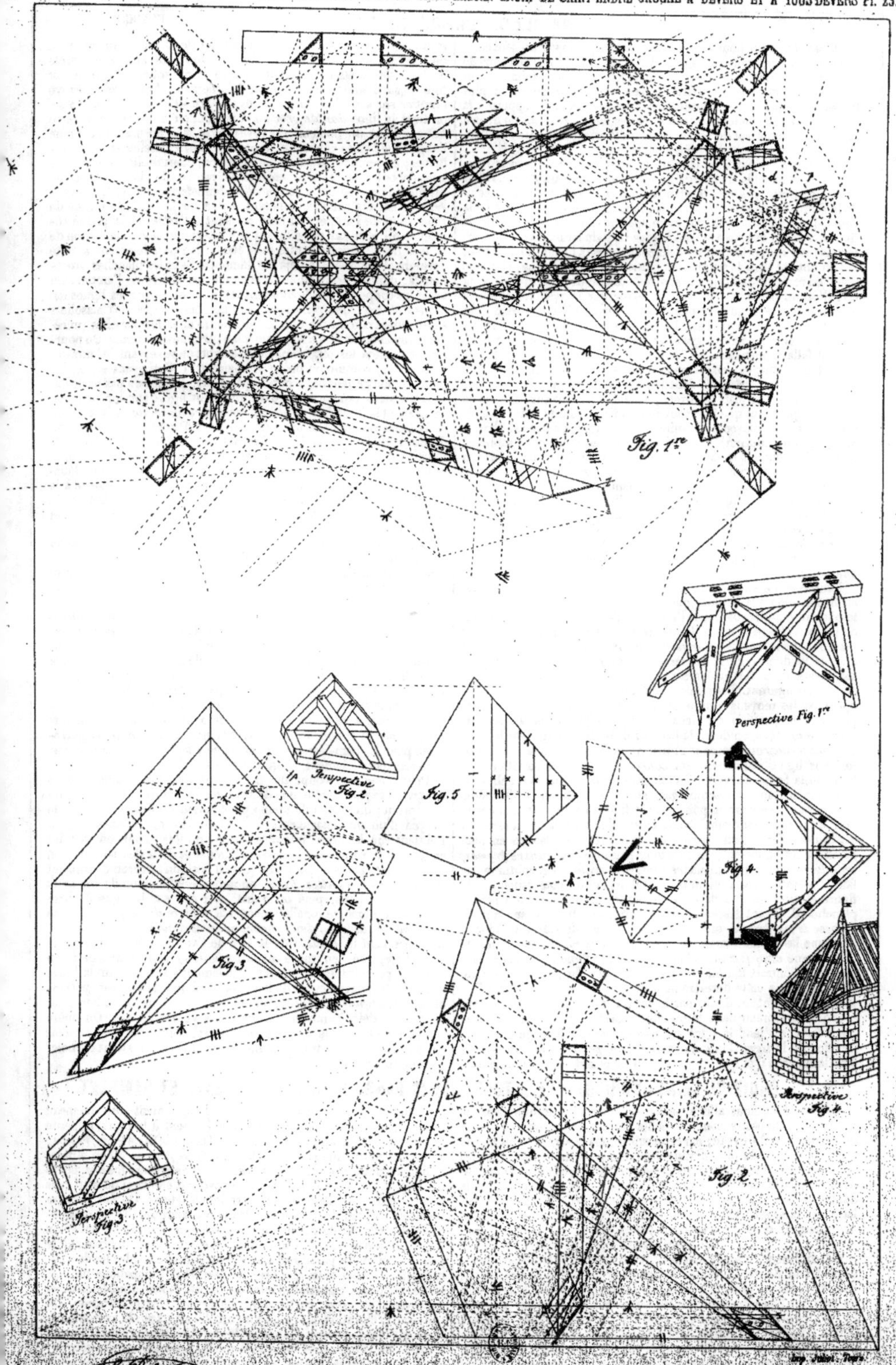

Imp. Juliot, Tours

PAVILLON CARRÉ DE PENTE

La pavillon dont nous allons parler est de pente sur un seul côté, en raison qu'il est construit sur un bâtiment dont l'un des pans de mur est plus élevé que l'autre, de façon que les deux parties extrêmes, c'est-à-dire la partie la plus haute et la partie la plus basse, se dégauchissent ensemble; il rampe en sens opposé à la croupe, de sorte que les deux sablières des longs pans sont de niveau et celle de croupe est de pente, ainsi qu'il est vu sur la perspective.

Manière d'opérer.

On commence par faire paraître le plan par terre, le carré des sablières, dont celles des longs pans sont marquées *un franc*, celles de croupe *deux francs*, le plan de la ferme *trois francs* et celui de la demi-ferme *un crochet*. Cela fait, on prend la hauteur de la pente que l'on porte sur une ligne aplomb du côté gauche de la figure, attendu que c'est le côté le plus haut du bâtiment; cette hauteur étant ainsi portée, on tend au côté opposé à l'about de la ferme, et l'on obtient ainsi la pente marquée *un contre-marque;* sur cette pente on remonte la ligne *un crochet*, milieu de la demi-ferme, au croisillon du poinçon. Je ferai observer que le système employé ici consiste à reproduire le plan incliné sur un plan de niveau, sur lequel on opère pour l'établissement des fermes, demi-fermes, arêtiers et autres assemblages. Par les moyens employés jusqu'à ce jour, il fallait, pour faire ces épures, un espace considérable de terrain, tandis que par ce procédé il ne faut pas plus d'espace que pour un pavillon ordinaire dont le plan est de niveau. Pour obtenir cette pente sur un plan de niveau, il faut remonter sur la ligne de pente chaque point que l'on veut reproduire; commençant par la sablière la plus élevée et le milieu du poinçon, l'autre sablière ne change pas attendu que la pente vient mourir en rien à cette sablière; cela fait, on obtient la sablière la plus haute en plan par le moyen d'un simbleau marqué *deux contre-marques*, décrit à la jonction de la ligne *un franc* et de la ligne de pente *un contre-marque*, en prenant cette dernière pour rayon; la dite sablière est marquée en plan *trois contre-marques;* on décrit de même la jonction de la ligne *un crochet*, afin d'obtenir le milieu du poinçon sur la ligne *quatre francs;* cela fait, on tire à ce dernier point une ligne à chaque angle du plan, et on obtient les arêtiers marqués *deux crochets* en plan.

Pour faire l'élévation de la demi-ferme ainsi que de la ferme, on fixe à volonté la hauteur que l'on veut donner pour l'élévation; la hauteur étant portée sur la ligne *trois francs*, milieu du poinçon, on figure l'élévation de la demi-ferme dont la rampe du lattis est marquée *cinq contre-marques;* on fait paraître son épaisseur d'après la donnée de la sablière, le dessus de l'entrait *six francs* son épaisseur; on fait également paraître l'aisselier et la contre-fiche comme ils figurent. Pour faire l'élévation de la ferme, après avoir opéré par les moyens connus et démontrés planche 23, première partie, à la jonction des deux lignes *trois francs* et *un contre-marque crochet*, on décrit la hauteur de la demi-ferme sur la ligne *un contre-marque crochet* milieu de la ferme; cela fait, on tend les deux lignes *deux crochets contre-marques* et on obtient le lattis de la ferme de pente. On fait paraître la retombée du chevron ainsi que les autres assemblages, après les avoir décrit du même centre que la hauteur du poinçon. On fixe la hauteur des pannes et l'on fait paraître leur vue debout, ainsi qu'elle paraît sur la ferme et sur la demi-ferme; on descend les deux arêtes du dehors en plan comme elles paraissent, celle du long pan marquée *quatre francs*, celle de croupe marquée *quatre contre-marques*. On continue par faire l'élévation des arêtiers comme il est fait du côté gauche de la figure et ainsi qu'il a déjà été démontré dans la première partie, planche 23. Ayant descendu le couronnement du lattis sur la ligne de base *trois francs*, on fait paraître la vue debout du poinçon ainsi que les arêtiers marqués *trois crochets contre-marques*, la demi-ferme *cinq franc;* cela fait, on tire la ligne *patte-d'oie* carrément à l'entrait d'arêtier passant sur l'axe du poinçon, ensuite un trait carré à cette dernière passant sur le même point que l'on prend pour pivot, et de là, par le moyen du simbleau *patte-d'oie crochet*, la hauteur de la ferme étant portée sur la ligne dernièrement faite, on tend la ligne *patte-d'oie monté* à ce point et à la jonction de la ligne *deux crochets* et une *patte-d'oie*, on obtient ainsi le chevron d'emprunt, que l'on rabat ensuite sur la ligne *patte-d'oie*, ce qui fait un point, duquel on tend une ligne au pied de l'arêtier, ce qui donne la ligne *langue de vipère* ou arête du lattis de l'arêtier. On y fait paraître sa retombée tel qu'elle est figurée sur l'épure, ainsi que son délardement. Après avoir dévoyé l'arêtier sur son plan vu par la ligne *patte-d'oie contre-marque*, on tend la ligne *double crochet* à la jonction d'un trait d'équerre fait sur l'axe du poinçon renvoyé sur sa face en plan, qui donne l'alignement de sa coupe. On figure l'entrait, l'aisselier et la contre-fiches; on remonte la panne en élévation, comme elle est parue en vue debout; on obtient ensuite la rampe de la mortaise en profilant la rampe de la panne de la demi-ferme sur la ligne *trois francs*, ensuite cette rampe étant portée sur la ligne du milieu de l'élévation de l'arêtier, on tend ce point à l'arête de la panne remontée du plan par terre du dit arêtier, ce qui donne la rampe de la face de la panne; l'autre face étant tirée parallèlement à cette dernière et comme il a déjà été démontré dans les planches précédentes, donne l'occupation de la panne sur la face de l'arêtier. On trace les coupes et le déjoutement tel qu'il est vu par les lignes *un monté* et *un contre-marque monté*. Les coupes des aisseliers s'obtiennent comme il a déjà été démontré dans les planches précédentes ainsi qu'ils sont tracés ici en plan par rembarrements. On pourrait également les obtenir par alignements en se servant de leurs devers de pas, comme on opère ordinairement. Ceci ayant été également démontré dans beaucoup d'opérations, il n'en sera pas parlé ici.

L'entrait de croupe se trace comme il est figuré sur son plan, en descendant la ligne *langue de vipère contre-marque*. A la jonction de la ligne *six francs*, on obtient le fond d'arête de sa coupe, on descend également la ligne *langue de vipère patte-d'oie* à la jonction de la ligne *cinq un monté*, et l'on obtient ainsi ses coupes telles qu'elles sont parues en plan. Pour tracer la mortaise de l'aisselier, on descend les lignes *cinq contre-marques un monté* à la jonction de la ligne *cinq francs un monté*, ainsi que la face du dessus et du dessous de l'aisselier, et l'on obtient la mortaise vue et tracée en plan.

Les coupes de l'entrait d'arêtier s'obtiennent de la même façon que celui de croupe et comme il est vu par les lignes *un franc deux montés*. La mortaise de l'aisselier s'obtient par les deux lignes *double contre-marques*. Les coupes de l'entrait ainsi que la mortaise de l'aisselier sont parues en plan sur l'arêtier.

Pour faire la herse de la croupe, on tire la ligne *cinq pattes-d'oie* du milieu de la tête des arêtiers sur la sablière *deux francs;* on fait un chevron d'emprunt pour obtenir son élévation, on simbleaute de l'axe du poinçon la hauteur de l'élévation de la ferme sur la ligne *trois francs;* on tire ensuite la ligne *cinq pattes-d'oie un monté*, et l'on obtient ainsi la rampe du lattis du chevron d'emprunt; cette ligne étant rabattue par un simbleau sur la ligne *cinq pattes-d'oie*, à ce point on tire les deux lignes *double crochets contre-marques* pour les arêtiers, et la ligne *double crochet patte-d'oie* pour la demi-ferme de croupe; cela fait, on fait paraître leur épaisseur parallèlement, tel qu'il est vu sur l'épure.

Pour obtenir la coupe des pannes, on remonte la ligne *quatre contre-marques*, arête du dessous de la panne sur le chevron d'emprunt; on en fait de même pour l'arête du dessus, et, par le moyen d'un simbleau décrit du pied du chevron d'emprunt, on l'obtient sur la herse marquée *deux montés*. Pour obtenir les coupes de la panne sur la face de l'arêtier et de la demi-ferme, on descend son épaisseur parallèlement au lattis du chevron d'emprunt sur la ligne *cinq pattes-d'oie;* on remonte la jonction de ces deux lignes sur le lattis, puis on rabat ce point sur la ligne de base que l'on tire ensuite parallèlement à la sablière *deux francs*, cette dernière est marquée *deux contre-marques montés;* cela fait, on tire carrément la jonction de la face de l'arêtier avec le dedans de la sablière, que l'on mène sur la ligne *deux contre-marques un monté;* ce point étant mené parallèlement à l'arêtier sur la herse donne le démaigrissement de la panne ainsi que de l'empanon *trois contre-marques un monté;* on obtient l'empanon sur la herse par le moyen déjà connu et comme il est vu sur l'épure. On opère toujours de la même manière qu'il a été démontré pour obtenir les devers de pas, le tracé des mortaises et les occupations de bois, comme ils paraissent sur l'épure.

FIG. 2.

CROIX DE SAINT-ANDRÉ GAUCHE A TOUS DEVERS DANS UN TRÉPIED DE PENTE ET RAMPANT

Le plan dont nous allons parler est construit sur une base de niveau; les chapeaux sont de pente sur les deux sens, de sorte qu'aucun n'est de niveau; par cette raison, les pieds sont plus courts l'un que l'autre; la plus grande difficulté consiste à assembler les croix qui sont gauches et à tous devers; elles s'assemblent toutes les deux du pied dans les poteaux et de la tête dans le chapeau, celle de droite fait lattis au pied du poteau, et celle de gauche fait lattis au chapeau; elles se croisillonnent ensemble angulairement au milieu, ainsi qu'il est vu sur la perspective.

Manière d'opérer.

On commence d'abord par décrire un cercle de la dimension du trépied; on divise la circonférence en trois parties égales, ce qui fixe les pieds en plan; on décrit un deuxième cercle à la grandeur du jour que l'on veut laisser entre les chapeaux, puis on tire trois lignes passant sur la circonférence du cercle aux trois premiers points donnés; ces lignes sont marquées *un franc*, *un contre-marque* et *un crochet*. On porte l'épaisseur de la dimension que l'on juge à propos de donner aux chapeaux parallèlement, tel qu'il est fait sur le plan; on fait paraître ensuite la pente et l'on obtient la sablière de dégauchissement et d'alignement du chapeau marquée *deux francs;* on porte parallèlement à la ligne de pente la retombée du chapeau, jusqu'à ce qu'il coupe la ligne *trois francs;* à ce point on tire une parallèle à la ligne *deux francs* et l'on obtient l'alignement du dessous des chapeaux. La ligne *quatre francs*, pente du trépied, est considérée comme chevron d'emprunt où sont pris tous les points de hauteur pour faire les élévations. On fait paraître les croix en plan dont celle de droite est marquée *deux contre-marques* et celle de gauche *trois contre-marques;* on fait leurs devers de pas et on continue l'opération comme il est indiqué sur le plan et comme ils paraissent tracés avec leur coupes, les fonds d'arêtes et les barbes ainsi que les entailles; leurs occupations de bois sur les chapeaux paraissent par les lignes *un monté double contre-marques*, et *cinq pattes-d'oie contre-marques* élévation du chapeau. L'élévation des pieds sur laquelle est parue la rampe de la croix est marquée *cinq francs*, et les rampes des chapeaux servant à tracer les coupes sont marquées *patte-d'oie un monté contre-marque*. Toutes les opérations étant terminées, on établie les croix comme à l'ordinaire.

PAVILLON CARRÉ DE PENTE ET CROIX DE SAINT-ANDRÉ GAUCHE A TOUS DEVERS ASSEMBLÉS DANS UN TRÉPIED DE PENTE ET RAMPANT. Pl. 24.

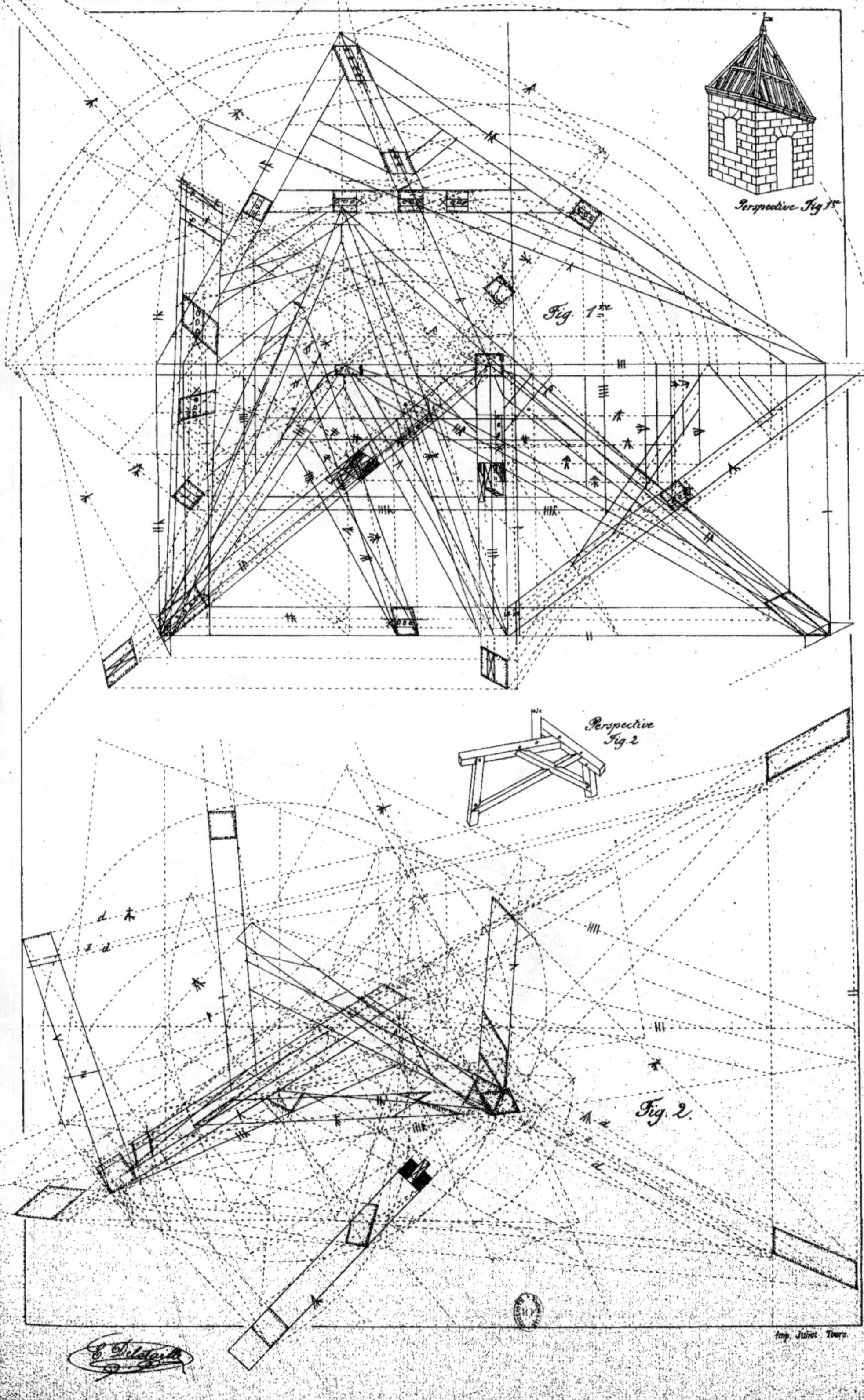

Imp. Juliot. Tours

PLANCHE 25. FIG. 1re.

PAVILLON CARRÉ DE PENTE ET RAMPANT A TOUS DEVERS

Le pavillon dont nous allons parler est de pente et rampant, en raison qu'il est construit sur un bâtiment de pente sur les deux côtés, c'est-à-dire en croupe et en longs-pans, de sorte qu'aucune des sablières ne sont de niveau; il est à tous devers en raison que les arbalétriers et leurs assemblages sont déversés suivant le rampant des sablières. Il en est de même pour les arêtiers dont celui du côté droit fait lattis à la sablière de croupe, et celui du côté gauche à la sablière du long-pan.

Manière d'opérer.

On commence d'abord par faire paraître le plan par terre comme pour un pavillon ordinaire; les sablières et les longs-pans sont marqués *un franc*, celles de la croupe *deux francs*, le plan de la ferme *trois francs*, celui de la demi-ferme *quatre francs*, ceux des arêtiers *cinq francs*; le plan ainsi fait, on fait paraître la pente de la ferme vue par la ligne *six francs*; le point où cette ligne coupe le plan de la demi-ferme est rapporté sur celui de la ferme par un simbleau; à ce point on fait paraître la pente de la demi-ferme vue par la ligne *un contre-marque*; du point où cette ligne coupe le plan de la demi-ferme on tire la ligne *deux contre-marques* au pied de la ferme, ce qui donne la sablière de pente et rampante qui indique le dégauchissement des deux pentes, c'est-à-dire que le dessus du plan incliné du pavillon se dégauchit avec cette ligne de dégauchissement nommée de pente et rampante; on mène ensuite une ligne carrément à cette dernière, passant sur la jonction du plan de la ferme, et celui de la demi-forme marquée *cinq francs* passant sur le plan de l'arêtier; le plan à l'autre arêtier étant carrément à ce premier, on le profile jusqu'à la rencontre du simbleau déjà décrit pour la pente de la croupe; de ce point on tire la ligne *trois contre-marques*, qui sert à reproduire le plan incliné sur un plan de niveau, afin de faire le tracé des assemblages, comme il a été fait au pavillon de la planche précédente. Pour reproduire ce plan comme il vient d'être dit, on mène des lignes carrément à la sablière des deux pentes, sur chaque point que l'on veut reproduire, tels que le pied des arêtiers, ceux de la ferme et celui de la demi-ferme; celui du côté droit de la ferme ne change pas par rapport qu'il est dans la partie la plus basse, et qu'il a été adopté comme base; ces points étant remontés parallèlement à la sablière des deux pentes sur la ligne *trois contre-marques*, sont simbleautées sur la ligne *cinq francs*, plan de l'arêtier, en ayant pour pivot la jonction des lignes *deux* et *trois contre-marques*. Ces points ayant été simbleautés sont ramenés ensuite parallèlement à la sablière des deux pentes, jusqu'à la rencontre des premières lignes qui ont été tirées, par ce moyen on obtient le plan incliné sur un plan de niveau, dont les sablières de longs-pans sont marquées *quatre contre-marques*, celles de la croupe *cinq contre-marques*, le plan de la ferme *un crochet contre-marque*, celui de la demi-ferme *deux crochets contre-marques*, ceux des arêtiers *trois crochets contre-marques*; on continue par faire paraître le lattis de la ferme, celui de la demi-ferme et celui des arêtiers sur le même plan; pour cela on mène la ligne *quatre crochets contre-marques* parallèlement à la sablière des deux pentes, sur laquelle on porte la hauteur fixée pour la tête des arêtiers; à ce point on mène la ligne *cinq crochets contre-marques* carrément sur la ligne *trois contre-marques*, la longueur de cette ligne donne le point de hauteur pour mettre les chevrons d'emprunt en élévation, destiné à faire les opérations pour l'établissement du comble; la jonction de cette ligne avec la ligne *trois contre-marques* étant simbleautée sur la ligne *cinq francs* donne la tête du poinçon sur le plan couché, ce qui donne le lattis de la forme sur les lignes *six contre-marques*, celui de la demi-ferme *six crochets contre-marques*, l'arêtier du côté droit, sur la ligne *cinq pattes-d'oie*, celui du côté gauche reste toujours sur la même ligne, rapport qu'il est carrément à la sablière rampante, comme il a été dit. Le plan du poinçon est également paru sur la même ligne. Le pavillon étant établi d'après ces derniers plans une fois mis en place sur le plan incliné, chaque assemblage tombe aplomb sur le plan premièrement fait. Il est fait observer que ce premier plan n'a été fait que pour avoir le deuxième, et que dans ce cas il n'en sera plus parlé; on continue par les opérations à faire pour l'établissement du comble; on fait des chevrons d'emprunt carrément aux sablières sur la tête du plan du poinçon, ceux des longs-pans sont sur la même ligne, rapport que les sablières sont parallèles les unes avec les autres; ces premiers sont marqués d'une *patte-d'oie*, celui de la croupe *patte-d'oie contre-marque*; on met ensuite en élévation comme il est vu par les lignes *pattes-d'oie un monté*, puis on y place l'assemblage comme dans un pavillon ordinaire et comme il est figuré. Ils paraissent en lignes pleines pour mieux les distinguer à cause de la confusion des lignes.

TRACÉ DU DEVERS DE PAS DES ARÊTIERS ET DE CELUI DES ARBALÉTRIERS.

On tire des traits à la tête des chevrons d'emprunt carrément à leurs rampes sur la ligne de base; de là on tend d'abord les lignes *un monté contre-marque*, qui donnent le devers de pas des arbalétriers de la ferme et celui de la demi-ferme sur leur ligne du milieu; on mène ensuite les faces par des parallèles, comme il est figuré; on tend la ligne *patte-d'oie contre-marque un monté*, qui indique le devers de pas de l'arêtier du côté gauche faisant lattis au long-pan, celui du côté droit fait lattis à la croupe, le devers de pas est marqué d'*une patte-d'oie contre-marque crochet*, celui des autres faces est donné par des parallèles comme il est figuré.

TRACÉ DES AISSELIERS ET DE LEURS DEVERS DE PAS.

On fait paraître d'abord leurs sablières de base comme elles figurent sur le plan, dont celle des longs-pans est marquée *patte-d'oie contre-marque double crochet*, et celle de la croupe marquée *patte-d'oie contre-marque deux montés*. On les fait paraître ensuite sur le plan; pour cela on descend carrément au plan des chevrons d'emprunt sur le plan des poinçons le point où le dessus des aisseliers coupe la ligne du milieu du poinçon paru sur l'élévation des chevrons d'emprunt, on le tend au point où le plan des entraits coupe leurs sablières, comme il est vu d'abord par ceux de la ferme et celui de la demi-ferme qui marque *un monté*, celui de l'autre reste toujours sur la même ligne, comme il a été dit; aux points où les deux aisseliers en élévation coupent la ligne du milieu du poinçon on tire des traits carrément à leurs rampes sur leurs lignes de base; ces points sont renvoyés ensuite parallèlement aux sablières, jusqu'à la rencontre d'un trait donné carrément aux mêmes sablières passant sur la tête du plan des aisseliers, de là on tend à leurs pieds sur les sablières, et les devers de pas sont tracés, dont ceux des fermes et celui de la demi-ferme se trouvent à passer tout près de leurs lignes du plan par terre; ceux des arêtiers sont marqués d'*une double contre-marque*.

TRACÉ DU PLAN DES CONTRE-FICHES ET DE LEURS DEVERS DE PAS.

La rampe des contre-fiches étant profilée sur la ligne de base donne leurs sablières par des parallèles à celles du lattis, dont celles des longs-pans sont marquées d'*une double contre-marque un monté* et celle de la croupe d'*une double contre-marque deux montés*; les points où le dessous des contre-fiches en élévation coupent la ligne du milieu du poinçon étant descendus carrément sur le plan, de là on tend au point où le plan des entraits d'arêtiers et ceux des fermes coupe les sablières de dessous des contre-fiches, et on les obtient ainsi sur le plan dont celle de l'arêtier du côté droit est marqué d'*un double crochet*, celle du côté gauche reste toujours fixe, celles de la ferme et de la demi-ferme marquées *double crochets contre-marques*; le plan de ces derniers est paru sur leurs lignes du milieu, tel qu'il a été fait pour les autres assemblages, tels que les arbalétriers et les aisseliers. Pour faires leurs devers de pas, on mène une ligne carrément à leurs rampes sur leurs chevrons d'emprunt, jusqu'à la ligne de base, que l'on mène ensuite parallèlement à leurs sablières jusqu'à la rencontre d'un trait tiré carrément aux mêmes sablières passant sur la jonction du plan du poinçon et celui des contre-fiches; de là on tend les lignes *deux francs un monté*, ce qui donne leur milieu; on mène ensuite les faces par des parallèles et leurs devers de pas sont tracés. On opère de la même manière pour ceux des arêtiers, sauf qu'il faut opérer sur les faces du dessous pour éviter un des abouts dans les barbes sur les faces de côté des arêtiers; ces derniers devers de pas sont marqués *deux francs deux montés*.

ÉTABLISSEMENT DE L'ENRAYURE.

Les entraits ayant été parus sur l'élévation des chevrons d'emprunt, on fait paraître leurs vues de bout comme ils figurent au pied du poinçon, puis on les descend carrément sur le plan, dont celle de la ferme et de la demi-ferme marquée *trois francs un monté*, celle de l'arêtier du côté droit marquée *trois contre-marques un monté*. Pour l'obtenir, on fait un chevron d'emprunt sur la tête du plan du poinçon carrément à l'entrait de l'arêtier, puis on le met en élévation, comme il est vu par la ligne *langue de vipère*, sur laquelle on fait paraître la vue debout de l'entrait à la même hauteur que sur les autres chevrons d'emprunt, puis on la descend ensuite sur le plan comme il a été dit; les entraits étant ainsi parus sur le plan, pour tracer les coupes, on opère tout comme il a été précédemment démontré dans les arêtiers à devers, et comme il est indiqué sur l'épure; il en est de même pour faire la herse et pour tracer les coupes des arêtiers, des arbalétriers, des empanons et des pannes. L'épure de la herse est faite sur deux sens: sur la croupe, dont les arêtiers et la demi-ferme sont marqués d'*une langue de vipère contre-marque*, et sur la ferme du côté gauche du long-pan marquée *six crochets* et l'arêtier *six contre-marques un monté*. Le tracé de la coupe de la tête et celle du pied des arêtiers et des arbalétriers est démontré sur l'épure. Il n'est donné aucun détail à ce sujet, vu que les opérations sont les mêmes que celles qui ont déjà été démontrées dans les arêtiers à devers, ainsi que la donnée des lignes pour les rembarrements des coupes des empanons et des pannes, tel que pour le tracé par alignements, comme il est démontré sur les longs-pans, côté droit de la figure; où est parue la vue debout d'une panne dont l'arête du dessous du lattis est marquée sur le plan d'*une patte-d'oie langue de vipère*; elle est ensuite couchée sur les faces opposées au lattis, dont la même arête est marquée d'*une langue de vipère patte-d'oie contre-marque*, puis on y trace les alignements des coupes comme il est figuré. Il faut observer que, pour relever les herses dont nous venons de parler, il faut toujours opérer sur les chevrons d'emprunt ainsi que pour faire la herse pour tracer les coupes des aisseliers, comme il est vu fig. 2, et celles des contre-fiches fig. 3; les aisseliers et les contre-fiches qui sont parus sur les herses sont ceux de la demi-ferme de croupe et ceux de l'arêtier sur le même lattis. Pour faire ces dernières herses, on prend pour base la ligne *un crochet un monté*, qui doit être tirée parallèlement au plan du chevron d'emprunt de la croupe, passant sur le plan de la tête des aisseliers et le pied des contre-fiches; cette ligne est parue sur les herses et marquée *un crochet contre-marque un monté*. Si ces épures ont été transportées hors du plan principal, c'est pour que les opérations soient plus distinctes, à cause de la confusion des lignes. Pour tracer la coupe du pied du poinçon, on le couche à plat sur ses faces, puis on opère pour lui tracer ses coupes, ainsi que ses mortaises, tel qu'il est fait pour un arêtier, vu qu'il est considéré comme tel; les alignements de ses faces sur le plan, ou pour mieux dire son devers de pas, se trouvent être donnés par le plan de l'entrait de la ferme et celui de la demi-ferme. Si l'épure ne démontre pas cette dernière opération, pour le tracé des coupes et des mortaises, c'est parce qu'elle doit être comprise d'avance et, ensuite, pour éviter la confusion des lignes; si l'on voulait faire le tracé de tous ces assemblages ainsi que celui des rampes de mortaises, il s'agirait de faire les mêmes opérations que pour les alignements pour celles qui ont été démontrées Pl. 20, fig. 1re, pour la ferme couchée à tous devers.

FIG. 4.

COMBLE DE LUCARNE EN ÉVENTAIL DE PENTE ET RAMPANT

A TOUS DEVERS, PLUS HAUT QUE SON COMBLE, PLACÉ SUR UNE NOUE FORMANT UN RETOUR D'ÉQUERRE

Le plan dont-il va être parlé ici est un bâtiment formant un retour d'équerre, dont les sablières rampent sur tous les sens, ce qui fait qu'il est nommé de pente et rampant sur l'avant-corps. Il y a un pan coupé sur lequel repose la lucarne, ainsi qu'il est vu sur la perspective; les chevrons de joué qui portent la lucarne sont placés carrément aux sablières du long-pan, ce qui occasionne la forme de l'éventail. Pour éviter le gauche du lattis de la lucarne, le faîtage est une pente; comme il se trouve à passer plus haut que celui du bâtiment, le comble de la lucarne est raccordé avec les combles du derrière par le moyen de trois petits arêtiers: d'abord celui du bâtiment, qui est prolongé jusqu'à la rencontre de celui de la lucarne, puis deux autres petits reposant sur les faîtages, comme il est vu sur la perspective. Il est fait observer que la noue n'existe pas rapport à la lucarne; dans ce cas, l'on ajoute un appareil nécessaire dans l'intérieur de la charpente pour supporter le poinçon destiné à porter les faîtages et la tête de l'arêtier.

Manière d'opérer.

On commence d'abord par faire paraître les sablières de l'avant-corps, comme il est vu par les lignes *un franc*, celle du pan coupé *deux francs*, le plan des faîtages *trois francs*, celui de la noue *un contre-marque*, celui de l'arêtier est le même, vu qu'il tombe sur l'aplomb de la même ligne. Le plan du bâtiment étant ainsi paru, on continue par faire paraître la pente des sablières. Le côté droit de la figure étant le côté le plus bas, on fait paraître celle de l'avant-corps, comme il est vu par la ligne *deux contre-marques*; elle peut-être tirée à n'importe quelle distance, comme il est figuré à la jonction du plan de cette première; avec celle du pan coupé, on tire un trait d'équerre à chaque; sur celui de la sablière *un franc*, on prend la distance donnée par la ligne de pente, que l'on porte sur celui de la sablière *deux francs*; à ce point on porte la pente de cette dernière comme il est vu par la ligne *trois contre-marques*; par le même moyen, on fait paraître celle de l'autre côté marquée *un crochet* au point où la donnée de la pente des sablières coupe leur plan; à ces derniers points on mène la ligne *deux crochets*, ce qui donne la sablière de pente sur une base de niveau pour l'établissement du comble de la lucarne, elle se trouve carrément à la sablière *deux francs*, par conséquent la pente de cette dernière va nous servir pour faire les opérations nécessaires; le point où le plan du faîtage de la lucarne coupe la ligne *trois contre-marques* étant simbleauté sur le plan, à ce point on mène la ligne *trois crochets* parallèlement au plan du même faîtage, ce qui fait qu'il est paru sur le plan couché; on le place ainsi en raison qu'il est parallèle avec la sablière rampante; on fait paraître ensuite sur le plan de niveau le plan des chevrons dejoués qui portent la lucarne, ce qui donne en même temps le plan des sablières de côtés, elles marquent *un crochet contre-marque* et sont placées carrément aux sablières des longs-pans, comme il a été dit. Pour les placer ensuite sur le plan couché, on remonte carrément sur la ligne *trois contre-marques* les points indiqués par les lignes *deux crochets contre-marques*, que l'on rabat ensuite sur le plan, ce qui fait d'abord un point; leur plan étant profilé sur la ligne *un contre-marque* et renvoyé ensuite carrément sur la ligne *trois crochets*, de ce dernier on tend aux deux premiers, et l'on obtient ainsi les sablière sur le plan couché, vu par les lignes *trois crochets contre-marques*; on les obtiendrait encore sur le même plan en tendant des premiers points indiqués à celui où leur plan coupe la sablière rampante, comme il est vu à droite de la figure; on tend ensuite les lignes *quatre crochets* parallèlement à ces deux dernières, ce qui donne le plan des faîtages du bâtiment sur le même plan, tel que les sablières des longs-pans, également par des parallèles; ces dernières sont marquées *quatre crochets contre-marques*. La sablière du devers de la lucarne, vue par les lignes *deux francs*, reste sur la même ligne parce qu'elle est carrément à la sablière rampante. On continue par faire paraître l'élévation de la noue et celle de l'arêtier en adoptant pour base la ligne *cinq francs*, que l'on place à volonté parallèlement au plan de la noue, sur laquelle on remonte carrément la jonction des faîtages, ce qui sert à porter la hauteur de la tête; la jonction des sablières est également remontée carrément sur cette ligne, de là on tend au point de hauteur, ce qui donne la noue en élévation parue sur la ligne *cinq contre-marques*, et celle de l'arrêtier *cinq pattes-d'oie*. Si l'about du pied des deux est au même niveau, c'est rapport que leur plan est parallèle avec la sablière rampante; on mène ensuite la ligne *cinq pattes-d'oie contre-marques* parallèlement à la ligne *cinq francs*, au point fixé par la hauteur des sablières de la lucarne, après cela on fait paraître la face de la fermette destinée à porter la tête des arêtiers de la croupe de la lucarne, elle marque *cinq francs un monté*; on la profile jusqu'au-dessus de la ligne *cinq pattes-d'oie contre-marque*, puis l'on y porte le point de hauteur fixé pour la tête de la petite croupe; la sablière *deux francs* étant profilée également sur la même ligne, de là on tend la ligne *cinq contre-marques un monté*, qui indique la rampe et le chevron d'emprunt de la croupe; on remonte également la jonction du plan des sablières des côtés de la lucarne, comme il est indiqué par la ligne *cinq pattes-d'oie un monté*; de ce dernier point on tend à la tête du chevron de croupe, et l'on obtient ainsi la pente du faîtage; cette dernière est marquée *cinq pattes-d'oie contre-marque un monté*. On descend ensuite sur le point indiqué par la ligne *six francs*, ce qui donne la tête des arêtiers pour le raccord de derrière; on mène ensuite la ligne *six contre-marques* de la tête de la noue parallèlement à la ligne de base, du point où elle coupe la rampe du faîtage de la lucarne, on la descend carrément sur la ligne *trois crochets*; à ce point on mène les lignes *six francs un monté* sur le plan des faîtages, parallèlement de l'un à l'autre; de ces derniers points on tend les lignes *six contre-marques un monté*, ce qui donne le plan des deux petits arêtiers du derrière; ces derniers points donnent en même temps la tête des noues. Pour avoir leurs abouts du pied sur les sablières. On descend sur la ligne *trois crochets* le point indiqué par la ligne marquée d'*une patte-d'oie*; à ce point on mène les lignes *pattes-d'oie contre-marques* parallèlement au plan des faîtages sur celui des sablières, ce qui donne les noues sur le plan marquées d'*une patte-d'oie crochet*; l'arrêtier qui raccorde les longs-pans du derrière ainsi que le faîtage de la lucarne restant sur la même ligne, rapport qu'ils sont en parallèles avec la sablière rampante. Le plan des arêtiers de la croupe du devant est marqué d'*une patte d'oie un monté*; on fait paraître ensuite sur le même plan le lattis des noues, celui des arêtiers et celui des faîtages; pour cela on prend la hauteur indiquée par la ligne *six francs*, en adoptant pour base la ligne *cinq pattes-d'oie contre-marque*; ce point de hauteur est rapporté ensuite sur la ligne *un contre-marque*, de la jonction de la ligne *trois contre-marques*, et renvoyé sur cette dernière carrément, comme il est vu par la ligne *un franc un monté*; ce point est rabattu par un simbleau, et la longueur de cette dernière servira ensuite de point de hauteur pour mettre en élévation le chevron d'emprunt fait sur la tête des petits arêtier sur la ligne *deux francs*, et renvoyé parallèlement au plan de la noue sur la ligne *six francs*; ce dernier point donne la tête des petites croupes qui raccordent le derrière de la lucarne; on tend ensuite la ligne *deux francs un monté* qui donne le plan de l'arêtier du retour d'équerre par la ligne *trois francs un monté*. Au faîtage de la lucarne, au point où cette dernière coupe la ligne *cinq francs un monté*, on obtient le lattis des arêtiers de la croupe du devant de la lucarne par les lignes *un monté contre-marque*, et le plan des empanons par la ligne *deux contre-marques un monté*. Le plan des arêtiers *six contre-marques un monté* étant profilé sur leurs sablières de lattis, on y tend les lignes *trois contre-marques un monté*, et l'on obtient ainsi le plan de leurs lattis. Un trait donné sur leurs abouts du pied sur le faîtage carrément à la sablière rampante, jusqu'à la rencontre de ces derniers, donne le plan du lattis des noues, vu par les lignes *pattes-d'oie double crochet*, ainsi que le faîtage par les lignes *un franc deux montés*.

HERSE POUR LA COUPE DES NOUES ET CELLE DES EMPANONS DES COTÉS DE LA LUCARNE.

L'opération des deux côtés étant la même, il n'est démontré que celle du côté droit de la figure. On fait un chevron d'emprunt sur la tête du plan de la noue carrément à la sablière *trois crochets contre-marques*, il est marqué sur le plan *deux francs deux montés*, et en élévation *trois francs deux montés*; sa longueur étant rabattue sur le plan donne la noue sur la ligne *un contre-marque deux montés*; on obtient en même temps le petit arêtier du haut vu par la ligne *deux contre-marques deux montés*; on mène ensuite, sur cette dernière, un trait carrément à la sablière, passant sur le plan de l'arêtier; on y tend la ligne *trois contre-marques deux montés*, qui donne le faîtage de la lucarne sur la herse; la tête en plan de la petite croupe étant tirée carrément à la sablière, sur cette dernière ligne, donne l'arêtier sur la herse marquée d'une *langue de vipère*, telle que la fermette sur la ligne *langue de vipère contre-marque*; les empanons se placent parallèlement à cette dernière comme ils sont figurés; on fait paraître ensuite la face de la noue et celle de l'arêtier du haut, ce dernier étant de devers suivant le lattis de la noue; on tire une ligne à la jonction des faces de chacun, que l'on trace carrément sur chacun d'eux, ce qui donne leurs coupes, vu qu'ils reposent bout à bout, l'un sur l'autre; on mène ensuite la ligne *langue de vipère patte-d'oie*, qui donne le démaigrissement du pied de la noue et celui de l'arêtier, vu qu'il est de devers sur le même lattis; la face de la fermette étant tracée carrément sur ce dernier donne la coupe de la tête. Le délardement du dessous de la noue se trace comme il est vu par la ligne *double contre-marque*; la ligne *trois contre-marques deux montés* donne le tracé du dessus des empanons, celle de la fermette et celle de l'arêtier du haut; on mène ensuite le démaigrissement du dessous par une parallèle comme il est figuré. Pour obtenir la tête des petites croupes de derrière, on laisse filer l'arêtier du retour d'équerre en queue de vache, jusqu'à la rencontre du faîtage de la lucarne, que l'on trace sur les faces, et qui sert de guide pour donner la tête des petits arêtiers, en ayant soin d'observer en plus le délardement du faîtage; par ce moyen, la coupe de la tête des petits arêtiers se trouve diminuée de la moitié de la retombée du grand arêtier. Le tracé du devers de pas se fait toujours de la même manière ainsi qu'il est représenté sur la figure; ceux des arêtiers du devant sont marqués d'*un crochet double contre-marque*, celui de la fermette *double contre-marque langue de vipère*, celui de la noue *double crochet*, et celui de l'arêtier de derrière *double crochet contre-marque*.

SAUTERELLES POUR LA COUPE APLOMB DE LA TÊTE DES EMPANONS DE LA FERMETTE ET DE L'ARÊTIER DE DERRIÈRE.

Pour tracer les coupes de la fermette, qui est la même que celle des empanons, on la couche à plat sur la face de devers, comme il est vu par la ligne *double contre-marque un monté*, où est paru la sauterelle qui indique la coupe aplomb de la tête; celle du pied se prend sur la herse du lattis carrément sur la face de la noue, attendu qu'elle repose dessus; l'arêtier du derrière est également paru sur sa face de devers sur la ligne *un crochet un monté*, à la tête duquel est paru la sauterelle qui donne la coupe aplomb du faîtage; celle qui paraît sur le pied se trouve carrément, vu qu'elle repose à joint carré sur la tête de la noue, comme il a été dit, ce qui prouve que l'opération est exacte.

HERSE POUR LA COUPE DES EMPANONS DE LA COUPE DU DEVANT DE LA LUCARNE.

La longueur du chevron d'emprunt *cinq contre-marques un monté* étant rabattue sur son plan, ce point est ramené parallèlement à la sablière jusqu'à la rencontre d'un trait tiré carrément à la même sablière passant sur la tête du plan des arêtiers; à ce point on tend les lignes *un crochet contre-marque un monté*, et l'on obtient ainsi les arêtiers sur la herse; celui du côté gauche se trouve à passer sur le plan de la sablière; on place ensuite les empanons parallèlement à la ligne *neuf contre-marques*, puis on trace les coupes comme de coutume et comme il a été démontré.

HERSE POUR LA COUPE DES EMPANONS DES PETITES COUPES DU DERRIÈRE DE LA LUCARNE.

On tire d'abord la ligne *sept francs* qui donne la sablière de dégauchissement du lattis au niveau de la base; on fait un chevron d'emprunt sur la tête du plan des arêtiers carrément à cette dernière, il marqué *sept contre-marques*; on le met en élévation comme il est vu par la ligne *sept francs un monté*; cette élévation se fait avec la longueur de la ligne *un franc un monté*. La longueur du chevron d'emprunt étant portée sur son plan, on tend les lignes *sept crochets* qui donnent les arêtiers sur la herse, leurs abouts du pied étant remontés sur ces lignes carrément à la sablière, on y tend la ligne *huit francs*, ce qui donne le dessus du faîtage et la herse est terminée. Pour y placer les empanons pour qu'ils se lignent avec ceux des longs-pans, on tire un trait de la tête du plan des arêtiers carrément au premier plan du faîtage du long-pan, sur la sablière; de là on tend à la tête de la herse et l'on place les empanons parallèlement à cette ligne, cette dernière se trouve à passer presque sur le plan du chevron d'emprunt, ce qui fait que l'on ne peut lui faire paraître son dévers de pas, car il a trop peu de devers; dans ce cas on opère sur le chevron pour le relevé des sauterelles, comme il est figuré, tel que pour le tracé des rembarrements. La ligne marquée d'un trait ramènerait celle qui donne la coupe aplomb sur la face du grand arêtier, celles sur lesquelles sont placées les sauterelles donnent la barbe des empanons dans le petit arêtier; les lignes marquées d'un trait ramènerait, sur les sablières des côtés de la lucarne, servent à tracer leurs coupes sur le rampant des chevrons de joues sur lesquelles elles reposent.

PAVILLON CARRÉ DE PENTE ET RAMPANT A TOUS DEVERS — COMBLE DE LUCARNE EN ÉVANTAIL ET A DEVERS

PLACÉ SUR LA NOUE D'UN COMBLE EN RETOUR D'ÉQUERRE DE PENTE ET RAMPANT. Pl. 25.

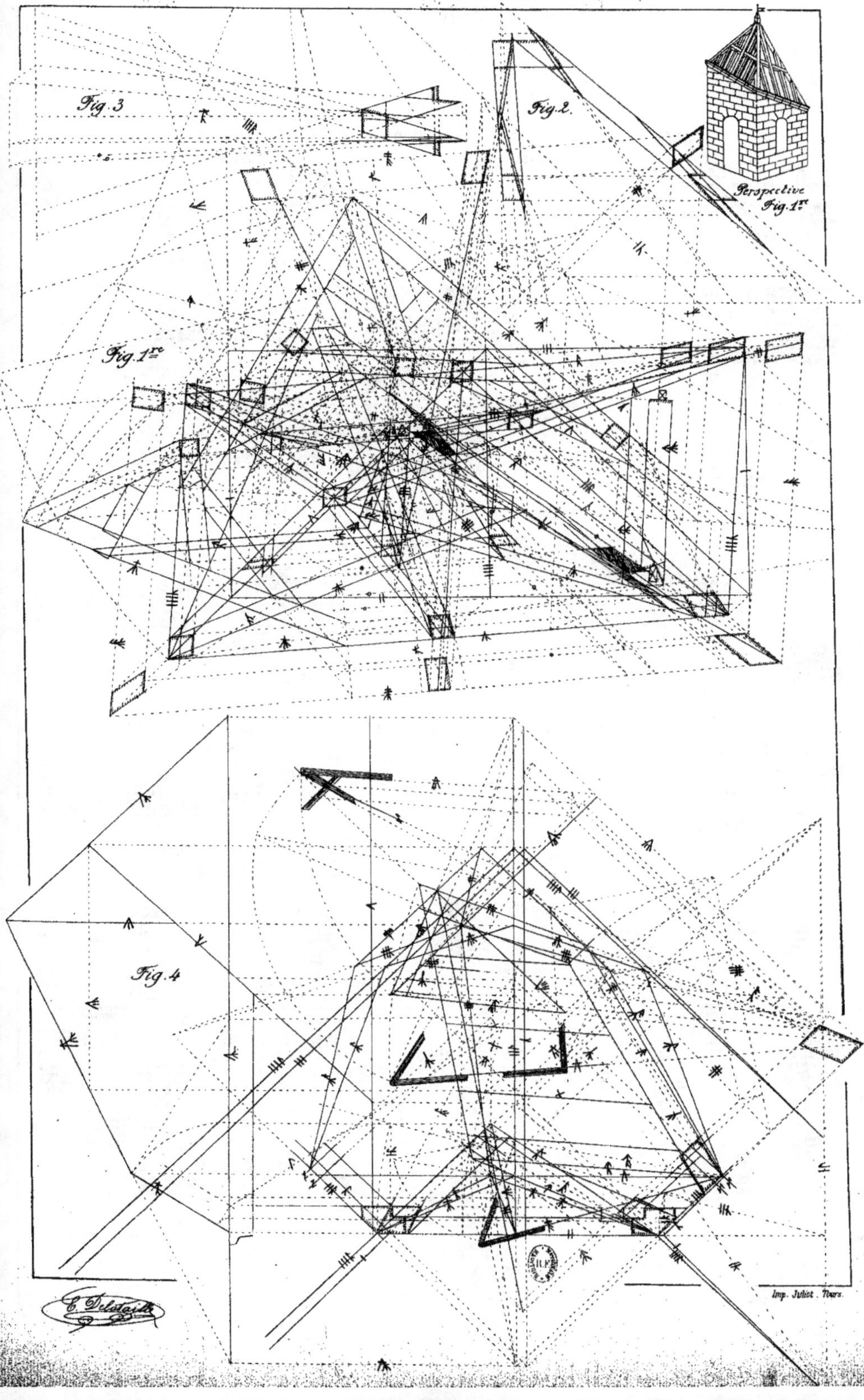

Imp. Juliot. Tours.

DIVERSES ÉTUDES SPÉCIALES

Les différentes épures que nous avons étudiées jusqu'ici donnent la faculté de tracer les coupes ainsi que les rampes des mortaises pour n'importe quel assemblage que l'on puisse désirer. Nous allons terminer cette planche par des études toutes spéciales qui démontreront la manière de faire les opérations nécessaires pour placer les croix de saint-André en plan, de façon à les faire dégauchir toutes ensemble une fois mise en place.

Par ces mêmes études, il est démontré la manière de placer une certaine quantité de croix de saint-André, soit droite, gauche à devers ou à tous devers, de façon à ce qu'elles se croisillonnent toutes ensemble, assemblées en coupe les unes dans les autres. Le tracé des coupes et l'établissage étant connu, il ne sera démontré tout simplement que la manière de placer les croix en plan.

FIG. 1re.

CROIX DE SAINT-ANDRÉ ASSEMBLÉE DANS DEUX LIENS MANSARDS

Les liens mansards, comme il a déjà été dit, sont assemblés du pied des arêtiers aux sablières de bris ; ils servent à maintenir le roulis et l'éhanchement, particulièrement lorsque le bris est d'une hauteur très-élevée ; pour la même raison on place une croix de saint-André assemblée dans les deux liens mansards, comme il est vu sur la perspective.

Manière d'opérer.

Ayant fait paraître le plan des arêtiers, celui des sablières de la base et celles du bris, on fait paraître le plan des liens mansards à l'endroit où l'on juge à propos de les placer, en ayant soin que les abouts du pied soient au même niveau, comme il est vu sur l'épure, ils sont marqués tous les deux d'*une contre-marque* ; ensuite on fait paraître la rampe du bris, comme il est vu par la ligne *deux contre-marques*, en adoptant pour base les lignes *trois contre-marques*, puis l'on fait paraître leurs devers de pas comme il vu par les lignes *un crochet* ; les arêtes les plus hautes des liens sont celles sur lesquelles les marques sont percées, et où doit affleurer le dessus de la croix. Au point où ces arêtes coupent le plan des sablières de bris on tire la ligne *deux crochets*, qui sert à fixer les abouts de la croix sur le plan par des parallèles, comme il est figuré par la ligne *trois crochets* ; on mène ensuite la ligne *un crochet contre-marque* parallèlement à la ligne *deux crochets*, passant sur le devers de pas des liens aux arêtes du dessus, qui donne leur dégauchissement au niveau de la base, ainsi que celui du dessus de la croix ; la ligne *deux crochets contre-marques* étant tirée carrément à ces deux dernières, sert de chevron d'emprunt pour le lattis de la croix, on le met ensuite en élévation avec la hauteur du bris, et comme il est vu par la ligne *trois crochets contre-marques* ; ce dernier sert à placer la croix sur la herse pour lui tracer ses coupes, ainsi que pour en faire les devers de pas, comme il est indiqué par les lignes marquées *une patte-d'oie*.

FIG. 2.

PIÉDESTAL ASSEMBLÉ AVEC DES TRAVERSES ET DES CROIX DE SAINT-ANDRÉ

Le dit appareil est composé de deux chapeaux en forme de croix, entaillés carrément l'un dans l'autre et supportés par un pied à chaque extrémité incliné vers l'intérieur avec un lien à chacun des pieds assemblés dans les chapeaux ; sur chacune des faces est placée une traverse de niveau, assemblée dans les pieds avec des liens également pour maintenir les roulis. Pour la même raison, on en place d'autres en traite gauchement dans ces dernières, comme il est vu sur la perspective. Ce genre d'appareil est très-fort et offre une résistance considérable, qui peut être appliquée à recevoir n'importe quel fardeau, soit cuve, étuve ou réservoir, enfin, un objet du même genre destiné à être placé à une hauteur assez élevée. Si parfois le poids de l'objet était exagéré, on ajouterait quatre chapeaux de plus assemblés dans les premiers par le moyen de quatre goussets, ce qui ferait huit pieds au lieu de quatre, auxquels on répéterait les mêmes assemblages sur chaque face, ce qui offrirait le double de force ; dans ce cas, il n'y aurait plus de fardeau auquel cet appareil ne puisse résister.

Manière d'opérer.

On commence d'abord par faire paraître le plan des chapeaux dont les faces sont marquées *un franc*, on les met ensuite en élévation, comme il est vu par la ligne *deux francs*, puis l'on fait paraître les pieds à la distance voulue, en leur donnant un empattement nécessaire, comme ils paraissent par la ligne *trois francs* ; on mène ensuite la ligne *un contre-marque* parallèlement à la base, à la distance fixée par le dessus de la traverse. Le point où cette ligne coupe le dessus des pieds est descendu carrément sur le plan et donne l'aplomb et le plan des traverses, elles sont marquées *deux contre-marques* ; on mène ensuite des parallèles sur les faces des chapeaux afin d'obtenir les abouts de la tête des grandes croix, puis l'on fixe l'about du pied sur la traverse, et l'on obtient les grandes croix en plan, comme elles sont figurées et marquées d'*une patte-d'oie* ; on mène ensuite les lignes *trois contre-marques* carrément au plan des traverses, passant sur le croisillon des croix, ce qui sert de chevron d'emprunt pour les établir. Pour mettre ces derniers en élévation, on prolonge les lignes données pour l'about de la tête des croix en plan, sur lesquelles on porte la hauteur des chapeaux, ce qui fait un point ; on mène ensuite les lignes *un crochet* parallèlement au plan des chevrons d'emprunt, à la distance fixée pour la hauteur du dessus des traverses ; au point où elles coupent leur plan on obtient le deuxième point qui, tendu au premier, fixe l'élévation des chevrons d'emprunt du lattis des croix vus par les lignes *deux crochets* ; on les profile jusque sur la ligne de base, et à ces points on mène les lignes *trois crochets* parallèlement au plan des traverses, ce qui donne les sablières du lattis des croix et celles du dessous par des parallèles comme il est figuré. Pour faire leurs devers de pas, on remonte leurs croisillons carrément sur les chevrons d'emprunt, puis on mène un trait carrément à leur rampe sur la ligne de base, et, de là, on tend les lignes *un crochet contre-marque*, et les devers de pas sont tracés. Les dites croix placées, on en place d'autres en traitgauchement qui s'assemblent dans ces dernières, sur le pied des unes à la tête des autres ; pour les placer ainsi, on tire d'abord la ligne *deux crochets contre-marques* du devers de pas des croix, puis on remonte carrément sur le dessus du chapeau en élévation le point indiqué par la ligne *trois crochets contre-marques* ; de là on tend la ligne *un monté*, ce qui donne le dégauchissement des arêtes du dessous des croix. Pour obtenir le dégauchissement des arêtes du dessus des autres croix, on tire la lignes *deux francs un monté* ; du point où elle coupe la base de l'élévation des pieds on tend la ligne *cinq francs*, cela fait, on fixe les abouts de la croix sur le plan vu par la ligne *un monté contre-marque* ; ces dernières étant profilées jusque sur les lignes qui viennent d'être données pour le dégauchissement des arêtes, donnent la hauteur de leurs abouts, et en même temps l'élévation du chevron de leurs lattis ; cette dernière est marquée d'une *patte-d'oie crochet*. Au point où elle coupe la ligne de base, on mène la ligne *patte-d'oie contre-marque*, ce qui donne la sablière du lattis de la croix au niveau de la base ; on place ensuite la croix sur le plan en la traitgauchant de toute son épaisseur comme elle est figurée, marquée *patte-d'oie un monté*, puis on la profile du pied sur la sablière du lattis, pour obtenir le tracé du devers de pas indiqué par les lignes *deux contre-marque un monté* ; la dite croix est ainsi traitgauchée pour éviter le désabout, que dans certains assemblages on ne peut se rendre compte qu'après avoir fait les devers de pas ; pour cela, on mène des lignes d'un devers de pas à l'autre, comme il est vu par les lignes *cinq contre-marques*. Il faut observer que, dans le cas où après avoir placé le lien en plan on le traigauchereit comme nous venons de le faire, il est bien entendu qu'il faut changer le devers de pas, attendu que la position de la croix n'est plus la même.

FIG. 3.

QUATRE PIEDS APLOMB AVEC TRAVERSES ET CROIX DE SAINT-ANDRÉ

L'appareil dont nous allons parler est composé de quatre poteaux aplomb, reliés par deux traverses formant chapeau, assemblées intérieurement d'un poteau à l'autre, passant l'une au-dessus de l'autre, de façon qu'elles ne sont pas entaillées. Le dit appareil est relié par le pied par d'autres traverses s'assemblant d'un poteau à l'autre, affleurant l'arête extérieure et sur lesquelles s'assemblent les pieds des croix de saint-André. La tête des dites croix s'assemblent dans les traverses intérieures ; une de ces traverses étant plus haute de son épaisseur que l'autre, occasionne la difficulté à combattre pour placer les croix en plan, de manière qu'elle se dégauchissent.

Manière d'opérer.

On commence d'abord par faire paraître le plan des chapeaux carrément l'un à l'autre, dont l'une des faces est marquée *un franc*, puis on fait paraître la vue debout des poteaux comme ils sont figurés ; on les met ensuite en élévation carrément au plan des chapeaux marqués *deux francs* ; on fait paraître ensuite les chapeaux en élévation parallèlement à leurs plans, comme il est vu par les lignes *trois francs*. Celui du côté droit étant le plus bas, le dessus est porté à la hauteur du dessous de celui de l'autre côté, par rapport qu'ils passent l'un au-dessus de l'autre ; ensuite on fait paraître le plan de la traverse de face, vu par la ligne *un contre-marque*. La croix est assemblée sur cette dernière traverse, et ensuite dans les chapeaux.

On commencera l'opération en adoptant la ligne du dessus de la traverse pour base ; on place en plan une des branches qui composent la croix marquée *deux contre-marques* ; on fait ensuite un chevron d'emprunt sur la tête du lien carrément au plan de la traverse marquée en plan *trois contre-marques* et on élévation *un crochet*. Cette élévation se fait avec la hauteur du dessus du chapeau du côté gauche, vu que l'arête du dessus de la branche de la croix vient l'affleurer ; il en est de même pour l'autre côté. Pour obtenir le plan de la tête de ce dernier sur le plan du chapeau, afin qu'il se dégauchisse avec l'autre et avec la traverse, on prend la hauteur du dessus du chapeau dans lequel il doit être assemblé. Cette hauteur est ensuite rapportée par une ligne de niveau sur la rampe du chevron d'emprunt. A ce point on descend la ligne *deux crochets* carrément sur la face du plan du chapeau, et la tête est fixée ; puis on fixe le pied sur la traverse à l'endroit que l'on juge à propos, comme il est vu par la ligne *trois crochets*. Il faut observer qu'après avoir ainsi fixé les abouts de la tête, ceux du pied peuvent-être placés à n'importe quel endroit sur la traverse, et la croix se dégauchit quand même. Si la branche de la croix qui vient d'être placée en dernier lieu l'avait été en premier, l'opération serait exactement la même. Mais supposons qu'elle soit placée la première et que l'on opère d'une manière différente ; pour cela, on fixe le pied de l'autre branche sur la traverse ; à ce point on mène la ligne *un crochet contre-marque* carrément sur la face du chapeau, puis l'on prolonge la face de l'autre chapeau sur laquelle on porte la hauteur du dessus, comme il est indiqué par le simbleau marqué d'*une patte-d'oie*, et de là on tend la ligne *deux crochets contre-marques*. Du point où elle coupe le dessus du chapeau, on descend la ligne *trois crochets contre-marques* carrément sur la ligne *deux crochets*, qui doit être tirée parallèlement à la traverse passant sur la tête de la branche de la croix ; de ce dernier point on tend au premier, et la croix est placée. Pour se rendre compte si l'opération est juste, on ramène l'about du pied de la branche de la croix *trois crochets* carrément sur la face du chapeau, et celui de la tête sur celle de l'élévation. A ces deux points on tend la ligne *un monté* ; le point où elle coupe la ligne *deux crochets contre-marques* doit tomber sur l'aplomb du croisillon de la croix en plan comme il est indiqué par la ligne *un monté contre-marque*. Cette dernière opération prouve que l'épure est exacte ; les devers de pas de la croix se tracent comme de coutume et comme il paraissent par les lignes *deux francs un monté*.

FIG. 4.

CROIX DE SAINT-ANDRÉ DANS UN QUATRE-PIEDS SUR UNE TRAVERSE RAMPANTE

Le plan de cette figure est le même que celui de la précédente. Celui-ci diffère de l'autre rapport que les chapeaux sont entaillés à demi-bois et au même affleurement du dessus ; les traverses des faces, au lieu d'être de niveau, sont de pente. Une croix de saint-André est également assemblée sur cette dernière traverse et ensuite dans les chapeaux, ce qui offre une opération différente pour obtenir le plan de la croix. Ce genre d'assemblage est le plus souvent utilisé à supporter des pièces mécaniques dont le mouvements exigent un appareil solide. Les croix de saint-André dont-il est parlé n'ont d'autre but que celui de fortifier l'appareil et de maintenir le roulis.

Manière d'opérer.

On commence d'abord par faire paraître le plan des chapeaux, la vue debout des poteaux, le plan de la traverse, l'élévation des poteaux, celle des chapeaux tel qu'il a été fait dans le plan précédent, dont le tout est repéré par les mêmes marques ; le plan ainsi fait, on fait paraître la pente de la traverse vue la ligne *deux contre-marques*, puis on place une des branches de la croix en plan marquée *un crochet* ; on la fait paraître ensuite en élévation par la ligne *trois contre-marques*. Cette élévation se fait par le moyen d'un trait carré, fait sur la tête en plan, sur laquelle on porte la hauteur du dessus des chapeaux, comme il est indiqué par le simbleau marqué *une patte-d'oie* ; on fait un deuxième trait carré à l'about du pied, sur lequel on porte le point de hauteur. Pour obtenir ce point, on remonte la ligne *deux crochets* carrément au plan de la traverse, sur son élévation, que l'on rapporte ensuite sur le trait carré de la branche de la croix indiquée par le simbleau marqué d'*un crochet contre-marque* ; l'élévation de la traverse et celle de la branche étant profilées jusqu'à la rencontre de leurs plans, à ce point on tend la ligne *trois crochets*, ce qui donne le dégauchissement de la traverse et celui de la croix au niveau de la base. Dans ce cas, les abouts de la tête de la croix doivent-être placés sur les chapeaux parallèlement à cette ligne, comme il est indiqué par la ligne *deux crochets contre-marques*, d'après laquelle on obtient l'about de la tête de l'autre branche sur le plan, puis on la place à volonté sur la sablière, comme elle paraît par la lignes *trois crochets contre-marques* ; on fait ensuite un chevron d'emprunt carrément à la sablière de dégauchissement, marqué sur le plan d'*une patte-d'oie contre marques*, et en élévation *patte-d'oie un monté*. Cette élévation se fait avec la hauteur du dessus du chapeau, le croisillon de la croix étant remonté carrément sur le chevron d'emprunt ; à ce point on mène une ligne carrément à la rampe sur la ligne de base, et, de là, on tend les lignes *pattes-d'oie crochet*, et les devers de pas des liens sont tracés. La jonction du plan du chevron d'emprunt avec celui de la traverse étant remonté carrément sur l'élévation des deux, prouve que l'opération est exacte, vu que la hauteur des deux points est la même, ainsi qu'il est indiqué par le simbleau marqué d'*une contre-marque un monté*. On peut encore faire une seconde preuve en ramenant les abouts du pied carrément sur le plan d'un des chapeaux, ainsi que ceux de la tête, et les remonter sur le dessus en élévation, et tendre les lignes *un monté* ; le croisillon des deux doit tomber sur l'aplomb du croisillon de la croix en plan, comme il est indiqué par la ligne *langue de vipère*.

FIG. 5.

HANGAR SUR POTEAUX AVEC DES CROIX DE SAINT-ANDRÉ SUPPORTANT LA BASCULE DES PANNES

Les fermes de ce hangar sont assemblées sur jambes de force, le lattis étant très-long nécessite deux rangs de pannes pour supporter les chevrons. Les dites pannes portent une très-grande saillie par bout du hangar, ce qui oblige d'assembler des croix de saint-André pour les supporter. Celles qui portent les pannes du haut sont assemblées du pied dans les poteaux, ensuite une deuxième supporte les pannes du bas et a la même saillie que la première ; elle est assemblée du pied dans les jambes de force placées de manière à ce qu'elles se croisillonnent avec la première en droite ligne ; le faîtage est maintenu par un lien assemblé dans le poinçon, tel que les sablières avec des liens également assemblés dans les poteaux, ainsi qu'il est vu sur le plan et la perspective.

Manière d'opérer.

Étant donné l'élévation de la ferme, on fixe la vue debout des pannes comme elle figurent, ensuite on fait paraître le plan de la ferme dont la face du devant est marquée *un franc* ; on fait paraître la vue debout des poteaux comme ils sont figurés ; on place sur le plan la croix destinée à supporter les pannes les plus hautes. Pour cela, on mène la ligne *deux francs* parallèlement au plan de la ferme, à la distance où l'on juge à propos de placer les abouts du pied de la croix. Au point où cette ligne coupe les faces du dedans des poteaux on tend les lignes *trois francs*, ce qui fixe l'arête de la panne à laquelle les arêtes du dessus des liens arrivent afin d'éviter des désabouts, soit sur le dessus, soit sur le dessous ; d'après ce qui vient d'être dit, c'est aux arêtes du dedans des pannes que le dessus des liens est tendu, on descend ces arêtes sur le plan, comme il est vu par les lignes *un contre-marque*, jusqu'à la rencontre de la ligne *deux contre-marques*, qui doit être parallèle avec le plan de la ferme et à la distance fixée par la bascule de la tête la croix. De ces derniers points on tend aux arêtes des poteaux et on obtient ainsi les arêtes du dessus de la grande croix sur le plan marqué *trois contre-marques*. Pour en faire le devers de pas, ainsi que pour les établir, on tire une ligne à volonté parallèlement au plan de la ferme, que l'on adopte comme base, marquée d'*un crochet* ; les lignes *trois francs* étant profilées sur cette dernière et renvoyées ensuite carrément sur le plan des liens, donnent leurs abouts au niveau de la base ; puis on mène la ligne *deux crochets* d'un about à l'autre, ce qui donne la sablière de dégauchissement du latis de la croix ; on élève ensuite le chevron d'emprunt *trois crochets*, qui sert pour les établir, ainsi que pour tracer les devers de pas comme ils paraissent par les lignes *un crochet contre-marque*.

La ligne du milieu de la ferme indique le plan du chevron d'emprunt. On fait l'élévation avec la hauteur de la ligne de base aux arêtes des pannes auxquelles les dessus des liens correspondent ; cette croix étant ainsi placée, on en place une autre pour être assemblée des jambes de force de la ferme aux pannes les plus basses. Les arêtiers du dessus de cette croix ne peuvent faire autrement que d'arriver aux arêtes du dessus des pannes, en raison qu'elles sont plus basses que les premières et que les abouts du pied de la croix sont plus élevés que ceux de la première. Alors on descend les arêtes du dessus des pannes marquées *deux crochets contre-marques* sur le plan ; les points où elles coupent la ligne *deux contre-marques* indiquent les abouts de la tête de la croix sur le plan. Maintenant, la plus grande question est de savoir comment la placer sur le plan pour que les arêtes du dessus des deux croix se jonctionnent ensemble en droite ligne, et que les mêmes arêtes du dessus de ces dernières affleurent avec les arêtes du dessus des jambes de force. Pour les placer ainsi, on fait d'abord paraître les arêtes du dessus des grandes croix en élévation, comme il est vu par les lignes *trois crochets contre-marques* ; ces élévations se font avec la hauteur des arêtes des pannes auxquelles les arêtes du dessus des liens arrivent, tel qu'il a été indiqué pour l'élévation du chevron d'emprunt. On prend ensuite la hauteur des arêtes du dessus des pannes du bas, hauteur prise de la ligne *un crochet*, ligne de base ; avec avec ce point de hauteur, on mène les lignes *un monté* parallèlement au plan des liens de la grande croix ; au point où elles coupent les lignes *trois crochets contre-marques*, élévation des liens, on descend les lignes *un monté contre-marque* carrément sur le plan des liens de la grande croix, et de là on tend les lignes *deux contre-marques un monté* aux abouts de la tête de la petite croix ; on mène ensuite les lignes *pattes-d'oie* parallèlement à ces dernières, passant sur les abouts du pied des liens de la grande croix ; ceci étant fait, on mène une ligne de niveau passant sur les arêtes du dessus des pannes du bas sur laquelle on prolonge le dessus des jambes de force ; à ces points on descend les lignes *patte-d'oie un monté* carrément sur la face du devant du plan des jambes de forces, et de là on tend aux abouts de la tête des liens de la petite croix comme il est vu par les ligne *patte-d'oie un crochet* ; puis on profile le dessus des jambes de force sur la ligne de base que l'on renvoie ensuite carrément sur leurs faces du devant en plan ; à ces derniers points on mène les lignes *patte-d'oie contre-marques* parallèlement aux lignes *pattes-d'oie crochet*. Au point où ces dernières coupent les lignes marquées *une patte-d'oie*, on y tend les lignes *langues de vipère* et le plan de cette dernière croix est tracé. La ligne *patte-d'oie contre-marque un monté* étant donnée par ces deux derniers points, indique la sablière du dégauchissement du lattis de la croix au même niveau de la base, puis l'on élève le chevron d'emprunt *un franc deux montés*, qui sert pour les établir et faire le tracé de leurs devers de pas comme il paraissent par les lignes *un contre-marque deux montés*. La jonction du plan des liens avec celui des jambes de force étant remonté carrément sur leurs élévations, donnent les points où doivent arriver les arêtes du dessus des liens, comme il est indiqué par la ligne *cinq francs*, ligne de niveau donnée par ces deux derniers points. Pour avoir une preuve si l'opération est bonne, on renvoie les abouts du pied de cette dernière croix carrément sur la ligne de base, comme il est indiqué par les lignes *six francs*, et de là on tend les lignes *contre-marques*, le croisillon de ces dernières avec les lignes *trois francs* doit tomber aplomb sur celui des croix en plan, comme il est indiqué par les lignes marquées d'une *double contre-marque*. La jonction du dessus des deux chevrons d'emprunt doit également tomber sur l'aplomb des croisillons des croix en plan, comme il est indiqué par les lignes *six contre-marques* ; de cette manière, le lecteur peut facilement se rendre un compte exact de ses opérations, de sorte que, lorsqu'il s'agit de placer les liens de la sorte, n'importe quelle soit la quantité, les opérations à faire sont toujours les mêmes que celles qui viennent d'être démontrées ci-dessus.

L'étude de ce volume terminée, nous continuerons par les bois croches, 3e et 4e parties, et nous ne nous étendrons pas sur de plus longs détails sur la charpente des bois droits. Le lecteur étant arrivé à cette dernière planche, après avoir compris les planches précédentes et suivi exactement ce volume, pourra exécuter sans difficulté toutes sortes de travaux de charpente, tels qu'ils pourraient se présenter, sans qu'il soit embarrassé du moindre détail. Je saurai gré au lecteur arrivé à ce but, et l'engage à propager le trait en favorisant de ses leçons l'ouvrier désireux de s'instruire ; par tous ces moyens nous soutiendrons notre métier en expulsant la négligence, ce puissant mobile de l'ignorance qui, par malheur, s'est déjà introduit dans notre corporation.

E. Delataille

ÉTUDES SPÉCIALES DÉMONTRANT LA MANIÈRE D'OBTENIR LE PLAN D'UN CERTAIN NOMBRE DE LIENS DE PENTES ET DE CROIX, DE MANIÈRE A CE QU'ELLES SE CROISILLONNENT TOUTES ENSEMBLE ET EN LIGNE DROITE UNE FOIS EN PLACE.

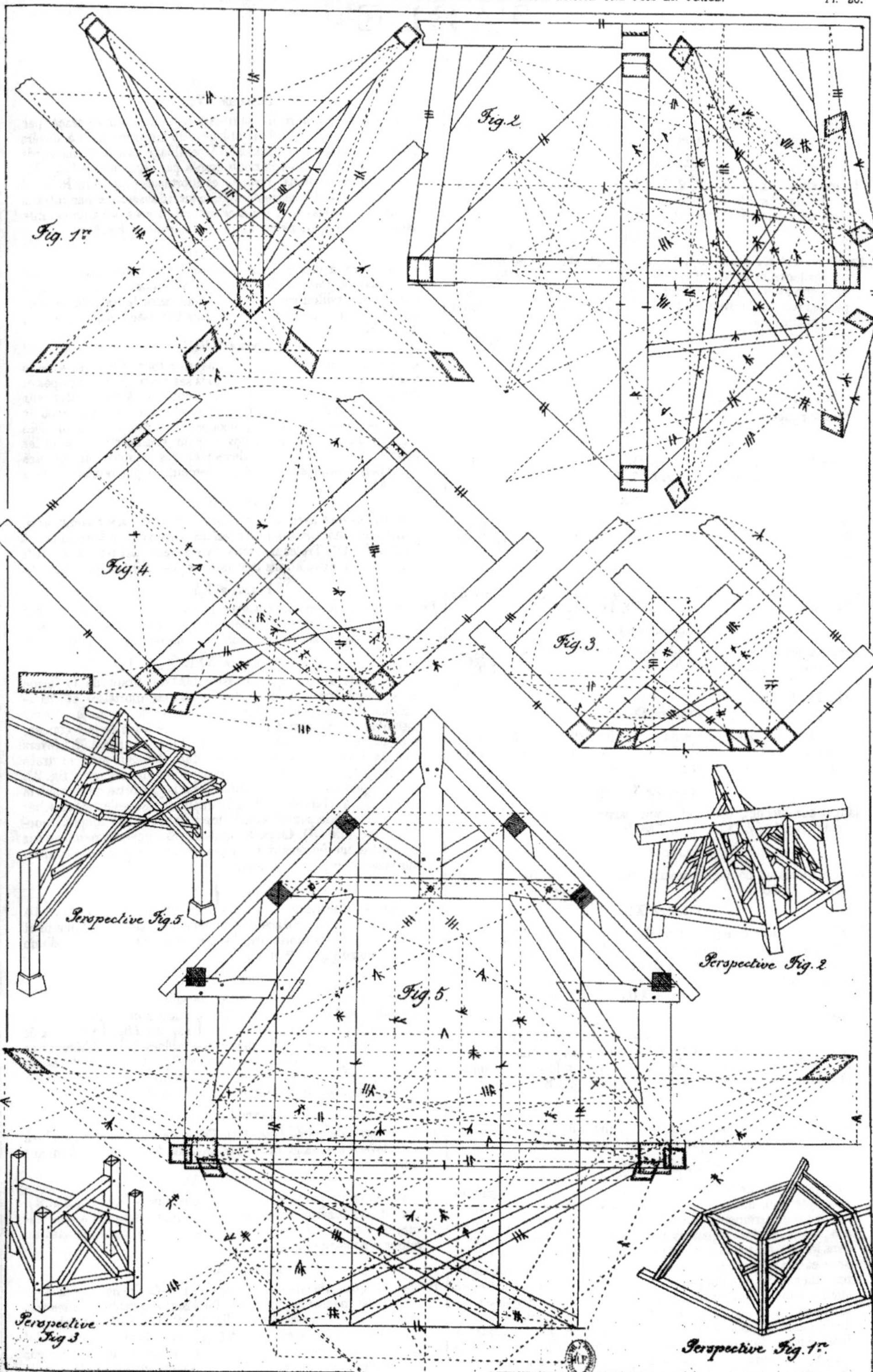

Imp. Juliot. Tours.

TABLE

PLANCHE Ire.

Combles de bâtiments (fig. 1re, 2, 3, 4 et 5). Hangar sur poteaux (fig. 6, 7, 8, 9, 10 et 11).

PLANCHE II.

Hangar sur poteaux (fig. 1re, 2, 3 et 4). Comble de tourelle en tour ronde (fig. 5 et 6). Tourelle octogonale (fig. 7, 8 et 9). Appentis dans un avant-corps (fig. 10 et 11).

PLANCHE III.

Pavillon carré sur tirant (fig. 1re, 2, 3 et 4). Manière de tracer les engueulements et déjoûtements de l'arêtier avec les arbalétriers ainsi que les barbes d'empanons (fig. 5). Tracé des empanons et pannes par rembarrements (fig. 6 et 7). Pavillon carré sur tirant dont chaque chevron porte ferme avec les petits aisseliers dans le grand (fig. 8). Tracé des tenons, mortaises et rampes (fig. 9 et 10). Pavillon carré à deux étaux (fig. 11).

PLANCHE IV.

Pavillon mansard sur tirant (fig. 1re, 2, 3, 4 et 5). Pavillon mansard sur jambe de force (fig. 6, 7, 8, 9 et 10).

PLANCHE V.

Comble formant un retour d'équerre (fig. 1re, 2, 3, 4 et 5). Pavillon avant-corps et pan coupé (fig. 6, 7, 8, 9, 10, 11 et 12).

PLANCHE VI.

Cinq épis avant-corps et queue de morue (fig. 1re, 2, 3, 4, 5 et 6). Pavillon carré à deux étaux sans faîtages (fig. 7, 8, 9, 10, 11 et 12).

PLANCHE VII.

Cinq épis sans faîtage (fig. 1re, 2, 3, 4, 5 et 6). Cinq épis queue de morue sans faîtage (fig. 7, 8, 9, 10, 11 et 12).

PLANCHE VIII.

Comble mansard avec tour ronde sur le devant et tourelle octogonale droite en raccord sur l'arêtier (fig. 1re, 2, 3, 4, 5, 6, 7, 8, 9, 10, 11 et 12). Arêtier rompu par un pan coupé circulaire (fig. 13, 14, 15 et 16.

PLANCHE IX.

Comble droit de biais à faîtage de pente (fig. 1re, 2, 3, 4, 5, 6 et 7). Comble mansard de biais à faîtage de pente en raccord sur l'arêtier d'un pavillon droit (fig. 8, 9, 10 et 11).

PLANCHE X.

Hangar sur blochet, croisé avec une partie aiguë, avec sablière de pente (fig. 1re, 2, 3, 4, 5, 6, 7, 8, 9, 10 et 11).

PLANCHE XI.

Hangar moisé sur poteaux formant retour d'équerre (fig. 1re, 2, 3, 4, 5, 6, 7, 8 et 9).

PLANCHE XII.

Comble mansard croisé par un comble droit plus élevé, dans lequel est un pan coupé et une ferme d'angle dans l'arêtier pour le passage d'une cheminée (fig. 1re, 2, 3, 4, 5, 6, 7, 8, 9, 10, 11, 12, 13 et 14).

PLANCHE XIII.

Noulet droit (fig. 1re). Noulet mansard sur un comble droit (fig. 2). Noulet droit sur un comble mansard (fig. 3). Noulet dont les noues sont déversées suivant le lattis du vieux comble (fig. 4). Noulet biais (fig. 5). Noulet sur un arêtier (fig. 6). Noulet chanlatté (fig. 7). Noulet à forme couchée (fig. 8).

PLANCHE XIV.

Comble de lucarne à devers (fig. 1re). Comble de lucarne en éventail à devers plus haut que son comble (fig. 2 et 3).

PLANCHE XV.

Epures pour obtenir le tracé des coupes et des barbes des pannes ainsi que celui des empanons dans l'arêtier tracé sur la herse par des rembarrements (fig. 1re). Tracé des coupes et des barbes des pannes et des empanons avec les rampes de leurs mortaises dans les arêtiers tracés par alignements (fig. 2). Barbes des empanons et des pannes sur les noues tracées sur la herse par des rembarrements (fig. 3). Coupes des pannes et des empanons en barbes sur les noues tracées par alignements avec leur occupation sur les noues (fig. 4, 5, 6, 7 et 8). Manière de tracer l'engueulement des arêtiers et des contre-fiches, avec leurs déjoûtements et leurs rampes de mortaises, dans le poinçon tracé par alignements (fig. 9). Assemblage d'une traverse et d'un lien dans un poteau de devers tracés par alignements (fig. 10).

PLANCHE XVI.

Assemblage d'une croix de saint-André dans l'arêtier tracé par alignements (fig. 1re). Assemblage d'un empanon biais à devers tracé par alignements (fig. 2). Assemblage des liens mansards dans l'arêtier et dans la noue tracés par alignements (fig. 3). Tracé des occupations, rampes et mortaises (fig. 4). Raccord d'un comble droit avec un comble mansard assemblés par entraits dévoyés avec aisselier, par face aplomb, tracés par alignements avec leurs occupations et rampes de mortaises (fig. 5).

PLANCHE XVII.

Pavillon carré à devers tracé par rembarrements avec tous ses assemblages, rampes de mortaises et occupations des coupes (fig. 1re). Pavillon carré à tous devers, avec le tracé des coupes des rampes et des mortaises de tous ses assemblages (fig. 2, 3, 4 et 5).

PLANCHE XVIII.

Branches de noue à tous devers dans un retour d'équerre avec le tracé de ses devers de pas et de tous ses assemblages, rampes et mortaises (fig. 1re et 2). Croix de saint-André assemblées sur une noue à devers, au faîtage et au chevron de ferme avec le tracé de toutes les coupes, occupations, rampes et mortaises (fig. 3). Ferme d'angle à devers pour soulager l'arêtier et les pannes, avec le tracé des devers et des coupes, rampes des mortaises et occupations par alignements et par rembarrements (fig. 4).

PLANCHE XIX.

Tréteaux à devers avec le tracé des coupes de ses assemblages, rampes des mortaises dont les tenons traversent le bois de face à l'autre (fig. 1re). Tréteaux à tous devers tracés par rembarrements (fig. 2). Tréteaux à tous devers tracés par alignements (fig. 3).

PLANCHE XX.

Ferme couchée à tous devers avec le tracé de toutes ses coupes (fig. 1re). Pavillon carré assemblé avec des liens de pente à devers et par face aplomb, tracé par rembarrements (fig. 2).

PLANCHE XXI.

Lien de pente à face aplomb assemblé du tirant de la ferme à la panne avec le tracé de ses coupes mortaises et occupations de bois, etc. (fig. 1re). Lien de pente à devers assemblé du poinçon à la panne, avec le tracé de ses coupes, rampes, mortaises, etc. (fig. 2). Lien de pente à devers soutenant la bascule des pannes d'un hangar avec le tracé des coupes, rampes, mortaises, occupations de bois, etc. (fig. 3). Lien de pente à devers assemblé dans la jambette de ferme à la panne (fig. 4). Lien de pente à face aplomb assemblé sur l'aisselier d'une ferme à la panne, avec le tracé de toutes les coupes, mortaises, etc. (fig. 5). Croix de saint-André à devers assemblée sur le tirant d'une ferme aux deux pannes avec le tracé des coupes, mortaises, rampes et occupations de bois (fig. 6).

PLANCHE XXII.

Trépieds assemblés avec des croix de saint-André, à devers et à tous devers, avec le tracé des coupes et des barbes, l'alignement et les rampes des mortaises, les tenons traversant le bois d'une face à l'autre (fig. 1re et 2).

PLANCHE XXIII.

Tréteaux assemblés avec des croix de saint-André tout par face aplomb ; tracé des coupes, mortaises, rampes de mortaise, entrée et sortie des tenons sur les faces du bois, etc. (fig. 1re). Croix de saint-André gauche à tous devers assemblées de la sablière d'une croupe biaise avec deux arbalétriers (fig. 2). Croix de saint-André gauche, faisant lattis au croisillon (fig. 3). Croupe sur un angle raccordée par des sablières de pente (fig. 4).

PLANCHE XXIV.

Pavillon carré de pente (fig. 1re). Croix de saint-André gauche à tous devers assemblé dans un trépied de pente et rampant (fig. 2).

PLANCHE XXV.

Pavillon carré de pente et rampant à tous devers (fig. 1re, 2 et 3). Comble de lucarne en éventail de pente et rampant à tous devers plus haut que son comble, placé sur une noue formant un retour d'équerre (fig. 4.)

PLANCHE XXVI.

DIVERSES ÉTUDES SPÉCIALES. — Croix de saint-André assemblée dans deux liens mansards (fig. 1re). Piédestal assemblé avec des traverses et croix de saint-André (fig. 2). Quatre pieds aplomb avec traverses et croix de saint-André (fig. 3). Croix de saint-André dans un quatre-pieds sur une traverse rampante (fig. 4). Hangar sur poteaux avec des croix de saint-André supportant la bascule des pannes (fig. 5).

Tours, imp. JULIOT, rue Royale, 53.

ART
DU TRAIT PRATIQUE
DE CHARPENTE

PAR ÉMILE DELATAILLE

1er prix, médaille d'or de 1re classe

MEMBRE DE L'ACADÉMIE NATIONALE

Dédié à M. Félix LAURENT, directeur de l'École régionale des Beaux-Arts, de Dessin et de Stéréotomie à Tours

TROISIÈME PARTIE

BOIS CROCHE

ESCALIERS EN TOUS GENRES, PONTS EN PIERRE ET EN BOIS, PASSERELLES, CINTRES POUR DES VOÛTES DE TOUTES SORTES, ET POUR TOUS GENRES DE CONSTRUCTIONS.

TROISIÈME ÉDITION

PRIX BROCHÉ : 15 FRANCS, DANS TOUTE LA FRANCE

Pour toute demande s'adresser à M. ÉMILE DELATAILLE, Professeur du trait à Tours.

PROPRIÉTÉ DE L'AUTEUR-ÉDITEUR E. Delataille

TOURS, IMP. LITH. CH. GUILLAND.

PRÉFACE

En étudiant les planches de ce troisième volume, le lecteur remarquera que je n'ai négligé aucun détail pour donner les explications textuelles et pratiques dans les vrais termes usités et connus de tous les charpentiers; aussi je l'engage sérieusement à ne pas être trop ambitieux, c'est-à-dire à ne pas parcourir ce traité à tort et à travers, mais au contraire à commencer par la première planche, et à ne l'abandonner qu'après l'avoir bien comprise, continuant de même à la suite ; c'est ainsi qu'il arrivera à une bonne fin.

Ce traité est spécialement destiné à l'étude des escaliers en tous genres et de toutes formes, en bois et en pierre de taille, pour les cintres de caves, voûtes de toutes natures, ponts en bois et en pierre, pour une infinité de cintres tracés de différentes manières, etc.

L'origine des escaliers se perd dans la nuit des temps, et il n'est pas possible d'en préciser l'époque; quant à l'escalier proprement dit, et dans le sens absolu du mot, l'étude des principes et les progrès de l'art ont amené la perfection de ces modèles de différents genres, qui font la beauté et le mérite de ce travail, dont la connaissance est indispensable à tout ouvrier jaloux de son métier.

Les premiers moyens qu'employaient les anciens peuples de l'Asie pour gravir les hauteurs de leurs monuments, étaient des labyrinthes rampants et circulaires, appuyés aux parties extérieures et quelquefois à l'intérieur des édifices; parmi ces sortes d'ouvrages, je citerai le labyrinthe qui est dans l'intérieur de la grande tour du château d'Amboise, en Touraine, et au moyen duquel on peut gravir en voiture la hauteur de la tour; ce qui peut donner une idée parfaite de ce mode d'ascension. Plus tard on construisit des escaliers avec marches en maçonnerie pleine; enfin les premiers escaliers en bois furent, sans contredit, ce que l'on nomme échelle de meunier. Lorsque se développèrent les principes appliqués au travail du bois courbe, c'est alors que parurent les premiers escaliers à noyaux, etc., etc.

Les premiers peuples de l'Asie, les Chaldéens, chez eux surtout naquirent les sciences et les arts, principalement l'art de la construction et le bon goût des monuments, dans les premiers temps, ne connaissaient aucun moyen pour employer le bois croche; ils n'avaient dans leurs constructions, ni cintres, ni voûtes, ni dômes proprements dits.

Les premiers Égyptiens ne connaissaient point non plus ce genre de travail, quoique très-avancés dans l'art de bâtir; leurs palais, leurs temples avaient des portiques avec des colonnes sur lesquelles étaient soutenues des pierres d'un seul bloc, qui supportaient les parties intérieures et celles saillantes à l'extérieur de leurs édifices. Tel était ainsi construit le palais de Sésostris, qui avait à son entrée principale deux obélisques, monuments quadrangulaires en forme d'aiguille; sur leurs surfaces étaient gravées en caractères hyérogliphiques les actions les plus remarquables des grands hommes de cette époque.

La ville de Ninive ni aucun des monuments assyriens n'avaient de parties cintrées ou voûtées. Dans l'Asie-Mineure naquit la première idée des voûtes dites en cul-de-four, et dont le genre existe encore dans les pays orientaux: cette construction est dite à la mauresque. Ces voûtes étaient en briques cuites superposées horizontalement et en saillie de quelques centimètres, et suivant un plan circulaire successivement jusqu'à la fermeture de la voûte ; de là l'idée que l'extrémité des lignes droites, portées parallèlement en avant les unes sur les autres, à des distances déterminées, donnaient des courbes régulières. Ces principes furent étudiés et donnèrent des résultats qui furent appliqués au travail du bois courbe, et cette partie de la charpente se développa; de là les cintres, les voûtes, dômes, coupoles, etc.,

Enfin, l'étude du travail concernant le bois croche est devenu indispensable pour tous les charpentiers, et le présent traité en donne la démonstration. Le lecteur trouvera dans mon quatrième volume le complément de cet important ouvrage; il se composera de vingt-six planches, et chaque planche renfermera plusieurs figures.

N'eussé-je réussi, en publiant cet ouvrage, qu'à diminuer pour quelques-uns de mes confrères le nombre si grand des difficultés qu'offre l'exercice de leur profession pénible et difficile; bien au-delà de ce qu'on croit ou dit le public, que je m'estimerai heureux de ce résultat, et bien dédommagé du travail et des soins que j'y ai consacré.

ÉMILE DELATAILLE, C.·. G.·. D.·. D.·. D.·. L.·.

Né à Chambourg (Indre-et-Loire), le 12 août 1848.

FIGURE 1 — PLANCHE 1

ÉCHELLE DE MEUNIER. ÉCHELLE DOUBLE. ESCALIER AUTOUR D'UNE COLONNE.

Les escaliers dit échelle de meunier sont composés de deux montants droits et placés d'une façon inclinée, c'est-à-dire penchés selon la pente que l'on juge à propos de donner à l'escalier. Les montants, dit limons, sont destinés à supporter les marches qui terminent la complication des dites échelles; ces dernières sont assemblées dans les limons au moyen d'un tenon et d'un embrèvement carré. Ces genres d'escaliers sont très-souvent employés pour le service des caves, ce qui fait que dans ce cas on les nomme poulains; ils servent aussi pour le service des greniers, ainsi que pour les étages supérieurs des magasins destinés à recevoir des marchandises encombrantes; ils sont plus généralement employés dans les moulins, servant à monter et descendre les sacs de blé et de farine; c'est pour ce service qu'elles furent inventées, ce qui leur valut le nom d'échelle de meunier.

Manière d'opérer.

On commence par faire paraître deux lignes d'équerre, dont la première est marquée A et la deuxième B; sur cette dernière on porte la hauteur de l'étage que doit desservir l'escalier, indiqué par la ligne C. Ceci étant fait, on divise cette hauteur en certaines parties égales au nombre de marches que l'on veut donner au dit escalier; on obtient ce nombre par le moyen de la hauteur de chacune d'elles, qui ne peut être fixée que d'après le service de l'escalier; c'est-à-dire que si l'on doit y passer constamment avec des fardeaux assez lourds, pour en faciliter l'ascension on donne le moins de hauteur possible à chaque marche, qui doit être de 15 à 16 centimètres au plus. Dans ce cas, les marches doivent avoir une largeur de 20 à 25 centimètres, afin de monter à pied ferme. Si, au contraire, le service n'exige pas qu'on y passe des fardeaux, les hauteurs peuvent varier depuis 16 centimètres jusqu'à 22, et en largeur de 12 jusqu'à 20; la largeur des marches fixe la retombée des limons, et la longueur de l'échelle fixe l'épaisseur qui peut varier depuis 4 centimètres jusqu'à 10 centimètres, après la division des hauteurs sur la ligne B; de ces points on mène des lignes de niveau parallèlement à la ligne de base A, comme il est indiqué par numéros jusqu'au nombre de huit; ensuite on place les pièces de bois destinées à faire les limons sur ligne et suivant le rampant que l'on veut donner, en observant un about à la tête. Comme il est indiqué sur le plan, la ligne du dessus du limon marquée D, étant placée, on plombe ces dernières lignes sur la face du limon, ce qui donne le tracé du dessus des marches; ensuite on porte leur épaisseur en dessous, comme il est figuré, ce qui donne le tracé des mortaises et des entailles. Pour opérer juste, on commence d'abord par préparer les marches qui doivent avoir pour longueur la largeur de l'escalier, indiquée figure 2, et la largeur indiquée figure 1re, numéro 5. Ces marches se débitent généralement dans des planches d'une épaisseur de 3 à 4 centimètres; on a le soin de les débiter 2 centimètres plus longues, afin de rafraîchir le bout des tenons après les avoir assemblés; ensuite on les dégauchit toutes sur la face du dessus, qui doit être la plus belle, tout en ayant soin d'enlever le moins de bois possible afin de leur conserver leur épaisseur, surtout sur le devant. Ensuite on les égalise d'épaisseur en se basant sur la plus faible; on dresse la face du devant et on laisse brute celle du derrière. Ceci étant fait et les limons préparés comme il a été dit plus haut, on place ces derniers sur deux traiteaux ou sur deux chantiers; puis l'on prend les marches par numéro et l'on les présente le bout de chacune d'elles sur les faces des limons et à son numéro, en faisant bon la face du dessus sur la ligne déjà tracée, et l'on trace les dessous avec un crayon ou la pointe d'un compas; on renvoie ces traits d'équerre sur l'autre face afin d'avoir la sortie des mortaises qui se trouve, comme il est indiqué, sur la face du limon figurée sur le plan figure 1, ainsi que l'encastrement des marches qui doit être d'une profondeur de 10 à 15 millimètres, et comme il est indiqué sur le plan figure 2, et qu'il faut avoir soin d'observer en traçant l'enrasement des marches; pour le tracé des tenons on présente une des marches en bout sur une des faces des limons, telle qu'elle doit s'assembler, en plaçant l'arête du devant du dessous de la marche sur l'arête de dedans du limon. Ensuite on trace sur chacune des faces de la marche les lignes du tracé de la mortaise, que l'on mène ensuite parallèlement au devant de la marche dessus et dessous au moyen d'un troussequin pointé sur ces derniers points sur chacune des faces, et l'on obtient ainsi le tracé des tenons. L'escalier étant assemblé et chevillé, on delarde le derrière des marches suivant le dessous des limons; les faces du devant restent aplomb, on abat simplement le coin de la marche en forme de gorge suivant la face du dessus des limons.

FIGURE III.

ÉCHELLE DOUBLE.

On nomme échelle double une échelle buttée par le moyen de deux supports assemblés par des traverses et reliés à la tête par deux tourillons à la traverse supérieure qui lui permet de se plier. Une tringle en fer adoptée au limon par un piton à boucle formant charnière, un crochet à l'autre extrémité s'engageant également dans un piton à boucle, en maintient l'écartement. Ces sortes d'échelles sont généralement très-utiles pour les nettoyages des magasins, des vitres, pour atteindre des marchandises placées sur des tablettes à une certaine hauteur, pour les jardiniers pour tailler les arbres, etc., etc.

Manière d'opérer.

On commencera par faire paraître la ligne A que l'on adopte pour ligne de base; ensuite on tire la ligne B d'équerre à cette première, sur laquelle on porte la hauteur indiquée par le point C. On fait paraître la rampe des limons comme il est vu par la ligne D, qui indique la face du dessus, ensuite celle du dessous, comme il est figuré. On continue par diviser le nombre des marches, comme il a été fait figure 1re, comme elles sont indiquées et par numéro; par ce moyen on obtient le tracé des entailles et des mortaises. La tête de cette échelle est recouverte d'une plate-forme dont l'épaisseur, étant portée au-dessus de la ligne C, sert à donner l'enrasement de la tête des montants sur lesquels elle repose. Ayant plus de largeur que les marches, elle est maintenue sur le derrière par une console consolidée dans chacun des montants et dans lesquels est assemblée en tourillon la traverse de tête des montants du derrière, dont le tracé en est indiqué figure 4. Il faut observer que lesdits tourillons s'engageant dans les consoles doivent avoir un peu de jeu afin de pouvoir fermer et ouvrir à volonté. La figure 5 est la herse ou développement de la face du devant qui sert à donner la longueur de chaque marche, le tracé de leur coupe de tête ainsi que la sortie de leurs mortaises sur la face du dehors des montants. Pour faire la herse, on mène la ligne E parallèlement à la ligne D, ainsi que la ligne G carrément à ces deux dernières, et l'on figure ensuite les montants sur la herse de chaque côté de la ligne E, proportionnellement à la largeur de l'échelle et de l'empattement que l'on veut donner, tel qu'il est indiqué dans le plan par la lettre F. Ensuite on porte sur ces derniers le dessus et le dessous des marches que l'on prend sur la ligne D, comme il est indiqué par des simblots du côté droit de la figure. A ces points on mène des lignes d'équerre à la ligne E et l'on obtient ainsi les marches sur la herse comme elles paraissent chacune par leurs numéros. Pour obtenir le tracé des entailles, celui des mortaises et des tenons, l'opération est la même que celle qui a été démontrée figure 1re, sauf que dans ce plan-ci les marches diffèrent de largeur par rapport à l'empattement de l'échelle; leurs longueurs se prennent sur la herse comme il a déjà été dit, puis l'on placerait une sauterelle le manche sur une des marches et la lame suivant l'empattement de l'un des montants, ce qui donnerait leur coupe de tête ainsi que l'alignement des marches sur les champs des montants qui servent à tracer les entailles ainsi que la sortie de leurs mortaises sur les faces extérieures. Pour ce dernier tracé, c'est-à-dire pour celui des montants, l'opération indiquée serait très-juste; mais pour les marches, il y aurait une différence très-sensible; la face du devant étant aplomb on ne peut se servir de ce système, il faudrait pour cela que la marche soit délardée suivant le rampant; par conséquent il est utile que je donne le principe. On prend avec une règle la hauteur totale de l'échelle sur la ligne B, figure 3, que l'on porte sur la ligne E, figure 5, partant de la ligne de base G; à ce point l'on mène parallèlement aux lignes des marches la ligne H sur laquelle on mène carrément le point ou une des faces d'un des montants joint à la tête de la herse, et de là on tente une ligne où la même face du montant fait intersection avec la ligne de base G, comme il est vu par la ligne P. Cette dernière sert à placer la lame de la sauterelle et le manche suivant la ligne G, et par ce moyen on obtient la coupe très-juste sur l'aplomb du nez de chaque marche.

FIGURE VI.

ESCALIER TOURNANT AUTOUR D'UNE COLONNE.

Cet escalier est ordinairement construit dans une cage carrée située dans la partie extérieure d'un avant-corps. On le place ainsi dans le but de n'endommager aucune des pièces de l'appartement. On pénètre dans cet escalier par le moyen de deux portes situées en face le palier de l'escalier, tel qu'il est vu sur le plan.

Manière d'opérer.

On commence par faire paraître les faces intérieures des murs de l'avant-corps, comme il est indiqué par les deux lignes A que l'on tire carrément l'une avec l'autre. Si parfois il y avait du biais, il faudrait prendre avec une fausse équerre et le rapporter sur le plan. Ceci étant fait, on mène les lignes B parallèlement aux deux premières, et la distance fixée pour la grandeur de la cage de l'escalier, on fait paraître la vue debout de la colonne au milieu de la cage, tel qu'elle est figurée sur le plan. Après cela, on fixe la marche du départ et celle de l'arrivée à la distance fixée pour la grandeur du palier, dont la première marquée n° 1 et la dernière n° 14; cette dernière comprend la plaquette d'arrivée qui fait le niveau du plancher et rainée avec le palier. L'alignement de la première et de la dernière marche ne tente pas au centre; on les arrondit de manière à ce qu'elles s'assemblent d'équerre dans la colonne, on divise ensuite le milieu carrément aux faces des murs et celle de la colonne; à ce point, on décrit avec un compas la ligne C qui est le milieu de l'emmarchement, sur laquelle on fait la division des marches selon la hauteur de l'étage que l'on a soin de prendre très-juste du dessus du parquet au-dessus du parquet du premier. La hauteur étant ainsi sur une règle, on opère comme il est indiqué à gauche de la figure sur l'échelle de hauteur. Je trouve 14 hauteurs, ce qui me fait 13 marches non compris la plaquette; mon nombre de marches fixe mes divisions sur le cercle marqué en plan C, ce qui donne 13 parties égales que l'on tente au centre de la colonne, et l'on obtient ainsi le nez des marches, comme elles sont figurées par numéros. Je fais observer ici au lecteur une chose très-essentielle sur ce qu'il vient d'être fait, c'est-à-dire que les hauteurs ne doivent jamais varier que de 15 centimètres à 18 au plus, dont la moyenne est de 16 et demi; la largeur des marches sur le plan, non compris l'astragale qui doit être de 3 et demi à 4 centimètres, doit avoir de 22 à 24 centimètres. Si, par exemple, après le balancement fait, les marches n'avaient que 21 centimètres de large, on augmenterait les hauteurs chacune de 1 centimètre, de sorte que 17 hauteurs, par exemple, feraient 17 centimètres, ce qui gagnerait une hauteur de contre-marche, par conséquent une marche en moins, ce qui ferait 21 centimètres divisés en 16 marches. L'opération faite, les marches auraient une largeur de 223 millimètres. On opère de la même manière lorsqu'elles sont trop larges, c'est-à-dire qu'au lieu de diminuer d'une hauteur et de supprimer une marche, on augmente d'une hauteur et d'une marche.

FIGURE VIII.

ÉTABLISSEMENT DES MARCHES

Les marches se tracent tel qu'il est indiqué à la marche 3, figure 8, conforme et exact au plan de chaque marche; on ajoute derrière, en plus large, la saillie du giron, de sorte que la contre-marche se cloue derrière la marche: si elle se posait dessus, il faudrait observer l'épaisseur de la contre-marche en plus, et la contre-marche aurait en moins de largeur l'épaisseur de la marche. Mais, en général, pour tous ces genres d'escalier les contre-marches se clouent derrière et descendent jusqu'au-dessous de la marche, à moins que ce soit pour des escaliers à onglet, demi-onglet et à courbe, à cause de la saillie du derrière qui forme un retour dans le jour. Pour tracer les marches on prépare le bois qui est destiné pour les faire; on donne un coup de rabot sur le dessus de la planche, du côté du devant, afin de découvrir l'aubier, puis on donne un trait qui indique le bois à enlever, de sorte qu'il ne reste plus d'aubier; ensuite on place la planche sur le plan, et la ligne qui vient d'être faite sur l'aplomb du nez de la marche que l'on veut tracer; et l'on trace le nez de la marche suivante aplomb sur la planche et l'on reporte en plus la saillie du giron. On trace ensuite l'aplomb de la face de la colonne et on laisse 2 centimètres plus long pour l'encastrement; on plombe également la ligne des remurs; à ce dernier on laisse 3 centimètres en plus de longueur que l'on coupe ensuite au levage, dans le cas où les murs ne seraient pas droits ou variation quelconque. Si l'espace du terrain où est faite l'épure ne permettait pas de mettre les planches d'où sont tirées les marches dans toute leur longueur sur ligne, on opérerait, comme il est dit plus haut, par le moyen des simblots, comme il est indiqué figure 7, le tracé de la marche 2, et la figure 8 qui indique le tracé de la marche 3; les simblots dont il est parlé pour faire le tracé sont indiqués sur le plan de chaque marche et sur leur figure; je ne donne aucun détail à ce sujet, la chose est si vulgaire que le lecteur lui-même comprendra et se rendra compte facilement. La saillie des marches qui forment le giron est arrondie en dessous en forme de quart de rond, les marches reposent sur les contre-marches, ces dernières s'engagent dans les marches par le moyen d'une rainure au-dessous avec un filet carré, comme il est indiqué sur l'épure. Aussitôt les marches travaillées, il est bon de les repasser sur ligne dans le cas où il se ferait que quelque petite erreur ou variation aurait été commise dans le premier tracé.

Tracé de la colonne.

On commence par préparer une pièce de bois que l'on arrondit à la grosseur fixée sur le plan; elle doit avoir pour longueur la hauteur de l'étage plus 80 centimètres, pour qu'elle puisse recevoir la main-courante du palier d'arrivée; si l'escalier était surmonté de plusieurs étages, elle aurait en plus la hauteur des étages suivants; l'arrivée serait toujours la même; dans le cas où la hauteur des étages varierait, l'opération est la même qu'il est démontré ci-dessus. La colonne étant préparée, on la coupe d'équerre d'un bout et on la pose debout sur le plan, telle qu'elle doit aller, en ayant soin de mettre la belle face du côté apparent; ensuite on pointe avec un compas toutes les lignes du nez des marches autour de la colonne; cela fait, on la couche et l'on jette une ligne à chaque point tout le long, en ayant soin de repérer celui de la première qui sert de guide pour tracer les suivantes; on prend ensuite la règle où l'on a divisé les hauteurs des marches et on la pose sur la colonne en faisant bon au pied, et l'on fait un point à chacune des hauteurs que l'on tire ensuite d'équerre à la colonne tout le tour ce qui donne le dessus des marches et pour tracer leur encastrement on les présente chacune à leur numéro d'ordre en commençant par la première, on fait tenter le devant de la marche à la ligne aplomb et on trace dessous avec la pointe d'un compas et les encastrements sont tracés, ensuite on porte 3 centimètres en arrière de la ligne aplomb du nez de chaque marche, ce qui donne le devant des contre-marches; on porte leur épaisseur en arrière et l'encastrement est tracé tel qu'il est indiqué sur la figure 13, qui n'est autre chose que la colonne développée; sur la colonne, à une hauteur de 75 centimètres, on fait un refeuillement qui laisse une partie ronde au milieu avec une gorge au dessous qui sert de main-courante.

Établissement des crémaillères.

Les crémaillères se font généralement avec des planches de chêne, même avec des dosses, autrement dit des levûres de pièces; pour les établir on fait paraître leur épaisseur sur le plan, et l'on porte en arrière du nez de la marche la saillie et l'épaisseur de la contre-marche parallèle à la ligne du nez des marches par le moyen d'un réglet tiré de largeur, comprenant la saillie et l'épaisseur de la contre-marche, tel qu'il est figuré sur le plan. L'intersection de ces lignes avec le dedans de la crémaillère sont des points de départ pour l'élévation de la crémaillère, comme il est démontré sur l'épure, pour faire ces élévations on tire des traits carrément à ces premières, à la distance fixée pour la hauteur des contre-marches et l'on obtient ainsi les élévations et les crans des marches comme ils paraissent marqués chacun par leur numéro. Ceci étant fait, l'on ouvre un compas à la distance que l'on veut laisser de bois en dessous de la crémaillère, qui est généralement de 7 à 8 centimètres, puis on fait un simblot au-dessous de chaque cran et, avec une règle flexible, on fait un trait passant sur chaque simblot et le dessous est tracé. On remonte ensuite les rémurs qui servent de guides lorsque l'on met au levage; on remonte également la face du dessus des crémaillères, ce qui sert à tracer leurs entailles telles qu'elles paraissent tracées sur l'élévation de chacune; pour que les dessous s'affleurent ensemble on porte la même retombée sur chacune des lignes de jonction des crémaillères en plan; ces dernières lignes sont marquées chacune d'un trait raménerait. Les élévations étant ainsi faites, on pose la planche destinée sur l'élévation, on fait bon d'un bout et sur le trait du dessus, et si parfois les planches n'étaient pas assez larges, on rapporterait de petits écoinçons sur les crans qui n'arriveraient pas à leur carré. Les planches étant ainsi placées, on plombe les lignes de contre-marches et du dessus des marches, les remurs et la jonction des faces du plan des crémaillères pour le tracé des entailles, pour tracer le démégrissement et le rengraissement du cran des contre-marches, on le remonte carrément sur l'élévation que l'on trace sur le dessous et que l'on rembarre ensuite avec les traits du dessus et le tracé en est fait. Je fais observer ici qu'il faut que le cran de la première marche soit diminué en hauteur de l'épaisseur d'une marche, de sorte que le tracé de la marche sur la crémaillère fasse le dessous de toutes les marches. Les élévations doivent toujours être faites comme il est vu sur l'épure couché sur sa face invisible, c'est-à-dire que le tracé doit toujours être du côté de la face apparente et, pour les mettre au levage, il est préférable de commencer par le haut car, s'il y a un peu de variation dans les murs, on est beaucoup plus sûr d'arriver juste : pour cette observation, le lecteur restera libre de l'exécuter à son choix.

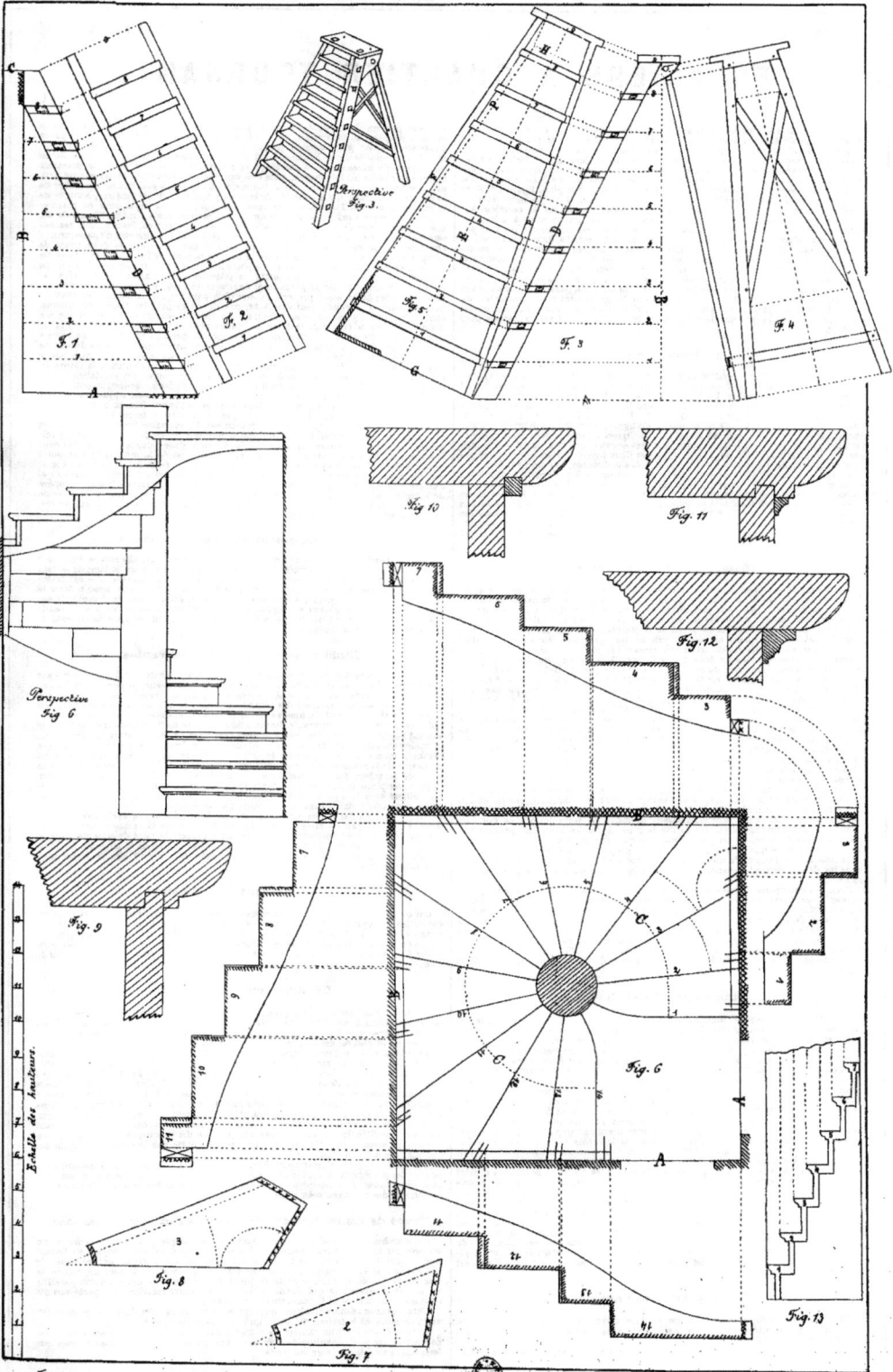

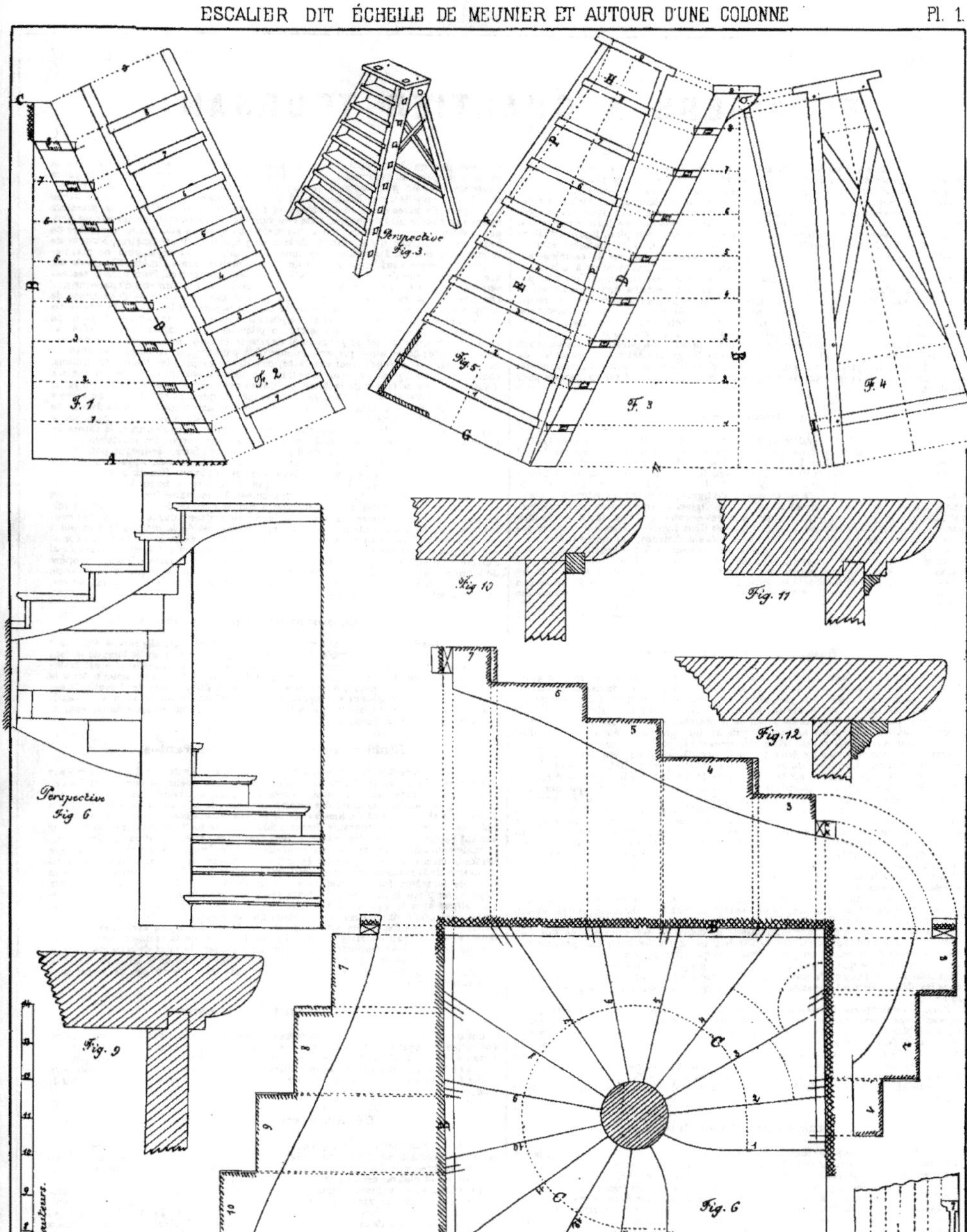
Perspective
Fig. 3.
F. 1
F. 2
Fig. 5
F. 3
F. 4
Perspective
Fig 6
Fig 10
Fig. 11
Fig. 12
Fig. 9
Fig. 6
Echelle des hauteurs
Fig. 8
Fig. 7
Fig. 13

ESCALIERS A QUARTIER TOURNANT

Les escaliers dits à quartier tournant ne peuvent être placés que dans un angle; ils sont composés de deux limons qui forment ensemble sur leurs plans une partie d'équerre; ils n'ont généralement qu'un seul étage; ils sont très-souvent utilisés à desservir les greniers, ou dans les magasins où le rez-de-chaussée est destiné à recevoir des marchandises et dans lesquels il existe un étage supérieur. Dans cet emploi, les escaliers exigent plutôt de la simplicité et de la solidité que du luxe; dans ce cas, on les appareille avec des poteaux, comme il est indiqué sur le plan, figure 1re. Dans le premier poteau est assemblé le pied du premier limon, et la première marche s'assemble dans les deux. Le deuxième poteau descend jusque sur le carrelage sur lequel repose l'escalier; il monte également au-dessus des limons jusqu'à la hauteur fixée pour recevoir les mains-courantes, qui s'assemblent ensuite dans le premier poteau et celui d'arrivée, ce troisième et dernier poteau s'entaille dans le soliveau de quelques centimètres proportionnellement à sa force. Le plan, figure 2, est le même que le premier, à l'exception que les poteaux sont remplacés par des noyaux recreusés. La première marche est massive et elle porte une tête arrondie sur laquelle s'assemble le pilastre destiné à maintenir le pied de la première main-courante; il est beaucoup plus élégant et offre plus de luxe par rapport à son pilastre et ses barreaux tournés, ses noyaux recreusés et allégis ainsi que les gorges des mains-courantes; du reste, sa situation l'exige, étant placé dans l'intérieur d'une habitation. Je ne donnerai ici aucun détail sur l'exécution de la figure 1re, ce dernier plan, figure 2, servira pour les deux.

Manière d'opérer.

On commence par faire paraître les deux lignes A et B d'équerre l'une avec l'autre, ensuite on fait paraître la ligne carrément au remur qui indique la face du devant du soliveau le long duquel est boulonnée la plate-bande d'arrivée. Ceci fait, on mène les lignes D parallèles aux remurs et la distance fixée pour la longueur de l'emmarchement de l'escalier, ce qui donne la face du dedans des limons, on porte ensuite leurs épaisseurs par des parallèles, comme il est figuré, on en fait de même à la plate-bande attendu que l'épaisseur est la même; les lignes marquées d'un trait ramènerait, indique le joint des limons et les faces des noyaux, que l'on décrit sur le plan par des simblots dont l'axe est à la jonction des deux lignes F, elles doivent être parues parallèlement aux plans des limons et à égale distance, qui ne peut être fixée que d'après la largeur que l'on veut donner aux noyaux, soit environ 13 centimètres, et selon la sujétion de l'escalier, l'épaisseur des limons de 5 à 6 centimètres. Les lignes du trait ramènerait parues sur le plan des limons indiquent le joint et les faces des noyaux. Ordinairement les joints se font de cette manière afin de laisser une partie carrée aux noyaux de 2 à 3 centimètres, afin que les barbes du dessous des limons et celle du pied des mains-courantes se raccordent mieux avec les noyaux. Pour la largeur des limons, le balancement donne leur largeur comme il est expliqué dans la planche précédente.

Balancement des marches.

On commence par faire paraître l'épaisseur de la contre-marche d'arrivée en avant de la face du soliveau du côté de la cage, on fait paraître ensuite la saillie de l'astragale ce qui donne le nez de la plaquette, on la cintre sur le devant de sorte qu'elle s'assemble carrément dans le noyau; on en fait de même à la contre-marche pour qu'elle soit parallèle à la saillie ou giron de la marche; cela fait, on fixe le nez de la première marche carrément au remur, puis on lui figure une tête ronde en saillie dans le jour sur lequel repose le pilastre recevant le pied du limon et de la main-courante: ensuite on mène les deux lignes E parallèlement au plan des limons et à la moitié de la face intérieure du mur, puis on les relie par un simblot du point d'axe des noyaux, comme il est vu sur le plan. Après la division des hauteurs, comme il a démontré planche 1re, on obtient 16 hauteurs de contre-marche, ce qui nous fait 15 marches non compris la plaquette qui fait 16; on continue par la division des marches sur le plan sur les lignes E qui est le milieu des marches, et toujours en partant du nez de la première marche à celui de la dernière; cette division doit être de quinze parties égales pour que toutes les marches soient d'égale distance au milieu de l'emmarchement; ces points étant portés, on commence par mener les premières marches parallèlement à la première jusqu'à une certaine distance du noyau où l'on juge à propos de commencer le balancement, tel qu'il a été fait dans ce plan-ci, jusqu'à la marche 3; ce tracé se fait généralement à deux avec un cordeau, et celui qui dirige a soin de se tenir du côté du jour afin de mieux voir l'ensemble du plan, et l'autre du côté du remur; ce dernier doit constamment tenir le cordeau sur les points du milieu. Les marches balancées doivent être diminuées sur les limons et les noyaux très-sensiblement de degré en degré jusqu'à ce que l'on arrive au milieu du noyau, puis on les augmente ensuite de degré en degré jusqu'à ce que l'on arrive au carrément, comme il est vu sur le plan; après les avoir fait paraître une fois, on a soin de se retirer un peu à l'écart, ce qui offre un coup d'œil plus avantageux, et s'il y en a quelqu'une que l'on juge à propos de faire vaciller un peu, soit d'un côté ou de l'autre, de manière à contenter l'œil et pour éviter les jartements dans les débillardements, ensuite on passe les lignes au crayon et le plan est terminé.

Nota. — Pour opérer le balancement des marches, il y a un principe spécial par le moyen d'une herse; tant qu'en ceci je ne suis pas d'avis d'en entretenir le lecteur d'autant plus que c'est une chose insignifiante, sur le rapport que pour se servir de la herse, il faut pour ainsi dire que l'escalier soit disposé exprès, c'est-à-dire qu'il faut qu'il n'y ait ni trop de partie droite ni trop de partie courbe, alors il est donc inutile d'en parler, car l'homme tant soit peu qu'il soit intelligent a bientôt fait d'en prendre le courant, et alors la herse ne serait qu'à peine faite que l'escalier serait fini de balancer, car c'est plutôt une affaire de coup d'œil et de goût que celui de la herse.

Établissement des limons.

Pour faire l'élévation des limons on mène des lignes carrément passant sur le nez des marches, l'on porte ensuite la hauteur des contre-marches par des lignes de niveau, au point où les rencontrent les premières données, on obtient ainsi le nez des marches en élévation. Après cela on fait paraître le dessus des limons, qui généralement est à 3 centimètres au-dessus du nez des marches: pour faire ce tracé on ouvre un compas à 3 centimètres, puis l'on fait un simblot sur le nez de chaque marche et, avec une règle flexible, on fait passer un trait sur les simblots et le dessus est tracé. Pour obtenir la retombée du dessous, on se fixe d'abord sur une des marches, la plus large, on lui fait paraître son épaisseur en dessous: on porte ensuite parallèlement à la ligne aplomb du nez de la marche, la face du devant de la contre-marche et son épaisseur en plus, et ensuite du dessous de la marche au derrière de la contre-marche, on y ajoute 3 centimètres en plus carrément au rampant, et par ce moyen on obtient le dessous des limons que l'on trace de la même manière que le dessus; on opérant ainsi on est persuadé d'avoir assez de bois sous ses limons pour recevoir l'assemblage des marches et des contre-marches. L'établissage du limon sur l'élévation se pose de manière à ce qu'il couvre bien tous les traits qui paraissent et faire de sorte qu'il ne reste pas d'aubier ni de flache principalement sur la face du dessus et mettre la plus belle face du côté apparent, c'est-à-dire du côté du jour. Etant ainsi placé, on plombe sur la face l'aplomb du nez des marches ainsi que le dessus, ainsi que la face des noyaux et du pilastre, ce qui sert à tracer les joints; ces lignes sont marquées d'un trait ramènerait; on trace ensuite le dessus et le dessous par le moyen précédemment indiqué; le pied du limon du départ s'assemble dans la marche massive et dans le pilastre; on lui laisse le bois nécessaire en dessous et en dessus afin de faire une partie cintrée venant se raccorder carrément au carrelage ainsi que le pilastre, tel qu'il est figuré sur l'élévation, figure 3, le tracé du deuxième limon est indiqué par la figure 4.

Établissement des noyaux.

La figure 10 indique l'élévation du premier noyau, et la figure 11 celle du deuxième; ces élévations se font de même que celles des limons, comme il est démontré par les deux figures.

Dans l'exécution pratique on n'a nullement besoin de faire paraître l'élévation, d'autant plus qu'elle ne peut servir que pour donner la longueur. D'ailleurs, voici la manière d'opérer au plus vite et au plus juste : comme le premier noyau de ce genre d'escalier descend généralement jusque sur le carrelage, on fait un patin, on assemble une semelle d'une hauteur de 12 à 15 centimètres et de l'épaisseur du limon qui repose de niveau sur le carrelage et s'assemble dans la tête de la première marche et dans le pied du noyau, puis l'on termine par clore cette partie par un panneau, indiqué figure 3. Pour avoir la longueur du noyau on additionne le nombre de hauteurs de marche qui s'assemble dedans en y ajoutant 80 centimètres, hauteur de la main-courante, et l'on obtient sa longueur, soit, par exemple, pour ce premier noyau je compte neuf hauteurs, soit de 17 centimètres, égale 1 mètre 53, ajoute 80, me donne un total de 2 mètres 33 centimètres, ainsi des autres. Pour faire le recreusement, on fait un petit panneau avec une planche de 1 centimètre d'épaisseur que l'on pose sur la vue debout du noyau en plan et que l'on trace de deux coups de compas et que l'on présente ensuite sur le bout de la pièce de bois destinée à faire les noyaux, et l'on trace l'intérieur et l'extérieur; il faut avant de tracer avec le panneau dégauchir la face principale des joints ou jeter deux lignes aplomb rembarrées par bout pour pouvoir placer le panneau juste, on le recreuse premièrement et on l'arrondit ensuite; étant ainsi préparé, on leur fait paraître sur le dehors l'aplomb du nez des marches parallèlement aux faces, ensuite on prépare les tenons des limons, comme ils sont figurés sur leur élévation. Le décollement qui existe au milieu n'a d'autre but que de laisser de la force au noyau pour éviter qu'il se fende; on laisse une languette d'environ 1 centimètre pour empêcher que l'on voie le jour au travers du joint. Ceci fait, on présente le tenon du premier limon sur la face du dehors du noyau en ayant soin de bien faire jonctionner le dessus de la marche 5, paru sur le noyau avec celui de la même marche paru sur le limon, puis l'on trace la forme du tenon sur le dos du noyau, ce qui donne la direction des gorges des mortaises principalement sur le deuxième noyau, qu'il faut avoir soin de faire très-longue pour éviter que la mortaise ne pénètre dans le débillardement du dessous du noyau; après cela on trace les abouts et les gorges des tenons carrément sur la face du noyau, ensuite on trace les mortaises avec le même trousquin qui a servi à tracer les tenons en se guidant sur la face du dedans pour l'affleurement. La mortaise étant ainsi tracée, on repère sur le noyau le dessus de la marche 5 qui sert de guide pour tracer les suivantes; pour cela on ouvre un compas à la distance fixée pour la hauteur des contre-marches, on porte cette hauteur sur l'aplomb du nez de la marche 5; à ce point l'on fait un trait carré au noyau, ce qui donne le dessus de la marche 6; l'on continue toujours de la sorte jusqu'à ce que l'on arrive à l'autre extrémité du noyau qui s'arrête à la marche 8, pour tracer la mortaise du pied du deuxième limon, on opère de la même façon que pour le premier : faire bien attention de ne pas se tromper de numéro de marche. Le noyau d'arrivée se trace de la même façon que les autres, comme il est indiqué sur l'épure.

Établissement de la plate-bande.

La plate-bande étant de niveau se joint, se trace carrément; elle repose d'un bout dans le mur et l'autre s'assemble dans le noyau, puis elle se pose le long de la face d'une solive qui a été placée pour cette sujétion le long de laquelle elle est maintenue par un boulon que l'on place à très-peu de distance du noyau, pour obtenir la retombée de la plate-bande qui doit excéder le dessus du parquet de 3 centimètres; on ajoute ensuite l'épaisseur du plancher plus la retombée du soliveau et 3 centimètres en plus pour l'épaisseur du plâtre et de la latte, tout compris donne exactement la largeur parue figure 6.

Établissement des mains-courantes.

Les mains-courantes sont généralement d'une épaisseur de 4 à 5 centimètres sur une largeur de 7; on les débite dans des madriers d'épaisseur, le dessus des limons sert pour les tracer attendu qu'elles suivent la parallèle, comme il est figuré sur l'épure; pour en faire le tracé des assemblages dans le pilastre et dans le noyau, on assemble d'abord le pied du limon avec le pilastre et ensuite la tête avec le noyau, puis l'on place la main-courante dessus à une distance de 80 centimètres de hauteur suivant l'aplomb du nez des marches, puis l'on trace l'enrasement sur le dessous de la main-courante et la largeur des mortaises sur le dessus des noyaux; avant de la déranger on a soin de projeter sur la surface du noyau un trait suivant l'alignement du dessus de la main-courante; ce trait sert de guide pour fixer la deuxième que l'on trace de la même façon. Après avoir assemblé le deuxième limon avec les deux noyaux, on place le pied de cette deuxième main-courante de sorte à ce que le dessus s'aligne avec le trait qui a été donné sur le noyau; si parfois il y avait quelque petite contrariété on égalise la différence, par ce moyen l'on obtient un roulement parfait du dessus des mains-courantes avec le dessus du noyau après l'avoir débillardé. Pour le noyau d'arrivée, on fixe d'abord le dessus de la main-courante du pallier qui doit être à 80 centimètres au dessus du plancher; le joint de cette dernière se trace carrément, vu qu'elle est de niveau; l'on place la tête de la suivante de sorte qu'elle s'enroule ensemble avec le noyau, de sorte qu'il n'y ait pas de jarret dans le débillardement.

Établissement des balustres.

Les balustres sont 3 1/2 à 4 centimètres carrés, on les place sur les limons, mains-courantes et noyaux tout assemblé, suivant l'aplomb des noyaux; on les divise à une distance de 15 à 17 centimètres, qui varie selon la distance que se trouvent les noyaux; on trace les joints et les mortaises et le tracé en est fait; il faut avoir soin de les faire tourner avant de les enraser car on ne pourrait plus les faire tenir sur le tour.

Débillardement des noyaux.

Le chiffre étant assemblé, on prend une règle flexible et l'on trace sur les noyaux en dedans comme en dehors de l'alignement des deux limons et celui des mains-courantes, avec une herminette on bûche le bois tracé par ces deux traits, et ensuite avec un rabot plat on dresse bien les arêtes du débillardement, de sorte qu'elles s'enroulent bien avec les limons ainsi qu'avec les mains-courantes. Les arêtes étant ainsi dressées, on prend un rabot rond avec lequel on fait un peu de creux dans le débillardement, ce qui lui donne un élan beaucoup plus gracieux. Le débillardement qui ralie les mains-courantes n'a pas besoin d'être, comme il vient d'être dit, attendu qu'il est arrondi avec une gorge, comme il est vu figure 7. Le pied de la deuxième main-courante s'assemble avec une barbe formant repos sur la tête du noyau, comme il est indiqué sur l'élévation; elle s'assemble d'affleurement avec le jour des noyaux et l'on refeuille ce dernier d'après l'épaisseur des mains-courantes, en le faisant suivre la parallèle du nez des marches à la jonction des limons, ensuite on pousse un congé sur l'arête et sur celle des limons, y compris l'arête vue du dessous du dit limon, qui est l'arête du côte du jour.

Les contre-marches s'assemblent dessous les marches, comme il est démontré dans la planche précédente et représenté dans le plan figure 8; si l'on tient que tout soit bien conditionné, l'on assemble le dessous des contre-marches avec une feuillure sur le derrière des marches, même figure.

Tracé de l'encastrement des marches et contre-marches.

Les marches établies et préparées comme il est indiqué planche 1re, figure 8, on les présente chacune à leur numéro le bout sur le limon ou sur le noyau, en faisant bon la face du dessus sur les traits qui ont été donné en les établissant, et le nez de la marche à sa ligne aplomb, ensuite on trace le giron et le dessous on repère la face du devant de la rainure et de ce point on descend une ligne aplomb parallèle au nez de la marche ce qui donne le devant des contre-marches; on porte ensuite l'épaisseur en arrière et l'encastrement est tracé.

L'établissement des crémaillères est toujours le même qu'il est démontré planche 1re, et de ce moment le lecteur est averti qu'il n'en sera plus parlé.

Le plan figure 3 est un escalier du même genre mais disposé d'une autre manière, comme l'exige la distribution de l'appartement, les opérations étant les mêmes que les précédentes, il n'en séra pas parlé.

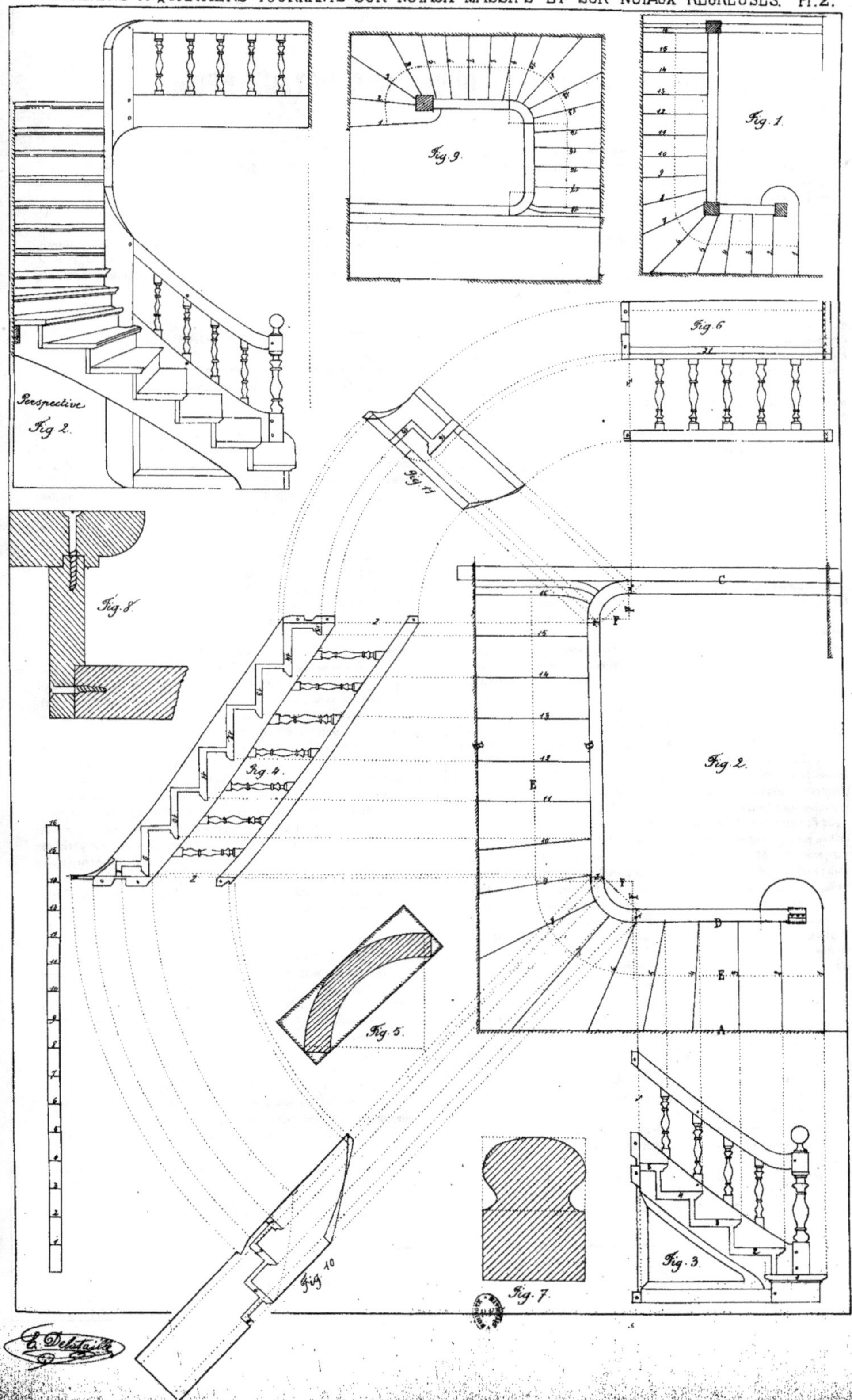
Fig. 1.
Fig. 9.
Perspective
Fig. 2.
Fig. 6.
Fig. 11
Fig. 8.
Fig. 4.
Fig. 2.
C
F
B
D
E
D
E
A
Fig. 5.
Fig. 3.
Fig. 10
Fig. 7.
E. Delistaille

ESCALIERS A JOURS, RALLONGÉS SUR NOYAUX RECREUSÉS.

On appelle jour rallongé un escalier construit dans un rectangle qui a ses côtés égaux et parallèles deux à deux et ses angles droits. Ils sont composés de limons droits et réunis ensemble par des noyaux, comme il est vu sur les plans et perspectives.

Manière d'opérer.

FIGURE 1re.

On commence par faire paraître les deux parallèles A à la distance du dans-œuvre des murs de la partie la plus étroite de la cage ; on mène carrément à ces deux premières le rémur du derrière B., ensuite la ligne qui indique la face du soliveau auquel est boulonnée la plate-bande d'arrivée ; on divise ensuite la largeur de la cage en deux parties égales, puis l'on tire la ligne marquée d'un trait de milieu, avec cette même distance on mène la ligne D parallèlement au rémur du derrière. La jonction des deux donne le point de centre qui sert à tracer le plan du noyau, comme il existe sur le plan. La grandeur du noyau ne peut être fixée que d'après la grandeur de la cage et en proportion de l'emmarchement de l'escalier. On fait paraître ensuite les limons E parallèlement à la ligne milieu, puis la plate-bande F sur la face du soliveau ; cette dernière est raliée avec le deuxième limon par le petit noyau G, que l'on décrit du point du centre O, ensuite on fait paraître l'épaisseur de la contre-marche d'arrivée ainsi que le nez de la plaquette, telle qu'elle est figurée sur le plan.

Balancement des marches.

On commence par faire paraître les deux lignes H parallèlement aux limons, on partage ensuite le milieu de la face intérieure du limon au rémur et on les rallie ensemble par un simblot d'écrit du centre du noyau, de la manière dont il est figuré sur le plan; ces dernières indiquent la course de l'escalier sur le milieu de l'emmarchement. Ceci étant fait, on porte la hauteur sur une règle prise régulièrement du dessus du carrelage du départ au dessus du parquet d'arrivée, puis l'on divise le nombre des hauteurs de marches qui doivent être régulières et basées sur une moyenne de 17 à 18 centimètres. Cette division étant faite et bien proportionnée au nombre et aux largeurs des marches; quel qu'en soit le nombre on en déduit une et le reste fixe le nombre des marches à porter sur le plan, comme il fait dans ce plan-ci, dont le nombre des hauteurs ou contre-marches est de vingt, ce qui donne dix-neuf marches plus la plaquette d'arrivée qui joint le parquet qui fait la vingtième. Lorsque la première marche n'a pas de point fixé pour le départ, c'est-à-dire qu'il n'y a pas de porte dans la cage de l'escalier ou bien d'autres cas qui lui fixerait sa place, on opère comme il suit : on ouvre un compas à une distance variée de 20 à 25 centimètres, qui serait la largeur de la marche sur le plan ; mais comme il est dit que dans ce plan-ci il y a tout l'espace nécessaire, cette largeur peut être déterminée en premier lieu pour être en rapport avec la hauteur des contre-marches qui, comme nous l'avons dit, est de 17 centimètres, ce qui doit fixer les marches à 22 centimètres, plus le giron que l'on a soin d'ajouter sur le derrière, ce qui fait 25 centimètres de largeur de marche au milieu. Les dimensions qui viennent d'être données sont celles qui sont le plus en rapport avec ces genres d'escalier, de sorte que l'ascension en est facile, ni trop rapide ni trop douce. Après avoir ainsi pointé le compas, comme il vient d'être dit, on porte dix-neuf marches sur les lignes H, partant du nez de la plaquette, et l'on obtient ainsi le nez de chaque marche sur le milieu de l'emmarchement. Cela fait, on mène la première carrément aux murs et aux limons, et ainsi de suite jusqu'à ce que l'on juge à propos de les balancer, comme il est fait ici jusqu'à la marche quatre, ensuite on les diminue insensiblement de degré en degré, jusqu'à ce que l'on arrive au milieu du noyau, en tentant toujours sur les points de la division du milieu marquée H et les suivantes, en les augmentant également jusqu'à ce que l'on arrive au carrément, ainsi qu'il est fait ici jusqu'à la seizième et ainsi de suite jusqu'à la dernière.

Pour bien tracer le balancement d'un escalier il se fait généralement à deux personnes et avec un cordeau, comme il a été démontré dans la planche précédente; dans le cas où une personne travaillant seule et obligée d'opérer de même, on pourrait se servir par exemple du principe suivant qui s'emploie dans divers ateliers : on prend des listeaux de 1 centimètre à 1 1/2 carré, les placer depuis la naissance du balancement sur chacun des points de la division des marches à balancer, de manière à contenter le coup d'œil et éviter le jartement dans les débillardements ; ceci étant fait, on se retire un peu à l'écart de manière à voir l'ensemble du plan et, aussitôt le coup d'œil complétement satisfait, on trace un trait à chaque bout du listeau que l'on rencontre ensuite avec une règle et le plan est terminé. On fait paraître ensuite la tête de la première marche et la vue debout du pilastre tel qu'il est paru sur le plan.

OBSERVATIONS

sur l'établissement des limons, celui des mains-courantes et de leurs assemblages avec les noyaux.

Les noyaux se préparent de la forme indiquée sur le plan et comme il a été démontré sur la planche précédente. Généralement on leur laisse une partie carrée de 2 en 3 centimètres environ en dehors de leurs rayons, comme il est figuré sur le plan par un trait ramèneret qui indique les faces des noyaux et les joints des limons. Cette partie carrée que l'on observe en plus dans les noyaux les favorisent pour la force du bois des mortaises et pour mieux raccorder les barbes que l'on observe à la tête des limons et aux pieds des mains-courantes; ces barbes ont pour but de donner une certaine grâce aux joints des limons en couvrant la partie inférieure du joint; il en est de même pour les mains-courantes, et de plus, pour éviter l'inconvénient que pourrait occasionner au passage de la main, ces dernières parties lorsqu'elles viennent à se disjoindre.

La figure 2 indique l'élévation, figure 2 du premier limon et son assemblage, avec la première marche, avec le patin, le pilastre, les balustres, etc.

La figure 3, celle du deuxième limon, la figure 4, celle de la plate-bande d'arrivée; la figure 5, celle du premier noyau, et enfin l'élévation du deuxième qui est celui d'arrivée; figure 6. Les détails qui ont été donnés à ce sujet, dans la planche précédente, et la vue des figures de ces plans-ci suffisent pour que le lecteur puisse se rendre compte lui-même de tout ce qui est nécessaire pour l'exécution générale.

La figure 7 est le même plan que celui de la figure 1re, sauf qu'il est construit sur une échelle plus petite. Ce dernier est représenté pour démontrer la manière d'établir des étages supérieurs, que très-souvent ces genres d'escaliers sont assujettis à desservir; lorsqu'il en est ainsi, le noyau d'arrivée des premiers étages se fait de la même forme que celui du milieu; l'assemblage et la forme des marches d'arrivée est toujours la même dans tous les étages. Pour l'emmarchement des étages supérieurs on fixe d'abord le nez de la première marche, ainsi qu'il est paru sur ce plan. Si les hauteurs d'étages diffèrent avec le premier, on fait alors une deuxième division de marches et contre-marches pour les étages suivants, tel qu'elle a été faite pour le premier, et également un deuxième balancement pour les marches (ces dernières sont marquées avec des chiffres romains pour éviter la confusion avec les marches des autres étages). On mouche le nez de la première marche en rond, de manière à ce qu'elle s'assemble carrément dans le noyau, et l'on cintre la contre-marche parallèle au giron, comme il est vu sur le plan et sur la perspective, fig. 8, qui démontre l'arrivée du premier étage et le départ du deuxième ainsi que l'assemblage de la plaquette, celui de la première marche, celui des limons et des mains-courantes avec le noyau.

Le plan, fig. 9, est un escalier de même genre, construit d'une forme différente, le départ se trouve dans un angle ; l'assemblage du premier limon avec les noyaux est indiqué sur la perspective ainsi que l'assemblage du premier pilastre avec le premier noyau, et la tête de la première marche est également indiquée par la figure 10.

La figure 11 indique l'arrivée du premier étage et le départ d'un suivant, s'il y avait lieu d'en construire.

La figure 12 représente le champ d'un noyau et la manière dont il doit être refait pour être en rapport avec la main-courante, ainsi que le congé qui doit être poussé sur les trois arêtes, vues des limons. Les mêmes sujétions sont également représentées figure 10.

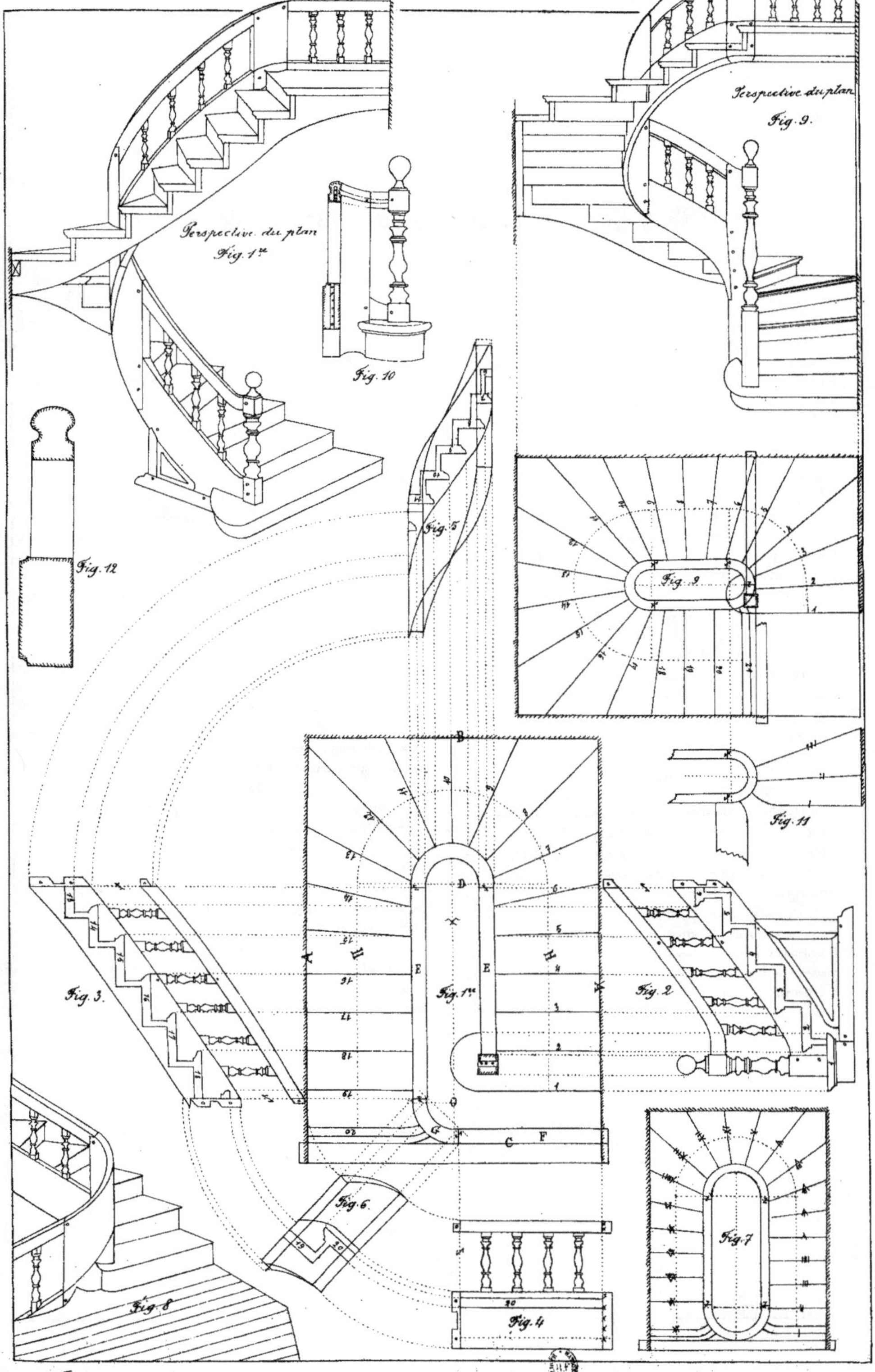

E. Delstaille

ESCALIERS A QUATRE CENTRES, SUR NOYAUX RECREUSÉS.

On appelle escalier à quatre centres lorsqu'il est construit dans une cage carrée ou rectangulaire, et dont le jour, formé par les limons et mains-courantes, forment également un carré, et s'assemble dans un noyau à chaque angle de la forme d'un quart de cercle, décrit d'un point de centre à chacun de ces derniers, ainsi qu'il est paru sur les plans et perspectives.

Manière d'opérer.

FIGURE 1re.

On commence par faire paraître les trois lignes A carrément de l'une à l'autre et à la distance fixée pour la grandeur de la cage, on fait paraître ensuite le soliveau C, destiné à recevoir la plate-bande d'arrivée. Après cela, on fait paraître les limons B parallèlement à chacun des rémurs, et leur face intérieure à la distance que l'on veut donner à l'emmarchement, plus la plate-bande D au dedans de la face du soliveau C, puis on les ralie ensemble, comme il est vu par les noyaux E. Ceci étant fait, on fait paraître le plan des marches par le noyau précédemment indiqué, ainsi qu'elles paraissent sur le plan de chacune par leur numéro. Il en est de même pour l'établissement, celui des noyaux et des mains-courantes.

FIGURE 2.

Le plan figure 2 indique la manière de construire des étages supérieurs, s'il y avait lieu : la plate-bande D s'assemble dans le noyau d'arrivée et ensuite dans le mur pour la figure 1re, vu que ce premier n'a qu'un seul étage, tandis que dans le deuxième plan elle s'assemble dans les deux noyaux et se boulonne ensuite avec le soliveau, comme il est vu figure 3, et ensuite sur la perspective figure 4, qui indique l'arrivée du premier étage et le départ du deuxième : vue prise du dessus du palier. La figure 5 indique les mêmes sujets, sauf que la vue est prise dans l'intérieur de l'escalier. La vue de toutes les figures ainsi que celles des perspectives suffisent pour que le lecteur puisse exécuter seul et obtenir le tracé.

FIGURE 6.

Le plan figure 6 est le même que le premier, sauf que, dans les angles, il y existe des paliers carrés comme il y est figuré sur le plan. Ces paliers ont pour but de servir de repos dans la course de l'escalier surtout lorsque l'étage est très-haut, ce qui arrive souvent dans les escaliers de ce genre, vu qu'ils sont le plus souvent utilisés à desservir des édifices publics. Il arrive aussi qu'il existe des pièces et des étages plus bas où des servitudes quelconques auxquels lesdits paliers servent d'accès. Dans ce plan, les deux premières marches sont un peu de biais par rapport à une porte située dans l'angle qui en fixe le départ, ces deux premières sont massives et portent chacune une tête arrondie, et le premier pilastre repose sur la deuxième, ainsi qu'il est vu sur le plan et sur la perspective.

OBSERVATIONS

sur la forme des premières marches.

La première marche de chaque escalier, proprement dite marche massive, tire son nom de la conséquence que la sujétion exige qu'elle soit formée d'un seul bloc de bois arrondi à la tête et allégie à la saillie de son astragale, et ensuite pour recevoir le pilastre qui s'assemble sur le milieu de la tête. On peut la construire de plusieurs manières ; la première, tel qu'il est dit ci-dessus ; la deuxième, en deux morceaux en ne faisant que la contre-marche massive et la recouvrir d'une marche semblable aux suivantes. L'astragale poussée devant et dans sa partie circulaire est ensuite clouée dessus ; la troisième en trois morceaux, en faisant simplement que la tête massive d'environ 40 à 50 centimètres de longueur et y assembler une contre-marche, tel qu'il est paru figure 7 ; ensuite on cloue la marche dessus, fig. 8.

Les trois principes indiqués n'en font qu'un, et font le même effet et le même usage, sauf au point de vue de la question d'économie ; pour ces dernières, le lecteur reste libre d'exécuter à son choix.

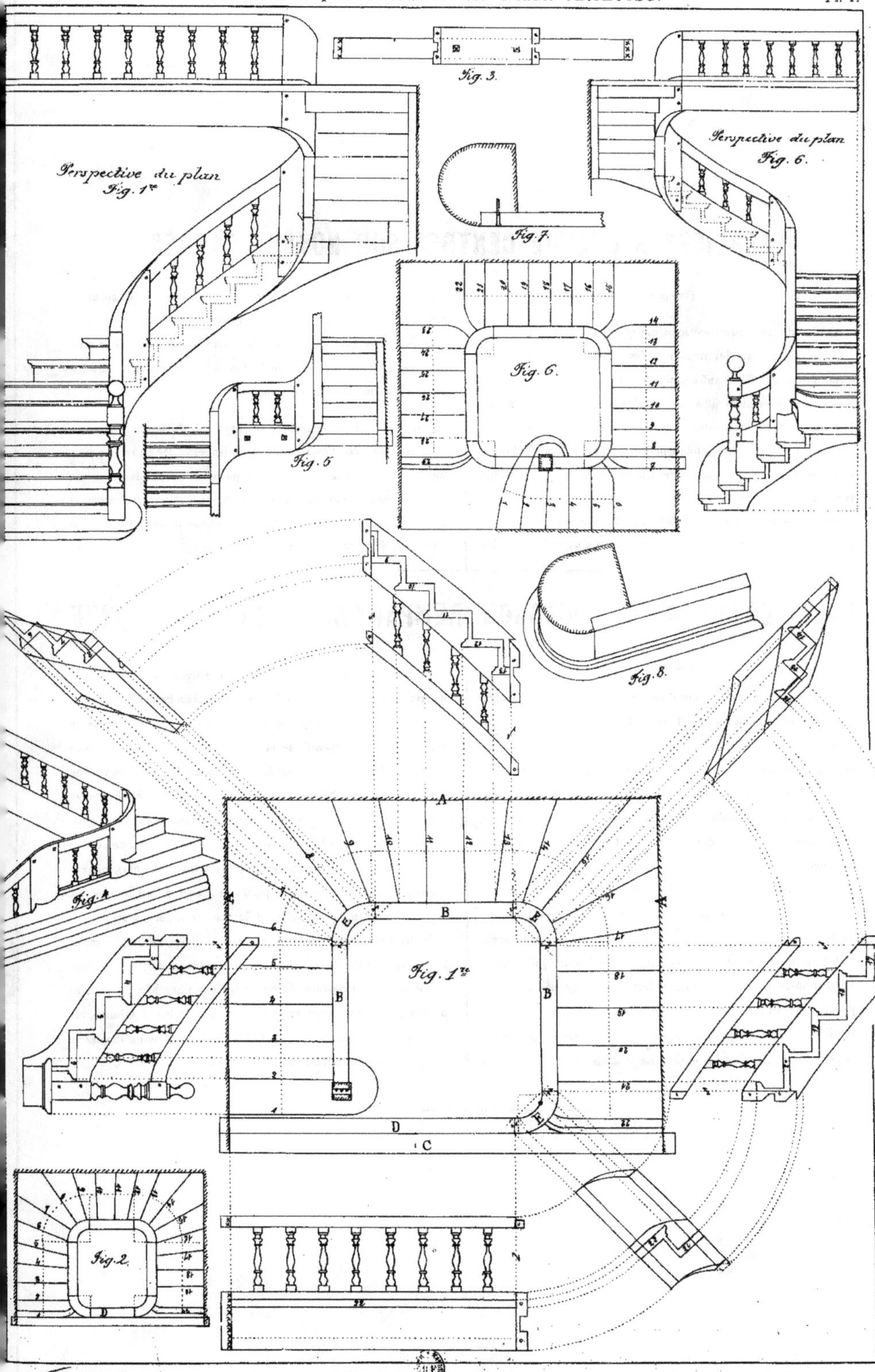
Perspective du plan
Fig. 1re
Fig. 3.
Fig. 7.
Perspective du plan
Fig. 6.
Fig. 6.
Fig. 5
Fig. 8.
Fig. 4
Fig. 1re
A
B
C
D
E
Fig. 2.

ESCALIERS A QUATRE CENTRES SUR NOYAUX CARRÉS.

FIGURE 1re.

Le plan de cet escalier est le même que celui de la planche précédente, fig. 6, sauf les noyaux et les balustres qui sont d'une forme différente. Un chanfrein simplement abattu sur les arêtes ; les noyaux descendent plus bas que les limons et montent plus haut que les mains-courantes.

Les limons et la plate-bande sont refeuillés du côté du jour et moulurés dessus et dessous, comme il est vu figure 2, qui indique la vue debout des limons; les gorges et les mains-courantes sont poussées d'après la forme indiquée, fig. 3, où en est paru le profil ou vue de bout, ainsi que celui des balustres assemblés au-dessous. Ce genre d'escalier peut être adopté pour des grands appartements et mieux encore pour des édifices publics, où de forts escaliers de service sont nécessaires. Sa forme et son genre ne le rendent pas élégant, au contraire le font paraître matériel. Il offre malgré cela un coup-d'œil très-agréable.

NOTA. — Pour l'économie du temps et celle du bois, on pourrait pour la forme des limons, au lieu de les refeuiller on rapporterait une plaquette sur laquelle seraient poussées les moulures et que l'on clouerait ensuite sur la face intérieure des limons, comme il est paru figure 2, on rapporterait également la moulure dessous après l'avoir préparée, comme il est vu figure 7.

ESCALIER SUR UN PLAN OCTOGONE REMPANT AUTOUR D'UNE COLONNE

FIGURE 4.

Cet escalier, construit autour d'une colonne, est le plan de forme octogone, comme il a été dit; il est placé isolément au milieu d'une tour destinée à un belvédère. Les limons sont ralliés ensemble dans chaque angle par des noyaux, comme il est vu sur le plan ; la balustrine est faite avec des planches découpées, comme elles paraissent sur la perspective. Ledit escalier est composé de deux étages : le premier, pour les étages inférieurs, et le second file jusqu'au belvédère.

Le plan figure 4 est celui du 1er étage : le noyau A reçoit le limon d'arrivée C ainsi que la main-courante ; il reçoit aussi le garde-corps D ainsi que la plate-bande qui s'assemble dans le noyau B et vient ensuite s'assembler dans les autres noyaux qui viennent à l'aplomb de ceux de l'escalier et forment une galerie de niveau jusqu'au noyau C, fig. 5. Ce dernier reçoit la dernière plate-bande et main-courante du garde-corps du 1er étage, marquée A, ensuite le pied du premier limon B et celui de la main-courante du départ. L'étage suivant, ainsi que la première marche, comme ils sont figurés ; le noyau D, le limon d'arrivée F, la plate-bande F. etc. etc., forment le même effet que dans le 1er étage ; le garde-corps se continue suivant l'aplomb de la cage jusqu'au noyau G, ensuite la plante-bande H qui vient finir dans la colonne. Il faut observer que cette dernière plate-bande doit être placée comme elle est figurée et à la distance nécessaire, de manière à laisser assez de hauteur pour ne pas se heurter la tête; la colonne du milieu file au-dessus du plancher afin de recevoir la dernière des mains-courantes, comme il a déjà été dit; cette dernière partie de la colonne est tournée en forme de pilastre, telle qu'elle est figurée sur la perspective.

Je ferai remarquer ici, pour l'intérêt de l'exécution, qu'il serait beaucoup plus avantageux de ne faire monter la colonne que jusqu'au niveau du dessous du plancher et y assembler un pilastre dessus qui serait tourné suivant les profils de ladite colonne, et pour économiser dans ce genre d'escalier, il serait bon d'adopter la forme des noyaux comme ils sont figurés sur le plan, fig. 6.

ESCALIERS A QUATRE CENTRES A NOYAUX CARRÉS ET AUTRES DE FORME OCTOGONE AUTOUR D'UNE COLONNE. Pl. 5.

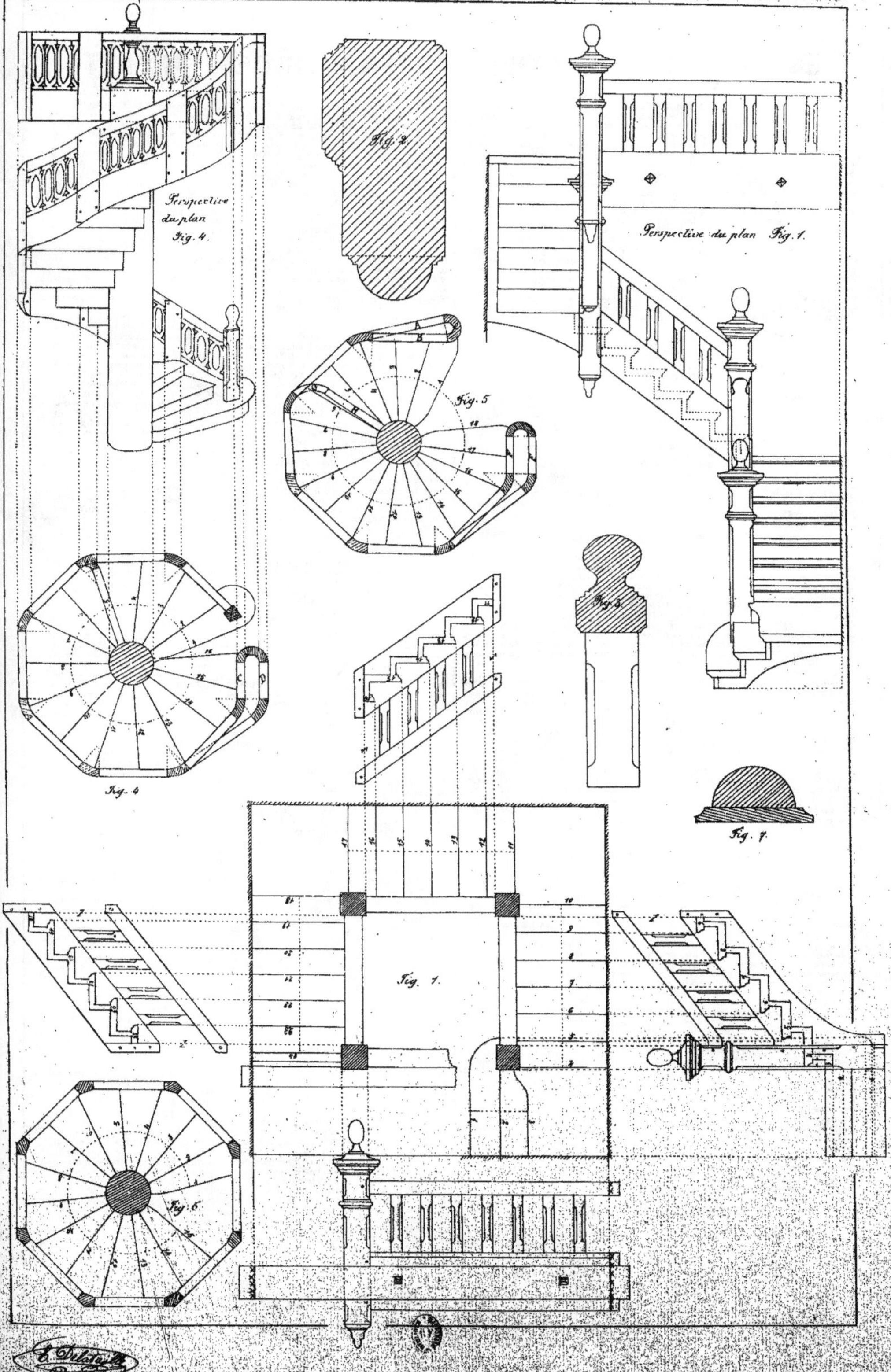

ESCALIERS A QUARTIERS TOURNANTS DEMI-ANGLET

Le plan de ces escaliers est de la même forme que ceux de la planche deuxième, sauf qu'il n'existe pas de noyau ni de rampes en bois, attendu qu'elles sont remplacées par des rampes en fer et recouvertes ensuite par des mains-courantes en bois. Les noyaux sont également remplacés, vu que les limons se rallient ensemble au moyen d'une courbe et souvent par eux-mêmes, et décrivent dans leurs rampants la forme tracée sur le plan. Les limons sont ainsi nommés lorsqu'ils sont entièrement droits, mais, dans les escaliers que nous allons étudier, il arrive souvent que l'on est obligé de leur faire une partie croche dans les bouts, afin de venir en raccord avec lesdites courbes; lorsqu'il en est ainsi, on les nomme limons croches. Tandis que les courbes sont entièrement croches, elles ont été nommées ainsi parce qu'elles sont établies en bois de fil, suivant leurs rampants. Les courbes et les limons se rallient ensemble par le moyen d'un joint, fait d'équerre au rampant, composé de deux goujons et ensuite d'un boulon qui sert à maintenir et à serrer le joint. La partie du dessus est coupée en forme de crémaillère de sorte que les marches reposent sur le cran et viennent en saillie dans le jour avec un giron de la même forme que celui du devant, et d'un retour de la même forme poussé sur le derrière, suivant l'alignement des marches suivantes. Les crans du devant se coupent en forme d'anglet, suivant l'épaisseur des contre-marches, afin qu'il n'y paraisse point de bois de bout dans le jour de l'escalier. Les contre-marches ont une coupe de la même forme et se clouent sur le devant; c'est de cette dernière coupe que l'escalier tire son nom de demi-anglet. Les escaliers du même genre qui sont placés dans un endroit isolé et qui sont complétés par d'autres courbes à l'autre extrémité de l'emmarchement, et que les marches forment tête comme du côté du jour, se nomment escalier à anglet.

Manière d'opérer.

FIGURE 1re.

On commence par faire paraître les deux lignes A, carrément l'une à l'autre; ensuite la ligne B, carrément au rémur et qui indique la face du soliveau auquel est boulonné la plate-bande d'arrivée; on fait paraître ensuite les faces du devant des limons, c'est-à-dire celles du côté du jour et à la distance fixée pour la largeur de l'escalier, en moins la saillie du giron, comme il est vu par les lignes C, ensuite celle de la plate-bande D. Ceci étant fait, on mène carrément au plan des limons et celui de la plate-bande et à égale distance de chacun, selon la grandeur que l'on veut donner aux courbes, les lignes E que l'on décrit ensuite des centres F, donnés par la jonction de ces dernières, on fait paraître leurs épaisseurs en arrière ainsi que la saillie du giron du côté du jour, comme il est figuré. On mène également les lignes G, qui indiquent le milieu de l'emmarchement de l'escalier, sur lesquelles l'on opère pour faire la division des marches, pour les obtenir sur le plan comme elles sont figurées chacune par leur numéro.

Établissement des limons.

On commence par faire paraître les crans des contre-marches sur le plan; pour faire ce tracé l'on fait paraître le devant des contre-marches au-dessous du nez des marches et à la distance fixée pour la saillie du giron, ensuite l'épaisseur des contre-marches du point où leur face du devant joignent le dedans des courbes donnant un point. De ce point l'on tire un trait où le derrière des mêmes contre-marches coupe le derrière des mêmes courbes, et les crans sont tracés comme on le voit sur le plan de la deuxième marche, marquée H, celui de la troisième I, etc., etc. Pour opérer au plus vite, on prépare une petite règle de la largeur de la saillie du giron, plus l'épaisseur de la contre-marche, que l'on coupe ensuite selon la forme d'un des crans, et qui sert à tracer tous les autres. Cette même règle sert également à tracer le derrière des contre-marches du côté des rémurs, afin d'établir ensuite les crémaillères, comme il a déjà été démontré dans les planches précédentes.

Les crans étant ainsi parus, on continue par faire les élévations des limons, fig. 2, qui indiquent celle du premier et, fig. 3, celle du deuxième. Pour opérer, on mène les lignes parallèles au plan des limons et à la distance fixée pour la hauteur des marches; on mène ensuite, carrément à ces premières, des lignes tirées de chaque cran paru sur le plan, que l'on élève de degré en degré sur chacune des premières données, et l'on obtient ainsi les crans des contre-marches en élévation et celui des marches, comme ils paraissent chacun par leur numéro; ensuite on ouvre un compas à la distance de 12 centimètres, qui est généralement le bois qu'on laisse de retombée au-dessous des crans. Le compas étant ainsi fixé, on pose la pointe sur la jonction des lignes, des marches et contre-marches, sur la face du dedans de la courbe et, par le moyen d'une règle flexible, on raccorde d'un trait tous les simblots, et le dessous des limons est tracé; au pied du premier limon on forme une petite gorge, afin de raccorder avec le carrelage, comme il est vu figure 2. Les élévations ainsi faites, on fait paraître les joints des limons qui se font sur les crans des marches, tels qu'ils paraissent sur les élévations et perspectives. Il a été dit que dans ce plan-ci les limons sont entièrement droits; lorsqu'il en est ainsi, on fixe le joint sur le cran le plus près du centre afin de donner le moins de longueur possible aux courbes.

Manière de tracer les joints sur le plan.

La manière de tracer les joints sur le plan étant toujours la même, il ne sera parlé que de celui de la tête du premier limon: après avoir fait paraître le dessous du limon sur l'élévation, on tire le trait J carrément à ce dernier et venant du cran de la marche 5, qui est celui de la contre-marche 6, indiquée par la ligne K; on descend ensuite le dessous du joint sur la face du dedans de la courbe, comme il est vu par la ligne L; à ce point on tente au centre F, la ligne marquée d'un trait ramèneré, qui indique le dessous du joint sur le plan, puis une parallèle sur le cran du devant de la contre-marche, et le plan du joint est tracé; cette dernière est également marquée d'un trait ramèneré où ces derniers joignent le derrière de la courbe, qui sont remontés sur l'élévation afin d'obtenir le joint du derrière du limon, vu par la ligne M. De même le petit débillardement du dessous, comme il est figuré. Pour tracer le limon, on place le bois sur l'épure de manière qu'il couvre bien les traits qui paraissent, puis l'on trace dessus les lignes du dessus des marches, les crans des contre-marches et les lignes du joint; le tracé des lignes des marches se renvoie carrément sur la face du dessus; les crans du derrière des contre-marches se trace également sur le dessous, rembarrés ensuite sur le dessus avec ceux du devant, et les crans sont tracés. Le joint du dedans J se trace sur le dessus du limon, celui du derrière M sur le dessous, puis on les rembarre d'une face à l'autre sur le champ du limon, et le joint est tracé. On opère de même pour le débillardement du dessous. Je ferai observer que ce premier joint n'est pas d'équerre avec le limon; la différence vient du cran de la contre-marche sur lequel il est fait qui se trouve sur la fin de la partie droite du limon, ce qui cause que la retombée du joint est entièrement dans la partie croche et pour que le joint soit d'équerre au dessous de la courbe et suivant le tournant; c'est pour cela que l'on opère comme il vient d'être fait. Il n'y a aucun inconvénient, vu que la différence est très-peu sensible et que l'on peut très-facilement faire disparaître lorsque l'on afleure le joint après l'avoir boulonné; il n'est même pas utile de dire que si le joint tant soit peu en plus sur le plan de la courbe, qu'il faudrait le faire sur un cran plus en arrière si l'on ne veut pas établir de limon croche. Le limon figure 3, vient en rapport sur l'observation qui vient d'être faite, tel qu'il est paru sur la figure, ainsi que les joints figurés sur le plan; le joint de la plate-bande se fait sur la ligne du centre à ce dernier; on lui laisse un petit crochet, c'est-à-dire un repos sur le milieu, comme il est figuré sur le plan, figure 4, qui représente la plate-bande finie et boulonnée sur le soliveau destiné à le maintenir.

Établissement des courbes.

Après avoir fait paraître les joints, comme il vient d'être fait, on mène la ligne N de l'extrémité de chacun des joints de chaque courbe, comme il est figuré, on mène carrément à ces lignes les crans de chacune des marches, ensuite la hauteur des contre-marches carrément à ces dernières, et l'on obtient ainsi les courbes en élévation, comme il est vu figure 5 et figure 6. Les lignes marquées d'un trait ramèneré servent à faire paraître les joints en élévation, d'après lesquelles on obtient le débillardement du dessous comme il est figuré. Pour faire ce tracé, voir le pied de la première courbe, figure 5. Le joint de la tête du premier limon étant définitivement tracé, on fait paraître une ligne à cette hauteur sur le pied de la courbe qui est l'alignement de la même marche, comme l'indique le simblot O; on mène ensuite la parallèle P à la hauteur du dessous du joint, comme il est démontré par le simblot Q. On fait la même opération sur la tête de la courbe; pour ce deuxième, on prend les points sur le pied du limon suivant; ceci étant fait, on tire un trait sur chacun des points indiqués par la ligne R, ce qui donne le joint sur la face du devant de la courbe, ces premières sont marquées S. Après cela on ouvre un compas à 12 centimètres et l'on pose la pointe sur chacun des crans et l'on décrit des simblots; puis avec une règle flexible on les rallient ensemble avec le dessous de chacun des joints et l'arête du dessous du dedans de la courbe est parue, pour faire paraître celle du derrière, on opère de la même manière que pour ceux du dedans, comme ils paraissent sur la ligne T; du dessous de ces derniers on tente une ligne à vue d'œil sur le milieu de la ligne du dessous au dedans de la courbe, et le débillardement du dessous est paru et l'élévation terminée. Les courbes d'arrivées portent généralement le nom de sabot; on leur donne ce nom parce qu'elles sont très-courtes et peu rampantes, attendu qu'elles ont une partie de niveau pour venir en raccord avec le plancher et la plate-bande d'arrivée. Il faut observer 5 centimètres en plus pour le plancher, le latis et le plâtre, ce qui fixe la retombée que lesdits sabots doivent avoir: les joints se font comme il a été démontré et tels qu'ils sont figurés sur le plan. Les élévations terminées, on se procure des pièces de bois qui doivent servir pour ces courbes et de l'épaisseur figurée sur le plan par les lignes N; à l'extrémité de leur face du derrière, comme il est vu figure 7, qui représente la courbe figure 5, donne la longueur ainsi que la retombée; le tracé de chacune étant le même, il ne sera parlé que de cette dernière. On place la pièce de bois sur la figure 5, de manière qu'elle couvre tous les traits qui paraissent, principalement ceux des joints et le débillardement du dessous; si parfois il y avait du flâche, chose qui arrive très-souvent, alors on a soin de l'observer, de manière que le dessous reste entièrement franc. Si le bois ne peut suffire pour les crans du dessus, on rapportera des béquets; ensuite on lui jette une ligne sur une de ses faces de champ et à la distance du derrière selon l'épaisseur de la courbe, comme il est vu sur le plan par la ligne U ainsi que sur la figure 7, puis on la place bien de niveau et de devers et on contrejauge cette ligne afin de la faire paraître sur l'autre face, ensuite on prend un plomb et une règle, on trace toutes les lignes parues à plomb sur la pièce que l'on rembarre sur chacune des faces de côté ainsi que par bout; on trace également les lignes du dessus des marches, que l'on marque d'une façon différente de manière à les distinguer avec les premières; on fait quartier à la pièce comme il est vu figure 7, qui indique la face du dessus, puis avec un compas l'on prend sur le plan les points où chacune des lignes joignent la face du dedans et celle du dehors de la courbe que l'on porte de même sur le bois et en se guidant des lignes U, on fait la même opération sur la face du dessous ainsi que par le bout et, avec une règle flexible, on rallie d'un trait tous les points de la face du dedans et celle de derrière; puis l'on rembarre le cran de chaque contre-marche ainsi que les joints tels qu'ils paraissent et la courbe est tracée. Il est fait observer ici que pour rapporter les points sur la courbe on pourrait également opérer sur la ligne N qui serait la face du bois, et pour cela il faudrait qu'elle soit bien dégauchie, ou sinon de tracer une ligne de contrejauge; mais il est préférable d'opérer par la ligne U, de sorte que l'on ne prend que le bois tout juste nécessaire pour le derrière de la courbe; il faut avoir soin de ne pas se trompar en traçant le jour de la courbe, c'est-à-dire qu'il faut s'orienter de manière à ne pas le tracer au rebours.

FIGURE 8.

Le plan de cet escalier est le même que celui de la figure 1re, la seule différence est que les courbes sont supprimées et remplacées par des limons croches qui, selon leur rampant, décrivent la forme de la courbe tracée sur le plan; la plate-bande est également supprimée et remplacée par une marche palière.

Manière d'opérer.

Les limons étant croches, comme il vient d'être dit, alors on fait le joint des deux sur le cran de la contre-marche la plus en rapport avec le milieu de la courbe, comme il a été fait ici sur le cran de la contre-marche 8, pour faire paraître le joint sur le plan, de manière à ce qu'il soit d'équerre avec le rampant; l'on fait d'abord une fausse élévation sur trois marches, une en avant de celle où l'on veut faire le joint, et une autre en arrière, comme il est vu sur les marches 7, 8 et 9. Pour opérer, on mène la ligne A du cran de la contre-marche 7 à celui de la contre-marche 9, ensuite on remonte des lignes parallèlement à cette première, passant sur chacun des crans; puis on fait paraître autant de hauteur de contre-marche carrément à ces dernières; on fait tracer l'arête du dessous et l'élévation terminée, comme il est vu figure 9. Le joint se trace ensuite carrément au rampant et sur le cran de la contre-marche 8, indiqué par la ligne B; le dessous est descendu ensuite sur la face du dedans de la courbe, comme il est indiqué par la ligne C; de ce dernier on tente au centre D, et le joint du dessous est tracé, d'après lequel on obtient celui du dessus par une parallèle donnée sur le cran n° 8, ces deux derniers sont marqués d'un trait ramèneré; le joint de la tête du dernier limon avec la marche palière et également paru sur le plan; pour ce dernier il n'est pas nécsssaire de faire de fausse élévation, on tente la ligne E du centre F, en arrière du cran de la dernière contre-marche, selon la retombée que l'on juge à propos de donner au joint, puis une parallèle sur le cran, et le joint est tracé; les élévations des limons se font toujours de la même manière ainsi que pour y faire paraître les joints qui se prennent sur la fausse élévation, figure 9, et comme il est démontré sur le pied du dernier limon par le simblot G H; il en est de même pour le débillardement du dessous; ces derniers finissent sur l'aplomb de leurs parties courbés et le reste de leurs parties droites reste d'équerre, comme il est figuré. Il faut observer que les limons s'établissent généralement en bois de fil selon leurs parties droites, et les élévations se font carrément à leurs plans, comme il est figuré; on jette une ligne parallèlement à leurs plans, passant sur l'extrémité des points, comme il est vu par la ligne I pour le premier, et J pour le dernier; ces derniers fixent l'épaisseur des pièces, leurs élévations donnent de suite leurs longueurs ainsi que leurs retombées. On pourrait également les établir en tentant une ligne d'une extrémité à l'autre, comme il est paru au limon premier par la ligne K; alors l'élévation se faisant carrément à cette dernière. En opérant ainsi les levures ou chutes trouvent très-difficilement à s'employer, tandis qu'en opérant comme il a été démontré précédemment, les chutes sont en bois de fil et trouvent très-facilement leur emploi. La plate-bande se fait d'un seul morceau de bois; elle sert de contre-marche, de plate-bande et de soliveau; c'est pour cela qu'on l'appelle marche palière. Sur les faces du dessus et celles du dessous elle doit avoir la forme parue sur le plan et sur celle de champ, comme il est vu figure 10. Le joint se fait comme il a été dit et comme il est figuré; on le refeuille ensuite sur le dessous selon l'épaisseur du joint et celle du chiffre, de sorte à ce qu'elle paraisse telle au dessous du plafond. Ce genre de marche palière est généralement pratiqué, surtout dans la capitale.

Établissement des marches.

Pour établir les marches, on opère tel qu'il a été précédemment démontré et comme il est vu figure 11, qui indique la marche 5 et la manière d'en faire le tracé par le moyen du simblot paru sur le plan et rapporté de même sur la figure. Dans ces genres d'escaliers les têtes de marche ont un petit retour sur le derrière du côté du jour de la courbe, figure 11; il doit être fait dans l'alignement du derrière de la marche, et l'on y pousse le même giron que sur le devant et du côté du jour; de la manière dont cette marche est préparée, les contre-marches descendent jusqu'au dessous et se clouent derrière; si, au contraire, on voulait que les marches reposent sur les contre-marches, alors on les diminuerait de hauteur de l'épaisseur de la marche et on laisserait du bois en plus sur le derrière de la marche, afin que les contre-marches reposent dessus. Pour bien conditionner un escalier de ce genre, on doit y rapporter des emboitures par bout du côté du jour, d'une largeur de 8 centimètres, afin qu'elles reposent de la moitié de leur largeur sur le cran de la courbe; elles s'assemblent en coupe d'anglet avec les faces du devant. Pour tracer cette coupe, l'on fait paraître sur le dessus des marches l'aplomb de leur contre-marche ainsi que la face du jour, et de la jonction de ces dernières, on tente un trait à l'arête extérieure et la coupe est tracée comme il est paru figure 12, qui indique le tracé de la marche 8. Si l'on opère ainsi pour faire ce tracé, c'est pour que l'anglet des emboitures corresponde avec celui des contre-marches.

FIGURE 13.

La figure 13 indique la manière de placer les boulons qui servent à serrer les joints des courbes vues sur les faces du dessus et du dessous, et celle de champ, ainsi qu'il est indiqué figure 14.

Le lecteur est informé qu'il en trouvera les détails dans la planche suivante, sur laquelle il est fait une observation générale sur tout ce qui concerne l'exécution matérielle.

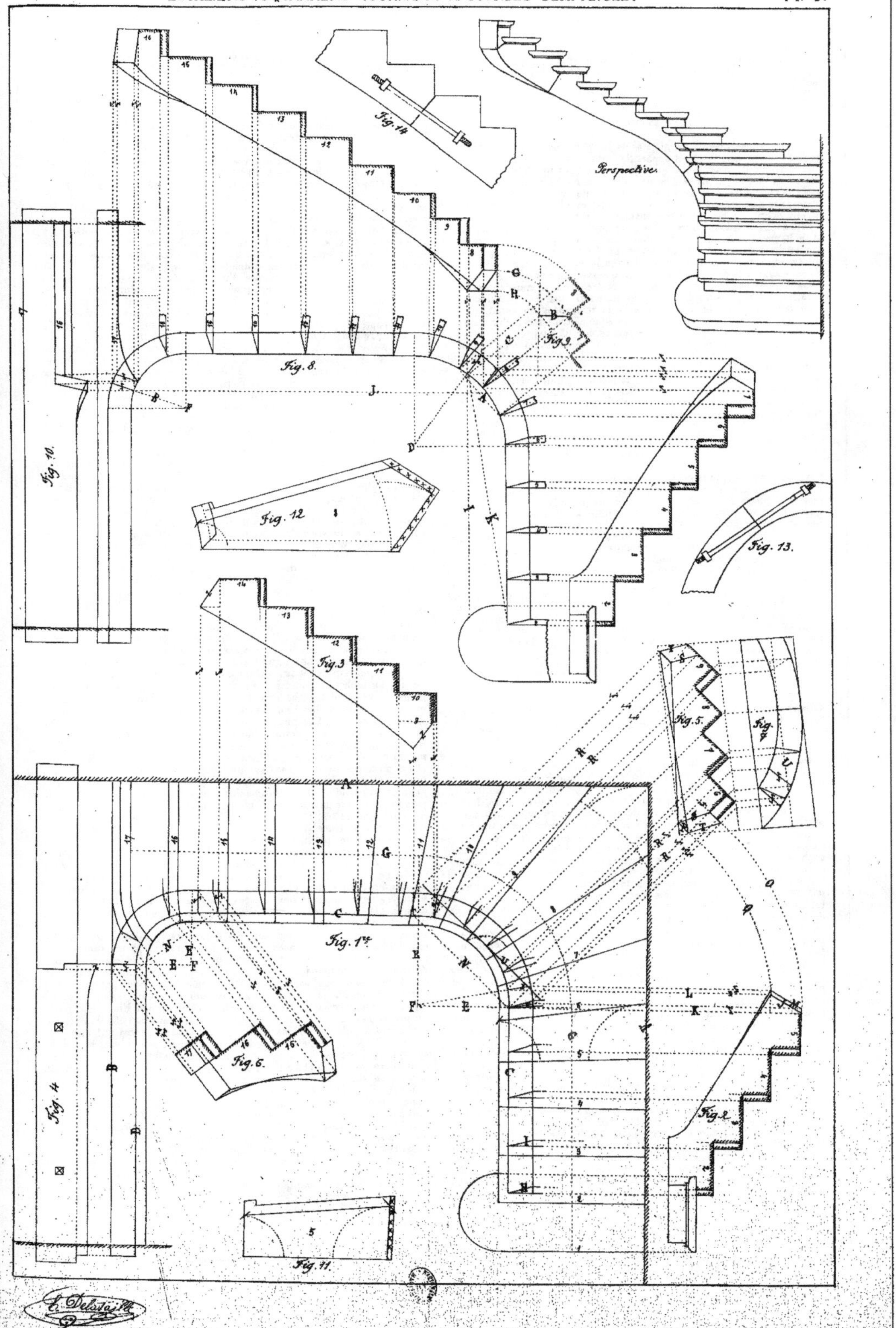
Fig. 14
Perspective
Fig. 8.
Fig. 9.
Fig. 10.
Fig. 12
Fig. 13.
Fig. 3
Fig. 5.
Fig. 7
Fig. 1re
Fig. 6.
Fig. 4
Fig. 2
Fig. 11.
E. Delastaille

ESCALIER A JOUR RALLONGÉ A DEMI-ANGLET

FIGURE 1re.

Le plan de cet escalier est disposé de la même manière que celui de la planche 3, figure 1re; il est appareillé comme celui de la planche précédente, figure 1re, c'est-à-dire qu'il est construit sur un plate-bande et des limons droits, la grande courbe du milieu ne peut être faite d'une seule pièce, c'est-à-dire avec le même morceau de bois qui, ne pourait être assez gros par rapport à son grand diamètre et à la grande circonférence qu'elle décrit sur son plan, de manière à venir se rejoindre en partie droite avec les limons. Lorsqu'il en est ainsi, on l'établit en deux pièces et de la manière indiquée sur le plan. Les détails qui ont été donnés sur la planche précédente sur la manière de faire paraître ou de tracer les joints sur le plan, sont simplement dans le but d'informer le lecteur et de lui montrer le principe dont il doit se servir pour opérer ce tracé, car, dans l'opération pratique, l'on abrége ce tracé, en opérant comme il va être dit : Lorsque l'on a fixé les crans des contre-marches auxquelles l'on veut faire le joint, on porte alors leurs retombées en avant, dont la moyenne serait de huit centimètres, lorsque l'escalier est d'un rampant régulier; c'est-à-dire que, s'il était plus rapide, il faudrait davantage de retombée; de même, si c'était le contraire, il faudrait moins de retombée. Les points étant ainsi posés, on tente une ligne à chacun au centre des courbes, de manière à ce que le dessous des joints soit d'équerre au dessus ; on mène ensuite ceux du dessus par une parallèle faite sur le cran des contre-marches primitivement fixées et les joints sont tracés ; on fait ensuite les élévations des limons et celles des courbes, comme elles figurent sur le plan et par le moyen précédemment indiqué.

FIGURE 2.

La figure 2 indique la manière d'établir et d'appareiller la courbe d'arrivée; si, en cas, il y avait lieu d'établir des étages supérieurs, cette courbe s'appareille et s'établit par le même principe que celle du plan, figure 1re, c'est-à-dire qu'elle reçoit les limons, de sorte à ce qu'ils restent entièrement droits; la manière d'en faire les élévations est indiquée, figure 3, représentée boulonnée sur le soliveau destiné à la recevoir. Si, par exemple, on ne pouvait pas l'établir avec les mêmes pièces de bois, à cause de sa longueur, on l'établirait alors de deux pièces, comme celle du plan, figure 1re. Le plan figure 4 est absolument le même que celui de la figure 2, sauf que celui-ci représente la manière d'établir des limons crochés, et la manière de les assembler avec la marche palière; cette dernière doit avoir la même forme que celle qui paraît sur le plan, ainsi qu'elle est représentée, figure 5, vue sur sa face de champ, ainsi que la manière de tracer le joint. Les marches de départ et celles d'arrivée se font de la manière précédemment indiquée, telle qu'elle est vue sur ces deux dernières figures. La perspective, figure 6, représente l'arrivée du premier étage surmonté d'un étage suivant.

Observations relatives pour dévider les courbes, pour tracer leurs joints, les ajuster, les boulonner, ainsi que pour les débillarder.

Pour évider une courbe, on la place sur deux coulotes reposées sur deux tréteaux ; après les avoir consolidées le mieux possible, on coupe les traits avec une scie très-étroite et de la longueur d'une scie de long, montée en forme de scie à demande que l'on nomme raquette. La scie étant à l'œuvre, il faut avoir soin de la faire fonctionner constamment parallèle avec les lignes aplomb primitivement donnés par le tracé de la courbe, de manière à éviter le creux sur les faces intérieures et extérieures de la courbe ; étant ainsi débitée, on la replanit sur les faces apparentes, en ayant soin de bien dresser l'alignement des traits aplomb, ensuite les crans des contre-marches qui ont été tracés dessus et dessous à l'établissage ; on les rembarre sur la face intérieure et extérieure ; on fait de même pour les crans du dessus des marches ; on rembarre aussi les lignes marquées d'un trait ramèneré, qui sert à tracer le joint. Ces derniers se tracent sur le bois de la même manière que celle qui a été démontrée pour les tracer sur les plans d'élévation ; mais, pour opérer au plus vite, on commence d'abord par le premier, que l'on trace sur la face apparente par un trait à vue d'œil, suivant le rampant, lorsque rien ne s'y oppose, ce qui ne peut être que de l'aubier ou du manque de bois ; lorsqu'il en est ainsi, on balance le joint selon et comme le bois le permet, en tentant toujours au point du dessus, c'est-à-dire au cran de la contre-marche auquel il doit être fait ; dans le cas où il ne serait pas tout à fait d'équerre au rampant, la chose en est insignifiante. On rapporte ensuite ce même tracé sur le pied de la courbe suivante et toujours sur la même face, c'est-à-dire du côté apparent ou intérieur du jour, pour la tracer ensuite sur les faces extérieures ; on pose une règle sur les dernières lignes intérieures premièrement tracées, puis une autre règle sur le derrière ou extérieur de la courbe et sur le point du dessus qui sert de pivot pour mouvoir cette dernière règle de manière à la dégauchir avec la première, et, aussitôt dégauchie, on fait un trait, et le joint est tracé. Je ferai observer qu'il faut toujours tracer les joints d'attente, les premiers comme il vient d'être fait, car ils sont assujottis, plus que les joints de recouvrement, à rencontrer des défauts de bois ou d'aubier, tandis que les joints qui recouvrent ont toujours le bois nécessaire, vu qu'ils sont entièrement faits dans la courbe. Dans le principe précédemment usité, l'on faisait à ces joints un petit crochet de niveau, et dont certains ateliers en ont encore conservé la routine ; ces crochets n'ont d'autre utilité que d'augmenter le travail, car il faut beaucoup plus de temps pour les tracer de même que pour les recaler, et plus encore pour les ajuster ; ils occasionnent, en outre de cela, à ce que les courbes se fendent, surtout qu'elles ne demandent pas mieux lorsqu'elles sont tourmentées par la sécheresse. Que le lecteur se fixe et se rende compte par lui-même, il ne tardera pas à être convaincu de la certitude de ce qui vient d'être dit. Lorsque les courbes ont été évidées, il y a un autre moyen de les tracer, surtout lorsque l'exécuteur n'est pas très-sûr de son affaire, ce qui arrive assez souvent ; pour cela il faut repasser les courbes sur lignes, c'est-à-dire sur le plan l'une après l'autre et en élévation, telles qu'elles doivent aller ; pour cela, on a soin de repérer les traits ramènerés, et lorsqu'elles sont bien d'aplomb et de devers sur leurs plans, on plombe sur la courbe tous les crans des contre-marches ainsi que les joints sur chacune des faces, c'est-à-dire sur le dedans et sur le dehors, ensuite on marque d'une plumée de devers la ligne du milieu de la courbe, qui sert ensuite pour mettre les joints dedans et les ajuster et mettre au levage. Lorsque l'on opère ainsi, il n'est pas utile de faire paraître plusieurs lignes de niveau pour les marches, une seule suffit, d'après laquelle on rapporte les autres avec un compas pointé de hauteur ; le tracé des joints se fait ensuite et toujours de la même manière, précédemment indiquée. Les joints étant ainsi tracés, on continue par les ajuster, pour cela on recale premièrement ceux de la courbe, puis on la couche sur le dos bien de devers et de niveau ; pour la placer ainsi, on mène une ligne sur la courbe de chaque côté de la ligne du milieu et à égale distance, et où ces lignes coupent l'une le dessus et l'autre le dessous de la courbe ; on fait un petit cran à chacune d'elles de manière à y placer un niveau, et lorsque ces deux lignes sont de niveau, la courbe est de devers et de niveau sur la ligne du milieu. Étant ainsi placée, on la maintient par le moyen d'un étai contrebutté au plancher de l'atelier ou d'un endroit quelconque ; on fait à ce dernier un petit cran au pied afin de pouvoir y passer le cordeau de manière à mieux voir l'alignement du milieu tracé sur la courbe, et pour la faire paraître ensuite aplomb sur le sol, comme il est représenté par la figure 7, là où est paru l'étai A, ainsi que les lignes qui ont été données sur la courbe pour la mettre de devers, ainsi que les crans pour y placer le niveau. La courbe étant ainsi placée et la ligne du milieu parue sur le sol, on prend sur le plan la distance de la ligne du milieu aux faces du dedans des limons ; avec cette distance, on mène les lignes B sur le plan, figure 7, parallèle à la ligne du milieu. Ceci étant fait, on prépare les joints des limons ; on laisse à ces derniers un demi-centimètre de bois en plan à chaque joint, de sorte qu'après les avoir tablettés avec le compas, il reste assez de bois pour couper ces derniers traits d'un coup de scie, ceci étant fait, on place les limons sur la courbe, leurs faces du dedans aplomb sur lignes B, maintenus sur le derrière par un traiteau, et de manière à ce que les lignes des marches tombent bien aplomb, il faut remarquer que les lignes aplomb sur lesquelles ont été faites les plumées de devers lorsque l'on a passé les limons sur lignes, se trouvent de niveaux, alors on place une règle sur cette ligne à chaque limon, et lorsqu'elle se dégauchit avec celles qui sont parues sur le plan, les limons sont de devers ; ensuite on tablette les joints et on les recale, et, aussitôt ajustés et bien de devers et aplomb sur la ligne B, avec la pointe d'un compas on marque sur chacune d'elles le désaffleurement, ce qui sert de guide pour les goujonner ensuite. Les goujons se placent d'équerre aux joints, c'est-à-dire qu'ils se trouvent parallèles au rampant et à trois centimètres environs de la face inférieure et supérieure ; ce joint est toujours sur le milieu du bois. Lorsqu'un joint est goujonné on le serre avec un crochet et on place les deux courbes sur un tréteau, et de manière à ce que les lignes aplomb soient de niveau ; puis l'on trace avec un cordeau l'alignement du boulon sur le dessous des courbes, de manière qu'il passe le plus près du jour possible, ainsi qu'il a été démontré sur la planche précédente, figure 13 et figure 14. Pour l'alignement du boulon sur l'autre sens, que l'on trace par le moyen d'un coup de cordeau donné sur les faces du derrière, parallèlement au rampant et passant sur le milieu du joint ou la première ligne donnée, joint la face du derrière : on mène des lignes parallèles aux lignes aplomb, et leur jonction avec la deuxième donne l'entrée et la sortie du boulonnier. On a soin de diriger le boulonnier suivant les deux lignes, surtout sur celle du dessous, de manière à ne pas sortir dans le jour ; après cela, on fait une entaille carrée à chaque courbe, de manière à serrer le joint au moyen d'un boulon à deux écrous, comme il est représenté dans la planche précédente, figure 13 et figure 14 ; cela fait, on désafleure le joint et on trace le débillardement sur les faces du jour par le moyen d'un compas, que l'on ouvre à une distance de douze à quatorze centimètres, et, du cran de chaque contre-marche, on fait des simblots, et avec une règle flexible on les rallie d'un seul trait, et le débillardement est tracé ; puis avec une herminette on bûche ce trait en suivant toujours le carrément, c'est-à-dire d'équrre avec les lignes aplomb des contremarches. Étant dégrossie, on dresse l'arête du dedans avec un rabot plat, ensuite celle du derrière carrément à celle du dedans en se servant d'une équerre que l'on présente de distance en distance, comme il a déjà été dit, suivant les lignes aplomb, de sorte que le coup d'œil soit entièrement satisfait ; on prend ensuite un trousquin et l'on roule le chiffre dans tout son parcours, de sorte qu'il soit régulièrement de la même épaisseur ; ensuite, avec un rabot rond, on fait un peu de creux dans le débillardement, ce qui lui donne un élan beaucoup plus gracieux. Pour débillarder les courbes, il faut avoir soin de commencer toujours par la première et de n'arriver que jusqu'au deuxième joint, afin d'avoir le bois nécessaire pour l'enrouler plus facilement avec les courbes suivantes : ainsi des autres. Il faut aussi remarquer que la manière d'ajuster les joints, tel qu'il vient d'être démontré, ne peut s'adopter que lorsqu'il y a des parties droites ou autres.

Dans la planche suivante on trouvera les détails pour les jours ronds et de forme irrégulière.

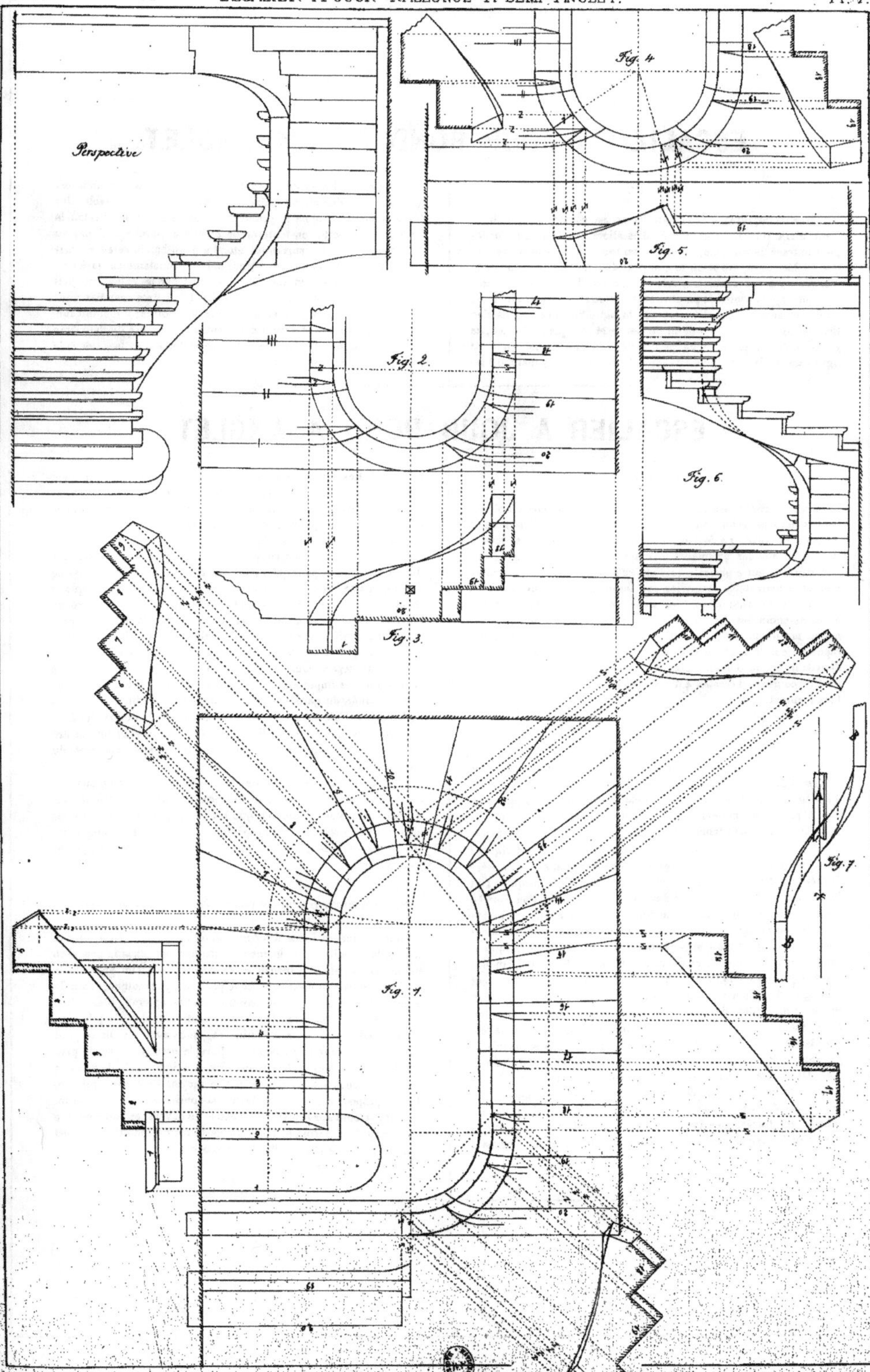
Perspective
Fig. 1.
Fig. 2.
Fig. 3.
Fig. 4.
Fig. 5.
Fig. 6.
Fig. 7.
E. Delataille

ESCALIER A JOUR ROND A DEMI-ANGLET

FIGURE 1re.

L'escalier représenté dans cette figure est construit dans l'intérieur d'une tourelle. Ces genres d'escaliers sont les plus faciles pour le tracé de leur plan, vu qu'il n'est tout simplement nécessaire que de décrire un arc selon la grandeur du diamètre intérieur de la tourelle; puis un deuxième, selon la largeur fixée pour l'emmarchement: après avoir fait paraître la première et la dernière marche, on divise ensuite les suivantes sur la ligne du milieu, puis l'on tire des lignes tentant au point de centre et leur plan est tracé; la plate-bande d'arrivée va se perdre dans le mur, ainsi qu'il est figuré sur le plan et à plus ou moins de distance de la marche d'arrivée, c'est-à-dire proportionnellement à la grandeur qu'il est nécessaire de donner au palier. Lorsqu'il y a lieu d'établir des étages supérieurs, alors la grandeur du palier serait fixée selon la largeur de la porte; on tenterait la première marche toujours au centre, ainsi que les suivantes, etc. La plate-bande serait supprimée et remplacée par la courbe, qui suivrait constamment la forme du jour et formerait un ressaut occasionné par le palier, vu qu'il aurait un surcroît de largeur que celle des autres marches pour éviter ce ressaut, ce qui n'en serait que plus solide; il faudrait former une gorge sur le devant des premières marches du deuxième étage, de manière à ce que le palier ne soit pas plus large dans le jour que les autres marches.

ESCALIER A JOUR ROND A ANGLET

FIGURE 2.

Le plan, figure 2, est un escalier à jour rond pour être placé isolément dans un salon, ou un café, ou tout autre établissement et magasin de luxe. La courbe en forme d'S, que décrit le départ, tient à ce que les premières marches se trouvent en face d'une ouverture ou autre obstacle qui l'oblige d'être dévoyé. La première marche a deux têtes arrondies sur lesquelles reposent les deux pilastres, et où s'assemblent les pieds des deux premières courbes et mains-courantes. Les courbes de l'extérieur s'appareillent de la même façon que celle de l'intérieur, c'est-à-dire que les marches reposent sur le cran de la courbe et les contre-marches ont une deuxième coupe d'anglet avec les crans du devant des courbes; c'est de ce genre d'escalier à double têtes, qu'on les nomment escaliers à anglet.

Manière d'opérer.

On commence du centre A à décrire la grandeur du jour par le moyen d'un tour de compas, on en décrit une deuxième toujours du même point de centre et à la distance de la largeur que l'on juge à propos de donner à l'escalier. Ceci étant fait, on mène la ligne B indéfiniment tentant du centre A, et sur laquelle on fixe le devant de la première marche et carrément comme il est figuré; puis l'on profile les courbes jusqu'à cette marche, de la manière figurée pour faire ce tracé; on mène la ligne centrale C, jusqu'où l'on juge à propos de commencer à dévoyer les courbes, et l'on cherche sur cette dernière le point, de manière à raccorder d'un simblot la ligne B aves la ligne du milieu de l'emmarchement premièrement faite, ainsi qu'il est indiqué par le point D; de là on mène la ligne E carrément à la ligne B, et du centre D, on prolonge le plan des courbes jusque sur la ligne E, que l'on mène ensuite parallèlement à la ligne B, et, pour donner plus de grâce au départ de l'escalier, on lui donne plus de largeur en évasant les courbes, et selon l'évasement que l'on veut donner, on mène la ligne F en parallèle avec la ligne E, et des points G on profile les courbes jusqu'à la jonction de la deuxième contre-marche, ainsi qu'il est indiqué sur le plan. On figure la tête de la première, comme il a été fait ici, premièrement du centre H, deuxièmement les centres I à définir sur les lignes J, ensuite carrément à ces dernières, et la première marche est tracée. Les centres H servent également à tracer le devers de la marche suivante et celui de la contre-marche, comme il est figuré. Les courbes à leurs arrivées décrivent la forme indiquée sur le plan, de sorte qu'elles se rallient ensemble avec la plate-bande du garde-corps, ainsi qu'il est représenté par des lignes pointillées qui indiquent le pourtour de ladite plate-bande; celle du côté du jour qui forme palier peut-être transportée à volonté, c'est-dire le plus possible en arrière pour donner au palier toute la grandeur nécessaire et pour qu'il y ait assez de hauteur pour ne pas se heurter la tête; celle du côté extérieur est ainsi formée pour que la main-courante du garde-corps et celle de la partie extérieure de l'escalier correspondent ensemble, de manière à faire tout le parcours de l'escalier sans perdre de la main lesdites mains-courantes. S'il y avait lieu de construire des étages supérieurs, alors on formerait leur départ, ainsi qu'il est vu figure 3. Pour un escalier de ce genre moins important, l'on pourrait établir la face intérieure de la plate-bande du garde-corps à l'aplomb de la saillie des marches de la porte extérieure de l'escalier; dans ce cas, la rampe viendrait se perdre au-dessous de la plate-bande et l'on placerait un pilastre sur le plancher, dans lequel serait assemblée la main-courante du garde-corps.

L'établissement des courbes se fait toujours de la même manière qui a été indiquée sur les planches précédentes et représentée sur le plan; il est bon d'observer que les courbes doivent se faire les plus longues possible et en proportions des grosseurs et longueurs des pièces de bois que l'on a de disponible et propre à employer pour cet usage.

Manière d'ajuster le joint des courbes d'un jour rond ou irrégulier.

Pour ajuster les joints des courbes, on commence par ajuster le pied de la première avec la marche massive; on place la première marche sur le plan de niveau et de devers, puis l'on présente la première courbe en élévation sur le plan, en ayant toujours soin de tenir les lignes des crans des contre-marches aplomb. Étant ainsi placé, on repère une plumée de devers et on tablette le joint, et, lorsqu'il est ajusté on le boulonne et, après avoir recallé le joint d'attente de la première courbe, on la replace sur ligne sur le plan avec la marche; lorsque le tout est bien sur ligne et de devers à la plumée, on consolide la courbe par le moyen de listeau que l'on cloue à propos; ensuite on présente la courbe suivante à la suite, toujours aplomb sur le plan de niveau et de devers, et l'on continue ainsi jusqu'à la dernière, toujours de la même manière qu'il est expliqué ci-dessus et à la planche précédente.

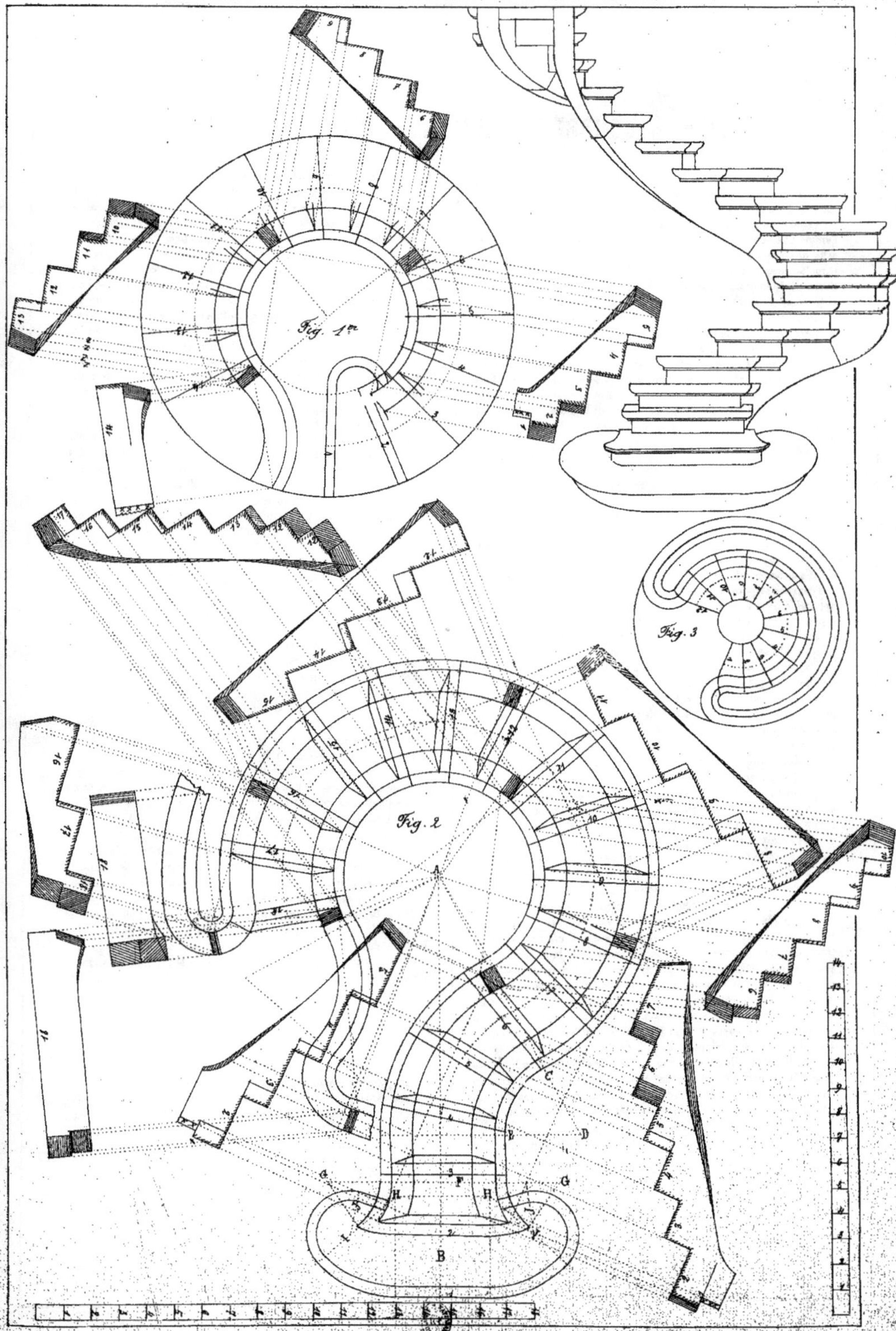
Fig. 1re
Fig. 2
Fig. 3
A
B
C
D
E
F
G
H

ESCALIER A COURBES RAMPANTES DIT A LA FRANÇAISE

Les courbes sont dites à la française lorsque les marches et les contre-marches y sont assemblées entièrement au dedans, tels que dans les limons des escaliers à noyaux, précédemment démontré ; il en est de même pour la construction du plan, c'est-à-dire que l'emmarchement se comprend des faces extérieures des courbes à celle des rémurs. La première marche porte une tête arrondie sur laquelle repose une volupte, observée dans le pied du premier limon ou de la première courbe, s'il y a lieu. Sur la volupte repose le premier pilastre destiné à recevoir le pied de la rampe en fer, qui généralement est d'usage et qui repose ensuite sur le milieu de la courbe et file jusqu'à l'extrémité ; cette rampe est consolidée sur les courbes au moyen d'une bandelette en fer vissée sur le dessus, une autre semblable est vissée sous le dessous de la rampe en bois qui forme main-courante ; sur l'arête de la face intérieure du dessous des courbes, l'on y pousse un congé et une moulure sur les deux arêtes du dessus ; celle qui conviendrait le mieux à cet usage, serait un double congé laissant un petit carré dans le milieu ou une doucine.

Manière d'opérer.

FIGURE 1re.

La construction du plan étant semblable à ceux précédemment démontré dans les planches précédentes, nous n'en parlerons pas ; il est seulement nécessaire d'étudier la différence pour l'établissage des courbes et pour la manière de faire leurs joints. Ce plan-ci est appareillé avec une courbe et des limons croches ; tout aussi bien, il pourrait être appareillé avec des limons entièrement droits ; dans ce cas, l'on établirait la courbe en deux pièces. Généralement la plate-bande se boulonne le long du soliveau et on y établit un sabot correspondant avec les courbes ou avec les limons, comme il est fait dans ce plan-ci ; de même l'on pourrait établir une marche palière. Les joints des courbes se font toujours d'équerre au rampant, à ceux-ci ou l'on fait un petit repos de niveau vers le milieu et autant que possible au dessus d'une marche. D'après l'observation qui a été précédemment faite à ce sujet, le lecteur va se demander pourquoi il en est observé ici : ce qui oblige à faire ce crochet, vient de ce que les courbes ayant la face du dessus apparente ainsi que celles du dessous et d'une certaine largeur, qui fait que les joints ont beaucoup de retombée et ne peuvent être fait en partie lisse ; car supposant que, s'il en était ainsi, la face opposée où on l'aurait fait d'équerre, le joint se trouverait énormément en biais avec cette dernière, ce qui ne serait pas gracieux ; ce n'est donc que par le moyen du crochet qu'on peut l'éviter ; pour cela, on fait le dessus et le dessous d'équerre et à dégauchir jusqu'au crochet alors qui coupe les deux joints, ce qui fait que le crochet est beaucoup plus large sur le derrière des courbes, tel qu'on le voit figuré sur le plan pour le faire ainsi paraître. Il est préférable de faire une fausse élévation, qui sert ensuite pour faire paraître les joints sur les élévations des courbes et de guide pour les tracer ensuite sur le bois, le tracé de chacun étant tous les mêmes, il ne sera parlé que de celui de la tête du premier limon, correspondant avec celui du pied de la courbe suivante ; après avoir fixé l'endroit sur le plan, là où l'on veut faire le joint, on fait la fausse élévation sur les trois marches voisines, comme il est fait ici sur les marches 6, 7 et 8 ; il est inutile de dire que les fausses élévations se font toujours de la même manière, c'est-à-dire par le moyen des largeurs des marches avec leur hauteur des contre-marches, comme il est vu ici figure 2 ; on fait ensuite, à une distance de trois ou quatre centimètres, parallèlement au nez de chaque marche, la face du dessus, comme il est vu par la ligne A ; ensuite on fait paraître l'épaisseur des marches et celles des contre-marches afin d'avoir la largeur des courbes, qui serait environ de quatre centimètres plus bas que les crans du dessous des contre-marches, ainsi qu'il est vu par la ligne B. Le dessous peut être ainsi tracé dans toute la course du chiffre, mais pour cela il est préférable de se fixer premièrement et par le même système sur les marches les plus larges, qui fixeraient alors la largeur du chiffre dans tout son parcours ; cette largeur ne peut varier que dans les courbes très-prononcées ; dans ce cas, l'on fait en sorte de laisser le plus de bois possible et de satisfaire au coup-d'œil. Ceci fait, et compris la fausse élévation ainsi faite, on continue par faire paraître les joints sur le plan, pour cela on le fait paraître carrément au rampant, ainsi qu'il est paru figure 2, à la marche six au dessus de laquelle est paru le crochet que l'on descend ensuite sur le plan, et sur la face du dedans des courbes, comme il est vu par les lignes C, on mène de même les deux extrémités par les lignes D. De ces derniers points, on tente au centre de la courbe les lignes E, puis une parallèle à chacune sur les points donnés par les lignes C, et le joint est paru ; après cela on fait les élévations comme elles sont parues, et l'on y fait paraître les joints par le moyen précédemment indiqué, de manière à faire paraître les débillardements du dessus et du dessous, comme il est figuré. Les marches se tracent de même qu'il a été fait pour les escaliers à noyaux et comme il est vu figure 3, qui indique le tracé de la marche dix.

Manière de tracer le plan de la volupte.

La volupte se fait de la forme parue sur le plan, et se trace de la manière indiquée figure 4. Ce plan a été fait séparément et d'une proportion plus grande, de manière à ce que l'opération soit plus distincte, on commence par faire paraître la grosseur des limons vus par les deux lignes A ; avec cette même distance, on mène la parallèle B, et une deuxième C, ensuite carrément à ces premières, et toujours à la même distance, les deux lignes D, ensuite les lignes E, F ; après cela, avec un compas l'on divise l'épaisseur du limon en trois parties égales ; on porte cette distance sur la ligne E, carrément à la ligne F, ce qui donne le point G ; de ce point on mène la ligne H carrément au limon ; puis on place la pointe du compas sur le point G, et l'on décrit les deux faces du limon jusqu'à la rencontre de la ligne B ; après on tire la ligne I, et sa jonction avec la ligne F donne le point J, auquel on place le compas et l'on ramène la face du dehors jusqu'au point K ; de là on tente une autre ligne au point J, et la jonction de cette dernière avec la ligne E donne le point L, duquel on continue la volupte jusqu'au point M, et l'on continue ainsi de suite jusqu'à la fermeture, et la volupte est tracée.

Pour la tracer sur le bois, on le fait lorsque l'on établit le limon et de la même manière que pour tracer le jour de la courbe, lorsque l'on débillarde ensuite, l'on a soin de tenir la volupte d'une hauteur proportionnelle au dessus de la première marche et de manière à ce que le pilastre repose carrément dessus et qu'elle soit bien raccordée avec le rampant du limon.

FIGURE 5.

Le plan, figure 5, est un escalier aussi à la française, dont le départ est isolé, de manière à faire face à une porte, et se termine par un jour rond. La manière d'opérer étant toujours la même, ainsi qu'il vient d'être démontré dans la figure précédente, le lecteur, suffisamment éclairé, pourra opérer sans aucune difficulté.

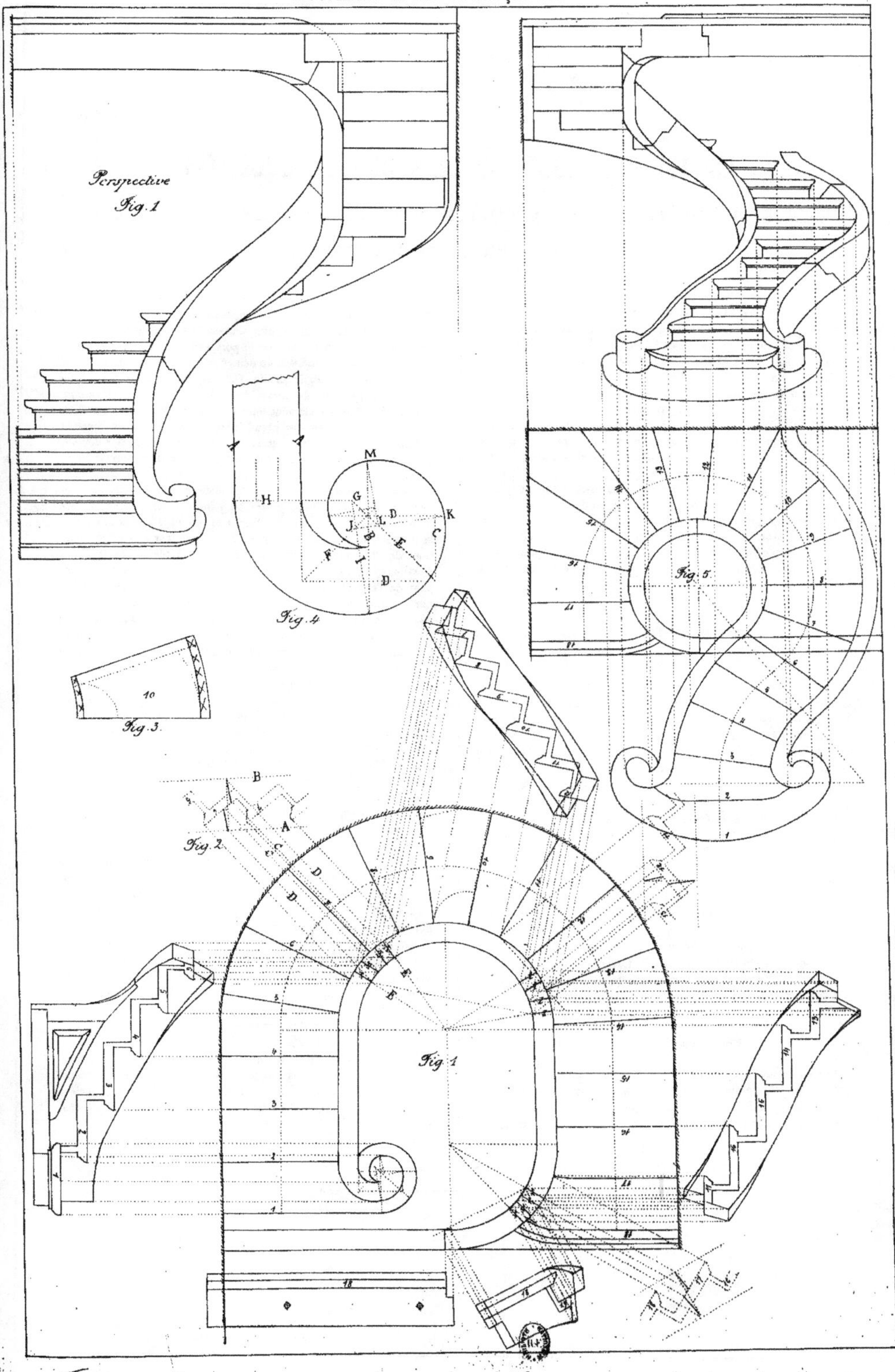

E. Delstaille

ESCALIER A JOUR OVALE A DOUBLE ÉVOLUTION

MONTÉ SUR NOYAUX DANS LESQUELS SONT ASSEMBLÉES LES COURBES ET LES MAINS COURANTES

Les escaliers sont dits en double évolutions lorsqu'ils desservent plusieurs appartements n'ayant aucune communication ensemble, ou autres cas qui en obligent l'édification, et lorsqu'ils sont composés de deux départs et d'une seule arrivée, ou d'un seul départ et de deux arrivées, tel que l'est celui-ci. Les courbes sont à la française et assemblées dans des noyaux carrés, dans lesquels sont assemblées les mains-courantes, comme il est paru sur la perspective, tel qu'on peut le voir aussi par les deux premières marches, ayant de chaque côté une tête arrondie et sur lesquelles reposent les deux premiers pilastres. Les escaliers à courbes construit tout en bois, tel que celui-ci, sont ceux qui demandent le plus d'attention, surtout pour l'assemblage des mains-courantes avec les noyaux et leurs balustres, et plus encore pour les établir, c'est-à-dire pour les faire paraître sur leur plan d'élévation, de manière qu'après les avoir établies et assemblées avec les noyaux, elles s'enroulent bien toutes ensemble, et, pour que le lecteur puisse s'en rendre compte plus régulièrement, le plan suivant en donne toutes les indications nécessaires.

Manière d'opérer.

FIGURE 1re.

On commence par faire paraître le remur A, et les deux de chaque côté carrément à ce premier, comme on les voit figuré ; on fait paraître ensuite la face du devant du soliveau destiné à recevoir la plate-bande d'arrivée et parallèlement au premier remur, comme il est vu par la ligne B ; on divise la longueur de la cage par la moitié, et l'on tire la ligne marqué d'un trait de milieu ; après avoir fixé la largeur de l'emmarchement que l'on veut donner à l'escalier, on le porte de chaque côté des remurs, et la moitié de cette même distance de chaque côté de la ligne-milieu ; par ce moyen l'on voit de suite ce qui reste de jour en y ajoutant l'épaisseur des courbes ; on divise ces espaces par la moitié et l'on mène les lignes C, qui indiquent le milieu du jour, sur le sens le plus étroit, et les lignes D sur le sens le plus large ; après cela, on décrit l'ovale par le moyen connu, et comme il a été fait ici par les centres E pour les espaces plus larges, et les centres F pour les parties les plus étroites ; l'on mène également la ligne du milieu de l'emmarchement, sur laquelle on opère le balancement des marches, comme il est figuré, ensuite la forme des deux premières marches, la vue en bout des deux premiers pilastres ainsi que celle des noyaux, et le plan est terminé.

Élévation des courbes.

Les élévations des courbes se font toujours comme de coutume, précédemment indiqué, et plus facilement ici parce que les joints sont aplomb, sauf une petite barbe que l'on laisse à la tête des courbes pour masquer la vue en bout des noyaux et pour satisfaire le coup-d'œil ; pour la même raison, les têtes des noyaux sont coupés carrément au rampant, afin d'assembler le pied des mains-courantes, tel qu'on le voit sur la perspective et la figure 2. Cette figure représente le chiffre d'un des côtés de l'escalier, entièrement développé sur une ligne droite. Cette opération n'est faite dans d'autre but que celui de servir de guide pour faire les élévations des courbes et principalement celle des mains-courantes ; pour faire le tracé de cette figure, on prend la largeur de la tête de chacune des marches sur le plan et sur la face des courbes où elles doivent être assemblées ; on les porte ensuite, une par une, sur la ligne droite et numéros par numéros, c'est-à-dire que l'on commence par la première et l'on continue de même jusqu'à la dernière ; on mène ensuite des lignes toutes en parallèle sur chacun de ces points ; ensuite on mène des lignes carrément à ces premières, à la distance fixée pour la hauteur des contre-marches et la jonction de la première avec la première, la deuxième avec la deuxième, etc., etc., donnent le nez de chaque marche et le rampant de l'escalier, on fait paraître ensuite le dessus des courbes par de petits simblots faits à trois centimètres de distance du nez de chaque marche et l'on rallie tous ces simblots dans un seul trait, de manière que ce trait s'enroule bien dans tout le parcours du chiffre sans aucun jarret ; on fait paraître ensuite la retombée du dessous des courbes, parallèlement au dessus, en ayant soin d'observer une petite gorge de niveau et une autre aplomb au pied de la première courbe, comme il est figuré. Ceci étant fait, on fait paraître la main-courante à la hauteur où l'on juge à propos de la placer, qui ordinairement est d'une hauteur de quatre-vingts centimètres sur l'aplomb du dessus du nez des marches ; pour la placer ainsi on fixe premièrement le pied de la main-courante sur la tête du premier pilastre, ensuite sur le dernier qui, tout fixé d'avance par la main-courante du garde-corps, d'où le dessus doit être à quatre-vingt-dix centimètres du plancher ; ces deux points étant ainsi fixé, on fait paraître la main-courante dans tout son entier, étant parallèle autant que possible avec le chiffre et de manière à ce qu'elle s'enroule bien ; on fait paraître ensuite sa largeur en contre-bas, qui généralement est de sept centimètres, on continue par faire les élévations des courbes, ainsi parues figure 3, figure 4 et figure 5 ; lorsque l'on a fait paraître les lignes du dessus des marches et celle de l'aplomb du devant du giron, l'on porte sur chacune de ces dernières, en se guidant toujours du nez des marches, la hauteur du dessus et celle du dessous du chiffre et de la main-courante, que l'on prend sur la figure 2, à chacune des marches, que l'on rapporte de même sur les élévations, comme il est vu figure 5, qui a été placée à propos, de sorte à ce que tous les points soient démontrés par des lignes pointillées, et par ce moyen l'on obtient sur les élévations la forme des courbes et des mains-courantes, de manière qu'étant ainsi établies et après les avoir assemblées, le tout s'enroule parfaitement bien, ainsi qu'il est représenté figure 2. Les noyaux se tracent et se font tels qu'ils sont parus sur la même figure, ainsi qu'il a été démontré dans les planches précédentes.

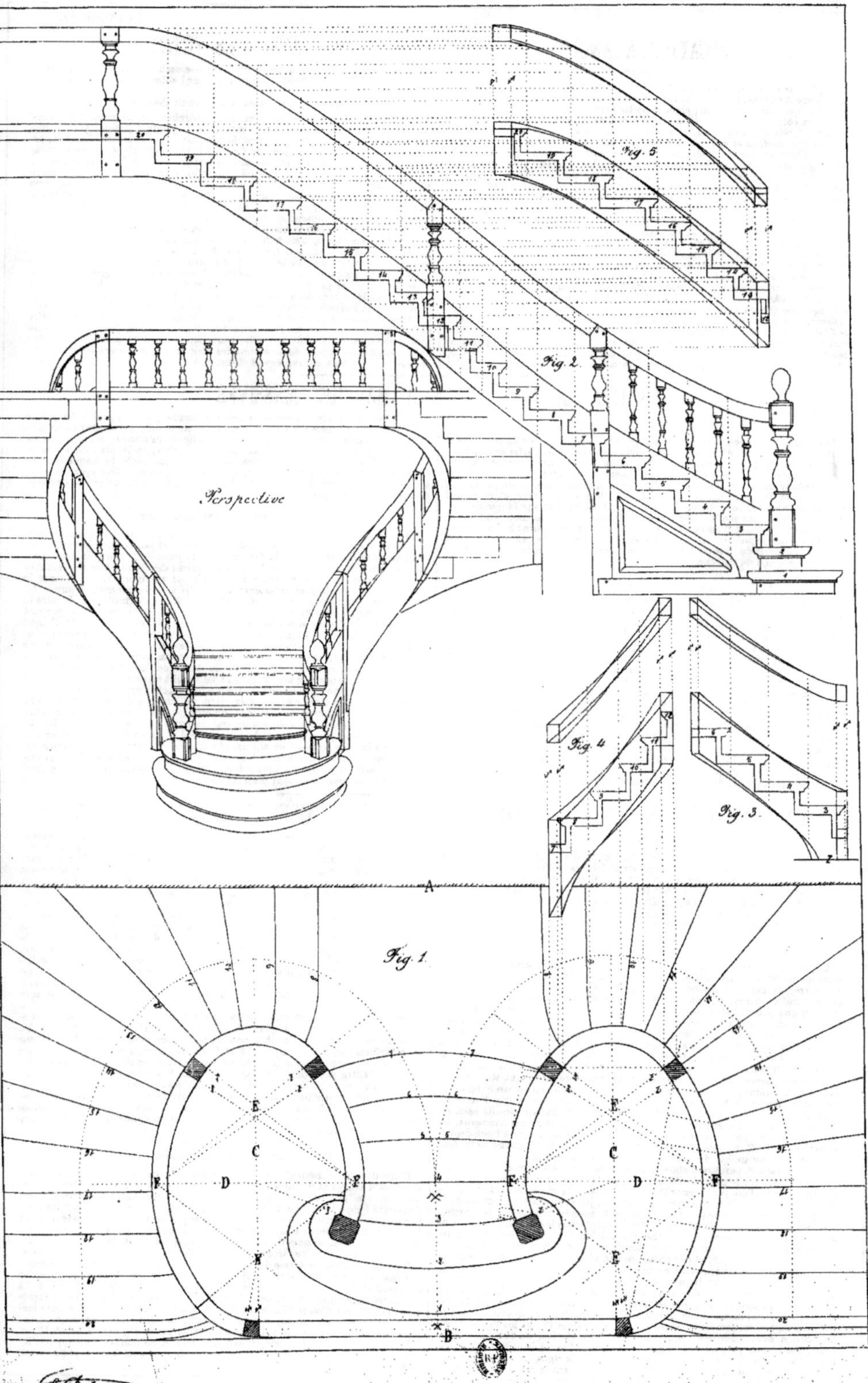
Fig. 5
Fig. 2
Perspective
Fig. 4
Fig. 3
A
Fig. 1
C
D
E
F
B

ESCALIER A ANGLET FORME OVALE ASSEMBLÉ AVEC DES TÊTES

FIGURE 1re.

Le plan de cet escalier est d'une forme ovale, placé isolément au milieu d'un appartement quelconque, ne pouvant se maintenir par lui-même par rapport au palier qui existe au milieu ; alors la partie extrême du palier est maintenue par deux colonnes, ainsi qu'il est vu sur le plan et sur la perspective. Les escaliers à tête ont absolument la même forme, comme s'ils étaient à courbes ; le tracé des marches et des contre-marches, ainsi que la manière de les assembler ne diffère en rien, la différence n'est que dans la forme des courbes, c'est-à-dire que les courbes, au lieu d'avoir une certaine longueur, n'occupent que l'espace d'une marche, ce qui fait autant de courbes que de marches, que l'on nomme tête, sur lesquelles sont vissées les marches et les contre-marches de chacune d'elles, et se placent ensuite les unes sur les autres et se maintiennent par une coupe d'équerre au rampant, comme on le voit sur la perspective. Pour faire le tracé des têtes on prépare des petits morceaux de bois que l'on évide selon la forme du jour et de l'épaisseur parue sur le plan, ayant pour longueur la largeur de chaque marche, en ayant soin d'observer en plus la retombée du joint, et pour largeur la hauteur de la contre-marche plus le bois nécessaire pour le tableau du dessous, et faire en sorte que le bois soit de fil parallèlement au rampant. Pour faire l'opération de ce tracé beaucoup plus facilement et très-juste, il est nécessaire de faire le développement du rampant de tout l'escalier vu sur la face apparente des têtes, c'est-à-dire du côté du jour sur lequel on fait paraître la coupe et la forme des têtes, là où l'on voit très-clairement le bois qu'il faut pour les faire et surtout pour la manière d'établir le fil du bois suivant le rampant, comme il a été dit. On peut également faire ce tracé au moyen de petits panneaux que l'on ferait sur le développement selon la forme de chaque tête, avec lequel on tracerait sur le bois ensuite, comme on le voit figure 3, qui indique la forme de deux têtes correspondantes l'une sur l'autre, avec les goujons qu'il est nécessaire de placer et qui sont indispensables pour la solidité et pour maintenir l'affleurement des têtes.

Manière d'ajuster les joints des têtes.

Après avoir préparé les marches et contre-marches, on les clouent sur chacune de leurs têtes, et après avoir recalés leurs joints d'attente, qui doivent être faits carrément au-dessous, c'est-à-dire suivant le tournant. Ceci fait, on commence par la première que l'on fixe sur le plan aplomb et de devers et de niveau ; on présente la suivante sur cette première, toujours bien aplomb sur le chiffre et bien de devers, puis l'on tablette le joint de manière à ce qu'il porte bien ; l'on arrête cette deuxième et l'on continue de même jusqu'à une certaine hauteur, c'est-à-dire que l'on peut ajuster trois ou quatre marches les unes sur les autres, autant que l'on peut atteindre sans difficulté pour l'ajustage ; puis l'on recommence par descendre la dernière ajustée que l'on replace sur ligne à son numéro, et on continue ainsi de suite jusqu'à la fin ; après cela on les goujonne toutes ensemble, c'est-à-dire les unes à la suite des autres, puis on les assemble par cinq ou six à la fois de manière à faire le débillardement du dessous, et ensuite l'on met au levage. Il faut avoir soin de bien arrêter la première marche, c'est elle qui tient la buttée de toutes les autres ; après avoir ainsi placé l'escalier, on place une bandelette en fer dans toute l'étendue du dessous du chiffre et bien fixée dans tout son parcours au moyen de deux vis à chaque tête, sans cela l'escalier aurait peine à se maintenir ; cette bandelette doit avoir un demi-centimètre environ d'épaisseur, et de largeur l'épaisseur du chiffre plus un demi-centimètre que l'on laisse de saillie du côté du jour, en forme de demi-boudin ; si on voulait le rendre beaucoup plus solide, ce serait d'ajouter un boulon à chaque tête, de manière à les tenir fermes et serrées les unes avec les autres, ainsi qu'il est représenté figure 4.

ESCALIER A JOUR OVALE A MARCHES MASSIVES

FIGURE 2.

Les escaliers à marches massives sont généralement fait avec de la pierre et destinés au service des édifices publics ; celui dont nous allons parler est construit dans une cage de forme ovale, dont le jour est semblable. Les marches massives sont ainsi nommées lorsqu'elles sont d'un même bloc en tout leur entier, c'est-à-dire refeuillées, gironnées, enfin taillées telles qu'elles doivent être, comme il est vu par la figure 5, qui indique la marche 9 ainsi préparée, et se posent ensuite les unes sur les autres, comme il est vu figure 6 et sur la perspective. D'un bout elles sont scellées dans le mur et tout le reste se maintient par sa propre coupe, à l'aide d'un boulon que l'on place intérieurement à chacune des marches, avec lequel on les serre les unes sur les autres, ainsi représenté figure 4 ; les faces du dessous sont en partie lisses et débillardées, de manière à former le plafond du dessous.

Manière d'opérer.

Lorsque l'on a fait paraître le plan de l'escalier ou la forme de la cage, celle du jour, ainsi que l'aplomb du nez des marches, on continue par faire paraître l'extrémité du derrière de chacune d'elles, ainsi que la ligne de retombée de leur coupe, comme il est vu sur le plan par des lignes ponctuées. Pour obtenir ces lignes, on fait le développement du rampant de l'escalier sur la ligne du milieu de l'emmarchement, comme il est vu figure 7. Il n'est pas nécessaire de faire le développement en tout son entier, d'autant plus que le rampant est toujours le même, vu que les marches ont toutes la même largeur sur l'aplomb de cette ligne ; alors il suffit de trois ou quatre marches, comme il a été fait ci-dessus. Ceci étant fait, on fait paraître les coupes d'équerre au rampant, en laissant à chacune un repos de niveau, comme il est figuré ; il faut observer que, dans un escalier où les marches sont balancées, les coupes ne peuvent être faites d'équerre au rampant sur les deux côtés, par rapport que le rampant de chacune est différent ; c'est donc pour cela que l'on opère sur la ligne du milieu, et par ce moyen on balance la différence des deux, ce qui fait que dans la partie la plus rampante les coupes n'arrive pas tout à fait au carrément et, dans la partie opposée, elles dépassent. Ceci étant compris et le développement ainsi fait, on ramène carrément sur le dessus des marches, de la figure 7, les points du dessous et du dessus des coupes et on les porte ensuite sur le plan en arrière du nez de chacune des marches et suivant la ligne du milieu ; à ces points on mène des parallèles au nez de chacune des marches, et le plan est terminé. L'extrémité de chacune de ces lignes donne la largeur totale de chaque marche et servent aussi pour tracer leurs coupes par bout, lorsque l'on opère le tracé dit par équarrissement, et pour les faire paraître également sur le développement des coupes pour le tracé des panneaux.

Établissement des marches.

Les marches doivent être faites de la forme indiquée figure 5, qui montre la vue de la marche 9 après avoir été débitée, tracée et taillée. La figure 9 est un des panneaux des têtes pour la face du côté du jour. Pour faire ces panneaux, on est obligé de faire paraître le développement des deux côtés de l'escalier pour en obtenir le tracé de chacun, tel qu'il est vu figure 7, qui indique le développement de la face intérieure d'où a été sorti le panneau, figure 9, tel que l'on peut faire pour tous ceux qui paraissent ; il s'agirait donc de faire la même opération pour obtenir les panneaux sur ce côté et après avoir préparé et dégauchis le dedans des marches et dressé le devant et coupé de chaque bout, suivant la forme du plan ; alors on place les panneaux un de chaque bout en se guidant sur la face du dessus et celle du devant ; ensuite on trace la forme des panneaux, et les marches sont tracées. Après les avoir taillées, on les présente sur le plan deux par deux, l'une au-dessus de l'autre, de manière à voir s'il y a lieu de retoucher aux coupes et au débillardement formant le plafond du dessous. On pourrait également tracer les marches par équarrissement, en portant les points directement sur la pierre ou sur le bois, ce qui reviendrait toujours au même, mais qui pourrait différer pour la justesse par le résultat d'un peu d'irrégularité ou de flache, qui pourrait parfois se trouver dans la pierre, ainsi que pour le tracé du rampant qui obligerait d'en assembler une quantité à la suite les unes des autres, afin d'éviter les jarrets qui pourraient en résulter et qui n'est pas admissible ; mais comme généralement les marches sont d'un certain poids qui les rendent difficiles à manœuvrer : rien que pour ce seul but, les panneaux sont préférables.

ESCALIER A QUATRE CENTRES A COURBES A LA FRANÇAISE ET A MARCHES MASSIVES

FIGURE 10.

Les escaliers à la française peuvent être construits et appareillés de différentes manières, c'est-à-dire que l'on pourrait faire le chiffre tout en bois et les marches en pierre ou en marbre, de même qu'il pourrait être entièrement en pierre ou en marbre ; le plan dont il va être parlé ici est établi pour cette sugestion, plusieurs genres d'appareils sont offerts et démontrés à cet effet, de sorte que le lecteur puisse faire son choix d'exécution selon ses désirs, et particulièrement au gré de toute nécessité.

Manière d'opérer.

Le premier système, dont il va être parlé, est celui de construire des courbes dans lesquelles sont assemblées ensuite les marches massives, soit en bois ou en pierre, la manière d'opérer est toujours la même : supposons qu'il soit entièrement en pierre, par conséquent l'établissement des limons ne diffère en rien, tel que pourrait être aussi l'établissement des courbes ; mais comme très-souvent il arrive que les pierres ne sont pas à portée de l'épure et pas faciles à transporter ; on opère alors par panneau, un premier pour tracer la forme du jour, un second pour tracer les encastrements des marches, le débillardement du dessus et celui du dessous, ainsi que les joints sur la face du derrière de la courbe ; un troisième panneau pour le même tracé sur la face du dedans. Pour cela, on commence par faire l'élévation de la courbe de même que si on voulait l'établir, et comme il est paru figure 11, d'après laquelle on relève le panneau servant à donner la forme du jour, et de la manière qui a été démontrée planche 6, figure 7, et comme il est vu ici figure 12 ; on fait ensuite celui du derrière vu figure 13, et celui du jour figure 14. Pour faire ces panneaux, on développe la face du derrière et du dedans de la courbe sur une ligne droite, comme on le voit représenté par les deux figures. On fait paraître premièrement la ligne du milieu de la courbe, et on continue par faire le panneau du derrière en faisant paraître d'abord les lignes de l'aplomb du nez des marches, que l'on prend sur le plan de chaque côté de la ligne du milieu pour les deux premières, que l'on porte ensuite parallèment à la ligne du milieu de la figure 13, et on continue à porter une par une, jusqu'au deux extrémités de la courbe, ainsi que les lignes de joints ; on porte ensuite la hauteur des contre-marches par des lignes de niveau, et l'on obtient ainsi le rampant ; ensuite de cela, on prend, figure 11, sur chacune des lignes de l'aplomb du nez des marches, le dessus et le dessous de la face du derrière de la courbe que l'on rapporte de même, figure 13, et par ce moyen l'on obtient la largeur du panneau et la retombée de la courbe ; ensuite on fait paraître le joint et le panneau est tracé. On opère de même pour tracer celui du dedans et pour y faire paraître les lignes de l'aplomb du nez des marches, de manière à obtenir la forme du dessus et celle du dessous du panneau ; on renvoie le nez des marches sur le plan de la courbe, carrément de la face du derrière sur celle du devant en tentant au point du centre, comme il est vu aux marches 16 et 17 par les lignes A, qui ont servi à donner les deux appareils, figure 14, et ainsi de suite. Les panneaux étant ainsi préparés, ainsi que la pierre destinée à faire la courbe, on trace d'abord la forme du jour en se guidant de la ligne du milieu, que l'on trace premièrement avec une sauterelle ouverte suivant le rampant, lorsque la courbe est ainsi évidée ; on rembarre aplomb sur chaque face la ligne milieu, puis on place le panneau, figure 13, sur le derrière de la courbe, de manière à ce que les lignes du milieu soit bien au droit l'une avec l'autre ; alors on trace la forme du panneau sur la pierre, ainsi que le dessus des marches, le devant des contre-marches, etc. Le point ou le dessus du premier panneau joint la ligne du milieu est renvoyé carrément sur la face du dedans pour servir de repère pour placer le dessus du panneau du dedans, que l'on place de la même manière qu'il a été fait pour le panneau du derrière ; dans le cas où il y aurait quelque variation dans le tracé des lignes milieu, on peut s'en rendre compte en faisant paraître la ligne du crochet de chacun des joints carrément sur la face du dedans de la courbe, et, lorsque l'on a placé le panneau sur cette face, les lignes de crochet des joints du panneau doivent correspondre avec celles du derrière ; si, en cas, il y avait un peu de différence, on voit ce qu'il est nécessaire de faire pour la correction, ensuite l'on trace la forme du panneau, puis l'on rembarre les joints sur les faces du dessus et celles du dessous et la courbe est tracée.

Les marches sont massives, comme il a été dit, et sont taillées sur le dessous de manière à former le plafond ; lorsqu'il en est ainsi, on les assemble les unes sur les autres avec un petit crochet sur le derrière, comme il est vu sur les élévations des limons, figure 15 et figure 16, ensuite on les encastre dans les courbes d'une certaine profondeur : on pourrait également les assembler l'une sur l'autre sans faire de crochet, comme il est vu figure 17 ; il est fait observer ici que le petit crochet et le carré qui a été observé sur le derrière des marches, doit exister par rapport à l'exiguité que formerait la pierre, ce qui ne doit pas exister. Il faut aussi observer que dans un escalier de ce genre fait en marbre, on peut également établir les marches et les contre-marches telles que dans tout autre escalier en bois.

Deuxième méthode.

Cette deuxième méthode consiste à construire ce même escalier avec des marches massives et de supprimer les courbes, c'est-à-dire que lesdites courbes sont formées par une tête observée à chacune des marches, comme il est démontré figure 18 et figure 19 ; par ce moyen les marches reposent les unes sur les autres et maintenues fermes et serrées par un boulon à chacune d'elles ; la forme de la courbe n'est formée que sur le dessus, vu que le dessous est entièrement lisse, comme il est vu figure 19, qui indique la vue en bout des marches, la forme de leur tête et leur coupe de repos, etc., telles que l'on pourrait aussi observer la forme de la courbe de quelques centimètres au-dessous des marches, si on le désirait ; mais ceci n'aurait d'autre but que d'augmenter le travail et de masquer le dessous de l'escalier qui, étant fait comme il a été démontré du premier abord, serait beaucoup plus gracieux. La figure 20 représente la manière d'assembler le chiffre de ce même escalier avec des têtes formant les courbes seulement, et dans lesquelles on peut assembler des marches massives, comme celles qui ont été démontrées figure 15, figures 16 et 17, et s'il était pour être entièrement construit en bois ou en marbre, l'on appareillerait alors avec des marches et des contre-marches, comme il est représenté sur la figure.

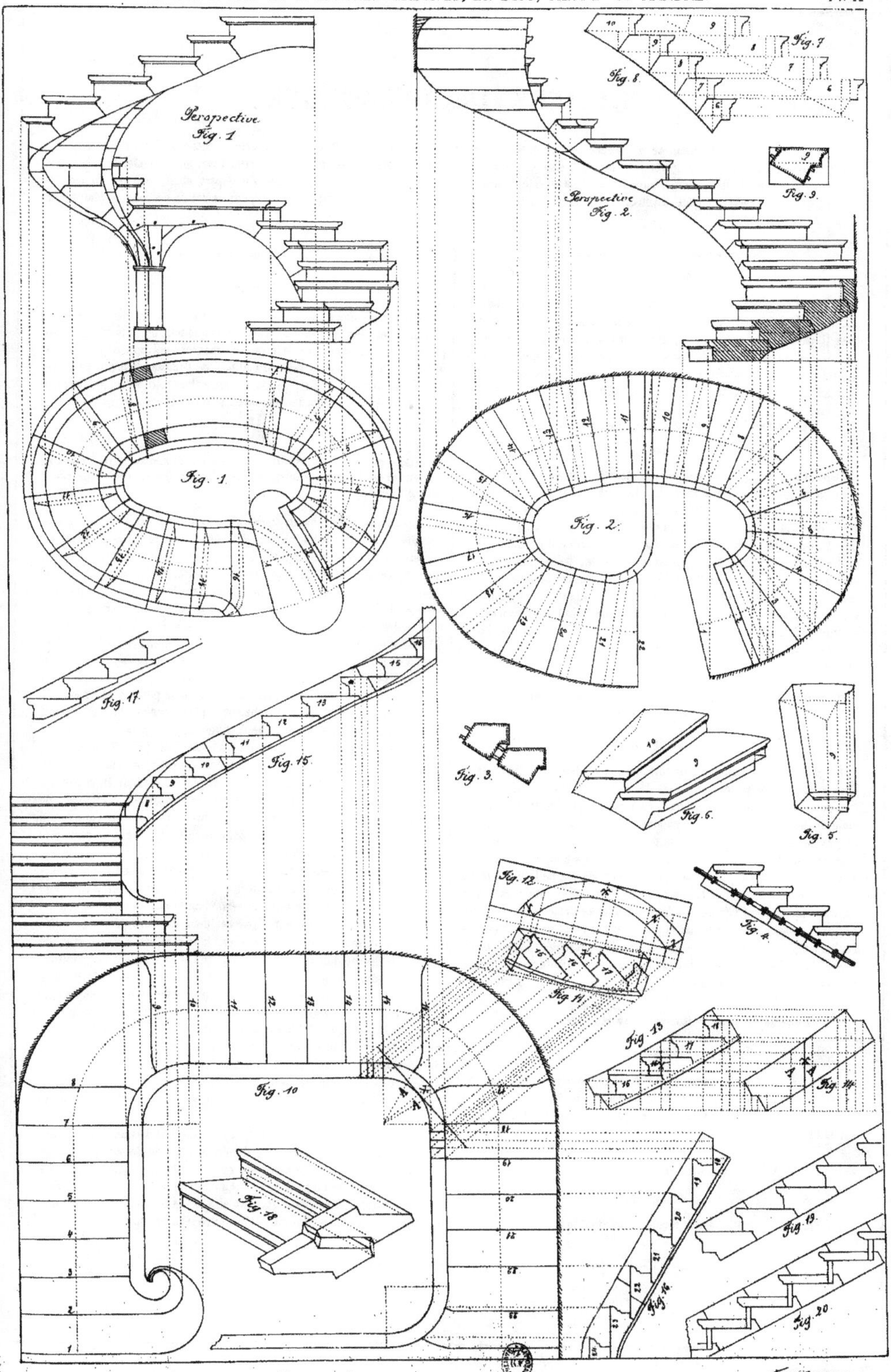

Perspective
Fig. 1
Perspective
Fig. 2
Fig. 7
Fig. 8
Fig. 9
Fig. 1
Fig. 2
Fig. 17
Fig. 15
Fig. 3
Fig. 6
Fig. 5
Fig. 12
Fig. 4
Fig. 14
Fig. 13
Fig. 10
Fig. 18
Fig. 16
Fig. 19
Fig. 20

ESCALIERS DE DÉGAGEMENT

Les divers plans qui composent cette planche sont appelés escaliers de dégagement, parce qu'ils sont généralement placés dans des magasins où il y a lieu de desservir des étages supérieurs; il est alors de nécessité absolue que ces escaliers soient construits de manière à occuper le moins de place possible.

Escalier autour d'une colonne.

FIGURE 1re.

Ce premier escalier est construit autour d'une colonne dans laquelle sont assemblées les parties intérieures des marches et des contre-marches, la partie extérieure est maintenue par une crémaillère formée par des courbes ou des têtes de marches; le plus petit espace qu'il peut occuper est de un mètre quarante centimètres; à moins de cela, la circulation deviendrait impossible et ne saurait s'opérer.

Escalier à jour rond croisé dans sa hauteur.

FIGURE 2.

Dans une place bornée et dans une hauteur fixe, quand on doit établir un escalier, on est souvent forcé de donner à cet escalier des formes contournées afin de pouvoir trouver assez d'échappée pour pouvoir monter et descendre sans se heurter la tête contre le dessous des marches des étages supérieurs, et très-souvent même celles du même étage, surtout lorsqu'ils sont d'une forme contournée, telles que l'on peut supposer celui-ci, provenant de sa forme croisée dans sa hauteur et décrit de manière à ce que les marches d'arrivées tombent sur l'aplomb de celles du départ; il est à vis à jour avec des courbes à la française; il est construit dans le plus petit des espaces, qui ne peut être moins de un mètre cinquante centimètres; quoique cela, il est gracieux et fort commode.

Escalier à jour rond dans une tour carrée, croisé dans sa hauteur.

FIGURE 3.

Le plan de cette figure est un escalier placé dans une tour carrée, dans laquelle il existe des portes et des croisées sur trois de ses faces, tout aussi bien au rez-de-chaussée qu'à l'étage supérieur et, pour qu'aucune de ces ouvertures ne soit endommagée par l'escalier, on a jugé à propos de le construire selon la forme indiquée ci-dessus. Le départ et l'arrivée ont été fixés du côté de la face où il n'y a aucune ouverture et à la distance la plus rapprochée du mur, de manière à ne laisser que l'espace nécessaire pour la circulation; alors l'escalier monte vers le sens opposé, appuyé dans l'angle des deux murs, et se détache ensuite à une certaine distance, là où il prend la direction pour opérer son arrivée sur l'aplomb du départ et de la manière ci-dessus représentée; le petit palier, figuré dans l'angle, a pour but de desservir une petite porte servant d'accès pour les lieux d'aisances.

Escalier à jour rallongé dans une tour carrée.

FIGURE 4.

Cet escalier est d'une forme à jour ralongé, construit dans une tour carrée, dont le départ est isolé dans le milieu faisant face à une porte; le départ est en forme d'S, de manière à rejoindre le mur, tel qu'il est vu sur la figure.

Escalier à jour ovale.

FIGURE 5.

Le plan de cet escalier est de forme ovale, dont le départ est construit dans l'angle de deux murs; à une certaine distance, il se détache entièrement et continue sa course en décrivant une forme ovale, de manière à opérer son arrivée sur l'aplomb du départ, ainsi qu'il est vu sur la figure. Cette figure est présentée pour le même cas que le plan de la figure 3.

Escalier en forme d'S.

FIGURE 6.

Dans les escaliers formant une S par leur plan, la disposition des marches n'est pas plus difficile, c'est-à-dire que tout en se conformant au principe déjà indiqué, qui règle que les marches doivent toujours avoir la même largeur sur la ligne du milieu de l'emmarchement. Dans ce cas, il faut avoir soin de balancer les marches tout en se raccordant insensiblement et proportionnellement selon le double mouvement des courbes.

Manière de faire le développement du dessous d'un escalier pour obtenir le balancement des lames ou lambris formant le plafond.

L'opération pour chaque escalier revenant au même, nous allons prendre pour exemple ce dernier, figure 6, dont une partie du développement en est démontré figure 7. Pour faire ce tracé, on tire d'abord deux lignes d'équerre dans un endroit quelconque, comme il est vu figure 8 par les lignes A et B; sur cette dernière on porte le point C selon la hauteur des contre-marches; ensuite on jette une ligne à volonté à un endroit quelconque, sur laquelle on porte la longueur de la marche à laquelle on juge à propos de commencer, et comme il est fait ici à la marche 2; alors la longueur de la marche 2 prise sur le plan ou dans œuvres des deux courbes et rapportée sur la première ligne dont nous venons de parler, vue figure 7, qui donne le point A et B; ensuite on prend la largeur de cette marche sur le plan, du côté droit de l'épure, que l'on porte ensuite sur la ligne A, figure 8, partant de la ligne B; de là on ouvre le compas jusqu'au point C et l'on vient, figure 7, au point B, et l'on décrit le simblot C; on fait la même opération de l'autre bout de la marche, au moyen de laquelle on obtient le simblot D, décrit du point A. Ceci fait, l'on revient sur le plan et l'on prend la longueur de la marche par trait-gauchement, c'est-à-dire d'un angle à l'autre, qui serait premièrement du point A au point B; cette longueur est rapportée sur la ligne A, figure 8, partant toujours de la ligne B; puis on ouvre le compas au point C, avec cette longueur l'on revient, figure 7, au point A et l'on décrit un simblot sur celui qui a été premièrement fait, ce qui fait un point; on obtient ensuite le second en faisant la même opération sur l'autre sens; un trait donné par ces deux derniers points donne le devant de la marche 3, ainsi paru sur la figure, et si l'opération est juste la longueur doit être la même que sur le plan. Alors on continue de cette même façon jusqu'à l'extrémité puis, avec une règle flexible, on ralie d'un trait tous les points donnés par chacune des marches et le développement est tracé; ensuite l'on divise les marches à chacune de leurs extrémités, selon la quantité de lames et la largeur que l'on juge à propos de leur donner, ainsi qu'il est figuré. La figure 9 est une partie du développement du plafond du plan, figure 1re. Il n'est donné aucun détail à ce sujet, attendu que l'opération est la même; dans celui-ci il est suffisant de développer une marche seulement, vu qu'elles sont toutes pareilles.

Les lames du plafond s'assemblent dans les courbes au moyen d'une rainure poussée parallèlement au débillardement du dessous; les lames sont assemblées ensemble à rainure et languette ou recouvrement avec une petite baguette de poussée sur chacune des arêtes du joint, ce dernier est préférable. Les bois étant sujet à se retirer, elle cache le joint, qui très-souvent vient à se disjoindre d'une manière désagréable.

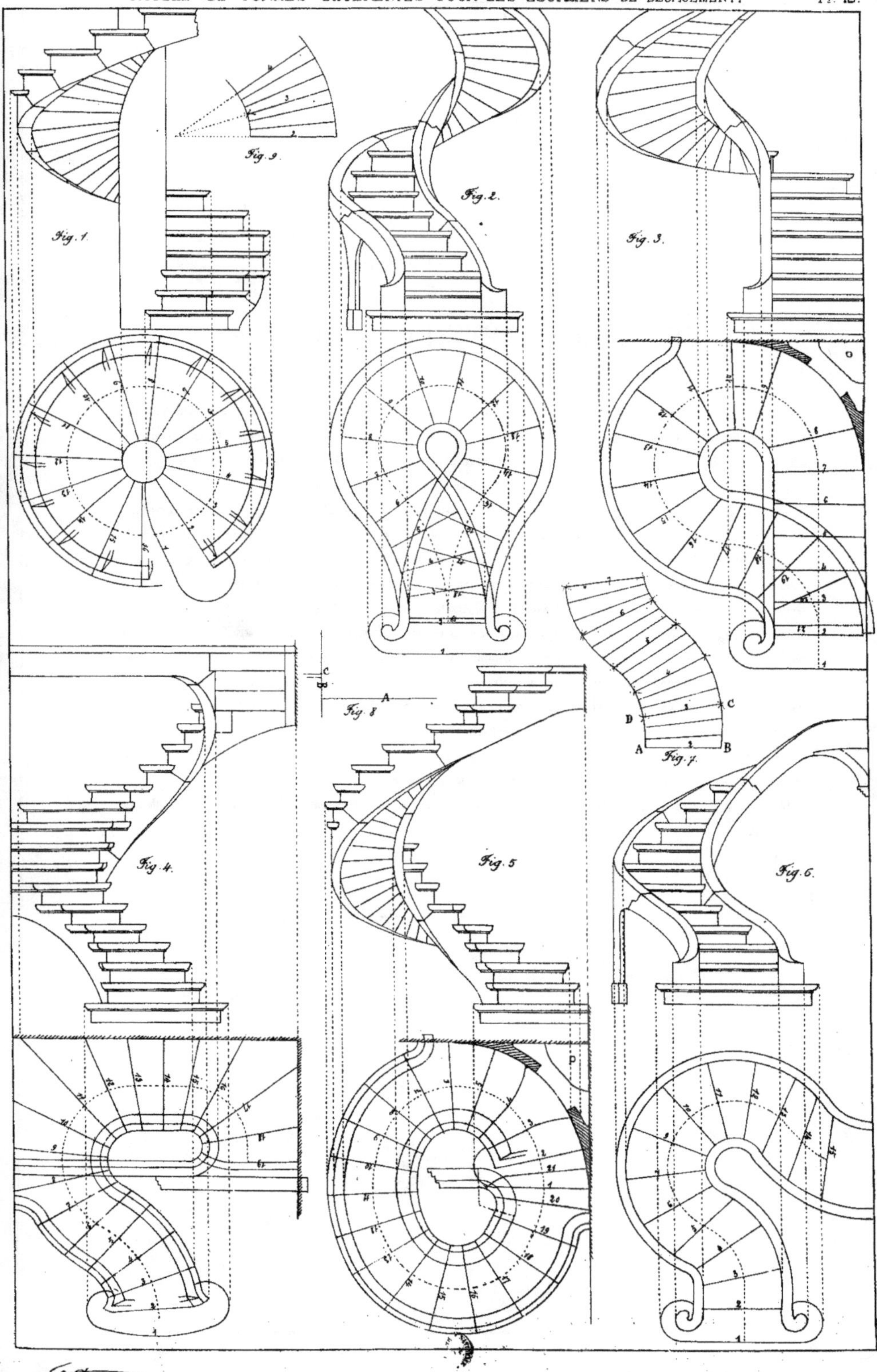

E. Delataille

ESCALIER A DOUBLE ÉVOLUTION

D'après les explications textuelles, planche 10, et ce qui est à remarquer ici, les escaliers à double évolution sont ainsi nommés lorsqu'ils sont composés de deux départs et d'une seule arrivée, tel est celui de la figure 1re. Ce premier est, comme on le voit, construit dans une cage carrée ayant un départ sur chacun des côtés; ces deux départs se rejoignent au palier du milieu, de là où il part ensuite une seule volée conduisant à la partie extrême.

Le plan, figure 2, est au sens opposé, c'est-à-dire que ce deuxième est composé d'un seul départ et de deux arrivées. Cette sorte d'escalier à deux rampes après la première volée, offre un grand aspect, la circulation se fait très-facilement; néanmoins la longueur des marches étant la même aux deux quartiers tournants qu'à la première marche, ou celle-ci manque d'étendue ou les deux autres en ont de trop; l'entrée et l'arrivée devant suffire au nombre de personnes réparties sur toutes les marches sans qu'il s'opère le moindre encombrement.

Les plans, figure 3 et figure 4, sont composés chacun de deux départs et de deux arrivées; on pourra facilement se rendre compte de la forme de leurs plans ainsi que des contours qu'ils décrivent dans leurs parcours en suivant les marches, numéro par numéro, comme elles paraissent marquées sur un des côtés de chacun des plans. Ces modèles confirment ce que l'on peut avancer sur la possibilité de varier les combinaisons des escaliers construits d'éléments identiques de forme, tout en donnant à ces combinaisons nouvelles un aspect satisfaisant et agréable.

Ces genres d'escaliers conviennent à un théâtre ou à tous autres lieux publics où l'afluence peut devenir tout à coup considérable; la circulation en est facile et sûre et en même temps peu dispendieuse.

Nota. — Il ne séra pas parlé de l'exécution, la manière d'opérer étant exactement la même que dans les planches précédentes.

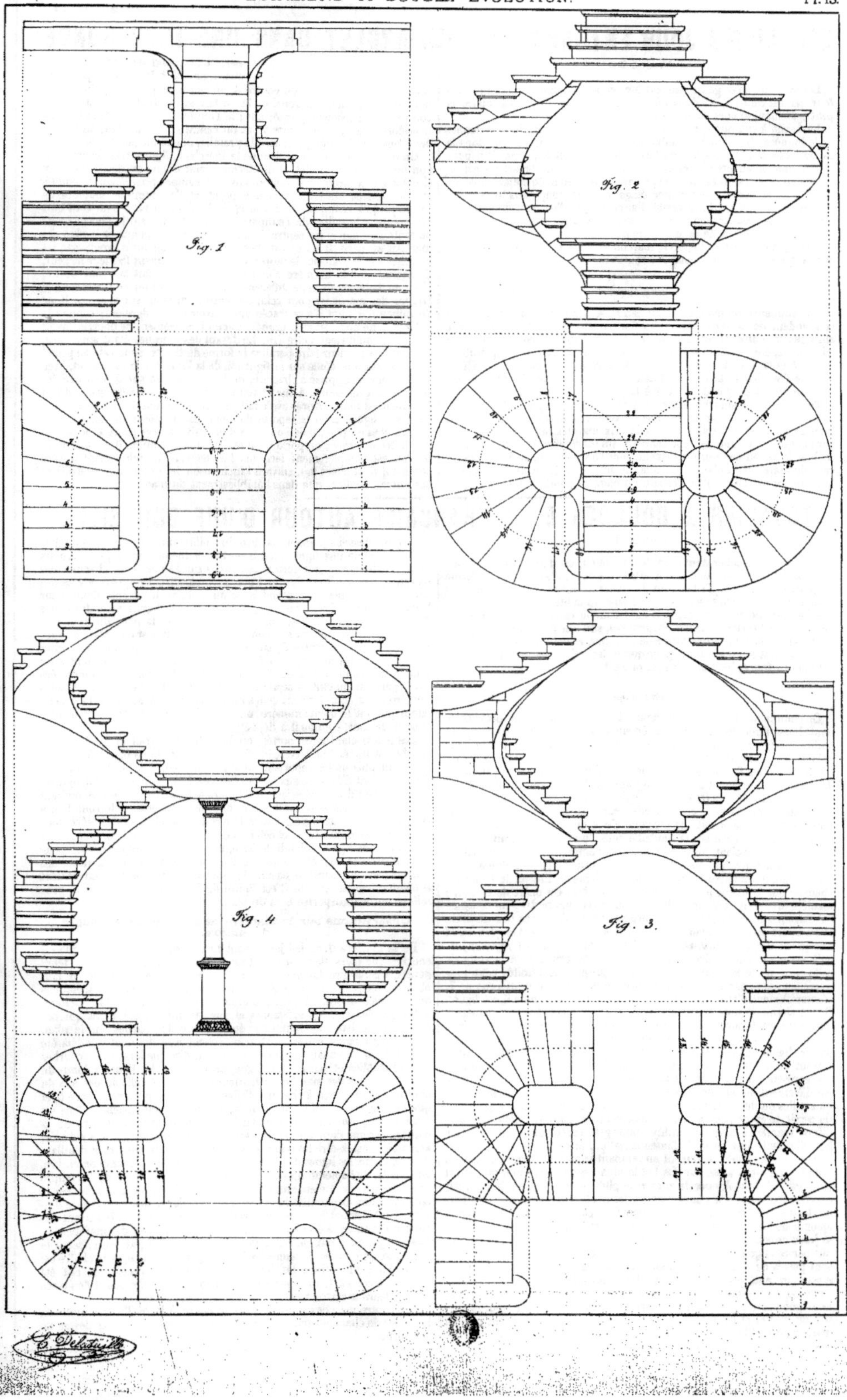
Fig. 1
Fig. 2
Fig. 3.
Fig. 4

ESCALIER A JOUR ENTONNOIR A DEMI-ANGLET DANS UNE TOUR RONDE

FIGURE 1re.

Les escaliers de ce genre peuvent être construits dans l'intérieur d'une tour, tel est celui-ci, ou dans toute autre cage de forme circulaire et peut également se faire dans une tour carrée.

La forme à entonnoir, ainsi formée par le jour, à pour but de donner de la lumière dans toute l'étendue de l'escalier, principalement dans la partie basse la plus sujette d'en être privée; en outre de cela, il a pour but de donner au premier étage et principalement au départ un aspect beaucoup plus grandiose qu'il ne pourrait avoir lieu si ce n'était ainsi, et, pour le même sujet, ce premier étage est beaucoup plus praticable, d'autant plus qu'il est de nécessité. Par ce moyen, l'on peut donner pour longueur à la première marche la moitié de la cage, et le jour se forme ensuite par le moyen de ce que la marche diminue de longueur sensiblement jusqu'à l'extrémité, où la marche arrive à n'avoir pour longueur que ce qui est nécessaire pour la circulation.

Manière d'opérer.

On commence premièrement du centre A par décrire un cercle selon la grandeur de la cage, ensuite on fait paraître la hauteur de la cage ainsi que la moitié de sa largeur sur un plan spécial, comme il est vu ici figure 2, dont la ligne A indique le milieu de la cage, sur l'aplomb du centre A et la ligne B, celle du rémur C, carrément à ces deux premières base de l'escalier D, la hauteur totale. Ceci étant fait, on fixe la longueur que l'on juge à propos de donner à la première marche et à la dernière et l'on obtient ainsi l'inclinaison du jour, représentée par la ligne E. On divise ensuite la hauteur de l'escalier en autant de parties égales, selon la hauteur qu'il est nécessaire de donner aux marches, ainsi qu'il est paru sur la figure, chacune par leur numéro. On mène ensuite la ligne F, qui indique le milieu de l'emmarchement, puis l'on continue de faire paraître cette dernière sur le plan; pour cela, on fixe premièrement le devant de la première marche et l'on prépare un compas pointé selon la largeur que l'on veut donner aux marches, ensuite on prend avec un autre compas le milieu de la première marche, figure 2, à la ligne A, puis l'on retourne sur le plan, et du centre A on porte ce premier point sur la ligne de la première marche, de là on fait un simblot en avant avec le compas premièrement pointé; ensuite l'on prend le milieu de la marche troisième à la ligne A, figure 2, et du centre A, sur le plan, on fait un deuxième simblot qui, joint avec le premier, donne un point.

On prend également le milieu de la marche 3, figure 2, et du centre A l'on fait un autre simblot, et du dernier point donné on décrit un autre simblot sur ce premier et toujours avec le compas premièrement pointé, et l'on obtient ainsi un troisième point, et l'on continue toujours de même jusqu'à la fin, et, avec une règle flexible, on ralie d'un trait tous ces points et le milieu de l'emmarchement est tracé sur le plan; ensuite on tente des lignes au centre A sur chacun de ces points et le plan des marches est paru. Il est bon d'observer à ce sujet qu'après avoir porté les marches sur le plan par le moyen d'avoir premièrement fixé leur largeur, il arrivait que la dernière n'arriverait pas tout à fait au point désiré, alors on balancerait cette différence en augmentant ou en diminuant la largeur des marches; pour cela, on ferait la division sur la même ligne du milieu qui vient d'être tracée après avoir fixé la dernière; comme la différence ne pourrait être grande, aucun inconvénient ne pourrait avoir lieu sur ce qu'il vient d'être fait. Le devant des marches étant ainsi paru, on continue par leur faire paraître la forme de la tête, pour cela on prend le nez de chacune d'elle sur la figure 2, de la ligne A à la ligne E, et, avec la longueur ainsi prise à chacune, on forme leur tête sur le plan par des simblots fait du centre A sur chacune d'elle, comme il vient d'être dit et comme il est figuré. Après avoir fait paraître le devant du chiffre, comme on le voit figure 2, on le reporte de même par un point fait sur chacune des marches en plan, puis l'on ralie d'un trait tous ces points et le devant du chiffre est tracé; on porte ensuite l'épaisseur, comme il est figuré, et le plan est complètement terminé. Les têtes des marches étant tracées comme il vient d'être fait, suivant l'inclinaison de l'entonnoir, et ne diffère des autres escaliers que dans l'établissement du plan.

ESCALIER A COURBES A LA FRANÇAISE AUTOUR D'UNE BOUTEILLE

FIGURE 3.

Le jour de l'escalier dont il va être parlé ici, est d'une forme de bouteille. Les courbes sont établies de manière à ce qu'elles alignent la forme du jour, c'est-à-dire qu'elles sont déversées de manière à ce que leurs faces touchent constamment sur la surface de ladite bouteille : quelquefois il arrive que dans une place bornée pour la construction d'un escalier, il y aurait certains cas qui obligeraient, soit une forme de jour incliné ou conique, ou toute autre forme de ce genre, et dont la construction de la courbe soit exigible; alors, pour que le lecteur puisse satisfaire à cette extrême exigence, ledit plan lui est présenté.

Manière d'opérer.

On commence premièrement, figure 4, de faire paraître la forme de la bouteille, comme cela figurait carrément à la ligne A, plus l'épaisseur du chiffre au-dessus; ensuite on tire la ligne B parallèlement à la ligne aplomb du milieu de la bouteille; avec cette même distance on décrit un cercle du centre C, figure 3, qui donne l'aplomb de la partie extérieure de l'escalier, autrement dit le rémur; après cela, on divise le nombre des hauteurs de contre-marches sur la ligne du milieu de la bouteille et on les mènent de niveau, comme elles sont parues, chacune par leur numéro. On divise ensuite de chacune d'elle de la ligne B à la face du dedans du chiffre paru sur la bouteille, puis l'on ralie d'un trait tous ces points et l'on obtient ainsi le milieu de l'emmarchement, vu par la ligne E. Ceci étant fait, on fait paraître le devant de la première marche sur le plan, de manière à tracer ensuite la ligne du milieu de l'emmarchement sur le même plan ainsi que les marches. On opère de la même manière que celle qui vient d'être démontrée, figure 1re; on continue par faire paraître le dedans du chiffre sur l'aplomb du nez des marches, et on opère toujours comme il vient d'être démontré dans ce plan-ci, et une partie d'aplomb jusqu'à la marche 7; alors le jour est régulier jusqu'à cette marche et décrit d'un seul trait du centre C. A la suite de celle-ci on porte les autres, une par une, jusqu'à l'extrémité; cette première est parue par une ligne ponctuée, se détachant à la marche no 7, comme il vient d'être dit, et se raliant à l'extrémité comme il est figuré. On développe ensuite cette ligne dans toute son étendue, de manière à faire paraître la forme du chiffre entièrement développée sur une ligne droite. On opère ce tracé en portant la largeur de chacune des marches par des lignes aplomb les unes à la suite des autres et de degré en degré, suivant la hauteur donnée par chacune des contre-marches, comme il est représenté par la ligne 5. On fait paraître ensuite le dessus du chiffre parallèlement au nez des marches, de manière à ce qu'il ne jarte pas, puis celles du dessous, et le chiffre est formé. Cette opération a pour but de servir de guide pour faire l'établissement des courbes, afin de les établir de manière à ce que le chiffre rampe gracieusement autour de ladite bouteille; elle sert aussi de fausse élévation, attendu que l'on s'en sert pour tracer les joints carrément au rampant et pour le tracer sur le plan ensuite, comme il a été fait. Le but le plus essentiel, en quoi qu'elle est faite, est celui de donner le moyen le plus juste de tracer le plan des courbes, c'est-à-dire d'y faire paraître les quatre arêtes qui sont les deux du dessus et les deux du dessous; pour faire ce tracé, on mène des lignes aplomb du nez de chaque marche à la figure 5, de manière a ce qu'elles se jonctionnent avec le dessus et le dessous du chiffre. Les points donnés par ces lignes de chacune des marches et comme il vient d'être dit, sont portés de niveau sur l'épaisseur du chiffre paru, figure 4, et comme il est représenté par des lignes ponctuées et marquées sur le chiffre chacune par leur numéro. Ces lignes indiquent la retombée du chiffre sur une ligne aplomb, aussi chaque marche en donne deux, une pour le dessus du chiffre et l'autre pour le dessous, et celles qui donnent chaque marche portent le même numéro que la marche au point où chacune des lignes du dessous joignent la face du chiffre du côté de l'emmarchement. On mène une ligne aplomb portant le même numéro, ses derniers montrent le devers que forme la courbe sur l'aplomb de chacune des marches, comme il est figuré. Pour faire paraître les quatre arêtes des courbes sur le plan, on prend avec un compas les points donnés sur l'épaisseur du chiffre, figure 4, par chacune des lignes aplomb du nez des marches, figure 5. Ces points se prennent de la ligne du milieu de la bouteille et se portent sur chacune des marches sur le plan, et toujours du point du centre C, en ayant soin de ne pas prendre des lignes les unes pour les autres; pour éviter cela, il faut avoir soin de toutes les numéroter, comme il a été fait ci-dessus. Celles qui sont numérotées sur l'épaisseur du chiffre servent à donner les arêtes du dessous, et celles numérotées à côté donnent celles du dessus, car chaque marche a deux lignes portant le même numéro, une pour le dessus du chiffre et l'autre pour le dessous, comme il a déjà été dit.

Les points étant ainsi portés, on les ralie d'un trait et le plan de la courbe est tracé. Après cela, on figure les joints sur la figure 5, comme il a été dit, puis on les reportent sur le plan de façon à ce que le dessus et le dessous soient d'équerre aux cintres des courbes, comme ils sont figurés. Les élévations des courbes se font toujours de la même manière en opérant sur la ligne ponctuée qui indique le bout des marches, et lorsque l'on a fait paraître les crans, c'est-à-dire le nez des marches sur les élévations, on porte la face du dessus et celle du dessous des courbes en prenant les points sur les lignes aplomb de la figure 5 et en les reportant sur chacune d'elle sur les élévations, et l'on obtient ainsi la retombée des courbes; on fait paraître ensuite les joints, d'après lesquels on obtient le débillardement, comme il est figuré figure 6, et l'élévation de la première courbe transportée hors du plan.

Observations sur la manière de faire les assemblages du chiffre.

De la manière dont les joints sont figurés sur le plan, ainsi que les courbes sur leurs élévations, le tout paraît tel qu'ils sont selon leurs devers, c'est-à-dire lorsque le tout est complètement terminé. Il faut observer ici que les courbes de ce genre ne pouvaient être ainsi établies du premier abord. Il s'agit, premièrement, de les établir aplomb telles que des courbes ordinaires et sur les mêmes élévations qui ont été faites, en leur donnant pour épaisseurs celles parues sur le plan, par les deux lignes extrêmes et pour retombée, celles dont il a déjà été parlé lorsque l'on a fait les élévations, c'est-à-dire que lorsque les courbes ont été établies et passées sur ligne, on porte sur les lignes aplomb du nez de chacune des marches la hauteur du dessus et celle du dessous du chiffre que l'on prend à chacune d'elles sur le développement, figure 5, et que l'on reporte de même sur le bois, et, lorsque cette première face est ainsi tracée, on opère le débillardement carrément au centre de la courbe, comme dans tout autre escalier et, lorsque le chiffre a été ainsi assemblé, c'est-à-dire les joints ajustés, goujonnés, boulonnés et débillardés; on opère les lignes du dessous des marches sur le champ du chiffre, ainsi celles de l'aplomb du nez des marches, en ayant soin de les tendre vers le centre du milieu, ensuite on roule l'épaisseur de la courbe sur le champ du dessus parallèlement à la face du dedans, ensuite celles du dessous parallèlement à celles du derrière, et l'on abat le bois suivant ces deux traits en ligne droite avec celle de l'aplomb du nez des marches, et, lorsqu'il y a du creux ou du rond, on fait des petits panneaux, selon la nécessité, de manière à donner la forme figurée, et, lorsque le chiffre est ainsi réduit, on retrace les lignes du dessus des marches qui ont été repérées à cet effet, ainsi que celles de l'aplomb de leur nez et l'on trace ensuite leurs encastrements.

Les contre-marches se tracent sur la figure 4, là où l'on rencontre la longueur de chacune, ainsi que leurs coupes de tête, suivant les devers de la courbe.

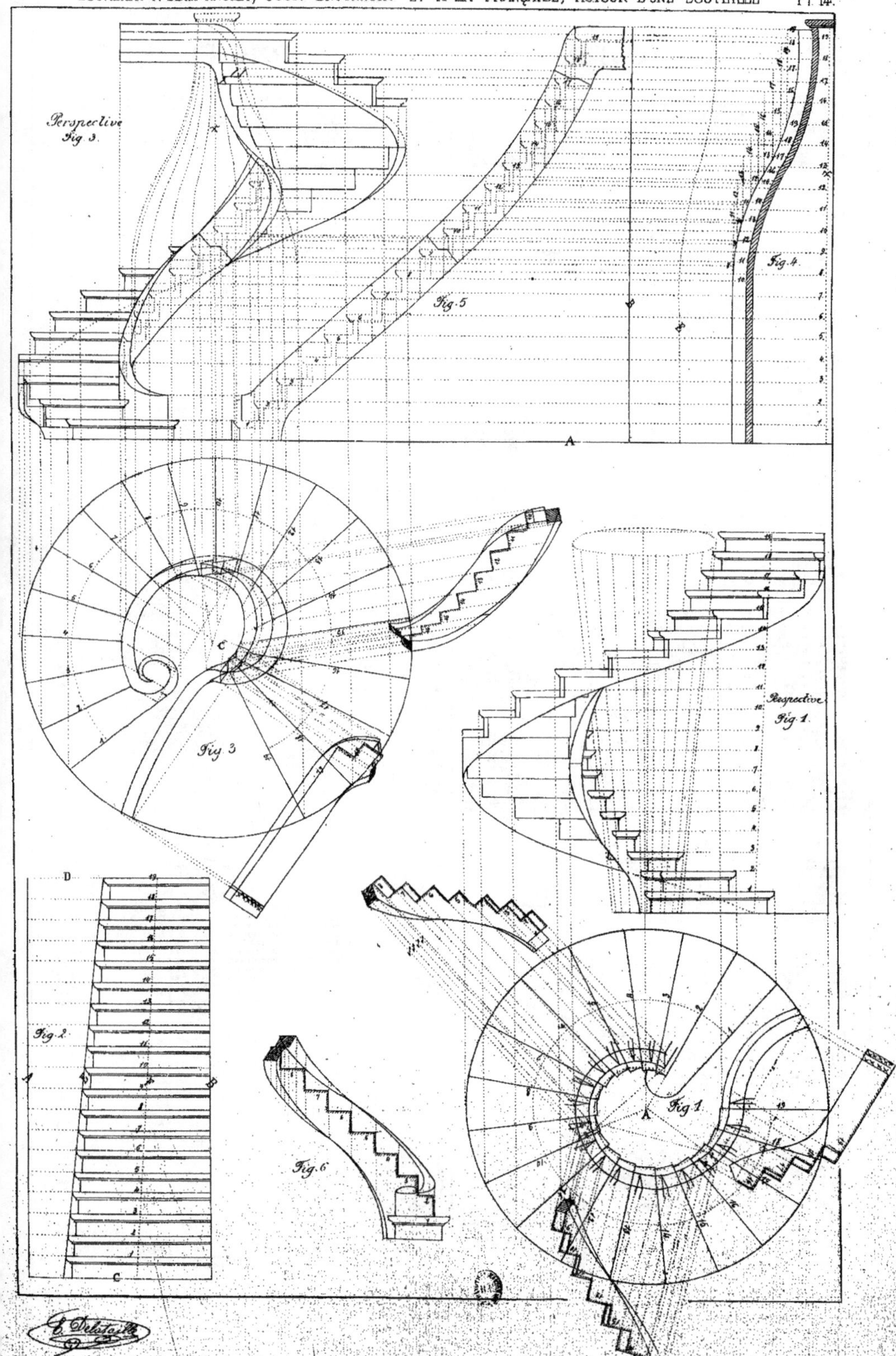
Perspective
Fig. 3.
Fig. 5
Fig. 4.
A
Fig. 3
C
Perspective
Fig. 1.
D
Fig. 2.
A
B
C
Fig. 6
Fig. 1.

CINTRES DE TOUTES FORMES ET DE FORME ELLIPTIQUE

Les différentes épures qui composent cette planche, consistent à démontrer la manière de former des arcs sur tous les sens et sur toutes les formes ; soit pour des dessus de portes ou pour tous autres arceaux : cintres de ponts et voûtes d'arrêtes, etc. etc.

Avant que d'aller plus loin dans l'étude des cintres, j'ai pensé qu'il était nécessaire d'instruire les lecteurs de ces premières leçons, de manière à ce qu'ils puissent former un cintre régulier selon leurs désirs, et sur n'importe qu'elle forme qui pourrait leur être proposée.

Les appareils ici représentés sont applicables aux cintres de petite dimensions, telle que la construction d'un portail ou toute autre ouverture de ce genre, qui généralement ont lieu d'être exécutés dans certaines maisons d'habitation, et plus souvent encore dans les édifices publics.

Figure 1re. *Manière d'opérer.*

Le cintre, figure 1, est décrit d'un seul trait de compas, ce que l'on appelle *plein cintre*. L'opération étant si simple et si vulgaire, il n'est pas nécessaire d'en parler davantage.

Figure 2. **Cintre surbaissé.**

Étant donnée l'ouverture A B et la montée C, on tirera les deux lignes C A et C B du milieu de chacune d'elle, on mènera la ligne D carrément, d'après laquelle on obtiendra le point E, sur lequel on placera le compas, que l'on ouvrira jusqu'au point A, puis on décrira la courbe passant par A C B, et le cintre sera tracé.

Figure 3. **Cintrer une anse de panier à trois centres.**

Étant donnée l'ouverture A B et la montée C, on tire les deux lignes C A et C B ; l'on prendra ensuite la distance de la moitié de l'ouverture que l'on porte sur la ligne du milieu au-dessus de la ligne de base A B, tel qu'il est démontré par le simblot D et l'on aura le point E. La distance de C E sera portée de C en F sur les lignes C A et C B ; la distance de A E et de E B étant divisée par la moitié, on mènera une ligne de chacun de ses points, carrément à E A et B E, d'après laquelle on obtiendra les points G H I. Du point I, on aura le premier rayon passant par B J, de même du point G de A en K; du point H, on décrira le troisième rayon passant par K C J, et le cintre sera tracé.

Figure 4. **Cintre ogive.**

Étant donnée l'ouverture A B, largeur de la voûte, on mène une parallèle sur le milieu, puis on ouvre un compas à la longueur de toute la largeur de la voûte, et du point A on décrit un rayon de B jusqu'à la ligne du milieu ; on en décrit un deuxième de l'autre côté et l'ogive sera tracé. Dans une hauteur bornée, soit en plus, soit en moins de hauteur, comme l'on va supposer ici par le point C. Alors on mène les lignes C A et C B, ensuite la ligne D, carrément sur le milieu de chacune, qui donneront les points E, centre desquels on décrira la forme figurée par B C A.

Figure 5. **Cintres pour arceaux rampants en plein cintre.**

Étant donnée l'ouverture A B, on tentera la ligne B C, rampant de la voûte. Du point D, milieu de l'ouverture, on prendra la distance de B que l'on portera sur la ligne du milieu et l'on aura la montée E, point duquel on mènera une ligne carrément au rampant C B; et l'on aura les points F G, le point F centre du grand rayon que l'on décrira de B en E : de G, on décrira le rayon suivant passant de E en C, et le cintre sera tracé.

Figure 6. **Cintre pour un arceau rampant surbaissé.**

Étant donné le rampant A B et la montée C D, on tentera les lignes A D et D B; on mènera ensuite carrément sur le milieu de chacune d'elles la ligne E; du point D, on tentera une ligne carrément au rampant A B, d'après laquelle on obtiendra les points F G; du point F, on décrira le grand rayon de B en D; de G, on décrira le rayon suivant de D en A, et le cintre sera tracé.

Figure 7. **Cintre pour un arceau rampant surbaissé en anse de panier.**

Après avoir figuré le rampant A B et la montée C D, on prendra la distance de C B, on la portera sur la ligne du milieu et l'on aura le point E, la distance de D E sera portée de D en F et de D en G; on mènera ensuite la ligne H carrément à la ligne D B, au milieu de la distance de B G; ensuite la ligne I carrément à D A au milieu de la distance de A F; du point D, on tentera une troisième ligne carrément au rampant A B, d'après laquelle on obtiendra le point J K ; au point A, on mènera une ligne de nouveau et l'on aura le point L; on fera de même au point B, afin d'obtenir le point M, centre du premier rayon que l'on décrira de B en N; du point J, on décrira le deuxième de N en D, de K, le troisième de D en O, ensuite L, centre du quatrième et dernier rayon que l'on mènera de O en A, et le cintre sera tracé.

Figure 8. **Cintre pour un arceau surbaissé, tracé au moyen de la serce.**

Lorsqu'il y a lieu de tracer un cintre surbaissé, il est de certains cas où l'on est privé d'espace, afin d'opérer le tracé de l'arc selon le principe demontré figure 2; lorsqu'il en est ainsi, on opère par le moyen de la serce, comme il est démontré figure 8 et selon ce qui vu être dit : Étant donnée la demi-ouverture A B et la montée B C, on mènera la ligne C D égale à B A, plus la ligne A D égale à C B; la distance de D A, hauteur de la voûte, sera portée de D en E et l'on tentera la ligne E A, que l'on divisera ensuite en un certain nombre de parties égales; de chacun de ces points, on tentera une ligne au point C. La distance D C, moitié de l'ouverture, sera divisée en même nombre de parties égales que la ligne E A ; à chacun des points de cette dernière division, on mènera des lignes aplomb, c'est-à-dire égales à B C. La jonction de ces derniers avec les premiers donneront les points 1, 2, 3, 4, 5 ; par le moyen d'une règle flexible, on ralliera d'un trait tous ces points et l'on aura la forme du cintre figuré.

Figure 9. **Cintre pour un arceau surbaissé en anse de panier tracé avec la serce.**

Le tracé de cette figure a été présenté pour les mêmes cas de la précédente : Étant donnée la montée A B et la demi-ouverture A C, on mènera la ligne B D égale à C A, ensuite C D égale à B A ; la ligne étant ainsi parue, on les divisera chacune en même nombre de parties égales, et, des points donnés par chacune des divisions, on tentera les lignes figurées ; la jonction de chacune d'elles étant ralliées d'un trait au moyen d'une serce, l'on obtiendra ainsi la forme du cintre figuré. Ces deux dernières figures démontrent la manière dont l'on pourrait appareiller les cintres avec l'emploi des planches; chose qui généralement a lieu surtout pour des cintres de petites dimensions.

Tracé de l'ellipse.

Les voûtes de forme ogive nous rappellent la forme des premiers arceaux qui furent construits par les anciens peuples; ensuite ces formes furent remplacées par des arceaux pleins cintres. On ne tarde pas à s'apercevoir que ces derniers n'étaient pas encore suffisants, par la nécessité où l'on était quelquefois de donner à des voûtes moins de hauteur que la moitié de leurs ouvertures ; en pareil cas, on eût employé l'ellipse, mais la difficulté de la décrire leur fit préférer l'anse de panier à trois centres. On a quelquefois exécuté des voûtes à anse de panier décrits par cinq, sept, neuf et même onze centres; celles à trois et à onze sont presque les seuls qui ont été en usage jusqu'à ce jour : les premières pour les voûtes d'édifice, les autres pour les arches des ponts. Ces courbes, en effet, ont mérité d'être préférées parce que celles à trois centres sont, comme on vient de le voir, très-faciles à décrire, et celles à onze centres approchent de l'ellipse.

En parcourant les figures qui complètent cette planche, on trouvera la manière de tracer l'ellipse sur toutes les positions et de toutes les manières. On la tracera premièrement avec le fil, ensuite avec la serce, avec la règle et la serce par le moyen du calcul et ensuite par des rayons décrits au compas, sur cinq, sept, neuf et onze centres. Les opérations donnent ces tracés ayant été compris, on pourra les tracer ensuite sur tant de centres qu'il sera désirable. Il n'est donc pas nécessaire de chercher à tracer des voûtes sur d'autres formes, d'autant plus que celle de l'ellipse est la plus convenable.

Dans de certains cas, surtout dans la construction d'un pont, où l'on ne peut donner que très-peu de hauteur aux arches qui le composent, il est nécessaire que les arches aient les flancs le plus ouvert possible, de manière à faciliter l'écoulement des grandes eaux. Dans un pareil cas, on abandonnera la forme de l'ellipse et l'on construira une voûte à propos et selon le système que l'on trouvera en suivant. Dans les voûtes surbaissées, l'ouverture ou diamètre étant donné, il reste encore à déterminer la montée de la voûte, le rayon et le nombre de degrés de chacun des arcs qui la composent ainsi que le point où ces mêmes rayons coupent l'ouverture et le prolongement de la montée : Il est nécessaire de fixer plusieurs de ces choses pour pouvoir résoudre le problème. Les expériences m'ont appris que je pouvais faire les suppositions suivantes et bien d'autres encore qui s'en écarteraient peu.

Figure 10. **Tracé de l'ellipse au moyen du fil et de la serce.**

L'ouverture A B et la montée C D étant donnée, on ouvrira un compas à la distance de la moitié de l'ouverture C B et C A; avec cette distance, on fera des simblots du point D sur la ligne de base A B et l'on aura les points E F, auxquels on pointera une épingle à chacun ; ensuite on préparera un fil en double de la longueur de F A ou de E B. On placera le fil dans les deux épingles puis on placera un crayon dans le fil qui le tiendra suffisamment bandé, et on le fera mouvoir avec la serce, on décrira du centre C le berceau A G B. Ce premier étant ainsi décrit, on fermera le compas sur le point D, hauteur de la voûte, et l'on décrira le deuxième berceau H D I. Ceci étant fait, on divisera chacun des rayons en un certain nombre quelconque de parties égales, comme ils paraissent ainsi numérotés sur un seul côté 1, 2, 3, 4 pour le grand berceau, ensuite 5, 6, 7, 8 pour le petit. A chacun de ces derniers, on mènera des lignes de niveau égales à B A, ensuite des lignes aplomb sur chacun des premiers égales à G D C ; la rencontre des uns avec les autres donnenont les points J K L M, on fera passer une serce sur chacun de ces points en correspondant avec A D. Un trait donné autour d'une serce sera la forme de l'ellipse.

Figure 11. **Arche elliptique tracée par le moyen d'une règle et de la serce.**

Étant portée la demi-ouverture A B et la hauteur A C, on descendra la ligne du milieu C A indéfiniment en contre-bas de la ligne de base, et l'on prendra la moitié de l'ouverture A B, on la portera de C en D. Ceci étant fait, on placera une règle sur la ligne du milieu C A D et l'on fera bon le bout de la règle sur le point C, hauteur de la voûte, puis l'on marquera le point A sur la règle ainsi que le point D. La règle étant ainsi préparée, on la fera mouvoir à volonté, tel l'on va supposer qu'elle sera premièrement placée sur la ligne E; le point A marqué sur la règle devra jonctionner sur la ligne de base A B, au point E et le point D, également de parue sur la règle, devra jonctionner sur la ligne du milieu, au point G. La règle étant ainsi placée, on fera un point sur le bout de la règle C et l'on aura le point H. On continuera toujours de la faire mouvoir, et l'on va supposer qu'elle soit placée en second sur la ligne I, on fera toujours bon le point A de parue sur la règle sur la ligne de base A B, au point J, tel que le point D sur la ligne du milieu au point K et le bout C de la règle donnera le point L. On continuera toujours en la plaçant de la même manière, selon la quantité de points que l'on jugera nécessaire, tel qu'il a été fait ici après l'avoir placée ensuite sur les lignes M N, d'après lequel on a obtenu le point P O. Les points étant ainsi tous portés, on les ralliera tous ensemble du trait et l'on obtiendra ainsi la courbe figurant un quart d'ellipse.

Figure 12. **Arche elliptique décrite par onze centres.**

Étant donnée la demi-ouverture A B, on fera la perpendiculaire B C, et du point B, milieu de la voûte, on décrira le berceau A C, que l'on divisera ensuite en six parties égales, et l'on aura les points D E F G H. On divisera ensuite la demi-ouverture A B en trois parties égales, et l'on aura le point I au tiers de la distance de A. On tentera ensuite la ligne I D, que l'on profilera jusqu'à la ligne du milieu, et l'on aura le point J. On prendra ensuite la distance des points de division qui ont été faits sur le rayon A C, distance de A D ou de D F et, avec cette distance, on portera des points sur la ligne du milieu, au-dessous de J, et l'on aura les points K L M N. De ces points, on tentera les lignes K E L F M G N H ; la jonction de chacune donnera les points O P Q R ; du point I, on décrira le premier rayon de A en S, de O; on décrira le deuxième de S en T, de P ; le troisième de T en U, de Q ; le quatrième de U en V, de R; le cinquième de V en X, de N. Au point X, on décrira le dernier rayon qui, par conséquent, déterminera la montée B Y, et la courbe du cintre sera tracée ; on opérera de même pour l'autre moitié.

Figure 13. **Arche elliptique décrite par onze centres, dont les points des rayons sont donnés au moyen du calcul.**

On va supposer la demi-ouverture A B de 11^{m}25, alors on fixera le point C à 3^{m}75 de A; donc il restera 7^{m}50 de C en B, soit les deux tiers de la demi-ouverture. Cette distance étant divisée en quinze parties égales, donc chacune sera de 0^{m}50 ; alors on portera le point D à 0^{m}50 de C, ensuite E à 1^{m} de D; F, à 1^{m}50 de E; G, à 2^{m} de F; il restera donc 2^{m}50 de G en en B. Ceci étant fait, on abaissera le point H à 18^{m}75 au-dessus de B. Soit la cinquième partie de l'ouverture entière de la voûte, la distance de H B sera divisée ensuite en cinq parties égales par les points I J K L. On sait très-bien que la distance de chacun de ces points sera de 3^{m}75 et la même distance de A C. Ces points étant ainsi portés, on tentera les lignes H G I F J E K D L C, et l'on aura le centre des rayons C M N O P H ; du point C, on décrira le premier rayon de A en Q ; de M, on décrira le deuxième de Q en R ; l'on continuera de même par N O P H et l'on déterminera la montée B S, qui sera de 6^{m}, et la voûte sera formée. Ces deux dernières figures, quoiqu'étant tracées de manières différentes, il n'en résulte pas moins que la forme de la voûte est la même ainsi que la montée. Si les ouvertures augmentaient ou diminuaient de grandeur, les opérations seront toujours les mêmes et par conséquent la montée augmenterait ou diminuerait en conséquence ; ce qui donne à comprendre que la hauteur de la montée n'est connue qu'après en avoir fait le tracé.

Figure 14. **Arche elliptique décrite par cinq centres.**

Étant donnée l'ouverture A B du point C, milieu de la voûte, on décrira le berceau A D B, on le divisera en cinq parties égales par les points E E F F, et l'on tentera des lignes de chacun de ces points et, au centre C, on divisera ensuite la moitié de l'ouverture A C ou C B en trois parties égales, et deux de ces parties donneront la montée C G ; avec la distance de C B, moitié de l'ouverture, on fera un simblot du point G sur la ligne de base A B et l'on aura le point H. La distance de C H sera portée de C en I. Sur ce dernier point I, on tentera deux lignes égales à C F, et du point G, on en tentera deux autres égales à D F; la jonction de chacune donneront les deux points J, à chacun desquels on mènera une ligne égale à F F; leur rencontre avec les lignes E B et E A donneront les deux points K, desquels on tentera à chacun une ligne égale à F C; d'après ces derniers, on obtiendra les deux points L, ainsi que les deux points M. On décrira le premier rayon de A en K et de B en K; des points L, on décrira le deuxième de K en J, et de I, on décrira le grand et dernier rayon de J en J, passant par G, hauteur de la montée, et le cintre sera formé. Il est fait observer ici que, d'après le système qui vient d'être démontré pour le tracé de cette figure, on pourra former une voûte selon la forme que l'on désirera, c'est-à-dire que l'on pourra fixer la hauteur de la montée à volonté; de même, l'on pourra fixer le point I, centre du grand rayon du milieu, et l'on aura toujours une voûte régulière ; plus le point I sera baissé, plus la voûte sera ouverte dans les flancs et sera analogue à ce qui a été annoncé plus haut. Si la montée G et le point I ont été ainsi fixés, ce n'est que dans le but d'amener la voûte sur la forme de l'ellipse, où en tout autre cas elle s'en écarterait, selon ce qui vient d'être dit.

Figure 15. **Arche elliptique décrite par sept centres sur une hauteur quelconque donnée à la montée.**

Lorsque l'on aura fixé la demi-ouverture A B et la montée A C, du point A, milieu de la voûte, on décrira les deux berceaux B D et C E; on les divisera ensuite chacun en quatre parties égales et l'on aura les points 1, 2, 3, pour le plus grand, et les points 4, 5, 6, pour le plus petit ; à chacun de ces derniers, on mènera des lignes de niveau égales à la base A B, et des lignes aplomb à chacune des premières égales à D C A. La jonction des uns et des autres donnera les points F G H ; d'après ce que l'on aura pu remarquer, figure 10, on s'apercevra très-bien que les points C H G F B sont donnés sur le passage de l'ellipse. On continuera par donner la ligne I carrément avec les deux points C H. On la profilera jusqu'à la rencontre de la ligne du milieu A D et l'on aura le point J, duquel on tentera la ligne J H. On mènera de même la ligne K carrément aux points H et G, d'après laquelle on aura le point L et l'on tentera la ligne L G ; la ligne M sera menée également d'équerre à G F et donnera le point N, duquel on tentera la ligne N F qui donnera le point O. Il n'est pas de doute que les lignes I K M doivent être données carrément et sur le milieu des points qui ont servi à les donner. Le point O est le centre du premier rayon que l'on mènera de B en F ; N sera le centre du deuxième allant de F en G; L, le troisième allant de G en H ; enfin J sera le centre du grand et dernier rayon allant de H en G, et le quart d'ellipse sera tracé. Il est facile de comprendre que plus les voûtes sont basses de la flèche, plus il est nécessaire d'augmenter le centre. Dans ce tracé ici, l'on obtiendra le nombre que l'on voudra en augmentant ou diminuant en conséquence le nombre de points qui ont été primitivement fixés sur les berceaux B D C E.

Figure 16. **Arche de pont décrite par neuf centres.**

Par la forme de l'arche décrite sur cette figure, on remarquera qu'elle diffère de toutes les autres en ce que la voûte est plus ouverte dans les flancs. En conséquence de ce qui a été avancé plus haut, et pour en résoudre la question, le plan de cette dernière figure a été présentée à cet effet. Ayant donné la demi-ouverture A B et la montée A C du point A, milieu de la voûte, on décrira le berceau B D, que l'on divisera en cinq parties égales par les points E F G H ; de ces points, on mènera des lignes égales à D C A sur la ligne de base A B et l'on aura les points 1, 2, 3, 4. On tentera la ligne B D, puis l'on divisera la moitié de la montée A C et l'on mènera une ligne de nouveau, égale à la base A B. A la rencontre de cette dernière ligne avec la ligne B D, on aura le point O, duquel on tentera la ligne O A. On la profilera indéfiniment au dehors du plan, selon ce qu'elle figure, afin d'avoir le point 8, en même temps on aura les suivants 7, 6, 5. Ensuite l'on posera un compas au point 1, on l'ouvrira jusqu'au 5, et l'on rabattra le point 5 en N I ; du point 2, on rabattra également le point 6 en J et l'on continue de 3, 7, en K, 4, 8, en L. Ensuite on tentera la ligne H I, que l'on prolongera indéfiniment jusqu'à la rencontre de la ligne du milieu A C D et l'on aura le point M. On tentera les suivantes J G K F L E ; d'après ces dernières, on aura les points N P Q. Le point L est le centre du premier rayon, que l'on décrira de B en R ; Q sera le deuxième allant de R en S ; P, le troisième, de S en T ; N, le quatrième, de T en U ; enfin M est le centre du cinquième et dernier rayon, que l'on décrira de U en C, et le cintre sera tracé.

Il est à remarquer que si l'on voulait augmenter ou diminuer le nombre de cintres, il suffirait d'augmenter ou de diminuer en conséquence le nombre des points qui ont été primitivement fixés sur le rayon B D. La ligne A O est la base principale de l'épure, tel qu'on a pu le remarquer. C'est elle qui dirige toutes les autres; plus elle sera levée derrière, plus la montée de la voûte sera haute. On pourrait la placer à volonté, mais, en ce cas, on ne connaîtrait la montée de la voûte qu'après en avoir fait l'épure, tandis qu'en la plaçant selon ce qui a été démontré, on arrivera à une hauteur quelconque de fixée pour la hauteur de la voûte quand même le nombre de cintres soit augmenté ou diminué, rien ne diffère en ce qu'il vient d'être dit.

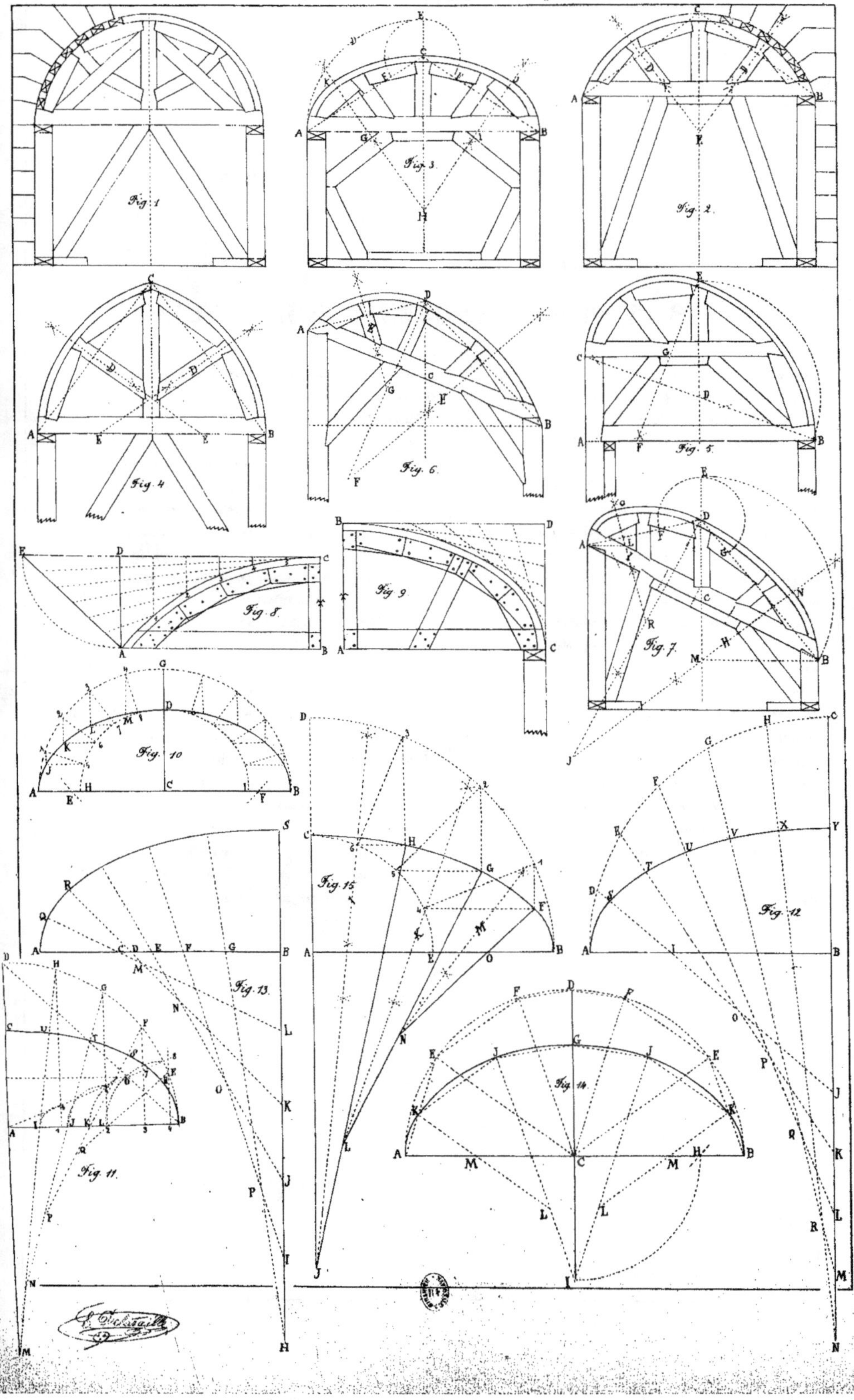
Fig. 1
Fig. 3
Fig. 2
Fig. 4
Fig. 6
Fig. 5
Fig. 8
Fig. 9
Fig. 7
Fig. 10
Fig. 13
Fig. 15
Fig. 12
Fig. 11
Fig. 14

CINTRES DE PONTS REPOSANTS SUR LE SOLIDE.

Les différentes figures qui composent cette planche consistent à démontrer la manière d'appareiller les cintres selon toutes les formes, toutes les grandeurs et toutes les dimensions. Ces appareils sont applicables pour la construction des arches de ponts, viaducs, tunnels, etc. Les appareils variés, proportionnellement selon la largeur des ouvertures, la hauteur des clés et selon la classe des matériaux destinés à la construction des voûtes, c'est-à-dire que lorsque les voûtes sont pour être faites en pierre de taille de fortes dimensions, les cintres demandent plus de force que lorsque les voûtes sont en briques; alors on peut varier en diminuant la force du bois et, en certain cas, l'appareil.

Ceux ici proposés correspondent aux ouvertures marquées sur chacune des figures, et la forme de leur assemblage est d'une résistance à toute épreuve.

Lorsque l'on met au levage, on a soin de placer les cintres sur des coins de manière à opérer ensuite le décintrage avec facilité, par le moyen de lâcher les coins, ce qui fait que le cintre baisse en conséquence; puis on sort les couchis, etc. etc.

La figure 1re et la figure 2 représentent, sur un de leur côté, la vue de bout des coins, celle des semelles sur lesquelles ils reposent, ainsi que celles qui les recouvrent, sur lesquelles reposent ensuite les blochets de chacune des fermes.

La figure 3 représente la forme des coins en longueur de la voûte, reposant sur la semelle A et recouverts par une semelle semblable, mais plus forte B, ensuite C, D, E, vue de bout des blochets G, ainsi parus sur le cintre. Les coins sont arrêtés de chaque bout par des tasseaux cloués solidement à chacune des semelles et tenus en dedans par les étrésillons I, et, lorsqu'il est temps de décintrer, on lâche les étrésillons ainsi que les coins, et le cintre baisse en conséquence. Alors on opère le décintrage comme il a été dit. La vue en bout des pièces D, K, sont des moises assemblées dans les poinçons servant à maintenir les fermes, à la suite les unes des autres. On remarquera le même fait dans tous les exemples, principalement sur la figure 4, là où il est paru une partie de la vue en long de la voûte; là on en remarquera les mêmes effets de ce qui vient d'être démontré au sujet de la forme des coins, celle des semelles, et principalement l'assemblage des moises avec les poteaux.

La figure 5 représente la manière de décrire la forme de la voûte, de manière à ce que les flancs viennent en raccord avec la forme des talus. L'opération démontrée est la même que celle qui a été expliquée dans la planche précédente pour la forme de l'éllipse; il est seulement à remarquer que le point A, centre du grand rayon du milieu, a été placé à volonté et se place ainsi, selon l'ouverture qu'il est nécessaire de donner aux flancs de la voûte, selon ce qui a été précédemment observé à ce sujet. On continue ensuite le tracé de la voûte, comme il est démontré et comme il est vu sur l'épure. Il n'est donné aucun détail sur la manière de décrire les cintres, attendu que la planche a été démontrée à ce sujet. La forme des appareils étant suffisamment vulgaire, il est inutile d'en donner aucun détail.

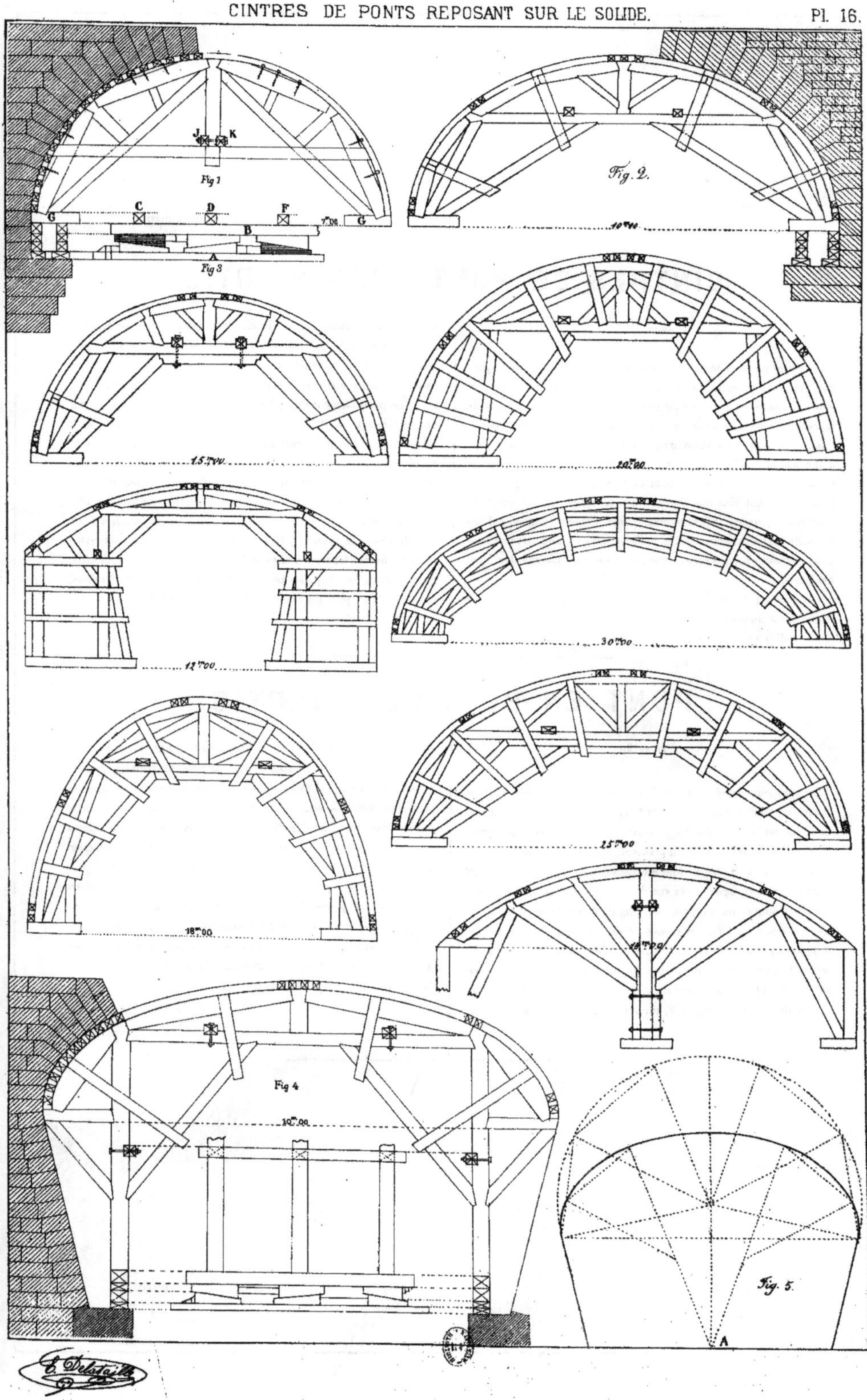

E. Delataille

CINTRES DE PONTS SUR PILOTIS

FIGURE 1re.

Le cintre ici proposé est de forme elliptique, dont les deux parties extrêmes reposent sur le solide, et les parties intérieures sur pilotis, comme on peut le voir par les poteaux A, B, sur lesquels reposent ces dernières parties. Par le moyen d'un appareil spécial, nommé sonnette, ces premiers poteaux sont enfoncés dans le sol d'une manière suffisamment solide; ils se placent en parallèle des piles, suivant la largeur du pont et à la même distance que les fermes, d'autant plus que chacune d'elles repose sur l'aplomb de chacun des poteaux. Après avoir été ainsi enfoncés dans le sol, on les rallie tous ensemble par des moises placées à une certaine hauteur, comme elles paraissent vues de bout sur chacune des faces des poteaux.

Les poteaux C, D, E, sont les mêmes que A, B, vus en coupe transversale du pont; les moises G sont celles dont il vient d'être parlé; celles qui paraissent vues de bout au-dessus de ces dernières sont celles parues sur le cintre par la lettre H, et moisées avec les poteaux A, B, les potelets I, et les jambes de force J. Cette première partie étant ainsi formée et de niveau, est la première des bases sur laquelle repose ensuite le cintre. La première semelle K se place parallèlement aux piles sur les moises H et sur l'aplomb des poteaux I, A, B, avec une entaille, ainsi qu'elle est parue vue de bout sur la ferme; sur cette première semelle viennent ensuite les coins de décintrement sur lesquels repose la seconde semelle du dessus, maintenue avec celle du dessous par des boulons, comme il est figuré, au-dessus desquels reposent les blochets M, sur lesquels repose ensuite l'ensemble du cintre figuré. La vue de bout des pièces O, P, Q, sont des moises servant à maintenir les fermes les unes à la suite des autres. Lorsqu'il est question de décintrer, on coupe les petits potelets N, l'on sort les boulons, les étrésillons, puis on lâche les coins, et le cintre baisse en proportion.

PONT EN BOIS SUR PILOTIS

FIGURE 2.

Le pont representé ici est entièrement construit en bois, sur une rivière en plein champ. La figure 3 représente la forme des pieux, celle des moises et celle du plancher, vues en coupe transversale du pont, et, figure 4, celle du plancher, appelé platelage.

Les pieux A, figure 3, sont les mêmes que ceux qui paraissent par les lettres B, figure 2; la vue de bout des moises parues sur ces dernières sont celles qui paraissent, figure 3, par la lettre G; la vue de bout des pièces parues au-dessus de ces dernières, sont celles désignées par la lettre D, figure 2, et par les lettres E, figure 4; les pièces F, parues sur cette même figure, sont les pièces transversales reposant carrément sur les pièces principales D, dont leur vue des bouts est parue, figure 2, sur les pièces principales D, et leur vue de face G, figure 3; elles ont une certaine longueur de plus que la largeur du pont, de manière à conserver un trottoir, pour le piéton, que l'on maintient à une certaine hauteur au-dessus de celui des voitures, comme il est figuré. Les pièces qui viennent ensuite carrément au-dessus de ces dernières, se placent comme elles sont figurées. Il en sera de même pour la pose du plancher, ainsi que pour la balustrade des côtés. La pièce P, figure 2, a pour but de renforcer la pièce D à l'aide des jambes de force R. Les quatre fermes qui composent le pont seront semblables à cette première. Un pont de ce genre et de cette dimension, construit et appareillé, comme il est représenté, avec des bois de force proportionnelle, est d'une résistance à toute épreuve pour le passage de très-lourds fardeaux.

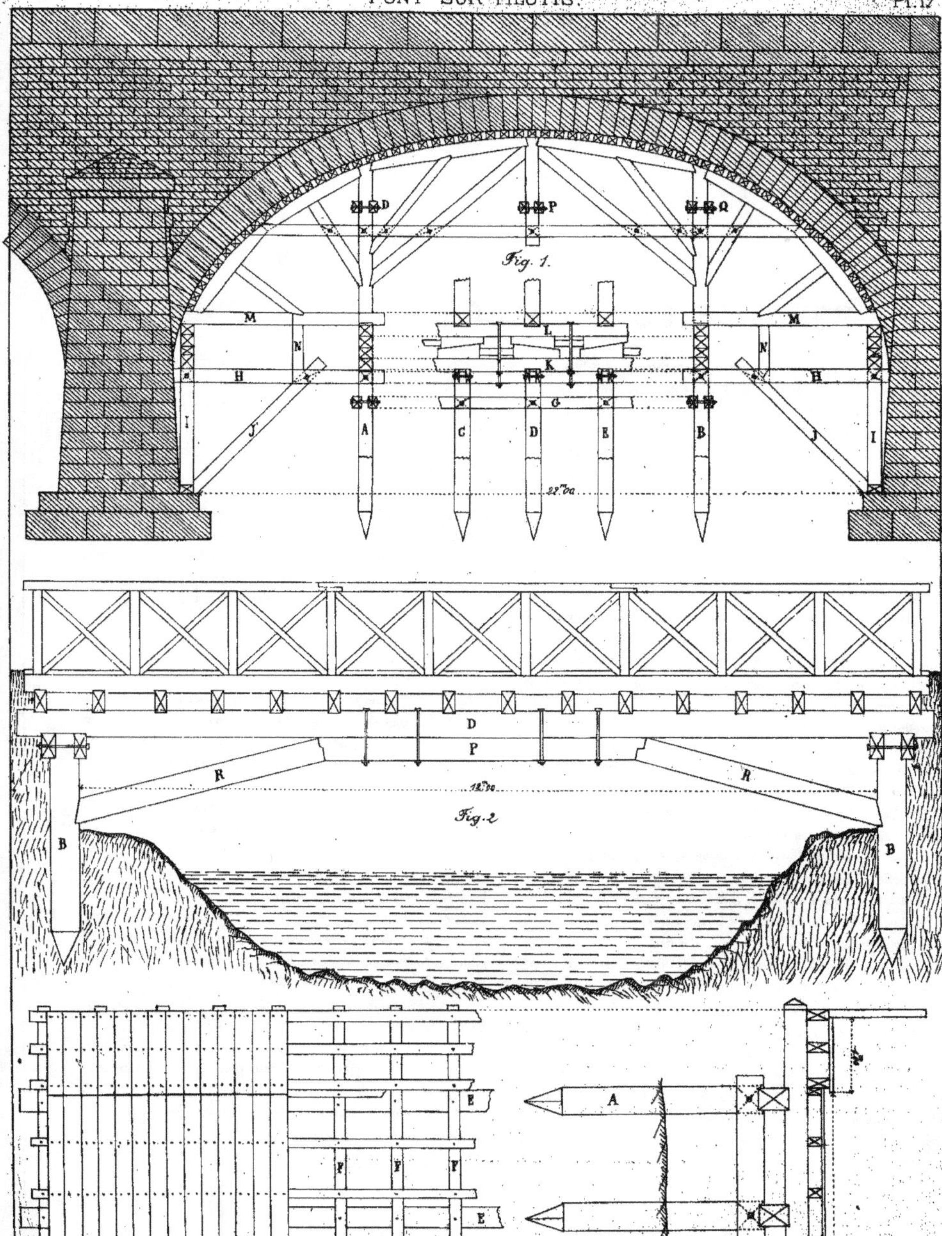
Fig. 1.
D
P
Q
M
N
H
L
K
G
I
J
A
C
D
E
B
22m00
D
P
R
12m00
Fig. 2
B
E
F
A
Fig. 4
Fig. 3.
C
G
3m00

E. Delisle

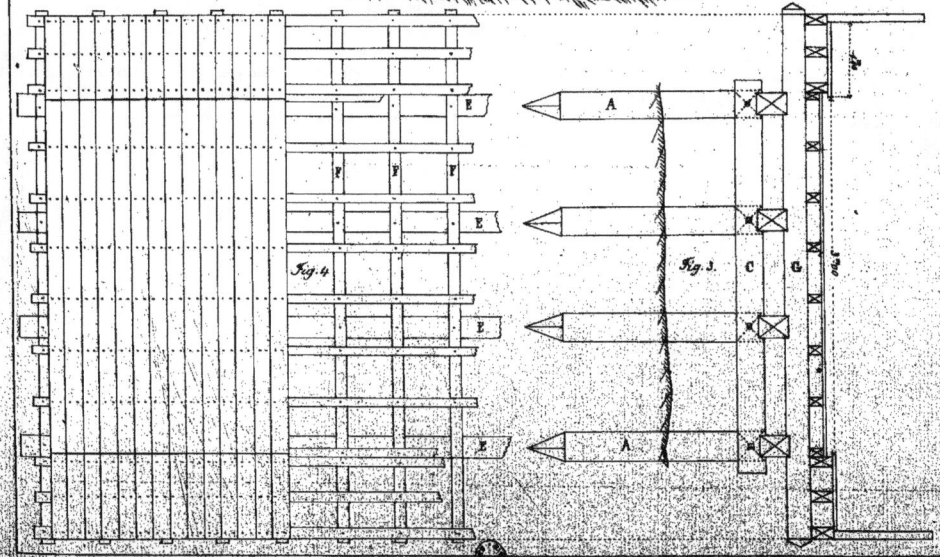

PONTS EN BOIS REPOSANT SUR LE SOLIDE

Les formes et les genres de pont ici représentés, ont lieu d'être exécutés sur de petites rivières, et principalement sur les canaux. Malgré la forme variée de chacun, leur ensemble n'en est pas moins gracieux, surtout ne laissant rien à désirer comme force et solidité. Ces modèles peuvent être exécutés, sans aucun risque, d'une grandeur variée de quinze à vingt mètres; dans ce cas, la force du bois varie en proportion. Il est dit qu'ils reposent sur le solide parce qu'ils reposent sur des massifs en pierre que l'on nomme culées, dans lesquelles sont contrebutées certaines pièces des armatures.

Figure 1re.

La pièce principale, A B, sur laquelle reposent les poutrelles du plancher ne peut être d'une seule pièce; alors on l'appareille en trois pièces, ainsi qu'il est figuré en coupe, que l'on nomme trait de Jupiter; elle est préférable eu trois pièces qu'en deux, car le joint étant sur le milieu, la pièce C, placée au-dessous de cette première, a pour but de la maintenir, liée avec des joints, à l'aide des jambes de force D. Pour la même raison, on a placé la pièce E, ainsi que les jambes de force F; les moises G se placent à volonté et ont pour but de maintenir la tête et le flambement des jambes de force; pour le même motif, on place les boulons figurés aux pièces A, C, E.

La figure 2, comme on le voit, est d'un appareil différent et très-solide : la pièce principale, A B, est également en trois pièces, dont la partie du milieu est maintenue par les pièces D et la petite sous-poutre E; on place ensuite la grande sous-poutre F, ainsi que les jambes de force correspondantes I; après cela, on place les moises à volonté, comme elles sont figurées. Ces dernières servent à maintenir le flambement des jambes de force; elles servent aussi à soulager les pièces A B, qui n'ont d'autre appui dans leur course que celui des moises, à l'aide de petites jambes de force qui, de plus servent à tenir la butée de la tête des moises. Les pièces A B étant ainsi soulagées par les moises, comme il vient d'être dit, il est urgent que ces dernières soient d'une certaine épaisseur, de manière à ce qu'elles emboîtent les pièces en proportion de ce qui est nécessaire pour le repos du dessous, à moins que l'on ne remplace le vide par des pièces supplémentaires et préparées pour cette sujétion.

Celui de la figure 3 est élevé dans le milieu pour favoriser le passage des bateaux, dont la circulation ne pourrait si opérer s'il était droit; pour la même raison, il a été étudié la forme de celui de la figure 4.

Les pièces principales de ces deux figures sont en deux pièces jointes par le milieu, et accompagnées ensuite des assemblages figurés. La courbe figurée au-dessous de celui de la figure 4, est formée par des madriers, dont l'épaisseur est donnée de manière à pouvoir les ployer suivant la forme, s'ils ne peuvent être assez longs pour faire la longueur; alors on fait les joints sur le milieu des moises entrelacées les unes avec les autres.

Observation.

Les formes, après avoir été ainsi formées, ainsi que l'emplacement des jambes de force observé dans la culée, lorsqu'on met au levage, il faut avoir grand soin que ses parties soient bien calées sur tous les sens, car c'est là la base de la solidité. Les pièces dont la vue de bout est parue sur chacune des figures, sont les poutrelles transversales reposant sur les grandes poutres, avec une entaille de trois centimètres environ à chacune d'elles, comme il est figuré; elles fillent en dehors de chaque côté du pont d'une distance d'un mètre environ, de manière à laisser un trottoir de chaque côté pour le passage des piétons et la largeur du pont pour le passage des voitures, de manière à ce que deux puissent facilement se croiser, serait d'une largeur variée de cinq à six mètres. Telle serait d'un mètre la largeur des trottoirs, moins l'occupation des balustrades figurées. La largeur du passage des voitures étant, je suppose, fixé à cinq mètres, cette mesure serait donc l'espace fixé intérieurement des trottoirs qui fixerait l'aplomb des fermes extérieures des côtés. Trois fermes supplémentaires seraient le nombre suffisant et analogue au vide entre les deux premières, ce qui fixerait à cinq le nombre des fermes; et le trottoir doit toujours être élevé de vingt centimètres au-dessus du niveau du passage des voitures.

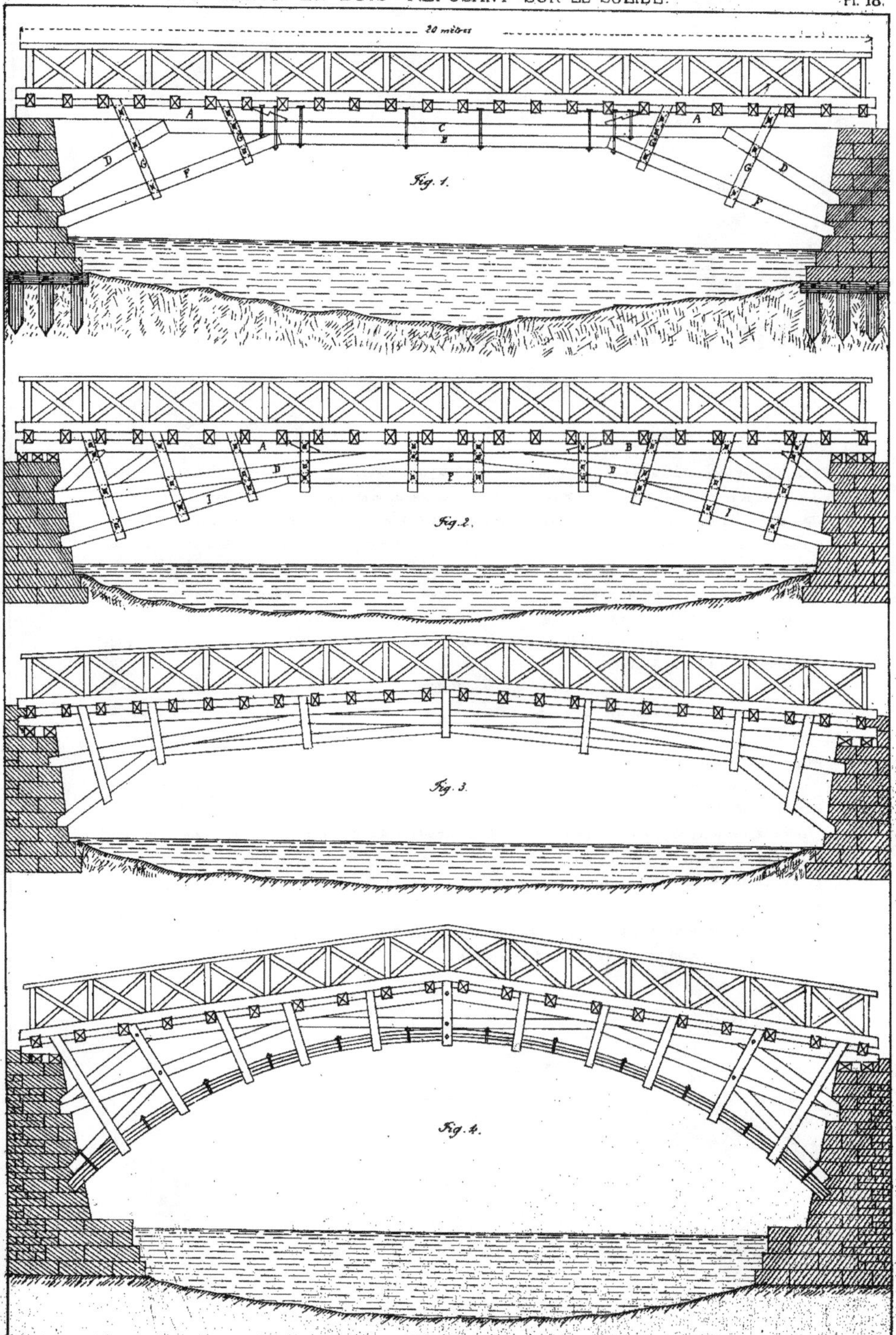

E. Delahaye

PLANCHE 19.

PONTS ET PASSERELLES EN BOIS SUR PILOTIS

ET SUR LE SOLIDE

Les ponts et les passerelles en bois ici proposés, sont pour être construits sur des rivières ou des fleuves où la nécessité en exigerait la construction. Alors on établit des piles entre les culées, en nombre proportionnel à la longueur du pont, et à des distances données, en proportion des appareils destinés pour la forme. Les piles peuvent être faites sur différentes formes, telles qu'on peut les voir par les figures parues ici. La figure 1re, quoiqu'étant d'une assez grande dimension, qui la rend hardie et coquette, l'appareil ne laisse rien à désirer pour la solidité. La figure 2 est plus petite d'ouverture et d'un appareil différent, dont l'ensemble n'en est pas moins solide et gracieux. Comme on le voit, ces deux premières figures reposent sur des culées et des piles en maçonnerie. La fig. 3 est aussi sur des culées également en pierre, et la pile du milieu, toute entière en bois, est d'un appareil différent. La figure 4 représente le plan et la forme de la pile ; la figure 5, la coupe transversale ; la figure 6, le plancher.

Sur les piles en bois et celles en pierre, il est indispensable d'établir un lit de couche et de repos formé par des semelles assemblées à demi-bois les unes avec les autres, et sur lesquelles reposent ensuite toutes les pièces nécessaires pour les armatures. Ces lits de couche, ainsi nommés, varient de largeur en proportion des armatures qu'ils sont destinés à recevoir, tel qu'on peut le voir par ces trois exemples.

La figure 7 représente celui de la figure 3 ; même forme serait celui de la figure 2, seulement plus étroit, et plus encore celui de la figure 1re.

La figure 8 et la figure 10 sont des passerelles en bois, ne servant que pour les passages à pied. Les quatre pièces parues en vue de bout, figure 8, sont les pièces transversales sur le plan, paru figure 9, et sur lequel reposent les soliveaux du plancher figuré. Ces pièces transversales sont maintenues par des bandes en fer solidement fixées aux potelets des armatures.

La figure 11 représente la coupe transversale de la passerelle ; figure 10, un crisillon est établi intérieurement entre chaque potelet, de manière à maintenir le roulis de la passerelle.

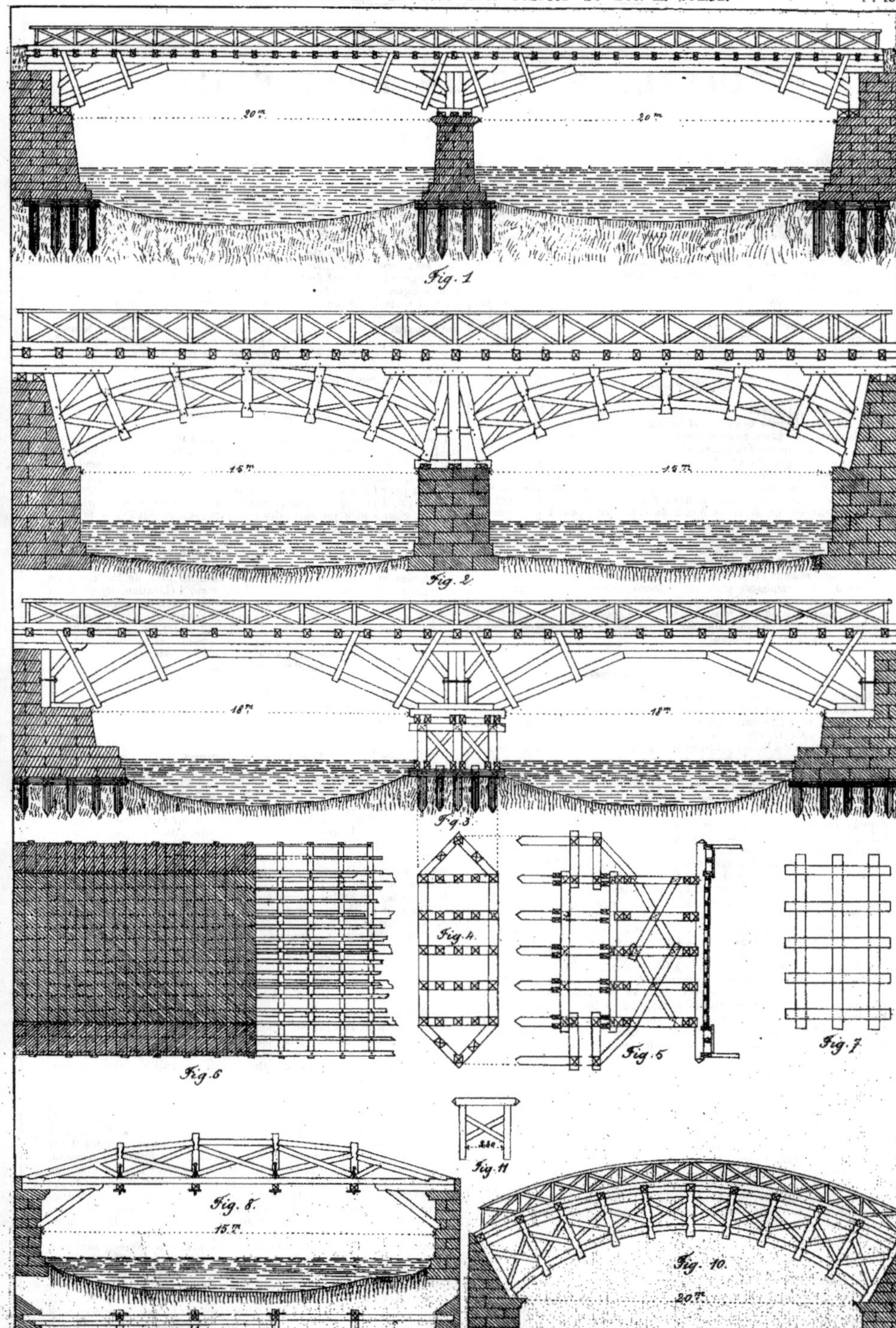
20m.
20m.
Fig. 1
15m.
15m.
Fig. 2
18m.
18m.
Fig. 3
Fig. 4
Fig. 5
Fig. 6
Fig. 7
Fig. 11
2.50
Fig. 8
15m.
Fig. 9
3.40
Fig. 10
20m.

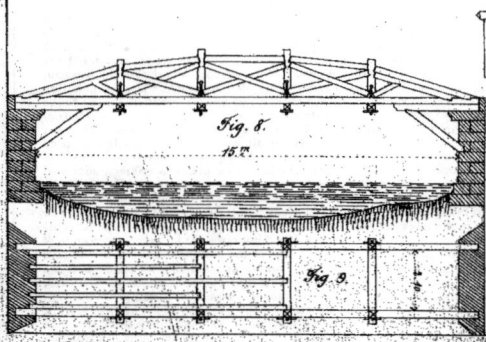

CINTRES POUR UN PONT BIAIS

FIGURE 1re.

Dans deux parties croisées, dont l'une est plus élevée que l'autre, il est certain que la construction d'un pont est urgente. Il peut être fait sur différentes formes, telles que plein-cintre ou surbaissé carrément en biais, mesures qui ne peuvent être données que selon la circonstance des faits. Lorsque les parties sont au carrément, la construction du pont est on ne peut plus facile, d'autant plus que les fermes qui composent les cintres sont toutes semblables et placées les unes à la suite des autres. Dans les parties biaisés on pourrait également établir toutes les fermes semblables et les placer de même; mais la difficulté de bien les régler au levage et la tendance de pousser au vide, donne la préférence au système ici proposé, dont la forme est parue sur le plan.

Ce système consiste à établir les fermes de tête ou de rive, que l'on nomme vulgairement formes biaises, entre lesquelles sont ensuite des autres fermes carrément à la voûte jusqu'à l'extrémité de chacune, et le vide qui existe ensuite entre chacune d'elle est rempli par des empanons, comme on le voit figuré.

Manière d'opérer.

Après avoir fait paraître les deux parallèles A, largeur de la voûte, on fixera les deux fermes des rives D en proportion du biais, comme elles sont figurées. On place ensuite des formes intermédiaires carrément au rémur, et à des espaces donnés selon la largeur du cintre, autant qu'il est nécessaire pour que les couchis aient tout au plus 1m50 de portée, et comme il est vu ici par la ferme C, et ensuite par les empanons B. Ceci étant fait, on fait paraître la forme de la ferme C, comme elle est vue figure 2, en adoptant pour base la ligne E; l'ouverture FG et la hauteur H étant données, on décrit la forme du cintre en ayant I pour pivot, l'épaisseur des couchis étant portée comme il paraît en vue de bout; on décrit un deuxième cercle qui sera le dessus du cintre; on fait paraître ensuite la forme de l'appareil figuré, qui sera la forme des fermes et celles des empanons; ces derniers se perdent dans les fermes biaises, par le moyen d'une coupe, comme on le voit figuré sur le plan; les deux lignes marquées d'un trait ramènere paru sur la ferme, servent à les tracer. Pour cela, on marque l'une d'elle sur la face du dessus du bois, l'autre sur celle du dessous, puis l'on rembarre ses traits d'une face à l'autre et les coupes sont tracées en ayant soin de les orienter de manière à ce qu'elles ne soient pas faites au rebours.

Élévation des fermes biaises.

Après avoir fait paraître la forme de la ferme, comme il vient d'être fait figure 2, on mènera des lignes de niveau et à volonté parallèlement à la ligne de base E, comme elles paraissent chacune par leur numéro 1, 2, 3, 4 et 5; cette dernière sera à la hauteur du cintre.

Les points où ces lignes joignent le dessus des cintres sont descendus carrément sur le plan de la ferme, comme elle figure et marquées sur un des côtés par leur même numéro; on mène également les lignes J, qui fixeront ensuite les abouts sur les lignes de base; on mènera ensuite, figure 3, la ligne A parallèlement au plan de la ferme biaise, à la distance que l'on veut et que l'on adoptera comme ligne de base, et au-dessus de laquelle on mènera les parallèles 1, 2, 3, 4 et 5, à la même distance que celles qui ont été menées primitivement figure 2; on remontera ensuite carrément sur ces dernières les points qui ont été portés sur la face du dehors de la ferme par les numéros 1, 2, 3, 4 et 5; de même on remontera les points donnés sur la même face de la ferme par les lignes J; la jonction de ces dernières avec la ligne de base A sera la naissance du cintre à chacune des parties extrêmes. La jonction des autres lignes, la première avec la première, la deuxième avec la deuxième, etc., donneront la forme du cintre, que l'on marquera ensuite d'un trait avec une règle flexible, et la face du dedans de la ferme biaise sera tracée. On tracera ensuite celle du dedans par le moyen figuré, qui sera le délardement du dessus pour le repos des couchis; on formera ensuite l'assemblage de la ferme et on placera les moises de manière à ce qu'elles se dégauchissent avec celles des fermes, on opère de la manière ci-dessus démontrée. Les lignes marquées d'un trait de milieu sont celles sur lesquelles on met les poteaux sur lignes que l'on déverse par les niveaux de devers figurés. Les lignes R indiquent l'occupation de la coupe de l'empanon sur la face aplomb de la ferme; dans certain cas, on pourrait placer un poteau dans la ferme expressément pour recevoir les assemblages de l'empanon. La ligne marquée d'un trait ramènere doit être tirée parallèlement à la ligne de base et à égale distance; il faut avoir soin de tracer cette ligne sur les poteaux et la marquer d'un trait ramènere qui sert de guide lorsque l'on met au levage. Les moises P parues sur le plan sont celles qui paraissent vues en bout sur la ferme, figure 2, et qui servent à tenir les fermes liées les unes à la suite des autres. Dans ce plan-ci, comme on vient de le voir, on a premièrement formé le cintre d'une des fermes intérieures, d'après laquelle on a obtenu ensuite la forme des fermes biaises; il est bon de faire observer à cet effet que tout aussi bien on pourrait former premièrement les fermes biaises, qui n'en vaudrait que mieux pour la vue de l'extérieur. Ces premières étant ainsi fixées, on opère de même pour obtenir celles de l'intérieur, comme il a été fait ici pour celles du dehors.

Cintres pour des voûtes d'arêtes.

Les voûtes d'arêtes sont formées par la jonction de plusieurs voûtes pénétrant les unes dans les autres, dans tous les sens et dans toutes les positions, ainsi que l'on pourra le voir en parcourant l'étude des planches suivantes, sur lesquelles on rencontrera tous les genres et les formes que les circonstances pourraient amener à cet effet.

La première, démontrée ici par la figure 4, est formée par deux voûtes plein-cintre, d'égale hauteur et d'égale largeur, croisées carrément l'une avec l'autre; de même dans la figure 8, sauf que dans cette dernière il est une partie plus étroite, également plein-cintre, et n'arrivant pas au sommet de la grande, comme on le voit sur le plan et sur la perspective.

Manière d'opérer.

FIGURE 4.

Après avoir fait paraître les deux lignes A carrément l'une avec l'autre, on prendra la moitié de la largeur de la voûte que l'on portera parallèlement de chaque côté de l'une d'elles, qui seront les lignes B formant le plancher des deux voûtes. Par la jonction de ces premières seront formés les pilastres C; de l'angle de chacun d'eux on formera le plan des arêtiers D, ensuite le plan des fermes E, ainsi que les empanons F, et le plan sera terminé. On fera paraître la forme d'une ferme, comme elle paraît figure 5; elle est de forme plein-cintre, et le dessous du tirant G sera la ligne de base; lorsque l'on aura décrit le premier rayon comprenant toute la largeur de la voûte, on portera au-dessous l'épaisseur des couchis, de là on décrira un deuxième rayon qui sera le dessus du cintre, comme il est figuré. Les fermes étant toutes les mêmes, alors le plan de cette première servira pour les tracer toutes. La figure 6 est le berceau, correspondant à cette première, n'a rien d'utile dans l'exécution; il n'a été fait paraître ici que dans le but de mieux faire comprendre au lecteur la forme du plan qui lui est présenté.

Élévation des arêtiers.

Les arêtiers forment ensemble un croisillon sur leur plan, alors on en établira deux comme forme, et les deux suivants comme demi-ferme; étant tous les quatre les mêmes, il suffira alors de l'étude d'un seul, voir figure 7; on mène la ligne A parallèlement au plan de l'arêtier, que l'on adoptera pour ligne de base, ensuite on mènera, figure 5, les lignes de niveau 1, 2, 3 et 4; ces lignes se placent à volonté et en n'importe quel nombre, c'est-à-dire que plus elles sont rapprochées plus l'on a de jugement pour le tracé du cintre de l'arêtier; après les avoir ainsi placées, figure 5, on les place de même, figure 7, comme elles paraissent. Les points où ces lignes joignent le dessus du cintre de la ferme, figure 5, sont descendus ensuite sur le plan parallèlement à la ligne du milieu A, et du point où ces derniers joignent la face du plan de l'arêtier sont remontées carrément au plan de ce dernier sur l'élévation, figure 7, et d'après lequel on obtient les points 1, 2, 3 et 4; on remontera aussi le point indiqué par la ligne I, qui donnera le point J, naissance du cintre au pied de l'arêtier. Avec une règle flexible on raliera d'un trait tous ces points, et le dessus de l'arêtier sera tracé. On placera ensuite les assemblages selon l'appareil figuré ou celui qu'il sera nécessaire de donner; si parfois on désirait recreuser le dessus des arêtiers pour le repos des couchis, alors on le tracera par le moyen indiqué et comme il est figuré par la ligne ponctuée; en cas contraire, on l'observerait dans les couchis par le moyen des moucher sur leur face du dessous, selon ce qui serait nécessaire pour qu'elle repose entièrement sur le dessus de l'arêtier.

Tracé des empanons.

Après avoir fait paraître les empanons sur le plan, comme il a été fait, on remontera leur about et leur gorge carrément sur le berceau correspondant de chacun, comme il est fait ici sur le berceau, figure 6. Les lignes K sont celles des gorges que l'on trace sur la face du dessus du bois, et les lignes L sont celles des abouts que l'on trace sur la face du dessous; ces traits étant rembarrés ensuite d'une face à l'autre, les coupes seront tracées. Il est fait observer que, pour que ces coupes soient bonnes, il faut que les empanons aient la même épaisseur que celles parues sur le plan.

Lorsque les empanons ne peuvent être faits d'une seule pièce, alors on les faits avec plusieurs, comme on le voit ici figuré. Les abouts et les gorges de chacun des empanons étant remontés carrément sur l'élévation des arêtiers, donneront le tracé de l'occupation de leur coupe, comme il est ici parlé, ligne P.

FIGURE 8.

La figure 8 est une voûte d'arête formée par deux voûtes croisées carrément l'une avec l'autre; elle diffère avec la première sur le rapport que l'une des parties est plus étroite que l'autre. Le plan de cette deuxième a été placé à la suite du premier, comme on le voit par le prolongement de la voûte, figure 4, que l'on adoptera pour la partie du corps le plus grand: les pilastres B, donneront la largeur du corps le plus étroit, d'après lequel on formera ensuite le berceau de la voûte, paru figure 9.

On adoptera pour base la ligne C. Le berceau étant ainsi décrit, on mènera les lignes 1, 2 et 3, de niveau à la même distance de la ligne de base que celles qui ont été primitivement portées, figure 6. Au point où chacune d'elles joignent le cercle, on mènera des lignes carrément sur le plan qui jonctionnent avec celles qui ont été tirées du berceau, figure 5; elles donneront la forme du plan des arêtiers figurés, dont l'un d'eux est marqué D. Il est fait observer ici que si la ligne n° 3 ne s'adonne pas de jonctionner avec le dessus du cercle du petit berceau, il faudrait en mener une expressément de manière à obtenir la tête des arêtiers sur le plan. On fera paraître l'épaisseur du plan des arêtiers par le moyen de le dévoyer sur la jonction de chacune des lignes, comme il est figuré. Les poteaux paru en vue de bout sur la tête du plan des arêtiers, sont destinés pour les maintenir au levage avec leur assemblage. On établit un petit faîtage entre chacun d'eux, comme on le voit paru, figure 10; sur ce faîtage viennent ensuite les deux veaux figurés, de manière à former le cintre de la voûte. L'élévation des arêtiers se fait toujours de la même manière que celle qui vient d'être démontrée sur la figure précédente et comme il est vu figure 11. Lorsque les arêtiers sont croche sur leur plan, comme on le voit ici? alors on fait de manière à les établir avec des morceaux de bois assez épais où l'on rapportera des alèses sur les côtés, afin de pouvoir tracer sur leur face du dessus la forme parue sur leur plan. Si la forme réelle de l'arêtier était exigée, alors on opèrerait le tracé tel que pour une courbe d'escalier; les deux lignes marquées d'un trait ramènere, servent à rembarrer les coupes sur les faces des poteaux.

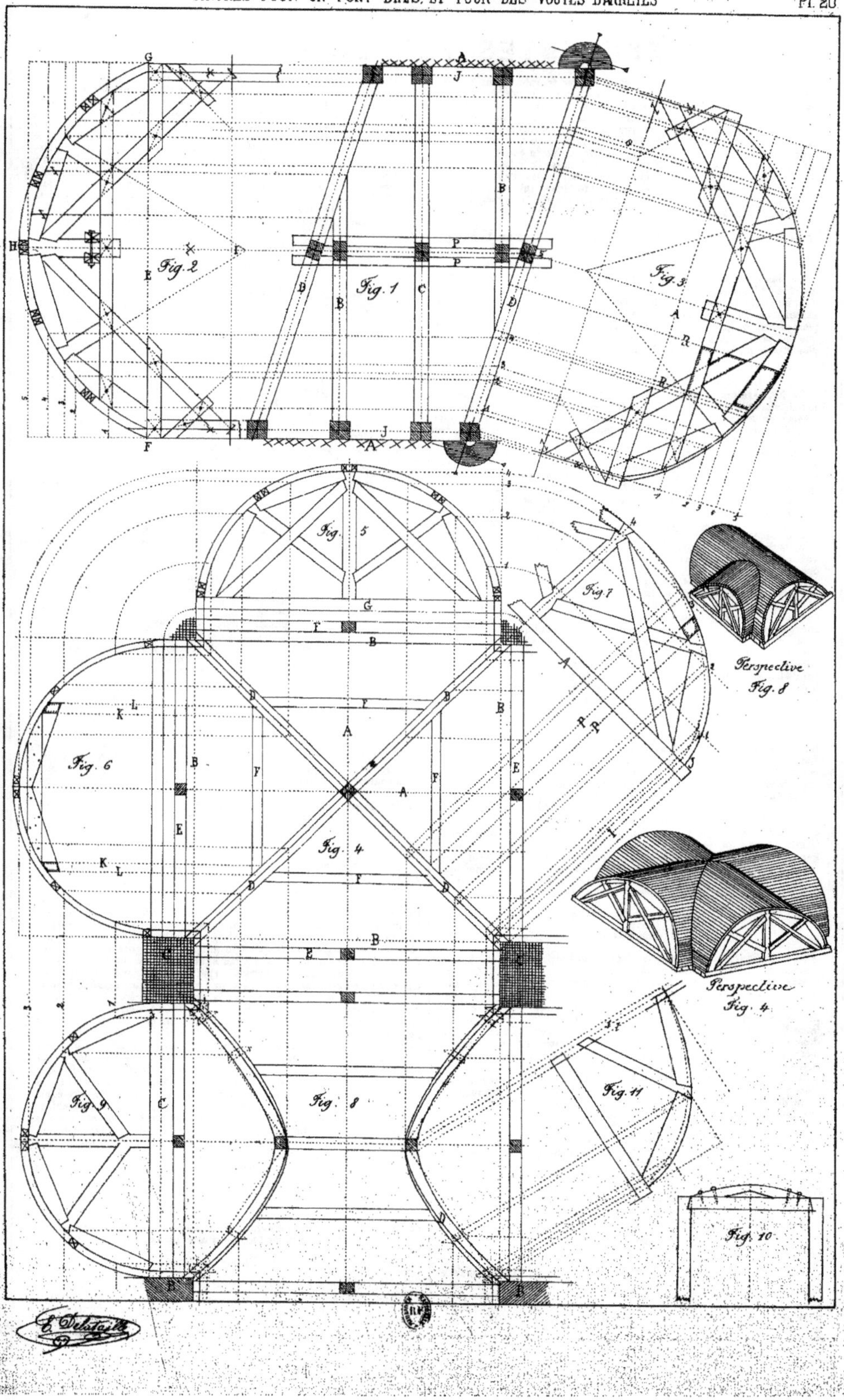
Fig. 1
Fig. 2
Fig. 3
Fig. 4
Fig. 5
Fig. 6
Fig. 7
Fig. 8
Fig. 9
Fig. 10
Fig. 11
Perspective
Fig. 8
Perspective
Fig. 4

DIFFÉRENTES VOÛTES D'ARÊTES

D'après les opérations précédentes, le lecteur est informé qu'à partir de cette planche, on ne fera plus paraître l'épaisseur des couchis, attendu qu'elles sont inutiles dans les opérations et ne font que compliquer l'ouvrage, ainsi qu'on doit le comprendre d'après toutes les études que l'on vient de faire. Lorsque l'on construira un plan de forme quelconque pour des voûtes, l'on diminuera sur leur largeur et de chaque côté l'épaisseur, qui devra être fixée pour les couchis, de sorte que l'on opérera directement sur le latis des cintres; il faut observer en même temps que les assemblages figurés sur chaque pièce de bois n'ont d'autre but que celui de la forme, car le lecteur comprendra facilement que les assemblages ne peuvent être combinés et tracés que d'après la conséquence et la sujétion qu'exigent les cintres.

Cintres pour une voûte d'arête biaise sur un plan barlong.

FIGURE 1re.

Le plan de cette première est formé par la jonction des deux voûtes croisées de biais l'une par l'autre, et dont l'une est plus large que l'autre; c'est ainsi que le plan est nommé *barlong;* malgré cela le sommet de chacune est de même hauteur. La partie la plus grande est de forme plein-cintre, ce qui fait que la plus étroite est de forme surhaussée telle que l'on pourrait aussi bien former cette dernière plein-cintre; alors la plus grande partie serait surbaissée.

Manière d'opérer.

On fait paraître premièrement la ligne A, d'après laquelle on mènera parallèlement et de chaque côté les lignes B, qui seront le plan et l'ouverture de la grande voûte; on fait paraître ensuite le plan de la plus étroite et d'après le biais existant, comme il est vu par la ligne C, qui sera le milieu; ensuite les deux parallèles D, qui seront la largeur; la jonction de chacune d'elles avec les premières données sera le pied des arêtiers; après on tentera deux lignes droites de l'un à l'autre, qui passeront sur la jonction des deux lignes du milieu, et le plan des arêtiers sera fait, comme il paraît marqué E; la manière de les dévoyer étant figurée sur le plan et suffisamment connue, il n'en sera plus parlé. On fait paraître ensuite le plan des fermes F et celui des empanons G, qui sont ceux du corps le plus grand, et les fermes H pour le plus petit ainsi que les empanons I; les plans de ces dernières fermes sont parallèles, selon la direction de la grande voûte, sur le rapport que cette partie de voûte ne va pas plus loin; au cas contraire, on placerait les fermes et les empanons carrément.

La figure 2 est l'élévation des fermes F plein cintre, en ayant adopté pour base la ligne A, dessous du tirant; ceci fait, on mène des lignes de niveau et à volonté, parallèlement à la ligne de base, au point ou chacune de ces lignes joignent le cintre on en mènera d'autres carrément sur le plan, et, du point où elles joignent la ligne milieu des arêtiers en plan, on tire d'autres lignes vers la direction de l'autre voûte et parallèlement aux lignes D, C. Toutes ces lignes ainsi parues sur le plan, on fait l'élévation des fermes H, figure 3; on fait paraître d'abord la ligne A parallèlement au plan de la ferme H; cette première sert de ligne de base au-dessus de laquelle on mène ensuite les lignes de niveau qui ont été premièrement fixées sur le cintre, figure 2, et comme elles paraissent ramenées par des simblots du point J. Ces lignes étant ainsi données, on remonte ensuite carrément sur chacune d'elles les points où les lignes du plan joignent la face du dedans de la ferme, ce qui donnera les points marqués sur un des côtés 1, 2, 3, 4 et 5, hauteur du berceau. Les points, étant ensuite raliés par un trait, seront la forme du cintre et la face du dedans de la ferme; on obtiendra celle du derrière en remontant sur les mêmes lignes de niveau les points où celles du plan joignent la face du dehors; cette dernière étant parue en ligne ponctuée qui se tracera sur la face du dessous du bois, et l'autre sur celle du dessus; par ce moyen on obtiendra le délardement du dessus des vaux pour le latis des couchis. Les empanons étant parallèles avec les fermes, doivent être de la même forme, et, pour tracer leurs coupes on mène les abouts et les gorges sur une des faces du plan de la ferme, ainsi qu'il est figuré; on remonte ensuite ces points sur l'élévation et ils servent à tracer la coupe; il en est de même pour la partie d'équerre; les élévations d'arêtiers se font toujours de la même manière et comme est il vu figure 3.

Voûte d'arête biaise.

FIGURE 4.

Le plan, figure 4, est formé par deux voûtes plein-cintre, plus grande l'une que l'autre et se raccordant en biais l'une avec l'autre. On commence par faire paraître la ligne A, que l'on adopte pour le milieu de la grande voûte; ensuite la parallèle B, qui sera la moitié de la largeur. Cela fait, on mène la ligne C suivant le biais existant et qui sera le milieu de l'autre voûte; ensuite la parallèle D, qui sera la largeur; puis, la ligne E, étant menée d'équerre à ces trois dernières, sera la base au-dessus de laquelle on établira la forme du cintre figurée; on fera de même pour l'autre voûte dont la ligne de base est marquée F. La jonction des lignes de bases avec les lignes de milieu de chacune des voûtes sont le centre, point duquel on décrit leurs cintres; les cintres étant ainsi parus on portera la hauteur du plus petit sur le plus grand par la ligne de niveau G, qui sera menée parallèle à celle de base; on mène ensuite d'autres lignes et à égale distance des lignes de base et d'après le nombre que l'on veut, comme il est figuré au point où chacune de ces lignes coupent les cintres de chacune des voûtes, on en mène d'autres carrément sur leurs plans, et la jonction de chacune donnera la forme du plan des arêtiers H, I. On fait paraître ensuite leurs épaisseurs comme elles figurent; on fixera de même le plan des fermes ainsi que celui des empanons, et on terminera par l'élévation des arêtiers en opérant comme à l'ordinaire, ainsi que figure celle de l'arêtier H.

Cintre pour une voûte d'arête formant retour d'équerre.

FIGURE 5.

Le plan de cette figure est formé par deux voûtes de hauteur égale et de même largeur, formant ensemble un retour d'équerre et se raccordant l'une avec l'autre. On commence par faire paraître les deux lignes A carrément l'une avec l'autre, que l'on adopte pour le milieu de chaque voûte; on mène ensuite de chaque côté et à égale distance les parallèles D, qui seront leurs largeurs; de la jonction de chacune d'elles, on mène une ligne droite, qui sera le plan des arêtiers C, D; on fait paraître ensuite le plan des fermes le plus près des arêtiers et carrément au plan de chaque voûte, comme ils paraissent par les lettres E, ensuite les empanons F. Le plan ainsi fixé, on fait paraître la forme, autrement dit l'élévation de chaque ferme, comme elles paraissent et dont leurs lignes de base sont marquées G; on mène ensuite des lignes de niveau à chacune d'elles et à égale distance, ainsi qu'elles sont parues, ramenées de l'une à l'autre par les simblots décrits du centre H; les points où ces lignes coupent le cintre de chaque ferme sont descendus carrément sur le plan; leurs jonctions tentant sur le milieu des arêtiers, il est facile de comprendre que l'élévation d'une seule ferme serait suffisante; on fait ensuite l'élévation des arêtiers, comme il est vu figure 6; celui du plan C est délardé sur le dessus pour le repos des couchis, tandis que l'autre serait recreusé; la ligne parue ponctuée en serait le tracé.

Voûtes d'arête gauche formant un retour d'équerre.

FIGURE 7.

Le plan de cette figure diffère de la précédente en ce qu'une des parties de la voûte est évasée sur son plan, et que le cintre est de même hauteur dans tout son parcours, ce qui ne peut faire autrement que de former du gauche dans la surface de cette partie de voûte. Pour opérer, on commence à faire paraître les parallèles A qui forme le plan de la voûte régulière, ensuite les lignes B, qui sera le plan de l'autre partie; de la jonction de chacune on aura le plan des arêtiers C, D; on placera ensuite les fermes en plan, dont celle de la partie d'équerre est marquée E et les empanons F; celles de la partie gauche sont marquées G, H, et les empanons I. Le plan ainsi fait, on fait l'élévation de la ferme E, ainsi qu'elle figure au-dessus de la ligne de base J, et d'après laquelle on obtiendra la forme de celle de la partie opposée; pour cela on place des lignes d'adoucissement sur le plan et, pour les placer ainsi, on divisera le plan des arêtiers en un certain nombre de parties égales, de même sur le plan de la ferme G; puis, on mène des lignes sur chacun de ces points et l'on obtient les lignes figurées; ensuite on les ramène toutes en parallèles sur le plan de l'autre partie de voûte et jusqu'à la rencontre du cintre de ferme, ce qui donnera la hauteur de chacune d'elles, comme il est vu par les points 1, 2, 3 et 4; cette dernière est la ligne du milieu qu'il faut avoir soin de fixer la première, et qui sera la hauteur du cintre; ceci fait, on continue par faire l'élévation des fermes de l'autre partie; on mène la ligne K parallèle au plan de la ferme G, au-dessus de laquelle on mènera des parallèles à la hauteur des points qui ont été précédemment démontrés sur le cintre de la ferme E; ces lignes parues, on remontera carrément sur chacune d'elles les points où les premières parues sur le plan joignent la face du dedans du plan de la ferme G; la jonction de chacune donnera les points marqués sur un des côtés 5, 6, 7 et 8, hauteur du cintre; un cercle ralliant tous ces points sera le centre de la face du dedans de la ferme; on obtiendra celui de derrière en remontant sur les mêmes lignes de niveau les points où les lignes du plan coupent la face du derrière; cette dernière sera le délardement du dessus des vaux pour le repos des couchis, Les fermes ont été placées sur le plan, d'équerre à un des côtés, de manière à n'avoir à les délarder que d'un côté seulement. Dans la partie d'équerre, les fermes se tracent toutes sur la même, attendu qu'elles sont toutes pareilles, tandis que dans cette dernière partie on est obligé de faire l'élévation de chacune, en opérant de la même manière qu'il vient d'être démontré; pour cela, on les place en plan à la distance que l'on juge à propos, comme il a été fait ici par ces deux premières, et l'on fait ensuite leur élévation, comme il a été dit; de même pour les empanons, et comme on le voit par celui paru sur le plan marqué I et l'élévation L. Les élévations des arêtiers ne diffèrent en rien de la coutume, ainsi qu'on le voit par leurs élévations parues sur l'épure.

Cintre pour une voûte d'arête formé par un arceau pénétrant sur l'arêtier d'une autre voûte d'arête.

FIGURE 8.

Ledit plan est formé par un arceau pénétrant carrément sur l'arêtier d'une autre voûte d'arête. Pour opérer, on fait paraître le plan de cette première partie; on mène les deux lignes A carrément l'une avec l'autre, ce qui est le milieu de chacune des parties formant les voûtes d'arêtes; on mène ensuite les parallèles B, qui seront la moitié de leur largeur, et, de la jonction de ces deux dernières avec celles des deux premières, on fera paraître le plan de l'arêtier C; on mène ensuite les deux lignes D carrément aux lignes A, B, que l'on adopte pour lignes de base et au-dessus desquelles on décrit le berceau figuré pour chacune des voûtes. Le berceau, pénétrant dans cette première partie, suit la direction du plan de l'arêtier C; alors cette ligne sera le milieu du berceau; on mène ensuite la parallèle E, qui sera la largeur; la ligne F, carrément à ces deux dernières, sera la ligne de base sur laquelle on décrira le berceau figuré; on portera la hauteur de ce dernier sur le berceau des autres parties au-dessus de leurs lignes de base D, vu par les lignes G; on mène ensuite d'autres lignes en nombre suffisant et toutes à la même hauteur des lignes de base comme elles sont parues, et où chacune d'elles joignent leur berceau correspondant; on les descend aplomb sur le plan, et la jonction des unes avec les autres donne la forme des arêtiers H; on porte la moitié de l'épaisseur de chaque côté de la ligne milieu et à égale distance, de sorte que les faces du dessus varient de hauteur de manière à correspondre avec le recreusement du dessus, vu sur l'élévation parue figure 9; la ligne F, sur le plan, ligne de base du cintre du petit berceau, sera également la ligne de base pour le plan d'une des fermes de cette partie, et dans le poinçon de laquelle seront assemblées les têtes des petits arêtiers H, ainsi que le pied du grand arêtier C. Les pièces I sont les empanons correspondant à chacune des parties du grand berceau, auxquelles on placera ensuite le plan des fermes ainsi que tous les appareils qui seront nécessaires à chacune des parties correspondantes.

Cintre pour une voûte d'arête formée par un arceau pénétrant en biais dans l'angle d'une autre voûte.

FIGURE 10.

Le plan de cette figure, ainsi qu'on le voit, est formé par un arceau pénétrant en biais dans un angle exactement formé par la jonction de deux voûtes. L'opération est également la même que celle de la figure précédente; il n'en sera donné aucun détail, le lecteur, arrivé jusqu'ici, devra être suffisamment édifié pour se rendre compte par lui-même, et pourra opérer sans difficulté.

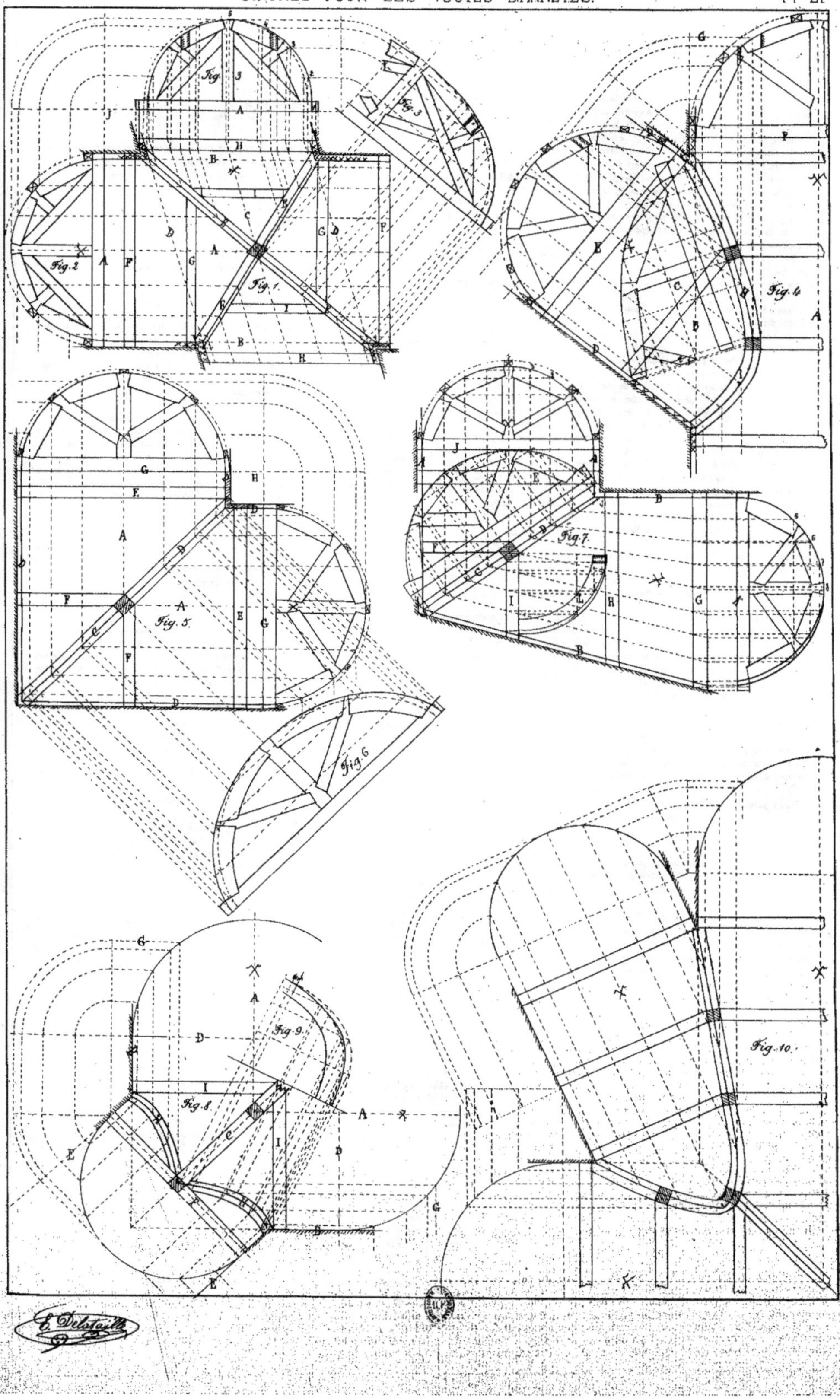
Fig. 1
Fig. 2
Fig. 3
Fig. 3
Fig. 4
Fig. 5
Fig. 6
Fig. 7
Fig. 8
Fig. 9
Fig. 10

Cintre pour une voûte d'arête formée par une voûte conique rejetant un berceau.

Figure 1re.

Il sera suffisant de faire paraître seulement la moitié du plan du berceau conique. On mène premièrement la ligne AB, qui sera le milieu; ensuite la ligne CD, qui sera celle d'un des côtés; on fera paraître ensuite le plan de l'autre berceau et carrément à la ligne du milieu de ce premier, comme on le voit par la ligne du milieu E, ensuite par la parallèle F, ouverture de la voûte. On mènera ensuite les lignes GH carrément à la ligne du milieu AB et que l'on adoptera pour l'une des faces des fermes en plan, tel qu'on le voit figuré et qui servent aussi de lignes de base sur lesquelles sont décrites les élévations de chacune. Pour les tracer ainsi, on place la pointe du compas au point où chacune d'elles joint la ligne du milieu AB, et on ouvre sur le point où les mêmes lignes se joignent la ligne CD, et le berceau, ainsi décrit, sera le cintre de chacune d'elles; après avoir fait paraître leurs épaisseurs sur le plan, on mène carrément sur les lignes de base le point où ces dernières faces joignent la ligne CD, et de là, on décrit un deuxième cercle qui sera le délardement du dessus des vaux pour le repos des couchis.

Le premier rayon étant ainsi décrit, on divise leur parcours en un certain nombre de parties égales, comme on le voit sur le cintre de la ferme G, par les points 1, 2, 3, on les descend ensuite carrément sur la ligne de base G, la même opération étant faite à la ferme H; alors on mène de chacun de ces points les lignes ponctuées sur le plan, on le fait paraître ensuite en élévation; pour cela on mène la ligne U à volonté et parallèle à la ligne du milieu AB; on profile aux lignes GH, sur lesquelles on porte la hauteur de chacun de ces points qui ont été faits sur chacun de leur élévation et de la manière dont il est démontré par les simblots décrits du point K. Ces points étant ainsi portés, on tentera les lignes figurées; du centre L on décrira le berceau de l'ouverture FF et qui sera l'élévation des fermes de cette partie de voûte dont l'une est marquée sur le plan par la lettre M; la jonction de ce cercle avec ces lignes donnera les points N, O, P, pour un côté, et Q, R, S, pour l'autre. Ces points sont ensuite descendus carrément sur le plan, autrement dit parallèlement à la ligne F, direction de la voûte; la jonction de ces dernières avec celle parue en premier sur le plan, donneront la forme du plan des arêtiers T, U, pour obtenir la jonction de la tête du plan des deux arêtiers on mènera la ligne V; à moitié de la distance des points P, S, le point où cette dernière joint le dessus du cintre est ramené de niveau sur l'élévation de la ferme G, comme on le voit par la ligne X. On prolonge ensuite la ligne V sur la ligne CD; ce point est ramené carrément sur la ligne de base G et du centre du rayon de cette ferme on mène ce point sur la ligne X, comme on le voit par le simblot Y. Ce dernier point étant ensuite descendu carrément sur la ligne V sera la jonction de la tête du plan des arêtiers où paraît la vue en bout des poteaux dans lequel ils sont ensuite assemblés.

Figure 2, élévation de l'arêtier U.

L'opération à faire ne diffère en rien de la coutume, sauf que les lignes qui sont de niveau servent à donner les points de hauteur, qui seront pris sur les points N, O, P, et le point de hauteur, donné par la ligne V, sera la hauteur du sommet du cintre. L'élévation de l'autre arêtier se fera de même que ce premier et l'on prendra pour hauteur les points Q, R, S; la hauteur du sommet sera toujours la même. Les fermes de la partie carrée sont toutes les mêmes, tandis que celles du cône varient de hauteur et de largeur; alors il est de même pour les empanons, et pour les tracer, on fait paraître sur le plan comme il est figuré, dont l'un est marqué Z; l'opération des deux étant la même, il ne va être parlé que de ce dernier; alors on profile les faces sur la ligne CD. Ces points sont ramenés carrément sur la ligne H et, du centre du rayon, on mènera deux traits qui seront le délardement du latis du dessus. On porte ensuite en contre-bas l'épaisseur, puis on remonte l'about et la gorge carrément sur l'élévation qui servent à tracer les coupes et sont marqués chacun d'un trait ramènerait.

Cintre pour une voûte d'arête formée par une voûte rejetant carrément un berceau conique.

Figure 3.

On commence par faire paraître la ligne A, qui sera le milieu de la voûte droite; ensuite la parallèle B, qui sera la moitié de la largeur, la ligne C étant donnée carrément à ces premières, sera le milieu de la partie conique. On placera ensuite de chaque côté de cette dernière les deux lignes semblables, qui seront la direction du plan du berceau conique; on placera ensuite les fermes, ainsi que les empanons, comme ils figurent; de même on fera les élévations et pour le tracé du plan des arêtiers et celui de leur élévation. L'opération est exactement la même que celle qui vient d'être démontrée figure 1re. Aucun détail n'en sera donné, et l'épure étant suffisamment claire, on peut facilement s'en rendre compte.

Voûte d'arête formée par une voûte droite rejetant en biais un berceau conique.

Figure 4.

Le plan de cette figure diffère du précédent parce que le berceau conique, au lieu de pénétrer carrément, pénètre en biais, alors on tracera le plan comme il a été fait pour le précédent, dont la ligne A sera le milieu de la voûte droite; ensuite la parallèle B, moitié de la largeur. On portera ensuite la ligne C selon le biais existant, qui sera le milieu du berceau conique, plus deux semblables D, direction de l'ouverture du plan. Ceci étant fait, on mène les lignes E F carrément à la ligne du milieu C, et de la jonction de chacune l'on décrit les berceaux et l'on divise le pourtour de chacun par un certain nombre de parties égales, de manière à obtenir les lignes qui sont sur le plan, en continuant d'opérer comme il a été démontré figure 1re, et, comme on le voit dans ce plan-ci, les lignes dont le côté est marqué 1, 2, 3. Ceci étant fait, on mènera la ligne G carrément au plan en élévation de la grande voûte, et du centre H on décrira le berceau, figuré qui sera l'élévation des fermes. Pour faire paraître les lignes qui viennent d'être données sur le plan, on mènera au-dessus de la ligne de base G des lignes parallèles; et à la hauteur de chacun des points qui ont été divisés sur chacun des berceaux, tel qu'on le voit du côté gauche de la figure et surtout de la manière dont ils ont été conduites. On remonte ensuite carrément sur chacune d'elles les points qui joignent sur le plan la ligne E, pour le côté gauche, et la ligne F pour le côté droit, ce qui donnera la forme du berceau tracé en lignes ponctuées, qui n'est autre chose que la vue en perspective de deux cercles décrits perpendiculairement aux lignes EF; on trace ensuite les lignes figurées. La ligne marquée 1 sur le plan paraît sur cette élévation par le n° 4, la 2e par le n° 5, la 3e par le n° 6, et la ligne C, milieu de la voûte, sera le sommet du haut; cette dernière est marquée 7. Du point où les lignes joignent le berceau de la voûte droite on descend des lignes carrément sur le plan, et la jonction de ces lignes donnera la forme du plan de l'arêtier H. Celles de l'autre côté, qui n'ont pas de numéro descendu sur le plan, sont pour former l'arêtier I; leur jonction sur le cintre donnera les points de hauteur pour faire leur élévation (marque J.)

Cintre pour une voûte d'arête formée par une voûte conique, croisée de biais par une autre voûte droite.

Figure 5.

Le tracé de l'épure de cette figure n'est pas plus difficile que celui de la précédente. La seule différence vient de ce que les sommets des deux voûtes se jonctionnent ensemble et qu'elles se profilent indéfiniment.

Cintre pour une voûte d'arête formée par une coupole sphérique rejetant carrément un berceau.

Figure 7.

On commence du centre A par décrire le berceau BD, qui sera le plan de la coupole; on mène ensuite carrément la ligne C à B D, cette dernière sera le milieu du plan du petit berceau; ensuite la parallèle E qui sera la largeur. La ligne F, donnée carrément à BD, ou parallèlement à C, sera la base sur laquelle on décrira le cintre figuré qui sera l'élévation des fermes et celle des empanons de la coupole. La base du cintre du petit berceau est plus élevée que celle de la coupole; alors on mène carrément la ligne G à C, qui sera fixée pour être la base de la coupole. On mène ensuite la parallèle H, qui sera la naissance du berceau que l'on décrit ensuite au-dessus, comme on le voit figuré. Les élévations étant ainsi faites, on mènera des lignes de niveau sur cette dernière, et de leur jonction avec le cintre du berceau, on mènera des lignes carrément sur le plan; les lignes de niveau seront ensuite rapportées sur l'élévation du cintre de la coupole et à la même hauteur de la base G, telles qu'on les voit ramenées par le moyen des simblots décrits du centre I. Les points où ces lignes coupent l'élévation du cintre de la coupole sont descendus carrément en plan sur la ligne C, et du centre A, on les mène parallèlement au plan de la coupole. La jonction des unes avec les autres donnera la forme du plan des arêtiers J; leur élévation se fera ensuite comme de coutume.

Voûte d'arête formée par une coupole sphérique rejetant de biais une voûte gauche.

Figure 8.

On se sert de la coupole précédente qui, avec celle-ci, rejetant ensemble et en biais une voûte gauche. Comme on le voit, le plan de cette dernière est de forme aigüe et la voûte est gauche, parce qu'à la partie extrême de l'éguité le dessus de la voûte est droit et augmente insensiblement de hauteur, de manière à former plein-cintre à l'autre extrémité et se perd entièrement dans la coupole. Le plan de la coupole ayant été tracé pour l'épure précédente, ce même plan va servir pour le tracé de ce dernier; on mènera les lignes K, qui seront la forme du plan de cette dernière; ensuite la ligne L pour les extrémités, puis la ligne M pour le milieu, la ligne N étant donnée carrément à la ligne M, sera la ligne sur laquelle la voûte sera de forme plein-cintre et qui continuera de niveau à la ligne L, à la jonction NM; on décrira le berceau figuré et sur lequel on mènera des lignes parallèlement à la ligne N; les points où ces lignes coupent le berceau sont descendus carrément sur la base N. On prolongera ensuite les deux lignes K jusqu'à leur rencontre, et de là on tentera des lignes de chacun des points qui ont été faits sur la ligne N et, par ce moyen, on obtiendra les lignes qui sont sur le plan pour les porter ensuite en élévation comme elles paraissent au-dessus de la ligne de base F; on mènera premièrement les parallèles O P Q à la même distance de la ligne de base F, ainsi que celles qui ont été données au-dessus de la ligne N; on remontera ensuite carrément sur chacune d'elles les points qui ont été premièrement fixés sur le plan de la ligne N, sur la ligne du milieu on portera la hauteur totale du cintre et tous ces points formeront le petit berceau paru en lignes ponctuées, qui n'est autre chose que la vue en perspective du cintre décrit sur la ligne N; étant ainsi donnés, ces premiers points, on obtiendra les autres en remontant carrément sur la ligne de la base F, les points où chacune des lignes qui ont été premièrement donnés sur le plan joignent la ligne L; et de là on tentera les lignes 1, 2, 3 et 4. Cette dernière est la ligne du milieu tombant sur la ligne M et les autres tombent également sur l'aplomb de chacune des mêmes lignes qui sont marquées sur le plan. Celles qui ne sont pas marquées sont, comme on le voit, celles du côté opposé. Ces lignes étant ainsi parues on les profilera jusqu'à la rencontre du cintre de l'élévation des fermes de la coupole, que l'on descendra ensuite carrément sur le plan de la ligne ACD, et du centre A on les fera tourner suivant le plan de la coupole, et la jonction des unes avec les autres donnera la forme des arêtiers S T; on fera l'élévation et l'on aura pour points de hauteur ceux donnés sur le berceau de la coupole par les lignes 1, 2, 3, 4, qui seront celles de l'arêtier S; le n° 4 donnera la hauteur de la tête de l'arêtier T, et celles qui ne sont pas marquées donneront les suivants. Lorsque l'on aura figuré sur le plan de la coupole le plan des fermes et des demi-fermes, ainsi que celui des empanons, on ramènera les abouts et les gorges de chacun de ces derniers sur la ligne RC, par des simblots décrits du centre A; à ces points on mènera des lignes d'aplomb sur l'élévation de la ferme de la coupole, qui serviront à tracer les coupes des empanons. On placera ensuite les fermes de l'autre partie de voûte marquée, une par la lettre U et l'autre V; l'opération pour obtenir l'élévation des deux étant la même, il ne sera parlé que de cette dernière, ayant été placée carrément à la ligne de base F; alors il ne suffit que de profiler les faces du plan sur l'élévation des lignes d'adoucissement, sur lesquelles on prendra la hauteur de chacune d'elles, que l'on portera ensuite sur le même; par ce moyen on obtiendra l'élévation figurée ainsi que le délardement du dessus des vaux; on obtiendra également la forme du dessus de la face du derrière de la pièce L, en remontant sur ces mêmes lignes. Si, en cas, les fermes en plan étaient placées sur un autre sens, c'est-à-dire qu'elles ne seraient pas d'équerre à la ligne de base F, et pour obtenir les points de hauteur pour faire les élévations, il faudrait remonter carrément à la ligne F sur l'élévation, des lignes d'adoucissement, des points où chacune d'elles rencontre les faces du plan des fermes, ainsi qu'il a été démontré dans la figure précédente.

CINTRES POUR DES VOÛTES D'ARRÊTES, BIAISES, GAUCHES & CONIQUES.

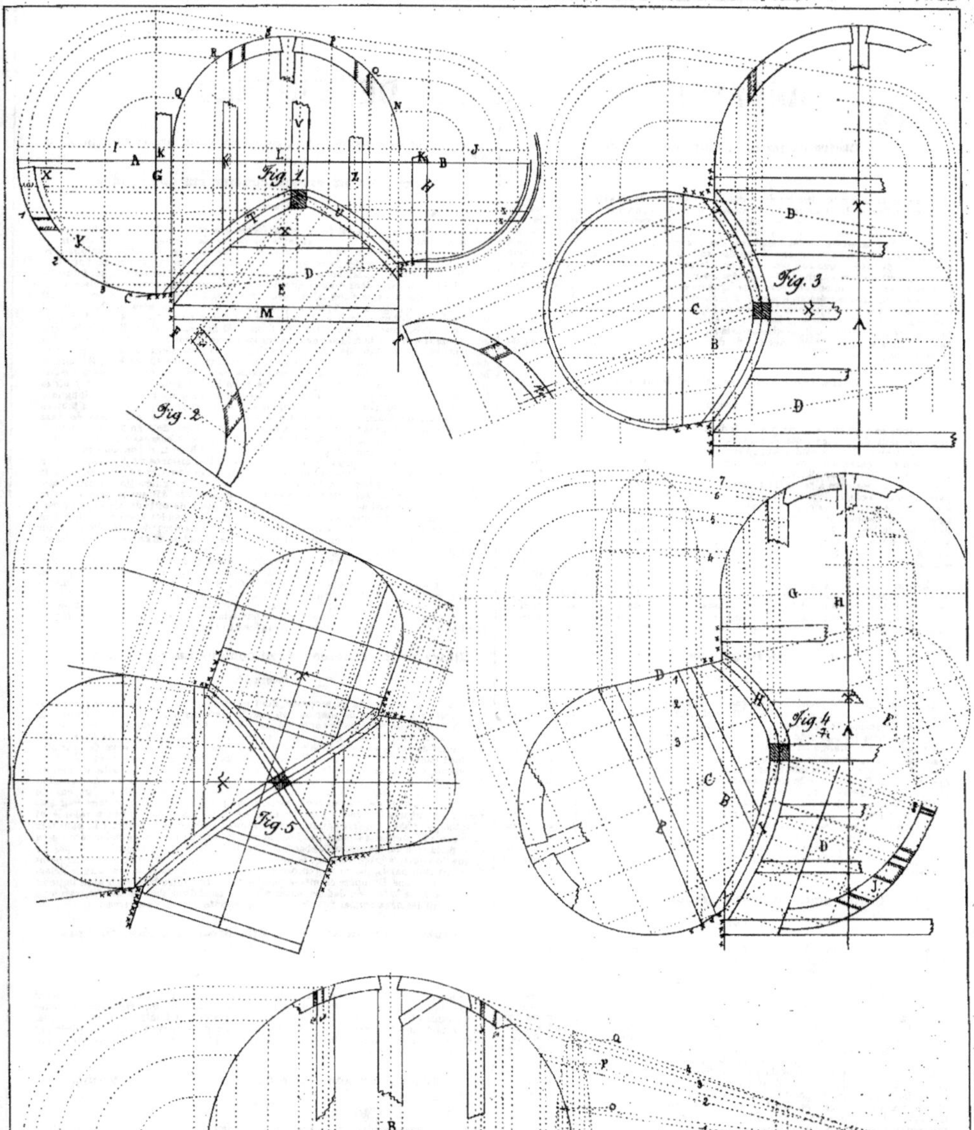

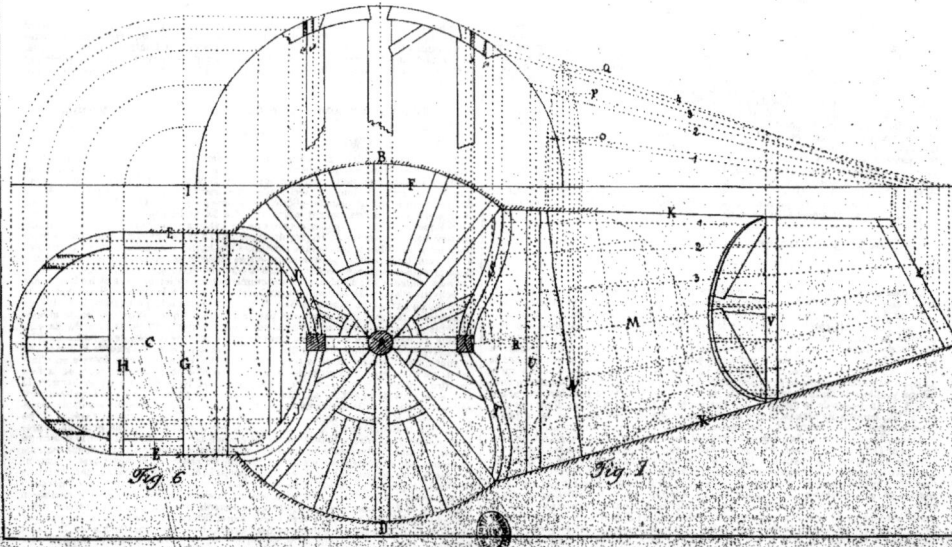

DIFFÉRENTES FORMES DE CINTRES

Cintre de porte sur un angle droit.

FIGURE 1re.

Lorsqu'on aura fait paraitre les deux lignes A, d'équerre l'une avec l'autre, on aura l'aplomb de l'angle des deux murs; on mènera ensuite les parallèles B qui seront leur épaisseur. De chaque côté de ces quatre premiers on portera l'épaisseur des bois figurés. Ceci étant fait, on mène la ligne du milieu C plus les parallèles D, ce qui sera la largeur de l'ouverture, moins l'épaisseur des couchis. La ligne E étant d'équerre à ces dernières sera la base sur laquelle on décrira le berceau et sur laquelle on portera des lignes de niveau que l'on descendra ensuite carrément sur le plan, comme elles sont figurées; on fera ensuite l'élévation des cintres, comme il est vu par la lettre F. Pour faire cette élévation, on mènera la ligne de base G parallèlement à la ligne A; on mènera ensuite, carrément à ces deux dernières, des lignes venant des points où celles parues sur le plan joignent les faces de l'épaisseur du cintre; on portera ensuite sur chacune de ces dernières la hauteur de chacune d'elles, que l'on prendra sur le berceau premièrement décrit, au-dessus de la ligne E; par ce moyen on obtiendra l'élévation figurée ainsi que le délardement du dessus. Un plan d'élévation seul suffit, car ils sont tous pareils.

Cintre pour un arceau en tour ronde.

FIGURE 2.

On donne ce nom aux arceaux pratiqués dans les murs d'édifices circulaires, ils peuvent être faits de plusieurs manières, telles qu'on va le voir en suivant : lorsque du centre J on aura décrit le centre KL, on aura le dedans des murs et ensuite le dehors, comme il est figuré. Pour traces l'épure de ce premier, l'opération est absolument la même que celle du plan, figure 1re, avec la différence que les cintres sont cintrés sur deux sens, de manière à ce qu'ils tombent d'aplomb sur leur plan; alors il ne sera parlé dans celui-ci que de la manière de tracer le développement du dessus pour pouvoir tracer et préparer les couchis d'avance. Pour faire ce tracé, on mènera la ligne A, figure 3, sur laquelle on portera tous les points parus sur le berceau décrit au-dessus de la ligne de base B, figure 2, et marquées sur un des côtés par les numéros 1, 2, 3, 4 et 5; la ligne du milieu étant portée, ses points les uns à la suite des autres sur la ligne A, figure 3, on aura les points marqués sur un des côtés par les mêmes numéros, auxquels on mènera ensuit des lignes d'équerre à la ligne A; la ligne C parue sur le plan est la même que la ligne A, figure 3; alors on prendra de cette ligne la distance où chacune des lignes parues sur le plan joignent la face du dedans et celle du dehors du plan du cintre, que l'on portera de même sur chacune d'elles, figure 3. Tel serait de prendre la distance de D à E, figure 2, que l'on porte de 5 en 6, figure 3, et de DH porté de 5 en 7, ensuite FG de 4 en 8, et FI, de 4 en 9; on continuera ainsi de suite jusqu'aux deux extrémités et l'on obtiendra le développement figuré.

Cintre pour un arceau gauche sur un angle droit.

FIGURE 4.

Ce plan-ci diffère du premier en ce que les montants de la porte ne suivent pas la direction de l'ouverture, c'est-à-dire qu'ils sont coupés carrément à leur mur correspondant. La forme de l'ouverture est, comme on le voit, décrite sur la ligne A, et lorsqu'on a porté les lignes de niveau donnant les points 1, 2, 3 sont descendus carrément sur le plan, comme on le voit sur les faces intérieures. Les faces des jambages étant profilées carrément à leurs murs, on aura le point B et, des points qui viennent d'être donnés sur les faces intérieures des murs, on tentera au point B, et l'on obtiendra les lignes figurées sur le plan, d'après lesquelles on aura la forme du dessus du cintre en plan d'élévation, comme il est vu par un de ceux du dehors paru par la lettre D. Ceux du dedans étant plus court, on fera leur élévation de même qu'il a été fait pour ce premier, et l'on aura toujours pour hauteur les points 1, 2, 3, parus sur le berceau décrit au-dessus de la ligne A, et la hauteur totale du berceau sera la hauteur totale des cintres. Les cintres du dedans et ceux du dehors étant ainsi établis d'égale hauteur sur le dessus et suivant la direction des lignes projetées sur le plan; ceci fait, le dessous de l'arceau formera un gauche correspondant avec l'évasement des jambages.

Cintre pour un arceau gauche tour ronde.

FIFURE 5.

Le plan de cette figure diffère avec celui de la figure 2, en ce que les jambages de la porte sont carrément aux murs. Lorsque du centre A on aura décrit la forme du plan, on portera la largeur de l'ouverture et l'on tentera les lignes A, B, qui seront la direction de l'ouverture des jambages; on portera ensuite l'épaisseur des couchis par les parallèles figurées, ce qui donnera la largeur du cintre; le dessous de l'arceau formera un gauche semblable à la ligne 4, et comme on le voit. Le tracé des épures pour l'établissement des cintres est absolument de même, donc il n'est pas besoin d'en parler. La figure 6 est le développement du dessus : pour le tracer, on prendra la distance du point C au point D, que l'on portera de même, figure 6, et l'on fera CB carrément sur lequel on transportera la hauteur FE en CE, GH en CH, IJ en CJ, et KL en CB, hauteur du cintre; on prendra ensuite la distance de D en E sur le berceau, figure 5, et l'on fera un simblot du point D, figure 6; on prendra ensuite CF que l'on portera en FI, une ligne sur ces deux points sera la première; on prend ensuite FH et l'on fait un simblot du point I avec la longueur de CG; on fait un deuxième simblot du point H à la jonction des deux : on aura ainsi la deuxième ligne HK; on continue ainsi de suite jusqu'à la ligne BM, et l'on aura le milieu du plan, la ligne ponctuée passant par D, I, K, M, et la ligne sur laquelle a été décrit le cintre donné sur le plan, qui n'est autre chose que la ligne DK. Les lignes étant ainsi parues, figure 6, on prendra ensuite la distance de CN, sur le plan, que l'on portera en BN, figure 6, CO en BO, CP en JP, CR en JQ; on continuera ainsi jusqu'à CD, et l'on aura la moitié du développement de tracé, ce qui sera suffisant, d'autant plus que l'autre côté est pareil. L'opération serait la même s'il y avait lieu de développer le plan, figure 4.

Cintre pour un arceau conique sur angle droit.

FIGURE 7.

Le plan de cette figure est le même que celui de la figure 4; il diffère en ce que le dessus de la porte est de forme anse de panier, et que le berceau du dedans rejette celui du dehors, en partie conique, correspondante avec l'évasement des jambages. Lorsque l'on a fait paraitre le plan de la manière précédemment indiquée, on fera paraitre la ligne A, sur laquelle on décrit la forme du berceau figuré; on mènera ensuite des lignes de niveau à des distances proportionnelles, et qui donneront les points 1, 2, 3 et 4, hauteur du berceau, ses points étant descendus carrément sur la ligne A, on tentera des lignes au point C, et l'on obtiendra ainsi les lignes parues sur le plan; on les placera ensuite en élévation, pour cela on mènera la ligne DE parallèlement à CB, on profilera la ligne A au-dessus de DE; on prend ensuite la hauteur des points 1, 2, 3, 4, au-dessus de la figure A, que l'on porte ensuite sur la même ligne, au-dessus de DE, comme ils paraissent par les mêmes numéros ainsi que par les simblots qui ont servis à les ramener. De ces derniers points, on tentera au point D, et l'on obtiendra ainsi les lignes figurées qui serviront ensuite pour avoir les points de hauteur pour faire les élévations des cintres. Pour avoir ces hauteurs, on remontera sur chacune d'elles, et carrément à la ligne de base DE, les points où celles du plan joignent les lignes figurant l'épaisseur des cintres sur le plan, par ce moyen on obtient tous les points de hauteur, comme ils paraissent ralliés tous ensemble par les lignes courbes parues ponctuées; les points F, G, H, I, donneront la face du dehors du grand cintre, d'après laquelle on a obtenu l'élévation, figure 8; pour le faire ainsi, on prendra la hauteur de FI, que l'on portera de J en K, ensuite LH de M en N, OG de P en Q, RF de S en T, le dehors du cintre formera le point V, qui sera l'about du pied; le trait donné par V, T, Q, N, K, sera la face du dehors du cintre. On fera la même opération sur l'autre face et l'on aura le délardement du dessus, comme il est figuré. On opère de même pour les cintres du dedans, comme on le voit paru en élévation par la lettre X.

Cintre pour un arceau conique sur tour ronde.

FIGURE 9.

Le plan de cette figure est de la même forme que celui de la figure 5, vu que les jambages sont évasés sur le plan et tente au centre de manière d'être en carrément avec les murs; il diffère en ce que le dessous du berceau est de forme conique correspondant avec le plan des jambages, comme on voit le tracé des épures. Pour former les cintres, il est également le même que celui qui vient d'être démontré, figure 7; alors il ne sera parlé dans celui-ci que du développement des couchis du dessus, on prend la longueur de la ligne AB et avec cette longueur on décrira le berceau CD paru en ponctué, figure 10. Ayant E pour pivot, et lorsqu'on aura tiré la ligne CE, on prendra la distance de B en F, prise sur le berceau paru, figure 9, que l'on portera de C en G, figure 10, ensuite FH de G en I, HJ de I en K, JL de K en D, la ligne donnée de D à E sera le milieu; on mènera les autres lignes au point E, comme elles figurent; ces lignes étant ainsi parues, on vient sur le plan, figure 9, et l'on prend la distance du point A au point D, que l'on porte ensuite, figure 10, de E en B, ensuite en AC de F en G; ces deux premières sont la naissance du cintre; on prendra ensuite GI, figure 9, que l'on portera, figure 10, de D en F. Ces deux derniers seront sur la ligne du milieu pour porter les points sur les autres lignes, on prendra leur longueur sur le plan et on les portera en reculement sur deux lignes d'équerre, et l'on tentera à la hauteur de chacune. Ses hauteurs étant parues au-dessus de la ligne de base ainsi qu'il suit : on prend sur le plan la longueur de la ligne de A en K que l'on porte ensuite en reculement de L en M; du point M on ouvrira le compas au point N, hauteur de la première ligne; on portera cette hauteur de E en L et l'on aura la face du dehors; on aura ensuite celle du dedans en prenant la distance de A en X, que l'on portera de V en U; on posera le compas au point U, on l'ouvrira au point O, et on le portera de E en N, et l'on aura la face du derrière. Cette première étant ainsi portée, on portera ensuite la suivante; on prendra la distance de AP sur le plan que l'on portera en reculement de Q en R, et du point S, hauteur de cette deuxième, on prendra la distance de SR que l'on portara de E en M; on prendra ensuite AY, que l'on portera de E en Z, ensuite de ZT en EO, qui sera le dernier; de cette dernière, on portera ensuite la suivante, en opérant toujours de la même manière, et l'on obtiendra ainsi le développement figuré.

NOTA. — Les études qui viennent d'être démontrées ci-dessus pour tracer des développements dans ces trois parties circulaires, n'a été qu'une question d'exercice. Quoique malgré cela, en employant ce système, on obtiendrait une grande diminution de travail, par le moyen que chacun des bras forment les cintres pourrait être établi droit sur son plan, et, après avoir ainsi préparé les planches formant les couchis, on les clouerait ensuite sur leurs centres les uns à la suite des autres avec assez de précaution, et par ce moyen on obtiendrait la forme exacte du plan.

Cintre pour un arceau demi-conique en corne de vache.

FIGURE 11.

Le cintre pour la porte ici proposée, dont un des jambages, biais sur le plan, provenant de ce que la face du mur où l'on veut la pratiquer a un des côtés oblique à la face de la pièce où cette porte communique; elle est de forme plein-cintre sur chacune de ses faces, l'une est plus grande que l'autre; la vue en perspective des deux forme une corne de vache et c'est de là qu'il tire son nom. Lorsque l'on aura fait paraitre les deux parallèles A, B, on aura l'épaisseur du mur; la ligne C, carrément à ses deux premières, sera la direction du jambage d'équerre; ensuite D, la partie évasée, on divisera la moitié de l'ouverture sur chacune des faces A, B, et on aura la ligne du milieu E qui tentera, comme on le voit, à la jonction des deux lignes C, D; on fera ensuite paraitre l'épaisseur des cintres sur le plan, comme ils figurent, et pour faire leur élévation on mènera la ligne F parallèlement au plan; elle sera donnée à volonté et adoptée pour base. On fera paraitre premièrement l'élévation de la ferme B, pour cela on placera le compas au point I et l'on décrira le berceau GH; ce premier cercle sera celui de la face du dehors; on obtiendra celui de l'autre face en plaçant le compas au J, que l'on ouvrira jusqu'au point G, qui sera égal à K, puis on décrira le cercle point figuré passant par L, par ce moyen on aura le cintre des deux faces qui sera le délardement du dessus. On opère de même pour le tracé de l'autre ferme, on aura le point M pour pivot de la face du dedans, ensuite N pour celui de la face du dehors, et après avoir décrit les deux cercles figurés, le dessus de cette dernière sera tracé.

Cintre pour un arceau moitié droit et moitié conique en corne de vache.

FIGURE 12.

Le plan ici présenté est un arceau qui a beaucoup de rapport avec le précédent; il est pratiqué dans un mur très-épais; il a le plus souvent lieu d'être fait dans les étages souterrains : une des faces représente une partie droite et l'autre un partie conique, en forme de corne de vache; comme on le voit, ses deux parties sont raccordées par l'arêtier A; aucun autre détail ne sera donné, attendu que les opérations sont semblables aux précédentes.

Cintre pour une arche de pont en corne de vache.

FIGURE 13.

On ne trouvera ni dans les édifices anciens ni dans les édifices modernes des embrasements de ce genre. Ce qui a fait adopter la corne de vache dans la construction des ponts, c'est peut-être parce que l'arc supérieur de cette partie de courbe étant le seul que l'on aperçoit de loin, les arches n'en paraissent que plus hardies; il en résulte d'ailleurs un avantage pour la solidité, en ce que les glaces et les débris amenés par les grandes eaux endommagent moins les côtés des arches, qui ne sont alors frappées qu'obliquement; il faut ajouter encore que les bateaux poussés contre par le courant, courent beaucoup moins de risques de se perdre. La forme nouvelle que l'on a adopté pour les piles présente les mêmes avantages : la forme triangulaire ou en tiers-point a été remplacée par les piles en demi-élipse du côté d'amont, d'où il suit qu'étant ainsi arrondies elles sont moins sujettes à être endommagées par le choc des corps poussés contre elles; de plus, elles endommagent moins les bateaux et les trains, car ils peuvent glisser plus facilement sous l'arche le long de la courbe. Étant donnée la ligne A, on l'adoptera pour le milieu de la voûte, ensuite la parallèle B, la moitié de l'ouverture; la figure n'en représente pas davantage, vu que l'autre côté est le même. La ligne C étant donnée carrément à ces deux premières, fixera la face du devant, ensuite la ligne D qui sera l'évasement; on fera paraitre le plan de la ferme E, celle de la rive F, plus le plan de l'arêtier G qui, comme on le voit, raccorde le dessous de la voûte avec l'évasement de la corne de vache. La voûte peut être formée en n'importe qu'elle forme, soit plein-cintre, anse de panier ou en élipse; alors on la fera paraitre comme elle est parue ici, au-dessus de la ligne de base H; le berceau IJ sera le dessous de la voûte; on mènera ensuite une parallèle d'après l'épaisseur des courbes et l'on aura le dessus du cintre figuré; on placera des lignes à volonté sur le plan et selon la direction de la voûte. Au point où ces lignes joignent l'arêtier G, on les tentera toutes au point K en les profilant sur la partie évasée au point où le premier donné rencontrera le dessous de l'élévation de la voûte ainsi que le dessus du cintre; on mènera des lignes de niveau parallèlement à la ligne de base H, sur laquelle on remontera carrément les points où chacune de celles de la partie évasée rencontrera la face du dehors, et l'on obtiendra les points L, M, N, O, J, ce qui donnera la forme de l'arche supérieure formant la corne de vache; la parallèle suivante sera l'élévation du dessus du cintre F, on obtiendra ensuite le délardement du derrière comme il figure par la ligne ponctuée; la figure ne représente pas l'élévation de l'arêtier d'autant plus qu'elle est connue. L'arche supérieure, formant la corne de vache, pourrait être tracée à volonté sur n'importe quel genre, mais il est préférable de la tracer comme il vient d'être ici démontré, vu qu'elle est parfaitement bien en rapport avec son berceau correspondant.

CINTRES POUR DES ARCEAUX SUR DES ANGLES ET SUR TOUR RONDE, DROITS, GAUCHES ET EN CORNE DE VACHE. Pl. 23.

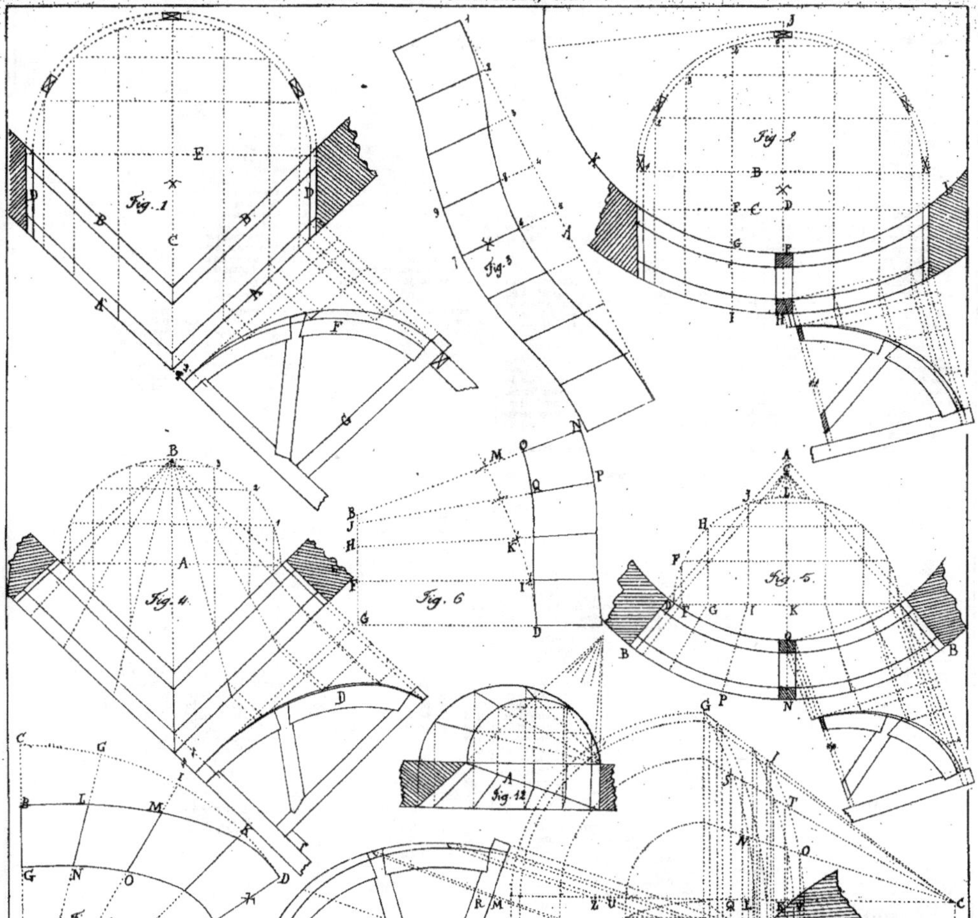

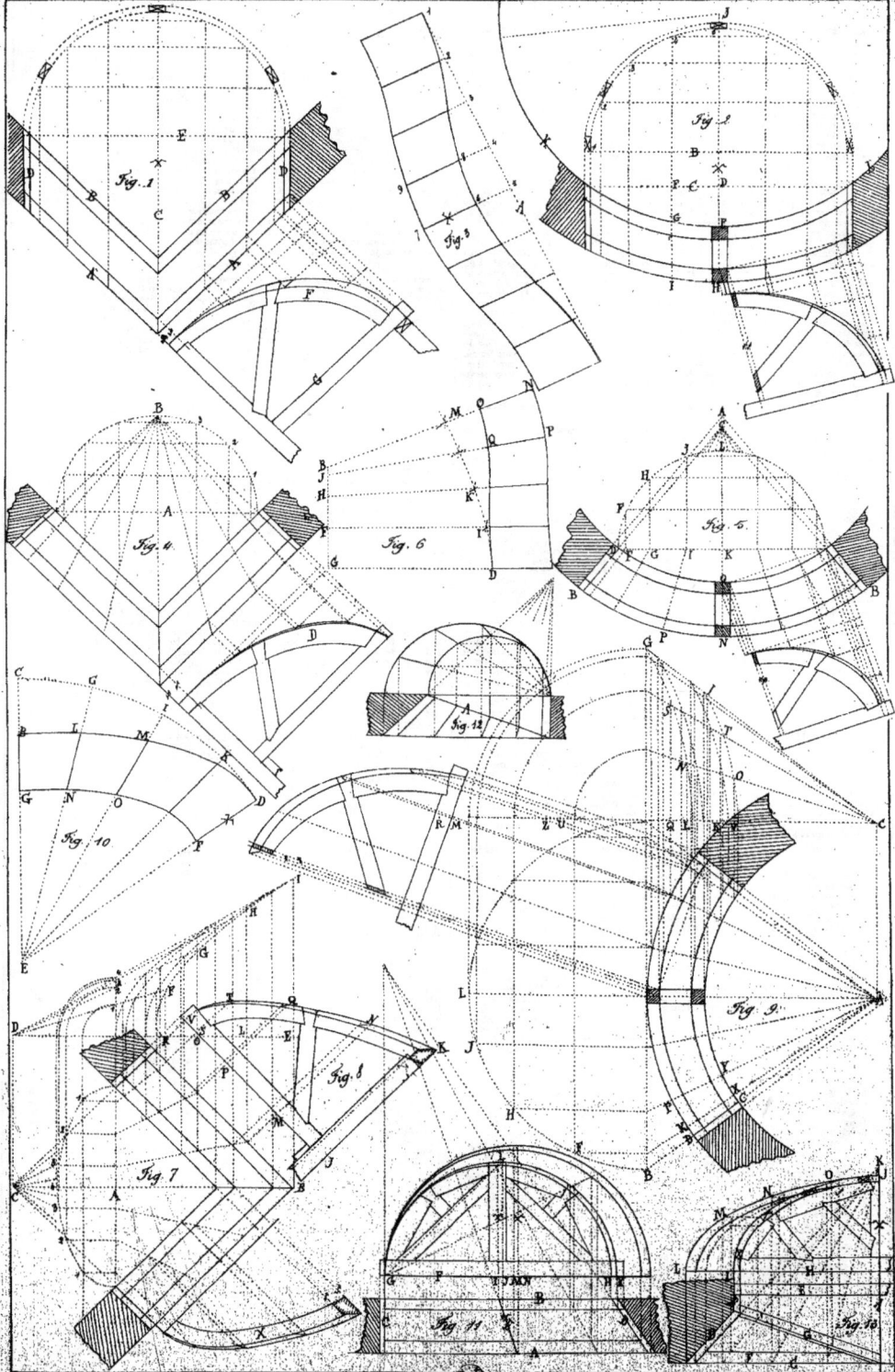

Cintre pour une trompe d'angle sur un pan coupé rejetant les deux murs au carré.

FIGURE 1re.

Quoique les trompes ne fassent pas bon effet dans l'architecture, il n'en est pas moins vrai que dans bien des cas leur construction est urgente; elles peuvent être faites sous plusieurs formes et dans plusieurs positions, telles que sur des angles d'arêtiers, ainsi que dans les angles extérieurs d'avant-corps. Celles placées sur les angles d'arêtiers sont généralement droites sur leur largeur, tandis que celles des angles extérieurs d'avant-corps ou retour d'équerre sont le plus souvent de forme conique; d'autres formes encore plus ou moins bizarres sont exécutées selon la nécessité. Les deux premières ci-dessus sont celles que le besoin exige le plus souvent, et, lorsque le lecteur en aura parcouru l'étude et compris la manière de les tracer, il pourra les former ensuite au gré de toutes les exigences du travail. La première, dont il va être parlé, est construite sur un pan coupé formé à l'angle de deux murs rejetant en dehors l'angle au carré.

Manière d'opérer.

Lorsque l'on aura fait paraître les deux lignes A carrément l'une avec l'autre on aura l'angle des deux murs; la ligne B menée à égale distance de l'angle sur chacune des faces sera le plan du pan coupé, les lignes A seront les faces du dehors du plan des demi-fermes des rives; on fera paraître leur épaisseur comme elles figurent. On placera ensuite la demi-ferme G carrément au pan coupé B, plus les empanons D; le plan ainsi fait, on fera paraître l'élévation de la demi-ferme G, pour cela on mènera à volonté la ligne de base E parallèlement au plan de la demi-ferme G et du centre F; on décrira les cercles figurés, dont le plus grand sera le dessus des couchis et le plus bas le dessus du cintre. Ceci étant fait, on mène des lignes de niveau à volonté et du point où chacune d'elles rencontrera le dessus du cintre, on les descendra carrément sur le plan, d'après lequel on obtiendra l'élévation des demi-fermes des rives. Pour les élévations, on mènera la ligne de base G parallèlement au plan de la demi-ferme A, au-dessus de laquelle on mènera les mêmes lignes de niveau que celles qui ont été données sur la demi-ferme premièrement faite; on mènera ensuite carrément sur chacune de ces lignes les points où celles parues sur le plan joignent la face du dehors du plan de cette dernière demi-ferme, et l'on obtiendra les points H, I, J, K, L, hauteur totale du cintre. Le trait passant par ces derniers points indiqués sera la face du dehors; on obtiendra ensuite le délardement du derrière, comme on le voit figuré. On opèrera de même pour tracer l'autre côté. Les empanons se traceront sur l'élévation de la demi-ferme G. Etant remontées, les lignes de l'about et de la gorge serviront à tracer la vue debout du poteau figuré, allant jusqu'au fond, et qui reçoit les assemblages des trois demi-fermes.

Cintre pour une trompe conique placée dans un avant-corps rejetant une partie carrée.

FIGURE 2.

Les lignes A, B, étant données carrément l'une avec l'autre seront le plan de l'avant-corps. Les parallèles C, D, étant données à égale distance des premières, on aura le plan de la trompe; on portera l'épaisseur des cintres comme ils figurent, et l'on fixera le plan des empanons E, F, G, carrément à la ligne H, au point où cette dernière joint une des faces du plan des empanons; on décrira un cercle des points où cette même face joint le dehors et l'on obtiendra l'élévation des empanons figurés sur cette première face; on ramènera ensuite carrément sur cette même face le point où l'autre face joint le dehors, et du même centre on décrira un deuxième cercle qui sera le délardement du dessus pour le repos des couchis, car il est bien entendu que tout le développement de la trompe vient mourir à rien au point I. Comme on le voit, les deux empanons F, G, forment entièrement un demi-cercle: ils reposent sur des semelles expressément placées pour les soutenir au levage. Les empanons E s'assemblent dans les deux demi-fermes C, D; la lettre J est son élévation sur laquelle est paru son délardement du dessus et le tracé de ses coupes. Pour faire l'élévation des demi-fermes C, D, l'opération est absolument la même que celle dont on s'est servi dans la planche précédente pour tracer les cintres de l'arceau, figure 7: malgré cela, on va le répéter une autre fois ici : nous allons supposer la face la plus courte du plan de l'empanon F, face sur laquelle a été décrite l'élévation; on mènera les lignes de niveau 1, 2, 3 et 4, hauteur du berceau, au point où ces lignes rencontreront le cercle de l'empanon; on les descendra carrément sur le plan, de là on les tentera toutes au point I, et l'on obtiendra ainsi les lignes figurées sur le plan en forme d'éventail, pour les faire paraître en élévation ou, pour mieux dire, vues en perspective selon leur inclinaison; alors on mènera la ligne de base K à volonté et en parallèle avec la ligne H. La ligne de la face de l'empanon F, sur laquelle a été faite l'élévation, étant profilée sur cette ligne, on y portera la hauteur de chacune des lignes qui ont été premièrement données sur son élévation, et comme il est vu par les simblots qui ont servi à les ramener, de chacun de ces points on tentera des lignes au point L, et l'on obtiendra ainsi l'élévation des lignes figurées. Ces lignes servent à donner la hauteur de chacune d'elles pour faire l'élévation des deux fermes C, D; pour cela on mène sur l'élévation de chacune d'elles, et carrément à la ligne de base K, les points où celles du plan rencontrent la face du dehors du plan de la demi-ferme D, et l'on aura les points M, N, O, P : ce demi-cercle est la hauteur totale du sommet; on mènera ensuite ceux de la face du dedans qui donneront également les points de hauteur de cette dernière, comme ils paraissent ralliés tous ensemble par des lignes ponctuées. La ligne Q étant tirée parallèlement au plan de la demi-ferme D, sera la base au-dessus de laquelle on va faire l'élévation; pour cela on prendra la hauteur du point P au-dessus de la ligne de base K, que l'on portera de même au-dessus de la ligne de base Q, et qui donnera le point R; on continuera ainsi de suite, en prenant O qui donnera S, N donnera T, M donnera U, la partie extrême donnera V. La courbe décrite par ces points sera la face du devant. On opère de même pour avoir celle du derrière, comme il vient d'être dit, ainsi qu'elle est figurée.

Cintre pour une trompe conique dans un avant-corps rejetant une partie ronde.

FIGURE 3.

Le plan de cette trompe diffère du précédent en ce que la partie saillante est de forme circulaire, tandis que la précédente est carrée; comme on le voit, le tracé des empanons est le même ainsi que la manière d'obtenir les points de hauteur pour faire l'élévation des demi-fermes des rives; le tracé des épures ne diffère en rien, il n'est que dans l'établissement en ce que ces dernières décrivent une partie ronde sur leur plan. Aucun autre détail ne sera donné, d'autant plus qu'il ne pourrait faire que répéter ce qui vient d'être dit.

FIGURE 4. **Cintre pour une voûte d'arête à voussure.**

Le plan des voûtes d'arêtes de ce genre ne diffère en rien de ceux des voûtes d'arêtes ordinaires, comme on le voit ici par la vue de bout des pilastres A, le plan des fermes B, les arêtiers C, ainsi que les empanons D, E. Celle-ci diffère des autres en ce que le sommet des arêtiers est beaucoup plus élevé que celui des cintres des côtés; les deux sont ralliés ensemble par un faîtage cintré venant de niveau à la tête des arêtiers et allant retomber d'aplomb sur le cintre des côtés, et comme bien entendu, chacune de ces parties forme une partie bombée en proportion, comme on le voit sur la perspective. Ces genres de voûtes ne sont pratiqués que dans les édifices publics, particulièrement dans les églises.

Manière d'opérer.

Le plan étant paru, comme il vient d'être dit, on remarquera que l'élévation des cintres des côtés sont établis, un au-dessus de la ligne de base F, et l'autre au-dessus de la ligne G; l'exemple des deux étant le même, il ne sera parlé que de cette dernière. La forme de ces premières parties sont plein-cintre; pour que la voussure ait la grâce du coup-d'œil on donnera aux arêtiers autant de hauteur que de largeur; alors le point H porté au-dessus de la ferme sera la hauteur; on mènera ensuite les lignes de niveau 1, 2, 3, 4, 5 et 6; cette dernière est la hauteur totale des fermes. Le cercle tracé de H 6 est le faîtage qui rallie le sommet des arêtiers avec ceux des fermes. Il peut être formé de n'importe qu'elle manière moyennant qu'il vienne au point H en partie de niveau, et qu'il arrive au point 6 en partie d'aplomb; un demi-ovale fixé convient à cet effet. Ceci étant fait, on descendra carrément sur le plan des lignes passant sur les points où les premières données rencontrent le dessus de la ferme; on les profilera même au-dessus du cintre, comme elles paraissent figurées; on prendra ensuite la distance du point 6 au point 5, que l'on portera de I en J, de K en L, de M en N, de O en P, de Q en R, et l'on aura la ligne ponctuée passant par tous ces points; on prendra ensuite la distance de 6 et 4, on la portera de K en S; on continuera ainsi sur chacune des lignes aplomb jusqu'au point 4, et l'on aura la deuxième ligne; pour la troisième, on prendra 6 et 3, on le portera de M en T, et ainsi de suite, 6 et 2 de O en U 6 et 1 de Q en V. La ligne passant par H, J, S, T, U, V, X, est la vue perspective de l'arêtier, et chacun de ces points sert à donner les points de hauteur à chacune des lignes pour en faire les élévations, comme on le voit paru au-dessus de la ligne de base Y. Les points où les lignes d'adoucissement parues sur le plan rencontrent la face du plan des arêtiers étant remontés carrément sur les lignes bombées de la voussure, donneront les points des hauteurs pour le tracé de leur délardement ou de leur recreusement. L'opération de ce qui vient d'être dit est représenté du côté gauche de la figure dont tous les points sont ralliés par la ligne ponctuée Z. Le cintre des empanons est le même que celui des fermes, et, pour avoir leur délardement du dessus, on les profilera sur leur plan et sur les lignes bombées de la voussure, comme il est vu par celui marqué D sur le plan, dont l'élévation en est parue, et sur le berceau décrit au-dessus de la ligne de base F où l'on voit le tracé du délardement ainsi que celui des coupes.

FIGURE 5. **Cintre pour une arrière voussure bombée dite de Marseille.**

Une porte ronde, dont les battants doivent s'ouvrir entièrement, exige un certain retranchement pratiqué dans l'épaisseur du mur correspondant avec les embrasements sur lesquels ils se développent. La forme donnée à ce retranchement s'appelle une arrière voussure de Marseille, parce que la première de cette forme fut construite à Marseille. Une porte, carrée sur un des côtés, dont l'embrasement du côté opposé est formé en demi-cercle, s'appelle arrière voussure de Saint-Antoine, parce que la première de cette forme existait à l'ancienne porte Saint-Antoine, à Paris. Les arrières voussures sont de l'invention des architectes goths. Les modernes les ont conservées en y faisant quelques corrections; d'après les deux premières, et surtout d'après le système des épures employées à les tracer, elles furent l'objet d'un grand pas dans la théorie du trait, dont les principes ont amené des formes portant les mêmes noms, et y sont devenues de grande utilité. Telle on peut supposer l'épure présentée, car de savoir faire celle-ci on peut les faire toutes. Comme on a dû le remarquer plus haut, les arrières voussures de Marseille sont formées dans l'épaisseur d'un mur pour faciliter le développement des battants d'une porte ronde. Celle ici proposée est la même; elle est pratiquée à une porte faisant face à une rue, pénétrant dans une cour, dont le corridor est entièrement à découvert, sauf un passage de petite largeur touchant au mur sur le derrière de la porte, close de l'autre côté par une galerie à jours; le dessous de cette partie est droite comme une plate-bande dont le dessous correspond avec la hauteur extrême des battants de la porte. La voussure sera donc formée dans cette partie et de manière à ce que les dessus des battants étant fermés dans leur feuillure conservent toujours le même jeu dans tout le parcours de leur développement.

Manière d'opérer.

Nous allons supposer que la largeur du passage avec l'épaisseur du mur, le tout ne sera que l'épaisseur d'un seul mur. La ligne A et la parallèle B étant données, on aura l'épaisseur du mur. On fera paraître ensuite la largeur de l'ouverture ainsi que l'évasement du derrière, comme ils paraissent par les lignes E; les lignes C, D, seront l'épaisseur de la porte, comme elle est parue dans les feuillures expressément observées. Les points F seront les pivots sur lesquels chacun des battants sera développé. On fera paraître ensuite l'épaisseur des pièces destinées à former le cintre, les pièces F, G, seront placées au long des embrasures B, P, sur la ligne du derrière D, I, auprès de la porte J, K, un empanon intermédiaire. La distance de CA, est une partie carrée en dehors de la porte du côté du dehors. Le plan étant ainsi fait, on fera ensuite les élévations des cintres. La ligne L étant menée parallèlement à B sera la ligne de base sur laquelle on ramènera carrément la largeur de l'ouverture, et du centre L on décrira le cercle passant par M, Q, M; ce premier sera l'élévation de la partie carrée AC. Le cercle suivant sera décrit plus grand que ce premier, de la profondeur des feuillures, et sera l'élévation du cintre DI; le délardement du dessus serait si peu sensible qu'il n'y a aucun inconvénient à le laisser carré; on mènera ensuite des lignes de niveau à volonté, comme elles paraissent dans les nos 1, 2, 3, 4, 5 et 6, hauteur du sommet. Les points où ces lignes coupent le cintre dont il vient d'être parlé en dernier, sont descendues carrément sur le plan, sur la ligne D et des points F; on les décrit sur le plan comme elles figurent, et d'après lesquelles on obtiendra ensuite le délardement et la forme du dessus et des autres pièces destinées à former le cintre. Les points où ces derniers rencontrent les lignes E étant remontés carrément sur chacune d'elles en élévation donneront la forme des courbes N, qui n'est autre chose que la vue en perspective des angles que forme ladite voussure; on remontera de même les points donnés sur le plan par les mêmes lignes sur la face du cintre G, et l'on obtiendra les courbes suivantes sur lesquelles on remontera les abouts et les gorges de l'empanon JK, et l'on aura la hauteur de ces points. Les points où les lignes courbes parues sur le plan joignent les faces de ce même empanon étant remontés sur chacune d'elles en élévation, on obtiendra ainsi le tracé du dessus de l'empanon, comme on le voit par la courbe OO, qui est l'élévation de la face K, et la courbe PP celle de la face J; on fera paraître ensuite la retombée au-dessous, comme elle est figurée. Les lignes marquées du trait ramèneret servent à donner le tracé des coupes. On tracera de même l'autre empanon BH; comme on le voit, ce dernier est droit sur la face B et sur la face H, il est très-peu courbé dans les bouts, comme il est figuré. Toute autre pièce que l'on désirerait placer dans le cintre, on opérerait de même pour en avoir le tracé. Les pièces E, G, sont parues en élévation, comme il est vu par R, S, et comme, bien entendu, l'élévation de la face E est de même forme que le dessus de la porte, alors le cintre de cette face serait fait d'un seul trait de compas décrit du point T. Les lignes de niveau nos 1, 2, 3, 4, 5 et 6 sont ramènerés sur cette élévation, comme on le voit par les simblots qui ont servi à les ramener. Les points où ceux décrits sur le plan rencontrent la face G étant remontés carrément sur chacune d'elles donneront l'élévation de cette face, et l'on aura le délardement du dessus comme il est figuré. Ce cintre vient en coupe le long de la ferme DI, par conséquent de la jonction des deux étant remontées des lignes carrément sur l'élévation donneront le tracé des coupes, comme on le voit par les deux lignes marquées d'un trait rameneret.

FIG. 6. **Cintre pour une arrière voussure sphérique dite de Saint-Antoine.**

Le plan ici proposé est une sorte de trompe placée au-dessus d'une porte ronde dans un mur droit rejetant en dehors une demi-tour ronde; le dessus de cette trompe étant creux et suffisamment bombé lui fait porter le nom de voussure; elle est sphérique sur le rapport que la partie bombée quitte les pieds droits et suit constamment la direction du cintre du dessus de la porte en tentant vers le centre. Le raccord que forme cette dernière partie sur la surface de la partie ronde, est la vue de la coquille : c'est d'un aspect gracieux, hardi et coquet. Ce genre convient beaucoup pour le dessus d'une porte pratiquée dans une tour ronde, ou encore bien mieux pour soutenir un balcon.

Manière d'opérer.

La ligne A étant donnée et la parallèle B, on aura l'épaisseur du mur; les deux lignes C, carrément à ces deux premières, fixeront la largeur de la porte; on fera paraître ensuite le plan de la partie ronde proportionnellement à la saillie que l'on jugera nécessaire de lui donner, comme il est fait par le cintre passant par D, E, D, décrit du centre F; la parallèle figurée sera l'épaisseur du cintre de rive. Il est fait observer que si le cintre était davantage retiré il serait préférable de donner une forme elliptique, car il ne fait pas bon effet que la partie ronde se détache en biais de la face du mur. Les lignes A, G, seront l'épaisseur du plan de la forme du cintre du dessus de la porte; la face A raccordera cette partie avec la voussure: on placera ensuite les empanons H et le plan sera terminé. On continuera à faire les plans d'élévation. La ligne II étant donnée parallèlement au plan du mur, B sera adoptée pour ligne de base, sur laquelle on mènera les deux lignes C, largeur de l'ouverture; du point du milieu on décrira le cintre passant par ces deux points, et l'on aura l'élévation de la ferme AG, comme elle figure avec les assemblages correspondants. Les lignes C étant profilées en sens opposé jusqu'à la rencontre d'une ligne donnée parallèlement au mur, passant sur le point E, on aura les points J desquels on décrira les cercles passant par K, D, L, et l'on aura le creux des pieds droits sur la face du devant qui viennent former une petite retraite sur la face du mur, comme on le voit figuré. Pour mieux donner à comprendre l'effet que produit cette espèce de voussure, on va supposer un calibre fait de la forme du cercle, dernièrement décrit, passant de L en D, en K, et profilé ensuite en partie droite suivant la ligne A jusqu'au milieu de l'ouverture; ce dernier point étant repéré sur le calibre servirait de pivot que l'on placerait après avoir sorti le cintre : sur l'aplomb de la ligne A, sur la ligne du milieu de l'ouverture et au niveau du centre. Le calibre étant ainsi placé on le fera tourner et il flambera constamment sur la forme de la voûte. On va continuer par faire les élévations des demi-fermes des rives; pour cela on placera des lignes à volonté sur le plan et parallèlement au plan du mur à la ligne A qui donneront les points parus sur un des côtés par les nos 1, 2, 3, 4, le point L sera la partie extrême. Ces points étant ramenés carrément sur la ligne de base II, on mènera des lignes en demi-cercle, comme elles paraissent ponctuées, sur chacune desquelles on remontera carrément les points où les lignes projetées sur le plan rencontreront le plan de la voûte ED, et l'on aura les points R, M, N, O, P, Q, ainsi marqués sur un des côtés seulement; ces points servent à donner la hauteur de chaque point pour faire les élévations des demi-fermes, comme elles paraissent élevées au-dessus de leur ligne de base S. La courbe donnée par ces points et marquée TT, sera l'élévation de la face du dehors; on obtiendrait également les points de hauteur de l'autre face afin d'avoir le délardement du dessus. On opère sur cette dernière comme il a été fait pour la première, et selon ce qui est démontré sur l'épure; alors les élévations seraient terminées, et l'on opérerait pour les établir, tel que pour une courbe d'escalier. Le poteau E paru en vue de bout est destiné à recevoir les assemblages de la tête. Pour tracer les empanons on profilera leur plan sur la courbe LD; les points parus sont ensuite ramenés carrément sur la ligne de base II; du centre du cintre on décrira des cercles sur ces points et l'on obtiendra ainsi leur délardement du dessus; on portera leur retombée du dessous ainsi qu'il paraît chacun par la lettre U; leur about et leur gorge étant remontés carrément dessus donneront le tracé de leur coupe tel qu'on le voit figuré.

FIG. 7. **Cintre pour une arrière voussure bombée dite de Saint-Antoine.**

Le plan ici proposé est, comme on le voit, en grand rapport avec le précédent; il diffère en ce que le plan est de forme elliptique et que le dessus de la porte est carré, ce qui fait que la voussure est droite sur la largeur de l'ouverture et se termine de niveau, en ayant l'angle de l'ouverture pour pivot. Le tracé des épures est, comme on le voit, absolument le même que ceux de la figure précédente, ce qui fait que tout autre détail serait inutile.

CINTRES POUR UNE VOÛTE D'ARRÊTE A VOUSSURES BOMBÉES

VOUSSURES POUR DES TROMPES ET POUR DES ARRIÈRES DITES DE MARSEILLE ET DE S^T ANTOINE

Pl. 24.

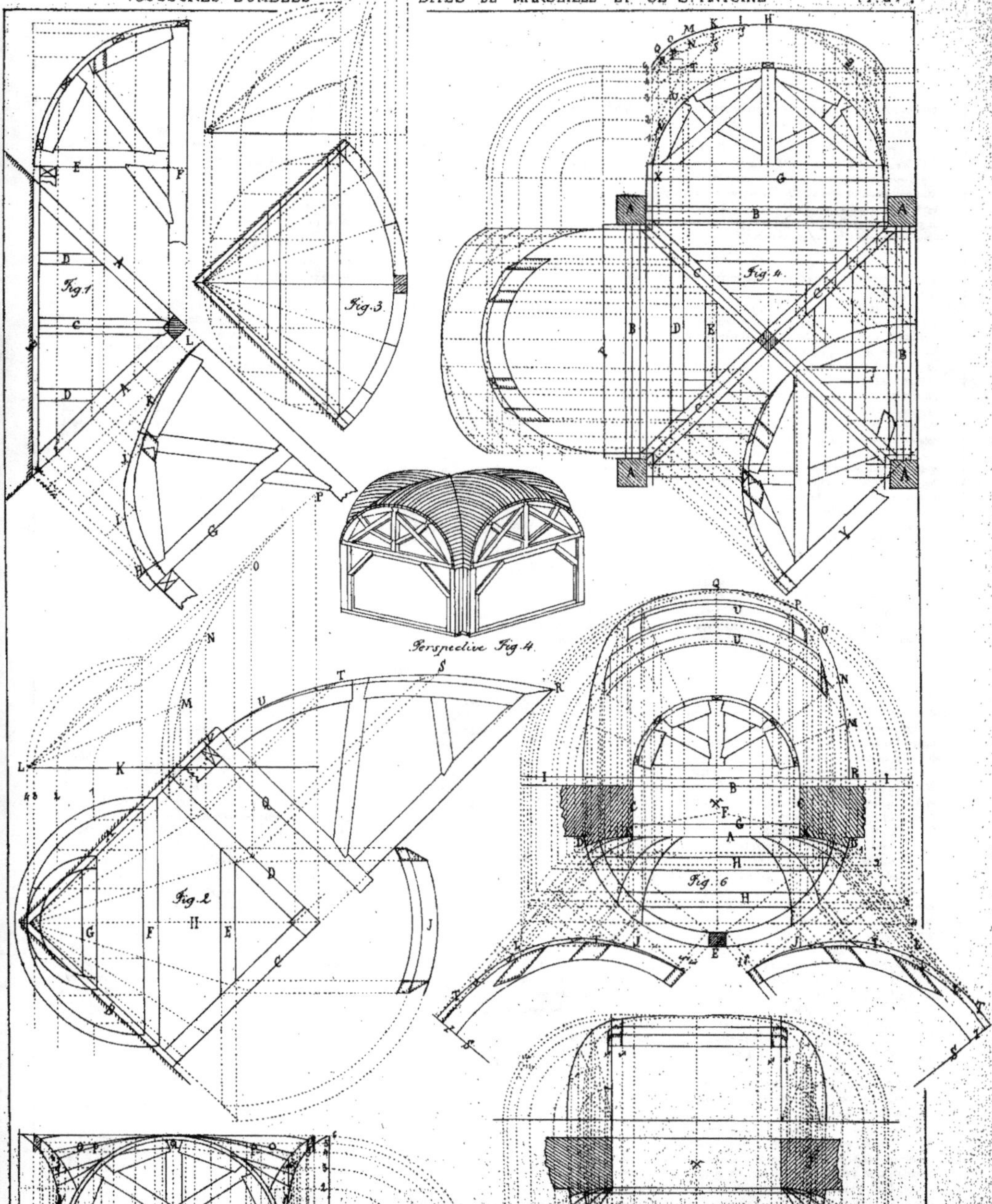

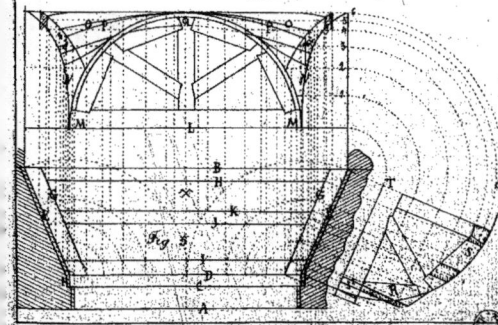

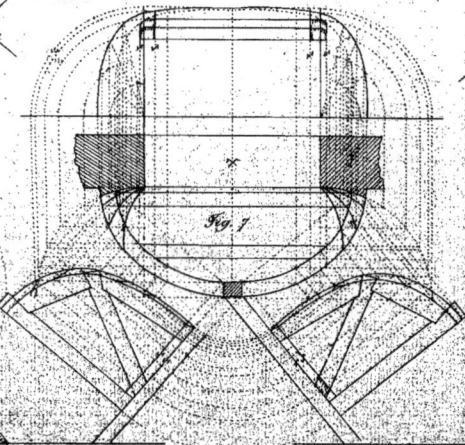

Cintres pour des voûtes d'arêtes formées par des voûtes rampantes, carrées et biaises dans une voûte horizontale.

FIGURE 1re.

Le plan, dont il va être parlé ci-après, représente deux épures différentes, et ayant à peu près le même rapport. La première représente une voûte rampante, se raccordant carrément dans une autre voûte plus grande, superposée plus bas. La deuxième est une autre voûte rampante, semblable à la première, se raccordant en biais dans la grande. Ces genres de voûtes ont généralement lieu d'être construites dans des étages souterrains, et portant le nom de descentes de cave.

Manière d'opérer.

Celle indiquée du côté gauche de la figure, et qui est au carrément, va être étudiée la première.

La ligne A, étant jetée à volonté, sera adoptée pour le milieu du plan de la grande voûte; les parallèles B, à égale distance de chaque côté, seront la largeur; la ligne C, étant tirée carrément aux trois premières, servira de direction au plan de la petite voûte; les deux parallèles D, la largeur. Le berceau de chacune d'elle est plein-cintre. Comme ils paraissent en élévation, au-dessus de la ligne de base E F, pour la plus grande, et l'autre sur la ligne de base G, pour la plus petite. Sur cette dernière forme, on y placera les lignes de niveau figurées, qui seront ensuite menées carrément sur le plan des points, où chacune d'elles rencontre le berceau de la ferme; étant ainsi figurés sur le plan on les fera paraître sur l'élévation de la ferme de la grande voûte. Pour cela on fixera la ligne H, qui sera la pente de la petite voûte; ensuite la parallèle I, qui sera la naissance du cintre de cette dernière qui est, comme on le voit, plus élevé que celui de la grande. La ligne de base G, étant profilée au-dessus de cette dernière, on y portera la hauteur de la forme, plus la hauteur de chacune des lignes de niveau, comme on le voit, par les simblots qui ont servi à les ramener.

Ces points étant ainsi portés, on mènera des lignes parallèles en rampant sur le cintre de la grande ferme et on obtiendra les points 1, 2, 3, 4, 5; à ces points on descendra des lignes carrément sur le plan, et la rencontre des unes avec les autres donnera le plan des arêtiers J. De la ligne de base E, aux points 1, 2, 3, 4 et 5, qui paraît sur le berceau de la grande ferme, on aura les hauteurs pour faire leurs élévations, comme on le voit par l'un d'eux indiqué par les lettres K L. Les fermes, ainsi que les empanons de la petite voûte, doivent être délardées sur le dessus, de manière à donner le latis des couchis. La ligne B M indique l'épaisseur d'une des fermes figurée sur le plan. On profilera ces deux lignes sur n'importe laquelle du rampant, comme on a fait sur la ligne I, avec la différence de hauteur donnée par ces deux points, on mènera une parallèle au-dessous de la ligne de base G, qui servira avec cette dernière à donner la coupe du pied du cintre, de manière qu'il repose suivant le rampant. s'il y avait lieu de le placer ainsi, au point où cette dernière ligne joint la ligne du milieu C, on décrirait le cercle qui paraît en ligne ponctuée et l'on aurait le délardement du dessus de la ferme, l'empanon N étant moins épais que la ferme aura moins de délardement; on l'obtiendra de la même manière que celui de la ferme selon ce qu'il figure. Les abouts et les gorges étant remontés carrément sur l'élévation donneront le tracé des coupes; ceux de la grande voûte ne diffèrent en rien de l'ordinaire.

Cette épure étant terminée, nous allons continuer par la suivante paraissant du côté droit de la figure. La ligne A, comme il a été dit, est le milieu de la grande voûte et B est la largeur. On mènera ensuite la ligne O suivant le biais existant qui sera la direction du plan et la ligne du milieu de cette dernière. Les deux parallèles P seront la largeur, la ligne R, étant donnée carrément à ces trois premières, sera la ligne de base au-dessus de laquelle on décrira le cercle figuré qui sera l'élévation des fermes et sur laquelle on mènera des lignes de niveau que l'on mènera ensuite carrément sur le plan comme il est figuré. Ceci étant fait, on fera paraître la pente de cette dernière sur l'élévation de la grande ferme. Pour cela on mènera la ligne S de niveau, c'est-à-dire parallèlement à la ligne de base E F, sur laquelle on remontera carrément les deux extrémités de la ligne R, et de ces derniers points on mènera les deux lignes T U, suivant l'inclinaison de la voûte qui donneront la hauteur de la naissance du cintre de cette dernière sur chacun des côtés. Comme on le voit, elles sont plus hautes l'une que l'autre; ceci provient du biais et du rampant de la voûte, ce qui fait que la naissance du cintre de cette dernière ne peut être d'égale hauteur sur le rayon de la grande. On doit observer que la ligne S, dont il a été parlé, doit être donnée au-dessus de la ligne de base E F, à la hauteur où pourrait être placée la ligne de base R; on pourrait également obtenir la ligne S, après avoir fait paraître la pente d'un des côtés. Ceci étant fait on mènera des lignes de niveau au-dessus de la ligne S, égales à celles qui ont été tirées sur l'élévation de la ferme décrite au-dessus de la ligne de base R. On remontera ensuite carrément sur ces lignes les points où chacune de celles paraissant sur le plan rencontreront la ligne R, et l'on obtiendra les points figurés, puis, comme ils paraissent reliés tous ensemble par la ligne pointillée formant le berceau, de ces derniers points on mènera des lignes sur le berceau de la grande ferme et suivant le rampant des lignes T U; cela du côté le plus bas donnera les points 1, 2, 3, 4 et 5, ce dernier est la hauteur totale du sommet et le numéro 1 donné, comme on le voit, par la ligne T, naissance du cintre; des lignes étant descendues de chacun de ces derniers points carrément sur le plan et par la rencontre des unes avec les autres, donneront le plan de l'arêtier V, dont l'élévation est figurée en X. Cette élévation se fera comme à l'ordinaire, et chacune des lignes auront pour hauteur les points 1, 2, 3, 4, 5. Les autres lignes qui n'ont pas été numérotées sont plus hautes que les premières et donnent le plan de l'autre arêtier. Figurées de même, elles donneront les hauteurs pour en faire l'élévation. Comme on a dû le remarquer, la pente figurée par les lignes T U, est bien celle de la petite voûte mais prise au carrément de la grande. Par conséquent, la petite voûte pratiquée en biais sur cette pente ne peut faire moins, selon sa direction, de tracer une pente plus douce. Cette pente n'a besoin de paraître, tout simplement que pour avoir le délardement du dessus des fermes et des empanons. Pour le repos des couchis on fera paraître cette pente par le moyen indiqué sur l'épure et comme il est figuré par la ligne Y, sur laquelle on obtiendra le délardement en opérant comme c'est figuré et comme il a déjà été dit.

Cintre pour une pénétration demi ovale, conique et rampante et éclairant l'intérieur d'une coupole sphérique.

FIGURE 2.

Le plan de cette figure est une coupole sphérique pratiquée dans une tour donnant sur une rue. Ne pouvant recevoir de jour en aucun autre endroit, on fait sur ce côté une petite croisée en anse de panier, élevée à peu de distance au-dessus du trottoir et pratiquée sur la surface de la tour. La voûte, étant beaucoup plus basse que le trottoir, la pénétration formant le soupirail sera dirigée en conséquence, c'est-à-dire selon le rampant nécessaire à tenter vers le flanc de la coupole de manière à éclairer suffisamment l'intérieur. Par la même raison, le soupirail en question s'étend intérieurement en partie évasée et de forme conique et se raccorde en conséquence avec la coupole.

Manière d'opérer.

Du centre A lorsqu'on aura décrit le cercle B B, on aura le dans œuvre du plan de la coupole, plus la parallèle D D, qui sera l'épaisseur du mur de la tour; du centre A, on jettera la ligne C, qu'on adoptera pour le milieu du plan du soupirail, ensuite les deux lignes égales E, seront l'ouverture. La ligne F, étant tirée carrément à C, sera adoptée pour celle de base, au-dessus de laquelle on décrira la forme et l'ouverture du soupirail. La parallèle sera la hauteur du pied droit; ensuite l'anse de panier figurée, sur laquelle on mènera les lignes de niveau donnera les points 1, 2 et 3, hauteur du sommet. Les points 1, 2, étant descendus carrément sur la ligne D D, on tentera au point H, jonction des deux lignes E, et on obtiendra ainsi les lignes figurées sur le plan. Ceci étant fait, on jettera la ligne I J à volonté, égale à la ligne ACH, sur laquelle on décrira l'élévation de la coupole KL. La ligne M, parallèle à I J, sera le niveau du trottoir sur laquelle on remontera carrément la jonction de l'ouverture EE avec la surface DD, sur cette dernière on portera au-dessus de M, la hauteur que l'on voudra donner à la base de l'ouverture, au-dessus du trottoir, comme on le voit par la petite ligne N, égale à M, ce qui fait que N sera la hauteur de la ligne F, base de l'ouverture du soupirail. Au-dessus de N, on portera par les petites parallèles figurées, la hauteur de G, naissance du cintre, ensuite 1, 2 et 3, hauteur du sommet. Les points qui ont été donnés par ces derniers sur la circonférence DD, étant remontés carrément sur ces petites lignes, donneront la courbe passant par N, 4, 5, 6, 7, qui n'est autre chose que la vue de côté de la ferme du soupirail, établi sur l'aplomb du plan DD, la courbe suivante est l'épaisseur de la ferme sur laquelle on prendra ensuite la hauteur de chacun des points paraissant sur cette dernière, de manière a obtenir le délardement du dessus, comme c'est figuré sur l'élévation indiquée au-dessus de la ligne G, du point N, on tentera la ligne O, en proportion de la pente qu'il sera nécessaire de donner. Le point H, étant remonté sur cette dernière, carrément à la ligne I J, on obtiendra le point P, duquel on tentera les lignes passant par 4, 5, 6, 7. Ces derniers étant profilés sur l'élévation de la coupole, donneront les points 8, 9, 10, 11, 12, que l'on descendra carrément sur la ligne C, et du centre A, on le fera tourner suivant le plan de la coupole et la rencontre de ces derniers avec celle premièrement obtenue sur le plan donnera les courbes passant par U, Q, R, S, T, et on aura le plan des arêtiers figurés. Ces derniers points étant ensuite remontés sur les lignes 8, 9, 10, 11, 12, donneront les points 13, 14, 15, 16 et 12 avec lesquels on fera l'élévation des arêtiers, comme l'un d'eux paraît au-dessus de la ligne de base V, correspondant au même niveau que la ligne X, sur laquelle on prendra la hauteur de chaque point que l'on portera à chacun d'eux, au-dessus de la ligne de base V, et l'on obtiendra l'élévation figurée.

La figure 3 est l'élévation de la ferme Y. Pour avoir les points de hauteur, pour en faire l'élévation, de même que pour le tracé de délardement du dessus, on la profilera de son plan sur les lignes 8, 9, 10, 11, 12, qui donneront la hauteur de chaque point sur chacune des faces. On aura pour base la ligne Z, qui correspondra avec la ligne A, figure 3; à l'autre ferme il sera fait la même opération. La ferme de rive sera cintrée sur deux sens de manière qu'elle tombe sur l'aplomb de la courbe décrite par son plan.

Cintre pour une voûte elliptique.

FIGURE 4.

Une coupole ronde, lorsqu'elle est seule, sans aucun raccord, est une chose si simple et si vulgaire que j'ai pensé qu'il n'était pas nécessaire d'en parler.

Mais lorsqu'elle est de forme elliptique, il n'en est pas tout à fait de même, comme on va le voir, en examinant le plan figure 4.

La ferme A aura toute la longueur du plan et son élévation sera de la même forme ainsi qu'elle paraît figure 5. Le reste de la voûte sera compliqué par des demi-fermes assemblées carrément dans la première, comme elles figurent sur le plan. L'élévation de chacune d'elles se fait en plein-cintre, comme on le voit figure 6, dont le berceau le plus grand est celui des deux demi-fermes B. Ces deux premières sont droites sur le dessus, sans être délardées, vu qu'elles sont placées sur le milieu de la voûte. Les autres se tracent toutes de la même manière, en opérant comme on l'a fait ici pour les deux plus petites C. On obtiendra le délardement du dessus en opérant comme on l'a figuré.

CINTRES POUR DES VOÛTES D'ARRETES RAMPANTES ET POUR UN SOUPIRAIL DEMI-OVALE CONIQUE ET RAMPANT ÉCLAIRANT L'INTÉRIEUR D'UNE COUPOLE SPHÉRIQUE.

Pl. 25

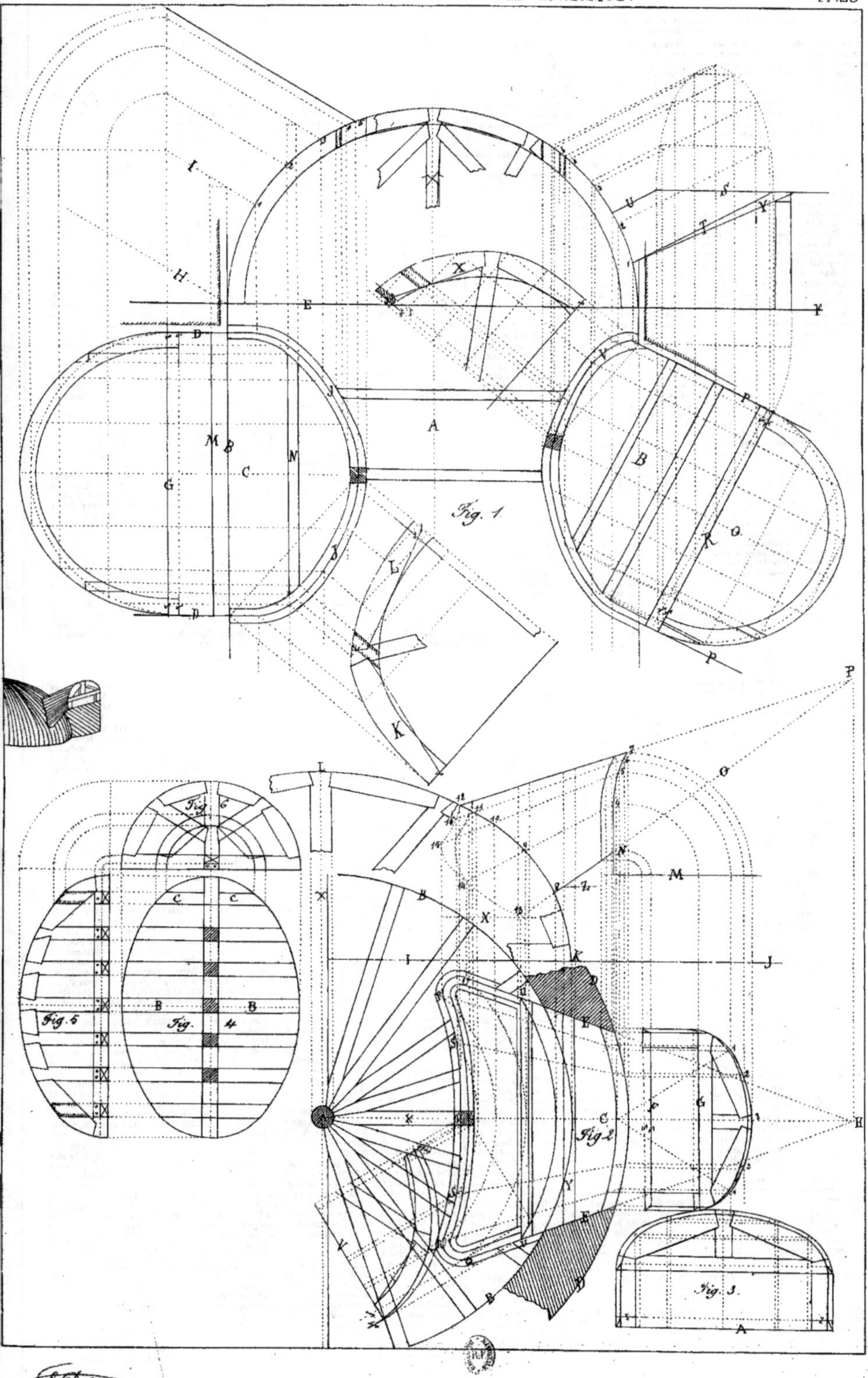

E. Delstaille

Voûtes d'arêtes circulaires, gauches et rampantes, se raccordant avec une coupole.

Les voûtes d'arêtes rampantes sont construites pour soutenir des escaliers de grande dimension, dont la construction se fait souvent dans les grands édifices, et généralement pour donner communication à plusieurs voûtes ou tous autres passages de différentes hauteurs, dont les uns sont ralliés par des ponts de niveau et les autres par des arches rampantes destinées à maintenir lesdits escaliers. Les arches de différentes formes pénétrant les unes dans les autres forment des voûtes d'arêtes dont le genre varie selon la disposition et présentent des formes plus ou moins bizarres que, dans certains cas, la nécessité exige, d'où il résulte des difficultés très-grandes pour en tracer les épures. Enfin, pour que le lecteur puisse satisfaire à ces extrêmes exigences, la figure suivante lui est présentée.

Manière d'opérer.

Le plan figure 1re est une voûte d'arête circulaire, gauche et rampante. Cette première est formée par les quatre piliers A, B, C, D; le point E est le centre de la circulaire de laquelle on décrira les surfaces des piliers A, D, et de C, B, faces extérieures des fermes des rives; de même on décrira leurs épaisseurs figurées. L'épaisseur F est le plan de la première ferme figurent sur la largeur de la voûte AB. La figure 2 indique l'élévation de cettre première, à laquelle on donnera la forme plein-cintre, comme elle figure au-dessus de la ligne de base G. Cette première étant de niveau, démontre que la voûte doit l'être; de A à B et de D à C, elle rampe du côté opposé de C en B et de D en A. Pour faire paraître cette rampe, on mènera la ligne H parallèlement aux deux piliers D, A, au-dessus de laquelle on fera paraître la rampe indiquée par la ligne I sur cette dernière, on remontera carrément à la base H les deux points extrêmes de l'ouverture AD et l'on aura les points J, J; puis on portera la hauteur de la ferme figure 2. Sur la ligne du milieu, suivant la ligne I, on aura le point K et l'on formera le berceau rampant passant par J, K, J, sur lequel on mènera les lignes figurées égales au rampant; au point où chacune de ses lignes rencontrera le berceau, on les descendra carrément à la base H, sur le plan de la face extérieure AD; de là on les tentera toutes au centre E, et on les obtiendra ainsi sur le plan comme elles figurent. On portera ensuite les mêmes lignes sur la ferme figure 2, comme elles paraissent et comme il est vu par les simblots décrits du centre L, des points où chacune d'elles rencontre le berceau : elles sont ensuite descendues carrément sur la base G, et du point E on les mènera sur le plan comme elles figurent. De la rencontre des unes avec les autres on obtiendra le plan des arêtiers M; l'épaisseur N est un faîtage établi entre les deux formes des rives, dans lequel s'assemble la tête des arêtiers. Le dit faîtage est de niveau et de la longueur figurée sur le plan. Pour faire l'élévation des fermes des rives, on opèrera comme il est vu figure 3. L'élévation de la ferme de rive correspondant dans les deux piliers B, C, la ligne de base A de ladite figure correspond avec la base H, sur laquelle on prend la hauteur des points donnés sur ce premier berceau servent à donner les hauteurs de chacun d'eux, pour faire les élévations des fermes et des arêtiers, comme on le voit par l'un d'eux, paru figure 4. La ferme correspondant des piliers A, D, pourrait être établie sur le berceau JKJ, mais il est préférable de l'établir en deux parties, à cause du cintre que forme le plan, ce qui occasionnerait beaucoup de perte de bois; alors on fera l'élévation figure 5 et figure 6. On opèrera de même pour tracer les empanons et l'on remontera leurs abouts et leurs gorges carrément sur leur élévation, afin d'obtenir le tracé de leurs coupes. La ferme figure 2, ainsi que les empanons qui correspondent, sont délardés sur le dessus en proportion de la rampe et de leurs épaisseurs; la manière de tracer ce délardement étant connue, il n'en sera pas parlé. Il en sera de même pour les tracer; la manière est toujours la même, d'autant plus que l'on sait que leurs formes doivent être semblables à celles des fermes auxquelles ils correspondent. La figure 7 est une autre voûte formée entre les piliers D C et le pilier OP; ils sont tous les quatre au même niveau et portent une coupole, dont le plan est décrit sur les angles extérieurs desdits piliers, comme il est vu sur le plan par le cercle décrit. La voûte figure 1re se raccorde dans cette deuxième, elle vient en partie circulaire jusque sur la face de la ferme Q et pénètre ensuite carrément dans la coupole. Pour obtenir le plan des arêtiers formant ce raccord, on profilera la ligne donnée du point E passant sur les faces des piliers C, D jusqu'à la rencontre de la rampe parue par la ligne I; à ce point, on fera paraître la ligne R carrément à la base H, sur laquelle on mènera les lignes figurées que l'on reportera ensuite sur la ligne S, qui suit l'alignement des poteaux C D; la ligne T étant donnée carrément à S, sera la base sur laquelle on mènera carrément la largeur du plan de la coupole, afin d'en tracer l'élévation, comme elle figure par le berceau UVU. Les points qui ont été portés sur la ligne S, en y faisant passer des lignes suivant le rampant de la voûte; mais, comme le sommet est plus haut que le berceau de la coupole, on fait faire une courbe au faîtage, de manière à rejoindre le berceau de la coupole, comme il est vu de X en Y; le faîtage de la voûte rampante étant ainsi formé, ladite voûte se déterminera en forme de voussure partant de l'aplomb de la ferme Q et se raccordant dans la coupole. Ceci étant compris, on continuera par décrire des lignes courbes, parallèles au faîtage XY sur chacun des points obtenus précédemment sur la ligne S. Les points où chacune de ces lignes courbes rencontrera le berceau de la coupole, seront descendus carrément sur leur plan, et l'on mènera des lignes courbes décrites du centre du plan de cette dernière. Les lignes parues sur le plan de la voûte rampante décrites du point E jusque sur la face de la ferme Q, sont ensuite menées carrément au plan de cette dernière sur celui de la coupole, et la rencontre des unes avec les autres, donnera la forme du plan des arêtiers marqués Z. Deux autres arêtiers semblables figurent de l'autre côté, vu qu'il y existe une autre voûte égale à celle du plan figure 1re. Le point Y, paru sur le berceau de la coupole, sera la hauteur de la tête des arêtiers, et tous les autres points donnés par les courbes égales au faîtage XY donneront les suivants, que l'on prendra sur la ligne T, adoptée comme base. Aucune des élévations d'arêtiers ne figure dans l'épure, car il suffit de ce qui vient d'être dit pour que le lecteur puisse opérer par lui-même.

Du pilier CO, la coupole est coupée par un arceau établi entre ces deux derniers; l'épaisseur U est le plan de la ferme, dont l'une des faces est donnée sur la ligne du dedans des piliers. La ferme étant plein-cintre et, comme la coupole, fait le raccord des deux voûtes. Cette petite partie de voûte est droite et n'a pour longueur que l'épaisseur des piliers. Les piliers P, D sont, comme nous l'avons dit, d'égale hauteur, et tiennent au plan de la figure 8, qui se termine par les deux autres piliers R, R. Ces derniers sont également de même hauteur et plus élevés que les autres, ce qui fait une partie rampante de R en D et de R en P. Ce dernier plan est une voûte d'arête rampante se rejetant dans la coupole. L'épaisseur A est une ferme correspondant dans les piliers R, R, dont l'élévation est parue au-dessus de la ligne de base T. On fera paraître le rampant des fermes B en tirant la ligne CD parallèlement aux piliers O, P, R. Cette ligne sera adoptée comme base, au-dessus de laquelle on fera paraître le rampant des piliers P, R, comme il est vu par la ligne E; de même on mènera carrément sur cette dernière la largeur du plan de la coupole et on y fera paraître son élévation comme elle figure par le berceau FF. Ceci étant fait, on mènera des lignes de niveau sur l'élévation de la ferme A décrite au-dessus de la ligne de base T. Les points où ces lignes rencontreront le berceau seront descendues carrément sur le plan; la hauteur de chacune d'elles, ainsi que la hauteur totale de la ferme, seront portées au-dessus de la ligne E, comme on le voit par les simblots décrits du point G, qui ont servi à les ramener. Ces points étant ainsi portés, on mènera des lignes parallèlement au rampant de la ligne E, le milieu de l'ouverture PR étant profilé sur la ligne, la plus haute sera la hauteur du berceau rampant, que l'on décrira ensuite comme il figure sur les points où chacune des lignes qui viennent d'être données rencontreront ce dernier berceau; on descendra des lignes carrément sur le plan. La rencontre de chacune des dernières avec celles primitivement données donnera le tracé du plan des arêtiers H, I, J, K, au point où ces mêmes lignes rencontreront l'élévation de la coupole FF; on les descendra carrément sur le plan et, du centre de la coupole, on les fera tourner sur chacune de cellés de la voûte rampante et l'on obtiendra le plan des arêtiers L, M. Les points dont il vient d'être parlé sur l'élévation de la coupole servent à donner la hauteur pour en faire les élévations; ceux parus sur le berceau rampant servent à donner les hauteurs pour faire les élévations des arêtiers de la voûte d'arête, comme il est vu par le berceau NOP, qui indique l'élévation des deux arêtiers J, K. Le berceau Q, S, décrit au-dessous de l'élévation de la coupole, est l'élévation de la ferme U, sur laquelle on mènera les lignes de niveau 1, 2, 3, 4, hauteur totale du berceau. Les points où ces lignes le rencontrent sont rapportés carrément sur le plan de la ferme A, et les points où ces mêmes lignes rencontrent le berceau de la coupole FF, sont descendus carrément sur le plan. De là on mène des lignes courbes du centre de la coupole sur celles qui viennent d'être données carrément sur le plan de la ferme et qui se rencontreront sur une ligne droite donnée sur les faces du dedans des deux piliers O, C, comme on le voit sur l'épure. L'épaisseur V, figure 8, est un faîtage assemblé dans la ferme A, correspondant avec la demi-ferme X de la coupole, et dans lequel sont assemblées les têtes des arêtiers J, I, K, H.

Cintres pour une voûte d'arête, circulaire, conique, centrique, de pentes et rampantes.

Figure 9.

La dite voûte d'arête est conique et centrique parce que sa surface est cône et tente au même centre que la partie circulaire, de sorte que le plan est construit sur une forme régulière, c'est-à-dire carrément; on la désigne de pente et rampante, parce qu'elle est de pente sur les deux côtés, c'est-à-dire que chaque angle diffère de hauteur. L'opération de cette voûte, représentée sur une autre forme, est toujours la même que la suivante.

Manière d'opérer.

Le plan étant formé par les quatre piliers A, B, C, D, le point E et le centre de la circulaire, de laquelle on décrit les surfaces des piliers A, D, et des piliers B, C, ce qui sera les faces extérieures des fermes des rives, de même on décrira leur épaisseur figurée. L'épaisseur F est le plan de la première ferme correspondant dans les deux piliers A, B, l'épaisseur G est la ferme suivante correspondante dans les deux autres piliers D, C; l'épaisseur H est le plan d'un faîtage assemblé dans chacune des fermes des rives et dans lesquelles sont assemblées les têtes des arêtiers; ce faîtage est de pente et se trace comme on le verra plus loin par les détails qui seront donnés à ce sujet. Le plan étant fait, on continuera par faire paraître la pente de chaque partie. Supposant le pilier B pour la partie la plus basse, et l'on fera paraître d'abord la pente de la ferme F; la ligne K, donnée sur les faces du dehors des piliers A, B, sera adoptée pour ligne de base de niveau, au-dessus de laquelle on portera la pente indiquée par la ligne I. Cette première pente étant ainsi parue, on fera paraître celle de la ferme suivante, assemblée entre les piliers A, D; on mènera la ligne J, passant sur l'arête extérieure de chaque pilier, que l'on adoptera pour ligne de base de l'arête extérieure; du pilier A on mène une ligne d'équerre à la base K, la hauteur obtenue sur cette dernière par la ligne I et rapportée sur une autre ligne tirée de l'arête du même pilier et carrément à la ligne J; de ce point on tente la ligne L, en conséquence de la pente qui existe entre les deux piliers. Cette pente étant profilée sur la ligne de base J, de là on tentera la ligne N passant sur l'arête la plus basse du pilier B. Cette ligne se nomme sablière de pente et rampante, elle est ainsi nommée parce qu'elle est dégauchie avec les deux pentes, c'est-à-dire que la naissance du cintre de chacun des piliers est dégauchie avec cette ligne. La ligne N, dont il est parlé, est la base principale de l'épure, tel qu'on va le voir en parcourant le tracé. On continue par faire paraître la pente de la ferme G, la ligne O sera la ligne de base au-dessus de laquelle on mènera carrément les faces des piliers D, C. La hauteur de l'arête extérieure du pilier D est prise sur la ligne L et reportée de même sur l'élévation de la ferme G, tel qu'il est démontré par le simblot n° 1, ce qui fait un point. La ligne N étant profilée jusqu'à la rencontre de la ligne O, sera le deuxième point qui tente au premier; on aura la ligne P, qui sera la pente de la ferme G, on obtiendra également ce deuxième point en profilant la ligne I, sur laquelle on mènera le point E carrément à la base K, comme il est vu par le point Q; on mènera ensuite un trait du point E carrément à la ligne O, sur lequel on portera la distance de E en Q, et l'on obtiendra ainsi le deuxième point R. Ce point n'est autre chose que la pointe du cône sur la pente de la ligne P, de même le point Q sur la pente de la ligne I, tel que E est la pointe du cône sur le plan. Les pentes étant ainsi parues, on formera ensuite l'élévation des fermes sur chacune d'elles comme elles paraissent; la ferme F et la ferme G ne peuvent être tout à fait d'égale forme sur le rapport qu'elles rampent plus l'une que l'autre; alors, on en forme premièrement une, d'après laquelle on obtiendra la forme de l'autre. La ferme G sera donc formée la première, comme elle est vue sur la ligne P; ensuite on formera celle qui correspond entre les deux piliers A, D, et comme elle est vue sur la ligne L; on mène ensuite une ligne parallèlement à L, passant sur le sommet de la ferme, plus d'autres intermédiaires, comme elles sont figurées. Leurs jonctions avec le cintre de la ferme donneront les points 5, 6, 7, 8, 9, que l'on descend ensuite carrément à la base J sur la face extérieure du plan de la ferme, et de là on tente au point E et l'on obtient ainsi les lignes figurées sur le plan. La hauteur de cette première ferme, ainsi que celle des lignes suivantes, dont il vient d'être parlé, sont rapportées ensuite sur l'élévation de la ferme F et sur celle de la ferme G, et de la manière indiquée par les simblots 1, 2, 3 et 4 décrite de l'arête extérieure des piliers A, D, il est fait observé que si l'arête des piliers sert ainsi de pivot, c'est parce que les bases de chacune des fermes se jonctionnent ensemble sur l'arête des dits piliers. La hauteur de ces lignes étant ainsi portée sur l'élévation de chaque ferme, on les tentera toutes au point Q pour celles de la ferme F, ensuite au point R pour celles de la ferme G; de la jonction de ces dernières avec le berceau de la ferme, on descendra des lignes carrément sur la base O, et du centre E, on les décrira sur le plan comme elles figurent. La jonction de chacune d'elles avec celles données en premier lieu donneront le plan des arêtiers S, T, U, V. Les mêmes lignes étant profilées sur la base K et remontées ensuite carrément à cette même ligne, on obtiendra ainsi la forme du berceau de la ferme F, par le moyen de la jonction de chacune de ces dernières lignes avec celles données du point Q. Il va rester à faire l'élévation de la ferme correspondante entre les deux piliers B, C. Nous en parlerons en même temps que de l'élévation des arêtiers et l'établissement du faîtage.

Élévation des arêtiers.

Figure 10.

On mènera la ligne A carrément à la ligne N, ensuite la ligne B carrément à la ligne A passant sur l'arête extérieure du pilier D; la hauteur de l'arête de ce même pilier indiquée par le bout de la ligne L et la ligne P est rapportée figure 10, au-dessus de la ligne A sur la ligne B; de là on tentera à la jonction de N et de A, et l'on aura la ligne C et la pente du plan au carrément de la sablière de pente et rampante N. Du point E on mènera une ligne parallèlement à N jusqu'à la rencontre de la ligne C et de la ligne A, et on aura les points D, F. Le point D et la pointe du cône sur la pente C; le point F ne sert à rien que pour preuve de l'opération, car la distance de DF doit être la même que celle de ER et de EQ. Des points où les lignes du cône parues sur le plan joignent la face du dehors du plan de la ferme établie entre les deux piliers A, D; de là on mènera des lignes sur la figure 10 carrément à la ligne A, et l'on prendra la distance du point n° 9 à la ligne L, suivant la ligne aplomb qui correspond avec ce premier point, que l'on portera ensuite figure 10, au-dessus de la ligne C sur la ligne correspondant avec le même point venant du plan de la ferme, et l'on aura ainsi les premiers points marqués par le même n° 9. On prendra de même les autres points, que l'on portera de la même manière sur chacune de leurs lignes correspondantes, et on aura, figure 10, les numéros suivants 8, 7, 6, 5; de chacun d'eux on tentera une ligne au point D et on aura l'élévation des lignes figurées. Les points 7 et 6 se rencontrent sur la même ligne; alors cette dernière servira pour les deux. Les points 1 et 2 sont les abouts du pied de la face du dehors de la ferme. La ligne pointillée qui rallie ensemble tous les points, est la vue en perspective de l'élévation de la même face de la ferme; la suivante est la face du dedans de la ferme, qui a été remontée ensuite sur chacune des lignes et qui sert à donner le délardement du dessus de la ferme figurée sur l'élévation. Si parfois on voulait établir la ferme en deux parties séparées, on ferait comme il a été dit même planche, figure 1re; on aurait toujours pour base la ligne A. Les points 1 et 2 seraient la hauteur des abouts du pied pour la face du dehors 5, 6, 7, 8 et 9, qui formeraient le cintre et ensuite le délardement du dedans, comme il a été dit. Pour faire l'élévation de la ferme correspondante entre les deux piliers B, C, figure 11, on mènera la ligne A parallèlement aux deux piliers B, C. L'arête extérieure du pilier C étant menée carrément à la ligne O sur la ligne P, on portera sa longueur au-dessus de la ligne A sur la ligne carrément à cette dernière, tentant de l'arête du même pilier; de ce point on mènera la ligne B et l'on aura le rampant de la ferme, sur lequel on mènera les abouts carrément à la base A. On décrira le berceau rampant de la ferme plein-cintre, si on voulait l'établir comme il a été observé pour l'autre; alors on remonterait les abouts parallèlement à la ligne N sur la ligne C, figure 10, et l'on obtiendrait ainsi leur hauteur, de même celles des autres lignes, selon ce qui figure par les points G, H, I, J; ces points sont les hauteurs pour la face du dehors de la ferme; on remonte ensuite ceux du dedans, afin d'avoir le délardement du dessus. Les élévations des arêtiers se font toutes de la même manière; par conséquent, nous allons faire l'étude d'une seule qui servira pour toutes les autres. L'arêtier S est celui dont il va être parlé. On remontera l'about du pied sur la ligne C, figure 10, carrément à la ligne A; on aura le point K, hauteur de l'about du pied. Les autres lignes étant remontées de même sur chacune d'elles, donneront les points L, M et N, hauteur du sommet; on mènera ensuite la ligne A, figure 12, parallèlement au plan de l'arêtier S. Cette première sera la ligne de base correspondant avec la ligne A, figure 10, sur laquelle on prendra la hauteur du point N, que l'on portera ensuite figure 12, sur une ligne tirée carrément à la ligne A, tentant de la tête du plan de l'arêtier. Ce premier point est marqué B; la hauteur du point M prise de même, figure 10, et portée figure 12, donnera le point G; on continuera de même par L pour le point D et K; la hauteur de l'about sera le point E; la courbe décrite sur ces quatre points F, D, C, B, sera la forme du dessus de l'arêtier. La ligne venant de la tête du plan de l'arêtier parue figure 10, ayant donné le point N, on prendra sur cette dernière la distance de la base A à la ligne C, que l'on portera figure 12, sur la ligne du milieu de l'arêtier; de ce dernier point I, on tentera une ligne au point E, et l'on obtiendra ainsi le rampant de l'arêtier. Pour faire l'élévation du faîtage H, on mènera la ligne X parallèlement à son plan et à laquelle on mènera carrément deux lignes indéfinies, passant sur les faces extérieures du milieu des deux fermes des rives; sur ces dernières on portera la hauteur de chacune d'elles, que l'on prendra figure 10, au-dessus de la base A; le point 7 est la hauteur de la plus haute, et le point I pour la plus basse. Ces points étant portés au-dessus de la ligne X, sur les lignes venant du plan des fermes, on aura la pente du faîtage figuré par la ligne Y. Une ligne étant donnée du point E carrément au plan du faîtage, on y profilera la ligne X et la ligne Y. La distance donnée par ces deux points étant la même que celle de E en Q et de E en R, n'est autre chose qu'une preuve pour l'opération, et de même serait la donnée de la ligne Z.

Le lecteur, après avoir suivi régulièrement toutes les planches jusqu'à cette dernière, pourra parfaitement opérer sans difficulté et sans avoir besoin d'autres explications.

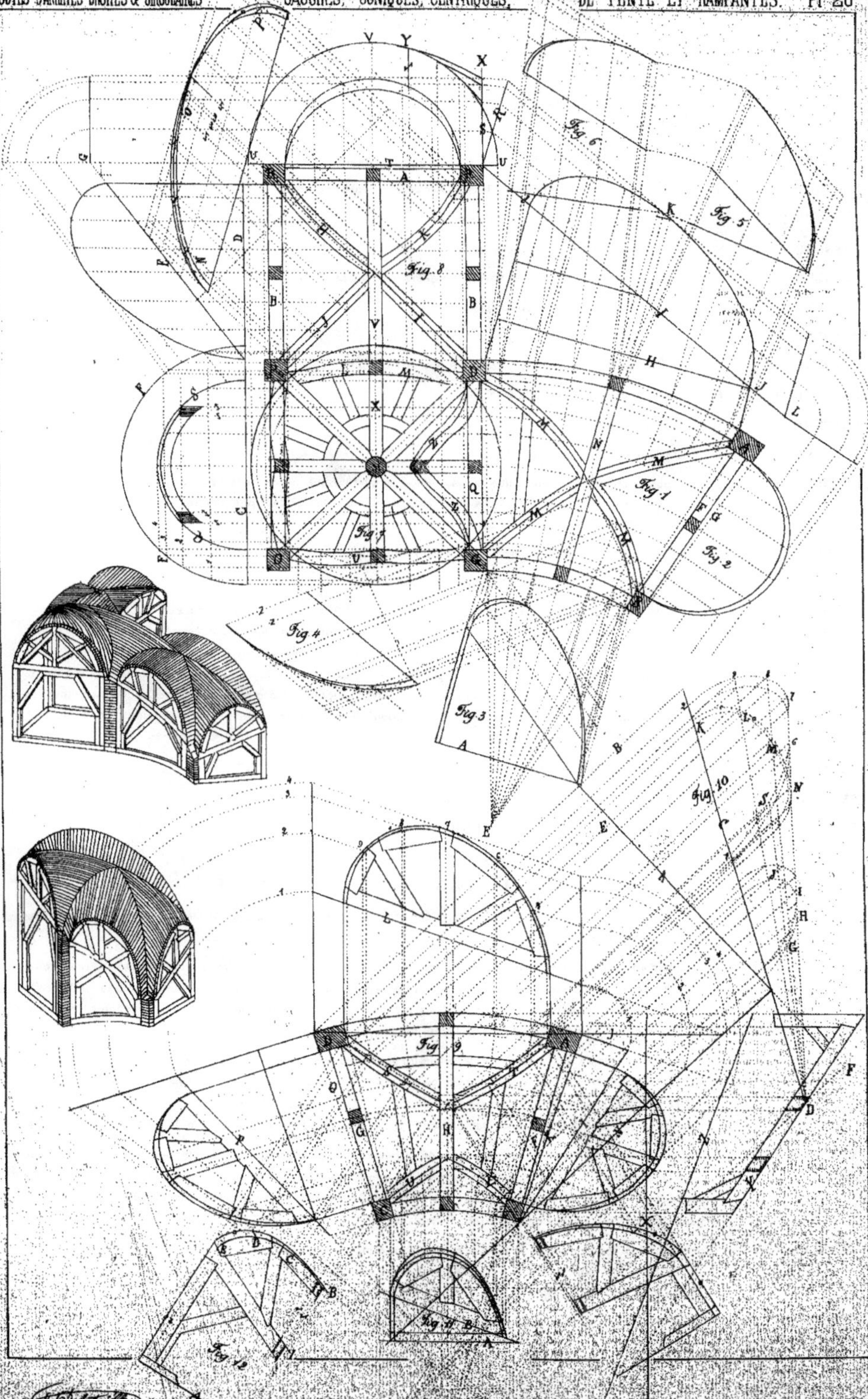
Fig. 1
Fig. 2
Fig. 3
Fig. 4
Fig. 5
Fig. 6
Fig. 7
Fig. 8
Fig. 9
Fig. 10
Fig. 11
Fig. 12

TABLE

PLANCHE I. — Échelle de meunier, échelle double, escalier autour d'une colonne.

PLANCHE II. — Escalier à quartier tournant sur noyau massif. Escaliers à quartier tournant sur noyaux recreusés.

PLANCHE III. — Escalier à jour rallongé sur noyaux recreusés.

PLANCHE IV. — Escalier à quatre centres sur noyaux recreusés.

PLANCHE V. — Escalier à quatre centres sur noyaux carrés. Escaliers sur un plan octogone, rampant autour d'une colonne.

PLANCHE VI. — Escalier à quartiers tournants, demi-anglet.

PLANCHE VII. — Escalier à jour rallongé à demi-anglet.

PLANCHE VIII. — Escalier à jour rond, à demi-anglet. Escalier à jour rond, à anglet.

PLANCHE IX. — Escalier à courbes rampantes, à la française.

PLANCHE X. — Escalier à jour ovale.

PLANCHE XI. — Escalier à jour ovale, à anglet et à tête.

PLANCHE XII. — Escalier de dégagement. Autour d'une colonne. Escalier à jour rond, croisé dans sa hauteur. Escalier à jour rond dans une tour carrée, croisé dans sa hauteur. Escalier à jour rallongé dans une tour carrée. Escalier à jour ovale Escalier en forme d'S.

PLANCHE XIII. — Quatre différentes formes d'escaliers à double évolution.

PLANCHE XIV. — Escalier jour entonnoir, à demi-anglet, dans une tour ronde.

PLANCHE XV. — Plein-cintre. Cintre surbaissé. Anse de panier à trois centres. Cintre ogive. Cintre pour un arceau rampant en plein-cintre. Cintre pour un arceau rampant surbaissé. Cintre pour un arceau rampant surbaissé, anse de panier. Cintre pour un arceau surbaissé au moyen de la cerse. Cintre pour un arceau surbaissé, anse de panier, au moyen de la cerse. Tracé de l'ellipse. Tracé de l'ellipse par le moyen du fil et de la cerse. Arche elliptique tracée à la règle et à la cerse. Arche elliptique tracée par onze centres. Arche elliptique tracée par onze centres, dont les points des rayons sont donnés au moyen du calcul. Arche elliptique décrite par cinq centres. Arche elliptique décrite par sept centres sur une hauteur quelconque, donnée à la montée. Arche de pont décrite par neuf centres.

PLANCHE XVI. — Onze différents modèles de cintres reposant sur le solide.

PLANCHE XVII. — Cintre de ponts sur pilotis, et ponts en bois sur pilotis.

PLANCHE XVIII. — Quatre différents ponts en bois sur le solide.

PLANCHE XIX. — Cinq différents ponts et passerelles en bois sur pilotis et sur le solide.

PLANCHE XX. — Cintre pour un pont biais, et pour des voûtes d'arêtes.

PLANCHE XXI. — Cintre pour une voûte sur un plan barlong. Cintres pour des voûtes d'arêtes biaises. Cintres pour des voûtes d'arêtes formant retour d'équerre.

PLANCHE XXII. — Cintre pour une voûte formée par une voûte conique, rejetant un berceau. Cintre pour une voûte d'arête droite, formée par une voûte droite, rejetant carrément un berceau conique. Voûte d'arête formée par une voûte droite rejetant en biais un berceau conique. Cintre pour une voûte d'arête formée par une voûte conique, croisé par une voûte droite. Cintre pour une voûte d'arête formée par une coupole sphérique rejetant carrément un berceau.

PLANCHE XXIII. — Cintre de porte sur un angle droit. Cintre pour un arceau en tour ronde. Cintre pour un arceau gauche sur un angle droit. Cintre pour un arceau gauche en tour ronde. Cintre pour un arceau conique sur un angle droit Cintre pour un arceau conique sur tour ronde. Cintre pour un arceau demi-conique en corne de vache. Cintre pour un arceau moitié droit, moitié conique en corne de vache. Cintre pour une arche de pont en corne de vache.

PLANCHE XXIV. — Cintre pour une trompe d'angle sur un pan coupé, rejetant les deux murs au carré. Cintre pour une trompe conique dans un avant-corps rejetant une partie carrée. Cintre pour une trompe conique dans un avant-corps rejetant une partie ronde. Cintre pour une voûte d'arête à voussure. Cintre pour une arrière-voussure dite de Marseille. Cintre pour une arrière-voussure sphérique dite de Saint-Antoine.

PLANCHE XXV. — Cintre pour des voûtes d'arêtes formées par des voûtes rampantes, carrées et biaises dans une voûte horizontale. Cintre pour une pénétration demi-ovale, conique et rampante, éclairant l'intérieur d'une coupole sphérique. Cintre pour une voûte elliptique.

PLANCHE XXVI. — Voûte d'arête droite et circulaire, gauche, conique, centrique, de pente et rampante.

ART
DU TRAIT PRATIQUE
DE CHARPENTE

PAR ÉMILE DELATAILLE

1er prix, médaille d'or de 1re classe

MEMBRE DE L'ACADÉMIE NATIONALE

Dédié à M. Félix LAURENT, directeur de l'École régionale des Beaux-Arts, de Dessin et de Stéréotomie, à Tours

QUATRIÈME PARTIE

TRAITÉ DES COMBLES EN BOIS CROCHES, DOMES, CHINOIS, IMPÉRIALES, ETC., RACCORDEMENTS DE COMBLES, GUITARDES, VOUTES TROMPES, VOUSSURES ET PÉNÉTRATION DE TOUTES SORTES

DEUXIÈME ÉDITION

PRIX BROCHÉ : 20 FRANCS, DANS TOUTE LA FRANCE

Pour toute demande, s'adresser à M. ÉMILE DELATAILLE, Professeur du trait, à Tours.

PROPRIÉTÉ DE L'AUTEUR-ÉDITEUR — E. Delataille — TOURS IMP. ET LITH. JULIOT

PRÉFACE

Ainsi que je l'ai dit dans l'introduction précédente, ce quatrième volume se compose de l'étude des combles en bois courbes de toute nature et de toutes dispositions, tels que dômes, combles de forme impériale, chinoise, raccords de combles de n'importe quelle façon, pénétrations de toutes sortes, guitardes, voûtes, voussure, voûtes d'églises, voûtes de luxe avec liens à tenailles, etc.; en un mot, tout ce qui a rapport et concerne la détermination de tous les genres de travaux en bois courbes.

On peut considérer ce volume comme le couronnement du *Traité pratique de charpente moderne*. La courte durée des apprentissages de notre époque, le peu d'instants dont peut disposer, pour s'instruire, l'ouvrier qui travaille, l'immense quantité de travaux qu'il faut faire vite et quand même, enfin l'insuffisance des prix peu rémunérateurs des travaux sérieusement faits, exigent de toute nécessité que le charpentier d'aujourd'hui abandonne la plupart des procédés trop lents au gré de l'activité fiévreuse de l'industrie moderne, dont, à tort ou à raison, *faire vite et beaucoup* est la règle.

A l'aide de cet ouvrage, le praticien pourra, dans une certaine mesure, satisfaire à cette double exigence, puisqu'il trouvera dans ce traité de nombreuses et utiles notions sur tous les genres d'ouvrages, beaucoup de procédés pratiques nouveaux, et d'autres peu connus.

N'eussé-je réussi, en publiant cet ouvrage, qu'à diminuer pour quelques-uns de mes confrères le nombre si grand des difficultés qu'offre l'exercice de leur profession pénible et difficile, bien au-delà de ce qu'en croit ou dit le public, que je m'estimerai heureux de ce résultat, et bien dédommagé du travail et des soins que j'y ai consacrés.

ÉMILE DELATAILLE, C.·. C.·. D.·. D.·. D.·. L.·.

né à Chambourg (Indre-et-Loire), le 12 août 1848.

DIVERS MODES D'ASSEMBLAGES DE PLANCHERS EN TOUR RONDE

ET DE FERMES EN BOIS COURBES

Parmi les cinq exemples de planchers représentés sur cette planche on remarquera d'abord celui de la figure 1re, dit plancher Fourneau; on a donné à cette sorte d'assemblage de plancher le nom de son auteur, le célèbre charpentier normand Fourneau, qui en fut l'inventeur.

Un plancher de cette forme ne se fait généralement que dans de grandes constructions, soit halles ou édifices publics, et lorsque l'on veut ménager au centre un jour pour une cage d'escalier ou tout autre cas qui nécessite un passage pour un ascenseur, qui sert par le moyen d'un mécanisme à monter et descendre les marchandises: un plancher de cette façon existe dans la halle du marché aux blés de la ville de Châlons, par lequel on peut se rendre compte de la résistance des assemblages.

Pour faire le plan de ce plancher, la manière en est si simple qu'il est inutile d'en faire les détails: un coup d'œil du lecteur sur cette planche suffira pour s'en rendre parfaitement compte; je ferai seulement remarquer que les assemblages diminuent proportionnellement d'épaisseur en allant vers le centre, il en sera de même pour la retombée. Or, il faut toujours avoir soin, en établissant, de tracer les joints un peu gras en dessous de manière à donner au plancher la forme un peu bombée dans le milieu; on en fera de même pour le plan figure 2, attendu que ce deuxième est d'un grand rapport avec le premier.

Le plan figure 3 est d'un genre différent; il convient beaucoup pour des planchers de tour ronde de grandeur ordinaire; dans le cas où il serait nécessaire d'observer le passage d'un escalier dans le milieu, on formera la cage telle quelle est figurée sur ce plan; en cas contraire on fermerait le vide par des remplissages.

Il est clair et facile de comprendre que les pièces A B C D E F sont la base principale du plancher, elles doivent être assemblées avec soin, avec un fort tenon renforcé d'un mordane, plus un étrier en fer à chacune. Les remplissages qui complètent ledit plancher peuvent être assemblés dans les pièces au moyen d'un tenon ordinaire d'une jauge et mordane; pour ne pas affaiblir les pièces il serait préférable de leur fixer une lambourde de cinq ou six centimètres solidement clouée sur la face d'assemblage et d'affleurement avec le dessous, sur laquelle seraient posés les remplissages entaillés de l'épaisseur de la lambourde.

Le plan figure 4 sera établi de la même façon que celui dont nous venons de parler, la différence existant entre les deux planchers est que, pour celui-ci, nous n'avons que trois pièces principales au lieu de six, malgré cela il n'en est pas moins aussi solide, ce système convient pour des planchers de petite dimension, le vide existant entre les principales pièces de ces deux dernières figures est fixée par les dimensions de la cage d'escalier; en tout autre cas, on le fermerait à volonté et l'on remplirait le vide par des remplissages, ainsi qu'il est dit ci-dessus; on se rendra parfaitement compte que plus on aura de distance de vide, plus les principales pièces auront de résistance, vu que leurs assemblages des unes avec les autres tendront d'avantage vers le mur.

Le plan figure 5 pourrait également être fait avec le système Fourneau, ainsi qu'il figure ayant l'ouverture d'une cage d'escalier au milieu, les espaces A sont observés pour le passage des cheminées, entre les principales pièces B C et D E, il existe une fenêtre sur laquelle on établira un linçoir pour ne pas fatiguer les plates-bandes des ouvertures par le poids des solives.

DIVERS EXEMPLES POUR ASSEMBLER DES FERMES EN BOIS CROCHE

Pour arriver à la composition d'une charpente, combiner les assemblages des pièces, supprimer les tirants, dégager l'espace pour éviter des encombrements inutiles, ne laisser que les pièces suffisantes en dégageant toute la superficie intérieure et ne consacrer que ce qui est utile pour la confection des supports, soit d'un édifice public ou tout autre, ce travail demande des études, d'application mûrement réfléchies et ce n'est pas toujours facile, même dans certains cas, on a beaucoup de peine pour satisfaire son propre goût, à plus forte raison pour satisfaire celui des autres et des curieux spectateurs, juges plus ou moins connaisseurs et souvent partiaux, car la critique des amateurs qui veulent apprécier une œuvre en construction manque souvent des connaissances suffisantes.

Le plan figure 6 est un modèle de ferme pour des hangars, lequel peut être adopté pour des halles publiques; la simple combinaison des assemblages lui rend dans son ensemble un aspect élégant, hardi et gracieux et très-solide, la vue de bout, des poutrelles figurant au-dessus de la pièce A sont assemblées d'une ferme à l'autre, de manière à supporter le plancher de la galerie figurée.

Lorsque l'on aura à construire un comble de forme impériale, on pourra appareiller les fermes ainsi représentées par la figure 7. Si le comble est compliqué d'une croupe, soit par un pavillon carré ou toute autre forme qui obligerait d'établir arêtier noue, ou demi-ferme, etc, on donnerait à ces derniers un appareil analogue à celui qui a été fixé primitivement sur le plan de la première ferme.

On donne généralement à ces genres de combles la forme d'une voûte en-dessous propre à recevoir un plafond en plâtre ou un lambris en bois. Du temps de nos anciens, où le bois était très-commun et que les mains-d'œuvre coûtaient peu, on débitait des courbes dans de fortes pièces de manière à les établir autant qu'il était possible en tout leur entier, on ne faisait même que très-peu usage des pannes et des chevrons, ils étaient remplacés par le moyen d'autant de fermes que nous mettons actuellement de chevrons, d'une distance d'environ cinquante à soixante centimètres les unes des autres et établies de façon que chacune d'elles reçoive les lattes du couvreur et du plâtrier: les usages actuels et le prix des bois nous forcent d'abandonner ces anciens systèmes très-longs et trop dispendieux, pour employer de nouveaux principes beaucoup plus économiques, tout en conservant la même solidité et en les rendant beaucoup plus élégants par la simple combinaison des divers assemblages.

Pour en arriver à ce but, on établira des fermes selon la forme indiquée figure 7, on les placera à une distance moyenne de quatre mètres environ, elles seront assujetties à la tête toutes ensemble par le moyen d'un faîtage entre chacune d'elles et en y assemblant des liens pour maintenir l'échanchement. Ces faîtages reçoivent ensuite la tête des chevrons et le pied est fixé sur des sablières placées d'une ferme à l'autre, reposant entièrement sur le même mur. La manière de placer les sablières ainsi que leur établissement et celui des faîtages ayant été suffisamment démontré dans les deux premiers volumes, il n'en sera pas parlé ici. Ceci étant compris et les fermes placées de la façon démontrée, on assemble d'une ferme à l'autre les pannes A B C, ainsi marquées côté droit de la figure, la panne A sera assemblée sur le petit poteletD, la panne B dans l'entrait de la ferme, et la troisième panne C repose sur l'arbalétrier soutenu par une échantignole; on fera ensuite des gabarits suivant les pièces E F G H, qui serviront à tracer les empanons; l'empanon marqué E sera coupé suivant la ligne de la face supérieure de la sablière et celle inférieure de la panne A; ses coupes serviront à tracer les joints de ce premier, la face du dessus de la panne A avec la face du dessous de la panne B donneront les coupes du 2e, marqué F; le suivant C se tracera de même et l'on fera paraître ensuite la vue debout du faîtage I, dont la face du dessous donnera la coupe de la tête des empanons du haut; lorsque l'on aura fait les assemblages du faîtage, des pannes et sablières avec les fermes, on les placera toutes ensembles sur deux chantiers à côté les unes des autres et l'on alignera avec un cordeau tous les traits de milieu des fermes, ensuite on divisera l'espace en un certain nombre de parties égales d'une moyenne de quarante à cinquante centimètres environ ou selon des distances déterminées à l'avance, soit par la longueur du lattis ou tous autres cas qui déterminent les espaces; ceci fait, on prendra la moitié de l'épaisseur des chevrons que l'on portera de chaque côté des dits points et l'on fera paraître une ligne qui fixera la largeur de la mortaise des chevrons dans les pannes.

On formera de même la voûte du dessous; pour cela, il faudra établir la panne J dans la jambe de force de la ferme, la suivante K s'assemble dans l'aisselier et les deux de la tête N M dans l'entrait d'enrayure et la sablière N sur les entraits du bas; ces dernières se traceront par le même système que les premières; de même on tracera les empanons correspondants; par ce moyen on pourra former un comble de n'importe quelle forme, quelles qu'en soient les dimensions, soit comme travail, soit comme bois. Si on le désirait, on pourrait diminuer une partie de la main-d'œuvre en supprimant l'assemblage des chevrons dans les pannes; pour cela il faudrait baisser les pannes de cinq centimètres en contre-bas du lattis des chevrons, de façon à les entailler de la différence de leur épaisseur et élever celle de l'intérieur de la voûte de la même façon, ensuite on clouerait les chevrons sur la panne dessus et dessous, par ce moyen on éviterait de faire des tenons et mortaises, ce qui demande beaucoup plus de temps.

On préparera ensuite un calibre de la forme des coyaux P, duquel on se servira pour faire le tracé de tous; ils se clouent ensuite sur le lattis du chevron et servent à couvrir la saillie de l'entablement.

La figure 8 représente l'appareil que l'on peut donner à un dôme sur tour ronde dont le comble est entièrement fermé, c'est-à-dire sans lanterne au milieu et porté sur tirant, ainsi que celui de la figure 9 dont la forme est destinée à être portée sur un plan octogone, ouvert au milieu et recouvert par le petit dôme formant lanterne, ainsi qu'il est figuré.

La figure 10 dont l'appareil est destiné pour un dôme d'une grande dimension, le dessous reste entièrement vide, c'est-à-dire qu'il ne repose sur aucune enrayure; on remarquera que le cintre de la coupole du dessous prend sa naissance à une certaine distance en contre-bas de celle du toit. Les enrayures de la lanterne seront assemblées de la manière indiquée figure 11.

Pour un dôme de haute dimension, la construction est aussi délicate en exécution matérielle que le tracé des épures en est facile; c'est-à-dire que lorsque l'on aura établi une ferme, cette première servira pour tracer toutes les autres, on n'assemblera que la moitié, vu que le tout n'est composé que de demi-fermes.

Pour éviter la confusion des bois et assemblages dans le poinçon, figure 8, il ne faut faire arriver au poinçon que les huit principales demi-fermes et arrêter les autres de distance en distance en les assemblant dans deux goussets placés à distance déterminée, ces dits goussets s'assemblent dans chaque ferme voisine dont un au niveau du lattis du toit et l'autre à celui de la coupole, ensuite on assemblerait un poteau aplomb au milieu des deux pans, et dans lequel seraient assemblées les demi-fermes correspondantes.

Aucun de ces exemples n'est reproduit ici, mais en parcourant les planches suivantes, on trouvera tous les éléments nécessaires venant en rapport avec ce qui vient d'être expliqué.

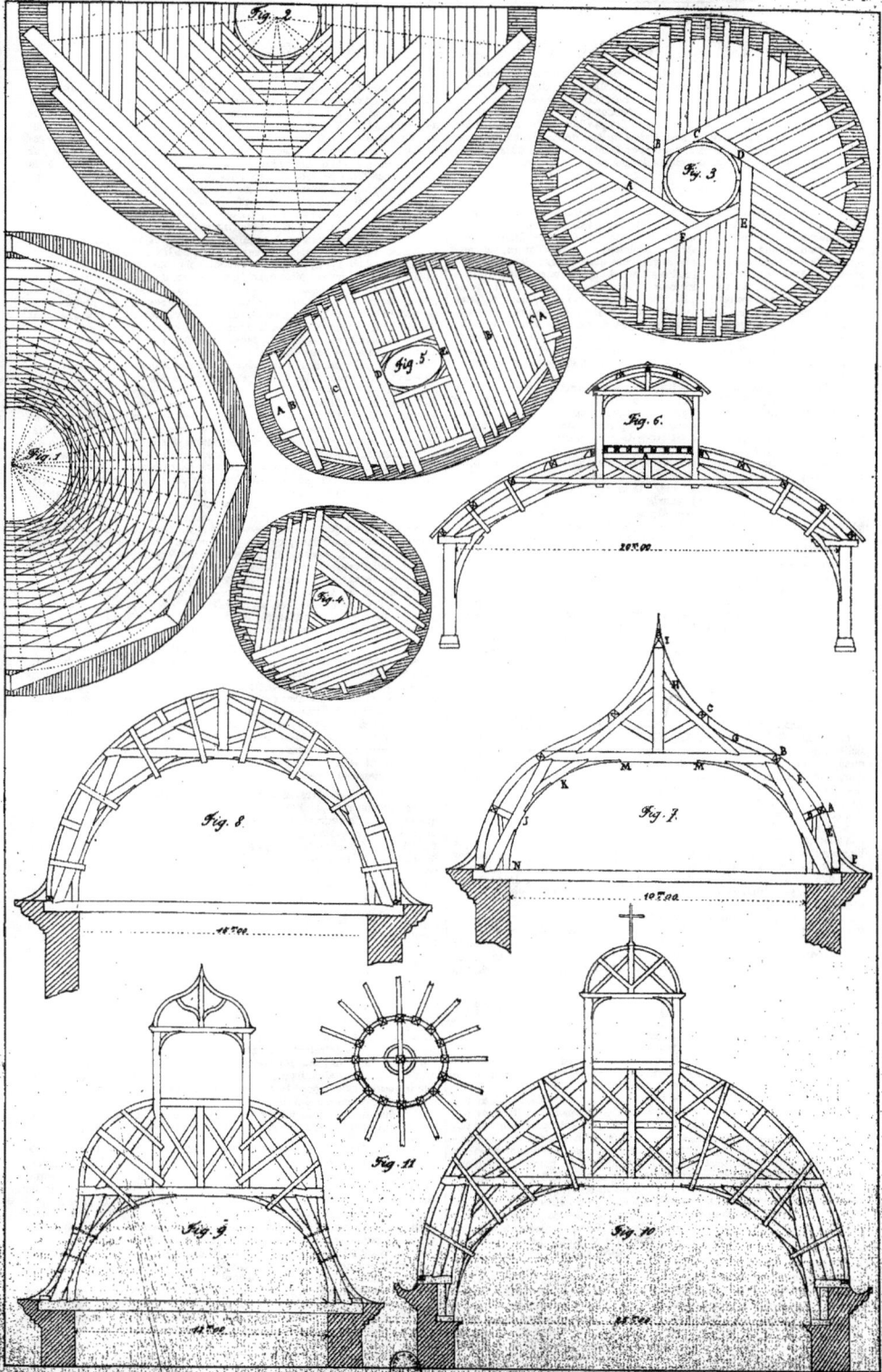

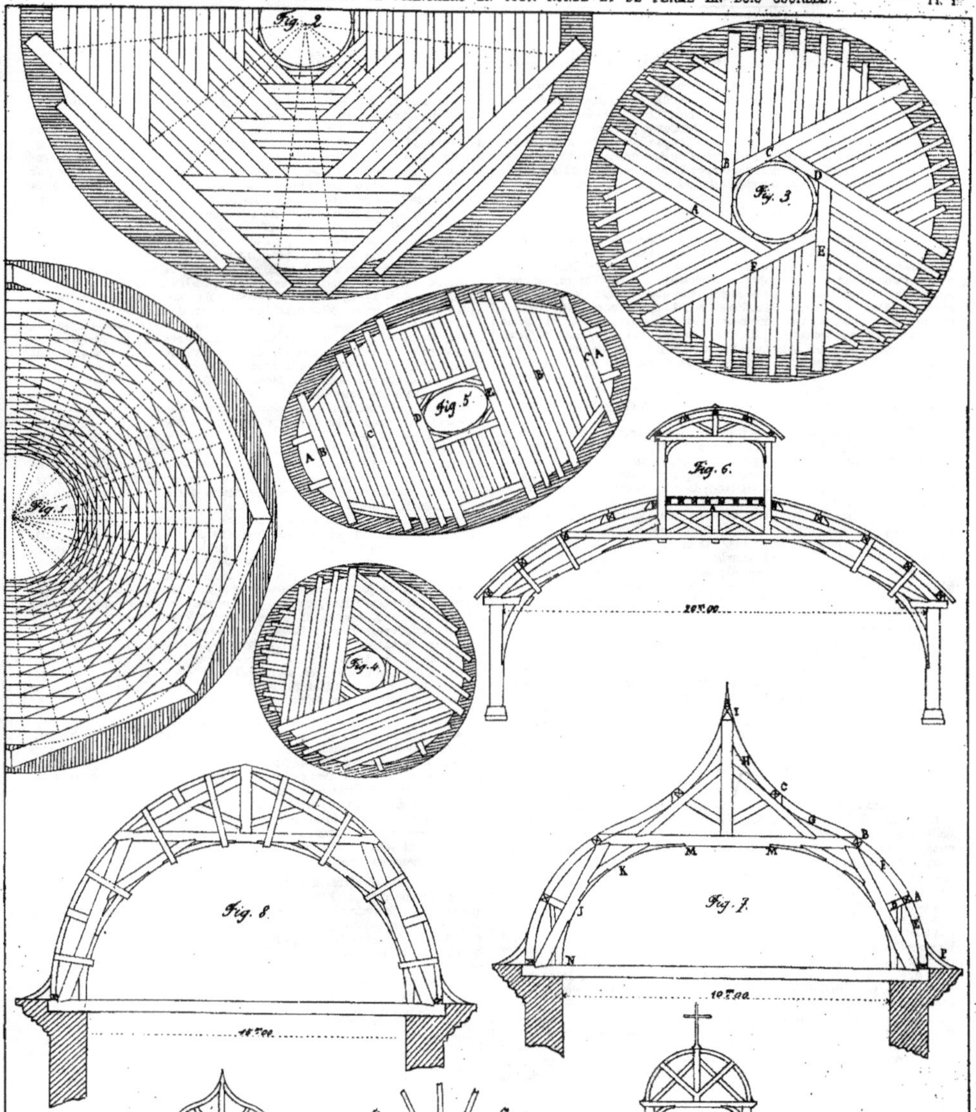
Fig. 1
Fig. 2
Fig. 3
Fig. 4
Fig. 5
Fig. 6
Fig. 7
Fig. 8
Fig. 9
Fig. 10
Fig. 11

FIG. 1. PLANCHE 2e.

PAVILLON CARRÉ IMPÉRIAL

Ce genre de comble est appelé impérial parce que la courbe qu'il décrit a la forme de la couronne traditionnelle. Les aisseliers sont cintrés en dessous de manière à former une voûte intérieure, ce qui se fait généralement dans ces genres de combles. On remarquera que les autres assemblages, ainsi que la façon de faire le plan ne diffèrent en rien des pavillons ordinaires qui ont été précédemment démontrés dans les traités du bois droit; par conséquent, dans ce plan, l'attention devra se porter sur la manière de faire les épures, servant à donner les différentes courbes des pièces qui les composent.

Manière d'opérer

On commence par la figure 1re à faire paraître le carré du pavillon au dans-œuvre des murs; on fait paraître ensuite leurs épaisseurs et la saillie de l'entablement; ceci fait, on partage le milieu de chacune des faces sur chaque point donné, on tire une ligne carrément l'une avec l'autre, ces deux lignes donnent le plan de la ferme et des deux demi-fermes; le plan étant carré, les deux demi-fermes s'établissent sur la même épure, ainsi que les quatre arêtiers également sur une seule, par conséquent on a besoin de ne faire paraître que la moitié du plan ainsi paru sur la figure, dont la ferme est marquée au plan A A et la demi-ferme B, la jonction des deux donne le milieu du poinçon tel qu'il est paru, vu de bout. De là on tente aux arêtes extérieurs des murs et l'on obtient le plan des arêtiers C C, les empanons se placent en parallèle des fermes, ainsi qu'ils figurent; les sablières sur lesquelles repose le pied sont marquées D pour les longs pans, et E pour la croupe.

Le plan étant ainsi fait, on continue par faire paraître l'élévation de la ferme comme elle paraît figure 2; on fera suivre la ligne A A parallèlement au plan de la ferme A A; cette ligne sera adoptée pour ligne de base et pour le milieu du tirant sur lequel on profilera le plan des sablières D et l'on aura leur vue de bout B B qui sera la naissance du toit. Pour décrire la courbe on fixera la hauteur C à volonté et l'on tirera une ligne de niveau égale à A A; de là on tire la ligne C B que l'on divise en quatre parties égales aux points D E F; au point D et au point F on tire une ligne d'équerre à C B et l'on obtient par F le point G duquel on décrit la courbe de G en E, ensuite par D on aura le point H qui donnera la courbe E B, on tracera ensuite le coyau I de manière à couvrir l'entablement; la même opération faite des deux côtés, on fera paraître les autres assemblages: l'entrait d'enrayure, le poinçon, la contre-fiche, ainsi que les aisseliers; ces derniers seront courbes, ainsi qu'il est dit plus haut; pour former voûte dessous, ensuite on tirera des lignes de niveau à volonté, la jonction de chacune d'elles et le lattis ou dessus du chevron donneront les points 1, 2, 3, 4, 5, 6, 7, 8, 9 ainsi marqués sur un seul côté, le dessus du tirant étant profilé sur le lattis du coyau donnera le point J qui servira plus tard à donner la forme des coyaux de la croupe et ceux des arêtiers, à chacun de ces points on descendra des lignes aplomb sur le plan des arêtiers, ainsi qu'il est vu par un d'eux par les points 1, 2, 3, 4, 5, 6, 7, 8, 9; de même on descendra le point J en K d'un arêtier à l'autre par d'autres lignes qui se rencontreront en parallèle avec la sablière de croupe, ainsi qu'ils figurent.

ÉLÉVATION DE LA DEMI-FERME

L'élévation de la demi-ferme se fait comme elle est parue fig. 3 lorsque la croupe est carrée, c'est-à-dire lorsque la croupe n'a pas plus de reculement que la moitié de la ferme dans laquelle elle s'assemble; alors la moitié de ladite ferme sert à la tracer. Si, en cas contraire, la croupe était plus rapide que la ferme, on sera obligé de faire une épure spéciale pour la demi-ferme; dans ce cas, on tirerait la ligne B A à volonté et parallèlement au plan de la demi-ferme B, cette ligne serait adoptée pour ligne de base correspondant avec la ligne A A, base sur laquelle est faite l'élévation de la ferme; on prendra ensuite sur la ferme la hauteur des points 1, 2, 3, 4, 5, 6, 7, 8, 9, que l'on rapportera de même sur la demi-ferme au-dessus de la ligne B A parallèle à laquelle on tirera des lignes de niveau sur chacun de ces points, les lignes qui ont été précédemment données sur le plan seront profilées sur chacune de ces dernières lignes et l'on aura les mêmes points sur le lattis 1, 2, 3, 4, 5, 6, 7, 8, 9 et G hauteur totale, ainsi que le dehors de la sablière D; par le moyen d'une règle flexible, on relie tous les points ensemble et la courbe sera tracée.

Le dessus du tirant étant porté et profilé jusqu'à la rencontre du dehors du mur, on aura le point E et l'on tracera la courbe passant de 1 en E et A et l'on aura la forme du coyau, le lattis étant ainsi tracé, il reste encore à tracer la retombée de l'arbalétrier, la forme de l'aisselier ainsi que les autres assemblages; pour ne pas répéter plusieurs fois la même chose, nous en parlerons en même temps que de ceux de l'arêtier.

ÉLÉVATION DES ARÊTIERS

On mènera fig. 4 la ligne A B parallèlement à l'arêtier C et l'on tirera carrément à cette ligne un trait passant sur le centre du plan du poinçon sur lequel on portera la hauteur de la ferme A C; de même on portera la hauteur des points J 1, 2, 3, 4, 5, 6, 7, 8, 9 parus sur la ferme et l'on tirera à chacun de ces points des lignes de niveau égales à B A; sur chacune de ces lignes on remontera carrément les points 1, 2, 3, 4, 5, 6, 7, 8, 9 parus sur l'arêtier en plan et l'on obtiendra les mêmes points sur l'élévation fig. 4, la jonction des faces du dehors et de celles du dedans des sablières étant aussi remonté sur la ligne du dessus du tirant donneront les points I J, de même on aura le point F; la courbe passant par J 1, 2, 3, 4, 5, 6, 7, 8, 9 C sera la ferme du dessus de l'arêtier; on aura aussi la forme du coyau par la courbe passant de B en F et 1, pour tracer le délardement du coyau et de l'arrêtier; on le dévoyera sur le plan par le moyen déjà indiqué, ainsi qu'il est figuré, ensuite on remontera sur chacune des lignes de niveau les points où chacune d'elles joint la face de l'arrêtier en plan, puis l'on tracera une deuxième ligne sur ces points et l'on aura le tracé du délardement.

La retombée des arbalétriers, aisseliers, contre-fiches et entraits ayant été premièrement fixée en faisant l'élévation de la ferme fig. 2, ces premiers serviront alors pour la tracer ensuite dans les demi-fermes, ainsi que dans les arêtiers; on tracera d'abord la ligne du dessous et du dessus des entraits au même niveau que celle de la ferme, ensuite la courbe du dessous des aisseliers dans les deux figures. Pour cela on prend sur l'élévation de la ferme et sur chacune des lignes aplomb la distance de 9 en L que l'on porte de 9 en L sur chacune des deux figures, ensuite 8 M en 8 M, 7 N en 7 N, 6 O en 6 O, 5 P en 5 P, 4 Q en 4 Q, 3 R en 3 R, puis l'on remontera la face du dedans des sablières et l'on aura le point I; ceci fait on tracera la courbe passant par L M N O P Q R I et l'on aura la forme du dessous des aisseliers parus sur chaque figure, le recreusement du dessous de l'aisselier d'arêtier se trace de même que le délardement du dessus. Pour tracer la retombée des arbalétriers et celle des aisseliers on la prendra sur la ferme à chacune des lignes aplomb et on la rapportera de même à chacune sur l'élévation de l'arêtier et de la demi-ferme, lorsque l'on aura porté tous ces points, on les reliera tous ensemble d'un trait, et les retombées seront tracées. Pour opérer ce tracé au plus vite, surtout pour les arbalétriers et les arêtiers, on placerait à distance déterminée les lignes d'adoucissement, c'est-à-dire de manière à les faire jonctionner avec la ligne du dessous de l'arbalétrier ou arêtier primitivement fixé, par ce moyen, lorsque l'on aurait marqué les crans donnant le dessus, le cran plus bas en donnerait la retombée.

Si on voulait recreuser le dessous de l'arêtier et délarder le dessus de l'aisselier on opérerait comme il a été fait précédemment, ainsi qu'il est figuré sur l'épure. Le tracé de la contre-fiche ne présente aucune difficulté attendu qu'elle est droite; il en est de même pour le tracé des mortaises des pannes, l'assemblage du plan par terre, l'enrayure du haut, ainsi que le tracé de l'engueulement et déjoutement de l'arêtier.

ÉTABLISSEMENT DES PANNES

Dans ce genre de comble l'opération la plus expéditive pour tracer les pannes est le niveau de devers, ou par alignement, ou à la sauterelle; cette manière de tracé ayant été suffisamment démontrée dans les traités précédents, il ne sera pas nécessaire d'en parler ici; lorsque l'on aura fait paraître leurs vues de bout sur la ferme et la demi-ferme, on les descendra en plan par terre comme elles figurent, dont celles des longs-pans sont marquées F et celles de la croupe G; la forme conique de leur vue de bout est faite dans le but de laisser aux empanons une coupe d'équerre au centre de leur courbe; différemment de cela il n'y a aucun inconvénient de leur donner cette forme ou de les laisser au carré.

ÉTABLISSEMENT DES EMPANONS

Lorsque l'on aura placé les empanons sur le plan par le moyen déjà indiqué et comme ils figurent, on remontera leurs abouts et leurs gorges carrément sur l'élévation de la ferme à laquelle ils correspondent ainsi qu'il est fait ici du côté gauche du long-pan, ceci fait, on les prépare chacun à leur longueur et de la même forme que celle de leurs fermes, de même on préparera les aisseliers ainsi que les entraits correspondants de manière à former le plancher et la voûte du dessous; ceci fait on les assemblera tous avec leurs entraits et aisseliers, on les placera sur ligne sur l'élévation de la ferme, les uns après les autres, et on tracera sur la face du dessus les lignes venant de la gorge et celles de l'about sur celle du dessous, ces traits étant ensuite rembarrés d'une face à l'autre, les coupes seront tracées. Pour tracer l'occupation de leur coupe sur la face aplomb de l'arêtier, il suffira de remonter carrément sur l'élévation de ce dernier les abouts et les gorges du plan de chaque empanon et l'on obtiendra ainsi l'occupation des coupes vues sur l'élévation, figure 4.

FIG. 5.

PAVILLON CHINOIS SUR POTEAUX

Ce genre de charpente se construit généralement dans un jardin pour former des gloriettes ou tout autre objet de luxe et d'agrément, aussi peut-il servir pour de grandes constructions. Celui-ci est édifié sur poteaux et les sablières sont maintenues par des liens cintrés formant l'arceau entre chaque poteau, ainsi qu'il est vu sur la perspective.

Lorsque l'on aura fait paraître le plan formé par la vue de bout des poteaux A B C D, on fera paraître les sablières F, correspondant dans les poteaux B E et A G, ensuite les sablières G, correspondant également aux poteaux C D et D E, de là on fera le plan de la ferme H et celui de la demi-ferme I, le plan étant carré, ces deux derniers le seront également de l'un à l'autre; à la jonction des deux on aura la vue de bout du poinçon du milieu, duquel on tendra aux arêtes extérieures des poteaux C E et l'on aura le plan des arêtiers J, on les profilera indéfiniment en dehors, puis l'on mènera les lignes K parallèles aux sablières F et, à égale distance de chacune, au point où chacune de ces premières rencontrent le milieu, ou y tente la 3e ligne L parallèlement avec les sablières C, ces lignes se placent à volonté, selon la saillie qu'il est nécessaire de donner à la pointe des chevrons; on placera ensuite les empanons sur le plan parallèle au plan de la ferme et de la demi-ferme; comme ils sont figurés sur l'épure; on continuera à faire paraître la ferme H, on mènera la ligne M à volonté, parallèle à son plan, sur laquelle on profilera carrément les faces des poteaux A B, et on les obtiendra ainsi en élévation, on fera paraître ensuite la vue de bout des sablières F ainsi qu'elles figurent à la tête de chaque poteau en dessous de la ligne M; on profilera ensuite le plan de la demi-ferme I, au-dessus de la ligne M, et l'on y fixera le point N, hauteur de la ferme, ensuite on mènera la ligne O parallèle à la ligne M sur laquelle on profilera les lignes K, afin d'obtenir les points P P desquels on tracera les courbes en N, et l'on aura la ferme des arbalétriers Q. Cette forme de toiture se fait à volonté, selon le goût de l'exécuteur ou selon le plan qui lui est présenté; il en sera de même pour les contre-fiches R, l'entrait S, ainsi que pour les deux jambes de force T, dont ces deux derniers et l'entrait ont été tracés d'un seul trait de compas décrit du centre U, la ferme ainsi fixée servira à tracer les deux demi-fermes, attendu que le plan est carré, pour la même raison, les quatre arêtiers se traceront sur une même épure d'élévation parue fig. 6.

L'établissement de tous les assemblages et empanons étant le même que sur la figure 1re, il est inutile de répéter les mêmes détails.

FIG. 7. ÉTABLISSEMENT DES SABLIÈRES AVEC LES POTEAUX ET LES LIENS

On commence par faire paraître la ligne A pour le dessus des sablières; cette ligne correspond avec la ligne M, parue sur l'élévation de la ferme, on prendra ensuite la retombée des sablières; à cette distance, on tendra la parallèle figurée, on prendra en plan l'épaisseur des poteaux D E, ainsi que la distance de chacun que l'on portera sur la sablière A fig. 7 et l'on tentera à chacun de ces points des lignes d'équerre; on obtiendra les poteaux D E parus sur cette dernière figure, on y placera ensuite les liens tels qu'ils figurent ayant été tracés d'un seul coup de compas décrit du point F. On fera paraître en suivant sur le côté gauche de cette dernière figure le poteau C avec la sablière et le lien correspondant, on aura par ce moyen l'épure de tout un côté des sablières, sur lequel on tracera toutes les autres, vu que tous les côtés sont semblables; il est facile de comprendre que les poteaux D A B viennent deux fois sur ligne, une fois avec la ferme et une autre fois avec la sablière, les poteaux d'angle iront trois fois sur ligne, avec l'arêtier et deux fois avec les sablières; pour ce cas, on a tracé des traits-ramènerait sur chaque figure, ils seront portés à égale distance du dessus de la sablière, et serviront aussi de guide pour la coupe du pied des poteaux lorsque l'on mettra au levage.

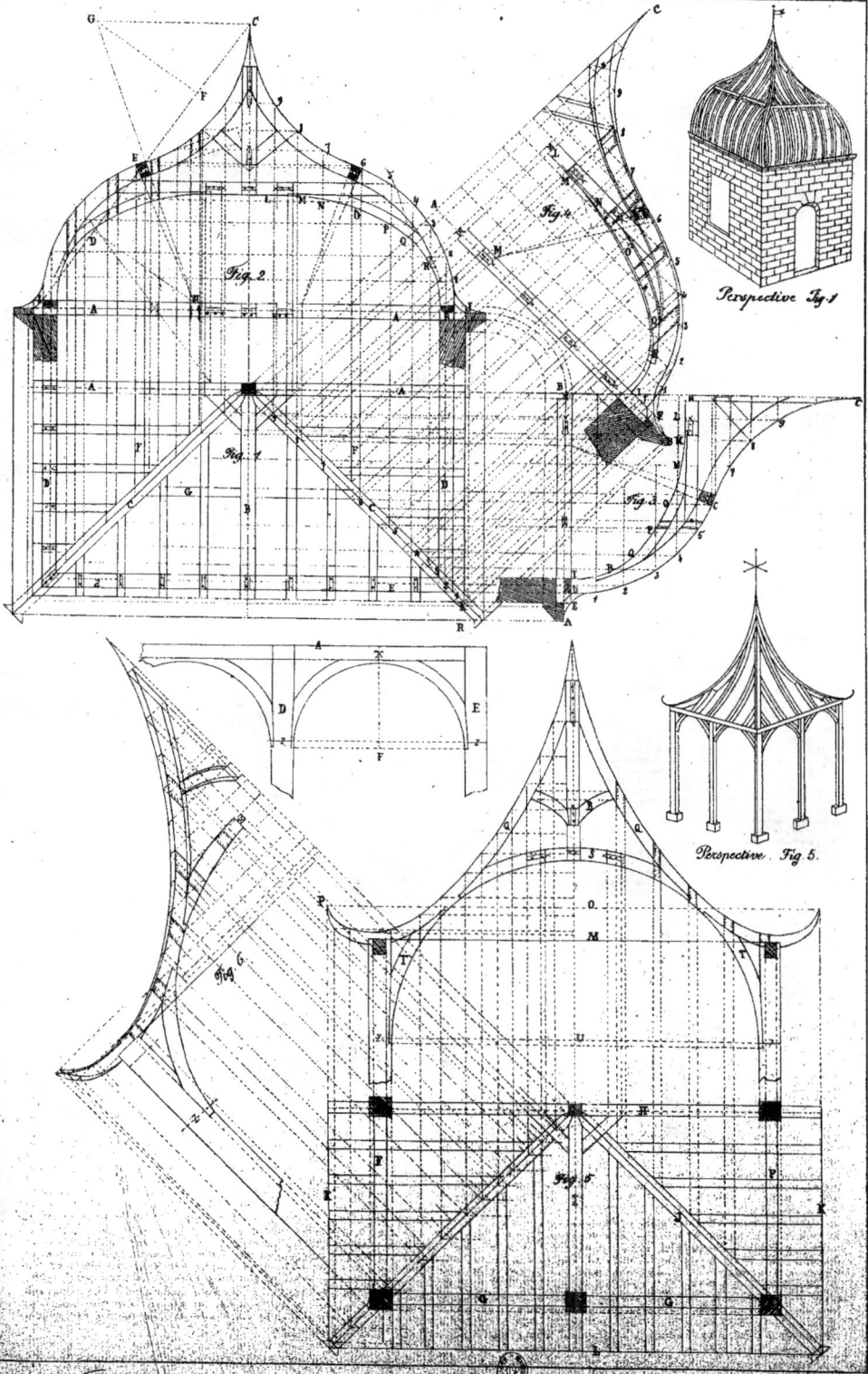

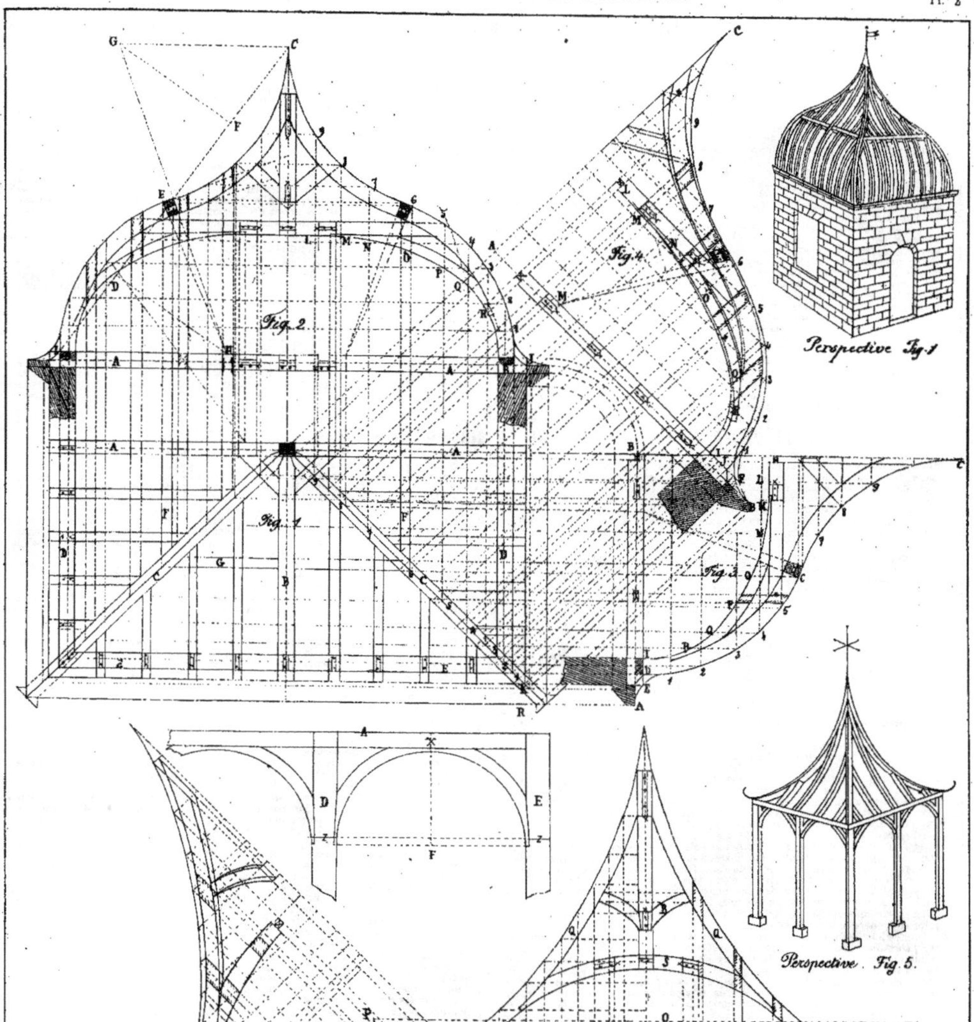
Fig. 1
Fig. 2
Fig. 3
Fig. 4
Fig. 5
Fig. 6
Perspective Fig. 1
Perspective. Fig. 5.

FIG. 1,

CROISEMENT DE DEUX COMBLES DE FORME IMPÉRIALE

PLANCHE 3.

Le plan figure 1re est formé par deux corps de bâtiment de même longueur et de même largeur, croisés carrément l'un avec l'autre, le comble des deux est de forme impériale et forme croupe dans chacun des bouts, tel qu'il est sur la perspective.

Le tracé des épures des croupes étant le même que celui qui a été démontré dans la planche précédente pour le pavillon carré impérial, par conséquent dans ce plan-ci, nous aurons à nous occuper seulement du raccord des deux combles.

Manière d'opérer.

On jettera d'abord les deux lignes A A, carrément l'une avec l'autre, ces premières seront adoptées pour le milieu de chacun des corps de bâtiment et l'on aura en même temps le plan des faitages; on tirera ensuite de chaque côté de ces deux premières et à égale distance, les parallèles B B : ces quatre dernières seront fixées pour le dehors des sablières; de la jonction de chacune d'elles, on tendra au croisillon des faitages A, et l'on aura le plan des quatre noues C.

On fera paraître ensuite le plan des quatre fermes D, on les placera le plus près possible du pied des noues, ainsi qu'elles figurent, de manière à ne pas donner trop de longueur aux faitages.

Puis on fera l'élévation des fermes, comme il est vu, figure 2, pour celle d'un des côtés, et figure 3, pour celle de l'autre : la largeur et la hauteur des deux étant la même, une seule élévation serait suffisante pour les tracer toutes : j'ai fait paraître les deux, pensant que le lecteur comprendra mieux la forme du plan. On remarquera que les lignes E sont les bases sur lesquelles on a tracé les élévations, elles ont été données à volonté et parallèlement au plan de chacune des fermes. La manière de décrire la courbe du comble étant connue, il n'en sera pas parlé. Quant aux autres assemblages, le lecteur les placera à son goût ou selon la conséquence du travail. Cela fait, on mènera des lignes de niveau sur l'élévation de chacune des fermes et parallèlement aux lignes de base E. Ces lignes sont marquées sur un seul côté par les numéros 1, 2, 3, 4, 5, 6 et 7, hauteur du sommet; au point où chacune d'elles rencontre le dessus des fermes, on en descendra d'autres carrément sur le plan des noues et l'on aura les mêmes points marqués sur une noue seulement 1, 2, 3, 4, 5, 6; le point 7, hauteur du sommet, est le milieu du poinçon.

ÉLÉVATION DES NOUES

On mènera la ligne F parallèlement au plan de la noue, on remarquera qu'elle tend de manière que le point G serve de pivot pour reporter la hauteur de chacune des lignes 1, 2, 3, 4, 5, 6, 7, primitivement fixée sur les fermes. Ces points étant ainsi portés sur une ligne aplomb, on mènera à chacun d'eux une ligne de niveau, c'est-à-dire parallèlement à la ligne de base F; on remontera carrément sur chacune de ces lignes les points 1, 2, 3, 4, 5, 6, ainsi marqués sur le plan de la noue et l'on obtiendra ainsi les mêmes points également marqués sur l'élévation, figure 4. Le milieu du poinçon donnera le point 7 et la jonction des sablières étant remontée donnera le point H, pied de la noue. On tracera ensuite la courbe passant par H 1, 2, 3, 4, 5, 6, 7, et l'on aura la forme du dessus de la noue. On obtiendra le recreusement du dessus en remontant sur chacune des lignes de niveau les points où celles du plan coupent les faces de la noue en plan. La retombée du dessus se prendra sur l'élévation de la ferme, à chacune des lignes aplomb, et se reportera de même qu'il a été démontré sur les planches précédentes, ainsi que la forme du dessous de l'entrait et les mortaises des pannes. Il suffira de l'épure d'une seule noue, vu qu'elles sont toutes pareilles, pour porter le poinçon du milieu; on établira alors deux noues comme une ferme, et les deux autres seront assemblées dans ces premières comme des demi-fermes, on placera le poinçon comme il figure en vue debout sur l'épure et de manière que les noues s'y assemblent carrément. Les faitages A s'assemblent dans les arêtiers ainsi que leurs liens correspondants. (V. fig. 5.)

ÉTABLISSEMENT DES EMPANONS

On les placera sur le plan, ainsi qu'ils figurent marqués sur un des côtés par les lettres I J K M; étant ainsi placés, on remontera les abouts et les gorges en plan carrément sur l'élévation de la ferme, la vue de bout du faitage étant tracée carrément dessus donnera les coupes de la tête, les lignes venant des gorges se traceront sur les faces du dessus du bois, et celles venant des abouts se traceront sur la face du dessous. On rembarrera ces traits d'une face à l'autre et leurs coupes seront tracées. Les abouts et les gorges étant rencontrés carrément sur l'élévation des noues, on obtiendra ainsi sur ces dernières le tracé de l'occupation de leurs coupes. Je ferai observer que pour l'établissement des croupes qui composent le prolongement de chaque partie du plan, elles se trouvent formées par le plan des noues, c'est-à-dire que les quatre croupes paraissent réunies ensemble, car généralement, dans le comble impérial, on donne le même reculement en croupe que dans les longs-pans : par ce moyen on établit les arêtiers sur le même plan d'élévation des noues en changeant la ligne du recreusement du dessus et celle du délardement du dessous et les faisant disparaître ensuite comme il a été démontré dans les élévations d'arêtiers.

FIG. 6.

COMBLE DROIT SE RACCORDANT SUR LA CIRCONFÉRENCE D'UN MUR EN TOUR RONDE

Le plan de cette figure est un corps de bâtiment en tour ronde, se raccordant avec une autre partie carrée ayant moins de largeur que le diamètre de la tour, cette dernière partie étant moins haute que la tour, par conséquent le comble se perd entièrement dans la circonférence du mur. On formera le raccord au moyen d'une ferme croche établie sur l'aplomb du plan de la tour et dans laquelle s'assembleront ensuite les pannes et les empanons au comble correspondant tel qu'il est vu sur la perspective, Le tracé de l'épure est fait de manière que le dessus et le dessous des arbalétriers, ainsi que leurs assemblages, s'alignent avec ceux de la ferme.

Manière d'opérer.

On décrira premièrement du point A la circonférence du plan de la tour B C, ensuite l'épaisseur de la ferme figurée; du point A on tracera à volonté la ligne D, qu'on adoptera pour le milieu du plan de la partie carrée et l'on aura en même temps le plan du faitage D, on fera paraître parallèlement au faitage la sablière E, ensuite carrément à cette première, la sablière de croupe F, le plan de la ferme G, l'arêtier H, etc. On fera paraître d'abord l'élévation de la ferme G dont la rampe est marquée I J, on y placera les assemblages figurés ainsi que les lignes de niveau donnant les points 1, 2, 3, 4, 5, 6, 7, 8, ainsi marqués sur la rampe; à chacun de ces points, on descendra des lignes carrément sur le plan de la ferme croche et l'on aura les mêmes points 1, 2, 3, 4, 5, 6, 7, 8, ainsi marqués sur la circonférence du mur de la tour B C, qui représente l'une des faces du plan de la dite ferme; cela étant fait, on tracera la ligne K, ensuite la parallèle L à volonté. Cette dernière sera adoptée pour le dessus du tirant, base sur laquelle on tracera l'élévation de l'arbalétrier; pour cela, on mènera au-dessous de cette dernière ligne des lignes de niveau égales à celles qui ont été premièrement données sur l'élévation de la ferme G; l'on remontera ensuite aplomb sur chacune de ces lignes les points 1, 2, 3, 4, 5, 6, 7, 8, et l'on obtiendra l'élévation donnée par les points 9, 10, 11, 12, 13, 14, 15 et 16 : le milieu du poinçon avec la hauteur totale donnera le point 17, et l'about du pied B donnera le point M. La courbe décrite par ces derniers points et où l'arête de la face du dessus de la ferme coupe la face du mur, on fera paraître l'autre arête du dessus, en remontant sur chacune des mêmes lignes les points où celle du plan coupe l'autre face de la ferme, cette dernière est marquée M N : ces deux premières donneront le délardement du dessus du lattis de l'arbalétrier; on fera paraître la retombée du dessous comme il a été démontré, de même on y placera l'entrait, les aisseliers et la contre-fiche. L'élévation ainsi faite, il s'agit de tracer l'arbalétrier et ses assemblages tels que l'aisselier et la contre-fiche ainsi que l'entrait : ce tracé se fait sur le plan en descendant carrément l'about et la gorge de l'entrait de la ferme, et lorsque le bois destiné est préparé selon la forme du plan, on le place sur la ligne et l'on marque sur la face du dessus la ligne venant de la gorge, on la rembarre avec celle de l'about sur la face du dessous et la coupe est tracée : les deux lignes dont il vient d'être parlé sont marquées chacune d'un trait ramenerait. L'about et la tête de l'aisselier étant également descendu sur le plan, et tracé sur le dessous de l'entrait, on aura le tracé de la mortaise de la tête de l'aisselier au-dessous de l'entrait telle qu'elle est tracée sur le plan. La vue de bout du poinçon donnera le tracé de la mortaise.

Pour établir l'arbalétrier, on préparera une pièce de bois ayant la longueur donnée par l'élévation ainsi que la largeur; il faut aussi qu'elle soit d'épaisseur voulue de manière à pouvoir tracer sur la face du dessus et sur celle du dessous la courbe décrite sur le plan. On remarquera que ce tracé est absolument le même que celui d'une courbe d'escalier. Ceci fait et la pièce de bois préparée, on la place sur ligne en élévation, de niveau et de devers, puis on y plombe sur le dessus toute les lignes aplomb, on les rembarre ensuite d'équerre sur les faces des côtés, de même on y tracera les lignes de niveau que l'on marquera d'une manière différente, de façon à les distinguer d'avec les premières; cela fait, on fera quartier à la pièce de manière à y tracer sur la face du dessus et sur celle du dessous la courbe décrite sur le plan comme il est vu figure 7, qui représente la face du dessus ainsi tracée : la ligne B D de cette figure est la face de la pièce qui correspond à la ligne K parue sur le plan. Il est fait observer que si ladite face du bois n'était pas droite, on y jetterait une ligne de contre-jauge, et pour faire le tracé, on prendrait sur le plan la distance de a en i, on la portera figure 7 au-dessus de la pièce de a en i; on reprendra ensuite b en 2, on le portera de b en 2, ensuite c 3 en c 3, d4 en d 4, e 5 en e 5, f 6, en f 6, g 7 en g 7, h 8 en h 8, les points B M donneront le point D, le milieu du poinçon donnera le point 17, ce dernier donnera le point B; ayant tracé la courbe passant par D 1, 2, 3, 4, 5, 6, 7, 8 et B, on aura l'aplomb des mêmes points marqués sur le plan et une des faces de l'arbalétrier, on tracera l'autre de la même façon que la première et sur l'épaisseur on rembarrera le joint d'une face à l'autre et les autres lignes ainsi qu'elles figurent. Le même tracé étant fait sur la face du dessous, on chantournera la courbe en ayant soin de se tenir constamment suivant la direction des lignes aplomb pour éviter qu'il ne soit fait du creux ou du rond; la courbe étant ainsi débitée, on rembarrera les lignes aplomb ainsi que les lignes de niveau sur chacune des faces. La jonction des unes avec les autres donnera le tracé du champ de l'arbalétrier. Sur chacune des faces on rembarrerait ainsi la ligne marquée d'un trait ramenerait, pour le joint de la tête. Le dessus de l'entrait du bas étant tracé carrément sur l'arbalétrier, donnera en l'établissant la coupe du pied, de même on aura le tracé de la mortaise de l'entrait d'enrayure, celle de l'aisselier et celle de la contre-fiche; l'établissement de ces deux derniers est absolument le même que celui de l'arbalétrier. Pour tracer la mortaise de la panne, on la fera paraître en vue de bout comme celle vue sur l'élévation de la ferme, puis on descendra les quatre arêtes carrément sur la face du plan de la ferme croche, les arêtes du dessous sur la ligne du lattis en élévation. De même on remontera les arêtes du dessous sur la ligne du dessous de l'arbalétrier, on tracera ensuite un trait à chacun de ces points d'une face à l'autre et l'on obtiendra ainsi le tracé de la mortaise figurée.

DÉVELOPPEMENT DE LA HERSE

Pour tracer le développement de la herse, on mènera, figure 8, à volonté la ligne A parallèlement à la sablière E du plan, figure 6; on mènera une autre ligne carrément à cette première et à volonté, sur laquelle on portera la longueur du lattis de la ferme G, longueur prise de 1 en J et portée de B en C, figure 8; on portera ensuite les points intermédiaires 1, 2, 3, 4, 5, 6, 7, 8, à chacun de ces points on mènera à la ligne A une ligne parallèle à la sablière E. Ces lignes étant ainsi parues on mènera carrément sur chacune d'elles les points de B en D, de 1 en 1, de 2 en 2, de 3 en 3, de 4 en 4, et ainsi de suite jusqu'au point M obtenu par la face du poinçon la courbe décrite par les points 1, 2, 3, 4, 5, 6, 7, 8, ce qui donnera la face de la ferme circulaire tournant la face extérieure de la tour. On obtiendra l'autre face en la ramenant sur les mêmes lignes telle que la première : cette dernière est marquée N N; on prendra ensuite le démaigrissement de la tête de l'arbalétrier sur l'élévation de la ferme G, distance prise de O en P, que l'on portera de même sur la herse, on aura la ligne O P; de même, on portera le démaigrissement du pied I R avec lequel on aura la ligne Q; avec la distance de O en P, on mènera de petites lignes au-dessous des lignes 1, 2, 3, 4, 5, 6, 7, 8, et sur lesquelles on profilera les lignes ayant donné ces mêmes points, ainsi que ceux qui ont donné la ligne NN, et par ce moyen on aura le dessous de l'arbalétrier ainsi tracé sur la herse. La herse, ainsi faite, on y placera les empanons figurés ainsi que la panne T, la ligne N N étant le tracée sur leur face du dessus et rembarrée sur celle du dessous avec la ligne F F sera le tracé de la coupe aplomb : la ligne A sera l'about du pied et Q le démaigrissement du dessous; il est bien entendu que la herse n'étant faite que pour tracer les empanons et la panne, il serait suffisant de faire paraître seulement les quatre dernières lignes dont il vient d'être parlé; les autres ont été données de manière à opérer le tracé de l'arbalétrier sur la herse, ainsi qu'il a été dit. Pour faire cette opération, on tracera sur une pièce de bois la courbe donnée par les points D, 1, 2, 3, 4, 5, 6, 7, 8, M ainsi que N N, ces deux premières pièces se traceront sur la face du dessus et les deux autres sur celles du dessous; on abattra le bois d'un trait à l'autre et l'arbalétrier sera formé, on le placera ensuite sur ligne et on y tracera la ligne D A, sur le dessus, ainsi que la ligne P; ensuite R et O sur le dessous, ces traits étant rembarrés d'une face à l'autre donneront le tracé de la coupe du pied et de la tête, l'about et la gorge de l'aisselier, la coupe de l'entrait et de la contre-fiche étant pris sur la ferme, du point S et rapportée sur la herse par des parallèles au-dessus de la ligne Q, on aura ainsi le tracé des mortaises figurées, la panne T ainsi que les empanons; les faces étant tracées carrément sur celles de l'arbalétrier donneront également le tracé des mortaises.

HERSE POUR LE TRACÉ DE L'AISSELIER

On mènera, figure 9, les lignes A, B, C, D, E, F, G, carrément à l'aisselier U ainsi marqué sur la ferme, ensuite la parallèle A G, figure 9 : cette dernière se tire à volonté, on prendra ensuite sur le plan, figure 6, la distance de J en 2, que l'on portera de A en 2, figure 9, on continuera à porter de même h 3 de B en 3, l 4 de C en 4, m 5 de d en 5, n 6 de E en 6, a 7 de E en 7, T 8 de g en 8, la courbe tracée par les points 2, 3, 4, 5, 6, 7, 8, sera l'arête d'une des faces du dessus; on tracera l'autre de la même manière pour le tracé des coupes ainsi que des faces du dessous : l'épure le démontre d'une façon très-claire; le tracé de la contre-fiche se fera de même que celui de la ferme; le tracé de l'entrait est toujours le même qui a été démontré.

L'établissement du faitage D est démontré figure 10. Il faut que le bois de chaque assemblage soit de la même épaisseur qu'il est paru sur la ferme.

FIG. 11.

APPENTIS SUR POTEAUX FIXÉ CONTRE LE MUR CIRCULAIRE D'UNE TOUR

Manière d'opérer.

Du point A, on décrira le cercle B C, plan du mur de la tour ronde; au point A on jettera à volonté la ligne A D; d'après cette première on fixera par des parallèles le plan des deux demi-fermes E, ensuite carrément à ces deux dernières, la sablière F; on fera paraître la vue debout des poteaux figurés, et le plan sera fait. L'établissement des poteaux avec la sablière et les liens est démontré figure 12, l'établissement des deux demi-fermes, figure 13. Le tracé de ces deux dernières figures étant connu, il ne sera parlé que de l'établissement du faitage. Ayant fait paraître l'épaisseur du faitage G, on mènera les deux lignes H à volonté parallèlement à la ligne du milieu D A et à égale distance : le point où ces dernières joignent la courbe B C, sera la face du derrière du faitage; on le remontera aplomb sur l'élévation des demi-fermes, figure 13, sur la ligne du dessous du chevron, et l'on aura le point I; la ligne du milieu D A étant remontée de même donnera le point J; la face du dessous des demi-ferme E donnera le point K; on remontera de même le point où les mêmes lignes joignent l'autre face du faitage de manière à obtenir ensuite le délardement du dessus du faitage.

ÉTABLISSEMENT DU FAITAGE

On mènera, figure 14, la ligne L à volonté et carrément au plan des demi-fermes E, parallèlement aux deux extrémités du plan du faitage G; on profilera sur cette première le plan des demi-fermes, ainsi que les lignes H, ce qui étant fait, on prendra, figure 13, la distance de O en J que l'on portera, figure 14, de O en J; on prendra ensuite figure 13 N I; on le portera, figure 14, de V en I, puis M K de M en K; on tracera ensuite la courbe passant par les points K, I, J, et l'on obtiendra ainsi la courbe du dessus du faitage; sur la face du derrière, on opèrera de même pour tracer l'autre face et l'on obtiendra ainsi le délardement du dessus du faitage figuré par la ligne P P; une parallèle à cette dernière fixera la retombée, c'est-à-dire la largeur du faitage : on remarquera que le dessus du faitage est établi au-dessous des chevrons, de manière que cette dernière repose dessus; on remarquera encore que les poinçons ont été préparés de manière que le faitage y soit assemblé carrément; les lignes marquées d'un trait ramenerait donnent le tracé des coupes; en tout autre cas les faces seules du dedans des demi-fermes seraient suffisantes. Les liens Q s'établiraient sur l'élévation R; pour faire cette élévation, on tirera la ligne S à volonté et égale au plan du lien; on prendra ensuite la distance de N I, figure 14; on la portera sur l'élévation du lien de 2 en 3; on prendra 4, 5, on le portera de 6 en 7, M 8 de 9 en 10, la ligne passant par 10, 7, et 3, sera le dessous du lien; on portera ensuite l'épaisseur en contre-haut, ainsi que le débillardement figuré; l'élévation ainsi faite, on l'établira comme une courbe d'escalier; la petite ligne marquée d'un trait ramenerait passant sur le point 3 est donnée par une parallèle à S, laquelle étant tracée carrément sur le bois donnera la coupe de la tête. Les deux autres lignes venant de la face du poinçon également marquées chacune d'un trait ramenerait, donneront la coupe du pied; les mortaises de la tête se traceront sous le faitage ainsi qu'elles figurent sur le plan; celles du pied se tracent comme le représente le pied des liens Q.

DÉVELOPPEMENT DE LA HERSE

On fera paraître, figure 15, les deux lignes A B, carrément l'une avec l'autre; on prendra ensuite sur le plan, figure 11, la distance de la ligne A D aux deux lignes H; on les reportera, figure 15, égale à la ligne A; de même on rapportera la face du dedans des demi-fermes E, ces deux dernières sont marquées E, figure 15; cela étant fait, on prendra, figure 13, sur la ligne du dessous du chevron, la distance de UK, on la portera, figure 15, de U en K, ensuite U I de C en I, U J de D en J, la courbe tracée de K I J sera la face du derrière du faitage et le tracé du dessous des chevrons; on prendra ensuite leur démaigrissement que l'on portera sur chacune des lignes E H A, au-dessus des points K I J; par ce moyen on aura la deuxième courbe figurée qui sera l'about du dessus des chevrons; on les placera ensuite sur la herse comme ils sont figurés : les deux lignes courbes dont il vient d'être parlé donneront les coupes aplomb de la tête; la ligne B étant tracée carrément donnera leur longueur.

CROISEMENT DE DEUX COMBLES IMPÉRIAL ET AUTRES COMBLES DROITS EN RACCORD LE LONG DES MURS EN TOUR RONDE

Pl. 3

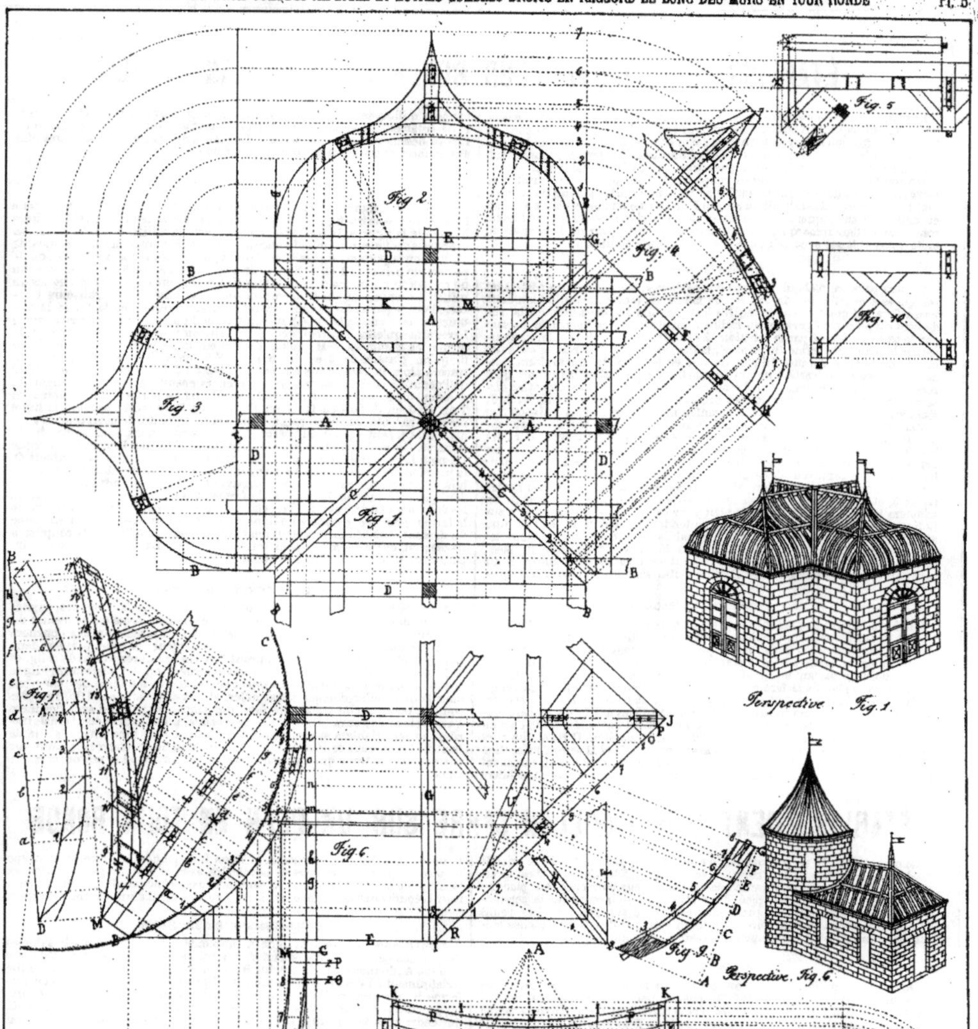

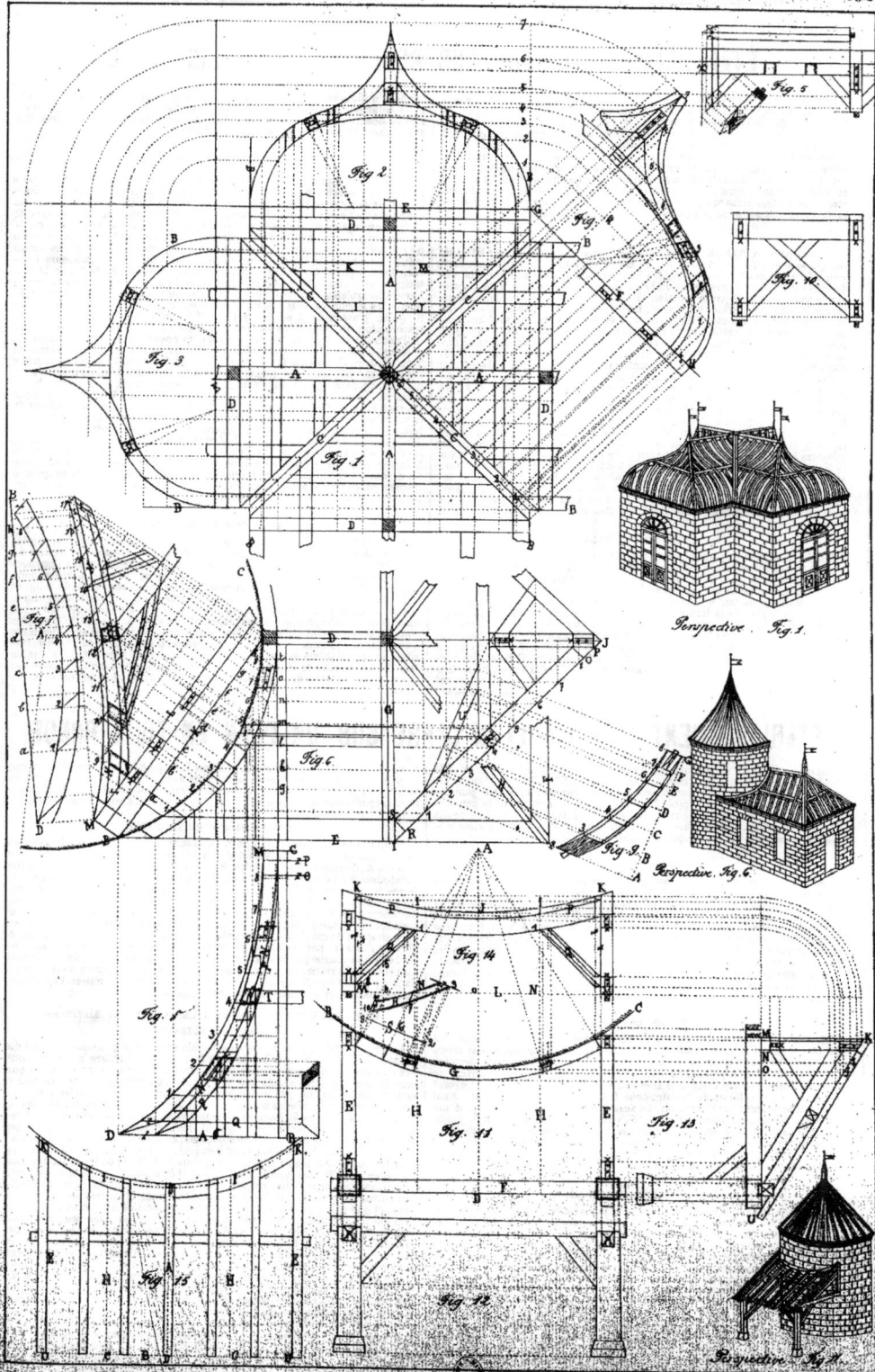

FIG. 1. PLANCHE 4.

ÉTABLISSEMENT D'UNE TOUR RONDE SUR UN PLAN CARRÉ

Le plan ici proposé est composé de quatre murs formant ensemble une partie carrée sur laquelle repose un toit en tour ronde. On formera le raccord en élevant un fronton analogue à chacun des murs, tel qu'il est vu sur la perspective. — L'essentiel de ce plan, c'est l'établissement des fermes, tendant sur les dits frontons le tracé des empanons, ainsi que celui des sablières.

Un comble en tour ronde serait coupé sur le flanc par un mur droit plus élevé; il est tout naturel que le comble se trouverait brisé le long de ce dernier mur, le raccord serait fait au moyen d'une ferme analogue placée au long du mur droit sur laquelle reposerait le pied des chevrons du toit de la tour ronde. Le lecteur remarquera que le tracé des épures pour ce dernier est de toute ressemblance avec celui que l'on se propose d'étudier.

Manière d'opérer.

On fera paraître d'abord le carré des sablières, dont celles des côtés sont marquées A et celles du devant B; de même on fera paraître le plan de la ferme C, ainsi que la demi-ferme D : à la jonction des deux on aura la vue de bout du poinçon figuré, et du milieu duquel on décrira le cercle passant par le point E, donné par la jonction des sablières A B; on profilera ce cercle sur le plan de la ferme au point F, la description de ce cercle n'est autre chose que la circonférence du plan du toit en tour ronde; on divisera cette circonférence en un certain nombre de parties égales, selon la distance qu'il sera nécessaire de donner pour l'écartement du pied des chevrons. Ces distances seront marquées sur le côté droit de l'épure par les points 1, 2, 3; étant ainsi tous portés sur toute la circonférence, et comme ils paraissent, on tentera une ligne de chacun de ces points au centre du poinçon et l'on obtiendra ainsi le plan des empanons figurés; pour éviter un grand travail pour faire les déjoutements, ainsi que la confusion de bois qu'occasionneraient ces derniers s'ils étaient tous assemblés dans le poinçon, on les arrêtera dans leur course par le moyen d'une petite panne assemblée des uns aux autres, ainsi qu'elle figure sur le plan, ainsi que sur le développement de la herse, figure 3, et sur la perspective; on fera ensuite l'élévation de la ferme C, on adoptera la ligne du milieu de son plan pour ligne de base D; on portera sur la ligne du milieu la hauteur G, de là on tendra aux points F, et l'on aura ainsi la rampe; les faces extérieures des sablières A étant profilées sur les rampes donneront les points H, et l'on aura la hauteur des abouts du pied; on déterminera ensuite la ferme en y plaçant les assemblages figurés, il ne sera point parlé des demi-fermes D, vu qu'elles sont semblables à cette première.

ÉTABLISSEMENT DES SABLIÈRES

On tirera, figure 2, parallèlement au plan de la sablière B et à volonté, la ligne I I, sur laquelle on profilera la ligne du milieu du plan de la demi-ferme D, on portera sur cette ligne le point H, hauteur de l'about du pied des demi-fermes, on mènera vers le plan de la ferme des simblots décrits du milieu du poinçon partant des points I J K aux points où chacun des simblots rencontrera le plan de la ferme; on mènera des lignes aplomb sur la rampe de la ferme et l'on aura les points 4, 5, 6, avec la hauteur de ces trois derniers points; on mènera figure 2 des lignes parallèles à I I, on mènera ensuite carrément sur chacune d'elles des lignes venant des points où le plan du milieu des empanons coupe la face du dehors de la sablière B B, et l'on aura les points L M N. Les deux courbes passant par I L M N H seront l'élévation de la face du dehors de la sablière; on obtiendra celle du dedans en ramenant sur chacune des lignes les points où la face du dedans du plan de la sablière coupe le milieu des empanons; cette dernière est marquée P P; elle donnera le délardement du dessus de la sablière de manière que le pied des chevrons repose dessus en coupe de niveau. Le plan étant carré, les sablières des autres faces se traceront sur cette même épure.

DÉVELOPPEMENT DE LA HERSE

On prendra, figure 1re, la longueur de la rampe de la ferme G F, avec cette longueur on décrira, figure 3, du point A, la courbe indéfinie B C, et l'on tirera à volonté la ligne A D, qui sera adoptée pour le milieu de la ferme G; on prendra ensuite sur la circonférence du plan de la tour ronde la distance de F en 3, on la portera, figure 3, de D en 4; on prendra ensuite 3 en 2, on le portera de même de 4 en 5; 2 en 1, de 5 en 6; 1 en E, de 6 en 7; de chacun de ces points on tendra des lignes au point A, et l'on aura ainsi les lignes du milieu des empanons sur la herse; on portera ensuite leurs épaisseurs figurées. Pour y placer les pannes, on prendra sur la rampe de la ferme la distance de leur vue de bout O Q au point G, et du point A on les décrira sur la herse ainsi qu'elles figurent; ceci étant fait, on prendra sur la rampe de la ferme les distances F H, qu'on portera sur la herse de D en E, de F en 6, qu'on portera de 3 en G, ensuite F 5, de 5 en I, F 4 de 6 en J; on tracera alors la courbe passant par les points 7 J I G H et l'on aura le tracé de l'about du pied des empanons. On prendra ensuite le démaigrissement du dessous sur le pied de la ferme de H en R, on le portera sur la herse de 7 en A; J en B, de I en C; G en D, de H en E, et ainsi de suite : la ligne obtenue par ces derniers points donnera le tracé du démaigrissement du dessous. On peut également opérer le tracé des empanons sans se servir de la herse. Ce tracé est indiqué du côté gauche du plan sur l'empanon marqué U; pour faire ce tracé, on décrira du centre du poinçon les deux simblots de la jonction des faces du plan de l'empanon avec la face du dehors de la sablière, à la rencontre de ces simblots, avec le plan de la ferme, on mènera des lignes aplomb sur la rampe de la ferme, à ces derniers points on mènera les deux lignes de niveau S T; cela fait, on placera l'empanon sur la rampe de la ferme, puis l'on y tracera les lignes S sur la face du dessus, et T sur celle du dessous. Ces deux traits étant rembarrés d'une face à l'autre, la coupe sera tracée; on opère de même pour tracer les autres. La vue de bout de leurs pannes donnera leurs coupes de la tête.

ÉTABLISSEMENT DES PANNES

Ayant fait paraître sur la rampe de la ferme la vue de bout des pannes O R, on descendra les quatre arêtes sur le plan de la ferme et, du centre du poinçon, on les décrira sur le plan ainsi qu'elles figurent; on chantournera des morceaux de bois selon la forme et la largeur donnée par les deux lignes extrêmes, et qui, de plus, auront l'épaisseur figurée par les deux lignes V X. Chacune des pièces étant ainsi chantournée, on les placera sur ligne sur le plan, et l'on tracera carrément sur chacune les faces des chevrons dans lesquels elles doivent s'assembler, et l'on obtiendra ainsi le tracé des coupes; de même on tracera les faces des empanons qu'elles sont destinées à recevoir et l'on aura le tracé de leurs mortaises. Les pannes étant ainsi tracées, on les délardera sur les quatre faces comme elles figurent sur la vue de bout E. En opérant ce délardement, on aura soin de rembarrer à mesure sur chaque face les traits qui viennent d'être faits de manière à en conserver le tracé.

ÉTABLISSEMENT D'UN PAVILLON CARRÉ SUR UN PLAN EN TOUR RONDE

Ce plan diffère du précédent sous le rapport que, dans celui-ci, le comble est de forme carrée et repose sur un plan en tour ronde. Ce raccord est formé par des sablières croches et rampantes prenant leur naissance au pied des demi-fermes et se levant au pied des arêtiers, tel qu'il est vu sur la perspective; de plus on remarquera que le plan est monté sur poteaux. Les roulis de ces derniers avec les sablières sont maintenus par des liens croches suivant la forme du plan, et forment l'arceau du dessous.

FIG. 4.

Manière d'opérer.

Du centre A, milieu du poinçon, on décrira le plan de la face extérieure des sablières de la tour ronde B C D, ensuite leur largeur figurée; on formera le plan B E F D : ce plan est le dégauchissement du pavillon carré, en plan de niveau. Cela étant fait, on aura de B en D le plan de la ferme C G, de C en A la demi-ferme H, de même que de A en F et de A en E on aura le plan des arêtiers. On y placera ensuite les empanons, parallèlement à la ferme et à la demi-ferme, comme ils figurent; de même on y descendra les pannes, et le plan sera fait. La ligne B D, milieu du plan de la ferme G, sera adoptée pour ligne de base sur laquelle on fera l'élévation de la ferme. De même on aura l'élévation des demi-fermes H, attendu que les quatre sont semblables.

ÉLÉVATION DES ARÊTIERS

Une seule élévation sera suffisante, vu que les deux sont les mêmes. On mènera, figure 5, la ligne A égale au plan de l'arêtier I, sur laquelle on tirera carrément le point E en B, ainsi que A en C; on profilera cette dernière indéfiniment et l'on prendra la hauteur de la ferme A K, on la portera de C en D, puis on tendra la ligne B D et l'on aura la rampe de l'arêtier. Le point où le plan de la sablière de la tour ronde B C joint le plan de l'arêtier étant remonté carrément sur l'élévation, on aura le point E, hauteur du pied des arêtiers. On figurera ensuite le potelet F, dans lequel est assemblée la jambe de force figurée, ainsi que le blochet sur lequel repose le pied de l'arêtier. Le tracé des autres assemblages et de tout ce qui existe dans l'arêtier étant connu, il n'est pas nécessaire d'en parler; le potelet F aura de plus à recevoir l'assemblage de la tête des sablières.

ÉTABLISSEMENT DES SABLIÈRES

Le dessus des sablières prend naissance aux abouts du pied des demi-fermes et tend au pied des arêtiers, tout en décrivant la courbe du plan. Les faces du dessus sont délardées de manière que le pied des empanons repose en coupe de niveau dessus : l'épure d'une seule sera suffisante, vu qu'elles sont toutes les mêmes. Pour faire ce tracé, on mènera des lignes sur le plan à volonté et parallèlement au plan des demi-fermes. Du point où chacune d'elles rencontre le plan de la sablière, on mènera des lignes carrément sur l'élévation de la ferme et l'on obtiendra les points 1, 2, 3, ainsi marqués du côté droit de l'épure; le pied de l'arêtier étant ainsi remonté, donnera le point 4; cela fait, on tendra la ligne J d'un about à l'autre du plan d'une sablière, on mènera, carrément à cette première, les lignes L M N O P; on prendra ensuite sur la ligne B D, base de la ferme, la hauteur du point 1, on le portera de M en 5, on reprendra le point 2, on le portera de N en 6, ensuite 3, de O en 7, et 4 de R en 8, la courbe passant par L 5, 6, 7, 8 sera l'élévation de la face du dehors de la sablière; la face du dedans se tracera de la même manière qu'il est figuré, la ligne L R donnera le tracé de la coupe du pied; la jonction des faces de la sablière avec la face du potelet donnera la coupe de la tête. Ces dernières sont marquées chacune d'un trait ramenerait. L'épure ainsi faite, on opère le tracé comme celui d'une courbe d'escalier.

DÉVELOPPEMENT DE LA HERSE

Etant donnée, figure 6, la ligne A, à volonté et parallèlement à la sablière du pavillon carré E F, ces deux derniers points étant menés carrément sur la ligne A, donneront en E le point B, et en F le point C. On profilera ensuite indéfiniment au-dessus de cette première ligne la ligne du milieu de la demi-ferme H, ainsi que celle des empanons qui lui correspondent; cela étant fait, on prendra la longueur de la ferme D K, on la portera sur la herse de D en E; on tendra ensuite les lignes E C et E B, on aura le milieu des arêtiers; on prendra sur la rampe de la ferme la distance du point D aux points 1, 2, 3, 4 : avec chacune de ces distances on mènera sur la herse des lignes égales à B C, et l'on aura par ces lignes les points 1, 2, 3, 4 ainsi marqués sur un seul côté : la courbe passant sur ces derniers points et par D donnera l'about du pied des chevrons. La herse ainsi faite on placera la panne tout comme dans un pavillon ordinaire. On fera paraître les faces des arêtiers, l'épaisseur des empanons, et leur démaigrissement du dessous.

ÉTABLISSEMENT DES LIENS CORRESPONDANT DES SABLIÈRES AVEC LES POTEAUX

Le tracé est fait, figure 7, sur une échelle plus petite que celle du plan du point A. On décrira le plan des liens B D et l'on fera paraître la vue de bout des poteaux figurés, pour que les liens forment l'arceau régulièrement par leur dessous; on tendra la ligne 6, sur laquelle on décrira le berceau figuré en ligne pointillée, on y placera ensuite à volonté des lignes égales à C, d'après lesquelles on aura les points 1, 2, 3, ainsi marqués sur un des côtés, on aura aussi le point 4, hauteur du sommet. Il est fait observer que ce berceau se fait selon la forme que l'on veut donner au-dessous des liens, car tout aussi bien on pourrait le faire surbaissé, en anse de panier, ou dans n'importe quelle autre forme. Cela étant compris, on descendra carrément sur la face du dedans du plan des liens les points 1, 2, 3, 4; de là on tendra des lignes au point E, ces lignes n'ont besoin d'être parues seulement que sur l'épaisseur des liens, elles ont été ainsi placées de manière que le débillardement du dessous des liens soit constamment d'équerre au centre du plan, et que ces dernières faces se raccordent avec celles des poteaux : l'élévation des deux se faisant de la même manière, on va se fixer seulement sur celle du lien D. On tendra la ligne F, ensuite la parallèle G à volonté et l'on prendra de la ligne C la hauteur des points 1, 2, 3, 4 : avec chacune de ces distances, on mènera des lignes égales à G, sur laquelle on mènera carrément des lignes venant des points où les lignes qui ont été données sur le plan joignent la face du dedans du plan du lien et l'on aura ainsi les points 5, 6, 7, 8, 9 : la courbe passant par ces points est la face du dedans en dessous du lien; on obtiendra celle du dehors ainsi qu'elle figure. On fera paraître ensuite la retombée du lien selon la largeur que l'on désirera : la ligne G donne le tracé de l'about du pied, les deux lignes marquées chacune d'un trait ramènerait venant de la jonction du plan des faces du lien avec celle du poteau donnent la coupe aplomb; la ligne H étant tracée carrément sur le bois donne la coupe de la tête sous la sablière de niveau; l'about de la tête des deux liens se trace suivant la ligne marquée d'un trait de milieu.

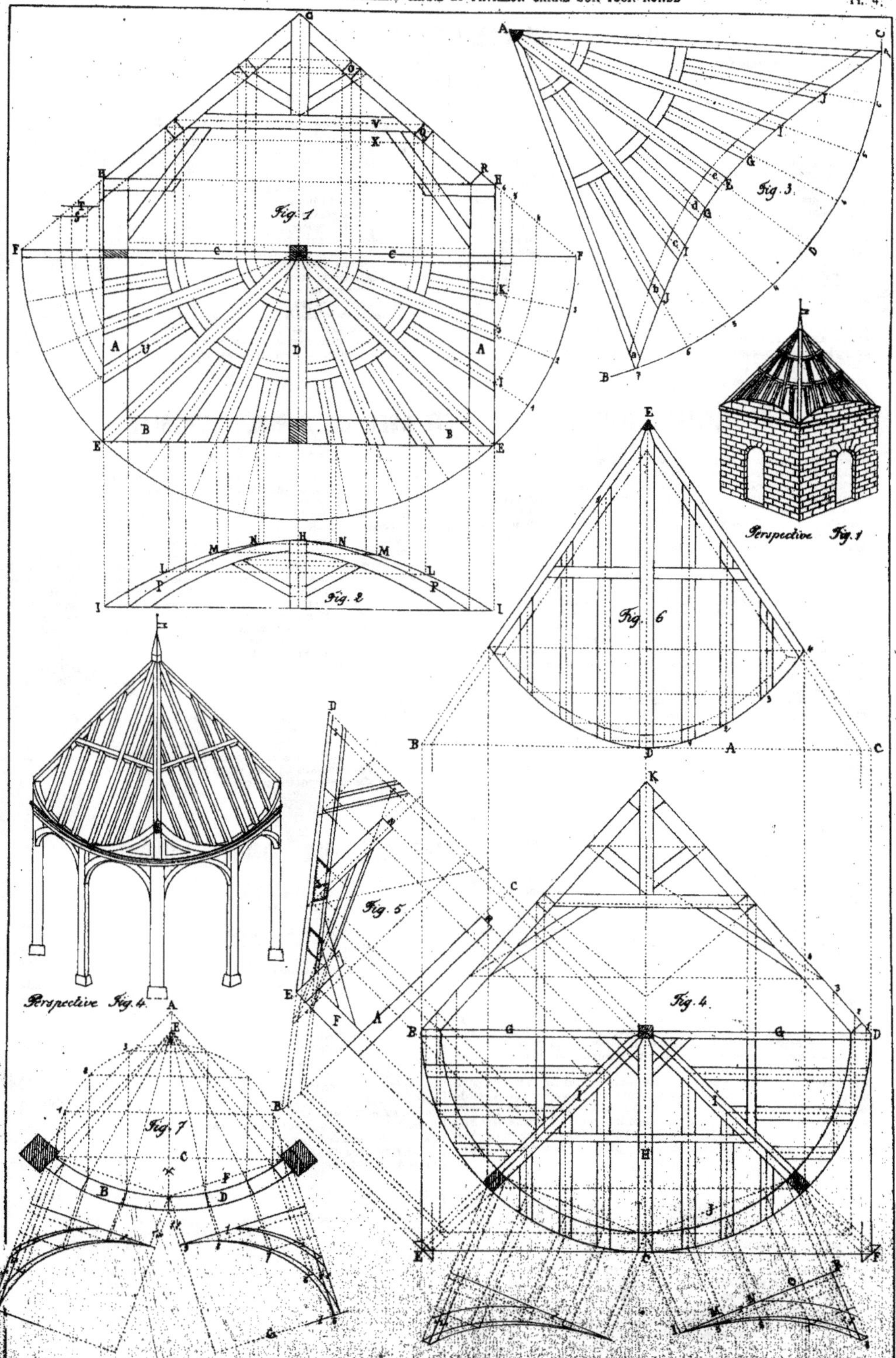
Fig. 1
Fig. 2
Fig. 3
Perspective Fig. 1
Fig. 6
Fig. 5
Perspective Fig. 4
Fig. 7
Fig. 4

RACCORDEMENT D'UN COMBLE IMPÉRIAL AVEC UN DOME

Le plan de cette figure est formé par un carré dont le comble d'un des côtés est de forme impériale, et celui de l'autre en forme de dôme, le raccord est fait par un arêtier croche d'une forme obtenue par la jonction des deux combles, tel qu'il est vu sur le plan et sur la perspective.

Manière d'opérer.

Étant donné le plan A B C D, on aura de A en D le plan de la demi-ferme E, et de A en B l'autre demi-ferme F; on aura aussi de B en C la sablière G, et de C en D la deuxième sablière H; le plan étant ainsi fait, on fera paraître l'élévation de chaque demi-ferme selon sa forme figurée, et l'on y tracera des lignes de niveau, à volonté et à égale hauteur sur l'élévation de chacune, comme il est vu par les simblots qui ont servi à les tirer d'une demi-ferme à l'autre. Ces simblots ont été décrits du point A, vu que les lignes de base se jonctionnent à ce point. Ces lignes étant ainsi données, on en tirera d'autres carrément sur le plan tendant des points où chacune d'elles coupe le lattis des demi-fermes, et l'on aura sur le plan les points 1, 2, 3, 4, 5, 6, 7, 8, on tracera la courbe passant sur chacun de ces points, et on la profilera de 1 en C et de 8 en A, et l'on aura ainsi la ligne du milieu du plan de l'arêtier : pour que le délardement du dessus soit égal des deux côtés il s'agit de le dévoyer sur le plan, selon la coutume et à chaque ligne, comme il est figuré. On descendra ensuite les pannes sur le plan, puis on y placera les empanons figurés. Ces derniers se tracent toujours sur l'élévation de leur demi-ferme et selon la coutume, et les pannes s'établissent en plan par terre.

ÉLÉVATION DE L'ARÊTIER.

On fixera la ligne I à volonté et égale à A C, on prendra ensuite la hauteur de chacune des lignes qui ont été donnnées sur l'élévation des demi-fermes et avec ces hauteurs on mènera au-dessus de I les parallèles figurées, et l'on remontera carrément sur chacune d'elles les points de C en J, de I en K, de 2 en L, de 3 en M, et ainsi de suite jusqu'au point S, hauteur totale des demi-fermes; on tracera ensuite la courbe passant par J, K, L, M, N, O, P, Q, R, S, et l'on aura ainsi l'élévation du dessus de l'arêtier; on tracera ensuite la retombée du dessous ainsi que le délardement.

Pour placer les aisseliers, on fixera premièrement la forme sur l'élévation d'une demi-ferme quelconque, comme il a été fait ici à la demi-ferme F. Ce premier tracé sert de guide pour tracer ensuite la forme des autres. Pour faire ce tracé on prendra au-dessus de la ligne de base F, sur chacune des lignes aplomb, la hauteur du dessous et celle du dessus de l'aisselier; ces hauteurs seront rapportées sur les mêmes lignes, sur l'élévation de la demi-ferme E, et sur celle de l'arêtier et par ce moyen on obtiendra la forme des aisseliers figurés, de même on y tracera la contre-fiche ainsi que l'entrait et la mortaise des pannes, il est tout naturel que les pièces destinées à faire l'arêtier ainsi que ses assemblages devront avoir l'épaisseur nécessaire, de manière à tracer sur les faces du dessus la forme parue sur le plan.

FIG. 2.

CROISEMENT D'UN COMBLE DROIT AVEC UN COMBLE IMPÉRIAL

Le plan de cette deuxième figure est formé par deux corps de bâtiment de même hauteur et d'égale largeur, croisés carrément l'un avec l'autre, les deux combles sont de même hauteur et de différente forme, car l'un est de forme impériale et l'autre est droit, le raccord des deux est fait par des noues croches en conséquence comme il est vu sur le plan et sur la perspective, l'établissement des croupes parues dans les bouts étant connu, il ne sera parlé tout simplement que de l'établissement des noues formant le dit raccord : l'épure d'une seule sera suffisante, vu que les quatre sont les mêmes; pour cette raison il ne sera fait que la moitié du plan.

Manière d'opérer.

On fera paraître premièrement la ligne A, que l'on adoptera pour le milieu du plan du comble droit, et l'on aura par cette première le plan du faîtage ainsi que les sablières B B, par le moyen d'une parallèle donnée selon; la distance voulue, on tirera carrément à ces deux premières la ligne C, qui sera également adoptée pour le plan du faîtage du comble impérial ; de même on aura par des parallèles les sablières D D. On fera paraître ensuite le plan de la ferme E pour le comble impérial, et la ferme F pour le comble droit, l'élévation de cette dernière est faite sur son plan, tandis que l'autre en est séparée comme elle paraît tracée sur la ligne de base G ; les élévations étant ainsi faites et de la même hauteur, on tirera des lignes de niveau à chacune, et à la même hauteur aux points où chacune de ces lignes rencontre le lattis des fermes; on en mènera d'autres carrément sur le plan, et par la rencontre des unes avec les autres on aura le plan des noues figurées par les lettres H. La manière de les dévoyer et d'en faire les élévations est ainsi qu'il a été démontré sur la figure précédente.

DÉVELOPPEMENT DE LA HERSE.

Dans un raccord quelconque où il y a des parties droites, ces parties se développent en herse pour y opérer le tracé des empanons, tandis que dans les parties courbes ils peuvent être tracés sur l'élévation de leurs fermes; dans ce plan-ci, les deux côtés de la herse étant les mêmes il ne va être fait que celle du côté gauche de la figure, on mènera figure 3, les deux lignes A B, carrément l'une avec l'autre et l'on prendra la longueur du chevron de ferme I J que l'on portera de C en D; on prendra ensuite sur la rampe I J la distance de chaque point obtenu sur la dite rampe par les lignes de niveau et on les portera telles que sur la ligne D C, et on mènera à chacun d'eux les lignes figurées égales à la ligne A; ceci étant fait on prendra sur le plan la distance de K 1, on la portera sur la herse de D en 1, on prendra ensuite L en 2 on la portera de même de E en 2, et l'on continuera ainsi de suite par M en 3, de F en 3, N en 4, de G en 4, O en 5, de H en 5, P en 6, de I en 6, Q en 7, de J en 7, R en 8, de K en 8, S en 9, de L en 9, et on terminera par T en 10, de C en 10, et lorsque l'on aura tracé la courbe passant par les points 1, 2, 3, 4, 5, 6, 7, 8, 9, 10, on aura la face de la noue sur la herse, face sur laquelle seront cloués les empanons du comble droit. La herse étant ainsi faite, on y placera la panne ainsi que les empanons, puis on fera paraître la largeur du délardement du faîtage, ensuite le démaigrissement de la tête pour la coupe aplomb, par ce même démaigrissement on aura le rengraissement de la panne ainsi que des empanons en le portant sur chacun d'eux et au-dessous de la face primitivement parue; tous les points étant ainsi portés, on tracera la courbe parue en pointillé et le rengraissement sera tracé; les empanons se tracent ensuite, comme ils figurent par la lettre M échassée hors de l'épure, c'est-à-dire vus rembarrés sur champ.

FIG. 4.

RACCORDEMENT D'UN COMBLE DROIT AVEC UN COMBLE IMPÉRIAL

Le plan de cette figure est un plan carré dont le comble d'un des côtés est de forme impériale et l'autre côté est droit. Le raccord est également fait par le moyen d'un arêtier croche. Le tracé de cette figure diffère des précédents en ce que l'arêtier ainsi que ses assemblages sont établis au moyen de la herse, tandis que les autres ont été établis en élévation; le tracé ici proposé n'a lieu d'être fait que dans les raccords où il y a des parties droites qui permettent d'opérer ainsi, on remarquera, planche 3, figure 6, que ce système d'opération est préférable, car il est le plus économique, le plus court et le plus facile.

Manière d'opérer.

Étant donné le plan A, B, C, D, on aura le plan des demi-fermes de A en B, et de B en D, on fera ensuite les élévations figurées et l'on tirera des lignes de niveau à volonté et de même hauteur, au point où chacune d'elles rencontre le dessus du lattis des demi-fermes, on descendra de ces points des lignes carrément sur le plan et par la jonction des unes avec les autres on aura les points 1, 2, 3, 4, 5; on remarquera dans ce plan-ci que les rampes de chaque comble se terminent ensemble et à la même hauteur sur la face du poinçon; par conséquent on aura en plus le point 6; on tracera ensuite la courbe passant par C, 1, 2, 3, 4, 5, 6, et l'on aura le plan de l'arêtier, on y portera son épaisseur entièrement du côté du comble droit car il fait entièrement lattis de ce côté; les empanons de l'impérial tendent à l'arête. Le plan de l'arêtier étant ainsi paru, on y placera les empanons ainsi que les pannes, et le plan sera terminé.

ÉTABLISSEMENT DE LA HERSE ET DE L'ARÊTIER.

On fera paraître, figure 5, deux lignes d'équerre sur une desquelles on portera la longueur de la sablière C D et sur l'autre la longueur de la demi-ferme D E, ces points sont marqués de même sur cette dernière figure; on prendra ensuite tous les points où les lignes de niveau coupent le lattis de la demi-ferme D E, on les rapportera en herse sur la même ligne et l'on mènera à chacun de ces points des lignes égales à C D; ceci fait, on prendra sur le plan la distance de F 1, on la portera sur la herse de F en 1, on prendra ensuite G en 2, on la portera de G en 2, et ainsi de suite jusqu'au point 6, et l'on tracera la courbe passant par les points 1, 2, 3, 4, 5, 6, et l'on aura l'arêtier ainsi paru sur la herse; on prendra l'autre face et on la rapportera de même sur la herse, on prendra ensuite le démaigrissement de la tête du chevron, distance prise de E en K, avec cette distance on tracera les lignes parues sur la herse au-dessous de chacune des premières données et l'on mènera carrément sur ces dernières les points où les premières coupent les faces du dessus de l'arêtier premièrement tracées, et par ce moyen on aura les cases figurées, d'après lesquelles on aura le tracé des deux faces du dessous de l'arêtier ainsi quelles figurent en lignes pointillées; ensuite on prendra le démaigrissement du pied du chevron et on le portera sur la herse parallèlement à C D, cette dernière est marquée K, on prendra ensuite sur la face du dessous du chevron partant de la gorge du pied, les distances des abouts, et celles des gorges des mortaises des aisseliers celles de l'entrait, et celles de la contre-fiche, ces distances seront portées sur la herse au-dessus de la ligne K, et par des parallèles on aura le tracé des mortaises figurées. Pour tracer l'arêtier, on préparera un morceau de bois de l'épaisseur du chevron de la ferme et de la largeur à couvrir le tracé paru sur la herse, on tracera ensuite sur le dessus les lignes pleines et sur le dessous les lignes pointillées, puis l'on abattra le bois d'une face à l'autre et l'arêtier sera fait; on le placera ensuite sur ligne et l'on y tracera sur la face du dessus les mortaises parues ainsi que les deux lignes marquées d'un trait ramènerait au pied et en tête, ces dernières étant rembarrées l'une par l'autre donneront le tracé des coupes; ayant placé la panne ainsi que les empanons sur la herse, on plombera leur face sur celle de l'arêtier et l'on obtiendra ainsi l'occupation de leurs coupes, de même que les deux faces de l'arêtier du dedans de la herse donneront le tracé des coupes des empanons ainsi que de la panne.

Les empanons de l'impérial se tracent sur leur élévation comme de coutume et tendent à l'arête de l'arêtier, vu qu'il n'est pas délardé de ce côté.

ÉTABLISSEMENT DE L'AISSELIER, DE L'ENTRAIT ET DE LA CONTRE-FICHE.

L'entrait se trace sur le plan, comme il est figuré, par le moyen d'y descendre de l'élévation de la ferme, l'about et la gorge avec lesquels on aura le tracé de la coupe; de même on aura le tracé de la mortaise de la tête de l'aisselier. Pour tracer l'aisselier, on le mettra sur sa herse tel que l'on a fait pour l'arêtier; pour cela on mènera carrément à l'aisselier de la ferme les lignes figurées et on prendra sur le plan la distance de L M, on la portera de P en Q, on prendra ensuite G en 2, on le portera de R en S, H en 3, de T en U, I en 4 de V en X, N en O, de Y en Z, on tracera ensuite la courbe passant par Q S U X Z, et l'on aura ainsi une face du dessus de l'aisselier; on opère de la même manière pour l'autre face, avec ces deux premières on obtiendra celles du dessous comme elles figurent, ainsi que le tracé des coupes; on opère de même pour le tracé de la contre-fiche.

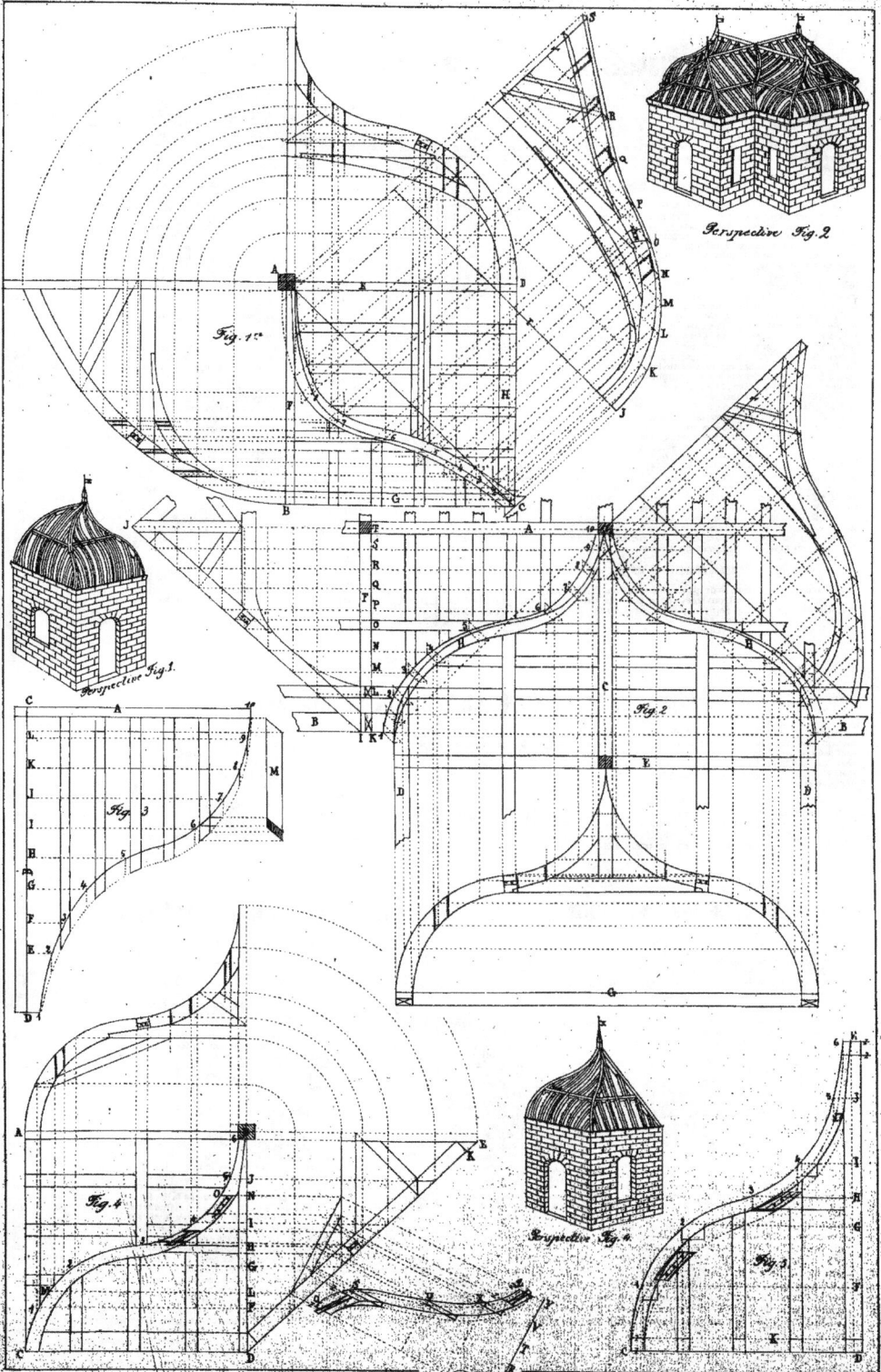

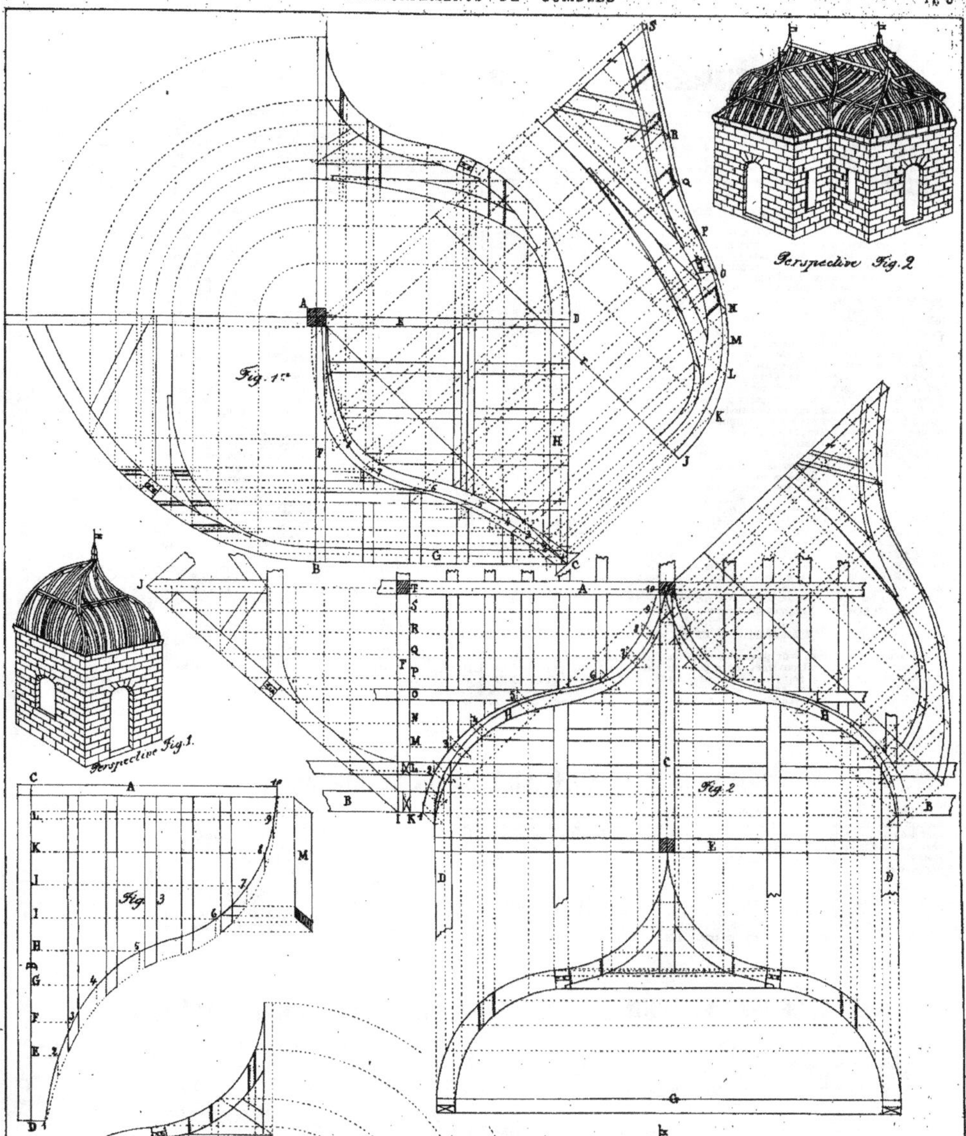
Fig. 1re
Perspective Fig. 2
Perspective Fig. 1
Fig. 2
Fig. 3
Fig. 4
Perspective Fig. 4
Fig. 5

COMBLE CIRCULAIRE EN RACCORD DANS L'ANGLE DE DEUX MURS

Le plan de cette figure est un appentis placé dans l'angle des deux murs, la face du devant forme un pan-coupé, rentrant en tour ronde, laissant sur chacun des côtés une partie droite d'équerre avec les grands murs, ainsi qu'au pan circulaire du pan-coupé. Ces parties droites sont couvertes chacune d'une demi-croupe se raccordant avec le comble du pan-coupé ; ce dernier forme un cône renversé et se brise sur les faces des grands murs ; le raccord de ces parties est fait par deux faîtages de pente et cintrés sur le dessus dans lesquels sont assemblés les têtes des chevrons ainsi qu'il est vu sur la perspective.

Manière d'opérer.

Étant données les deux lignes d'équerre A B C, on aura la face des grands murs; on tirera, carrément à ces deux premières et à égale distance de A, la ligne B D et D C; du point D on décrira le plan du pan coupé E F G et par ce moyen le plan des sablières sera établi. On fera paraître ensuite l'épaisseur figurées au-dedans des murs A B et A C; on fera paraître, à volonté, la vue de bout des poinçons selon la pente que l'on jugera à propos de donner aux croupes : on aura ainsi le plan des deux fermes H, ainsi que celui du faîtage I ; ce dernier sera assemblé de la tête dans le poinçon A, de F en A. On formera la demi-ferme J et on fera son élévation comme elle est indiquée par la ligne F K ; d'après cette première élévation, on obtiendra celle des demi-fermes H par un simblot décrit du point D; on ramènera le centre du poinçon sur le plan de la demi-ferme J, on obtiendra le point A; on tirera ensuite le point carrément sur l'élévation et l'on aura la hauteur A B. On la portera de C en D et l'on aura, en B D, la rampe des demi-fermes H. ainsi marquée du côté droit de l'épure : il sera fait seulement l'élévation du faîtage de ce même côté, attendu que l'autre est semblable. On tirera ensuite des lignes de niveau sur la demi-ferme J, en élévation parallèle à la ligne de base A F et d'égale hauteur au point où chacune de ces lignes coupent le lattis, on les descendra carrément sur le plan en les arrêtant sur la ligne de base A F, et du centre D, on les décrira sur le plan; la même opération faite sur la demi-ferme H, descendue également en plan, la jonction des unes avec les autres donnera le plan des deux arêtiers L; pour tracer leur épaisseur, on les divisera comme il est connu et comme ils figurent; de même on fera les élévations, dont l'une est figurée au-dessus de la ligne de base M; cela étant fait, on continuera par l'élévation des faîtages; comme comme on le voit, ces derniers sont de pente et leur naissance part de la tête des demi-fermes H et ils sont assemblés du pied dans le même poinçon; ayant pris la hauteur de la demi-ferme J, de A en K, et l'ayant portée de A en N, on aura ainsi la hauteur de la tête, et de N en D, la pente.

Pour tracer la courbe du dessus de manière qu'elle se raccorde avec le cône du comble, on fixera sur la rampe K F les points E F, et on les descendra carrément sur la base de la demi-ferme, de f en 1 et de e en 2; du centre D, on les décrira ensuite sur le plan du faîtage, de 1 en 3 et de 2 en 4; on mènera une ligne à chacun, carrément sur l'élévation du faîtage et l'on prendra ensuite la hauteur de 2 e, qu'on portera de h en 9, ensuite 1 f, de k en m, et lorsqu'on aura tracé la courbe passant par d, g, m, N ; on aura ainsi la forme du faîtage; on y tracera le délardement figuré ainsi que l'occupation des coupes des empanons. On remarquera que le délardement n'est fait sur le dessous que jusqu'à la ligne du milieu.

ÉTABLISSEMENT DE LA PANNE

La longueur des empanons du pan coupé ayant une trop grande portée pour se maintenir par eux-mêmes exigent une panne pour les supporter; cette panne est assemblée dans la tête des poinçons, dans lesquels sont assemblés les têtes des demi-fermes H, ainsi que le pied des faîtages. Ladite panne en plan est marquée O; sa jonction avec le plan de la demi-fermo J donne la vue du potelet assemblé sur le tirant de la ferme, il est destiné à supporter la panne vue figure 2. — Pour faire ce tracé, on tirera la ligne A B et la perpendiculaire C D, on prendra sur le plan de la panne la distance des points 8, 9, 10, près du milieu du plan de la demi-ferme J, et on les portera, figure 2, comme il suit: la ligne C D correspondant avec le milieu de la ferme; on portera le point 8 de C en E, 9 de C en I et 10 de C en B, et l'on mènera à ces points des lignes égales à C D; du centre D en plan, on décrira les points 10, 9, 8, sur la base de la demi-ferme J, puis on les montera carrément sur le lattis et l'on aura en 8 le point 6, en 9 le point 7 et en 10 le point a; cela fait, on prendra de la ligne A F, la hauteur du point 5, qu'on portera, figure 2, de C en D; la hauteur de 6, on la portera de même de E en F; 7, de 1 en G et 10 de B en H; la courbe passant par D F G H, sera la face du derrière de la panne. On fera la même opération pour avoir celle du devant, de manière à avoir le délardement du dessus pour le repos des chevrons; on tracera de même l'autre côté, comme le représente la figure: les lignes marquées du trait ramené donnent les coupes sur la face du devant des poinçons. On prendra ensuite la retombée du chevron sur une ligne aplomb que l'on portera au-dessus de la ligne C, et l'on aura l'arasement du potelet, de manière que la panne passe au-dessous des chevrons; cette dernière ligne servira aussi de guide pour prendre la hauteur sur les liens des bouts, ainsi que sur les faîtages pour tracer ensuite leurs mortaises dans les poinçons, on comprendra très-bien que cette panne est à face aplomb car, pour l'établir comme elle est et carrément au lattis, ce serait une autre opération qui sera démontrée plus loin.

DÉVELOPPEMENT DE LA HERSE

On développera premièrement la herse de la demi-croupe du côté droit, on mènera, figure 3, les deux lignes d'équerre A B C, et l'on prendra, figure 1, la longueur de la demi-ferme B D, on la portera sur la herse de A en C, ainsi que la sablière B G, de A en B, où tous les points résultant des lignes de niveau données sur l'élévation de la demi-ferme joignent le lattis B d; on les portera de même sur la herse, sur la ligne A C; à chacun de ces points, on tirera des lignes égales à B A, puis l'on prendra la longueur de chacune d'elles sur le plan, du milieu de la demi-ferme au milieu de l'arêtier, et l'on portera ces longueurs sur chacune d'elles, sur la herse, partant de la ligne A C, et l'on aura le milieu de l'arêtier; par les points B 1, 2, 3, 4, 5, 6, on portera ensuite l'autre face, ainsi que le démaigrissement et les empanons, comme de coutume, et cette herse sera terminée. Pour développer celle du pan coupé, on profilera la rampe de la demi-ferme J, jusqu'à la rencontre d'un trait tiré carrément à son plan, partant du point D et donnant le point P; cela fait, on prendra la longueur de D F et avec cette longueur on décrira du point A, figure 3, la courbe B C, puis l'on jettera à volonté la ligne A F E et on prendra sur le plan la distance de F Q, on la portera sur la herse de F en G, ensuite Q R, de G en H, R S de H en I, S T de I en J, T G de J en B; on portera ces mêmes points de l'autre côté, de manière à déterminer le point C, puis l'on tirera des lignes indéfinies de chacun de ces points tendant au point A, on prendra sur la rampe de la ferme la distance F K, on la portera sur la herse de F en E, ensuite F f, de F en 5; F e, de F en 4; F b de F en 3; F 6 de F en 2; F U de F en 1; du point A, on décrira les lignes sur chacun de ces points et leurs rencontres avec les premières lignes déterminées donneront les points 6, 7, 8, 9 ; on prendra ensuite, en plan sur la ligne courbe a, 10, la distance où cette dernière joint la ligne R 4, du milieu de cette ligne au milieu du poinçon, et cette distance se portera sur la herse de K en L, et l'on aura par L la tête des arêtiers, ainsi que le pied des faîtages, et lorsqu'on aura tracé la ligne L 8 9 E, on aura le milieu du faîtage sur la herse, par L 7 6 B, celui de l'arêtier; on fera paraître ensuite la face du dedans, en les portant sur chacune des lignes du plan et les portant, de même sur celles de la herse; cela fait, on y placera les empanons, comme ils figurent, plus leur démaigrissement, et la herse sera terminée.

Fig. 5.

COMBLE DROIT SUR UN PLAN CIRCULAIRE

Le plan de cette figure est un comble droit, construit sur un plan circulaire d'une assez grande longueur et dans les bouts duquel il existe une croupe, dont les sablières sont droites. Les croupes se raccordent avec le comble circulaire par des arêtiers croches; le faîtage est cintré sur son plan pour le dégauchissement du comble; par la même raison, les chevrons tendent vers le centre du plan, comme il est vu sur la perspective.

Manière d'opérer.

On commence par décrire du centre A, le cercle B C, et l'on aura les sablières de la partie creuse; on décrit, ensuite la sablière o de la partie ronde D E, puis on tire la ligne A B D, et l'on a la sablière de croupe; ayant fixé le plan des fermes F G, on fera l'élévation d'une seule qui servira à les tracer toutes; l'on descend sur leur plan, la vue de bout du poinçon, on décrit du point A le plan du faîtage H, on fait paraître le plan de la demi-ferme de croupe I, carrément à la sablière D B, et ensuite l'élévation comme elle figure et de même hauteur que les fermes; l'élévation étant ainsi tracée, on tire des lignes de niveau de hauteur égale; aux points où chacune d'elles joignent le lattis, on les descend carrément sur le plan et on les mène ensuite suivant les sablières, et par la jonction des unes avec les autres, on obtiendra le plan des arêtiers J; leur élévation se fera comme de coutume et comme elle est marquée K K. La herse des parties circulaires se fait comme il a été démontré, figures 4 et 3; quant à celle de la croupe, on opérerait de même pour tracer les pannes, si on désirait les mettre droites; en cas contraire, on opérerait comme dans une tour ronde : le faîtage forme la courbe figurée sur le plan et s'assemble carrément dans les poinçons.

Fig. 6.

RACCORDEMENT D'UN COMBLE CIRCULAIRE AVEC UN COMBLE DROIT

Le plan de cette figure est un comble assez long, ayant deux croupes de chaque bout, entre lesquelles une sablière dont l'un des côtés est droite et l'autre est en tour ronde rentrée; le comble de cette partie est raccordé avec les croupes par des arêtiers croches, il est également raccordé avec le comble du côté opposé par le moyen du faîtage croche sur son plan et sur le dessus, comme il est vu sur la perspective.

Manière d'opérer.

Du point A on décrira le cercle B C, qui donnera le plan de la sablière courbe; étant donnée la ligne A C, on tirera carrément à cette première la sablière D E, ensuite E F carrément à cette dernière et l'on aura ainsi formé le plan des sablières C B, B F, F E, E D; cela fait, on aura, de E en A, le plan de l'arêtier G et celui de la demi-ferme H; des deux ensemble on formera une ferme, dans le poinçon de laquelle seront assemblés les arêtiers I J : la vue de bout de ce poinçon ne peut être fixée que lorsque nous aurons tracé le plan du faîtage K. Pour faire ce tracé, on fixera d'abord le plan de la ferme C D, puis on fera son élévation figurée par les rampes L C et L D, le point M sera le milieu du poinçon en plan; d'après cette première nous aurons les élévations des suivantes qui seront, nous avons dit, par la demi-ferme H et par l'arêtier G.

Pour en faire l'élévation, on mènera une ligne au milieu du poinçon M égale au plan de la sablière D E, et on aura sur le plan de l'arêtier le point 1; du point A on décrira également, sur le plan de la demi-ferme H, le milieu du poinçon M, comme il est vu par un simblot donnant le point 2; sur chacun de ces derniers points, on mènera une ligne carrément à G H et prenant la hauteur M L, on la portera de 1 en N et de 2 en O, et l'on aura, de O en P, la rampe de la demi-ferme H, et de N en E, celle de l'arêtier G; ces rampes étant profilées jusqu'à leur rencontre, on aura le point Q et la hauteur totale de cette dernière ferme; le point Q étant descendu carrément sur ce plan, on aura le milieu de la vue de bout du poinçon figuré. La vue de bout des deux poinçons étant ainsi parue, on est fixé où doit tendre le faîtage : de même on connaît la pente qu'il doit avoir par la différence de hauteur de deux fermes; il s'agit donc de déterminer sa forme. Pour cela, en plan d'une ferme à l'autre on jettera des lignes à volonté sur le plan tendant au point A, comme il est vu ici par celles marquées R S et T U. L'opération à faire sur chacune étant la même, il ne sera parlé que de celle de la première R S; à la rencontre de cette ligne avec la ligne M 1, on aura le point 3, de même on aura le point 4, par la rencontre du simblot M 2; aux points 3 et 4, on mènera une ligne d'équerre à R S, puis on prendra la hauteur de M L, on la portera de 3 en V et de 4 en X, et l'on tirera les lignes figurées de X en R et de V en S; étant profilées jusqu'à leur rencontre, on aura le point Y qui, étant descendu carrément sur la ligne R S, donnera le point K; par la même opération faite sur l'autre ligne T U, on aura le point de hauteur 5, qui donnera en plan le point 6 et, lorsque l'on aura tracé la courbe passant par 6 K et par le milieu des poinçons, on aura ainsi le plan du faîtage figuré.

Pour établir le faîtage, on mènera, figure 7 et à volonté, la ligne A B parallèlement au point du milieu des deux poinçons; on mènera ensuite des lignes indéfinies sur chacun de ces deux derniers points et carrément à la première ligne A B; on fera de même en K et en 6; cela fait, on prendra la hauteur de M L, qu'on portera, figure 7, de B en C; on prendra ensuite 6 5, qu'on portera de I en D, K Y de J en E, ensuite la hauteur de la ferme H G prise du milieu du poinçon en Q et portée de A en F, la courbe passant par C D E F donnera le cintre du dessus du faîtage; le délardement du dessus se trace comme il a été déjà démontré, de même que l'établissement des liens, ainsi que le tracé des croupes. Dans le cas où il y aurait des fermes intermédiaires, on ferait la même opération que celle qui vient d'être faite sur la ligne R S.

Pour former le plan de l'arêtier J, on aura recours au chevron d'emprunt Z, que l'on fera carrément à la sablière B F, qu'on mettra en élévation, comme il figure, et sur lequel on fera paraître des lignes de niveau correspondant avec celles de la demi-ferme H; lorsqu'on les aura descendues sur le plan et tirées carrément aux sablières, on aura par la jonction de chacune d'elles le plan de l'arêtier figuré, et l'élévation se fait comme il a été démontré.

DÉVELOPPEMENT DE LA HERSE

La herse de la sablière B F se tracera telle qu'il a été démontré figure 3, en ayant constamment recours au chevron d'emprunt L, également marqué sur la herse, figure 8. Ce chevron d'emprunt doit être considéré comme une demi-ferme, car c'est d'après lui que l'on obtient le croche de l'arêtier sur le plan, ainsi que le tracé de la herse, le plan des empanons, celui de la panne et le démaigrissement.

La figure 9 est le développement de la herse de la partie creuse : pour la tracer, on tirera une ligne du point A, carrément au plan de la ferme C D, sur laquelle on profilera la rampe L C, et l'on aura le point b; avec la distance de b c, on décrira du point A, figure 9, la courbe c B, et du point A on mènera à volonté la ligne C H : cette première ligne sera adoptée pour la ligne du milieu de la ferme C D; on prendra ensuite sur le plan la distance de C I, on la portera sur la herse de C en D, T R de D en E, R P de E en F; on portera de même les autres petites lignes de P en B, et l'on déterminera le même point B sur la herse, puis du point A, on tendra sur chacun de ces points des lignes indéfinies; cela fait, on prendra ensuite T S, on la portera de D en G, R Y de E en I, P Q de F en J; ceci étant fait, on aura par F J la demi-ferme H sur la herse H G I J, le milieu du faîtage et par la première courbe donnée de C en B, la sablière. Pour y tracer l'arêtier J, on prendra sur la ligne P Q, rampe de la demi-ferme H, tous les points donnés par les lignes de niveau que l'on rapportera de même sur la herse, et du point A, on les mènera sur chacune de leurs lignes figurées; l'on aura ainsi le milieu de l'arêtier sur ladite herse, par les points B 1, 2, 3, 4, 5, 6, J; la herse ainsi faite, on y placera les empanons comme ils figurent, la face de l'arêtier, celle du faîtage, ainsi que le démaigrissement du dessous, et la herse sera terminée. S'il y avait lieu d'y placer des pannes, on se fixerait sur ce qui a été observé à ce sujet dans les figures précédentes.

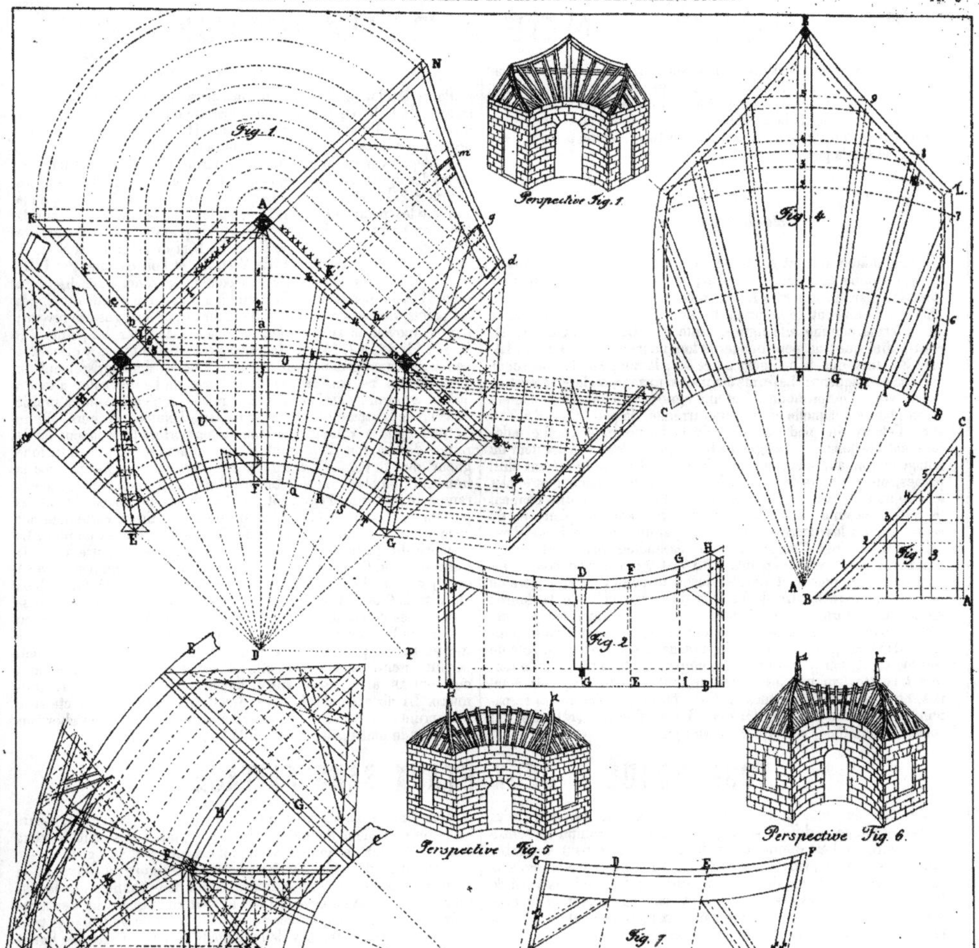

Imp. Jullot Tours

E. Delataille

FIG. 1. PLANCHE 7.

TOUR RONDE A DEUX ÉTAUX

Le plan ici proposé est un comble sur tour ronde coupé à une certaine hauteur par un faîtage de niveau, correspondant à deux parties droites, observées dans la dite tour ronde et venant se perdre à rien sur le milieu de la sablière; le raccord de ces deux parties est formé par le moyen de deux arêtiers croches, comme il est vu sur le plan et sur la perspective.

Manière d'opérer.

Étant donné le point A, on décrit d'abord le demi-cercle BCD, ce qui donne la moitié du plan; la ligne B A D étant tirée donne le plan de la ferme A; de même A en C donne le plan du chevron d'emprunt de la partie droite; on fera ensuite l'élévation de la ferme comme elle figure. Cette élévation se fait à volonté, c'est-à-dire que l'on peut donner la longueur que l'on veut au faîtage E, ainsi que la hauteur; en ce cas, la rampe de la tour ronde varie en conséquence. La ferme étant ainsi formée, on fera l'élévation du chevron d'emprunt en tirant une ligne à volonté, parallèlement à son plan, sur laquelle on mènera carrément le point C en F et l'on aura l'about du pied. Le plan de la ferme étant profilé indéfiniment au-dessus de la ligne de base, on y portera la hauteur du faîtage et l'on aura ainsi la rampe F G; ces deux rampes étant ainsi parues, on y placera des lignes de niveau à égale hauteur et égales à la ligne F B, comme elles sont figurées au point où elles coupent le lattis, ensuite on les descendra carrément en plan, et du centre A, on les décrira sur le plan parallèlement à la sablière. Celles du chevron d'emprunt étant descendues carrément sur ces premières donneront les points 1 2 3 4 5 6 7 : la courbe passant sur chacun de ces points et profilée jusqu'au point C et au centre du poinçon donnera le plan de l'arêtier du côté gauche de la figure; de même on aura celui de l'autre côté. Ces arêtiers ne pouvant être dévoyés, on fixera leur épaisseur en plan comme on le désirera; dans ce plan-ci, toute l'épaisseur a été portée du côté du comble droit, par conséquent, les empanons de la tour ronde tentent à l'arête, vu que les arêtiers ne sont pas délardés; cela étant fait, on descendra les pannes en plan, puis on y placera les empanons figurés et le plan sera terminé. L'élévation des arêtiers se fait comme d'habitude, ainsi qu'il est vu figure 2.

DÉVELOPPEMENT DE LA HERSE

Pour développer la herse de la partie ronde, on profilera les rampes de la ferme jusqu'à leur rencontre qui, naturellement, tendront sur la ligne du milieu au point H; de ce dernier point on décrira la courbe B I, puis l'on tendra à volonte la ligne I H que l'on adoptera pour le milieu de la ferme en herse; cela fait, on tirera des lignes en plan tendant du centre A et passant sur les points 1 2 3 4 5 6 7 d'après lesquelles on aura sur le dehors de la sablière les points J K L M N O P; on les rapportera ensuite sur la herse en prenant la distance de B J et la portant de I en Q, ensuite J K de Q en R, K L, de R en S, L M de S en T, M N de T en U N O, de U en V, O P de V en X, et l'on termine par P C, de X en Y. De chacun de ces points, on tendra une ligne au point H et du même point H on simblotera sur chacune de ces lignes les points donnés sur la rampe de la ferme par les lignes de niveau; par ce moyen on aura l'arêtier sur la herse ou par les points Y 8 9, 10, 11, 12, 13, 14, 15; la herse étant ainsi faite, on y placera la panne et les empanons figurés, ainsi que le démaigrissement du dessous. On ne parlera pas de la herse de l'autre côté, attendu qu'elle est semblable. Pour la même raison, il n'est fait que la moitié de celle de la partie droite; pour en faire l'épure, on tirera, figure 3, une ligne à volonté sur laquelle on portera la longueur de la rampe du chevron d'emprunt F G et on aura les points A B, longueur du chevron d'emprunt sur la herse correspondant avec la ligne A C, en plan; ensuite on prendra tous les points parus sur la rampe du chevron d'emprunt par les lignes de niveau et on les portera de même sur la ligne A B, puis l'on tirera carrément sur chacun de ces points les lignes figurées et on prendra un plan. La distance du point A au centre du poinçon, on la portera sur la herse de B en C, on continuera ensuite par b 7 qu'on portera de 1 en D, c 6, de 2 en E, d 5, de 3 en F, e 4, de 4 en G, f 3 de 5 en H, g 2 de 6 en I, h 1 de 7 en J, puis on tracera la courbe passant par les points A J I H G F E D C, et on aura ainsi la face du dehors de l'arêtier sur la herse; on fera la même opération sur les mêmes lignes pour tracer celle du dedans, qui est principalement la plus essentielle, car c'est elle qui reçoit la coupe des chevrons; on pourrait alors, sans aucun inconvénient, supprimer la première. La distance de A 8 se prend sur la rampe du chevron d'emprunt, de F en Z; on placera ensuite la panne et les chevrons ainsi que le démaigrissement, et la herse sera terminée.

FIG. 4.

TOUR RONDE A DEUX ÉTAUX SANS FAITAGE

Le plan de cette figure est de la même forme que celui de la précédente, il diffère en ce que le faîtage est rompu au centre c'est-à-dire qu'il est remplacé par deux arêtiers prenant ensemble leur naissance du pied, à une certaine hauteur à laquelle arrive la tête des deux branches de noues destinées à former le raccord de la partie brisée; ces dernières parties sont également raccordées avec le comble de la tour ronde par deux arêtiers croches indiqués comme il est vu sur le plan et sur la perspective.

Manière d'opérer.

Étant donné le centre A, on décrit le demi-cercle B C D formant la moitié du plan, ce qui donne, de B en D, le plan de la ferme, et de A en C, le plan de la noue. Pour faire l'élévation de la ferme, on tirera la ligne de niveau E E, à la hauteur que l'on jugera à propos de donner à la ferme, chacun de ces points E seront portés à la même distance de la ligne du milieu : le point F, pied des arêtiers sera fixé à volonté; puis on tentera les lignes F E et leur élévation sera tracée; la rampe profilée du pied sur la ligne de base, on tendra les lignes G C, et l'on aura les sablières de dégauchissement de chacun des combles de la partie brisée. Ces sablières sont désormais la base essentielle de ces dernières parties, car c'est d'après un chevron d'emprunt fait à chacune d'elles que l'on obtient ensuite la forme en plan des arêtiers, le tracé de la herse, etc... Les détails de chacun des chevrons d'emprunt étant les mêmes, il ne sera démontré que celui qui correspond avec la partie du côté du droit de l'épure. Du milieu du poinçon H, on tracera une ligne carrément à la sablière G C, et l'on aura le plan du chevron d'emprunt H I; pour les mettre en élévation, on tirera une autre ligne carrément à son plan sur le milieu du poinçon, sur lequel on portera la hauteur de la ferme, hauteur prise de H en E et portée H de en J, et l'on aura la rampe du chevron d'emprunt I J. L'élévation étant ainsi faite, on y placera des lignes de niveau, semblables à celles de la ferme et d'égale hauteur au point où celle de la ferme coupe le lattis, on le descend carrément sur son plan et, du centre A, on le décrit sur le plan parallèlement à la sablière B C D; celle du chevron d'emprunt étant descendue carrément sur chacune d'elles, on aura ainsi le plan de l'arêtier formé par les points C 1 2 3 4 5 6 H, on le dévoyera ensuite sur chacune des lignes comme il figure, de même on dévoyera la noue sur les sablières C G, on fera paraître la vue de bout des pannes sur le chevron d'emprunt, au même niveau que celles de la ferme, et on les descendra en plan comme elles figurent par la lettre K. Les empanons se placent carrément à chacune de leurs sablières : la largeur figurée au chevron d'emprunt sera leur retombée. Leurs sablières du dedans donneront ainsi la retombée des petits arêtiers F E; l'élévation des grands comme il est connu et vu fig. 5.

L'élévation de la noue se fait comme elle figure au-dessus de la ligne de base D L; cette dernière n'aura pour hauteur que la distance de A F portée de D en M; le pied ainsi que celui des arrêtiers se déjoutent ensemble de manière que le milieu des trois tend au même point, ces déjoutements se tracent par des lignes aplomb, tels que tout autre.

DÉVELOPPEMENT DE LA HERSE

La herse de la tour ronde étant la même que celle démontrée figure 1re, il ne sera parlé que de celle d'un des côtés de la partie brisée. Etant donné, figure 6, la ligne A B et la perpendiculaire C D, on prendra sur la sablière du chevron d'emprunt, en plan, la distance de 1 G, on la portera sur la herse de C en A; de même, on prendra I C et on le portera de C en B, la longueur du chevron d'emprunt I J étant portée de C en D; de là, on tendra la ligne D A, et l'on aura la ligne du milieu du petit arêtiers sur la herse; on prendra ensuite la longueur des petits arêtiers E F, on la portera de D en E et l'on aura de E en B la ligne du milieu de la noue en herse; tous les points donnés sur la rampe du chevron d'emprunt par chacune des lignes de niveau seront rapportés de même sur la herse, sur la ligne C D. On remarquera que cette dernière n'est autre chose que le chevron d'emprunt sur la herse. Les points étant ainsi portés, on tirera à chacun d'eux la ligne figurée, égale à A B, puis l'on prendra en plan la distance de N 1, on la portera sur la herse de F en 1, ensuite O 2 de G en 2, P 3 de H en 3, Q 4 de 1 en 4, R 5 de J en 5, S 6 de K en 6, ayant ensuite tracé la courbe passant par B 1 2 3 4 5 6 D, on aura ainsi la ligne du milieu de l'arêtier; on fera paraître ensuite les faces du dedans et on y placera les empanons parallèlement au chevron d'emprunt C D et à la même distance qu'en plan. La panne se prend sur la rampe du chevron d'emprunt à la vue de bout figurée et se porte de même sur la herse, comme elle figure par la lettre L; le rengraissement de la panne dans la noue, ainsi que celui du pied des empanons, se prend sur la tête du chevron d'emprunt, de J en T, et se porte suivant la ligne du chevron d'emprunt C D; ce même donnera le démaigrissement pour les coups aplomb de la tête, le long des faces des arêtiers et se portera toujours de la même manière sur les lignes de chevrons. Les pannes des parties en tour ronde se tracent toujours en plan, comme il a été démontré planche 4, fig. 1re.

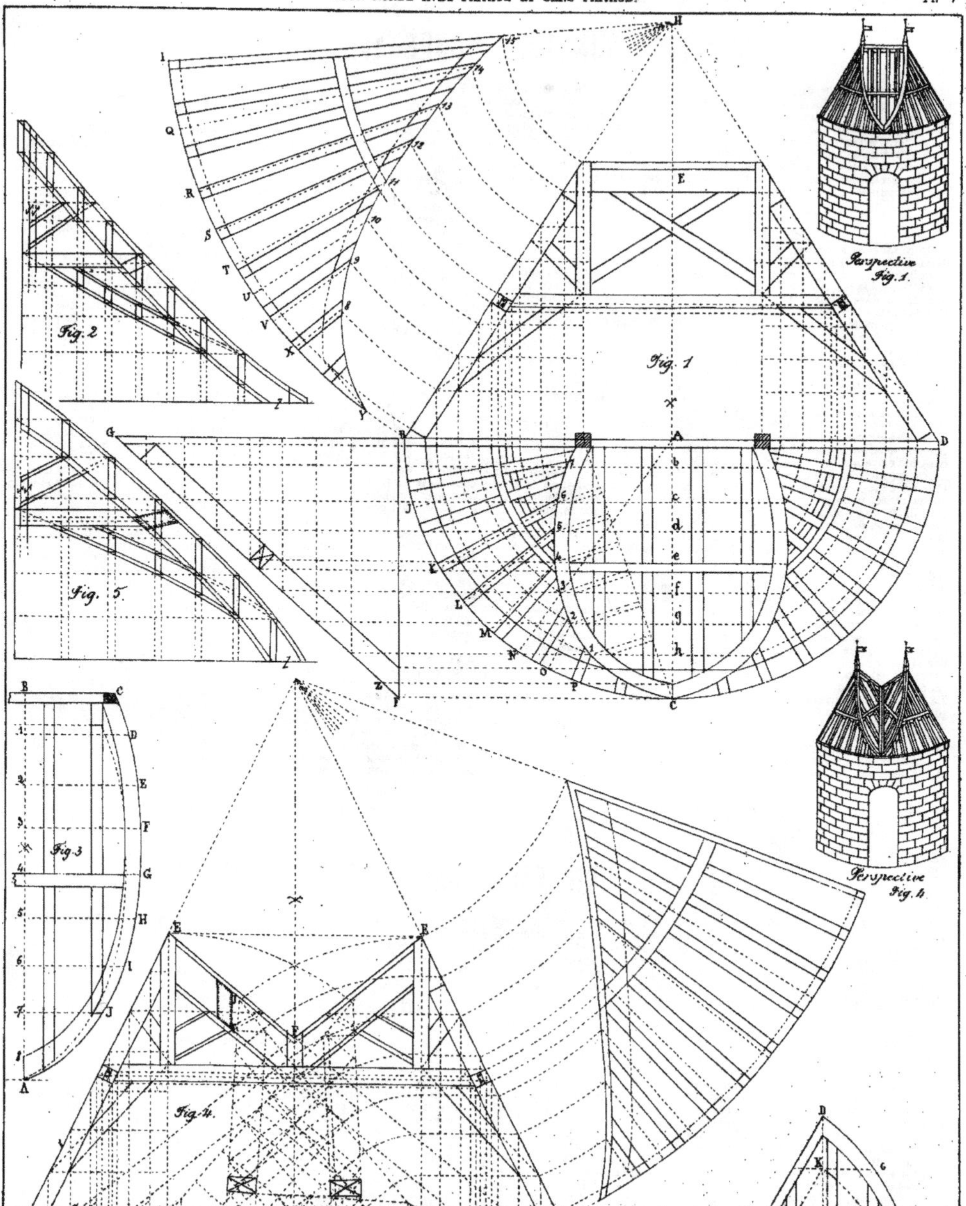
Perspective
Fig. 1.
Fig. 2
Fig. 1
Fig. 5.
Fig. 3
Perspective
Fig. 4.
Fig. 4.
Fig. 6

FIG. 1. PLANCHE 8e.

CINQ ÉPIS SUR TOUR RONDE AVEC FAITAGE

Le plan de cette 1re figure est une tour ronde dont le comble est coupé par deux parties droites croisées carrément l'une avec l'autre, formant par leurs raccords quatre noues tendant sur les surfaces de la tour; ces points sont la naissance du comble des parties droites et se terminent à la tête dans les faîtages, à l'extrémité desquels est un poinçon destiné à les supporter et dans lequel s'assemblent les demi-fermes de croupe formées par leur tour ronde. Le raccord de chacune de ces croupes avec les parties droites est fait par des arêtiers croches partant du pied des noues et se terminant aux faîtages, comme il est vu sur le plan et sur la perspective.

Manière d'opérer.

On commencera par tirer 2 lignes d'équerre à la jonction A, on décrira le demi-cercle B C D E F et on aura la moitié du plan formé de B en F, on aura la ferme en plan et replan de la demi-ferme de A en D, on fera paraître l'élévation de la ferme comme elle figure et on descendra les poinçons sur le plan de manière à obtenir leur vue de bout figurée. Celui de la demi-ferme D A se porte à la même distance du centre A, que ceux de la ferme; par ce moyen le comble sera bien régulier et les demi-fermes se traceront sur le même plan que la ferme, quoique l'élévation soit faite au-dessus de la ligne de base G, qui n'a été tracée que dans le but de favoriser le lecteur pour qu'il comprenne mieux la forme du plan. On divisera sur la sablière la moitié de la distance du pied de la ferme à celui des demi-fermes, c'est-à-dire la moitié de B en D et de D en F et l'on aura, en C et en E, le pied des arêtiers et celui des noues, on aura en même temps le plan de ces dernières en le traçant de ces points au centre A. Les points C E doivent tout naturellement être parallèles au plan de la ferme; par conséquent on tirera une ligne de C en E et l'on aura la sablière du comble droit correspondant avec les faîtages de la ferme, cette ligne étant profilée sur la ligne G, base de l'élévation de la demi-ferme, on aura le point H, duquel on tendra à la tête du poinçon du milieu et l'on aura ainsi la rampe H I et l'élévation du chevron d'emprunt de cette première partie; pour l'autre côté, on fera la même chose, ensuite par le moyen des sablières tirées parallèlement au plan de la demi-ferme, partant des points C E à J paru sur le plan de la ferme, on tendra des lignes en K, tête du poinçon du milieu, l'on aura ainsi la rampe des combles correspondant avec le faîtage de la croupe; de même on aura par les lignes J K l'élévation de leurs chevrons d'emprunt; ceci étant fait, on placera des lignes de niveau, à volonté, sur l'élévation de la ferme et celle de la demi-ferme, on les aura en même temps sur les chevrons d'emprunt, au point que chacune d'elles coupe le lattis de la tour ronde, on les descend carrément sur la ferme et sur la demi-ferme en plan et, du centre A, on les décrira sur le plan; celles des chevrons d'emprunt étant descendues carrément sur chacune d'elles donneront le plan des arêtiers marqué L correspondant avec la ferme et le chevron d'emprunt dont la rampe est marquée H I et les arêtiers marqués M correspondant avec la demi-ferme de croupe et aux chevrons d'emprunt J K. Les arêtiers ainsi que les noues se dévoyent comme il est figuré; ceci fait, on descendra les pannes en plan, on y placera les empanons, toujours carrément à leurs sablières, et le plan sera terminé. La rampe des chevrons d'emprunt donne le délardement des faîtages, le pied des arêtiers avec ceux des noues se déjoutent ensemble de manière que le milieu de chacun tend au même point. Les arêtiers étant tous pareils ainsi que les noues, une seule élévation suffira pour les tracer: la figure 2 est l'élévation des arêtiers et la figure 3 celle des noues. Les lignes aplomb marquées d'un trait ramenerais parues au pied de chacune des élévations servent à tracer le déjoutement dont il vient d'être parlé.

DÉVELOPPEMENT DE LA HERSE.

La herse des parties rondes se fait de la même manière que celle qui a été démontrée dans la planche précédente pour la tour ronde à deux étaux, cependant je vais en donner une deuxième fois la démonstration. On profilera la rampe de la demi-ferme jusqu'à la rencontre de la ligne du milieu et on aura le point N, duquel on décrira la courbe O P; on tirera la ligne N Q à volonté, cette première sera adoptée pour la ligne du milieu de la demi-ferme sur la herse et la courbe O P pour la sablière. On fera ensuite paraître en plan des lignes tendant du centre A, passant sur chacun des points fixés sur le plan des arêtiers, la jonction de chacune d'elles avec le dehors de la sablière donnera les points R S T U V X Y, on les reportera de même sur la herse en prenant la distance en plan de D R et la portant sur la herse de Q en 1, ensuite R S de 1 en 2, S T de 2 en 3, T U de 3 en 4, U V de 4 en 5, V X de 5 en 6, X Y de 6 en 7, Y G de 7 en 0; on les portera de même de l'autre côté et l'on déterminera le point P, de chacun de ces points on tendra des lignes au point N et de ce même point on décrira par des simblots sur chacune de ces lignes le point donné sur la rampe de la demi-ferme par les lignes de niveau et l'on aura les points 8, 9, 10, 11, 12, 13, 14, 15 ainsi marqués sur un seul côté, la ligne tracée par ce point profilée en 0, sera le milieu de l'arêtier sur la herse, on y fera paraître ensuite celle du dedans, puis l'on y placera la panne et les empanons et leur démaigrissement du dessous, et la herse sera terminée.

Pour faire la herse des parties droites, on prendra, figure 3, la longueur de la noue de Z en A, on la portera, figure 4, de A en B; sur une ligne donnée à volonté, cette première sera adoptée pour le milieu de la noue sur la herse et les points A B sont la longueur; on prend ensuite en plan la distance de A J, avec laquelle on décrit un simblot indéfini de chaque côté du point A, figure 4, avec la longueur des chevrons d'emprunt J K ou H I, qui est le même, on tracera le point C; sur chacun des simblots partant de la tête de la noue au point B et l'on aura de C en B les chevrons d'emprunt en herse et de C en A, les sablières. Tous les points donnés sur la rampe des chevrons d'emprunt par la ligne de niveau seront reportés sur ceux de la herse et l'on mènera à chacun de ces points les lignes figurées, égales aux sablières A C: elles se rencontreront sur le milieu de la noue de même que sur le plan, on mènera également une ligne du point B et l'on aura le milieu des faîtages. La distance prise d'axe en axe des poinçons et portée de B en D sera leur longueur et le point du centre de la tête des arêtiers; leur pied ayant été premièrement fixé au point A, il ne reste plus qu'à tracer leur courbe; pour cela, on prendra la longueur de chacune des lignes qui viennent d'être placées sur la herse, elles peuvent être prises sur les chevrons d'emprunt en plan, qui est le même que celui des demi-fermes; mais il est plus facile et plus vite fait de les prendre du milieu de la noue, en opérant comme il suit: on prendra sur le plan la distance de b c, on la portera, figure 4, de 1 en 2, on reprend ensuite D f on le porte de 3 en 4 ensuite h I de 5 en 6, en continuant toujours ainsi jusqu'au point A; on obtiendra ensuite la ligne courbe passant par A 6, 4, 2 D, et le milieu des arêtiers sera tracé; on fera paraître ensuite leurs faces ainsi que celles des faîtages et celles de la noue, puis on y placera les pannes et les empanons parallèlement au chevron d'emprunt, comme ils figurent ainsi que leur démaigrissement pour les coupes aplomb de tête dans le faîtage et les arêtiers de même que pour le rengraissement du pied dans la noue; le démaigrissement se prend à la tête du chevron d'emprunt comme il a déjà été démontré. Ces deux premières herses sont suffisantes pour tracer tous les empannons, attendu que les autres côtés sont semblables.

FIG. 5.

NEUF ÉPIS SUR TOUR RONDE SANS FAITAGE

On nomme ainsi une charpente sur une tour, composée de neuf centres dans lesquels s'assemblent huit arêtiers et huit branches de noues croches; le comble intérieur apparaît à son sommet de la forme d'une tour ronde ordinaire raccordée avec les noues, ensuite avec les arêtiers, avec une seconde partie de comble droit et carré; dans leur ensemble, ces arêtiers sont croches et forment un comble tour ronde à l'extérieur, ainsi qu'il est vu sur le plan et sur la perspective.

Manière d'opérer.

Étant données deux lignes d'équerre et leur jonction A, on décrira le demi-cercle B C D E F et l'on aura la forme de la moitié du plan, ensuite on fera l'élévation de la tour ronde intérieure vue par les lignes G F et G B au point G, on tirera une ligne de niveau sur laquelle on portera le point H à volonté et à égale distance de chaque côté: par ce moyen on aura de H en F et de B en H les rampes du comble extérieur; des points H, on tracera une ligne au centre A et l'on aura la rampe des petits arêtiers H I; le point E étant donné sur la sablière à moitié distance de D F et C, à la moitié de D B, on aura ainsi fixé le pied des arêtiers ainsi que celui des noues; du point A en C et en E on aura aussi les sablières de dégauchissement des combles du derrière correspondant avec les petits arêtiers H I tendant au centre principal. Les points H étant descendus carrément en plan donneront le milieu des poinçons dans lesquels s'assemblent les têtes des arêtiers; les points I donneront ceux dans lesquels s'assemblent le pied des petits arêtiers et la tête des noues; la vue de bout des poinçons étant ainsi parue sur la ligne B F, du centre A on les portera de même sur la ligne A D; ceci étant fait, on tracera les arêtiers et les noues en plan; l'opération pour chacune des parties étant la même, il ne sera parlé que de celle désignée du côté gauche de la figure. On commence d'abord par faire paraître le chevron d'emprunt J K carrément à la sablière de dégauchissement A C, on le met ensuite en élévation avec la hauteur prise du point J H et portée de J en L qui donne la rampe K L; on tirera des lignes de niveau égales à B F sur l'élévation et la jonction de chacune d'elles avec la rampe du lattis B H donnera des points, ces points descendus carrément sur la ligne de base B F du centre A, on les décrira en plan, on portera les mêmes points de hauteur sur le chevron d'emprunt égal à J K, les jonctions avec le lattis descendues en plan jusqu'à ce qu'elles coupent les lignes circulaires précédemment décrites donneront les points 1, 2, 3, 4, 5, 6, 7; ayant tiré une ligne passant par ces points et profilée de J en C, le plan de l'arêtier sera tracé. Les points donnés par les mêmes lignes de niveau sur la rampe du comble intérieur B G seront descendus carrément sur la ligne de base B F et seront également décrits en plan tels que l'ont été ceux de la rampe B H; par la jonction de chacune de ces dernières lignes et celles du même chevron d'emprunt, on aura les points N O P Q R; ayant tracé une deuxième ligne passant par chacun de ces derniers points profilés de S en C, le plan de la noue sera tracé. On la devoyera ensuite sur chacune des lignes du chevron d'emprunt et sur celles de la tour ronde, comme il est figuré; il en sera de même pour l'arêtier; ceci fait, on descendra les pannes en plan, on y placera les empanons tels qu'ils figurent, et le plan sera terminé. Pour supporter les poinçons, on peut assembler la ferme et la demi-ferme comme elles figurent, on aura en plus de A en C et de A en E deux demi-fermes correspondant avec le comble intérieur de la tour ronde; ces dernières sont déjoutées du pied avec celui des noues et les noues avec les arêtiers, attendu qu'ils tendent tous au même point. La figure 6 est l'élévation de l'arêtier, hauteur prise de J H; la figure 7, celle de la noue: cette dernière n'a pour hauteur que la distance de S I.

DÉVELOPPEMENT DE LA HERSE.

La herse des croupes formées par le comble extérieur de la tour ronde se trace de la même manière qu'il a été démontré dans la figure précédente, ainsi qu'il est vu figure 10; il ne sera parlé que de celle de la tour ronde intérieure et de celle des parties droites correspondant avec l'arêtier et la noue. On commence, figure 8, par la ligne A B et la ligne C D carrément l'une avec l'autre, cette dernière sera adoptée pour le chevron d'emprunt sur la herse et la première, pour la sablière; on prendra ensuite en plan la distance de K C, on la portera sur la herse de C en A, ensuite K A de C en B. La longueur du chevron d'emprunt K L étant porté de C en D donnera la tête des arêtiers, puis on tire la ligne B B et l'on a le petit arêtier sur la herse; on prendra sa longueur de H en I, on la portera de D en E, on aura son pied et la tête de la noue, le pied de cette dernière tend au point A avec celui de l'arêtier. Pour tracer leurs courbes, on prendra sur la rampe du chevron d'emprunt K L, tous les points obtenus par chacune des lignes de niveau et on les rapportera de même en herse sur la ligne C D; à chacun de ces points on mènera la ligne figurée égale à B A; ceci fait, on prendra en plan la distance de a N on la portera sur la herse de F en 1, sur la même ligne en plan, on reprendra a 1, on le portera sur la même ligne en herse de F en 7, on continuera ensuite à chacune des lignes b 0 en G 2, b 2 en G 8, c P en H 3, c 3 en H 9, d Q en I 5, d L en I 10, e R en J 6, e 5 en J 11, F 6 en K 12, Q 7 en L 13. Tous les points étant ainsi portés, on tracera la ligne passant par A 7, 8, 9, 10, 11, 12, 13, D, on aura l'arêtier en herse, ainsi que la noue par les points A, 1, 2, 3, 4, 5, 6, E; on fera paraître ensuite leurs faces, puis on y placera la panne, les empanons ainsi que leur démaigrissement de la tête, leur rengraissement du pied, et la herse sera terminée. On tracera ensuite la herse du comble intérieur de la tour ronde, figure 9. On prendra la longueur de la rampe B G, on la portera, figure 9, sur une ligne tirée à volonté de A en B, on prendra ensuite la distance de G I avec laquelle on décrira du point B sur la herse un simblot indéfini, puis on prendra en plan la distance K S, on la portera de C en D, ayant donné les deux lignes D B on aura le milieu de la ferme sur la herse, c'est-à-dire la partie correspondant de G en I. Pour tracer la courbe des noues, on prendra sur le plan la distance h Q, on la portera sur la herse de d en 4, ensuite r P de e en 3, Q 0 de F en 2, x N de g en 1, on tracera ensuite la courbe passant par A, 1, 2, 3, 4, D, on aura ainsi le milieu des noues sur la herse, la panne et les empanons, leur rengraissement du pied, et la herse sera terminée.

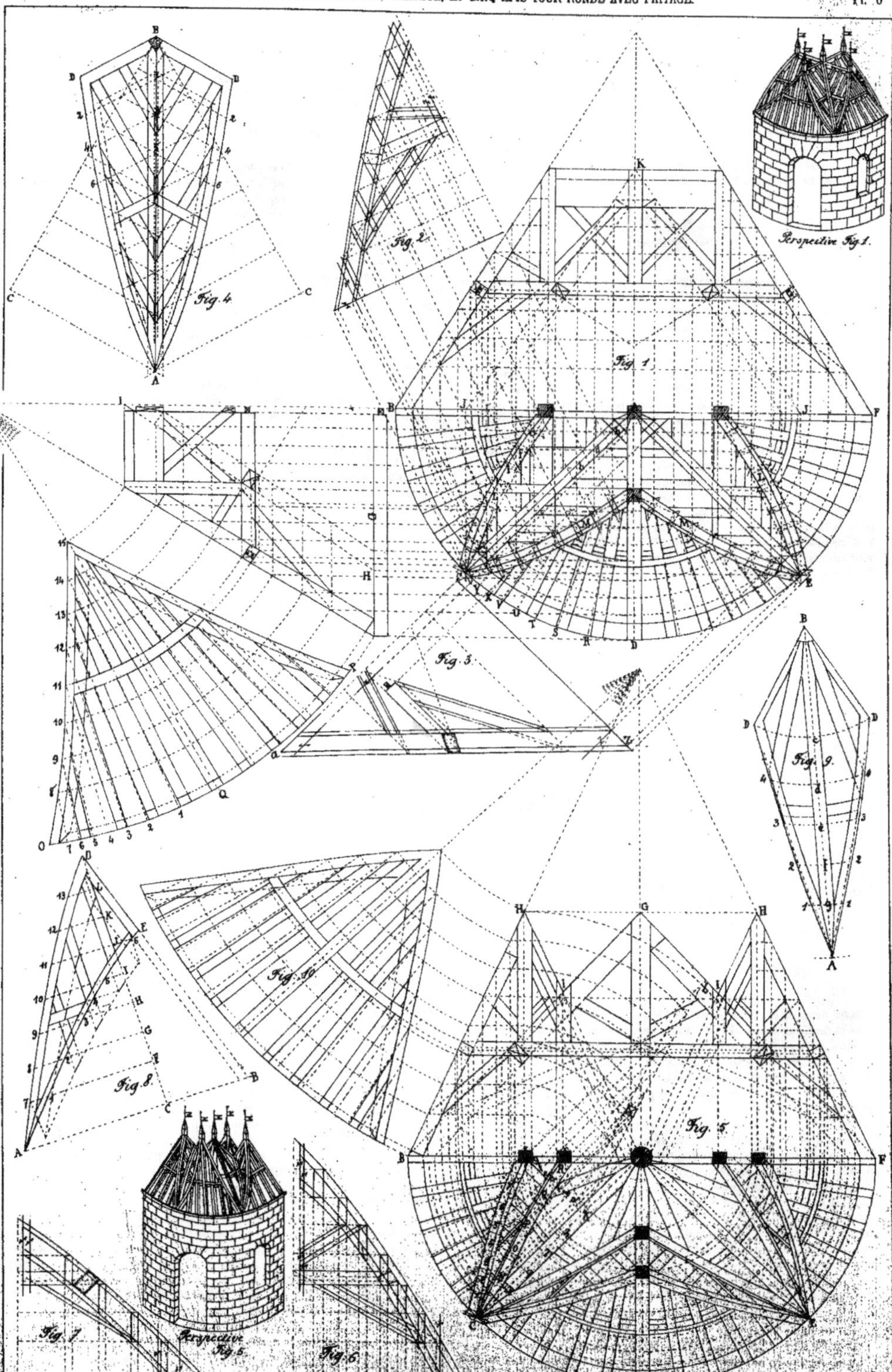
Fig. 1
Perspective Fig. 1
Fig. 2
Fig. 3
Fig. 4
Fig. 5
Perspective Fig. 5
Fig. 6
Fig. 7
Fig. 8
Fig. 9
Fig. 10

CINQ-ÉPIS IMPÉRIAL SUR UN PAVILLON CARRÉ

Le plan de cette figure est un cinq épis établi sur un plan carré, les croupes de chacune des faces sont de forme impériale, celles des parties correspondant avec les faîtages sont droites et se raccordent avec celles de l'impériale au moyen d'arêtiers croches, comme il est vu sur le plan et sur la perspective.

Manière d'opérer.

Étant données, les deux lignes d'équerre A B et C D, d'après ces deux premières, on formera le carré A E, B F, E F et le carré des sablières sera tracé, on aura de A en B le plan de la ferme, et de C en D celui de la demi-ferme; de C en E et de C en F, le plan des noues. On fera ensuite l'élévation de la ferme comme elle figure et l'on descendra les poinçons sur le plan de manière à obtenir leur vue de bout figurée; on placera celui de la demi-ferme à égale distance du centre C, comme celui de la ferme; par ce moyen, la demi-ferme sera semblable à la moitié de la ferme, et s'établira sur la même épure. Les combles correspondant avec les faîtages étant droits, on tracera par conséquent la rampe des chevrons d'emprunt droits, comme elle figure par les lignes A G et G B; celà fait, on fixera des lignes de niveau à volonté sur l'élévation de la ferme, et par là même on les aura sur les chevrons d'emprunt. Les points où chacune d'elles rencontre le lattis du chevron d'emprunt et celui de la ferme seront descendus carrément en plan. L'élévation de la demi-ferme étant semblable, on portera ces mêmes points sur le plan; ces lignes étant ainsi données la jonction des unes avec les autres formera le plan des arêtiers figurés, passant par les points 1, 2, 3, 4, 5, 6, 7, 8, de même que sur la noue, par H I J K L M N O: ces dernières ne peuvent faire autrement que de se rencontrer sur une ligne droite, vu que les deux combles sont droits. Les arêtiers ainsi que les noues étant ainsi parus en plan, on y descendra les pannes, on y placera les empanons et le plan sera terminé: une seule élévation pour les arêtiers suffit pour les tracer tous, voir figure 2; de même que celle des noues, figure 3.

La courbe figurée par l'élévation d'un des chevrons d'emprunt sert à tracer les aisseliers correspondant avec les empanons S T, etc.

DÉVELOPPEMENT DE LA HERSE

Les empanons d'un comble impérial se tracent toujours, comme il a été dit précédemment, sur l'élévation de la ferme et les pannes, en plan; par conséquent ici, il ne sera développé seulement que la herse d'une des parties droites, figure 4. Pour faire ce tracé, on prendra, figure 3, la longueur de la noue A B, on la portera, figure 4, de A en B sur une ligne jetée à volonté; cette première sera adoptée pour le milieu de la noue en herse; on prendra ensuite en plan la distance de C P, longueur que l'on simblottera de A en herse de chaque côté; on prendra ensuite la longueur de l'arêtier du plan en ligne droite, de P en E, on la portera en reculement sur l'élévation de la ferme, de P en Q, et, avec la distance de Q R, on la portera sur la herse du point B sur chacun des simblots dernièrement faits, et l'on aura le point C, tête des arêtiers sur la herse, et de C en A, le faîtage. Le plan de chacun des arêtiers tendant au point B, il ne s'agit plus maintenant que d'y tracer leur courbe; mais auparavant, il faut y placer les chevrons d'emprunt; on prendra sur le plan de la ferme la longueur A P, avec laquelle on décrira un simblot sur la herse; du point B, de chaque côté, on prendra ensuite la longueur du chevron d'emprunt A G que l'on portera des points C sur chacun des simblots qui viennent d'être faits, et l'on aura ainsi le chevron d'emprunt sur la herse de C en D, et de D en B leurs sablières; cela fait, on prendra sur la rampe du chevron d'emprunt A G tous les points donnés par chacune des lignes de niveau, et on les rapportera de même sur la ligne D C, puis l'on tirera à chacun de ces points les lignes figurées égales à B D: elles se rencontreront sur le milieu de la noue, de même qu'en plan, vues par les mêmes points H I J K L M N O. On prendra ensuite sur le plan la distance de H 1, on la portera sur la herse, de H en 1; on continue ensuite par I 2 en I 2, J 3 en J 3, K 4 en K 4, L 5 en L 5, M 6 en M 6, N 7 en N 7 O, 8 en O 8. Ayant tracé les deux courbes par chacun de ces points, et profilé en B et en C, on aura le milieu des arêtiers sur la herse. On y fera paraître les faces, ainsi que celles des faîtages et de la noue; on prendra ensuite la vue de bout des pannes sur l'élévation des chevrons d'emprunt, et on les portera sur la herse, carrément aux lignes C D et les empanons parallèles, ainsi qu'ils figurent; puis on y tracera leur démaigrissement de la tête et leur rengraissement du pied, et la herse sera terminée.

FIG. 2.

CINQ ÉPIS IMPÉRIAL SUR TOUR RONDE SANS FAITAGE

Le plan de cette figure est un cinq-épis sur tour ronde, les faîtages sont remplacés par de petits arêtiers assemblés des poinçons de côté au poinçon du milieu, le pied de ces arêtiers tendant ensemble à une certaine hauteur à laquelle arrive la tête des noues raccordant les deux combles droits jusqu'à la sablière de la tour ronde. Ces parties sont droites et celles des croupes de la tour ronde sont impériales, le raccord des deux combles est fait par des arêtiers croches, comme il est vu sur le plan et sur la perspective.

Manière d'opérer.

Étant données les deux lignes d'équerre A B et C D, du point C on décrira le demi-cercle A E D F B, et l'on aura la forme de la moitié du plan; on aura, de A en B, le plan de la ferme, et de C en D celui de la demi-ferme, et de C en E et en F celui des noues: on remarquera que les points E et F doivent être fixés à moitié de la distance de A D et de D B; cela étant fait, on fera l'élévation de la ferme figurée. Le point H, hauteur du pied des arêtiers, se fixe à volonté. On descendra ensuite le poinçon en plan, afin d'avoir sa vue debout figurée, on fera la demi-ferme semblable à la ferme qui se tracera sur la même épure; les petits arêtiers C H étant profilés du pied sur la ligne de base, on aura, de I en E et de I en F, le plan des sablières de dégauchissement des combles, qui se correspondent avec les petits arêtiers de la ferme. Pour avoir celle de la demi-ferme, on prendra la distance de C en I, on la portera de C en J, et l'on aura, de J en E et de J en F, les dites sablières. La manière de tracer les courbes des arêtiers en plan étant la même, il ne sera démontré que celle du côté gauche de la figure: on fera le chevron d'emprunt K L carrément à la sablière E I, on le mettra en élévation par un trait carré à son plan, sur lequel on portera la hauteur K G de K en M, et l'on aura, de M en L, la rampe du chevron d'emprunt; on y mènera des lignes de niveau, ainsi que sur l'élévation de la ferme, et d'égale hauteur au point où chacune de ces dernières rencontre le lattis de la ferme, on les descendra carrément en plan et du centre C on les décrira; celles du chevron d'emprunt étant descendues carrément sur le plan, on aura par la jonction de chaque ligne les points 1, 2, 3, 4, 5, 6, 7, 8, déterminant une ligne profilée en K et en E, et l'arêtier sera tracé en plan; on le dévoyera sur chacune des lignes, comme il figure, ainsi que la noue qui se dévoye sur les sablières des chevrons d'emprunt. On descendra ensuite les pannes en plan, on y placera les empanons comme ils figurent et le plan sera terminé; l'élévation des arêtiers est indiquée figure 6 et celle de la noue figure 7: cette dernière n'a pour hauteur que la distance de C H portée de A en B.

DÉVELOPPEMENT DE LA HERSE

Les empanons du comble impérial se tracent sur l'élévation de la ferme comme il est fait à celui marqué N: du centre C, on décrira par des simblots l'about et la gorge de l'empanon sur le plan de la ferme et on mènera des lignes aplomb de ce point sur l'élévation; cela fait, on placera l'empanon sur ligne et l'on tracera la ligne de la gorge sur la face du dessous, celle de l'about sur celle du dessus, puis on rembarre ces traits d'une face à l'autre, et la coupe est tracée. Les autres se tracent tous de même ainsi que la panne, comme il a déjà été démontré. Pour faire la herse des combles droits, on fera premièrement paraître, figure 8, les deux lignes d'équerre A B et C D: cette dernière sera adoptée pour le chevron d'emprunt sur la herse; on prendra ensuite en plan la distance de E L, on la portera sur la herse de C en A, ensuite L I de C en B, la longueur du chevron d'emprunt L M étant portée de C en D, on aura la tête des arêtiers, après avoir tiré la ligne D B, on prendra la longueur des petits arêtiers G H, on la portera de D en M, on aura le milieu du petit arêtier sur la herse, et de M A, le milieu de la noue; on prendra ensuite, sur la rampe du chevron d'emprunt L M, la distance de chacun des points obtenus par les lignes de niveau, qu'on portera de même en herse sur la ligne C D, et l'on mènera à chacun de ces points la ligne figurée, égale à AB; cela fait, on prendra en plan la distance de a 1, on la portera sur la herse de E en 1, on prendra ensuite b 2, on le portera de F en 2, c 3 de g en 3, x 4 de N en 4, d 5 de H en 5, e 6 de I en 6, f 7 de I en 7, g 8 de K en 8. On tracera la courbe passant par A 1, 2, 3, 4, 5, 6, 7, 8, D, on aura le milieu de l'arêtier sur la herse; on fera paraître ensuite la face de la noue et celle du petit arêtier, puis on placera la panne et les empanons comme ils figurent ainsi que leur démaigrissement du devant: l'autre moitié de la herse étant semblable, on pourra la tracer à suivre avec cette première, comme l'une et l'autre figurent.

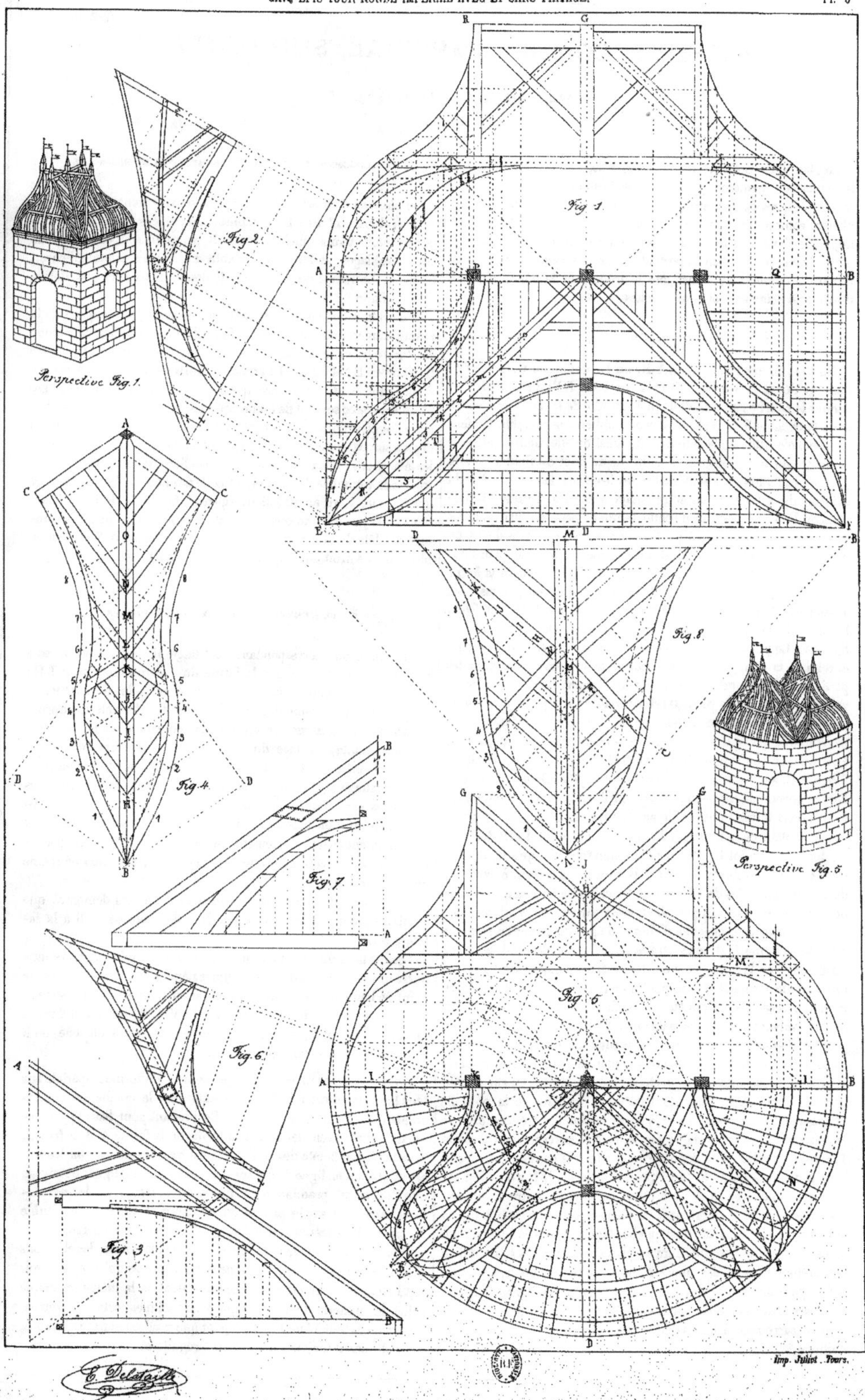

Imp. Juliot . Tours.

E. Deletaille

CINQ-ÉPIS, COMBLE IMPÉRIAL, SUR POTEAUX

FORME CIRCULAIRE ET IRRÉGULIÈRE

Le plan ainsi présenté est un cinq-épis, monté sur poteaux; le roulis est maintenu par des liens formant l'arceau en dessous et courbés de manière à suivre constamment l'aplomb des sablières, comme il est vu sur la perspective. Le comble est de forme impériale dans tous les sens, c'est-à-dire qu'il n'y existe aucune partie droite; les empanons portent les mêmes assemblages que la ferme, la demi-ferme, ainsi que la arêtiers et la noue, c'est-à-dire entrait, aisseliers et contre-fiches.

Manière d'opérer.

On tire, figure 1re, la ligne A B, on la profile en C, point duquel on décrit la courbe B D et la courbe A E F; du point K, on décrira la courbe suivante de D en J; ensuite de H, celle de J en G; et de I, celle de F en G; et le plan des sablières sera établi. On fera ensuite l'élévation de la ferme A B, ainsi qu'elle figure: elle est composée de trois poinçons dont la vue de bout est figurée sur le plan et entre lesquels sont assemblés les deux faîtages L M; du poinçon du milieu est un autre faîtage allant s'assembler dans le poinçon N N. Le poinçon de cette ferme ne peut être fixé qu'après avoir tracé le plan du faîtage O; pour le tracer, on le décrit du point C, comme il figure, ainsi que sa jonction avec le plan de la ferme et l'on a la vue de bout du poinçon. L'élévation de la ferme N N en est parue sur celle A B; comme on le voit par les deux arbalétriers A P et B P, du poinçon de la ferme N N, on fixera le plan de la demi-ferme Q, puis on fera son élévation vue figure 2. Le point D sera le point où tendra le pied des arêtiers, et celui de la noue, formant le raccord de chacune des différentes parties, sera de même le point E; ce dernier peut être placé à volonté, tandis que le point D est invariable par rapport à la pointe formée par les deux sablières; on fait ensuite les élévations du chevron d'emprunt des parties correspondant avec les faîtages L M. Pour cela, on tire la ligne R S, à volonté et carrément au plan de la ferme A B, sur laquelle on tire carément le point D en T et le point E en S; chacun de ces points fixera le pied des chevrons d'emprunt; le plan de la ferme étant profilé au-dessus de la ligne R S, on y portera la hauteur de la ferme, indiquée par le simblot décrit du point R, donnant le point U, tête des deux chevrons d'emprunt, puis on trace à chacun la forme figurée. Les courbes se tracent à volonté, de même que celles de la ferme A B, celles de la ferme N N et la demi-ferme Q. Ces rampes étant ainsi parues, on y placera des lignes de niveau sur chacune d'elles et d'égale hauteur; au point où celle de la ferme A B rencontre le lattis, on le descend ce point carrément sur le plan, où l'on descendra également les lignes de niveau de la ferme N N, vu que les deux élévations sont faites sur la même base. Les points étant ainsi descendus, on les décrira du point C suivant le plan des sablières. La ligne du chevron d'emprunt T U étant descendue carrément sur chacune de ces premières au côté droit de la figure, donnera le plan de l'arêtier V et celui de la noue X a, de même que le chevron d'emprunt S U, sur le côté gauche, donnera le plan de l'arêtier Y et celui de la noue Z. Maintenant, il ne reste plus qu'à tracer le plan des arêtiers formant le raccord du comble de la ferme N N, correspondant avec le faîtage O, et celui de la demi-ferme Q, dont le comble correspond avec la sablière D J G F. Les lignes de la ferme N N ayant déjà été tracées en plan, on descendra celles de la demi-ferme Q, de son élévation, figure 2, carrément en plan, et des centres H I K, on les décrira sur le plan ainsi qu'elles figurent; par la jonction des unes avec les autres, on aura le plan des arêtiers h I. Le milieu des arêtiers et celui des noues étant ainsi tracés, on fera paraître leur épaisseur en les dévoyant sur chacune des lignes figurées; on descendra ensuite les pannes en plan, puis on y placera les empanons carrément à leur sablière et à leur faîtage, et le plan sera terminé.

Établissement des faitages, des arêtiers et des noues

Le chevron d'emprunt T U donne le délardement du faîtage M, et S U donne celui de L; l'établissement de ces deux derniers se fait en même temps que la ferme A B, vu qu'ils sont compris dans ses assemblages; le faîtage O s'établit en son plan, comme il paraît figure 4. La rampe de la ferme N N donne le tracé de son délardement figuré.

L'élévation des arêtiers et celle des noues se font toujours de la même manière, ainsi qu'il est vu figure 5, sur l'élévation de la noue X; figure 6, celle de l'autre noue Z; figure 7, l'arêtier V; figure 8, l'arêtier H, et figure 3 l'arêtier I. Lorsqu'on a tracé l'élévation de la ferme A B, on a tracé à volonté la forme des aisseliers; ces premiers tracés servent de guide pour tracer tous les autres sur chacune des élévations, en prenant la hauteur du dessous et celle du dessus sur chacune des lignes aplomb et les portant de même sur les élévations, on a la forme des aisseliers figurés; de même on tracera la retombée des arêtiers et celle des noues. On remarquera que l'arêtier I, vu en élévation, figure 3, fait lattis droit sur la sablière F G jusqu'à une certaine hauteur et le surplus jusqu'au sommet est délardé; on remarquera aussi que la ferme N N est assemblée du côté droit en coupe d'empanons dans la noue X.

Établissement des empanons et des pannes

Les empanons correspondant au faîtage M, à la noue X et à l'arêtier V, se tracent sur la ferme du chevron d'emprunt T U; on obtient leur coupe à la face de la noue et celle de l'arêtier A en remontant carrément sur l'élévation du chevron d'emprunt les abouts et les gorges de chacun des empanons et en les rembarrant ensuite; la face du poinçon donne la coupe le long du faîtage; de même on tracera sur le chevron S V ceux qui correspondent au faîtage L, l'arêtier Y et la noue Z; on tracera ensuite tous les autres sur chacune des fermes ou demi-fermes auxquelles ils correspondent; en portant sur leur plan les abouts et les gorges et les remontant ensuite carrément sur les élévations, puis on opère le tracé des coupes comme il a déjà été démontré; il en sera de même pour les pannes.

L'opération des liens étant la même, il ne sera démontré que l'établissement des liens correspondant des poteaux A B à la sablière C D.

Lesdits liens formant l'arceau en dessous des sablières, on remarquera que le berceau est tracé en lignes ponctuées servant à donner le point de hauteur pour tracer leur élévation figurée; l'établissement de ces liens étant le même que celui qui a été démontré dans la planche 4, figure 7, le lecteur se reportera à cette planche, où il trouvera tous les détails nécessaires.

Nota. — Dans un comble de ce genre, de forme impériale sur tous les sens, il est très-facile de supprimer le croche des arêtiers en plan, de même que les noues. En prenant pour base le plan ci-dessus, après avoir déterminé la forme de la ferme A B et fixé en plan le pied et la tête des arêtiers, ainsi que des noues, on les tracerait chacun en ligne droite sur leur plan, puis les lignes de niveau que l'on aurait premièrement fixées sur la ferme, on les descendrait carrément sur le plan et on les décrirait sur tout l'ensemble du plan, d'un arêtier à l'autre, parallèlement aux faîtages et aux sablières; par ce moyen, on ne connaîtrait la forme des chevrons d'emprunt ainsi que celle des autres demi-fermes qu'après en avoir fait l'élévation. Les élévations se traceraient de la même façon que celles des arêtiers; il est certain que dans quelques parties, la courbe, ne serait pas tout à fait du même goût que si elle était fixée d'avance, mais elle serait toujours d'une forme régulière.

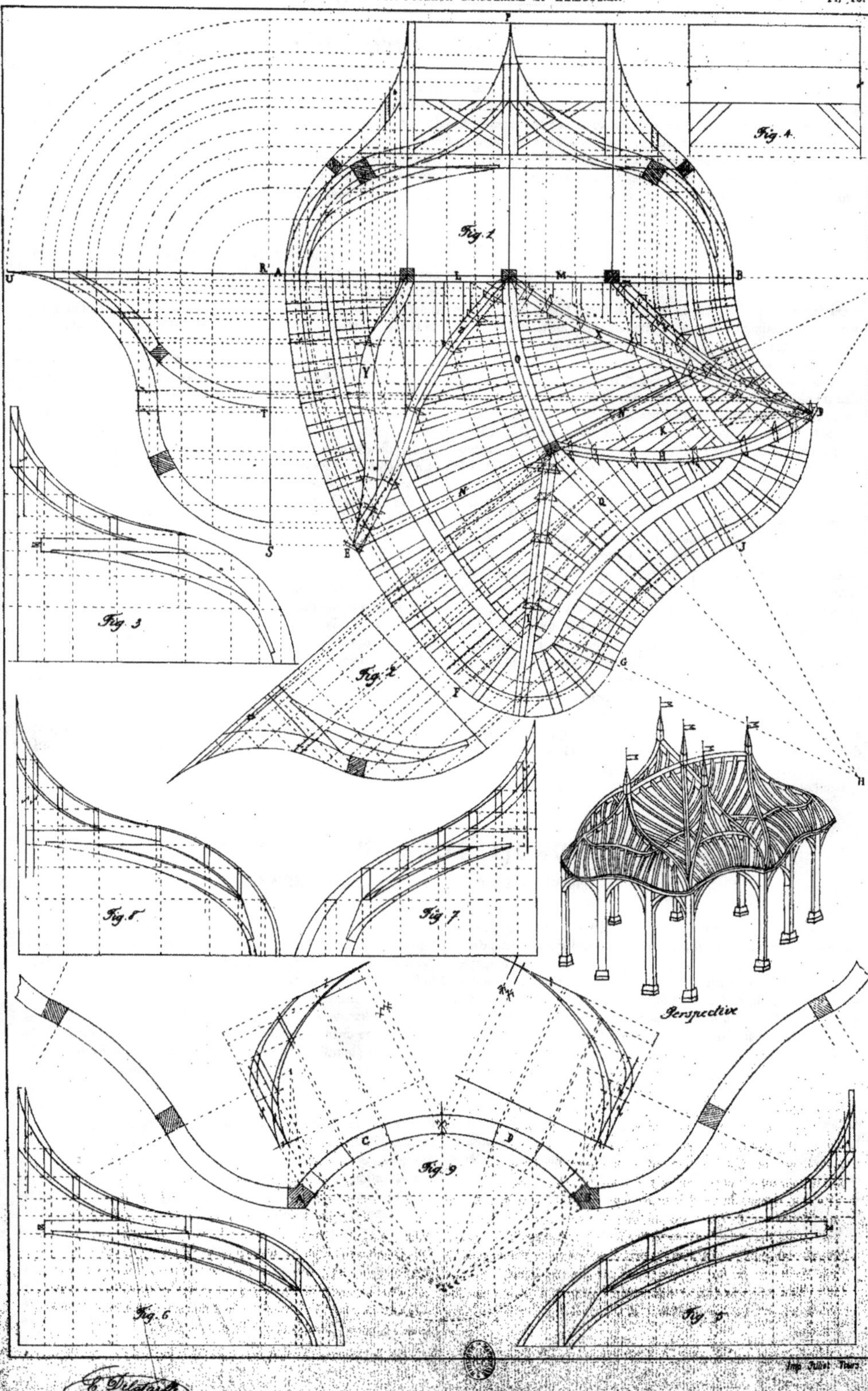

Imp. Juliot Tours

FIG. 1re. **TOUR RONDE EN RACCORD AVEC UN COMBLE DROIT**

Le plan de cette figure est un corps de bâtiment d'une certaine longueur dont l'un des bouts est carré et droit et l'autre se termine par un demi-cercle ; la partie carrée et couverte par une croupe, la partie circulaire par une tour ronde prenant sa naissance d'un côté sur le demi-cercle et de l'autre sur le comble droit du long pan au-dessus du faîtage. Les deux combles sont raccordés par le moyen de deux branches de noues établies par face à plomb faisant lattis avec le comble droit, les empanons de la tour ronde et ceux du comble droit sont cloués en coupe aplomb sur la face, la figure ne représente que la moitié de l'épure, l'autre moitié étant semblable.

Manière d'opérer.

On fera paraître (fig. 1re) la ligne A B C que l'on adoptera pour le milieu du bâtiment, ensuite la parallèle D E pour la sablière d'un des côtés, ayant fixé E F carrément à ces deux premières, on décrira ensuite la sablière E C en ayant F pour pivot, et l'on aura ainsi formé le plan des sablières. La ligne B D sera fixée pour la face du plan d'une des fermes du comble droit, on fera l'élévation de cette première dont la rampe est marquée A D, on fera ensuite l'élévation de la tour ronde comme elle figure par les rampes C H et H G ; sur cette élévation on portera la hauteur du comble droit, hauteur prise de B en A et portée de B en I ; à ce point on mènera une ligne de niveau égale à G C, et l'on aura le dessus du faîtage en élévation, pour l'établir avec le poinçon de la ferme de la tour ronde ; en même temps on l'établira avec le poinçon des noues et celui des autres fermes figurées avec les assemblages qui lui correspondent sur la direction de la ligne E F, où sera placée la principale ferme de la tour ronde ; la ligne F C sera le plan de la demi-ferme figurée en élévation, le poinçon J destiné à supporter les assemblages de la tête des noues (il est supporté par le sous-faîtage K), ce dernier est assemblé dans l'entrait de la ferme de la tour ronde à celle du comble droit. Si le faîtage file jusqu'au poinçon de la tour ronde, ce ne sera que dans le but de maintenir le roulis, de cette manière le chevron du derrière de la demi-ferme repose dessus ; ceci fait, on placera des lignes de niveau sur l'élévation de la ferme du comble droit que l'on portera sur l'élévation de la tour ronde au point où chacune d'elles coupent la rampe G H, on les descendra aplomb en plan, et du centre F on les décrira parallèlement aux sablières au point où celles du comble droit couperont la rampe D A ; on les descendra également en plan, et par la jonction des unes avec les autres on aura les points 1, 2, 3, 4, 5, 6 ; ayant donné une ligne passant sur chacun de ces points et profilés en L et en E, on aura la forme de la noue en plan ; on y fera paraître son épaisseur en tout son entier du côté du comble droit, puis on fera son élévation (fig. 2). Il est préférable de tracer l'entrait en plan comme il figure avec le tracé de la mortaise de la tête de l'aissellier, on placera ensuite les empanons en plan et on fera le tracé de la herse.

DÉVELOPPEMENT DE LA HERSE

Le comble droit n'ayant qu'un seul empanon, il serait plus tôt fait de le tracer sur l'élévation de la ferme, malgré cela le tracé de la herse en est fait figure 3. La manière de faire ce tracé étant connu, il est inutile d'en parler, il ne sera donc fait remarquer que celle de la tour ronde ; du centre F on tentra des lignes sur chacun des points 1, 2, 3, 4, 5, 6, avec lesquels on aura sur la sablière de la tour ronde les points M, N, O, P, Q, R, on prendra ensuite la longueur du chevron de la tour ronde G H, avec cette longueur on décrira (fig. 4) la courbe C B en ayant A pour pivot ; la ligne B A étant donnée, on prendra sur la rampe la distance de H S, on la portera sur cette dernière de A en D, de même on portera tous les points suivants obtenus sur la rampe par chacune des lignes de niveau, et du point A on les décrira sur la herse ; ceci fait, on prendra sur le plan la distance de G M, on la portera sur la herse de B en E, ensuite M N de E en F, N O de F en G, O P de G en H, P Q de H en I, Q R de I en J, R E de J en C. Sur ces derniers points E F G H I J, on tirera une ligne de chacun d'eux au point A, par la jonction de chacune de ces dernières avec les premiers, on aura les points 1, 2, 3, 4, 5, 6, ayant tracé la courbe passant sur chacun de ces points et profilé en A et en D, on aura la noue en herse, le démaigrissement a b pris sur la tête du chevron de la tour ronde et porté en dessous de la noue sur chacune des lignes tentant au point A, par ce moyen on aura la deuxième courbe marquée Z, servant à donner le tracé du rengraissement du pied des empanons que l'on placera sur la herse tel que sur le plan et comme ils figurent. La ligne A C correspond avec le milieu de la ferme E F ainsi marquée sur le plan.

La noue ayant été ainsi dévoyée de toute son épaisseur du côté du comble droit, tout aussi bien on pourait la rentrer de la moitié de son épaisour du côté de la tour ronde, par ce moyen il faudrait observer une barbe aux empanons sur la noue.

FIG. 5.

COMBLE DROIT FORMANT LE DOME

SE RACCORDANT EN BIAIS AVEC UNE TOUR RONDE IMPÉRIALE

Le plan de cette figure est une tour ronde dont le comble est de forme impériale avec lequel vient se raccorder une partie droite formant le dôme, une des sablières de ce dernier comble correspond avec celle de la tour ronde et suivant le même alignement, tandis que celle du côté opposé forme un avant-corps provenant de ce que le plan du comble droit est plus étroit que celui de la tour.

Le plan de la partie droite étant coupé de biais, on aura le plan d'une ferme biaise.

Manière d'opérer.

Etant donné le centre A (fig. 5), on décrira le cercle B C D qui donnera le plan de la tour ronde ; la ligne A B étant donnée à volonté, on tirera B E, carrément à cette première et l'on aura une des sablières du comble dôme, de même on aura la deuxième sablières en tirant D F égale à B E ; de E en F on aura le plan de la ferme biaise, où on placera une autre intermédiaire au carément des sablières dont le plan est marqué G, puis on fera son élévation figurée. Les faces du poinçon étant tirées carrément sur le plan on aura le plan du faîtage I I.

La sablière F D étant profilée en H sera adoptée pour ligne de base sur laquelle on fera l'élévation de la ferme et demi-ferme de la tour ronde. La hauteur totale de la ferme G étant portée par une ligne sur cette dernière élévation, on aura le point J ; on placera ensuite d'autres lignes de niveau à volonté sur chacune des élévations et de même hauteur comme il est vu par les simblots décrits du point K ayant servi à le ramener d'une élevation à l'autre. La ligne A C étant profilée en plan, on descendra carrément sur cette dernière les points où chacune des lignes de niveau jonctionnent avec le latis de la ferme de la tour ronde ; étant ainsi descendu, du point A on les décrira en plan ; celle de la ferme G étant descendue carrément sur chacune d'elles, on aura ainsi le plan des noues L M, on les dévoyera ensuite comme elles figurent. On remarquera que le point J avec le milieu du faîtage I I, donnant par leur rencontre la tête des noues en plan ainsi que la vue debout du poinçon, ce dernier est destiné à recevoir l'assemblage de la tête des noues, celle du faîtage I I et le pied du chevron N correspondant au comble de la tour ronde. La noue M n'ayant pas lieu d'être recreusée, elle est délardée suivant le latis de la ferme G ; on en remarquera l'élévation figures 6 et 7. Celle de la noue L, cette dernière se recreuse. Les élévations se font avec la hauteur de la ferme G, puis avec la hauteur de chacune des lignes suivantes se jonctionnant ensemble sur le plan. Pour supporter le poinçon, il serait très-utile d'établir une ferme avec les deux noues ; pour cela il faudrait préparer l'entrait de la forme du plan. Pour tracer l'élévation de la ferme biaise E F, on opère de la même façon que pour l'élévation d'un arrétier ainsi qu'elle paraît tracée au-dessus de la ligne de base P ; il ne sera donné aucun détail pour cette élévation, car l'épure le démontre très-clairement. Le faîtage I I s'établit comme il est démontré figure 8. Les empanons se tracent sur leur élévation ainsi qu'il a déjà été démontré, les pannes se tracent en plan.

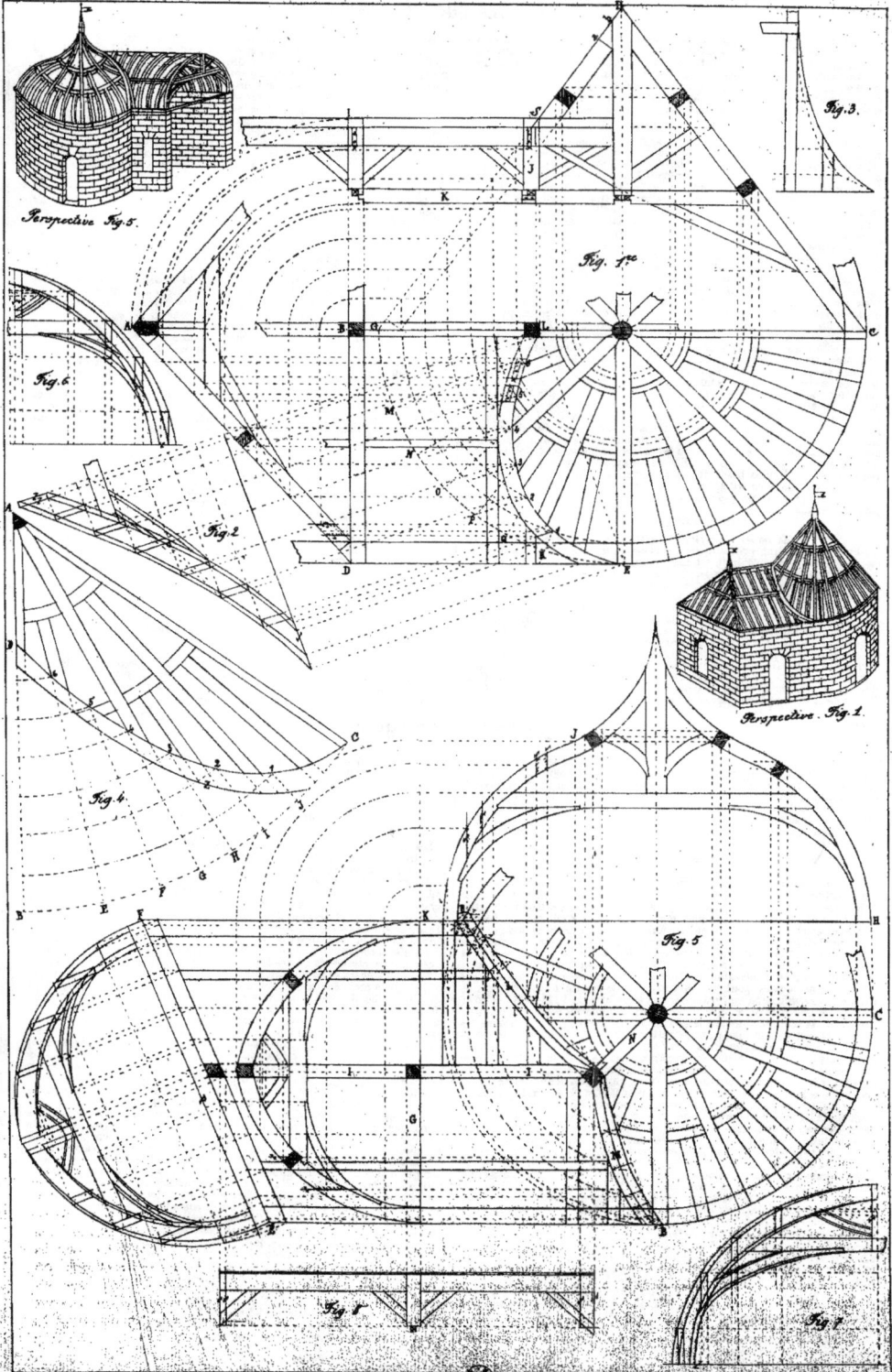

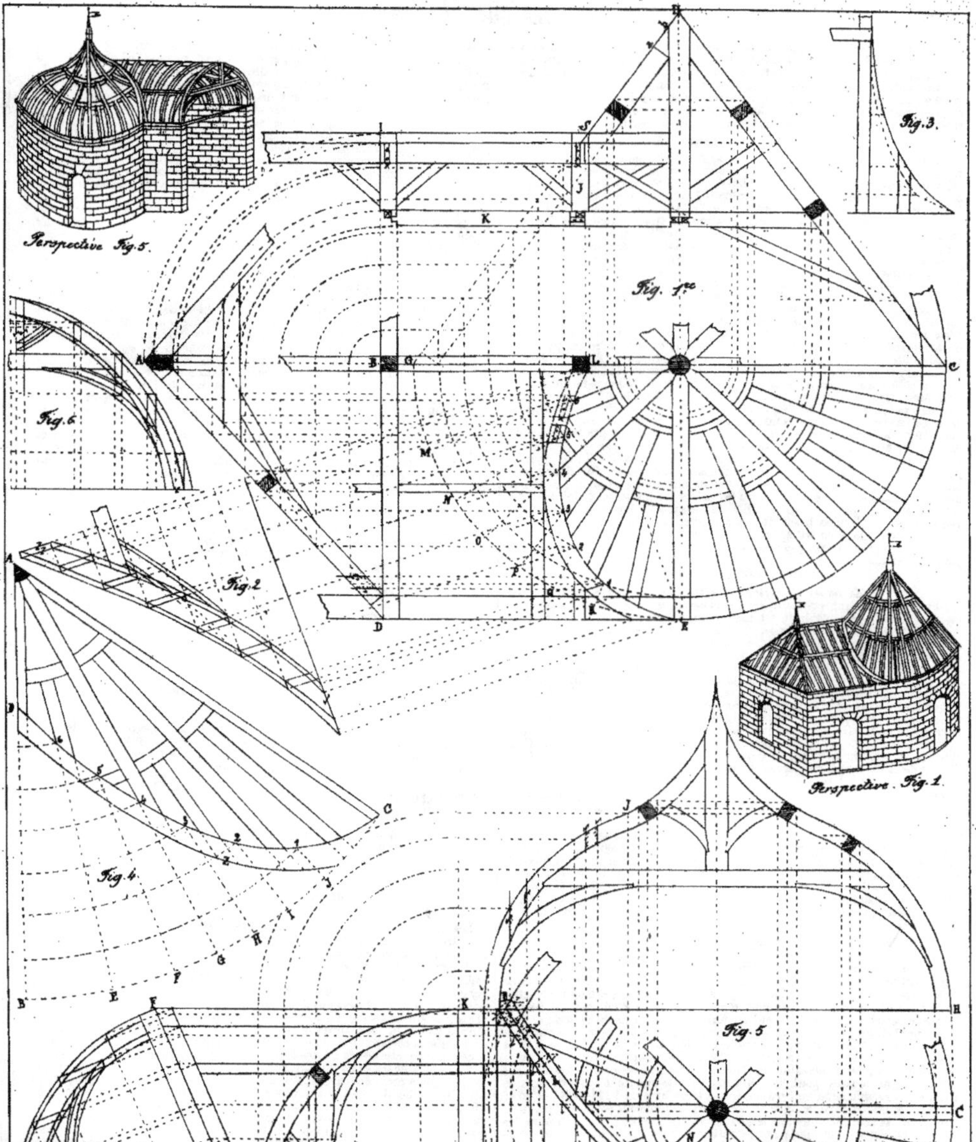
Perspective Fig. 5.
Fig. 3.
Fig. 1re
Fig. 6
Fig. 2
Perspective. Fig. 1.
Fig. 4.
Fig. 5
Fig. 8
Fig. 7

TOURELLE EN RACCORD SUR UN COMBLE DROIT

Le plan de cette figure est un bâtiment droit rejetant sur l'une des faces une partie demi-ronde, sur laquelle est élevée une tourelle isolée et plus élevée que le grand comble; la moitié de cette tourelle repose sur la partie circulaire et l'autre moitié se raccorde avec le comble droit, comme il est vu sur la perspective. Les branches de noues sont deversées de manière à faire le lattis au comble droit et suivant la direction des empanons de la tourelle, de sorte que ces derniers reposent entièrement sur le dessus desdites noues.

Manière d'opérer.

Étant donnée la ligne A B, on adoptera cette première pour la face du dehors de la sablière du comble droit, ensuite la parallèle D pour le plan du faîtage; du point C, on décrira le plan de la tour ronde B E G F, ensuite on fixera le plan des fermes du grand comble H I, ainsi que leur élévation, dont la rampe est marquée A J; on fera ensuite l'élévation de la tour ronde sur la même ligne de base. Pour faire cette élévation, on tirera les points F E, carrément sur la ligne de base en L L, puis on profilera la ligne A B sur laquelle on portera le point K, hauteur de la tour ronde, l'on tendra la ligne K L, et les rampes seront tracées. On donnera à chacune des fermes les assemblages figurés, puis on tirera des lignes de niveau sur la rampe L K et J A, dont la jonction donnera les points 1, 2, 3, et la tour ronde; les points 5, 6, 7, et 4, la jonction des deux combles descendus carrément sur la ligne F E; on descendra de même les points marqués 5, 6, 7, où chacune des lignes coupe le dessus et le dessous du chevron de la tourelle et du centre C on les décrira en plan; on descendra ensuite sur chacune de ces lignes et carrément à F E, les points 1, 2, 3; de même on descendra les points où chacune des lignes de niveau coupe le dessous du chevron de la ferme. Par ce moyen on obtiendra les cases M, N, O, P, parues en plan et marquées sur un seul côté : la case correspondante sur l'aplomb de la demi-ferme F E ne peut être parue en plan, car tous les points tendent sur la même ligne; cette dernière parue sur le plan d'élévation par la jonction de chacune des épaisseurs de chevron des deux combles, représente la vue de bout de la tête des noues; les quatre arêtiers étant descendus carrément sur la ligne F E, on les aura ainsi sur le plan, les deux du dessus obtenus par les points 4 et 8 sont marqués, en plan, par les points a b; ayant tracé les lignes passant par chacun de ces points et sur chacune des arêtes du dessus des cases, on aura tracé les deux arêtes du dessus des noues en plan. Les autres arêtes de chacune des cases donneront les arêtes du dessous : celles du lattis sont parues en lignes pleines et celles du dessous en lignes ponctuées. On remarquera que la plus basse de ces dernières se trouve sur l'aplomb de celle de la plus haute du lattis. Le plan des noues étant ainsi fait, on y descendra les pannes et l'on y placera les empanons, comme ils figurent, et le plan sera terminé.

ÉTABLISSEMENT DES NOUES

Les branches de noues pourraient être établies sur une élévation, mais il est toujours préférable de les tracer sur la herse, non sur celle de la tourelle, mais sur celle du comble droit. On tirera, figure 2, la ligne A B et la perpendiculaire C D, puis on prendra sur la ligne A J la distance A 1, on la portera sur la herse de G en 1, on prendra ensuite A 2, qu'on portera de C en 2, A 3 de C en 3, A 4 de C en D; les points 1, 2, 3 étant ainsi portés, on tirera à chacun d'eux des lignes égales à A B, avec la distance de A Q prise sur le pied de la ferme, on mènera au-dessus de chacune d'elles les parallèles figurées : on remarquera que ces lignes correspondent avec celles du plan sur lesquelles les cases sont formées et, pour obtenir les noues sur la herse, il s'agit de tracer sur les lignes qui viennent d'être tracées, les mêmes cases du plan : la manière de les tracer toutes étant la même, il ne sera parlé que des deux premières, au côté droit de la figure. On prendra en plan la distance de C en G, on la portera sur la herse, de C en B, ensuite C e de C en O, X F de E en P, X g de E en I, puis on tracera les deux petites lignes B P et 10 et l'on aura ainsi formé la première case; pour la suivante, on prendra, sur le plan, la distance U h, on la portera sur la herse de 1 en 4, ensuite U l de 1 en 5, V J de F en 7, V d de F en 6, puis l'on tirera les lignes 4 en 7, et 5 en 6, et la deuxième case sera tracée; l'on tracera de même les suivantes; 4 8 étant porté de D en 8, on aura le dessus des noues sur la ligne du milieu; pour avoir le dessous, il suffit de renvoyer le dessous de la case carrément sur le lattis de la ferme et de le rapporter de même sur la herse. Ces points étant alors portés, ainsi que toutes les cases, on tracera premièrement les arêtes du dessus des noues, qui sont les lignes pleines, comme les ponctuées sont celles du dessous; on placera ensuite les empanons sur la herse, comme ils figurent; les deux lignes du dehors des noues donnent le tracé de leurs coupes, en les rembarrant d'une face à l'autre, c'est-à-dire la face du dessus avec celle du dessus et celle du dessous avec celle du dessous. Pour tracer les noues, on prépare des pièces de bois de l'épaisseur du chevron A J et d'une largeur à pouvoir y tracer la courbe parue sur la herse. Cette largeur est indiquée par les deux lignes J, par les mêmes il est fait remarquer la longueur. Ces pièces étant ainsi préparées, on tracera sur leurs faces du dessus les lignes pleines et les lignes ponctuées sur les faces du dessous, puis l'on abattra le bois d'un trait à l'autre et les noues seront faites. La ligne A B étant tracée sur la face du dessus et rembarrée sur celle du dessous avec la ligne P, on aura les coupes du pied; la ligne C D étant tracée carrément sur le bois, donnera les coupes de la tête: il est fait observer que, pour que la tête des noues fût solide, il suffirait de baisser la panne G jusqu'à la face du dedans des têtes des noues par ce moyen ces dernières seraient assemblées carrément dans la panne le pied du chevron du derrière de la demi-ferme E F, serait également assemblé, ce qui explique que la ligne B C G est le plan de la principale ferme de la tourelle; si l'on désirait tracer sur la noue l'occupation de la coupe du pied des empanons de la tourelle, il faudrait opérer comme il a été fait pour tracer celle de l'empanon Y, la ligne du milieu étant profilée jusqu'au plan de la panne en X, on prendra la distance de A X, on la portera sur la herse de D en X, de même on portera les points donnés par chacune des faces, auxquelles on tirera des parallèles à C X et l'on aura ainsi l'occupation figurée; de même pour les autres, en faisant à chacun la même opération; pour tracer l'occupation des autres chevrons du comble droit, il suffit tout simplement de tracer leurs faces vues en herse, carrément sur celles des noues.

HERSE POUR LA COUPE DES EMPANONS DE LA TOURELLE

On tire d'abord du centre G des lignes passant sur l'arête du dessous de chacune des cases, on aura, en plan de la tourelle, les points R S T, on prendra alors la longueur de la rampe de la tourelle K L, avec laquelle on décrira en herse, figure 3, la courbe A B C, en ayant D pour pivot; la ligne B D étant tirée à volonté on l'adoptera pour le milieu de la demi-ferme F G en herse; on prendra ensuite sur le plan la distance de F R, on la portera sur la herse de B en E, R S de E en F, S T de F en G, T B de G en A, les points G F E étant ainsi portés, on tendra une ligne de chacun d'eux au point D; les points 5, 6, 7, 4 parus sur la rampe K L seront portés tels que sur la ligne B D, et du point D, on simblottera sur chacun de ces points les lignes figurées sur la herse et qui détermineront, par leur jonction avec les premières données, les points 1 2 3; ayant tracé la courbe passant par chacun de ces points et qui profilera en 4 et en A, on aura ainsi les faces du dehors des noues sur la herse; les lignes D C et D A correspondant avec le milieu de la principale ferme B G, on y placera les autres empanons intermédiaires, comme il est figuré; des points 5, 6, 7 parus sur la rampe de la tourelle, on tendra de chacun d'eux au point A, une ligne sur laquelle on prendra le démaigrissement et le rengraissement du pied des empanons que l'on portera ensuite tels sur chacune des lignes de la herse: par ce moyen on aura la ligne parue ponctuée servant à donner le tracé du dessous des empanons.

FIG. 4.

TOURELLE ISOLÉE EN RACCORD SUR UN ARÊTIER

Le plan, figure 4, est un angle de bâtiment coupé en quart de cercle sur lequel est élevée une tourelle isolée du grand comble, l'arêtier de ce dernier comble établi de la même façon que si les sablières étaient profilées jusqu'à l'angle, à cette partie d'arêtier est coupée dans sa course par le raccord formé avec le comble de la tourelle, comme il est vu sur la perspective. Les noues formant ce raccord sont établies de devers suivant le lattis des combles droits, leurs faces de champ suivant l'alignement du rampant de ladite tourelle.

Manière d'opérer.

Étant données la ligne A B et la ligne A C, carrément l'une avec l'autre, on aura ainsi les sablières du grand comble sur lesquelles on fixera les points D E, à égale distance de A; ensuite un trait carrément aux sablières sur chacun de ces points donnera par leur rencontre le point F, duquel on décrira le cercle passant par D H E G, et l'on aura ainsi la forme du plan de la tourelle; par la ligne A F G, on aura le plan de l'arêtier: on remarquera que les sablières sont reliées chacune ensemble par le plan de la tourelle de D en H et en E, ce qui représente l'arêtier des deux murs coupés en quart de cercle; on continue par faire l'élévation de l'arêtier ainsi que celle de la tourelle sur la même ligne de base; pour cela, on tire à volonté une ligne égale au plan de l'arêtier, sur laquelle on mènera carrément le point A en J, H en K, G en I; du point F on tirera une ligne indéfinie sur laquelle on portera le point L, hauteur de la tourelle, puis on tendra les lignes L K et L I et l'on aura les rampes; on portera ensuite la rampe de l'arêtier vu par la ligne J M. L'entrait d'enrayure de l'arêtier sera profilé jusqu'à l'arbalétrier de la tourelle L K, dans lequel il est assemblé avec l'aisselier. Le pied de l'arêtier repose sur l'entrait et reçoit l'assemblage de la tête des noues ainsi que celui du chevron M L. Ces élévations étant ainsi faites, on y tirera les lignes de niveau donnant sur la rampe de l'arêtier les points 1, 2, 3, 4, 5, et sur la rampe de la tourelle, les points 6, 7, 8, 9, 10, tous les points seront descendus carrément sur la ligne G A; de même on descendra les points où chacune des lignes de niveau rencontre la face du dessous de l'arêtier et celles du dessous du chevron de la tourelle; ces points ainsi descendus, on décrira ceux obtenus par la tourelle, parallèlement à son plan, en prenant le centre F pour pivot; ceux de l'arêtier on les mènera parallèlement aux sablières A C et A B, par la jonction des uns avec les autres on formera les cases N O P Q R ainsi marquées sur un des côtés, la case N correspond avec la première ligne de niveau, O avec la deuxième, P avec la troisième, Q avec la quatrième, R avec la cinquième, la jonction des deux rampes en élévation donne la vue debout de la tête des noues et le tracé des mortaises sur les faces de l'arêtier. Les quatre arêtes étant descendues carrément sur la ligne G F, on aura sur cette ligne le plan de la tête des noues. Pour tracer les quatre arêtes des noues, en plan sur la ligne F D, on fera paraître sur le plan et l'élévation la ligne S K, qui n'est autre chose que la rampe du comble droit vu carrément, la jonction de cette ligne avec le dessous du chevron de la tourelle donnera le point a, que l'on descendra carrément sur la ligne F A et, du centre F, on le décrira sur la ligne F D; par ce moyen, on aura sur cette ligne l'aplomb de l'arête la plus haute du dessus de la noue, les trois autres arêtes seront données par la case formée par la rencontre du plan des deux sablières, cette dernière case représente l'occupation de la coupe du pied de la noue sur la sablière, de même que la ligne S K donne l'occupation de la coupe de la même noue jointe à la face de la demi-ferme F D; on tracera ensuite, par chacune des cases et ce dernier point, le plan de la noue figurée: les lignes parues pleines sont les arêtes du dessus et les ponctuées celles du dessous, on y placera ensuite les empanons comme ils figurent, et le plan sera terminé.

ÉTABLISSEMENT DES NOUES

Les noues s'établissent sur la herse des combles droits comme il a été fait pour celles du plan précédent. Pour faire cette herse, on mènera, figure 5, la ligne A B et la perpendiculaire C D, on prendra sur le plan la distance de D A, on la portera sur la herse de C en B, K S de C en D et l'on aura, de B en D, le milieu de l'arêtier et sur la herse B A, la sablière. Les points 1, 2, 3, 4, 5 parus sur la rampe de l'arêtier seront portés tels que sur l'arêtier en herse, à partir du point B, et prenant J 1, portant de B en 1, J 2 de B en 2, J 3 de B en 3 et ainsi de suite, on déterminera les points d M, d'après lesquels on aura la tête de la noue sur la herse; on prendra ensuite le démaigrissement J B, on le portera au-dessus de ces premiers points de B en E et de 1 en F, etc., à chacun de ces points on tend des lignes à la sablière B A, ces lignes servent à tracer les cases du plan sur la herse: il ne sera fait remarquer que le tracé de la première case N, car les autres sont semblables; on prendra en plan la distance de H e qu'on portera en herse de 1 en 6, ensuite H x de 1 en 5, f P de F en 7, f k de F en 8, puis l'on fera les petites lignes 6, 7 et 5, 8 et la case N sera tracée; on trace ensuite toutes les autres de même. Nous avons dit que la tête a été tracée par les points d N : ces deux suffisent, vu que les noues sont au carrément de la tête, comme on le voit par la jonction de deux rampes; il ne reste donc plus que le pied à tracer : pour cela, on prendra, sur le plan, la distance de h g, on la portera en herse de E en 4; on prend ensuite sur le plan d'élévation k a, on le porte de C en 9, on aura le dernier point d par la jonction de la ligne E 4 avec la ligne C D; tous ces points étant alors portés ainsi que les cases, on obtiendra le tracé de la noue figurée; on saura que les lignes pleines son celles du dessus et les ponctuées celles du dessous. Les empanons se placent carrément à la sablière, comme ils figurent; la face de l'arêtier étant portée sur la herse ainsi que le démaigrissement du dessous donneront le tracé de leurs coupes de tête, ainsi que celles des noues, de même que la ligne E 4, donne le tracé du dessous pour la coupe du pied avec la ligne A B pour celles du dessus, les empanons ainsi que la noue auront, bien entendu, l'épaisseur V, ainsi parue au-dessous de la ligne k S. On remarquera que l'empanon G étant placé à joindre à la noue, a pour but de la soulager dans le plan, à l'aide de deux boulons que l'on pourrait y fixer; on remarquera aussi que la ligne C D est l'alignement sur la herse du milieu de la demi-ferme D F, et la parallèle marquée d'un trait ramènerait la face qui tracera carrément sur les noues, la coupe de cette dernière au long de la face, de ladite demi-ferme; l'occupation de la coupe des empanons de la tourelle sur les noues se trace comme ils figurent et comme il a été démontré dans la figure précédente, de même que le développement de la herse vue figure 6, dans cette dernière figure; simplement il faut remarquer que la ligne A B est le milieu de la demi-ferme F E, C A l'autre demi-ferme D F, A D l'alignement de l'arêtier et la petite demi-ferme G F, vue en élévation en L M; on remarquera que les lignes tendant du point S au point 6, 7, 8, 9, 10 servent à tracer le démaigrissement du pied des empanons sur la herse; on prend le premier de 1 en n, on le porte de B en n, le deuxième 6 U de 1 en U, 7 9 de 2 en 9, etc., etc. La manière de tracer les pannes étant connue, il n'est pas nécessaire d'en parler.

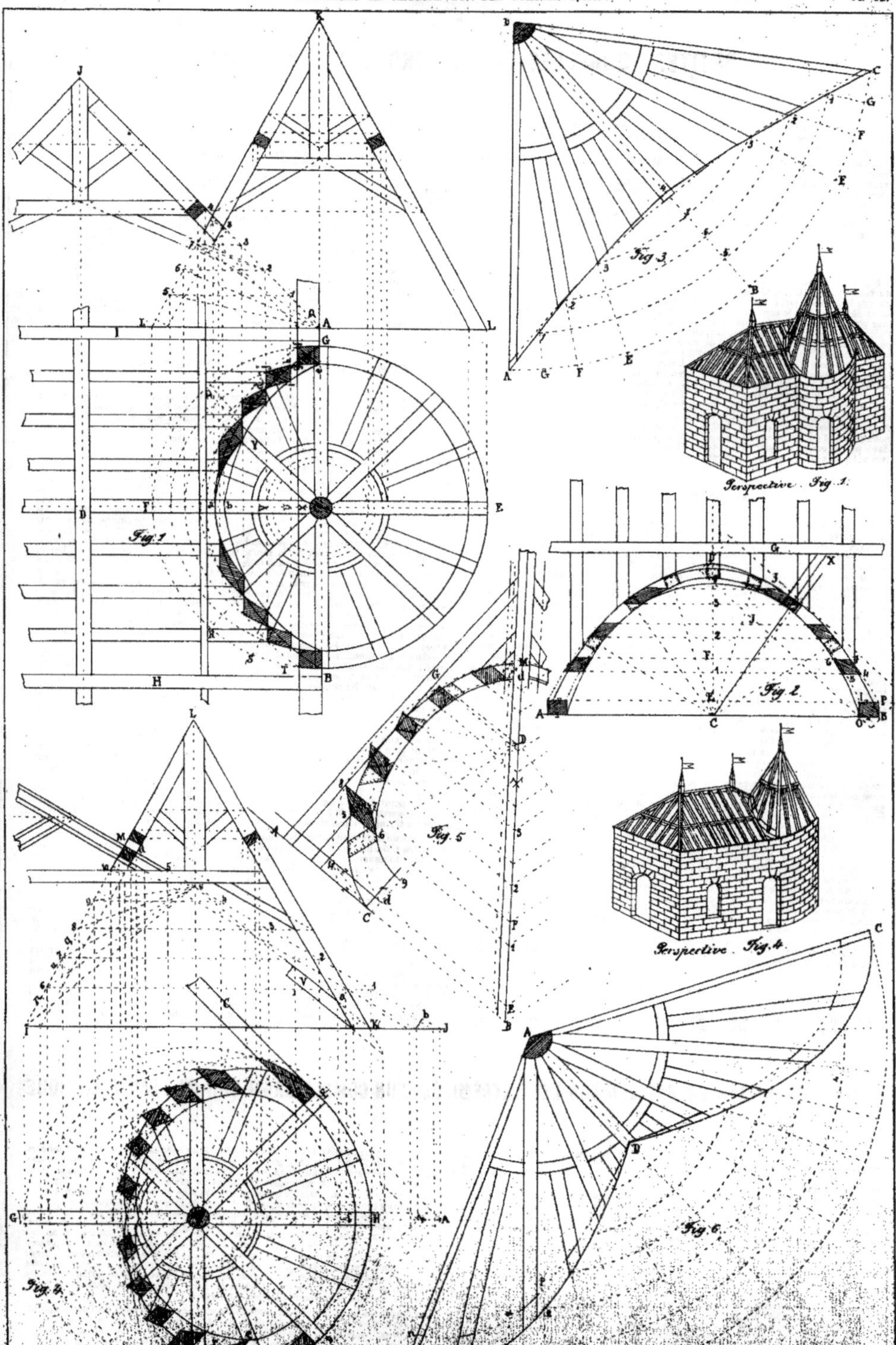
Fig. 1
Fig. 2
Fig. 3
Fig. 4
Fig. 5
Fig. 6
Perspective Fig. 1.
Perspective Fig. 4.

FIG. 1.

PETITES TOURELLES EN RACCORD SUR UNE GRANDE

Le plan, figure 1re est un comble en tour ronde sur lequel sont élevées deux petites tourelles isolées, reposant entièrement sur le grand comble, ainsi qu'il est vu sur le plan et la perspective.

Les noues formant les raccords peuvent être établies de différentes manières ; deux épures sur le même plan sont présentées à cet effet : celle du côté droit de la figure représente les noues établies par face aplomb, la face du dessus est préparée de manière que les chevrons de la tourelle reposent dessus en croupe de niveau tendant au centre, ceux de la grande tour s'y assemblent en coupe aplomb sur les faces. L'opération faite du côté gauche représente les noues à devers, suivant le lattis des deux combles. La figure ne représente que la moitié de l'épure, l'autre moitié étant semblable.

Manière d'opérer.

Fig. 1re. — Étant données la ligne A B et la ligne C D carrément l'une avec l'autre, du centre C, on décrira le demi-cercle A D B et l'on aura la forme de la moitié du plan de la grande tour, les points E étant portés à volonté sur la ligne A B, à égale distance de C, on aura le centre des petites tourelles, desquelles on décrira la moitié de leur plan, de F en A et de F en B. La ligne G H étant tirée à volonté, égale A B, on l'adoptera pour ligne de base, sur laquelle on tracera les trois élévations figurées. Le plan de chacune des tourelles étant de même grandeur et de même disposition, il ne sera parlé, pour le moment, que de celle du côté droit, de la figure dont il a été dit que les noues étaient établies par face aplomb. Les élévations étant ainsi parues, on y tirera la ligne de niveau figurée au point où chacune d'elles rencontrera la rampe de la grande tour H I et celle de la tourelle J K ; on descendra ces points carrément sur la ligne C B, celle donnée par la rampe H I, on les décrira sur le plan du centre C et celle de J K, ou en fera de même du centre E, la jonction des unes avec les autres donnera les points 1, 2, 3, 4, la jonction des deux rampes donnera le point 5 ; ayant formé la courbe passant par B 1, 2, 3, 4, 5, on aura ainsi tracé la face du dehors de la noue en plan ; on trace ensuite celle du dedans par la parallèle figurée, cette parallèle fixée par la gorge du pied du chevron H J. De cette façon l'about des empanons tendent à la face du dehors et la gorge tend à celle du dedans.

ÉLÉVATION DE LA NOUE

Fig. 2. — Étant donnée la ligne B A égale à C B, on tirera la ligne de niveau figurée sur l'élévation, à égale hauteur des lignes qui ont été données sur les fermes. Ces lignes étant ainsi tracées, on tirera carrément sur chacune d'elles le point B en A, 1 en 2, 2 en 3, 3 en 4, 4 en 5, la hauteur de la jonction des deux rampes donnera le point 6, la courbe tracée par A, 2, 3, 4, 5, 6, sera l'arête du dehors de la face du dessus de la noue ; pour obtenir l'arête du dedans, de manière qu'elle soit de niveau vers le centre avec celle du dehors, on tirera des lignes du centre E sur chacun des points 1, 2, 3, 4, les points où ces lignes couperont la face du dedans de la noue, on les mènera en élévation sur les mêmes lignes de niveau, de 6 en 7, de 7 en 8, de 8 en 9, de 9 en 10, etc., la courbe donnée par ces derniers points donnera l'arête du dedans, la retombée du chevron H I prise par la ligne aplomb du dehors affleure le dessous des empanons de la grande tour. La noue du côté opposé diffère de cette première, parce qu'elle est de devers suivant le lattis des deux combles. Pour la tracer en plan, on descendra, carrément sur la ligne A G, tous les points donnés par chacune des lignes de niveau sur la face du dessus et celles du dessous du chevron à chacune des rampes G 1 et R Q. Ces dernières seront décrites en plan du centre E et les premiers du centre C, la jonction des unes avec les autres formera les cases L M N O P : la case L est formée par la jonction des deux sablières, la case M est formée par la première ligne de niveau, N par la deuxième, O par la troisième, P par la quatrième ; la case formée par la jonction des deux rampes représente la vue de bout de la tête de la noue et le tracé de l'occupation de sa coupe dans l'entrait ; on obtiendra en plus par cette dernière l'aplomb des quatre arêtes de la tête de la noue en plan sur la ligne E C ; on remarquera la même chose au pied par le point S descendant au point T, de plus on remarquera que la rampe G I donne le tracé du dessus de la noue sur la face de l'arbalétrier G Q, marqué en plan A E, la case L représente l'occupation de la coupe du pied de la même noue sur la sablière, tous ces points étant alors portés, ainsi que les cases, on tracera le plan de la noue comme il figure, les lignes du dessus pleines et celles du dessous ponctuées, on fera ensuite l'élévation vue figure 3 ; pour cela, on tirera la ligne C D, égale à A C, au-dessus de laquelle on mènera la ligne de niveau, comme il a été fait figure 2 ; cela fait, on mènera carrément sur chacune de ces lignes les arêtes formant chacune de ces cases : celles de la case L seront tirées sur la ligne de base C D, celles de la case M sur la ligne 1, N sur la ligne 2, O sur la ligne 3, et P sur la ligne 4, la cinquième case, formée par la jonction des deux rampes, se portera en élévation telle qu'elle paraît ; pour cela, on prendra la hauteur de chacune des arêtes en se guidant de la ligne de base G R d'une part, et C D de l'autre, par ce moyen, on portera le point a en 5, b en 7, d en 6, e en 8, un trait par chacun de ces points donnera ainsi la forme de la case, on prendra aussi, au pied, h 8 on le portera de k en 9 ; tous ces points étant ainsi portés on tracera les quatre arêtes, en élévation, comme elles figurent, en ayant soin de ne pas confondre la face du dedans avec celle du dehors, tout aussi bien pour la face du dessous que pour celle du dessus : il est fait remarquer ici que la ligne donnée sur les points c 1, 2, 3, 4, 5 sera l'arête du dessus de la face du dehors, celles passant par 9 et 6 sont celles du dedans, les deux autres sont la retombée du dessous.

OBSERVATION

L'élévation étant ainsi faite, pour établir les noues, on prépare des pièces de bois ayant l'épaisseur nécessaire pour couvrir les traits parus sur l'élévation et la largeur suffisante pour pouvoir tracer, sur les faces du dessus et du dessous, la forme parue en plan : on opère ce tracé comme de coutume, ou, pour mieux dire comme une courbe d'escalier. La noue figure 2 étant ainsi établie, on en rembarre, sur le dessus et sur le dessous, les lignes centrales, et on repère les lignes de niveau de manière à les faire reparaître, après avoir chantourné le courbe.

Les lignes étant tracées sur chacune des faces, ainsi que les lignes aplomb, on a, par la jonction des unes avec les autres, la forme du dessus et celle du dessous de la noue, la ligne B A, tracée carrément sur le bois en établissant, donne la coupe du pied ; les deux lignes aplomb marquées d'un trait ramènerait donnent la coupe de la tête, laquelle est assemblée dans l'entrait d'enrayure, où est parue la vue de bout figurée. La coupe descendant plus bas que l'entrait, on y observe une barbe, au-dessous on remarquera que la partie ombrée en plan est l'occupation de la coupe du pied de la noue. Il est fait remarquer, dans cette dernière, que pour lui former son devers on l'établira une fois sur l'aplomb des deux arêtes les plus larges parues en plan ; après les avoir chantournées sur l'aplomb de ces lignes et ayant rembarré les lignes aplomb et les lignes de niveau, on obtiendra, par chacune d'elles, le tracé du lattis du dessus et celui du dessous ; après avoir abattu le bois marqué par ces traits, on rembarrera les lignes sur chacune de ces dernières faces, puis on tracera, sur le dessus et sur le dessous, l'aplomb des arêtes parues en plan et, lorsqu'on aura abattu le bois tracé par ce dernier trait, la noue sera formée.

HERSE POUR LA COUPE DES EMPANONS DE LA GRANDE TOUR

Les deux épures des tourelles étant semblables, nous allons opérer seulement sur celle du côté gauche de la figure. Du centre E, on tirera des lignes sur les arêtes du dessus des cases et sur celles du dehors de la noue. Ces lignes étant profilées du point C jusqu'à la sablière de la grande tour, donneront les points U V Y X, cela fait on prendra la longueur de la rampe G I, avec cette longueur on décrira sur le plan, figure 4, la courbe D B ayant A pour centre, la ligne A D étant tirée à volonté, on l'adoptera pour la ligne A C sur la herse ; on prend ensuite sur le plan la distance de A U, on la porte sur la herse de D en E, ensuite U V de E en F, V Y de F en G, Y X de G en H ; les points E F G H étant ainsi portés, on tirera une ligne de chacun d'eux au point A sur la rampe G I, on prendra la distance de I a, on la portera de A en E, avec tous les points donnés sur cette même rampe par chacune des lignes de niveau, on décrira des simblots sur la herse du point A, la rencontre de chacun d'eux avec les lignes déjà tracées donneront les points 1, 2, 3, 4 ; ayant tracé la courbe passant par chacun de ces points et profilé en I et en D, on aura ainsi l'arête du dehors du dessus de la noue en herse, puis on y placera les empanons. Pour la noue à face aplomb, le démaigrissement se prendra sur la rampe G I, que l'on portera de même en herse, ou bien on pourrait les tracer à la sauterelle, dont la coupe serait prise par une ligne aplomb sur la même rampe ; de même on pourrait les couper sur l'élévation en y remontant les abouts et les gorges et opérant le tracé comme il a été démontré précédemment ; on pourrait également tracer de la même façon les empanons de la noue à devers : pour cela, il faudrait remonter carrément sur les faces du dessus les points où chacune des faces en plan coupe l'arête du dessus de la noue, les points où les mêmes faces coupent l'arête du dessous étant remontés de même sur la face du dessous et les traits rembarrés du dessus au dessous sur chacune des faces. les coupes seront tracées. Pour tracer le démaigrissement de ces derniers sur la herse, on mènera, carrément sur la ligne G I, tous les points où chacune des lignes de niveau coupe la face du dessous du chevron. Ces points seront également portés sur la herse et décrits du point A, on tracera ensuite des lignes en plan tendant du centre C et passant sur l'arête de chacune des cases servant à donner le tracé du plan de l'arête du dessous de la noue, sur la face du dehors, ces lignes étant profilées sur la sablière de la grande tour donneront les points Y B K : on remarquera que la ligne ayant donné le point V correspond sur cette dernière avec la case M et la case P, alors R va avec la case N, et K avec la case O, ces deux derniers points R K se portent en herse à la suite de H et aux mêmes distances qu'elles paraissent en plan à la suite de X ; étant ainsi portés, on tracera une ligne de chacun d'eux au point A, la rencontre de ces dernières avec les premiers donneront les points 5, 6, 7, 8, la ligne ayant donné le point U en plan se trouve passer sur la jonction de l'arête du dessous de la noue avec le dedans de la sablière, par conséquent, en herse, la ligne E 1, donnera le point 9. La distance de I x, prise sur la rampe de la tour et portée en herse du point A sur la ligne A D, donnera le point 10, on tracera ensuite la ligne ponctuée passant par 9, 5, 6, 7, 8, 10, on aura ainsi le dessous de la noue en herse servant à tracer le démaigrissement du dessous du chevron.

Le tracé de cette dernière est également indiqué sur le plan du côté gauche de l'épure. Du centre E on mènera des lignes passant sur l'arête du dessus de chacune des cases de la face du dehors, d'après lesquelles on aura, sur la sablière de la tourelle, les points 10, 11, 12, 13 ; cela fait, on prendra la longueur du chevron de la tourelle G Q, avec laquelle on décrira en herse, figure 5, la courbe B D, en ayant A pour pivot ; étant donnée la ligne A B, à volonté, on prendra en plan la distance de A 10, on la portera sur la herse de B en E, ensuite 10, 11 de E en F, 11 12 de F en G, 12 13 de G en H, 13 F de H en D ; ayant ainsi donné les points E F G H, on tirera une ligne de chacun d'eux au point A, tous les points donnés par chacune des lignes de niveau sur la rampe de la tourelle Q R seront rapportés tels que sur la ligne A D et du point A, on les décrira sur la herse ; la jonction de chacun de ces derniers avec les premiers donnera les points 1, 2, 3, 4 ; on prendra ensuite la distance de Q a, on la portera de A en 5, puis on tracera la courbe passant par B, 1, 2, 3, 4, 5, et l'on aura ainsi la face du dehors de la noue sur la herse. Pour tracer la face du dedans, on opèrera comme il est vu sur l'épure et comme il vient d'être démontré sur la herse précédente, pour y tracer le dessous, cette dernière ligne donne le demaigrissement du pied des chevrons sur la noue à devers, pour ceux qui vont sur les noues à faces aplomb, on prendra le démaigrissement sur le pied de la rampe de la tourelle, et on le portera de même sur la herse, au-dessus de chacune des lignes des chevrons.

FIG. 6.

PETITES TOURELLES EN RACCORD SUR LES EXTRÉMITÉS D'UN COMBLE DROIT SUR UN PLAN ELLIPTIQUE

Le plan, figure 6, est un comble droit, construit sur un plan elliptique ; le tracé de ce plan est fait par quatre centres, comme une anse de panier, chacun des rayons externes forme le centre d'une tourelle qui parcourt toute la surface du plan décrit par ces derniers centres ; le surplus des tourelles se raccorde sur le comble droit, comme il est vu sur la perspective. Les noues formant ce raccord sont établies de devers suivant le rampant des deux combles. L'établissement des noues et celui de la herse sont absolument les mêmes que ceux qui viennent d'être démontrés sur la figure précédente ; par conséquent, il n'est donc nécessaire d'étudier que la forme, car tout autre détail deviendrait inutile, attendu qu'il vient d'être démontré.

Manière d'opérer.

Etant données, la ligne A B et la ligne C D, carrément l'une avec l'autre, on les adoptera pour le milieu du plan ; sur la ligne A B, on portera la longueur et sur la ligne C D la largeur, puis on fera l'opération nécessaire pour tracer l'ovale, d'après laquelle on aura les lignes centrales C F et D E, par leur jonction, on aura, sur la ligne A B, le point G, centre duquel on décrira le plan de F en B et en E ; ce premier cercle étant formé et profilé en H, on aura la forme du plan de la tourelle, on terminera ensuite le plan de l'ovale par la courbe E I, décrite du point D, ensuite J F décrit du point C ; cela fait, on se rendra compte que le plan de la tourelle repose sur le plan de F en E et que le surplus se raccorde sur le comble. La ligne C D est le plan d'une ferme dont l'élévation est figurée par les albalétriers K ; on fera ensuite l'élévation de la tourelle, ainsi qu'elle figure tracée au-dessus de la ligne de base L ; de même on y tracera l'élévation du faitage figuré. Pour faire cette élévation, on mènera en plan le point G en 1 et 8 en 3, en ayant le centre C pour pivot, puis on remontera le point I carrément sur l'élévation de la ferme en 2, de même 3 en 4, avec la hauteur du point 1 en 2 et 3 en 4, on mènera des lignes de niveau au-dessus de la ligne de base L, sur laquelle on tirera, carrément sur chacune d'elles, le point G en 5, 8 en 6, A en 9, on profilera ensuite la ligne C D, plan de la ferme, sur laquelle on portera sa hauteur totale ou par le point 7, puis on tracera la courbe passant par 5, 6, 7, 9, et l'on aura ainsi formé le dessus du faitage ; on y tracera ensuite son délardement, ainsi que la retombée, comme il est démontré sur l'épure. La rencontre du faitage avec la rampe de la tourelle donnent la vue de bout de la tête des noues ; on placera ensuite, sur chacune des rampes, les lignes de niveau figurées à égale hauteur, d'après lesquelles on obtiendra, en plan, les cases M N O P Q ainsi marquées sur un des côtés et d'après lesquelles on obtiendra le plan des noues figurées. L'élévation de ladite noue ainsi marquée est parue par la lettre R. Les empanons se placent en plan, comme ils figurent et carrément à leurs sablières.

Les empanons de la tourelle se traceront sur la figure 7, et ceux de l'autre comble sur la herse, figure 8 ; sur cette dernière il est fait remarquer que le point C ayant servi de pivot pour décrire la sablière D F en herse, ainsi que les autres lignes correspondantes, ce point se prend sur la rampe de l'arbalétrier K, auquel le dessus est profilé jusqu'à la rencontre d'un trait aplomb tiré carrément au plan de la même ferme, partant du centre C. De plus, il est fait observer que si les combles varient de forme, soit en impériale, dôme ou toute autre, l'opération pour l'établissement des noues serait toujours la même. Les empanons ne pouvant être tracés sur la herse le seraient sur leur élévation, comme il a été dit en observation sur la figure précédente de cette planche.

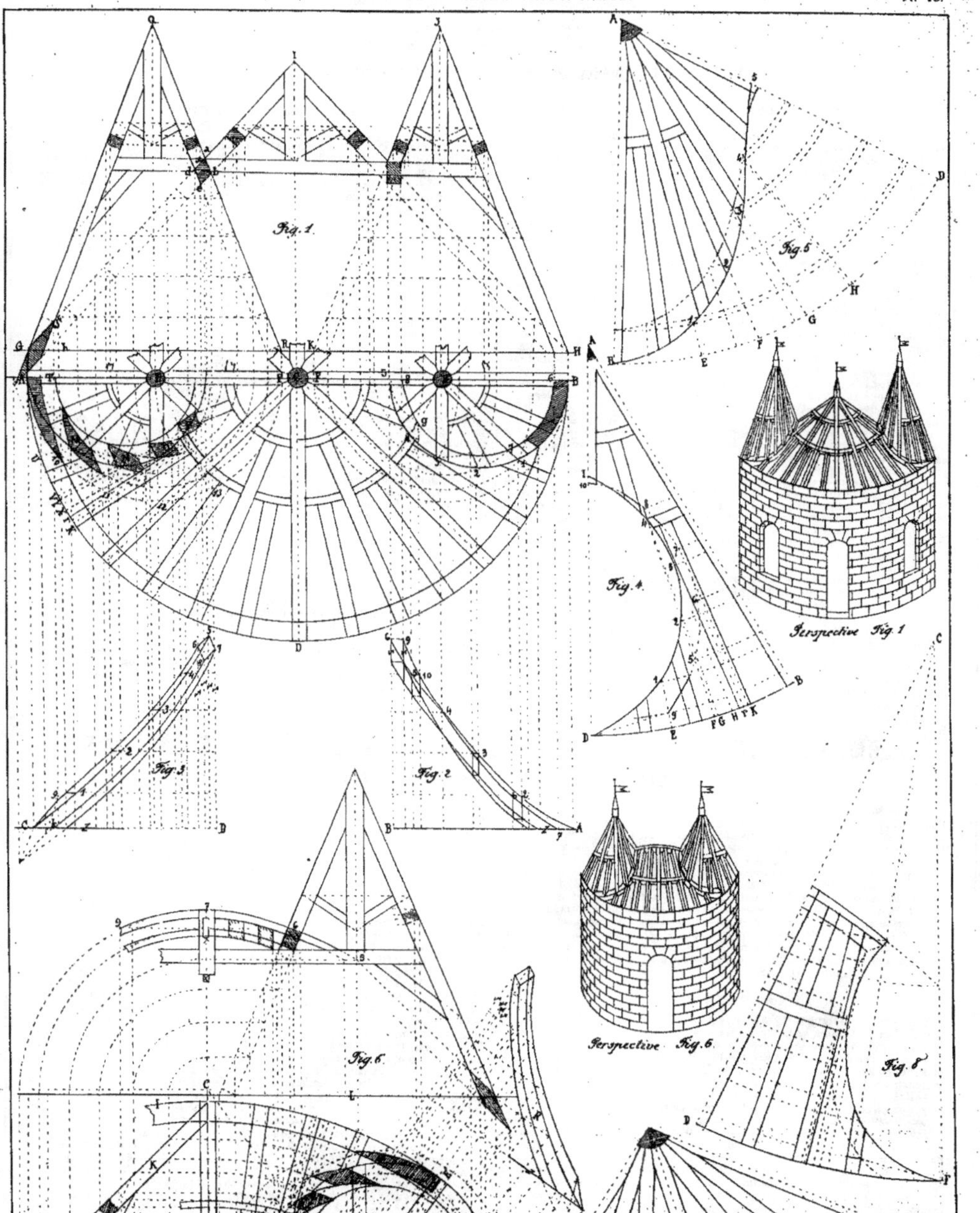

Imp. Juliot Tours

FIG 1.

FERME COUCHÉE

RACCORDANT UN COMBLE IMPÉRIAL CARRÉMENT SUR UN COMBLE DROIT

On emploie les fermes couchées, pour les raccords au croisement de deux combles dont l'un est plus élevé que l'autre ; dans ce cas on peut établir une ferme couchée sur la rampe du comble le plus élevé, le poinçon de cette ferme monte jusqu'au faîtage du grand comble et s'assemble dans les autres assemblages qui composent ladite ferme, tels que les aisseliers, les contre-fiches, les arbalétriers et entrait qui sont établis de devers suivant le lattis des deux combles, les empanons du comble droit sont assemblés dans les faces des côtés des arbalétriers et ceux de l'impériale dans la face du dessous, comme il est vu sur la perspective.

Manière d'opérer.

Étant donnée la ligne A B, sablière du grand comble droit et la parallèle C, plan du faîtage, on fixera le plan des fermes E, carrément à ces deux premières, puis on fera l'élévation vue par les arbalétriers D : la ligne F étant donnée à volonté, égale à A B, sera adoptée pour ligne de base, au-dessous de laquelle on tracera l'élévation figurée. Ce dernier comble est, comme on le voit de forme impériale et moins élevé que le premier dans lequel il pénètre carrément au moyen d'une ferme couchée sur le comble droit et correspondant à la ferme du comble impérial, laquelle formera le raccord des deux combles. Cette ferme étant ainsi couchée sur le comble droit, chacun de ses assemblages fait lattis avec ce dernier, et les faces du dessus et celles du dessous sont délardées en partie, de niveau, de manière à former lattis avec la ferme aplomb du comble impérial. Pour en faire le tracé, on tirera des lignes de niveau sur l'élévation de chacune des fermes et d'égale hauteur ; au point où chacune de ces lignes coupe le dessus et le dessous des arbalétriers du comble impérial, on tire à chacun de ces derniers points des lignes indéfinies, en plan ; au point où les mêmes lignes de niveau coupent le dessous de l'arbalétrier D, on les renvoie carrément sur la ligne du dessus, puis on les rabat sur le plan, en ayant A pour pivot ; de même on rabattra le point où les mêmes lignes coupent le dessus, puis on les mènera, en plan, parallèlement à la sablière AB : par la rencontre de chacune de ces dernières avec les premières, on aura la forme des cases G. H I J K L M N, ainsi marquées d'un seul côté. La hauteur totale du comble impérial donnera les points O P ; ces derniers points étant portés, ainsi que chacune des cases formées, on tracera les lignes figurées sur les arêtes de chacune d'elles, on aura ainsi les arbalétriers sur la herse ; pour y placer l'entrait, on portera, par deux lignes de niveau, la hauteur du dessus et du dessous sur l'arbalétrier D, et l'on aura la vue de bout figurée ; du point A, on la rabattra sur la herse, comme elle figure par les lignes : a pour les arêtes du dessus, et b pour celles du dessous ; pour y placer les aisseliers et les contre-fiches, on aura recours aux mêmes lignes de niveau d'après lesquelles on obtiendra les cases de chacun, comme elles figurent : celles de la tête des aisseliers sont, comme on le voit, formées sur les lignes du dessous de l'entrait, celles de la tête des contre-fiches sont tracées sur les lignes du dedans des arbalétriers et celles du pied aux faces du poinçon. Ces derniers points sont obtenus par le moyen de ramener sur la rampe D, par des lignes de niveau, la hauteur des abouts et des gorges du pied des contre-fiches prise sur l'élévation de la ferme, comme il est vu par la direction des lignes.

ÉTABLISSEMENT DE LA FERME

L'épure étant ainsi faite, on prépare des pièces de bois de l'épaisseur de l'arbalétrier D et de largeur suffisante à pouvoir y tracer les formes parues sur la herse. Les lignes parues pleines se tracent sur la face du dessus et celles pointillées sur celles du dessous ; puis on abat le bois d'un trait à l'autre, au moyen d'une scie à chantourner, et les pièces seront formées : l'entrait reste droit et se délarde sur le dessus et sur le dessous, comme il paraît vu debout sur l'arbalétrier D ; toutes ces pièces étant ainsi préparées, on les place sur ligne et, par l'aplomb des faces du dessus avec celles du dessous, on a le tracé des coupes, ainsi que celui des mortaises : la mortaise du poinçon dans l'entrait, la coupe du pied des contre-fiches, celles de la tête des arbalétriers se tracent par un trait fait carrément sur l'aplomb de chacune des faces du poinçon. Ce dernier peut également se tracer sur la herse, mais il est préférable de le tracer sur la rampe de l'arbalétrier D, sur lequel sont faits : sa coupe du pied sur la vue de bout de l'entrait, le tracé de son tenon, celui de la mortaise du pied des contre-fiches, celui de la tête des arbalétriers, ainsi que son établissement avec le faîtage du comble impérial.

ÉTABLISSEMENT DES PANNES ET DES EMPANONS

La panne et les empanons du comble droit étant placés sur la herse, ainsi qu'ils figurent, il suffit de tracer, sur leur face du dessus, celle du dessus des arbalétriers et le dessous sur celle du dessous, puis rembarrer ce trait d'une face à l'autre et les coupes seront tracées, comme il est fait remarquer par l'empanon R paru échassé en S, c'est-à-dire vu sur champ. Les faces de la panne et celles des empanons étant tracées carrément sur les arbalétriers on aura ainsi le tracé de l'occupation de leurs coupes.

Pour tracer les pannes du comble impérial, on fera paraître leur vue de bout sur la ferme, on les descendra carrément en plan, et on opérera le tracé comme il est fait remarquer à celle du côté gauche de l'épure par les alignements servant à donner le tracé de la coupe, ainsi que celui de la mortaise. Ce tracé, suffisamment démontré dans le deuxième volume, il n'est pas nécessaire d'en parler ici : l'épure elle-même le démontre clairement. Les empanons se tracent sur l'élévation de la ferme : pour cela, on les place en plan comme figure celui marqué T, on profile ces faces sur la rampe du comble droit, ce qui donne les points r d ; avec la hauteur de ces points on mène des lignes de niveau sur l'élévation de la ferme impériale et l'on a ainsi les coupes figurées : la ligne donnée par le point r donne le tracé de l'about sur les faces du dessous, et la ligne du point d donne celui de la gorge sur les faces du dessous ; ces mêmes points r d étant rabattus sur la herse, du point A, donnant les lignes égales à A B, on obtient l'occupation de leurs coupes figurées sur le dessus des arbalétriers, ainsi que les aisseliers. Il est bien entendu qu'autant d'empanons autant d'opérations semblables.

FIG 2.

FERME COUCHÉE FORMANT LE RACCORD D'UN COMBLE SEMBLABLE EN DÔME

PÉNÉTRANT EN BIAIS SUR UN COMBLE IMPÉRIAL

Le plan de cette figure diffère du précédent en ce que la ferme couchée que l'on se propose d'établir repose sur un comble impérial, ce qui ne permet pas de tracer sur la herse comme la précédente. Dans ce cas, il est nécessaire de la faire paraître sur le plan pour en obtenir ensuite les tracés. Les arbalétriers ainsi que les aisseliers et les contre-fiches étant tracés sur un plan d'élévation, puis ayant été évidés, par ce premier tracé, il faudrait ensuite les débillarder sur les quatre faces pour en former le devers, tandis que, d'après le système indiqué ici, on obtient d'abord le lattis de deux faces, c'est-à-dire que lorsqu'on a évidé les courbes d'après ce premier tracé, on leur a formé le lattis sur le côté de la ferme aplomb, il ne reste donc plus que les deux autres faces à tracer, auxquelles on donne le devers du toit sur lequel ladite ferme repose. Il est de certaines questions, telles par exemple celle-ci, sur lesquelles, le lecteur devra fixer son attention, surtout lorsqu'il s'agit d'économiser du temps et du travail et du mieux réussir.

Manière d'opérer.

Étant donnée la ligne A B, sablière du comble impérial, ainsi que la parallèle C, plan du faîtage, on fixera, carrément à ces deux premières, le plan de la ferme D, puis on fera son élévation figurée, dont l'un des arbalétriers est marqué E ; cela fait, on tirera la ligne F, selon le biais, et on l'adoptera pour le plan du faîtage du comble opposé : les parallèles G, données à égale distance sur chacun des côtés, seront les sablières ; — le plan de la ferme H étant ainsi fixé, on tracera son élévation, de la forme indiquée par les arbalétriers I, ainsi que les autres assemblages qui la composent.

Les élévations ainsi faites, on y placera, à chacune, des lignes de niveau, d'égale hauteur, au point où chacune de ces lignes coupe la face du dessus elles et celle du dessous des arbalétriers, seront descendues carrément chacune sur le plan, et par la jonction des unes avec les autres, on formera les cases J K L M N O, ainsi marquées sur un des côtés ; la hauteur totale de la ferme H donnera les derniers points indiqués sur la ligne F ; d'après ces derniers et par chacune des cases, on formera le plan des arbalétriers, comme ils figurent, on tracera les faces du dessus par des lignes pleines et en lignes pointillées celles du dessous. Il en est de même pour les aisseliers ainsi que pour les contre-fiches : on les placera sur le plan ainsi qu'ils figurent, comme il a été démontré dans la précédente, pour les placer en herse : la vue de bout de l'entrait en est indiquée sur l'arbalétrier E ; elle est de là descendue carrément en plan. Le plan du poinçon se trouve par celui du faîtage.

ÉTABLISSEMENT DE LA FERME

La ferme étant de biais, il est tout naturel qu'il faut faire l'épure pour chacun des assemblages, c'est-à-dire que les arbalétriers ne peuvent être tracés les deux sur la même épure, non plus que les aisseliers et les contre-fiches. Le tracé des deux étant le même, il ne sera fait remarquer que le tracé d'un seul de chaque sorte. On commence d'abord par faire le tracé de l'arbalétrier du côté gauche de la figure, en tirant premièrement la ligne P, ensuite les parallèles O R, cette dernière se place à volonté, car on pourrait la supprimer en opérant sur la ligne O. Ces lignes étant données, on tirera des lignes indéfinies, carrément à ces deux premières et passant sur les abouts et les gorges des joints de l'arbalétrier ainsi que par les points donnés sur le dessus et sur le dessous du même arbalétrier, par chacune des lignes de niveau ; on remarquera que ces lignes correspondent avec celles descendues en plan et ayant servi à former les cases, il s'agit donc de les tracer toutes semblables sur ces dernières lignes ; l'opération pour les tracer étant la même pour chacune, il ne va être démontré que le tracé d'une seule, qui sera celle marquée N. Pour faire ce tracé, on prendra pour base la ligne R, que l'on fera correspondre avec la face du dehors du plan de la ferme H ; cela fait, on prendra sur le plan la distance de 6 3, qu'on portera de 13 en 10, ensuite 6, 2 de 13 en 8, 5 4 de 12 en 7, 5 1 de 12 en 9, puis on fera les petites lignes 9 8 et 7 10, et la case N sera formée. De même il faudra faire pour tracer toutes les autres, en se guidant toujours de la ligne R et de la face du dehors du plan de la ferme H : on verra très-bien que ces deux dernières peuvent être données à volonté. Les cases étant ainsi parues, on tracera la forme de l'arbalétrier figuré : il faut remarquer que les lignes parues pleines correspondent avec celles parues de même en plan, la même chose pour les pointillées.

On prépare ensuite une pièce de bois ayant la longueur et l'épaisseur suffisantes pour couvrir le tracé et de la largeur figurée par les lignes P Q ; l'ayant placée sur ligne de niveau et de devers, on plombe dessus toutes les lignes, puis on les rembarre d'aplomb sur chacun des côtés et l'on fait quartier à la pièce, comme elle paraît figure 3, puis on y trace la courbe figurée en faisant les points a b c d b i etc., semblables à ceux parus figure 2 ; puis on rembarre les points où chacune des lignes de niveau coupe la face du dessus avec celle du dessous, comme il est vu par la ligne d i etc., ainsi que le joint de la tête b d ; on trace de même les mortaises de la contre-fiche de l'entrait et celles des aisseliers. La pièce étant ainsi tracée sur chacune des faces et chantournée, on aura formé le lattis correspondant avec la ferme H ; on y tracera ensuite, sur les autres faces, la forme dernièrement donnée par la case. Pour faire ce tracé on prendra pour guide la ligne S, avec la face du bois qui lui correspond : si la face du bois n'était pas droite, on jetterait une ligne de contre-jauge. Il est à remarquer que les lignes passant par les points 10 et 8 se tracent sur le dos de la courbe, et les deux autres sur la face du dedans ; après avoir abattu le bois exactement à ce dernier trait, l'abalétrier sera formé. Il faut encore remarquer que si la coupe du pied n'est pas parue sur la figure 3, c'est parce qu'elle se trouve tracée en bout de la pièce. La figure 4 est le tracé d'un aisselier. La ligne A de cette figure est mise en rapport avec la ligne T parue en plan, cette dernière peut être placée à volonté, moyennant qu'elle soit carrément aux sablières G, de même que A égale à U ; le tracé s'opère ensuite d'après ces deux lignes, de la même manière qu'il a été démontré pour l'arbalétrier et comme on le voit figuré ; il en est de même pour la contre-fiche vue fig. 5 L'entrait se trace sur le plan, et les poinçons en élévation, comme il paraît par la lettre V, la ligne marquée d'un trait ramènerait correspond avec le dessus de l'entrait et donne le tracé de la coupe du pied ; celle marquée X donne le tracé de la coupe dans la face du faîtage. Sur ce même plan d'élévation, on aura aussi l'établissement du faîtage F avec le poinçon : le faîtage est marqué X et le lien Y.

ÉTABLISSEMENT DES PANNES ET DES EMPANONS

Pour tracer la panne, on la fait paraître en vue de bout sur la ferme, l'on descend les quatre arêtes en plan puis on opère le tracé comme il est vu par deux pannes parues échassées : une est vue par la lettre Z et l'autre par la lettre K. Pour tracer les empanons, on les placera d'abord en plan, parallèlement au plan des fermes, comme on peut le voir ici ; les deux parus par les lettres g r étant ainsi placés, on mènera carrément sur le dessus des arbalétriers des fermes, les mêmes points où chacune de leurs faces en plan coupe l'arête du dessus de l'arbalétrier en plan ; de même on remontera sur les faces du dessous les points où les mêmes faces coupent les autres arêtes du dedans, par ce moyen on aura, sur l'élévation de chacune des fermes, les lignes marquées d'un trait ramènerait servant à donner le tracé desdites coupes.

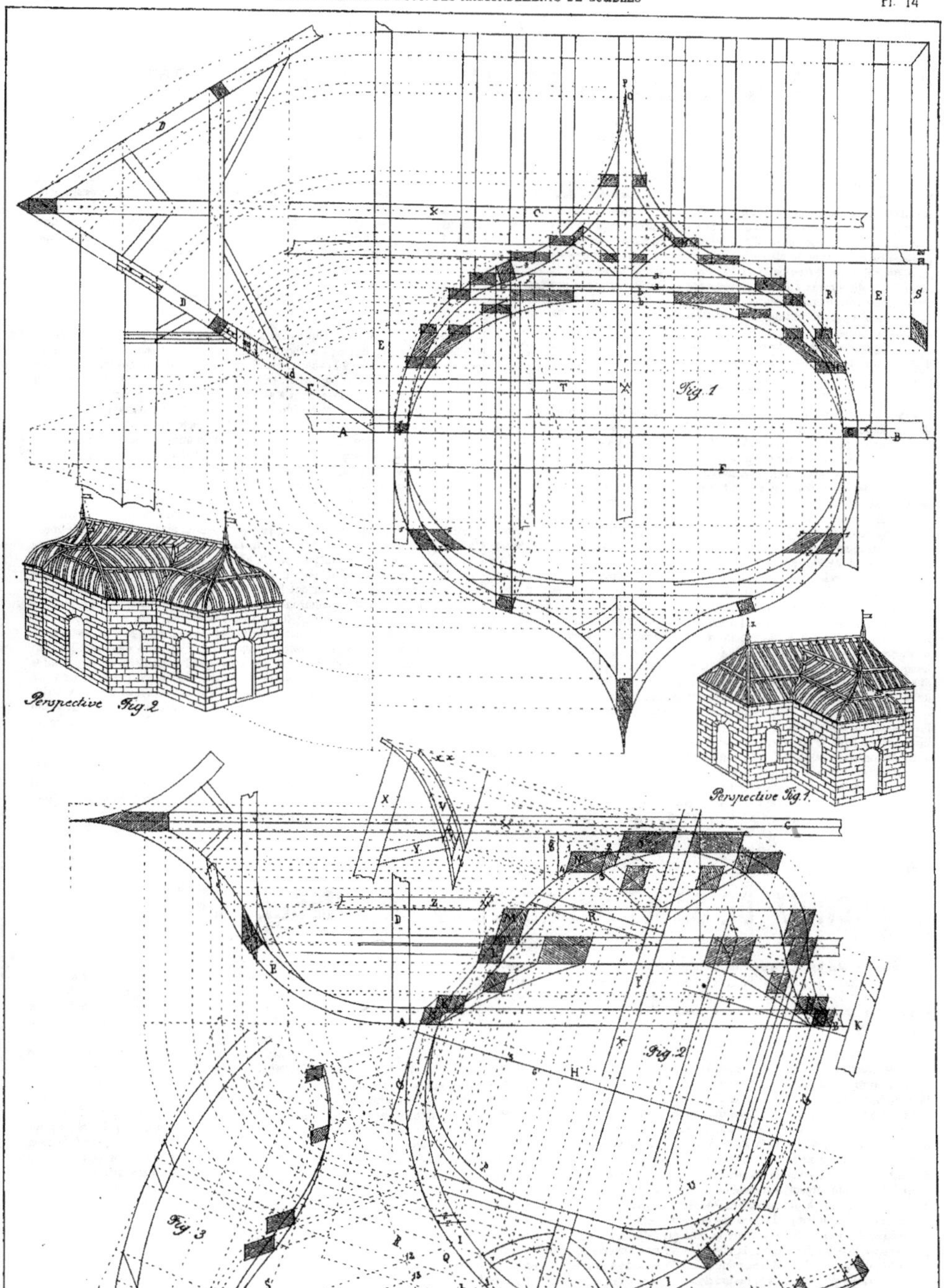

Imp. Juliot. Tours.

E. Delataille

CROIX DE SAINT-ANDRÉ DANS UN PAVILLON CARRÉ
DE FORME IMPÉRIALE

En étudiant les deux épures qui composent cette planche, le lecteur remarquera deux systèmes différents d'opérer le tracé des dites croix : le premier consiste à les placer au gré de l'œil, de n'importe quelle forme que ce soit, sur une herse développée à propos et de les reproduire ensuite en plan, ainsi que sur les épures d'établissement, au moyen des cases. Le second système est également de placer les croix sur la herse ; mais de supprimer les cases dont il vient d'être parlé et les former sur la courbe de la rampe à laquelle les dites croix doivent correspondre. Par le premier système, les croix portent la même épaisseur au dedans comme au dehors; tandis que, dans le second, les faces tendent constamment vers le centre des courbes, suivant la rampe.

Cette figure première est assemblée dans deux arêtiers de croupe, comme il est vu sur le plan et sur la perspective.

Manière d'opérer.

Ayant fait paraître le plan de la sablière de croupe A, celui des longs pans B, le plan de la ferme D, celui de la demi-ferme C et des arêtiers E, on fera l'élévation de la ferme, celle de la demi-ferme F, puis l'élévation d'un des arêtiers vu par la lettre G ; ainsi tracé sur la ligne de base H, tout ainsi disposé, on continue par le développement de la herse de croupe vu fig. 2 ; pour cela on mènera sur cette deuxième figure la ligne A B à volonté et parallèlement à la sablière de croupe 4, sur laquelle on déterminera carrément en A et en B les points où chacune des faces du dedans des arêtiers coupe la face du dehors de la sablière ; de même on mènera la ligne du milieu de la demi-ferme ainsi que d'autres lignes tendant des points où chacune des lignes descendues de l'élévation de la demi-ferme en 1, 2, 3, 4, 5 coupe les faces du dedans des arêtiers; on prendra ensuite, sur la rampe de la demi-ferme, la distance de I 1, on la portera sur la herse de C en 1, ensuite 1 2, de 1 en 2 et ainsi de suite jusqu'au point 6, lequel déterminera le point 8, tête de la herse. Tous ces points étant ainsi portés, on tirera à chacun d'eux une ligne égale à la ligne A B ; la rencontre de chacune de ces dernières avec les premières donnera les points, 3, 4, 5, 6, 7, ainsi marqués d'un seul côté ; lorsqu'on aura tracé la courbe passant par chacun de ces points profilés en A et en 8, on aura la face de l'arêtier sur la herse : il est bien compris que cette herse est le développement de la courbe du comble sur une ligne droite,

La herse ainsi faite, on y placera les empanons figurés, ainsi que la croix formée par les deux pieds D : dans ce plan elle est figurée droite, ce qui convient le mieux, bien que l'on puisse lui donner la forme de tenaille, ou toute autre forme, et l'opération à suivre n'en diffère en rien. Étant ainsi placés sur la herse, pour la tracer ensuite sur le plan, on mènera carrément à la sablière des lignes tendant des points où chacune des lignes tracées sur la herse coupe chaque face de la croix ; cela fait, on revient sur l'élévation de la demi-ferme et l'on tire des lignes des points 1, 2, 3 au point J, centre de la première courbe ; les points suivants on les tente au point K, centre de la deuxième ; des points où chacune de ces dernières lignes coupe le dessous de l'arbalétrier, on tire des lignes sur le plan carrément avec celles données en premier, et celles venant de la herse formeront par leur rencontre les cases L M N O, d'après lesquelles on obtiendra le plan de la croix figurée. Les lignes du lattis sont pleines, et celles du dessous ponctuées.

ÉTABLISSEMENT DE LA HERSE.

Ayant tracé la ligne P, on mènera carrément à cette première les lignes indéfinies parues fig. 3 ; ces lignes sont pour être mises en rapport avec celles du plan, égales à la sablière sur laquelle ont été formées les cases ; par conséquent, il s'agit de les former telles que sur ces dernières ; pour cela, on mènera la ligne A, carrément et à volonté ; on la fixera pour correspondre avec la ligne C, plan du milieu de la demi-ferme, d'après laquelle on prendra en plan la distance de chaque case, que l'on portera, fig. 3, à la même distance sur chacun des côtés de la ligne A, et l'on aura par ce moyen la forme des cases, d'après lesquelles on obtiendra le tracé de la croix figurée. Les lignes pleines sur cette dernière figure correspondent avec celles parues de même en plan, ainsi que les ponctuées. Les co pes de la tête et celles du pied de la croix, joignant les faces des arêtiers étant toutes les mêmes, on indiquera seulement la manière de tracer celle du pied d'une des branches vu du côté gauche de l'épure. Le point a et le point b parus en plan étant pris carrément à la ligne C et portés de même, fig. 3, de la ligne A sur les lignes du lattis de la croix, on aura les mêmes points a b, sur cette dernière figure ; un trait par ces deux points donnera le tracé de la face de l'arêtier sur le lattis de la croix ; les points c d donneront le même tracé sur la face du dessous ; ces deux derniers points se prendront sur le plan de la même manière que les premiers et se porteront de même fig. 3 ; on prendra ensuite, en plan ou sur la herse, la distance de chacune des faces des empanons que l'on portera de même, fig. 3, de manière à obtenir sur la croix le tracé des entailles ; on remarquera que dans cette épure on n'a porté que les lignes du milieu, d'après lesquelles on porte ensuite la moitié de l'épaisseur de chaque côté. Le tracé des entailles de la croix dans les empanons s'opère sur l'élévation de la demi-ferme ; pour cela, on y remontre carrément sur le lattis les points où chacune des faces du plan des empanons coupe les arêtiers du lattis du plan de la croix ; on remonte de même sur la face du dessous le point où les mêmes faces des empanons en plan coupent les arêtes du dessous de la croix, puis on rembarre ce trait d'une face à l'autre et le tracé est fait. L'occupation des coupes de la croix dans les arêtiers se trace comme il a été démontré sur celui auquel l'élévation est tracée. Le tracé de la croix s'opère selon les mêmes tracés qui ont été démontrés planche précédente, fig. 2 et 3.

FIG. 4

CROIX DE SAINT-ANDRÉ DANS UN COMBLE IMPÉRIAL

Le plan de cette figure est un comble impérial formant un retour d'équerre dans lequel on se propose de placer une croix de Saint-André assemblée de la tête dans le faîtage et du pied, l'une des branches dans la noue et l'autre dans l'arbalétrier de la ferme, comme il est vu sur le plan et sur la perspective.

Manière d'opérer.

Après avoir fait paraître le plan des deux faîtages A B, carrément l'un avec l'autre, on formera par des paralèlles les sablières C D, puis on aura le plan de la noue E, on fixera ensuite le plan de la ferme G carrément au faîtage A et à la sablière C, on la mettra en élévation comme elle figure sur la ligne de base F, on y placera des lignes de niveau à volonté, lesquelles donneront, sur le dessus du lattis, les points 2, 3, 4, 5, 6 ; de ces points on mènera carrément en plan jusqu'au milieu de la noue des lignes qui serviront à tracer son élévation vue par la lettre H, et aussi le développement de la herse, vue fig. 5. Pour cela, on prolongera, sur cette dernière figure, la face du dedans du plan de la ferme G, ensuite des parallèles tendant des points où chacune des lignes descendues en plan coupe la face de la noue ; cela fait, on mènera la ligne A carrément, et on l'adoptera pour la face du faîtage en herse, qui correspondra avec le point 7, paru sur la tête de la ferme ; ensuite on prendra la distance de 7 en 6, avec laquelle on mènera au-dessous de A la première parallèle figuré en ligne ponctuée, avec la deuxième distance de 6 en 5, on mènera la deuxième ; de 5 ou 4, la troisième ; le 4 en 3 la quatrième ; de 3 en 2 la cinquième ; de 2 en 1 la sixième ; par la rencontre de chacune de ces dernières avec les premières, on aura les points 1, 2, 3, 4, 5, 6, 7 ; en traçant la courbe passant sur chacun de ces points, on aura ainsi la face de la noue sur la herse ; on y placera ensuite les empanons ainsi que la croix, comme ils figurent. Pour tracer cette dernière sur le plan, on tirera d'abord des lignes sur le milieu des chevrons, sur la herse ainsi que sur le plan; ces lignes serviront de base pour former les cases sur le rampant de la ferme ; pour cela on prendra en herse la distance a b, on la portera sur la rampe de la ferme de 3 en a, puis on tendra une ligne de chacun de ces points au centre I, et l'on aura la forme de la première case K ; on prendra ensuite 4 8, on la portera de 4 en 8, on tendra de même du point 4 au centre I, et du point 8 au centre J, l'on aura aussi la forme de la deuxième case g d étant portée de 4 en d, et g c de 4 en c, on tendra de c en J et de d en I et l'on aura la forme de la case M ensuite g F porté de 6 en f et H I de 6 en I, on tirera ensuite une ligne des points f, 6, I, au centre J donnera la forme des dernières cases N O, au point où la ligne J 7 coupe le dessous de l'arbalétrier, on tracera une ligne en plan, puis on y descendra carrément, de la ligne A, fig. 5, les abouts et les gorges de chacune des branches de la croix, lesquelles formeront avec la première ligne donnée sur le plan et la face du faîtage les deux cases P Q. Les cases étant ainsi parues, on descendra carrément sur le plan et sur les lignes qui leur correspondent les quatre arêtes de chacune d'elles. La première case K correspond avec la face du dedans de la ferme G, les cases M et N avec la ligne R, les deux dernières L O avec la ligne S. Tous ces points et les cases P Q ainsi portés, on tracera le plan des croix figurées dont les faces du lattis sont pleines et les faces du dessous ponctuées.

ÉTABLISSEMENT DE LA CROIX.

Étant donnée sur la rampe de la ferme la ligne a 7, on mènera, fig. 6, carrément à cette première, des lignes tendant de chacune des arêtes des cases ; puis on mènera la ligne A, à volonté et carrément à ces dernières lignes, laquelle sera adoptée pour la face du dedans de la ferme G ; on placera ensuite les parallèles R et S à égale distance que sur le plan. Les points donnés sur ces trois premières lignes par les arrêtes de chacune des cases suffiront pour obtenir le tracé de la croix figurée. Les deux parallèles marquées chacune d'un trait ramènerait servent à donner le tracé de la coupe de la tête de la croix, ainsi qu'il est vu par les parties ombrées figurant les coupes. Le tracé de la croix s'opère ensuite tel qu'il a été démontré sur la figure précédente pour ses entailles, ainsi que celles des empanons.

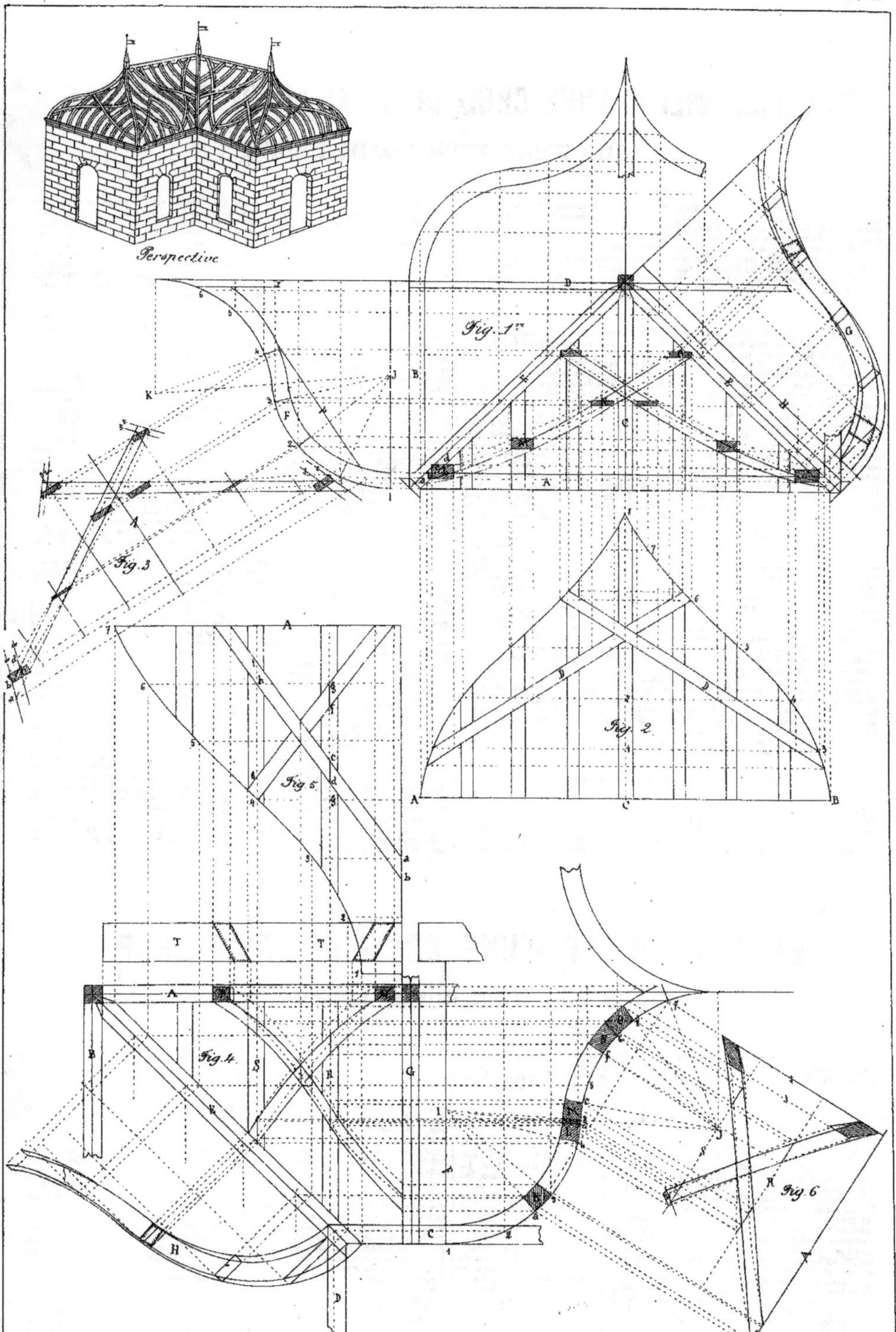

Imp. Juliot. Tours.

FIG. 1re.

ÉTABLISSEMENT D'UNE CROIX DE SAINT-ANDRÉ RAMPANTE

AUTOUR D'UNE TOUR RONDE DROITE

La croix que l'on se propose ici d'établir est placée sur le rampant du comble d'une tour ronde, comme elle parait sur la perspective. Les branches qui la composent sont assemblées du bas dans le pied des arbalétriers de la ferme et du haut dans la tête des mêmes arbalétriers; ils se jonctionnent ensemble à une certaine hauteur dans la demi-ferme du milieu, leurs faces du dehors et celles du dedans suivent dans tout leur parcours l'alignement du lattis du dessus et du dessous des chevrons, les autres faces tendent constamment au carrément du rampant des mêmes chevrons ; par conséquent, les empanons de remplissage s'y assemblent en coupe d'équerre, les uns par des entailles à demi-bois, les autres par des tenons ou par des coupes tournisse.

Manière d'opérer.

Du centre A ayant tracé le demi-cercle B C D formant la moitié du plan de la tour ronde, de B en D, on aura le plan de la ferme; A C étant tiré carrément à B D sera le plan de la demi-ferme; on fera ensuite l'élévation de la ferme vue par les rampes B E et E D, ainsi que celle de la demi-ferme vue par l'arbalétrier F; on placera sur le plan deux autres demi-fermes supplémentaires A G, elles seront placées en G, à moitié distantes de B C et de C D, ces dernières seront assemblées à demi-bois avec les branches de la croix, puis on remplira le vide entre chacune d'elles par des empanons de remplissage, comme il est vu sur la herse (fig. 2). Pour faire cette herse, on prend la longueur de la ferme B E, et du point A (fig. 2), on décrit le cercle B G C G D, et l'on tend la ligne A G à volonté, que l'on adoptera pour la demi-ferme du milieu sur la herse; on prend ensuite en plan la distance de C G, on la porte sur la herse de C en G, ensuite G D de G en D, G B de G en B; puis, tendant les lignes A D et A B, on a les arbalétriers de la ferme sur la herse et, de A en G, les deux demi-fermes supplémentaires. La herse ainsi faite, on y placera la croix formée par les deux branches E E; la courbe et la forme se tracent à volonté; on continue ensuite par faire paraitre les cases sur les rampes de la ferme ; pour cela, on prendra en herse sur la ligne A B les points 1, 2, 3, 4, on les portera égaux sur la rampe de la ferme B E, puis on fera à chacun de ces points un trait carrément au rampant jusqu'au-dessous du chevron, et l'on aura par les deux points 1, 2, la case 1, et par 3 et 4 la case 2, on fera de même pour les points 5, 6, 7, 8, parus sur la ligne A G, d'après lesquels on aura de 5 en 6 la case 3, et de 7 en 8 la case 4, et par les points 9 et 10 la case du milieu 5. Les cases étant ainsi formées de ce côté, on procédera de même pour l'autre arbalétrier, puis on descendra carrément sur le plan de la ferme des lignes données sur chacune des arêtes des cases et, du centre A, on les décrira sur le plan des demi-fermes auxquelles elles correspondent : les cases 1 et 2 correspondent avec la ligne du milieu de la ferme, 3 et 4 avec les demi-fermes A G, la case du milieu 5 correspond avec la demi-ferme du milieu A C; cette dernière a été tracée sur l'élévation de la demi-ferme, de manière qu'il n'a suffit que de descendre directement les arêtes sur le plan. Tous ces points étant ainsi portés, on trace, au moyen d'une règle flexible, le plan de la croix figurée; les deux arêtes du lattis sont en lignes pleines et les deux du dessous en lignes ponctuées. De chacun de ces derniers points on mènera carrément sur l'élévation de la ferme des lignes sur lesquelles on mènera ensuite par des lignes de niveau la hauteur des arêtes de chacune des cases qui leur correspondent; on formera ainsi d'autres cases servant à donner le tracé figuré, sur lequel on établira les branches de la croix. On remarquera, dans ce dernier tracé, que les cases 1 et 2 servent une deuxième fois et que la case 6 est donnée par la case 3, la 7e par la 5e et la 8e par la 4e. Les courbes tracées par ces dernières cases donnent le rampant de la croix et la hauteur de chacune des arêtes : les lignes parues pleines sont celles du lattis correspondant à celles parues de même sur le plan, ainsi que les lignes ponctuées; il faut aussi observer que le nombre des cases peut être augmenté à volonté en augmentant également le nombre des lignes centrales A G : tel serait aussi le moyen de tracer les entailles ou les mortaises des autres empanons de remplissage.

ÉTABLISSEMENT DES BRANCHES DE LA CROIX.

Le plan ainsi que les épures qui viennent d'être démontrés pour l'établissement de la dite croix n'étant pas suffisants pour que le lecteur puisse exécuter seul un autre détail, quelques explications paraissent indispensables. Afin de ne pas encombrer l'épure que nous venons de tracer, nous allons nous établir en dehors, comme il est vu fig. 3, ou est l'élévation d'une des branches de la croix. Pour l'établir, on prépare d'abord une pièce de bois de l'épaisseur figurée par les deux lignes A B, ayant la largeur suffisante pour y tracer la courbe parue sur le plan, cette largeur est également indiquée (fig. 3) par les deux lignes C D ainsi que la longueur E F. Cette pièce étant préparée, on la placera sur ligne et sur son champ ; on prendra pour base sur la ligne A B une seule de ces lignes, soit la ligne A. Si, parfois, la face du bois n'était pas droite de ce côté-là, on y jetterait une ligne de contre-jauge que l'on mettrait en communication avec la ligne A; la pièce étant ainsi placée, on tracera, sur le dessus, des lignes données sur l'aplomp de celles qui correspondent avec les arêtes extérieures de chacune des cases, puis on les tracera carrément sur les autres faces en faisant quartier à la pièce, comme elle est vue par la ligne C D, qui la représente à plat; on remarquera que la face parue est celle du dessous ; par conséquent, les lignes qui viennent d'être tracées carrément se trouvent aussi parues, l'arête vue par la ligne C correspond avec la ligne A. Si la face de ce côté n'était pas droite non plus, ni d'équerre, on y tracerait également une ligne de contre-jauge qui correspondrait avec la ligne C, carrément avec la première qui a été faite. Lorsque le bois est brut, les lignes de contre-jauge se tracent en premier abord; et lorsque le bois est corroyé, on peut se guider sur les faces. Cela compris et la pièce étant tournée ainsi à plat, il s'agit donc de tracer sur ses faces la forme du plan : il suffit seulement d'y faire paraitre les deux lignes extérieures, pour cela on aura d'abord sur la ligne C, par les lignes des deux arêtes extérieures de la case 1, les points 1, 2, et par la case 2, les points 3, 4 ; on prendra ensuite sur le plan les distances a b, c d, A h, A I, r k, x j, et on les portera comme elles paraissent fig. 3, puis on tracera la courbe passant par 2, d, h, k, 3, on aura la face du dedans de la courbe tracée, on aura ensuite celle du dehors par les points 1, B, I, j, 4, le point A, fig. 3, correspond avec celui du plan A, centre de la tour ronde; par conséquent on tracera, sur chacun des points B, I, j, des lignes au centre A; on remarquera que ces lignes donnent l'alignement exact du milieu des chevrons pour le tracé des entailles, la ligne C donne la direction du milieu de la ferme. Ce tracé étant fait sur les deux faces, on chantourne la courbe, en ayant soin de tenir la scie constamment suivant la direction des lignes rampantes, et, lorsqu'elle est chantournée, on rembarre sur ces dernières faces chacune des lignes qui lui correspondent, tels sont les points 1, b, I, j, 4, sur la face du dehors, et, pour celle du dedans, les points 2, d, h, k, 3. Cela fait, on trace, sur le dos de la courbe, la ligne H H, et, sur le dedans, la ligne PP; pour ce tracé, on se guidera sur la ligne A avec la face du dessous de la courbe ou sur la ligne de contre-jauge, s'il y a lieu d'en donner. Les points se prennent sur les lignes aplomb et se portent de même sur la courbe; de plus, il faut avoir soin de ne pas confondre les points les uns avec les autres, c'est-à-dire ceux du dedans avec ceux du dehors, il faut remarquer que la ligne aplomb ayant donné le point a et le point b, et que celle sur laquelle on prend le point servant à donner le tracé de la ligne HH, celle ayant donné du point c d sert pour la ligne P P ; ayant fait de même à chacune des cases, le tracé sera conforme. Prenons pour exemple la case 5, où l'on remarquera que les lignes m u, t o, sont les faces aplomb de la courbe, et que le point m correspond avec le tracé de la ligne H H et le point t avec celui de la ligne P P, alors on prendra la distance m u, on la portera au dos de la courbe sur chacune des lignes aplomb et au-dessus de la ligne H H, avec la distance t o, qui doit être la même, on portera d'autres points en dedans et toujours sur les lignes aplomb et au-dessus de la ligne P P, puis on tracera sur chacune des faces une deuxième ligne, par la donnée de ces derniers points ; cela fait, on abat le bois sur le dessus et sur le dessous de la courbe, suivant chacun de ces derniers traits avec ceux faits en premier, en ayant soin de tenir la scie constamment vers la direction du centre A ; après le coup de scie, on lève bien les traits avec un rabot à débillarder et l'on a ainsi formé les deux faces de la croix comme il est vu case 5, par les lignes n t et m o ; ces faces sont celles qui tendent au carrément du rampant; il ne reste donc plus à former que celles du lattis du dessus et du dessous des chevrons : pour cela, on prépare un trusquin spécial et pointé à l'épaisseur du chevron, avec lequel on roule la face du dessus de la courbe, en se guidant sur la face du dedans, ainsi que celle du dessous, en se guidant du dehors ; par ce moyen, on a tracé sur la courbe des lignes passant sur les points e f parus sur la case 5 ; on abattra ensuite le bois de m en f et de t en e, et la croix sera formée. En opérant les débillardements on a soin de ne pas perdre de vue les lignes centrales, c'est-à-dire qu'il faut les rembarrer d'une face à l'autre, à mesure que l'on débillarde; ces lignes servent, comme il a été dit, à tracer les entailles des chevrons en portant la moitié de leur épaisseur de chaque côté. Les entailles des chevrons se tracent sur la herse : il faut observer que si le comble de la tour ronde était de forme impériale ou autre, les opérations ne différeraient en rien pour l'établissement de la croix : seulement pour faire le dernier tracé, il faudrait opérer sur chacune des cases comme il a été fait ici case n° 5; la cause provient de la différence du rampant qui varie suivant la forme.

FIG. 4.

ÉTABLISSEMENT D'UNE CROIX DE SAINT-ANDRÉ

DANS UNE TOUR RONDE IMPÉRIALE

Le plan de cette figure est une tour ronde impériale, raccordée par des parties droites d'après lesquelles on a le plan des arêtiers A pour former les raccords. La croix ici proposée est placée dans la partie impériale de la tour ronde, elle est assemblée du bas dans le pied des arêtiers et du haut dans la tête, comme il est vu sur le plan et sur la perspective.

Manière d'opérer.

Pour tracer cette croix, il suffit de développer la herse de la partie ronde et la courbe du toit sur une ligne droite, comme il est vu fig. 5; la manière de faire cette herse étant connue et suffisamment vulgaire, il n'est pas nécessaire d'en parler. La herse faite, on y place la croix de la forme que l'on veut donner, puis on trace des lignes centrales sur le plan, que l'on trace de même sur la herse, et sur laquelle on opère pour prendre les points pour former les cases figurées sur la rampe de la demi-ferme B, et d'après lesquelles on obtient ensuite la forme de la croix figurée sur le plan. Par ces mêmes cases, on a aussi les points de hauteur, pour former ensuite les autres cases, sur lesquelles sont tracées les élévations (fig. 6). Pour tracer les coupes et les mortaises des croix dans les arêtiers, il suffit d'en faire l'élévation comme l'une d'elles parait par la lettre C, et lorsqu'on a tracé la croix sur le plan, on remonte carrément sur l'élévation des arêtiers, les points où chacune des arêtes du plan des branches de la croix coupent la face de l'arêtier, celle du lattis se tend de même sur la ligne du lattis des arêtiers celles du dessous sur celles du dessous, puis on rembarre ces traits d'une face à l'autre. et les mortaises sont tracées. Pour tracer les coupes sur la croix, il suffit de mener carrément sur le plan d'élévation des lignes tirées des mêmes points où chacune des arêtes des branches de la croix coupe la face du plan des arêtiers, et l'on forme par ces lignes des cases avec la hauteur de leurs points correspondants à chacune des arêtes prises sur le tracé des mortaises qui viennent d'être faites sur l'élévation des arêtiers. Ce plan-ci n'a été présenté que dans le but de mieux éclairer le lecteur sur la manière de placer une croix de ce genre, soit dans une tour ronde à deux étaux, ou dans un cinq-épis sur tuor ronde, ou sur un autre comble quelconque. Les détails qui ont précédé et les observations qui vont suivre suffiront pour que le lecteur puisse exécuter à lui seul une croix de ce genre de n'importe qu'elle forme.

OBSERVATION.

Pour bien arriver à placer une croix de Saint-André autour d'une tour ronde, il faut d'abord faire l'opération des épures ainsi que les tracés avec une grande précision, car la moindre variation peut amener une certaine différence et risquer de dévier les branches de la croix, ainsi que les empanons principalement par rapport aux entailles, et, en pareil cas, il n'y a d'autre remède que de recommencer le travail. Pour préserver le lecteur de ces inconvénients, l'expérience m'autorise de faire les observations suivantes :

On commence d'abord par assembler la tour ronde avec toutes les demi-fermes, comme elle doit être ; puis l'on prépare une règle flexible de la largeur que l'on juge convenable de donner à la croix, et avec cette règle on trace sur le lattis des chevrons la forme que l'on veut donner, et l'on a ainsi le tracé des entailles des chevrons ; on trace, sur le dessus de chaque chevron, une ligne de milieu que l'on repère ensuite sur le poinçon et sur la sablière, où l'on prend la distance de chacun d'eux pour les porter sur le plan; cela fait, on forme les cases sur la ferme; au lieu de prendre les points sur la herse, on les prendra sur la ligne du milieu de chacun des chevrons et l'on tracera ensuite la croix sur le plan, puis on l'établira comme de coutume. La croix établie, on l'assemble d'abord avec la ferme et la demi-ferme et l'on a soin de l'arrêter bien à sa place, c'est-à-dire de sorte qu'elle suive bien le rampant des chevrons ; on s'en rend compte en présentant une règle du poinçon à la sablière; lorsque la croix est ainsi bien assemblée, on y trace sur le dessus les lignes du milieu de chaque chevron que l'on a eu soin de repérer d'avance sur la sablière et au poinçon, puis on rembarre ces lignes sur les autres faces, on pose sur cette dernière face une règle que l'on dirige vers le centre de la tour ronde, on prend ensuite la moitié de l'épaisseur des chevrons avec laquelle on fait un trait parallèle de chaque côté des premiers traits, et l'on a ainsi le tracé exact des entailles. Lorsqu'on a fait toutes les entailles, présenté et mis dedans les chevrons les uns après les autres, on assemble le tout et il n'est pas à douter du résultat.

CROIX DE St ANDRÉ RAMPANTE SUR DES TOURS RONDES

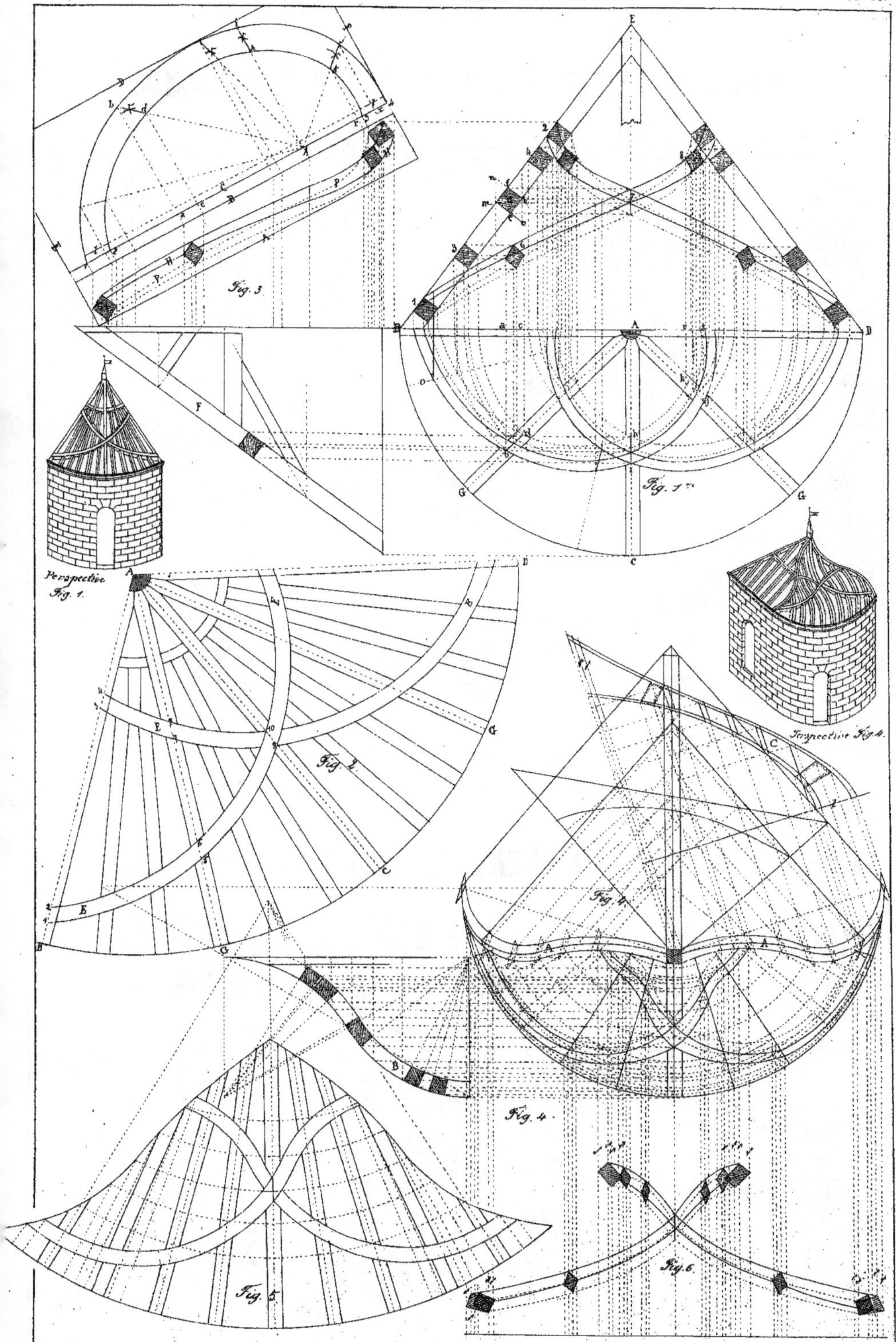

E. Delataille

Imp. Juliot. Tours.

COMBLE DE LUCARNE A DEVERS, SUR TOUR RONDE

Le plan de cette figure est une lucarne placée sur le comble d'une tour ronde. La sablière du devant est cintrée en dehors, suivant l'aplomb du plan de la tour et reçoit la coupedu pied des empanons de la petite croupe du devant. Les arêtiers de cette croupe sont aussi cintrés en dehors, de manière à former le raccord exact des deux combles ; ils sont placés de devers suivant le lattis des côtés et reçoivent en coupe tournisse les empanons de ces deux parties, ceux de la croupe du devant s'y assemblent avec des barbes comme dans une lucarne ordinaire ; il en est de même pour la ferme, car elle est également portée par des sablières sur poteaux et sur des chevrons de joué. Les branches de noues sont droites sur le dessus, car elles font lattis avec les côtés de la lucarne ainsi que les arêtiers, les autres faces sont chantournées et délardées de manière qu'elles reposent entièrement sur la surface du comble de la tour, elles sont clouées du pied sur les sablières et de la tête se joignent ensemble par une coupe à plomb, de même sont les empanons qui leur correspondent ; les têtes des arêtiers sont coupées en tournisse et clouées sur la face d'une ferme placée à propos, comme il est vu sur le plan et sur la perspective.

Manière d'opérer.

Etant donné le centre A, on décrit la tour ronde B C B, on tend la ligne A C à volonté, que l'on adopte pour le milieu du plan de la lucarne et selon la largeur que l'on juge à propos de donner ; on fixe ensuite le plan des sablières D par des parallèles de chaque côté et de distance égale ; la jonction de ces sablières avec celles de la tour donneront la vue debout des poteaux E, lesquels sont destinés à supporter les dites sablières ; cela fait, on mènera la ligne F G à volonté égale à C A, sur laquelle on tracera la rampe de la tour ronde f b, puis on tirera une parallèle I J, hauteur de la sablière de la lucarne, ensuite la parallèle k, hauteur totale du toit ; après avoir fixé le plan de la fermette L, on profilera la face du devant jusqu'au sommet de la ligne K, et l'on aura de J en K la rampe de la croupe sur le devant : l'épaisseur N est celle des noues qui reposent sur le comble de la tour ronde ; l'élévation de la lucarne étant ainsi établie, on fera paraitre la rampe des fermettes en profilant la ligne F C, sur laquelle on profile le plan des sablières D, ainsi que la ligne du milieu A C ; on prend ensuite la hauteur I K, on la porte de C en O, puis l'on trace les chevrons P, élévation de la fermette. Les élévations ainsi faites, on y tirera les deux lignes de niveau figurées, ainsi que la ligne de base J I ; au point où chacune des mêmes lignes coupe l'épaisseur N, on descend des points carrément sur la ligne du milieu A C, et du centre A on décrit des lignes en plan de chacun de ces points ; on en fera de même au point où ces mêmes lignes de niveau coupent la rampe J K ; les lignes étant ainsi parues en plan, on tirera sur chacune d'elles, parallèlement à la ligne A C, des lignes venant des points où chacune des lignes de niveau coupe l'épaisseur du chevron P, élévation de la fermette ; par la rencontre de ces dernières avec les premières, on formera les cases Q, R, S, marquées du côté gauche de la figure ; la première case Q correspond avec les deux lignes de base F G pour la fermette, et J I pour la demi-ferme de croupe ; la deuxième case R, correspond avec la première ligne de niveau ; S avec la seconde. La hauteur du couronnement parue par la ligne K, ainsi que la parallèle donnée à la distance de la retombée de la coupe-aplomb de tête de la fermette, leur rencontre avec l'épaisseur N étant descendue carrément sur la ligne du milieu A C, donnera sur cette dernière l'aplomb de chacune des arêtes de la tête des noues. Les points correspondants avec les arêtes de chacune des cases servent à tracer le plan des noues figurées ; on distingue le lattis par des lignes pleines et le dessous par des lignes ponctuées. Les lignes déjà décrites en plan donné par la rampe de croupe J K ainsi que celles venant du lattis du dessus des fermettes donneront en plan, par leur rencontre, les points 1, 2, d'après lesquels on aura la courbe du plan des arêtiers de la croupe. Les arêtiers et les noues étant ainsi parus, on fera paraître les empanons figurés et le plan sera terminé.

HERSE POUR L'ÉTABLISSEMENT DES NOUES, DES ARÊTIERS ET DES EMPANONS.

Les noues ainsi que les arêtiers faisant lattis au côté de la lucarne, leur établissement se fait par conséquent sur la herse des côtés. Les deux étant semblables, on opèrera pour une seulement. On tirera (fig. 2) carrément au chevron P, des lignes indéfinies partant des abouts et des gorges des coupes du pied et de la tête de la fermette, ainsi que sur chacun des points où les lignes de niveau rencontrent l'épaisseur du chevron ; puis l'on mènera, carrément à ces premiers et à volonté, la ligne D L que l'on adoptera pour la face du devant de la fermette D L en plan ; ensuite on prendra en plan les points d, e, f, g, pris de la ligne D L, que l'on portera de même en herse de la ligne D L (fig. 2) qui donnera sur cette dernière figure la case Q ; on tracera de même la suivante R en portant également en herse les points I, J, K, H, partant toujours de la ligne D L marquée par X R, de même pour la case S. On portera ensuite b c également sur la ligne du dessus des abouts des chevrons, ainsi que a b sur la ligne de la gorge, la case formée par ces quatre derniers points sera la coupe-aplomb de la tête de la noue ; on la trace ensuite sur la herse, comme elle figure, les lignes du dessus pleines, et celles du dessous ponctuées ; on tracera de même l'arêtier sur la herse en portant sur cette dernière les points x 1 et t 2 pris en plan de la ligne D L, puis l'on tracera la courbe passant par E 1, 2, L, qui donnera la face du dehors ; celle du dedans se trace par la parallèle figurée. L'arêtier se débite carrément et comme il parait ; la ligne D L étant tracée carrément sur l'arêtier, donne la coupe de la tête pour que ce dernier soit cloué sur la face de la fermette. Pour former la noue, on trace sur une pièce de bois de l'épaisseur N la forme de la noue parue en herse, les lignes pleines se tracent sur la face du dessus et les ponctuées sur celle du dessous, puis on chantourne la pièce d'un trait à l'autre, et la noue est formée. Les lignes tendant des abouts du chevron P étant tracées sur les faces du dessus du bois, et celles des gorges sur les faces du dessous, donnent les coupes du pied et celles de la tête de la noue, ainsi que les empanons. Ces derniers se placent sur la herse comme ils figurent et parallèlement à la fermette D L, ils s'assemblent en coupe tournisse dans l'arêtier et en démaigrissement sur la noue. Cette dernière opération se fait en traçant la face du dessus de la noue sur celle de l'empanon, et celle du dessous sur celle du dessous ; ayant rembarré ces traits d'une face à l'autre, les coupes sont tracées.

HERSE POUR LA COUPE DES EMPANONS DE LA CROUPE.

On profilera la rampe de la croupe J K jusqu'à la rencontre d'une ligne aplomb A H tendant du centre du plan de la tour ; de ce dernier point on prendra la longueur en J avec laquelle on décrira (fig. 3), la courbe E C E, en ayant A pour pivot, puis on tracera à volonté la ligne C A ; on prendra ensuite sur la rampe de la croupe partant du point J les points 3 4 K, on les portera sur la herse de C en 3, en 4 et en K ; du point A on décrira des lignes indéfinies en 3 et en 4, cela fait, on prendra en plan la distance de C E, on la portera en herse de C en E, de même 5 1 de 3 en 1, 6 2 de 4 en 2, puis on tracera les lignes passant par E 1, 2, K ; on a ainsi l'arête des arêtiers sur la herse, pour y placer les empanons qu'on espace du pied sur la sablière E C E comme en plan, puis on les tend toutes du milieu au point A. Pour tracer leurs coupes, on fera paraitre en plan d'un des arêtiers l'aplomb de ses quatre arêtes, d'après lesquelles on obtient en K la vue debout figurée sur laquelle est parue la barbe des empanons ; les points 7, 8, 9 étant parus en herse, au-dessous de K sur la ligne K C, ainsi que sur les lignes des chevrons, on a par ces derniers points le tracé des trois lignes figurées égales aux arêtiers, lesquelles donnent avec cette dernière le tracé des barbes des empanons comme il est vu par l'un d'eux, ainsi tracé hors de l'épure, c'est-à-dire vu sur champ.

ÉTABLISSEMENT DES CHEVRONS DE JOUÉS AVEC LES TOURNISSES ET LES SABLIÈRES.

Les chevrons de joués sont parus en plan sur l'aplomb des sablières D ; comme étant isolés du centre de la tour ronde, ils ne peuvent être droits ni d'équerre sur la face du dessus ; on en obtient le tracé en les mettant en élévation comme ils paraissent, par la lettre V ; ils sont en coupe-aplomb contre les faces des demi-fermes A B, que l'on a soin de placer à propos. Le débillardement du dessus du chevron de joué donne la coupe de la sablière, ainsi que celle du pied de la tournisse V. Les poteaux sont délardés selon la forme indiquée en plan par leur vue debout, les sablières D sont coupées en biais en dehors suivant la direction des faces des poteaux correspondant avec la sablière courbe du devant. Les empanons X assemblés dans les chevrons de joués peuvent être tracés en élévation, ainsi que sur la herse, comme il est vu figure 4. Pour faire cette herse, on décrira la courbe F E B, en ayant H pour pivot, et l'on tendra la ligne B H à volonté, que l'on adoptera pour le milieu de la demi-ferme B A ; cela fait, on prendra en plan la distance de B E qu'on portera égale sur la herse de B en E, ensuite m n de a en b, puis on tracera la courbe E b d, on aura la face du chevron de joue sur la herse ; on y placera ensuite l'empanon figuré tendant au point H, le démaigrissement du pied et de la tête se trace comme à l'ordinaire.

FIG. 5.

COMBLE DE LUCARNE EN ÉVENTAIL SUR UN COMBLE CIRCULAIRE

La lucarne ici proposée est construite sur la partie creuse d'un comble circulaire, la sablière du devant est cintrée en dedans suivant l'aplomb du mur, celles des côtés suivent la direction évasée du plan des chevrons, ce qui fait que la lucarne augmente de largeur en pénétrant dans le comble, c'est pour cela qu'on la nomme lucarne en éventail. Le faitage est de pente pour éviter le gauche que formerait le comble s'il était de niveau ; elle est construite sans faitage, c'est-à-dire que les noues reposent entièrement sur le grand comble et leur tête se maintient l'une avec l'autre par une coupe-aplomb ; de même sont les empanons et la fermette. Les arêtiers de la croupe du devant sont cintrés en dedans de manière à former le raccord des deux combles ; ils sont de devers suivant le lattis des côtés, et leur tête est clouée au long d'une fermette placée à volonté, comme il est vu sur le plan et sur la perspective.

Manière d'opérer.

Ayant décrit du centre A le cercle B D C, sablière du devant, on tirera ensuite à volonté la ligne A D que l'on adopte pour le milieu du plan de la lucarne, puis l'on fixe D B et D C, égaux de chaque côté, selon la largeur que doit avoir la lucarne ; l'on tend des lignes de B en A et de A en C, et l'on a le plan des chevrons de joues, ainsi que celui des sablières des côtés B G et C G. La ligne A E étant donnée à volonté sert de base pour tracer l'élévation des chevrons de joués dont la rampe est marquée E F ; on mène ensuite la ligne H I égale à E A et à la distance fixée pour la hauteur des sablières de la lucarne, par ce moyen, on a l'établissement des poteaux avec les sablières des côtés, ainsi que les tournisses avec les chevrons de joués ; on fait paraître ensuite au-dessus de la sablière la rampe de la croupe I J, puis l'on mène le centre A en H carrément à la base, de H on tend la ligne J F, et on obtient la pente et la largeur du faitage ; le point J étant descendu carrément sur la ligne de base A E et du centre A décrit par un simblot sur la ligne du milieu, en K, donne la tête du plan des arêtiers, ainsi que la face du plan de la fermette figurée, laquelle est destinée à maintenir la tête des arêtiers ; cette fermette doit être carrément au plan du faitage, c'est-à-dire à la ligne du milieu du plan de la lucarne, de même seront les empanons qui lui correspondent ; on fera ensuite un chevron d'emprunt carrément aux sablières des côtés de la lucarne qui serviront désormais de guide principal pour le tracé des arêtiers et celui des noues en plan, ainsi que pour l'établissement de la herse. Du point K, tête du plan des arêtiers, on fera le plan du chevron d'emprunt carrément à la sablière G B, on le mettra ensuite en élévation avec la hauteur A J, porté de K en b, on y fera paraître son épaisseur, ainsi que celle des noues figurées en L sur la rampe du chevron de joué. Cela fait, on trace une ligne de niveau sur la tête du chevron d'emprunt ainsi que sur la tête du petit chevron de croupe I J ; on en place ensuite d'autres intermédiaires sur chacune des élévations et de même hauteur : au point ou celles du chevron de croupe coupe l'épaisseur L ainsi que la rampe I J, on les descend carrément sur la base A E, et du centre A, on les décrit en plan ; les points où celles données sur le chevron d'emprunt coupent le dessus et le dessous on mènera des lignes carrément en plan et, par la rencontre de ces dernières avec les premières, on formera les cases M, N, O, P ; avec l'épaisseur du chevron d'emprunt prise sur une ligne aplomb, on mènera la paralèle figurée au-dessus du faitage J F ; par ces deux dernières, on aura l'aplomb des quatre arêtes des noues en plan, sur la ligne du milieu de la lucarne, par ces derniers points, ainsi que par ceux formés par les arêtes de chacune des cases, on aura le tracé du plan des noues figuré.

La rencontre en plan des lignes données du lattis du chevron d'emprunt avec celle de la rampe I J donneront les points C d, d'après lesquels on aura la courbe du plan des arêtiers ; leur épaisseur sera portée toute entière sur les côtés ; on placera ensuite les empanons comme ils figurent et le plan sera terminé.

HERSE POUR L'ÉTABLISSEMENT DES ARÊTIERS, DES NOUES ET DES EMPANONS.

Au point où chacune des lignes de niveau coupe le dessus et le dessous du chevron d'emprunt, on tirera des lignes indéfinies, carrément à la rampe ; on tracera la ligne Q R carrément à ces premiers, à volonté, et que l'on adoptera pour le chevron d'emprunt sur la herse ; du point B en plan, pied du chevron d'emprunt, on prend la distance B A, on la porte de R en S, B G de R en T ; tous les points parus sur la sablière B G, tels que la face de l'arêtier, celle de l'empanon et celle de la fermette, seront portées également en herse sur la ligne R T ; du point S, on tire la ligne Q U, qui donne le tracé du dessus de la tête de la noue, celle des empanons, ainsi que celle de la fermette ; pour avoir le démaigrissement du dessous, on mènera le dedans de la sablière B G en e sur la ligne du milieu, puis l'on prend la distance de E du plan du chevron d'emprunt et on la porte de même en herse, et l'on obtiendra le point f, duquel on tente la parallèle figurée, et le démaigrissement est tracé. Pour tracer les cases sur la herse ainsi que le croche des arêtiers, on opère comme il a été démontré sur la figure précédente ; en se servant du chevron d'emprunt pour tracer celle de la tête de la noue, on prend la longueur de H F, on la porte de S en U, ensuite H I de S en K, h 3 de f en I, h 2 de f en J, puis l'on trace les lignes I K et J U et la case est formée. La noue se trace ensuite comme elle figure, les lignes pleines sont celles du dessus et les ponctuées celles du dessous, l'arêtier se forme carrément comme ceux de la figure précédente. La fermette ainsi que les autres empanons se tracent sur la herse, pour cela on les place tels que sur les plans et comme ils figurent. Pour faire la herse pour établir les empanons de la croupe, on opère comme il est vu fig. 6 ; pour en faire le tracé, on prend la longueur V I avec laquelle on décrit la courbe B D C, en ayan A pour pivot, la ligne A D étant tracée à volonté, on l'adoptera pour le milieu d'aprètlaquelle on portera D B et D C sur la herse ainsi qu'en plan ; de même on portera I J de D en J ; on tracera ensuite le croche des arêtiers comme il a été démontré fig. 3 et 4, même planche, ainsi que pour le tracé des barbes des empanons. Dans ce plan-ci, les arêtiers étant carrément aux sablières, les faces sont aplomb, ainsi que l'indique la vue de bout J.

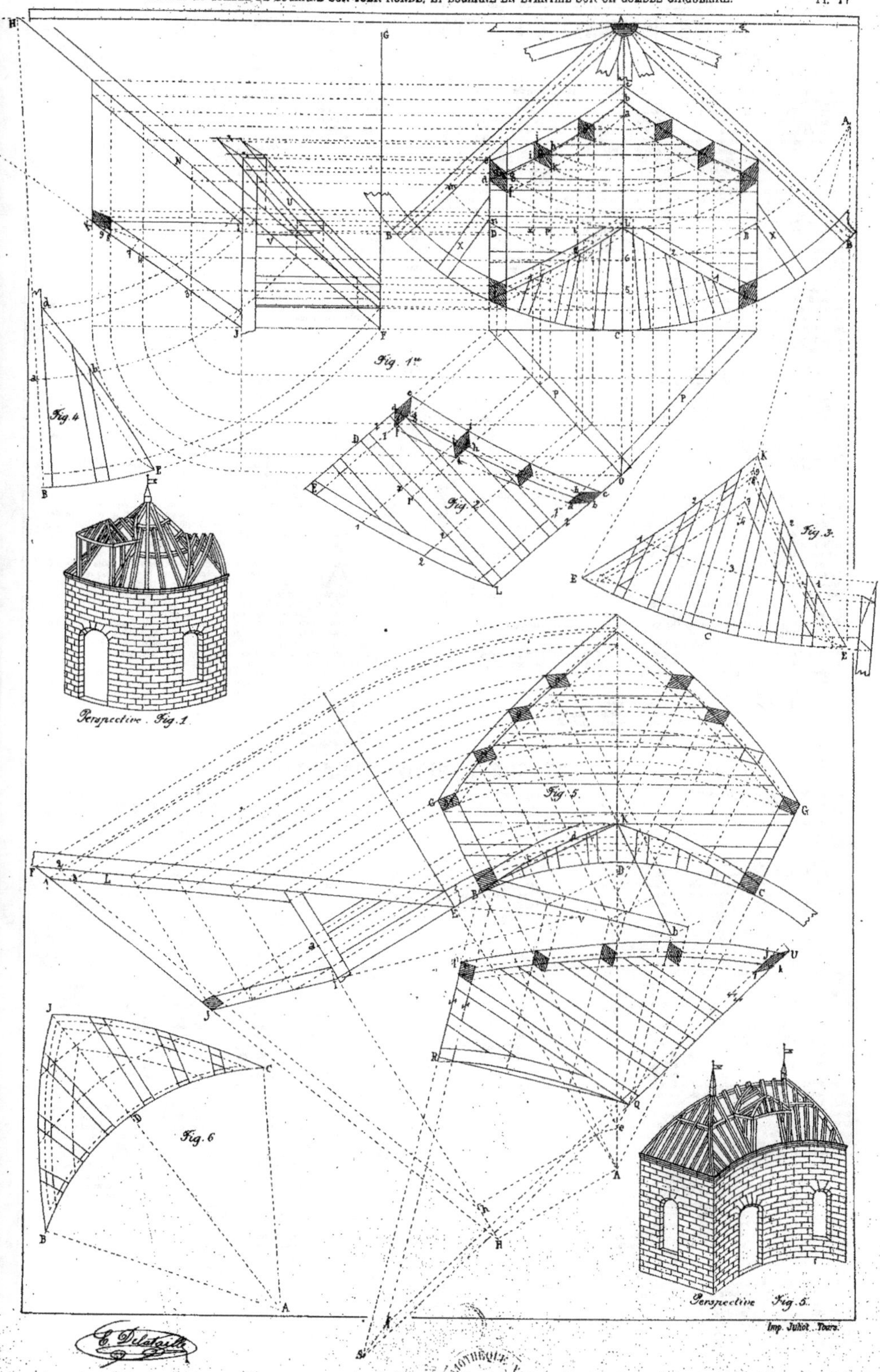

E. Deletaille

Imp. Juliot . Tours.

FIG. 1re. LUNETTE HORIZONTALE PÉNÉTRANT DANS UN COMBLE DROIT

On appelle lunette une lucarne composée de deux pieds-droits, établie en demi-cercle, de sorte que le dessus forme une partie demi-cylindrique tendant à se perdre en pente, telle qu'elle est vue sur la perspective.

Manière d'opérer.

Etant donnée la ligne A B, on l'adoptera pour le devant de la sablière du comble ; on adoptera la perpendiculaire A D pour ligne de base, sur laquelle on tracera la rampe du comble A C; on fera paraître l'élévation du vitrail de la lunette, c'est-à-dire la face du devant. Pour faire ce tracé, on adoptera le devant de la sablière A B pour ligne de base et l'on tirera la parallèle E E, à la distance fixée pour la hauteur de la naissance du cintre, et du centre K on tracera le berceau E G E, dessus de la lunette ; de même on trace le dedans par une parallèle selon l'épaisseur. Cela fait, on descend les pieds-droits carrément sur la ligne de base et le vitrail est formé. On divise ensuite le berceau en un certain nombre de parties égales, comme il est vu ici par les points 1, 2, desquels on tend des lignes au centre K; au point où chacune de ces lignes coupe le dessus et le dessous du vitrail, on mène des lignes indéfinies et carrément en plan ; on y profile les faces des pieds-droits ; avec la hauteur des points E, 1, 2, G, 4, 5, 6, ainsi marqués sur le vitrail et pris de la base A B, on mène sur la rampe du comble des lignes de niveau égales à A D ; par la rencontre de chacune de ces lignes avec le dessus du chevron A C, on obtient les premiers points ; leur rencontre avec l'épaisseur du dessous renvoyée carrément sur le dessus donne les deuxièmes ; on rabat tous ces points sur la ligne de base A D par des simblots décrits du point A, et de là on mène des lignes carrément en plan, égales à la sablière A B ; par la rencontre de chacune de ces dernières avec les premières, on a les cases M, N, O, P sur la ligne du milieu ; cette dernière est donnée par les points G 4, épaisseur du faitage ; la suivante O, par les points 2, 5 ; N par 1, 6 ; M par la naissance du cintre E ; la case F est l'occupation de la coupe du pied de la noue sur la sablière, cette coupe se déjoute pour faire place au pied-droit, qui repose aussi sur la même sablière ; par le moyen des cases ainsi formées, on aura par chacune d'elles la forme des noues figurées de F en M, et la partie droite correspondant avec celle des pieds-droits ; on remarquera que le point R, auquel tente la direction du dessus de chacune des cases correspond avec le point K, centre du berceau de la lunette, de même que I correspond également avec K, sur la face du dessous ; on remarquera de plus que l'épaisseur S est celle du vitrail, T est le faitage, U l'épaisseur des noues et V celle des empanons. Les noues se font en deux pièces. Pour les tracer, on prépare des pièces de bois ou madriers de l'épaisseur U et de la largeur suffisante pour tracer dessus la courbe figurée ; on place les pièces de bois, l'une des faces, sur les lignes X, puis on trace les lignes pleines sur la face du dessus et les ponctuées sur celles du dessous ; ainsi établit, on chantourne ces traits d'une face à l'autre et les noues sont formées. Les lignes marquées d'un trait raménerait sont données parallèlement à la ligne du milieu selon l'épaisseur du faitage qui, étant tracé carrément sur le bois, donne la coupe de la tête des noues pour être assemblé dans le faitage ; la ligne du dehors de la sablière A B étant tracée sur le dessus et rembarrée en dessous avec la ligne Y donnent la coupe du pied sur la sablière.

ÉTABLISSEMENT DU FAITAGE ET DES EMPANONS.

Le faitage s'établit tel qu'il figure par la lettre T : l'épaisseur U donne le tracé des mortaises de tête des noues, l'épaisseur S celle des vitraux et V celle des empanons Pour tracer la coupe des empanons de la lunette, on les place selon leur écartement nécessaire comme ils paraissent en V, puis on prend la hauteur de leurs abouts et de leur gorge, et, avec cette hauteur, on mène sur l'élévation des vitraux des lignes de niveau par lesquelles on obtient le tracé des coupes figurées ; on donne aux empanons la même forme qu'au vitrail ; lorsqu'ils sont ainsi préparés, on les place sur ligne, puis on trace les lignes des gorges sur les faces du dessus et celles des abouts sur celles du dessous, on rembarre ces traits d'une face à l'autre et les coupes sont tracées ; la vue de bout du faitage donne les coupes de la tête : les abouts et les gorges étant rabattus sur la ligne de base du point A et menés ensuite parallèlement à la sablière, donnent le tracé des mortaises ainsi parues sur le dessus des noues. Pour tracer les empanons du comble droit, on remarquera que le tracé des noues est fait sur la rampe du comble développé sur un plan de niveau, par conséquent il suffit d'y placer les empanons comme ils figurent ; leur face étant tracée carrément, c'est-à-dire d'aplomb sur les noues, donne le tracé des mortaises ; les deux lignes du dessus des noues étant rembarrées l'une par l'autre donne le tracé des coupes.

FIG. 2. LUNETTE PÉNÉTRANT EN BIAIS DANS UN COMBLE DROIT

La face du devant du vitrail de cette deuxième figure offre la même vue du dehors que celui de la précédente ; elle en diffère parce que la lunette, en partant du vitrail, se dirige de biais en pénétrant dans le comble. Pour abréger le détail ainsi que l'épure, le plan de cette deuxième a été tracé à la suite de la première sur la même sablière, et pour la même raison le vitrail est décrit sur les mêmes dimensions, ce qui fait que la hauteur de chacune des lignes de niveau qui ont servi pour opérer sur la rampe A C sont les mêmes, ainsi que celles de la herse ; il suffit donc de les profiler sur ce dernier plan, ainsi qu'il est figuré.

Manière d'opérer.

ÉTABLISSEMENT DES VITRAUX.

Du centre A, ayant décrit le demi-cercle B C D, on aura le tracé du dessus du vitrail ; du même centre on trace l'épaisseur J a d, puis l'on descend le pied-droit carrément sur la base A B et la face du devant du vitrail est tracée ; de même on descend la ligne du milieu du point A en E ; de E on tend la ligne en F, selon la direction du biais de la lunette, et l'on a par cette dernière le plan du faitage ; au point où cette ligne coupe la ligne H, épaisseur du vitrail, on mène un trait carrément sur la ligne B D, naissance du cintre du vitrail, et l'on a le point e, centre duquel on décrit la face du dedans du vitrail. Pour cela, on prend la distance A B et A J, avec les lignes ponctuées, de ces points on mène des parallèles au pied-droit, et la face du dedans est tracée. Ces derniers traits se tracent sur la face du dessus du bois et les premiers sur celle du dessous, puis on chantourne les pièces d'une face à l'autre par ces deux traits, et les vitraux sont formés. La ligne de base A B donne leur coupe du pied. Au point où leurs faces en plan coupent les faces du faitage, on tire des lignes carrément sur l'élévation des vitraux, d'après lesquelles on obtient leurs coupes de la tête dans le faitage.

ÉTABLISSEMENT DES NOUES.

Désormais nous ne nous servirons plus des lignes du dedans des vitraux, celles des faces du devant étant suffisantes ; on fera paraitre sur le dehors du berceau les points 1, 2, égaux, tels que sur le vitrail du plan, fig. 1re ; de ces points on tracera des lignes centrales en A et l'on aura, sur l'épaisseur du dedans du vitrail, les points 5, 6, ainsi marqués sur l'un des côtés ; la hauteur de chacun de ces points étant la même que celle des points au plan fig. 1re se trouve tracée sur l'élévation du comble droit ainsi que sur la herse ; il suffit donc de ramener ces lignes du plan fig. 1re sur ce dernier et de descendre ensuite leurs jonctions carrément de l'élévation du vitrail sur la ligne du devant de la sablière A B, de là on les mène parallèlement au plan du faitage E F sur la ligne I, face du dedans de la sablière. On remarquera que cette ligne est donnée en Z, gorge du pied du chevron U, épaisseur des noues ; ces lignes étant ainsi données, on les ramènera carrément sur la ligne du démaigrissement Y, et de là on mènera sur la herse des lignes égales à E G. Les premières lignes correspondent avec celles de la face du dessous et celles venant de la face du devant de la sablière A B correspondent avec le dessus, ce qui donne la forme des cases figurées, d'après lesquelles on trace ensuite la forme des noues, comme elles figurent ; les faces du dessus sont parues par des lignes pleines et celles du dessous par des lignes ponctuées ; on remarquera aussi par le point J la direction des cases sur le dessus du bois, ainsi que le point K pour le dessous ; ces deux points correspondent en A, centre du berceau ; la ligne E G est, comme nous l'avons dit, la direction biaise des noues sur la herse. Pour obtenir cette ligne, on descendra le point C, hauteur du faitage, carrément sur son plan en F ; de là on mènera une ligne d'équerre à la sablière, ensuite on prendra sur la rampe du comble la longueur A C qu'on porte de A en D sur la ligne de base, puis l'on mènera en D une parallèle à la sablière, et par la rencontre de cette dernière avec la première, on aura le point G, duquel on tendra en E, et l'on aura ainsi la direction du biais de la lunette sur la rampe du comble.

Pour former les noues sur le bois, on opère comme il a été démontré dans la figure précédente : les coupes du pied se tracent sur les mêmes lignes ; les lignes marquées d'un trait raménerait parues sur la tête des noues donnent le tracé des coupes dans le faitage, en les rembarrant d'une face à l'autre ; les mortaises du pied des noues sur la sablière se tracent selon le plan du faitage, c'est-à-dire selon le biais de la lunette.

ÉTABLISSEMENT DU FAITAGE ET DES EMPANONS.

Le faitage E F se trace sur son plan en le plaçant comme il figure ; le plan des vitraux étant tracé carrément sur les faces donne le tracé des mortaises ; on trace de même celles des empanons, vu qu'ils sont parallèles au vitrail. Pour tracer la mortaise de la tête des noues, on descendra carrément en plan du faitage la jonction de son épaisseur T avec l'épaisseur des noues U : les lignes du dessus seront tracées sur la face du dessus et celles du dessous sur la face du dessous, puis on rembarre ces traits d'une face à l'autre et les mortaises sont tracées. Les empanons étant parallèles au vitrail, ils se tracent de la même manière. Pour le tracé des mortaises, il suffit de les faire paraitre selon leur épaisseur comme elles paraissent en V, et de mener les abouts et les gorges sur l'élévation du vitrail. Pour le tracé des mortaises, il s'opère comme il figure et comme il a été démontré dans la figure précédente : il faut observer que si l'épaisseur des empanons varie de celle des vitraux, le délardement du dessus varie en conséquence.

FIG. 3. LUNETTE PÉNÉTRANT SUR L'ARÊTIER D'UN COMBLE DROIT

La lunette ici proposée est pour être placée sur l'angle de deux murs dont le toit est couvert en arêtier. La lunette pénètre dans les deux toits suivant la direction du plan de l'arêtier, lequel se jonctionne avec le faitage de la lunette. Les noues formant ce raccord se développent ensuité selon le comble de chacun des côtés. La partie saillante de l'arête est couverte par les vitraux du devant qui tendent sur l'aplomb de la partie correе, commé il est vu sur la perspective.

Manière d'opérer.

On commencera d'abord par le plan des sablières A C C, ainsi que celui de l'arêtier A D, lequel sera la direction et le milieu de la lunette ; la ligne B B étant donnée carrément au plan de l'arêtier, on l'adoptera comme base, pour y tracer au-dessus la forme de la lunette, sur laquelle est parue la ligne a a, hauteur de la naissance du cintre, b le sommet et C le centre ; puis on divisera le cintre en un certain nombre de parties égales, comme il est vu ici par les points 1, 2, desquels on tendra des lignes au centre C, et l'on obtiendra sur le dedans du berceau les points 4, 5 ; de chacun des points 1, 2, 4, 5 on mène des lignes indéfinies sur le plan parallèlement à l'arêtier, de même on y mène les faces des pieds-droits, ainsi que la ligne du milieu qui se trouve fixée d'avance par le plan de l'arêtier. Ceci étant fait, on tire à volonté et carrément aux sablières les lignes C D, que l'on adopte pour base, et sur lesquelles on trace la rampe des combles de chacun des côtés, comme elles paraissent par les lignes C E ; on portera ensuite sur chacune d'elles, par des lignes de niveau, la hauteur des points a, 1, 2, 4, 5, b, d, ainsi parus sur l'élévation du berceau ; au point ou chacune de ces lignes coupe le dessus et le dessous du chevron, on descendra des lignes carrément sur le plan, et par la jonction de chacune de ces dernières avec celles venant du berceau, on aura la forme des cases F, G, H, I : la première case F correspond avec les lignes de base et représente l'occupation de la coupe du pied des noues sur la sablière ; la hauteur du berceau b d donne l'aplomb des quatre arêtes des noues sur la ligne du milieu A D ; ces derniers points et ceux obtenus par les cases donnent le tracé des noues en plan.

ÉLÉVATION DES LIENS DES VITRAUX.

Les vitraux auront pour épaisseur la largeur des sablières : par conséquent, les cases F représentent la vue de bout des pieds-droits ; leur élévation se fait comme l'un d'eux paraît tracé à droite de la figure. Pour faire cette élévation, on mène la ligne J à volonté et parallèlement à la sablière, cette première sera la ligne de base de l'arasement des pieds-droits correspondant avec la ligne B B, base du berceau ; on mène ensuite la parallèle 3 à la hauteur de la naissance du cintre a A ; à la suite de cette ligne, on mène d'autres parallèles ; à la hauteur de chacun des points 4, 1, 5, 2 ; la hauteur des points B D donne la hauteur du sommet sur la ligne du milieu ; le point D correspond avec les points 6, 7 et B avec les points 8, 9. Cela étant fait, on mène carrément de la ligne J à la ligne J 3 les quatre arêtes de la vue de bout F ; on mène aussi carrément sur chacune des autres lignes les points où chacune d'elles coupe en plan les faces du vitrail, et l'on obtient ainsi les cases L, K, par lesquelles on obtient la forme du vitrail figuré, en les communiquant avec les points 6, 7, 8, 9, ainsi qu'avec les arêtes des pieds-droits ; les lignes M, N sont celles de la face du devant et les deux autres celles du dehors, ces dernières se tracent sur la face du dessous du bois et les deux autres M, N sur celles du dessus, puis, avec une scie à chantourner, on abat le bois par ces deux traits et le vitrail est formé : les deux lignes marquées d'un trait raménerait étant rembarrées l'une par l'autre sur chacune des faces donne la coupe de la tête dans le faitage.

HERSE POUR L'ÉTABLISSEMENT DES NOUES.

Le lecteur remarquera ici que les noues sont tracées en plan au lieu de l'être directement en herse, comme il a été fait précédemment sur les autres planches : il verra que le plan l'exige pour l'opération de l'établissement des empanons et pour démontrer que ces genres d'épures peuvent se faire de différentes manières. L'épure ne représente que le tracé d'une noue, attendu que les deux sont semblables, et pour ne pas encombrer le plan, la herse est transportée au dehors. On mène la ligne O P égale à la sablière, on profile en O le plan de la ligne C D, et on prend la longueur de la rampe C S, que l'on porte de O en Q, et, après avoir fait le point A carrément en P, on tire la ligne P Q : on a ainsi la direction de l'arêtier sur la herse. On prend ensuite le démaigrissement du pied du chevron, on le porte sur la herse parallèlement à la sablière O P ; cette dernière est marquée R ; cela étant fait, il s'agit de tracer sur la herse les mêmes cases parues en plan ; la manière de les tracer étant la même pour toutes, il ne va être fait que le tracé d'une seule, celle marquée I. Les points H, E, G, F, parus sur le plan de la sablière seront tirés carrément sur la herse de H en H, de E en E, de G en G, de F en F ; à ces quatre derniers points, on mène sur la herse des lignes indéfinies, égales à P Q, direction de l'arêtier ; on mènera ensuite sur chacune, carrément à la sablière, les arêtes de la cases I, comme il est vu par les points donnés de X en X, O en O, I en I, K en K ; puis on tirera un trait sur tous ces points et la case sera formée. On trace les autres de même, et l'on obtient ainsi la forme de la noue figurée : les faces du dessus sont parues par les lignes pleines et celle du dessous par des lignes ponctuées. La ligne O P étant tracée sur le dessus du bois et rembarrée dessous avec la ligne R donne la coupe du pied. On remarquera que la herse ainsi faite pour le tracé de la noue est la même que celle des combles des côtés ; par conséquent, les empanons de ces parties se tracent en même temps ; pour cela, on les place en herse carrément à la sablière, ainsi qu'ils figurent par la lettre T ; les lignes marquées d'un trait raménerait tirées parallèlement à P Q, donnent leur démaigrissement de la tête dans l'arêtier ; ces mêmes lignes donnent la coupe de la tête de la noue dans le faitage ; les faces des empanons étant tracées carrément sur la face du dessus de la noue donnent sur cette dernière le tracé des mortaises ; la face du dehors du dessus de la noue étant tracée sur le dessus des empanons et rembarrée dessous avec la face du dehors du dessous de la noue donne le tracé des coupes sur la noue ; le démaigrissement du pied sur la sablière est le même que celui de la noue.

ÉTABLISSEMENT DU FAITAGE ET DES EMPANONS.

Le faitage doit avoir la retombée de l'épaisseur du berceau, épaisseur prise de D en b ; pour le tracer, on le place sur le plan comme il figure, puis l'on y trace, carrément sur ses faces, l'aplomb du plan des vitraux et celui des empanons, et les mortaises sont tracées. Pour celle des noues, on trace sur le dessus du faitage l'aplomb des arêtes du dessus des noues et celles du dessous se tracent sur le dessous, puis on rembarre ces traits d'une face à l'autre, et les mortaises sont tracées. Le faitage s'assemble dans une mortaise au dessous de l'arêtier ; en pareil cas, pour ne changer en rien la lunette, il faut que l'arêtier soit maintenu à l'intérieur par des assemblages disposés à cet effet. Pour tracer les coupes des empanons de la lunette, on les place sur le plan, carrément au faitage, comme ils figurent, et on profile leur face sur la ligne du dehors des sablières ; on mène ensuite ces points carrément sur la ligne B B. base du berceau, sur laquelle on aura, par les faces de l'empanon V, les points q P. La jonction de l'une des faces du plan de l'empanon V, par exemple, la face du derrière avec la ligne du milieu du faitage A D donne le point n ; on mène de ce point une ligne carrément sur la rampe C E, et l'on à le point t ; on prend la hauteur de ce point à la ligne de base C D, et, portée sur l'élévation du berceau, l'on a le point D ; de là on tend les lignes A P, lesquelles étant tracées sur la face du dessus du bois, donnent les lignes des gorges ; on obtient ensuite le tracé des abouts sur la face du dessous par les parallèles tendant du point q ; on rembarre ensuite ce trait d'une face à l'autre et les coupes sont tracées ; l'épaisseur du faitage donne les coupes de la tête. On remarquera que les empanons doivent être de la même forme que celle du berceau. Pour tracer les empanons X, il n'est pas nécessaire d'aller chercher des alignements par la tête : il suffit de ceux du pied desquels on trace des parallèles aux lignes A P. Les empanons y s'assemblent en coupe dans le vitrail. Pour les tracer, il suffit de remonter les abouts et les gorges carrément sur l'élévation du berceau, de même on les remonte sur l'élévation des vitraux, pour le tracé des mortaises. Pour tracer les mortaises du pied des empanons X et V, sur la noue, on mènera sur la herse, carrément à la sablière, le point n en m, S en r, puis on tracera la ligne r m à la gorge de l'empanon V ; on tracera ensuite l'about par la parallèle figurée ; on tracera de même la mortaise de l'empanon en X.

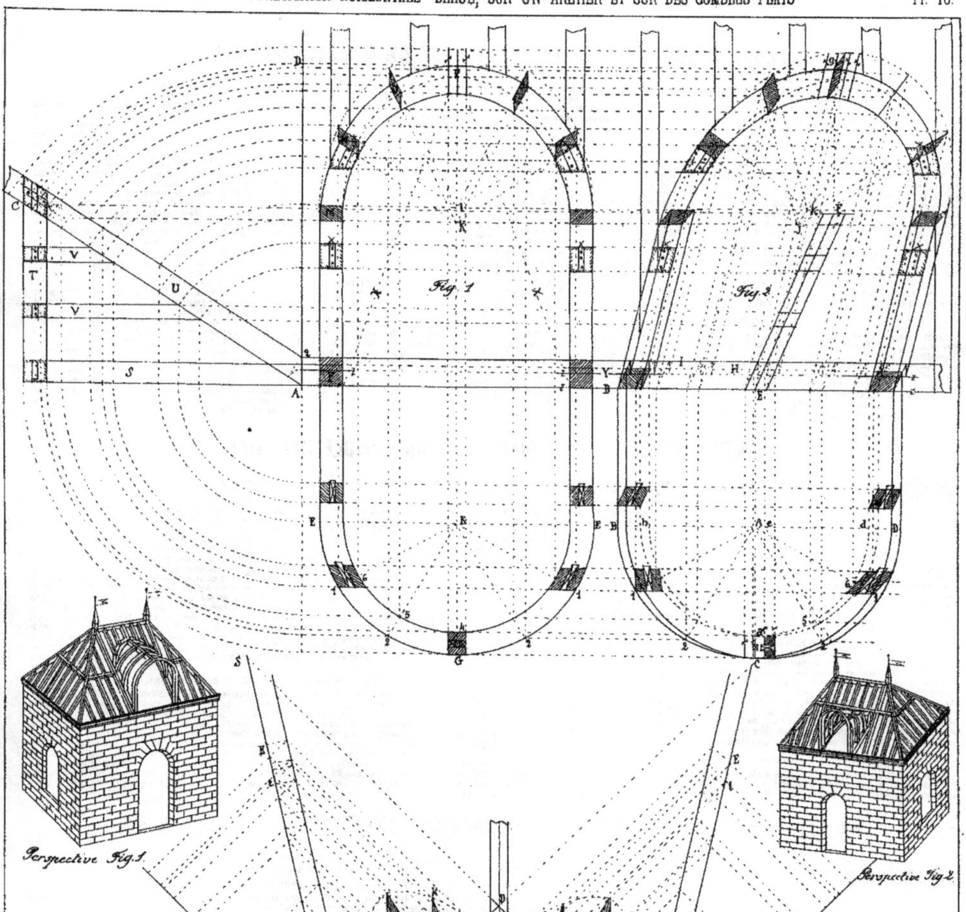

E. Delataille

Imp. Juliot Tours

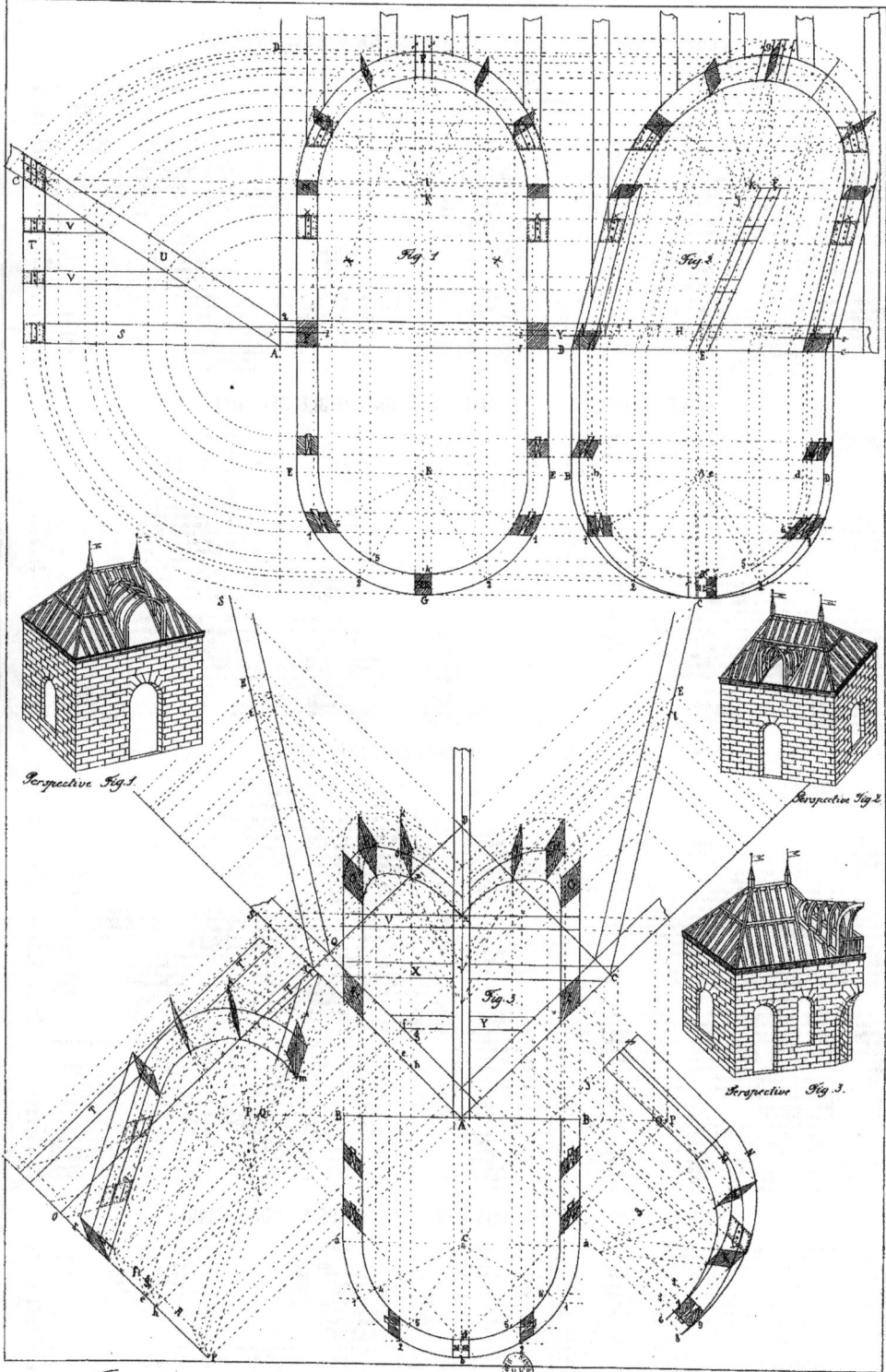

Fig. 1re.

LUNETTE HORIZONTALE PENETRANT DANS UN COMBLE IMPERIAL

Lorsque les lunettes pénètrent dans des combles en forme de dôme ou impérial droit et en tour ronde, tels sont les plans ici présentés, en pareil cas, l'opération pour l'établissement des noues diffère des précédentes, parce qu'il faut d'abord les tracer sur le plan de manière à opérer, d'après ce premier tracé, un deuxième plan sur lequel on opère l'établissement des noues et même, en certain cas, celui des vitraux.

Manière d'opérer.

Etant donnée la ligne A B que l'on adopte pour la face du devant de la sablière du grand comble, on tire la ligne A G, carrément à cette première base, sur laquelle on trace l'élévation du comble vu par la courbe A D; cela fait, on fait l'élévation des vitraux du devant de la lunette, on prend pour base le devant de la sablière A B et l'on tire la parallèle E E, hauteur des pieds-droits, du centre G, on décrit le berceau E F E dessus la lunette; de même, on décrit le dessous par l'épaisseur figurée ; puis on descend les pieds-droits carrément à la base, et les vitraux sont formés ; on fait paraître ensuite les points 1 2 sur le dessus du vitrail, duquel on tente des lignes centrales en G, donnant sur la face du dessous des vitraux les points 3, 4 de ces derniers points 1. 2, 3, 4, ainsi que du milieu F, on tire des lignes carrément sur le plan, on y mène aussi les faces des pieds droits, on prend ensuite la hauteur des points E F, 1, 2, 3, 4, 5, avec cette hauteur, on mène des lignes de niveau sur la rampe A D égales à la base A C, au point où chacune de ces ligne rencontre l'épaisseur du chevron A D, on descend des lignes carrément sur le plan et par la jonction de chacune de ces dernières, avec les premières données on aura la forme des cases figurées, d'après lesquelles on tracera ensuite le plan des noues dont les arêtes du lattis du comble impérial sont parues en lignes pleines et celles du dessous en pointillées.

ÉTABLISSEMENT DES NOUES.

Etant donné la ligne H, on tire carrément à cette première, toutes les lignes figurées tendant des points 1, 2, 3, 4, etc; on mène ensuite à volonté et carrément à ces dernières la ligne I, laquelle va servir de base pour tracer sur ces dernières lignes les mêmes cases parues sur le plan, pour cela, on mettra la ligne I en communication avec la ligne A B, face du devant de la sablière et qui est aussi la face du devant du plan des vitraux ; cela étant compris, on prendra en plan les points a b c partant de la ligne A B et on les portera carrément à la ligne I sur ce dernier tracé ainsi qu'il est paru et d'après lequel on formera la première case K, laquelle correspond avec la coupe de la tête de la noue joignant la face du faitage de la lunette; on portera également les points e f h g lesquels formeront la case suivante, l'autre sera aussi formée par les points v t u s; la largeur de la sablière étant la même que l'épaisseur du vitrail, on trace cette épaisseur par une parallèle à I, laquelle formera l'épaisseur du pied L.

Les cases étant ainsi parues, on tracera la forme de la noue figurée, les lignes parues pleines sont les arêtes du dehors de la noue tendant au lattis de la lunette et celles pointillées sont les faces du dedans. L'épure étant ainsi faite, on procède à l'établissement de la noue : on prépare une pièce de bois de la largeur indiquée par les deux lignes H M et de l'épaisseur N P, lesquelles indiquent aussi la longueur, la pièce étant ainsi préparée, dégauchie sur les faces et mise d'équerre, on la met sur ligne de niveau et de devers sur l'aplomb des lignes N P, puis on trace sur le dessus de la pièce toutes les lignes tendant du vitrail, on fait ensuite quartier a la pièce et on renvoie les lignes carrément sur chacune des faces sur lesquelles on trace la forme du vitrail en se guidant de la ligne M d'après laquelle on prendra la distance de chacun des points 1, 2, 3, 4 etc., de manière à obtenir sur les faces de la pièce le tracé qu'il vient d'être dit ; ayant chantourné la pièce par ce dernier trait, on aura formé le lattis du dessus et celui du dessous de la noue sur la direction du lattis de la lunette. Après ce premier apprêt, on rembarre sur le dehors de la courbe l'aplomb des lignes ponctuées passant sur les points t j f c pour un côté v i e a, pour l'autre, ces points se prennent d'une des lignes N P et se portent de la même manière sur la face de la pièce à laquelle ils ont été pris, pour éviter de ne tracer la noue du côté opposé, ce qui prouve que l'épure d'une noue peut servir pour les deux; cela étant dit, on trace sur le dos de la courbe les lignes parues pleines passant sur les points s k g d, pour un côté et v r h b pour l'autre, on abat ensuite le bois du dehors au dedans de la courbe par ce dernier trait et la noue est formée. La coupe de la tête se trouve tracée par le moyen de rembarrer sur chacune des faces les lignes ayant servi à tracer la case K, il en sera de même pour la coupe du pied par la case L. L'épaisseur du vitrail O étant portée égale à I, on obtiendra par cette dernière le tracé du déjoutement du pied de la noue avec celui du vitrail; l'épaisseur de l'empanon Q étant porté parallèlement en I et tracé sur le devant de la noue on obtient ainsi le tracé de la mortaise de l'empanon, ce dernier se trace sur l'élévation du vitrail comme il a été démontré dans la planche précédente et comme il est figuré. Les empanons de l'impérial reposent sur la noue de la lunette et se tracent sur l'élévation de leur courbe A D ; on les trace tous comme il est démontré à celui marqué U, au point où chacune des faces en plan coupe l'arête du dessus du devant de la noue en h et en x, on mène ces points carrément sur la ligne de lattis en élévation, à ces points, on mène un trait de niveau parallèlement à la base A D, le trait donné par h se trace sur la face du dessus et celui donné par x sur la face du dessous, puis on rembarre ces traits d'une face à l'autre et la coupe est tracée. Le faitage se trace comme il figure ainsi tracé et vu par la lettre T.

Fig. 2.

LUNETTE PENETRANT EN BIAIS DANS UN COMBLE IMPERIAL

Ce deuxième plan est tracé à la suite du premier et sur la même sablière, le vitrail du devant est tracé sur la même dimension; le surplus diffère en ce que la lunette partant de la face du devant du vitrail se dirige en biais en pénétrant dans le comble, tel que le plan fig. 2, de la planche précédente; de plus, celui-ci diffère de ce dernier, en ce que les empanons ne suivent pas la parallèle du vitrau, vu qu'ils sont placés carrément de la direction du plan de la lunette, c'est-à-dire carrément au faitage. La forme de la lunette étant donnée premièrement sur le vitrail, on obtiendra par ce premier l'élévation donnant la forme des empanons, d'après laquelle on tracera ensuite les épures nécessaires pour l'établissement des noues.

Manière d'opérer.

Du centre G ayant tracé le berceau E F E, ainsi que son épaisseur figurée en F 5 on tend ensuite les lignes centrales G 1 et G 2, lesquelles donneront sur le dedans du vitrail 3 et 4, cela fait, on descendra carrément sur la ligne A B, face du devant de la sablière, tous les points 1, 2, 3, 4, 5 ; de là on mène des lignes en plan et parallèlement au plan du faitage C D, direction du biais de la lunette; on mène aussi des lignes tendant des points donnés sur la même ligne A B par le pied-droit des vitraux, à la naissance du cintre E E ainsi que les points 1, 2, 3, 4, 5 étant d'égale hauteur que sur le plan figure première, fait que les lignes de niveau tracées sur la rampe du comble A D vont nous servir pour tracer le deuxième plan : par conséquent, il suffit de les prolonger du premier plan sur ce deuxième, et l'on aura par la jonction de chacune de ces dernières, avec les premières la forme des cases figurées, d'après lesquelles on tracera ensuite le plan des noues dont les arêtes du lattis avec le comble impérial sont parues en lignes pleines et les faces du dessous ponctuées. Du point où la ligne C D, milieu du plan du faitage, coupe la ligne du derrière de la sablière, épaisseur du vitrail, on mène une ligne carrément sur la ligne EE qui donne le point O, centre duquel on décrit deux demi-cercles semblables aux vitraux passant en F et en 5, on le profile ensuite en ligne droite sur la base et l'on a ainsi le délardement du dehors des vitraux selon le biais de la lunette, on place ensuite les empanons en plan carrément au faitage, comme ils figurent, et le plan sera terminé.

ÉTABLISSEMENT DES NOUES

Pour faire l'épure des noues, il faut d'abord faire l'élévation des empanons par lesquels on aura la forme du berceau de la lunette suivant la direction de son plan. Pour faire cette élévation, on va prendre pour base la ligne H, qui est la face du devant du plan d'un des empanons, on profilera la face du plan du faitage et l'on y portera la hauteur du dessus du vitrail F en a, le dessous 5 en b, on profilera ensuite la ligne ayant formé les cases, sur lesquelles on portera la hauteur de chacun des points qui leur correspondent, tels que 2 en 6, 4 en 8, 1 en 7, 3 en 9, la naissance du centre E en c d, les épaisseurs des pieds droits c d étant profilés de nouveau, c'est-à-dire parallèlement à la base H jusqu'à la rencontre du milieu du plan du faitage, on aura le point c, et la direction des lignes centrales en 7 et en 6; tous ces points étant ainsi portés, on tracera par chacun d'eux les courbes figurées et le berceau des empanons sera formé. On remarquera que si la forme n'est pas de même épaisseur, cela vient de ce que la forme du vitrail a été formée régulièrement, ce qui convient mieux aussi pour la vue du dehors. Tout cela étant fait et compris, on tend la ligne I, à laquelle on mène carrément en dehors de l'épure des lignes indéfinies tendant des points a b, 6, 8, 7, 9, d c, ainsi que les deux lignes tendant de la base H. La ligne J étant donnée à volonté et carrément à cette dernière, on la met en rapport avec la ligne H, pour tracer sur ces dernières lignes, les mêmes cases parues en plan, on opère de la même manière qu'il vient d'être démontré figure 1re, et comme il est vu sur l'épure. On pourrait aussi tracer les vitraux sur cette dernière épure, de la même manière que l'on opère pour y tracer la noue et comme il est figuré par la ligne f pour les arêtes du dehors et h pour celles du dedans; mais, comme le vitrail est droit sur son plan, il est préférable de le tracer sur le plan d'élévation. Les noues n'étant pas parallèles à cause du biais de la lunette, elles ne peuvent être tracées sur la même épure, dans ce cas, il est urgent de faire l'épure des deux.

ÉTABLISSEMENT DU FAITAGE ET DES EMPANONS.

Le faitage doit avoir la retombée F 5 et d'une épaisseur approximative comme il figure sur le plan. Pour le tracer, on le place sur le plan, la ligne du milieu aplomb de la ligne C D, les faces des vitraux et celles des empanons étant tracées carrément sur les faces du faitage, donne le tracé de leurs mortaises, on tracera ensuite les arrêtes du dehors des noues sur les faces du dessous, puis on rembarre ces traits d'une face à l'autre et les mortaises sont tracées. Les empanons se tracent sur leur élévation, et comme il est vu par celui marqué K. Les points où chacune de ces faces en plan joignent l'arête du dehors du devant de la noue, sont remontés carrément sur le dehors du berceau, on remonte sur le dedans les points où les mêmes faces de l'empanon joignent le dedans de la face du devant de la noue, puis on rembarre ces points du dedans au dehors et l'on obtient ainsi le tracé de la coupe figurée. On opère de même pour tracer ceux du grand comble.

Fig. 3.

LUNETTE PENETRANT HORIZONTALEMENT DANS UN COMBLE DROIT SUR TOUR RONDE

Le plan ici proposé est une lunette construite sur une tour ronde, laquelle pénètre carrément dans le comble, les vitraux sont croches en plan, de manière qu'ils tendent sur l'aplomb de la partie extérieure circulaire de la tour.

Manière d'opérer.

Etant donné le centre A, on décrit le cercle B C D E, qui donnera la forme du plan de la tour ronde, on tendra ensuite la ligne A B, base sur laquelle on tracera la rampe B F ; la ligne A C étant donnée à volonté, on l'adoptera pour le milieu du plan de la lunette, on fera ensuite la ligne G carrément à C A et l'on tracera au-dessus de G la forme du berceau figuré ; des points 1 2, fixés à volonté sur le berceau, on tendra des lignes centrales en H, lesquelles donneront les points 3, 4, sur le dessus du berceau; après cela, on mènera des lignes carrément sur le plan de chacun des points 1, 2, 3, 4, de même on y descendra les pieds droits du berceau. De la ligne de base G, on prend la hauteur des points 1, 2, 3, 4, 5, 6, 7, et à chaque hauteur, on tire des lignes sur la rampe B F, égale à la base A B; à la jonction de chacune de ces lignes, avec le dessus et le dessous du chevron, on descend des points sur la ligne B A, et du centre A, on décrit les lignes figurées en plan, et par la rencontre de chacune de ces dernières, avec les premières ; on aura la forme des cases I J K L, les points 6, 7, donneront la largeur du faitage M, d'après lequel on obtiendra en plan l'aplomb des quatre arêtes de la tête de noue, sur la ligne du milieu C A; par ces derniers points et ceux donnés par chacune des cases, on tracera le plan des noues figuré, dont les lignes parues pleines, sont les arêtes du dessus faisant lattis à la tour ronde et les pointillées celles du dessous, les cases I représentent l'occupation de la coupe du pied des noues sur la sablière, ainsi que la vue debout du pied droit du vitrail.

ÉPURE POUR L'ÉTABLISSEMENT DES VITRAUX ET DES NOUES.

Ayant ainsi tracé le plan comme il vient d'être indiqué, on remarquera que l'épure à faire pour l'établissement des noues se fait de la même manière que celle qui a été ici démontrée figure 1re quoique je vais en donner une seconde explication. Les vitraux du devant étant croches en plan se traceront de la même manière que les noues. Ayant fait paraître la ligne N, on mènera, figure 4, carrément à cette première, toutes les lignes tendant des points 1, 2, 3, 4, 5, ainsi que les joints du pied et de la tête du berceau, la ligne P étant donnée à volonté et carrément à ces dernières, sera mise en rapport avec la ligne G, pour tracer sur ces dernières lignes, les mêmes cases parues en plan; pour cela, on prendra en plan, figure 3, partant de la ligne G, la distance des points a b c, on les portera sur l'élévation, figure 4, sur la ligne de base P, comme ils paraissent, par le moyen desquelles on formera la case O, et qui représente le joint de la tête de la noue ; on opèrera de même pour les points e f qui formeront la case Q, joint de la tête du vitrail, on tracera ensuite la case L, en prenant, figure 3, les points k r t s, pris de la ligne G et porté à la ligne P, de même, on tracera la case du vitrail R en opérant de même aux lignes G P : les points g h i j, ainsi parus sur le plan du vitrail, la case du pied I sera aussi tracée sur le plan figure 4, en y portant également les points v n x u ; cette dernière correspond avec la coupe du pied de la noue et celui du vitrail ; on tracera ensuite les autres cases J K ; on opère comme il vient d'être fait pour ces premiers ; toutes les cases étant ainsi portées, on trace par chacune d'elles la forme de la noue, ainsi que celle du vitrail, les lignes pleines sont les arêtes du dehors de la lunette, et les ponctuées celles du dedans. Le plan des empanons S T étant en parallèle à la ligne G ; on prendra de cette dernière ligne la distance de leurs faces et on les portera parrallèle à la ligne P, figure 4, lesquelles donneront le tracé des mortaises figurées. L'épure ainsi faite, on opérera le tracé des noues et celle des vitraux sur le bois, comme il est démontré figure 1re.

ÉTABLISSEMENT DU FAITAGE DE LA LUNETTE ET DES EMPANONS.

Le faitage se trace comme il figure par la lettre M. Pour tracer les empanons, on les place d'abord en plan, comme ils figurent en S et en T, ceux dont le pied repose sur la partie courbe des noues, se tracent de la même manière qu'il a été indiqué pour ceux de la figure 2, ceux qui tendent sur les parties droites, tel serait ici celui marqué S, ces derniers se tracent d'une manière différente et de plusieurs façons, une d'elles se trace sur l'épaisseur du plan de la noue, la ligne P Q. Cette ligne se trace en p sur un about quelconque des faces de l'empanon et par un simblot décrit du centre A, on profile le simblot sur la ligne de base B A, de là, on tire un trait carrément en m sur la rampe B F, la hauteur de m étant portée sur le berceau, en Y, donnera un point ; pour avoir le deuxième, on profilera la face du devant du plan de l'empanon, sur laquelle on mènera une ligne parallèle à p q, tendant du devant de la case I ; par la rencontre des deux on aura le point 8, que l'on mènera ensuite carrément sur la base G et l'on aura ainsi le deuxième point 9, qui tendant au premier en Y, donnera l'alignement de la face du devant de l'empanon, on obtient ensuite celui de la face du derrière par la parallèle figurée, cela fait, on prépare l'empanon selon la forme du berceau, et l'on trace la ligne g y sur la face du dessous et la suivante, sur la face du dessus, puis on rembarre ces traits d'une face à l'autre et la coupe est tracée. ; l'empanon T, est comme on le voit, aussi tracé de la même manière. On pourrait également obtenir ces mêmes coupes en cherchant la hauteur de chacun des points O donnés par le joint des faces du plan de l'empanon avec celle du dessus de la noue et en opérant à chacun d'eux comme il a été fait du point P. On les obtiendrait encore plus facilement en faisant paraître la partie droite des noues en élévation; comme il est vu à droite de l'épure par la ligne V U : la ligne U est l'arête du dessous de la face du dedans et V celle du dehors ; cela fait, il suffit de profiler sur ces lignes la face des empanons, et l'on obtiendra ainsi la hauteur de chacun des mêmes points, comme il est vu par chacune des lignes qui leur correspond. Leurs mortaises sur les noues se tracent comme il a été dit et comme elles figurent.

HERSE POUR LA COUPE DES EMPANONS DE LA TOUR RONDE REPOSANT SUR LES NOUES DE LA LUNETTE.

Etant donnée figure 5, la ligne A B, on prendra figure 3, sur la rampe B F, la distance de chacun des points X, 16, 17 et on les portera, figure 5, sur la ligne A B partant du point A, lequel correspond à B, ce point étant porté, on prend la longueur du comble B F, on la porte, figure 5, de A en B, du point B, on décrit des simblots indéfinis sur chacun des points X qui ont été portés à la suite de A ; on prend ensuite sur le plan la distance c n, on la porte sur la herse de A en D, on prend ensuite Z U, on le porte de E en b, de ces premiers points, on tire des lignes égales à B A, jusqu'à la rencontre des premières lignes en c et en d, et l'on a, par ce moyen, les parties droites des noues sur la herse; on continue ensuite par porter également 10 12 en F, 12, 11, 13 en F, 13, 14 t. en G, t. 15, s en G s, tous ces points étant ainsi portés, on tracera la courbe passant par les points D c 12, t 16, on aura ainsi l'arête du dehors des noues en herse, on tracera ensuite l'arête du dedans par les points b, d, 13, S, 17. La herse étant ainsi faite, on y place les empanons comme ils figurent et, pour les établir, on trace sur les faces du dessus la ligne pleine et sur la face du dessous la ligne ponctuée, puis on rembarre ces traits d'une face à l'autre et la coupe est tracée.

Fig. 6.

LUNETTE PENETRANT EN BIAIS DANS UN COMBLE EN TOUR RONDE

Les lunettes biaises sur des plans en tour ronde ne sont pas plus difficiles à tracer que si elles étaient carrément. La construction du plan diffère en ce qu'elles pénètrent en biais dans le comble, attendu que la direction ne tend pas vers le centre. Par ce dernier exemple, on remarquera que les lunettes biaises peuvent être faites et disposées de deux manières différentes. Celles qui ont été démontrées jusqu'à présent, on a donné à leur vitrail une forme pleine cintrée sur le devant pour la vue du dehors, partant des vitraux et prenant une direction biaise, il est tout naturel que le berceau ne peut avoir la même forme; selon ce qui a été démontré plus haut, figure 2. Dans ce plan-ci, le berceau pénétrant en biais a été premièrement formé et d'après lui, on obtiendra ensuite la forme des vitraux et celle des noues. Le berceau ayant été tracé sur la même forme et sur la même dimension que celui de la figure 3, les lignes circulaires décrites en plan pour le tracé des noues vont nous servir pour tracer celles de cette dernière par le moyen de les profiler comme elles paraissent. La ligne A B, milieu de la lunette, étant donnée selon la direction du biais qu'elle doit avoir, on fera ensuite la ligne C, carrément à A B, et l'on y tracera au-delà la forme du berceau figuré sur chacune des lignes parues en plan du berceau, on tirera les points qui correspondent et l'on formera ainsi les cases d'après lesquelles on tracera la forme des noues figurées, on fera ensuite l'épure de chacune d'elles, ainsi que des vitraux, en opérant comme il a été démontré figure 3 et figure 4. Les empanons carrément au plan de la lunette auront la même forme que le berceau sur lequel est paru le tracé des coupes; le faitage se trace sur le plan comme il a été démontré pour celui de la figure 2.

Nota : Dans la construction des lunettes, on n'a pas toujours des pièces de bois assez fortes pour former les courbes et sur tout celles des noues, dans certains cas, on pourrait placer des chevrons de joués, tendant au pied du vitrail, et dans lequel on assemblerait une petite panne au niveau du sommet du berceau et dans laquelle on assemblerait le faitage de la lunette, ainsi que la tête des noues, qui cendrait ensuite en communication avec les chevrons de joués qui forment la partie droite même encore cette dernière partie des noues pourrait être en deux pièces par le moyen de placer un gousset assemblé de la panne au chevron de joué, par ce moyen, la construction est très-solide et l'on obtiendrait une grande économie de bois. Les noues étant ainsi formées, il n'est nécessaire de les délarder selon le lattis de la lunette sur le dessous, on cloue ensuite un tasseau sur le dessus, lequel est destiné à recevoir le lattis de la lunette. Dans des lunettes sur tour ronde ou sur toute autre forme auquel on voudrait former les noues comme il vient d'être dit, on disposerait alors les assemblages selon la circonstance.

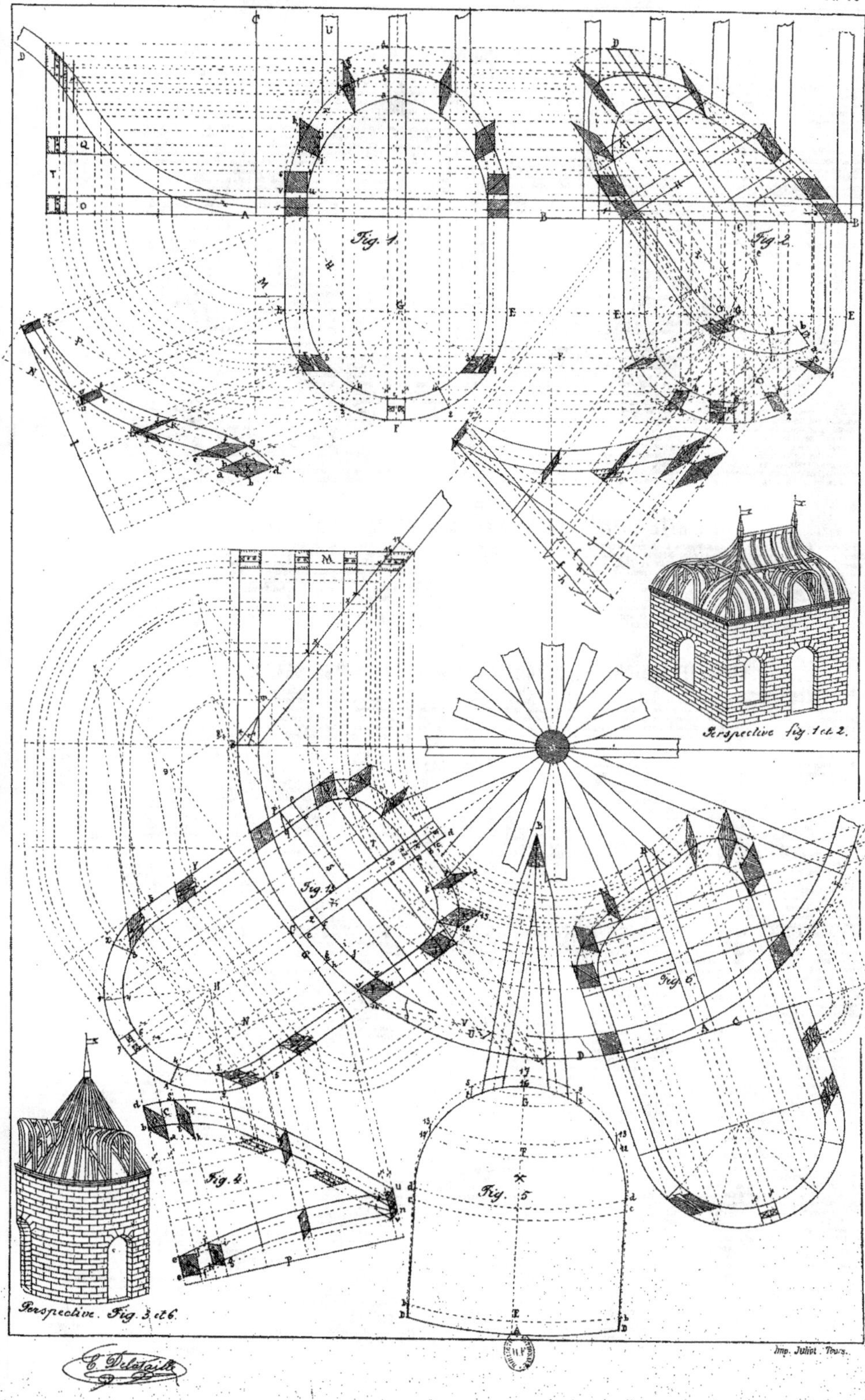

E. Delataille

Imp. Juliot. Tours.

FIG. 1re.

LUNETTE CONIQUE PÉNÉTRANT HORIZONTALEMENT DANS UN COMBLE DROIT

Avant d'entrer en matière sur le détail des lunettes coniques, on saura qu'elles sont ainsi nommées, par rapport à la forme cylindrique et pyramidale qui forme le berceau sur les pieds droits ; la partie intérieure et extérieure tendent chacune à un point jeté dans l'espace, auquel tend le coup d'œil. Ces genres de lunettes peuvent être exécutés par goût sur divers combles : en partie droite, à faces planes, de forme impériale, dômes ou tour ronde, auxquels ce genre de lunette convient beaucoup ; il est même certains cas dont les circonstances en exigent l'édification.

Manière d'opérer.

Etant donné la ligne A B, face du devant de la sablière du comble, ensuite A C carrément base sur laquelle on trace la rampe du comble A D, on décrit le berceau E F E, en ayant a pour pivot ; ce premier cercle est la face du devant du dehors du vitrail, on trace l'épaisseur par la parallèle figurée, et de là on tire les pieds-droits carrément sur la ligne A B, les faces du dehors tendront au point G ; puis on tirera celle du dedans par des parallèles qui, par leur rencontre sur la ligne du milieu, donneront le point H. On remarquera que le point G a été jeté dans l'espace à volonté, et sur la ligne du milieu du plan de la lunette est le premier point visuel en dehors de la lunette et H celui du dedans ; c'est-à-dire que la lunette vient mourir à rien à ces deux points.

ÉTABLISSEMENT DES NOUES.

Dans ce plan-ci, il n'est d'aucune utilité de faire les noues en plan, d'autant plus qu'elles peuvent être placées directement sur la herse. Ayant fait paraître les points 1 égaux de chaque côté de vitrail, on tracera les lignes centrales 1 en a, lesquelles donneront sur le dedans du vitrail les points 2. Le point F, hauteur de la lunette étant porté de A en I, ainsi que E en d, on tendra la ligne 1 C, et l'on aura la direction du sommet de la lunette, et de D G, direction de la naissance du cintre, on portera de même la hauteur de chacun des points 1, 2, 3 : la hauteur du point 3 donnera la retombée du faitage K par une parallèle à I c ; par là-même on aura le point J, duquel on tracera la ligne J B correspondant avec le point 2, en dedans du berceau ; on trace ensuite la parallèle C u, correspondant au point 1, sur la face du dehors au point où chacune de ces lignes rencontre la rampe A D, on les rabat sur la base A C, par des simblots décrits du point A, et, de là, on mène des lignes sur la herse parallèlement à la sablière A B. Les points où les mêmes lignes rencontrent la ligne du dessous du chevron, on les renvoie d'équerre sur la ligne du dessus A D, et du point A on les rabat sur la base, pour les mener ensuite sur la herse, comme pour le premier. Du point G, on mènera une ligne carrément à la base A C, jusqu'à la rencontre de la rampe du comble en D, et, du point A, on rabat ce point sur la base, puis on tire une parallèle à la sablière sur la ligne du milieu du plan de la lunette et l'on a ainsi le point L, lequel correspond avec G ; il en est de même de M avec H, ensuite on trace les lignes formant le cône, sur la herse : pour cela, on tire carrément sur le devant de la sablière A B les faces du dehors du vitrail en e, et celle du dedans en f, on mène aussi les points 1 en h, et 2 en i ; cela fait, on trace des lignes des points e en L, et on mène des parallèles en f, on a, par ces premières, les faces des parties droites du dessus des noues en herse ; pour avoir les faces du dessous, on trace des lignes des points e en G, ensuite des parallèles en f, aux points où chacune d'elles rencontre la ligne N, on les renvoie carrément sur la ligne P, et, de là, l'on tend des parallèle à e L, et les faces du dessous sont parues. Par ce moyen, on aura la forme des cases R, auxquelles finissent les parties droites des noues, de là elles se continuent en partie courbe sur la ligne du milieu, aux points n g, pour les faces du dehors, et aux points x m, pour celles du dedans ; ces derniers points sont comme on le voit donnés par la rencontre des faces du faitage K avec celles du chevron. Il reste encore à tracer les cases S : pour cela, on tend sur la ligne N des lignes dirigées des points h en G, ensuite des parallèles en I ; de N on les renvoie carrément sur la ligne P, et l'on tente d'abord des lignes de h en L, ensuite des parallèles en I, ainsi que sur les points qui viennent d'être déterminés sur la ligne P ; par la rencontre de ces quatre dernières et celles données en premier lieu, prises sur l'épaisseur du chevron et données par les lignes b j et c c ; on aura la forme des cases S ; par ces dernières, ainsi que par les premières, on obtiendra la forme des noues figurées ; dans les parties droites, les quatre arêtes sont parues en ligne pleine ; celles dont leurs courbes se continuent ainsi font remarquer les arêtes du dessus, et les lignes ponctuées celles du dessous. Ces dernières seront tracées sur les faces du dessous du bois et les autres sur les faces du dessus ; puis on chantourne les pièces par des traits d'une face à l'autre, et les noues sont formées. Pour cela, il faut que la noue soit de l'épaisseur du chevron A D, épaisseur fixée à propos selon l'épaisseur des pièces destinées à les former. On remarquera ici que le point L donne sur la herse l'alignement des lignes tendant du dehors du berceau et sur la face du dessus du bois ; le point O correspond avec les mêmes sur la face du dessous, de même que M, pour celles du dedans, sur le dessus du bois, et Q pour le dessous. L'épaisseur du faitage étant porté en plan et tracé carrément sur le bois, donne leurs coupes de la tête ; la face du devant de la sablière A B étant tracée sur les faces du dessus et remburrées dessous par la ligne P, on aura leur coupe du pied sur la sablière.

ÉTABLISSEMENT DU VITRAIL.

La face du devant de la sablière étant aussi la face du devant du vitrail, alors on fera paraître son épaisseur vue par la ligne T ; on la profilera en plan, et du point où elle joint les lignes e g et f h, on tirera des parallèles au pied du vitrail et l'on obtiendra ainsi les faces du derrière ; avec la hauteur du point P, donnée par la ligne T, on tire une ligne de niveau sur l'élévation du vitrail et on a le point X, centre duquel on décrit les berceaux de la face du derrière, en les mettant en rapport avec les lignes des pieds-droits, dernièrement tracés. Le dernier tracé pourrait aussi se faire par le moyen des cases figurées, mais il est mieux et plus tôt fait d'opérer comme il vient d'être dit. Ces dernières sont parues par des lignes ponctuées que l'on trace sur la face du dessus du bois, et celles parues pleines sur la face du dessous, puis on chantourne la pièce d'une face à l'autre par chacun de ces traits et les vitraux sont formés. Leur coupe dans le faitage, ainsi que leur déjoutement du pied avec la noue, se fait comme de coutume.

ÉTABLISSEMENT DU FAITAGE ET DES EMPANONS.

Le faitage se trace ainsi qu'il est paru par la lettre K. Pour tracer les empanons, on les place d'abord comme il est vu par la lettre U, étant ainsi placés, on les profile en plan et de là, où ils rencontre les lignes e, g, ainsi que f H, on mène des lignes de ces points carrément sur l'élévation des vitraux auxquels on tire des lignes de niveau avec la hauteur des points 4 5 donnés par l'épaisseur de l'empanon U ; par ces deux dernières, on aura les points 6, 7 ; le point 6 est, le centre servant à décrire, la face du devant vue par des lignes pleines, et du point 7 on décrit celle du dedans ; ces dernières sont tracées en lignes ponctuées. Leur diamètre est donné par les lignes des parties droites, premièrement tirées du plan par terre, comme il a été fait pour le vitrail. Le tracé des coupes et celui des mortaises sur les noues se tracent comme il a été précédemment démontré et comme ils figurent ; il est bien entendu qu'autant qu'il y a d'empanons, autant il faut d'épures pareilles. Les empanons du comble étant placés sur la herse comme ils paraissent en V, en X, etc., on trace sur leur dessus la face du dehors du dessus des noues, et le dessous sur les faces du dessous, puis on rembarre les traits d'une face à l'autre, et les coupes sont tracées. Les faces étant tracées carrément, c'est-à-dire d'aplomb sur la face du dehors des noues, donneront le tracé des mortaises.

FIG. 2.

LUNETTE CONIQUE PÉNÉTRANT EN BIAIS DANS UN COMBLE DROIT

Par cette dernière figure, on remarquera facilement qu'une lunette conique et biaise, du même genre que la première, n'est pas plus difficile à tracer, vu que les opérations sont exactement les mêmes ; la seule différence est qu'elle se dirige en biais dans le comble ; il sera donc suffisant d'observer que la face du devant du vitrail a été décrite du centre a, et du centre b celle du dedans. La ligne A B est la ligne du milieu en plan de la lunette et la direction du biais, B est le point visuel pour le dehors, et C pour le dedans. La face du devant du vitrail étant décrite sur les mêmes dimensions que pour celui de la figure première, il en résulte que les mêmes lignes qui ont été données sur la herse selon la direction de la sablière A B, servent pour cette deuxième figure ; cela étant compris, on mènera B carrément en D, et l'on aura l'alignement des lignes du dehors du berceau en herse sur la face du dessus du bois ; on aura ainsi E, correspondant avec les mêmes lignes sur la face du dessous ; de même on mènera C carrément en E, ce sera l'alignement du dedans sur le dessus du bois, et G sur le dessous. La coupe en biais de la tête des noues dans le faitage se trace comme il est figuré par la ligne marquée d'un trait raménerait, celle qui tend du dehors de la sablière se trace sur le dessus du bois, et celle qui tend de la ligne du démaigrissement sur le dessous ; on rembarre ces traits d'une face à l'autre, et les coupes sont tracées. Le faitage se détermine ainsi qu'il paraît vu en élévation par la ligne I B. Pour faire cette élévation : on prend la hauteur A I (fig. 1re), on la porte de A en I (fig. 2) ; de I on tend une ligne en B et l'élévation est tracée : la largeur est la même que celle du plan (fig. 1re). Les empanons étant parallèles avec le vitrail, ils se tracent de la même manière que ceux de la figure précédente, ainsi que ceux du comble droit.

FIG. 3.

LUNETTE CONIQUE PÉNÉTRANT CARRÉMENT DANS UNE BRANCHE DE NOUE

La lunette ici proposée est construite sur un comble formant retour. Du côté de la noue, l'angle est un pan coupé, sur lequel repose le vitrail de la lunette ; les faces du pied-droit sont dirigées selon le plan des chevrons tendant au caré des sablière, qui forment la branche de noue selon laquelle est aussi dirigé le faitage, c'est-à-dire le milieu de la lunette. Les faces des pieds-droits étant ainsi dirigées, occasionnent le cône de la lunette à s'étendre en largeur et en hauteur, en pénétrant dans le comble, ainsi qu'il est vu sur la perspective.

Manière d'opérer.

Etant données les deux lignes A B, sablières des deux combles, on fixera le point c sur ces deux premières et à égale distance de A ; de c en c on aura le pan-coupé et la face du devant du plan des vitraux, auquel on tirera carrément la ligne A D E ; cette dernière sera le plan de la noue et la direction plan du milieu de la lunette. Pour faire l'élévation du vitrail, on prendra pour base la ligne c c et on fera la parallèle 1 1 qui sera la hauteur du pied-droit et la naissance du cintre du berceau qui est, comme on le voit, de forme éliptique. L'ayant ainsi tracé, on fixera à la même distance les points 2, 3, desquels on tirera des lignes centrales en 8 ; par ce point on aura, sur le dedans du vitrail, les points 6, 7 ; la ligne du milieu donnera les points 4, 5 ; il est bien entendu que c'est la face du devant du vitrail que l'on vient de tracer et parue par les lignes pleines. Des points c c, face du dehors du pied des vitraux, on tente des lignes carrément aux sablières A B, et l'on a, par leur rencontre sur la ligne du milieu, le point E, direction visuelle du dehors de la lunette ; on obtient ensuite F, point visuel du dedans ; par les parallèles F c, on obtient les faces du dedans du pied des vitraux ; une des lignes E C étant profilée en G, sera adoptée pour base, sur laquelle on tracera la rampe du comble C H. Des points 2, 3, parus sur le dessus du vitrail, on descendra des lignes carrément sur la ligne C C, et de là on mènera des lignes en plan tendant du point E : de même on descendra les points 6, 7, et l'on tirera également des lignes en plan tendant des points F, celles données par les points 2, 6, doivent être parallèles l'une avec l'autre, de même que les autres. Des mêmes points qui ont été donnés sur la ligne c c, pour tracer ces dernières, on tirera d'autres lignes parallèlement à la sablière A C B, et l'on portera sur chacune d'elle, en se guidant sur la ligne C E, la hauteur de chacun des points parus sur le vitrail, tels que 1 en 9, 6 en 15, 2 en 10, 7 en 14, 3 en 11, 4 en 12, 5 en 13. Il est fait observer que les petites courbes tracées sur ces points ne sont autre chose que la vue en perspective de la moitié du vitrail. Du point 9 on tire une ligne égale à C E, sur laquelle on mène carrément E on I ; de là, on tend la ligne I, 12, que l'on profile sur l'épaisseur du chevron H C, puis l'on tire une parallèle en 13, ce qui donne la retombée du faitage de la lunette ; du point F, on mènera sur cette dernière ligne égale à E I, ce qui donnera le point J, duquel on tirera une autre ligne égale à I 9 ; cette dernière sera la hauteur de la naissance du cintre de la lunette sur la face du dedans et I 9 sur le dehors. La différence vient de ce que la forme du berceau est éliptique, car s'il était plein-cintre, ces deux points seraient au même niveau. Il faut remarquer ici que le cône n'étant qu'à la hauteur de la naissance du cintre de la lunette, alors I est le point visuel du dehors en élévation correspondant à l'aplomb de E ; il en est de même de J en F pour le dedans. Cela compris, on continue par tirer une ligne de I au point 11, on la profile sur l'épaisseur du chevron, on mène ensuite une parallèle passant sur le point 14, laquelle correspondra en J ; il en sera de même par la ligne donnée de I en 10 et de J en 15, au point où chacune de ces lignes rencontre l'épaisseur du chevron ; on descendra des lignes carrément en plan parallèlement à la sablière A B ; par la rencontre de chacune de ces dernières avec celles données en premier lieu, on aura en plan les cases K, L, O, et aussi sur la ligne du milieu les points a, b, c, d, au moyen desquels, ainsi que des cases qui viennent d'être faites, on aura le point de la noue figurée, dont les arêtes du latis correspondent avec le comble droit marqué par des lignes pleines, et par des lignes ponctuées celles du dessous. Il n'est pas nécessaire de faire paraître les deux noues, attendu que les deux peuvent être tracées sur la même épure, en traçant seulement une au rebours de l'autre ; il en est de même pour les empanons.

HERSE POUR L'ÉTABLISSEMENT DES NOUES ET DES EMPANONS DES COMBLES DROITS.

Où les lignes passent par les points 9, 10, 11, 12, 13, 14, 15, joignent le dessous des chevrons, on les renvoie carrément sur le latis, et du point C on les rabat sur la ligne de base ; on rabat aussi les points où chacune des mêmes lignes rencontre le dessus du latis, étant ainsi rabattue sur la base c c, de là, on tire des parallèles à la sablière A B, sur laquelle on forme les mêmes cases parues en plan en ramenant carrément sur chacune de ces lignes l'arête de chacune des cases qui leur correspond en opérant comme il est fait remarquer par le point a, tiré en e, b en f, c en g et d en h ; cette première case représente l'aplomb du milieu du faitage, ayant tracé les autres cases comme elles paraissent, on tracera ensuite la noue en herse, dont les lignes parues pleines marquent les arêtes du dessus, et les lignes ponctuées celles du dessous. La ligne du devant de la sablière A B étant tracée sur le dessus du bois et rembarrée sur le dessous avec la ligne M, on aura la coupe du pied ; ayant fait paraître la face de la noue sur la herse, on tracera ensuite le rengraissement du dessous, lequel donnera la coupe de la tête ; ces deux dernières sont marquées d'un trait raménerait. Les empanons se placent sur la herse carrément à la sablière, et, par les deux lignes du dehors de la noue, on a le tracé des coupes comme de coutume. Avant d'aller plus loin, je ferai observer ici que le tracé en plan est inutile pour faire l'épure, du moment qu'elles peuvent se tracer directement sur la herse, comme on va le voir plus loin ; en suivant, on n'a pas non plus besoin du plan pour opérer l'établissement des empanons de la lunette ; s'il paraît ici, ce n'est que pour faire mieux comprendre le plan, et expliquer aussi que ces épures peuvent être faites de plusieurs manières. Pour tracer la noue directement sur la herse, on se sert des lignes qui ont été premièrement tracées parallèlement à la sablière ; on profile ensuite la ligne I E, ainsi que le pied de la rampe H C, jusqu'à leur rencontre, et l'on a le point Q ; on prend la distance de C O, on la porte de C en R, et l'on a ainsi le point d'alignement des lignes du cône sur la herse, du point R on tend une ligne au point A, ce qui donne le milieu de la noue en herse ; ce qui prouve qu'elle est très-exacte, c'est qu'elle jonctionne exactement avec la face du dessus de la case de la tête aux points e f ; à la rencontre de la ligne N, avec le milieu du plan de la noue, on détermine un point carrément sur la ligne M, de là, on tente une parallèle à la première ligne R A, par laquelle on finit de tracer la case, attendu que cette dernière passe aussi sur les points g h. La case S est donnée par le prolongement du plan de la noue et par les points donnés sur la rampe du comble, par chacune des lignes primitivement données à la hauteur de la naissance du cintre auquel elle correspond.

Pour tracer la case O sur la herse, on descend carrément sur la ligne c c les points 3, 7, parus sur le vitrail ; du point donné par 3, on tend une ligne en E, que l'on profile jusqu'à la rencontre de la ligne N, on y amène aussi par une parallèle à cette première le point donné par 7 ; de la ligne N on renvoie ces points carrément sur la ligne M ; cela fait, on tend premièrement une ligne de K en E, que l'on profile sur la herse jusqu'à la rencontre de la ligne qui lui correspond, et l'on a le point i qui forme une des arêtes de la case, on obtient les trois autres par des parallèles à cette première ligne passant une sur le point J et les deux autres sur chacun des points indiqués en dernier lieu sur la ligne M ; on opère de même pour former la case suivante.

ÉTABLISSEMENT DU FAITAGE.

Pour tracer le faitage ; il faut d'abord le mettre en élévation, comme il est vu par la ligne P T. Pour faire cette élévation, on tire carrément à son plan une ligne tendant du point E et une autre au point b ; on prend ensuite la hauteur du point H, carrément sur la ligne de base c G, et on la porte de b en T, on prend également E I qu'on porte de E en P, puis on tire la ligne P T, et l'élévation est tracée. La face du devant du vitrail étant profilée sur cette ligne, on aura la même hauteur du vitrail de 16 en L que de 16 en 17 ; on porte ensuite la retombée du vitrail 4 5 de 17 en n, puis on mène une parallèle à P T et l'on a ainsi la retombée du faitage ; on la profile vers le pied et du point F on y mène un trait carrément à son plan, et l'on a le point U ; on tend ensuite la ligne A T, laquelle donne l'alignement des mortaises de la tête des noues sur le milieu du faitage ; on les obtient ensuite sur les faces par la parallèle figurée. Le plan du vitrail et celui des empanons étant profilés sur le faitage donneront le tracé des mortaises.

ÉTABLISSEMENT DES EMPANONS DE LA LUNETTE.

Ainsi qu'ils paraissent en plan et par le tracé des mortaises sur le faitage, on verra très-bien qu'ils sont parallèles avec le vitrail du devant, pour faire les élévations, ainsi que pour avoir le délardement du dehors et celui du dedans du vitrail, on est obligé de faire paraître la ligne du cône en élévation sur celle du faitage ; on pourrait aussi opérer sur la première élévation qui a été faite pour obtenir les noues en plan et en herse, mais il est préférable et plus tôt fait d'opérer sur cette dernière ; on pourrait aussi obtenir le tracé des noues sur le plan et sur la herse. Pour les mettre en élévation, on prendra sur le vitrail la hauteur du point 2, on la portera de 16 en l, on portera aussi 6 en m, ensuite 7 en x, 3 en t ; des points t l, on tendra des lignes au point P, et des points m x en U, on y mènera deux parallèles tendant des points P U ; celle donnée du point t doit se rencontrer en parallèle avec celle donnée du point x, il en sera de même pour les deux autres ; ces lignes sont ensuite profilées comme celles paraissant jusque sur les empanons, de manière qu'elles donneront sur chacune des faces les points de hauteur ; pour en faire les élévations, on les met en communication avec ceux des mêmes lignes tracées sur le plan et comme il est démontré par l'empanon V, paru ainsi tracé sur le plan d'élévation, vu par la lettre X par où il est facile de remarquer la manière dont on doit opérer. La hauteur de chacune de ces lignes rencontrant la face du derrière du vitrail donnera les points de hauteur pour former les cases parues en élévation. Ces points seront portés sur les lignes remontées sur l'élévation et tendant de la face du derrière du plan du vitrail sur la rencontre des lignes qui ont été premièrement tracées en plan, de même l'on aura les faces du derrière des pieds-droits.

Pour obtenir la hauteur des abouts du pied des empanons sur la face du dehors, il sera nécessaire de faire paraître la ligne combe passant par les points 16, 18, 19, 20, T. On remarquera que cette ligne n'est autre chose que la vue en côté des arêtes extérieures du dessus des noues vu sur l'élévation du faitage ; ce qui veut dire qu'une fois les noues mises au levage, on placerait une règle sur les deux noues, et faisant mouvoir la règle de la tête au pied, en la tenant carrément suivant le plan du faitage, la courbe que formerait le parcours de la règle serait celle dont il est parlé ; pour la tracer, on descendra carrément en plan le point r jusqu'à la rencontre de la ligne E K, on aura le point O, duquel on mènera une ligne carrément au plan du faitage, jusqu'à la rencontre de la ligne P C, et l'on aura ainsi le point 2, o, on obtiendra de même les points 18 et 19 comme il vient d'être fait ; pour ce premier, on opère sur chacune des lignes qui lui correspond, par ce moyen, on aura la hauteur des abouts des empanons comme il a été dit, celui marqué V, dont l'élévation est parue en x, on y porte la hauteur de ces abouts, dont celui le plus haut donne le point 9 ; de là on tend une ligne en P, et l'on a ainsi l'alignement de la coupe de l'empanon sur la face du derrière ; on obtient ensuite celle du devant par la parallèle figurée. Pour tracer l'occupation des coupes sur la noue, il suffit de remonter sur cette dernière, carrément à la sablière A B, les abouts du plan de chacun des empanons, on a ainsi les premiers points ; pour avoir les autres, on profile le plan des empanons jusqu'à la rencontre de la même sablière, et l'on obtient l'alignement des mortaises figurées. Si parfois le plan de la noue n'était pas fait, pour avoir les mêmes alignements, on aurait toujours les premiers points sur la sablière A B : on aurait ensuite les autres, en remontant carrément sur la ligne du milieu du dessus de la noue en herse ; les points où les faces du plan des empanons coupent le milieu de la noue en plan, comme il est fait remarquer par le point y, ainsi conduit en v, correspondant avec l'alignement s y.

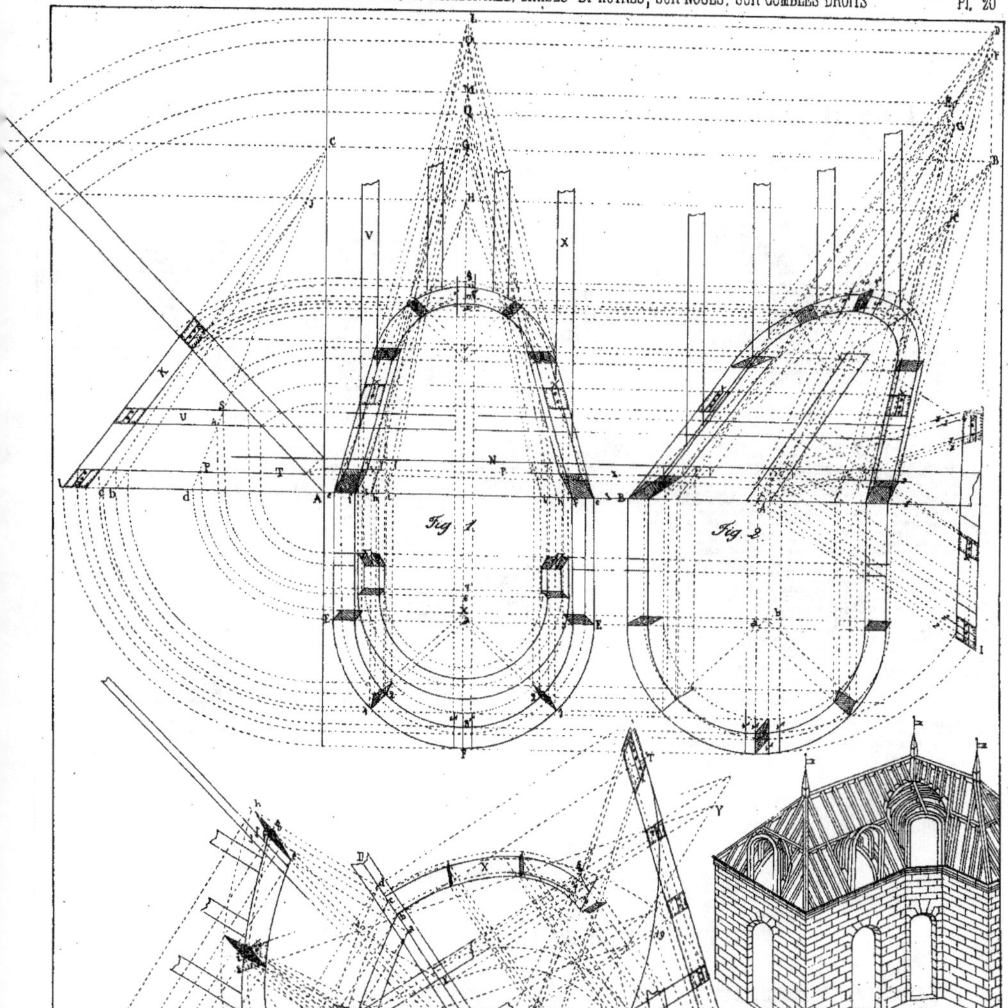

Imp. Juliet. Tours

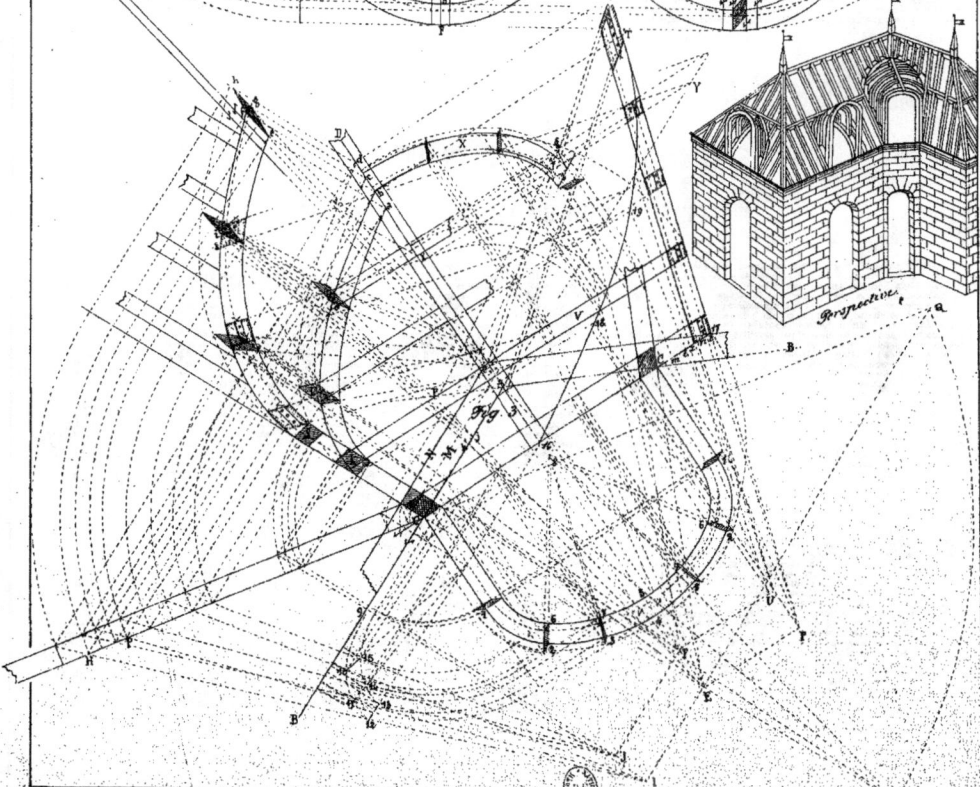

LUNETTE CONIQUE PÉNÉTRANT HORIZONTALEMENT DANS UN COMBLE

SUR TOUR RONDE

Dans les lunettes coniques et horizontales sur des combles en tour ronde, il est préférable de fixer le point visuel vers le centre de la tour, ce qui permet d'établir des chevrons déjoués tendant du pied des vitraux à la tête du poinçon, lesquels formeront les parties droites des noues ; on établit la suite que l'on assemble du pied dans les dits chevrons déjoués et de la tête dans une petite panne assemblée dans les deux : par ce moyen on obtient une grande économie de bois et une grande diminution de travail, et, de plus, la construction en est on ne peut plus solide. Dans ce plan-ci, les épures sont faites de manière à former les noues en leur entier ; par conséquent, le praticien restera libre d'exécuter à son choix. Le tracé de ces épures diffère des autres en ce que l'établissement des noues et celui des vitraux ne peuvent être faits de la même manière, c'est-à-dire qu'ils ne peuvent être tracés que sur un plan d'élévation fait spécialement. Les vitraux étant ainsi établis, ils auront par leur premier tracé l'aplomb des faces du devant et du derrière, on leur tracera ensuite celles du dehors et du dedans selon la direction du cône. Les noues seront aussi établies de la même manière : on leur donnera pour épaisseur l'aplomb des deux arêtes extérieures des quatre parues sur le plan, et ensuite, sur le rampant, la forme et la retombée des deux arêtes extérieures des quatre parues sur l'élévation. Étant ainsi formée, on les delarde sur les quatre faces pour leur donner le devers ; le délardement se trace par le moyen des quatre arêtes parues en plan et en élévation.

Manière d'opérer.

Du point A, centre de la tour ronde, on décrit le devant, la sablière B C B, et l'on tire la ligne centrale A C, que l'on adopte pour ligne de milieu du plan de la lunette ; la ligne a a étant tirée carrément à cette dernière sera la base sur laquelle on tracera la forme du berceau ; du point A on tendra des lignes en a, ensuite des parallèles en b, lesquelles donneront par leur rencontre le point I : ce dernier sera le point visuel du dedans de la lunette, et A celui du dehors ; les points 1, 2, parus sur le berceau, seront descendus carrément sur la ligne a a, et de là on tendra des lignes au point A ; on descendra de même les points 3, 4, ces derniers tendront en I. Toutes ces lignes étant ainsi données sur le plan, on fera la ligne D E parallèle à C A, base sur laquelle on tracera la rampe D E ; de plus, on y mènera carrément le point A en E ; la base du vitrail a a étant profilée, on prendra la hauteur du berceau de C en 5, on la portera de D en G, puis on tirera la ligne G E et l'on aura ainsi la pente du sommet du dessus de la lunette ; on obtiendra celle du dessous donnant la largeur du faîtage par une parallèle à cette première tendant sur la ligne D G à la hauteur du point 6 ; de même on tendra la ligne 8 E, direction de la naissance du cintre du berceau de la lunette ; la rencontre de cette dernière avec le dessous du faîtage donnera le point J, hauteur du point visuel du dedans correspondant en I.

La hauteur des points 1, 2, étant portée sur la ligne D G, on tirera des lignes en E; on portera aussi la hauteur des points 3 et 4, lesquels seront tirés en J, par ce moyen on aura l'élévation de chacune des lignes qui ont été tracées sur le plan ; aux points où chacune d'elles rencontre l'épaisseur du chevron D F, on descendra des lignes carrément sur le plan et sur la ligne C A ; du centre A, on les décrit ensuite en plan : par la rencontre de chacune de ces dernières avec celles tracées en premier, on a la forme des cases K, L, N, I; la jonction du faîtage avec l'épaisseur du chevron donne l'aplomb des quatre arêtes des noues sur la ligne du milieu ; par chacun de ces points et ceux donnés par chacune des cases on trace le plan des noues figurées ; les lignes pleines sont les arêtes du dessus selon le lattis de la tour ronde, et les ponctuées celles du dessous.

ÉTABLISSEMENT DES VITRAUX.

La sablière de la tour ronde B C B étant la face du devant des vitraux, la parallèle figurée sera leur épaisseur ; pour avoir les points de hauteur servant à l'élévation, on mènera, carrément sur chacune des lignes en élévation, les points où chacune d'elles, en plan, rencontre l'épaisseur du vitrail ; par ce moyen on aura sur la hauteur de la naissance du cintre les points c, d, e, f ; par la ligne du milieu on aura, sur la face du faîtage, la vue de bout de la tête des vitraux, par laquelle on aura le tracé des mortaises ; par les lignes suivantes on aura aussi les cases M, O ; les lignes tracées par chacune de ces cases représentent la vue en côté des vitraux. Pour faire l'élévation, on mène d'abord la ligne R sur le plan ; ensuite la parallèle S, puis on tente carrément à ces deux premières des lignes passant sur les points où chacune de celles parues sur le plan rencontrent l'épaisseur des vitraux ; ceci fait, on prend la hauteur des points c, d, e, f, partant de la ligne de base D E, on les porte de même au-dessus de la ligne S ; par ce moyen on aura la forme de la première case correspondant avec la hauteur de la naissance du cintre, ce qui donne aussi la longueur des pieds-droits des vitraux ; pour tracer les cases suivantes, on prendra de la ligne de base D E la hauteur de chacune de leurs arêtes que l'on portera au-dessus de la ligne S, sur chacune des lignes qui leur correspondent ; les cases étant ainsi formées, on tracera la forme du vitrail figuré ; les lignes pleines sont la face du devant, et les ponctuées celles du derrière. Pour les établir, on opère comme pour une courbe d'escalier, c'est-à-dire qu'on trace, sur la face du dessus et sur celle du dessous de la pièce, la courbe du plan, et lorsque les pièces sont chantournées, on trace sur la face du devant les lignes parues pleines sur l'élévation, et celles parues ponctuées sur la face du derrière, puis on chantourne la courbe par ces derniers traits d'une face à l'autre, et les vitraux sont formés.

ÉTABLISSEMENT DES NOUES.

Pour faire l'élévation des noues, on obtiendra aussi leur point de hauteur de la même manière que celle des vitraux ; pour cela, on remontera carrément sur l'élévation des lignes des quatre arêtes des cases K, lesquelles donneront les points h, i, j, k ; on remontera ensuite les quatre arêtes des cases L par lesquelles on formera la case Q, de même, par les cases N, on formera la case T; la case du milieu est formée par la rencontre de l'épaisseur du faîtage et celle du chevron, ce qui représente en même temps la vue de bout et la tête des noues et le tracé de leurs mortaises dans le faîtage de la lunette. Cela fait, on mènera la ligne U figurée sur le plan, ensuite la parallèle V, base sur laquelle on tracera l'élévation de la noue, à cet effet, on mènera carrément au-dessus de cette ligne des lignes tendant des arêtes de chacune des cases : les cases B sont la vue de bout du pied des vitraux, ainsi que l'occupation de la coupe du pied des noues sur la sablière ; par cette première, on aura sur la ligne de base V les quatre arêtes de la noue ; on prend ensuite, carrément sur la ligne de base D E, la hauteur des points h, i, j, k, qu'on fait égaux comme ils paraissent au-dessus de la base V et par lesquels on forme la première case ; on formera ensuite les suivantes en prenant la hauteur de chacune de leurs arêtes carrément sur la ligne de base D E, que l'on portera égale au-dessus de la base V, en ayant soin de les porter sur les lignes correspondantes à celles où elles ont été prises. Lorsque l'on aura ainsi formé les cases, on tracera par chacune de leurs arêtes la forme de la noue figurée ; les lignes parues pleines sont les arêtes du dehors de la noue tendant au dehors du lattis de la lunette ; l'élévation ainsi faite, on trace sur le bois. Comme il a été dit plus haut, une seule élévation suffit pour tracer les deux, en leur donnant la forme au rebours l'une de l'autre ; il en est de même des vitraux. Le déjoutement du pied se trace selon l'habitude.

ÉTABLISSEMENT DU FAITAGE ET DES EMPANONS.

Le faîtage se trouve tout établi et tout tracé comme il paraît par la ligne G E; l'empanon Y étant placé à volonté, comme il figure, on fera son élévation ainsi que le tracé de ses coupes vu en Z ; les lignes pleines sont la face du derrière, et les ponctuées celles du devant ; ces dernières ont été décrites du point R et les premières du point X.

Ils pourraient aussi se tracer par une élévation prise sur le plan, comme il a été précédemment démontré, l'empanon étant profilé sur le plan, on obtient par ce moyen le tracé des mortaises figurées sur l'élévation de la noue.

FIG. 2.

LUNETTE CONIQUE PÉNÉTRANT EN BIAIS DANS UN DOME

AYANT A L'INTÉRIEUR UNE COUPOLE SPHÉRIQUE

Le plan ici présenté est une lunette conique dont le cône tend à la hauteur de la naissance du cintre du berceau ; elle pénètre en biais dans un dôme sur tour ronde, ayant à l'intérieur une coupole sphérique, laquelle est éclairée par la dite lunette, quoiqu'elle soit biaise et qu'elle pénètre dans la coupole. Le tracé de l'épure n'est pas plus difficile que si elle tendait vers le centre, comme celle de la figure première ; elle diffère de cette première en ce que les noues et les vitraux n'étant pas pareils à cause du biais, ils ne peuvent être tracés sur la même épure, car il est de toute nécessité de faire l'épure de chacun ; pour la même raison, les cases de leur plan ne sont pas pareilles, elles varient aussi de hauteur. Pour obtenir ces diverses hauteurs, il suffit de les ramener chacune sur leurs lignes correspondantes sur la vue en côté de l'élévation de la lunette comme il a été fait dans l'épure précédente ; dans ce plan-ci, l'élévation de chacune de ces lignes a été faite pour les unes sur leur plan, pour les autres séparément, afin d'éviter une confusion résultant des cases qui aurait été tracées les unes sur les autres : le lecteur qui aura compris le tracé de l'épure précédente et ce qui vient d'être dit pourrait cependant très-difficilement opérer sans explication spéciale le tracé de cette dernière ; dans les lunettes qui ont été démontrées jusqu'à présent, il n'a été question de développement que dans les parties pénétrées ; c'est pourquoi je vais démontrer ici le développement du berceau pénétrant ; par la même occasion, on va y établir une croix de saint-André en forme de tenaille, ce sera pour le lecteur une question d'exercice qui pourra lui être utile en certaines circonstances. Cette croix est établie à tout devers, c'est-à-dire que chacune des branches qui la composent tend constamment et carrément au berceau conique ; elle est assemblée dans les vitraux, se croise dans le faîtage et se profile jusque sur les grandes noues.

Manière d'opérer.

On décrit d'abord du centre A le plan du dôme B E B, puis on place à volonté la ligne C D, base sur laquelle on trace l'élévation du dôme vu par l'arbalétrier K et l'aisselier de la coupole M. La ligne J C E étant tirée carrément à la base C D sera l'aplomb du milieu des vitraux de la lunette ; on l'adoptera aussi pour ligne de base, sur laquelle on tracera l'élévation du berceau de la lunette, ainsi parue par des lignes ponctuées ; on tirera sur le berceau le point 1, hauteur de la naissance du cintre, et les points 2, 3, 4, 5, 6, 7 ; puis on les descendra carrément sur la base C E ; on y mènera aussi les faces du dehors des pieds-droits en a et les faces du dedans en b ; on tracera ensuite la ligne E F, direction du biais du plan de la lunette, le point F sera fixé pour être le point visuel du dehors duquel on tendra des lignes en a, ensuite des parallèles en b qui, par leur rencontre sur la ligne du milieu E F, donneront le point G, lequel sera le point visuel du dedans. Le cône tendant à la hauteur de la naissance du cintre du berceau de la lunette, il est tout naturel que les points F, G, soient élevés à cette même hauteur ainsi qu'ils paraissent en H et en I, les points 2, 4, parus sur le berceau, ayant été descendus sur la ligne C E ; de là on tendra des lignes en F, et, des points donnés sur la même ligne par 3, 5 ; ces dernières tendront en G, et, par ce moyen, l'on aura les lignes du cône parues en plan ; on les portera ensuite sur l'élévation du dôme en prenant la hauteur des pieds-droits du berceau a 1, qu'on portera de C en d ; à ces derniers points on mène une parallèle à la base C D, sur laquelle on mène carrément le point F en H et G en I ; on porte ensuite sur la ligne C J la hauteur des points 2, 4, 6, et l'on tire des lignes en H ; on porte aussi la hauteur des points 3, 5, 7 ; par ces derniers on tire des lignes en I, et l'on a par ce moyen le tracé des lignes figurées : la hauteur de la ligne d H servira à donner sur la grande noue le tracé de la gorge de la mortaise pour recevoir l'assemblage de la petite et donnera sur cette dernière le tracé de la gorge de la coupe ; on mène ensuite une parallèle passant sur l'about de l'aisselier M, laquelle servira aussi à tracer la hauteur des abouts sur chacune des noues : l'une pour la mortaise et l'autre pour les tenons ; cette dernière ligne servira de plus à tracer la courbe du dessus et celle du dessous des pieds-droits de chacune des noues, de manière que les grandes noues correspondent à la courbe du comble de l'arbalétrier K et les petites à celles de l'aisselier M. Des points où chacune de ces lignes rencontre l'épaisseur de l'arbalétrier K et celle de l'aisselier M, on descendra ces points carrément sur la ligne A E et, du centre A, on décrira sur chacun de ces points des lignes sur le plan : par la rencontre de chacune de ces dernières avec les premières on aura la forme des cases par lesquelles on tracera les noues ainsi parues en plan ; les lignes parues pleines font remarquer les arêtes du dessus des noues correspondant au lattis du dessus du dôme, pour les plus grandes et pour les petites au-dessus de la coupole. L'élévation des petites noues ainsi que celle des grandes sont faites sur la même ligne de base, comme elles paraissent tracées de chaque côté de l'épure ; elles peuvent être ainsi tracées sur la même base, parce que les petites noues sont assemblées dans les grandes à une certaine hauteur, tel qu'est assemblé le pied de l'aisselier M dans le pied de l'arbalétrier K ; la hauteur de l'about et celle de la gorge de cet assemblage étant portées sur l'élévation des noues, comme il est vu par là, les lignes de niveau marquées chacune d'un trait raménerait, on aura par ces dernières le tracé des mortaises dans les grandes noues et celui des tenons des petites, c'est-à-dire par les petites noues celles qui forment le raccord de la lunette dans la coupole et par les grandes celles qui se raccordent avec le dôme. Pour obtenir la hauteur des arêtes de chacune des cases, il suffirait de les remonter du plan parterre carrément à la base C D, sur l'élévation de chacune des lignes qui y ont été tracées et comme il est vu par les cases N, O, P, lesquelles correspondent avec le vitrail du côté gauche, dont l'élévation en est parue par les lettres Q Q ; les cases de l'autre vitrail et celles des noues ne paraissent pas ainsi, attendu qu'elles ont été portées sur l'élévation naturelle de chacune des lignes du cône dont le tracé est fait comme il suit : on prend d'abord la hauteur des pieds-droits des berceaux a 1 ; avec cette distance, on décrit le simblot C C tracé du point F, sur lequel on mène du point F des traits carrément aux lignes b F, e F, E F ; par b F on aura le point R, par e F le point S, et par E F le point T. Du point b on mène un trait d'équerre à la ligne b F, on en fait de même au point e et au point E, avec chacune des lignes qui leur correspondent tentant au point F. Ces traits étant ainsi donnés, on prendra la hauteur b 2 qu'on portera de b en U, de là on tendra la ligne U R et l'on aura ainsi l'élévation de la ligne b F, laquelle correspond avec le point 2 sur le dehors du berceau. Pour obtenir celle qui correspond avec cette première sur le dedans du berceau, on prendra la hauteur du point 3, on la portera du point b sur la ligne b U, et de ce point on tendra une parallèle à U R ; on prendra ensuite e 4 qu'on portera de e en V, delà on tend la ligne V S et on a l'élévation de la ligne e F ; sur la ligne e V, on portera la hauteur du point 5, et l'on obtiendra la parallèle correspondante à V S ; la hauteur de E 6 portée de E en X, on tendra la ligne X T, et l'on aura l'élévation de la ligne du milieu E F ; la hauteur de E 7 étant portée sur la ligne E X, on aura la parallèle correspondante à X T : par ces deux dernières on obtiendra l'élévation et la largeur du faîtage de la lunette sur laquelle est paru le tracé des mortaises.

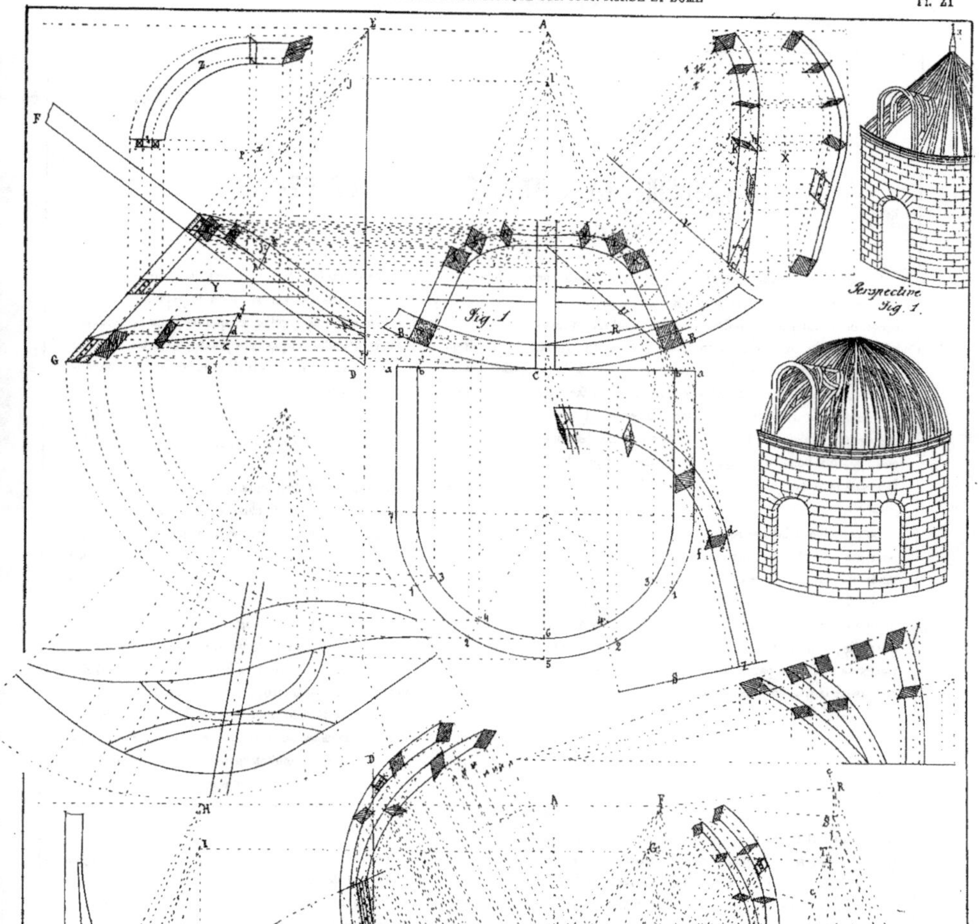

E. Delataille

Imp. Juliot. Tours.

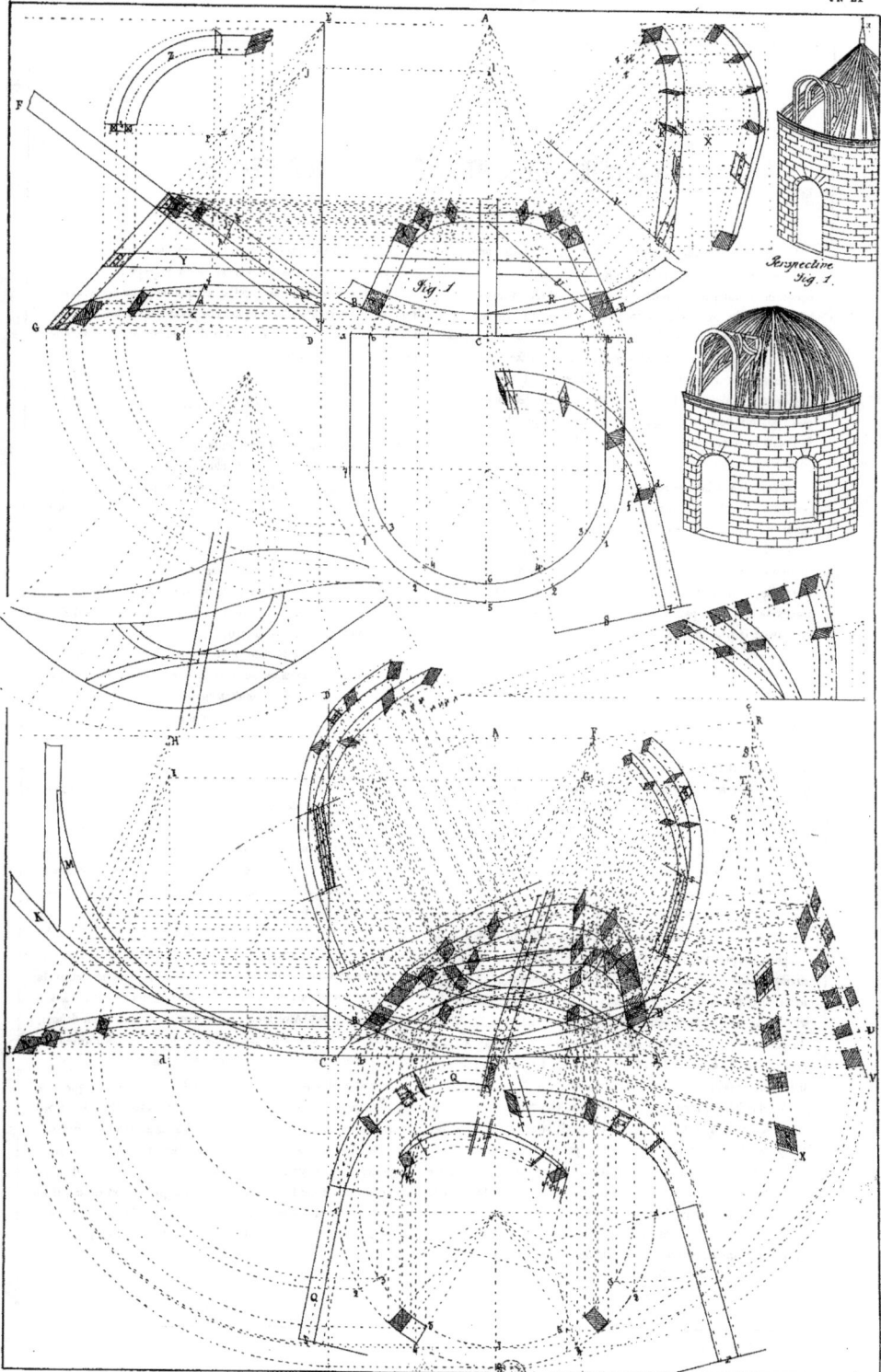

CAPUCINE ET GUITARDE A FAITAGE RELEVÉ

La guitarde est dite à faîtage relevé en raison que le berceau de pente en saillie extérieure et circulaire est plus élevé que le berceau pénétrant à l'intérieur. Les deux berceaux sont raccordés ensemble à leur jonction par des liens en forme de tenaille partant de la naissance des vitraux se jonctionnant ensemble à l'intersection des berceaux et allant s'assembler ensuite dans les faces intérieures des liens guitards. Les liens guitards s'enroulent avec la partie extérieure circulaire de la lucarne. Pour combler les espaces vides entre les dix liens, on y ajoute des remplissages de différentes formes à sa volonté et à la satisfaction de l'œil, tel qu'il est vu sur la perspective.

La capucine à faîtage relevé ne diffère en rien de la guitarde pour ses assemblages, sauf qu'elle est établie sur un plan carré, tandis que la guitarde est établie sur un plan circulaire. La disposition des assemblages de la capucine étant plus facile et les mêmes que ceux de la guitarde démontrée ci-dessous, il n'en sera pas parlé; le lecteur se rendra facilement compte des élévations et tracés de mortaises parues sur l'épure; les opérations démontrées ci-dessous le fixeront à ce sujet.

Manière d'opérer.

On commence d'adord par tirer une ligne droite, et du centre A on décrit le plan par terre B C D; on figure l'épaisseur des poteaux carrément à B D et à A C; on fait paraître l'épaisseur des vitraux parallèlement à B D et les liens guitards en plans en fixant la pointe du compas sur le point A et en décrivant le demi-cercle parallèle à B C D; on élève ensuite la ligne A C, centre de la guitarde et milieu des vitraux et d'équerre à la ligne B D; on remonte l'épaisseur des poteaux parallèle à cette ligne, et du centre G on décrit l'élévation des vitraux H, I, J, et leurs épaisseurs I K; on fait paraître la ligne L d'un relevé que l'on donne proportionnellement à la dimension de la guitarde; on tire la parallèle M, épaisseur du chapeau, auquel on adapte le profil de moulure à sa volonté; on divise ensuite les lignes d'adoucissement au nombre que l'on juge nécessaire, parues ici par les points 1, 2, 3, 4 et I, sommet du vitrail; on les tire de niveau parallèles à la base H J jusqu'au dehors du poteau B, et du centre N on décrit l'épaisseur du chapeau L M en l m, I en i, 4 en 4, 3 en 3, 2 en 2, 1 en 1 et H en h; on profile ensuite ces lignes de niveau ou d'équerre à m N, on fixe ensuite la tête des liens d'arête en O sur la ligne centrale A C que l'on remonte en o, B en b, P en p, et on décrit la courbe passant par b o p. On descend en plan par terre les points où les lignes 1, 2, 3, 4 coupent la ligne courbe b o p jusqu'à la rencontre des lignes 1 a, 2 b, 3 c, 4 d et I O, jonction du vitrail avec la partie relevée; ensuite, avec une règle flexible, on rencontre la jonction des lignes a, b, c, d, o, ce qui forme l'arêtier, on fait de même pour l'autre côté. Du point P, comme centre, on décrit le prolongement en Q, face du lien guitard; on les dévoie comme il est indiqué sur l'épure et on y met des remplissages autant qu'on le juge nécessaire, de façon que le vide soit très-régulier et que les deux remplissages R qui viennent se déjouter au pied des poteaux avec les liens guitards et les arêtiers soient bien fixés dans le milieu de l'angle tel qu'on le voit sur l'épure.

ÉLÉVATION DU LIEN GUITARD.

Pour faire l'élévation du lien guitard on tire une ligne de l'extrémité des faces de S en P et la parallèle U, ensuite on remonte carrément à cette ligne les lignes du joint du poteau marqué d'un trait raménerait, celle du joint du centre P C et toutes les jonctions des lignes d'adoucissement intérieures et extérieures avec les faces du lien guitard, les lignes de déjoutement, les joints des remplissages, afin de pouvoir tracer les mortaises ainsi qu'il est paru sur l'épure; cela fait, on prend les hauteurs sur la ligne h b de h en 1, que l'on porte de U en 1, h 2 de U en 2, h 3 de U en 3, h 4 de U en 4, h i de U en 5, h 6 de U en 6, h 7 de U en 7, h 8 de U en 8 et h i de U en 9, ensuite on tire tous ces points parallèles à la ligne S P et à la jonction des lignes les unes avec les autres et par numéros, en ayant soin de distinguer l'arête intérieure avec celle extérieure, on rencontre avec une cerse tous les points de jonction de l'arête extérieure, on en fait de même à celle intérieure, ce qui donne le débillardement du lien guitard.

L'élévation ainsi terminée, on prend une pièce de bois de l'épaisseur T V en plan et de largeur parue en élévation; on fait paraître sur la pièce de bois la ligne S T P à environ deux centimètres, selon que le bois le permet sur le bord; on la couche en élévation de niveau et de devers, on y trace toutes les lignes d'adoucissement, les traits raménerais et les lignes d'assemblage des remplissages; ces lignes une fois parues et rembarrées d'équerre, on fait quartier à la pièce; on prend tous les points en plan comme pour une courbe d'escaliers, en ayant soin de bien observer l'intérieur et l'extérieur, on le trace avec une cerse, on le chantourne toujours en tenant la scie constamment suivant la direction des lignes à plomb. Une fois travaillé, on y rembarre toutes ces lignes en dedans et en dehors, les traits raménerais et les déjoutements, ainsi que l'embrèvement dans les poteaux comme il est paru en élévation.

L'élévation des liens d'arête se fait de la même manière que celle des liens guitards, en tirant la ligne o en x et la parallèle Y, on remonte carrément toutes les jonctions des lignes d'adoucissement, les traits raménerais, les déjoutements ainsi que les lignes d'assemblage des remplissages; cela fait, on porte tous les points de hauteur comme il a été fait ci-dessus aux liens guitards et comme il est paru sur l'épure; l'établissage se fait également de la même manière. L'opération pour les liens de remplissage est aussi la même que ci-dessus.

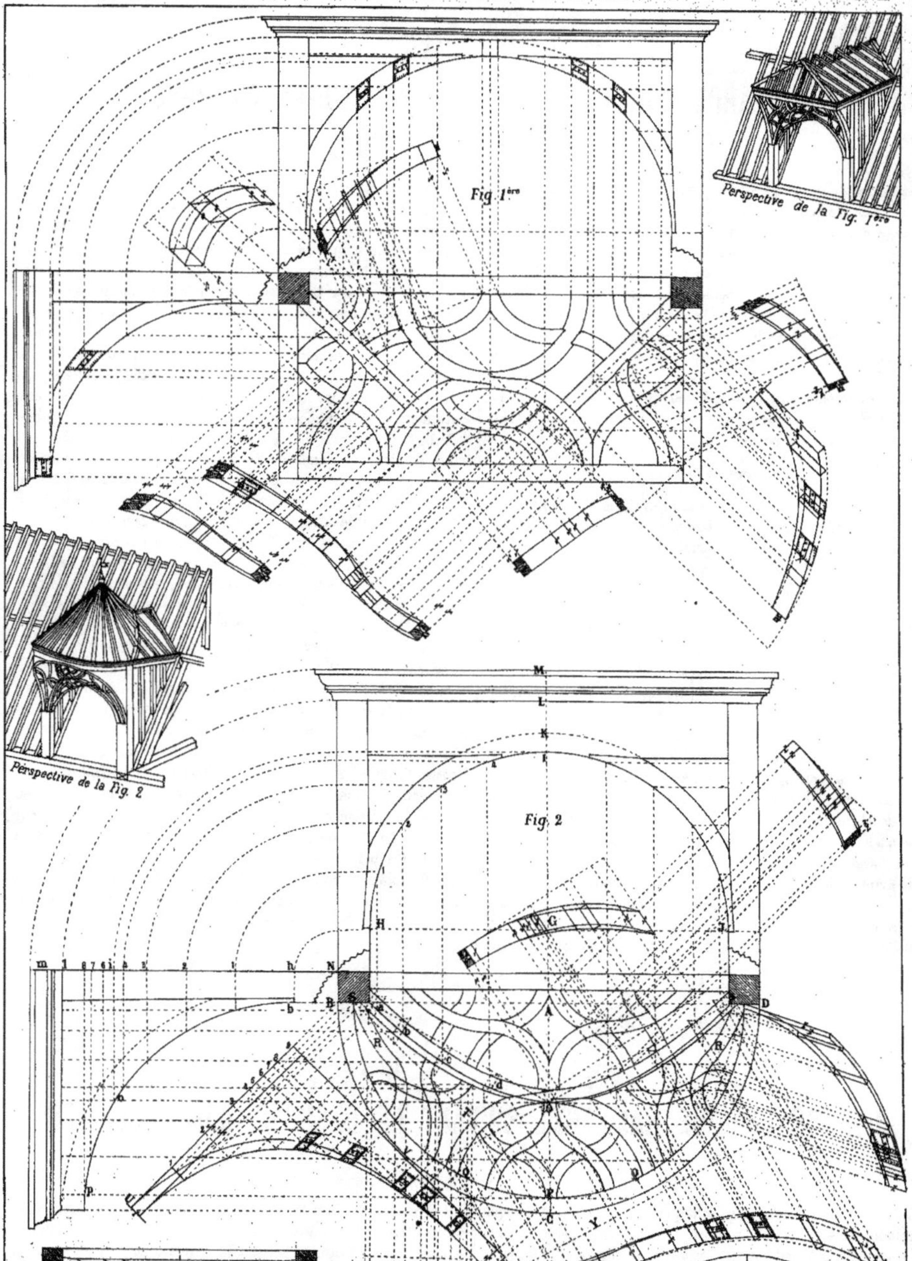
Fig. 1ère
Perspective de la Fig. 1ère
Perspective de la Fig. 2
Fig. 2

GUITARDE SUR TOUR RONDE A VOUSSURES BOMBÉES

Ces genres de guitardes édifiées sur tour ronde font un très-bel effet en raison de leurs formes et de leur contour elliptique, et par le degagement des voussures bombées à l'intérieur se dirigeant en cône vers le centre de la tour, tandis que la voûte du berceau extérieur suit constamment la direction circulaire de la tour. Les sablières et les liens guitards s'assemblent carrément dans les pieds-droits; ces derniers sont recreusés sur l'arête pour le développement et le raccord de la voussure, et les faces extérieures et intérieures tendent en cône au centre de la tour et sont assemblées du pied sur la sablière. En face est placé le chevron de joué recevant les empanons des cléris. Le comble de la lucarne est circulaire et droit et se raccorde par le moyen d'un noulet sur la tour, ainsi qu'il est vu sur la perspective.

FIG. 1re. *Manière d'opérer.*

On commence d'abord par tirer la ligne droite A E et la ligne C F carrément à cette dernière; on fixe le point F pour centre de la tour ronde duquel on décrit la surface de la tour aux points de jonction A F et E F; on fixe la largeur du plan par terre de la guitarde en C, et on lui donne la forme elliptique figurée par les lettres A, B, C, D, E; on figure l'épaisseur du lien guitard ainsi que celle des vitraux; on fait paraître la vue debout des pieds-droits; cela fait, on figure en plan les liens d'arête et les liens de remplissage, et on porte leur épaisseur comme elle est figurée.

On tire la ligne G que l'on adopte pour ligne de base; on remonte sur cette ligne les deux arêtes intérieures de chaque poteaux en a et en c, et du centre G on décrit la forme des vitraux parue en élévation par a b c. Il faut remarquer que les liens de vitraux étant délardés suivant ces deux lignes, tendent au point F, centre de la tour.

On décrit à volonté la ligne courbe formant le creux des pieds-droits de H en I, côté droit de l'épure; on divise sur le plan les lignes d'adoucissement à volonté, dont leurs intersections avec la ligne H I sont parues par les points 1, 2, 3, 4 et remontées ensuite carrément sur la ligne G, base de l'élévation des vitraux; on prend le point G pour centre, et on décrit chacun de ces points parallèlement aux demi-cercles déjà parus en élévation; on tire la ligne K L à volonté, parallèle à la ligne C F, ou mène F en L et G en g; on tire également les lignes de niveau sur la ligne K L, et, prenant pour centre le point g, on les décrit sur la ligne parue de g en h, étant ensuite tirée de niveau parallèlement à K L sur la coupe en fausse élévation transversale de la guitarde; on trace la voussure bombée ainsi que la surévélation du berceau extérieur. Tous les points de jonction étant descendus en plan par terre donnent, par leur rencontre des uns avec les autres, les projections pour les lignes courbes et centriques déterminant le berceau bombé en plan, les élévations et les lignes d'adoucissement, les rayons et les projections parus tels qu'ils le sont sur l'épure. On continue par faire l'élévation des liens guitards: on tire d'abord une ligne droite de M en N; on remonte carrément à cette ligne, au-dessus de la ligne B, les points A M et N G épaisseur et joint des deux liens guitards, ainsi que toutes les lignes d'adoucissement décrites du point F, et, coupant les épaisseurs du lien guitard, on remonte aussi les faces des liens des remplissages afin d'obtenir la vue des mortaises figurées. Pour avoir la forme et le débillardement du lien sur l'épure, on porte par ordre et par numéros les points de hauteur sur chaque ligne correspondante, ainsi qu'il a été démontré sur les planches précédentes pour la guitarde simple. Les joints dans les pieds-droits, et ceux du milieu, à la jonction des deux liens, sont marqués par des traits ramènerait. Pour l'établissage, on opère comme pour une courbe et comme il a déjà été demontré dans les épures précédentes.

Pour faire l'élévation du lien d'arête, on tire la ligne de O en 1 et la parallèle P Q; ensuite on remonte carrément toutes les jonctions des lignes d'adoucissement coupant les faces et l'axe du dit lien, ainsi que les liens de remplissage s'assemblant dans le lien d'arête, et on obtient, par le moyen des mortaises figurées, la vue debout et l'emplacement du joint des pièces correspondantes.

Le débillardement s'obtient de la même façon que pour le lien guitard, en portant sur chaque ligne aplomb les points de hauteur pris sur l'élévation sur chaque lignes correspondantes et par numéro d'ordre. Ces points étant portés, on les rallient par le moyen d'une règle flexible et on obtient la courbe figurée; on trace les joints, que l'on a soin de repérer par un trait ramènerait ainsi que les mortaises, en s'orientant pour faire paraître les gorges et l'occupation exacte du bois sur chaque face après les avoir chantournées.

FIG. 2.

GUITARDE CONIQUE RAMPANTE SUIVANT LE DESSOUS D'UN ESCALIER

Ces genres de guitardes ne se font que très-rarement et lorsque la grande nécessité l'exige, soit par exemple pour pénétrer dans une tour ronde, au tour de laquelle, soit à l'extérieur, soit à l'intérieur, monte un escalier dont le rampant ne permet pas d'y pénétrer carrément, et ensuite, pour satisfaire le coup-d'œil, on est obligé de construire une guitarde sur un plan elliptique, décrite par trois points, de façon à faire ressortir la forme de son contour et pour que les sablières se dirigent carrément dans le flanc de la tour en tendant vers le centre; les liens guitards s'assemblent carrément dans les pieds-droits qui se dirigent aussi en cône vers le centre de la tour. Son berceau intérieur est conique et rampant, et celui extérieur est également de pente et à faîtage relevé, et suivant la direction circulaire de la tour. La manière de faire le plan par terre est la même qu'il a été indiqué ci-dessus, fig. 1re; le plan d'élévation est en quelque sorte le même qu'il a été démontré dans les planches précédentes par les lunettes coniques, etc. Enfin, le lecteur étant arrivé jusqu'ici après avoir compris les planches précédentes, et ce plan étant très-clair et très-précis, il pourra facilement opérer sans qu'il soit besoin de plus ample explication.

GUITARDE SUR TOUR RONDE A VOUSSURE BOMBÉE, ET AUTRE GUITARDE CONIQUE RAMPANTE DESSOUS UN ESCALIER Pl. 23

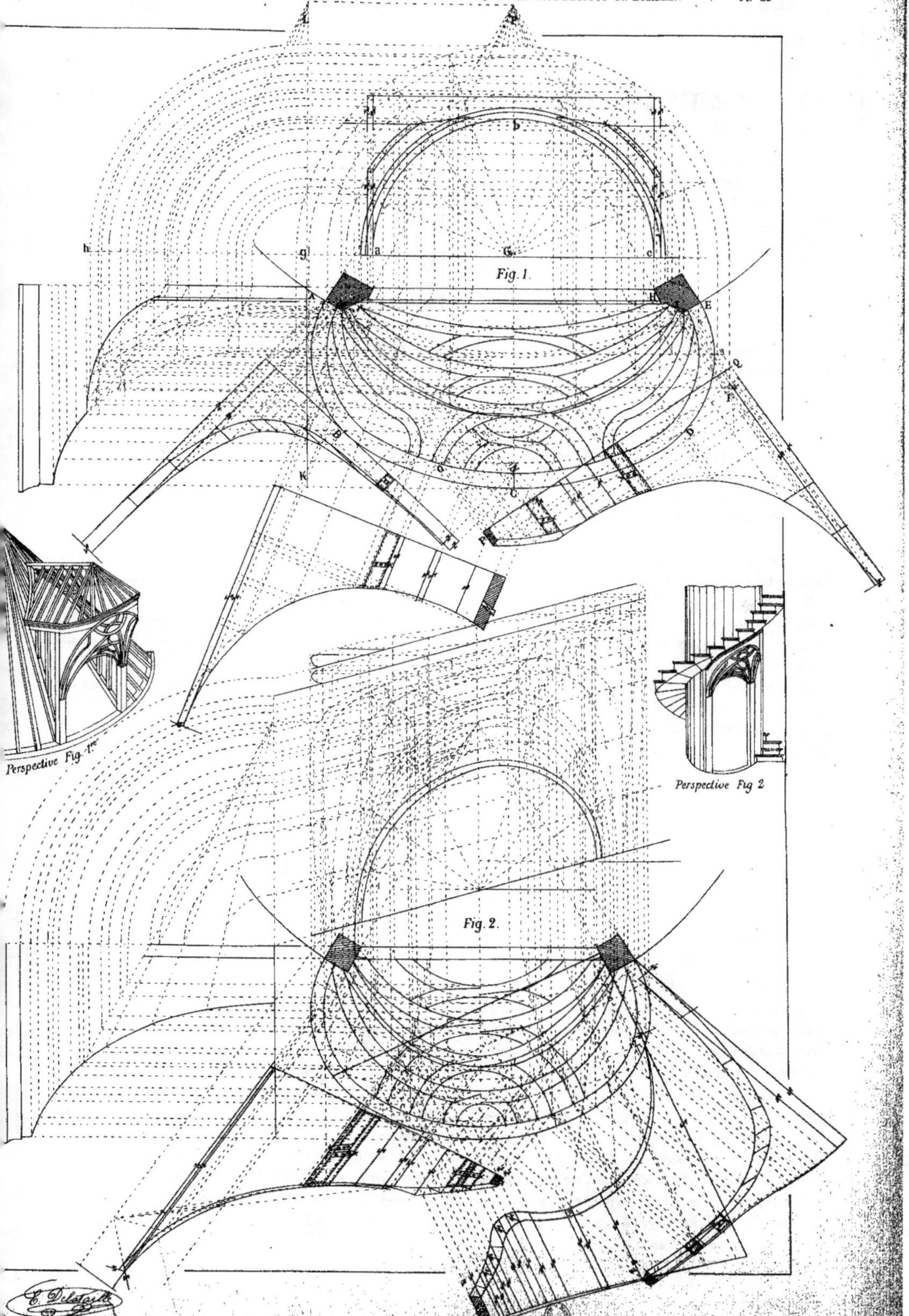

VOUTES D'ARÊTES ANNULAIRES, GAUCHES, CONIQUES, CENTRIQUES ET RAMPANTES

Les différents raccords de voûtes ici proposés sont construits sur un plan de niveau et circulaire; les différents berceaux qui les composent sont divisés à volonté et au gré de l'œil; les parties extérieures sont rampantes et coniques, ainsi que celles qui pénètrent à l'intérieur; les berceaux intérieurs sont de pente et annulaires ainsi que ceux pénétrant dans la coupole centre du monument, ainsi qu'il est vu sur le plan et sur la perspective.

Manière d'opérer.

On commence le plan par terre, décrivant du centre A la sablière B C D E F ou sommet extérieur; on décrit du même centre et à une distance déterminée la circulaire K L, jonction des berceaux. Si on faisait l'opération dans toute la circonférence de la tour, on diviserait la sablière extérieure en seize parties égales, mais comme nous n'opérons que dans le quart, on la devise en quatre parties égales qui sont comprise entre B C D E F. Ces points déterminés, on les tend au centre A; cela fait, on fixe à volonté les vues de bout des poteaux ainsi que leurs dimensions proportionnées; on décrit leurs faces extérieures et intérieures du centre A, ainsi qu'elles sont parues par les vues de bout G H I pour les gros poteaux extérieurs et M N O pour ceux des berceaux intérieurs.

En adoptant pour base la ligne A F, on remonte carrément le point F, les poteaux I et O, le centre A ainsi que l'extérieur du faîtage circulaire dans laquelle s'assemblent les pièces de la coupole; on fixe la hauteur que l'on veut donner au berceau extérieur f que l'on tend en A, ce qui donne la direction du faîtage de pénétration; on tire la ligne A P qui donne l'about de pente des assemblages dans les poteaux; on décrit le berceau extérieur de F en P à volonté et le berceau de pente de Q en P. La ligne L étant remontée en l carrément à A F, jusqu'à ce qu'elle coupe le faîtage de pénétration f A, donne la jonction du faîtage pénétrant dans la coupole que l'on tire parallèlement à Q P. Du point a on décrit le berceau de la coupole; on figure l'épaisseur du bois, ainsi qu'aux faîtages et aux autres berceaux.

On fait l'élévation I H, remontée en i h que l'on adopte comme base; on décrit le demi-cercle figuré et on divise la hauteur en un certain nombre de lignes d'adoucissement tirées parallèlement à i h; leurs points de jonction avec le demi-cercle ou berceau sont descendus en plan jusque sur la ligne de H en I et de la tirée au centre A et profilée indéfiniment vers l'extérieur. On prend ensuite sur l'élévation i h toutes les hauteur des lignes d'adoucissement et le sommet du berceau qui doit correspondre à la hauteur du faîtage de pénétration. On porte toutes ces hauteurs au-dessus de la ligne P Q que l'on tend ensuite au centre A, point d'alignement de la pénétration; on les profile également vers l'extérieur jusqu'à ce qu'elles coupent le berceau; leur jonction avec la ligne aplomb L l est menée parallèlement à Q P et parallèlement au faîtage intérieur; les dites lignes étant tirées jusqu'à ce qu'elles coupent le berceau de la coupole sont descendues sur la ligne de base A E, ainsi que celles du berceau extérieur, et du centre A on les décrit par ordre sur chacune des lignes centriques; les points d'intersection des unes et des autres étant raccordés et tracés ensemble par le moyen d'une cerse, donnent le croche des arêtiers en plan; cela fait, on porte l'épaisseur que l'on juge convenable de chaque côté, on fait paraître tous les remplissages ainsi qu'ils sont parus sur l'épure.

On continue par faire les élévations des arêtiers et faîtage ainsi qu'ils sont parus, la manière d'opérer étant toujours la même. Les tracés des mortaises se font de la même manière qu'il a déjà été démontré dans les planches précédentes.

FIG. 2.

TROMPE CONIQUE AVEC DES LIENS A TENAILLES

EN RACCORD SUR UN ARÊTIER

On commence par tirer les deux lignes d'équerre A B et A D, et du centre A on décrit la sablière passant par B C D; on y place à volonté les liens à tenailles et les remplissages figurés, ainsi que la vue de bout du poteau. On fait sur la ligne B D l'élévation figurée, en décrivant du centre E le demi-cercle B F D, sur lequel on porte un certain nombre de lignes d'adoucissement, telles que 1, 2, 3, et F sommet du berceau. Leur jonction avec la ligne circulaire B F D étant descendue en plan sur la ligne B E D, ligne aplomb du berceau plein cintre, donne les points 1, 2, 3, tirés ensuite au centre A, direction du cône et profilés indéfiniment sur l'extérieur jusqu'à la sablière circulaire de la trompe. On profile les lignes de niveau de l'élévation E F jusque sur la ligne G H, comme il est vu par F en H, 3 en 4, 2 en 5, 1 en 6 et E en I; on se fixe sur le point d et on décrit les points H en I, 4 en 4, 5 en 5, 6 en 6; on tire ensuite I en G, 4 en G, 5 en G et 6 en G, et l'on a par ce moyen les lignes de la pénétration conique à ses différents points de hauteur. On continue en remontant les points du plan carrément à la ligne G H indéfiniment jusqu'à la ligne I G, et l'on fait paraître les lignes vues sur le plan; on fait paraître aussi la ligne J et son élévation figurée, ainsi que le raccord avec l'intérieur; on fait les élévations d'arêtiers parus au-dessus de la ligne de base K, en ayant soin de bien porter les hauteurs prises à leur ligne de projection, ainsi de suite pour les autres élévations jusqu'à la fin. L'établissement de ce genre de travail demande beaucoup de soin et de précision pour que les assemblages, les délardements et débillardements arrivent juste.

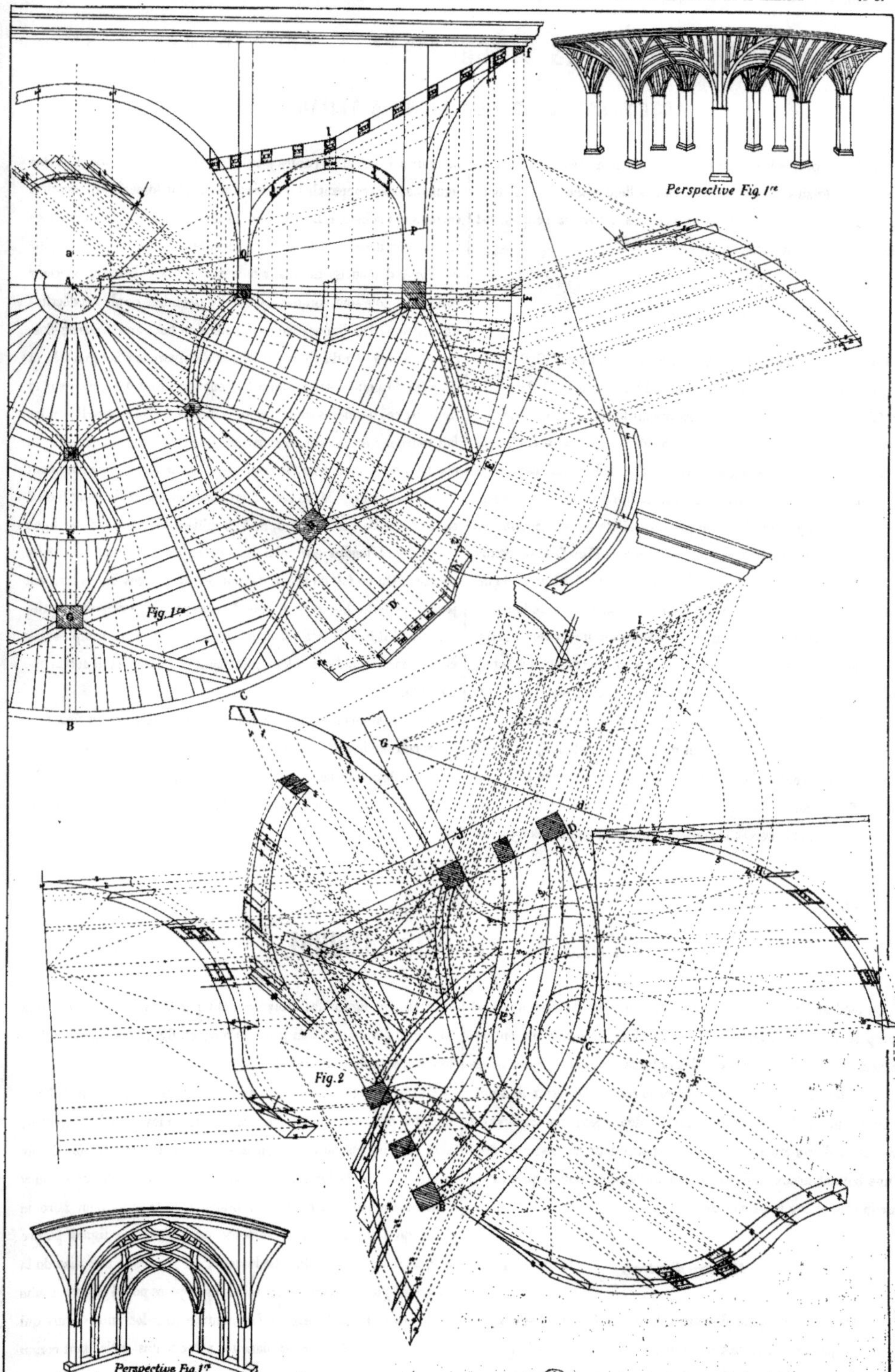

Perspective Fig. 1re

Fig. 1re

Fig. 2

Perspective Fig. 1re

E. Delataille

Imp. Jilliot . Tours.

VOUTES D'ARÊTES CIRCULAIRES A CONE BOMBÉ

ASSEMBLÉS AVEC DES LIENS A TENAILLES

Le plan ici proposé est établi sur un plan de niveau et circulaire; la partie extérieure est raccordée avec des liens à tenailles; le berceau pénétrant à l'intérieur et se raccordant avec la coupole est bombé et la coupole est sphérique.

Manière d'opérer.

On commence du centre A par décrire la sablière B C D; on la divise en deux parties égales et l'on tend les points B, C, D en A; on fait paraître l'épaisseur des trois rayons formant faîtage pour les voûtes. A une distance déterminée, on fixe les poteaux E F, leur épaisseur que l'on tend au centre A; on décrit du même centre les faces extérieure et intérieure. On tire la ligne G aux deux arêtes extérieures des poteaux E F; on tire la parallèle H, sur laquelle on remonte les deux arêtes des poteaux E en e et F en f, et du centre H on décrit la circonférence e h f; ensuite on tire les lignes de niveau 1, 2, 3, parallèles à e f, on tend leurs jonctions avec le demi-cercle e h f au centre H, et on les profile indéfiniment vers l'extrados de la voûte; on tire la ligne f i, on y profile dessus les lignes de niveau 1, 2, 3 en 1, 2, 3, et du centre A on prend la ligne G en plan que l'on décrit jusqu'à la ligne A F D, ce point étant remonté carrément à la base K L et profilé en J; cela fait, on prend le point f pour centre et on décrit les points 1, 2, 3, jusqu'à la ligne f J. On fait paraître le berceau de la coupole décrit du centre K, celui du cône bombé et le berceau extérieur à volonté; on tire les lignes de hauteur courbes et de pentes parallèles au berceau bombé, les dites lignes courbes coupant le berceau extérieur sont descendues aplomb et carrément à la ligne K L jusque sur la ligne A D, et du centre A on les fait tourner dans toute la circonférence de la tour. On porte en plus des lignes d'adoucissement aux berceaux, celle du berceau extérieur et de la coupole sont comme ci-dessus descendues en plan et décrites du centre A. Les lignes d'adoucissement du berceau bombé au-dessus de la jonction du cône sont tirées de niveau sur la ligne f J, et décrites du point f sur la ligne f I, ensuite tirées de niveau sur la ligne h; ces dernières sont marquées 4, 5 et 6. Du centre H, on les fait tourner chacune sur leurs rayons, leur intersection avec le rayon étant descendue en plan, le point 3 en 3 sur la ligne G, le point 4 en 4 sur la ligne M, le point 5 en 5 sur la ligne N, le point 6 en 6 sur la ligne O. Les points 6, 5, 4, 3 ralliés ensemble par une ligne courbe sont tendus au point A, centre du cône de la voussure bombée. On en fait de même des autres rayons; ces lignes formant jonction avec les lignes circulaires décrites primitivement donnent les arêtiers E P F et E Q F en plan. On fait paraître les remplissages et les liens à tenailles à volonté, de manière à flatter l'œil autant que possible.

Les élévations des arêtiers et des liens à tenailles se font toujours comme il a déjà été démontré, et comme il est vu sur les différentes élévations faites sur l'épure. L'établissage comme pour celui d'une courbe d'escaliers et comme il a été également démontré précédemment.

FIG. 2.

PIÉDESTAL EN BOIS COURBE

Le piédestal ici présenté repose sur un plan de niveau; il est composé de quatre pieds-droits sur une face, et forme un empiétement courbe sur l'autre face; les entraits sont cônes, c'est-à-dire qu'ils se terminent en diminuant vers le centre. Les croix de saint-André sont courbes et gauches sur les deu faces; une traverse est assemblée d'une croix à l'autre et supporte deux contre-fiches dont l'une buttant le poteau et l'autre supportant l'entrait tel qu'il est vu sur le plan et sur la perspective.

Manière d'opérer.

On tire les deux lignes d'équerre A B; on fixe la distance des pieds des poteaux et on fait paraître leur vue debout selon la direction du cône des entraits; on figure l'enrayure telle qu'elle est ici en plan. On figure les croix en plan par terre; on leur donne la courbure à volonté et au gré de l'œil; on figure les traverses destinées à les relier ensemble.

On tire la ligne C que l'on adopte pour base pour faire l'élévation des poteaux et de son entrait, on y trace les mortaises figurées, ainsi que les assemblages. On tire la ligne D à la jonction C, sur laquelle on porte les hanteurs pour l'élévation de la croix; on y remonte la jonction de l'autre branche de la croix pour faire le tracé de l'entaille; on y remonte également les lignes parues d'équerre donnant le débillardement; on y trace la mortaise de la traverse figurée. La même opération est répétée pour l'autre branche de la croix. L'établissage se fait comme pour les autres croix qui ont été démontrées sur les planches précédentes; cela étant connu il n'en sera pas parlé.

VOÛTE D'ARÊTE CIRCULAIRE À CÔNE BOMBÉ ASSEMBLÉ AVEC DES LIENS À TENAILLES ET SUPPORTÉE PAR UN PIÉDESTAL EN BOIS COURBE Pl.

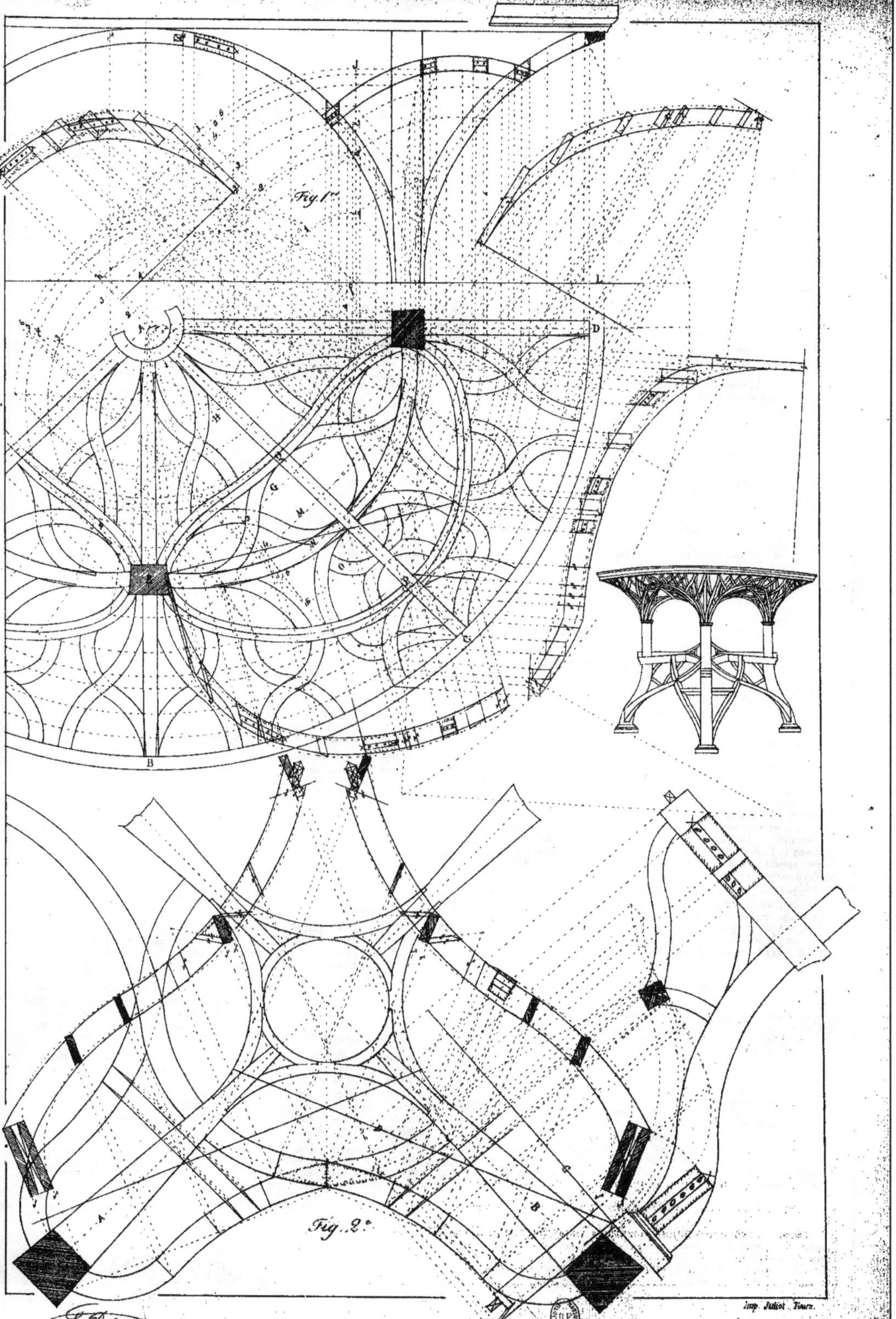

Imp. Juliot, Tours.

E. Delataille

DOME TORS ET RETORS A TOUS DEVERS

Le plan ici présenté est une tour ronde sur laquelle est construit un dôme tors et retors ; la circonférence est divisée en douze parties égales, dont chaque partie fixe le point de départ du pied des chevrons qui se dirigent à droite et à gauche, en se croisillonnant les unes avec les autres en ligne droite et aplomb, et en suivant constamment l'équerre du lattis, ce qui les rend à tous devers, car ils changent de position à chaque fois qu'ils se rencontrent les uns avec les autres, de sorte, qu'une fois terminés, ils se trouvent gauches et d'équerre sur toutes faces. Ce dôme est destiné à supporter un belvédère élevé sur des poteaux et orné de liens vitraux circulaires, supportant la base d'une flèche torse qui couronne le monument ; l'intérieur de la dite flèche est clos à une hauteur donnée par une enrayure formant une coupole sphérique.

Manière d'opérer,

On commence d'abord sur une ligne droite, du centre A, par décrire le demi-cercle B C D E F G H ; on fait ensuite l'élévation de la ferme en prenant pour base la ligne B H ; on fixe la largeur du passage du belvédère que l'on décrit du centre A parallèle aux sablières ainsi que la largeur des sablières destinées à supporter la galerie. On remonte carrément à la ligne B H le point A, centre de la tour, ainsi que les deux épaisseurs de la galerie I J ; on fixe la hauteur du sommet du dôme vu par le point K, et du point I on décrit un simbleau formant la circonférence par ligne aplomb du dôme ou lattis du chevron. On décrit également la retombée du chevron ; on en fait de même du point J pour l'autre côté ; la ligne I coupant le dôme en L, et J en M, à cette jonction ; on tire un trait de L en M et la parallèle formant l'épaisseur du faîtage sous la galerie ; on fixe la hauteur de l'entrait que l'on figure ainsi que les aisseliers que l'on décrit du point J, et les contre-fiches du point N.

On divise la demi-circonférence de la tour en douze parties égales que l'on tend au centre A, et l'on obtient les rayons b, C c, D d, E e, F f, G g, se dirigeant au centre. Les rayons B, C, D, E, F, G, H sont les points de départ sur la sablière circulaire des chevrons tors en plan, et en même temps la jonction des chevrons tendant au poteau du belvédère. Les rayons b, c, d, e, f, g fixent la jonction des chevrons sur cette ligne, de manière qu'ils se jonctionnent tous aplomb les uns sur les autres. Cela fait, on décrit du centre A l'épaisseur du dessous que l'on tourne parallèlement au dehors de la sablière, on fait paraître les vues debout des chevrons B, C, D, E, F, G, H, et celle des poinçons ou poteaux du belvédère I O P J.

Pour placer les chevrons tors en plan par terre, on pourrait se dispenser de faire la herse ; mais il est préférable d'opérer avec cette dernière, car il serait difficile de se rendre compte de l'effet des croisillonnements des chevrons les uns avec les autres et, en même temps, difficile à les placer au gré de l'œil, tandis que la herse produit exactement l'effet du tors et des jonctions des chevrons en élévation.

On commence par tirer la ligne droite a c, représentant le rayon A c en plan par terre ; on prend la longueur développée du dessus du comble de B en K, que l'on porte sur la ligne a c en herse, et du point a on décrit la ligne courbe B c E ; ensuite on prend la distance de K L, que l'on décrit également de i en j, puis on fait paraître les lignes 1, 2, 3, 4, divisées à volonté selon l'exigence de la distribution des croisillons ; on les décrit du centre a parallèlement à B E ; cela fait, on prend sur la herse c 1, que l'on porte sur le lattis du dôme de B en 1, ensuite 1 2 que l'on porte de 1 en 2, 2 3 de 2 en 3, 3 4 de 3 en 4 ; ces points descendus sur la base B H sont décrits du centre A dans le pourtour du plan ; on prend ensuite la distance sur la sablière de c en C que l'on porte sur la herse de c en C, puis C en b que l'on porte de C en b, b B de b en B, c D de c en D, D d de D en d, d E de d en E, et l'on a sur la sablière de la herse le point de départ des rayons. Pour donner aux dits rayons leur direction courbe en herse, on prend la longueur de la ligne circulaire 1, prise entre les deux rayons c C en plan et portée de même sur la ligne 1 en herse ; on fait de même pour les lignes 2, 3, 4, 5, les points fixés en herse par le moyen d'une cerse, on les rallie ensemble jusqu'au point a, centre de la herse. Tous les rayons courbes ainsi parus, on trace à volonté les chevrons sur la herse, de façon que les espaces vides soient réguliers ; on obtient ensuite en plan, par la jonction des lignes 1, 2, 3, 4 avec les rayons, le croisillonnement des chevrons les uns avec les autres ; on fait paraître leur dessus et leur dessous, de façon à avoir les quatre arêtes de jonction ; on décrit ces quatre arêtes du point de centre A sur la ligne de base B H ; on les remonte carrément à cette dernière sur le lattis du dôme, on les tend au point I, ce qui donne la direction de toutes les cases.

FIG. 2.

FLÈCHE TORSE OCTOGONE PAR FACE APLOMB

Manière d'opérer.

On commencera d'abord par faire le plan par terre, en décrivant du centre A le demi-cercle B C D ; on le divise en quatre parties égales, et l'on obtient en plan les quatre faces du demi-octogone figuré, ainsi que les angles des arêtiers. On tire ensuite une ligne droite parallèle à B D, que l'on adopte pour ligne de base ; on remonte les lignes carrément B en b, A en a, D en d ; on fixe la hauteur de la tour, c'est à dire de la flèche torse, et l'on fait paraître le rampant du chevron et son épaisseur comme il est vu sur l'élévation de b en a et de D en a. On divise la hauteur en un certain nombre de parties égales, la retombée du chevron fixe la distance des lignes d'adoucissement, telles sont les lignes de niveau 1, 2, 3, 4, 5, 6, 7, et a sommet de la flèche ; toutes ces lignes descendues aplomb sur la base sont profilées sur la ligne B D, et du centre A on les décrit sur le plan.

Pour obtenir d'une manière régulière le tors des arêtiers en plan, on fait un chevron d'emprunt de E en F, on l'incline plus ou moins selon le tors que l'on veut plus ou moins prononcé ; on tire les lignes de niveau 1, 2, 3, 4, 5, 6, 7, et a sur la ligne E F ; on les descend aplomb de façon qu'elles se coupent les unes par les autres ainsi qu'il est vu par les petits triangles rectangulaires E G H et H I J, ainsi de suite jusqu'au sommet.

TRACÉ DU TORS DE L'ARÊTIER EN PLAN.

Pour tracer le tors des arêtiers en plan, on tire une ligne droite de l'angle K en A ; on prend la distance de E en G, on la porte de c en g, ce qui donne un point, lequel tiré en A et coupant la ligne circulaire 2 donne le point h ; on prend H I, que l'on porte de h en i, ce qui, avec un deuxième point tiré en A coupe la ligne 3 et donne le point j. La distance de J K, portée de j en k, donne un troisième point. On continue à opérer ainsi jusqu'au dernier triangle en suivant exactement les lignes circulaires par numéros, et en portant toujours la distance J K, en suivant selon la direction circulaire, de sorte que ces circulaires en diminuant au fur et à mesure qu'elles arrivent au centre, donnent la tournure régulière de la tête des arêtiers, et l'on obtient ainsi les points C, I, K, L, M, N, que l'on joint ensemble par une ligne coube de l'angle K au centre A, et le tors de l'arêtier est tracé. On porte ensuite son épaisseur de chaque côté, selon la direction des lignes droites tirées de la jontion des lignes circulaires à la ligne milieu des arêtiers, ce qui fait qu'ils se trouvent dévoyés du côté de leur partie creuse.

ÉLÉVATION DE L'ARÊTIER.

L'élévation de l'arêtier se fait de la même manière que pour un arêtier ordinaire. Pour éviter la confusion des lignes, on tire une parallèle à la ligne A K, vue par la ligne O P que l'on prend pour base ; on remonte carrément à cette ligne les points K, G, I, K, L, M, N, A, ainsi que les lignes de délardement et de déjoutement. On porte les hauteurs 1, 2, 3, 4, 5, 6, 7 et a au-dessus de la ligne O P. La jonction de ces lignes avec celles premièrement données donne le tracé de l'arêtier en élévation. Le même tracé se fait pour l'aisselier qui doit se raccorder par son délardement et former une coupole en dessous.

L'élévation ainsi terminée, on prend une pièce de bois de la largeur parue en élévation et de l'épaisseur figurée en plan par la ligne droite K A ; on y trace sa ligne de trave à cinq ou six centimètres en contre-bas de la face d'établissage, c'est-à-dire la face du dessus lorsque la pièce est couchée sur l'élévation ; on la met sur ligne et on rabat toutes les lignes dessus et aplomb comme pour une courbe d'escalier ; ensuite on y fait quartier et l'on porte tous les points pris en plan aux deux faces de l'arêtier, ainsi que la ligne milieu qui doit guider pour le délardement et les assemblages.

La pièce une fois chantournée et travaillée sur ses deux côtés, on y rembarre les lignes aplomb et de niveau, dont la jonction des unes avec les autres donne le recreusement et le délardement sur les deux faces. On opère de même pour l'entrait formant aisselier. Les arêtiers étant semblables, on les établit tous sur la même épure.

L'établissage des chevrons se fait comme il est figuré en plan par Q R. On tire la ligne de base S, parallèle à Q R, on y remonte carrément les joints où chaque face coupe les arêtiers, ainsi que la jonction du chevron avec les lignes droites suivant progressivement le pan tors de la flèche ; on porte ensuite sur l'élévation les lignes de hauteur et leur jonction avec celle aplomb formant le dessus et le dessous de l'empanon ; les joints sont donnés par les jonctions d'arêtiers avec le chevron remonté en élévation parue par les traits raménerais. L'aisselier se trace également de la même manière, ainsi qu'il est vu sur l'épure, d'équerre au lattis du dôme. On fait la même opération pour l'aisselier et la contre-fiche qui se croisillonnent également l'un avec l'autre.

On fait l'élévation du chevron tors E I ; pour éviter la confusion des lignes, on tire la parallèle Q, à laquelle on remonte carrément les quatre points de jonction de chaque croisillon ; on prend ensuite sur l'élévation d'emprunt les hauteurs des cases qui correspondent, que l'on porte sur chacune de leurs lignes d'arêtes, et l'on obtient les cases figurées qui indiquent la forme et le passage de chaque chevron, son délardement et son devers. Il en est de même pour l'aisselier et la contre-fiche.

Je ne m'étendrai pas sur de plus longs détails, car ces divers opérations ont déjà été démontrées sur plusieurs planches précédentes, telles sont les croix de saint-André dans un impérial, tour ronde, etc., etc. La manière de les établir étant la même, il est inutile d'en parler.

Ce travail terminé et compris, maintenant au lecteur de juger si j'ai accompli mon devoir.

E. Delataille

FLÈCHE TORSE PAR FACE APLOMB ET DÔME TORS ET RENTORS A TOUT DEVERS

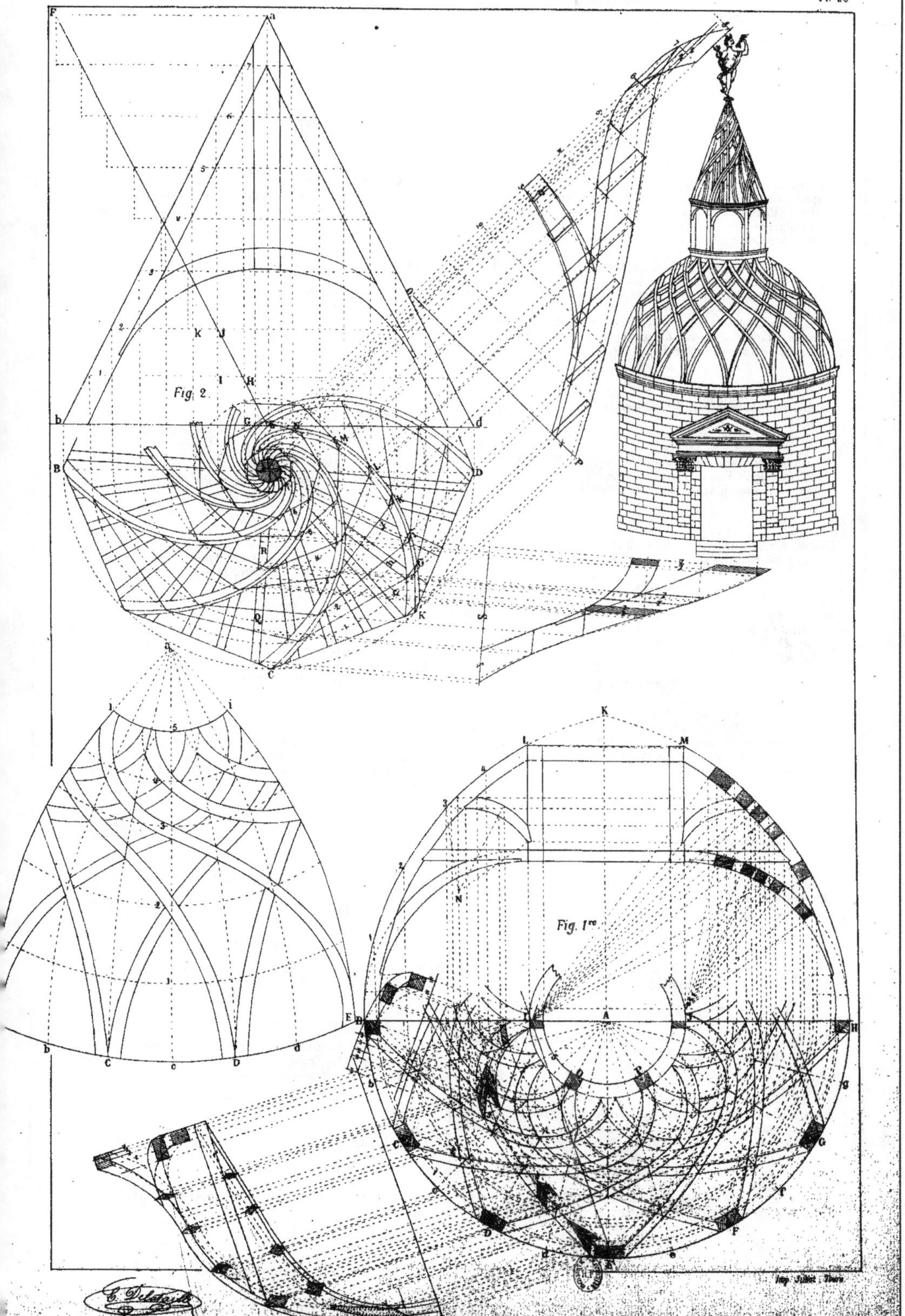

TABLE

Planche Ire.

Plancher en tour ronde, système Fournaux (fig. 1re). Plancher en tour ronde à pan assemblé avec des pièces et remplissage (fig. 2). Plancher en tour ronde composé de six pièces formant cage d'escalier au milieu avec remplissage sur les murs (fig. 3). Plancher en tour ronde dont les trois pièces principales sont assemblées en forme de trépied (fig. 4). Plancher dans une tour ovale (fig. 5). Forme de ferme sur poteau de forme dôme avec lanterneau, moisée d'un about de 20 mètres (fig. 6). Modèle de ferme pour un comble impérial (fig. 7). Modèle de ferme pour un dôme formant coupole à l'intérieur de 15 mètres d'about fig. 8. Modèle de ferme forme dôme impérial très-élevés avec lanterneau (fig. 9). Modèle de ferme dôme de grande dimmension avec lanterneau, d'une largeur de 25 mètres (fig. 10).

Planche II.

Pavillon carré impérial (fig. 1re) et pavillon chinois sur poteau (fig. 5).

Planche III.

Croisement de deux combles impérials (fig. 1re). Comble droit en raccord le long d'un mur en tour ronde (fig. 6). Appentis ou hangard en raccord le long d'un mur en tour ronde (fig. 11).

Planche IV.

Charpente tour ronde sur un bâtiment carré (fig. 1re). Pavillon carré sur un bâtiment en tour ronde (fig. 4).

Planche V.

Raccord d'un comble impérial avec un comble dôme (fig. 1re). Croisement de différents combles impérials et droits, raccord des noues (fig. 2). Raccord d'un comble droit avec un comble impérial (fig. 4).

Planche VI.

Comble sur un plan circulaire raccordé par des faîtages de pentes et circulaires (fig. 1re). Comble sur un plan circulaire raccordé par un faîtage circulaire parallèle et bombé (fig. 5). Comble sur un plan circulaire raccordé par un faîtage circulaire et surbaissé (fig. 6).

Planche VII.

Tour ronde à deux étaux avec faîtage (fig. 1re). Tour ronde à deux étaux sans faîtage (fig. 4).

Planche VIII.

Cinq épis tour ronde avec faîtage (fig. 1re). Neuf épis tour ronde sans faîtage (fig. 5).

Planche IX.

Cinq épis tour ronde impérial avec faîtage (fig. 1re). Cinq épis tour ronde impérial sans faîtage (fig. 5).

Planche X.

Cinq épis impérials sur poteau, sur un plan circulaire et irrégulier; détail (fig. 1, 2, 3, 4, 5, 6, 7, 8 et 9).

Planche XI.

Raccord d'un comble droit avec un comble en tour ronde plus élevé (fig. 1re). Raccord d'un comble dôme avec un comble impérial en tour ronde plus élevé (fig. 5).

Planche XII.

Tourelle en raccord sur un comble droit (fig. 1re). Tourelle en raccord sur l'arêtier d'un comble droit (fig. 4).

Planche XIII.

Petites tourelles en raccord sur une grande (fig. 1re). Petites tourelles en raccord sur une grande dont le raccord entre les dites tourelles est fait par le moyen d'un faîtage circulaire bombé.

Planche XIV.

Ferme couchée raccordant un comble impérial sur un comble (fig. 1re). Ferme couchée raccordant un comble impérial sur un comble dôme (fig. 2).

Planche XV.

Différentes croix de saint-André dans des combles impérials dans les noues et les arêtiers (fig. 1, 2, 3, 4, 5 et 6).

Planche XVI.

Croix de saint-André rampante sur une tour ronde (fig. 1re). Croix de saint-André sur une tour ronde impériale (fig. 4).

Planche XVII.

Noulet et comble de lucarne sur tour ronde (fig. 1re). Lucarne en éventail sur un comble circulaire (fig. 5).

Planche XVIII.

Lunette de pénétration horizontale dans un comble droit (fig. 1re). Lunette pénétrant en biais dans un comble droit (fig. 2). Lunette sur un angle droit coupant l'arêtier et se raccordant avec les deux combles (fig. 3).

Planche XIX.

Lunette horizontale pénétrant dans un comble impérial (fig. 1re). Lunette biaise pénétrant dans un comble impérial (fig. 2). Lunette horizontale pénétrant dans un comble impérial en tour ronde (fig. 3). Lunette biaise pénétrant dans un comble impérial tour ronde (fig. 6).

Planche XX.

Lunette de pénétration conique sur un comble droit (fig. 1re). Lunette de pénétration biaise et conique sur un comble droit (fig. 2). Lunette de pénétration dans une noue coupant la noue et se raccordant avec les deux combles (fig. 3).

Planche XXI.

Lunette de pénétration conique sur tour ronde (fig. 1re) et Lunette conique pénétrant en biais dans un dôme tour ronde (fig. 2).

Planche XXII.

Guitarde à faîtage relevé (fig. 1re) et capucine à faîtage de niveau (fig. 2).

Planche XXIII.

Guitarde elliptique sur tour ronde à voussure bombée (fig. 1re) et Guitarde elliptique conique et rampante dessous un escalier rampant autour d'une tour ronde (fig. 2).

Planche XXIV.

Voûtes d'arêtes annulaires, gauches, coniques, centriques et rampantes (fig. 1re). Trompe conique assemblée avec des liens à tenailles en raccord sur un arêtier (fig. 2).

Planche XXV.

Voûtes d'arêtes circulaires à cône bombé assemblées avec des liens à tenailles et supportées par un piédestal en bois courbe (fig. 1 et 2).

Planche XXVI.

Flèche torse octogonale (fig. 1re). Dôme tors et retors à tous devers (fig. 2).

TOURS, Imp. JULIOT, 53, rue Royale.

ART
DU TRAIT PRATIQUE
DE CHARPENTE

PAR FRÉDÉRIC LARROUIL ET ÉMILE DELATAILLE.

PREMIÈRE PARTIE

DU BOIS DROIT TRAITÉ AU NIVEAU DE DEVERS ET AUX SAUTERELLES
ATTRIBUÉES AUX COUPES DES EMPANNONS

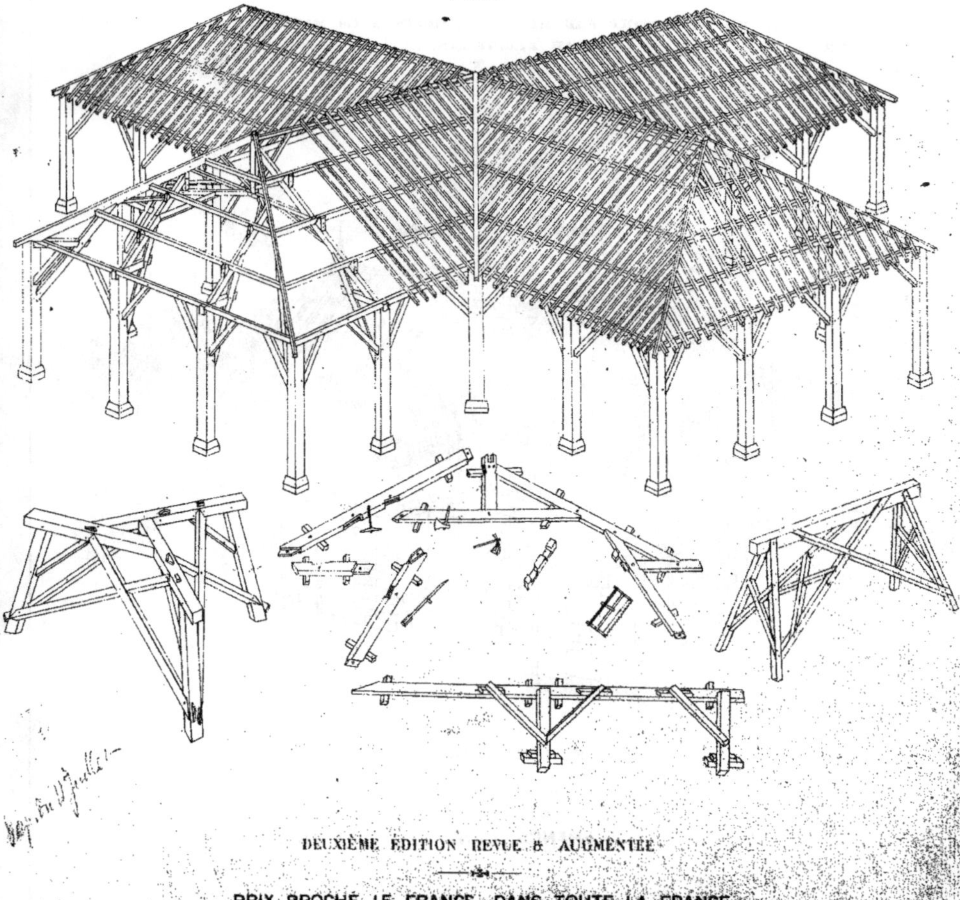

DEUXIÈME ÉDITION REVUE & AUGMENTÉE

PRIX BROCHÉ 15 FRANCS, DANS TOUTE LA FRANCE

Pour toute demande, s'adresser à Mr ÉMILE DELATAILLE, Professeur de trait, à Tours.

PROPRIÉTÉ DE L'ÉDITEUR

TOURS, IMP. LITH. CH. GUILLAND.

ART DU TRAIT PRATIQUE DE CHARPENTE

PAR ÉMILE DELATAILLE

1er prix, médaille d'or de 1re classe

MEMBRE DE L'ACADÉMIE NATIONALE

Dédié à M. Félix LAURENT, directeur de l'École régionale des Beaux-Arts, de Dessin et de Stéréotomie, à Tours.

DEUXIÈME PARTIE

TRAITÉ DU BOIS DROIT PAR REMBARREMENTS A LA SAUTERELLE ET PAR ALIGNEMENTS

DEUXIÈME ÉDITION

PRIX BROCHÉ : 20 FRANCS, DANS TOUTE LA FRANCE

Pour toute demande, s'adresser à M. ÉMILE DELATAILLE, Professeur du trait, à Tours.

PROPRIÉTÉ DE L'AUTEUR-ÉDITEUR E. Delataille TOURS, IMP. ET LITH. JULIOT.

ART
DU TRAIT PRATIQUE
DE CHARPENTE

PAR ÉMILE DELATAILLE

1er prix, médaille d'or de 1re classe

MEMBRE DE L'ACADÉMIE NATIONALE

Dédié à M. Félix LAURENT, directeur de l'École régionale des Beaux-Arts, de Dessin et de Stéréotomie à Tours

TROISIÈME PARTIE

BOIS CROCHE

ESCALIERS EN TOUS GENRES, PONTS EN PIERRE ET EN BOIS, PASSERELLES, CINTRES POUR DES VOÛTES DE TOUTES SORTES, ET POUR TOUS GENRES DE CONSTRUCTIONS.

TROISIÈME ÉDITION

PRIX BROCHÉ : 15 FRANCS, DANS TOUTE LA FRANCE

Pour toute demande s'adresser à M. ÉMILE DELATAILLE, Professeur du trait à Tours.

PROPRIÉTÉ DE L'AUTEUR-ÉDITEUR TOURS, IMP. LITH. CH. GUILLAND.

184

ART
DU TRAIT PRATIQUE
DE CHARPENTE

PAR ÉMILE DELATAILLE

1er prix, médaille d'or de 1re classe

MEMBRE DE L'ACADÉMIE NATIONALE

Dédié à M. Félix LAURENT, directeur de l'École régionale des Beaux-Arts, de Dessin et de Stéréotomie, à Tours

QUATRIÈME PARTIE

TRAITÉ DES COMBLES EN BOIS CROCHES, DOMES, CHINOIS, IMPÉRIALES, ETC., RACCORDEMENTS DE COMBLES, GUITARDES, VOUTES TROMPES, VOUSSURES ET PÉNÉTRATION DE TOUTES SORTES

DEUXIÈME ÉDITION

PRIX BROCHÉ : 20 FRANCS, DANS TOUTE LA FRANCE

Pour toute demande, s'adresser à M. ÉMILE DELATAILLE, Professeur du trait, à Tours.

PROPRIÉTÉ DE L'AUTEUR-ÉDITEUR E. Delataille TOURS IMP. ET LITH. JULIOT.

www.ingramcontent.com/pod-product-compliance
Lightning Source LLC
Chambersburg PA
CBHW070519200326
41519CB00013B/2855